U0940840

2019 Science & Technology Almanac

深圳科技年鉴

《深圳特区科技》杂志社 编

辽宁科学技术出版社
·沈阳·

责任编辑：王玉宝
装帧设计：李长伟

图书在版编目（CIP）数据

深圳科技年鉴.2019/《深圳特区科技》杂志社编.—沈阳:辽宁科学技术出版社,2019.12

ISBN 978-7-5591-1391-7

Ⅰ.①深… Ⅱ.①深… Ⅲ.①科学研究事业－深圳－2019－年鉴Ⅳ.①G322.765.3-54

中国版本图书馆CIP数据核字(2019)第237361号

深圳科技年鉴.2019

Shenzhen Keji Nianjian 2019

《深圳特区科技》杂志社　编

辽宁科学技术出版社出版发行
（邮编：110003　地址：沈阳市和平区十一纬路25号）
深圳市和谐印刷有限公司印刷　　新华书店经销
2019年12月第1版　2019年12月第1次印刷
开本：215mm×275mm
字数：1000千字　印张：34.5　插页：48
ISBN 978-7-5591-1391-7　　定价：360.00元

《深圳科技年鉴》编委会

编辑说明

一、《深圳科技年鉴》是由深圳市科技创新委员会主办，深圳市科学技术协会特别支持，《深圳特区科技》杂志社承编的综合性史料文献，旨在汇编深圳市全年度科技系统的重要统计数据以及权威报告，为政府部门及科研单位决策提供参考依据，是反映深圳科技事业发展变化的参考书。

二、《深圳科技年鉴》创刊于2005年，按一年一卷编辑出版，2019卷为第十五卷。

三、《深圳科技年鉴》（2019卷）采用分类编辑法，设置类目、分目、条目，个别分目增设分目层次（子目），以条目及子目为记述的基本形式。

四、《深圳科技年鉴》（2019卷）设有概况、政策法规、科技资源环境、深圳科技投融资体系、知识产权保护、各区科技发展、科技服务体系、科学普及、科技新闻、科技企业办事指南、科技名录、创新载体12个类目，全卷共100万字。

五、《深圳科技年鉴》（2019卷）在“创新载体”部分增设“工程研究中心”与“创新公共服务平台”分目，专门记录工程研究中心与创新公共服务平台的创新载体立项状况，与时俱进补充数据，以完善“创新载体”内容。

六、《深圳科技年鉴》（2019卷）计量单位采用国家法定计量单位，文字、标点符号、数字用法均执行国家标准。

七、《深圳科技年鉴》（2019卷）数据主要依据深圳市、区级相关科技部门及科技单位原始数据，部分数据来源于深圳市政府数据开放平台。

八、《深圳科技年鉴》（2019卷）重视提高资料性、可读性、史存价值。强调入编资料详实、准确、要素齐全，全局性和典型性资料兼备。坚持内容真实性及编撰科学性，注重社会效益。

九、《深圳科技年鉴》（2019卷）个别属条目组成部分的表、图、相关链接，因版面原因与条目不在同页，“目录”按其分目所在的页码排列。

十、《深圳科技年鉴》（2019卷）资料主要来源于深圳市、区级相关科技部门及科技单位，部分来源于主流媒体，所有内容均经各部门、单位审核同意。谨向各部门、单位致谢。疏漏差错之处，敬请批评指正。

深圳市安托山集团

深圳市安托山集团成立于1998年，拥有下属企业11个，员工1000多人，拥有各种机械设备600多套及一流的爆破技术队伍。主要经营各种石料、混凝土、PHC管桩、政府重大工程、市政工程、军工产品、节能电机、智能电源、LED节能系统等项目，具有市政公用工程施工总承包一级资质、土石方工程专业承包一级资质和一级爆破工程施工资质，属深圳市政公用工程施工总承包Ⅰ组及土石方工程专业承包Ⅱ组预选承包商。连续18年被评为危爆物品安全管理先进单位，并通过ISO 9001:2008质量管理体系认证、ISO 14001:2004环境管理体系认证及GB/T28001—2001职业健康安全管理体系认证，乃深圳市111强民营领军骨干企业、深圳市发展循环经济十佳企业、广东省守合同重信用企业、广东省名牌产品、广东省著名商标、中国驰名商标、国家守合同重信用企业、国家级爆破技术特等奖获得单位。

1999年，集团投资1.8亿元成立了混凝土公司，拥有四组电脑全自动控制生产线，属于规模大、生产工艺自动化程度高、设备先进、环保意识强的混凝土搅拌站。创造了国内两个第一：第一次不用硅粉而用粉煤灰作掺和料生产C80级混凝土；第一次用C80级混凝土直接做墙、柱结构。通过了中国环境标志认证和ISO 9001:2008质量管理体系认证，参编国家标准及行业标准近20项，被评为深圳首届37项循环经济示范项目，深圳市特区建立30年建设先进单位，深圳市工程建设标准化试点企业，深圳市高新技术企业，2011年度全国混凝土标准化工作十佳企业，中国混凝土行业优秀企业，华夏建设科学技术奖三等奖、北京市科学技术奖二等奖及深圳市科学技术奖二等奖获得单位。

2000年，集团投资6000万元建立管桩公司，集研究、开发、生产和销售为一体，主要生产Φ400～Φ1200mm PHC高强混凝土管桩，同时研发了Φ1200～Φ1600mm规格管桩，填补了国内大型管桩的空白，被评为深圳市高新技术项目、高新技术企业，被广东省质监局和广东省经贸委评定为广东省质量管理先进企业，三次被深圳市政府列为政府重大项目，首批循环经济示范项目，广东省名牌产品，中国混凝土行业优秀企业，国家四部委认定为国家重点新产品，通过了ISO 9001:2008质量管理体系认证。形成了石料供应、混凝土及管桩生产、销售、工程施工一体化的产业结构，建立了循环经济发展的模式。

2004年，集团投资10多亿元，向高科技项目转型，建造了安托山高科技工业园，占地约20万平方米，建筑面积约56万平方米，集工业、研发、办公、商住、商务酒店为一体，面向世界现代化工业、科技产业、各类孵化加工基地，并于2006年成立特种机械公司、2007年成立特种机电公司、2009年成立技术公司，研发稀土永磁无铁芯宽电机，双永磁工频无刷同步发电机，高空系留飞艇、小型涡喷发动机等军工项目及新能源节能技术，通过了ISO 9001:2008质量管理体系认证、ISO 14001:2004环境管理体系认证、军方武器装备质量体系认证及武器装备科研生产保密资格，被评为国家高新技术企业、国家重点新产品、广东省高新技术产品、深圳市高新技术企业和自主创新产品企业，列入国家发展改革战略性新兴产业示范项目、《国家重点节能技术推广目录》及《节能产品惠民工程高效电机推广目录》。通过循环经济模式的传统产业，向高科技节能产业战略转型，实现了传统产业与高科技产业功能互补、同步发展的循环经济模式。

“以人为本，科技领先”，是集团矢志不移的基本经营理念，“坚持循环经济，走可持续发展”是集团坚定不移的发展方式，安托山集团将在继续大力发展循环经济利用模式的同时，加大在节能减排领域的产业开发，加大向高科技转型的力度，向社会提供更优质的环保、节能产品和服务。

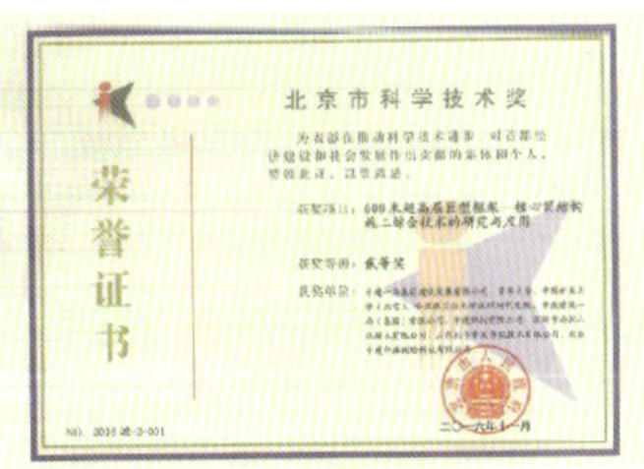

深圳华大智造科技有限公司

深圳华大智造科技有限公司（以下简称“华大智造”）于2016年4月正式成立，是华大集团专注于核心工具智能制造的板块。经过三年的发展，华大智造已有900余名员工，拥有一支400余人的高水平研发队伍，累计投入超50亿元研发经费，陆续发布多款高性能医疗器械产品，打破了欧美公司对基因检测上游市场的垄断，助力中国基因产业高端测序技术的源头创新和上下游的协同发展。

华大智造已在深圳、武汉、长春、美国加州、拉脱维亚里加等地建设了大型研发/生产基地，布局了遍布六大洲主要国家与地区的全球化培训与服务网络，实现了已获医疗器械注册批准的四款测序仪的规模化量产。截止2019年第一季度累计生产并销售超过1100台测序仪，约占我国测序仪总数量的30%。面市超过60款不同类型建库与测序试剂耗材，全面支持科研、临床和农业等不同应用需求。华大智造测序仪不仅在国内广泛应用于科研和临床领域，也代表“中国智造”走出国门，在欧美等16个国家运行，成为支撑基因组学领域科学研究和临床检测的主要仪器设备之一。

截至2018年底，华大智造先后加入中国医疗器械行业协会、中国医学装备协会、中国医药生物技术协会等17个行业协会与组织，打造共赢生态圈。

深圳市生物技术协会会员单位
中国光学工程学会理事单位
深圳市质量强市促进会会员单位
人工智能产业创新联盟会员单位
深圳市人工智能行业协会会员单位
深圳机器人协会会员单位
中国卫生健康互联网+远程医疗联盟会员单位
广东省医疗器械行业协会会员单位
中国医疗器械行业协会体外诊断分会会员单位
中国医学装备协会检验医学分会和超声装备技术分会会员单位
深圳市医疗器械行业协会会员单位
广东省食品药品技术审评协会医疗器械分会会员单位

华大智造获得的荣誉资质如下：

2018年12月，获“广东省工程技术研究中心”认定

2018年6月，“5G智能移动车载医疗应用”项目获5G绽放杯一等奖

2018年6月，获得联通云生态伙伴

2018年4月，获得移动5G联合创新中心成员

2018年2月，MGIUS-R3远程超声诊断系统荣膺中国人工智能产业创新联盟“年度竞争力产品”奖

2018年1月，自主研发的BGISEQ-50与MGIUS-R3远程超声诊断系统凭借其突破性的功能和精湛设计荣获IF工业设计奖

2017年12月，荣获科技媒体36氪颁发的“2017年度技术奖”

2017年11月，自主研发的首台桌面型高通量基因测序仪BGISEQ-500受邀参加“砥砺奋进的五年”大型成就展

2017年3月，由NGS创新开发者协会授予华大智造BGISEQ-500“NGS创新开发者技术研发杰出贡献奖”

电话：4000-966-988
网址：https://www.mgitech.cn/
地址：广东省深圳市盐田区北山工业区综合楼及11栋

华大智造秉承“创新智造引领生命科技”的理念，专注于生命科学与医疗健康领域仪器设备、试剂耗材等相关产品的研发、生产和销售，提供实时（Real Time）、全景（Whole Picture）、全生命周期（Life Long）的生命数字化全套设备，致力于成为生命科学核心工具的缔造者，为精准医疗、精准农业和精准健康等关系国计民生的实际需求提供自主可控的先进设备、技术保障和解决方案。

现阶段，华大智造已启动多个跨组学平台项目，包括测序平台、影像平台、质谱平台等多个方向，贯彻落实大平台、大数据、大科学、大产业、大民生的整体方针，全面推动全球生命科学研究和精准医疗领域的基础性平台建设工作。

一、高通量基因测序仪研发

华大智造高通量基因测序仪采用DNA纳米球技术，其独特的线性扩增模式，能够在确保扩增错误不会发生累积的同时，有效进行高倍率扩增，并通过纳米级芯片位点设计，在保证测序精度且不产生信号干扰的同时，达到信号放大的目的。在测序方面，使用优化的联合探针锚定聚合技术（cPAS），通过将DNA分子锚和荧光探针在DNA纳米球上进行聚合，并利用高分辨率成像系统对光信号进行采集、读取及识别，避免因常见物理信号误差造成的高度重复单碱基连读错误，获得高质量高准确度的样本序列信息。已发布五款不同通量测序仪，分别是BGISEQ-500、BGISEQ-50、MGISEQ-200、MGISEQ-2000和MGISEQ-T7。已成为除美国赛默飞和Illumina公司外，全球唯一一家能量产临床级高通量基因测序仪的企业。

二、样本前处理研究

开发具备自主知识产权国产化检测设备，整合测序工作流程中的多个模块，包括试剂盒、分析软件，以及自动化文库制备系统、加载系统和样本管理系统等全流程整合，一步实现NGS样本到报告，降低操作门槛，节约操作人员的碎片化时间。已推出MGISP-100和MGISP-960高通量自动化样本制备系统，灵活且应用范围广泛，可根据客户需求定制流程和通量，实现测序建库流程全自动化操作。MGIFLP是华大智造自主开发的全球首台模块化NGS工作站，可最大限度解放人力，一步整合NGS全流程，为临床和科研工作者提供从样本到测序报告的全流程自动化解决方案。未来可智能连接更多生命科学产品，支持在感染病、肿瘤和生育健康等精准医学和基础科研领域的应用。

三、临床医疗器械研发

通过集成机器人技术、实时远程控制技术及超声影像技术等，克服时空的障碍，改善医疗资源分布不均衡的现状，解决偏远地区、基层医疗机构缺少超声医生以及现有医生超负荷工作的问题，使全民平等地享受优质的医疗服务。已推出全世界首台全自动远程医疗超声诊断系统——MGIUS-R3远程超声诊断系统，是“互联网+医疗”的典型代表作。已在西藏及青海地区进行了百余例科研合作形式的远程扫查及培训应用。同时，开启超声影像“智能化”新时代，推出全球首款远程+智能超声辅助诊断系统，已在青海果洛、西藏林芝等地区包虫病防控科研工作中发挥积极作用。

四、试剂耗材研发

已发布DNA建库、RNA建库、甲基化测序、Meta测序、单细胞测序等方向60余款配套试剂与耗材，全面支持微生物、农业、药物开发、肿瘤、司法鉴定、复杂疾病、生育健康等领域的科研需求。

五、实验室整体解决方案

为精准医疗临床实验室或科研实验室提供从功能规划、模块设计、平台搭建、设备打包、到人员培训及售后维保的一站式、全流程解决方案。

政府资助科技计划项目：

1.国家重点研发计划“精准医学研究”重点专项，“医学组学数据质量控制关键技术研发和应用示范”，项目编号2018YFC0910201，622万，2018 年 7 月—2020 年 12 月。

2.广东省科技厅工程技术研究中心项目，“广东省生命科学仪器设备工程技术研究中心”，2019年1月1日—2021年12月31日。

3.深圳市产业链薄弱环节投资项目奖励，“基因测序产业链提升项目”，300万，2018年4月20日—2018年6月29日。

广东海洋大学深圳研究院

地址：深圳市大鹏新区滨海二路3号孵化A楼　联系方式：0755-89320340
官网：www.gdouszi.com　招聘网址：http://www.gdouszi.com/rczp/index_24.aspx?lcid=1

在国家建设海洋强国战略的举措下，2016年大鹏新区管理委员会与广东海洋大学联合共建深圳市属二类事业单位广东海洋大学深圳研究院。研究院自建成之初，怀揣着后发先至的梦想，吸取各方经验，结合自身实际，制定发展规划，以建成中国一流、世界知名的海洋科技新型研发机构为目标，以建成全球海洋中心海洋科技创新重要合作平台、全国海洋产业科技研发及产业化核心平台、21世纪海上丝绸之路协同创新中心为定位。

研究院按照投资主体多元化、建设模式国际化、运行机制市场化、管理制度现代化要求，建设专业性、开放性、公益性、企业化运作、产学研紧密结合的新型研发平台。以理事会为最高决策层，实行理事会领导下的院长负责制，不断更新完善运行管理、人才人事、财务管理、科研管理等规章制度，推动研究院高效运行。

研究院结合自身地理优势，面向海洋产业发展需求，持续引进高层次人才和高精尖团队。现有高层次人才142名，其中，国家“千人计划”入选者1名，国家级领军人才1名，地方级领军人才1名，深圳首位海洋气象领军人才；拥有18支一流科研团队，研究领域包括海洋生物育种、海洋生态修复、海洋环境监测、海洋生物医药、海洋生物制品、海洋材料、海洋电子信息、海洋社会科学、新型海洋能源等。通过多种人才引进模式，研究院拥有专业素质过硬、充满创造力的人才队伍，为成为粤港澳大湾区海洋发展重要决策智库提供可能。研究院现有8大平台，其中包含省部级平台广东省水生动物健康评估工程技术研究中心、市级平台深圳海水经济动物种苗健康评价公共技术服务平台。同时，作为农业部首家珊瑚濒危物种供苗单位为全国增殖放流提供珊瑚种苗。此外，研究院将继续强化人才储备，并凭借多方面的基础研究，与大鹏新区共同推进国家级海洋科技创新平台建设，大力推动海洋科技领域的国家级创新载体建设。

截至2018年底，研究院开展科研项目共计52项，科研资金达3600万元，发表论文54篇，申请专利68项。研究院积极推进科技成果转化，坚持促进产业发展与公益服务社会“两条腿”并行。在滨海旅游业、医药保健品行业、海洋环境监测等方面，联手与蓝极体育、碧桂园、龙光集团、珠海九州港集团、广东同德药业有限公司、韩国marine biological、大闽集团、中国石油勘探等公司开展合作；在水生动物养殖与保护方面，与永顺生物制药、广州联醌集团、俊杰动物健康等公司联合共建；在海洋生态补偿与修复方面，与香港渔农署、深圳蓝色海洋、潜爱大鹏等开展公益合作。

研究院珊瑚保育团队自成立以来，持续开展广东珊瑚礁普查项目，举办的珊瑚礁普查活动的宣传报道《2019广东珊瑚礁普查在深启动，全球气候变暖致珊瑚礁“北移”》荣登“学习强国”平台，供全国党员学习；执行史上规模最大的海底育林活动，帮助3万多株珊瑚苗在大澳湾海域“安家落户”；助力深圳建设全国首个以珊瑚礁生态养护为主的国家级海洋牧场示范区，为海洋牧场提供多维度、多营养层级的海洋生态环境。

研究院积极救助3只流浪海龟和1只玳瑁，并接受央视科教频道《讲述》栏目的采访，举办第三届海洋珍稀濒危野生动物救护培训班，聚焦对海洋珍稀濒危物种的保护和救助知识的宣传普及。

由研究院发起的历时近一年的“深圳海洋微生物资源调查”专项第一期考察任务取得丰硕成果，发现10种致病菌株，基本摸清了深圳市海洋微生物资源本底，建立起微生物种质资源库和基因库。

2017年正式开班的“海洋科普大学堂”，截至2018年底，在深圳市举办室内课87场、户外实践课54场，海洋科普人数已达7654人次。“海洋+教育+旅游”的创新教学模式加深了人们对海洋的认识，提高了对海洋科普教育和海洋环保的重视，参与拍摄录制的视频《保育珊瑚　维护海洋生态》也荣登“学习强国”平台。

今后，“年轻”的研究院将继续开发利用海洋资源、推动成果产出，加强海洋知识宣传、营造健康的海洋生态环境，努力实现研究院的目标和定位，为建设海洋强国提供坚强的保证。

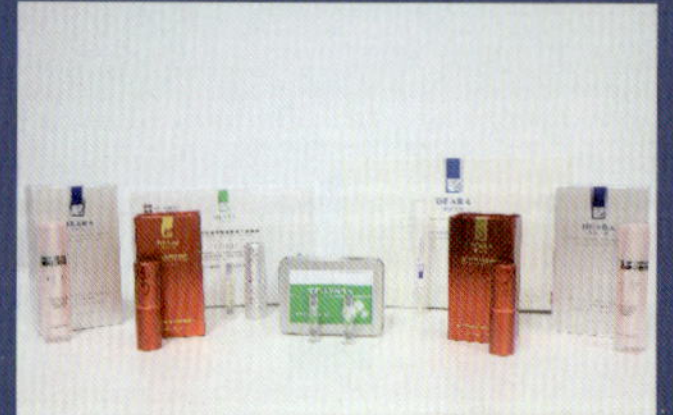

深圳华大生命科学研究院

引言

随着“人类基因组计划1%项目”的正式启动，华大于1999年9月9日在北京成立。秉承着“基因科技造福人类”的使命，华大以“产学研”一体化的发展模式引领基因组学的创新发展，成为全球领先的生命科学领域的前沿机构。以科研源头为基石，不断打造并延伸出生态链条机构及产业，包括有深圳华大生命科学研究院（原“深圳华大基因研究院”）、华大学院、深圳国家基因库、GigaScience等四个非营利性的机构，另有已上市的深圳华大基因股份有限公司，以及深圳华大智造科技有限公司等产业化机构。通过遍布全球100多个国家和地区的分支机构与产业链各方建立广泛的合作，将前沿的多组学科研成果应用于医学健康、资源保存、司法鉴定服务等领域，建立起世界领先的高端仪器研发与制造平台、大规模测序等技术平台和大数据中心。

华大曾被顶级学术期刊《自然》评为“世界领先的遗传学研究中心”和“基因组学、蛋白质组学和生物信息分析领域的领头羊”。而深圳华大生命科学研究院作为华大创新发展的驱动器，从事前瞻性基础研究，专注科研探索，同时注重目标导向，促进基础研究、应用研究与产业化对接融通。

概况

深圳华大生命科学研究院（以下简称“研究院”）是深圳市首批批准建设的深圳市十大基础研究机构之一。自建院以来，始终秉承华大自身的学术传统，坚持科学发现、技术发明和产业发展“三发”联动，同时坚持以开展大科学项目带动学科、产业和人才发展（“三带”），形成了高效的创新发展模式，短时间内成为世界领先的基因组学研究中心。并在原有基础上进一步发挥创新科研模式，拓展研究领域，致力于开展前沿生命“读”“写”“存”核心技术研究与开发，组织并实施生命大数据与疾病防控国际大科学工程，探索生命起源与演化、细胞命运决定和基因与认知等重大科学问题。

同时，还建立了世界领先的大规模测序、生物信息、基因检测、农业基因组、蛋白组等技术平台和大型数据处理超级计算中心，并拥有世界一流水平的科研队伍，开展一系列与重要动植物、人类健康、环境与能源等领域相关的组学研究，致力于推动医疗健康、科技应用、农业育种等领域的发展。

人才队伍建设

在人员引进和聘用上，研究院不以年龄、学位、资历、论文数量为参考标准，注重科研实际贡献，大胆任用具有创新意识和能力的年轻人，在科研项目中培养人才。整体人员建设要求注重学术梯队和优秀中青年队伍建设，开拓多元化招聘渠道。

2018年间，研究院拥有院士1人，千人计划专家2人，深圳市认定各类高层次人才103人，广东省首批引进的创新团队“国际肿瘤基因组创新研究团队”1个，深圳市孔雀团队“高通量测序技术创新研发团队”1个。已引进海外博士学位以上高层次人才79人，多数毕业于美国、英国等知名高校，涉及生物学、医学、计算机等专业。全职或柔性引进海外名校和科研机构专家教授8人，如哈佛医学院George M. Church教授、丹麦奥胡斯大学Lars Bolund教授等。稳定高水平技术队伍，加强研究生培养和对外合作交流，积极探索生物技术人才的培养新模式，与国内外知名大学和研究机构开展人才培养合作计划，所拓展国际合作单位有13家，达到优势互补，实现合作共赢。通过内部转岗及晋升等机制合理配置人才资源，确保内部人力资源良性流动，保持人员结构和规模合理。此外，实行专家顾问聘用制度，促进科研单位专家横向流动，深入实施国际化人才合作战略，拓宽国际化人才培养与交流渠道，提升研究院在生命科学领域的国际影响力。

科研工作进展情况

截至2018年底，研究院累计发表论文2367篇，SCI收录的有2043篇，累计影响因子1603；在国际四大顶尖学术期刊《自然》系列、《科学》《细胞》《新英格兰医学》上共发表文章278篇。2018年3月14日汤森路透发布的2007年1月1日—2017年12月31日（11年）期间论文统计数据中，华大在研究机构中排名第31位，在企业中名列前茅。且有3个学科进入前1%，生物与生化在国内研究机构位列第6、临床医学在国内研究机构位列第13、分子生物与遗传在国内研究机构位列第3。

在知识产权方面，实现了低成本可扩展测序生产平台、新型合成系统等拥有自主知识产权的世界领先核心技术突破，2018年期间新增申请专利276项，其中发明专利申请数256项，软件著作权登记96项；累计实现成果转化299项，直接转让价值5.36亿元，其中包括SOAP（生物信息核心软件）、无创产前基因检测技术、测序仪等核心专利。在2018年间，实现成果转化132件，直接转让价值2.6亿元。

研究院积极申报各级政府各类科技计划项目，主动参与国家重大科学部署。截至2018年10月，共计承担（或参与）各级各类科研项目／课题480项，其中在研项目／课题262项，其余均已顺利完成结题验收，形成了覆盖生物信息学、人类基因组学、农业基因组学、微生物及海洋生物学等领域学科的全方位科研体系。

2018年，研究院牵头及合作启动了十几项重要科研项目，其中产出的代表性成果，如发表在Cell上的14万无创产前大数据研究是迄今为止最大规模的中国人基因组学大数据研究成果，首次明确了大规模无创产前测序数据在遗传学研究中的重要价值；发表在Science上的小麦基因组研究入选“2018年世界十大科技进展新闻”；发表在Science上的有关生物固氮起源和演化的研究成果，颠覆了人们对于结瘤共生固氮起源和多样性的固有认知。另有两项科研成果分别获得深圳市自然科学一、二等奖。

学术交流与合作

2018年间，研究院主办参与的大型国际学术交流会累计达到8场。其中成功举办第十三届国际基因组学大会，超过200名专家学者在大会发言，30个不同研究方向会场，近千余名业界领袖和专家学者参会；协办的国际药用植物与生物经济大会，是首个聚焦中国与葡语系国家在天然产物和生物多样性资源相关主题的学术交流论坛。成功举办亚洲第一届亚洲演化生物学大会，促进了亚洲国家在演化生物学领域的学术交流和学科交叉，加强了演化生物学不同研究分支的科学家之间的积极沟通。

此外，研究院还启动和参与重大国际科技合作计划，规划与实施大科学项目，树立科学标志性成果，协助推动形成行业标准，始终走在生物科学研究前沿，推动科学研究及产业发展，加强我国在生命科学研究领域的影响力，实现基础研究重大技术突破和领先技术开发，成为生物产业发展核心驱动力。

南方科技大学（简称“南科大”）是深圳在中国高等教育改革发展的时代背景下，创建的一所高起点、高定位的公办创新型大学，它肩负着为我国高等教育改革发挥先导和示范作用的使命，并致力于服务创新型国家建设和深圳创新型城市建设。

南科大被确定为国家高等教育综合改革试验校。2012年4月，教育部同意建校，并赋予学校探索具有中国特色的现代大学制度、探索创新人才培养模式的重大使命。

南科大根据世界一流理工科大学的学科设置和办学模式，以理、工、医为主，兼具商科和特色人文社科，在本科、硕士、博士层次办学，在一系列新的学科方向上开展研究，使学校成为引领社会发展的思想库和新知识、新技术的源泉。

科研成果

在科研成果方面，2018年我校教师发表期刊论文1807篇，会议论文261篇，总计2068篇，另外参与编写专著30篇，全年共计Nature、Science期刊4篇（3篇通讯作者单位，1篇其他作者单位），其中化学系谭斌教授发表在《科学》上的论文也是南科大首篇第一通讯单位的《科学》论文。中国大学自然指数（Nature Index）排名保持稳定，2018年南科大自然指数加权论文值为83.33，在中国大学自然指数排行榜中排名第28位(年度最高排名第26位)。同时在2018年，我校化学、材料科学两个学科进入ESI全球前1%。

学校概况

南科大将发扬“敢闯敢试、求真务实、改革创新、追求卓越”的创校精神，突出“创知、创新、创业”(Research, Innovation and Entrepreneurship) 的办学特色，努力服务创新型国家建设及深圳国际化现代化创新型城市建设，快速建设成为聚集一流师资、培养拔尖创新人才、创造国际一流学术成果并推动科技应用的国际化高水平研究型大学，为尽早实现创建世界一流研究型大学的宏伟目标打下坚实基础。

截至目前，南方科技大学已签约引进教师800余人，在300余名教学科研序列教师中，包括院士27人(全职院士10人)、国际会士35人、国家特聘专家72人、国家特聘专家(青年) 85人、教育部特聘专家24人、“国家特支计划”专家10人、“国家自然科学基金杰出青年基金”获得者26人、“国家自然科学基金优秀青年基金”获得者10人。教学科研系列教师90%以上具有海外工作经验，60%以上具有在世界排名前100名大学工作或学习的经历，师资队伍中高层次人才占比超过40%。

我校根据世界一流理工科大学的学科设置和办学模式，面向国家和珠三角地区战略性新兴产业发展的重大需求，以理、工、医学学科为主，将兼具部分特色人文社会学科与管理学科，在本科、硕士、博士层次办学，在一系列新的学科方向上开展研究。

我校目前已成立18个院系、中心，开设29个本科专业。2018年，南科大入选博士学位授权单位及硕士学位授权单位，获批数学、物理学、化学、生物学、力学、电子科学与技术等6个硕士学位授权一级学科及工程硕士专业学位授权点，获批数学、物理学、生物学、力学4个博士学位授权点。

科研概况

南方科技大学成立7年以来，累计获批各类竞争性纵向科研项目及横向项目共1215项，资助经费203555万元，其中纵向项目1003项，经费191123.29万元，横向212项，经费24633.89万元。2012年获得项目15项，资助经费446万元；2013年获得项目32项，经费1150万元；2014年获得项目95项，经费5472.2万元；2015年获得项目125项，资助经费15323.18万元；2016年获得项目197项，资助经费37214.5万元；2017年获得项目323项，资助经费70978.9万元；2018年531项，资助经费85172万元，其中纵向项目423项，资助经费72741.61万元，横向项目108项，资助经费12430.79万元。近三年我校科研项目及经费保持稳定增长。

在科研成果方面，2018年我校教师发表期刊论文1807篇，会议论文261篇，总计2068篇(数据来源为图书馆检索)，另外参与编写专著30篇。中国大学自然指数(Nature Index)排名保持稳定，2018年南科大自然指数加权论文值为83.33，在中国大学自然指数排行榜中排名第28位(年度最高排名第26位)。同时在2018年，我校化学、材料科学两个学科进入ESI全球前1%。

2018年我校俞大鹏院士获得NSFC-广东联合基金集成项目资助；郑春苗教授获重点国际合作项目和重大项目课题资助；陈永顺教授获重大项目课题资助；刘崇炫和郑焰教授获重点项目资助；谭斌教授获杰出青年基金资助；蒋伟副教授获优青项目资助；王连平和张传伦教授获得重大研究计划重点支持项目资助；U Kei Cheang副研究员、Andrew P Hutchins助理教授、Babarinde Isaac Adeyemi博士和Lukas Adam博士获得外国青年学者项目资助。

2018年我校科技部项目也取得重大突破，2018年度共组织申报科技部国家重点研发计划、国际合作项目等60项，共获批31项，其中国家重点研发计划项目课题负责获批10项，科技部重大专项课题负责获批1项(负责人为胡清)，获批项目总经费8482.62万元，获批数量和经费总额都高于历年总和。

创新团队

2018年我校四个团队成功入选第七批广东省“珠江人才计划”引进创新创业团队项目，获得经费资助总计0.8亿元。本次广东省共计获批52个团队，包括引进创新创团队31个和本土创新科研团队21个，在引进创新创业团队项目上，我校获批数量与中山大学并列全省第一。我校入选的四个团队均为应用基础研究类团队，具体包括：姚新教授为带头人的“可重构类脑智能计算系统团队”，资助金额2000万元；刘崇炫教授为带头人的“创新性水处理先进环境材料研究团队”，资助金额2000万元；张文清教授为带头人的“电子-声子输运物理和热功能材料设计与应用团队”，资助金额2000万元；李贵新副教授为带头人的“光学超构表面关键技术与应用研究团队”，资助金额2000万元。至此，我校“珠江人才计划”团队总数达到10个。

孔雀团队方面，2018年我校获批了一个团队，为机械与能源工程系朱强教授牵头的“车辆与通讯设备轻量化新材料研发团队”，获批经费共计2000万元。

国际项目

随着我校科研实力及国际影响力的不断提升，越来越多的老师直接向境外政府争取竞争性科研经费。我校今年获得两项直接由境外机构资助的科研项目，分别是人文社科中心李蓝老师与英国伦敦大学亚非学院合作的‘Cross-dialectal Documentation of A Highly Endangered Language in Guizhou Province of China’、环境科学与工程学院的郑焰老师与丹麦外交部合作的‘Managed Aquifer Recharge in the North China Plain’，两个项目总共获得经费212万元。

横向项目

2018年，我校签订横向技术合同数108项，合同额12433万元。学校与地方的合作仍然集中在经济发达地区，与京津冀、长三角和珠三角地区的合作进一步加强。重大合同进一步增加，学校集中科研力量开展重点项目的工作思路得以基本实现。本年度我校重大横向合同较上年度有所增长，其中100万元以上合同24项，合同额为10363.7万元。

平台建设

2018年我校共计获批“国家环境保护流域地表水-地下水污染综合防治重点实验室”和“广东省电驱动力能源材料重点实验室”，前者为我校首个获批的部级重点实验室。另外，我校还获批了4项深圳市重点实验室，分别是“深圳量子点先进显示与照明重点实验室”“深圳市航空航天复杂流动重点实验室”“深圳市固态电池研发重点实验室”和“深圳海洋地球古菌组学重点实验室”；获批发改委工程实验室2个、工程研究中心3个，分别是“深圳环境物联网技术与应用工程实验室”“深圳物联网智能信息处理工程实验室”“深圳前沿材料高压制备工程研究中心”“深圳新型电子信息材料与器件工程研究中心”和“深圳柔性太阳能电池研发工程研究中心”。

科研奖励

科研奖项方面，我校环境科学与工程学院教授胡清参与的“流域水环境重金属污染风险防控理论技术与应用”项目荣获2017年国家科学技术进步奖二等奖(2018年颁奖)。物理系教授何佳清获2017深圳市自然科学奖二等奖，电子与电气工程系教授陈树明获2017深圳市青年科技奖（2018年公布）。航空航天工程系副教授万敏平荣获2018年“求是杰出青年学者奖”。环境科学与工程学院教授刘俊国获得第十五届中国青年科技奖。社会科学中心教授唐际根、荆志淳等主持完成的《豫东考古报告》获得中国考古学会优秀研究成果奖（金鼎奖）。

专利情况

2018年我校申请国内专利总数为410 项，其中，发明专利为297项，占申请总数的72.44%；获国内授权专利103项，其中，发明专利为43项，占授权总数的41.75%；申请国外及地区专利37项，获国外授权专利3项。

科技交流与合作

2018年我校继续加强与地方政府和各类企业的全面合作，全年在新材料、精密加工、人工智能、制药化学等4个学科领域开展了技术交流对接会，有效对接企业500余家、投资机构100余家，逐渐形成了由点到面的技术交流对接模式，全面推进南科大创新链与产业链、资金链实现实质性对接。

搭建产学研合作创新模式，支撑学校与地方政府和企业的合作

在积极开展创新型大学服务社会的过程中，技术转移中心针对地方机构、行业的经济发展状况及需求，深入挖掘整合学校现有的科技与人力资源，突出战略重点，积极开拓市场，探索产学研合作创新模式，树立与区域、企业的合作平台，支撑学校与地方政府及各类企业合作的可持续发展。

加强内部管理建设，提升核心竞争力

2018年，技术转移中心对外积极探索产学研合作的创新机制，拓展合作渠道，促进我校与各类企业的紧密合作与良性互动；对内狠抓内部管理建设，提升团队核心竞争力，开拓高效、创新新局面。

主办专项交流会，构建创新链、产业链、资本链实质对接

以校企技术交流会、行业高峰论坛为平台，营造高校与产业界资源信息互通环境，以企业拜访、产业技术需求对接为纽带，链接学校优势学科研究与市场发展需求匹配，实现优势互补和互惠互赢，推动科技创新、科研成果转化，确保双方可持续发展。

深圳市华尊科技股份有限公司

深圳市华尊科技股份有限公司（后称“华尊科技”或“公司”），是一家专注于以人工智能技术进行产业应用的高科技企业，通过提供领先的解决方案，致力于协助公共安全领域的行业用户提升数据价值、提高管理效率、达成良好的应用成果。公司总部设于深圳，在全国多地设有研发中心及服务中心，是国家高新技术企业。

自2009年设立以来，公司一直致力于视频结构化、视频大数据为主的视频数据分析技术的研究和产业化应用。经过多年视频算法及算力硬件嵌入式的技术沉淀，公司在视频摘要、视频浓缩、图像处理、人物、车辆多维度识别、图像检索和分布式计算技术、大数据框架等方面具备有竞争力的专业能力和核心技术。公司现有人员150人，其中研发和技术人员占比超过七成，研发投入占销售的比重常年超过15%。

公司提供软硬一体的领先解决方案，主要产品包括公共安全视频大数据应用系统、智能分析单元、警用设备以及前端视频采集端。其中，视频大数据应用系统涵盖人像、车辆、视频实战、“深蓝”平台以及“云池”视图库；智能分析单元包括交通、公安、人脸等算法及结构化产品；硬件类以智能摄像机、布控箱、人证核验终端、视频勘察仪、视频采集仪为主。

产品化的应用场景以雪亮工程、智慧城市等基于公共安全视频监控联网的视频数据分析应用业务、交通及涉车业务管控业务、人像和身份识别应用业务等。

公司产品的核心技术以基于人工智能的场景化算法为依托，在摘要提取和合成、车辆和行人检测以及车辆属性分析等功能方面具有核心技术。核心算法采用高度并行化的方法，借助GPU+CPU加速方法提高算法的处理效率。核心技术包含以下：

（1）视频摘要技术

公司是国内最早自主研发视频摘要算法的厂家之一。该技术的作用主要是便于存储和视频的浏览或查找，相对于原始的视频资料，视频摘要的长度要短很多，节省了存储时间、空间。视频摘要保留了原内容的要点，所以对于用户来说，浏览或查找视频摘要比浏览原始视频要节省时间。公司在视频分割、视频内容提取及合成摘要等三个关键技术点经多年探索，无论是场景适应性、跟踪的准确性方面都具有较好的实践效果。

（2）车辆跟踪及属性分析技术

公司自主研发的车辆属分析技术主要包括车辆品牌和车型、车辆颜色、车辆朝向、车牌信息、车辆驾驶员以及其他车辆局部特征（包括遮阳板、纸巾盒、挂件等）识别分析等，在视频摘要多目标跟踪的优势下，不容易丢失目标物件，同时对车辆颜色、物件大小、移运速度等做识别，增强后端检索的准确性。车辆属性特征识别是分级检测和深度神经网络相结合的方法，分级检测快速准确地对车辆及车辆特征进行定位，而深度神经网络则保证了车辆及车辆特征识别的准确度。

该技术是建立在百万级现实场景的已标注数据基础上，构建了一套快速和准确的车辆属性和行为分析框架，提高了识别的准确度。公司目前也在研究深度神经网络自学习相关技术，提高整套框架的智能化水平，对车辆中驾驶员的属性和行为特征进行进一步分析，包括驾驶员的人脸、衣服、性别、行为动作等。

（3）视频分布式计算和调度框架

通过该调度框架充分实现任务的有效调度和切割，支持计算资源动态流转，以最小的硬件资源代价，支撑视频结构化处理任务需要的不确定性。当一个计算节点、服务节点不能满足任务处理能力时，可动态调用其他计算资源参与视频处理任务，实现业务负载增加时，计算资源弹性伸缩，快速响应视频摘要处理任务。同时具备灵活的部署策略，做到每个计算单元即插即用、无限制部署、整体计算资源共享。

（4）海量数据的分布式存储技术

公司基于分布式文件存储技术和分布式数据库，对位于不同地点的许多计算机通过网络相互连接，共同组成一个完整的、全局的大型多媒体数据库。帮助用户采用低成本的服务器，组建一个高扩展性高性能的大型数据库。公司提供了海量数据的分布式解决方案，权衡了查询的灵活性和性能而采取了特殊的存储格式。采用云平台实现交互式查询分析，解决云平台无法满足实时分析的问题，既满足了海量数据的存储和安全性，又提供了实时性的分析查询接口。

（5）GIS引擎

提供地图数据最基础的驱动和管理，属于组件式GIS，以空间数据关系算法、栅格数据结构为基础，以业务应用模型为驱动，满足现有图侦业务平台的需要。

技术之外，公司的优势还在于深耕的行业经验及多年累积的数据壁垒和应用价值提炼。截至2019年初，公司的成功案例已经体现在超过30个省、市、区县级公安系统以及大运会、边检、政法、园区等项目中，目前产品覆盖已延伸至海外，包括新加坡、沙特、肯尼亚等发达及发展中国家均对公司产品进行了评估并高度认可。

（1）在重庆市平安城市建设中，公司以互联互通为目标，基于智能化理念，实现视频资源大联网多平台数据整合，海量数据关联分析，充分体现可视化价值作为国内平安城市开创性的经典项目，获取了宝贵的场景数据、实施经验。

（2）在河南全省三级联网试点项目中，由省厅牵头顶层设计，构建省、市、区县三级视频侦察体系实战战果明显，形成良好的行业口碑及社会影响（平台研判案件21万起，视频线索28万个，图片线索42万个，挖掘串并案9000多串），体现了省级项目协调运作和整体服务能力。

（3）在江苏吴江的视频图像侦察项目中，以警用电子地图为支撑，实现双网双平台架构贴近各警种开展业务的实际工作流程和技战法以图侦、大数据为技术支撑，弥补和解决实战问题，客户深度认可并多次复购。

（4）在深圳交警智慧监控项目中，云端边缘+边缘智慧+前端智慧架构，AI与大数据技术端到端整体解决方案，采用开放式架构设计产品，围绕客户、场景创造服务成果（日处理过车数据2400万张图片，识别疑似违法数据10000多例，废片识别系统每月处理80万张），高效提升用户数据价值，实质性帮助客户快速推进交通非现场执法的应用落地。

（5）2019年，公司的业务覆盖迎来了新的突破，视频实战软件获得了新加坡警察局客户的高度认可，成功中标并部署于其重点场所安保项目中。新加坡政府拥有成熟的智慧城市解决方案甄选经验，警察局经历了多轮智能化建设，本次顺利出海，是公司产品竞争力的体现，更是支撑和服务体系不断优化的结果，同时意味着海外发达国家市场对国内高科技产品的认可和鼓励。这将不断激励公司全体员工发奋图强、励精图治！

华尊科技将以“用AI为城市公共安全赋能”为使命，以“成为安防行的精品品牌”的愿景，秉承“客户为先、价值为本、持续创新、追求卓越”的理念，为客户创造视频应用新价值，提升公共安全领域智能化发展水平、力争成为智慧城市建设的积极推动者。

目 录

第一章 概况

第二章 政策法规

第三章 科技资源环境

第四章 深圳科技投融资体系

第五章 知识产权保护

第六章 各区科技发展

第七章 科技服务体系

第八章 科学普及

第九章 科技新闻

第十章 科技企业办事指南

第十一章 科技名录

第十二章 创新载体

第一章 概况

S u m m a r y

第一节 2018年深圳市科技创新工作情况报告

——提升技术创新能力，争创社会主义现代化强国、科技创新的城市范例

2018 年，深圳市科技工作在市委市政府的领导下，认真贯彻落实习近平总书记对广东、深圳作出的系列重要指示批示精神，深入实施创新驱动发展战略，抢抓粤港澳大湾区建设重大机遇，紧紧围绕建设具有世界影响力的创新创意之都，瞄准世界科学发展和产业变革前沿，着力突破关键核心技术，着力发挥企业创新主体作用，着力构建开放型区域创新体系，加快形成以创新为主要引领的现代化经济体系，为建设中国特色社会主义先行示范区、创建社会主义现代化强国的城市范例提供有力支撑。

一、改革创新力增强

按照习总书记“抓创新就是抓发展，谋创新就是谋未来”的要求，深圳科技创新积极践行新发展理念，旗帜鲜明把创新作为城市发展的主导战略，改革创新工作取得新成效。创新能力显著增强。全市科技财政专项资金增至 95 亿元，其中基础研究资金翻番，增至 28 亿元。预计全社会研发投入超 1000 亿，占 GDP 比重 4.2%。创新型经济加快发展。2018 年高新技术企业预计新增 3000 家，总量有望超过 1.4 万家，居全省第一，全国大中城市第二。初步测算，2018 年高新技术产业产值 23871.71 亿元，同比增长 11.66%。高新技术产业增加值 8296.63 亿元，同比增长 12.73%。

二、完善的创新政策体系

2017 年，在深圳市委市政府的高度重视、强力领导下，深圳创新创业环境显著提升，科技创新在深圳市中心工作中的战略地位不断增强，一系列重大战略和改革举措相继出台。2018 年 7 月，市委六届十次全会顺利召开，审议并通过《关于深入贯彻落实习近平总书记重要讲话精神加快高新技术产业高质量发展更好发挥示范带动作用的决定》，提出实施科技创新能力跃升“七大”工程，科技创新在产业提质增效中的支撑引领作用显著增强。深圳市科技创新局出台重大科技计划项目评审办法，建立全球遴选评审专家及主审专家提请审议等机制；颁布实施加强基础研究的实施办法，构建全方位的基础研究投入保障体系。这些重大政策的制定和出台，形成了新时代深圳创新驱动发展的系统布局和制度基础，为深圳科技创新事业乃至长远发展提供了制度保障。

坚持以改革驱动创新，以创新驱动发展，紧紧扭住科技体制改革这块“硬骨头”，对标国家、省市关于科技体制改革的各项任务，狠抓落实，强力推进。一是创新财政资金管理方式，增加“事后奖励”“科技悬赏”“高等院校稳定支持”等投入方式，同时简化科研项目预算编制，赋予科研单位经费管理更大自主权；二是完善科研人员激励机制，加大对承担关键领域核心技术攻关任务科研人员的薪酬激励，建立知识价值形成机制，让科研人员有更多的获得感；三是改革科技项目评审机制，首次试行重大科技项目评审“主审制”；规范科技评审专家管理，建设集中统一、标准规范、安全可靠、开放共享的深圳科技评审专家库；四是改革科技项目形成机制，完善以专家意见为主导的项目遴选机制，将专家评审分数在项目综合分数的占比，由 50% 提高至 70% 以上，技术攻关、基础研究学科布局等重大项目，由处室考察改为处室核查。

三、注重源头创新，赋能创新载体

按照习近平总书记“实施创新驱动发展，最根本的是要增强自主创新能力”的要求，一是聚焦核心电子器件、高端通用芯片、高档数控机床主机等产业技术关键共性领域，集中遴选155个项目列入2019年技术攻关储备，拟资助金额5.9亿元。针对产业“关键零部件、核心技术、重大装备受制于人”发展瓶颈难题，组织实施“关键核心技术进口替代重点技术攻关项目” 10项，资助总金额0.95亿元，平均强度950万元。二是实施基础研究补短板，高质量创新平台建设取得重要进展。获批建设鹏城实验室，生命信息与生物医药两个广东省实验室，全省7个省实验室其中2家落户深圳。稳步推进省部共建肿瘤化学基因组学国家重点实验室，实现院校类国家重点实验室零的突破。围绕基因组学、超材料、大数据、石墨烯等前沿领域，新设基础研究机构10家。全年新增各类创新载体189家，累计建成1877家，其中国家级114家。

四、协同创新打造综合创新生态

着眼形成创新的叠加效应，推动科技、产业、管理、金融、文化、商业模式等创新要素有机结合，推动形成线上线下结合、产学研用协同、大中小企业融合的创新创业格局。一是加快科技金融试点城市建设，全面撬动银行、保险、证券、创投等资本市场要素资源支持企业创新创业。2018年通过银政企合作贴息、天使投资引导、科技金融服务体系建设，撬动银行、保险、证券、创投等资本市场要素资源支持企业创新创业成效明显。全年银政企新入库416个项目，对132个银政企合作贴息项目予以3036万元贴息支持 ,500多家入库企业获得合作银行贷款，发放贷款总额近100亿元。二是打造企业孵化创新平台，支持特色众创空间优化升级，推动柴火、开放制造等众创空间面向硬件创客群体，提供种类丰富、功能强大的模块化开发工具、小批量生产和资金对接等综合孵化服务。

五、人才驱动创新

创新驱动实质上是人才驱动。引进、培养、用好各类人才是深圳创新驱动发展的关键要素。深圳坚持人才优先发展战略，筑巢引才、创业用才、环境留才，突出“高精尖缺”导向，坚持人才引进来、走出去，激发各类人才创新动力、活力和潜力。聚焦产业发展规划、关键共性技术攻关、原始创新能力提升、创新载体建设等需求，重点围绕生物医药、互联网、新能源、新材料、新一代信息技术、航空航天、生命健康、机器人、可穿戴设备、智能装备等我市重点支持的战略性新兴产业和未来产业，实施“孔雀计划”“鹏城英才计划”，成立人才集团和猎头公司，将每年11月1日确定为“深圳人才日”。全年新增全职院士12名，总量达41名，新增高层次人才2547名，总量达1.24万名。加大青年科学家支持力度，增设海外青年团队子项。新引进孔雀团队15个，资助金额4亿元。新增“珠江人才计划”创新创业团队11个。累计引进孔雀团队和广东省创新科研团队162个，其中孔雀团队126个，广东省创新科研团队56个。

六、注重融合发展，创新开放合作

作为国际化的高科技城市，充分发挥经济特区作为对外开放窗口的优势，努力在全球范围集聚配置创新资源，在更高层次上参与全球科技合作竞争。一是充分发挥毗邻香港优势，深化深港科技创新合作。继续拓展和深化深港创新圈联合研发项目，允许项目资金跨境流通，支持香港科研主体承担深圳科研项目。累计联合资助深港合作项目77项，共投入资金超过4亿元。推进深港科技创新特别合作区科技产业规划编制，编制《粤港澳大湾区科技创新行动计划（2018—2022）》和《深圳市贯彻落实粤港澳大湾区发展规划纲要三年行动方案》，深化合作区科技产业布局研究。二是拓宽深化国际合作。启动2018年国际科技合作和深圳以色列科技研发合作联合资助项目申报，资助国际合作项目45个，资助金额2250万元；资助国际交流活动项目3个，资助金额136.72万元。会同以色列驻广州总领事馆共同举办以色列 - 深圳先进IT技术对接会，促进深圳 - 以色列两地企业在AR、VR、AI领域的交流合作。

第二节 2018年深圳市科技服务工作情况报告

2018 年，深圳市科协以习近平新时代中国特色社会主义思想为指引，在中国科协及省科协的指导下，在市委市政府的正确领导下，以落实“四个服务”为基础，扎实推动科协系统深化改革，桥梁和纽带作用进一步强化，相关工作取得重要进展。

一、服务创新发展的能力不断提高

2018 年深圳市科协深入贯彻习近平总书记关于群团改革重要讲话和“科技三会”重要讲话等精神，全面落实市委于 2018 年 5 月印发的《深圳市科协系统深化改革实施方案》，征集了全市科协系统深化改革事项 32 项，制定了改革举措，提出了具体落实项目，明确了责任部门和责任联系人，科协系统支持改革、参与改革的氛围已经形成，科协系统在社会各界的影响力持续扩大，对科技工作者的凝聚力进一步提高。

打造科技交流平台，服务创新发展的能力不断提高。一是贯彻落实“粤港澳大湾区”国家战略，组织开展多层次、多领域的深港交流活动，积极推动深圳企业及相关机构开展深港科技合作，全年开展深港交流活动 100 多场次，牵头成立了“粤港澳大湾区科普联盟”；二是大力推进海外人才创新创业离岸基地和深圳海智工作站建站工作，构建基地服务体系。2018 年离岸基地加快海外布局，新建了耶鲁大学深圳创新中心、英国牛津创新中心等基地，引入了“再生医学前沿研究院”“和信中欧金融科技研究院”“鲲云人工智能应用创新研究院”等平台级项目。颁布了《深圳市科学技术协会海智计划工作站管理办法（试行）》，建立星河领创天下等 10 家海智工作站，通过海智基地对接企业和项目 20 个；三是参与策划组织“2018 科技外交官深圳行活动”，邀请中国驻加拿大、瑞典、英国、美国、奥地利、俄罗斯、捷克等科技资源聚集地区的 10 名外交官来深圳，围绕“新形势下国际科技合作展望”主题开展系列交流活动。市委书记王伟中会见科技外交官。活动为我市借用外交官资源开展国际协同创新建立了新的平台；四是服务中小企业“走出去”，2018 年带领“中国深圳”科技展团累计组织 223 家中小型科技企业赴德国、美国、英国、俄罗斯、阿联酋和哈尔滨参加了 6 场国内外知名科技展会，累计展出面积 3105 平方米，接待参观人数超过 6 万人次。

二、科普阵地建设成果显现

扩大科普资源供给，科普阵地建设成果显现。一是履行好牵头实施《全民科学素质行动计划纲要》的职责任务，不断加大科普工作统筹协调力度，受到中国科协《纲要》实施工作“十三五”中期评估实地检查组的充分肯定；二是积极推动科普立法工作，配合市人大科普条例立法工作组起草《深圳经济特区科学普及条例》（以下简称《条例》）初稿，并开展市内外调研，保证深圳科普立法条款走在全国前列；三是开展企业科技传播馆试点建设工作，组织专家对大族激光、波顿香料等两家企业科技传播馆（筹）开展了指导、论证、评估，选择大族激光进行升级改造资金支持；四是创新开展青少年科技教育工作，开展特色科普活动。与市教育局共同提出科普学分制概念，构建无边界、综合性的开放型学习平台。成功举办深圳首届科普摄影大赛，在深圳地铁组织“流动科普站”活动等。报送全国科普日重点活动平台重点活动 40 项、新闻报道 10 篇、图片 70 张（29 项）、展项 10 个、视频 8 个，报送活动总量居全省第二位；五是持续推进深圳科技馆（新馆）工作，加紧办理选址及用地手续，向市建筑工务署移交建筑工程项目，赴北京等地科技馆调研考察并全面启动新馆展教工程部分前期工作；六是采用全新方式组织开展全市青少年科技创新大赛，加强与市教育局等部门的沟通协调，密切了合作关系，首次尝试将学生创客节和青少年科技创新大赛融为一体，共同举办“深圳学生创客节（2018）暨第34届深圳市青少年科技创新大赛”，搭建了统一、协调、高效的青少年科技创新服务平台；七是加快推动科普信息化建设，大力推进科普中国e站建设，积极申报科普信息化试点项目。目前，全市共建有科普中国e站35个。2018年9月，市科协组织推荐深圳书城罗湖城实业有限公司等14家单位申报2019年“科普中国”落地应用e站建设项目，成功进入省财政厅项目库。

三、学会服务能力持续优化

优化管理服务流程，学会组织活跃程度持续增强。一是优化服务方式，提升服务效能，起草《学术活动资助办法》《申请深圳市科协作为学术主办单位办法》《业务主管单位申报办法》《学会申请使用市科协公章办法》等规章制度，规范学术活动支持流程；二是坚持对外开放，统筹活动资源，与市社会组织管理局、市科创委、市人社局沟通，就学会的业务主管单位、协助相关社团组织、职称认定工作向学会倾斜等问题达成共识；三是拓展学会外部资源，提升骨干力量视野，采取定期看、走出去、互动学的模式，组织赴南开大学进行专职工作人员专题培训学习，组织14批次300人次“体验身边的科技活动”，深入大亚湾核电站、深圳市生态监测中心站等，让专职人员了解深圳科学技术、产业发展的变化，把握行业脉搏；四是加强学会党建工作，对所属学会党建工作进行梳理，要求符合条件的学会尽快建设党组织并发挥作用，提出依托学会推动学会会员企业成立党支部的工作思路；五是大力推进院士专家工作站建设，通过征集评审等程序，2018年新认定了25家，共吸引了27名院士参与深圳企业的核心技术攻关工作。

四、高水平科技品牌活动涌现

组织开展高水平科技活动，助力打造科协品牌。一是举办第三届深圳海洋论坛，吸引了来自海洋科技领域管理部门、国内高校、大型央企等32名高水平专家参加，打造了1+4的论坛模式，即在主论坛的同时举办了“创新驱动海工装备发展、走进大数据时代共建智慧海洋、海洋生物产业创新发展、海洋金融及海洋现代服务业”等主题的四个平行论坛。深圳市常务副市长刘庆生与中国广核集团、招商局集团、中国船舶重工集团、中国石油化工集团等企业相关负责人深入沟通交流深圳建设海洋中心城市的意见建议；二是举办第三届深圳（国际）科技影视周活动。活动主要包括颁奖典礼（深圳市全国科普日活动主会场）、首届手机科技短视频大赛（通过网络活动征集参赛短片322部）、科技（科普）影视片展映【10场的院线观影活动和超过300场次的科技（科普）影片展映进社区、进学校】、科技影视论坛、中国（深圳）国际气候影视大会（1113部科技影片参加评选）及影视项目资本对接会六个板块内容，圆满诠释了第三届科技影视周的“未来尖兵”主题；三是全年组织自主创新大讲堂品牌活动100场。2018年继续侧重于学术与产业的融合，其中大讲堂科学馆专场举办28场次，吸引听众3000人次，与人民群众息息相关的学术内容反响强烈；四是主办了2018年“深圳杯”数学建模挑战赛。来自全国的62支代表队，约200名高校师生参加了本次挑战赛，并于今年启动了深圳杯数学建模报名信息化系统建设工作；五是继续开展“科学与中国”院士专家巡讲活动，邀请了28位两院院士和17位专家，在3天的时间内举办了122场公益巡讲，巡讲范围延伸到香港、澳门等地区；六是高水平的学术交流活动持续开展，“2018年粤港澳大湾区科技金融促进大会”“中国（深圳）军民融合发展峰会”“院士大讲堂”“院士讲座”等活动吸引了大批高水平的科技人员参与互动交流。

五、智库建设再上层楼

大力开展智库建设，进一步夯实决策咨询的工作基础。一是组织开展软课题研究工作，2018 年共开展软课题研究 18 项，围绕健康中国下的深圳布局、深圳与台湾的产业合作、深港产城融合合作等内容开展专题研究并形成报告；二是开展专家沙龙及人才推荐活动，共召开研讨会 4 次，沙龙 2 次，邀请学术活动的演讲嘉宾近 30 人次，参与活动的各界专家学者 600 多人次。依托市科技专家库，为市人才办、市科技交流中心推荐专家、人才 3 批次超过 50 人次；三是开展独立第三方项目评审工作，截至 2018 年 11 月 7 日，深圳市科技专家委员会办公室共组织了 37 批次，邀请 826 人次专家，对 2795 个项目进行了评审。

六、组织建设得到有力加强

以巡察工作为契机，科协组织建设得到有力加强。一是进一步理顺内部管理制度。市科协业务处室正式分为科普部和学会部，各部门迅速搭建起新的工作队伍，建章立制，谋划新时代的工作重点；二是学会组织和企业科协组织进一步增加。截至 2018 年 11 月，科协作为业务主管单位的学会共计 96 家，同比增长了 6.7%，新增团体会员 10 家，新增民办非企业单位 16 家。预计到 12 月底，新增企业科协 70 家，共建成企业科协 191 家，同比增长 133 %；三是科协干部队伍进一步增强，2018 年从高校、街道等组织选拔优秀中层干部进入到科协队伍，对于调整干部队伍结构、开拓视野、激发活力、引入新思维具有重要作用。

第二章 政策法规

L a w s & P o l i c i e s

深圳经济特区国家自主创新示范区条例

深圳市重大科技计划项目评审办法（试行）

深圳市“深港创新圈”计划项目管理办法（试行）

深圳市国家和广东省科技计划项目配套资助管理办法

深圳市海外创新中心认定与评价办法

深圳市第六届人民代表大会常务委员会公告（第九十五号）
深圳经济特区国家自主创新示范区条例

第九十五号

《深圳经济特区国家自主创新示范区条例》经市第六届人民代表大会常务委员会第二十二次会议于2018年1月12日通过，现予公布，自2018年3月1日起施行。

深圳市人民代表大会常务委员会

2018年1月17日

深圳经济特区国家自主创新示范区条例
（2018年1月12日深圳市第六届人民代表大会常务委员会第二十二次会议通过）

第一章 总 则

第一条 为了全面实施创新驱动发展战略，保障和促进深圳国家自主创新示范区（以下简称示范区）的建设发展，加快建设现代化国际化创新型城市，率先建设社会主义现代化先行区，根据法律、行政法规的基本原则，结合实际，制定本条例。

第二条 示范区科技创新、产业创新、金融创新、管理服务创新、空间资源配置以及社会环境建设等适用本条例。

本条例所称示范区，是指经国务院批准设立，在推进自主创新和高技术产业发展方面先行先试、探索经验、做出示范的区域，包括深圳高新技术产业园区（以下简称高新区）和其他产业园区。

示范区各个产业园区的具体范围由深圳市人民政府另行公布。

第三条 以科技创新为核心，加快建设创新驱动发展示范区、科技体制改革先行区、战略性新兴产业集聚区、开放创新引领区和创新创业生态区，发挥自主创新引领辐射带动作用。

第四条 完善以企业为主体、市场为导向、产学研相结合的创新体系，促进创新要素向企业集聚，不断增强企业创新能力。

第五条 培育激励创新的社会环境，营造开放包容、合作协同、崇尚创新的氛围，激发全社会创新活力。

第六条 市、区人民政府应当加强对示范区工作的组织领导，制定示范区发展规划，建立相应的资金投入和其他保障机制，统筹协调示范区工作中的重大事项。

第七条 对在示范区工作中做出突出贡献的单位和个人，由市、区人民政府及相关部门给予表彰和奖励。

第二章 科技创新

第八条 坚持以科技创新为核心，加强科学探索和技术攻关，突出关键共性技术、前沿引领技术、现代工程技术、颠覆性技术创新，形成持续创新的系统能力。

第九条 完善基础研究财政投入稳定支持机制。加大财政性资金对基础前沿、社会公益、重大关键共性技术研究等公共科技活动的支持力度，不断提高基础研究投入占财政科技投入的比例。

第十条 支持高等院校、科研院所、企业以及社会组织实施核心关键技术研发，以科技发展的重大突破带动生产力的跨越发展。符合条件的，由财政性资金给予相应资助。

第十一条 财政性资金应当逐步减少直接投入方式，综合运用财政后补助、间接投入等方式，支持企业根据市场需求开展技术创新，引导企业增加研发投入。

财政性资金应当作为受资助企业科技研发的配套资金，配套比例由市人民政府规定。

第十二条 支持高等院校、科研院所和企业在科技发达、创新资源密集的国家和地区建立境外研发机构和技术交流平台，参与国际科技合作计划。

支持国内外知名研发机构、科学家团队在示范区设立研发机构，开展核心关键技术研发和产业化应用研究。

第十三条 高等院校、科研院所、企业与深圳市外研发机构合作开展科学研究，成果在示范区内产业化的，可以视为示范区内科研项目，按照规定享受相关优惠待遇。

第十四条 对符合条件的战略性新兴产业和未来产业研发项目，可以由财政性资金给予相应的配套支持；也可以单独就科研领军人才的培养和引进、大型科学仪器设施的购置和建设给予财政性资金资助。

第十五条 杰出人才、国家级领军人才，以及相当于国家级领军人才级别以上的海外引进人才组建科研团队开展科技项目研发，其项目符合财政性资金资助条件的，可以由科研团队主要负责人申请相关资助。所获得的资助资金通过所在单位或者合作单位按照相关规定管理。

第十六条 市、区人民政府可以委托具备相应资质和能力的机构行使出资人权利，将财政性资金通过阶段性持有股权方式，支持企业开展技术、管理以及商业模式等创新。

受托股权代持机构在股权退出时，所投入财政性资金出现亏损，经第三方评估机构评估，确认属于合法投资且已尽职履责的，可以按照规定予以核销。

第十七条 高等院校、科研院所和企业利用财政性资金或者国有资本购置和建设大型科学仪器设施的，产权及相关收益归购置和建设单位所有。协议另有约定的，从其约定。

第十八条 高等院校、科研院所以及科研人员以知识产权设立公司或者入股公司的，可以分别独立持股，并按照约定的股权分配比例办理公司登记或者股权登记手续。

第十九条 拥有大型科学仪器设施的高等院校、科研院所和企业等单位应当按照相关规定，将利用或者主要利用财政性资金、国有资本购置和建设的大型科学仪器设施，在满足自身使用需求的基础上最大限度向社会开放使用，支持相关组织或者个人开展科学研究和技术开发。

大型科学仪器设施购置和建设申请报告或者项目可行性研究报告应当包括开放服务承诺，明确开放时间、范围、方式等内容。但是，涉及国家安全、重大社会公共利益的项目除外。

大型科学仪器设施对外开放使用的，可以按照非营利原则收取适当费用。

建立大型科学仪器设施对外开放使用的信息平台，及时公开开放使用的相关信息。

第二十条 推动深港两地联合资助研发项目的资金和仪器设施跨境使用，促进科研人员、仪器设施、财政科技资金在深港两地合理流动。

第三章 产业创新

第二十一条 实施自主品牌、知识产权和标准化战略，强化市场主导作用和企业创新主体地位，加快科技成果转移转化和先进技术推广，构建产业创新体系。

第二十二条 坚持绿色低碳循环发展的产业导向，禁止高能耗、高污染、高排放产业进入示范区，积极推动节能环保、清洁生产、清洁能源产业发展。

第二十三条 市、区人民政府应当推动区域品牌创新培育，加快知名品牌建设，增强本地知名品牌的质量竞争力和国际影响力。

支持品牌公共服务机构为企业提供品牌规划、培育、宣传和人才培养等服务，开展品牌认证，参与品牌价值评价。符合条件的，由财政性资金给予相应资助。

第二十四条 支持高等院校、科研院所和企业建立研发与标准创新同步机制，推动科研、标准和产业一体化发展。

支持标准服务机构参与标准制定、深圳标准认证、标准理论研究、标准人才培育、国外技术性贸易措施研究等。符合条件的，由财政性资金给予相应资助。

第二十五条 实施国家高新技术企业培育计划，建立国家高新技术企业培育库。相关部门可以对入库企业开展研发活动给予相应支持。

第二十六条 符合产业政策和产业导向目录、在深圳注册的工业企业实施技术改造的，可以按照有关规定申请财政性资金资助。

第二十七条 支持专业性和综合性中试基地建设，为企业产品实现工业化、商品化和规模化提供投产前试验或者试生产服务。符合条件的，由财政性资金给予相应资助。

第二十八条 鼓励企业孵化器为初创科技企业提供配套增值服务，构建全链条产业孵化体系，提升运营服务能力，提高初创企业存活率、知识产权拥有率和科技成果转化率。符合条件的，由财政性资金给予相应资助。

支持创客个人、创客团队、创客空间和创客服务平台发展，推动创意转化为产品或者服务。符合条件的，由财政性资金给予相应资助。

第二十九条 市、区人民政府应当积极培育科技服务机构和科技创新服务平台，为高等院校、科研院所和企业提供相关服务。

市、区人民政府应当加强科技服务机构和科技创新服务平台规范管理。

第三十条 搭建军民融合项目投融资平台，促进军民创新融合，构建军民信息和设施共享机制，支持企业承担国家军民融合重大专项计划项目或者与军工单位开展研发合作，推进军民两用技术研发与科技成果转化。

第三十一条 推动深港两地实现执业资格互认，支持取得香港执业资格的专业人士直接为前海深港现代服务业合作区提供专业服务，并逐步扩展到其他产业园区。

支持工程师、经纪人等相关行业协会在前海深港现代服务业合作区建立与国际接轨的执业资格评价制度，相关部门可以按照有关规定认可其评价结果。

第四章 金融创新

第三十二条 建立适合示范区创新发展的金融服务模式和体系，拓展金融市场支持创新的功能，为科技企业提供综合金融服务。

第三十三条 支持商业银行建立适合科技企业的授信准入、风险评级、审查审批和贷后管理制度，提高科技企业信贷管理水平。

鼓励有条件的银行业金融机构在依法合规和风险可控的前提下，开展贷款与股权、期权等投贷联动创新，为科技企业融资提供服务。

第三十四条 支持深圳证券交易所发展多层次资本市场，优化融资服务，丰富交易产品，吸引境内外企业上市融资。

鼓励中小企业通过境内外证券交易机构开展融资活动。

第三十五条 支持符合条件的创新型企业通过发行企业

债、公司债以及小微企业增信集合债、项目收益债等债券，拓宽融资渠道。

第三十六条 支持保险机构开发科技保险、出口信用保险、专利保险、小额贷款保证保险等产品，为科技企业提供风险保障和融资支持。

第三十七条 设立政府投资母基金或者联合社会资本设立、参股子基金，重点支持高技术产业、新兴产业等领域早中期、初创期创新型企业发展。

第三十八条 完善知识产权质押投融资风险补偿机制。市人民政府可以发起设立知识产权质押投融资风险补偿基金，对符合条件的知识产权质押投融资失败项目给予一定比例的补偿。

第三十九条 推动建立与人民币资本项目开放相契合的中国（广东）自由贸易试验区深圳前海蛇口片区账户管理体系，形成人民币跨境业务创新枢纽，在人民币国际化、资本项目开放等重点领域先行先试。

第五章 管理服务创新

第四十条 创新政府管理服务，实现公共服务优质高效，营造有利于示范区创新发展的政务环境。

第四十一条 市、区人民政府设立示范区管理联席会议，履行下列职责：

（一）研究示范区发展规划；

（二）统筹协调示范区的重要政策制定、重大项目安排以及改革试点工作；

（三）考核评估示范区工作；

（四）研究决定有关示范区工作的其他重要事项。

联席会议由市、区人民政府负责人召集，发展改革、经贸信息、科技创新、财政、规划国土、市场监管、教育、司法行政、人力资源、税务、国资监管、金融监管相关部门等参加。区人民政府可以参加市人民政府的联席会议。

联席会议办公室设在市、区科技创新部门，负责日常工作。

第四十二条 市科技创新部门负责下列示范区建设发展工作：

（一）拟定示范区发展战略、规划以及相关政策措施，经批准后组织实施；

（二）协调重大项目安排以及有关基础前沿、社会公益、重大关键共性技术研究等，指导高新技术产业化以及应用技术的开发与推广，促进科技成果转化；

（三）工作职责范围内相关资金、基金的申报、管理和监督；

（四）开展高新技术企业认定的相关工作；

（五）市人民政府规定的其他工作职责。

市人民政府其他部门在各自职责范围内实施示范区发展战略、规划和政策，提供相关公共服务，共同推进示范区建设和发展。

第四十三条 区人民政府负责辖区内示范区产业规划的编制和实施，重大项目引进，监督管理和服务等工作。

第四十四条 建立市、区人民政府跨部门财政科技资金统筹决策、联动监管和绩效评价制度，统一项目管理和信息公开平台，合理安排财政科技资金投入领域、比例和规模，提高财政性资金使用效益。

第四十五条 市、区人民政府及相关部门涉及示范区企业事业单位、其他组织或者个人在科技创新、产业创新以及人才培养和引进等方面的登记、许可类信息，应当互联互通，建立信息共享机制。

已经向政府部门提交的资料或者政府部门已经生成的资料，企业事业单位、其他组织以及个人在同一政府部门或者本级政府不同部门办理登记、许可、资格认定或者资金扶持申请等事项时，无须重复提交相同资料。相关部门不得以此为由拒绝受理申请；确需相关资料的，由受理部门自行调取。

第四十六条 完善科技评价制度，发挥多元评价主体、多元化评价标准在科技评价中的作用，提高科技评价的科学性和合理性。

应用研究、产业化攻关等相关项目的论证和评审应当加大技术可行性的权重。

第四十七条 建立跨部门、跨地区的科研项目评审、验收专家库，将国内、国际相关领域的领军人才作为科研项目评审、验收专家候选人。

行政主管部门和受委托组织科研项目评审、验收机构的工作人员不得参加或者干预科研项目的评审和验收。

第四十八条 建立财政性资金资助项目知识产权合规性审查制度，强化知识产权创造、保护和运用。

申请财政性资金资助的申请人和项目负责人应当向行政主管部门提交项目知识产权合规性声明。

行政主管部门应当会同知识产权部门对拟安排资助资金达到市、区人民政府规定数额的项目开展知识产权合规性审查，发现存在知识产权侵权行为或者侵权风险较高的，不予资助。

第四十九条 对于申请财政性资金资助的项目研发、人才培养和引进以及大型科学仪器设施购置和建设等，除涉及国家秘密外，审批、评审或者评议的结果应当向社会公开。对于审批、评审或者评议未能通过的申请，应当在五个工作日内向申请人说明理由。

第五十条 市、区人民政府及其相关部门应当加强对财政性资金使用情况的监管，定期形成资金使用情况报告，确保资金合理、足额用于资助事项。

相关部门可以根据需要委托专业机构对财政性资金资助的事项进行管理，但不免除委托部门对资金使用的监管责任。

第五十一条 资助科研项目、科研领军人才培养和引进，以及大型科学仪器设施购置和建设的财政性资金达到市人民政府规定数额的，由批准资助的行政主管部门委托专业机构对资金使用情况进行审计。

市、区审计部门应当根据工作职责和市、区人民政府的工作安排，对有关部门执行本条例相关规定的情况依法进行审计监督，审计报告依法向社会公开。

第五十二条 除下列情形外，依法完成规划环境影响评价的产业园区，建设项目符合规划环境影响评价和审查意见的，可以适当简化环境影响评价内容或者调整环境影响评价类别:

（一）环境影响评价文件应当由省级以上环境保护部门审批的；

（二）建设项目属于电镀、化工、造纸、印染、制革、发酵酿造、规模化养殖和危险废物综合利用或者处置等重污染行业的。

第五十三条 市、区电子政务服务主管部门应当建立自主创新信息公共服务平台，提供政策法规、市场监管、科技成果、标准技术文件以及民生服务等信息查询服务。

第五十四条 市、区科技创新部门会同人力资源部门为科研人员提供公益性知识拓展、更新培训，提高科研人员的科技水平和创新能力。

知识拓展、更新培训可以委托高等院校、科研院所、科学技术协会、相关行业协会或者高新技术企业等承办。

第五十五条 市、区科技创新部门会同司法行政部门为高等院校、科研院所、企业以及科研人员的创新活动提供法律咨询、代理、法律援助、公证、司法鉴定、法律专业培训等公共法律服务。

第五十六条 建立知识产权公共服务平台，为高等院校、科研院所、企业以及科研人员提供知识产权查询、代理、评估、运营以及维权援助等服务。

第五十七条 市金融监管部门会同相关单位建设一站式中小企业投融资服务平台，提供债权和股权融资等服务。

第五十八条 市、区统计部门应当创新统计调查与分析方式、方法，加强跨部门数据比对与分析研究，及时发布宏观经济数据以及新产业、新经济、新业态发展等数据，为企业创新发展提供统计信息服务。

第五十九条 建立和完善以创新发展为导向的考核机制，将实施创新驱动发展战略作为重要考核指标，纳入区人民政府以及市、区人民政府各部门和相关机构绩效考核范围。

第六十条 取消涉及高新区内企业购买厂房、迁址、租用厂房以及配套住房的行政许可，相关事项按照有关协议执行。

第六章 空间资源配置

第六十一条 坚持市场配置资源与政府产业导向相结合的原则，建立创新型产业用地、用房保障制度。

第六十二条 规划国土部门应当优化示范区城市规划，将高技术产业、战略性新兴产业、未来产业等创新型产业用地需求纳入城市建设与土地利用年度实施计划，优先安排创新型产业用地。

第六十三条 规划国土部门应当以创新型产业及其配套设施建设为重点，加强统筹协调，加快示范区内旧工业区、低密度功能区以及零星地块的土地整备工作。

第六十四条 坚持土地空间利用与生态文明建设相结合，根据不同区域的功能定位划定各类产业的限制、禁止区域，合理预留绿化用地以及其他生态建设用地，实现科技创新与生态保护的协调发展。

第六十五条 在示范区内申请创新型产业用地，或者已取得使用权的土地需要改变用途的，应当符合示范区产业规划和城市规划要求。

第六十六条 申请高新区创新型产业用地使用权的，应当为高新技术企业。

取得高新区创新型产业用地使用权的高新技术企业所建的产业用房依法用于出租的，承租人应当为高新技术企业或者为高新技术企业服务的相关企业、机构。

高新区保障性用房建设用地以及公共设施建设用地的具体办法由市人民政府规定。

第六十七条 通过招标、拍卖和挂牌方式取得示范区土地使用权，受让人转让土地使用权或者人民法院强制执行但是没有符合受让条件的次受让人或者竞买人的，由市、区人民政府按照土地使用权出让协议约定的条件和价格回购。

第六十八条 市、区人民政府可以根据示范区城市规划以及创新型产业发展要求建设创新型产业用房。

产权归政府所有的创新型产业用房建设所需土地，可以采取划拨、协议出让方式取得。

第六十九条 产权归政府所有的创新型产业用地或者用房，应当主要以租赁的方式保证符合条件的企业对用地用房的实际需求。

租赁期满且项目发展符合产业导向目录的企业，可以续租或者在同等条件下优先租赁土地或者购买创新型产业用房。

第七十条 在示范区内以招标、拍卖和挂牌方式取得土地使用权，以及属于城市更新项目升级改造为创新型产业用地功能的，应当按照规定配建创新型产业用房。

第七十一条 支持旧工业区实施城市更新，促进产业升级，提高产业配套水平；支持原农村集体经济组织继受单位按照有关规定参与示范区创新型产业项目建设，提高土地利用效益。

第七十二条 通过协议出租或者协议出让方式取得创新型产业用地使用权建设产业用房依法用于出租的，出租价格不得高于产权归政府所有的创新型产业用房相应的出租价格标准；高出的部分，由区人民政府予以没收。

第七章 社会环境建设

第七十三条 充分发挥政府各部门以及工会、共产主义青年团、妇女联合会等群团组织和相关社会组织在示范区建设发展中的积极作用，营造有利于创新发展的法治环境、市场环境和文化环境。

第七十四条 健全保护创新的法治环境。加快创新薄弱环节和领域的法规、规章和规范性文件制定工作，对法规、规章和规范性文件不适应示范区发展需要的内容及时进行清理。

企业事业单位、其他组织和个人认为法规、规章、规范性文件的内容不适应示范区建设发展需要的，可以向相关部门提出修改或者废止建议，相关部门应当研究处理并按照规定予以答复。

第七十五条 加大对示范区建设发展的司法保护力度。人民法院、人民检察院应当综合运用司法办案、司法建议等形式，积极维护高等院校、科研院所、企业以及科研人员的合法权益。

第七十六条 培育开放公平的市场环境。强化需求侧创新政策的引导作用，降低企业创新成本，扩大创新产品和服务的市场空间。

第七十七条 市、区人民政府及相关部门可以举办或者鼓励高等院校、科研院所、行业协会以及其他组织举办创新创业培训、比赛、论坛、展会、创意征集等活动，营造支持创新的社会氛围。

第七十八条 支持行业协会和知识产权中介机构等参与知识产权保护，提供知识产权侵权监测、证据收集、评估定价、预案预警、调解纠纷以及维权援助等服务。

第七十九条 鼓励职业院校、技工院校与相关行业协会、企业通过开发课程和教材、提供实训基地、制定行业培训标准等方式开展合作，联合培养技术技能型人才。

第八十条 鼓励企业、行业协会以及其他组织和个人设立科技奖励基金，对关键共性技术、前沿引领技术、现代工程技术、颠覆性技术创新项目，以及在科学研究、技术开发、科技成果推广应用、高新技术产业化、科学技术普及等方面做出突出贡献的单位和个人予以奖励。

第八十一条 营造崇尚创新的文化环境。在全社会形成鼓励创造、追求卓越、宽容失败的文化氛围，推动创新发展成为深圳城市精神的重要内涵。

弘扬企业家精神，充分激发科研人员的创造活力，发挥企业家和科研人员的示范带领作用。

第八十二条 加强科学普及基础设施建设，创新科学普及理念和模式，围绕重大创新成果和科研进展，开发和推广系列科学传播产品，向公众传播科学知识、科学方法、科学精神和科学文化。

鼓励企业事业单位和行业协会等设立面向公众的科学普及场所。有条件的，应当根据自身特点面向公众开放研发机构、生产设施（流程）或者展览场所，作为科学普及教育基地。

第八十三条 科学技术协会可以通过下列方式，支持示范区建设发展：

（一）开展国内外学术交流；

（二）参与人才评价和推荐；

（三）开展科学普及活动；

（四）提供决策咨询；

（五）维护科研人员的合法权益；

（六）其他促进科技创新的活动。

科学技术协会和其他科技类社会组织可以承接政府相关职能转移，开展科技评估、奖励推荐等活动，充分发挥其在自主创新体系中的作用。

第八十四条 工会、共产主义青年团、妇女联合会等群团组织应当发挥自身优势培育创新精神，支持相关组织和个人参与创新相关活动。

第八十五条 新闻媒体应当加大对创新驱动发展战略实施的宣传报道和舆论引导，宣传相关政策法规、创新典型、创新成果以及创新品牌，营造支持创新的良好氛围。

第八章 法律责任

第八十六条 利用或者主要利用财政性资金、国有资本建设和购置大型科学仪器设施，不按照规定履行对外开放使用义务或者违规收费的，由相关部门责令限期改正，已违规收取的费用，由相关部门予以没收；对直接负责的主管人员和其他直接责任人员依法给予处分。

第八十七条 未按照财政性资金资助合同书或者任务书的要求提交相关报告、结题（验收）申请的，除因不可抗力导致无法完成外，应当按照约定或者规定予以整改；未整改或者整改后仍达不到合同书或者任务书要求的，相关部门应当停止资助，并责令退回已资助的资金，将申请人和项目负责人纳入失信名录，三年内不接受其财政性资金资助申请。

因不可抗力导致资助事项无法完成的，申请人应当退回尚未使用的财政性资金。

第八十八条 财政性资金资助的项目有下列情形之一的，相关部门应当停止资助，并责令退回已资助的资金，将申请人和项目负责人纳入失信名录，五年内不接受其财政性资金资助申请；构成犯罪的，依法追究刑事责任：

（一）弄虚作假骗取财政性资金的；

（二）非法挪用、侵占、冒领、截留财政性资金的；

（三）有知识产权侵权行为，经行政主管部门或者司法机关依法确认有过错的；

（四）法律、法规规定的其他情形。

第八十九条 在科研项目评审、验收、评估、鉴定等工作中，做出虚假评审、评估、鉴定或者泄露企业商业秘密的，除依法处罚外，纳入失信名录，五年内不得从事科研项目评审、验收或者科学技术成果评估、鉴定以及论证等工作。

第九十条 受委托组织科研项目评审、验收机构的工作人员参加或者干预科研项目评审和验收的，委托部门应当撤销委托，五年内不得委托该机构组织科研项目评审、验收工作；构成犯罪的，依法追究刑事责任。

第九十一条 行政主管部门及其工作人员未按照法律、法规和本条例规定履行职责，或者滥用职权、徇私舞弊、玩忽职守的，由所在单位或者监察机关依法给予处分；构成犯罪的，依法追究刑事责任。

第九章 附则

第九十二条 本条例所称的区，包括市辖各行政区和光明、大鹏等管理区。

第九十三条 示范区外实施创新驱动发展战略的相关工作，可以参照适用本条例。

第九十四条 本条例自 2018 年 3 月 1 日起施行。

深圳市人民政府关于印发重大科技计划项目评审办法（试行）的通知

深府规〔2018〕10号

各区人民政府、市政府直属各单位：

现将《深圳市重大科技计划项目评审办法（试行）》印发给你们，请遵照执行。

深圳市人民政府

2018年6月9日

深圳市重大科技计划项目评审办法（试行）

第一章 总 则

第一条 为构建公平公正、规范严谨、廉洁高效的重大科技计划项目（以下简称重大项目）评审制度，借鉴国内外科技项目评审先进经验，结合深圳实际，制定本试行办法。

第二条 本试行办法所称重大项目，是指深圳市主动布局、予以竞争性立项资助金额1000万元以上和引进海内外高层次人才团队（项目）等科技计划项目。

重大项目的评审活动，适用本试行办法规定。

第三条 重大项目评审遵循“科学权威、民主集中、公开透明”的原则。

第四条 市科技行政主管部门按照专家遴选、材料评审、答辩评审和结果反馈等程序，组织重大项目的评审活动。

第二章 评审专家

第五条 本试行办法所称的评审专家，是指在重大项目评审活动中，行使评审权利、提出评审意见的专业人员。

第六条 市科技行政主管部门遵循高端汇聚、科学管理、规范使用的原则，建立重大项目评审专家库，并动态更新维护。

个人或单位可向市科技行政主管部门推荐符合本试行办法规定条件的专家入选专家库。

第七条 市科技行政主管部门遵循学术权威、客观公正、作风严谨、廉洁自律的原则，负责重大项目评审专家的遴选。评审专家应具备以下条件：

（一）具有一流的学术水平、专业的学术判断力和良好的科学道德，能客观公正、实事求是地提出评审意见；

（二）掌握评审项目所属领域或行业的世界科技前沿知识、最新科技产业发展状况，熟悉本领域或行业的科技活动特点与规律。

第八条 评审专家主要由国内外（含港澳）科技界、产业界和经济界高层次人才构成。

科技界专家应是长期从事科学研究、技术开发且具有正高级职称以上的专家。具体包括但不限于以下人员：

（一）全球知名奖项（诺贝尔奖、图灵奖、菲尔兹奖）获得者，或中国、美国、俄罗斯、英国、德国、澳大利亚、日本、以色列等国家科学院院士、工程院院士，或国内外知名专家；

（二）海外高层次人才引进计划（千人计划）和国家高层次人才特殊支持计划（万人计划）自然科学与工程领域入选者，或长江学者，或中央财政科技计划（专项、基金等）项目第一负责人，或国家科技奖励项目第一完成人；

（三）中央财政科技计划（专项、基金等）项目负责人（第一负责人除外），或国家科技奖励项目完成人（第一完成人除外），或在主要国际学术组织中担任高级职务的科研人员，或海内外权威学术期刊审稿专家，或香港、澳门高校和科研机构科学家，或论文“高被引”科学家及其他专家。

产业界专家应是科技型上市公司、国家高新技术企业的技术负责人，或国家级创新型（试点）企业、国家级高新区、科技园区及其创业服务机构和行业协会（学会）等的高级管理人员。

经济界专家应是熟悉国家科技经费审计的注册会计师或高校、科研院所和企业等财务审计部门负责人，或知识产权法等相关领域具有副高级及以上职称的专家，或知名创业服务机构的创业导师、天使投资或创业投资机构的高级管理人员，或证券、基金、银行信贷及保险等机构的首席分析师。

第九条 评审专家应在评审工作中履行以下职责：

（一）严格遵守与评审工作相关的法律和政策规定；

（二）准确把握重大项目资助政策和评审标准；

（三）独立、客观、公正地做出判断并提出评审意见；

（四）市科技行政主管部门要求履行的其他职责。

第三章 材料评审

第十条 市科技行政主管部门在组织评审前，对申报材料进行核查，并向申请人反馈核查结果。对未通过核查的，应向申请人说明理由。通过核查的，进入材料评审程序。

第十一条 市科技行政主管部门根据申请项目的学科领域和研究方向，选取 7 名以上单数同行专家组成评审专家组，并在评审前 5 天内向社会公开专家组名单。专家组成员如出现变更，应予以补充公开。

第十二条 评审专家应认真审阅申报材料，对项目带头人的学术及研究水平、团队架构、创新能力、项目可行性、项目的市场前景与应用潜力、申请单位的保障能力等情况进行独立评审，提出推荐意见，并撰写详细评审意见。

第十三条 材料评审结果由综合评分和专家推荐率组成，其中综合评分为专家组成员平均分，推荐率为项目的推荐专家数占参评专家数的比率。

第十四条 市科技行政主管部门将推荐率超过 50%，并根据各专业组项目综合评分高低结合年度拟立项数 1 ： 3 比例确定进入答辩评审程序。如符合条件的项目数低于拟立项数量的 3 倍的，直接进入答辩评审。

第十五条 市科技行政主管部门应将材料评审的结果反馈给项目申请人。

第四章 答辩评审

第十六条 市科技行政主管部门根据进入答辩项目的学科领域和研究方向，选取 9 名以上单数同行专家组成评审专家组（市外专家不少于 4 名），其中 3 名作为主审专家。

第十七条 市科技行政主管部门应在评审前 5 天内向社会公开专家组名单。专家组成员如出现变更，应予以补充公开。

第十八条 市科技行政主管部门应在答辩评审前 14 天内，将申报材料和评审要求送达 3 名主审专家审阅。

主审专家应在答辩评审前，完成申报材料的审阅，对项目进行独立评分，撰写评审意见并提出推荐意见。评审意见应包括项目的创新点、不足和建议等。

第十九条 答辩评审包括团队陈述、专家提问和专家组评议三个环节。

评审专家应认真审阅申报资料，听取团队陈述，对项目带头人的学术及研究水平、团队架构、创新能力、可行性、市场前景、保障能力等方面进行综合评审。

每个项目答辩评审总时长原则上不超过 45 分钟，其中团队陈述不超过 15 分钟，专家提问和专家组评议合计不超过 30 分钟。

第二十条 在专家组评议环节，先由 3 名主审专家报告先期评审情况，再结合现场答辩及专家组评议情况，确定评分、评审意见及推荐意见。专家组其他成员应在 3 名主审专家评分区间内评分，撰写评审意见，提出推荐意见。不在评分区间内评分的，应在评议现场向专家组其他成员阐明理由。

评分区间是指 3 名主审专家的最高分和最低分之间的区域。

第二十一条 市科技行政主管部门将推荐率超过 50%，并根据每专业组项目综合评分高低结合年度拟立项数 1 ∶ 1.5 比例确定进入考察程序。

第二十二条 市科技行政主管部门应将答辩评审结果反馈给项目申请人。

第五章 公开公示

第二十三条 市科技行政主管部门建立公开公示制度，明确项目评审公开公示事项、渠道、时限等管理内容和要求。

第二十四条 市科技行政主管部门应将相关管理制度和规范、评审程序、评审专家名单等信息，通过政府官方网站等渠道，及时主动向全社会公开，接受各方监督。依法不予公开的除外。

第二十五条 重大项目的审批结果等事项公示时间一般不少于 10 个工作日。

第六章 异议处理

第二十六条 市科技行政主管部门成立由评审专家、科技管理人员等组成的异议处理工作机构，负责处理评审结果异议事项。

第二十七条 申请人对评审结果有异议的，应在公示期内，实名向市科技行政主管部门提出。逾期且无正当理由的，不予受理。

提出异议的单位或个人，应提供书面说明材料。单位提出异议的，异议材料应说明异议事项、理由并提供相应证明，由其法定代表人签字确认，并加盖公章。个人提出异议的，异议材料应说明异议事项、理由并提供相应证明，注明详细联系方式。

第二十八条 异议处理机构应对异议进行处理，并将处理结果在 30 日内反馈给异议提出人。

第七章 信用管理

第二十九条 市科技行政主管部门负责建立统一的科研信用管理体系，记录项目管理专业机构、项目承担单位、专家和科研人员信用信息，实施信用管理。

第三十条 项目申请人、项目推荐单位和评审专家，应在申请科技计划项目及参与科技计划项目管理和实施前，签署诚信承诺书。

第三十一条 项目申请人、评审专家和评审组织工作人员，应廉洁自律，按照市科技计划项目管理规定履职尽责。具有以下情形之一的，属于严重失信行为：

（一）项目申请人在项目申报或实施中抄袭他人科研成果，故意侵犯他人知识产权，捏造或篡改科研数据和图表等，违反科研道德规范；

（二）评审专家利用管理、咨询、评审身份索贿、受贿；故意违反回避原则，与相关单位或人员恶意串通；

（三）评审专家、工作人员泄露相关秘密或评审信息；

（四）其他违反评审纪律、违反承诺约定和科研不端行为等情况。

第三十二条 对于列入严重失信行为记录的责任主体，终身不得申请、承担或评审深圳市、区财政资金资助的科技计划项目。

市科技行政主管部门对于已经通过立项或已拨付资金的项目，按照有关规定取消其立项资格，并追回所拨付的资金。

第八章 监督管理

第三十三条 市科技行政主管部门对评审活动进行全程监督。

第三十四条 重大项目评审实行回避制度。有下列情形之一的，评审专家、市科技行政主管部门工作人员应回避：

（一）与项目申请人有利益关联的；

（二）两年内曾在项目申请人所属单位任职的；

（三）配偶或直系亲属与项目申请人有利益关联的；

（四）与项目申请人有法律纠纷或有经济利益关系，可能影响公正评审的；

（五）项目申请人书面提出回避申请，查证属实的；

（六）其他可能影响客观、公正评审的。

第三十五条 评审专家、市科技行政主管部门工作人员应对其知晓的项目评审信息保密，不得利用工作或职务便利非法获取或披露其他项目评审信息。

第三十六条 评审专家、市科技行政主管部门工作人员不得利用工作或职权为项目申请人（单位）获得立项提供便利，不得索取或收受他人财物或谋取其他不正当利益。

第三十七条 项目申请人以及其他知情人发现评审专家或市科技行政主管部门工作人员，有违反本试行办法和相关规定行为的，可以向市科技行政主管部门举报。

第三十八条 市科技行政主管部门应建立责任追究机制。对在重大项目评审过程中失职、渎职，弄虚作假，截留、挪用、挤占、骗取重大项目资金等行为的，按照有关规定追究相关责任人员和单位的责任；涉嫌犯罪的，依法移送司法机关处理。

第九章 附 则

第三十九条 市科技行政主管部门负责本试行办法的解释。

第四十条 本试行办法自2018年7月1日起实施，有效期2年。

深圳市科技创新委 深圳市财政委关于印发《深圳市“深港创新圈”计划项目管理办法 (试行)》的通知

深科技创新规〔2018〕3 号

各有关单位：

经市政府同意，现将《深圳市“深港创新圈”计划项目管理办法 (试行)》予以印发。请遵照执行。

深圳市科技创新委员会

深圳市财政委员会

2018 年 6 月 15 日

深圳市“深港创新圈”计划项目管理办法 (试行)

第一条 目的依据

为进一步支持我市高校、科研机构、企业与香港高校和科研机构开展科技合作，促进科研资金便利流动，推动粤港澳大湾区产学研融合，根据国家鼓励香港高等院校和科研机构参与相关科技计划的原则性要求，结合本市实际，制定本规定。

第二条 范围

本规定所称“深港创新圈”计划，是依据《香港特别行政区政府、深圳市人民政府关于“深港创新圈”合作协议》设立的深港科技合作项目资助计划。

第三条 申请单位

申请单位应当符合以下条件之一：

（一）深圳市依法注册、具有独立法人资格的高校、科研机构、企业（以下简称“深圳申请单位”）。

（二）香港公营科研机构（包括所有受大学教育资助委员会资助院校、根据《专上学院条例》（第 320 章）注册的自资本地学位颁授院校、香港生产力促进局、职业训练局、制衣业训练局及香港生物科技研究院）或创新及科技基金下成立的研发中心（即汽车零部件研发中心、纺织及成衣研发中心、资讯及通信技术研发中心、物流及供应链多元技术研发中心、纳米及先进材料研发院）(以下简称“香港申请单位”)。

第四条 项目类别

“深港创新圈”计划项目包括以下四类：

A 类：深港联合资助项目。由深圳市科技创新委员会和香港创新科技署联合征集、联合评审、联合资助。

深港两地申请单位就同一合作项目分别向本地科技部门递交申请，通过两地联合评审立项后，由两地科技部门分别给予资助。

B 类：深圳单方资助的深港合作项目。由深圳市科技创新委员会单独负责征集、评审和资助。

该类项目由深圳申请单位提出申请，香港申请单位作为合作单位，深圳市财政资助资金可依据立项合同在深港两地开支。

C 类：深圳单方资助的委托研发项目。由深圳市科技创新委员会单独负责征集、选题、评审和资助。

该类项目由深圳市科技创新委员会向深圳政府部门、高校、科研机构和企业公开征集并评核确定委托研发课题，并向香港申请单位发布，由香港申请单位申请承担。深圳市财政资助资金直接拨付至香港申请单位账户，可依据立项合同在深港两地开支。

D 类：深圳单方资助的香港研发项目。由深圳市科技创新委员会单独负责征集、评审和资助。

该类项目由香港申请单位独立提出申请。深圳市财政资助资金直接拨付至香港申请单位账户，可依据立项合同在深港两地开支。

第五条 资金预算

“深港创新圈”计划项目的财政资助资金主要用于：仪器设备耗材、专利及审计费用、科研其他费用、劳务费及绩效支出；不得用于在职人员薪酬和一般行政开支。

（一）仪器设备耗材：包括购置设备费、试制设备费、设备改造与租赁费、材料费及消耗品等。

D 类项目深圳市财政资助资金在香港开支的部分用于购置设备或试制设备的金额不超过该设备购置或试制费的 50%。

（二）专利及审计费用：包括出版费、知识产权事务及外聘审计费等。

（三）科研其他费用：对财政资助 1000 万元以下的项目，将差旅费、会议费、国际合作与交流费统一编入“科研其他费用”科目，限额在 30% 以内，预算编制时不需要提供测算依据，报销时按财务制度规定的标准据实报销。对于无法提供发票的事项，可提供收据、刷卡凭证、小票等，或凭项目负责人签名据实列支。

（四）劳务费：包括专家咨询费和支付给项目组临时聘用人员的薪酬、福利。

（五）绩效支出：包括给项目组成员的绩效奖励，高校和科研机构的绩效支出不超过深圳市财政资助额的 50%，企业的绩效支出不超过深圳市财政资助额的 20%。香港申请单位根据本单位相关财务规则执行。

（六）A 类、B 类、D 类项目深圳市财政最高资助额度为单项人民币 300 万元。

（七）申请单位为企业的，深圳市财政资助金额不超过项目总预算的 50%。

第六条 申请条件

（一）申请 A 类项目的深圳申请单位，必须提供香港合作单位递交香港创新科技署的申请书复印件和合作协议书（明确技术、人力、设备、资金投入、知识产权归属等）。

（二）申请 B 类项目的深圳申请单位，必须与香港合作单位签订合作协议书（明确技术、人力、设备、资金投入、知识产权归属等），并明确提出在香港开支的经费预算。

（三）申请 C 类、D 类项目的香港申请单位，必须具备以下条件：

1. 项目负责人全职受聘于申请单位；

2. 项目不与国家、省科技计划发生重复；

3. 项目组成员严格遵循科学界公认的学术道德和行为规范，不存在知识产权纠纷或其他违反法律的行为。

第七条 申请指南和项目征集

市科技创新委发布“深港创新圈”计划项目申请指南，

明确申请内容、申请单位、申请条件、立项程序、拨款程序和知识产权归属等要求。

A 类、B 类、D 类项目可直接依据申请指南自由申报。

C 类项目为委托研发项目，香港申请单位需根据申请指南中发布的委托课题进行申报。委托课题由深圳市科技创新委员会向深圳政府部门、高校、科研机构和企业公开征集并评核确定。

第八条 申请材料

项目申请人需在深圳市科技业务管理系统填报项目申请书，并向深圳市科技创新委员会提交以下材料及附件：

（一）A 类项目需提交：

1. 项目申请书原件；

2. 营业执照或事业单位、社会团体登记证书复印件；

3. 项目可行性研究报告原件；

4. 香港合作单位向香港政府提交的项目申请书复印件；

5. 合作协议书复印件（验原件）；

6. 可以选择提供知识产权证、查新报告、检测报告、获奖证书、国家省计划文件等技术水平证明材料复印件（验原件）。

（二）B 类项目需提交：

1. 项目申请书原件；

2. 营业执照或事业单位、社会团体登记证书复印件；

3. 项目可行性研究报告原件；

4. 项目在香港开支的经费预算表；

5. 合作协议书复印件（验原件）；

6. 申请人签名的科研诚信声明、申请项目无知识产权纠纷的声明等；

7. 可以选择提供知识产权证、查新报告、检测报告、获奖证书、国家省计划文件等技术水平证明材料复印件（验原件）。

（三）C 类、D 类项目需提交：

1. 在线提交项目申请书，并上传申请人签名、经单位授权签字人签署，并加盖公章的扫描件；

2. 上传申请人签名的科研诚信声明、申请项目无知识产权纠纷的声明等；

3. 可以选择上传申请人个人履历及项目承担能力证明材料。

第九条 项目受理

A 类、B 类项目为书面受理，申请人将申请材料按规定打印并装订后提交受理窗口，深圳市科技创新委员会在收到申请表格及材料之日起 5 个工作日内完成审核，并做出受理或不予受理的决定。予以受理的，出具受理回执。

C 类、D 类项目为网上受理，申请人通过深圳市科技业务管理系统在线提交并上传申请材料，深圳市科技创新委员会在系统收到申请表格及材料之日起 5 个工作日内完成在线审核，并做出受理或不予受理的决定。予以受理的，在线出具受理回执。

第十条 专家评审

深圳市科技创新委员会组织或者委托项目管理专业机构，按科技计划项目评审有关规定对申请项目进行评审。《专家评审综合意见》作为推荐立项的建议。

第十一条 审核下达

深圳市科技创新委员会对申请项目进行现场考察或合规性审核，综合专家评审意见，确定拟立项项目。A 类项目须同时获得香港创新科技署评审通过方可立项。

拟立项项目向社会公示。经公示无异议的项目，深圳市科技创新委员会下达立项计划。

第十二条 签订协议

深圳市科技创新委员会与项目申请单位签订《项目协议书》，对项目的主要目标、研究内容、经费预算、评价指标、知识产权归属和进度安排等进行约定。

B 类、C 类、D 类项目的“项目协议书”还应对深圳市财政资助资金在香港开支的金额和用途进行约定。

C 类项目的“项目协议书”由深圳市科技创新委员会、

香港承担单位和深圳课题提出单位三方签订，明确由深圳课题提出单位享有项目获得的科技成果与知识产权。

D 类项目的“项目协议书”应明确该项目获得的科技成果与知识产权须授权深圳市政府部门和非营利机构无偿使用，并承诺相关科技成果优先在深圳市产业化。

C 类、D 类项目在提交“项目协议书”时，须同时附上经申请人签名、单位授权签字人签署，并加盖公章的项目申请书原件。

第十三条 资产及知识产权归属

A 类、B 类项目，由深圳市财政资助资金购置或试制的仪器设备的产权和收益归深圳申请单位所有，获得的科技成果与知识产权也归其所有。

C 类项目，由深圳市财政资助资金购置或试制的仪器设备的产权和收益归深圳课题提出方所有，项目获得的科技成果与知识产权也完全归深圳课题提出方所有。项目的科技成果与知识产权产业化应在深圳进行，深圳课题提出方所获得仪器设备的收益、科技成果与知识产权收益 50% 上缴财政，最高不超过项目资助金额，滚动用于深港创新圈计划项目。

D 类项目，购置或试制的仪器设备的产权和收益归香港申请单位所有，获得的科技成果与知识产权也归其所有，但须授权深圳市政府部门和非营利机构无偿使用，并承诺相关科技成果优先在深圳市产业化。

第十四条 资金跨境使用的税务事项

A 类项目，深圳市财政资助资金不跨境使用，依法免缴企业所得税和增值税，也不需要办理对外支付税务备案。

B 类、C 类、D 类项目，深圳市财政资助资金跨境使用的，需要按照现行税收法律法规，扣缴企业所得税、增值税及附加税， 税务机关出具完税凭证、对外支付税务备案表。如业务符合不予征税或者减免税条件的，可以依法不予扣缴税款或申请享受相关税收优惠政策。

第十五条 拨款程序

（一）A 类、B 类项目根据“项目协议书”和“深圳市科技研发资金管理办法”完成拨款手续。

（二）C 类、D 类项目由承担单位提供银行账户和请款单（Demand Note），深圳市科技创新委员会到拨款银行凭“项目协议书”、对外支付税务备案表、相关票据及表格办理相关外汇汇款手续，承担单位收到拨款后出具收款收据。

（三）C 类、D 类项目分两期拨款，首期拨付 80% 的款项，剩余 20% 待项目结题审计后，根据实际支出的金额拨付。

第十六条 中期评估

深圳市科技创新委员会组织或者委托项目管理专业第三方机构，组织开展资助项目的中期评估，提出中期评估报告。

第十七条 项目审计

A 类、B 类项目由深圳市科技创新委员会委托会计师事务所进行专项审计。

C 类、D 类项目由深圳市科技创新委员会会同深圳市财政委员会拟定审计报告模板，由香港项目承担单位自行选择会计师事务所进行外聘审计，严格按照审计报告模板出具专项审计报告，相关费用列入该项目的“专利及审计费用”支出。

第十八条 项目结题和评价

受资助项目须在合同约定期内申请结题，项目申请人须提交项目结题报告、研究成果及专项经费审计报告。

深圳市科技创新委员会对结题报告进行评核。未通过结题的项目，承担单位须退回所获项目资助款项，项目负责人及项目组成员五年内不可再申请或参与深圳市政府资助项目。

第十九条 有效期

本规定自 2018 年 7 月 1 日起施行，有效期 2 年。有效期届满，根据实际情况进行评估修订。

深圳市科技创新委员会关于印发《深圳市国家和广东省科技计划项目配套资助管理办法》的通知

深科技创新规〔2018〕5号

各有关单位：

《深圳市国家和广东省科技计划项目配套资助管理办法》已经市政府同意，现予印发。请遵照执行。

深圳市科技创新委员会

2018年10月19日

深圳市国家和广东省科技计划项目配套资助管理办法

第一章　总则

第一条　为贯彻落实《国家中长期科学和技术发展规划纲要（2006—2020年）》《中共深圳市委 深圳市人民政府印发<关于促进科技创新的若干措施>的通知》及相关政策要求，鼓励深圳市的企业、高等院校、科研机构和其他社会组织积极承担国家和广东省科技项目，根据国家、省、市有关规定，制定本办法。

第二条　国家和广东省科技计划项目配套资助对象为获评国家科技重大专项的科技项目、国家科技部和广东省科技厅设立的科技项目。

第三条　国家和广东省科技计划项目配套资助工作遵循“客观公正、公开透明、材料齐全、有据可依”的原则。

第二章　管理职责及分工

第四条　市科技行政主管部门是配套资助的业务主管部门，其职责是：

（一）负责配套资助资金的设立申请、预算编制执行，每年定期发布申请指南；

（二）负责下达配套资助资金的年度使用计划，牵头出具资金配套承诺，审核日常管理配套资金；

（三）负责编制和发布配套资助申请指南，受理项目申报，审查申报资料，组织项目审计公示和资金拨付等；

（四）负责配套资助绩效评价，配合市财政行政主管部门绩效再评价或者重点评价；

（五）职能范围内的其他工作事项。

第五条　项目承担单位是受配套资助的单位，其职责是：

（一）编制项目资金预算，在项目预算编制中增加可量化、可评价的绩效目标，作为配套资助资金预算执行、项目运行跟踪监控和绩效评价的依据；

（二）按照国家、省、市相关制度，对获得的配套资金实现专账管理、专款专用、单独核算；

（三）接受市财政主管部门和市科技行政主管部门对配套资金使用情况的监督检查和审计；

（四）按要求提供配套资金使用情况和项目执行情况的报告及相关财务报表。

第三章 配套资助方式、条件和标准

第六条　配套资金采取无偿资助的扶持方式。

第七条　配套资助申请单位为在深圳市（含深汕特别合作区）依法注册，具备独立法人资格的企业、高等院校、科研机构和社会组织等单位或者是经市政府批准的其他机构，牵头承担或者参与承担本办法第二条规定的国家和省科技计划项目，拥有开展项目的必要条件。

第八条 配套资助申请单位可就年度申报指南发布之日起上两个年度内国家或广东省财政资助拨付的立项项目申请配套资助，国家、省、市另有规定的除外。

第九条 配套资助资金的比例如下：

（一）国家和省相关文件（含申报指南、项目或课题任务书和合同等）有明确配套资助资金金额或比例要求的，按照国家和省的相关要求执行；

（二）国家和省相关文件有配套资助要求，未明确配套金额或比例的，地方配套比例不超过 1:1，且不超过单位自筹经费的 50%。对于单位经费来源主要为财政核拨的高校、科研机构及民间非营利组织，项目经费自筹部分不设强制性要求；

（三）国家和省相关文件没有配套资助要求，但项目申报单位有自筹资金的，可按照不超过国家或省拨资金 1:1 的比例予以配套资助，配套资助资金不超过单位自筹经费的 50%；

（四）市政府或市相关部门有相关政策的，按相关政策执行。

第四章 配套资助申请、审核

第十条　市科技行政主管部门负责受理配套资助的申请，并公开发布年度配套资助申请指南。

第十一条　申请单位应当根据申请指南，向市科技行政主管部门提交相关申请材料。

第十二条　市科技行政主管部门按下列程序办理配套资助：

（一）受理申请；

（二）对申请材料进行形式审查；

（三）委托专业服务机构审计项目资金到账等情况；

（四）对审核通过的项目，确定拟配套资助金额，并按要求会同有关部门核查申请单位是否存在失信、重复资助、重大违法违规等情况，按程序进行公示，确定配套资助项目；

（五）年度预算下达后，下达立项文件，拨付配套资金，并将配套资助项目和资金下达情况抄送市财政部门备案。

第十三条 获得配套资助的申请单位无须与市科技行政主管部门签订任务合同。申请单位应当按照国家或广东省的任务合同书要求，切实开展好项目研究，规范使用配套资金，保证配套资金的使用绩效。

第五章 监督检查与法律责任

第十四条　市科技行政主管部门工作人员，违反本办法规定利用职务之便，吃拿卡要、收受他人财物的，依法追究行政责任，涉嫌犯罪的，依法移送司法机关处理。

配套资助申请单位弄虚作假，骗取配套资金的，列入“科研诚信异常名录”，并依法依规予以处理。

受托的专业服务机构不依法履职，与配套资助申请单位串通，共同骗取配套资金的，依法追究法律责任。

第十五条 项目承担单位应当在国家和广东省项目验收通过半年内，向市科技行政主管部门抄报验收申请书主件和正式验收意见。

第十六条　项目承担单位在配套资金的使用和管理上弄虚作假或者违规的，市科技行政主管部门可以终止配套资金的拨付，并追回已拨付的配套资金，情节严重的，按国家有关规定追究项目承担单位的法律责任。

第十七条　同一单位同一项目的同一批次上级财政资助只能申报一次配套资助。凡以相同项目多头申报、重复套取政府财政专项资金的，依法追究责任并追回配套资助，列入“科研诚信异常名录”，取消该单位 3 年内所有项目的资助资格。

第六章　附则

第十八条　本办法自 2018 年 10 月 29 日起实施，有效期 5 年。同时废止《深圳市对国家和广东省科技计划项目配套资助实施细则》（深科技创新〔2014〕83 号）。

深圳市海外创新中心认定与评价办法

深科技创新规〔2018〕6 号

深圳市科技创新委员会关于印发《深圳市海外创新中心认定与评价办法》的通知

各有关单位：

经市政府同意，现将《深圳市海外创新中心认定与评价办法》予以印发，请遵照执行。

附件：深圳市海外创新中心认定与评价办法

深圳市科技创新委员会

2018 年 12 月 20 日

深圳市海外创新中心认定与评价办法

第一条 为了加快建设现代化国际化创新型城市和国际科技产业创新中心，进一步推进深圳海外创新中心发展，根据深圳市人民政府《加快深圳国际科技产业创新中心建设总体方案和十大行动计划建设实施方案》的要求，结合实际，制定本办法。

第二条 本办法所称深圳市海外创新中心，是指本市注册登记的法人单位在海外建设运营的科技服务平台。

深圳市海外创新中心主要发挥建立国际科技合作渠道、对接海外创新创业资源、引进海外创新人才和项目、双向孵化加速海外创新创业项目、组织承办本市相关活动和会议、宣传本市创新创业政策和环境等作用。

第三条 本办法适用于深圳市海外创新中心的认定、评价资助和奖励等相关活动。

第四条 申请认定深圳市海外创新中心的单位（以下简称“申请单位”），应当是在本市依法注册登记的、实际提供海外专业孵化加速服务的法人单位。

申请单位可以单独或者联合其他法人、社会组织、个人在海外设立分支或者合资机构，从事海外创新中心的运营管理。申请单位应当是其海外运营单位的实际控制人。

第五条 市科技行政主管部门的负责以下具体工作：

（一）本办法的组织实施工作；

（二）组织相关部门和专家制定深圳市海外创新中心认

定标准（见附件 1），对申请材料进行审核，对深圳市海外创新中心予以认定并授牌；

（三）制定深圳市海外创新中心评价标准（见附件 2），并且按照该标准对经认定的深圳市海外创新中心进行年度评价；

（四）对本办法施行前经市政府同意挂牌的深圳市海外创新中心进行复核（见附件 3)；

（五）法律、法规规定的相关职责。

第六条 对符合认定标准的企业等法人单位，授予“深圳市海外创新中心”牌子，并且给予不超过经审计的前期开支的 40%最高 200 万元的事后资助。

深圳市海外创新中心的认定有效期为 5 年；期满后，不再重复认定。

本办法所称的“前期开支”连续计算时间不超过 24 个月。

第七条 深圳市海外创新中心在认定有效期内，应当参加市科技行政主管部门每年组织的评价。对综合评价达到“合格”及以上等次的企业等法人单位，按照评价结果给予不超过经审计的上年度运营开支的 40%、最高 300 万元的事后资助。

第八条 综合评价达到“合格”及以上的深圳市海外创新中心，参加市科技行政主管部门每年组织的影响力评价。对影响力评价达到“优秀”等次的单位，再给予 100 万元奖励。

对经认定的深圳市海外创新中心，资助和奖励总额最高不得超过 2000 万元。

第九条 认定深圳市海外创新中心应当遵循合法合规、公平公正、程序规范、效果优先的原则，按照下列程序办理：

（一）市科技行政主管部门适时发布认定申请指南；

（二）申请单位根据申请指南要求，提交“深圳市海外创新中心认定申请书”“前期开支专项审计报告”以及相关佐证材料；

（三）市科技行政主管部门适时组织或者委托第三方机构进行审核认定，并且向社会公示、公告，以及组织授牌工作；

（四）市科技行政主管部门委托第三方审计机构对申请单位前期开支专项审计报告进行审核，核实资助资金，依法拨付至申请单位在本市设立的银行账户。

第十条 申请单位应当向市科技行政主管部门提交以下申请材料：

（一）“深圳市海外创新中心认定申请书”，主要内容包括深圳市申请单位基本情况，说明现有规模、产业背景和资金实力；海外运营单位基本情况，说明海外运营单位与深圳市申请单位的关系、运营经验与实力；海外运营服务团队能力；双向孵化加速场地条件；双向孵化加速项目情况；双向孵化加速合作渠道；海外创新中心五年建设计划、目标及效果；资金预算、分年度投资预算、营收预测；前期开支情况等；

（二）申请单位营业执照或者事业单位、社会组织登记证书；

（三）海外运营单位注册登记材料、与申请单位的关联性材料、海外运营团队人员聘请或者服务协议；

（四）双向孵化加速的场地情况；

（五）海外引进或者孵化项目清单，包括孵化协议、投资协议、服务协议等；

（六）与海外创新机构合作的证明材料，包括与海外大学科研机构、创新企业、科技孵化与服务机构等的合作协议或合作备忘录等；

（七）前期开支审计报告；

（八）法律、法规规定的其他材料。

第十一条 市科技行政主管部门应当按照本办法规定的认定基本标准，组织或者委托第三方机构对申请单位提交的认定申请材料采取书面、实地考察等方式，对空间条件、服务团队能力和科技金融支持等三个方面进行综合评审，择优认定。

第十二条 申请单位应当委托在深圳和海外均具备审计资质的第三方审计机构对前期开支进行专项审计，出具“前期开支专项审计报告”。

审计范围应当包括：组建海外运营团队、租用海外场地、拓展海外资源渠道、建立海外孵化服务体系等经费开支，以及法律法规规定的相关内容。

第十三条 深圳市海外创新中心评价按照下列程序办理：

（一）市科技行政主管部门每年适时发布评价通知；

（二）申请单位应当根据评价通知要求，提交“自我评价报告”和“运营开支情况报告”；

（三）市科技行政主管部门组织或者委托第三方机构进行评价，确定综合评价等次及影响力评价结果，并向社会公告；

（四）市科技行政主管部门委托第三方审计机构对申请单位运营开支专项审计报告进行审核，核实综合评价资助资金，拨付至申请单位在本市设立的银行账户。对影响力评价获得“优秀”的，奖励资金一并拨付。

第十四条 申请单位提交的“自我评价报告”应当包括以下内容：

（一）深圳市海外创新中心的深圳和海外双边基础条件情况，包括空间条件、团队服务水平、科技金融能力等内容；

（二）深圳市海外创新中心的运营绩效情况，具体包括：海外提供孵化或加速服务的项目数量与质量，海外引进或合作项目数量与质量，海外项目获得投资、股权估值情况等内容；

（三）深圳市海外创新中心的影响力评估情况，具体包括：特色活动或者项目、引进重大项目或孔雀团队、以深圳市海外中心名义举办的相关活动等内容。

第十五条 市科技行政主管部门应当按照本办法规定的评价标准，组织或者委托第三方机构对申请单位提交的“自我评价报告”实际情况采取书面、实地考察等方式，对双边基础条件、海外运营绩效和影响力等三个方面进行评价。

第十六条 申请单位应当委托在深圳和海外均具备审计资质的第三方审计机构对上年度运营开支进行专项审计，出具“运营开支专项审计报告”。

审计范围应当包括以下内容：深圳市海外创新中心场地费用、聘请人员、水电气、物业管理费用和相关活动经费等开支情况，以及法律、法规规定的相关内容。

第十七条 认定为深圳市海外创新中心的本市注册法人单位，其在本市的孵化器平台，可以按照有关规定，向市科技行政主管部门申请“深圳市孵化器”资助，已纳入海外创新中心经费开支审计范围的开支事项不得重复申报。

第十八条 本办法施行前经市政府同意挂牌的 7 家深圳市海外创新中心（详见附件 3），应当自本办法施行后六个月内向市科技行业主管部门申请复核或者认定。

申请复核的，申请单位应当提交 2017 年 5 月之前的空间条件、服务团队能力、科技金融支持等方面的相关材料和 2015 年 5 月至 2017 年 5 月的“前期开支专项审计报告”，复核标准和程序参照本办法第四、九、十、十一、十二条规定执行。复核通过的深圳市海外创新中心按照本办法规定对前期开支予以资助。复核通过的认定有效期为 5 年，自 2017 年 5 月起算，认定有效期内可以参加市科技行政主管部门每年组织的评价；对 2017 年 5 月至 2018 年 5 月的工作进行综合评价和影响力评价，按本办法第十三至十六条规定执行。

申请认定的，认定年限、标准和程序按照本办法执行，认定有效期自 2019 年挂牌之日起算。

未按时申请复核、认定，或者复核、认定不通过的，予以摘牌，不享受本办法规定的深圳市海外创新中心相关待遇。

第十九条 本办法自 2018 年 12 月 20 日起施行，有效期为 5 年。

附件 1

深圳市海外创新中心认定标准

深圳市海外创新中心认定应当满足下列标准：

一、基本标准

（一）与 5 家以上海外大学、科研机构、企业、行业组织和政府机构建立紧密合作关系；

（二）可支配海外孵化加速场地，国内大于 1500 平方米，国外大于 300 平方米；

（三）建立具备创新中心管理、创新服务、国际技术转移服务经验的孵化服务专业团队，团队人数 3 人以上；

（四）储备 5 个以上孵化项目；

（五）具有提供科技金融服务的能力。

二、在基本标准的基础上，择优认定

对符合基本标准的申请单位，结合实际，由市科技行业主管部门按照择优认定的原则最终认定深圳市海外创新中心。

附件 2

深圳市海外创新中心评价标准

市科技行政主管部门从双边基础条件、海外运营绩效和影响力等三个方面对深圳市海外创新中心进行评价。

一、综合评价包括双边基础条件、海外运营绩效

（一）双边基础条件

1. 双边空间（10 分）；

2. 双边团队（10 分）；

3. 双向孵化服务体系（10 分）。

评分 30 分的，基础条件评价“优秀”；评分 15 分（含）以上的，基础条件评分“合格”；评分 15 分以下的，基础条件评分“不合格”。

（二）海外运营绩效

1. 海外提供孵化或加速服务的项目数量与质量（10 分）；

2. 海外引进或合作项目数量与质量（10 分）；

3. 海外项目获得投资、股权估值情况（10 分）。

评分 30 分 (含) 以上的，运营绩效评价“优秀”；评分 20 分（含）以上的，运营绩效评价“合格”；评分 20 分以下的，

运营绩效评价“不合格”。

（三）综合评价等次

1. 基础条件、运营绩效均为“优秀”的，综合评价为“优秀”，资助最高 300 万元；

2. 基础条件、运营绩效其中一项为“优秀”的，综合评价为良好”，资助最高 200 万元；

3. 基础条件、运营绩效均为“合格”的，综合评价为“合格”，资助最高 100 万元；

4. 基础条件、运营绩效其中一项“不合格”的，综合评价“不合格”，当年不予资助；

5. 基础条件评价“不合格”的，评价当年给予摘牌。连续两年业务绩效“不合格”的，给予摘牌。

二、综合评价达到“合格”及以上的深圳市海外创新中心，参加影响力评价

（一）特色活动或项目在当地的影响力（10 分）；

（二）引进重大项目或孔雀团队（10 分）；

（三）组织承办深圳市相关活动和会议（10 分）。

评分 20 分（含）以上的，影响力评价为“优秀”。影响力评价为“优秀”的，给予 100 万元奖励。

附件 3

已挂牌的深圳市海外创新中心

在本办法施行前，经市政府同意挂牌的深圳市海外创新中心具体名单如下（排名不分先后）：

1. 美国旧金山海外创新中心
2. 美国波士顿海外创新中心
3. 美国西雅图海外创新中心
4. 英国伦敦海外创新中心
5. 法国伊夫林海外创新中心
6. 以色列特拉维夫一海法海外创新中心
7. 加拿大多伦多海外创新中心

第三章 科技资源环境

Scientific & Technologic Sources

第一节 深圳市国家自主创新示范区服务中心

一、概况

深圳市国家自主创新示范区服务中心（以下称“服务中心”），其前身是 1997 年成立的深圳市高新技术产业园区服务中心，是深圳市科技创新委直属经费自给事业单位，属深圳高新区综合性公共服务机构。2012 年 6 月 8 日，加挂“深圳市科技金融服务中心”牌子。现内设综合管理部、国际合作部、社会事务及文体部 、科技金融服务部、资产运营管理部，下设民非组织两个及合资公司一个——深圳市创新总裁俱乐部、深圳市中小科技企业发展促进中心，深圳高新区信息网有限公司。 服务中心在工作中不断创新与探索，建立了“一个窗口、十大平台”为主的公共服务体系。

二、创新型产业用房运营

深圳市国家自主创新示范区服务中心资产运营部自 2018 年 7 月中旬组建成立之后，对受深圳市科技创新委委托管理的创新型产业用房项目开展了学习研讨、资料整理、实地调研、专题座谈、预算编制等工作。具体工作包括配合留仙洞高新区产业用房项目移交准备及产业布局规划研究工作；组织万科物业及荣超物业按照单一来源方式，报深圳市采购中心进行物业服务招标谈判，并就两个项目地下停车场管理提出方案；与源政公司沟通讨论移交事项和后续管理方案；协调高新区信息网公司为荣超高技术示范大厦的大疆创新公司解决电信信号弱问题；报请深圳市财政委调整 2018 年留仙洞高新区产业用房项目专项经费用途，上报 2019 年创新型产业用房预算; 加快部门内部建设，厘清部门职责，梳理业务流程;赴香港科技园考察学习。

三、国际科技商务平台

平台与入驻机构瑞中企业家协会合作，积极推进海外创新中心建设；平台共引进了中国马来西亚国际智库、伊朗小型产业及产业园组织、俄罗斯信息技术园深圳办事处、柏林国际经济技术合作中心等机构入驻平台等机构；接待了印尼巴淡岛自由贸易区管理委员会代表团、巴布亚新几内亚国民议会联合考察团、俄罗斯欧亚经济联盟部长、乌拉圭驻华大使等 12 个境外代表团，接待 16 个国内代表团；举办第十一届“建设世界一流高科技园区国际会议”；深圳“一带一路”国际合作联盟制定发布了联盟章程，确定了 9 家初始理事单位，并发展 70 余家企业会员；协助科技部火炬中心向国际科技商务平台入驻机构征集“一带一路”沿线国家科技园合作项目，纳入“一带一路”沿线国家科技园合作框架；国际平台组织了 16 个代表团赴境外参展或商务考察；协助 3 家深圳企业在海外设立公司或机构；协助深圳企业与境外的 18 家机构和企业建立商务合作关系；与入驻机构共同举办电子信息、节能环保、新技术开发等讲座、论坛、沙龙共 5 场，与会企业上百家；编辑和发行 4 期《深圳国际科技商务平台》季刊；资产管理与安全生产工作良好。

四、国际技术转移服务平台

完成了知识产权与国际技术转移资源网维护单位变更工作；完成了科技部国合基地（技术转移类）年度验收工作。

五、科技金融

在股权投资方面，服务中心收到市财政委和市科创委联合下达的股权投资项目20个，下达资助资金计划18310万元，其中2个项目承担单位在未完成工商变更登记前自愿放弃该项目，退回财政资金1800万元；完成19个股权投资项目承担单位的资金拨付工作，共计17510万元；完成了33个股权投资项目承担章程和股东会决议审核修改并完成资金解冻工作;完成29个股权投资项目股权评估及增资股权评估工作，完成26家企业净资产评估工作，并及时将所有股权评估报告和净资产评估结果通过OA上报给主管部门；接待102家股权投资项目承担单位来访；举办两期股权投资项目监管与退出政策交流会；实地走访40多个股权投资承担单位；处理73个股权投资项目承担单位的投后管理事宜；办理7个股权投资项目承担单位增资事宜及退出手续。

在科技金融服务体系建设方面，根据财政部、工信部、科技部要求，科技金融服务中心作为深圳高新区实施主体，申报中央财政中小企业发展专项资金，对开发区内载体予以支持，奖补资金总额不超过5000万元，期限三年；科技金融联盟有各类投融资机构及高科技企业成员单位300多家，新增14家，联盟在各区设立6个分中心，51个工作站；与深交所合作举办3期“深圳国家自主创新示范区”科技企业常态化路演，路演企业近20家；支持举办孔雀计划政策宣讲及孔雀团队项目管理答疑交流会；参加国家高新区科技金融第三次业务交流会；与浦发银行以科技金融联盟投贷联动交流会形式开展“大鹏展翅”培育计划；举办15期投贷联动交流会，服务企业100多家。召开深圳市科技金融联盟科技创新融合交流会，现场与40多家科技金融联盟参会；接待各省市团或组13批次，共计300多人次；出版6期《科技金融》杂志；资产管理与安全生产工作良好。

六、文化建设平台

文体部同粤海街道办工会联合举办“悦享粤爱”交流活动，开展7场“2018年麻岭杯安全知识竞赛”活动，协办南山跆拳道协会的“成立25周年暨开学典礼”活动。为园区企业举办各类体育比赛70余场；全年承接会议50多场，接待参会人员7千人次；配合组织创新总裁俱乐部承办的“新型互联网结构下的裂变式营销”会议；承接华强方特（深圳）电影有限公司中高层管理干部训练营活动11场、深圳市紫荆博商管理科学研究院培训会议8场、波士商学院经济战略会议5场。资产管理与安全生产工作良好。

七、创业创新服务平台

深圳国家自主创新示范区孵化载体联盟组织10次交流培训活动，提供个性化需求22次，出版知识产权简报4期；举办或协办知识产权活动13次，通知创投机构200余家，有效填报样本72家，均通过科技部办公厅最终审核，内部员工培训10次。目前，企业数据库资源达6K。

八、知识产权服务平台

深圳高新区知识产权服务平台出版发行了4期《深圳高新区知识产权工作简报》，开展知识产权系列活动13次，为中小企业提供多样化及个性化知识产权服务；新增知识产权服务机构2家；参加全国性审查员实践基地交流活动1次，组织审查员实践基地政策宣讲活动1次，专业培训1次。

第二节 深圳虚拟大学园

一、概况

深圳虚拟大学园成立于 1999 年，是深圳市委市政府为大力发展高新技术产业而实施的具有战略意义的创新举措，是我国第一个集成国内外院校资源，按照一园多校与市校共建模式建设的创新型产学研结合示范基地。深圳虚拟大学园在政府和院校共同支持下，根植于深圳特区、联络港澳、服务周边、辐射全国，聚集了 60 所国内外知名院校，国家大学科技园已建成包括清华大学与北京大学在内的 15 家产业化基地，12 家研究院被认定为“广东省新型研发机构”。

深圳虚拟大学园通过市场为导向的体制机制创新，在人才培养、科研工作、创新创业、成果转化、深港合作等方面为深圳经济建设与发展做出了突出贡献，也为成员院校深化教学科研改革、服务社会、支持地方经济发展进行了探索，实现市校共赢。

二、人才培养

深圳虚拟大学园积极构建创新型开放式教育培训体系，充分发挥优质教育资源集聚优势，已形成从学士到博士的在职学历学位培养，从短期专项到量身定做企业人才的订单式培养体系。累计培训各类人员 32.6 万人，其中培养博士 1968 名，硕士 46198 名，本科生 66086 名，订单培训 110653 名。

深圳虚拟大学园博士后科研工作站工作有序开展。2018 年新入站博士后 18 人，出站 8 人。积极组织在站博士后申请中国博士后科学基金，1 人获得中国博士后科学基金第 11 批特别资助，13 人获得中国博士后科学基金第 63、64 批面上资助。

三、科研工作

深圳虚拟大学园产学研工作持续深化、科研实力不断增强，已成为特色鲜明及专业突出的高端人才宜聚地、研发机构聚集地、中小科技企业集散地。依托深圳对科技的持续高投入，深圳虚拟大学园大力整合成员院校科技研发优势，积极参与深圳科研工作。设立研发机构 227 家，其中获批市级以上重点实验室、工程实验室等创新载体 74 家，包括省级重点实验室及工程技术研究中心 8 家，国家工程实验室 1 家，省部共建国家重点实验室培育基地 1 家。累计承担国家级科技项目 1234 项，省级项目 245 项，市级项目 1663 项，获得专利 1377 项，软件著作权 298 项，发表论文 2863 篇。

经过近几年扎实的科研工作，深圳虚拟大学园科研工作成绩喜人。如哈尔滨工业大学深圳研究院首次成功研制大功率 PCU，通过了飞行验证，打破国外垄断；香港科技大学叶玉如院士团队在阿尔茨海默症研究领域取得突破性进展；香港城市大学研究与科技副校长、香港城市大学深圳研究院院长吕坚教授团队发明全球 4D 打印陶瓷新技术；香港浸会大学马迪龙团队首创金属探针，有望早期诊断多种癌症；深圳神经科学研究院谭力海教授团队研发出中国语言相关脑功能区定位系统，提升颅脑手术的精确性；西工大深圳研究院由中国科学院黄维院士领衔的柔性能源电子科研团队首次开发出聚合物水性纳米墨水。

四、创新创业

深圳虚拟大学园是国家级孵化器和国家大学科技园，多次被评为国家级优秀孵化器（A 类），拥有良好的创新创业沃土和氛围。优先引进高层次创新创业人才，实施和承接“孔雀计划”等重大人才工程，加大海内外创新团队引进力度。目前，深圳虚拟大学园有孔雀团队 12 个。

深圳虚拟大学园园区有 17 家院校孵化器，孵化企业

1000 余家。深圳清华大学研究院、深港产学研基地、哈尔滨工业大学深圳研究院、武汉大学深圳研究院和中国地质大学产学研基地等累计投资孵化上市公司 32 家。深圳虚拟大学园自有孵化面积 6.8 万方米平，包括虚拟大学园大楼、虚拟大学园产业化综合大楼、虚拟大学园重点实验室平台大楼等。

五、成果转化

深圳虚拟大学园致力于打造科研资源和产业化资源连接服务平台，践行正向创新和逆向实践相结合的技术价值实现路径——既以科研本身的学科逻辑催生技术成果及开拓市场，又以企业产品开发为起点向创新链上游传递技术需求，并通过产学研合作和提供支撑服务实现创新。

2018 年，深圳虚拟大学园新增转化成果 188 项，新增技术服务 247 项，累计转化科技成果 1932 项，技术服务 1048 项。

六、深港合作

香港高等教育资源在粤港澳区域内最为丰富，深圳产业创新对香港研发有较强的市场需求，深圳虚拟大学园吸纳香港科教资源，深化深港合作，形成了港校与内地院校协同发展及资源高度聚集的融合。

香港高校依托深圳虚拟大学园平台开展科学研究、联合人才培养、高科技创业企业培育等工作。累计承担国家级科技项目近千项，广东省科技计划项目 63 项，深圳市科技计划 471 项，各类科技计划项目经费总额超 10 亿元；累计在深联合培养各类人才 9808 名，其中博士后 58 名、博士 236 名、硕士 2741 名；在深设立科研机构 64 家，研发项目约 1533 个，转化成果及技术服务 371 项，获得专利 170 项，发表论文 1231 篇；孵化企业 156 家。

七、学术论坛

2018 年深圳虚拟大学园举办了 12 讲名校名师公益课堂，演讲嘉宾由来自成员院校的 12 位知名专家学者组成。“深圳虚拟大学园名校名师公益课堂”在深圳全民终身教育学习活动周被评为“终身学习的品牌”。名校名师公益课堂已经在城市文化建设中具备了一定影响力，为提升城市整体文化素质和创新创业能力贡献了一份力量。

深圳虚拟大学园各成员单位组织举办各类学术会议和论坛，如天津大学与佐治亚理工学院联合主办“智能时代的大数据分析与应用论坛”；深圳中科院院士活动基地协办了“科学与中国院士专家巡讲团活动”；深圳工程院院士活动基地承办“2018 未来网络技术与工程国际大会”；西安交通大学深圳研究院举办了“IBSS 第二届国际脑科学峰会”等。

八、联席会议

一年一度的深圳虚拟大学园联席会议是独有的制度安排，已成为深圳虚拟大学园可持续发展的重要传承方式。2018 年联席会议以“协同协作，共建共赢”为主题，探讨分享成员院校在技术转移及创新创业方面的实践与成就，探索新职能科技战略研究新使命，共同开创改革开放 40 周年粤港澳大湾区市校合作新局面；定位新时代国家战略，将国内外一流大学融入粤港澳大湾区建设，在新征程实现新作为。

深圳市副市长王立新出席联席会议并致辞，市科创委党组书记、副主任邱宣作深圳虚拟大学园工作报告。香港中文大学副校长陈伟仪教授、哈尔滨工业大学校长周玉院士、中央兰开夏大学副校长 Tim Steele 等嘉宾在联席会议上分别作交流发言。

深圳虚拟大学园将不断提升成员院校聚集规模及发展能级，努力打造深圳人才培养战略高地，建设聚集国内外高等教育与高层次科技资源的国家级科技创新平台。

第三节 深圳光启高等理工研究院

一、概况

光启成立于 2010 年，由五位美国杜克大学、英国牛津大学博士归国创建，是一家战略型尖端技术创新企业，是新一代超材料技术和新一代人工智能覆盖技术领先者，旗下拥有光启技术与光启科学两家上市公司。

光启总部位于中国深圳，创新机构遍布五大洲 21 个国家与地区，总人数超 2600 人。作为全国电磁超材料技术及制品标准化技术委员会的秘书单位、深圳超材料产业联盟发起者，光启拥有一系列源头创新和产业化平台，包括以深圳光启高等理工研究院为核心的新型研发机构群，超材料电磁调制技术国家重点实验室及多个省市级重点实验室，企业博士后科研工作站等研究机构。

光启掌握高性能建模、高并发计算、精细制造、大范围光电感知覆盖、高效率测试等五大内核技术，拥有大量自主知识产权。目前，光启的专利申请总量 5200 件，授权专利总量 3125 件，在超材料领域专利申请总量位居全球第一，实现超材料底层技术专利覆盖。此外，光启领衔起草并发布了全球第一份超材料领域国家标准《电磁超材料术语》，打破了欧美对前沿科技的技术和标准垄断，奠定了我国在超材料技术研究和标准转化的国际领先地位。

以产业化需求为牵引，光启将实验室的超材料科学研究转化为工程实践，构建了完整的超材料工业体系——五大内核技术与尖端装备行业结合，形成了新一代超材料技术，并率先应用到了我国尖端装备上，在世界超材料产业化竞争中抢占先机，成为行业引领者；在尖端技术垂直发展的过程中，光启五大内核技术与数字信息产业结合，形成了可应用于城市管理、教育、金融、医疗、商业、市民服务等众多垂直领域的人工智能覆盖技术，有效提升了社会治理与行业运营效率。

二、专利和标准化工作

截至 2018 年 12 月，光启累计申请专利总量 5200 件，包括发明专利申请 3630 件（含海外专利申请 303 件、美国专利申请 91 件、欧洲专利申请 85 件），授权专利 3125 件，包括授权发明专利 1646 件（含海外授权专利 179 件）。在超材料底层技术方面，光启专利申请 3050 件，包括授权专利 1940 件，申请数量全球领先。光启的专利授权率申请量行业领先——光启专利授权率为 91.59%，实用新型授权率为 99.12%，外观设计授权率为 100%。其研发人均专利申请量 10.88 件 / 人，人均专利拥有量 6.56 件，也处于行业领先地位。

全国电磁超材料技术及制品标准化技术委员会在全球率先开展超材料领域标准的制定工作，将秘书处设在光启，促进光启主导和参与该领域国家标准、深圳市地方标准的制定以及企业标准制定等标准化工作。全球首份超材料领域的国家标准——《电磁超材料术语》由光启领衔众多检测监管机构、科研院所、相关产业企业共同起草，并已正式实施。

三、科技成果产业化

“创新”是深圳发展的主导特征，光启作为历次科技奖励大会的授奖单位，也被放在深圳创新金字塔的塔尖。继深圳光启高等理工研究院院长刘若鹏荣获 2016 年度市长奖、光启荣获 2016 年度科技进步二等奖之后，光启再度荣膺深圳市科技进步一等奖——光启申报的“超材料空间调制技术研究与产业化应用”一举获得科技进步（技术开发类）一等奖。

依托“十二五”863 计划新材料领域课题，光启开展了超材料空间调制技术及其相关产品的研制，突破了超材料和相关器件的设计、制备及测试等关键技术瓶颈问题，实现了可实用超材料产品的设计。此外，光启技术建成全球第一条超材料生产线，具备每年 10 万平方米的超材料生产能力，为超材料产品大规模产业化打下坚实基础。目前，光启技术相关产品销售额达数亿元，为超材料技术从应用基础研究向应用成果转化提供了积极支持，对提升产业创新能力、促进技术变革、发挥产业示范带动作用具有重要意义。

作为行业创建者，光启依托超材料技术积累，将高性能建模、高并发计算、精细制造、大范围光电感知覆盖、高效率测试等五大内核技术与装备行业结合，发布新一代超材料技术解决方案，并已率先应用到我国新一代尖端装备上，有力推动了中国高端装备跨代转型。

在助力装备智能化升级的同时，光启基于新一代超材料技术，开发出可应用于城市管理、教育、金融、医疗、商业、市民服务等众多垂直领域的人工智能覆盖网络。

人工智能覆盖技术将现有人工智能技术应用从“模式识别”演进为“全域无感认证”“海量目标追踪”与“高质量大数据经营”，实现高质量高精度实时还原，解决了“大范围全域智能覆盖”“海量动态目标实时并发”“单位面积覆盖与并发成本大幅降低”三大行业难题。

更值得一提的是，光启突破性地采用覆盖面积为主要指标，在该领域已经形成跨代优势。基于光启最新一代光电雷达感知站点单个站点智能覆盖面积达 2000 平方米。在同等投资条件下，在业界现有方案中，光启将人工智能覆盖效能提升了 18 倍，智能并发处理能力提高了 35 倍，同一覆盖面积与并发容量建设总成本将为现有业界方案的 1/24。人工智能覆盖技术目前已在多地成功应用，有效提升了社会治理与行业运营效率。

四、创新平台建设与人才培养

超材料电磁调制技术国家重点实验室于 2011 年经国家科技部批准组建，实验室依托于深圳光启高等理工研究院建立，2015 年 11 月通过验收。2018 年度，实验室围绕超材料领域发展的重大需求方向，集中力量突破一批支撑、引领产业发展的超材料核心关键技术、行业共性技术及其成果转化，取得了较为显著的成果。

截至 2018 年底，光启已先后建设完成并通过验收的省、市级重点实验室、工程实验室共计 14 个，包括广东省超材料微波射频重点实验室、深圳市变换光学与空间调制技术重点实验室、深圳市数据科学与建模技术重点实验室、深圳市人造微结构开发重点实验室、深圳市光学与太赫兹超材料重点实验室和深圳市超材料制备与封装技术重点实验室等，拥有丰富的创新载体资源和先进的超材料设计、制备、测试技术。

光启设有全国首个专注于超材料研发与产业化的企业博士后工作站，具备独立的招收资格，累计招收 147 人，出站 28 人，其中部分已经成为超材料领域的核心复合型人才。

此外，光启拥有近 50 余名高层次留学人才及科技专家，近 300 名在岗研究院、工程师等科研技术人才，组成了光启科技创新与成果转化的中坚力量。

第四节 国家超级计算深圳中心

一、概况

国家超级计算深圳中心（深圳云计算中心）（以下简称"超算中心"）是隶属深圳市科技创新委员会的事业单位，实行企业化管理，总投资 12.3 亿元。一期建设用地面积 1.2 万平方米，总建筑面积 4.3 万平方米。中心配置国产曙光 6000 超级计算机系统，是深圳市建市以来市政府投资最大的国家级重大科技基础设施，主机系统由中国科学院计算技术研究所研制、曙光信息产业（北京）有限公司制造，2010 年 5 月经世界超级计算机组织实测确认，运算速度达每秒 1271 万亿次，排世界第二。超算中心作为国家 863 计划，广东省和深圳市重大项目承担单位，于 2013 年获得"国家科技进步二等奖"。

2018 年，超算中心领导班子迅速适应新形势、转角色、调思路、顾大局，团结全体干部职工转变观念，锐意进取，扎实工作，确保了过渡期各项工作平稳有序推进。在深圳市科创委的正确领导和大力支持下，超算中心全力推进各项工作，较好地完成各项工作任务。

二、大力推进 E 级超级计算机项目落地深圳

超算中心升级换代项目作为"布局十大重大科技基础设施"之一已列入深圳市"十大行动计划"。目前，升级换代项目已完成落实 E 级超级计算机机房用地，获得建设项目选址意见书，环境影响评价申报备案等前置工作。

三、大力推进队伍建设，打造一流技术团队

为推动我国超级计算应用发展，支撑国家科技创新和智慧城市建设，深圳超算人才引进与培养并重，队伍建设成效显著。

人才引进方面，一是大力拓展引进渠道，吸纳高层次人才。二是加速推进博士后科研工作站建设。三是依托深圳市高端人才引入政策，大力引入高端人才团队。四是建立院士工作站，中心目前已经向相关单位申请成立院士工作站。

加速培养方面，中心将继续加大人才培养力度，建立内部培训和外部培训制度，为每一位员工创造一切可能的学习条件。在赛马中识马，大力识别、培养、凝聚一批能够支撑国家科技创新的超算人才，促进人才队伍能力快速提升。

四、主动对接深圳科技创新载体，打造科技创新引擎

超算中心深刻领会科技创新需求，推进与深圳科技创新载体融合，与五十余家各种类创新载体签署合作协议，提供计算资源、软件资源和技术支持服务。

五、推进深圳市科技业务管理系统重构

深圳市科技业务管理系统是深圳市科技创新委员会的重要业务审批管理系统，该系统重构项目自启动以来，超算中心内部各部门和项目组狠抓工作目标管理和过程管理，对关键节点重点把握，督促与检查两手抓，全面真实把控项目质量和进度情况。

六、联合龙头企业，助力深圳智慧城市建设

按照深圳市"智慧城市"建设总体要求和"数字政府"工作总体部署，超算中心在计算密集型、存储密集型、支撑基础科研等方面充分发挥资源优势，围绕深圳市整体创新布局，与智慧城市龙头企业进行深度合作，为深圳重点布局行业配备相关软硬件设备和技术支持，助力深圳智慧城市建设。

七、广东省高性能大数据工程技术研究中心获批

依托强大的高性能计算、存储能力、大数据处理研究和应用经验，超算中心牵头，联合中科院深圳先进院成功申请广东省高性能大数据处理工程技术研究中心。研究中心将以生命健康大数据、气象大数据、社交网络大数据、电力大数据等应用领域为核心，提供传统的高性能计算和存储，定制高性能大数据分析测试服务、高性能大数据处理技术人才培训、开源工具和软件研发等技术服务。联合大数据行业相关机构，打造高性能大数据信息安全产业链。

八、优化设计，推进扩容改造工程

为缓解高性能计算资源不足的问题，深圳投资 1.05 亿元扩容深圳超算计算资源。项目分为机房改造、配套机房工程建设、硬件设备扩容三部分。2018 年已完成超算中心机房楼 3 层云计算中心机房改造；已完成机房配电系统、空调通风系统、综合布线、模块化机柜、机房集中监控系统、机房消防系统及 1800KW 柴油发电机组建设；近期将完成硬件设备扩容，购置近千台服务器、存储系统、网络设备、信息安全等设备。

九、广泛接触国内外超算同行，深入交流合作

2018 年，超算中心通过“中国超级计算创新联盟年度全体会议”“第十四届全国高性能计算学术年会”“2018 中国计算机大会”“E 级超级计算机应用算法与软件高层论坛”“美国达拉斯全球超算大会”“第六届中国超级计算中心 CEO 联席会议”等交流渠道广泛接触国内外同行，深入交流合作。

十、发起粤港澳大湾区先进计算创新共同体

为促进先进计算应用单位加强交流合作，提升粤港澳大湾区先进计算能力，超算中心发起成立了粤港澳大湾区先进计算创新共同体，旨在凝聚创新资源、促进重大创新成果产出、推动创新生态健康发展。粤港澳大湾区先进计算创新共同体，将鼓励和推动计算资源、数据资源、学术资源、人才资源等各类创新要素共享；推动粤港澳三地协同创新，共同凝练重大科学技术问题，协同攻关，促进重大科研成果产出；推动三地优势互补，联合建立与产学研紧密结合的健康有序创新生态环境。

十一、举办系列技术交流活动，扩大超算影响

为加强与先进计算单位交流，扩大超级计算机应用领域和范围，2018 年超算中心举办了系列技术交流活动。包括“区块链 - 人工智能”学术报告分享交流会、“走进深圳超算”学术交流活动、“E 级机应用技术研讨会”、首届“粤港澳大湾区长三角先进计算应用创新论坛”，承办了“国家高性能计算重点专项年度汇报”交流会。

十二、成功抵御“山竹”特大台风，实现“零事故”

2018 年 9 月，第 22 号超强台风“山竹”冲击深圳。“山竹”是继 1983 年“爱伦”台风之后对深圳影响最大的台风，对超算中心机房的安全运行能力提出了巨大挑战。按照深圳科技创新委员会领导 “充分准备、积极应对、分工明确、责任到人、努力善后”的指示，超算中心与相关单位发挥勇于担当及不畏艰险的精神，提前预判，精心部署，确保了设备安全运行，台风期间保持 0 事故、0 服务中断、0 人员伤亡，为深圳上千万人的民生业务提供了稳定服务。

十三、大力开展科普教育工作

超算中心 2018 年以来大力开展科普教育工作，全年接待科普参观 60 余次。参观人员包括各地政府机关、事业单位、企业、科研机构、院校、学生、港澳人士以及国外友人等，参观人数 1500 余人。科普活动方面，全年举办包括“走进深圳超算”“E 级计算机应用技术研讨会”等多层次多类型的科普活动 10 余次，参加人数近千人。极大地促进社会各界对超级计算机的了解，增强人们对超级计算机在科技创新领域发挥作用的认识。

2018 年，超算中心实现了多个“零”突破——实现了全年无重大事故及各项业务迅速推进，快速发展。

第五节 中国科学院深圳先进技术研究院

一、概况

2006 年 2 月，中国科学院、深圳市人民政府及香港中文大学友好协商，在深圳共同建设中国科学院深圳先进技术研究院（简称“先进院”，下同），实行理事会管理，探索体制机制创新。先进院以提升粤港澳地区及我国先进制造业和现代服务业的自主创新能力，推动我国自主知识产权新工业建立，成为国际一流工业研究院为使命。2018 年把握粤港澳大湾区建设的历史机遇，逐步由 Engineering（工程）到 Technology（技术）向 Science（科学）发展，已初步构建了以科研为主的集科研、教育、产业、资本为一体的微型协同创新微创新体系。

先进院现由九个研究中心——中国科学院香港中文大学深圳先进集成技术研究所、生物医学与健康工程研究所、先进计算与数字工程研究所、生物医药与技术研究所、广州中国科学院先进技术研究所、中国科学院深圳先进院 - 麻省理工学院麦戈文联合脑认知与脑疾病研究所、合成生物学研究所（筹）、先进电子材料研究所（筹）、前瞻性科学与技术中心、国科大深圳先进技术学院，多个特色产业育成基地（深圳龙华、平湖及上海嘉定）、多支产业发展基金、多个具有独立法人资质的新型专业科研机构（深圳创新设计研究院、深圳北斗应用技术研究院、中科创客学院、济宁中科先进技术研究院、天津中科先进技术研究院、珠海中科先进技术研究院、苏州中科先进技术研究院、杭州先进技术研究院、武汉中科先进技术研究院）等组成。

二、科研综合能力

2018 年，在学术影响上，发表论文 1415 篇，Nature/Science 系列文章 17 篇；在中科院研究所中，SCI 论文的收录排名第 20 位，国际合作排名第 9 位；WFC 指数由 2017 年 5.63 上升至 14.44，全国科研机构总排名第 33 位；申请专利 1226 件（含广州南沙所）。

人才引进方面，全年获批人才项目 1.25 亿元，引入全职院士 1 人，新增青年千人计划 3 人、中科院百人计划 2 人、中科院青促会会员 7 人（累计 54 人），获博士后科学基金资助 68 人（中科院第一）。荣获谈家桢生命科学创新奖 1 项，中国专利优秀奖 1 项，深圳市科学技术奖 3 项。

科研成果上，新增合同经费 14.7 亿元，现金到账 10.06 亿元，创历史新高。产业合作项目金额达 3.12 亿元，新增孵化企业 122 家。

创新基础设施上，获批国家卫计委国家健康医疗大数据研究院；牵头承担深圳市“十大行动”计划中的 2 个重大科技基础设施，3 个基础类研究机构，成为深圳承担“十大行动”计划项目最多单位；与深圳市签署合作办学协议，将依托先进院筹建中国科学院深圳理工大学（暂定名），科教融合优势不断凸显；新成立先进材料与工程研究所。

三、科研进展

1. 科研项目

科研服务能力不断提升。通过科研项目精细化管理模式，对项目全过程进行风险防控，实现国自然、广东省科技项目按期结题通过率达 100%。

项目争取力增强。新增国家自然科学项目 95 项（中科院排名第 5 位），创历史新高——优秀青年基金项目 2 项、重点项目 1 项、重大科研仪器 1 项、联合基金 2 项，总经费 5047 万元；军民融合成效显著——新增 JW 科技委项目

2830 万元、科技部项目顺利开展，获批重点研发计划课题 8 项、获批千万级项目中科院 3 项及广东省 2 项。

高质量科研平台增加。牵头获批“广东省高性能医疗器械制造业创新中心”，为申报国家高性能医疗器械制造业创新中心奠定基础；牵头获批深圳市深港脑科学创新研究院（深港脑科学中心）、合成生物学创新研究院、先进电子材料国际创新研究院；参与获批深圳市人工智能与机器人研究院 1 项；参与共建深圳网络空间科学与技术省实验室、生命信息与生物医药广东省实验室。

2. 科研成果

创新成果涌现。在高端医学影像、低成本健康、医用机器人与功能康复技术获重点突破。

医学影像方面，自主研发世界首个大规模平板超声辐射力发生器面阵系统、千通道高精度超声神经调控电子系统和磁共振成像导航定位系统并与制药公司合作，实现超声神经调控技术转化；与上海联影联合研制的“3.0T 人体磁共振快速成像系统”通过成果鉴定，技术达国际先进，改变了我国高端影像核心技术缺乏的被动局面，获央视《新闻联播》《焦点访谈》高度关注。PET 方向，完成高清晰磁兼容小动物 PET 成像系统集成，初步图像达到 >10% 中心效率和 <1mm 位置分辨率的仪器设计指标，性能达国际领先水平，项目在基金委中期考核中获优秀；发表论文 131 篇，以第一作者发表国际核心期刊 SCI 论文 92 篇；团队带头人获中国科协“求是杰出青年成果转化奖”。

低成本健康方面，开发出具备人类皮肤柔弹性的仿生功能材料及新型柔弹性电路，用于医疗可穿戴设备和人工电子皮肤电极；穿戴式心电房颤检测获重要进展，9 种心律失常多分类准确率 81.2%，比斯坦福大学团队准确率高 3%；提出创新的“数字化裂解产物”的概念，应用于单细胞测序，对稀有细胞例研究具有重要意义；“海云工程”累计覆盖 5 万余村镇，超 5000 万人受益，项目升级版——慢病链式管理系统，在浙江东阳等地示范工作顺利进行；孵化低成本健康领域公司获恒大集团 3.6 亿元注资，估值超 10 亿元；发表 SCI 论文 100 余篇、授权发明专利 50 余项，基层医疗设备示范应用获 2018 年度深圳市科技进步一等奖；获批国家健康医疗大数据研究院。

医用机器人与康复技术方面，柔性助力外骨骼机器人，实现快速意图识别与控制模式切换；自平衡全主动外骨骼机器人，实现携带人体模型自平衡行走；助老助残的多模态融合下肢外骨骼机器人，成为国际上首次将机器视觉技术引入下肢外骨骼机器人应用案例。腔道手术机器人运动感知与控制研究中提出了基于深度神经网络求解蛇形机器人逆运动学问题的新算法，对于高冗余度关节型手术机器人的运动感知和控制具重要意义；脑血管实时介入移动式手术机器人系统研发具备路径规划、血管漫游、术中导航功能，已启动人体临床试验方案；鼻内镜手术机器人实现人体复杂鼻腔解剖结构三维重建、手术规划、适应狭小细长鼻腔腔道结构的复合虚拟约束模型、基于 RCM 的机器人系统，跟踪精度达 1mm。

主办 IEEE CBS2018 国际会议，获批建立深圳市微创手术机器人技术与系统重点实验室；“人机共融外骨骼智能机器人技术与系统”获得 2018 年中国仪器仪表学会科学技术一等奖；发起成立深圳市人工智能学会。

年度将城市大数据计算、脑科学、先进电子封装材料、肿瘤精准治疗技术、合成生物器件关键技术定为重点培育方向。

城市大数据计算方面，在机器学习的云数据中心智能管理及容量规划方面，探索基于机器学习的“智能”管理及容量规划方法，支撑阿里巴巴“双十一”百万级在线交易任务；通过海量遥感数据，完成对“一带一路”生态环境进行监测，项目得到中科院先导专项支持；大数据成为服务国民经济主战场——基于大数据支撑的智慧机场系统，有效提升调度效率，用于深圳宝安、海口美兰等机场；智慧公交系统为深圳市交委提供电子站牌服务；智慧地铁系统服务深圳地铁集团，5 个月协助抓获疑犯 400 余人，获公安部表彰；承办首届深圳医疗健康大数据创新应用国际大赛，获得国家卫计委等多方领导认可。

脑科学方面，利用前沿的 CRISPR-Cas9 基因编辑技术建立精确设计的自闭症非人灵长类模型，研究论文投稿于Nature；首次揭示大脑动态评估外界信息重要性的机制，研究结果发表于Science；光遗传技术累计辐射到境内外近460家实验室，1150余名科研人员受益；发现脑内再殖小胶质细胞起源，推翻了前人所提出的脑内存在小胶质细胞前体细胞观点，成果发表在Nature Neuroscience。本能行为与负性情绪研究方向，发现了大脑编码刺激显著性的新脑区；制备了世界上首例高度模拟人类精神疾病的Shank3突变的自闭症非人灵长类模型；发现调控压力应激神经环路调控恐惧情绪反应的新机制。脑科学科研成果综合发表在Science、Neuron、PNAS专业期刊；共申请专利73件，PCT专利17件，授权16件；获批深圳市、广东省首家AAALAC认证研究机构；荣获深圳市2017年度自然科学一等奖；获批深圳市深港脑科学创新研究院；获批“脑连接图谱研究”广东省重点实验室。

先进电子封装材料方面，二维导热绝缘材料通用制备方法获得进展；优化印刷线路板原位储能材料；面向透明导电膜的高长径比银纳米线材料，完成中试放大实验并实现技术转移，高导热PI膜材料进入产线验证阶段；面向薄晶圆加工关键支撑材料打通全制程，实现商品化进入市场；上述高端先进电子封装材料为5G通信应用打下良好基础。学术上，发表论文77篇，其中SCI56篇，专利申请45项，授权专利31项，提交PCT申请6件；获批深圳先进电子材料国际创新研究院。

在肿瘤精准治疗技术培育方向，成功研发出基于CD19靶点的CAR-T细胞治疗新药，已完成74例临床病例的细胞治疗研究，幼儿白血病应答率100%，多名患者痊愈；儿童急淋100%CR，淋巴瘤80%OR，骨髓瘤超过80%，达国际领先水平；成功研发出有自主知识产权的人DR5抗体融合蛋白新药（1.1类新药），该药已完成全部临床前研究并递交临床试验审批程序的I类沟通交流会申请。在肿瘤精确诊断方面，构建了乏氧激活和NTR酶响应的单分子探针，用于高对比的肿瘤近红外二区荧光/光声成像和乏氧活化的光热治疗；成功研制新型DcR3癌症精准检测试剂盒、H7N9流感检测试剂盒、DR5药物筛查检测试剂盒。在肿瘤精准治疗方面，发展了杂交蛋白纳米氧载体，实现携氧增效化疗和光动力治疗；构建了肿瘤靶向供氧和原位产氧体系增强光动力治疗效果，消除原位瘤并抑制远端瘤；发展了一种细胞膜免疫治疗策略，消除原发性肿瘤并抑制远端瘤。年度共发表SCI文章46篇；申请发明专利41件；中科院深港生物材料联合实验室评估优秀。

合成生物器件及关键技术培育方面，已汇聚形成1名杰青、6名青千在内近200人的科研队伍；建合成生物学研究所（筹）；获批深圳合成生物学创新研究院；牵头发起“国际基因组编写计划·中国”，国内外影响力突显。科研工作取得重要进展——首次利用人体肠道微生物大数据，开发新的生物信息学方法，揭秘噬菌体-细菌-宿主两两之间存在的相互作用，相关成果发表于Microbiome；设计开发了体内、体外与loxP正交的多种重组系统，实现了目标代谢产物在合成酵母中的优化生产，将为合成酵母菌株工业应用带来经济效益，成果产出论文2篇，发表于Nature Communications；年度新增孔雀团队2支，深圳市重点实验室1个，科技部中青年科技创新领军人才1名，发表学术论文51篇，其中SCI收录43篇（高水平论文8篇），申请发明专利5件，申请PCT专利1件。

产业合作方面，全年筹建25个企业联合实验室，建立了首个与“一带一路”国家上市公司合作的国际企业联合实验室（马来西亚PUC）；产学研合作上，与深圳市宝安区商定先进电子材料研究院落地事宜、与深圳市福田区商议推进14T高场超导技术落地事宜；杭州先进院、武汉先进院相继投入运营。承办首届由JW科技委发起，中科院主办，深圳市政府支持的“‘率先杯’未来技术创新大赛”，拉动7000万余元资金与深圳政策匹配，吸引70余家科研院所、高校、社会团队，超过600个项目参与，40余个优胜项目获得百万项目资助，组织工作得到了各方认可。

三、人才引进

贯彻落实党管人才原则，人才队伍规模与竞争力稳步增长。全院人员规模达2876人，其中员工1595人（全职1295人，非全职226人），海归近600人，在读研究生1281人。全年新增入选各类人才计划281人，新引入副高以上职称人才50余人。新入选万人计划领军人才1人，科技部创新人才推进计划2人，广东省特支计划领军人才5人、珠江人才9人；新获批深圳市孔雀人才95人次、高层次人才34人次；新引进卢嘉锡国际团队1支、海外高层次人才创新团队2支；获中国青年科技奖1项；2018年入选广东省博士工作站；在中科院内创新千人数量排名第4位，青年千人排名第7位，人才高地地位得到进一步巩固。

四、合作交流

合作办学取得标志性新进展，2018年11月16日，中科院与深圳市签署合作办学协议，双方将建设世界一流、小而精的研究型大学——中国科学院深圳理工大学（暂定名）。坚持科学研究与高等教育深度融合，牵头国科大“生物医学工程”学科建设，完成教育部学科评估的“摘黄牌”任务；4个专业硕士培养点在国科大学科评估中获得优秀。2018年新招学籍生198人、联培生135人、留学生28人；由俄罗斯院士牵头开设数学模型基础课2门，目前备案常规性课程达61门；新签联合培养高校11所，累计35所，与中国科学技术大学、香港科技大学、西安电子科技大学等高校共建“精英班”，与俄罗斯、巴西3所高校签订合作协议。研究生获中科院“院长优秀奖”、国科大“必和必拓奖学金”等奖项，年度获奖学生达100人次。累计培养博士后547名，在站313人。

先进院国际合作态势良好，多项国际项目实现零突破。年度新增国际合作与交流项目38项，同比增长100%，合作国家（地区）已达34个。中科院与香港地区联合实验室评估中获“优秀”2个（2/4）、“良好”3个(3/8)、“新认定”1个(1/3)；先进院首例获批中科院“大科学培育专项”计划、“牛顿高级学者基金”计划、科技部“港澳台专项”计划；获批广东省“国际科技合作基地”项目；聚焦“一带一路”，培育与新加坡、马来西亚、日本、韩国等国家关于康复技术、空间信息、同步辐射光源等领域的专项合作；国际交流互访日益紧密，举办多场国际会议——接待来自美国、加拿大、英国等多个国家和地区的代表团到访与合作交流，超600人次；主办6次大型国际会议、百余场学术研讨会；举办“第四届合成生物学青年学者论坛”（千人规模）、“IEEE类生命机器人与仿生系统国际会议”“香山科学会议第Y1次学术讨论会”等大型国内外会议，学术知名度进一步提升。

第六节 深圳华大生命科学研究院

一、概况

随着“国际人类基因组计划1%项目”启动，华大基因于1999年9月9日在北京成立。秉承着“基因科技造福人类”的使命，以“产学研”一体化发展模式引领基因组学创新发展，是全球领先生命科学领域的前沿机构。以科研源头为基石，不断打造并延伸出生态链条机构及产业，包括有深圳华大生命科学研究院（原“深圳华大基因研究院”）、华大基因学院、深圳国家基因库、GigaScience四家非营利性的机构，另已上市的深圳华大基因股份有限公司，以及筹备上市的深圳华大智造科技有限公司产业化机构。通过遍布100多个国家（地区）的分支机构与产业链各方建立广泛合作，将前沿多组学科研成果应用于医学健康、农业育种、资源保存、司法鉴定服务等领域，建立起世界领先的高端仪器研发与制造平台、大规模测序等技术平台、大数据中心。

华大曾被顶级学术期刊《自然》评为“世界领先的遗传学研究中心”和“基因组学、蛋白质组学和生物信息分析领域的领头羊”。而深圳华大生命科学研究院作为华大创新发展的驱动器，从事前瞻性基础研究，专注科研探索，同时注重目标导向，促进基础研究、应用研究与产业化对接融通。

深圳华大生命科学研究院（以下简称“研究院”）是深圳市首批批准建设的深圳市十大基础研究机构之一。自建院以来，始终秉承华大自身的学术传统，坚持科学发现、技术发明、产业发展“三发”联动，同时坚持以开展大科学项目带动学科、产业、人才发展（“三带”），形成了高效创新发展模式，短时间内成为世界领先基因组学研究中心。并在原有基础上发挥创新科研模式，拓展研究领域，致力于开展前沿生命“读”“写”“存”核心技术研究与开发，组织并实施生命大数据与疾病防控国际大科学工程，探索生命起源与演化、细胞命运决定、基因与认知等重大科学问题。

同时，还建立世界领先的大规模测序、生物信息、基因检测、农业基因组、蛋白组等技术平台和大型数据处理超级计算中心，拥有世界一流科研队伍，开展一系列与重要动植物、人类健康、环境与能源等领域的组学研究，致力于推动医疗健康、科技应用、农业育种等领域发展。

二、人才队伍

在人员引进和聘用上，研究院不以年龄、学位、资历、论文数量为参考标准，注重科研实际贡献，大胆任用具有创新意识和能力的年轻人，在科研项目中培养人才。人员架构上注重学术梯队和优秀中青年队伍建设，开拓多元化引进渠道。

2018年，研究院拥有院士1人、千人计划专家2人、深圳市认定各类高层次人才103人、广东省首批引进的创新团队“国际肿瘤基因组创新研究团队”1个、深圳市孔雀团队“高通量测序技术创新研发团队”1个。已引进海外博士以上高层次人才79人，多数毕业于美国及英国等地知名高校，专业涉及生物学、医学、计算机等。引进海外名校和科研机构专家教授8人，如哈佛医学院George M. Church教授、丹麦奥胡斯大学Lars Bolund教授。稳定高水平技术队伍，加强研究生培养，加强对外合作交流，积极探索生物技术人才培养新模式，与国内外知名大学和研究机构开展人才培养合作计划，拓展国际合作单位13家，优势互补实现共赢。通过内部转岗及晋升等机制合理配置人才资源，确保内部人力资源良性流动，保持人员结构规模合理。此外，实行专家顾问聘用制度，促进科研单位专家横向流动，深入实施国际化人才合作战略，拓宽国际化人才培养与交流渠道，提升研究院在生命科学领域的国际影响力。

三、科研工作

截至 2018 年底，研究院累计发表论文 2367 篇，其中 SCI 收录的有 2043 篇。在国际四大顶尖学术期刊《自然》《科学》《细胞》《新英格兰医学》上共发表文章 278 篇。2018 年 3 月 14 日汤森路透发布的 2007 年 1 月 1 日—2017 年 12 月 31 日（11 年）期间论文统计数据中，华大在研究机构中排名第 31，在企业中名列前茅。3 个学科进入前 1%，生物与生化在国内研究机构排第 6、临床医学在国内研究机构排第 13、分子生物与遗传在国内研究机构排第 3。

知识产权方面，实现了低成本扩展测序生产平台及新型合成系统的世界领先核心技术突破，2018 年期间新增申请专利 276 项，其中发明专利申请数 256 项，软件著作权登记 96 项。累计实现成果转化 299 项，直接转让价值 5.36 亿元，其中包括 SOAP（生物信息核心软件）、无创产前基因检测技术、测序仪等核心专利。2018 年间，实现成果转化 132 件，直接转让价值 2.6 亿元。

研究院积极申报各级政府各类科技计划项目，主动参与国家重大科学部署。截至 2018 年 10 月，共承担（或参与）各级各类科研项目或课题 480 项，其中在研项目或课题 262 项，其余均已完成结题验收，形成了覆盖生物信息学、人类基因组学、农业基因组学、微生物及海洋生物学等领域学科的全方位科研体系。

2018 年，研究院牵头合作启动了十几项重要科研项目，其中产出的代表性成果——发表在《细胞》上的 14 万无创产前大数据研究是迄今为止最大规模的中国人基因组学大数据研究成果，首次明确了大规模无创产前测序数据在遗传学研究中的重要价值；发表在《科学》上的小麦基因组研究入选“2018 年世界十大科技进展新闻”；发表在《科学》上有关生物固氮起源和演化的研究成果，颠覆了人们对结瘤共生固氮起源和多样性的认知。另有两项科研成果分别获得深圳市自然科学一、二等奖。

四、学术交流与合作

2018 年间，研究院主办及参与的大型国际学术交流会累计达 8 场。其中举办的第十三届国际基因组学大会设置 30 个不同研究方向会场，共有 200 余名专家学者在会上发言，吸引千余名业界领袖及专家学者参会；协办的国际药用植物与生物经济大会，是首个聚焦中国与葡语系国家在天然产物和生物多样性资源相关主题的学术交流论坛；成功举办亚洲首届演化生物学大会，促进了亚洲国家在演化生物学领域的学术交流，加强了演化生物学不同研究分支科学家之间的沟通。

此外，研究院启动和参与重大国际科技合作计划，规划与实施大科学项目，树立科学标志性成果，推动行业标准形成，始终走在生物科学研究前沿，推动科学研究及产业发展，加强我国在生命科学研究领域的影响力，实现基础研究重大技术突破和领先技术开发，成为生物产业发展核心驱动力。

第七节 深圳清华大学研究院

一、概况

深圳清华大学研究院（下称“研究院”）是深圳市政府和清华大学于 1996 年 12 月共建的、以企业化方式运作的正局级事业单位，是一个高层次、综合性、开放式的产学研相结合的实体，实行领导小组领导下的院长负责制。

研究院经过二十二年的探索，逐步形成“科技创新孵化器”的经营发展模式，建立了完善的产学研相融合的科技创新孵化体系。研究院的建设，以机制体制创新为核心，以学校与地方相结合、研发与孵化相结合、科技与金融相结合、国内与海外相结合的“四个结合”为手段，以研发平台、创新基地、投资孵化、科技金融、国际合作和人才培养六大板块建设为基本内容，打造产学研深度融合立体孵化体系，全方位孵化成果、项目、企业、人才，形成创新价值的循环增值。研究院创造了五个“第一”——中国第一家新型科研机构；第一个提出新型科研机构“四不像”运行管理模式；第一个成立了新型科研机构的创业投资公司；第一个创建了新型科研机构的科技金融平台；在北美成立创新创业中心，是第一个新型科研机构的海外创新创业中心。2015 年，“深圳清华大学研究院产学研深度融合的科技创新孵化体系建设”项目获得广东省科学技术奖特等奖。

研究院现有员工 335 名，研发人员 290 人，汇集了一批教授、博士、高级研究人员和海归学者。其中国家特聘专家 2 人，973 计划首席科学家 5 人，深圳高层次人才 15 人，海外高层次人才 10 人，南山区领航人才 15 人，广东省创新团队 2 个，广东省自然科学基金研究团队 1 个，深圳市海外高层次人才创新创业团队 4 个。现拥有国家级研发服务中心 1 个、广东省重点实验室 2 个、广东省工程中心 7 个、广东省部产学研示范基地 1 个、深圳市重点实验室 9 个、深圳市工程实验室 9 个、深圳市公共服务平台 4 个，与企业成立联合实验室 35 家，科研开发和实验室建设费用年均超过 6000 万元。

二、科技工作

在科技成果与产业化方面，依据珠三角地区及国内外科技、产业发展趋势和企业需求，研究院先后投入 6 亿元组建研发平台，建成了宽带无线通信研究所、电子信息技术研究所、新材料与生物医药研究所、光机电与先进制造研究所、新能源与环保技术研究所、航空航天技术研究所和综合技术研究所，共 14 个实验室和 33 个研发中心，集聚了由 200 多名教授、博士、高级研究人员和海归学者组成的科研团队。截至 2018 年底，研究院获国家技术发明二等奖 1 项，国家科技进步二等奖 2 项，中国产学研合作创新奖 2 项，环境保护科学技术三等奖 1 项，广东省科学技术特等奖 1 项，广东省科技进步特等奖 1 项，深圳市科技技术市长奖 1 项、深圳市知识产权金梧桐 - 最佳运用奖 1 项等国家省部市级奖 20 余项；申请专利 530 余项，其中发明专利占 70% 以上；承担了包括国家“863”、“973”、国家重大专项、科技支撑计划、国家重点研发计划、国家自然科学基金重点项目、广东省教育部产学研重大专项等重点课题。此外，先后与 400 多家企业签订技术合同，组织实施了高端半导体激光器、盐碱地治理改造、数字电视与多媒体、石英晶体力敏传感器、红外快速体温检测仪、RPIR 快速生化污水处理、电力线载波通信芯片、双层人工皮肤等 300 多项科技成果转化。

在高新技术企业孵化与科技金融方面，截至 2018 年底，研究院系统累计孵化企业 2500 多家，培育主板上市公司 21 家，取得了良好的社会经济效益。基于技术与资本结合的成功经验，研究院致力于金融助力的科技成果转化，借力科技金融体制创新，推进科技与金融结合，在前海的力合金融控股公司已与国开行、建行、浦发、招行等多家银行开展合作，获授信额度超过 12 亿元，形成了包括科技担保公司、科技小贷公司、融资租赁公司为支撑的金融产业链，构建了综合金融服务平台。

在创新基地建设上，研究院立足深圳，辐射珠三角，拓展园区基地，形成一系列高新产业园区和服务机构。截至 2018 年底，已建成清华信息港（深圳）、清华科技园（珠海）、江苏数字信息产业园、力合佛山科技园、力合顺德科技园、力合清溪科技园等一系列产业园区，为科技创新孵化体系的建设，提供了广阔的发展空间。

致力于培养高层次人才，截至 2018 年底，研究院博士后科技工作站累计招收博士后近百名，累计开设各类型培训班十余期，服务于珠三角地区各行业领军企业及政府内训项目。

国际合作上，研究院坚持国内外互为支撑，形成“一部七中心”国际合作网络，致力于国际技术交流、协助海外人才引进和初创企业跨境加速。2018 年，研究院对国际合作业务进行梳理、调整与聚焦，以应对不断变化的国际形势与系统内外的发展需求，打造研究院国际业务的核心竞争优势。通过创新服务支撑，拓展合作网络，引进科技项目，持续服务能力建设，在技术转移领域开拓创新。

三、公共技术研发平台建设

光机电与先进制造研究所从事光机电一体化、传感器技术、LED 照明、先进制造、超精细表面加工、半导体激光芯片技术及应用、微机电系统等方向前沿技术、应用基础和应用研究的综合性、开放型研究。2018 年，研究所新增 2 项国家重点研发计划课题，多项广东省、深圳市级科技项目；半导体激光芯片系列产品年度销售额达 1300 万元；研发智能售货力敏感知传感器系统进入样机展示阶段。

电子信息技术研究所研究领域包括电子系统、视频广播和通信三大应用的电子设计自动化领域方法学，设计或工具流程，以及高端模拟、射频、应用级数字和系统芯片的前后端设计。还有数字电视的技术和应用开发、系统级设计、工程实验服务。2018 年，研究所研发硕果累累——承担 1 项国家重点研发计划课题，多项广东省、深圳市级科技项目，获批经费 1000 余万元；研发的连续听诊记录仪取得医疗器械注册证和生产许可证；自主设计的 SoC 芯片完成植入式颅内压监测系统开发，进入动物实验阶段。

宽带无线通信研究所研发领域包括空间飞行器平台测控数传一体机技术、磁检测技术、信道编码、宽带无线通信技术及系统。2018 年，研究所围绕灵巧通信卫星测控数传、遥测遥控、姿控分系统设计，研发基于 COTS 小卫星软件无线电模块，以加快微小卫星星载模块研究与产业化开发；完成基于物联网需求通信模块的研制和样板制作；新增 2 个共建研发中心的企业；基于地磁传感技术的交通流量检测系统进入中试阶段。

新材料与生物医药研究所先后通过广东省和深圳市批准，搭建了广东省生物医用材料及植入器械工程技术研究中心、广东省锂离子电容器工程技术研究中心、深圳高端生物医用材料产业化技术开发公共服务平台、深圳可降解生物活性材料工程实验室、深圳锂离子电容器工程实验室及深圳清华大学研究院分析测试中心等公共服务平台。2018 年，研究所参与 2 项国家重点研发计划课题，完成了 PEEK 人工椎间盘产品开发，研发出 2 种治疗神经退行性疾病的抗体药物；干法极片、多孔铜箔等项目进入规模化生产，集成开发的运动评估软件体系、纳米银线等项目进入市场化阶段；第三方检测分析服务客户数量达 150 多家。

新能源与环保技术研究所围绕新能源、新材料、节能环保等新兴产业开展核心技术攻关，向新能源新材料企业开放技术研发、技术咨询、检测分析及技术解决方案等专项技术服务平台，为企业孵化或上市提供专利性及高科技项目源。2018 年，研究所新增 1 个广东省工程技术研究中心及 1 项国家海洋局产业链协同创新类项目；RPIR 快速生化污水处理技术日处理水量累计超过 50 万吨，产业化公司年度合同逾 1 亿元；研发的环保颜料产品进入客户认证和市场推广阶段。

航空航天技术研究所拥有自主知识产权的高精度三坐标测量机，突破误差建模与修正、微动精密传感、智能控制和智能测量软件等多项关键技术，达到国内领先、国际先进。2018 年，团队产业化公司研发出分度式自动测座、高精度三坐标控制器、SC80 扫描测头，实现三坐标精密测量设备的全自主可控，打破垄断，并推向市场。

研究院于 2017 年成立综合技术研究所，下设智慧油气、创新战略、城乡发展、电池材料等多个研发中心。2018 年，研究所研发“油气大数据智慧钻井平台”等软件，研制电池级硫酸镍生产技术并应用于生产实践。

第四章 深圳科技投融资体系

investment & financing system

2018深圳创投行业分析报告

2018 年的 VC、PE 行业，“两极分化”成为主要趋势，我国金融环境以严监管、去杠杆为主要基调。于此背景，金融行业流动性降低，投资市场资金紧缩；资本市场上，由于股市低迷，众多上市公司面临质押风险；在外部经济环境上，世界经济复苏面临重大挑战，由于美国贸易保护主义，挑起全球贸易战，尤其是中美贸易摩擦，中国企业面临较大压力。

一、2018 年深圳创投行业分析说明

报告数据分析提供及解析部分涉及深圳创投机构（包括早期投资、VC/PE）投资金额、投资项目数量、投资行业和区域分布。数据来源途径为证券交易系统、中国证券投资基金业协会、深圳市政府相关部门、证券公司研究部门、清科、融中与投中等知名投资数据平台已公开披露的信息。数据样本时间跨度为 2015—2018 年。

为使具备样本代表性，本报告调研数据主要来自深圳主流创投机构（前五十强）。

二、2018 年中国创投行业简况

在 2018 年的资本寒冬中，根据清科研究中心数据，中国创投行业的发展在资金募集和项目投资方面出现一定程度下降。如图 1 和图 2。

图 1

图 2

清科研究中心的数据表明，中国创投机构在募资和投资两个领域中，受整体经济环境影响，前几年经历了高速增长，2018 年都略有下降。

同样是资本的寒冬，2017 年受金融严监管、去杠杆的政策影响，证监会也放缓了 IPO 节奏，导致 2018 年中国创投机构在项目退出总数上大程度下降，其中 IPO 退出笔数下降 62.5%。如图 3。

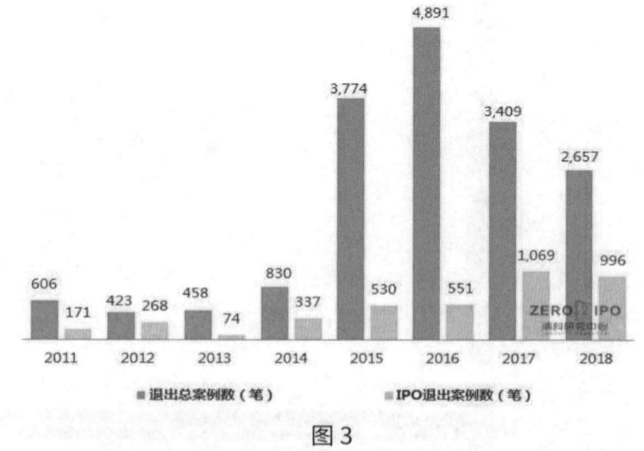

图 3

2018 年，尽管中国创投机构在募资、投资和退出三大板块出现了同程度下滑，但亮点明显。

一是中国创投机构领跑全球，主导亚洲创投市场。2018 年中国创投机构投资额创下 705 亿美元纪录。研究和分析平

台 Tracxn 数据显示，中国对印度风险投资仅在 2018 年达 56 亿美元，比 2017 年（30 亿美元）增长近一倍。

二是市场化母基金数快速增长。根据清科研究中心统计，2018 年仅前三季度中国就设立了市场化母基金 728 支，基金管理规模达 1.34 万亿，成为中国创投机构快速发展的推动力。

三、2018 年深圳创投行业分析

受宏观金融环境影响，2018 年深圳创投机构 IPO 退出笔数，下降，降幅为 66%，略高于全国平均水平。如图 4。

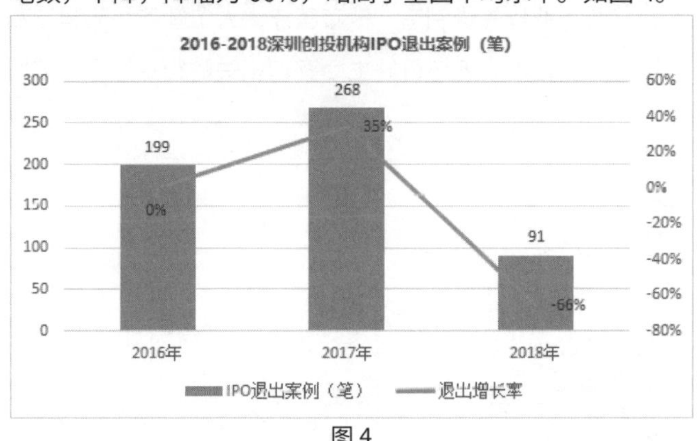

图 4

2018 年，尽管受资本寒冬影响中国创投行业呈下滑态势，但深圳创投行业无论投资金额还是投资项目数都是逆势增长。同时深圳创投机构聚焦人工智能、智能制造、健康医疗等新兴产业投资方向，随着深圳创投机构分化，资金和项目集中在品牌知名度高、基金业绩好、管理团队出色的创投机构中。

2018 年深圳创投机构投资金额总额与项目总数分别提高 8% 和 36%，如图 5 和图 6：。

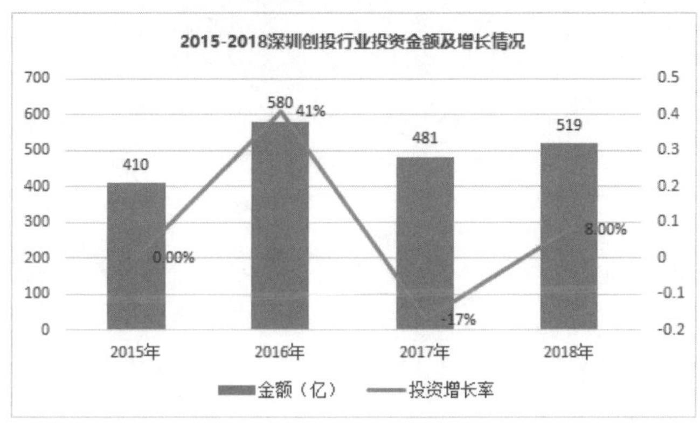

图 5

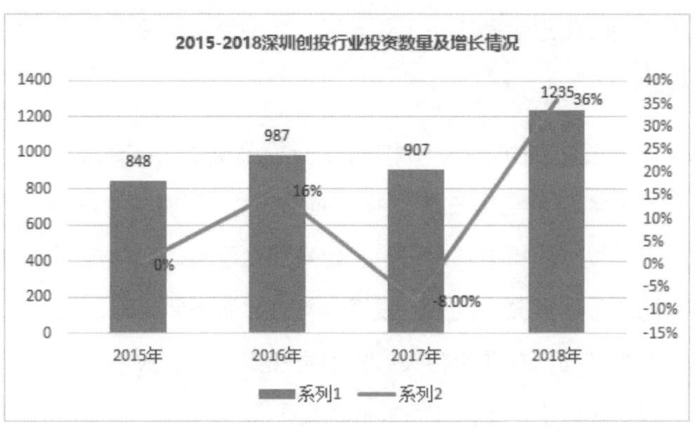

图 6

2018 年深圳创投行业逆市增长，主要原因有：

（一）国家科创板战略的实施

2018 年 11 月，国家宣布设立科创办和试点注册制，为项目投资的推出提供了便捷通道，激励了深圳创投机构投资热情。

（二）深圳市政府产业引导基金大力支持

继 2008 年深圳市设立 30 亿元创业引导基金后，2018 年深圳市政府设立 800 亿元发展引导基金，其中创新创业与新兴产业基金各 200 亿元。

同时，将这 400 亿元中的 50 亿元作为首期，成立深圳市天使投资母基金。这 400 亿元资金经金融和投资机构放大后，将撬动近 5000 亿元资金规模，为新兴科技企业提供了重要推动力，为深圳打造现代化国际创新型城市提供强有力保障。

（三）深圳市关于产业引导基金的政策创新

深圳市设立产业引导资金的模式不断引领全国，充分吸引社会资本积极参与，发挥了专业投资机构的专业性和参与热情。如 2018 年成立天使母基金，具有明显优势：

1. 属国内资金规模最大的政府引导性质的天使母基金。
2. 对子基金的出资比例高达 40%，远高于其他地方出资比例。
3. 将超额收益让渡给符合条件的子基金管理机构和出资人。

（四）深圳产业升级转型政策推动

2008 年“金融海啸”以来，深圳市率先在全国范围内进行产业转型升级，重点培育生物医药、先进制造、新一代电子通信、新材料、新能源领域科技企业，鼓励企业技术创新，培育和孵化出优质科技企业苗子，为创投机构投资提供了好标的。

（五）深圳投资机构的专业投资能力不断提高

深圳作为全国三大创投高地之一，其创投机构历经近二十年发展获得了长足进步，自身团队建设、风险控制意识和能力不断提高，挖掘、投资、培育和服务新兴科技企业能力不断增强，在政府相关政策引导和支持下，敢于逆市投资未来新兴科技企业，布局未来产业赛道。

2018 年深圳创投机构投资区域集中于经济发达沿海地区，在华南、华东和渤海湾地区投资比例超过 90%，如图 7。

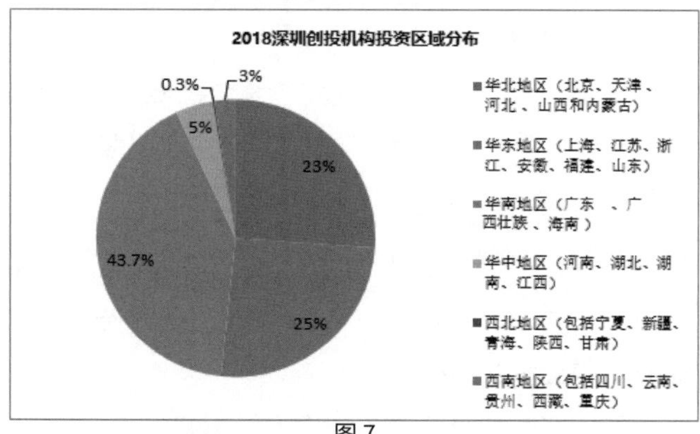

图 7

其中，深圳创投机构在粤港澳大湾区的投资金额与数量比例占近三分之一，如图 8 和图 9。

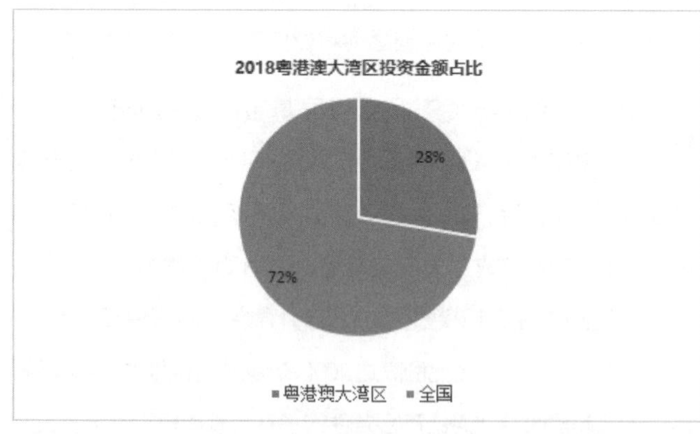

图 8

图 9

投资行业以先进制造、健康医疗、人工智能等硬科技和消费类、文化娱乐等与百姓生活密切相关的行业为主，如图 10。

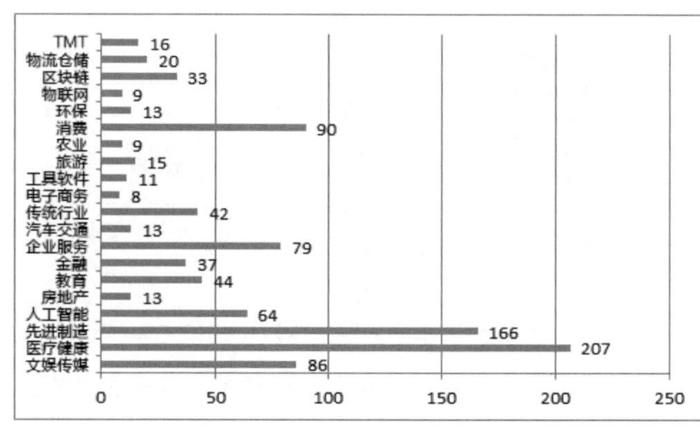

图 10

前瞻产业研究院研究数据显示，截至 2018 年底中国有 203 家独角兽企业，深圳创投机构投资了其中 41 家，且 65% 以上属于硬科技企业。资本与科技的融合，极大推动深圳企业科技创新力发展。

第五章 知识产权保护

Intellectual Property Protection

第一节 知识产权创造和运用

一、知识产权创造能力

专利申请和授权量方面，2018 年深圳市知识产权创造数量和质量不断提升，多项核心指标居全国前列。2018 年，深圳国内专利申请量达 228608 件，同比增长 29.08%；其中发明专利申请 69969 件，同比增长 16.12%。国内专利授权 140202 件，同比增长 48.76%；其中发明专利授权 21309 件，同比增长 12.59%；截至 2018 年底，深圳累计有效发明专利量达 118872 件，同比增长 11.18%。每万人口发明专利拥有量为 91.25 件，为全国平均水平 (11.5 件) 的 7.9 倍。有效发明专利五年以上维持率达 85.6%，居全国大中城市首位 (不含港澳台地区)。PCT 国际专利申请量 18081 件，约占全国申请总量 (51893 件) 的 34.8%(不含国外企业和个人在中国的申请)，连续 15 年居全国大中城市第一；华为公司 PCT 国际专利申请量 (5405 件) 居全球企业第一。

2018 年，深圳市商标申请量为 481816 件，同比增长 22.61%；商标注册量为 326915 件，同比增长 78.89%；截至 2018 年底，深圳累计有效注册商标量 1026193 件，同比增长 44.92%，有效注册商标量居全国大中城市第三名。2018 年，深圳新增中国驰名商标 12 件，截至 2018 年底，深圳累计拥有中国驰名商标 183 件。

2018 年，深圳市一般作品著作权登记量 23131 件，同比增长 140.82%，占广东省登记量 (78609 件) 的 29.43%；计算机软件著作权登记量 142695 件，同比增长 68.57%，占全国计算机软件著作权登记总量 (1104839 件) 的 12.92%，占广东省登记量 (268233 件) 的 53.2%。

二、知识产权运用能力

第二十届中国专利奖评审中，深圳市再获佳绩，共获得专利金奖 4 项，占全国总数 (30 项) 的 13.3%，专利银奖 9 项，外观设计银奖 3 项，专利优秀奖、外观设计优秀奖分别为 51 项和 8 项，其中深圳信立泰、主力智业、源德盛、优必选分别获专利金奖各 1 项。雅昌文化集团获得 2018 年“中国版权金奖”(推广运用奖)。2018 年，深圳市职务专利申请总量为 205678 件，占广东省职务专利申请总量的 31.75%，占全市专利申请总量的 89.97%，深圳企业作为创新主体的地位显著。

第二节 知识产权执法

一、加大知识产权行政执法力度

深圳市市场监督管理局组织“护航”“雷霆”“溯源”“剑网”等系列专项行动，制定电子证据取证、专利侵权判定等知识产权保护工作指引，加大执法力度，共查处知识产权侵权案件 1224 件，同比增长 36.6%，结案 1082 件，移送公安机关涉嫌犯罪案件 51 件，罚没款 642.35 万元，其中商标案件 774 件，同比增长 38.7%；专利案件 407 件，同比增长 39.9%；版权案件 43 件。联合公安机关查办的假冒高端名酒案被列为公安部督办案件，罚款 2.6 亿元的“快播公司侵犯著作权案”的行政处罚决定在广东省高院二审得到维持。深圳市文化广电旅游体育局在文化市场领域实施最严格的知识产权保护，共查处行政案件 465 件，立案 232 件，移交刑事立案 146 件，收缴侵权盗版等各类非法出版物 21.3 万余件，罚没款 108.54 万元。深圳海关开展“龙腾”行动和中俄、粤港海关知识产权联合执法行动，共采取知识产权保护措施 2928 批次，立案 361 件，同比增长 54%，涉及货物总数逾 2456 万件，案值 4.01 亿元。

二、加大知识产权司法保护

2018 年，深圳市公安机关“春雷”“云鹊”“云端”等知识产权保护专项行动战果显著，“云端”行动打击成效全省第一，共受理各类侵犯知识产权案件 595 件，其中立案 560 件，同比增长 42.13%，破案 447 件，刑事拘留 840 人，提请逮捕 610 人，移送审查起诉 633 人。深圳市检察机关审查逮捕阶段受理侵犯知识产权案件 438 件，同比增长 21.3%，批准逮捕 639 人；审查起诉阶段受理案件 439 件，同比增长 22.6%，决定起诉 611 人，其中假冒注册商标案件比重过半；深圳市龙岗区人民检察院办理的韦某华侵犯著作权案入选 2017 年度广东省检察机关保护知识产权十大典型案例。深圳市各级人民法院新收知识产权案件 28296 件，同比小幅增长，其中新收民事一审案件 22781 件，新收民事二审案件 4479 件，刑事案件 962 件，审结知识产权案件 28071 件。

三、知识产权保护机制建设

深圳市强化知识产权联席会议统筹协调机制，召开 2018 年市知识产权联席会议，将知识产权保护工作定位为深圳的生命线战略，要求摆在各项工作的突出位置，形成知识产权保护合力。2018 年 12 月 26 日，中国（深圳）知识产权保护中心正式揭牌运行，面向新能源和互联网等重点产业开展知识产权快速协同保护。深圳市市场监督管理局推动在软件、半导体照明等行业协会建立知识产权保护工作站和知识产权境外保护工作站，打造成企业知识产权保护的培训、指导、维权、孵化等“四大平台”，2018 年共 14 家工作站挂牌运作，服务企业总数 14294 家；签订《知识产权系统电子商务领域专利执法维权协作调度机制工作备忘录》，加入全国专利管理部门与电商平台之间的执法维权协作机制。深圳市公安局完善侦办商业秘密犯罪案件标准化模式，畅通高新企业报案绿色通道，做到受案、查处、追赃等“三个优先”。深圳市司法局联合市律协组建深圳市知识产权律师专家库，建设“公证云平台”，创新知识产权公证保护机制。深圳市文化广电旅游体育局将“扫黄打非”纳入社会治安综合治理网格化工程，强化文化领域知识产权保护。深圳市前海管理局推进中国（深圳）知识产权保护中心软硬件建设工作，确保保护中心如期通过验收。深圳市公平贸易促进署协助商务部召开 337 调查案件应诉协调会，研究应对策略。深圳国际仲裁院借助中国（深圳）知识产权保护中心、深圳市南山区知识产权保护中心两个平台，综合运用“ADR+ 仲裁”手段，为当事人提供专业化国际化的知识产权相关争议解决服务，借鉴香港等地的先进做法，探索完善知识产权纠纷多元化解决机制，挖掘仲裁在知识产权保护方面的积极作用。深圳市人民检察院设立专职机构和专业办案组办理知识产权刑事案件，推动建立统一的假冒注册商标类犯罪案件法律适用标准；深圳市南山区人民检察院协调南山区公安、法院等部门统一执法标准和法律适用标准。深圳市中级人民法院完善庭前证据交换和质证机制，推动知识产权一审案件诉前调解，制定《知识产权技术咨询工作规则》，健全专业技术事实查明机制；深圳市宝安区人民法院与深圳市版权协会等行业组织签署《关于建立知识产权纠纷互联网调解机制的合作协议》。深圳海关在专利权保护上探索形成“主动保护、协同打击、专业标准”的专利权海关保护深圳模式，并在全国海关系统中推广。罗湖区在黄金珠宝行业建立知识产权保护工作办公室。南山区推进“侦捕诉一体化”办案模式，实现快速响应、数据共享和疑难案件提前介入。

第三节 知识产权市场完善

一、知识产权运营平台建设

2018 年 12 月 26 日，中国（南方）知识产权运营中心正式揭牌运行，承担国家知识产权金融创新、知识产权强企、高价值专利培育等任务。深圳市政府出台《深圳市知识产权运营服务体系建设方案》（深府办函〔2018〕277 号），大力扶持我市知识产权运营机构做大做强。深圳市市场监督管理局制订知识产权运营服务体系专项资金实施细则，鼓励企业设立专利运营基金，推动华星光电与紫藤公司发起设立紫藤专利运营基金，筹集资金 2 亿元，提升行业专利质量和市场化运作水平；推进战略性新兴产业等重点领域知识产权联盟建设，支持重点行业协会和企业组建知识产权维权联盟，建立健全联盟报告制度，形成知识产权布局与标准研发有效衔接。截至 2018 年底，深圳市产业知识产权联盟备案数量达 21 家，其中深圳市金银珠宝创意产业知识产权联盟等 10 家成功在国家知识产权局备案。

二、知识产权金融体系建设

2018 年，深圳市进一步完善知识产权质押融资风险补偿体系，深圳市市场监督管理局举办知识产权质押融资宣讲会和质押融资对接会，启动深圳市知识产权质押融资风险补偿基金，推动交通银行、北京银行等合作机构推出知识产权质押融资新产品，扩宽企业融资渠道，降低融资成本。2018 年全市专利权质押金额达 123.47 亿元，约占全省质押登记总额（210.3 亿元）的 58.7%。深圳市市场监督管理局推动开发设计专利维权保障保险等符合市场需求的新险种，与中国人民财产保险股份有限公司签订专利保险战略合作协议，共同推进专利保险示范工作。截至 2018 年底，全市共有 911 家企业的 7068 件专利投保，保障总额 30 亿元。

三、知识产权交易情况

深圳市积极发展知识产权市场，推动专利等知识产权技术转化实施。深圳市市场监督管理局支持企业参与中国国际专利技术与产品交易会，推动企业现场展示交易专利达 130 项。2018 年，国家专利技术（深圳）展示交易中心线上平台共计展出 5500 项以上专利技术产品，累计发布预交易专利信息 15800 余项，覆盖了电子机械、新能源等近 30 个技术领域。2018 年度，该中心共完成专利交易 72 件，交易金额 590.8 万元。历年累计完成专利交易 1637 件，累计交易额度达 9093.8 万元。

第四节 知识产权管理和服务

一、知识产权政策体系建设

2018 年 12 月 27 日，深圳市六届人大常委会第二十九次会议通过全国首部涵盖知识产权全类别、以保护为主题的地方法规——《深圳经济特区知识产权保护条例》，于 2019 年 3 月 1 日起实施，保护条例从建立合规性承诺制度、设立行政执法技术调查官、发布行政执法先行禁令、构建信用惩戒机制等方面进行制度创新，着力构建与深圳创新发展相匹配、与国际通行规则相接轨的知识产权保护体系。深圳市市场监督管理局印发《关于鼓励我市行业协会建立知识产权保护工作站的通知》，在政策上引导行业协会建立知识产权保护工作站；制定《企业境外参展知识产权预警指南》《知识产权维权援助服务指南》等八项广东省地方标准。深圳市发展和改革委员会制定《深圳市关于进一步加快发展战略性新兴产业的实施方案》，支持知识产权密集型产业和知识产权依赖性产业发展。深圳市文化广电旅游体育局出台《关于加强防范境外有害出版物及信息渗透的意见》，建立查处侵权盗版等非法出版物的长效机制。深圳市司法局组织编写《深圳市民营企业知识产权风险与防范法律问题》《深圳市律师办理商业秘密法律服务操作指引》。深圳市前海管理局制订《前海蛇口自贸片区关于大力推进知识产权生态系统建设的意见》，推动知识产权在经济发展、产业规划、公共服务等领域的运用发展。深圳市公平贸易促进署编印《美国专利申请及复审指南》，帮助企业在 337 调查案件中维护正当权益。深圳市中级人民法院出台《关于为优化营商环境提供司法保障的意见》，完善知识产权审判机制，从严惩处各类知识产权侵权违法犯罪行为；深圳市龙华区人民法院出台《关于加强知识产权司法保护的意见》，提出 15 项措施服务创新驱动发展战略实施。宝安区出台《关于创新引领发展的实施办法》及操作规程。光明区制定《知识产权优势企业评审规则》，推进知识产权强企工作。

二、知识产权试点示范培育

2018 年 5 月，深圳市以第一名成绩入选国家知识产权运营服务体系建设试点城市，获中央三年 2 亿元资金支持。6 月，国家知识产权局正式批复同意深圳市为国家知识产权强市创建市。深圳市市场监督管理局推进知识产权区域布局试点，制订以知识产权为核心资源的产业导向目录，启动“一库两平台”项目建设；继续完善企业知识产权管理规范国家标准贯彻实施体系，推动企业、高等院校、科研机构贯彻实施企业知识产权管理规范国家标准，对通过认证的企业给予资金资助，截至 2018 年底，深圳通过认证的企业数量达 1197 家，同比增长 78.4%，居全省各城市第二。深圳市积极推进国家、省、市三级知识产权优势企业及国家级知识产权示范企业培育、推荐及认定工作，华星光电、绎立锐光、研祥智能 3 家企业获评 2018 年度国家知识产权示范企业，翰宇药业、大疆创新、怡化电脑、中建钢构、星源材质、中集天达 6 家企业获评 2018 年度国家知识产权优势企业。前海安测等 4 家企业被认定为 2018 年广东省知识产权示范企业，先健科技（深圳）等 11 家企业被评为 2018 年广东省知识产权优势企业。创世纪机械等 20 家企业被评为 2018 年深圳市知识产权优势企业。截至 2018 年底，深圳市有国家知识产权示范企业 15 家，国家知识产权优势企业 20 家；广东省知识产权示范企业 52 家，广东省知识产权优势企业 88 家；深圳市知识产权优势企业累计达 260 家。

三、知识产权服务体系建设

深圳市市场监督管理局推动商标便利化改革，持续提升商标受理窗口服务水平和辐射效应，2018 年深圳商标受理窗口共受理商标注册申请 12823 件，受理量居全国第一；推进知识产权保护综合服务平台建设，完成固证存证设备、证据开示软件等采购工作；推出专利受理咨询窗口每天不间断 8.5 小时服务，开展专利权质押融资登记、登记簿副本和专利实施许可合同备案等全流程服务。2018 年，深圳市知识产权专项资金投入 2.475 亿元，用于资助和奖励国内外发明专利、境外商标注册、计算机软件著作权登记、知识产权分析预警等公共服务项目；引进美国布林克斯律师事务所（驻深圳代表处）、思保环球知识产权管理服务（深圳）有限公司等国外高端服务机构 2 家，引进中细软集团有限公司、北京德和衡律师事务所、上海新诤信知识产权服务股份有限公司等国内高端服务机构 3 家，培育深圳智衡技术有限公司、深圳市深佳知识产权运营服务有限公司 2 家知识产权运营机构，建设深圳市公标知识产权鉴定评估中心等 4 个知识产权服务平台，培育深圳市国高育成投资运营有限公司等 12 家知识产权孵化基地。深圳公证处和前海公证处知识产权创新服务中心成立知识产权公证专业化团队。南山区依托区知识产权保护中心，设立 38 个标准化服务窗口，探索建立“决策机制（联席会议）+ 服务平台（保护中心）+ 运营载体（联盟）”三位一体的知识产权综合管理体系，引进美国斐锐律师事务所等高端知识产权机构。宝安区面向中小企业建立知识产权综合服务平台。深圳市知识产权服务机构和人才队伍建设不断加强，截至 2018 年底，深圳市专利代理机构（不含分支机构）达 175 家，执业专利代理师 1010 人，外地代理机构在深分支机构已达 32 家。深圳市经国家知识产权局登记备案的商标代理机构有 2298 家。经广东省版权局批准的作品著作权登记代办机构有 3 家。

四、知识产权宣传

2018 年，深圳市市场监督管理局发布 2017 年度深圳市知识产权十大事件、《深圳市 2017 年知识产权发展状况白皮书》，举办知识产权保护专项资金项目成果发布会和知识产权成果发布会；制定知识产权保护宣传方案，联合深圳特区报等媒体，利用官网、公众号和户外媒介，对全市知识产权行政和司法保护典型案例、中国（深圳）知识产权保护中心揭牌运行等重要事件进行集中报道；联合深圳市科学技术协会举办第七届青少年知识产权大奖赛、知识产权进课堂等系列活动。深圳市文化广电旅游体育局举办知识产权宣传活动 50 余场，集中销毁侵权盗版作品 2 万余件。深圳市司法局组织全市公证机构开展知识产权宣传周活动，派出 120 多名公证人员进行法律咨询和企业走访。深圳市民政局推进行业自律试点工作，新增 25 家试点行业协会。深圳市前海管理局联合深圳市标准院面向园区企业和公众举办四期知识产权法治宣传活动，400 余人次参加。深圳市人民检察院组建“法治宣讲团”，深入国家机关、大中小学、企事业单位等开展包括知识产权相关法律知识的预防宣讲和警示教育，并利用“两微一端”新媒体进行普法宣传；深圳市龙华区人民检察院举办首届知识产权龙华检察论坛，发布全市首份《工业园区知识产权检察室工作报告》。深圳市中级人民法院举办法院开放日活动，开展网络庭审直播知识产权案件，发布深圳法院知识产权司法保护状况白皮书和十大知识产权典型案例。深圳海关召开“龙腾行动”新闻发布会，通报知识产权保护措施及成效。罗湖区利用政务公开栏、宣传栏等推动知识产权宣传进社区。盐田区组织深圳市金银珠宝创意协会、深圳基因产学研资联盟等召开行业协会知识产权工作研讨会。南山区发布知识产权白皮书，组织知识产权政策系列宣讲会和服务对接会。宝安区组织新产业政策宣讲团，开展知识产权政策进园区、进百强企业。龙岗区组织 30 余场国高宣传发动会，参加企业人数逾 2200 人次。大鹏新区开展知识产权进校园活动，向中小学生发放漫画书籍，开展知识产权趣味讲座。

五、知识产权培训

2018年，深圳市市场监督管理局结合知识产权热点问题和创新创业主体需求，举办“知识产权证据规则与损害赔偿法律实务”等近50场知识产权专题培训；持续开展网络培训与大型培训相结合的系列公益培训活动，举办公益讲座44场，培训企业1500余家。深圳市文化广电旅游体育局开展线上全员执法培训、线下重点行业培训，拓宽教育培训载体。深圳市公安局到华为、中兴、大疆等知名企业开展送法上门，提升企业知识产权保护能力。深圳市司法局指导市律协举办跨境电子商务知识产权保护等5场专题研讨。深圳市人民检察院举办知识产权法律保护经验交流会，研究互联网知识产权保护等热点问题。深圳市中级人民法院组织法院、检察院和公安机关100余人召开知识产权刑事案件疑难问题研讨会。深圳海关开展知识产权侵权案件“以案说法”，提升企业维权意识。福田区举办2018（第二届）中国电子信息产业知识产权高峰论坛暨第18届信息技术领域专利态势发布会暨4.26知识产权发展论坛。盐田区举办2018年“企业知识产权管理体系（贯标）培训”讲座，助力企业提升核心竞争力。南山区举办中国名企知识产权经理人沙龙等高质量培训。坪山区面向生物医药、新能源等产业开展知识产权大讲堂。

六、知识产权人才培养

2018年3月，国家知识产权培训（广东）基地在深圳大学正式揭牌运行，共举办两期无线通信领域标准必要专利纠纷的应对与解决培训班，培训人员200余人。深圳市强化知识产权人才体系建设，推动高层次领军人才能力的培养，深圳大学知识产权学院招收第五期学员41人，截至2018年底，研修班培养人员达129人。拓展和深化“孔雀计划”，做好知识产权海外高层次人才的认定和奖励补贴发放工作，吸引海外知识产权高端人才来深就业创业，2018年共确认海外高层次人才1404名。2018年，深圳市继续开展知识产权职称评审工作，推进专利代理师执业资格与知识产权职称评审的衔接，全市评审通过66人，较去年同期增长83.3%，其中高级10人、中级52人、初级4人，截至2018年底，深圳市共有330人申报知识产权专业技术职称，297人通过评审，其中副高（副研究员）68人、中级（助理研究员）187人、初级（实习研究员）42人；按专业分，专利类238人、商标类51人、版权类8人。

七、知识产权对外合作交流不断深入

2018年，深圳市持续深化知识产权对外合作交流，粤港澳大湾区、“一带一路”知识产权合作取得新进展。1月，深圳市市场监督管理局与世界知识产权组织合作召开马德里体系助力中国企业国际化发展座谈会，提高深圳企业利用知识产权国际规则的能力；4月，联合深圳市中级人民法院举办全国首次粤港澳大湾区知识产权保护论坛，国家知识产权局、粤港澳知识产权相关单位、粤港澳知识产权专家、领军企业代表等近200人参加论坛，深圳市提出加强知识产权协作三点建议，强化粤港澳大湾区知识产权保护；10月，联合世界知识产权组织、深圳国际仲裁院举办世界知识产权组织仲裁与调解研讨会，境内外逾150名仲裁调解专家、律师、企业代表参加会议，探讨国际知识产权纠纷解决机制；承办中非知识产权制度与政策研讨会，与非洲知识产权组织总干事及非洲21个国家知识产权局局长就创新与知识产权保护交流研讨，联合日本经济产业省、日本贸易振兴机构举办中日知识产权保护研讨会，加强知识产权交流合作、共同解决知识产权难题。深圳市司法局积极协助企业办理“一带一路”沿线国家知识产权证书公证业务。深圳国际仲裁院联合举办美国专利布局与争议解决策略分享沙龙、中美贸易与高科技企业商事争议解决高峰对话会等活动。深圳海关与英中贸易代表团、日本技术贸易企业访华团等机构开展执法交流协作。南山区举办中日知识产权高峰论坛，为企业创造国际交流和实务提升平台。

第五节 深圳2018年知识产权统计分析报告

2018年，深圳市以习近平新时代中国特色社会主义思想为指导，认真贯彻落实党的十九大和十九届二中、三中全会精神，深入落实习近平总书记对广东、深圳重要指示、批示精神和"四个走在全国前列"要求，按照深圳市委市政府指示要求，深入实施创新驱动发展、知识产权强国战略，推进落实局市共创知识产权强国建设高地合作框架协议，打造国家知识产权运营服务体系，推进国家知识产权强市创建，实施最严格的知识产权保护，营造创新的良好营商环境，在知识产权创造、保护、运用、管理、服务、人才等方面取得显著成效。

一、2018年深圳知识产权基本情况

（一）专利申请及授权总体情况

1. 2018年，深圳国内专利申请量为228608件，同比增长29.08%；其中，发明专利申请69969件[1]，同比增长16.12%。

2. 2018年，深圳国内专利授权140202件，同比增长48.76%；其中，发明专利授权21309件，同比增长12.59%。华为技术有限公司的发明授权3369件，居全国企业第二名。

3. 2018年，深圳PCT国际专利申请量18081件，占全国申请总量（51893件）34.8%，连续15年居全国大中城市第一。全球范围看，深圳PCT国际专利申请量超越韩国PCT国际专利申请总量，类比排名全球国家第五，其中华为技术有限公司PCT国际专利申请5405件，居全球申请人第一[2]。

4. 截至2018年底，深圳累计有效发明专利达118872件，在全国各大城市中居第二[3]，同比增长11.18%；每万人国内有效发明专利91.25件[4]。有效发明专利五年维持率达85.6%，高于上海、北京、广州等城市。

5. 第二十届中国专利奖深圳市再获佳绩，共获得专利金奖4项，占全国专利金奖总数13.3%；专利银奖9项，外观设计银奖3项，专利优秀奖、外观设计优秀奖分别为51项和8项。2018年，深圳市职务专利申请总量为205678件，占广东省职务专利申请总量31.75%，占全市专利申请总量89.97%，深圳企业创新主体地位明显。

6. 深圳大学PCT国际专利申请201件，在教育机构申请量排行榜中超过哈佛大学（169件），在全球教育机构中居第3，在中国高校中居第1[5]。

（二）境外专利公开情况

1. 2018年，深圳PCT国际专利申请公开量20,259件，居全国城市第一，同比增长21.92%。其中，华为技术有限公司PCT国际专利申请公开量5406件，全国最高。

2. 2018年，深圳境外发明专利公开量共15611件[6]，其中，欧洲专利、美国专利、印度专利公开量居前三名，占境外发明专利公开总量84.30%。

（三）新兴产业专利布局情况

1. 2018年，深圳5G技术国内专利申请，PCT国际专利

---

1. 深圳的数据已经过国家知识产权局深圳专利代办处清洗和校对，与国家知识产权局公开数据略有差异。本统计报告有关数据一般保留到小数点后两位，部分数据保留到小数点后一位。

2. 数据来源：https://www.wipo.int/export/sites/www/ipstats/en/docs/infographic_pct_2018.pdf
此处引用世界知识产权组织WIPO发布的数据，与国家知识产权局发布的数据统计口径与截止日期略有不同，以下引用数据已注明数据来源。

3. 北京有效发明专利量246,178件，在全国各大城市中居第一；上海有效发明专利量117,721件，在全国各大城市中居第三。

4. 深圳市统计局公布2018年深圳市常住人口数为1302.6619万人。

5. 数据来源：WIPO https://www.wipo.int/pct/en/newslett/2019/article_0004.htm
申请量指递交到PCT国际组织的递交量，公开量指递交到PCT国际组织经过18个月后公布的数量。

6. 不包括PCT国际专利申请公开量。

申请，在美国、欧洲、日本和韩国的累计专利公开量，均居全国城市第一，领先东京、纽约、以色列等国际创新城市（国家）。

2. 2018 年，深圳石墨烯技术 PCT 国际专利申请，美国专利公开量居全国城市第一，且领先东京、纽约、以色列等国际创新城市（国家）。

3. 2018 年，深圳机器人技术国内专利申请、PCT 国际专利申请公开量居全国城市第一，且领先东京、纽约、以色列等国际创新城市（国家）。

4. 2018 年，深圳区块链技术 PCT 国际专利申请，美国、欧洲专利公开量在全国城市居中第一，与硅谷竞逐全球领先地位。

（四）商标申请注册总体情况

1. 2018 年，深圳商标申请量为 481816 件，在全国主要城市中居第二，同比增长 22.61%。

2. 2018 年，深圳商标注册核准量为 326915 件，在全国主要城市中居第三，同比增长 78.89%。

3. 截至 2018 年底，深圳累计有效注册商标 1026193 件，在全国主要城市中居第三，同比增长 44.92%。

4. 2018 年，深圳新增中国驰名商标 12 件，截至 2018 年底，深圳累计拥有中国驰名商标 183 件。

（五）版权登记总体情况

2018 年，深圳市一般作品著作权登记量 23131 件[7]，同比增长 140.82%，占广东省登记量的 29.43%。计算机软件著作权登记量 142695 件，同比增长 68.57%，占全国计算机软件著作权登记总量 12.92%，占广东省登记量 53.20%。

二、2018 年深圳国内专利发展态势

（一）专利申请量与授权量现况与趋势分析

专利申请量是体现城市经济发展水平和创新发展程度的重要指标。2018 年，深圳国内专利申请量为 228608 件，同比增长 29.08%。其中，发明专利申请 69969 件，同比增长 16.12%。

2018 年，深圳国内专利授权 140202 件，同比增长 48.76%。国内发明专利授权 21309 件，仅次于北京，在全国各大城市中居第二，居全国副省级城市第一，如图 1 所示。但发明专利授权量同比增长 12.59%，增长率在全国各大城市中居第二，如图 2 所示。

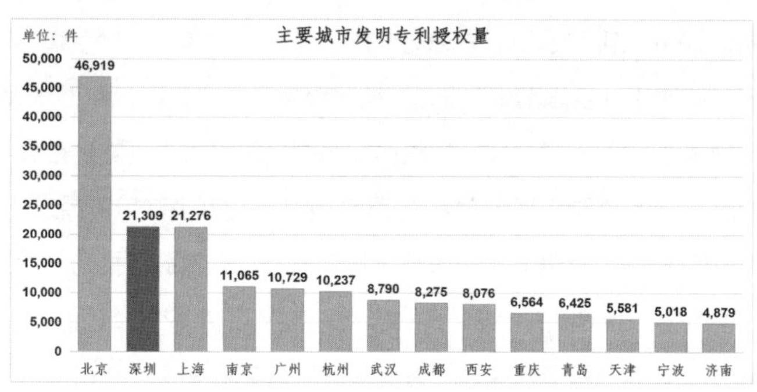

数据来源：国家知识产权局专利数据库

图 1 主要城市 2018 年发明专利授权量对比

数据来源：国家知识产权局专利数据库

图 2 主要城市 2018 年发明专利授权量增长率对比

（二）专利申请与经济发展态势分析

2018 年，深圳国内专利申请量为 228608 件，2018 年深圳生产总值 (GDP) 24221.98 亿元，每亿元 GDP 专利申请产出量为 9.44 件，同比增长 19.65%。如表 1 所示，深圳每亿元 GDP 专利授权产出量为 5.79 件，在全国城市中居第一；每亿元 GDP 发明专利授权产出量为 0.88 件，在全国城市中居第三。

7. 数据来源：中国版权保护中心，2018 年，广东省一般作品著作权登记量 78,609 件，计算机软件著作权登记量 268,233 件，全国计算机软件著作权登记总量 1,104,839 件。

表 1 2018 年全国主要城市每亿元 GDP 产出的专利授权量（件）

城市	每亿元 GDP 产出的专利授权量（件）	每亿元 GDP 产出的发明专利授权量（件）
深圳	5.79	0.88
杭州	4.08	0.76
北京	4.07	1.55
宁波	3.95	0.47
广州	3.93	0.47
西安	3.84	0.97
成都	3.73	0.54
南京	3.44	0.86
青岛	2.91	0.54
天津	2.90	0.30
上海	2.83	0.65
济南	2.63	0.62
重庆	2.24	0.32
武汉	2.18	0.59

数据来源：国家知识产权局专利数据库、各城市统计年鉴

（三）每平方公里土地所拥有的专利量

如表 2 所示，2018 年，深圳每平方公里土地所拥有专利授权量为 70.21 件，在全国主要城市中居第一；每平方公里土地所拥有的发明授权专利量为 10.67 件，在全国主要城市中居第一。

表 2 2018 年全国主要城市每平方公里土地所拥有的专利量

城市	每平方公里所拥有的专利授权量（件）	每平方公里所拥有的发明专利授权量（件）
深圳	70.21	10.67
上海	14.57	3.36
广州	12.07	1.44
北京	7.52	2.86
南京	6.70	1.68
成都	4.62	0.67
天津	4.57	0.47
宁波	4.53	0.54
武汉	3.81	1.03
杭州	3.32	0.62
西安	3.21	0.81
青岛	3.09	0.57
济南	2.01	0.48
重庆	0.55	0.08

续表

数据来源：国家知识产权局专利数据库

（四）专利申请主体分析

2018 年，深圳国内申请量前一百名企业的专利申请总量为 39657 件，占深圳申请总量的 17.35%；发明专利申请总量 28518 件，占深圳发明专利申请总量的 40.76%。可见，大中型企业是深圳发明专利申请主体，企业创新能力与发明专利申请正相关。

2018 年，深圳国内发明专利申请量前十名企业如表 3 所示，其中 6 个企业超过 1000 件。排名前 3 名依次为华为技术有限公司、平安科技（深圳）有限公司、腾讯科技（深圳）有限公司。其中，华为技术有限公司的发明专利申请量超过 4000 件。

表 3 2018 年深圳国内发明专利申请量排名前十名企业

排名	申请人名称	所属区域	发明专利申请量（件）
1	华为技术有限公司	龙岗区	4583
2	平安科技（深圳）有限公司	福田区	2663
3	腾讯科技（深圳）有限公司	南山区、福田区	2539
4	努比亚技术有限公司	南山区	1944
5	中兴通讯股份有限公司	南山区	1368
6	比亚迪股份有限公司	坪山区	1365
7	深圳市华星光电技术有限公司	光明区	753
8	中国平安人寿保险股份有限公司	福田区	739
9	惠科股份有限公司	宝安区	660
10	深圳壹账通智能科技有限公司	南山区	607

数据来源：国家知识产权局深圳专利代办处

2018 年，深圳国内发明授权量前十名企业如表 4 所示，排名前 3 名依次为华为技术有限公司、腾讯科技（深圳）有限公司、中兴通讯股份有限公司。其中，华为技术有限公司的发明专利授权量超过 3000 件。

表 4 2018 年深圳国内发明专利授权量排名前十名企业

排名	申请人名称	所属区域	发明专利授权量（件）
1	华为技术有限公司	龙岗区	3369
2	腾讯科技（深圳）有限公司	福田区、南山区	1681
3	中兴通讯股份有限公司	南山区	1552
4	深圳市华星光电技术有限公司	光明区	847
5	宇龙计算机通信科技（深圳）有限公司	南山区、福田区	427
6	比亚迪股份有限公司	坪山区	403
7	努比亚技术有限公司	南山区	332
8	深圳市海洋王照明工程有限公司	南山区	147
9	深圳市腾讯计算机系统有限公司	南山区	145
10	深圳富泰宏精密工业有限公司	龙华区	111

数据来源：国家知识产权局深圳专利代办处

2018 年，深圳 PCT 国际专利申请量前十名企业如表 5 所示[8]，排名前 3 名依次为华为技术有限公司、平安科技（深圳）有限公司、中兴通讯股份有限公司。其中，华为技术有限公司 PCT 国际专利申请量超过 4000 件，领先其他企业。申请量前十名企业共占全市 PCT 国际专利申请总量的 61.36%，可见大中型企业是深圳 PCT 国际专利申请主体。

表 5 2018 年深圳 PCT 国际专利申请量排名前十名企业

排名	申请人名称	所属区域	PCT 国际专利申请量（件）
1	华为技术有限公司	龙岗区	4281
2	平安科技（深圳）有限公司	福田区	2083
3	中兴通讯股份有限公司	南山区	1239
4	深圳市大疆创新科技有限公司	南山区	932

8. 数据来源：国家知识产权局深圳专利代办处。

续表

排名	申请人名称	所属区域	PCT 国际专利申请量（件）
5	惠科股份有限公司	宝安区	705
6	腾讯科技（深圳）有限公司	南山区、福田区	613
7	深圳市柔宇科技有限公司	南山区、龙岗区	382
8	比亚迪股份有限公司	坪山区	296
9	深圳市华星光电半导体显示技术有限公司	光明区	294
10	深圳市汇顶科技股份有限公司	福田区	270

数据来源：国家知识产权局深圳专利代办处

（五）专利质量情况

1. 有效发明专利密度分析

截至 2018 年底，深圳国内有效发明专利总量达到 118872 件[9]，在全国各大城市中居第二[10]，如表 6 所示；发明专利密度达 91.25 件 / 万人[11]，在全国各大城市中居第二，高全国平均水平 (11.5 件 / 万人）一个数量级，如图 3 所示。深圳作为全国自主创新示范区、国家知识产权强市创建市，发明专利密度在全国起到了示范、引领与带头作用，为接下来建设国际科技、产业创新中心奠定了良好基础。

表 6 2018 年全国主要城市国内有效发明专利拥有量

排名	城市	有效发明专利拥有量（件）
1	北京	246178
2	深圳	118872
3	上海	117721
4	杭州	52262
5	南京	51146
6	广州	48395
7	武汉	38437
8	成都	37443

9. 数据来源：国家知识产权局深圳专利代办处。

10. 深圳的有效发明专利量由国家知识产权局深圳专利代办处提供，其他城市有效发明专利量数据来源为国家知识产权局专利数据库。

11. 2018 年深圳市常住人口达 1302. 66 万人，数据来源为深圳市统计局。

续表

排名	城市	有效发明专利拥有量（件）
9	西安	37166
10	天津	30740
11	青岛	27639
12	重庆	27334
13	宁波	23613
14	济南	22370
全国		1602000

数据来源：国家统计局、国家知识产权局专利数据库、国家知识产权局深圳专利代办处。

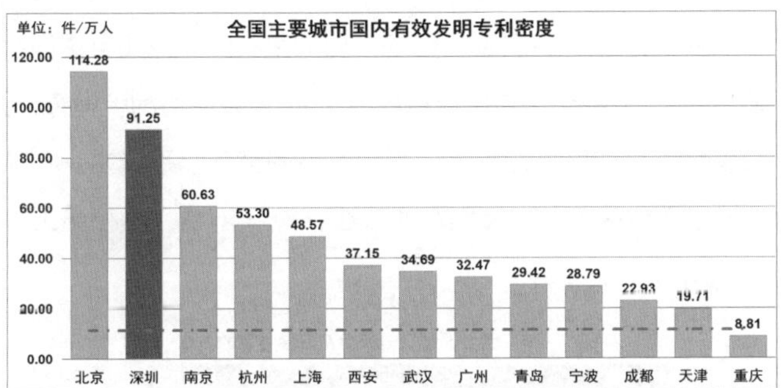

数据来源：各市统计局 2018 年国民经济和社会发展统计公报、中商产业研究院数据库、国家统计局、国家知识产权局专利数据库、国家知识产权局深圳专利代办处；红虚线为全国平均水平；济南市 2018 年常住人口数据尚未公布，未列入统计。

图 3 2018 年全国主要城市国内有效发明专利密度

2. 有效发明专利维持年限分析

截止到 2018 年底，深圳有效发明专利中维持年限超过 5 年[12] 的专利量为 101763 件，占有效发明专利 (118872 件) 的 85.6%，在全国各大城市中居第一，如表 7 与图 4 所示。可见深圳国内有效发明的整体质量在全国各大城市中居前列，丰富了“深圳质量”内涵。

表 7 2018 年全国主要城市维持年限 5 年以上的有效发明专利量

排名	城市	维持年限 5 年以上有效发明专利拥有量（件）
1	北京	187153
2	深圳	101763
3	上海	89976
4	杭州	35508
5	南京	32611
6	广州	31524
7	西安	23007
8	成都	22964
9	武汉	22373
10	天津	21469
11	青岛	17118
12	重庆	15452
13	宁波	14610
14	济南	12852

数据来源：国家知识产权局专利数据库

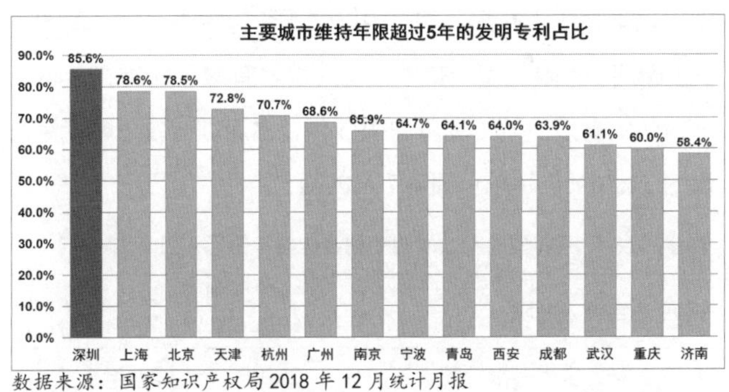

数据来源：国家知识产权局 2018 年 12 月统计月报

图 4 2018 年全国主要城市维持年限超过 5 年的发明专利占比

3. 有效发明专利申请主体分析

截至 2018 年底，深圳有效发明专利量及相应占比[13] 前十企业如表 8 所示，前 3 名分别是华为技术有限公司、中兴通讯股份有限公司、腾讯科技（深圳）有限公司。其中，华为技术有限公司有效发明专利量超过 2.5 万件，占深圳有效发明专利总量的 21.68%。

12. 以发明授权专利在 2018 年内缴纳第 5 年（及以上）年费作为维持年限超过 5 年的依据。

13. 占深圳有效发明专利总量 118, 872 件的比例。

表 8 2018 年深圳国内有效发明专利量排名前十名企业

排名	申请人名称	有效发明专利量（件）	有效发明专利的深圳占比
1	华为技术有限公司	25769	21.68%
2	中兴通讯股份有限公司	15171	12.76%
3	腾讯科技（深圳）有限公司	5348	4.50%
4	比亚迪股份有限公司	3647	3.07%
5	深圳市华星光电技术有限公司	3540	2.98%
6	海洋王照明科技股份有限公司	2392	2.01%
7	宇龙计算机通信科技（深圳）有限公司	1495	1.26%
8	群康科技（深圳）有限公司	869	0.73%
9	努比亚技术有限公司	814	0.68%
10	深圳迈瑞生物医疗电子股份有限公司	673	0.57%

数据来源：国家知识产权局专利数据库

截至 2018 年底，深圳有效发明专利中维持年限超过 5 年的专利量及相应占比[14] 前十名企业如表 9 所示，前三名分别也是华为技术有限公司、中兴通讯股份有限公司、腾讯科技（深圳）有限公司。其中，华为技术有限公司维持年限超过 5 年的有效发明专利量 25195 件，占深圳有效发明专利总量的 24.76%，超越全国第 7 名的西安。

表 9 2018 年深圳国内有效发明专利量维持年限超过 5 年排名前十名

排名	申请人名称	有效发明专利量（件）	有效发明专利的深圳占比
1	华为技术有限公司	25195	24.76%
2	中兴通讯股份有限公司	15161	14.90%
3	腾讯科技（深圳）有限公司	4635	4.55%
4	比亚迪股份有限公司	3455	3.40%
5	深圳市华星光电技术有限公司	2438	2.40%
6	海洋王照明科技股份有限公司	2392	2.35%
7	宇龙计算机通信科技（深圳）有限公司	1168	1.15%
8	群康科技（深圳）有限公司	869	0.85%
9	深圳迈瑞生物医疗电子股份有限公司	667	0.66%
10	鸿富锦精密工业（深圳）有限公司	629	0.62%

数据来源：国家知识产权局专利数据库

14. 占深圳维持年限 5 年以上的有效发明专利总量 101763 件的比例。

（六）各区情况

1. 各区国内专利申请授权情况

由于产业结构差异，2018 年，各区专利申请数量、授权数量、专利类型的分布、有效发明专利数量都存在差异，如图 5、图 6 所示。

南山区作为深圳高新技术产业的聚集区，企业自主创新能力突出，专利申请与授权量均全市领先，发明专利申请突出。宝安区、龙岗区、龙华区、福田区专利竞争水平次之，其他行政区（新区）由于大型企业较少，专利申请、授权量上升空间明显。

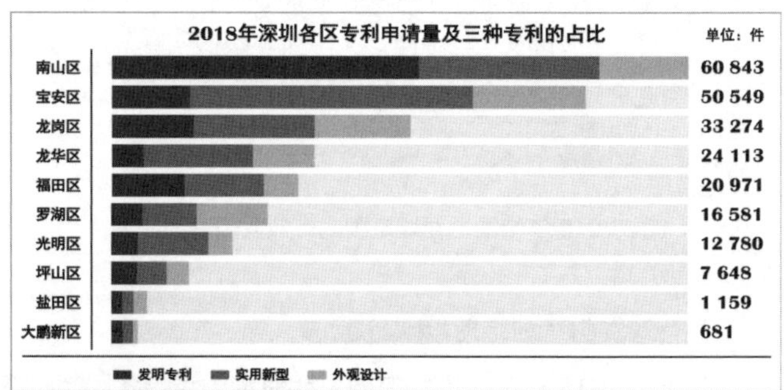

数据来源：国家知识产权局深圳专利代办处

图 5 2018 年深圳各区专利申请量及三种专利的占比

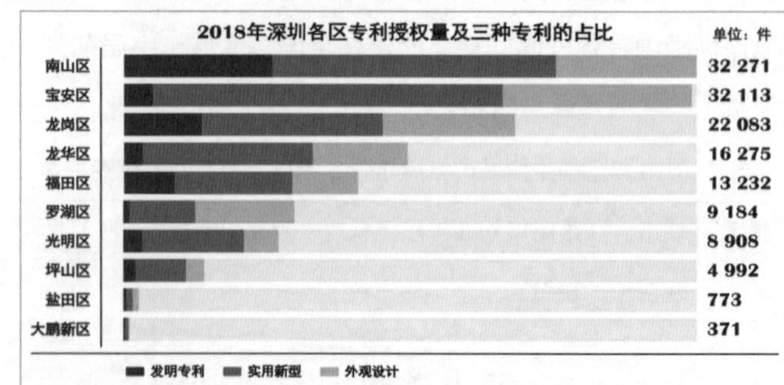

数据来源：国家知识产权局深圳专利代办处

图 6 2018 年深圳各区专利授权量及三种专利占比

有效发明专利数量方面，南山区与龙岗区合计占全市总量的 66.90%，如图 7 所示。

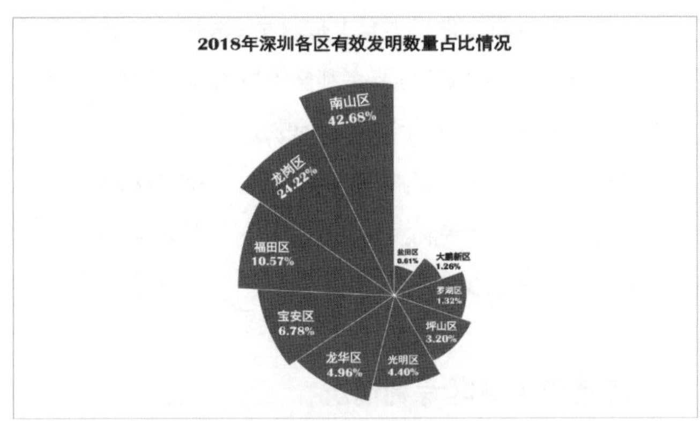

数据来源：国家知识产权局深圳专利代办处

图 7 2018 年深圳各区有效发明数量占比情况

由于深圳各区的常住人口数差距较大，有效发明专利密度相较前述专利申请量与授权量有显著差别。如图 8 所示，南山区、龙岗区、大鹏新区的有效发明密度均大于深圳有效发明专利平均密度 94.88 件 / 万人，其中南山区高达 356.15 件 / 万人。

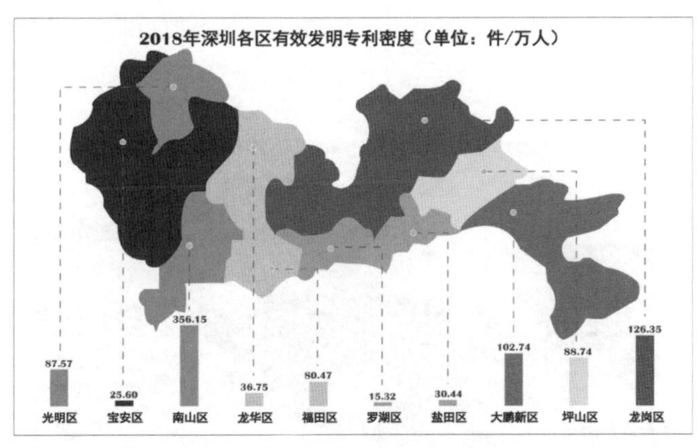

数据来源：国家知识产权局深圳专利代办处

图 8 2018 年深圳各区有效发明专利密度

南山区的发明专利主要申请人包括努比亚技术有限公司、中兴通讯股份有限公司、深圳壹账通智能科技有限公司等；发明授权专利主要申请人包括中兴通讯股份有限公司、宇龙计算机通信科技（深圳）有限公司、努比亚技术有限公司等。区有效发明专利密度 356.15 件 / 万人，居全市第一。

龙岗区发明专利主要申请人包括华为技术有限公司、深圳元征科技股份有限公司、巧夺天宫（深圳）科技有限公司等；发明授权专利主要申请人包括华为技术有限公司、华为终端有限公司、深圳金洲精工科技股份有限公司。区有效发明专利密度 126.35 件 / 万人，居全市第二。

大鹏新区的发明专利及发明授权专利主要申请人均为中广核工程有限公司。区有效发明专利密度 102.74 件 / 万人，居全市第三。

坪山区发明专利主要申请人包括比亚迪股份有限公司、深圳沃特玛电池有限公司、深圳沃尔核材股份有限公司等；发明授权专利的主要申请人包括比亚迪股份有限公司、深圳沃尔核材股份有限公司、深圳新宙邦科技股份有限公司等。区有效发明专利密度 88.74 件 / 万人。

光明区发明专利主要申请人为深圳市华星光电技术有限公司、深圳华星光电半导体显示技术有限公司；主要发明授权专利申请人包括深圳市华星光电技术有限公司、深圳贝特瑞新能源材料股份有限公司、信泰光学（深圳）有限公司等。区有效发明专利密度 87.57 件 / 万人。

福田区发明专利主要申请人包括腾讯科技（深圳）有限公司、平安科技（深圳）有限公司、深圳金立通信设备有限公司等；发明授权专利的主要申请人包括腾讯科技（深圳）有限公司、深圳光启创新技术有限公司、中广核研究院有限公司等。区有效发明专利密度 80.47 件 / 万人。

龙华区发明专利主要申请人包括鸿富锦精密工业（深圳）有限公司、富泰华工业（深圳）有限公司、广东容祺智能科技有限公司等；发明授权专利的主要申请人包括鸿富锦精密工业（深圳）有限公司、赛恩倍吉科技顾问（深圳）有限公司、富泰华工业（深圳）有限公司等。区有效发明专利密度 36.75 件 / 万人。

盐田区发明专利主要申请人为深圳泰衡诺科技有限公司；发明授权专利主要申请人为深圳中兴微电子技术有限公司及深圳华大基因股份有限公司。区有效发明专利密度 30.44 件 / 万人。

宝安区发明专利主要申请人包括惠科股份有限公司、深圳赛亿科技开发有限公司、德昌电机（深圳）有限公司等；发明授权专利的主要申请人包括德昌电机（深圳）有限公司、深圳崇达多层线路板有限公司、深圳麦克韦尔股份有限公司等。区有效发明专利密度 25.60 件 / 万人。

罗湖区发明专利主要申请人包括深圳供电局有限公司、深圳茁壮网络股份有限公司、深圳华琥技术有限公司等；发明授权专利的主要申请人包括深圳供电局有限公司及深圳倍轻松科技股份有限公司。区有效发明专利密度 15.32 件 / 万人。

有效发明专利密度高的南山和龙岗等区，体现出高价值专利由大中型企业申请集中的态势，该区研发创新和专利申请是由大中型企业和机构所主导；宝安和罗湖区中小微企业专利申请偏重实用新型的申请，与各区的产业发展重点相符。

2. 高新区专利申请授权情况

深圳高新区包括南山区科技园园区、深圳湾园区、留仙洞园区、大沙河创新走廊等区域，知识产权工作基础扎实，被国家知识产权局认定为“国家知识产权示范园区”和“专利审查员实践基地”，为引进国家资源推动区域知识产权发展提供了平台。高新区的企业知识产权创造力突出，历来是深圳发明专利申请的集中区域。

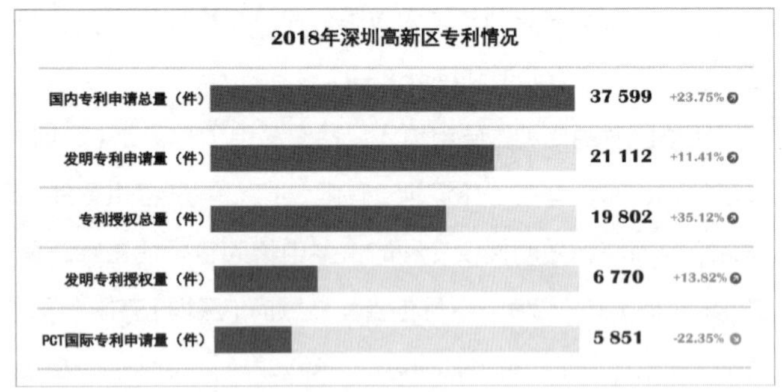

数据来源：国家知识产权局深圳专利代办处

图 9 2018 年深圳高新区专利情况

如图 9 所示，2018 年高新区的国内专利申请总量为 37599 件，同比增长 23.75%，其中发明专利申请量 21112 件，同比增长 11.41%。

2018 年高新区专利授权总量为 19802 件，同比增长 35.12%，其中发明专利授权量 6770 件，同比增长 13.82%。有效发明专利 40891 件，占全市有效发明总量 34.40%。

2018 年高新区 PCT 国际专利申请量为 5851 件，占全市申请总量的 32.36%，同比下降 22.35%。

2018 年高新区的国内专利申请总量、发明专利申请量、专利授权总量、发明专利授权量都呈增长趋势，但 PCT 国际专利申请量呈下滑趋势。

三、粤港澳大湾区专利情况

粤港澳大湾区，是由广东省的广州、深圳、珠海、佛山、中山、东莞、惠州、江门、肇庆等九市，以及香港、澳门两个特别行政区组成的城市群，是国家建设世界级城市群和参与全球竞争的重要空间载体。

（一）2018 年专利授权量对比

从专利授权量来看[15]，专利授权主要集中在深圳、广州、东莞、佛山四个城市。深圳专利授权量 140202 件，排名第一；其次为广州 89826 件，东莞和佛山分别持有 65985 件和 51013 件，如图 10 所示。

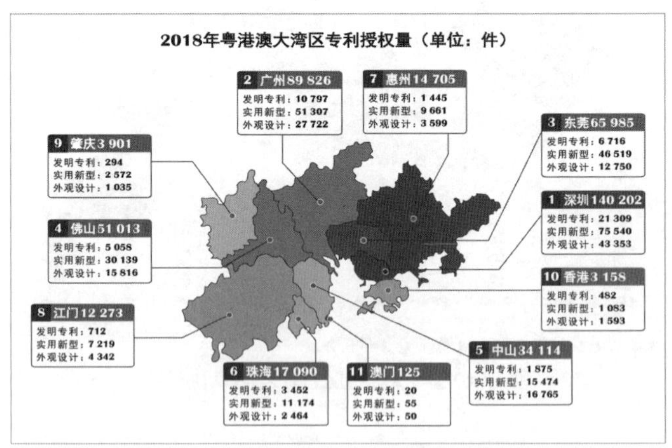

数据来源：国家知识产权局专利数据库、国家知识产权局深圳专利代办处、广东省专利统计简报

图 10 2018 年粤港澳大湾区专利授权情况对比

15. 深圳市数据来源于国家知识产权局深圳专利代办处；香港和澳门数据来源于国家知识产权局专利数据库；其他城市数据来源于广东省专利统计简报（2018. 1–12）。

（二）2018 年 PCT 国际专利申请公开量

2018 年粤港澳大湾区 PCT 国际专利申请公开量如图 11 所示，其中深圳 PCT 国际专利申请公开量为 20259 件，排名第一。

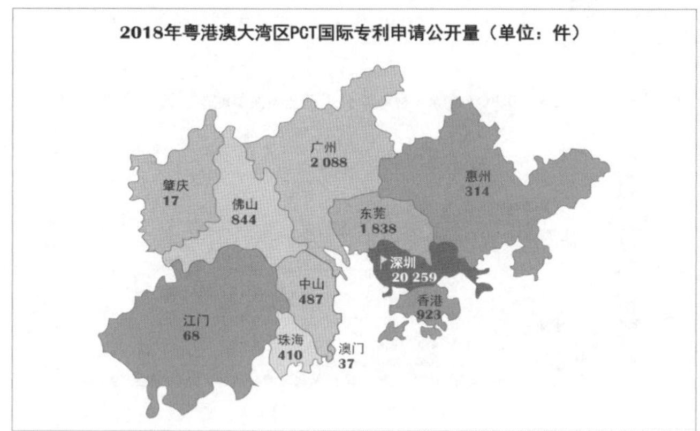

数据来源：世界知识产权组织（WIPO）、欧洲专利局专利数据库

图 11 2018 年粤港澳大湾区 PCT 国际专利申请公开量

四、2018 年深圳境外专利发展态势

（一）总体情况

2018 年，深圳 PCT 国际专利申请公开量为 20259 件，同比增长 21.92%。除了 PCT 以外，深圳境外发明专利公开量合计为 15611 件，排名靠前的境外地区是欧洲与美国，中国香港增长率较高。排名前十的境外地区及发明专利公开量如表 10 所示。

表 10 2018 年深圳境外地区发明专利公开量

境外专利地区	发明专利公开量（件）	同比增长率
PCT	20259	21.92%
欧洲	6288	8.26%
美国	6014	4.54%
印度	858	-22.91%
日本	792	-20.40%
中国香港	522	125.97%
中国台湾	301	-31.90%
德国	201	-25.28%
加拿大	136	-9.33%

续表

境外专利地区	发明专利公开量（件）	同比增长率
韩国	65	-48.41%

数据来源：世界知识产权组织（WIPO）及欧洲专利局专利数据库

（二）PCT 国际专利申请

1. 深圳申请现况与趋势

2018 年，我国 PCT 国际专利申请量达到 51893 件[16]，同比增长 9.3%，仅次于美国的 56142 件，居全球申请量第二。

2018 年，深圳 PCT 国际专利申请量排名前 3 名依次为华为技术有限公司、平安科技（深圳）有限公司、中兴通讯股份有限公司。其中，华为技术有限公司的 PCT 国际专利申请量超过四千件，领先其他企业；申请量前十名企业占全市 PCT 国际专利申请总量的 61.36%，可见大中型企业是深圳 PCT 国际专利申请主体。

2018 年深圳 PCT 国际专利申请量排名前十名企业如表 11 所示，其中，中兴通讯股份有限公司、深圳市华星光电半导体显示技术有限公司、腾讯科技（深圳）有限公司申请量呈负增长；平安科技（深圳）有限公司申请量增幅则明显，超过 2000 件。

表 11 2018 年深圳 PCT 国际专利申请量排名前十名企业

排名	申请人名称	专利申请量（件）	同比增长率
1	华为技术有限公司	4281	11.19%
2	平安科技（深圳）有限公司	2083	367.04%
3	中兴通讯股份有限公司	1239	-49.98%
4	深圳市大疆创新科技有限公司	932	9.52%
5	惠科股份有限公司	705	25.00%
6	腾讯科技（深圳）有限公司	613	-1.13%
7	深圳市柔宇科技有限公司	382	22.83%
8	比亚迪股份有限公司	296	21.31%
9	深圳市华星光电半导体显示技术有限公司	294	-6.96%
10	深圳市汇顶科技股份有限公司	270	2.27%

数据来源：国家知识产权局深圳专利代办处

16. 数据来源：国家知识产权局深圳专利代办处。

2018 年，深圳 PCT 国际专利申请同比下降 11.61%，其中，南山区、大鹏新区、光明区、罗湖区降幅超过 25%，罗湖区降幅超 60%。龙岗区、福田区、宝安区、坪山区、龙华区、盐田区则呈增长趋势，福田区尤为突出，2018 年增长率为 121.84%。各区的申请量及同比增长率如图 12 所示。

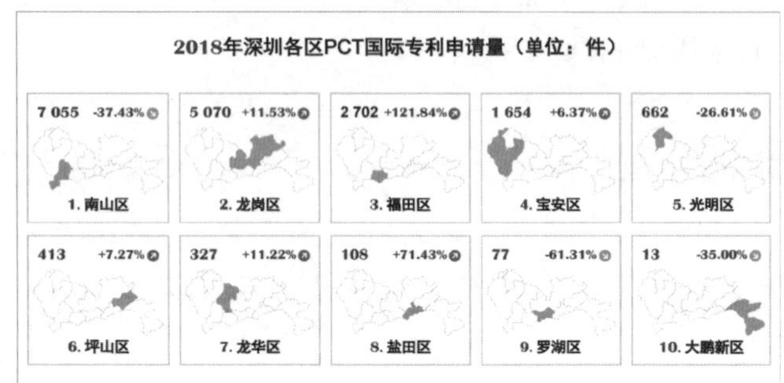

1. 数据来源：国家知识产权局深圳专利代办处
2. 正方形左上角数据为申请量，右上角数据为同比增长率，下方数字为各区申请量排名

图 12 2018 年深圳各区 PCT 国际专利申请量

2. 专利公开现况与趋势分析

2018 年，全国主要城市 PCT 国际专利申请公开量如表 12 与图 13 所示，深圳公开量最高，重庆同比增长率最高。

表 12 2018 年 PCT 国际专利申请公开量全国主要城市对比

城市	2018 年 PCT 国际专利申请公开量（件）	同比增长率
深圳	20259	21.92%
北京	6081	-14.39%
上海	2842	23.94%
广州	2088	54.55%
青岛	1215	109.48%
杭州	978	12.93%
武汉	916	23.95%
南京	551	18.49%
成都	535	22.99%
重庆	495	164.71%
宁波	287	28.70%
天津	269	-52.72%
西安	184	5.14%

续表

城市	2018 年 PCT 国际专利申请公开量（件）	同比增长率
济南	138	14.05%

数据来源：世界知识产权组织（WIPO）及欧洲专利局专利数据库

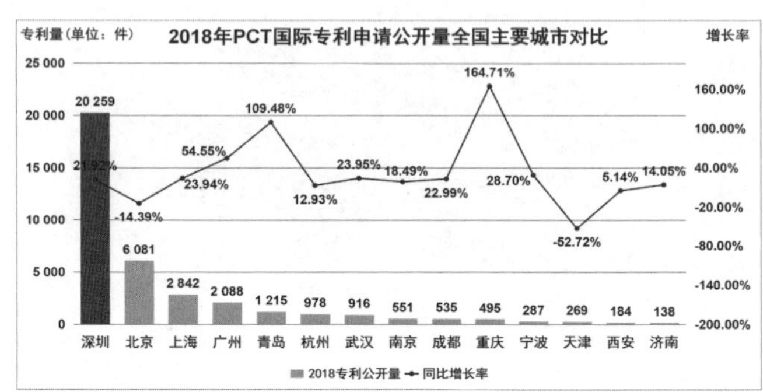

数据来源：世界知识产权组织（WIPO）及欧洲专利局专利数据库

图 13 2018 年 PCT 国际专利申请公开量全国主要城市对比

3. 国际创新城市对比

2018 年，与重点国际创新城市（国家）东京、硅谷[17]、纽约、以色列相比，深圳的 PCT 国际专利申请公开量仅次于日本东京，大幅领先硅谷，但其增长率深圳最高，如图 14 所示。

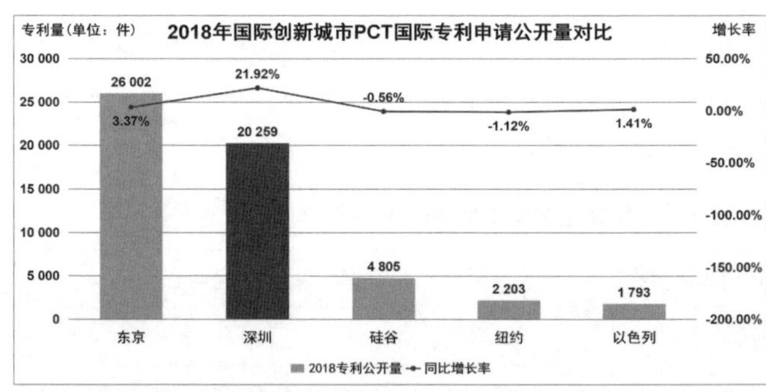

数据来源：世界知识产权组织（WIPO）及欧洲专利局专利数据库

图 14 2018 年国际创新城市 PCT 国际专利申请公开量对比

4. 申请主体分析

2018 年，深圳 PCT 国际专利申请公开量前三名是华为

17. 硅谷不是一个行政区划地名，在地图上一般不做标注。在地理上，硅谷起先仅包含圣塔克拉拉山谷（Santa Clara Valley），主要位于旧金山湾区南部圣塔克拉拉县（Santa Clara County），包含该县下属的帕罗奥多市（Palo Alto）到县府圣何塞市（San Jose）一段长约 40 千米的谷地；之后逐渐扩展到包含圣塔克拉拉县（Santa Clara County）、西南旧金山湾区圣马特奥县（San Mateo County）的部分城市（比如门洛帕克）以及东旧金山湾区阿拉米达县（Alameda County）的部分城市，比如费利蒙等地。

技术有限公司、中兴通讯股份有限公司、腾讯科技（深圳）有限公司。

表 13 所示为 2018 年深圳 PCT 国际专利申请公开量前十企业，其中平安科技（深圳）有限公司增长率高达 1606.67%；惠科股份有限公司和深圳市盛路物联通讯技术有限公司异军突起，从 2017 年未有 PCT 国际专利申请公开到 2018 年深圳 PCT 国际专利申请公开量排名挤进前十；深圳市大疆创新科技有限公司和深圳市柔宇科技有限公司增长率均超过 100%。

表 13 2018 年深圳 PCT 国际专利申请公开量排名前十名企业

排名	申请人名称	专利公开量（件）	同比增长率
1	华为技术有限公司	5406	34.31%
2	中兴通讯股份有限公司	2082	-29.80%
3	腾讯科技（深圳）有限公司	662	16.96%
4	深圳市大疆创新科技有限公司	657	174.90%
5	深圳市华星光电技术有限公司	463	-52.37%
6	惠科股份有限公司	318	—
7	平安科技（深圳）有限公司	256	1606.67%
8	比亚迪股份有限公司	238	49.69%
9	深圳市柔宇科技有限公司	233	111.82%
10	深圳市盛路物联通讯技术有限公司	227	—

数据来源：世界知识产权组织（WIPO）及欧洲专利局专利数据库

5. 专利质量分析

以被引用数作为专利质量重要参考指标，截至 2018 年，深圳 PCT 国际专利申请被引用数最高的前十名如表 14 所示，最高引用数为 157（华为技术有限公司）。前十名中，有 6 件均为华为技术有限公司通讯类专利。

表 14 截至 2018 年具有高被引用数的深圳 PCT 国际专利申请

排名	专利号	专利名称	申请人名称	被引用数
1	WO2011137793A1	METHOD, APPARATUS AND NETWORK SYSTEM FOR ACHIEVING REMOTE UPDATE OF ZIGBEE DEVICES	华为技术有限公司	157
2	WO2015120626A1	MULTIBAND COMMON-CALIBER ANTENNA	华为技术有限公司	120
3	WO2011085650A1	PARABOLIC ANTENNA	华为技术有限公司	110
4	WO2013013465A1	CASSEGRAIN RADAR ANTENNA	深圳光启高等理工研究院；深圳光启创新技术有限公司	107
5	WO2012171205A1	PHASED-ARRAY ANTENNA AIMING METHOD AND DEVICE AND PHASED-ARRAY ANTENNA	华为技术有限公司	93
6	WO2006040653A1	COMMUNICATION BETWEEN A RADIO EQUIPMENT CONTROL NODE AND MULTIPLE REMOTE RADIO EQUIPMENT NODES	华为技术有限公司	92
7	WO2016161637A1	METHOD, APPARATUS AND SYSTEM OF PROVIDING COMMUNICATION COVERAGE TO AN UNMANNED AERIAL VEHICLE	深圳市大疆创新科技有限公司	86
8	WO2009155734A1	A SUBSTITUTE CIGARETTE	MAAS Bernard	86
9	WO2007128165A1	A SHORT-RANGE WIRELESS NETWORKS SYSTEM AND ERECTION METHOD WHICH ALLOT TIME SLOTS WITH MULTI-CHANNEL RF TRANSCEIVER	XIONG Fangen	79
10	WO2008009157A1	METHOD FOR REDUCING FEEDBACK INFORMATION OVERHEAD IN PRECODED MIMO-OFDM SYSTEMS	华为技术有限公司	72

数据来源：世界知识产权组织（WIPO）及欧洲专利局专利数据库

（三）美国专利情况

1. 专利公开现况与趋势分析

2018 年，深圳的美国专利公开量 6014 件，在全国各大城市中居第一，北京与上海分别居第二与第三名，如图 15 所示。

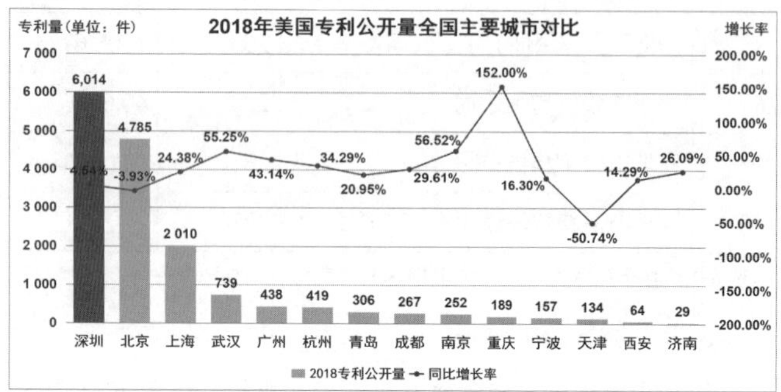

数据来源：欧洲专利局专利数据库

图 15 2018 年美国专利公开量全国主要城市对比

2. 国际创新城市对比

2018 年，在东京、深圳、硅谷、纽约、以色列等重点国际创新城市（国家）中，东京与硅谷的美国专利公开量分别居第一与第二，深圳位居第三。增长率方面，专利公开量分别居第一的东京呈负增长，居第二的硅谷增长率最高，深圳位居第二，如图 16 所示。

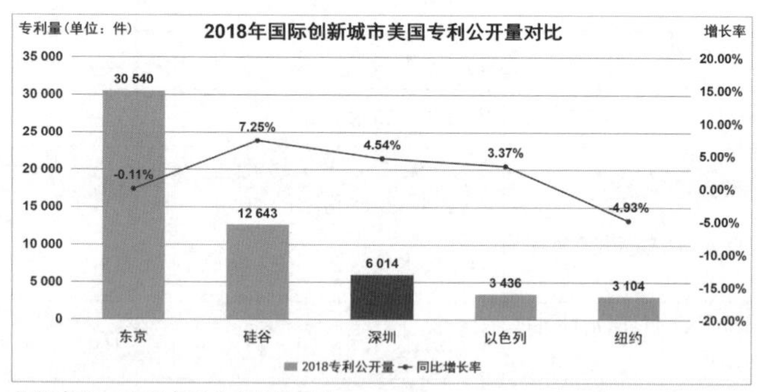

数据来源：欧洲专利局专利数据库

图 16 2018 年国际创新城市美国专利公开量对比

3. 专利申请主体分析

2018 年，深圳的美国公开专利量中，排名前三名的申请人分别是华为技术有限公司、深圳市华星光电技术有限公司、腾讯科技（深圳）有限公司。排名前十名的申请人如表 15 所示，其中深圳市优必选科技有限公司的增长率最高，达 1020.00%。统计表明，惠科股份有限公司异军突起，在 2017 年未有任何专利公开，2018 年挤入前十名。

表 15 深圳 2018 年美国专利公开量排名前十名企业

排名	申请人名称	美国专利公开量（件）	同比增长率
1	华为技术有限公司	2375	1.63%
2	深圳市华星光电技术有限公司	874	21.73%
3	腾讯科技（深圳）有限公司	547	122.36%
4	中兴通讯股份有限公司	282	-49.82%
5	深圳市大疆创新科技有限公司	146	-25.13%
6	深圳市汇顶科技股份有限公司	90	246.15%
7	惠科股份有限公司	77	N/A
8	比亚迪股份有限公司	66	15.79%
9	鸿海精密股份工业有限公司	59	-54.62%
10	深圳市优必选科技有限公司	56	1020.00%

数据来源：欧洲专利局专利数据库

4. 专利质量分析

截至 2018 年底，深圳的美国公开专利被引用数最高的前十名如表 16 所示。其中排名第一的是鸿富锦精密工业有限公司的手机保护套专利，被引用数 226。前十名当中，华为技术有限公司专利数最多。

表 16 2018 年深圳具有高被引用数的美国专利

排名	专利号	专利名称	申请人名称	被引用数
1	US20090111543A1	PROTECTIVE SLEEVE FOR PORTABLE ELECTRONIC DEVICES	深圳鸿富锦精密工业有限公司；鸿海精密股份工业有限公司	226
2	US7903553B2	Method, apparatus, edge router and system for providing QoS guarantee	华为技术有限公司	190
3	US8804667B2	Method, system and evolved NodeB apparatus for implementing inter-evolved NodeB handover	中兴通讯股份有限公司	167
4	US20090221310A1	MESSAGE INTERWORKING METHOD, SYSTEM, ENTITY AND MESSAGE DELIVERY REPORT PROCESSING METHOD, SYSTEM, THE ENTITY, TERMINAL FOR MESSAGE INTERWORKING	华为技术有限公司	164
5	US8908573B1	Data communication systems and methods	深圳市大疆创新科技有限公司	160
6	US20100283693A1	Wireless Terminal Antenna	华为终端有限公司	160
7	US20090114556A1	PROTECTIVE SLEEVE FOR PORTABLE ELECTRONIC DEVICES	深圳鸿富锦精密工业有限公司；鸿海精密股份工业有限公司	153
8	US20120145169A1	Disposable Atomizer of Electronic Cigarette	深圳市施美乐科技股份有限公司	138
9	US20100142955A1	Optical line terminal, passive optical network and radio frequency signal transmission method	华为技术有限公司	125
10	US20080307108A1	STREAMING MEDIA NETWORK SYSTEM, STREAMING MEDIA SERVICE REALIZATION METHOD AND STREAMING MEDIA SERVICE ENABLER	华为技术有限公司	121
10	US20100087215A1	METHOD, SYSTEM, AND MESSAGE SERVICE INTERWORKING MODULE FOR IMPLEMENTING MESSAGE SERVICE INTERWORKING	华为技术有限公司	121

数据来源：世界知识产权组织（WIPO）及欧洲专利局专利数据库

（四）欧洲专利情况

1. 专利公开现况与趋势分析

2018 年，深圳欧洲专利公开量 6288 件，在全国各大城市中居第一，同比增长 8.26%。北京与上海分别居第二与第三，如图 17 所示。

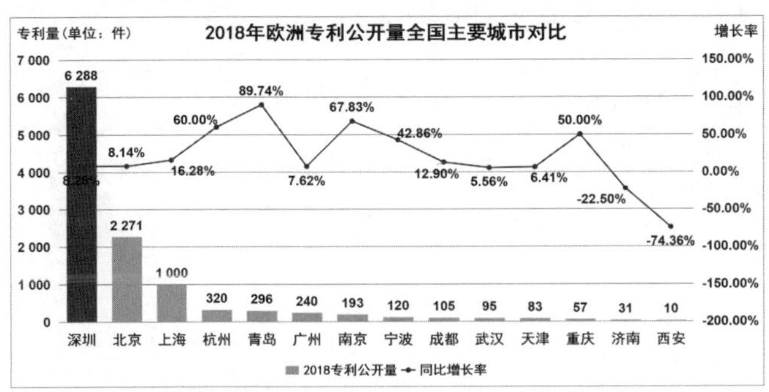

数据来源：欧洲专利局专利数据库

图 17 2018 年欧洲专利公开量全国主要城市对比

2. 国际创新城市对比

2018 年，重点国际创新城市（国家）当中，东京的欧洲专利公开量居第一，深圳居第二，如图 18 所示。

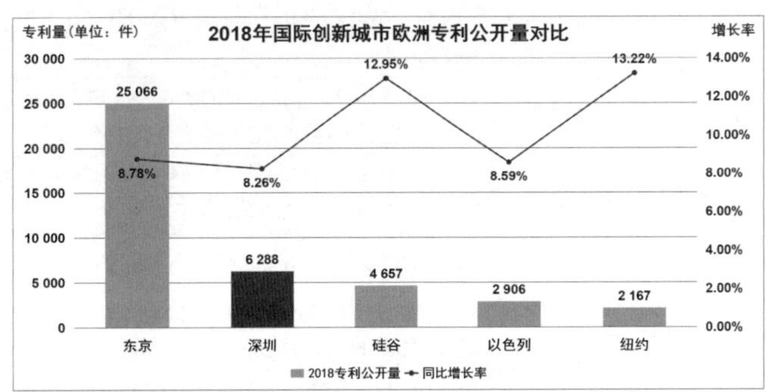

数据来源：欧洲专利局专利数据库

图 18 2018 年国际创新城市欧洲专利公开量对比

3. 专利申请主体分析

2018 年的欧洲公开专利量中，深圳排名前三名的申请人分别是华为技术有限公司、中兴通讯股份有限公司、比亚迪股份有限公司。其中，华为技术有限公司稳定增长，华为终端有限公司则呈负增长。排名前十名的申请人如表17所示，其中深圳市汇顶科技股份有限公司增长率最高，达172.73%；腾讯科技（深圳）有限公司的增长率次之，达171.79%。

表17 2018年深圳欧洲专利公开量排名前十名企业

排名	申请人名称	欧洲专利公开量（件）	同比增长率
1	华为技术有限公司	3951	12.53%
2	中兴通讯股份有限公司	1064	-3.62%
3	比亚迪股份有限公司	124	6.90%
4	腾讯科技（深圳）有限公司	106	171.79%
5	深圳市合元科技有限公司	90	55.17%
6	深圳市汇顶科技股份有限公司	90	172.73%
7	华为终端有限公司	67	-63.59%
8	深圳市大疆创新科技有限公司	57	-34.48%
9	深圳市柔宇科技有限公司	48	166.67%
10	深圳市中兴微电子技术有限公司	39	-23.53%

续表

数据来源：欧洲专利局专利数据库

4. 专利质量分析

截至2018年底，深圳欧洲公开专利被引用数前十名如表18所示，其中9件为华为技术有限公司专利；第一名的专利被引用数达104次。

（五）日本专利情况

1. 专利公开现况与趋势分析

2018年深圳日本专利公开量792件，在全国各大城市中居第一，但同比下降20.40%。北京与上海分别居第二与第三，排名前十名如图19所示。

表18 2018年深圳具有高被引用数的欧洲专利

排名	专利号	专利名称	申请人名称	被引用数
1	EP1713290A1	SEPARATED BASE STATION SYSTEM, NETWORK ORGANIZING METHOD AND BASEBAND UNIT	华为技术有限公司	104
2	EP2001167A1	A ROOT PATH COMPUTATION METHOD IN SHORTEST PATH BRIDGE	华为技术有限公司	86
3	EP1968250A1	A SYSTEM FOR INTERCONNECTING BETWEEN AN OPTICAL NETWORK AND A WIRELESS COMMUNICATION NETWORK AND COMMUNICATION METHOD THEREOF	华为技术有限公司	77
4	EP1826926A1	AN IMPLEMENT METHOD OF SHORT RATE TRAFFIC SIGNAL TRANSMITTED IN OPTICAL TRANSPORT NETWORK	华为技术有限公司	64
5	EP2579456A1	CONTROL METHOD FOR FAST TRACKING POWER SOURCE, FAST TRACKING POWER SOURCE AND SYSTEM	华为技术有限公司	56
6	EP2045974A1	A METHOD AND SYSTEM FOR NETWORK SERVICE CONTROLLING	华为技术有限公司	54
7	EP1940185A1	A METHOD AND SYSTEM AND APPARATUS FOR REALIZING BANDWIDTH ASSIGNMENT AND DISPATCH MANAGEMENT BASED ON RELAY STATION	华为技术有限公司	52
8	EP2007065A1	CHARGING ASSOCIATING METHOD, SYSTEM, CHARGING CENTER, AND DEVICE FOR APPLICATION SERVICE	华为技术有限公司	50
9	EP2073543A1	SYSTEM AND METHOD FOR REALIZING MULTI-LANGUAGE CONFERENCE	华为技术有限公司	49
10	EP2242205A1	A METHOD FOR SELECTING A POLICY AND CHARGING RULES FUNCTION ENTITY IN THE NON-ROAMING SCENARIO	中兴通讯股份有限公司	49

数据来源：欧洲专利局专利数据库

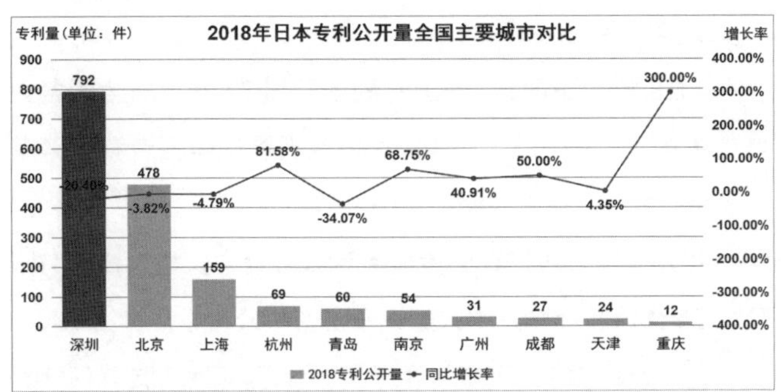

数据来源：欧洲专利局专利数据库

图 19 2018 年日本专利公开量全国主要城市对比

2. 国际创新城市对比

2018 年，重点国际创新城市 (国家) 当中，东京的日本专利公开量居第一，深圳居第二，如图 20 所示。

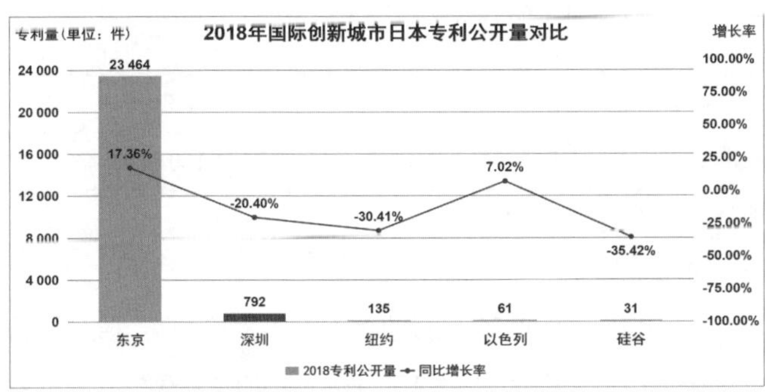

数据来源：欧洲专利局专利数据库

图 20 2018 年国际创新城市日本专利公开量对比

3. 专利申请主体分析

2018 年，深圳日本公开专利量中，排名前三名的申请人分别是华为技术有限公司 (602 件)、深圳大疆创新科技有限公司 (80 件)、中兴通讯股份有限公司 (43 件)。

(六) 韩国专利情况

1. 专利公开现况与趋势分析

2018 年，深圳韩国专利公开量 65 件，其中华为技术有限公司专利占多数；北京韩国专利公开量在全国居第一，同比增长 27.78%，深圳居第二，同比负增长。排名前十名城市如图 21 所示。

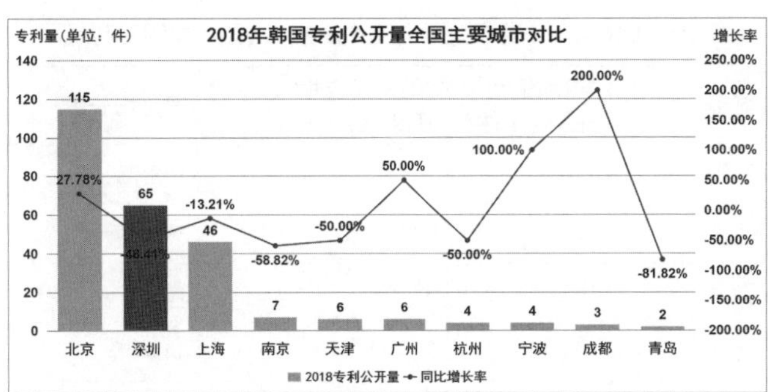

数据来源：欧洲专利局专利数据库

图 21 2018 年韩国专利公开量全国主要城市对比

2. 国际创新城市对比

2018 年，重点国际创新城市 (国家) 当中，东京的韩国专利公开量居第一，深圳居第三，如图 22 所示。

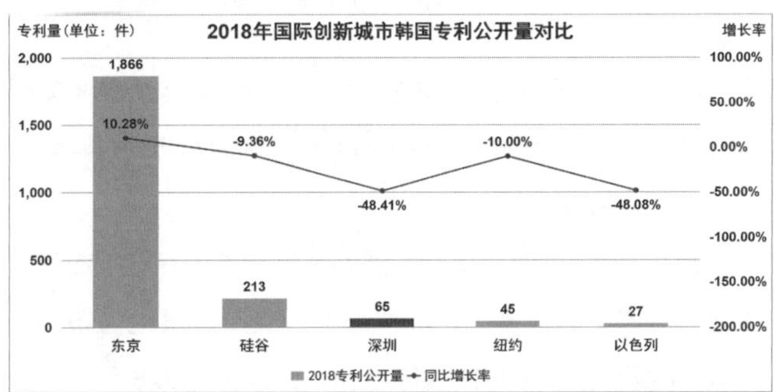

数据来源：欧洲专利局专利数据库

图 22 2018 年国际创新城市韩国专利公开量对比

五、深圳战略性新兴产业专利布局

(一) 5G 通信技术

1. 国内专利

2018 年，深圳的 5G[18] 国内专利公开量 163 件，在全国各大城市中居第一，同比增长 158.73%，如表 19 所示。5G 累计专利量 476 件，在全国各大城市中位居第一。

18. 2016 年 11 月 18 日，国际移动通信标准化组织 3GPP 的 RAN1 (无线物理层) #87 次会议上，最终确定了 5G 增强移动宽带场景的信道编码技术方案，其中：Polar Code (极化码) 作为控制信道的编码方案；LDPC(Low Density Parity Check Code，低密度奇偶校验码) 作为数据信道的编码方案。本报告以 5G 增强移动宽带场景的信道编码技术方案作为 5G 技术的代表。

表 19 2018 年 5G 通信技术全国主要城市的国内发明专利对比

城市	发明专利公开总量（件）	2018 年发明专利公开量（件）	同比增长率
深圳	476	163	158.73%
北京	424	63	36.96%
南京	161	38	18.75%
上海	161	26	44.44%
西安	137	25	66.67%
广州	72	22	214.29%
成都	79	17	54.55%
青岛	30	13	333.33%
重庆	41	12	0.00%

数据来源：国家知识产权局专利数据库；2018 年专利量 10 件则忽略不计。

2018 年，深圳的 5G 国内专利公开量中，华为技术有限公司 134 件，排名第一，中兴通讯股份有限公司 20 件排第二。

2. PCT 国际专利申请

2018 年，深圳 5G 的 PCT 国际专利申请公开量 151 件，在全国各城市中居第一，北京 16 件排第二，其他城市均不足 10 件；深圳累计 PCT 国际专利申请公开量 326 件，在全国各大城市中居第一。

2018 年，深圳 5G 的 PCT 国际专利申请公开量中，排名第一与第二分别是华为技术有限公司 (133 件）与中兴通讯股份有限公司 (12 件）。

2018 年，重点国际创新城市（国家）5G 方面的 PCT 国际专利公开量中，深圳排名第一，如表 20 所示。

表 20 2018 年 5G 通信技术国际创新城市的 PCT 国际专利申请对比

国际创新城市	2018 年 PCT 国际专利申请公开量（件）
深圳	151
硅谷	25
东京	20
以色列	2
纽约	2

数据来源：世界知识产权组织 (WIPO)、欧洲专利局专利数据库

3. 美国专利

2018 年，深圳 5G 美国专利公开量 37 件，居全国各大城市中第一，同比增长 23.33%；深圳累计美国专利公开量 129 件，居全国各大中城市第一。

2018 年，深圳 5G 的美国专利公开量中，华为技术有限公司 35 件排名第一，中兴通讯股份有限公司 2 件排第二。

在东京、硅谷、纽约、以色列等重点国际创新城市（国家）中，深圳 5G 的美国专利公开量排第一，如表 21 所示。

表 21 2018 年 5G 通信技术国际创新城市的美国专利对比

国际创新城市	2018 年美国专利公开量（件）	同比增长率
深圳	37	23.33%
硅谷	19	11.76%
东京	18	28.57%
以色列	5	66.67%
纽约	5	150.00%

数据来源：欧洲专利局专利数据库

4. 欧洲专利

2018 年，深圳 5G 的欧洲专利公开量 23 件，居全国各大城市中第一，同比下降 11.54%；深圳欧洲专利公开量累计 91 件，居全国各大中城市第一。

2018 年，深圳 5G 的欧洲专利公开量中，华为技术有限公司 21 件，排名第一，中兴通讯股份有限公司 2 件排第二。

对比重点国际创新城市（国家），深圳 5G 欧洲专利公开量排名第一，如表 22 所示。

表 22 2018 年 5G 通信技术国际创新城市欧洲专利对比

国际创新城市	2018 年欧洲专利公开量（件）
深圳	23
纽约	10
东京	9
硅谷	4
以色列	0

数据来源：欧洲专利局专利数据库

5. 日本专利

2018 年，深圳 5G 日本专利公开 6 件，均为华为技术有限公司所有，居全国各大城市第一；深圳日本专利公开量累计 47 件，居全国各大城市第一。

6. 韩国专利

2018 年，全国各大城市中，北京的 5G 韩国专利 3 件，其他城市尚无公开量；深圳的 5G 韩国专利公开量累计 40 件，居全国各大中城市第一。

（二）石墨烯技术

1. 国内专利

2018 年，深圳石墨烯技术国内专利公开量 568 件，居全国各大城市第四；深圳石墨烯专利量累计 2178 件，居全国各大城市第三，如表 23 所示。

表 23 2018 年石墨烯技术全国主要城市的国内发明专利对比

城市	发明专利公开总量（件）	2018 年发明专利公开量（件）	同比增长率
北京	4267	1057	7.53%
上海	3220	697	15.40%
成都	1723	669	74.22%
深圳	2178	568	18.33%
南京	1664	479	45.59%
广州	1235	459	38.25%
杭州	1368	434	45.64%
西安	976	285	21.28%
天津	1027	282	28.18%
武汉	1001	276	3.76%
宁波	916	269	61.08%
济南	933	263	8.23%
青岛	1048	259	-9.76%
重庆	675	180	15.38%

数据来源：国家知识产权局专利数据库

2018 年，深圳石墨烯国内专利公开量中，前三名分别是深圳大学、深圳先进技术研究院、华为技术有限公司，如表 24 所示。

表 24 深圳石墨烯技术的发明专利公开量前十名

排名	申请人	发明专利公开总量（件）	2018 年发明专利公开量（件）
1	深圳大学	85	33
2	深圳先进技术研究院	51	27
3	华为技术有限公司	57	19
4	清华大学深圳研究生院	74	17
5	南方科技大学	31	15
6	深圳市沃特玛电池有限公司	35	14
7	华动智慧信息技术（深圳）有限公司	12	12
8	深圳市华星光电技术有限公司	110	12
9	深圳市知本石墨烯医疗科技有限公司	12	12
10	哈尔滨工业大学深圳研究生院	25	11
10	深圳市华星光电半导体显示技术有限公司	12	11

数据来源：国家知识产权局专利数据库

2. PCT 国际专利申请

2018 年，深圳石墨烯 PCT 国际专利申请公开量 138 件，居全国各大城市中第一，如表 25 所示；深圳 PCT 国际专利申请公开量累计 358 件，居全国各大城市中第一。

表 25 2018 年石墨烯技术全国主要城市的 PCT 国际专利申请对比

城市	PCT 国际专利申请公开总量（件）	2018 年 PCT 国际专利申请公开量（件）	同比增长率
深圳	358	138	25.45%
北京	233	53	12.77%
广州	41	23	187.50%
上海	133	21	-25.00%
武汉	39	19	111.11%
杭州	29	17	750.00%

数据来源：世界知识产权组织（WIPO）及欧洲专利局专利数据库；2018 年专利 10 件以下忽略不计。

2018 年，深圳石墨烯 PCT 国际专利申请公开量中，华为技术有限公司 (22 件）、XIAO LIFANG (17 件）与深圳市华星光电技术有限公司(16件)排名前三。

2018年，对比东京、硅谷、纽约、以色列等重点国际创新城市(国家)，深圳石墨烯技术PCT国际专利申请公开量第一，如表26所示。

表26 2018年石墨烯技术国际创新城市的PCT国际专利申请对比

国际创新城市	2018年PCT国际专利申请公开量(件)	同比增长率
深圳	138	25.45%
硅谷	23	76.92%
东京	21	-25.00%
以色列	16	14.29%
纽约	15	0.00%

数据来源：世界知识产权组织(WIPO)及欧洲专利局专利数据库

3. 美国专利

2018年，深圳石墨烯技术美国专利公开量55件，居全国各大城市第一，如表27所示。美国专利公开量累计142件，居全国各大城市第二。

表27 2018年石墨烯技术全国主要城市的美国专利对比

城市	美国专利公开总量(件)	2018年美国专利公开量(件)	同比增长率
深圳	142	55	103.70%
北京	285	53	1.92%
上海	62	21	133.33%
武汉	21	16	300.00%

数据来源：欧洲专利局专利数据库；2018年专利10件以下忽略不计。

2018年，深圳石墨烯美国专利公开量中，深圳市华星光电技术有限公司以31件排名第一，其余申请人专利公开量不足10件。

2018年，对比重点国际创新城市(国家)，深圳石墨烯技术美国专利公开量第一，同比增长率最高，如表28所示。

表28 2018年石墨烯技术国际创新城市的美国专利对比

续表

国际创新城市	2018年美国专利公开量(件)	同比增长率
深圳	55	103.70%
东京	32	-27.27%
硅谷	14	-33.33%
纽约	6	-33.33%
以色列	6	-14.29%

数据来源：欧洲专利局专利数据库

4. 欧洲专利

2018年，深圳石墨烯欧洲专利公开量16件，在全国各大城市中居第二；欧洲专利公开量累计61件，居全国各大城市第一，如表29所示。

表29 2018年石墨烯技术全国主要城市的欧洲专利对比

城市	欧洲专利公开总量(件)	2018年欧洲专利公开量(件)	同比增长率
北京	41	18	63.64%
深圳	61	16	166.67%
上海	25	13	333.33%

数据来源：欧洲专利局专利数据库；2018年专利10件以下忽略不计。

2018年，对比东京、硅谷、纽约、以色列重点国际创新城市(国家)，深圳石墨烯技术欧洲专利公开量16件，排第二，如表30所示。

表30 2018年石墨烯技术国际创新城市的欧洲专利对比

国际创新城市	2018年欧洲专利公开量(件)	同比增长率
东京	25	38.89%
深圳	16	166.67%
以色列	3	50.00%
纽约	2	-33.33%
硅谷	0	-100.00%

数据来源：欧洲专利局专利数据库

5. 日本专利

2018年，深圳石墨烯日本专利公开量3件，申请人分别是深圳市寒暑科技新能源有限公司、深圳市柔宇科技有限公司、深圳市大疆创新科技有限公司；深圳的日本专利公开量累计66件，居全国各大城市第一。

6. 韩国专利

2018 年，深圳的韩国专利公开量累计 28 件，居全国各大城市第二，上海超深圳 38 件，居全国各大城市第一。

（三）机器人技术

1. 国内专利

2018 年，深圳的机器人技术国内专利公开量 2302 件，居全国各大城市第一，同比增长 40.54%；累计专利量 6200 件，居全国各大城市第三，如表 31 所示。

表 31 2018 年机器人技术全国主要城市的国内发明专利对比

城市	发明专利公开总量（件）	2018 年发明专利公开量（件）	同比增长率
深圳	6200	2302	40.54%
北京	8240	2029	28.42%
上海	6762	1666	15.21%
广州	3215	1356	81.04%
杭州	3061	1085	63.16%
南京	2846	977	70.21%
成都	2383	899	47.38%
宁波	1806	736	90.67%
天津	2536	709	33.02%
武汉	1741	612	46.41%
重庆	1751	493	14.65%
西安	1475	453	39.81%
济南	1494	386	40.88%
青岛	1339	322	-10.56%

数据来源：国家知识产权局专利数据库；2018 年专利 10 件以下忽略不计。

2018 年，深圳机器人技术国内专利公开量前十名如表 32 所示，其中前 3 名分别是深圳市沃特沃德股份有限公司、深圳光启合众科技有限公司、深圳优必选科技有限公司和深圳市越疆科技有限公司。

表 32 深圳在机器人技术的发明专利公开量前十名

排名	申请人	发明专利公开总量（件）	2018 年发明专利公开量（件）
1	深圳市沃特沃德股份有限公司	48	48
2	深圳光启合众科技有限公司	76	44
3	深圳市优必选科技有限公司	105	41
4	深圳市越疆科技有限公司	56	41
5	哈尔滨工业大学深圳研究生院	116	39
6	深圳达芬奇创新科技有限公司	35	35
7	深圳市普渡科技有限公司	45	31
8	深圳市朗驰欣创科技股份有限公司	43	30
9	深圳威琳懋生物科技有限公司	26	26
10	深圳市晓控通信科技有限公司	55	26

数据来源：国家知识产权局专利数据库

2. PCT 国际专利申请

2018 年，深圳机器人技术 PCT 国际专利申请公开量 441 件，居全国各大城市第一；深圳 PCT 国际专利申请公开量累计 738 件，居全国各大城市第一，如表 33 所示。

表 33 2018 年机器人技术全国主要城市的 PCT 国际专利申请对比

城市	PCT 国际专利申请公开总量（件）	2018 年 PCT 国际专利申请公开量（件）	同比增长率
深圳	738	441	239.23%
北京	339	111	27.59%
上海	247	88	76.00%
广州	95	51	104.00%
杭州	85	27	-25.00%
南京	30	19	375.00%
成都	25	16	433.33%
青岛	24	15	114.29%

数据来源：世界知识产权组织（WIPO）与欧洲专利局专利数据库；2018 年专利 10 件以下忽略不计。

2018 年，深圳机器人技术 PCT 国际专利申请公开量中，前 3 名分别是深圳狗尾草智能科技有限公司、深圳光启合众科技有限公司、深圳前海达闼云端智能科技有限公司，各拥有 35 件、31 件与 30 件，如表 34 所示。

表 34 2018 年深圳机器人技术 PCT 国际专利申请的企业排名

排名	企业	2018 年 PCT 国际专利申请公开量（件）
1	深圳狗尾草智能科技有限公司	35
2	深圳光启合众科技有限公司	31
3	深圳前海达闼云端智能科技有限公司	30
4	深圳市大疆创新科技有限公司	25
5	深圳配天智能技术研究院有限公司	22
6	深圳市前海中康汇融信息技术有限公司	19
7	深圳市方鹏科技有限公司	18
8	深圳双创科技发展有限公司	16

数据来源：世界知识产权组织（WIPO）及欧洲专利局专利数据库；2018 年专利 10 件以下忽略不计。

2018 年，对比重点国际创新城市（国家），深圳机器人技术 PCT 国际专利申请公开量排第一，同比增长率最高，如表 35 所示。

表 35 2018 年机器人技术国际创新城市的 PCT 国际专利申请对比

国际创新城市	2018 年 PCT 国际专利申请公开量（件）	同比增长率
深圳	441	239.23%
东京	164	27.13%
硅谷	58	26.09%
以色列	42	68.00%
纽约	29	123.08%

数据来源：世界知识产权组织（WIPO）与欧洲专利局专利数据库

3. 美国专利

2018 年，深圳机器人技术美国专利公开量 64 件，居全国各大城市第一，如表 36 所示；深圳的美国专利公开量累计 315 件，居全国各大城市第一。

表 36 2018 年机器人技术全国主要城市的美国专利对比

续表

城市	美国专利公开总量（件）	2018 年美国专利公开量（件）	同比增长率
深圳	315	64	100.00%
北京	151	61	52.50%
上海	73	23	64.29%
杭州	30	18	500.00%

数据来源：欧洲专利局专利数据库；2018 年专利 10 件以下忽略不计。

2018 年，深圳机器人技术美国专利公开量中，深圳市优必选科技有限公司 34 件，排第一，其余申请人专利公开量在 10 件以内。

2018 年，对比重点国际创新城市（国家），深圳机器人技术美国专利公开量排第三，如表 37 所示。

表 37 2018 年机器人技术国际创新城市的美国专利对比

国际创新城市	美国公开量 (2018 年）	同比增长率
东京	362	36.60%
硅谷	130	0.00%
深圳	64	100.00%
以色列	52	-21.21%
纽约	17	0.00%

数据来源：欧洲专利局专利数据库

4. 欧洲专利

2018 年，深圳机器人技术欧洲专利公开量 11 件，居全国各大城市第三；深圳累计欧洲专利公开量 30 件，居全国各大城市第二，如表 38 所示。

表 38 2018 年机器人技术全国主要城市的欧洲专利对比

城市	欧洲专利公开总量（件）	2018 年欧洲专利公开量（件）	同比增长率
北京	35	18	500.00%
上海	30	12	500.00%
深圳	30	11	22.22%

数据来源：欧洲专利局专利数据库；2018 年专利 10 件以下忽略不计。

2018 年，重点国际创新城市（国家）中，深圳机器人技术欧洲专利公开量排第三，紧跟东京、以色列之后，如表 39 所示。

表 39 2018 年机器人技术国际创新城市的欧洲专利对比

国际创新城市	2018 年欧洲专利公开量（件）	同比增长率
东京	167	21.90%
以色列	41	41.38%
硅谷	11	0.00%
深圳	11	22.22%
纽约	6	200.00%

数据来源：欧洲专利局专利数据库

5. 日本专利

2018 年，深圳机器人技术日本专利公开量 7 件，居全国各大城市第一；深圳累计日本专利公开量 97 件，居全国各大城市第一。

6. 韩国专利

2018 年，深圳机器人技术韩国专利公开量 3 件，累计韩国专利公开量 41 件，居全国各大城市第三，第一与第二名分别为上海 62 件与北京 53 件。

（四）区块链技术

1. 国内专利

2018 年，深圳区块链技术国内专利公开量 930 件，居全国各大城市第二；深圳累计专利量 4283 件，居全国各大城市第二，如表 40 所示。

表 40 2018 年全国主要城市区块链技术的国内发明专利对比

城市	发明专利公开总量（件）	2018 年发明专利公开量（件）	同比增长率
北京	4723	1218	42.79%
深圳	4283	930	103.50%
广州	1030	546	138.43%
上海	1324	391	67.81%
杭州	1214	370	73.71%
成都	692	213	52.14%
南京	711	151	51.00%
武汉	473	118	26.88%
宁波	271	103	8.42%
济南	360	90	45.16%

续表

城市	发明专利公开总量（件）	2018 年发明专利公开量（件）	同比增长率
西安	434	90	18.42%
重庆	268	84	61.54%
天津	271	64	-4.48%
青岛	159	53	120.83%

数据来源：国家知识产权局专利数据库

2018 年，深圳区块链技术国内专利公开量前 3 名分别是腾讯科技（深圳）有限公司（69 件）、华为技术有限公司（66 件）、深圳市元征科技股份有限公司（53 件），如表 41 所示。

表 41 2018 年深圳在区块链技术的发明专利公开量前十名

排名	申请人	发明专利公开总量（件）	2018 年发明专利公开量（件）
1	腾讯科技（深圳）有限公司	271	69
2	华为技术有限公司	1391	66
3	深圳市元征科技股份有限公司	54	53
4	平安科技（深圳）有限公司	49	44
5	中兴通讯股份有限公司	1000	42
6	众安信息技术服务有限公司	46	40
7	深圳市网心科技有限公司	40	39
8	深圳市轱辘车联数据技术有限公司	37	36
9	深圳前海微众银行股份有限公司	44	35
10	深圳市图灵奇点智能科技有限公司	25	25

数据来源：国家知识产权局专利数据库

2. PCT 国际专利申请

2018 年，深圳的区块链技术 PCT 国际专利申请公开量 113 件，居全国各大城市第一；深圳 PCT 国际专利申请公开量累计 585 件，居全国各大城市第一，如表 42 所示。

表 42 2018 年区块链技术全国主要城市的 PCT 国际专利申请对比

城市	PCT 国际专利申请公开总量（件）	2018 年 PCT 国际专利申请公开量（件）
深圳	585	113

续表

城市	PCT 国际专利申请公开总量（件）	2018 年 PCT 国际专利申请公开量（件）
杭州	61	35
北京	151	30
上海	69	29

数据来源：世界知识产权组织（WIPO）、欧洲专利局专利数据库；2018 年专利 10 件以下忽略不计。

2018 年，深圳区块链技术 PCT 国际专利申请公开量中，华为技术有限公司、深圳前海达闼云端智能科技有限公司排名前二，分别拥有 41 件、20 件，如表 43 所示。

表 43　2018 年深圳区块链技术 PCT 国际专利申请企业排名

排名	企业	2018 年 PCT 国际专利申请公开量（件）
1	华为技术有限公司	41
2	深圳前海达闼云端智能科技有限公司	20
3	深圳市樊溪电子有限公司	10
4	腾讯科技（深圳）有限公司	10
5	中兴通讯股份有限公司	10

数据来源：世界知识产权组织（WIPO）、欧洲专利局专利数据库；2018 年专利 10 件以下忽略不计。

2018 年，对比重点国际创新城市（国家），深圳区块链技术 PCT 国际专利申请公开量第一，如表 44 所示。

表 44　2018 年区块链技术国际创新城市的 PCT 国际专利申请对比

国际创新城市	2018 年 PCT 国际专利申请公开量（件）
深圳	113
硅谷	50
东京	26
纽约	23
以色列	10

数据来源：世界知识产权组织（WIPO）及欧洲专利局专利数据库

3. 美国专利

2018 年，深圳区块链技术美国专利公开量 44 件，居全国各大城市第一，其他城市 2018 年公开量均 10 件以内；深圳累计美国专利公开量 378 件，居全国各大城市第一，其中华为技术有限公司 33 件，公开量排名第一。

2018 年，对比重点国际创新城市（国家），深圳区块链技术美国专利公开量第三，于硅谷与纽约之后，如表 45 所示。

表 45　2018 年区块链技术国际创新城市的美国专利对比

国际创新城市	2018 年美国专利公开量（件）	同比增长率
硅谷	170	18.88%
纽约	63	70.27%
深圳	44	4.76%
东京	43	34.38%
以色列	22	46.67%

数据来源：欧洲专利局专利数据库

4. 欧洲专利

2018 年，深圳区块链技术欧洲专利公开量 83 件，其他城市 2018 年公开量均 10 件以下，深圳累计欧洲专利公开量 620 件，居全国各大城市第一。其中是华为技术有限公司公开量 67 件，排名第一。

2018 年，对比重点国际创新城市（国家），深圳区块链技术欧洲专利公开量 83 件，排名第一，如表 46 所示。

表 46　2018 年区块链技术国际创新城市的欧洲专利对比

国际创新城市	2018 年欧洲专利公开量（件）	同比增长率
深圳	83	16.90%
硅谷	48	26.32%
东京	28	100.00%
纽约	25	733.33%
以色列	4	33.33%

数据来源：欧洲专利局专利数据库

5. 日本专利

2018 年，深圳区块链技术日本专利公开量 6 件，居全国各大城市第一，专利申请人是华为技术有限公司 5 件和深圳市大疆创新科技有限公司 1 件；深圳累计日本专利公开量 201 件，居全国各大城市第一位。

6. 韩国专利

2018 年，深圳区块链技术韩国专利公开量 2 件，专利申请人是华为技术有限公司和招商银行股份有限公司。其中，深圳累计韩国专利公开量 136 件，居全国各大城市第一。

（五）基因与免疫技术

1. 国内专利

2018 年，深圳基因与免疫技术[19]国内专利公开量 103 件，居全国各大城市第九；深圳专利量累计 976 件，居全国各大城市第八，如表 47 所示。

表 47 2018 年基因与免疫技术全国主要城市的国内发明专利对比

城市	发明专利公开总量（件）	2018 年发明专利公开量（件）	同比增长率
北京	5846	554	-10.93%
上海	7649	380	12.43%
广州	1902	322	18.38%
南京	1551	234	16.42%
天津	1016	217	99.08%
武汉	1188	195	10.17%
杭州	1225	172	30.30%
成都	733	117	48.10%
深圳	976	103	-40.46%
青岛	675	90	4.65%
重庆	652	72	63.64%
西安	657	70	-12.50%
济南	395	34	-17.07%
宁波	192	25	-63.77%

数据来源：国家知识产权局专利数据库

2018 年，深圳基因与免疫技术国内专利公开量前 3 名分别是深圳大学、深圳市前海金卓生物技术有限公司、深圳市国创纳米抗体技术有限公司，如表 48 所示。

表 48 深圳在基因与免疫技术的发明专利公开量前十名

排名	申请人	发明专利公开总量（件）	2018 年发明专利公开量（件）
1	深圳大学	53	9
2	深圳市前海金卓生物技术有限公司	7	7
3	深圳市国创纳米抗体技术有限公司	11	7
4	中国科学院深圳先进技术研究院	19	6
5	深圳翰宇药业股份有限公司	152	6
6	刘志刚	5	5
7	深圳华大基因研究院	31	5

数据来源：国家知识产权局专利数据库；2018 年专利 5 件以下忽略不计。

2. PCT 国际专利申请

2018 年，深圳基因与免疫技术 PCT 国际专利申请公开量 31 件，居全国各大城市第三；深圳累计 PCT 国际专利申请公开量 194 件，居全国各大城市第三，如表 49 所示。

表 49 2018 年基因与免疫技术全国主要城市的 PCT 国际专利申请对比

城市	PCT 国际专利申请公开总量（件）	2018 年 PCT 国际专利申请公开量（件）	同比增长率
北京	611	83	33.87%
上海	744	78	25.81%
深圳	194	31	3.33%
南京	77	22	120.00%
广州	110	19	72.73%
成都	88	12	50.00%
武汉	76	12	1100.00%

数据来源：世界知识产权组织（WIPO）与欧洲专利局专利数据库；2018 年专利 10 件以下忽略不计。

2018 年，深圳基因与免疫技术 PCT 国际专利申请公开量中，深圳华大基因研究院 8 件，排第一。其他申请人专利量在 5 件以内。

2018 年，对比重点国际创新城市（国家），深圳基因与免的 PCT 国际专利申请公开量排名第四，如表 50 所示。

19. 根据世界知识产权组织（WIPO）的 35 项技术领域中的基因与免疫技术的范围。

表 50 2018 年基因与免疫技术国际创新城市的 PCT 国际专利申请对比

国际创新城市	2018 年 PCT 国际专利申请公开量（件）	同比增长率
东京	159	7.43%
纽约	103	-16.94%
以色列	50	8.70%
深圳	31	3.33%
硅谷	21	-30.00%

数据来源：世界知识产权组织（WIPO）及欧洲专利局专利数据库

3. 美国专利

2018 年，深圳基因与免疫技术美国专利公开量 8 件，美国专利公开量累计 26 件，居全国各大城市第三。如表 51 所示。

表 51 2018 年基因与免疫技术全国主要城市的美国专利对比

城市	美国专利公开总量（件）	2018 年美国专利公开量（件）	同比增长率
北京	161	35	45.83%
上海	184	28	-6.67%
深圳	26	8	100.00%
杭州	19	7	75.00%
南京	37	6	-40.00%
广州	26	6	-25.00%
成都	29	6	20.00%
武汉	27	5	150.00%

数据来源：欧洲专利局专利数据库；2018 年专利 5 件以下忽略不计。

2018 年，深圳基因与免疫技术美国专利公开量中，本康生物制药（深圳）有限公司 2 件，排名第一。对比重点国际创新城市（国家）深圳居末位，如表 52 所示。

表 52 2018 年基因与免疫技术国际创新城市的美国专利对比

续表

国际创新城市	2018 年美国专利公开量（件）	同比增长率
纽约	156	22.83%
东京	151	24.79%
以色列	95	21.79%
硅谷	37	0.00%
深圳	8	100.00%

数据来源：欧洲专利局专利数据库

4. 欧洲专利

2018 年，深圳基因与免疫技术欧洲专利公开量 9 件，居全国各大城市第四。欧洲专利公开量累计 40 件，居全国各大城市第三，第一与第二名分别是上海（253 件）、北京（216 件）。如表 53 所示。

表 53 2018 年基因与免疫技术全国主要城市的欧洲专利对比

城市	欧洲专利公开总量（件）	2018 年欧洲专利公开量（件）	同比增长率
上海	253	40	21.21%
北京	216	30	25.00%
成都	36	13	550.00%
深圳	40	9	-47.06%
南京	35	8	300.00%
杭州	23	6	100.00%
广州	21	5	66.67%
武汉	38	5	400.00%

数据来源：欧洲专利局专利数据库；2018 年专利 5 件以下忽略不计。

2018 年，深圳基因与免疫技术欧洲专利公开量 9 件，深圳翰宇药业股份有限公司 6 件，排名第一。

2018 年，对比东京、硅谷、纽约、以色列等重点国际创新城市（国家），深圳基因与免疫技术欧洲专利公开量居末位，如表 54 所示。

表 54 2018 年基因与免疫技术国际创新城市的欧洲专利对比

国际创新城市	2018 年欧洲专利公开量（件）	同比增长率
东京	241	24.87%
纽约	133	34.34%
以色列	91	8.33%

续表

国际创新城市	2018 年欧洲专利公开量（件）	同比增长率
硅谷	13	-45.83%
深圳	9	-47.06%

数据来源：欧洲专利局专利数据库

5. 日本专利

2018 年，深圳基因与免疫技术无日本专利公开量，累计日本专利公开量 26 件，于上海 242 件与北京 175 件之后。

6. 韩国专利

2018 年，深圳基因与免疫技术无韩国专利公开量，累计韩国专利公开量 16 件，于上海 134 件与北京 69 件之后。

六、商标工作态势

（一）商标注册核准总体情况

1. 商标国内申请量

2018 年，深圳国内商标申请量 481816 件，居广东省一位，在全国主要城市居第二，如表 55 所示，同比增长 22.61%。

表 55 2018 年全国主要城市的商标申请量

序号	城市	申请量（件）
1	北京	580855
2	深圳	481816
3	广州	438228
4	上海	408916
5	杭州	203739
6	成都	159758
7	重庆	133952
8	武汉	88142
9	南京	83064
10	青岛	76853

数据来源：国家知识产权局商标局

近年来深圳市商标国内申请量增长速度之快，原因有以下几点：一是商事制度改革激发了市场活力，刺激市场发展，新登记企业量大幅增长；二是 2017 年 3 月 1 日，经原国家工商行政管理总局商标局批准，深圳市市场监督管理局在深圳市行政服务大厅设立深圳商标受理窗口，正式办理商标注册申请受理等业务，使深圳市申请人申请商标更加方便快捷；三是市场监管部门的指导、宣传和培训，公众的商标品牌意识增强；四是商标注册申请便利化改革扎实推进。

2. 商标注册核准量

2018 年，深圳市商标注册核准量共计 326915 件，居广东省第一，在全国主要城市居第二，同比增长 78.89%，如表 56 所示。

表 56 2018 年全国主要城市的商标注册核准量

序号	城市	注册核准量（件）
1	北京	389175
2	深圳	326915
4	上海	291732
3	广州	274861
5	杭州	142899
6	成都	101143
7	重庆	92694
8	金华	77274
9	武汉	64061
10	南京	56194

数据来源：国家知识产权局商标局

2018 年深圳商标注册核准量增长受益于以下几点：

第一，2017 年 11 月，原国家工商总局发布《工商总局关于深化商标注册便利化改革切实提高商标注册效率的意见》，并于 2018 年 6 月底实现商标注册申请受理通知书电子发文及当事人网上自行打印，将商标注册申请受理通知书发放时间压缩到 1 个月。

第二，2018 年，根据《工商总局关于深化商标注册便利化改革切实提高商标注册效率的意见》要求，原国家工商总局优化商标审查流程，缩短商标检索盲期并全面推进商标注册申请电子化，提升商标审查智能水平，于 2018 年底前实现商标注册审查周期压缩至 6 个月的目标，对深圳市 2018 年商标注册核准量的增加有直接正面影响。

3. 累计有效注册商标量

截至 2018 年底，深圳累计有效注册商标数量 1026193 件，居全国主要城市第三，同比增长 44.92%，如表 57 所示。

表 57 2018 年全国主要城市的累计有效商标量

序号	城市	累积有效商标量（件）
1	北京	1500496
2	上海	1149325
4	深圳	1026193
3	广州	947444
5	杭州	508031
6	成都	378531
7	重庆	377407
8	武汉	211385
9	南京	211185
10	青岛	183742

数据来源：国家知识产权局商标局

（二）国际商标申请态势

2018 年，市场监管部门在境外商标注册与布局等方面进行了大量公益培训，马德里商标国际注册知识得到一定程度普及，加之商标国际注册激励补贴政策支持，深圳市马德里商标国际注册成绩斐然。

2018 年，深圳马德里商标注册核准量 644 件，同比 (2017 年 285 件）增长 125.96%。截至年底，深圳累计拥有马德里商标量 3919 件。

（三）商标类别分布情况

1. 2018 年注册商标类别分布情况

截至 2018 年底，深圳核准注册的商标中，商品商标 213868 件，占全部核准量的 65.42%，服务商标 113047 件，占 34.58%，同比增长 6.68%。服务商标核准认定比例增长，彰显着服务行业成长态势。

2018 年，深圳注册商标核准类别前十名如表 58 所示，与 2017 年相比，第 21 类（厨房洁具）提升显著，排第七。第 35 类（销售和广告服务）、第 41 类（教育、提供培训、娱乐、文体活动）、第 42 类（科学技术服务计算机软硬件开发服务）服务类商标增长率均超 40%，充分反映了深圳市经济转型中服务业的发展速度之快。

表 58 2018 年深圳核准注册商标商品类别前十名情况表

排名	类别	2018 年核准注册商标（件）	主要商品或服务
1	9	47443	电子器具
2	35	32968	广告销售
3	25	25088	服装鞋帽
4	42	14823	技能服务
5	41	12595	教育娱乐
6	44	11518	家用电器
7	21	10709	厨房洁具
8	30	9881	植物食品
9	3	9595	日化用品
10	14	9458	珠宝钟表

数据来源：国家知识产权局商标局

2. 深圳累计注册商标类别分布情况

截至 2018 年底，深圳累计有效注册商标中，商品商标 714128 件，占 69.59%；服务商标 312065 件，占 30.41%。

深圳累计有效注册商标在商品和服务类别前五名依次为第 9 类（电子产品）、第 35 类（销售和广告服务）、第 25 类（服装）、第 42 类（科学技术服务、计算机软硬件的开发）和第 11 类（照明、冰箱、空调等家电产品），共计 444688 件，占深圳总数 41.82%。排名前二十类如表 59 所示。

表 59 深圳累计有效注册商标商品和服务前二十类别分布表

排名	类别	累计有效注册商标（件）	同比增长
1	9- 电子器具	185862	34.44%
2	35- 广告销售	94557	53.64%

续表

排名	类别	累计有效注册商标（件）	同比增长
3	25- 服装鞋帽	74583	55.95%
4	42- 技能服务	49712	42.37%
5	11- 家用电器	39974	41.84%
6	41- 教育娱乐	37946	49.38%
7	14- 珠宝钟表	35150	37.97%
8	30- 植物食品	31506	44.95%
9	3- 日化用品	30557	46.02%
10	43- 餐饮住宿	27470	49.82%
11	36- 金融物管	26540	40.05%
12	20- 家具制品	24500	59.38%
13	21- 厨房洁具	23729	84.50%
14	18- 皮革皮具	23383	54.64%
15	5- 医用用品	21765	45.98%
16	7- 机械设备	21408	38.88%
17	16- 办公用品	21271	55.30%
18	28- 体育器材	20806	64.41%
19	38- 通讯服务	20242	43.07%
20	29- 动物食品	20118	52.01%

数据来源：国家知识产权局商标局

（四）区域分布情况

2018 年，各区商标累计注册量前十名如表 60 所示，去年排名第二的南山区超越福田区，跃居第一。

表 60 2018 年深圳各区商标累计注册量前五名

区	商标累计注册量（件）	占全市比
南山区	248954	24.26%
福田区	222479	21.68%
宝安区	183689	17.90%
龙岗区	144180	14.05%
罗湖区	105082	10.24%
龙华区	85482	8.33%
光明区	17343	1.69%
坪山区	8928	0.87%
盐田区	8004	0.78%
大鹏新区	2052	0.20%

数据来源：专业数据库

如图 23 所示，2018 年深圳市十个区中有 7 个区第 9 类（电子产品）排第一，共计 180571 件，充分体现了电子行业在深圳经济发展过程中的重要地位。其中福田区的注册量第一，体现出 2018 年华强电子商业圈发展成效。

其次，从前三名的次数来看，第 35 类（广告；商业经营；商业管理；办公事务）在 9 个区均排前三，体现近年各类电商和微商平台兴起的影响作用，服务行业在深圳比重增加。

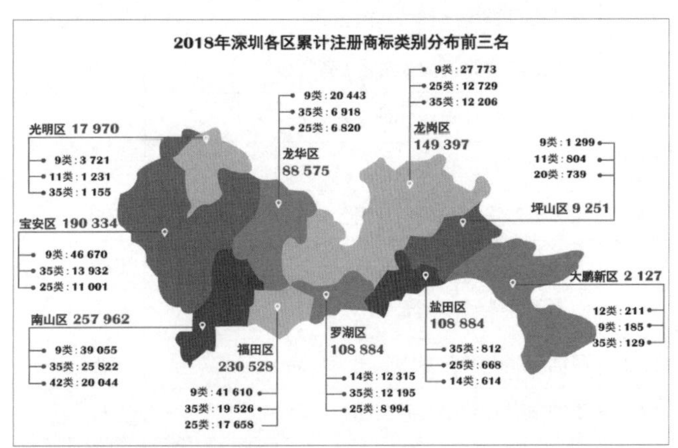

数据来源：专业数据库

图 23：2018 年深圳市各区累计注册商标类别分布前三名

（五）重点企业商标注册情况

截至 2018 年底，深圳注册商标 1500 件以上的企业 9 家；1000 件及以上企业增至 16 家；注册商标 900 件及以上的企业达 18 家。深圳注册商标企业前 20 名，均超过 800 件商标，如表 61 所示。

腾讯科技（深圳）有限公司 2018 年核准商标注册 4525 件，累计注册商标量 16171 件，增长率 27.89%，依然是深圳注册商标拥有量最多的企业。深圳市心亚科技有限公司累计核准注册量 2459 件，居第二，首次排名前五。华为技术有限公司 2349 件保持第三。2018 在商标注册量增长上最突出的是深圳市尚谦科技有限公司，首次进入累计有效注册量前 20 名，位列第六。

表 61 深圳市商标累计有效核准注册量前 20 名的企业统计表

排名	企业名称	数量（件）
1	腾讯科技（深圳）有限公司	16171
2	深圳市心亚科技有限公司	2459
3	华为技术有限公司	2349
4	中国平安保险（集团）股份有限公司	2211
5	恒大集团有限公司	2189
6	深圳市尚谦科技有限公司	2133
7	深圳市运程无限贸易有限公司	1884
8	深圳市大富配天投资有限公司	1776
9	深圳市至诚至上科技有限公司	1602
10	深圳顺丰泰森控股（集团）有限公司	1486
11	深圳君林企业财务代理有限公司	1310
12	中兴通讯股份有限公司	1309
13	深圳诺普信农化股份有限公司	1209
14	深圳美西西餐饮管理有限公司	1082
15	深圳小强金融服务有限公司	1055
16	深圳萌萌哒实业有限公司	1025
17	深圳市酷齐数码有限公司	957
18	佳兆业集团（深圳）有限公司	914
19	深圳市华创融信投资发展有限公司	885
20	深圳微云空间科技有限公司	855

数据来源：国家知识产权局商标局

1. 电子行业

电子行业在商标分类中，集中在第 9 类上，历来是深圳统计指标支柱行业，每年深圳商标累计核准注册量均居第一。第 9 类商品主要涉及计算机和科学等高科技含量的电子产品，是深圳高新技术企业重点注册类别。

今年第 9 类仍是深圳商标注册量第一的一类，前十的类别变动较小，如表 62 所示，其中深圳市尚谦科技有限公司 546 件，首次进前十，排名第三。大企业的商标管理意识相对较高，起到带动小企业商标意识的作用，为深圳电子行业营造了优良的商标发展环境。其中，腾讯科技（深圳）有限公司今年第 9 类累计有效商标注册量 3674 件，保持第一。

表 62 第 9 类累计有效商标注册量企业排名前十名

排名	商标注册人名称	数量（件）
1	腾讯科技（深圳）有限公司	3,674
2	华为技术有限公司	1,188
3	深圳市尚谦科技有限公司	546
4	深圳市至诚至上科技有限公司	456
5	中兴通讯股份有限公司	449
6	深圳墨力科技有限公司	352
7	深圳市华创融信投资发展有限公司	331
8	深圳市华商联合投资有限公司	303
9	深圳市同洲电子股份有限公司	297
10	深圳深缆科技有限公司	293

数据来源：国家知识产权局商标局

2. 服装行业

服装行业是深圳传统支柱产业之一，主要分布于第 25 类，涵盖服装、鞋、帽等产品。深圳服装行业品牌建设是国家首批产业集群区域品牌建设试点示范项目，区域品牌培育让服装企业发生集聚效应，知名度和美誉度增强。2018 年深圳市酷齐数码有限公司以 461 件居第一，深圳市中德宝服装有限公司 424 件居第二，腾讯科技（深圳）有限公司 409 件居第三，前十名如表 63 所示。

表 63 第 25 类累计有效商标注册量企业排名前十名

排名	商标注册人名称	数量（件）
1	深圳市酷齐数码有限公司	461
2	深圳市中德宝服装有限公司	424
3	腾讯科技（深圳）有限公司	409
4	深圳市金爱宝服装有限公司	390
5	深圳市美安服装有限公司	371

续表

排名	商标注册人名称	数量（件）
6	深圳市金熙诺服装有限公司	325
7	深圳市金岗美服装有限公司	296
8	深圳市尚星贸易有限公司	287
9	深圳市金妃曼服装有限公司	283
10	深圳市金安达服装有限公司	277

数据来源：国家知识产权局商标局

3. 服务行业

深圳服务行业商标注册量的增长集中在第 35 类、第 41 类、第 42 类，占比逐年增加。电商与微商平台的发展是第 35 类广告、商业经营和管理等商标增长的原因。腾讯科技（深圳）有限公司今年在第 35 类新核准注册的商标有 91 件，累计达 1164 件。前十名如表 64 所示。

表 64 第 35 类累计有效商标注册量企业排名前十名

排名	商标注册人名称	数量（件）
1	腾讯科技（深圳）有限公司	1164
2	中国平安保险（集团）股份有限公司	318
3	深圳市千竹科技有限公司	258
4	深圳顺丰泰森控股（集团）有限公司	172
5	深圳市信德缘贸易发展有限公司	145
6	深圳美西西餐饮管理有限公司	123
7	深圳市凯源春科技有限公司	120
8	蚂蚁红酒（深圳）有限公司	114
9	天虹商场股份有限公司	98
10	深圳市大富配天投资有限公司	93

数据来源：国家知识产权局商标局

第 41 类商标主要涉及教育、提供培训、娱乐、文体活动，腾讯科技（深圳）有限公司 2,803 件排名第一。第 41 类累计有效商标注册量排名前十的企业如表 65 所示。

表 65 第 41 类累计有效商标注册量企业排名前十名

排名	商标注册人名称	数量（件）
1	腾讯科技（深圳）有限公司	2947
2	中国平安保险（集团）股份有限公司	144
3	深圳市创梦天地科技有限公司	140
4	华为技术有限公司	88
5	深圳市前海幻境网络科技有限公司	81
6	深圳市大富配天投资有限公司	71
7	恒大集团有限公司	63
8	佳兆业集团（深圳）有限公司	61
9	深圳岂凡网络有限公司	60
10	招商银行股份有限公司	59

数据来源：国家知识产权局商标局

第 42 类是主要涉及计算机编程及相关服务及科学技术服务等服务，腾讯科技（深圳）有限公司以 1596 件数量稳居深圳市第一，前十名如表 66 所示。

腾讯科技（深圳）有限公司作为深圳信息技术行业龙头企业，由数据可知对商标十分重视，为其他中小企业提高商标管理意识作了表率。

表 66 第 42 类累计有效商标注册量企业排名前十名

排名	商标注册人名称	数量（件）
1	腾讯科技（深圳）有限公司	1873
2	中国平安保险（集团）股份有限公司	277
3	华为技术有限公司	208
4	中兴通讯股份有限公司	152
5	深圳市同洲电子股份有限公司	114
6	深圳市信德缘贸易发展有限公司	96
7	深圳顺丰泰森控股（集团）有限公司	92
8	深圳市大富配天投资有限公司	80
9	宇龙计算机通信科技（深圳）有限公司	79
10	深圳市创梦天地科技有限公司	71

数据来源：专业数据库

4. LED 行业

2018 年作为“十三五”规划第三年，节能减排是重中之重，发挥重要作用的 LED 照明产品必将受到政府及市场重视。LED 行业产品主要分布在 11 类。累计有效商标注册量排名前十的企业如表 67 所示，深圳市至诚至上科技有限公司 345 件居第一。

表 67 第 11 类累计有效商标注册量企业排名前十名

排名	商标注册人名称	数量（件）
1	深圳市至诚至上科技有限公司	345
2	深圳市运程无限贸易有限公司	206
3	比亚迪股份有限公司	196
4	深圳市大富配天投资有限公司	114
5	深圳市八方网络科技有限公司	104
6	深圳市尚谦科技有限公司	82
7	深圳市华米投资有限公司	59
8	腾讯科技（深圳）有限公司	58
9	深圳市大疆创新科技有限公司	54
10	深圳市标圣科技有限公司	54

数据来源：专业数据库

5. 珠宝行业与钟表行业

深圳的珠宝首饰行业和钟表行业在全国举足轻重，经济效益显著，商标主要集中在第 14 类，累计有效商标注册量排名前十如表 68 所示，深圳市信德缘贸易发展有限公司以 324 件居第一。

表 68 第 14 类累计有效商标注册量企业排名前十名

排名	商标注册人名称	数量（件）
1	深圳市信德缘贸易发展有限公司	324
2	腾讯科技（深圳）有限公司	213
3	深圳君林企业财务代理有限公司	160
4	华为技术有限公司	85
5	飞亚达（集团）股份有限公司	79
6	深圳市金维斯投资管理有限公司	72
7	深圳市缘与美实业有限公司	70
8	深圳市欧诗莱珠宝有限公司	67
9	佳峰投资控股集团有限公司	61
10	恒大集团有限公司	60

数据来源：专业数据库

七、结语

2018 年，深圳市知识产权工作取得巨大成绩，也存在一些问题，如知识产权创造质量尤其是专利质量与发达国家存在较大差距，核心专利集中少数大型企业，结构不合理；知识产权保护取证难、周期长、成本高、赔偿低、效果差；知识产权运用转化缺乏相应政策、机制和平台；知识产权服务业整体水平有待提高，高端人才匮乏等，亟须在“十四五”期间认真解决，为深圳建设国际科技、产业创新中心、建设粤港澳大湾区核心城市、建设国家知识产权强市奠定良好基础。

第六章 各区科技发展

Science & Technology Development in Districts

第一节 宝安区科技发展

一、概况

2018年，宝安区科技创新局按照区委区政府总体工作部署，围绕高新技术产业发展主线，抓住重点环节、持续发力，主要指标保持快速增长，为宝安经济高质量发展起到关键支撑作用。全区研发投入106亿元，增长9.5%；5亿元以上工业企业实现研发机构全覆盖、3亿元以上工业企业研发机构覆盖率达到92%、规上企业覆盖率达到44%，均超额完成省、市任务。新增欣旺达、银宝山新企业技术中心等2个国家级平台，目前全区创新平台总数达235个。新增5个院士工作站，总数达10个，数量全市第三。区高新技术产业产值实现5077.8亿元，同比增长7.4%，占规上工业总产值的69.4%。全年2834家企业申报国高企业，申报量占全市的27.5%、数量全市第一；全年新增国高911家、总数3941家，继续领跑全省各区县；国高企业质量提升步伐加快，新增593家"双迈进"国高企业；全力认定2231家科技中小企业，占全市的27%，数量全市第二。成功引进博浦科技VR智汇教育、深圳中凝科技有限公司、ECOFLOW储能科技、剑桥大学海外电子中心、使徒公司、兴飞科技研发总部、干细胞新药研发生产和国家干细胞库、中云智星数据中心芯片组、垂直航空项目等9个重大科技项目。高端创新人才加快集聚，新增区高层次科技创新人才167人，总数达746人。尖岗山—石岩南、西乡铁仔山、新桥东科技城等3个片区作为高新区扩区备选区域上报市里，目前3个片区顺利纳入深圳高新区范围。

二、内设机构和人员编制

区科技创新局是区政府正处级工作部门，加挂区科学技术协会牌子。行政编制（含行政管理类事业编制）共21个，截至2018年12月31日，在编在岗20，其中，处级5人，科级（含非领导职务）12人，局机关内设6个科室，即办公室（督查室）、规划建设科、投资发展科（政务服务科）、创新促进科、智慧信息科、科协工作部（监督评估科）。局属副处级事业单位两个，分别为区科技创新服务中心、区科技馆，事业单位编制共34个，在编在岗33人。

三、科技政策体系

2018年，宝安区全面调整创新政策，坚持"精准""刚性""高效"的原则，聚焦解决研发基础薄弱、关键共性技术、产业链缺失环节、创新空间高质量发展、知识产权保护等要素，制定出台《宝安区关于创新引领发展的实施办法》及操作规程，让政策更贴合宝安科技发展实际并发挥有效引导作用；全面梳理、评估22项科技创新"十三五"规划发展指标，4项指标提前完成并上调任务，17项指标符合进度预期，全社会研发支出占GDP比重指标因国家统计口径发生变化进行下调；全面贯彻"创新、协调、绿色、开放、共享"发展理念，从着力破解宝安可持续发展瓶颈问题、培育绿色发展新动能为出发点，制定出台《宝安区落实深圳市国家可续持发展议程创新示范区建设三年行动计划（2018—2020年）》，围绕空间优化、环境提升、民生保障、社会治理、创新驱动、人才支撑等6大领域部署23项重点工作任务，形成定位准确、思路清晰、目标明晰、任务明确的纲领性文件。

四、企业培育服务

一是大力抓好国家高新技术企业培育。建立国高培育库，建立区、街联动机制，培育库1800多家企业以区街联动进行精准培育、跟踪扶持；开展25场国高政策宣讲、咨询辅导活动，重点企业"一对一"专项辅导，2834家申报企业有 85% 以上得到了专题培训和辅导。二是实施国高企业“双迈进”提质行动。实施“国高企业”向“规上企业”提升，“规上企业”向“国高企业”转型的“双迈进”战略，制定《宝安区推进“国高”向“规上”“规上”向“国高”双向提升工作 2018 年实施方案》，部署落实 8 大项工作任务，2018 全年实现国高规模以上企业 369 家、规模以上国高化企业 224 家，合计“双迈进”企业 593 家，超额完成年度 200 家的任务。三是加快培育科技型高成长性企业。出台《宝安区科技型高成长性企业培育计划》，围绕规模以上国高、创新百强、潜在单项冠军企业、创赛优质企业、已获投融资等科技型企业建立科技型高成长性企业动态培育库给予重点精准服务，目前入库企业 73 家。四是密切跟进一批有利于加快补齐产业链缺失环节、薄弱环节的重大科技项目。建立“一对一”对接服务机制，全面跟进 32 个重大科技项目，累计开展 60 余次对接洽谈、17 次专家评估，推动干细胞新药研发生产和国家干细胞库等 9 个项目成功落地宝安，中科院深圳先进院已与宝安区签订战略合作协议，中科院深圳先进院国际电子材料研究院已成功落户。

五、高新技术产业发展

2018 年，宝安区高新技术产业产值实现 5077.8 亿元，同比增长 7.4%，占规上工业总产值的 69.4%。从细分领域看，电子信息技术和先进制造占据核心地位，电子信息技术实现产值 3356.4 亿元，增长 5.65%，占整个产业产值的 66.1%；先进制造实现产值 1027.5 亿元，增长 11.57%，占整个产业产值的 20.23%；全年高新技术产业增加值 1092 亿元元，增长 8.3%，占 GDP 的 30.8%。创新百强带动明显，实现产值 1465.17 亿元，同比增长 18.62%，占高新技术产业产值 28.85%。

高新技术产业快速增长，高新技术企业发展迅猛。2018 全年 2834 家企业申报国高企业，申报量占深圳市的 27.5%、数量全市第一；全年新增国高 911 家、总数 3941 家，领跑全省各区县；新增“双迈进”国高企业 593 家；认定科技中小企业 2231 家，占深圳市 27%，总量占全市第二。

六、创新能力增强

一是全力推动大型工业企业研发机构覆盖。牵头统计、税务、街道等部门，通过全面摸底调查、专题组织培训、“一对一”上门走访等多种方式推动企业研发机构建设；2018 年，全区研发投入 106 亿元，增长 9.5%；5 亿元以上工业企业实现研发机构全覆盖、3 亿元以上工业企业研发机构覆盖率达到 92%、规模以上企业覆盖率达 44%，均超额完成省、市任务。二是推动以企业为主体的创新平台建设。发挥企业的创新主体作用，运用好“政策链 + 服务链”的双轮驱动，推动企业建设高质量创新平台，2018 年新增创新平台 63 个（含新增欣旺达、银宝山新企业技术中心等 2 个国家级平台），全区创新平台总数达 235 个（含国家级 3 个、省级 64 个、市级 40 个、区级 128 个）；新增 61 家省级工程技术中心，另有国家认可资质检验检测实验室 47 个；新增中科利亨、亚太卫星、乾行达科技、中兴仪器、欣旺达电子 5 个院士工作站，总数共 10 个。三是以校企合作提升企业科研能力。推进中兴仪器等 13 家科技企业与国内知名院校深度合作，共建研究生实践培养基地，引导博士研究生、硕士研究生到企业开展科学研究。

七、创新资源集聚

成功引进博浦科技 VR 智汇教育、深圳中凝科技有限公司、ECOFLOW 储能科技、剑桥大学海外电子中心、使徒公司、兴飞科技研发总部、干细胞新药研发生产和国家干细胞库、中云智星数据中心芯片组、垂直航空项目等 9 个重大科技项目。高端创新人才加快集聚，新增认定宝安区高层次科技创新人才 167 人，总数达 746 人；落实“1000 工程”紧缺人才引进工作，引进科技创新紧缺人才 200 人。建设研究生实践培养基地 13 家，引进培育创客团队项目 50 个，激发科技创新活力。

八、创新载体质量提升

对全区高新技术产业集聚区域进行摸底调研的基础上，

将尖岗山—石岩南、西乡铁仔山、新桥东科技城等 3 个片区作为高新区扩区备选区域上报市级，目前 3 个片区顺利纳入深圳高新区范围。高新奇、四方网盈入选“中国孵化器 50 强”，北大方正、高新奇、泰华梧桐岛、中粮商务公园、汇聚新桥 107 创智园等 5 家园区入选“中国华南区优秀园区 20 强”；63 个科技桃花源共入驻科技企业 5500 多家。

2018 年，宝安区全力提升创新载体质量。一是重新规划定位桃花源科技创新园，在园区及周边片区建设桃花源智创小镇，打造宝安“创新之核”；二是实施科技园区考核，2018 年起首次对全区 63 个科技园区进行考核，不合格的第一年给予警告，第二年将摘牌退出，激发园区围绕宝安的产业发展要求提升质量，承载广深港澳科技创新走廊左右两端的科技资源；三是发起成立深圳市宝安区科技创新园区发展促进会，促进园区资源的共享利用；四是搭建“桃空间”科技园区资源小程序，360 度立体展示科技园区的空间场地、租金水平、交通、周边环境等要素，快速引导优质企业匹配空间，加速企业落地，还可以浏览报名参加政府或园区发布的优质科技创新服务活动，了解匹配相关的政府激励政策；五是探索建立“1+6”科技创新服务站，以党建为引领，优先在已成立党支部的桃花源科技创新园、桃花源科技创新园松岗分园、桃花源科技创新园石岩湖分园、F518 创意园、汇聚新桥 107 创智园、优创空间、中粮商务公园、福海信息港 8 个科技园区建立标准化科技创新服务站，让科技创新服务直接纵深至园区企业。

九、创新生态优化

科技与金融加速融合，签约金融机构，聚焦科技企业需求针对性推出专属科技金融贷，为 64 家科技企业促成银行贷款 12 亿元。创赛成绩赫然，全国创新创业大赛电子信息行业总决赛连续 2 年落地宝安；第五届宝创赛在全市首设女性专场，共 1482 个项目报名宝创赛、16 个项目晋级国赛，两项数量均居全市第一，最终 12 个项目国赛获奖。展会平台成为宝安科技创新展示窗口，组织 31 家优质企业参展第二十届高交会，6 天吸引 16 余万人观展，58 家投资机构达成投资意向；组织 10 个科技园区和 24 家高成长性科技企业以“园区 + 企业”模式参展第三届宝博会；组织宝安人工智能与机器人成果对接会，促成中国科学院深圳先进院与深圳荣钜源、深圳斯坦德、西安万像电子、天津中科和光、中山香山微波等 20 多家企业达成合作意向。厚植创新文化，承办 2018 年全国双创周深圳活动暨第四届深圳国际创客周宝安分会场活动，设 1 个主会场和 7 个分会场共举办 23 场活动。信息化建设加速推进，建成 33 个无线 Wi-Fi 示范园区，全区公立医院、社康、客运站及文体科教等 200 余个公共场所免费 Wi-Fi 全覆盖。科普活动深入青少年，举办“科普秀进校园”98 场，“院士专家进校园”15 场；青少年科普实验“自行车的平衡”“疯狂的空气”分获全国科学表演大赛二、三等奖。

十、科普工作

2018 年，宝安区印发了《宝安区全民科学素质行动计划纲要实施方案（2018—2020 年）》，作为开展全民科学素质提升工作的纲领；组织认定了区科普教育基地 9 个（其中 2 个科普单位被认定为市科普教育基地）、科普示范社区 1 个、企业科协 7 个；资助 25 个区科普教育基地及 135 个科普画廊；在区科技馆科普主阵地带动下，全区各基层科协、学会（协会）和相关单位举办各类科普活动 500 多场，发放科普资料、书籍、挂图、宣传手册数万册，全区科普氛围空前浓厚；共举办了“影火虫乐园”等 5 场主题科普展览，开展“畅谈科学”科普讲座 10 场、科普秀演出 100 场、科学魔法课堂 40 节，接待观众超过 30 万人次；组织开展“科普进社区”“流动科普下基层”等全区性科普活动近百场；科普进校园活动全面实施，流动科技馆进校园、科普秀进校园、院士专家讲座进校园等活动深受好评；推进青少年创新创客教育，在 23 所中小学校中推动建立创新课程培训平台，推出“人工智能编程营”“机器人总动员”等 16 项不同种类的线上线下课程，授课超过 200 期，并组织全区队伍参加省、市机器人大赛并取得优异成绩。

第二节 龙岗区科技发展

一、科技产业发展

2018 年，龙岗区持续推进科技与产业融合发展。一是提升创新型产业质量。全年高新技术产业产值达 7902.33 亿元，同比增长 25.2%，占工业产值的 81.7%，产值规模全市第一；新七大战略性新兴产业增加值 2531.27 亿元，增长 23.8%，占 GDP 比重 59%。二是提高企业创新能力。5 亿元、3 亿元、规模以上大型工业企业研发机构覆盖率分别达 100%、83.6% 和 36.1%，超额完成深圳市考核指标。PCT 国际专利申请量 4476 件，占全市（以下“全市”指“深圳市”）28%。国内专利申请量 31825 件，增长 28.9%，占全市 15.7%，排名第三，其中发明专利申请量 8715 件，增长 17%，占全市 14%，排名第二。专利授权量 22339 件，增长 40%，占全市 15.9%，排名第三，其中发明专利授权量 4537 件，增长 4.6%，占全市 20.6%，排名第二。万人发明专利拥有量 128 件，专利绩效全市第二。

二、科技创新发展规划

2018 年，龙岗区持续加强科技创新发展规划。一是启动可持续发展议程创新示范区建设。先后征集四轮意见，推动区委区政府四次召集专题会议审议，编制印发《龙岗区落实深圳市国家可持续发展议程创新示范区建设工作方案（2018—2020 年）》。以“四大工程”“两大体系”为主线，全面实施 91 项攻坚措施及 115 项重点项目，相关建设成果在“深圳市可持续发展优秀成果展”获肯定。二是优化广深港澳科技创新走廊的龙岗布局。争取市级支持，新增宝龙科技城等 3 个创新节点，形成“4+2”重点片区全部纳入走廊规划，深港国际中心和深圳北理莫斯科大学等重大项目纳入省、市重点工程的良好局面。三是推动高新区与示范区“两区合一”建设。贯彻《深圳经济特区国家自主创新示范区条例》，依托政策支持，推进龙岗示范区建设。紧抓深圳高新区扩区机遇，争取坂雪岗科技城、宝龙科技城共 46.54 平方公里面积纳入深圳高新区扩区范畴，纳入面积全市第二。四是编制完成深圳国际大学园科技创新圈发展策略研究。2017 年启动课题研究以来，持续凸显国际大学园创新智核作用，推动校区、园区、社区“三区联动”发展，研究成果获龙岗区领导肯定。

三、科技基础设施布局

2018 年，龙岗区持续完善科技基础设施布局。一是落实“十大行动”计划。依托产业、空间、高校等优势，争取市级重大科技基础设施向龙岗布局倾斜，推进第 3 所诺贝尔奖科学家实验室落户。二是建设新型科研机构。一方面，多举措壮大存量，协同深圳龙岗智能视听研究院承办 AITech“极智未来”2018 国际智能科技峰会，支持香港中文大学（深圳）机器人与智能制造研究院举办中国工程院院士论坛等活动，帮助太空科技南方研究院申报国家、省、市科技计划项目 7 项。另一方面，多路径扩大增量，加强集成电路产业布局，与国家集成电路设计深圳产业化基地达成合作意向，正引入该基地 IC 测试验证中心和 IC 设计服务平台。三是打造创新平台体系。新增重点实验室、工程技术中心、产品检测中心等创新平台 10 家，累计 160 家。

四、高新技术企业队伍建设

2018 年，龙岗区持续壮大国家高新技术企业队伍。一是强化工作统筹，务求最大化合力。研究制定《2018 年国家高新技术企业培育认定工作方案》，明确年度指标及重点任务，分步骤推进相关工作。实施动态联系机制，依托街道、园区固定联络员及信息周报制度，即时掌握基层宣传发动、企业培训及申报情况。二是强化信息优势，实施精准化培育。协调区经促、统计、税务、市监等部门，加强信息共享和联动，深入分析比对全区商事主体信息库，从6万多家科技企业初步筛选6600家，纳入国高重点培育库。梳理“重点培育库在库企业”“待复核认定企业”“上年度未通过认定企业”三类重点培育对象，给予优先跟踪和发动，做到培育对象精准到位、认定工作有的放矢，极大提高工作效能。三是强化政策引导，开展常态化服务。坚持区、街、园三级联动，会同各街道及龙岗天安数码城、天安云谷等重点创新园区，组织30场国高政策宣讲座谈活动。编印国高宣传折页1.3万份，依托主流媒体、微信平台将国高政策广而告之，营造良好的舆论氛围。充分发挥行业协会、中介机构作用，为企业提供申报咨询和培训，助力更多优秀企业通过申报认定，享受税收等优惠政策，实现更好更快发展。全年分三批组织申报1423家企业，通过认定675家，总量达到1801家，居全市第四位。

五、打造科技服务体系

一是优化科技政策服务。根据龙岗区委区政府的部署和要求，2018年9月牵头启动编制《关于加强科技创新引领支撑高质量发展的若干措施（征求意见稿）》工作，推动区主要领导多次组织专题研究，现已完成三轮征求意见工作，拟作为2019年区委“一号文”印发实施。完善科技扶持政策，进一步扩大核准制和事后扶持政策比重，修订后拟设置5大类41项扶持项目，其中核准制31项，评审制10项；事后扶持35项，事前扶持6项。全年完成科技资金扶持4.7亿元。二是抓好人才团队服务。协助47人通过“深龙英才”认定，帮助33家企业申请创新创业团队资助8400万元，引进省、市创新创业团队10个，累计38个，居全市第二位，其中企业类团队32个，全市第一。三是实施精准科技服务。依托“众创龙岗”公众号，探索打造科技政策“今日头条”，第一时间向企业推送热点政策信息；升级“科技政策计算器”功能，精准匹配国家和省、市、区科技政策，充分发挥政策叠加效应，帮助企业做大做强。四是落实市区联动服务。协调深圳市科创委，为龙岗区企业给予国高奖补、创业资助、创客资助等扶持，帮助1084家国高企业落实奖补资金4800万元。

六、营造创新创业氛围

一是积极推动双创基地申报工作，2018年龙岗区获评省双创示范基地。二是牵头承办深创赛国内赛暨第二届“启迪杯”创新创业大赛龙岗区预选赛，征集项目644个，项目数居全市第二，其中4个项目晋级市总决赛，斩获企业组一等奖。三是组织70家优质企业参展第二十届高交会，收获优秀展示奖、优秀组织奖及17个优秀产品奖。四是精心组织全国双创周龙岗分会场，在8个活动点集中展示17场系列活动，柔宇科技、云天励飞、未来工场、光子晶体、中科水滴等五家龙岗企业入选成都主会场，数量居全市前列。五是推进基层科普工作，深入社区举办创新创业、低碳环保、安全生产、优生优育等一系列科普讲座，科普宣传覆盖面不断扩大。龙岗科普核心平台区科技馆于2018年5月开馆，吸引70多万市民群众前往参观。

第三节 福田区科技创新

一、科技创新概况

创新能力稳步提升，2018 年，我区高新技术产业增加值为 440.69 亿元，增速 10.8%，占 GDP 比重达到 11.7%，连续 17 个季度高于 GDP 增速。全区国家高新技术企业共 1263 家，其中规上高新技术企业 522 家。福田区专利申请数为 20971 件，同比增长 28.4%，其中发明专利申请数为 8004 件，同比增长 51.2%；专利授权数为 13232 件，同比增长 33.5%，其中发明专利授权数为 3010 件，同比增长 33.7%。福田区知识产权代理机构已增至 76 家，占深圳总数的 45%，全国知识产权服务品牌（培育）机构有 13 家。福田区还荣获国家知识产权服务业集聚发展示范区称号，是全国首家获此殊荣的区级政府。12 月，中国（南方）知识产权运营中心顺利通过国家知识产权局验收并揭牌。创新载体体系日益丰富，福田区现有国家级、省级、市级重点实验室、工程研究中心，技术研究中心、公共服务平台等各类创新载体 182 家，其中国家级共有 11 家，省级 54 家，市级 117 家，主要产业涉及电子信息、新材料、生命健康、先进制造、新能源、智能装备等领域。科技孵化器园区 4 家，国家级众创空间 10 家，市级以上众创空间 20 家。2018 年共孵化项目 1441 个，引入投资资金 12 亿元。初步形成创客空间、孵化器、科技园区有机结合的全要素孵化培育体系。双创活力持续激发，在深圳市十大专项行动的双创示范基地申报中，华强北双创示范基地以区域第一名的佳绩荣列首批十大双创示范基地。同时，福田区还获批全国“双创示范基地”，2018 年 5 月 3 日，在《对 2017 年落实有关重大政策措施真抓实干成效明显地方予以督查激励》一文中被国务院予以通报表彰。2018 年 11 月 26 日，“智慧福田”受国务院办公厅通报表扬。产业结构不断优化，充分发挥产业空间资源优势以及产业发展专项资金政策扶持的作用，顺利引进广东省科技厅重点推进项目“广东省南方量子科技协同创新研究院（暂定名）”及深圳市十大基础研究机构之一“深圳市合众清洁能源研究院”等创新平台。还引进了一批涉及“互联网 +”“人工智能”“生物医药”“金融科技”等行业领域的优质企业及项目 52 个。

二、推动深港科技创新合作区的建设发展

一是将合作区纳入市高新区扩区范围。深圳市召开会议研究高新区扩区相关工作，对全市范围内可供高新区拓展的空间进行梳理规整，推动深圳高新区形成一区多园新发展格局。福田区此前向深圳市报送的 16.48 平方公里中，河湾高新区 15 平方公里（含深港科技创新合作区深方科技园），梅彩片区 1.48 平方公里，已成功纳入深圳高新区扩区范围，深圳市高新区相关政策和优势将在该区域落实叠加。二是积极建设深港协同创新中心。充分利用深港创新合作区区位优势，引进高水准项目，目前已引进上市公司金地集团“深港科技创新（深圳）孵化器”项目；同时，利用各类创新平台引进优质创新资源，通过中以国际创新中心平台，引进 14 家国内外优秀企业创新项目，通过福田国家高技术产业创新中心，引进 10 家高成长企业项目。此外，为境外特别是香港的青年，提供创业孵化及政策指导的完备服务，重点引进涉及人工智能及新材料领域的项目企业 13 家。三是加快深港创新合作区载体建设。包括建设粤港澳大湾区国际医学医药基地，积极引进生物医药类高端优质企业项目，打造广田国际科技创新中心，重点引进科研机构、现代服务业、金融业、智能科技等高端产业，推进富裕仓储大厦升级，将积极引进深港两地创新型高校专业学院、产学研项目落户，高校产学研项目的

落地；四是加快合作区展示交流中心建设，2018 年底完成深港科技创新合作区展示交流中心装修工程。

三、打好科技创新攻坚战

在辖区 R&D 指数大幅增长方面，2017 年度福田 R&D 申报总数约为 77 亿元，同比增长 1.6 倍，国家统计部门最新反馈消息显示，福田区 2017 年全社会研发支出全年预计约有 40 亿元，同比增长超 70%，全社会研发支出占 GDP 比重 (%) 约 1.05%，增长约 60%。取得创新佳绩，主要因素一是加强政策引导。出台专项产业扶持政策，对辖区核定的年度 R&D 经费投入超过 50 万元的企业，按 10% 比例给予支持，最高 300 万元，且对新设立研发机构的 5 亿元以上工业企业，根据其设立研发机构给予一次性建设资金支持。二是加强组织培训。开展“福田区研发创新统计调查年报培训会”，根据 2018 年国家最新规定的 R&D 统计口径，对符合 R&D 统计范围的辖区规上企业进行动员，邀请国家统计局专家来到福田进行考察和实地指导。三是加强后勤保障。整理课件和培训资料，并制作相关填报样表提供给需要的企业，让企业简单、直接、高效地填写规范报表。

国高企业申报数再创新高。为完成新认定国家高新技术企业任务，福田区科技创新局针对福田区国家高新技术企业存量，安排专人提醒及督促企业申报，联系指导企业开展国家高新技术企业申报工作，确保申报质量。此外提供专项指导，如公开咨询热线及建立“福田区国高申报”QQ 群，安排专家“一对一”针对性地指导企业解决申请国家高新技术企业认定难题。同时，为提高企业积极性，组织召开多场国高企业认定培训会与国高申报材料预审会，积极宣传最新产业资金政策，为企业申报材料预先把关，提高申报通过率。

四、突出三大特色，展现福田产业新亮点

突出产业政策引导，增强科技创新后劲。一是调整产业发展专项资金政策，引导企业发展。对科技配套奖项细化分类，加大支持力度。在全市首个推出人工智能政策，发布《福田区支持新一代人工智能发展若干政策》，成为福田区“1+9+N”产业发展政策中 N 政策重要组成部分；加大对华强上步片区众创空间的配套力度及房租支持力度；加大发明专利支持力度；新增知识产权入股支持、国内有效发明专利年费奖励、海外创新园区支持、融资配套奖励等政策，共拨付资金 3.23 亿元，支持项目 745 个。二是落实人才激励政策，集聚人才资源。落实“福田英才荟”有关“创新创业人才载体引进”奖励政策，激发创新创业人才载体活力。二是推进政策申报指导和企业服务工作。对符合申请条件的 1027 家企业共发送 3300 多条政务短信通知，接到 800 多个咨询电话，共计为 300 多家企业提供了答疑及申报指导服务。目前共受理 170 家国家高新技术企业申请福田英才奖励，完成 162 家企业奖励拨款，拨付资金共计 4992 万元。三是出台低成本产业空间政策，力促转型升级。以产业空间供给侧改革为切入点，破除空间缺失限制，集聚创新资源，激发创新活力，推动华强上步片区创新发展。福田率全国之先，出台华强北片区低成本科技产业空间供给侧改革专项扶持政策。并运用 2018 年福田区产业大会平台，通过各媒体与公众号同步宣传，加强华强北上步片区对企业吸引力。

突出创新创业亮点，福田双创显成效。一是福田区双创示范基地受国务院表彰。2018 年 5 月 3 日，国务院办公厅在《对 2017 年落实有关重大政策措施真抓实干成效明显地方予以督查激励》一文中对福田区在推动双创政策落地、扶持双创支撑平台、构建双创发展生态等方面的成效予以表彰，并委托深圳市福田区影视艺术家协会拍摄约 5 分钟的高清影视宣传片，宣传福田区创新发展生态环境，扩大福田双创示范基地品牌影响力。二是低成本产业空间梳理进展顺利。福田区领导与科技局领导多次带队调研华强北，对华强上步片区产业空间进行梳理。5 月 18 日顺利开园营业的云创智谷，目前 40 余家中小微企业的签约实现了一期项目 100% 入驻。曼哈国际双创中心于 9 月 13 日正式揭牌，并于 10 月 24 日举行“智方舟”项目启航发布活动，入驻企业于 11 月 1 日进驻。此外，积极与赛格科技园对接，梳理出更多产业空间，促进华强北转

型升级。三是双创活动精彩纷呈。2018 年全国双创活动周于 10 月 9 日—15 日举行，为贯彻落实“大众创业、万众创新”国家战略，营造创客发展的开放、包容、活力创新生态链，福田区同期举办创客周系列活动，其中福田辖区举办市级活动 6 场，区级活动 6 场。福田组织了第十届中国深圳创新创业大赛（以下简称“深创赛”）福田区三场预选赛，分别为中国硬件创新创客大赛、成果转化双创赛、高校校友创新创业大赛。向深创赛市赛半决赛推送 95 个参赛项目，最终 21 个项目进入深创赛市赛半决赛。多家媒体对福田双创活动进行报道，营造了优良创新创业氛围。

突出发挥示范作用，构建知识产权良好生态。一是中国（南方）知识产权运营中心入驻 CFC, 打造福田新名片。2017 年，福田荣获国家知识产权服务业集聚发展示范区称号，成为全国首家获此殊荣区级政府。同年 12 月 22 日，国家知识产权局同意深圳市设立中国（南方）知识产权运营中心。该中心将承担国家知识产权运营公共服务平台金融创新试点平台建设任务、知识产权强企建设任务、高价值专利培育运营任务。二是举办高峰论坛，推动福田区知识产权迈向新台阶。2018(第二届）中国电子信息产业知识产权高峰论坛暨第 18 届信息技术领域专利态势发布会暨知识产权发展论坛，于 2018 年 4 月 10 日在福田区深圳会展中心举办。来自中国集成电路知识产权联盟和移动智能终端知识产权联盟的成员单位、电子信息行业企业、知识产权服务机构等近 200 名代表参加会议，助推福田区国家知识产权服务业集聚发展示范区建设。三是开展主题宣传活动，营造良好氛围。2018 年 4 月 26 日下午，以“保护知识产权，拒绝侵权盗版”为主题的 2018 深圳市福田区 4·26 世界知识产权日宣传活动在中心书城北广场举行。活动通过系列活动普及知识产权知识，倡导企业和市民保护知识产权，促进企业知识产权创新意识提高，营造良好营商环境。

五、采取多项举措，推进科技创新先行典范区创建

突出产业遴选项目，打造全球智能芯片创新中心。重点产业遴选项目全球智能芯片创新中心建设，致力于打造全球领先的集芯片设计、软件开发、整体解决方案为一体的研发与应用示范基地，促进高端芯片国产化，推动国家和深圳市集成电路行业高速发展。福田区科技创新局已将全球智能芯片创新中心项目报市发改委、规土委、科创委申请备案，并根据反馈意见优化完善了《全球智能芯片创新中心遴选方案》及《全球智能芯片中心产业发展监管协议》，目前已进入招拍挂程序。

跟进 Wi-Fi 建设，建设福田智慧城市。福田区科技创新局配合区政法委做好福田区新型智慧城市建设。加强已建 WIFI 网络维护，确保网络信息安全，保证网络顺畅运行，满足广大市民网络应用需求。与福田电信开展深度合作，开展提升福田区政府办公大楼无线局域网宽带速率改造工作，目前区政府办公大楼宽带改造工作已基本完成，切实保障了区政府办公大楼工作人员及外来办事人员网络需求。2018 年“华强北智慧商街”免费 Wi-Fi 月均流量达 3 万人次，微信公众号活跃粉丝约 2 万人。

提高园区质量，做好安全生产工作。开展科技园区调研，提升科技园区管理水平，以招商引资为重点，优化环境，推进特色产业园区建设；监督园区安全生产隐患排查工作，开展安全生产月专项活动，引导园区以安全环境促进产业健康有序发展。

做好调研服务，帮助企业健康发展。2018 年福田区科技创新局完成区领导挂点调研服务企业 41 家，收集企业简介和诉求，了解企业发展现状以及存在困难，掌握行业发展动态及行业共性问题，听取企业对福田社会经济建设建议，响应企业诉求，解决制约行业、企业发展的关键问题。

加强人才保障，助力打造人才高地。根据深圳市统一部署，依据“互联网 + 政务服务”评估指标体系，对权责清单系统进行自查并做好迎检工作，对网上申办业务不断升级，创新工作方式，做好产业人才租赁住房分配工作，受理 165 家企业申报，配租房源 358 套。出台相关政策，打造深圳首个香港科技人才公寓，打破深港两地区域壁垒，帮助企业吸引和留住人才。

履行科协职能，开创工作新局面。一是组织履职培训，团结广大科技工作者。福田区科技创新局主办福田区科协第二届委员会委员履职能力培训班，参加学员共 50 人，涵盖了行业协会、国家高技术企业、学校、检验检测、知识产权、高端资源等领域。二是加强载体建设，强化科普服务能力。科普 e 站进校园项目，通过线上线下向社会征集适合送入学校的项目，共向 29 家企业征集项目 74 个，其中 54 个项目通过专家评审，通过科普志愿者 e 站平台累计向学校输送项目 57 个，向皇岗小学、莲花小学、深圳市明德实验学校等输送科技类项目 52 个，其他类项目 5 个。政企共建特色科技馆，区科协与深圳赛格壹城科技有限公司共建“Skyland 未来科技馆”，并于 5 月 19 日举行签约仪式。为市民提供免费体验 Skyland 未来科技馆的机会，推动科技馆精品创育课程走进学校，走进社区。三是开展特色活动，提升市民科学素质。截至 10 月，区科协共开展市民科普游、科普进社区、VR 进校园、科幻电影荟、全国科技活动周等活动近 100 场，累计参与人数 4000 余人，有助于锻炼学生解决问题与情商表达能力，深受学生及市民喜爱。此外，福田区科技创新局运营的微信公众号“创科福田”已吸纳粉丝 19612 名，共推送科普类文章 358 篇，阅读总量达 112997 次。

第四节 南山区科技发展

一、科技创新成果

2018 年，“南山区打造‘两链一环’，全力构筑创新高地”的典型经验获国务院通报表扬，深圳市南山区被确定为以科技创新体制改革推动创新驱动发展典型，由广东省委办公厅进行专题调研，将可复制、可推广的经验做法上报中央财经委员会。

在高科技产业方面，2018 年，南山区腾讯、创维、研祥等 11 家企业入选 2018 中国企业 500 强，其中 9 家为高科技企业；大疆创新、蓝胖子、碳云智能、奥比中光、优必选 5 家企业入选“中国 AI50 榜单”；商汤集团成为继阿里云公司、百度公司、腾讯公司、科大讯飞之后的第五大国家人工智能开放创新平台；新增国家级高新技术企业 639 家，总数突破 3579 家，国内外上市企业 148 家。

在区域创新能力方面，2018 年南山区国内专利申请 60843 件，同比增长 6.23%，占全市 26.61%，其中发明专利申请量 31506 件，占比 51.78%，占全市 45%；国内专利授权量 32271 件，同比增长 31.24%，占全市 23.02%，其中发明专利授权量 8573 件，占 26.57%，同比增长 13.5%，占全市 40.2%；累计国内有效发明专利 50737 件，同比增长 10.19%，占全市 42.68%；每万人发明专利拥有量 356 件（按照 2017 年南山人口 142.46 万人计算）；1—12 月，PCT 国际专利申请量 7055 件，占全市 39.02%，占全国 12.8%。此外，南山区企业获得第十九届中国专利奖 36 项，占全市的 65.5%。深圳微芯生物科技有限责任公司、国民技术股份有限公司两家企业获中国专利金奖，占深圳获奖数 50%；腾讯科技（深圳）有限公司获中国外观设计金奖，为深圳市唯一获得该奖项的企业。

区域创新环境继续优化，截至 2018 年底，南山区众创空间（含孵化器、创客空间、创客服务平台等）245 家，孵化面积达 130 万平方米。其中国家级孵化器 10 家，占深圳市国家级孵化器（22 家）的 45.45%；国家级众创空间备案 54 家，占深圳市国家级众创空间备案（91 家）的 59.34%；省级众创空间试点单位 21 家，占深圳市（32 家）的 65.62%。

此外，3 家诺贝尔奖科学家实验室（中村修二激光显示实验室、格拉普斯研究院、盖姆石墨烯研究中心）落户南山，数量占全市 60%；中集智能化海洋装备及中德微纳两个制造业创新中心布局南山，数量占全市 40%。

二、科技创新扶持

2018 年，南山区修订完善科技创新分项资金实施细则，调整国内外发明专利资助政策，引导专利申请由“数量增长”向“质量提升”转变。新增军民融合产业支持计划，提升军民融合产业发展潜力。加强政策宣传，按流程进行项目申报受理，全年累计资助全年资助项目 3149 个，拨付资金 5.8 亿元，受资助企业 2150 家。扶持资金廉政风险防控，聘请第三方课题组作为调研与评估机构，评估近年来科技创新扶持资金政策及监管相关制度，进一步优化资金政策，强化资金监管。同时委托第三方机构对科技创新扶持资金进行绩效评估，建立了全面的绩效评价体系。

三、高新技术产业服务

鼓励企业加大研发投入，调整研发投入支持计划，增设大型工业企业创新能力培育提升及支持计划，对上一年度营收 3 亿元及以上并设立研发机构的工业企业给予研发投入支持。全年通过研发投入支持计划申报审核的企业有 727 家，拟资助金额 3.3 亿元。积极做好国家高新技术企业培育，全年共召开 6 场国家高新技术企业认定培训会，开展 10 场专家审阅辅导会，组织专家对 1095 家初次申报不通过的企业进行筛查，辅导 296 家企业进行复议。全年共有 2301 家企业申报国家高新技术企业认定，其中通过专家评审企业 1302 家，新增国高企业 639 家，按照市绩效考核评分标准，可得 100 分，排名第一。

四、军民融合建设

携手清华大学、北京航空航天大学、西北工业大学、北京理工大学四所高校驻深研究院共建学府军民融合产业园，重点引进和培育四所高校研究院自主科研成果项目、快响小组培育孵化项目、民间创新创业项目等。目前，国防科技创新快速响应小组及多个省部级重点实验室已入驻园区。陕西雷神智能，西安铂力特增材等优质民参军项目落户园区。加强市区联动，与深圳市国防科技工业办公室签订合作协议，共同推进军民融合创新示范基地建设。

五、产业空间

做好南山“智”系列的空间拓展及产业规划，到 2018 年底前，智园三期崇文园区可提供 23 万平方米的产业空间，重点用于布局人工智能、互联网、高校及科研机构和旧改片区的重点项目等；智园二期可提供 22 万平方米的产业空间，规划布局生物与生命健康、军民融合、新一代信息技术三大产业；加快推进南山智城的建设及设计工作，目前项目已正式动工，预计五年内可提供约 100 万平方米产业空间，重点用于布局新一代信息技术、人工智能、生物医药和大健康行业。积极探索与特建发集团的协同合作，依托创智云城的招商引资工作，拓展区内产业空间。

六、自主创新知识产权战略

2018 年南山区积极响应省市知识产权局的统一部署，多措并举、勇当尖兵，全面提升知识产权创造、运用、保护、管理和服务水平，顺利通过省知识产权服务业集聚发展试验区验收。调整国内外发明专利支持计划，引导企业从专利申请向专利授权转移，在保持专利数量稳定的基础上，全面提高专利创造质量。打造一站式知识产权综合服务平台，推动 100 家国内外企业和 50 家服务机构共同参与成立南山知识产权联盟 ,30 余位行业知识产权领军人才组成战略、维权、运营三个专家委员会。举办南山区第一届 G20 企业家峰会、中日知识产权高峰论坛、全国版权经纪人专业培训班等活动，邀请众多专家学者和实业代表为我区知识产权发展建言献策，共同打造开放、多元、融合、共生、协同、互利的知识产权运营生态体系。

七、创新资源

引进 ARM 中国总部项目落地南山，共建粤港澳大湾区集成电路公共创新设计平台，为企业提供一站式芯片设计赋能服务，降低集成电路产业研发成本的重复投入。支持商汤科技在南山区建立区域总部，抢占人工智能产业链最高端，巩固南山区科技创新在全国的旗帜地位。与南方科技大学合作共建深港微电子学院，为区域发展造就一批高水平、高质量的专业人才及科研人才，实现产学研协同创新，推动集成电路产业蓬勃发展。鹏城实验室落户南山，着力突破网络空间领域重大核心基础理论问题，在网络空间领域形成技术突袭力，培养顶尖科学精英，培育未来万亿级新兴产业。

八、创新生态

完善“1139”科技金融新模式，完成“南山科技金融在线平台”更新升级，以“数据驱动”为核心，建立更加体系化、科学化的评级指标，加强与金融及类金融机构合作，目前已有 43 家机构备案，全年“南山科技金融在线平台”贷款总规模超过 44 亿元，惠及 866 家次小微科技企业。实施孵化器和众创空间资助计划，为区内创客和中小科技企业提供较低成本、优良的创新创业空间和环境，截至年底南山区共有众创空间（含孵化器、创客空间、创客服务平台等）245 家，孵化面积 130 万平方米。成功举办创新南山 2018“创业之星”大赛，突破“单打独斗”模式，联合腾讯、正威国际等世界 500 强企业、深圳清华大学研究院海外创新中心等机构创新赛制，进一步“做强行业赛，做大海外赛”。

九、科普活动

举办“钱学森论坛”“国际技术转移峰会”“2018 年第二届中德合作创新粤港澳湾区城市论坛”等一批在国内外具有影响力的精品交流活动，培育“社区科普文化节”“科普大讲堂”“南山博士论坛”“中国科学与幻想原创作品大赛”等多个优秀科普品牌，优化科普工作社会环境，增强科普能力，开展各类科普教育宣传活动，促使全区公民科学文化素质得到提升。加强科普教育基地建设，截至 2018 年底，全区共有科普教育基地 33 家，年度接待人次约为 5 万人。

第五节 罗湖区科技发展

一、产业工作

2018 年，罗湖区国家高新技术企业新增 110 家，战略性新兴产业值增加 126 亿元，占 GDP 比重 5.5%，在深圳市相关考核排名第四，为历年最佳。

罗湖区从规划布局、空间拓展、道路建设、招商引资四个方面加快推进大梧桐新兴产业带建设。一是完善运行机制。全年召开工作会议 19 场，推进空间拓展及招商引资的 65 个议题，围绕“红岗国际创新广场建设、政府可控土地拓展、清水河片区交通建设、产业带招商引资”四大任务，形成 21 项重点工作。二是综合片区发展规划，产业定位聚焦。形成《清水河科创智慧城综合规划》《清水河交通枢纽规划及交通概念设计》《清水河环境提升规划研究》和《红岗国际创新广场开发导则》等研究成果；产业带纳入广深科技创新走廊创新节点，清水河片区被列入深圳市高新区扩区范围，清水河、东晓布心片区纳入全市新兴产业规划布局范围；2018 年 11 月 28 日深圳市政府正式授牌产业带“罗湖大梧桐新兴产业（人工智能、生命健康）集聚区”，清水河、东晓布心、莲塘三大片区分别布局为深圳市“人工智能产业基地”“生命健康产业基地”“互联网产业集聚区”。三是启动精准招商战略，引资取得成效。聚焦人工智能、生命健康产业，引进千万级战略性新兴企业 38 家，已集聚创新企业 234 家，构建金字塔产业生态；依托红岗国际创新广场规划，遴选上市公司产业项目，推动土地出让；对接创新资源，与港科大、香港中文大学、澳门大学、清华大学、北京大学、苏州纳米所等机构共建粤港澳大湾区人工智能产业研究院、人工智能产业公共服务平台与实验室，成立人工智能产业基金等。四是对接城市更新项目，拓展产业空间。建成进元大厦、中设广场、深业泰富等 9 个专业园区，建筑面积 68 万平方米 .，形成亿元楼，园区企业入驻率超 90%，人工智能产业园成为深圳首个专业人工智能产业园，中设广场打造智慧城市产业园，国威科技大厦及 IBC 广场投入使用；推动清水河中海绿色建筑研发基地城市更新项目落地；把关城市更新项目产业规划评审，并对相关案提出建议，形成合作趋势。五是强化土地整备，释放土地资源。清水河片区形成政府可控连片土地 32.36 万平方米，将由区政府统筹建设人工智能产业发展核心区。六是完善基础配套建设，提升交通与环境。加强交通建设，清五路、环仓南路正在建设；提升环境建设，完成清水河片区环境方案，实施区域环境提升项目。七是开展创新创业活动，集聚科创资源。启动第二届罗湖区大梧桐创新创业大赛，吸引参赛项目 404 个，在海内外分站赛举办投融资对接暨大赛推介会近 40 场，8 个项目在深圳市创新创业大赛行业决赛中获奖，其中两个囊获市团队组前两名，罗湖区科技创新局荣获“优秀组织机构”“优秀执行单位”称号；承办第四届中国人工智能大会，包括主旨报告大会 8 场、讲座 4 场、专题论坛 3 个，数千人到会；举办“双创先锋，智赢未来”双创成果展，开设人工智能双创高峰论坛；积极参与第二十届高交会，筛选 21 家企业和研究机构展示大梧桐新兴产业带建设在产业带规划、引进项目、前沿技术等方面的重大成果。

二、科技政策与企业服务

在科技政策方面，罗湖区发布《罗湖区落实深圳市国家可持续发展议程创新示范区建设行动方案（2018—2020 年）》等文件，修订并出台《罗湖区产业转型升级专项资金科技创新实施细则》，积极谋划推动全区科技创新产业转型升级。2018 年，罗湖区在创新载体、研发、国高培育等扶持项目中共拨付科技创新产业扶持资金 1.39 亿元，同比增长 26.3%。

科技企业服务方面，2018 年罗湖区科创局根据行业分类统筹，出台《罗湖区科技创新局企业服务工作方案》，将七大类重点战新企业（战略性新兴产业企业）纳入服务范围，将企业服务转为常态机制；为大梧桐新兴产业带及辖区科技龙头企业分配企业人才住房 144 套；为企业提供安全生产整改建议 100 余份；收集企业诉求及问题，多渠道为企业排忧解难。

三、科技展会

在第二十届高交会方面，罗湖区以“加快大梧桐新兴产业带建设，引领罗湖创新发展转型发展”为主题，筛选 18 家具有代表性的企业和研究机构展示人工智能最新技术产品成果，突出罗湖产业发展动态及重点方向，包括旷视科技华南总部人脸识别 AI 产品、榕亨集团智能交通执法记录仪、巨鼎医疗公司一站式银医通等。

2018 全国双创周深圳活动暨第四届深圳国际创客周开展期间，罗湖区科技创新局联合共青团罗湖区委员会举办“双创先锋，智赢未来”主题双创周系列活动，整合创新资源，促进优质企业集聚。活动设置标准展位 52 个，展示辖区人工智能领军企业、知名创投机构、创业项目的创新成果，内容包括罗湖区人民政府与科大讯飞股份有限公司的战略合作签约仪式。

罗湖辖区众创空间也在“双创周”推出精彩活动。2018 年 10 月 10 日，中科美城创客空间联合举办 2018 年全国双创周第二届粤港澳大湾区国际科技创客嘉年华暨“智能硬件科技成果展”活动，为人工智能企业搭建成长平台。2018 年 10 月 14 日，3D+ 创客汇举办“3D 赋能，创享无限”3D 建模及短视频商业应用交流会。

四、招商引资与园区建设

在招商引资方面，坚持大项目驱动，强化招商引资进程。一是建立重点意向企业库及依托红岗国际创新广场（一期）用地规划，对接上市公司主体重点产业项目，包括中金岭南、奥拓电子深圳恒力，其中百亿级企业 4 个、十亿级企业 5 个。目前，首批入驻重点产业项目初步确定。二是完善产业园区招商引资与企业布局。聚焦人工智能、生命健康、互联网信息技术产业，对接科大讯飞、中科虹霸等龙头企业，新引进企业 38 家，同步跟进产业链优质企业。三是引进创新型企业。2018 年新引进天珩通电子科技、易普森科技、北科瑞讯等 38 家创新企业。四是推进双创赛，并开展专项招商引资活动，吸引优秀创业团队落户发展。2018 年第二届双创大赛，罗湖区 8 个项目在市行业决赛获奖。其中，“基于人工智能技术的精准手术机器人”及“北醒光子”项目分别获市总决赛团队组第一、二名，团队组一等奖得主深圳科易外科技术有限公司已落户罗湖。五是对接香港科技大学与香港创新科技局，依托粤港澳大湾区，导入优秀资源，助力罗湖产业升级。

园区建设方面，清水河核心片区打造人工智能产业园，引进旷视科技、星火电子、柏星龙、道本科技等一批重点企业，并于 2018 年 10 月 12 日正式开园；与明泰润投资发展有限公司合作共建 IBC 科技产业园，针对高端商务需求项目开展引进工作；认定尚创峰孵化器，授予其“罗湖区港澳台侨青年创新创业实践基地”“尚创峰孵化器”称号；推荐广田智慧家及通商宝创客空间申报，并获得深圳市创客空间项目资助；计划对莲塘鹏基工业区转型升级，建设粤港澳产学研基地。全年新增产业园区、创客空间各 3 个。

五、科普工作

队伍建设方面，一是工作会议。1 月，区科协协助市科协举办 2018 年科普信息化落地应用培训及现场交流会；3 月，区科协主办深圳市科普信息化建设工作交流座谈会；4 月，区科协召开 2018 年科协科普工作交流会。二是科普教育基地建设。区科协联动辖区科普教育基地、社区开展“手拉手·结对子”活动，展办“我与深航零距离”航空科普、兰科植物成果展等系列活动。三是科普信息化试点建设。罗湖区科普 e 站试点新增 18 个，累计 26 个；10 月 10—12 日，广东省科普中国 e 站建设经验交流推广活动在罗湖举行；四是科普志愿者队伍建设。5 月 19 日，区科协组织 120 多人成立深圳市首支青少年科技教育科普志愿者队伍。

科普宣传方面，2018 年举办 130 多场科普活动，受众 100 万。包括 1 月 10 日，区科协邀请清华大学孙富春教授开展“人工智能与产业腾飞”专题讲座；5 月 19—26 日全国科技活动周期间，区科协以“科技创新，强国富民”为主题开展系列活动 78 场，受众 5 万余人；7 月 27 日，区科协邀请李德毅院士开展“人工智能—社会发展的加速器”专题讲座；9 月，区科协开展“创新引领时代，智慧点亮生活”全国科普日系列活动 24 场，受众 2 万余人；10 月 15 日，区科协在区委大楼举办“科学与中国”院士专家巡讲活动。

科技教育与竞赛方面，2018 年区科协在罗芳小学、罗外初中实验部和鹏兴实验学校开设青少年科技教育课程；4 月 25—26 日，2018 年罗湖区红领巾科技（兰花）社团科普活动在国家兰科中心举办；6 月 1 日，六一创客集市、环保游园会等科普系列活动在罗湖区青少年活动中心开展，8000 多名儿童共庆国际儿童节；6 月 23 日，组织辖区 168 名学生参加宝安区“2018 年深圳市中小学生航空航天竞赛”的 25 个项目，斩获 12 枚金牌，4 枚银牌，9 枚铜牌；7 月 17—20 日，“筑梦仙湖”2018 年罗湖区青少年科技夏令营在仙湖植物园举办；7 月 18 日，第十七届深圳市罗湖区少先队系列夏令营在罗湖区青少年活动中心开营，辖区 20 名学生和香港 25 名“童子军”参加；8 月 3—6 日，组织辖区学生参加第二十届“飞向北京 • 飞向太空”全国青少年航空航天模型竞赛总决赛，获 1 金 2 银 4 铜佳绩，奖牌数排全市第二；11 月 11 日，罗湖区中小学首届大创客节正式在罗湖翠园中学举行，5000 多名师生参加；11 月 17—18 日，组织辖区学生参加“第十四届深南电路杯航空（航天）模型公开赛”，获 1 金 1 铜佳绩。

科普交流和学术交流方面，3 月 12—16 日，区科协随市科协组团赴广西百色与河池开展对口帮扶工作；4 月 11—14 日，组织区教育局、团区委以及部分学校领导赴京，就区少年科学院筹建工作进行调研；4 月 26 日，参加市教育科学研究院、市科协主办的高中“新课标课程——STEAM 创客教育”研讨会；7 月 26 日，“2018 粤港澳大湾区暨云深科技联盟微生物学科学术研讨会”在仙湖植物园自然课堂举行；12 月 18 日，广西科学技术普及传播中心社长助理李雍一行 6 人到罗湖开展学习考察活动；12 月 25 日，天津市科协党组成员、副主席卢双盈一行 4 人到罗湖开展社区科普调研工作。

强科学知识传播方面，区科协向机关干部职工发送科普短信 40 余万条；区科协制作科普挂图近 800 幅，在辖区 15 处科普画廊宣传；11 月 23 日，罗湖“双周发布”科普专场——《带你发现罗湖的“秘密花园”》举行，截至 12 月 5 日，人民网图文直播吸引观众 20 万，腾讯弹窗推送曝光量达 15763446 次。

第六节 盐田区科技发展

一、持续完善创新创业生态环境

2018 年，盐田区深入贯彻习近平总书记在十三届全国人大一次会议广东代表团审议时的重要讲话精神，全面贯彻落实创新驱动发展战略，立足区域实际，聚焦特色产业，以“双创”契机推进高新技术产业发展。

2018 年，盐田区强化载体建设，培育产业集聚生态。遵循“政府主导、企业运营、市场运作”原则，采取“一园一策”模式，配合辖区精贸城、大百汇生命健康产业园等项目，落实《精茂城及入驻企业扶持措施》和《大百汇生命健康产业园及入驻企业扶持措施》。目前精贸城入驻商贸物流企业超过 60 家，成为辖区新兴商贸消费热点。联合大百汇生命健康产业园，引进“健康智谷”。该项目依托美年大健康每年 3000 万的体检人群和健康数据，整合空间集聚、产业投资和第三方专业服务资源，为生命健康产业创业者提供全链条服孵化服务。平台落地促进了园区招商，入驻企业近 60 家，逐步成为盐田区生命健康产业生态圈核心。

支持各类平台发展，服务辖区产业需求。创新建设模式，加快推进区政府和码隆、清华大学三方联合建设的工智能研究中心，并于 9 月 28 日正式挂牌。鼓励华大基因以建设深圳市十大基础研究机构为契机，强化创新优势，带动产业发展。截至 2018 年底，盐田区共为深圳华大生命科学研究院相关国家、省、市科技项目提供了 1829.87 万元配套资金，提升了研究院承担市级以上重大科技项目的积极性。

鼓励成果转化，人工智能技术落地提速。通过支持企业加大研发投入，加速技术转化，以码隆科技为代表的人工智能企业发展势头强劲。码隆科技正式和华为签署协议，利用自主开发的 ProductAI 视觉应用平台与华为全球领先的新 ICT 基础设施解决方案合作，打造商品识别新零售解决方案。清影医疗研发和推广加速，研发的宫颈液基细胞学智能辅助癌症诊断系统达到 AI 临床最前沿水平，可大幅提高诊断准确率及效率，减轻病理医生工作负担。

强化辅导与服务，国高企业增势保持。盐田区不断强化“政策”+“服务”能力，促进辖区国高企业增量提质。一方面借助专业力量，与市高新技术产业协会加强合作，对辖区入库企业和意愿申报国高的企业进行提前跟踪辅导。二是加大认定企业政策激励，对新国高企业给予一次性奖励。国高新增数量连续 3 年超 20%，2018 年共有 41 家企业提出国高认定申请，创国高申请数新高。

二、促进创新创业人才流动

强化人才政策支撑。出台《关于实施“人才强区”战略打造“梧桐人才”高地的若干措施》，打造“梧桐凤凰、梧桐工匠、梧桐青苗”三大人才工程。加大技能人才扶持力度，在全国首创黄金珠宝行业技能人才认定办法和评价体系，指导企业制定起版、压光、执模等专项职业能力评价标准。

狠抓政策落地兑现。根据《关于实施人才强区战略，打造“梧桐人才”高地的若干措施》相关实施细则，2018 年，共认定“梧桐凤凰”人才 236 人，其中 A 类 6 人，B 类 22 人，C 类 137 人，D 类 61 人，梧桐工匠 10 人，补贴金额 4523.62 万元。为新引进全日制本科及以上学历人员和归国留学人员共 631 人发放生活补贴 1268 万元。

重视技能人才培养。2018 年以来，区人力部门共组织各类培训 115 期，培训 5225 人。2018 年至今对华大基因学院、丰艺珠宝技能人才培养平台共给予 85 万元经费资助。与深圳技师学院合作建立技能人才培训基地，预计 2019 年培训黄金珠宝和物流行业技能人才超 180 人。

活跃人才工作氛围。按照人才工作三级联动要求，挂牌成立区级、社区、园区人才服务站，加快人才服务联络员队伍建设，创新搭建人才诉求 e 点通“网络 + 微信公众号”平台。支持盐田区高层次人才联谊会发展，成立海外留学归国人员协会，促进高层次人才交流互动，构建适应时代需求、人才发展的软环境。

三、拓宽创新创业融资渠道

强强联合，不断提升产业引导基金的撬动作用。目前，盐田区政府投资引导基金规模达 18.5 亿元，已审批子基金 3 支，认缴出资金额 11.75 亿元，3 支参股子基金总规模预计达 525 亿。其中深圳国调招商并购基金主要投向海外并购、国企混改、并购重组成长型企业；深圳市人才创新一号基金主要支持深圳市人才创新创业；国信深沃基金主要投向港口物流、消费文娱、生物科技新兴产业。此外，大百汇集团已与区政府、新华联集团、天亿集团等相关单位及企业达成合作意向，计划共同发起成立 20 亿元医疗产业基金。

银政合作，缓解成长性企业融资压力。根据《盐田区企业融资环境提升计划实施方案（试行）》，与 14 家银行和 2 家国有持牌融资担保公司合作，推出“初生贷”“成长贷”“知识产权质押贷”等产品。通过双向推荐企业，对符合条件的企业给予贴息，使得企业实际融资成本减半，通过给予金融机构融资服务补贴和企业利息担保费补贴，实现企业融资“成本”与“门槛”双降。

四、营造活跃创新创业氛围

一是聚焦营造生态，办好深创赛盐田区预选赛。2018 深创赛盐田区预选赛突出了四大特点。一是紧跟产业导向。紧密结合区政府 “全方位推动生命健康产业”和“培育壮大人工智能等新兴产业”的经济工作重点，集中力量举办专业赛事，其中 2018 年采取了人工智能赛和生物医药赛双赛并行方式。二是创新办赛模式。2018 年两项赛事的执行机构分别是来自市内外的两家产业园区运营服务单位。“创赛 + 园区”的模式为参赛及获奖队伍落地无缝对接，提高赛后项目落地率。三是深挖项目资源。将此次比赛作为发掘潜力项目，拓宽引智渠道的重要抓手。一方面广泛宣讲，另一方面联合高校、协会、联盟和投资机构，纵向吸引产业项目。最后创新激励模式。承接 2017 年首创的参赛奖 + 落户奖模式，进一步优化奖金结构，在参赛奖金不变的基础上，翻倍落户奖，提升对获奖项目落户的支持力度和吸引力。通过科学赛制和全方位服务，盐田区赛持续高水平。2018 年推送 15 个项目中，10 个进入市级行业决赛。

二是延伸产业链条，大力支持“中国创新创业大赛专业赛”在盐田举办。“第七届中国创新创业大赛大中小企业融通专业赛”是中国创新创业大赛中独立于地方赛和全国总决赛之外的六大专业赛之一。通过将赛事引入盐田区举办，一方面借助中国创新创业大赛平台资源，为盐田区营商和双创环境进行全国宣传；另一方面，通过赛事选拔以及落地政策对接，推动一批技术过硬且被市场认可的项目落户盐田区。

五、大力推动推进知识产权保护

一是加大知识产权保护政策扶持力度。在 2017 年推出的《盐田区关于提升企业竞争力和促进科技创新若干措施》，在资助申请专利、资助知识产权优势企业、奖励各级专利奖、资助知识产权服务机构、鼓励知识产权维权、资助计算机软件著作权登记等方面，提供了奖励覆盖广、力度大的支持。2018 年拨付区产业发展资金 60.4 万元，对辖区 26 家企业共 29 个知识产权项目进行资助。其中，56.5 万元资助专利项目 21 个，3.9 万元资助计算机软件著作权登记项目 8 个。二是开展打击假冒伪劣专项行动。2018 年，总共出动执法人员 83 名，检查各类门店商铺及企业 47 家。三是制定知识产权执法维权方案。盐田市场监管局为贯彻落实最严格知识产权保护精神，印发《盐田局 2018 年知识产权执法维权“护航”“雷霆”专项行动实施方案》，全年查办专利案件 6 宗及商标案 2 宗。

第七节 光明区科技发展

一、高新技术产业发展

2018 年，光明区开展了国高认定“四个全覆盖”工作，超额完成市级考核任务。通过“四个全覆盖”（潜力企业摸底与入库培育全覆盖、政策宣讲与企业发动全覆盖、认定辅导与模拟打分全覆盖、复审激励与复审辅导全覆盖）工作，光明区 2019 年国高企业数量增至 987 家，较 2018 年增加 372 家，增幅达 60.6%，居全市第一。

2018 年，光明区通过谋划布局新材料（石墨烯）、人工智能、新一代信息技术等产业，引入重点项目和行业龙头企业，各类科技创新平台达 77 个，其中国家级 3 个（含 1 个国家级企业技术中心及 2 个国家地方联合工程实验室），省级 34 个（含 1 个省级重点实验室、2 个省级工程实验室、31 个省级工程技术中心）。目前，光明区 5 亿元以上大型工业企业建立研发机构 54 家，覆盖率 100%。

光明已经形成以新一代信息技术、新材料、生物医药为代表的高新技术产业链，拥有华星光电、贝特瑞、欣旺达、星源材质、卫光生物等一批代表性科技企业。

二、创新载体建设

光明区充分发挥众创空间、孵化器、留创园的促进作用，打造创新创业良好发展平台，发掘和培育创新资源，建设便利、多元、开放的创新型产业和各具特色的众创空间，促进孵化和创新的科技成果转化。

截至 2018 年，全区共区级认定众创空间 16 家，总面积约 2.2 万平方米，在孵企业 101 家，创业团队 57 个，实现产业化项目 15 个，已申请专利 75 个，孵化项目获得 9170 万元融资。完成了招商局光明科技园科技企业加速器、金新农生物产业创新孵化基地、深圳光明居家服饰创意谷科技企业孵化器、深圳光明 - 微软云暨移动应用孵化平台和光明区留学人员创业园 5 个市级孵化器建设。

其中招商局光明科技园科技企业加速器入驻企业 102 家，其中规上企业 22 家；金新农生物产业创新孵化基地、光明居家服饰创意谷科技企业孵化器、光明 - 微软云暨移动应用孵化平台共入驻企业 50 家；留学人员创业园共入驻 62 个创业项目，其中海归项目占 75%，在孵海归项目占比 63.3%。

三、科技活动

2018 年光明各创客空间已累计开展 59 多场各类型科技型创新创业主题活动，并通过创新创业大赛、创新创业大讲堂、项目融资路演、科技创新合作论坛、双创周等手段，带动众创空间共同打造光明区创新创业新高地。

第二届光明区创新创业大赛于 2018 年 2 月开展，历时五个月，吸引区 10 个众创空间、几十个合作投资与科技服务机构、各行企业参赛。共吸引 378 个项目参赛，其中深圳本地项目 279 个（光明项目 78 个），外地项目 99 个，本届报名总量同比增长 47.6%，位于深圳市前列。

此外，创赛共邀请 26 家投资机构的 44 位创投专家和 3 位技术专家担任评委。比赛历经初赛、行业赛、总决赛，分别评选出企业组和团队组前三等奖，行业决赛后共有 41 个项目进入深圳市半决赛，14 家企业晋级“深创赛”行业决赛，1 家企业晋级总决赛，4 个项目成功晋级“国赛”总决赛。

四、高交会

光明区科技创新局携卫光生物、兰度生物、东盈讯达等 14 家高新技术企业参展，并动员华星光电、上泰生物等 31 家企业以独立或组团等方式参展。45 家企业总参展面积达 1000 平方米，参展产品 200 余种，均创历史新高。

第八节 坪山区科技创新

一、高新技术产业发展

2018 年，坪山区在高新区建设、布局创新平台、营造创新氛围、强化创新服务、优化创新政策等方面持续发力，加快打造东部创新高地和科技、产业创新中心，科技创新工作取得新成效。

高新技术企业产值 1025.45 亿元，占规模以上工业企业总产值 64.6%；高新技术企业累计达 370 家（新增 113 家），增长 43.97%；新认定科技型中小微企业 279 家；新增科技行业高端创新创业人才 86 人（新增院士 5 人，增长 83.3%，新增中组部专家 3 人，增长 37.5%，新增孔雀团队 2 个，增长 200%），分别是 2017 年、2016 年的 1.7 倍、2.9 倍；省、市级以上创新平台累计 47 个，新增 2 个；孵化器、创客空间累计 8 个，其中，三和创客空间被评为广东省优秀（A 级）众创空间；专利授权总量、申请总量分别增长 43.9% 和 14.3%，全区有效发明专利增长 18.2%。

二、建设坪山高新区

一是完成了《深圳高新区（坪山园区）综合发展规划》《深圳高新区（坪山园区）产业发展规划》《深圳高新区（坪山园区）空间规划》等编制工作，相关成果纳入《深圳市开发区总体发展规划（2017—2030）》。二是推进坪山高新区机制体制建设，协助市级主管部门推进深圳高新区扩区事宜，加强市区联动和委区共建，对接科技产业项目，促进坪山区高新技术产业快速健康发展。

三、布局创新平台

一是以坪山高新区为依托，围绕三大主导产业开展科学研究和产学研合作。在坪山高新区布局坪山大学园，深圳技术大学将开展深度产教融合、校企合作。同时，与香港大学探索共建临床实验中心，与澳大利亚莫纳什大学合作建设国际技术转化中心。二是大力引进与主导产业配套的公共技术平台，促进科研技术转移转化。北理工电动车辆国家工程实验室、华因康生命科学技术创新平台、深圳多肽靶向研究院、深圳市瑞普逊干细胞再生医学研究院等落地坪山；中欧、中以创新中心等转移转化平台正式运作；坪山区生物医药与医疗器械公共服务平台项目整体立项，并推进实施一致性评价中心建设；与萨米国际医疗中心筹划共建生物产业基础公共服务平台；大力引进中国医学院实验动物研究所、北大深圳健康研究院、第三方药事服务机构亦弘商学院等平台型机构。

四、营造创新氛围

一是搭建国际化互动交流合作平台，推动优质团队及项目落户。完成深创赛第二届国际赛、第三届坪山麒麟杯创新创业大赛、北航 - 北理工全球创新创业大赛粤港澳大湾区总决赛、第二十届中国国际高新技术成果交易会坪山参展、2018 年国家生物产业基地生命健康产业高峰论坛、第二届深港澳国际青年创新创业交流等 30 多场活动，促进政产学研用紧密结合。其中，2018 年中国（深圳）创新创业大赛第二届国际赛，坪山区推荐的以色列 CorNeat Vision 项目摘得总决赛桂冠，吸引 6 个项目落户坪山。二是深入开展科普工作，打造坪山“科普示范”样板。初步制定“坪山区科普教育基地”的认定和管理办法，开设线上“坪山科普专栏”，举办“科普进社区”“科普进学校”等 12 场主题活动，不断丰富民众科普知识，提升全区科学素养。

五、创新服务

一是强化人才服务。以产业发展需求为目标，“走出去”招才引智，实施“以才引才”“以房引才”，全力引进和培育具有行业领先、重大原始创新能力、重大技术研发能力的高端人才（孙勇奎院士成为坪山区引进的第一位经市人才部门认定的全职院士），同时组织开展高端人才座谈交流、学术研究、会议会务和人才餐叙等活动，发挥人才智库作用，完善人才服务体系。二是强化科技金融服务。编制《深圳市坪山区科技金融扶持办法》，促进科技和金融融合，驱动科技型企业发展。以政府投资 3 亿元撬动 51 亿元社会资本，设立远致富海、仙瞳医疗等 4 支科技产业基金，累计投资金额 58396 万元。同时联合浦发银行开设深圳市首个“科技资助补贴贷款”，为即将获得政府政策扶持的初创企业提供等额贷款。三是强化高科技企业服务。实施国高企业培育计划，委托第三方专业机构为企业提供政策解读、申报协助、人员培育等服务，支持企业加强基础研究及核心技术攻关。截至目前，累计发放科技专项扶持资金 19800 万元，共 235 家企业、366 个项目获得扶持，10 余家企业获得国家、省、市专利或科学技术大奖，全区企业研发实力增强。四是强化创新空间服务。编制出台社区厂房改造升级指导意见，指导各街道加快释放产业空间。推动坪山创新广场、中城生命科学园等科技产业用房对外租赁。

六、优化创新政策

一是深化科技体制机制改革，编制出台《坪山区新型研发机构遴选和资助办法》《坪山区加快推进孵化器建设的实施意见》《坪山区重大科技创新项目研究决策机制实施细则》，修订完善《深圳市坪山区关于加快科技创新发展的若干措施的实施办法的操作细则》及其配套文件，持续完善科技创新政策。二是完善企业服务体系，建立坪山区科技创新专项资金申报系统，成立坪山区科技顾问委员会，提高政府服务能力，提升服务效率。

第九节 龙华区科技发展

一、高新技术产业发展

2018 年，龙华区新增国高企业 492 家，国高企业总量达 2234 家，总数和增量继续保持全市第三。全社会研发投入持续提高。2017 年龙华区研发投入占 GDP 比重 2.51%，同比增长 17.8%。新兴产业增加值占 GDP 比重 41.5%，考核成绩居深圳市第二。

二、科技创新政策制定

印发实施《深圳市龙华区科技创新专项资金实施细则》及其配套操作规程，全面完善和升级辖区科技创新政策体系，从配套扶持、房租补贴、研发投入激励等方面对企业、人才和团队创业进行扶持，2018 年共发放专项资金 2.9862 亿元。

三、创新载体建设

2018 年全年新增国家地方联合工程研究中心 1 家、省级工程中心 10 家、区级重点实验室 4 家、工程中心 2 家。新增省级众创空间 2 家，市级孵化器 3 家、众创空间 3 家、创客服务平台 3 家，区级加速器 1 家、孵化器 2 家、众创空间 1 家，共拥有多层次科技创新孵化载体 65 家，其中国家级 5 家、省级 2 家、市级 27 家、区级 31 家。此外，《龙华区产业发展专项资金产业园区分项实施细则》正在修订中，计划从配套资助、房租补贴及考核奖励等多方面对孵化载体给予扶持。

四、人才团队引进

创新人才引进与培育力度加大。新增省市创新创业团队 6 个，累计引进省市创新创业团队 19 个。共受理人才团队创业扶持项目申报 186 宗，已完成约 2050 万元人才及团队创业专项资金拨付。

五、基础研究机构引进

引进深圳数字生命研究院等 3 家市新设基础研究机构。其中，深圳数字生命研究院、深圳第三代半导体研究院已落户龙华，深圳计算科学院研究院正办理落户相关手续，深圳人工智能与数据科学研究院已完成事业单位法人登记注册手续。德国莱茵深圳物联网技术评估中心已揭牌并投入运营。在科技部火炬中心指导下成立的凯豪达氢能源与澳大利亚新南威士大学氢能联合实验室也于 2018 年 11 月挂牌成立。另外，积极对接中国工程物理研究院北京计算科学中心、哈尔滨工业大学、大连理工大学、富士康科技集团等 20 余家高校、科研院所、大型企业，推动其在龙华区设立研发机构。

六、科技产业空间规划

全力推进梅观科技创新走廊产业发展规划编制。积极对接粤港澳大湾区、广深科技创新走廊等重大战略，依托对深圳战新产业企业及项目库、高校科研项目库等多维数据分析，系统梳理深圳、香港、东莞等梅观沿线创新资源，明确了梅观科技创新走廊积极打造“AI+IBM+X”产业格局（AI 指人工智能，包括技术层、物联网、智能医疗、大数据、云计算、智能硬件、智能汽车、金融科技。I 即 ICT，指电子信息，包括集成电路、新型显示、新型元器件、5G 通信。B 即 BT，指生物科技，相当于生物医药，包括精准医疗、医药、医学工程。M 即 IM，指智能制造，包括机器人、智能装备、工业互联网、增材制造。X 指前沿产业，包括石墨烯、燃料电池、量子计算与量子通信）。

推进深圳高新区扩容工作。对接深圳市科创委，争取将九龙山智能科技城、福民创新园、观澜高新园等片区纳入深圳高新区扩区龙华园区范围。

七、科技企业服务

2018年，通过举办“创客专项资金项目申报辅导宣讲会”“龙华区惠企政策宣讲活动”等政策宣讲活动及“2018年国家高新技术企业申报专题培训会”，介绍龙华区国高发展趋势、最新优惠政策等。

通过实施科技金融政策，有效降低企业融资成本，解决中小科技企业融资难、融资贵的问题，助力中小企业快速发展。2018年，科技金融扶持项目备案企业31家，备案放贷金额1.4亿元，增幅76%。

八、科技展会工作

认真参加第二十届高交会，展会期间，组织龙华区24家企业、10家园区（载体）组团集中参展，动员98家企业、园区独立参展，参展规模为历年之最。龙华区获得本届高交会组委会颁发的“优秀组织奖”“优秀展示奖”，11家企业产品获得高交会组委会颁发“优秀产品奖”。

举办第十届中国深圳创新创业大赛龙华区预选赛暨第二届龙华区创新创业大赛。吸引369个项目参加龙华双创赛，参赛项目增长率及获奖率均为全市第二。总决赛项目晋级率和获奖数量居全市第一，并获得深圳市科创委颁发的优秀组织单位及优秀执行单位。

广泛开展各类创新创业活动，2018年共有24个项目成功备案创新创业活动。在科技部火炬高技术产业开发中心的指导和支持下，由第三代半导体产业技术创新战略联盟和龙华区人民政府联合主办的第七届中国创新创业大赛国际第三代半导体专业赛国际赛区及南部赛区圆满举行。

九、科普工作

重点围绕“专题性科普活动”“园区科普品牌活动”“科技资源科普开放活动”“市科普教育基地开放活动”和“青少年科技创新大赛”五个主题，有针对性地举办了19场科普活动，辐射6个街道、5个园区、4个市科普教育基地及3个创新载体，打造出具有龙华特色的科普品牌活动。

第十节 大鹏新区科技发展

一、科技创新驱动发展

2018 年，大鹏新区围绕“三岛一区”和国际生物谷建设，加快实施创新驱动发展战略，推动科研载体建设和成果转化，促进战略性新兴产业发展。深圳国际生物谷坝光核心启动区等重点片区改造建设稳步推进。国家基因库、中国农业科学院深圳农业基因组研究所、广东海洋大学深圳研究院等创新机构日益壮大。生命科学产业园、海洋生物产业园等创新创业孵化平台加快建设。一批优秀团队、项目获得国家自然科学奖二等奖、深圳市技术发明奖一等奖、何梁何利基金科学与技术进步奖等表彰奖励。

在专利申请与授权方面，2018 年大鹏新区高新技术产业集中在电子信息和新能源、新材料领域，海洋、生物、生命健康产业加速发展。2018 年专利申请量 681 件，其中发明专利申请 311 件，实用新型专利申请 322 件，外观设计专利申请 48 件；专利授权量 371 件，其中发明专利授权 63 件，实用新型专利授权 253 件，外观设计专利授权 55 件；PCT 申请量 13 件。与 2017 年相比，专利申请量增长 53%，专利授权量增长 102.7%，发明专利申请量增长 96.8%，发明专利授权量增长了 110%。

在科技基础设施方面，2018 年国际生命科技中心项目动工建设，深圳首个海洋渔业领域院士工作站落户新区，1 家诺奖实验室通过市级专家评审，中国农业科学院深圳农业基因组研究所建设的农业部农业基因数据分析重点实验室通过试运行考核。

2018 年，大鹏新区继续加强高新技术企业培育，引入专业机构为辖区企业申请高新认定等提供咨询及辅导服务，通过宣讲高新技术产业政策，对申报企业提供个性化辅导，提高企业高新申报通过率。全年有 13 家企业通过国家高新技术企业认定，平均通过率连续六年全市第一，全区国高企业达 33 家。生物与新医药领域国家高新技术企业占比从 2015 年的 16% 提升至 2018 年的 36.4%，实现了 5 亿以上工业企业研发机构全覆盖，规上工业企业研发机构覆盖率由 2016 年的 16.7% 提升至 2018 年的 52.38%，初步实现结构优化。同时，新区创新载体数量大幅增长，现有创新载体 23 个，包含核电安全监控技术与装备国家重点实验室在内的市级以上重点实验室、工程中心、公共技术服务平台、工程实验室、技术中心、孵化器、重大科技基础设施等，较新区成立时增长 187.5%。其中重点实验室 4 个、工程中心 8 个、公共技术服务平台 1 个、技术中心 2 个、工程实验室 5 个、科技孵化器 2 个、国家级重大基础设施（深圳国家基因库）1 个；另外，区内有 2 家重要科研单位（中国农业科学院深圳生物育种创新研究院及中国水产科学研究院南海水产研究所）。年内举办多场政策解读会和知识产权培训讲座，引导企业加强自主创新。同时，搭建参展平台推广高新企业，充分利用深圳生物展、高交会等展会平台，组织高新企业参展，创造交流合作，推广技术和产品的机会。拥有 12 家生物与新医药领域企业，占国家高新技术企业总数超过三分之一，初步实现产业结构优化提升。

在科技研发方面，大鹏新区通过科技扶持政策，2018 年共扶持 49 个科技项目，扶持金额达 1800 多万元，着重支持海洋、生物、生命健康、新能源和新材料等领域，引导企业加大研发投入，提升自主创新能力，促进新区海洋、生物等战略性新兴产业发展，鼓励创新创业。新区多个科技项目、团队获得表彰奖励，深圳中兴新材技术股份有限公司凭借“一种聚丙烯微孔膜的制备方法及其应用”获得 2017 年度深圳市技术发明奖一等奖。黄三文同志获 2018 年度何梁何利基金科学与技术进步奖（生命科学奖），其团队“黄瓜基因组和重要农艺形状基因研究”荣获 2018 年度国家自然科学奖二等奖。

二、第二十届高交会

2018 年，组织大鹏新区 15 家优质企业和科研机构组成展团，携 40 多件高新技术产品参加第 20 届高交会。参展团在展示方式和手法上积极创新，展台设计以“科技 + 生命、生物、海洋”为主题，突出运用声、光、电相结合的全息幻影成像、AR 及 VR、透明 LED 屏、顶部四周投影等高科技手段，实现“体验式”“互动式”的体验效果，吸引众多市民和业内人士互动交流。大鹏新区党工委委员、管委会副主任刘峰同志、尹承云同志（挂职）到大鹏新区展区参观交流，感受大鹏新区高新技术产业发展新面貌。

高交会展况是新区高新技术产业发展的缩影。作为“生态特区”，大鹏新区从诞生之日起就被市委市政府赋予了“生态岛、生物岛、生命岛和世界级滨海生态旅游度假区”的发展定位，在“十三五”规划和产业导向目录中，明确了未来的产业布局，聚焦于生物、生命健康、新能源等战略性新兴产业，大力发展海洋产业和现代农业。到 2020 年，将形成以绿色低碳为导向，以战略性新兴产业、清洁能源产业为支撑，以海洋产业为特色的现代产业布局体系。

三、信息化建设

2018 年，加快推进新区通信基础设施建设，加强通信保障能力。大鹏新区政务光纤主干网络项目基本建成，覆盖新区 - 街道办 - 社区，可满足未来 5 年网络需求。继续开展重点公共场所免费无线局域网建设，现已覆盖行政办事大厅、公立医院、重点产业园区、文体场馆、旅游景区、交通枢纽、市政公园、社区公园、社区工作站、大型商业街圈等 139 个重点公益性公共场所。组织开展首次市区联动通信保障突发事件“双盲”演练，检验了市区两级通信应急保障力量的协同处置能力，及属地应急通信处置队伍响应的时效性和先期处置能力。组织开展了新区主干道网络信号优化工作，提升了新区通信质量。

三、科普工作

2018 年，大鹏新区科普工作成效显著。科普活动形式多样，邀请了专业的志愿老师，根据不同主题设计学习任务及游戏等体验项目，服务新区 7 所中小学及大鹏下沙、南澳、南隆、南渔等多个居民社区，通过科普手册分发，普及了昆虫与人类生活相关知识。科普画廊则覆盖了葵丰、土洋、坝光、高源等 11 个社区。2018 年“行知科普·游学大鹏”项目系列主题活动开展了 5 场走进社区、校园、企业以及“走出去”（参观国家基因库仙湖植物活体库和深圳市野生动物救护中心）等活动。活动内容涉及核电科普、农业基因组学、生命科学 、无人机、人工智能、野生动植物保护、天文观测等主题，拓展了新区青少年的科普新视野。科普注重社区服务，举办了首届社区科普嘉年华，定期更新社区科普画廊及科普手册，打造立体科普宣传体系。

5 场科普主题系列活动在深圳晶报、深圳商报、深圳特区报、深圳新闻网、深圳广电集团公共频道、深圳侨报等多家媒体同步报道，并在今日头条、网易、南方网、读创、晶报 APP 等网络新媒体传播，得到较好的社会反馈。其中，2018 年首场全国科普日暨大鹏新区首届社区科普嘉年华活动通过新媒体平台直播，提升了居民科普体验的同时，搭建了新区自然科普体验教育新平台，获得中国科协通报肯定。

第七章 科技服务体系

Technology Service System

第一节 政策咨询与服务机构

第二节 科技交流

第三节 科技推广

第四节 科技社会组织

第一节 政策咨询与服务机构

一、深圳市科技专家委员会

（一）机构职能

深圳市科技专家委员会（以下简称“专家委”）是深圳市人民政府于 1996 年批准成立，是由深圳市具有较高科学技术水平、丰富的实践经验并具备开拓创新精神的科学技术工作者所组成的市政府的科学技术咨询评议机构。深圳市科技专家委员会办公室(加挂“深圳市技术引进咨询评议委员会办公室”的牌子)为专家委的常设办事机构。2009 年政府机构改革前隶属深圳市科技和信息局管理，现在是深圳市科学技术协会直属具有独立法人资格的事业单位，属财政全额拨款单位。

主要职能：专家委办公室下设三个部，分别为综合部、评审部和联络部。接受市政府及有关部门的委托，对政府中长期科学技术研究发展规划、计划的制定；重大科技项目的立项；重大科技成果评价提供咨询、论证和建议。对深圳市高新技术产业发展战略、方针、政策、法规、办法等提出咨询建议，参与政府科技资源配置的评审工作。对深圳市科技改革、科研机构设置、调整，科技人才引进和培养，国内外科技交流活动和开展国际合作等工作提出咨询建议。

（二）科技工作

1. 承担各类科技项目的评审

受深圳市科协委托，组织专家完成了 2018 年深圳市青年科技奖评审、2018 年院士专家工作站的评审；受盐田区经促局和发改局、龙华区科创局、龙岗区科创局、宝安区科创局、深圳市人力资源和社会保障局的委托，组织专家对多批次科技项目进行了评审，并邀请专家参加市人社局修订的《深圳市海外高层次人才评审办法》（2018 年修订）论证会；受江苏省组织部的邀请，带领深圳专家前往南京市参加江苏省委组织部举办的人才工程评审；受福建省晋江市委人才办的邀请，组织深圳专家赴福建晋江进行晋江市第四批高层次人才“海峡计划”创业团队项目的评审。截至 2018 年 11 月 7 日，深圳市科技专家委员会办公室共组织了 37 批次，邀请专家 826 人次，对 2795 个项目进行了评审。

2. 开展专家学术交流活动

2018 年通过公开征集，专家办共受理承办专家学术活动相关单位申请 28 项，经过专家评审共确定 6 项。专家学术活动围绕人工智能、区块链、生物医学工程等产业和技术热点，结合粤港澳大湾区的区位、人才、产业的优势，探讨深圳市高新技术产业的发展，受到了社会的高度关注。目前活动悉举行完毕，共召开研讨会 4 次，沙龙 2 次，邀请学术活动的演讲嘉宾近 30 人，吸引各界专家学者 600 多人。

3. 开展科技智库工作

依托市科技专家库，邀请专家对市科协委托的“放射性碘 125 粒子植入治疗前列腺癌”及“薄益森：精准营养系列”项目进行了专家论证；受深圳市驻京办首次委托，对 3 个人才引进项目进行论证，为政府科学性决策提供了有力保证，取得了相关领导一致好评；组织市科协决策咨询专门委员会开展调研、咨询活动；依托市科技专家库，为市人才办、市科技交流中心推荐专家、人才 3 批次超过 50 人次。

二、《深圳特区科技》杂志社

（一）概况

《深圳特区科技》杂志于 1984 年创刊，是由深圳市科学技术协会主管，经国家新闻出版署正式批准，国内外公开发行的科技杂志。杂志以每月面向全国发行 5 万册，读者涵盖企业创始人、经营者及投资者，以报道特区科技事业成就、科技工作动态、科技成果转化等为主要内容，突出介绍港澳台及海外科技发展新进展，对促进科技交流合作具有重要意义。

（二）科技工作

2018年，杂志社全年累计出版7期《深圳特区科技》专刊，着重阐述了深圳战略新兴产业概貌，内容涵盖互联网、新能源、新材料、新一代信息技术以及创新人才等多个领域，从侧面记录深圳科技产业发展的轨迹。

同年，杂志社承编出版《深圳科技年鉴》（2018年版），汇编深圳市全年度科技系统的重要统计数据以及权威报告，为政府部门及科研单位决策提供参考依据，是反映深圳科技事业发展变化的综合性史料文献和参考书。同年，杂志社编辑出版《第20届中国国际高新技术成果交易会》导刊，为参展部门和单位提供权威参展项目信息及最新展会动态。

同期，编辑制作《深圳科协》（双月刊）及《企业科协》书籍刊物，聚焦各事业单位科技发展前沿资讯动态，为科技创新发展开拓借鉴学习与信息共享的平台。

其中，《深圳科协》（双月刊）全年共出版6期，内容围绕深圳科技创新发展为中心主题，追踪深圳科协及各学会、协会、科普基地、科技行业领军企业最新动态，第一时间汇集一手科普活动资讯信息，同时关注国内各地科普政策，为关注科普工作的读者带来较全面、深度的科普新闻报道和政策解读。

《企业科协》专刊全年共出版4期，以深圳企业科技工作为中心主题，介绍企业科协建设方面的政策动态、深圳市企业科协的工作进展、行业领军科协企业优秀经验，以及其他地区开展此项工作的优秀典范，供广大科技工作者参考阅读，对推动企业科协开展交流，促进科协系统各学会、协会、研究会与科技企业进行信息共享与协作具有重要影响。

此外，受深圳深圳市科协委托，全年共制作4期科普长廊，用于市科学馆门口橱窗展示，助力科普发展，得到市民广泛好评。

（三）科普活动

2018年《深圳特区科技》杂志社承办“科普进社区、进校园、进工业园区”系列活动共计23场。活动通过展览、体验、实操等形式，让社区居民和中小学生切身体会科普知识在生活和学习中的运用，引领市民了解科学技术给生活带来的变化与影响，引导其树立全民学科学、爱科学、用科学的良好风尚。

“科普进社区”活动先后走宝安区、南山区、龙华区、光明区的18个社区公园及5所学校，围绕“科技创新、强国富民”及“创新引领时代，智慧点亮生活”的主题开展科普活动。其中，宝安区开展全国科普活动周启动仪式1场、南山区8场（含“科普进校园”5场）、龙华区“科普进社区”8场、光明区“科普进社区”6场，通过展览展示、互动体验等方式向社区民众普及科学知识。

第二节 科技交流

一、深圳市科学馆

（一）机构职能

深圳市科学馆是由市政府投资建设的重点文化设施，也是国内最早建成的科普场馆之一，建筑面积 12000 平方米，常设科普展厅及活动场地面积为 5000 平方米，是深圳市科学技术协会直属具有独立法人资格的财政核拨补助事业单位。

深圳市科学馆目前有常设展厅三层，共五个主题展区，分别是创造展区、探索展区、思维展区、引领展区和水展区。市科学馆还开展科普 3D 电影、电磁大舞台、科学表演和亲子实验室等多个新型科普项目。深圳市科学馆通过开展科普展览教育、科普宣传，提高市民和青少年科技素质、培养科技人才，是深圳市主要科普阵地之一。

（二）科普展览与科普活动

1. 坚持展品升级与维护，展品完好率不低于 95%。

2018 年，市科学馆坚持开展展品升级改造工作，思维展厅“比试脑电波”和“意念大比拼”2 件展品得到优化升级，上半年完成虚拟现实展品招标工作，进一步丰富了科学馆展示内容。

2. 馆校结合热度递增，编制《深圳市科学馆馆校结合综合实践活动指南》。

为充分发挥科学馆资源优势和教育特色，市科学馆完成《深圳市科学馆馆校结合综合实践活动指南》的初步编制工作，将馆校结合分为主题参观、展厅主题活动、快乐科普剧、趣味科学实验、科学梦工场动手实践等。

3. 自主开发课程活动，全国比赛荣膺佳绩。

积极开展教研，科技活动部自主开发的《酸碱侦探》实验受到家长、学员赞誉。同时规范教案建档制度，原创实验资料得到妥善保管和优化。

9 月 26 日至 28 日，第四届科普场馆科学教育项目展评终评活动在苏州青少年科技馆成功举办，深圳市科学馆参评项目《“油”来“油”趣》荣获二等奖，该项目在展评活动中得到现场评委和同行的一致好评，在面向当地青少年的展演活动中，也深受青少年的喜爱。

4. 活动组织丰富成熟，科普盛宴形成品牌效应。

2018 年元旦假期，市科学馆推出新年科普盛宴，大象牙膏、火焰掌、超导磁悬浮等年度试验集锦轮番上演，一场丰富多彩的“科学魔法秀”开启科普新气象。

9 月 15 日至 21 日“全国科普日”期间，市科学馆认真组织开展形式新颖，内容丰富的科普秀活动，活动以“创新驱动发展 科学破除愚昧”为主题，借媒造势，扩大效应，成为每年市科学馆品牌活动之一。

11 月 24 日至 12 月 2 日，深圳市科学馆与深圳地铁合作，将在福田地铁站组织“流动科普站”活动，以活动主题展、主题车站、主题列车、H5 展示为主要形式，活动布场包括互动区、展示区、SHOW 场和主题 LOGO 区，布置经典科普展览，开展魔法课堂和科普表演秀，极大扩大了科普覆盖面，激发观众对科学的兴趣，提升市民群众的科学素养。

（三）科普信息化

1. 完成展品数字化四期工程招标，全新视频按期上线。

2018 年 5 月，深圳市科学馆采购小组对四期展品视频及相关服务再次进行招标，2018 年年底完成水弦琴、钢琴喷泉、旋涡、海洋内波、惊天魔雨和几何动艺六件展品的视频拍摄、制作以及软件平台的升级改造工作，科普信息化进一步加强。

2. 宣传手段不断丰富，科普工作压力与之俱来。

深圳市科学馆不断扩大科技传播覆盖面，传播优质科普资源，社会效益显著，“深圳市科学馆”微信公众号关注用户突破 20000 人。随着深圳市科学馆社会影响力的不断增强，参观人数比往年明显增加，但受限于展厅面积较小、科普人员数量有限，每逢周末和节假日都面临很大的压力。

（四）深圳科技馆（新馆）工作持续推进

深圳科技馆（新馆）项目是我市“十三五”重点民生工程，2018 年被列入市政府重点工作。在市科协的大力推动下，加紧办理选址及用地手续，带队赴北京、上海等地科技馆考察调研，将建筑工程顺利移交市建筑工务署，同时启动新馆展教工程前期工作。

二、 深圳市科技开发交流中心

（一）机构职能

深圳市科技开发交流中心成立于 1987 年 8 月，2009 年政府机构改革前隶属深圳市科技和信息局管理，现在是深圳市科学技术协会直属具有独立法人资格的事业单位，属财政全额拨款单位。交流中心是代表深圳市最早开展国际科技交流合作的专业服务部门之一，是代表深圳市最早开展留学人员回国创业的政府服务机构，在海外及港澳台地区拥有较好的公信力和影响力。

目前，交流中心下设办公室、交流合作部、会议展览部、科技情报部 4 个部门。现机构主要职能为承担深圳市对外科技交流与合作、海外招才引智及创新创业服务、“中国深圳”科技展团海外参展、科技情报研究等工作。

（二）科技工作

1. 国际交流

持续推进科技部国际合作司、中国科学技术交流中心国家资源平台“深圳站”建设。全年发布了 68 个国家资源平台国际合作项目，协助深圳校企及科研机构对接国际合作项目 4 项；参与国家层面的国际科技交流活动，发布参与国家重点研发计划及合作计划申报信息；协助开展中美创新与投资对接大会在深圳宣传及企业征集，配合中国科学技术交流中心在深圳国际创新合作调研及访谈；协助国际技术转移网络（ITTN）国际科技合作项目在深圳的融资对接活动。

拓展国际合作渠道，促进国际交流合作。2018 年与 IEEE（电气及电子工程师学会）、欧盟创新研究中心、中国欧洲科研人员网络（EURAXESS）、英国 closerstill media 等国际知名科技机构组织建立合作关系，与深圳市标准技术研究院、电气和电子工程师协会标准协会（IEEE-SA）共同举办新兴技术标准化研讨会，组织开展“2018 中国产业界技术领域调研活动”；与日本会津大学签订 MOU，互设联络点；与奥地利驻广州总领馆及克恩腾州建立联系，在奥地利成功举办海智推介会。

贯彻落实“粤港澳大湾区”国家战略，组织开展多层次、多领域的深港交流活动。——组织市 IT 企业参加“亚太云端科技博览会”，其中一场主题演讲活动，40 位市相关领域企业高管和技术主管及 14 位香港名企高管参加；开展市科协国际合作与对外联络专门委员会香港调研活动，参访香港知名科技社团、研发机构、领军校企，了解香港有关机构在粤港澳大湾区建设的规划及深港合作的定位、需求，促进两地在科技社团运营、科技产业创新、科技成果转化和科技人才培养等方面的交流，为深化合作提供了全新视角；组织市互联网、大数据、云计算等领域的企业、科研投资机构、学会、协会共 40 余家单位赴港开展科技创新交流活动，考察香港著名企业及大学，推动深港科技合作开展。深港科技界、企业界的广泛合作交流，对推进“一带一路”及“粤港澳大湾区”战略布局，提升区域竞争力具有重要意义。

接待国外商贸代表团来访，促进科技交流合作。接待朝鲜耳病治疗代表团在深考察，确保朝鲜代表团在深访问活动顺利进行，促成两地企业签订合作意向书，并在朝鲜设立数码助听器服务中心。活动促进了中朝耳病防治机构的交流合作，中国驻朝鲜使馆就此事来电致谢。

积极组织高水平论坛活动，增强创新创业氛围。协助市科协开展高规格论坛、交流等活动。成功承办了 2018 深圳国际 BT 领袖峰会两场专业论坛活动——“创新技术产业化中间能力建设”“2018 深圳·坪山国际生物医药产业创新发展峰会”，活动取得了良好成效。

2. 人才引进服务

建立海智工作站，形成深圳海智卫星站点布局。根据 2018 年 2 月颁布的《深圳市科学技术协会海智计划工作站管理办法（试行）》，不断优化海智工作站建站申报受理、考核管理和服务工作，向科技园区、高校、相关大型企业以及协会组织推介海智计划。到 2018 年底，建立星河领创天下海智工作站等共 10 家海智基地工作站。

发挥海智工作站资源聚集优势，推动海智工作深入开展。星河领创天下工作站举办了中欧创客项目路演、人工智能及机器人加速计划营、国际创新创业大赛电子科技行业决赛、北大汇丰商学院国际学生考察交流活动等，接洽项目 40 余个，签署协议 1 项，引进项目团队 4 个、高端人才 4 位；光明区留创园工作站利用“深圳国际人才交流大会”平台，邀请了约 300 位海归博士实地参观考察，与多个国内外华人华侨、留学生组织、协会建立合作关系，促成了多项考察互动活动，全年共吸引了 8 个团队项目落户留创园；深圳产学研合作促进会工作站协办“2018 粤港澳大湾区科技金融创新大会”，推动了湾区科技金融、生命健康产业等领域交流与合作。

建立市、区、园区三级联动机制，协调各区科协、产业园区共同开展海智工作。组织推荐优秀企业参加交流活动，推荐区单位及园区申报海智工作站建站。组织已建站及拟建站单位参加科技交流合作活动，统筹人才及项目合作对接，为在深圳创新创业的海外人才提供切实服务。

打造海智创新创业服务平台。建设海智基地创新创业工作室，为海外智力提供便利工作空间，为引进优秀海智项目、培育优质项目，集聚产业及投融资资源，支持海外人才在深创业，建立专业化落地服务平台，提供早期孵化及产业对接服务；建设海智工作服务平台，聚集政产学研融 5 类海智服务要素，实现海智落地——创业筹备——孵化发展全系列深度服务功能。银星集团、深圳产学研合作促进会、奥中科技交流协会、日本会津大学等在海智服务平台设立了联络点，长朗三维、绚图新材、九天创新等多家海智企业的产品在海智创新技术产品展厅展出。

策划开展形式丰富、层次高端的海智活动。在第十六届国际人才交流大会上设立了深圳海智基地展区，向参展人员介绍深圳海智政策，收集海智博士信息，吸纳 300 海归人才加入深圳海智微信群，通过海智交流平台为海外智力服务；成功举办了首期深圳海智企业家科技交流行活动，赴上海、苏州两地参访 7 家企业，组织 1 场深沪企业家交流座谈会，期间共达成 5 项合作意向；推出“海智大咖说”系列活动，首期联合北大汇丰商学院举办“海归创业与企业经营理念”主题分享活动，吸引近 300 名海智人才和北大商学院学子参加，现场反响热烈；“走出去”开展招才引智活动，举办奥地利维也纳深圳海智推介会，华人专家、学者以及留学人才约 30 人参加，活动受到当地新闻媒体报道，在奥地利产生积极影响，为中奥深入合作打下良好基础。

3. 科技展览

受市政府委托，“中国深圳”科技展团 2018 年累计组织 223 家深圳中小型科技企业赴德国、美国、英国、俄罗斯、阿联酋和哈尔滨参加了 6 场国内外知名科技展会，累计展出面积 3105 平方米，接待参观人数超过 6 万人次。近年来，“中国深圳”科技展团一直在积极探索利用海外参展平台，推进国际科技合作、海外招才引智、科技情报服务、知识产权服务、深圳城市推介等工作的开展。2018 年，联合市经信委连续第二年在俄罗斯 SVIAZ 现场举办中国（深圳）- 俄罗斯（莫斯科）经贸交流推介会，效果较好，充分发挥外展平台的辐射和带动作用。

在加强与国际知名展览公司合作方面，交流中心积极推动 CEBIT 分展落户深圳，市科协领导带队先后两次赴广州、佛山，与汉诺威（米兰）展览上海有限公司及德国汉诺威展览公司高层共话 CEBIT 分展事项、粤港澳大湾区政策、CEBIT 分展如何落户及合作等问题，并达成了初步意向。科技展团在国际知名展会“引进来”方面迈出了重要一步。

4. 科技专业服务

强化宣传工作力度。2018 年正式上线中心微信公众号，及时发布中心的工作动态及科技合作交流信息，利用新媒体平台，搭建起中心与科技产业界、科研院校及学会等沟通桥梁。截止 11 月 6 日，在中心公众号及市科协公众号发布原创工作信息 58 篇；积极投稿市委市政府信息快报，截至 11 月，在该版块发表 2 篇，信息快报选编发表 1 篇，交流中心的信息能力得到市委办公厅认可，并获得市委办公厅约稿通知；制作新版中心宣传册、宣传三折页、海智计划宣传手册、交流中心宣传 PPT，并定制了小锦旗等宣传资料，利用好对外交流合作的机会，进一步强化了交流中心形象，更好地宣传交流中心业务。

提升软课题研究能力。开展中国科协调宣部《科协服务新型研发组织科研人员的路径研究》课题，通过调研深圳市新型研发机构发展状况和趋势、科研人员在创新创业中遇到的问题等，以探索科协组织服务新型研发组织科研人员的机制、模式和可行路径。

规范因公出国境手续办理流程。梳理《因公出国境办事流程说明》，规范机关及事业单位因公赴港澳及出国证件的办理，提高办证效率。截至 2018 年 10 月底，受理高新技术企业及软件企业因公出境手续 61 批，共计 88 人次，其中出国团组 5 批，共 12 人，赴港澳团组 56 批，共 76 人。

第三节 科技推广

一、深圳市技术转移促进中心

（一）机构职能

深圳市技术转移促进中心（以下简称“促进中心”）是深圳市科技创新委员会直属事业单位。单位职能主要是贯彻落实技术转移法律法规以及技术转移有关的规划、计划；负责为技术转移机构建设、运营提供咨询服务；承担技术转移公共服务平台建设、运营；推动技术转移交流、合作和技术转移联盟发展；负责技术合同登记与技术市场统计分析；为技术转移提供孵化、培育等其他公共服务，承办主管部门委托的其他工作。

（二）科技工作

2018 年，在深圳市科技创新委正确领导和大力支持下，深圳市科技转移中心不断完善深圳市技术转移工作体系，提高市技术转移服务能力，完成单位内控报告和基础性评价工作，进一步完善单位内控体系，达到良好水平。深圳市科技转移中心作为预算单位政府会计制度转换工作先行试点单位，入选 9 家完成较好单位名单。

第十届“深创赛”取得圆满成功。第十届深创赛于 2018 年 3 月 15 日启动，9 月 27 日结束，历时 196 天，共吸引 25 个国家共 8882 名用户注册及 5766 个项目报名。其中，团队组报名 3854 个，同比增长一倍。深圳市、区政府提供 5234 万元奖金支持，同比增长 62.78%。获奖项目 438 个，其中一等奖 55 个，二等奖 110 个，三等奖 152 个，优秀奖 121 个。同时，67 个项目经深圳赛区推荐参加国家行业总决赛，荣获一等奖 1 个、二等奖 3 个、三等奖 3 个、优秀奖 28 个，获奖率达 52.2%，同比增长 24%。

自 2009 年以来，我市已连续举办十届深创赛，累计 2.3 万个项目参与比赛，获奖项目 1378 个，其中获奖团队 650 个，获奖企业 728 个，累计发放奖金 1.57 亿元。2009—2017 年，深创赛获奖团队在深圳落地率达 54.98%。培育出 6 家上市企业，4 家独角兽企业，85 家新三板企业，434 家国家高新企业，上市企业（含新三板）创造税收超过 11 亿元。经过十年精心打造，深创赛已经成为全国创新创业大赛的重要组成部分，成为我市促进技术转移和成果产业化的重要平台，成为深圳创新创业发展的独特风景线。

2018 年 11 月正式出版《深圳创业故事》。为了分享创业经验，帮助广大创业者汲取精神力量，深圳市科技创新委组织出版了《深圳创业故事》一书，收录十届深创赛部分优秀选手及深圳新兴产业代表性创业主体的 20 个创业故事，按照大学生和草根创业、安稳职业者创业、海归创业、连续创业、投资机构和孵化器的内容分为 5 章，每章设置“创业指南针”板块，给不同创业主体提供启示，进一步扩大了深创赛影响力。

电子信息国家赛和科技悬赏赛工作进展顺利。2018 年，深圳第二年承办第七届中国创新创业大赛电子信息行业总决赛取得圆满成功，其中深圳赛区荣获初创组二等奖 1 个，优秀奖 10 个。科技悬赏赛作为交易中心重要支撑，已完成《深圳市科技悬赏赛管理办法》，并公开征求意见。

顺利完成技术合同登记和技术市场统计分析等相关工作。2018 年，深圳市技术转移促进中心技术合同认定登记 9751 份，同比增长 7.8%，合同成交额 582.65 亿元，同比增长 5%，完成年度目标；完成《深圳市技术转移交易指数报告》的编制工作，4 月 16 日刊登深圳特区报 A10 版；技术转移及服务机构发展研究工作方面，一是完成《深圳市技术转移及服务机构发展研究报告（2017 年度）》的编制及印刷工作，总结、分析和研究了 2017 年深圳市技术转移市场发展情况，二是完成《深圳市技术转移及服务机构发展研究报告（2018年度上半年）》编制及印刷工作。

技术转移培育资助方面，2018 年已形成对技术交易、高校、事业单位的技术转移服务资助计划，并将创业创客资助与深创赛结合，形成新的创新创业科技计划。

信息化建设方面，一是完成业务系统整合，2018 年 7 月份初正式启用新业务系统，新系统具备技术合同登记和技术转移服务机构备案等功能，对外保留一个域名，给企业网上办理业务提供便捷渠道。

二是加强信息安全管理，4 月底已完成深圳市技术转移促进中心 ICP 网站备案，5 月份与合作公司签订中心年度信息化服务合同，规范中心信息化服务制度，定期对业务系统巡检和对个人终端维护，8 月份完成对云服务器搬迁工作，对外使用的外网 IP 缩减为 6 个，9 月份完成了中心政务信息系统审计工作，10 月份完成了软件正版化相关工作。

二、深圳市软件行业协会

（一）协会概况

深圳市软件行业协会(SSIA)成立于1988年，由软件研发、销售、系统集成和信息服务、软件产业咨询、人才培训、投融资服务等领域企事业单位自发组成，属于中国软件行业协会下属地方软件行业协会，是全国成立最早，会员最多的地方软件行业协会。

协会现有会员单位 3500 余家，服务企业单位近万家。2013 年协会被评为 5A 级社会组织，并于 2018 年成功续评。

（二）软件政策服务

双软评估服务方面，2018 年协会共为 1086 家企业办理软件企业评估（较 2017 年增加 91 家，其中首次评估企业 577 家），为 3283 件产品办理软件产品评估。自 2015 年协会推出软件评估服务以来，累积为 3175 家企业办理软件企业评估，为 12550 件产品办理软件产品评估。

软件所得税核查方面，协会受市政府委托，承担软件和集成电路企业所得税优惠政策第三方核查工作。全市共 540 家软件和集成电路设计企业申报 2017 年度（2017 年的数据吗？是否有 2018 年的数据）所得税优惠，其中，475 家企业申报 2017 年度软件和集成电路企业所得税优惠，核查通过率 97.5%，涉及减免税额 32.7 亿元；77 家企业申报国家规划布局内重点软件和集成电路设计企业所得税优惠，核查通过率 94.8%，涉及减免税额 79.4 亿元，较上年度增加 29.3 亿元。

软件产品增值税即征即退方面，2016 年、2017 年、2018 年分别退税 130 亿元、135 亿元和 140 亿元。

（三）产业统计及课题研究

协会受市工信局委托，承担产业统计及课题研究工作，包括年度统计、定期统计和产业分析等内容。2018 年上报定期统计报表企业约 10250 家，上报年度统计报表企业约 3100 家。

据统计，2018 年深圳软件产业保持平稳发展，全年软件业务收入 6585.2 亿元，同比增长 10.4%，软件业务收入规模列全国大中城市第二；软件出口额达 216.4 亿美元，持续稳居全国第一。

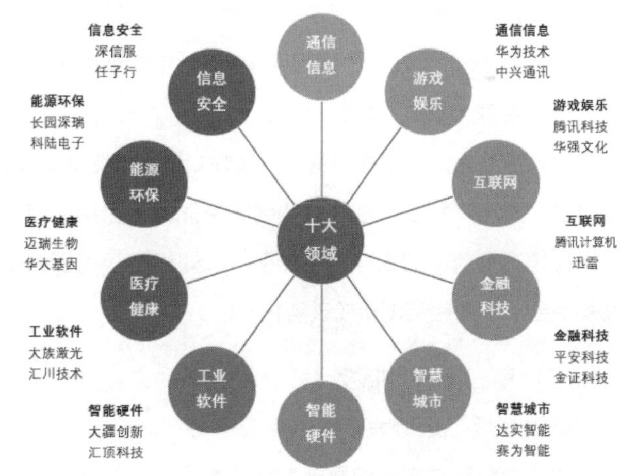

软件产业十大应用领域

全市软件产业利润总额达 1692.3 亿元，同比增长 9.8%，人均贡献利润 26.9 万元。贡献税金总额 821.7 亿元，同比增长 17.2%，人均贡献税金 13.1 万元。

研发投入规模扩大至 1505.5 亿元，同比增长 10.1%，占总营收的 11.7%。技术创新能力提升，PCT 国际专利申请量达 18081 件，占全国申请总量 34.8%，连续 15 年居全国大中城市第一，其中华为、中兴分别以 5405 件和 2080 件位列全球 PCT 申请量第一和第五。计算机软件著作权登记量达 142695 件，同比增长 68.8%，占全国总量的 12.9%，占全省总量的 53.2%。

2018 年，协会持续加强产业研究力度，经过大量数据分析及企业走访，已完成多项课题研究项目，如《年度软件产业分析报告》《大数据产业发展研究报告》《云计算产业发展研究报告》《移动互联网产业发展报告》等。同时协会高度配合政府相关统计调查工作，了解企业发展的困难和问题，了解行业发展趋势，为政府制定相关政策办法建言献策。

（四）知识产权服务

协会为企业提供软件产品测试服务及计算机软件著作权登记服务。2018 年协会共为 5245 件产品办理软件产品测试，为 4371 件计算机软件著作进行著作权登记。

“深软翰琪”是协会为软件企业打造的国内国际专利、商标、著作权等知识产权服务平台。据统计，2018 年专利申请量共 175 件，包含实用新型专利 85 件、发明专利 56 件、外观设计专利 33 件。商标申请量共 79 件，包含新申请商标 52 件，商标变更及转让 24 件。

为增强企业知识产权保护意识，做好知识产权服务工作，协会成立“知识产权工作站”以加强服务能力，包括深圳市知识产权培训平台、知识产权服务平台、知识产权侵权问题的维权平台、企业融资创新成长孵化平台。

（五）第三方评测服务

“国测软评”是协会打造的行业服务平台核心成员之一，为软件企业提供专业的第三方评测服务。“国测软评”除了提供项目验收、投标咨询服务外，还提供软件的功能性、易用性、可靠性、可移植性、性能效率、用户文档等测试。“国测软评”先后获得中国合格评定国家认可委员会《实验室认可证书》（注册号：CNAS L11692）以及广东省市场监督管理局颁发检验检测机构计量认证 CMA 证书（证书编号：201919124306）。

（六）会员服务

2018 年协会开展 15 场会员活动，吸引会员单位 1600 余人参与。活动类型涵盖税务宣传、技术交流、企业交流、投融资、双优评选、考察调研、参展观展等。

此外，协会积极支持贫困地区产业发展，配合广西贺州市委市政府组织考察交流活动 10 余场，前后组织 53 家企业赴贺州调研考察。

（七）服务能力建设

硬件方面，协会全新办事大厅于 2018 年 8 月 1 日揭牌，经重新装修，业务受理窗口增至 9 个，办事大厅面积拓宽，办企业理业务提供更便捷的环境。

软件方面，一是官网“深圳软件之窗”全新改版上线，在模块功能、操作流程方面进行了优化，内容显示上界面划分更清晰，信息动态更直观。二是协会微信公众号全新升级，企业可随时查阅协会信息、收取活动通知、在线办理业务等，打造快捷方便的办公模式。

组织机构方面，协会除了孵化“国测软评”“恒顺达”“深软瀚琪”等便捷的企业服务平台外，在内部设立新技术产品推广部，负责产业分析、技术推广、开放合作等服务内容，在技术产品推广、金融服务、法律服务、办公用地等方面展开合作。

附件：

2018年度深圳市技术转移及服务机构发展研究分析

一、深圳市技术市场年度数据

（一）总体情况

2018 年，深圳市技术合同项数和成交总额均继续位居计划单列市第一位，认定登记技术合同 9751 项，同比增长 7.77%；完成技术合同成交额 582.61 亿元，同比增长 4.96%，占广东省总量的 42.01%，占全国总量的 3.29%。

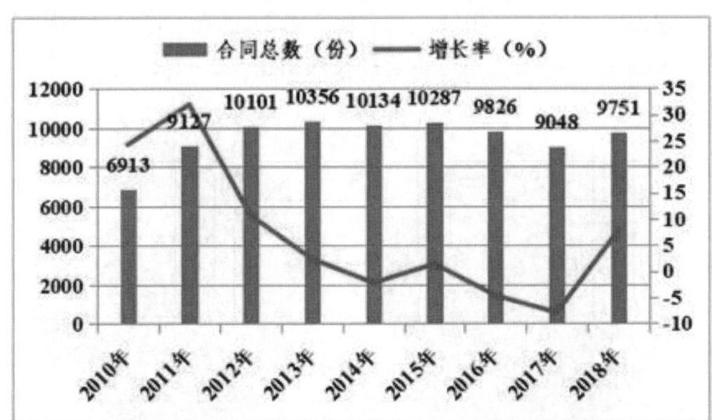

图表 1 2010—2018 年深圳市技术合同登记数量增长趋势图（单位：份，%）

1. 深圳输出技术情况

2018 年深圳市技术输出合同项数增长平稳，为 9034 项，同比增长 4.21%；成交额有所回落，为 333.57 亿元，同比下降 10.75%。其中，输出至外省市技术合同 5151 项，成交额 222.41 亿元，占深圳输出技术合同成交额的 66.68%；出口技术 229 项，同比降低 1.72%，合同成交额 17.1 亿元，同比增长 59.83%，其中技术出口至亚洲合同数量最多，占比过半。

2. 深圳吸纳技术情况

2018 年深圳市吸纳技术合同成交额增长较快，共计吸纳技术合同 4604 项，同比增长 14.50%；成交额 362.65 亿元，同比增长 35.36%。其中，吸纳外省市技术合同 721 项，成交额 251.50 亿元，占深圳吸纳技术合同成交额的 69.35%；进口技术 644 项，同比增长 93.98%，合同成交额 243.67 亿元，同比增长 32.64%。

（二）2018 年度技术转移数据特点

1. 技术市场对地区经济发展的贡献增长放缓

2018 年深圳市技术交易成交额占深圳地区生产总值的比重与去年基本持平。2018 年，深圳实现技术合同成交额 582.61 亿元，同比增长 4.96%，占地区生产总值（深圳市统计局发布的初步核算值 24221.98 亿元）的比重为 2.41%，增长有所放缓。

图表 2 2010—2018 年深圳实现技术交易增加值及其占地区生产总值的比重

2. 对粤港澳大湾区技术支持成效显著

2018 年深圳流向粤港澳大湾区的技术合同成交额占主导地位，全年流向大湾区（除深圳外）技术合同 1012 项，占流向外省市技术合同项数的 19.65%，成交额 69 亿元，占流向外省市技术合同成交额的 31.02%；从大湾区吸纳技术合同 44 项，占深圳吸纳外省市技术合同项数的 6.10%，成交额 4.60 亿元，占深圳吸纳外省市技术合同成交额的 1.83%。

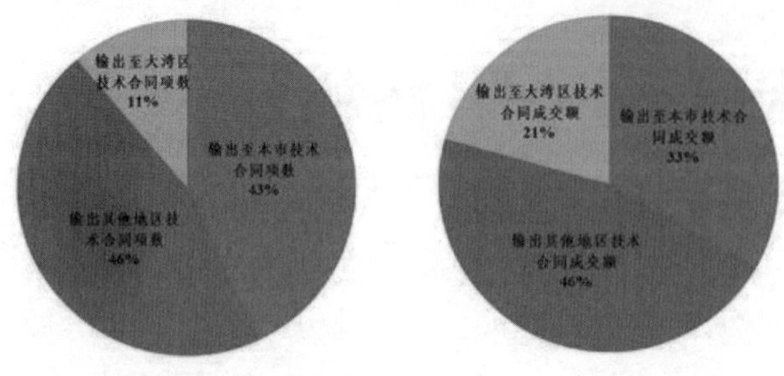

图表 3 2018 年深圳对大湾区输出技术合同占比

3. 各类规模技术合同呈基本增长趋势

输出的技术合同中，大额交易与小额交易项数均有所增长，100 万 -1000 万元范围内的各规模技术交易数量增长明显；大额技术交易（1000 万元以上）的成交额有所下降，中小规模技术交易成交额增长明显。而吸纳的技术合同中，各规模技术交易合同的项数及成交额均显示相似的增长率，呈现出健康均衡的发展态势，为技术市场增添活力。

图表 4 2018 年深圳吸纳及输出各规模技术合同增长率

交易规模	吸纳技术合同		输出技术合同	
	合同份数增长率	合同成交额增长率	合同份数增长率	合同成交额增长率
10 万元及以下	-10.51%	-3.91%	3.05%	14.41%
10 万 -100 万元（含）	14.22%	14.65%	0.05%	0.64%
100 万 -500 万元（含）	34.64%	40.46%	8.50%	12.06%
500 万 -1000 万元（含）	32.26%	30.58%	28.98%	28.50%
1000 万元以上	48.85%	36.00%	37.66%	-16.76%

（资料来源：深圳市技术转移促进中心，2019/04）

4. 技术交易为工商业发展提供强劲动力

深圳全年吸纳与输出的技术合同中，服务于工商业发展领域的技术合同成交额占全市比例均超过九成。其中，深圳全年吸纳促进工商业发展类技术合同 3835 项，占全市吸纳技术合同 87.38%，合同成交额 330.82 亿元，占全市吸纳技术合同成交额 95.20%；输出促进工商业发展类技术合同 7331 项，占全市输出技术合同 85.34%，成交额 293.31 亿元，占全市输出技术合同成交额 93.17%。

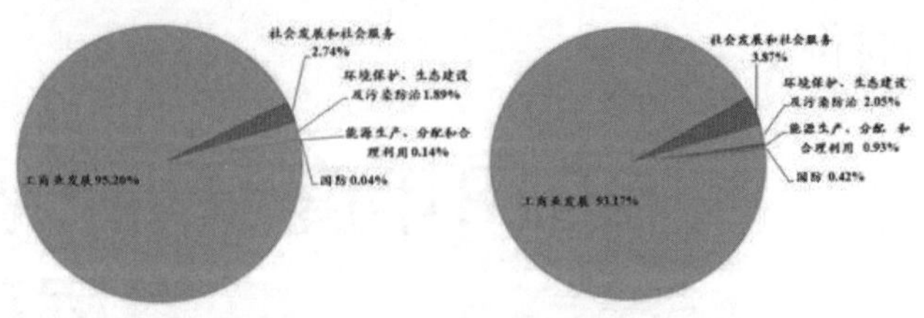

图表 5 2018 年深圳市为不同服务目标吸纳（左图）与输出（右图）技术合同成交额比例图

5. 南山区技术转移优势明显

从吸纳和输出技术合同项数看，南山区稳居全市榜首，占比过半，福田区反超宝安区位居第二；从吸纳和输出技术合同成交额看，南山区依然排名全市第一，龙岗紧随其后，继续保持排名第二。2018 年全年南山区吸纳技术合同 2517 项，占全市吸纳技术合同项数 54.67%，成交额 190.05 亿元，占全市吸纳技术合同成交额 52.41%；输出合同 5511 项，占全市技术输出合同项数的 61%，成交额 118.27 亿元，占全市输出技术合同成交额 35.46%，技术转移成果转化的工作亮眼。

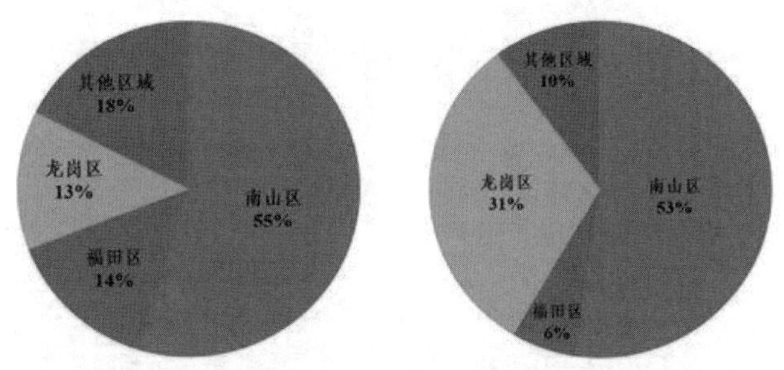

图表 6 2018 年深圳各区吸纳技术合同项数（左图）及成交额（右图）占比

二、深圳市技术市场特征

（一）优良的技术转移发展环境

深圳是华南区技术转移的中心，近几年政府积极开展政策引导和环境建设，规范和引导技术市场的健康发展。例如进行《科技创新促进条例》《深圳经济特区技术转移条例》立法，规范市场秩序，鼓励市场有序发展；出台《扶持中小企业改制上市的若干措施》利用中小企业板，推动中小企业上市；制定《促进知识产权质押融资若干措施》，探索知识产权质押融资的新模式。深圳市关于技术转移的法规、规章和文件涉及综合类、技术市场类、产业化类、技术引进类等多方面，为健全和完善技术市场发展环境提供了有力的支撑。

（二）多元化现代化的组织结构

截至 2018 年底，深圳市已登记备案的技术转移机构共有 70 家，其中国家技术转移示范机构 13 家，市级技术转移机构 57 家，建成了基础研究引领、市场化导向、企业为主体的创新载体体系。形成了以重点实验室为核心的“基础研究体系”，以工程实验室、工程中心、技术中心组成的“技术开发创新体系”和以科技创新服务平台、行业公共技术服务平台组成的“创新服务支撑体系”，共同构成了深圳科技创新体系的三大支点。

（三）不断深化的深港科技合作

截至 2018 年底，香港各院校在深圳设立的科研机构已有近百家。香港中文大学、香港科技大学、香港城市大学等学校在深圳高新区南区建立了产学研基地，总建筑面积达 6.6 万平方米。大部分重点实验室已开始运作。深圳持续扩大拓展深港间技术转移合作的空间，开展科技产业创新对外开放的深度实践。

三、深圳市技术转移存在的主要问题

（一） 技术转移体系化政策支持与顶层规划引导有待加强

为了有助于完善技术转移体系和环境，推动技术交易市场的发展，培育一批市场化、规范化和专业化的技术转移服务机构和创新验证中心，不断促进科技成果向现实生产力转化，在新的一轮科技计划管理改革中，深圳市科技创新委员会从 2017 年 12 月起，牵头编制了《深圳市技术转移和成果转化资助项目管理办法》，将对技术交易中的卖方、技术转移服务机构和高校设立的创新验证中心给予财政资助和政策支持，计划于 2019 年下半年开始实施，届时将有力推动《深圳经济特区技术转移条例》《深圳市促进科技成果转移转化实施方案》的落地实施。

（二）创新源头不足，产学研合作效率低

当前，深圳企业技术来源主要是自主研发、企业间研发合作和从国外引进。如华为、中兴、腾讯等企业每年专利申请数量增幅均位于全球前列，在天津、上海、南京和西安等高校集中的城市均建立了研发中心；大族激光拥有专利上千项，技术来源主要是从国外引进，比较而言，其与国外的技术交易量最大，而与国内高校和科研院所合作很少；比亚迪也是通过设立中央研究院、电子研究院、汽车工程研究院以及电力科学研究院来自主进行高科技产品和技术的研发。这一方面说明目前深圳市高校院所科技成果的层次和水平远不能满足企业技术升级的要求，科技创新能力需要进一步提高，另一方面也说明高校院所与企业间缺乏功能全面、专业性强的科技成果转移转化服务平台。

（三）技术转移服务机构实力有待提高

一方面，深圳现有的技术转移机构发展不平衡，从事技术经纪、技术评估等专业服务机构没有做大做强，而这些服务机构却在技术转移活动中承担着重要的任务。另一方面，技术转移机构信息化服务能力还较为薄弱。深圳技术转移机构种类繁多、规模小、结构松散、彼此间缺乏联系与共享，或者各机构间虽有合作，但缺乏统一的技术信息服务平台，市场效率较低。

四、深圳市技术转移及机构发展建议

（一）推进粤港澳大湾区技术转移共同体发展

一是加强区域协同发展顶层规划设计，主动谋划争取科技部等国家部委的支持，开展粤港澳国家级科技成果转化基地的统一规划设计及整体部署，破解跨行政区域技术交易的制度性和政策性障碍，建设最具活力的技术交易区域，以更好地服务和融入国家区域发展战略；二是合力建设重大技术转移平台，促进区域创新要素自由流动与高效配置，加速粤港澳大湾区科技成果转移扩散，打造最具活力的科技成果转

移转化示范区集群；三是组织开展区域重大技术交流活动，联合粤港澳大湾区其他城市举办的大型科技对接活动，利用互相开放的国际技术转移渠道，匹配对接技术问题及解决方案，解决技术难题，实现服务产业升级。

（二）借力科创板壮大技术转移服务机构

一是推动技术转移服务机构做强做大，为相关技术企业提供技术转移服务的机构位列科创板五大重点支持鼓励范围之一，深圳当前应抓住机遇大力发展一批专业化的技术市场服务机构、多元形式的技术经纪组织，形成一个万亿级的面向全球的技术转移产业，并源源不断地孵化科创板上市企业；二是构筑技术转移投融资服务网络，探索设立科技创新银行、科技创业证券公司等新型金融机构，积极推进部市共同出资成立科技成果转化联合基金，对符合条件的技术转移机构、基地和人才予以支持。

（三）打造“互联网+”技术交易服务平台

一是互联网+专业技术经纪人模式，技术经纪人充当“红娘”作用，开发技术交易服务平台吸引全国各大学、科研院所等机构专家入库，企业发布明确需求，技术经纪人提供全方位服务实现企业与专家精准对接，供需双方以及专业技术经纪人通过平台进行即时互动；二是互联网+创新驿站模式，借鉴欧盟创新驿站的先进经验和做法，在全市范围内设立创新驿站区域站点和基层站点，借助全覆盖的信息服务平台，寻找潜在的研发团队；三是互联网+对接会模式，借鉴国内外网络对接的先进经验，积极探索技术转移协同合作新模式即在线对接会模式——供需双方可以在约定的时间里，通过视频通话系统，实现精准的在线对接。

第四节 科技社会组织

民办非企业名录

序号	单位名称	联系人
1	深圳市安和城市风险管理研究院	陈小姐
2	深圳市宏略创新管理研究院	刘敏婷
3	深圳市优型科技创新研究院	周攀峰
4	深圳市微米有机垃圾资源化利用服务中心	梅志鹏
5	深圳市公共防伪技术与物联网应用研究院	高雅菲
6	深圳市先进质量管理技术研究院	刘名概
7	深圳市大湾科普教育研究院	王善合
8	深圳市至元湾区健康科技协同创新中心	宋 燕
9	深圳市中科美城科普促进中心	许尊祥
10	深圳市骐骥前海科技产业研究院	陈 鹏
11	深圳市有为协同教育技术研究院	蔡 维
12	深圳市若比邻社区创新科技促进中心	许春勉
13	深圳市华瑞同康精准医学研究所	隗义然
14	深圳市科聚湾区经济研究院	饶楚新
15	深圳市南科大英莎科技协同创新研究院	梁戈西
16	深圳市鸟兽虫木自然保护中心	陈慧捷
17	深圳市美兆室内环境研究院	廖伟冬
18	深圳市掌网立体视觉研究院	刘柔姿
19	深圳市智研时代绿色发展研究中心	韩世梅
20	深圳市万众基因转化医学研究院	陈 玲
21	深圳市爱润儿童友好科普促进中心	胡芸辉
22	深圳市天策科技创新研究院	刘 婷
23	深圳市粤教青少年综合素养教科研中心	徐逸雅
24	深圳市绿色金融科技研究院	马卫华
25	深圳市华开中药与天然药物研究中心	王易展
26	深圳市众望科讯新材料产业研究院	杨 鹏
27	深圳市格物流程研究院	王立中
28	深圳市鼎邦代谢研究院	谭庆芝
29	深圳市智合先进材料应用技术研究院	俞雪勇
30	深圳市同创伟业创新科技科普中心	邹 琪
31	深圳市生命谷生命科技研究院	

2018 年深圳民办非企业名录一览表

社会团体

序号	学会名称	联系人
1	深圳市分析测试协会	刘 雅
2	深圳市光学学会	杨 强
3	深圳市兰花协会	李利强
4	深圳市环境科学学会	褚雅军
5	深圳市园林学会	李 婵
6	深圳市生态学会	刘国栋
7	深圳化学化工学会	韩战锋
8	深圳市潜能开发研究会	罗宝玲
9	深圳市气象减灾学会	张永臣
10	深圳市地质学会	曾雪萍
11	深圳市食品科学技术学会	张永红
12	深圳市数学学会	胡鹏彦
13	深圳市电脑学会	白鉴聪
14	深圳市水产学会	杨小立
15	深圳市机械工程学会	肖 晴
16	深圳市计算机用户协会	李蓟宁
17	深圳市电子学会	刘盈邑
18	深圳市真空学会	李颖贞
19	深圳自动化学会	黎安琪
20	深圳市制冷学会	徐国栋
21	深圳市电气节能研究会	万燕平
22	深圳市纺织工程学会	肖丁华
23	深圳市仪器仪表学会	邵如辉
24	深圳市太阳能学会	王浩鹏
25	深圳市土木建筑学会	李红梅
26	深圳造船工程学会	黄泽慧
27	深圳市照明学会	王婉莹
28	深圳市通信学会	杨 慧
29	深圳信息软件协会	华 厦
30	深圳市电机工程学会	陈 晨
31	深圳市模具技术协会	刘成洋
32	深圳市中医药学会	李忠新
33	深圳市药学会	马瑞琴
34	深圳市针灸学会	皮 敏
35	深圳市抗癌协会	王 正
36	深圳市营养学会	宋金萍
37	深圳市抗衰老研究会	罗文堂
38	深圳市生物医学工程学会	柳 飞
39	深圳市心理卫生协会	贺芳莲
40	深圳市自闭症研究会	唐 营
41	深圳市微量元素研究会	罗叶帝奎
42	深圳市体育科学学会	丁晓云
43	深圳市保健科技学会	梁凯林
44	深圳市品牌学会	郑少波
45	深圳市信息无障碍研究会	揭华妹
46	深圳市技术经济与管理现代化研究会	穆苔莉
47	深圳市发明家协会	韩思远
48	深圳市室内设计师协会	曾醒辉
49	深圳市青少年科技教育协会	刘 波
50	深圳图书情报学会	王 洋
51	深圳市设计联合会	张天军
52	深圳市安全生产科学技术学会	范 俊
53	深圳市科普志愿者协会	隋 钰
54	深圳市印刷学会	黄秋平
55	深圳市创新型城市促进会	李维福
56	深圳市烟草学会	陈 兰

序号	学会名称	联系人
57	深圳市老年科技工作者协会	张秋惠
58	深圳市慢性病防治研究会	袁 芹
59	深圳市科技文化研究会	杨玉兰
60	深圳市工程师联合会	彭 达
61	深港科技合作促进会	邓小昆
62	深圳市平衡医学研究会	马泽健
63	深圳市科技专家协会	刘 丹
64	深圳市 CIO 协会	陈吉俭
65	深圳市绿色低碳科技促进会	李媛媛
66	深圳市铁路技术研究会	裘友学
67	深圳市可持续发展研究会	麦 珉
68	深圳市视光学会	杨浩江
69	深圳市低碳经济研究会	徐朝霞
70	深圳市涂料技术学会	吕 标
71	深圳市智能化学会	刘卫群
72	深圳市青少年科学发展促进会	赵小明
73	深圳市初等数学研究会	杨老师
74	深圳市营养师协会	张 波
75	深圳市高层次人才联谊会	程作君
76	深圳市流行创新官协会	沈 婷

序号	学会名称	联系人
77	深圳市企业创新发展促进会	张啸林
78	深圳市军民融合发展协会	陈建红
79	深圳市心理咨询师学会	牛万春
80	深圳市老年保健协会	李 光
81	深圳市海洋学会	李林烨
82	深圳市航空航天人才协会	林晓锐
83	深圳市创客协会	马雪芹
84	深圳市千人专家联合会	曹 慧
85	深圳市专家人才联合会	郭清蓝
86	深圳市脑健康科学研究会	江安宁
87	深圳市教育科学发展促进会	徐建山
88	深圳市数学科普学会	罗振华
89	深圳市心理服务协会	吕劲云
90	深圳市高新企业数字化学会	蓝国勇
91	深圳市产教融合促进会	陈 玥
92	深圳市新明企业家协会	杨 林
93	深圳市生态环境科学促进会	韩丽娜
94	深圳市智能服装服饰产业发展研究会	何雨霞
95	深圳市创新产业融合促进会	朱 欢
96	深圳市创业创新联合会	张伟华

2018 年深圳社会团体名单一览表

深圳市院士（专家）工作站

序号	建站单位
1	深圳华大海洋科技有限公司
2	深圳雅鑫建筑钢结构工程有限公司
3	中集海洋工程有限公司
4	深圳市鹰眼在线电子科技有限公司
5	深圳市航天食品分析测试中心有限公司
6	深圳市创鑫激光股份有限公司
7	深圳市创世纪机械有限公司
8	深圳高速工程顾问有限公司
9	中科遥感（深圳）卫星应用创新研究院有限公司
10	华讯方舟科技有限公司
11	深圳亦诺微医药科技有限公司
12	深圳华润九新药业有限公司
13	深圳市科创数字显示技术有限公司
14	深圳市市政设计研究院有限公司
15	深圳市建筑设计研究总院有限公司
16	深圳市金新农科技股份有限公司
17	深圳诺普信农化股份有限公司
18	研祥智能科技股份有限公司
19	深圳百乐宝生物农业科技有限公司
20	深圳市尚维高科有限公司
21	深圳怡丰自动化科技有限公司
22	深圳市卫光生物制品股份有限公司
23	旗瀚科技有限公司
24	深圳市城市交通规划设计研究中心有限公司
25	深圳中科飞测科技有限公司
26	深圳微健康基因科技有限公司
27	深圳市特发信息股份有限公司
28	深圳爱湾医学检验实验室
29	深信服科技股份有限公司
30	深圳市裕同包装科技股份有限公司
31	深水海纳水务集团股份有限公司
32	深圳新阳蓝光能源科技股份有限公司
33	深圳航天智慧城市系统技术研究院有限公司
34	深圳华意隆电气股份有限公司

2018 年深圳院士（专家）工作站一览表

企业科协名录（截至 2018 年 12 月）

序号	企业科协名称
1	研祥智能科技股份有限公司
2	深圳市水务（集团）有限公司
3	深圳达实智能股份有限公司
4	深圳奥特迅电力设备股份有限公司
5	深圳市嘉达高科产业发展有限公司
6	深圳广田装饰集团股份有限公司
7	深圳市海川实业股份有限公司
8	深圳市联创科技集团有限公司
9	深圳市航盛电子股份有限公司
10	深圳大明世纪集团有限公司
11	深圳市中深装建设集团有限公司
12	深圳华远微电科技有限公司
13	麦格雷博电子（深圳）有限公司
14	深圳普迈仕精密制造技术开发有限公司
15	深圳市奥拓电子股份有限公司
16	深圳市弘南科通信设备有限公司
17	深圳市南山区百旺学校
18	深圳实验承翰学校
19	深圳市安普康科技有限公司
20	深圳市科荣软件有限公司
21	深圳市龙吉顺实业发展有限公司
22	深圳市坪山新区阳光小学
23	深圳市龙岗区名星学校
24	深圳市坪山新区秀新学校
25	深圳市龙科源水产养殖有限公司
26	深圳市创显光电有限公司
27	深圳市东汇精密机电有限公司
28	深圳市振华兴科技有限公司
29	深圳市雅歌投资有限公司
30	深圳市科达利实业股份有限公司
31	深圳市蓝蓝科技有限公司
32	慧锐通智能科技有限公司
33	深圳市锦雅电子数码科技有限公司
34	深圳市南航电子工业有限公司
35	好优投科技（深圳）有限公司
36	中建钢构有限公司
37	惠科电子（深圳）有限公司
38	深圳中科金证科技有限公司
39	深圳市艾宇森自动化技术有限公司
40	深圳市亚哲科技有限公司
41	深圳御泽天投资有限公司
42	深圳市日联科技有限公司
43	深圳市永兴元科技有限公司
44	深圳市路远自动化设备有限公司
45	深圳市东方风光新能源技术有限公司
46	深圳市金证科技股份有限公司
47	深圳市正东源科技有限公司
48	中兴通讯股份有限公司
49	深圳产学研科技服务有限公司
50	深圳市莎朗科技股份有限公司
51	深圳市金泰克半导体有限公司
52	深圳市康时源科技有限公司
53	深圳市博升通信有限公司
54	深圳市志凌伟业技术股份有限公司
55	深圳市福浪电子有限公司
56	深圳市海芝通电子股份有限公司
57	深圳市领亚电子有限公司
58	深圳市春旺环保科技股份有限公司
59	深圳市升达康科技有限公司
60	深圳市桑山电子有限公司
61	深圳市慧明眼镜有限公司
62	深圳市中科电工科技有限公司
63	深圳人因工程技术研究院
64	摩比天线技术（深圳）有限公司
65	深圳市伞友咖啡创业服务平台
66	深圳麦亚信科技股份有限公司
67	深圳新阳蓝光能源科技股份有限公司
68	深南电路有限公司
69	宏伟建设工程股份有限公司
70	深圳市恒泰互联有限公司
71	深圳市松柏实业发展有限公司
72	深圳前海启能科技创新服务有限公司
73	深圳市金蜜蜂科技有限公司
74	深圳市雷铭科技发展有限公司
75	深圳市鼎煜信息技术有限公司
76	深圳海天雄电子有限公司
77	深圳市古安泰自动化技术有限公司
78	深圳市三鼎光电科技有限公司
79	深圳市中戈科技有限公司
80	深圳市蓝盾数码技术发展有限公司
81	深圳市宝鹰建设集团股份有限公司
82	深圳市鑫宇环检测有限公司
83	深圳市领航通移动视讯有限公司
84	深圳市兴源智能仪表股份有限公司
85	深圳市鸿淏高科产业发展有限公司
86	深圳市天鼎微波科技有限公司

序号	企业科协名称
87	深圳市超视科技有限公司
88	深圳市博通智能技术有限公司
89	深圳市龙岗区平安里学校
90	深圳市浩丰股份有限公司
91	深圳市易尚展示股份有限公司
92	豪迈高新技术园
93	深圳市中虹天意实业有限公司
94	深圳波顿集团
95	深圳市艺博堂环境艺术工程设计有限公司
96	深圳市方泰认证咨询有限公司
97	深圳市万凯荣科技有限公司
98	深圳市证通佳明光电有限公司
99	深圳市数博环球电子有限公司
100	深圳蓝盾装备科技有限公司
101	深圳市倍特力电池有限公司
102	德中堂（深圳）医药科技有限公司
103	深圳博士创新技术转移有限公司
104	深圳市希顺有机硅科技有限公司
105	深圳市金肯科技有限公司
106	深圳市鹏烽科普有限公司
107	深圳九星智能航空科技有限公司
108	深圳中科创客学院有限公司
109	深圳城市学院
110	哈尔滨工业大学（深圳）
111	深圳市光辉电器实业有限公司
112	深圳市倍测检测有限公司
113	深圳市猎采之家信息技术有限公司
114	深圳市世纪阳光照明有限公司
115	深圳市乐高乐教育投资发展有限公司
116	深圳市时尚易城投资发展有限公司

序号	企业科协名称
117	深圳市英威腾交通技术有限公司
118	华润集团
119	蓝盾西点教育文化管理（深圳）有限公司
120	深圳波士邦网络科技有限公司
121	中安国通卫星科技开发有限公司
122	深圳小筑理信息技术有限公司
123	深圳市威勒科技股份有限公司
124	广东容祺智能科技有限公司
125	深圳云安宝科技有限公司
126	深圳市诚德来实业有限公司
127	深圳金证引擎科技有限公司
128	深圳市腾讯计算机系统有限公司
129	深圳创客智联股权投资管理有限公司
130	深圳市智慧谷产业园管理有限公司
131	深圳市创梦天地科技有限公司
132	深圳市天健（集团）股份有限公司
133	深圳市城市交通规划设计研究中心有限公司
134	深圳星云极客科技孵化器有限公司
135	华讯方舟科技有限公司
136	深圳市星田极客创业园管理有限公司
137	深水海纳水务集团股份有限公司
138	深圳华大海洋科技有限公司
139	深圳雅鑫建筑钢结构工程有限公司
140	深圳高速工程顾问有限公司
141	深圳市科创数字显示技术有限公司
142	深圳市尚维高科有限公司
143	中科遥感（深圳）卫星应用创新研究院有限公司
144	深圳市特区建发投资发展有限公司
145	深圳市未来交互信息技术有限公司
146	深圳市市政设计研究院有限公司

第八章 科学普及

Scientific Dissemination

第一节 科技活动

2018 年“自主创新大讲堂”场次表

场次	举办日期	主题	主讲嘉宾	嘉宾简介	承办单位	举办地点	规模（人次）	备注
1	2018 年 1 月 8 日	无机材料的仿生合成、组装及应用	俞书宏	中国科学技术大学教授，博士生导师，国家杰出青年基金获得者 (2003—)、教育部“长江学者奖励计划”长江特聘教授 (2006—)、中国科学院引进国外杰出人才 (2002—)、中央七部委“新世纪百千万人才工程”国家级人选 (2006—)、国家重大科学研究计划项目首席科学家 (2010—2014)。	深圳化学化工学会	深圳大学西丽校区化学与环境工程学院一楼学术报告厅	171	科学技术
2	2018 年 1 月 20 日	共享充电宝与共享经济	黄云	来电科技 COO，香港理工大学 MBA，前腾讯 3G 门户创始员工，前嘀咕网 VP，前珍爱创新实验室 CEO。	深圳市中绿城节能环保促进中心	科学馆一楼多功能厅	132	创新型城市
3	2018 年 1 月 21 日	太阳活动与空间天气	王栋	天体物理学博士，深圳市国家气候观象台（天文台）天文观测主管。	深圳市气象减灾学会	深圳少年儿童图书馆一楼多功能厅	124	科普
4	2018 年 1 月 23 日	走进量子世界	朱冰	中国科学技术大学电子工程与信息科学系教授，博士生导师，中国科学院“百人计划”学者。	深圳自动化学会	香港科大产学研大楼一楼 117 报告厅	155	科学技术
5	2018 年 1 月 27 日	舌尖上的中医	秦竹	二级教授，研究生导师，全国老中医药专家学术经验继承工作指导教师，国家全民健康素养巡讲专家，云南省名中医，现任云南中医学院方剂学教研室主任。	深圳市通识科技教育发展研究中心	中心书城北区大台阶	100	科学技术
6	2018 年 1 月 27 日	生命早期 1000 天之孕期营养	刘兰	北京营养师协会秘书长，中国营养学会注册营养师工作委员会委员，中国学生营养与健康促进会理事，原工作于北京大学生育健康研究所“卫生部母婴健康”重点实验室。	深圳市营养师协会	科学馆一楼多功能厅	88	创新型城市
7	2018 年 2 月 2 日	深圳环境监测实践与创新	杨立君 杨万颖	杨立君：教授级高级工程师，深圳市环境监测中心站站长；曾兼任深圳市环境与发展综合决策委员会专家组组长，深圳市人居委环境委员会环境应急专家组组长等职务。杨万颖：教授级高级工程师，现任深圳市计量质量检测研究院副院长，深圳市地方领军人才。	深圳市环境监测协会	海曙凯丰酒店 2 楼荷塘月色会议室	159	创新型城市
8	2018 年 3 月 10 日	气象、气候与城市建设	李磊	博士，正研级高工，深圳市国家气候观象台副台长，深圳市地方级高层次领军人才，现从事城市气候、大气环境等领域研究。	深圳市气象减灾学会	科学馆一楼多功能厅	104	创新型城市

续表

场次	举办日期	主题	主讲嘉宾	嘉宾简介	承办单位	举办地点	规模（人次）	备注
9	2018年3月10日	如何正确选用儿童中成药	万力生	医学博士，教授，主任中医师，硕士研究生导师，广东省名中医，市儿童医院学科带头人，中医科主任。社会兼职：世界中医药学会联合会儿科专业委员会常务理事、中华中医药学会儿科分会常务委员，中华中医药学会科普分会常务委员、中国中西医结合学会儿科专业青年委员会副主任委员、国家中医药管理局中医药文化科普巡讲团专家。	深圳市通识科技教育发展研究中心	中心书城北区大台阶	100	科学技术
10	2018年3月14日	微生物大世界——解密人体内的微生物	殷银霞 刘彬	殷银霞：北京中医药大学第五临床医院，北京中医药大学深圳医院，龙岗区中医院老年病科主任医师，深圳中医药博物馆科普专家。刘彬：主任护师，深圳市健康教育科普教育团专家，广东省健康科普专家，国家二级心理咨询师，二级公共营养师，高级健康管理师，中国红十字救护培训师。	"深圳市乙品华堂绿色产品科技发展有限公司（深圳市微生物菌科科普基地）"	罗湖区文华花园文富楼裙楼4楼410（罗湖社会创新空间）	80	科学技术
11—16	2018年3月16日—2018年4月15日	玩转化学之彩虹天堂（共6场）		林建芬：深圳兰陵学校，化学教师。周育妹：深圳龙华教科院附属学校，科学教师。吕广辉：深圳大学化学与环境工程学院教学实验中心，工程师。何晋华：深圳大学化学与环境工程学院教学实验中心，工程师。	深圳化学化工学会	全市基层街道社区与学校	180	科普
17	2018年3月17日	中国质量行之防伪的责任	柯重来 赵经书	柯重来：防伪溯源专家委员会专家、深圳市防伪协会执行会长。赵经书：深圳华信嘉源科技有限公司总经理。	深圳市防伪协会	科学馆一楼多功能厅	85	创新型城市
18	2018年3月24日	掌纹营养学	梁素芳	中医世家，医学博士、教授、国际注册执业中医师、注册中医养生导师、中医康复科医师、中华中医养生保健专家及心理教授。惠州梁氏掌纹健康管理文化咨询有限公司董事长；惠州梁氏掌纹医学绿色养生国际健康研究学院院长。	深圳市营养师协会	科学馆一楼多功能厅	81	创新型城市
19	2018年3月27日	智慧建筑与一体化管理	陈玉兵 郑平凡	陈玉兵：霍尼韦尔Tridium中国南区经理、资深的Niagara平台专家。郑平凡：深圳市骏凯联信有限公司产品总监、Niagara架构师。	深圳市建筑电气与智能化协会	科学馆一楼多功能厅	131	创新型城市
20	2018年3月29日	全网整合营销布局及运维执行，加快转型升级	费勇	深圳市南方网通网络技术开发有限公司首席执行官，"G3云推广"服务应用系统创始人，该系统荣获"2017中阿博览会中国自主品牌创新贡献奖""2017年广东省最佳自主品牌"等奖项。深圳市质量强市促进会专家，深圳市互联网协会副会长、互联网协会网络营销研究中心负责人。	深圳市质量强市促进会	科学馆一楼多功能厅	134	创新型城市

续表

场次	举办日期	主题	主讲嘉宾	嘉宾简介	承办单位	举办地点	规模（人次）	备注
21	2018年3月30日	探索“新地球”	徐文耀	中国科学院地质与地球物理研究所研究员、中国科学院研究生院教授、博士生导师、国际地磁与高空物理联合会中国委员会副主席，曾任中国科学院地球物理研究所所长，现为中国科学院老科学家科普演讲团副团长。曾获中国科学院科技一等奖、国家海洋局特等奖。	深圳市老年科技工作者协会	科学馆一楼多功能厅	161	创新型城市
22	2018年3月31日	春季小儿常见病预防及保健方法	朱锦善 武 艳	朱锦善：全国中医儿科高等教育学会常务副理事长，国家食品药品监督管理局药品评价中心评审专家，《中国中医药学术年鉴》委员，中华中医药学会科技评审委员，广东省卫生技术高级职称评审委员，广东省及深圳市医药科技评审专家、医疗事故鉴定委员会委员等。武艳：高级小儿推拿师，中医世家，执业保健按摩师。中科院心理学研究院心理咨询师，哈佛莱儿童健康管家创始人。	深圳市老中医协会	科学馆一楼多功能厅	180	科学技术
23	2018年4月11日	智能装备工程设计与实现	张柏宇	高级工程师，MSE硕士。现任中国电子商务协会研究院副院长，复旦大学硕士（MSE）客座教授，西安交大深圳研究院客座教授，北京邮电大学深圳研究院客座教授等职。	深圳自动化学会	深圳第二高级技工学校侨城校区礼堂	322	创新型城市
24	2018年4月14日	肥胖症的综合疗法	闫凤	广州医学院第一附属医院营养科主任，副教授。广东省临床营养质控中心副主任委员，广东省营养学会临床营养分会副主任委员，广东省医学会肠内肠外营养学分会常务理事。	深圳市营养师协会	科学馆一楼多功能厅	82	创新型城市
25	2018年4月15日	中集空港——从国内领先走向全球领先	郑祖华	深圳中集天达空港设备有限公司董事长	深圳市中鹏智创新管理研究院	海景嘉途酒店西翼楼三楼一品厅	129	创新型城市
26	2018年4月21日	高影响天气研究与深圳城市生活	李晴岚	博士，中国科学院深圳先进技术研究院研究员，曾于香港AECOM公司担任高级环境顾问。	深圳市气象减灾学会	科学馆一楼多功能厅	104	创新型城市
27	2018年4月26日	深圳之巅-硬件超级发布与采购	姜臻炜 胡 胜	姜臻炜：浪尖设计集团有限公司常务副总兼创意总监，深圳市浪尖开物科技有限公司总经理，光华龙腾中国设计业十大杰出青年，西安电子科技大学创业导师。胡胜：蜂群物联网研究院常务副院长，壹城物联联合创始人兼COO、哈尔滨工业大学深圳研究院特聘顾问，深圳清华大学研究院创新创业学院原执行院长。	深圳市物联网智能技术应用协会	南山区高新科技工业村R3-A栋一楼（空体）	90	创新型城市

续表

场次	举办日期	主题	主讲嘉宾	嘉宾简介	承办单位	举办地点	规模（人次）	备注
28	2018年5月5日	吃出健康——口腔中的微生物与小儿营养搭配	高敬荣 余青婵	高敬荣：高级配餐培训讲师，机构营养培训讲师，慢性病调理营养师，国家一级公共营养师，《辽沈晚报》等报刊撰稿人。余青婵：副主任护师，深圳市护理学会口腔护理专业委员会副主任委员，中华口腔医学会口腔护理专业委员会专科会员，广东省护理学会口腔科护理专业委员会委员。	深圳市乙品华堂绿色产品科技发展有限公司（深圳市微生物菌科科普基地）	科学馆一楼多功能厅	83	创新型城市
29—40	2018年5月9日—2018年5月24日	科技技术改变世界（共12场）	赵晓光 陈贺能 原 魁	赵晓光：中国科学院自动化研究所研究员，博士生导师。陈贺能：中国科学院高级工程师。原魁：中国科学自动化研究所研究员、博士生导师，高技术创新中心主任，中国自动化学会机器人竞赛工作委员会副主任。	深圳市中科思达青少年科学探索研究中心	深圳市12所中小学	2110	科普
41	2018年5月11日	农产品检测国家标准制修订现状与疑难应对	刘潇威 贺利民	刘潇威：研究员，农业部环境质量监督检验测试中心（天津）副主任兼技术负责人，环境监测与预警研究中心主任。贺利民：研究员、博士生导师，农业部畜禽产品质量监督检验测试中心（广州）副主任、质量负责人；农业部农产品质量安全机构认可评审员。	深圳市分析测试协会	金茂园大酒店金圆厅	191	科学技术
42	2018年5月12日	慧吃慧动、健康体重	张明 王晓东	张明：营养学硕士，北京大学深圳医院营养科主任、副主任医师、副教授。王晓东：日本大阪大学博士（医学）、博士后（医学），美国运动医学会认证、注册体能训练师；现任深圳大学师范学院体育系书记，副主任，副教授，硕士研究生导师。	深圳市营养师协会	科学馆一楼多功能厅	102	创新型城市
43	2018年5月18日	基于光生电荷调控的环境与能源光催化研究	井立强	博士，教授、博士生导师。现任黑龙江大学化学化工与材料学院党委书记、功能无机材料化学教育部重点实验室副主任，教育部长江学者特聘教授、教育部创新团队带头人、教育部新世纪优秀人才、省龙江学者特聘教授、省政府特殊津贴专家、省重点建设学科领军人才梯队带头人、省杰出青年科学基金获得者、省青年科技奖获得者。	深圳化学化工学会	深圳大学西丽校区化学与环境工程学院一楼学术报告厅	124	科学技术
44	2018年5月19日	互联网+背景下的营销战略创新，助推转型升级	贺和平	管理学博士，深圳大学管理学院市场营销系副教授。	深圳市质量强市促进会	科学馆一楼多功能厅	122	创新型城市

续表

场次	举办日期	主题	主讲嘉宾	嘉宾简介	承办单位	举办地点	规模（人次）	备注
45	2018 年 5 月 26 日	走进南北极	高登义	中国科学院大气物理所研究员，博士生导师，挪威卑尔根大学荣誉博士，中国科学探险协会名誉主席，中国科普作家协会荣誉理事。曾任中国科学院大气物理所副所长。	深圳市老年科技工作者协会	科学馆一楼多功能厅	159	创新型城市
46	2018 年 5 月 26 日	小儿体质的中医调护	郑敏	副主任医师，深圳市中医院儿科主任。深圳市中西医结合儿科分会副主任委员，深圳市医师协会儿科分会常务理事。	深圳市通识科技教育发展研究中心	中心书城北区大台阶	100	科学技术
47	2018 年 6 月 2 日	科学防癌·关爱生命	李宁先	中医学研究员，“湖南省老年科技技术协会保健中心”中医学顾问，《中老年自我保健》杂志中医科学高级顾问。	深圳市老中医协会	科学馆一楼多功能厅	156	科学技术
48	2018 年 6 月 9 日	深圳地面坍塌与风险防控	雷呈斌	硕士，深圳市地质环境监测中心正研级高级工程师	深圳市气象减灾学会	科学馆一楼多功能厅	157	创新型城市
49	2018 年 6 月 16 日	怎样用中医调理小儿厌食	刘莎莎	中医儿科学博士，深圳市中医院儿科主治医生，现任中华中医药学会儿科肺炎联盟委员会委员。	深圳市通识科技教育发展研究中心	中心书城北区大台阶	100	科学技术
50	2018 年 6 月 19 日	海洋防污的今天和明天	张广照	华南理工大学材料科学与工程学院教授。2002 年获中国科学院“百人计划”，2007 获国家杰出青年基金。现任 Macromolecular Chemistry and Physics 国际顾问编委，国家自然科学基金委员会化学部评审组成员，中国科学院长春应用化学研究所客座研究员，中国科学院纤维素化学重点实验室学术委员。	深圳化学化工学会	深圳大学西丽校区化学与环境工程学院学术报告厅	120	创新型城市
51	2018 年 6 月 21 日	从市场的角度做产品创新，辅助转型升级	邹国华	企业管理高级培训师，国际注册管理咨询师，现任深圳市华思思咨询服务有限公司总经理。	深圳市质量强市促进会	科学馆一楼多功能厅	144	创新型城市
52	2018 年 6 月 21 日	绿色数据中心建设与运营	曾建国 寇海鹰	曾建国：深圳市建筑设计研究总院有限公司副总工程师、高级工程师，注册电气工程师、注册自动化系统工程师。寇海鹰：深圳市盘古运营服务有限公司数据中心事业部总经理、高级工程师。	深圳市建筑电气与智能化协会	科学馆一楼多功能厅	132	创新型城市
53	2018 年 6 月 23 日	心血管病的膳食模式	马文君	广东省人民医院营养科主任、临床营养学主任医师；中国医师协会营养专业委员会常务委员；中国医促会营养与代谢管理专业委员会常务委员；中国老年保健医学研究会；老年膳食健康研究分会常务委员；广东省营养学会副理事长；广东省营养学会临床营养专业委员会主任委员。	深圳市营养师协会	科学馆一楼多功能厅	83	科学技术

续表

场次	举办日期	主题	主讲嘉宾	嘉宾简介	承办单位	举办地点	规模（人次）	备注
54	2018年6月24日	漫谈人工智能	王晓龙	哈尔滨工业大学深圳研究生院教授，国务院政府特殊津贴专家，“做出突出贡献的中国博士学位获得者”。	哈尔滨工业大学（深圳）	西丽深圳大学城哈工大校区A栋311教室	144	创新型城市
55	2018年6月30日	区块链产业金融创新应用	赵伟 邱寒	赵伟：区块链（深圳）研究开发中心董事，行云链联合创始人，多比交易平台CEO，深圳布罗克城网络科技有限公司CEO。邱寒：深圳市商链网络科技有限公司CEO，央视财经频道受访专家，联合国WOGC组织世界数字经济委员会技术理事会成员。	深圳市物联网智能技术应用协会	科学馆一楼多功能厅	81	创新型城市
56	2018年7月7日	健康教育之职场人健康管理	尹成元 陈柏书	尹成元：执业中医师，心理咨询师，通透堂中医馆院长，精准推拿疗法创始人，湖南中医药大学推拿学院客座教授，原岭南医院针灸推拿科主任。陈柏书：医学博士，副主任中医师，深圳市宝安中医院（集团）治未病中心组长，中华预防医学会中西医结合学会委员，中国民族医药学会科普分会常务理事，中华中医药学会外治分会青年委员。	深圳市通识科技教育发展研究中心	中心书城北区大台阶	100	科学技术
57	2018年7月7日	人工智能与智慧气象	汤洋 李海龙	汤洋：哥本哈根大学数学系博士，深圳市高层次后备级人才，深圳市凬玄阁科技有限公司CEO。李海龙：工程师，深圳市气象局天气预报员，深圳天气官方微博小编，深圳天气官方微信推文主要作者，气象服务渠道组组长。	深圳市气象减灾学会	科学馆一楼多功能厅	127	创新型城市
58	2018年7月11日	纳米晶体尺度与组成的调控及其电池应用	林志群	美国佐治亚理工学院教授、英国皇家化学学会会士，Journal of Materials Chemistry A副主编以及Nanoscale编辑顾问委员会成员。	深圳化学化工学会	深圳大学西丽校区化学与环境工程学院学术报告厅	113	科学技术
59	2018年7月18日	探月密码	石磊	中国航天报社原总编辑、中国宇航出版社原副社长，高级记者，全国优秀新闻工作者、全国百佳新闻工作者，科普作家，现任中国科普作家协会国防科普委员会副主任。	深圳市老年科技工作者协会	科学馆一楼多功能厅	158	科学技术
60	2018年7月19日	农产品质量管理体系要求与风险防控	刘肃	农业部蔬菜品质监督检验测试中心（北京）常务副主任，现任全国蔬菜标准化技术委员会秘书长，农业部热带作物标准化技术委员会委员，食品安全国家标准审评委员会委员，国家农药残留标准审评委员会委员，农业部农产品质量安全专家组专家。	深圳市分析测试协会	维也纳酒店深圳北站店贝多芬厅	182	科学技术

续表

场次	举办日期	主题	主讲嘉宾	嘉宾简介	承办单位	举办地点	规模（人次）	备注
61	2018 年 7 月 21 日	城市生活垃圾处理热点问题解析	刘建国	清华大学 环境学院 教授，博士生导师，固体废物处理与环境安全教育部重点实验室副主任，兼任中国城市环境卫生协会专家，住建部环境卫生工程技术研究中心专家，两网融合产业创新协作体专家、住建部市容环卫标准化技术委员会委员，中国环境保护产业协会理事，北京市市容环境卫生协会顾问等职。	深圳市环境科学学会	科学馆一楼多功能厅	227	创新型城市
62	2018 年 8 月 4 日	卓越班组长技巧训练，助力转型升级	刘小伟	高级经济师，广东省卓越质量促进中心创办人 / 主任，中国科协企业创新服务中心特聘专家，首届全国企业创新方法大赛评审专家，国际 TRIZ（技术创新方法）认证培训师、首批国家高级 QCC 诊断师。	深圳市质量强市促进会	科学馆一楼多功能厅	162	创新型城市
63	2018 年 8 月 18 日	乳腺癌与女性健康	杨 英	博士，天津大学生命科学学院副教授，主要科研方向为乳腺癌免疫机制的研究。	深圳市营养师协会	科学馆一楼多功能厅	81	科学技术
64	2018 年 8 月 30 日	节能减排 绿色发展	赵振业 李绍峰	赵振业：教授级高工、博士，九三学社社员，深圳市人大常委会城市建设与资源环境保护工作委员会委员，深港产学研基地海岸与大气研究重点实验室执行主任。李绍峰：博士，深圳职业技术学院深圳市工业节水及城市污水资源化技术重点实验室主任、教授。	深圳市中绿城节能环保促进中心	龙岗区天马微工业园区	151	创新型城市
65	2018 年 9 月 1 日	微生物，大健康——膳食搭配与疾病预防	马梦晖 刘爱彭	马梦晖：副主任护师、原平乐骨伤医院护理部副主任，现任罗湖医院集团罗湖中医院护理部副主任。刘爱彭：副主任护师、深圳罗湖医疗集团体检科护士长、高级健康管量师、健康管师考评员。	深圳市乙品华堂绿色产品科技发展有限公司（深圳市微生物菌科科普基地）	科学馆一楼多功能厅	86	创新型城市
66	2018 年 9 月 15 日	营养与年轻化	马 静	中山大学公共卫生学院营养系教授，硕士生导师，副主任。国家保健食品审评专家、国家科技部项目评审专家、广东省营养学会公共营养分会副主任、广东省食品安全专家委员会委员、广东省临床营养质控中心专家委员会委员、广东省保健食品行业协会营养专家委员会主任。	深圳市营养师协会	科学馆一楼多功能厅	99	创新型城市
67	2018 年 9 月 26 日	发现科学之美	梁 琰	博士，"美丽化学"主创、"美丽科学"创始人、中国科学技术大学科技传播与科技政策系特任副研究员。	深圳化学化工学会	深圳大学师范学院附属中学高中部演会中心	602	科学技术

续表

场次	举办日期	主题	主讲嘉宾	嘉宾简介	承办单位	举办地点	规模（人次）	备注
68	2018年9月26日	在智慧学校、智慧医院的技术创新与应用	蔡丹确 张发胜	蔡丹确：注册电气工程师，注册咨询工程师，深圳市建筑设计研究总院有限公司副总工程师。张发胜：博士，深圳市鸿普森科技股份有限公司总经理。	深圳市建筑电气与智能化协会	圣廷苑酒店二楼多功能厅 II	132	创新型城市
69	2018年9月30日	人工智能与科技教育	金哲	深圳市福田区科技中学科技老师，2016年度全市优秀科技辅导员，福田区第17届青少年科技节“优秀指导教师”，2016“乐韵飞扬”主题赛“优秀科技辅导员”，2017中欧班列动力机关设计大赛“优秀指导教师”。	深圳市通识科技教育发展研究中心	深圳中心书城北区大台阶	100	创新型城市
70	2018年10月13日	运动养生之道	吴通涛 文 懿	吴通涛：CHIRUNNING太极跑首批国际认证老师，车载TFT项目高级工艺技术专家。文懿：CHIRUNNING太极跑中国大陆首席教练，太极跑创始人丹尼先生入室弟子。	深圳市营养师协会	科学馆一楼多功能厅	86	创新型城市
71	2018年10月18日	宇宙中的黑洞	何香涛	北京师范大学天文学系教授，博士生导师。国际天文学会会员。曾任中国天文学会副理事长，北京市天文学会理事长。曾独自获得国家自然科学三等奖和国家教委科技进步一等奖，两次获国家科普创作奖，1997年与美国国立基特峰天文台台长共同获得美国天文学会的Chretien国际观测奖。2014年获中国天文学会最高奖张钰哲奖。	深圳市老年科技工作者协会	科学馆一楼多功能厅	156	科学技术
72	2018年10月27日	二胎政策下的“小儿科”	张显惠 谢 英	张显惠：华中科技大学同济医学院主任医师、教授，深圳市科技创新委员会科技专家。谢英：医学博士，讲师，深圳市职业病防治院，主治医师。	深圳市抗衰老研究会	科学馆一楼多功能厅	83	创新型城市
73—81	2018年11月1日-2018年11月23日	航空科普系列讲座（共9场）	傅前哨 徐邦年 陈 洪	傅前哨：空军《航空杂志》社副编审、《航空知识》杂志社编委会委员、中国航空史研究会理事。中央电视台和中央人民广播电台多个频道和栏目特邀军事专家。陈洪：原空军指挥学院教授，空军大校（正师职），国防大学研究生导师和学科带头人，空军首批高层次科技人才，学院十佳教员。徐邦年：空军指挥学院研究员，教授、博士生导师。	深圳市中科思达青少年科学探索研究中心	全市9所中小学校	2090	科普

续表

场次	举办日期	主题	主讲嘉宾	嘉宾简介	承办单位	举办地点	规模（人次）	备注
82	2018年11月9日	提高涉气能源电催化性能的多尺度原则	张强	清华大学长聘教授，曾获得国家自然科学基金杰出青年基金、中组部万人计划青年拔尖人才、英国皇家学会 Newton Advanced Fellowship、2017年科睿唯安全球高被引科学家。担任国际期刊 J Energy Chem 编辑。	深圳化学化工学会	深圳大学西丽校区化学与环境工程学院学术报告厅	156	科学技术
83	2018年11月10日	微生物解读—营养与健康	张荣慧 林 镇	张荣慧：国家高级营养师、培训机构营养培训师、健康中国2013营养讲师大赛广州赛区前十强。林镇：国家一级公共营养师、二级健康管理师、高级营养师培训师、深圳宝安区妇联讲师团讲师。	深圳市乙品华堂绿色产品科技发展有限公司（深圳市微生物菌科科普基地）	科学馆一楼多功能厅	83	创新型城市
84	2018年11月13日	典型经济发达城市大气污染情况变迁及持久性有机物问题探究	李顺诚 蔡宗伟	李顺诚：教授，香港理工大学环境科技及管理研究中心主任，曾任国际空气及废物管理协会香港分会的主席，国际知名SCI期刊《Journal of Air and Waste Management Association》编辑，中国科学院地球环境研究所和北京大学深圳研究生院的兼职教授。蔡宗伟：香港浸会大学讲座教授，“长江学者”讲座教授、国家自然科学基金杰出青年基金获得者。	深圳市环境监测协会	海曙凯丰酒店三楼荷塘月色厅	163	创新型城市
85	2018年11月21日	常温常压下电催化氮还原合成氨	王海辉	华南理工大学化学与化工学院教授，2007年入选教育部新世纪优秀人才计划，2011年入选广东省珠江学者特聘教授，2012年获得国家杰出青年科学基金，2015年入选科技部中青年科技创新领军人才，2016年入选英国皇家化学会 Fellow，2017年入选第三批国家“万人计划”科技创新领军人才，2018年入选广东省特支计划“杰出人才”，2018年获聘教育部长江学者特聘教授。	深圳化学化工学会	深圳大学西丽校区化学与环境工程学院学术报告厅	170	科学技术
86	2018年11月24日	上善若水——论水与健康	梁东武	博士，广西大学副研究员，二级公共营养师。	深圳市营养师协会	科学馆一楼多功能厅	82	创新型城市
87	2018年12月5日	BIM、物联网技术在超高层建筑中的应用	刘三明 雷治策	刘三明：深圳市智宇实业发展有限公司董事长，中国智慧城市首席行业技术专家、中国建筑业协会智能建筑分会的专家委专家、中国勘察设计协会工程建筑智能化技术专家、工业和信息化部中国通信工业协会物联网专家。雷治策：深圳市安冠科技有限公司总工程师、博士，深圳智慧城市研究会专家委员会专家。	深圳市建筑电气与智能化协会	科学馆一楼多功能厅	176	创新型城市

续表

场次	举办日期	主题	主讲嘉宾	嘉宾简介	承办单位	举办地点	规模（人次）	备注
88	2018 年 12 月 8 日	大气污染优化控制	安兴琴	中国气象科学研究院研究员，博士生导师。曾获得中国气象学会授予的“全国优秀青年气象科技工作者”称号，科技论文曾获得 2002 年度第七届中科院大气物理研究所“学笃风正”奖。	深圳市气象减灾学会	科学馆一楼多功能厅	102	创新型城市
89	2018 年 12 月 12 日	工业互联网 + 智能制造	艾新	深圳市天圳自动化技术有限公司轻工事业部副总经理，资深高级项目经理，主要从事轻工行业自动化系统的研发、设计与实施工作。	深圳自动化学会	深圳信息职业技术学院 学思楼第三阶梯教室	311	创新型城市
90	2018 年 12 月 14 日	用于燃料电池的核 - 壳电催化剂：设计、合成与催化性能研究	邵敏华	香港科技大学化工与生物分子工程系副教授，香港科技大学能源研究院副主任。曾获得美国电化学会 Supramaniam Srinivasan 青年研究者奖（2014），美国电化学会学生成就奖（2007）等。Science Bulletin 副主编，Journal of Applied Electrochemistry 和 Catalysts 编委。	深圳化学化工学会	深圳大学西丽校区化学与环境工程学院学术报告厅	132	科学技术
91	2018 年 12 月 22 日	澳门学龄儿童的健康营养状况与膳食推荐	尤淑瑞	暨南大学医学院医学硕士；河北医科大学客座教授；河北省第十至第十一届政协委员。原澳门特区政府卫生局一般卫生护理领导机关及秘书处首级顾问高级技术员（营养范畴）；卫生局《澳门医疗与健康》杂志执行副主编兼编辑部副主任，澳门营养学会副会长兼理事长。	深圳市营养师协会	科学馆一楼多功能厅	82	创新型城市
92	2018 年 12 月 22 日	科技场馆教育功能开发的思考与实践	徐士斌	深圳市少年宫（深圳市少儿科技馆）技术总监，高级工程师，深圳市青少年校外教育工作协会理事，从事科普教育工作 20 余年。	深圳市通识科技教育发展研究中心	中心书城北区大台阶	100	创新型城市
93	2018 年 12 月 28 日	基于功能纳米材料的结构工程构建高效电催化剂及其在能源存储与转化中的应用	陈少伟	美国加州大学圣克鲁兹分校化学与生物化学系教授和 UCSC COSMOS program 主任。2010 年年底入选国家“千人计划”，现为华南理工大学环境与能源学院新能源研究所特聘教授。	深圳化学化工学会	深圳大学西丽校区化学与环境工程学院学术报告厅	117	科学技术
							13409	

第二节 青少年科技教育

一、科技教育活动

青少年科技创新大赛方面，2018 年 12 月 23 日，第 34 届市创新大赛在深圳市龙岗龙城高级中学成功举行。青少年科技创新大赛是目前我国规模最大、层次最高的青少年科技教育活动。每年从区赛到市赛吸引近十万名中小学生参加，参与力度最广，面积最大。近几年来，深圳市科技创新大赛成绩在全省一直名列前茅。深圳市科协组织深圳选手于 3 月 29 日—4 月 1 日赴汕头市参加第 34 届广东省青少年科技创新大赛，选手在大赛青少年创新成果项目中斩获 4 个一等奖，10 个二等奖，7 个三等奖；在科技实践项目中，获得 3 个一等奖；在科幻绘画项目中，获得 1 个一等奖；在科技辅导员项目中，获得 3 个一等奖，5 个二等奖，1 个三等奖。其中一等奖代表广东参加 7 月 20 日举行的第 34 届全国青少年科技创新大赛，在国赛中斩获 3 个一等奖、2 个二等奖、1 个三等奖。

在广州、香港、杭州、澳门创新大赛全国赛中，闯入决赛的深圳代表队成绩斐然，为广东省在全国赛中取得优异成绩做出重大贡献。

机器人竞赛活动走出国门扬威海外。4 月 19 日，深圳市青少年机器人竞赛在深圳市青少年活动中心举办，共决出 38 支代表队参加第十八届广东省青少年机器人竞赛。为办好青少年机器人竞赛，让教练员熟悉规则，深圳市科协于今年 3 月组织了一次机器人教练员培训班，共有 50 名教练员参加。其中，深圳市学生代表在广东省青少年机器人竞赛中斩获一等奖 11 个、二等奖 15 个、三等奖 18 个，宝安区福永中学获得初中综合技能第一名并代表广东省出线国赛。

作为深圳市科学技术协会主办三大赛事之一的七巧板比赛，深受小学生喜爱。比赛于 2018 年 1 月 6 日在罗湖区红岭小学举办，吸引全市 8 个区 90 所学校共 1000 名师生参与。通过主题创作、多幅组合、智力美画等创造活动，提高了小学生的综合运用能力、空间想象能力、抽象思维能力，锻炼动手和动脑能力，同时有助于提高学生的团结协作精神。

二、合作交流

2018 年 10 月 15 日，“科学与中国”院士专家巡讲团暨粤港澳大湾区“弘扬科学精神，普及科学知识”巡讲活动在深圳市人才公园启动，中国科协副主席郑晓静院士、深圳市副市长王立新、中国科学院学部工作局局长李婷、深圳市科学技术协办党组书记，副主席张莉、深圳市科学技术协会党组成员，副主席张治平参加了活动开幕式。活动由中科院学部工作局，深圳市科学技术协会等单位承办。

活动在 15 日—17 日三天邀请 28 位两院院士及 17 位专家走进粤港澳大湾区高等学府、中小学校、企业社区作报告，共计举行 122 场报告会。活动期间还举办院士“科学人生·百年”画展。

其主旨为让孩子们走近科学偶像，以科学家为榜样，正确树立人生观、价值观。让青少年、社区居民、企事业成员与院士、专家面对面互动交流，培养热爱科学、尊重科学的精神，进一步优化创新文化氛围，提升市民科学素养，营造热爱科学、学习科学、尊重科学的氛围，发扬科学精神。

2018 年巡讲活动有 4 大亮点，一是范围扩大，由以往在深圳地区巡讲延伸到粤港澳大湾区；二是院士专家最多，邀请了 28 位两院院士和 17 位专家，开展为期 3 天的百余场公益巡讲活动；三是活动形式多样化，“院士专家校园行”“院士专家授课行”“院士专家企业行”“院士专家社区行”以及“院士澳区高校行”“院士港区高校行”“专家港区校园行”“院士穗城高校行”等活动以多种形式开展。

发挥“科学教育特色学校”辐射作用。以在示范学校开展科技教育工作及科技创新活动为重点，发挥科技教育示范学校辐射作用，积极选拔优秀学子参加每年在暑假举行的“高校科学营”，并组织本市“高校夏令营”活动，带领学生到香港及台湾高校开阔视野，引导他们积极参与各项科技教育活动，提高各项能力。

三、科技教师队伍建设

为帮助青少年科技辅导员在教学活动中将实际与专业特点结合，强化科技实践活动能力，不断增加科技教育含金量，提高创新精神及综合实践的教育培养能力，积极组织开展辅导员培训，即每年组织各区辅导员及科技工作者观摩全国青少年科技创新大赛；开展各级各类培训学习，如参加广东省机器人及深圳市七巧板等赛前培训，邀请国内省内著名科普讲师在全市作科普报告；免费发放有关青少年科技教育活动书籍和资料。据统计，2018年一年共组织培训和讲座80场次，近十万科技辅导员参加培训活动。

深圳市疾病预防控制中心

深圳市疾病预防控制中心（Center for Disease Control and Prevention, CDC）是由深圳市政府举办的实施疾病预防控制与公共卫生技术管理和服务的公益事业单位。有在编人员230人，其中博士48人、硕士99人；正高74人、副高70人。有博导5人，硕导27人，兼职教授14人。2010年设立博士后科研工作站，已培养出站19人，在站9人。

中心已建成国家、省、市各层级学科平台17个，引进三名工程团队6个。十三五期间，主持国家、省、市科研项目187项，其中：国家自然科学基金立项26项，“十三五”国家科技重大专项课题1项，子课题2项，各级科研资助合计7346.19万元；获市级以上科技成果奖17项次，其中：中华医学奖三等奖1项，中华预防医学奖二等奖1项、三等奖1项，广东省科技进步奖二等奖2项、三等奖3项，市科技进步奖一等奖3项、二等奖6项；发明专利授权12项；在核心期刊上发表论文论著949篇，其中SCI论文273篇；培养硕士、博士162人，带教实习生388名，各类进修人员626人。

深圳市疾病预防控制中心重大传染病监控重点实验室

深圳市疾病预防控制中心重大传染病监控重点实验室拟重点开展我国，特别是深圳地区重大传染病和新发传染病病原体的分离、鉴定及检测体系建立的研究；新发和再发传染病病原体传播途径的溯源；特种病原体遗传信息的动力学监测及其病原体遗传变异与宿主相容性的关系；致病性病原体遗传资源库的建立和利用；重大传染病和新发传染病病原体诊断标准血清库和核酸库的建立与利用等相关应用基础研究。进行实验室和现场专业人员的培训和研究生的培养。

开发和引进了一系列的病原体高通量应急检测技术，具有脉冲场凝胶电泳（PFGE）细菌快速分子分型的PulseNet监测网络技术平台和病毒基因组条码进行分子分型对新发和再发病原体准确溯源技术能力；利用生物传感器对食品中生物污染物进行现场快速筛查，通过三十年的发展，实验室已经具备对病原体进行形态学、血清学和分子生物学检测、参比检测和准确溯源的能力。

先后成为国家、省、市各类重点实验室和技术平台：2010年成为“病原微生物生物安全国家重点实验室”的联合实验室；2012年与中国科学院武汉病毒所联合成立了“中国南方病毒病研究中心”；2011年与厦门大学共同建立了分子诊断教育部工程中心深圳中心；2012年成为深圳市重大传染病监控重点实验室；广东省十二五医学病原体参比检测和生物安全重点实验室，2011年成为深圳市卫人委病原体参比检测和生物安全优势重点实验室；2013年成为国家生物产业公共服务平台“深圳病原体资源库”,2016年5月与南方科技大学协作建立“热带病研究中心”。

实验室拥用16个生物安全二级实验室和一个生物安全三级实验室，建立了深圳市病原体库，目前储存菌毒种4万多株；具有深圳市病原体诊断标准阳性血清库和病原遗传与变异的生物信息库。

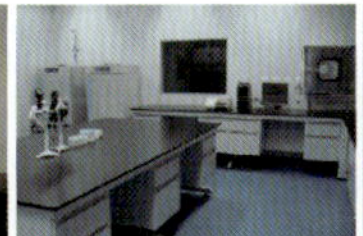

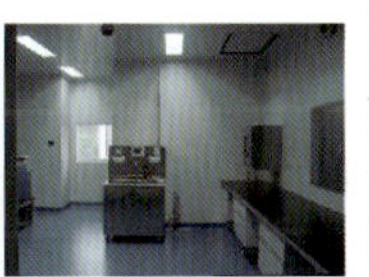

生物安全三级实验室（BSL-3）

研发的EV71病毒，流感病毒，广州管圆线虫，沙门、志贺氏菌检测试剂

深圳市疾病预防控制中心毒理实验室

深圳市疾病预防控制中心毒理实验室于1997年建立，1999年被评为深圳市第一批医学重点实验室，2000年通过中国合格评定国家认可委员会的实验室认可。2007年批准为深圳市现代毒理学重点实验室。现为广东省医学重点实验室、深圳市市级重点实验室、深圳市医学重点学科。现有博士生导师2名、硕士生导师5名；广东省医学领军人才1名，广东省杰出青年医学人才2名；享受国务院政府特殊津贴和市政府特殊津贴专家1名，市高层次领军人才1名，市后备级人才3名，市海外高层次人才2名；中国毒理学会认证毒理学家4名。

现拥有6000多万元可进行细胞、基因组、表基因组、蛋白质组、代谢组及实验动物整体水平检测及研究的先进仪器设备，同时拥有获得广东省科技厅颁发的SPF级和普通级实验动物使用许可证的动物实验中心。

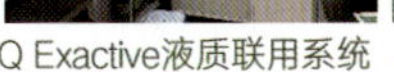

Q Exactive液质联用系统　XTREME Ⅱ小动物活体成像系统

实验室主要研究方向为：化学污染物暴露致机体损伤的分子机制与生物标志物研究；神经退行性疾病风险因素及预防研究；化学污染物检测技术及其健康风险评估研究；化学物毒性检测与生物安全性评价研究。实验室同时负责接受企业委托，对食品、消毒剂、一次性卫生用品等产品进行毒性检测及安全性评价工作。

深圳市南山区疾病预防控制中心

2018年,在区委区政府和区卫生计生局的正确领导下，在市疾病预防控制中心和市职业病防治院的技术指导下，我中心始终坚持“预防为主”的卫生工作方针,以“质量提升年”为指导思想，以“大学习、真落实、促提升”为主线，着力“建机制、强管理、补短板、提质量”促进各项工作取得新进展。

疾控体系建设不断完善

重大传染病防控有效。我区未发现不明原因肺炎病例、SARS预警病例及人禽流感病例。全区连续10年未发生本地感染的疟疾病例和二代病例，代表深圳市顺利通过广东省消除疟疾复核。不断加强重大疾病联控机制建设，2018年全省登革热发病率较去年有上升趋势，与海关、城管、街道等部门共同开展登革热防控工作，有效遏制了我区登革热疫情暴发。积极做好国家免疫规划疫苗接种工作，完成适龄儿童一类疫苗接种率达到国家标准，接种异常反应规范处置率100%。加强冷链运输的安全性，率先实施全区冷链温度监测报警信息系统，实时监测冷链冰箱温度，稳步推进数字化预防接种门诊建设。国家卫健委疾控局毛群安局长、国家卫健委疾控局免疫处副处长冯赟和广东省卫计委领导一行来到我中心对我区疾控体系建设进行调研，对我区疾病预防控制工作取得的成效表示了肯定。

省市各类应急技能竞赛再创佳绩

中山大学公共卫生学院举办的第五届公共卫生实践技能演练大赛暨首届全国大学生公共卫生综合技能大赛选拔赛，我中心获得广东省第一名。深圳市卫计委组织开展了2018年深圳市鼠疫疫情防控应急演练，我中心在全市区级疾控中心中名列第一。深圳市职防院主办的2018年深圳市突发中毒事件卫生应急演练竞赛，我中心获得一等奖。

高水平公共卫生项目不断推进

继续开展由中国疾病预防控制中心联合16个省34座城市实施的“空气污染（雾霾）人群健康影响监测”项目。与深圳市疾控中心一起承接国家科学技术部联合重大研究计划资助 “大气污染的急性健康风险研究” 项目。引进深圳市医疗卫生三名工程团队“细菌感染性疾病检测及监测”项目。我中心是全市唯一被选定为全国死因监测点的区级单位，开展全人群死因监测项目。这些高水平项目的开展，提升了疾病预防控制创新水平。

推进多种形式的健康教育

参加“深圳市第三届最受欢迎的健康促进场所和健康家庭评选”获得了最受市民喜爱的健康促进场所三等奖和活动组织优秀奖。参加“第四届深圳市民健康素养大赛” 获得宣传发动一等奖、最佳组织奖、参赛队员二等奖、最佳表现奖。制作的公益短片《宝宝在哭泣》在中国健康科普大赛上荣获优秀奖；制作的公益短片《幽灵杀手》在新时代健康科普作品征集大赛中荣获视频类全国十佳优秀作品奖。在“全国居民健康素养、成年人烟草流行监测和居民中医药健康文化素养调查项目”中，我区以排名第一的成绩通过广东省督导检查。

积极开展对口帮扶

广西基层实验室检测能力较低，直接影响到疫情和公共卫生事件处置效果，因此将帮扶地区的实验室检测能力建设作为重点工作。我中心派驻实验室专业技术人员进行技术指导，同时安排帮扶单位的技术人员来我中心进行进修学习，对口帮扶取得良好效果。

深圳市龙华区疾病预防控制中心

深圳市龙华区疾病预防控制中心（卫生检验中心、职业病防治中心）于2013年1月28日正式挂牌成立。主要职能有疾病预防与控制、突发公共卫生事件应急处置、疫情及健康相关因素信息管理、健康危害因素监测与控制、实验室检测分析与评价、健康教育与健康促进、技术指导与应用研究等七大职能。

内设办公室、流行病与传染病控制科、公共卫生科、职业卫生科、免疫规划科、实验室、门诊部等13个科室。现有编制60人，在岗职工168人，高级职称专业人员26人，中初级专业技术人员98人；硕士以上23人、本科93人。业务用房5000平方米，其中实验室用房2100平方米。配置万元以上专业仪器设备445台，固定资产9186万。目前中心取得省级检验资质5个，建成国家认证实验室2个、省级认证1个、市级认证2个、区级重点实验室2个。近年来斥资4165万元增添了疾病控制、突发公共卫生事件应急处置、现场快速检测及实验室检验设备，其中检验设备305台件、应急物资105种，特种防疫车2辆、冷链运输车2辆。应急处置A类设备配置率达到100%，其中一些先进设备如液质联用仪、全自动生化分析仪、基因测序仪等达区域中心城市疾控机构仪器设备配置标准。具备开展多重液相悬浮芯片技术、二代基因测序、多重抗生素残留检测等先进实验室检测技术，积极发挥辖区疾病防控尖兵作用。

充分发挥教学研在疾病控制中的作用，成立五年来先后成为中南大学、四川大学、中山大学、广东医科大学、广东药科大学、深圳大学和南方医科大学的实习基地；承担市厅级科研课题10余项，区级课题20多项，发表科研论文100余篇。2018年引进市“三名”团队——北京大学深圳研究生院汪涛教授重要病原体耐药监测及防控研究创新团队，2019年引进区“三名”团队——中山大学邹华春教授艾滋病综合防控创新研究团队，合计下拨经费2400万元，为中心的能力提升及创新助力。

深圳市光明区疾病预防控制中心

光明区疾控中心为深圳市光明区卫生健康局下属财政核拨事业单位。加挂区检验中心、区慢病防治中心、精神卫生中心、健康教育所、职业病防治所牌子等六块牌子。主要承担光明区疾病预防控制、卫生检验、健康教育、慢性病防治、精神卫生和职业卫生防治等工作。

光明区疾控中心内设11个部室，在岗人员98人，其中在编人员39人，临聘17人，专干42人。博士3人，研究生13人，本科63人，本科及以上学历占比81%；正高3人，副高15人，副高及以上职称占比18%。

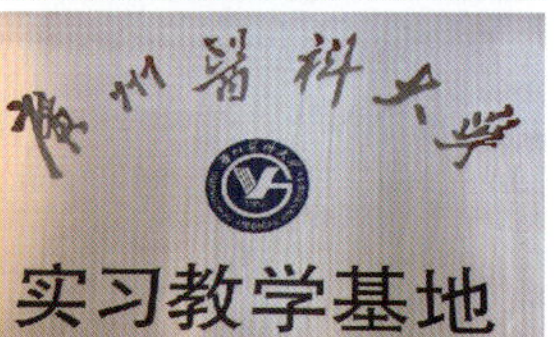

光明区疾控中心主要负责辖区的人禽流感、登革热、疟疾、中东呼吸综合征、麻疹、水痘、手足口等重点传播的防控及疫情处置工作；负责辖区免疫规划工作；负责辖区中小学校教学与生活环境及生活饮用水监测；负责辖区公共场所委托的卫生检测；负责辖区职业病危害因素监测；负责辖区精神管理及严重精神障碍排查工作；负责性病艾滋病防治工作及辖区艾滋病初筛及确诊检测；负责慢病防治及健康教育工作。

光明区疾控中心办公地址在光明区公明办事处风景路，占地面积2145.88平方米，建筑面积6562.9平方米，其中检验室1540.46平方米。根据已开展项目，配备了各类常规的检验仪器设备，如全自动细菌鉴定与药敏分析系统、实时荧光定量PCR仪、自动酶标仪、公共环境检测仪、电热恒温培养箱、电子分析天平、红外线体温监测（多控头）、紫外辐照计、粉尘采样仪、自动尿液分析仪、低速大容量离心机、生物安全柜、食品安全快速检测箱、高速离心机、肺功能仪、超净水系统、公共场所检测系统、TVOV苯检测仪、普及型氡检测仪、甲醛分析仪、激光粉尘测定仪、氨气分析仪、微孔脱水仪、气相色谱仪、倒置显微镜、原子吸收仪、CO_2培养箱、音乐放松治疗系统、生物反馈诊疗系统等较为先进的仪器设备。可开展疾病预防控制、职业病防治和食品（包括食品安全事故致病因子及食品污染物检测）等类别项目的检测检验，已基本形成一定规模，能适应和满足现时代发展的需要。

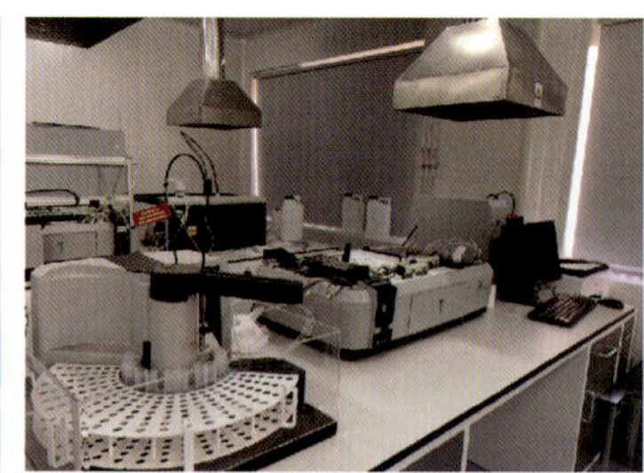

深圳市人民医院

深圳市人民医院始建于1946年，前身系宝安县卫生院，解放后更名为宝安县人民医院，因粤港澳居民称住院为“留医”，她作为当时深圳经济特区唯一一家拥有住院部的医疗机构，医院亦被居民习称为“留医部”，并成为深圳市人民医院的代名词沿用至今。1979年伴随深圳经济特区成立更名为深圳市人民医院。1994年被评为深圳首家“三级甲等”医院，1996年经国务院侨办批准成为暨南大学医学院第二附属医院，2005年升格为暨南大学第二临床医学院。现已发展成为一个功能齐全、设备先进、人才结构合理、技术力量雄厚，集医疗、科研、教学、住院医师规培、保健为一体的深圳市最大的现代化综合性医院。2018年10月深圳市人民医院南方科技大学第一附属医院正式揭牌，标志着深圳市人民医院正式成为南方科技大学直属附属医院。

医院占地面积124914.52平方米，编制病床2300张，开放病床2500余张，在岗员工4000余人，其中具有高级资格870人，中级资格741人；医师研究生以上学历占比65.0%；博士生导师13人，硕士生导师85人。目前在站博士后总人数65位。2017年出院病人10.1万人次，诊疗人次325.0万人次。

医院拥有呼吸与危重症医学科、肾内科、消化内科、感染内科、内分泌科、胸外科、口腔科、麻醉科、妇科、产科、新生儿科、急诊科、病理科、检验科、临床护理及医学影像科(含CT、放射、超声、介入、核医学)等16个广东省临床重点学科；2个广东省工程技术研究中心；拥有14个深圳市重点医学专科及7个市优秀学科群、3个研究所、3个深圳市医学重点实验室、5个深圳市工程技术研发中心、1个国家级临床药物试验基地。

医院拥有国家住院医师规范化培训基地及国家全科医师技能培训中心；作为暨南大学第二临床医学院、暨南大学第二临床医学院博士后创新实践基地。医院呼吸与危重症医学科经过严格遴选成为国家首批、广东省广州市唯一的国家专培基地。医院现有内科学、外科学、妇产科学、儿科学等16个教研室。目前有博士生导师13名，硕士生导师85名。现已招收硕士生730余名、博士生40余名，本科生260余名。每年招收临床实习生近130余名，进修生 120余名。我院原有高层次专业人才34人，国家级领军人才2人，地方级领军人才7人，后备级人才 11 人，国务院特殊津贴 4人，海外高层次人才14人。登峰计划实施以来，已入职人员包括高端人才5人：中华医学会呼吸病分会主任委员陈荣昌教授为呼吸与危重症医学科学科带头人、国家杰出青年基金获得者、国家“万人计划”领军人才张其清教授组建我院生物医学工程研究院、中美核医学会主席李晓峰教授为核医学科带头人、国务院特殊津贴专家张波教授为神经外科学科带头人，千人计划长期创新特聘专家王继刚教授组建我院诺贝尔奖科学家实验室。此外从华西医院、西京医院等国家临床重点专科引进麻醉科、重症医学科、心脏大血管外科等10位临床学科带头人，科研青年英才2人，为加速医院学科建设提供强大的人才支撑。

多年来，医院不断选送有培养前途和发展潜力的专业技术骨干前往美国耶鲁大学、加州大学、斯坦福大学、纽约长老会哥伦比亚与康奈尔大学医院、迈阿密大学医学院、宾州大学医学院、哈佛大学医学院（附属麻省总医院、贝丝以色列女执事医学中心）、休斯顿卫理公会全球健康服务中心、德国雷根斯堡大学医院、英国桑德兰大学、比利时布鲁塞尔大学、澳大利亚科廷大学、加拿大SFU大学、新加坡国立大学医院、香港中文大学威尔士亲王医院、香港大学玛丽医院等国际知名学府进修学习，掌握本专业的新知识、新技能、新动态，全方位加深对医学科学的认识和了解，莘莘学子在国际医学领域中锤炼成长。

医院积极开展高层次、国际性的交流与合作，先后与德国纽伦堡大学医学院、不莱梅港中心医院、英国伦敦大学、加拿大西大略大学器官移植中心、美国休斯敦卫理公会医院、法国里尔大学医疗中心、韩国全南大学校病院、韩国大田宣医院建立起长期合作与交流平台，缔结友好医院，与国际医学大舞台进一步交融。国内交流与合作：医院与广州呼吸疾病研究所钟南山院士呼吸内科团队、解放军总医院陈香美院士肾内科团队、解放军总医院张旭教授泌尿外科团队、中国医科大学附属第一医院徐克教授介入科团队、北京大学第一医院霍勇教授心内科团队、四川大学华西医院刘进教授麻醉科团队、北京大学第一医院丁炎明教授护理团队、苏州大学附属第一医院江苏省血液病研究所阮长耿院士血液内科团队、复旦大学附属华山医院顾玉东院士手外科团队、首都医科大学北京医学中心耳鼻咽喉医院韩德民院士耳鼻咽喉团队、山东大学齐鲁医院张运院士超声心动图团队、Robert Malenka院士脑认知科学团队、北京协和医院曾小峰教授风湿免疫团队、伦敦大学学院加里罗伊尔教授肿瘤学团队、美国西北大学Seema Khan教授及约翰霍普金斯教授乳腺外科团队等共22家知名学科团队签订“三名工程”合作协议，加大了引才的力度，为医院带来了前所未有的发展机遇，医院的综合竞争力大大提高。

南方医科大学深圳医院

Shenzhen Hospital of Southern Medical University

地址：深圳市宝安区新湖路1333号
预约咨询电话：0755—23329999
官网：http://www.smuszh.com/zh

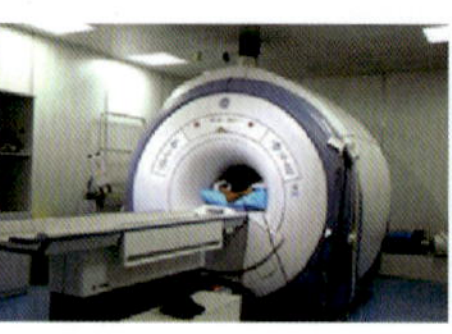

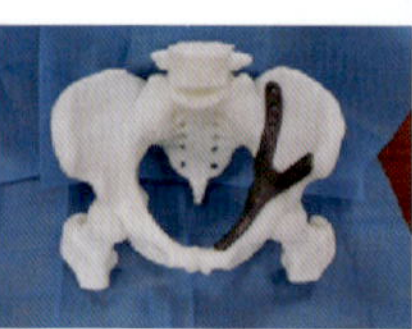

医院简介

南方医科大学深圳医院是按照三级甲等公立医院标准，由深圳市政府投资兴建，委托南方医科大学全面管理的直属附属医院。医院2015年12月28日开业，是深圳市“三名工程”首个落地“名院”项目。医院总占地面积82412㎡，规划总床位2500张。一期工程投资20亿元，建筑面积171204㎡，规划床位1000张。全院现有在职员工1569名，其中专业技术人员1270名，含护士611名、医生467名（其中高级职称人员195名，博士94名，分别占医疗职系人员的41.76%和20.13%）。2018年共引进各类人才290名（含高级人才和科室骨干38名）。

医院目前展开24个一级诊疗科目45个临床科室，推出专科专病门诊145个，展开床位894张。2018年院门急诊总量超78万人次，最高日门急诊量超4300人次，住院手术9433台，三四级手术占比55.84%，累计出院3.35万人次。医院加入了120急救中心，成立“卒中中心”“胸痛中心”。完成全国首例直升机ECMO转运。已建设成为互联网医院、微医大湾区协作平台深圳基地。

医院秉承“厚德精医　自强不息”的院训，集医疗、教学、科研为一体，以攻克疑难重症为建设目标，以全心全意为人民健康服务为服务宗旨，致力于打造湾区有口碑、国内有地位、国际有影响的研究型医院,切实履行“大病不出深圳”的名院职责。

核心诊疗技术持续突破

神经内科的急性缺血性卒中机械取栓术、颅内动脉狭窄血管成形术、脑动脉血栓抽吸术等介入四级手术水平位居广东省前列，拥有华南地区最先进DSA两台。消化内科开展的内镜黏膜下剥离术（ESD）、经口内镜下食管括约肌切开术（POEM）、十二指肠镜逆行胰胆管造影(ERCP) 等多项内镜四级手术水平位居深圳前列。多学科联合开展ECMO达到30例，抢救成功率达71.4%。医院还开展了如心内科冷冻球囊射频消融术、普通外科“珠穆朗玛峰”胰十二指肠切除术、胸外科“自体肺移植”术、骨科“3D”打印技术、心血管外科低体重儿（<6kg）的微创先心术、儿童耳鼻喉科喉气管等离子微创手术、耳鼻喉科发音重建术等核心诊疗新技术。

重大平台建设有新成绩

“医疗立院、教育兴院、科技强院”是我院的长期办院宗旨。临床医学创新中心是由院校合办，市发改委批复建立的基础研究、临床转化和高端临床检验为一体的大型综合平台。规划了基础研究部、转化医学部、动物实验部“三大部”，公共实验平台、动物实验平台、基因检测平台、GMP细胞治疗平台、法医物证平台、生物标本平台、临床毒理检测平台（待建）、医学人工智能平台“八大平台”。获深圳市发改委6573.5万元资助，建设面积3034平方米，一期设备总投入2980万元，二期总投入2500多万元。目前基础研究部已投入使用，已有博士后、研究生等专职科研人员30余人入驻研究。以此为基础，获批了市病毒肿瘤学重点实验室、数字外科3D打印重点实验室。引进诺贝尔奖得主创立了“兰迪•谢克曼国际联合医学实验室”，以细胞外泌体为主要方向，开展生物医学、临床应用、产业转化为一体的深入研究。与华大基因共建“南方医科大学深圳医院-华大基因精准医疗联盟”，推进转化医学平台建设和高端分子检测业务开展。临床毒理协同中心已获卫计委特批立项，建成深圳市特色的集临床毒理研究和检测综合平台。

重点学科有新成效、学术地位显著提高

消化内科牵头成立了“深圳市消化道早癌防治联盟”，为中国医师协会“基本消化内镜医师培训基地”、国家消化内镜质控中心消化道肿瘤筛查及早诊早治项目协作中心，获华南地区“复旦版排行榜”提名。神经内科是广东省卒中学会副会长单位、省医师协会神经介入分会副主委单位、省医学会神经病学分会介入组组长单位，牵头成立“华南地区缺血性脑血管介入专科联盟”。骨科牵头成立粤港澳大湾区数字骨科联盟，是国家卫生健康委“骨科机器人临床应用基地”、国际矫形与创伤外科学会中国部“数字骨科技术培训中心”。儿童耳鼻咽喉科是全国儿童睡眠医学协作组副组长单位、中国医师协会小儿耳鼻喉专业学会副主任委员单位。皮肤美容与性病科是皮肤病学教育部重点实验室、中华医学会皮肤病学分会“银屑病生物治疗研究中心”。

2018年，神经内科刘亚杰主任成为国家神经系统疾病医疗治疗控制中心专家（广东仅2名）；营养科朱翠凤主任入选广东省医学领军人才，消化内科龚伟主任、影像科刘于宝主任、肿瘤科谭文勇教授入选广东省青年杰出医学人才；中心实验室李欣主任获得医管中心“优秀科研英才”称号。

“三名工程”高层次医学团队引进情况

2018年，消化内科、神经内科先后引进了空军军医大学西京消化病医院樊代明院士整合医学“三名工程”团队和首都医科大学附属天坛医院缪中荣教授领衔的介入神经放射“三名工程”团队，成立了“深圳市整合医学研究院”。

科研成果和获奖情况

2018年度医院获各级各类科研课题57项，项目经费1698万元；其中国家自然科学基金7项，含国家基金委-香港研究资助局联合项目1项、面上项目4项、青年基金2项，立项金额368万元；获得省自然科学基金6项，省医学科研基金4项、市科创委重点实验室项目立项2项、市科创委基础研究学科布局项目1项、孔雀计划技术创新项目1项、自由探索项目4项。发表SCI论文20篇、核心期刊51篇，申请发明专利4项，实用新型专利24项。

蔡文智教授的研究成果“尿失禁康复护理技术的发展和推广”获中国康复医学会科学技术奖一等奖；朱翠凤教授的研究成果“特殊短肽型肠内营养制剂的开发及临床功效评价”获华夏医学科技奖三等奖；谭文勇教授参与的研究成果“恶性肿瘤放射治疗中正常器官保护的关键技术创新及应用”获湖北省科技进步二等奖。

教学培训新进展

医院现有研究生导师34名（博导10名，硕导24名，博后导师4人），2018年新增硕导7名，录取研究生29人。外出进修28人次（含出境9人次），接收进修人员36名，招收规培生13人。2018年度获南方医科大学临床能力竞赛团体三等奖、青年教师本科课程教学大赛三等奖。正在建设中的临床技能实训中心面积达1820㎡。

全年举行培训30余场，培训超千人。其中广东省临床教学师资培训班培训了临床带教师资逾300人。中德合作开展专科护士培训，开设了助产、急危重症、麻醉、手术4个专科护士研修班，招收各地学员211名（含深圳学员180余名），为国内唯一一个开展硕研水平专科护士培训基地。

深圳平樂骨傷科醫院

Shenzhen Pingle Orthopaedic Hospital

廣州中醫藥大學附屬深圳平樂骨傷科醫院

The Affiliated Shenzhen Pingle Orthopaedic Hospital of Guangzhou University of Traditional Chinese Medicine

深圳平乐骨伤科医院（深圳市坪山区中医院）成立于1986年，是集医疗、教学、科研和预防保健为一体的国有卫生事业单位，深圳市首家三级甲等中医骨伤专科医院、广州中医药大学非直属附属医院、南方医科大学教学医院、广东省非物质文化遗产传承保护基地、全国微创骨科示范中心、中华中医药学会无痛骨伤科医院示范单位。医院现有职工900余人，其中拥有副主任医师以上职称的高级技术人才80名，中级技术职称近200人，本科以上学历690人，其中硕、博士学位人员184名，有海外留学经历人员6名。

公共服务

医院以建设具有国内一流现代化的新院区为依托，以罗湖院区中医骨伤、慢病防治为基础，以坪山院区医养结合医疗模式为外延，建成一体两翼、三位一体的平乐医疗集团。

目前罗湖院区核定床位400张；坪山院区开放床位263张，坪山院区是以骨伤科为主，覆盖内、外、妇、儿、五官、康复、针灸、骨伤科等专业的综合性中医院。

医院专科服务能力强，2013年通过专家评审，成为广东省内首批开展人工关节置换技术准入单位之一，深圳市首批具备可开展髋、膝关节置换两种手术资质的四家医院之一。

科研与教学

医院经过30余年的建设，已发展成为一家集医疗、教学、科研和预防保健为一体享誉岭南大地的专科医院。2003年相继成为广州中医药大学、河南中医学院等医学高等院校实习基地，2008年成为广州中医药大学教学医院，2012年成为广州中医药大学非直属附属医院及南方医科大学教学医院，2018年，成为福建中医药大学教学医院，现有博士生导师1人，硕士生导师5人。

近3年医院有近20项科研课题获得国家、省、市级立项，科研能力不断提升，同时，在不同级别的科技期刊中发表论文300余篇。

医疗卫生三名工程

医院引进上海中医药大学王拥军教授中医骨伤科团队，我院与王拥军教授团队将在精准医疗、临床转化和科研教学等方面开展合作，在三个发展方向开展工作：

1.中医药防治慢性筋骨病临床队列研究与应用基础研究，制定慢性筋骨病全链条标准化研究技术和规范；建立慢性筋骨病健康服务平台；建立高效的终点事件发生观察系统，建立中医药防治方案。

2.建立深圳市慢性筋骨病中医药骨健康联盟，建立适合慢性筋骨病预防、诊断、治疗、康复、养生、宣教的规范技术和方案，建立区域"骨健康服务"模式。

3.建立慢性筋骨病临床转化应用与平台，建立上海中医药大学脊柱病研究所深圳分所；筹建深圳市重点实验室，推动学科发展，提高学科建设水平，提升人才培养质量，实现临床-基础-临床的转化应用与健康服务，制定并实施具有中医特色的临床规范化干预措施与治疗方案。

罗湖院区：
地址：深圳市罗湖区金塘街40号、45号及金华街15号
邮编：518010
总机：0755—82247153
传真：0755—82247352
网址：www.szplgk.com

坪山院区：
地址：深圳市坪山新区深汕路坑梓段252号
电话：0755—28328011

华中科技大学协和深圳医院

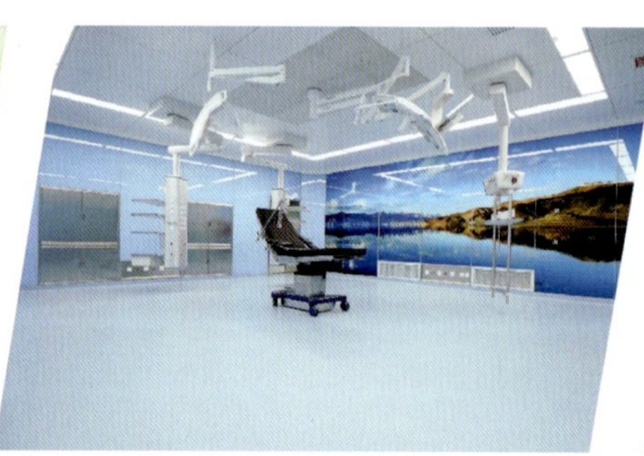

地　　址：深圳市南山区桃园路89号
总　　机：0755-26553111转各科室
急诊电话：0755-26565339
　　　　　26553111-23100
传　　真：0755--26565025

华中科技大学协和深圳医院(深圳市南山区人民医院)是南山区人民政府举办的一所三级甲等综合医院，始于1946年“宝安县卫生院”，1991年随南山区成立而更名为“南山区人民医院”；2011年晋升广东省三级甲等综合医院，2012年成为广东医科大学深圳南山临床学院。2019年将第一名称变更为华中科技大学协和深圳医院，简称“华科大协和深圳医院”。2013年以来，我院连续6年在深圳市三级综合医院排名中综合能力位列第四，区属医院第一；入围2018粤港澳大湾区最佳医院80强。

医院是深圳市首家通过国家新标准复评的三甲医院，国家C-DRG收付费改革试点单位，国家爱婴医院、日间手术联盟成员单位、国家综合医院中医药示范单位；是全省第一家获批国家住院医师规范化培训主基地的区级医院，全省首批互联网医院；通过中国胸痛中心、国家卒中中心认证；深圳市医院协会医院质量管理与评审评价分会会长单位；区域检验中心通过ISO15189复审，通过认可的临床检验项目超过100项；多次被评为深圳市社保信用等级AAA单位，已开通省内、跨省异地医保及新农合异地医保住院直接结算业务。

目前开放床位1300余张，改扩建工程竣工后，总建筑面积可达59.24万平方米，规划床位2500张。医院有2个市级重点实验室、1个院士工作站，是博士后联合培养基地及博士后创新实践基地、1个健康医疗大数据研究中心。作为国家级住院医师规范化培训基地，含15个专业基地、4个协同单位。医院引进包括韩济生院士疼痛医学团队、东部战区总医院黎介寿院士普通外科团队及首都医科大学宣武医院汪忠镐院士胃食管反流病团队等3个院士团队在内的12个高水平医学团队。

近年来，我们积极谋划发展新景，坚持公益性质，以居民健康为中心，将院本部与社康统筹发展，确立“顶天立地”发展战略，运用三甲医院的优势，构建一体化的城市健康服务体系。积极开展医院综合改革，稳步推进国家DRG（按疾病诊断相关分组）收付费改革试点工作，在全市率先进入DRG 收付费试运行阶段。医院以DRG为工作抓手，转变管理理念，优化医疗服务流程、规范医疗行为，在质控、绩效、成本、费用、管理各个环节实现医院DRG全流程管理，保障病案首页数据质量，强化病种/病组成本管理，该改革项目入选深圳医改十年创新案例。深化协南合作，从院院合作升级为区校合作，建立激励机制，鼓励两院区联合申报课题、发表论文；加强医院科研强项研究人员与武汉协和科研处对接、联系，搭建共享平台。推动南山肿瘤中心建设，深化与中国医科院肿瘤医院的合作，高水平建设南山肿瘤中心。推动医院质量持续改进与国家卫健委医院管理研究所合作项目的开展，对医院进行全方位的质量管理评价与持续改进辅导。

我们全力拥抱信息时代，作为广东省首批22家准入的互联网医院之一，我院互联网医院于4月23日正式上线，深圳市仅两家医院获得准入。启动“互联网+护理服务”项目试点工作方案，成为广东省“互联网+护理服务”试点医疗机构。拥有门诊自动化药房管理系统，实现了药方发药智能化管理。借助大数据国家工程实验室平台，南山医院建立了健康医疗大数据研究中心。建立了人工智能医学影像联合实验室，食管癌AI诊断在全国率先落地，中央电视台多次采访。实现两个专病的在线智慧质控，并开通全国首个微信商保平台。

医院坚持“临床立院，科教兴院”理念，近5年获得国家自然科研基金11项；省科技厅项目7项、省自然科学基金10项和省教育部项目5项；深圳市科创委项目93项、广东省卫计委项目21项和广东省中医药管理局项目4项；市卫计委科研项目56项、区卫计局项目189项，获得科研经费资助近3448.9万元；共发表学术论文1208篇，其中SCI118篇，统计源期刊586篇，共编撰专著10余部；近5年举办各级继续教育项目233项，其中国家级39项，省级65项。

交通指南

地铁：罗宝线（1号线）桃园站C出口；机场线（11号线）南山站H出口（步行约 800米）。

公交站台：市六医院或市六医院东。

公交线路：36 58 122 204 223 226 331 332 337 382 B796 M182 M206 M242 M343 M349 M372 M453 M492 M562等。

深圳技术大学

地址：广东省深圳市坪山区兰田路3002号　网址：www.sztu.edu.cn
联系方式：0755-23256054　招生热线：0755-23256666

办学定位

深圳技术大学是广东省和深圳市高起点、高水平、高标准建设的本科层次公办普通高等学校，2018年11月30日，经教育部批准正式设立，学校标识码为4144014655，学校定位于应用型高等学校。深圳技术大学的设立，是广东省和深圳市深入贯彻党的十八大、十九大精神以及习近平总书记视察广东、深圳重要讲话和对广东、深圳工作重要批示要求，落实国家重大发展战略的迫切需要；是广东省和深圳市落实中央深化教育体制机制改革，探索发展本科以上层次应用型高等教育的重要举措；是广东省和深圳市优化广东、深圳高等教育结构布局，补齐高层次创新型应用技术人才短板的积极探索。

深圳技术大学将全面贯彻党的教育方针，坚持社会主义办学方向，坚持立德树人，充分借鉴和引进德国、瑞士等发达国家一流技术大学先进的办学经验，倡导“工匠精神、人文情怀”，致力于培养本科及以上层次具有国际视野、工匠精神和创新创业能力的高水平工程师、设计师等高素质应用型人才，努力建成一流的应用型技术大学。

学校以工学为主，逐步发展理学、管理学、艺术学等学科。目前设立了中德智能制造学院、大数据与互联网学院、新材料与新能源学院、城市交通与物流学院、健康与环境工程学院、创意设计学院、工程物理学院、质量与标准学院、国际交流学院、商学院等10个学院。已开设机械设计制造及其自动化、物联网工程、光源与照明、交通运输、汽车服务工程、工业设计等专业。

科研概况

我校充分借鉴德国、瑞士等国家的应用技术大学办学经验，坚持“以应用需求为主”的科研导向，紧密对接深圳及珠三角本土产业，结合企业实际技术需求，注重校企联合项目研发，积极推进产学研用一体化人才培养。

校企合作方面

与多家行业龙头骨干企业签订合作协议。学校已与华为、深圳地铁、大族激光、顺丰速运、比亚迪、华大基因、中国联通、中国电信、南方航空、深圳怡丰自动化等150余家行业领军企业签署战略合作框架协议。

共建实验室与实习实践基地。与周大福、大族激光、格兰达、康士柏和高川自动化等7家企业合作共建实验室，与深圳地铁和怡富通讯等3家企业共建实习实践基地，协同实践教学。

科技研发合作。学校设立校企合作研发项目，共同促进科技成果转移转化。

积极开展特色校企合作活动。新材料与新能源学院与聚飞光电建立“聚飞班”，与鸿普森设立“鸿普森奖学金”，为企业定向输送人才；大数据与互联网学院与盯盯拍、深圳菲森科技和深圳国匠数控等企业签订多项校企横向项目，为企业解决技术难题。

科学研究方面

相较于起步的2017年，我校全面开展科研活动，2018年，我校科研项目进入稳步发展、显著增长的一年。本年度立项项目共43项，其中纵向项目13项，其他项目30项，累计科研经费已达4000余万元；2018年申请知识产权授权共107项，其中发明专利申请50项、实用新型申请26项、PCT申请13项，其余申请18项。

本年度，我校还成功主办与承办了多项国内大型学术会议：联合企业共同承办了2018年密码测评学术会议，成功承办国家重点研发计划“强激光驱动新型粒子源和辐射源研究”项目中期执行检查与研讨会，举办了2018年全国半导体光源系统学术年会暨国际可见光通信技术研讨会，联合北大浙大共同举办了“第四届高能量密度物理国际会议”。

深圳技术大学将注重发挥本土产业优势，强化精准实践能力和创新能力培养，引入企业全过程参与专业建设、课程设置、人才培养、专业教学和绩效评价；借鉴德国校企协同育人实践经验，积极探索与区域发展融合联动、与高科技企业互促双赢的发展机制，广泛建立与行业龙头骨干企业、行业协会、科研院所的合作伙伴关系，打造学术优势学科和品牌专业，构建校企协同创新体系，实现产教深度融合。

深圳职业技术学院

地址：广东省深圳市南山区留仙大道7098号　　邮编：518055
电话：0755-26019709/26731842　　网址：www.szpt.edu.cn

一、学校概况

深圳职业技术学院1993年创建，是国内最早独立举办高等职业技术教育的院校之一。建校以来，深职院人艰苦创业，开拓进取，不断创新教育教学理念、办学体制机制和人才培养模式，创造了中国高职教育的多个第一。学校依托珠三角产业发展，秉承深圳特区改革创新精神，坚持把立德树人作为学校教育的根本任务，立足于职业教育产教融合的办学特色，各项事业取得骄人成绩，被誉为中国高职教育的“一面旗帜”。为紧密契合“中国制造2025”等国家重大战略和深圳创新驱动发展战略，学校在2016年底召开的第三次党代会工作报告中提出“三个服务、五个定位、一个率先”的战略发展目标，始终坚持为党和国家服务、为深圳经济社会发展服务、为学生健康成长成才服务，努力成为职业教育创新发展的先行者、复合式创新型高素质技术技能人才的摇篮、企业家的摇篮、深圳中小微企业技术研发中心、深圳市民终身教育学校与中国职业教育师资培训重要基地，率先建成中国特色、世界一流职业院校，为世界职业教育发展贡献“深圳模式”。

学校现有留仙洞、西丽湖、官龙山、华侨城、凤凰山五个校区，校园总面积236.02万平方米，校舍建筑面积61.34万平方米，其中教室10.75万平方米，图书馆5万平方米，体育馆2.58万平方米，实训实习场所10.08万平方米。现有固定资产总值23亿元，其中教学仪器设备总值9.22亿元，教学用计算机12364台。图书馆藏有纸质图书261.2万册，电子图书130万册，电子期刊60.54万册，中外文数据库46个，音视频16.07万小时。

学校设有电子与通信工程学院等16个二级学院和体育部、工业中心、国际教育部等教学单位，招生专业85个。全校普通全日制在校生22938人，其中专科生22128人（包括港澳台留学生82人，四年制高职生187人，五专生164人），应用型本科生616人，外国留学生194人。自办专科教育在校生3541人。国家级教学成果奖14项，国家职业教育专业教学资源库3项，国家重点支持建设示范专业12个，中央财政支持实训基地9个，国家级精品教材12部，国家精品课程53门，国家级精品资源共享课43门。

全校现有教职员工2320人，其中专任教师1213人，正高203人，副高649人，博士375人，享受国务院特殊津贴专家1名，珠江学者2人、青年珠江学者1人、海外高层次人才23人、国家“万人计划”教学名师1人、国家级教学名师2人、省级教学名师7人、国家特支计划教师1人、广东特支计划教学名师4人、“千百十”工程省级培养对象5人。学校拥有教育部首批黄大年式教师团队1个，引进美国霍夫曼诺奖团队等一批重量级团队，成立霍夫曼先进材料研究院、智能科学与工程研究院、智能制造研究院、新时代中国职业教育研究院、社会与经济发展研究院等高端平台，为珠三角产业发展提供有力支撑。

二、科研发展情况

学校坚持以“产学研用”一体化的科研导向，重视技术转移和科技成果转化。近年来，学校不断深化科研体制机制改革，大力加强与政府职能部门以及行业企业合作，组建成立了应用技术研发院、文化创意产品研发院、经济与社会发展研究院等三大综合性研发平台，建成35个市区级以上科研平台，抢抓产业发展新机遇，服务地方经济社会和中小企业发展。近五年来，全校累计承担各级各类科研课题4949项，其中国家级项目74项，省部级项目400项，市区级项目806项，科研经费到账总经费达到7.13亿元，其中技术转移（横向科研）项目到账经费2.79亿元；校级项目1087项，技术转移（横向）项目2594项。

学校教师出版各类学术专著216部，出版编著114部、译著14部，文集、作品集68部，发表学术论文13500篇，其中核心刊物以上发表3941篇。61项成果分别获国家教育部、广东省及深圳市等各级奖励。建校以来我校累计共申请专利2339件，获得各类专利授权1584件（其中发明专利306件，实用新型专利1069件，外观设计专利209件）。申请软件著作权562件，获得登记562件。累计申请作品著作权395件，获得登记395件。

目前学校共有35个市区级以上科研平台，其中省部级平台9个、市级平台22个、区级平台4个，具体为：国家荔枝龙眼综合实验站1个，国家体育总局体育文化研究基地1个，国家职业教育研究院深圳分院1个，省高校工程技术开发中心2个，省非物质文化遗产研究基地1个，省科技厅工程技术开发中心2个，省发改委平台1个，市重点实验室、学科建设实验室5个，市区级公共技术服务平台11个，市社科联研究中心1个，人才培养支撑平台1个，市级职业鉴定及培训平台1个，市级工程技术实验室2个，市级创客创业园科技孵化器3个，南山区技术中心2个。共组建校级科研创新平台22个，校级科研创新团队28个。

学校中国职业教育运行机制协同创新发展中心已组建12个协同创新分中心，电子与通信工程学院“信息通信技术协同育人平台”、计算机工程学院“IT国际化人才培养与技术服务协同育人平台”被认定为广东省协同育人平台。

自2015年2月我校博士后创新实践基地获得批准成立以来，目前已有8名博士后正式入站工作，1名博士正在办理相关手续、申请进入我校博士后基地工作中。自2001年开始，我校与国内133所高校签订联合培养研究生协议，累计联合培养硕士研究生659人，博士生24人。

学校参加了全部20届高交会，参展项目达283项；参加了第五、第六届中国电子信息博览会，参展项目32项；承办了4届文博会分会场，参展项目达81项，参加了6届文博会主会场，参展项目达76项。学校积极为区域经济和社会发展服务，共完成技术（知识）转移项目2594项，到账经费2.562106亿元。

深圳信息职业技术学院

地址：深圳市龙岗区龙翔大道2188号 邮编：518172 电话：0755-89226692 网址：www.sziit.edu.cn

深圳信息职业技术学院创办于2002年4月，是经广东省人民政府批准、教育部备案，由深圳市人民政府举办的公办全日制高等院校。

学校现为国家示范（骨干）高职院校、国家示范性软件职业技术学院、教育部“中德职教汽车机电合作项目”试点院校，现拥有3个国家级高等职业教育专业教学资源库。学校拥有现代化、生态型、信息化的校园，占地92.6万平方米（1389亩），建筑面积58.86万平方米。学校现有教学科研仪器设备总值为2.47亿元，图书馆藏书126.6万册。

学校对接深圳支柱产业，打造信息技术特色，共设软件学院（兼软件合作学院）、电子与通信学院（兼中兴联通学院）、计算机学院（兼神舟红旗学院）、数字媒体学院、机电工程学院、交通与环境学院、商务管理学院（兼电子商务学院）、财经学院、应用外语学院、继续教育学院、公共课教学部、思想政治理论课教学部、信息技术研究所、职业教育研究所等10院2部2所；开设信息类为主的专业45个。现有国家骨干校重点建设专业4个，国家高等职业学校提升专业服务产业发展能力建设专业2个，国家高等职业教育教学资源库建设项目3个，广东省示范性专业4个，省级重点建设专业6个，省级品牌专业11个；国家级精品资源共享课7门、省级精品资源共享课（含精品在线开放课）34门、省级思想政治理论优质建设课程2门。

学校现有教职工756人，在556位专任教师中，副高及以上职称教师287人，其中，博士、博士后254人，“双师素质”教师近九成。目前，学校拥有国家级教学团队1个，获国家级教学名师奖1人，获全国五一劳动奖章1人，广东省教学名师奖3人，广东省“特支计划”教学名师2人，省级教学团队7个，南粤优秀教师7人，广东省“千百十人才培养工程”省级培养对象6人，广东省“珠江学者”特聘教授4人，深圳市“鹏城学者”特聘教授3人，深圳市政府特殊津贴1人，黄炎培职业教育杰出教师奖1人，深圳市高层次专业人才地方级领军人才9名，后备级领军人才21人，海外高层次人才5人。

学校坚持科研引领、教研创新、突出应用、服务社会。已主持国家自然科学基金等国家级项目19项、省市级科研项目362项，教研课题国家级6项、省市级49项，有广东省高校工程技术开发中心1个，深圳市重点实验室1个，深圳市工程实验室2个，深圳市公共技术服务平台1个，深圳市首批教育科研专家工作室1个。获得国家级高等学校教学成果一等奖1项、二等奖2项，省级教学成果一等奖2项，广东省科学技术二等奖2项、三等奖2项，江苏省教育科学研究成果三等奖1项（第二单位），深圳市科技进步奖2项，深圳市科技创新奖2项，深圳市科学技术奖自然科学奖1项，深圳市哲学社会科学优秀成果奖4项，中国仪器仪表学会科学技术三等奖；拥有发明专利31项，实用新型专利122项，外观设计专利6项。

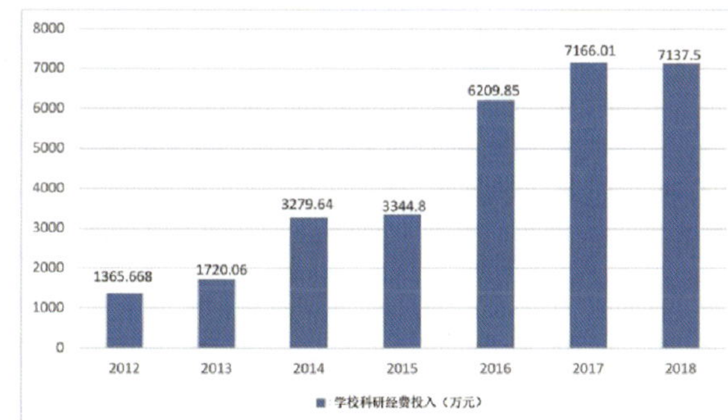

学校坚持服务信息产业，紧贴深圳新一代电子信息等战略新兴产业发展趋势，积极开展科技创新与技术服务工作，取得的成绩有目共睹，整体科研实力位居高职院校前列。自“国家骨干校”“省一流校”“创新强校工程”建设以来，学校科研经费投入持续增长，从2012年的1365.668万元到2018年的7137.5万元。

学校连续11年获得国家自然科学基金项目，累积立项24项，资助金额累计达714万元；2017年，学校国家自然科学基金立项数位居全国高职院校第一；2018年广东省自然科学基金立项数位居全省高职院校第一；近三年获国家、省、市、区级项目数较前三年增长了61%。

未来，学校将以争创双高校为契机，切实围绕“高、新、实、活”四字诀，加快实施创新驱动发展战略，以科技创新支撑体系建设为核心，推动机构、平台、团队、项目和成果等核心要素的建设与培育，打造“基础研究+应用开发+成果转化+技术服务”的全过程创新生态链。

学校跨越发展，已跻身全国高职院校 “第一方阵”。2004年，学校成为“国家示范性软件职业技术学院”建设院校；2007年，以优异成绩通过教育部人才培养工作水平评估；2010年，成为国家骨干高职院校建设单位；2011年，获国家高等职业教育网络技术专业共享型教学资源库建设立项；2012年，入选教育部“中德职教汽车机电合作项目”试点院校；2014年获国家高等职业教育数字媒体专业群教学资源库立项；2015年，深圳市人力资源与社会保障局同意批准我校设立博士后创新实践基地；2016年，学校国家骨干校建设项目以“优秀”等级通过国家验收、获广东省“一流校”建设立项、学校“2188创客空间”被国家科学技术部认定为国家级众创空间，2016年学校又成功召开了第二次党代会，进一步确立了“全力打造有特色国际化一流职业院校”的奋斗目标。

中国科学院深圳先进技术研究院

Shenzhen Institutes of Advanced Technology, Chinese Academy of Sciences

地址：深圳市南山区西丽大学城学苑大道1068号
电话：0755-86392288
传真：0755-86392299
网址：www.siat.ac.cn

中国科学院深圳先进技术研究院(简称“先进院”)在中国科学院（简称“中科院”）及理事会各方的正确领导下，2018年实现跨越式发展，把握粤港澳大湾区建设的历史机遇，不断凝练学科方向，聚焦IBT领域，逐步由Engineering (工程)到Technology (技术) 向Science (科学) 发展，产生一批在学术领域有影响，在产业中推动技术革新的原创性成果。深化机构改革，进一步提升科研、管理水平，聚集优势力量，布局前沿学科，科研成果不断涌现，科教融合不断深入，各项工作均取得可喜进展。

2018年，新增合同经费14.7亿元，现金到账10.06亿元，均创历史新高。发表论文1415篇，Nature/Science系列文章17篇，在中科院研究所中，SCI论文的收录排名第20位，国际合作排名第9位。WFC指数由2017年的5.63上升至14.44，全国科研机构总排名第33位。申请专利1226件（含广州南沙所），在中科院名列前茅。2018年，获批人才项目1.25亿元，引入全职院士1人，新增青年千人3人、中科院百人计划2人、中科院青促会会员7人（累计54人），获博士后科学基金资助68人（中科院第一）。荣获谈家桢生命科学创新奖1项，中国专利优秀奖1项，深圳市科学技术奖3项。与产业合作项目金额达3.12亿元，新增孵化企业122家。获批国家卫计委国家健康医疗大数据研究院。作为牵头单位，承担深圳市“十大行动”计划中的2个重大科技基础设施，3个基础类研究机构，成为深圳承担“十大行动”计划项目最多单位。中科院与深圳市签署合作办学协议，将依托先进院筹建中国科学院深圳理工大学（暂定名），科教融合优势不断凸显。新成立先进材料与工程研究所。

科研服务能力不断提升。通过加强资源争取能力，优化审批流程，打造规划立项、过程管理、成果奖励全链条科研服务。通过以服务为导向的科研项目精细化管理模式，对项目全过程进行风险防控，实现国自然、广东省科技项目按期结题通过率达100%。

项目争取能力不断增强。新增国自然项目95项（中科院排名第5位），创历史新高。包括优秀青年基金2项、重点项目1项、重大科研仪器1项、联合基金2项，总经费5047万元。军民融合工作成效显著，新增JW科技委项目2830万元；科技部项目顺利开展，承担纳米科技专项获二次评估择优继续支持，获批重点研发计划课题8项。获批千万级项目中科院3项、广东省2项。

高质量科研平台不断增加。牵头获批“广东省高性能医疗器械制造业创新中心”，为申报国家高性能医疗器械制造业创新中心奠定基础。牵头获批深圳市深港脑科学创新研究院（深港脑科学中心）、合成生物学创新研究院、先进电子材料国际创新研究院，参与获批深圳市人工智能与机器人研究院。参与共建深圳网络空间科学与技术省实验室、生命信息与生物医药广东省实验室。

产业合作方面，2018全年签约启动筹建25个企业联合实验室，建立了首个与“一带一路”国家上市公司合作的国际企业联合实验室（马来西亚PUC）。产学研合作紧抓国家“一带一路”、粤港澳大湾区建设契机，与深圳市宝安区商定先进电子材料研究院的落地事宜与匹配支持，与深圳市福田区商议推进14T高场超导技术落地事宜；新建杭州先进院、武汉先进院相继投入运营。

承办首届由JW科技委发起，中科院主办，深圳市政府支持的“率先杯”未来技术创新大赛，拉动超过7000万资金和深圳匹配政策支持，吸引超过70家科研院所、高校、社会团队，超过600个项目参与，40余个优胜项目获得百万以上项目资助，形成全国知名品牌，组织工作得到了科技委、中科院、深圳市政府各方认可，各方主要领导予以高度评价。未来探索基于“率先杯”大赛平台，聚集颠覆性创新成果，建设颠覆性创新研究中心。

人员规模与人才队伍竞争力稳步增长。全院人员规模达2876人，其中员工1595人（全职1295人，非全职226人），海归近600人，在读研究生1281人。全年新增入选各类人才计划281人次，新引入副高以上职称人才50余人。新入选万人计划领军人才1人，科技部创新人才推进计划2人，广东省特支计划领军人才5人、珠江人才9人。新获批深圳市孔雀人才95人次、高层次人才34人次。新引进卢嘉锡国际团队1支、海外高层次人才创新团队2支。获中国青年科技奖1项。2018年入选广东省博士工作站。在中科院内创新千人数量排名第4位，青年千人排名第7位，人才高地地位得到进一步巩固。

2018年，在新形势下先进院国际合作态势良好，多项国际项目实现零突破。年度新增国际合作与交流项目38项，经费总计4365万元，同比增长100%，合作国家（地区）已达34个。深化与香港高校合作，中科院与香港地区联合实验室评估中获“优秀”2个（2/4）、“良好”3个(3/8)、“新认定”1个(1/3)。获批中科院“大科学培育专项”计划、“牛顿高级学者基金”计划、科技部“港澳台专项”计划，均为先进院首例。获批广东省“国际科技合作基地”项目。聚焦“一带一路”相关国家在发展中面临的关键共性技术问题，培育与新加坡、马来西亚、日本、韩国等国家关于康复技术、空间信息、同步辐射光源等领域的专项合作。国际交流及海外影响力进一步提升。

国际交流互访日益紧密，举办多场国际会议。接待来自美国、加拿大、英国等多个国家和地区的代表团到访与合作交流，超600人次；主办6次大型国际会议、百余场学术研讨会；举办“第四届合成生物学青年学者论坛”（千人规模）“IEEE类生命机器人与仿生系统国际会议”“香山科学会议第Y1次学术讨论会”等大型国内外会议，学术知名度进一步提升。

2018.09.15 深圳先进院合作研发国产首型3T磁共振系统创新成果通过鉴定

2018.07.19深圳先进院承办的第一届“率先杯”未来技术创新大赛举行颁奖仪式

山东大学深圳研究院

山东大学深圳研究院于2012年8月正式入驻深圳虚拟大学园，是山东大学在深圳成立的首家事业单位。7年来，研究院不忘初心、砥砺前行，紧紧依托学校优质科研、人才、教育资源和海内外校友资源，全力聚焦人才培养、科研服务、校友联系、社会服务和文化传播主责主业，取得显著效果。

一、人才培养方面

在人才培养方面，研究院本着探索终身教育培养模式，推进教学改革和学生综合素质提升为抓手，为地方培养高层次人才，助力经济社会发展。研究生教育、网络教育、精品培训的发展各具特色，相辅相成，形成了专本硕教育体系、学历教育和非学历教育并存的教育模式。

2018年招收网络教育学生2020人，累计培养学生7918人。规范了招生、教务和学生管理工作等流程，提升了人才培养的质量，有力地推动了学校继续教育工作的转型发展。

研究院获批广东省新生代产业工人“圆梦计划”项目2018年资助名额在10所参与项目的高校中排名第三，深圳研究院常务副院长王明星出席了新闻发布会并代表参加“圆梦计划”10所合作高校进行了发言。大潮起珠江——广东改革开放40周年展览特别展示了“圆梦计划”学员风采。“圆梦计划实施的探索与思考”案例入选《2018年中国高校继续教育优秀成果及特色案例集》，荣获2018年中国高校继续教育优秀成果及特色案例奖。山东大学连续六年助推深圳市总工会的“圆梦计划”项目，2018年帮扶学生709人。山东大学是唯一助推双“圆梦计划”的高校。

二、科学研究方面

重视过程管控，加强结果导向，科技研究成绩实现突破，山东大学深圳研究院以发挥优势、搭建平台为导向，以资源共享、厚植创新为抓手，先后成立了三大国家级实验室，实验室总面积近1800平方米：

（1）晶体材料国家重点实验室深圳基地；

（2）国家糖工程技术研究中心深圳研发中心；

（3）城市大数据实验室3个实验平台。

先后获得国家、广东省自然科学基金依托单位的资质并成立市政府三级项目申报平台。

2018年在深圳市竞争性科技项目获取上实现三大突破：

（1）在数量上实现突破，成功立项18项；

（2）在课题项目类别上实现突破，首次在学科布局项目、深圳市哲学社科项目以及市委改革办横向重大课题项目类别上成功立项；

（3）在经费获得数额上实现突破，2018年项目经费合计685万元。

截至2018年12月，研究院共组织了400余名科研人员参加了科技项目的申报和科学研究工作，累计验收与在研科技项目74项，共获得包括深圳市和部分区的基础研究、创新券、“十三五”规划编制和广东省公益研究与能力建设在内的省市纵横向科技项目经费约2049万元，覆盖本部、威海分校、山东大学附属第二医院等20个学院和单位。培养博士22人、硕士50人，发表论文98篇、专利45项。

山东大学深圳研究院和北京计算科学研究中心在龙华成立深圳京鲁计算科学应用研究院。

三、创新创业暑期学校初步探索出成型的模式，并被深圳市团市委列入“雏凤计划”项目

为提升在校大学生的创业意识，培养创业精神，增加创业体验，由深圳市团委、科技创新战略研究中心、山东大学创新创业学院、本科生院、共青团山东大学委员会、山东大学深圳研究院主办的2018年深圳创新创业暑期学校于7月19日在深圳虚拟大学园正式开营。

山东大学深圳研究院的创新创业暑期学校初步探索出特色模式：

（1）在学员的选拔地域、选拔数量和选拔对象上；

学员的选拔涵盖济南、威海、青岛三校区，实现了一校三地多学院多专业的覆盖，学员从本科生到博士生全面覆盖。

（2）从多角度、多维度提高创新创业的意识；

在原有的机械臂设计实践方向基础上，增加了高校驻外研究院如何服务山东新旧动能转换工程模式探索项目方向。学员在创新创业导师的指导下进行学习和实践，结合自身专业的特性，发挥各自的技术优势和专业特长，从多角度、多维度提高创新创业的意识。

（3）承办主体由单一的学校上升为多主体参与，实现多方联动；

承办主体由学校、团市委、科创委、虚拟大学园共同参与、校地共建，实现了“政团学研会企”六方联动。

山东大学深圳创新创业暑期学校被列入深圳市团市委 “雏凤计划”。

四、文化传播方面

研究院以传递真声音、弘扬正能量、提升影响力为抓手，定期开办山大鲁深大讲堂专题讲座，努力传播山大文化，收效显著。研究院与地方政府、研究院与校友、研究院与学校拓展学院、威海校区互动-挂牌优秀生源基地，山东大学在广东省的高考录取分数线年年突破新高。2018年理科录取排位提升5906名，文科提升818名，威海校区也实现了双突破。

➢ 本科生招生拓展

山东大学广东招生录取超一本分数线

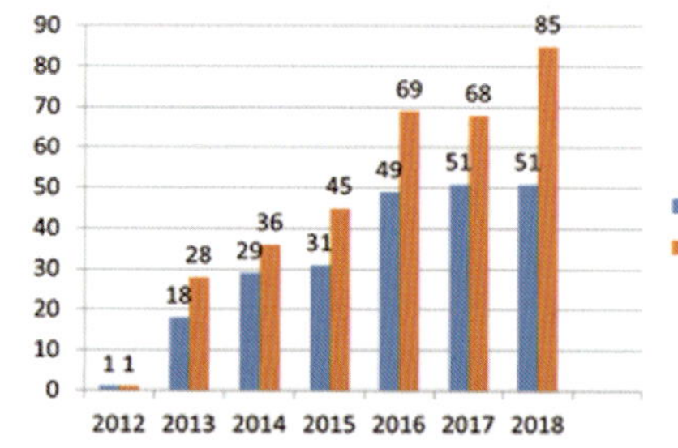

➢ 建院之前够一本线就能进山大。

➢ 建院后年年突破新高2018年理科录取排位提升5906名，文科提升818名。威海校区也实现了双突破。

五、综合服务方面

研究院本着服务校友发展就是服务学校发展，服务校友发展就是服务地方发展的理念，创立了“新校友·心关爱”品牌，贴心为校友服务。以促进校地合作和校企合作为抓手，助力学校“双一流”建设和地方社会经济发展。

研究院先后荣获虚拟大学园人才培养奖、大型学术会议及论坛组织奖、研发机构引进奖、创新创业推荐奖及获得市级科技项目奖等， 2016年5月研究院被评为“山东大学现代远程教育优秀校外学习中心”，2016年12月被评为“2015—2016年全国高校现代远程教育优秀校外学习中心”，2017年和2018年连续两年荣获深圳虚拟大学园先进单位——“优秀研究院”称号，受到了深圳市科创委和山东大学的表彰和奖励。

当前，山东大学深圳研究院将进一步解放思想、开阔思路，依托自身平台优势、区位优势、资源优势，以服务山东新旧动能转换重大工程为契机，围绕“1个目标、实现2个转变、打造3支队伍、开展4类业务、建设5星级研究院”发展规划，不断提升研究院的综合实力和水平，为进一步扩大山东大学在粤及港澳地区的竞争力和美誉度做出新贡献。作为山东驻粤重要桥头堡，深入对接“一带一路”战略、粤港澳大湾区战略、创新驱动发展战略等国家和区域战略，以“珠三角地区服务山东的重要践行者、推动者、引领者”为根本定位，提升服务层次和水平，推动双方人才、资源的互联互通，全力服务山东大学“双一流”建设、服务深圳经济社会发展和粤港澳大湾区发展规划。

深圳市神经科学研究院

Shenzhen Institute of Neuroscience(SION)

深圳市神经科学研究院（以下简称“研究院”）是深圳市人民政府批准设立的具有独立法人资格的二类事业单位。研究院实行企业化运作，不核定事业编制。研究院由深圳虚拟大学园管理服务中心和深圳大学联合举办。

研究院的设立是深圳市委市政府为加快我市脑与神经科技研究，使我市的研究尽快切入国家脑科学发展战略而做出的前瞻性布局。作为创新型科研机构，我们致力于面向临床应用的脑科学创新研究。

谭力海｜博士

深圳神经科学研究院院长

研究院目前有30余名正副研究员，其中包括院士1名，国家特聘专家2名，教育部长江学者特聘教授和讲座教授各1名，国家973计划项目首席科学家2名，国家杰出青年基金获得者2名，国家级杰出青年人才2名等。研究院设有脑功能分析检测中心、脑功能康复与保护研发中心（包括TMS实验室、近红外实验室、医学超声实验室、脑电实验室、神经康复实验室）。

研究院的宗旨是：建成特色鲜明、核心技术优势突出的人脑功能区精准定位与脑功能康复研究基地，打造国际一流、面向临床应用的脑科学创新研究、技术服务及交流、产品开发、人才培养、高新企业孵化的创新型研究机构，为在最大程度上减轻脑疾病为我市和国家所带来的沉重社会和经济负担做出贡献。

研究院突出的科研领域——“脑疾病与语言功能保护”，由研究院首席科学家谭力海教授领衔。谭力海，博士，深圳神经科学研究院院长，深圳大学特聘教授，国家级特聘专家，国家重点基础研究计划项目首席科学家，国家脑科学计划实施方案专家组成员，深圳市重大项目和广东省创新创业重大项目负责人。长期从事神经影像研究并应用到语言研究，已发表百余篇学术论文。他是最早利用功能磁共振成像技术研究语言（特别是中文）的学者之一。首次揭示中文阅读障碍具有不同于英文的神经模式。他是国际脑科学领域大脑语言中枢“文化特异性理论”(Culture-specific Theory) 的主要创立者。他的研究团队应用神经影像技术对人脑处理语言的区域进行精准定位，研究结果为我国脑损伤病人手术前的语言脑功能区的临床诊断提供了重要科学根据，经济和社会效益显著。他的团队还致力于在基因、脑、行为三个层面对中文失读症和汉语口吃患者进行系统研究，以探寻我国国民语言障碍的特定脑功能异常模式和基因表达，为早期干预设计科学方案。

2018年，研究院主持新立项科研项目4项，包括国家自然科学基金青年基金项目1项、深圳市基础研究学科布局项目2项、深圳市基础研究学科探索项目1项。总经费接近500万元。研究院谭力海院长带领团队获得了广东省重点领域研发计划项目一项，财政资金总资助经费3456万元。

2018年，研究院继续深入夯实基础和应用基础研究。引进一项新的技术qMRI应用到语言神经科学研究领域，已完成测试实验和数据的初步分析，相关结果形成的论文正在投稿中；进一步的数据挖掘正在进行，期待取得新的研究进展。理清思路，重点突破，研究院成果转化工作正式启动。此外，研究院积极参与国家脑计划的前期准备工作，积极倡导、支持广东省及深圳市的脑科学研究，并在此间承担重要的研究和建设任务。

网址：www.sions.cn　　联系电话：0755-86956837

地址：深圳市南山区粤兴二道6号虚拟大学园重点实验室平台大楼6楼

地址： 深圳市南山区海天一路深圳软件产业基地5栋A座602室
地址： 深圳市南山区深南大道9988号大族激光科技中心17楼
网址： http://www.ssia.org.cn
联系电话： 83758301 / 83661275 / 83544163

协会概况

深圳市软件行业协会(SSIA)成立于1988年，由从事软件研发、销售、系统集成和信息服务以及为软件产业提供咨询、人才培训、投融资服务等有关企事业单位自愿结合组成，是中国软件行业协会下属的地方软件行业协会，现有会员单位约3500家，是全国会员最多的地方软件行业协会，也是全国最早成立的地方软件行业协会之一。2013年协会被评为5A级社会组织，并于2018年的等级复评中高分通过评审，成功续评。

特色服务

软件企业及产品评估
软件产业统计及分析
软件著作权登记及软件产品测试
产品和技术推广服务
会议展览服务
政策及税务咨询服务
投融资服务
人才及技术服务
特色会员服务

行业向导

贯彻国务院关于“优化产业发展环境，增强科技创新能力，提高产业发展质量和水平”的指示

明确在国际化产业环境中的定位，找到适合的产业发展路径，研究产业发展所面临的关键问题，推动产业向高端化发展

产业推手

聚集产业智慧，为政府和企业做好参谋

组织企业间、政企间交流合作，推动企业并购重组，整合优化产业链

挖掘优质服务的内在价值，推广优质服务资源，帮助企业良性发展

推动与国内外产业的交流合作，倡导总部经济发展模式，立足全国，放眼全球

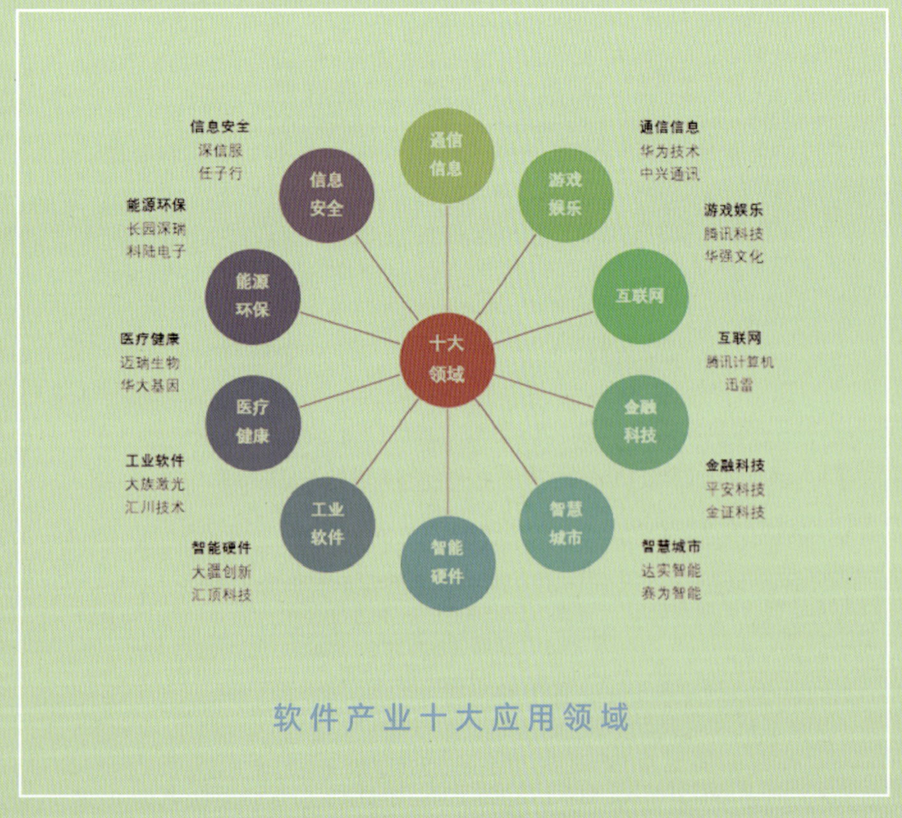

软件产业十大应用领域

行业活动

2018年
软博会参会企业

“知识产权工作站”
揭牌仪式

全国信标委
大数据标准工作组
国家标准宣贯会
（深圳地区）

深圳市软件行业协会
第八届四次会员代表大会

第九章 科技新闻

N e w s

第一节 自主创新

深圳将推出20条政策措施 率先加大营商环境改革力度

2018年1月21日上午，深圳市六届人大六次会议在闭幕会后举行记者会，市长陈如桂与新闻媒体记者面对面交流，就率先加大营商环境改革力度、创新发展、智慧城市建设等热点话题，回答了记者提问。

陈如桂感谢新闻媒体有力促进了政府和市民良好沟通并表示，将牢固树立“四个意识”、增强“四个自信”，学懂、弄通、做实十九大精神，在市委的领导下，在市人大、政协的监督支持下开展工作，全心全意去服务好市民、服务好企业。

谈营商环境

深圳率先加大营商环境改革的举措，含金量比较高

深圳特区报：今年是改革开放40周年。良好的市场化环境可以说是深圳一直以来保持发展活力的重要保障。请问深圳在营造良好营商环境方面，将有哪些改革创新举措？

陈如桂：一个城市的营商环境好不好，直接影响城市经济发展的活力，影响创新创业的活力。一直以来，深圳市非常重视营商环境的营造，在这方面推出了不少改革创新的经验。也正是因为有良好的营商环境，深圳集聚了很多高端人才、高端企业、高端要素在这里发展。新时期，我们前有标兵，后有追兵，有些过去的比较优势不再那么明显，也面临很多挑战和竞争。面对高位过坎的艰巨任务，要在新起点上创造新优势，需要我们进一步优化营商环境。2017年下半年，我们为了落实好习近平总书记在中央财经领导小组第十六次会议上的重要指示精神，根据市委的部署，组织开展了大量的调查研究，走访了大量的企业，还专门到中国香港、新加坡和国内一些先进城市去学习，看看我们的营商环境存在哪些问题、还有哪些不足、哪些比较落后。在此基础上，我们对标国际化高标准的投资贸易规则，研究提出了进一步优化营商环境的一系列举措。近期，我们将推出率先加大营商环境改革力度的20条政策措施。这些政策措施含金量比较高，将引领深圳未来几年的创新发展。主要内容有这几个方面：

一是突出深港金融合作。我们将主动与香港在金融人才、金融规则、监管机制等方面加强对接，突出深港两地合作与金融开放。推进跨境贸易便利化改革，推进通关监管改革，深化完善“一单两报、绿色关锁”，实现两地海关等通关一体化，努力营造更加开放的贸易投资环境。

二是继续优化产业空间资源配置。深圳历来非常注重实体经济特别是先进制造业的发展。这次出台的政策，将全方位降低企业运营成本、降低企业税费负担，推出缓解“融资难、融资贵”新举措，提供更全面的创新支持，努力营造综合成本适宜的产业发展环境。

三是实施更加优惠的人才住房政策。在原有政策的基础上，我们将进一步加大力度吸引全球高端人才来深圳创业创新。提供更优质的公共服务，包括解决海外人才多次往返签证、

通关便利和工作便利等问题，对符合条件的海外人才，在医疗、教育、住房、子女入学等方面给予市民待遇，营造更具吸引力的人才发展环境。

四是实施智慧政务工程。我们将重构行政审批流程，优化政务服务，在开办企业、办理施工许可、获得电力供应等方面，力争全面实现网上通办，营造更加高效透明的政务环境，争取达到国际一流水准。

五是制定促进绿色生产和消费的政策。我们将在深圳构建绿色发展的新高地，打造“美丽中国”典范城市，全面提升城市国际化绿色宜居品质。

六是完善知识产权保护措施办法。目前，很多企业面临知识产权维权“举证难、周期长、成本高、赔偿低”等问题，我们将提出具有针对性的措施，率先实施惩罚性赔偿制度。对知识产权违法行为，我们将依法从严从快处理，实施最严格的知识产权保护，营造公平公正的法治环境。

七是搭建全市统一的征信平台。全面加强信用信息的采集、共享、应用，在个人积分入户、保障房申请、公共资源交易、产业资金、政府采购等领域率先应用信用信息，推进智慧信用监管，一方面降低制度性交易成本，另一方面实现守信联合激励、失信联合惩戒，努力打造一流信用环境，为创新创业和经济发展提供良好的社会信用生态。

谈创新

深圳今年将推进知识产权综合管理改革

南方日报：过去的一年，深圳的发展成绩受到了全省、全国乃至全世界范围的广泛赞誉；另一方面，今年的政府工作报告中写深圳面临的问题和挑战占了比较大的篇幅，指出深圳的原始创新能力还不强，这体现了深圳“居安思危”的一贯理念。您如何看待这些外界对深圳的赞誉？深圳将采取什么措施保持创新优势？

陈如桂：改革开放以来，深圳在很多方面创造了举世瞩目的奇迹，也正是深圳以改革、开放、创新为引领，推动了经济有速度、有质量、有效益地发展，这方面是有目共睹的。在经济发展的同时，民生事业也得到很大改善，生态环境更加优美，城市软实力、影响力也得到新的提升。这是在习近平新时代中国特色社会主义思想科学指导下，在省委、省政府和市委坚强领导下，在市人大、市政协监督支持下，在中央和省各部门、各单位、兄弟省市的大力支持下，全市人民凝心聚力、团结拼搏的结果，来之不易。但我们也清醒地认识到，当前深圳的总体发展水平与高质量的发展要求有不小差距，城市环境品质与国际先进城市相比有不小差距，基本公共服务水平与群众的期待有不小差距，政府治理能力与超大城市发展需求有不小差距。我们不能沾沾自喜、坐享其成，必须居安思危，奋勇前进。在高位过坎、稳中求进的关键时期，必须坚持目标导向和问题导向并重并举，主动找差距、找短板、找不足、找弱项，以国际一流城市为标杆，敢想会干，大胆探索，勇于创新，将改革、开放、创新进行到底。通过改革创新，破解难题；通过加快发展，补齐短板，按照中央经济工作会议的部署，推动经济高质量发展，实现经济、社会、生态协调可持续发展。

一是集聚人才。我们将深入实施人才强市战略，进一步优化营商环境、改善公共服务，尽最大努力解决好安家落户、科技研发、住房保障、医疗保障、子女入学等现实需求，努力提供更加优质的服务，千方百计加速集聚更多创新人才。

二是提升能力。我们将加快补齐原始创新能力短板，继续实施创新“十大行动计划”，促进科技创新。在中央和省的支持下，启动大科学装置群建设。还要实施重大科技项目计划、出台支持外资研发中心发展的政策措施等，全面加快提升原始创新能力。

三是培育新动能。我们将大力培育发展人工智能、石墨烯、第三代半导体、健康科技、新材料等创新型产业，推动创新发展更有质量。发展壮大数字经济、共享经济，推进军民融合创新发展。大力支持创新创业。

四是优化法治环境。科技创新很重要的是保护知识产权，知识产权保护好了，就保护了创新的积极性。我们将着力营造与国际接轨的法治环境，特别是依法实施最严格的知识产权保护，高水平打造国家知识产权示范城市。今年就要推进知识产权综合管理改革，实施知识产权重大工程项目，建设中国（深圳）知识产权保护中心、南方知识产权运营中心等平台，引进高端知识产权服务机构，完善知识产权激励、质押融资政策，构建快速受理、授权、确权、维权服务体系。

五是推动营商环境和服务环境国际化。我们将借鉴国际先进城市营商环境经验，营造更加市场化国际化法治化的发展环境。深化与香港的合作，加强与国际标准组织等合作，探索构建新技术新产品的准入、标准、认证、定价机制，构建覆盖各领域的深圳标准体系，推动深圳的技术产品更好更快地走向全球市场。

谈人才引进

深圳将解决好服务人才的科研、住房、医疗、教育等问题

人民日报：深圳在人才引进方面都尝到了哪些甜头？未来还会有什么人才引进的优惠政策？

陈如桂：深圳的人口总体比较年轻，平均年龄约 33 岁。改革、开放、创新是这座城市的特质。经过 38 年的发展，深圳经济特区创造了世界工业化现代化城市化史上的奇迹。我们回想，深圳发展这么快，靠的是什么？我认为，最关键的是人才。

我到深圳工作半年多，无论走在大街小巷，还是在办公楼道里，看到大家洋溢着幸福的笑容，满怀创新创业的梦想，充满着希望和期待，让我深深地感到这座城市的活力和魅力。正是众多高素质的人才在深圳集聚，造就了一批高端企业，推动了深圳经济有质量有速度地发展。去年深圳的二、三产业比例为 41.5：58.4，先进制造业占规上工业比重约 70%，新兴产业增加值占 GDP 比重超过 40%，现代服务业占服务业比重超过 70%，科技进步贡献率达到 61%，一些新兴产业的发展势头也很猛。这些数据的背后，就是高端人才的支撑，也是深圳广纳人才、服务人才、留住人才的比较优势。这就是我们尝到的甜头。

深圳市委、市政府始终高度重视人才工作，特别是近年来不断完善人才政策举措，人才引进工作取得显著成效。目前全市人才总量超过 500 万人、占管理人口的 1/4，高端人才也很多，全职院士近 30 人，国家“千人计划”人才超过 270 人，享受国务院特殊津贴专家 500 多人。2017 年，我们引进的国内外人才 26 万多人，其中海归 1.83 万人。这些人才源源不断到深圳创业发展，为深圳的发展增添了更多后劲。未来，我们将把人才作为非常重要的战略资源，进一步加大人才工作力度，构建更具吸引力的人才政策体系，营造更具竞争力的人才发展环境。

我参加盐田代表团座谈的时候，几个海归博士都说，走了那么多城市，还是觉得深圳好。有的博士说，自己回来了，先生回来了，先生的同学朋友也回来了，都觉得深圳的人才政策真的挺好，城市环境宜居、事业平台宽广等让他们找到了创新创业的归属感和荣耀感。这是一种好现象，我们将听取各方面意见，进一步把各类人才服务好。

深圳市委六届九次全会对人才工作部署，提出到 21 世纪中叶，深圳要建成竞争力影响力卓著的创新引领型全球城市。我们将更加聚焦引进世界一流人才，着力创建一流的城市品牌，打造包括营商环境、宜居环境在内的一流的城市环境，搭建一流的政务服务平台服务创新创业，解决好服务人才的科研、住房、医疗、教育等问题，多层次、多角度、多举措加快集聚世界一流人才，推动深圳更好发展。

谈智慧城市

努力实现企业办事不出街、个人办事不跑腿

深圳卫视：深圳建设一流的智慧城市，着力点会在哪？您觉得深圳的企业、市民能从深圳版的智慧城市建设中得到哪些实实在在的好处？

陈如桂：日常工作中，我们有些工作没做好。比如说我们要实施精细化城市管理，但是人手有限，很难做到横到边、竖到底。比如加强食品安全管理，重在源头管理，但是如果没有先进技术支持，很难完成。比如提高政府服务、加强安

全监管、防范社会风险、提升城市综合服务效能等，没有智慧城市建设支持，很难实现。如果能把智慧城市建设好，不但可以提高工作效率和服务水平，而且可以破解很多难题。

智慧城市建设是政府创新服务、创新管理、创新监管的必由之路。我们要推进城市管理的科学化、精细化、人性化、品质化，关键要靠信息化、智慧化。要把交通服务做好，包括航空、港口、地面、地下、快速、慢速系统，出路在于构建智能智慧的综合交通服务体系。我们要通过智慧城市建设推进工联网建设和业态创新。未来深圳要继续提高制造业水平，就是要大力发展智能制造，提高产能和工业增加值率。大数据一定会给组织模式、创新模式、营销模式带来变革，会带来很多创新发展的活力和动力。我们希望通过智慧城市建设来推动新一轮经济创新发展。

深圳的电子信息产业非常发达，移动支付、互联网比较成熟，建设智慧城市有坚实的基础，而且通过技术创新推动产业整体转型升级，会带动一批产业进行结构调整和优化。智慧城市涉及方方面面，在建设过程中，我们要突出抓好大数据的安全管理、对个人隐私的保护，确保数据安全、网络空间安全。数据就是资源，在确保安全的前提下，进行一系列分析、应用和开发，一定会带来很多方面的创新，推动经济实现新一轮高质量发展。

目前，深圳智慧城市建设有一定基础，但是与先进城市相比还有差距，与老百姓的希望相比还有差距。我们将突出目标导向，加快出台深圳市智慧城市建设总规划和行动方案，强化顶层设计，加快建设包括基础设施、大数据运营平台、个人终端等在内的基础建设。今年要推进高速宽带网络、全面感知体系、城市大数据、智慧城市运行管理等十大工程。建设智慧城市的最高目标是实现万物感知、万物互联，万物智慧智能，我们将大概用三年时间基本实现“一图全面感知、一号走遍深圳、一键可知全局、一体运行联动、一站创新创业、一屏智享生活”，努力实现科技让城市生活更美好。我们希望在智慧城市服务支持下，构建从机场、港口、邮轮到高铁、地铁、公交车、共享单车，到无人驾驶，到智能停车的一体化综合交通服务系统，提供一体化、智能化、智慧化交通出行服务，让市民感觉到更方便。在政务服务方面，将对在深圳生活、办事的所有个人、企业，争取做到信息一次录入、信息共享、全市通办，努力实现企业办事不用出街，个人办事不用跑腿。在智慧社区建设方面，进一步优化与老百姓密切相关的社会保险、社区医疗、就业服务、物业管理、垃圾分类、居家养老等方面的智能服务，让市民对智慧城市的建设有更多的获得感。这些工作正在全力推进中。

谈产业外迁

部分企业外迁不会导致深圳产业空心化

南方都市报：深圳近年来产业外迁有加速趋势，土地空间严重制约了深圳未来的可能性，这一问题如何破解，飞地模式会不会遍地开花?

陈如桂：我认为，企业的区域布局调整是市场规律下的企业行为，有些企业规模做大了，就需要考虑布局问题，这很正常。比如华为，在全球 170 多个国家都有产业布局。现在，深圳有很多企业的产能扩张和研发成果的市场化，会到周边城市去布局，这种溢出效应对珠三角地区整个产业结构的优化和经济的创新发展，是有积极作用的。但是我们也注意到，现在深圳的地价、房价、劳动力等生产要素成本相对偏高，也造成部分企业可能迁到其他城市去。

深圳市委、市政府非常关注实体经济发展和企业外迁问题，千方百计创造条件把高端制造业留在深圳，包括推进一系列技改倍增计划以提高企业产能水平，出台专门政策保障工业用地，实施税收减免和奖励等优惠政策。这些工作取得了明显成效，主要表现在两个方面:

一是去年全市第二产业占全市生产总值的比重由 2016 年的 38.6% 上升到 2017 年的 41.5%，提高近 3 个百分点；规上工业增加值由2016年的增长7%提高到2017年的9.6%，提高了 2.6 个百分点，为近四年最高增速。我对照了几个一线城市，我们的规上工业增速，在一线城市中处于较高水平。从这些数据可以看出，虽然有一些企业迁出去了，但可能迁入的要比迁出的多，留在深圳的企业也发展得比较好，所以并没有影响我们工业经济的增长。

二是我们去年引进了一批高端优质企业。比如，ARM中国总部、空客中国创新中心等。像空客公司，目前在全球只有两大中心，一个在硅谷，另一个就在深圳。我问他们的CEO为什么那么果断坚定地选择深圳，我记得当时他说了三句话：第一，深圳是一座有全球影响力的创新城市，选择深圳是公司高层的共识；第二，深圳的创新跟硅谷有点不一样，硅谷更注重软件创新，深圳不但在软件创新方面走得很快，而且有完善的产业配套和供应链，非常容易实现创新成果的产业化；第三，深圳的宜居环境很好，能够吸引国际一流人才到这里创新创业。类似这些高端制造企业，去年我们引进了80个优质项目。去年我们还新增了40家上市企业，占全省比重超过四成，在全国排第一；新增国家级高新技术企业约3200家，总数仅排在北京后面。我们还实施了一系列商事制度改革，全市商事主体新增40万户，增至300多万家，增长15%还多，居全国城市首位。我跟市中小企业协会负责人座谈时了解到，深圳现有近180万家中小企业，这些企业具有比较好的成长性，对经济总量贡献率达57%，税收贡献率超过50%，就业贡献率达70%，据说还有几百家企业正排队上市。这些数据也说明，深圳不会因为部分企业的外迁导致产业空心化。

当然，我们也清醒地认识到，深圳的土地资源总是有限的，这就要求我们更加注重内涵式发展和开放式发展。一方面，要通过创新引领，提升城市发展能级；另一方面，要加强区域合作，在更大的范围内提升资源配置能力。我们将坚持质量第一、效益优先，创新引领、精明增长，讲质量、讲效益、讲人均，把经济社会发展和生态文明建设统筹起来，实现可持续发展。我们要坚持高端、高质、高新发展，把握大湾区发展机遇，加强区域合作，发挥深圳创新引领作用，在推动珠三角产业转型升级的同时，努力实现更高质量、更有效率、更加公平、更可持续的发展。

谈广深科技创新走廊

深圳要做好规划并推动区域创新要素合理配置

广州日报：请问在粤港澳大湾区战略下，深圳在广深科技创新走廊建设中如何找准定位、更好地发挥作用?

陈如桂：打造广深科技创新走廊，是广东省委、省政府贯彻习近平总书记对广东工作重要批示精神的具体行动，是实施创新驱动发展战略、建设粤港澳大湾区的重大举措，是引领珠三角国家自主创新示范区、带动粤东西北振兴发展的重要抓手。

广深科技创新走廊是沿着广深高速、广深沿江高速等交通要道形成的创新集聚区，总定位是为全国实施创新驱动发展战略提供支撑的重要载体，着力集聚高科技企业、人才、技术、信息、资本等创新要素，努力打造中国“硅谷”。当前，深圳要按照省里的规划，制定深圳实施方案，主动与广州、东莞加强对接，积极参与走廊建设。

广州是全国的重要中心城市，是国际商贸中心，是华南地区科教中心，也是综合交通枢纽。东莞有先进的制造业基础。深圳和广州一样，是特大型城市，是改革开放的前沿，也是全国经济中心城市、国家创新型城市、国际科技产业创新中心、区域性综合交通枢纽城市，在科技创新、新兴产业、对外贸易、金融科技等方面具有一定优势。

深圳和广州、东莞等联手打造广深科技创新走廊，从资源、机制、产业、人才等方面发挥各自优势，将有利于整合多方资源，集聚创新要素，合理布局创新产业，推动形成区域一体化创新体系。对深圳而言，我们一方面要做好规划，用开放的思维主动和香港、广州、东莞对接合作好，推动走廊内重大产业、科技、人才等领域政策措施的互动，保障人才、技术、资金、信息等创新要素的自由流动，共同打造一流的创新带。另一方面，要在科技创新、金融创新、人才交流、产业化等方面，充分发挥深圳的创新优势，推动区域创新要素合理配置，布局更多的重大科技专项，培育更多的未来产业，促进经济的转型升级，推动我们的原始创新、科技引领、产业化等方面取得更大发展，形成全球科技产业创新的强劲引擎，更好地推动整个珠三角产业结构调整，创造更好的经济发展效益。

这项工作是在省委、省政府的领导下开展的，我们将按照省里的顶层设计，全力以赴，加快推进各项工作。

谈深港合作

深港将加强基础设施互联互通

大公文汇传媒集团：您如何看待香港的独特优势？未来如何推进深港地区更紧密合作？

陈如桂：深圳的发展一直发挥毗邻香港的区位优势。过去，我们靠香港“三来一补”来投资、办厂，解决就业问题，发展贸易，后来我们发展了先进制造业，今天，我们的新经济蓬勃发展，这些都跟香港密切相关。现在，深圳在新的起点上再出发，要做的事情很多，其中一个就是进一步提升城市国际化水平，特别要加强和香港的紧密合作。香港有很多优势，在航运、金融、教育、医疗、人才、管理等方面，都有很多优势。

当前，深港合作有两个重大平台，一个是前海，一个是河套地区。前海合作区已经取得很多成绩，成效显著。在河套地区方面，去年两地政府签署了关于推进落马洲河套地区共同发展的合作备忘录，致力于打造“深港科技创新特别合作区”，让更多香港的人才、科技企业、医疗服务、教育服务在这个地方都能够得到很好的发展。

我们将在“一国两制”方针和粤港合作框架下，积极抢抓粤港澳大湾区建设重大机遇，充分利用前海深港现代服务业合作区、落马洲河套地区这两个重大平台，努力推动深港合作向更深层次、更高质量发展，打造粤港澳大湾区建设在投资贸易、科技创新、规则制定等领域的新引擎。一是加强基础设施的互联互通。加快推进东部过境通道、莲塘 / 香园围口岸等跨境基础设施建设，建成运营广深港高铁西九龙口岸，推进皇岗、沙头角、深圳湾等口岸改造提升，促进两地人员往来更加便利。二是加强物流航运的对接。进一步加强两地之间海港、空港、航运领域的合作，促进资源整合、互补发展，共同打造世界级的港口群。三是促进科技资源的共享。共同推动河套地区开发，促进“深方科创园区”和“港深创新及科技园”协同发展，合力打造“深港科技创新特别合作区”。四是注重产业结构的互补。我们将按照“依托香港、服务内地、面向世界”的定位，大力发展金融、现代物流、信息服务、科技服务等支柱产业，为香港拓展发展空间、优化产业结构做出更大贡献。五是突出金融平台的互动。包括深交所、港交所、金融机构之间的互动和合作，重点要在金融科技创新等领域深化合作，联合打造科技金融创新产业高地和世界科技金融之都。六是做好宜居宜业宜游的便利化。我们将争取国家便利港澳居民在内地发展相关举措在深圳先行先试，持续推动两地居民在学习、就业、文化交流等方面更紧密的合作，特别是要为香港青年创新创业创造一流环境，吸引更多香港青年以深圳为桥头堡来祖国内地创新创业。

通过各领域深入合作，有力推动香港更全面地融入国家发展大局，促进香港长期繁荣稳定。我们也可以借助香港在金融、教育、航运等方面的优势，提升深圳的国际化水平。深港一家亲。在党中央、国务院的坚强领导下，深港一定会更加紧密合作，创造更好的发展业绩。

（《深圳特区报》 2018 年 1 月 22 日）

深圳获批建设国家可持续发展议程创新示范区

2018 年 2 月 24 日，中国政府网发布《国务院关于同意深圳市建设国家可持续发展议程创新示范区的批复》，同意深圳市以创新引领超大型城市可持续发展为主题，建设国家可持续发展议程创新示范区。

在批复中，国务院要求，深圳市建设国家可持续发展议程创新示范区，要深入贯彻党的十九大精神，以习近平新时代中国特色社会主义思想为指导，坚持新发展理念，统筹推进“五位一体”总体布局，协调推进“四个全面”战略布局，紧紧围绕联合国 2030 年可持续发展议程和《中国落实 2030 年可持续发展议程国别方案》，按照《中国落实 2030 年可持续发展议程创新示范区建设方案》要求，重点针对资源环境承载力和社会治理支撑力相对不足等问题，集成应用污水处理、废弃物综合利用、生态修复、人工智能等技术，实施资源高效利用、生态环境治理、健康深圳建设和社会治理现代化等工程，统筹各类创新资源，深化体制机制改革，探索适用技术路线和系统解决方案，形成可操作、可复制、可推广的有效模式，对超大型城市可持续发展发挥示范效应，为落实 2030 年可持续发展议程提供实践经验。

据悉，与深圳同时获批建设国家可持续发展议程创新示范区的，还包括太原和桂林两座城市。

（《深圳特区报》2018 年 2 月 25 日）

《深圳经济特区国家自主创新示范区条例》3月1日起施行

2018 年 3 月 1 日，深圳市科技创新委召开《深圳经济特区国家自主创新示范区条例》（以下简称“示范区条例”）发布暨实施座谈会。会议由深圳市科技创新委主任梁永生主持，深圳市人大法制委员会、市人大常委会教科文卫委、市发改委、经贸信息委、科技创新委、规划和国土委、市场和质量监督管理委、司法局等相关部门负责人以及企业代表出席了会议。

《深圳经济特区国家自主创新示范区条例》于 3 月 1 日起正式施行，该条例亮点颇多，如针对“科技创新”单设一章，将科技创新放在自主创新的核心位置；要求不断提高基础研究投入占财政科技投入的比例，拓宽财政科技资金投入渠道；允许科研人员以知识产权直接持股；对政府部门信息互联互通提出明确的要求；对创新型产业用地用房的保障也做了规定。

政府信息互联互通是硬性要求
创新型产业用房租金标准设限

深圳市人大法制委员会主任委员刘曙光解读了示范区条例，如第四十五条对政府部门的信息互联互通提出了要求，即必须全部打掉信息壁垒，实现信息共享。

刘曙光表示，在办理登记、资格认定、资金扶持申请等事项，企业或个人无须重复提交；确需相关资料的，由受理部门自行调取。举例来说，企业已在市场监管委提交了相关资料，到规土委办理相关事项时无须提交。如规土委需要资料，应由规土委与市场监管委协调调取资料。

第七十二条则对企业以协议出让方式获得的创新型产业用房出租的价格设定了标准，明确不得高于产权归政府所有的创新型产业用房标准。

第四十五条则规定市、区人民政府及相关部门涉及示范区企业事业单位、其他组织或者个人在科技创新、产业创新以及人才培养和引进等方面的登记、许可类信息，应当互联互通，建立信息共享机制。

已经向政府部门提交的资料或者政府部门已经生成的资料，企业事业单位、其他组织以及个人在同一政府部门或者本级政府不同部门办理登记、许可、资格认定或者资金扶持申请等事项时，无须重复提交相同资料。相关部门不得以此为由拒绝受理申请；确需相关资料的，由受理部门自行调取。

第七十二条明确了通过协议出租或者协议出让方式取得创新型产业用地使用权建设产业用房依法用于出租的，出租价格不得高于产权归政府所有的创新型产业用房相应的出租价格标准。高出的部分，由区人民政府予以没收。

加大财政在基础研究的投入
鼓励科技企业拓宽融资渠道

创新离不开资金的支持。《条例》第九、十、十一条进一步明确了财政性资金资助科技项目的原则和范围，并根据不同资助对象的特点规定了不同的资助方式。提出“不断提高基础研究投入占财政科技投入的比例”“对支持高等院校、科研院所、企业等实施核心关键技术研发，由财政性资金给予相应资助”。

此外，《条例》规定财政性资金可以通过阶段性持股的方式，支持企业开展技术、管理以及商业模式等创新，并规定受托股权代持机构在股权退出时的核销机制。

为促进科技、金融、产业全面融合发展，《条例》明确由商业银行、担保机构、创投基金、科技保险等多方参与，对创新过程全覆盖的全链条金融体系，有效促进科技成果转化。

对此，《条例》在第四章“金融创新”中做出系列规定，支持商业银行建立适合科技企业的授信准入、风险评级、审查审批和贷后管理制度；支持深圳证券交易所发展多层次资本市场，吸引境内外企业上市融资，鼓励中小企业通过境内外证券交易机构开展融资活动。支持创新型企业通过发行企业债、公司债等债券拓宽融资渠道，支持保险机构开发科技保险、专利保险等产品，为科技企业提供风险保障和融资支持。

刘磅认为，示范区条例的出台为深圳创新驱动发展提供了有力的法制保障。

允许科研人员以知识产权直接持股
鼓励企业设立科普场所

根据深圳市科创委提供的数据，初步核算，2017 年全市高新技术产业产值有望突破 2 万亿元，全社会研发投入有望超 900 亿元，占 GDP 比重达 4.13%。科技进步贡献率 61.2%，较上年提高 0.5 个百分点。有效发明专利 5 年以上维持率 85% 以上，居全国第一。

来自深圳高新企业 4 位代表在座谈会上一致认为，深圳作为全国唯一以城市为基本单元的国家自主创新示范区，应当在全球科技变革及产业变革中发挥主力军作用。示范区条例的出台，必将为深圳的创新驱动发展提供有力的法制保障。

记者了解到，《条例》就知识产权入股做出相关创新性的规定，比如，第十八条明确“高等院校、科研院所以及科研人员以知识产权设立公司或者入股公司的，可以分别独立持股，并按照约定的股权分配比例办理公司登记或者股权登记手续”。第八十二条明确规定加强科学普及基础设施建设，创新科学普及理念和模式，围绕重大创新成果和科研进展，开发和推广系列科学传播产品，向公众传播科学知识、科学方法、科学精神和科学文化。

鼓励企业事业单位和行业协会等设立面向公众的科学普

及场所。有条件的，应当根据自身特点面向公众开放研发机构、生产设施（流程）或者展览场所，作为科学普及教育基地。

【深圳建设国家自主创新示范区时间表】

2010年，深圳市启动建设国家自主创新示范区申报工作。

2014年5月13日，国务院批复同意深圳建设国家自主创新示范区。

历经四年的反复调研、研究和修改，《深圳经济特区国家自主创新示范区条例》于2018年1月12日经深圳市六届人大常委会第二十二次会议全票表决一致通过，自2018年3月1日起施行。

（《深圳新闻网》2018年3月1日）

深圳“三步走”建设国家可持续发展议程创新示范区

2018年3月27日下午，深圳市建设国家可持续发展议程创新示范区推进会召开，会上宣读了《国务院关于同意深圳市建设国家可持续发展议程创新示范区的批复》，示范区建设正式启动。

为超大型城市可持续发展提供经验

国家可持续发展议程创新示范区，这个“国字头”名号，对于深圳而言意味着什么?

记者了解到，首批示范区名单中包括深圳、太原、桂林三座城市。三座城市创建示范区的定位各有侧重，国务院批复文件显示，深圳创建示范区的主题为“以创新引领超大型城市可持续发展”。

具体来说，深圳要重点针对资源环境承载力和社会治理支撑力相对不足等问题，集成应用污水处理、废弃物综合利用、生态修复、人工智能等技术，实施资源高效利用、生态环境治理、健康深圳建设和社会治理现代化等工程，统筹各类创新资源，深化体制机制改革，探索适用技术路线和系统解决方案，形成可操作、可复制、可推广的有效模式，对超大型城市可持续发展发挥示范效应，为落实2030年可持续发展议程提供实践经验。

建设具有包容性、安全、可持续发展的城市，是联合国《2030年可持续发展议程》提出的重要目标，也是当前全球城市共同的发展主题。从国际经验看，伦敦、洛杉矶、东京等城市，都曾面临人口过多、房价高涨、交通拥堵、环境污染、社会治理压力大等问题。对于国内城市而言，类似上述“城市病”问题也日益突出。

经过30多年的发展，深圳创造了世界城市发展的奇迹，但也面临着资源环境承载压力大、公共服务资源供给不足、社会治理能力有待进一步提高等问题。未来发展需要依靠科技及产业创新突破城市发展瓶颈，推动科技创新与社会发展深度融合，探索可复制及可推广的超大型城市可持续发展模式。

为可持续发展列出“三步走”路径

会上，《深圳市可持续发展规划（2017—2030年）》正式发布，规划直面深圳目前面临的发展瓶颈，勾画了深圳将建设社会主义现代化先行区、创新驱动引领区、绿色发展样板区、普惠发展示范区的战略定位。

深圳是国内最年轻的超大型城市，在快速城市化进程中，历史遗留问题和新问题相互交织——人口规模迅速膨胀，社会治理相对滞后于经济发展，资源环境承载较大压力，区域发展不均衡不协调等问题引发一系列“大城市病”。规划指出，“这些问题如不能有效解决，将严重制约深圳经济社会可持续发展”。

在规划中，深圳为可持续发展列出了清晰的“三步走”路径——到2020年，成为国家可持续发展议程创新示范区的典范城市，经济、社会及环境可持续发展质量达到国内领先水平；到2025年，成为可持续发展国际先进城市，绿色发展模式进一步完善，创新驱动对经济增长的内生动力持续强化，新兴产业主引擎作用更加突出，安全高效的城市运行体系不断优化，市民有更多实实在在的获得感；到2030年，成为可持续发展的全球创新城市，可持续发展达到国际一流水平，形成一系列可以向全球推广复制的可持续发展经验。

“建设国家可持续发展议程创新示范区，是新时代深圳经济特区的重大使命。希望通过创新引领，推动科技产业创新、管理服务体制机制创新，加快建设可持续发展议程创新示范区。”日前，深圳市市长陈如桂表示，深圳将突出发挥创新先发优势，走出一条有时代特征、中国特色、深圳特点的可持续发展之路。

聚焦资源环境承载力和社会治理支撑力

蓝图已绘就，奋进正当时。记者从推进会上了解到，按照国务院批复文件的工作部署，深圳将聚焦资源环境承载力和社会治理支撑力相对不足“两大问题”，围绕建设更具国际影响的创新活力之城、更加宜居宜业的绿色低碳之城、更高科技含量的智慧便捷之城、更高质量标准的普惠发展之城、更加开放包容的合作共享之城“五大重点任务”进行攻坚。

《深圳市可持续发展规划（2017—2030年）》显示，在创新活力方面，深圳将全面推进体制机制、科技、产业、商业模式等方面创新，着力构建多要素联动及多主体协同的综合创新生态体系，形成“基础研究＋技术研发＋成果转化＋金融支持”的创新全链条。

在绿色发展方面，深圳将实行最严格的生态环境保护制度，推进绿色低碳循环发展，全面提升城市环境质量，构建宜居多样的城市生态安全系统，加强城市景观设计和管理，打造一流的湾区海洋环境，创新生态环境保护治理机制。

智慧便捷方面，深圳将以需求导向，综合利用大数据、云计算、物联网、移动互联网、人工智能等技术，整合全社会数据资源，建设智慧高效的交通服务体系及便捷多样的公共服务信息系统，推动政府数据开放和共享应用，打造智慧城市运营管理平台。

普惠发展方面，深圳将注重机会公平，加大民生投入，着力解决民生发展中的不平衡不充分问题，在幼有所育、学有所教、劳有所得、病有所医、老有所养、住有所居、弱有所扶上不断取得新进展。深圳将推进区域均衡发展，大力推进“东进、西协、南联、北拓、中优”战略，坚持原特区内外一个标准，对标国际一流城市建设。

合作共享方面，深圳将积极参与实施“一带一路”倡议，携手共建粤港澳大湾区，搭建面向全球的开放合作平台，深入推进对口支援与合作，分享可持续发展的经验。

（《南方新闻网》2018年3月28日）

深圳超常规布局创新载体

依托深圳市化学创新药物工程技术中心，微芯生物研制出填补我国 T 细胞淋巴瘤治疗药物空白，成为中国首个授权美国等发达国家专利使用的原创新药——西达本胺，并获得中国专利金奖。

一个市级创新载体研发出世界级新药，彰显世界级创新能级。记者了解到，深圳超常规布局创新载体，像微芯生物这样的创新载体和西达本胺这样的创新成果与日俱增。

深圳始终坚持把创新作为城市发展主导战略，以全球视野及国际标准，集中力量规划建设一批世界一流的重大科学基础设施集群。2018 年上半年，深圳新增各类创新载体 73 家，累计建成创新载体 1761 家。

实施大科学装置发展战略

2018 年 7 月，在留仙洞万科云城，80 余位海内外院士及专家学者等共同见证鹏城实验室入驻新大楼，首批三个院士工作室现场签约入驻。

赵沁平院士是首批签约入驻实验室的院士之一。他的工作室主要是围绕虚拟现实及增强现实有关的科学和技术问题进行理论创新，实现技术突破，推进成果转化和产业化研究。

“等实验室招聘人员的规定下达后，将正式启动招聘工作，争取经过三至五年的努力，实现引领产业技术发展。”赵沁平告诉记者。

2017 年年底，为培育创建国家实验室，广东省启动建设首批四家实验室。其中，深圳的鹏城实验室进程是最快的，并把“具有国际领先水平的创新型实验室”设为目标。

这种兼备基础研究和应用研究功能的科研平台，对深圳及广东而言，实在是太重要了。

对标全球科技创新中心，深圳基础研究相对薄弱。深圳市量子科学与工程研究院院长、中科院院士俞大鹏表示，深圳设立高水平及国际化的基础研究机构以补齐短板。没有基础研究，创新与可持续发展走不远也飞不高。

鹏城实验室体现了“深圳速度”，反映了深圳正紧抓源头，全力推进基础创新“补短板”的雄心壮志。深圳市科创委主任梁永生表示，深圳实施大科学装置发展战略，以全视野及国际标准，集中力量规划建设一批世界一流的重大科学基础设施集群。

科技创新加速进入“升级版”

格拉布斯研究院、中村修二激光照明实验室、深圳盖姆石墨烯研究中心……自“十大行动计划”实施以来，深圳每年有两家诺奖实验室落户。2018 年上半年，鹏城实验室及深圳第三代半导体研究院启动，国家超算深圳中心二期和国家基因库二期等重大科技基础设施建设年内陆续启动，深圳科技基础设施建设迈出坚实步伐。

“建设创新载体是实现创新驱动的有效手段，深圳出台有利政策扶持高水平创新载体及新型科研机构建设，”深圳市科技创新委相关负责人说，深圳在创新载体建设方面可谓“大手笔”，对承担国家级重大创新载体及其深圳分支机构，予以最高 3000 万元支持；对省、市创新载体，予以最高 1000 万元支持；对以著名科学家命名并牵头组建，或者社会力量捐赠、民间资本建设科学实验室，可予以最高 1 亿元支持；对海外高层次人才创新创业团队发起的新型研发机构，予以最高 1 亿元支持。

深圳加大创新“补短板”力度，科技创新加速进入“升级版”。目前，已建设各类载体 1761 个，诺贝尔奖科学家实验室 6 个、海外创新中心 7 个、基础研究机构 3 个。

（《深圳特区报》2018 年 7 月 21 日）

深圳实施科技体制机制改革攻坚工程

“敢于啃硬骨头，敢于涉险滩、闯难关，破除一切制约科技创新的思想障碍和制度藩篱。”2018 年 8 月，深圳市委出台《关于深入贯彻落实习近平总书记重要讲话精神 加快高新技术产业高质量发展更好发挥示范带动作用的决定》（简称《决定》）提出，实施科技体制机制改革攻坚工程，打造科技体制改革先行区，率先探索建立符合科研规律的科技创新管理制度和国际科技合作机制，发挥市场对技术方向、路线选择、要素价格、要素配置的导向作用。

科技界人士及专家认为，全面深化科技体制机制改革，方能不断激发创新活力。《决定》中关于体制机制改革等一系列举措，对标最高最好最优，具有前瞻性，意义重大，体现深圳高新技术产业发挥示范带动作用的决心和信心。

科研项目管理更灵活

一直以来，深圳对标全球创新高地，按照国际通行规则和科研规律深化科技体制机制改革。

“没有制度创新，科技创新就无从依附。”深圳市体制改革研究会副会长孙昌群博士表示，《决定》提出实施科技体制机制改革攻坚工程，充分体现了制度思维和制度理念。

创新科研项目的立项、组织、实施、管理机制，进一步强化成果导向，项目管理流程更精简。中科院深圳先进院相关负责人表示，走出一条产业与资本紧密结合的创新发展之路，科研项目管理一直是探索的重点。给予科研单位和科研人员更多自主权，正如《决定》中提出的“营造让科研人员心无旁骛潜心研究的环境”。

《决定》提出一系列大胆的探索：建立市场化的项目遴选机制，建立常态化的政企科技创新咨询制度，在制定科技计划和遴选攻关项目时，充分征求企业和科研机构意见；探索建立科研项目经理人制度，提高研发效率和成果质量；探索建立科研容错机制，鼓励科研人员大胆探索、挑战未知。

“全面深化科技体制改革，提升创新体系效能，着力激发创新活力。”深圳市科创委相关负责人表示，接下来，深圳将全面落实习近平总书记重要讲话精神，敢于啃硬骨头，敢于涉险滩、闯难关，破除一切制约科技创新的思想障碍和制度藩篱。

创新资源配置更优化

“让市场在创新资源配置中起决定性作用。”《决定》提出让机构、人才、装置、资金、项目充分活跃起来，形成推动创新的强大合力。

由市场规则来主导或转入竞争性配置，资源的分配、调拨与使用在阳光下进行，摆脱政府配置资源的“扭曲”之困。

《决定》对配置资源方式改革提出的基本思路是市场导向，对适宜市场化配置的公共资源，充分发挥市场机制作用，对不完全适宜市场化配置的资源，则探索引入竞争规则。

《决定》提出探索建立科研项目攻关动态竞争机制，实现科研攻关由预选单一主题向多元化竞争转变。建立科研创新失败案例数据库，减少试错成本。鼓励企业与高校、科研院所等共建研发机构和实验室，加强面向行业共性问题的应用基础研究。

创新评价机制更完善

2018 年 6 月，习近平总书记在两院院士大会上强调，要改革科技评价制度，建立以科技创新质量、贡献、绩效为导向的分类评价体系，正确评价科技创新成果的科学价值、技术价值、经济价值、社会价值、文化价值。

完善价值导向的科技创新评价机制，建立科学分类、合理多元的科研项目评价体系，在《决定》中得以体现。《决定》提出深入推进“三评”改革，构建突出创新质量、贡献、绩效的分类评价体系，科学评价创新成果的科技价值、经济价值、社会价值。

改进科技人才评价方式，不唯论文、职称、学历、奖项评价人才，注重标志性成果的质量、贡献、影响。完善科研机构评估制度，避免简单以高层次人才数量评价科研事业单位。

同时，还要构建面向全球的开放创新机制。《决定》提出瞄准国际一流水准，坚持开放合作创新，探索建立国际科研信息数据库，完善科研平台开放制度。建立与国际创新中心更紧密的合作机制，对接硅谷、波士顿、慕尼黑、特拉维夫等全球主要创新中心，完善创新创业直通车机制。

孙昌群表示，这些新的制度设计，将有利于降低深圳企业的创新成本，有力破解科技创新的瓶颈问题，加快提升区域创新能力。

（《深圳特区报》2018 年 8 月 5 日）

深圳迈向全球“创新之都”

从小岗村到深圳，从浦东到雄安，从经济体制改革到全面深化改革……40 年砥砺前行，改革开放伟业波澜壮阔，成就辉煌。

钢琴曲响起，800 架无人机编队飞向空中，“大鹏展翅”的编队造型，照亮深圳夜空。2018 年 9 月 20 日，在庆祝改革开放 40 周年大型综艺晚会《追梦——改革开放再出发》上，深圳再次展现科技创新魅力。

目前，深圳市聚集中国电子信息前 10 强的企业总部或区域总部；2017 年全社会研发投入超 900 亿元，占 GDP 比重 4.10%，居全球前列。PCT 国际专利申请 20457 件，占全国申请总量的 43.07%，连续 14 年居全国城市首位。

“先进技术和装备是买不来的，要培育更多具有自主知识产权和核心竞争力的创新型企业。”深圳市市长陈如桂表示，深圳将把创新的旗帜举得更高，加快建成全球“创新之都”。

构建创新综合生态

“6 个 90%”凸显自主创新活力

在 220 米外就能发现目标并动态识别人脸；一个系统即可完成人脸、手机、车牌的多项识别……光启集团研发的“超级智能系统”，可广泛应用于城市公共安全与城市治理。

成立仅 8 年，专利申请总量已超 4400 件，光启集团是深圳众多创新企业的缩影。

深圳自主创新最大的特点是“6 个 90%”——90%的创新型企业为本土企业、90%的研发人员在企业、90%的研发投入源自企业、90%的专利产生于企业、90%的研发机构建在企业、90%以上的重大科技项目由龙头企业承担。

在这样的创新氛围中，一批具有国际竞争力的创新型龙头企业应运而生——华为成为全球最大通信设备制造商；腾讯成为全球最大互联网公司之一；比亚迪成为全球最大的新能源汽车企业……

在鼓励企业自主探索的同时，深圳在产业布局上进行引导。近年来围绕 5G、新型显示、集成电路、机器人、石墨烯、新能源汽车、精准医疗等新兴产业领域，规划建设了 10 个制造业创新中心。目前，多个创新中心先后挂牌。

新兴产业的发展，离不开基础创新的源头支撑。

今年 3 月，香港中文大学（深圳）切哈诺沃精准和再生医学研究院成立。研究院关注癌症和传染性疾病诊治精准医疗，以及干细胞疗法治疗中风、帕金森、糖尿病等疾病的再生医学，是港中大（深圳）组建的第三个由诺贝尔奖得主命名的研究院。

深圳还相继建成国家超级计算深圳中心和大亚湾中微子实验室，并启动建设首个国家基因库等重大科技基础设施。

截至 2017 年底，深圳累计建成创新载体 1688 家，其中国家级 110 家，省级 175 家，覆盖了深圳经济社会发展主要领域；培育了 93 家集科学发现、技术发明、产业发展“三发”一体化的新型研发机构。2017 年，深圳新组建诺贝尔奖科学家实验室 3 家、基础研究机构 3 家、制造业创新中心 5 家。

营造人才创新环境
人才驱动激发创新源泉

2018 年 9 月 4 日，47 岁的澳大利亚籍华人、深圳顺丰泰森控股（集团）有限公司的审计监察高级经理张威，在深圳前海拿到了永久居留身份证。“出入境和日常生活都会方便很多，这个证让我有了归属感。”张威说。

这种便利源自深圳实施的“人才强市”战略。近年来，深圳先后出台《关于促进人才优先发展的若干措施》《深圳经济特区人才工作条例》。2018 年深圳还出台实施“鹏城英才计划”“鹏城孔雀计划”等人才政策。

这些措施可谓“大手笔”——支持事业单位科研人员离岗创业及到 2035 年新增建设筹集人才房、安居型商品房、公共租赁住房超 100 万套。

“创新驱动实质上是人才驱动”刻在深圳人才公园语录石上的这句话，昭示着深圳重才、爱才、求才的意志和决心。

2012 年，29 岁的斯坦福大学博士刘自鸿在深圳创立柔宇科技。6 年来，公司不仅创造了打破世界纪录，厚度仅 0.01 毫米的全球最薄彩色柔性显示屏，还建成了全球首条具有自主知识产权的类六代全柔性显示屏大规模量产线，满产规模每年超 5000 万片。

“深圳这个城市充满活力，更多元化、更具包容性，不同的文化会产生很多的火花，而这些往往是创新的来源。”刘自鸿说。

“人才不断来深创业发展，为深圳未来发展提供了更强的后劲。”深圳市政府秘书长李廷忠介绍，2017 年深圳新引进“孔雀计划”创新团队 30 个，引进各类人才 26.3 万名，增长 42%。截至 2018 年 10 月，深圳人才总量超过 510 万。

优化营商政务环境
政府成为最大的服务员

“我们公司 2312 万元的留抵退税到了！”9 月 3 日，深圳市铁汉生态环境有限公司的税务工作负责人江国强兴奋不已。

铁汉生态是生态环境建设上市公司。2016 年 5 月至 2017 年末，该公司共产生留抵税额 4625 万元，此前只能挂在公司账上。2018 年 7 月，深圳市税务部门主动告知铁汉生态，可享受退还增值税留抵税额政策，并迅速为其办理相关手续。

“留抵税额挂账上会占用公司大量资金。”江国强说，“多亏税务部门主动上门，解决了我们扩大研发的资金难题。”

在深圳，和铁汉生态一样受益于政府服务的企业还有很多。从率先实现商事登记“三十证合一”，到 300 项“不见面审批”。从建设项目总审批不超过 90 个工作日，到“企业办事不出区，市民办事不出街”的“全城通办”……深圳密集出台一项项便民利民措施，改善营商环境，为经济社会发展提供了源源不断的活力。

“营商环境好了，市场自然有活力。”深圳市委宣传部理论处处长杨建认为，企业是深圳创新的主体，深圳市政府需要做的，就是为企业发展提供良好服务。

2017 年，深圳新登记商事主体 55.2 万户。全市累计登记商事主体 309.4 万户，总量居全国城市首位。每千人拥有商事主体 261 户，拥有企业 151 户，创业密度居全国城市首位。

培育创新创客文化
吸引全球创新资源汇聚

9 月 25 日中午，深圳华强北国际创客中心 7 楼，荷兰人亨克正聚精会神地敲打着代码。亨克 2011 年来到深圳创业，

2016 年进驻华强北国际创客中心，从事 LED 屏幕设计，“在这里定制特殊曲面 LED 屏只要 3 周，全球其他任何地方最快也要 6 个月”。

全球数一数二的完整电子制造和互联网产业链，为创客发展提供了最好的土壤，也是全球创新资源汇聚于深圳的重要原因。

当前，深圳正在加速汇聚全球创新资源——ARM 中国总部、空客中国创新中心等 80 个优质项目落户深圳；苹果、微软、高通、英特尔、三星等跨国公司在深圳设立研发机构、技术转移和科技服务机构；诺贝尔奖科学家实验室在深圳陆续挂牌成立。

2016 年底，受南方科技大学邀请，诺贝尔奖获得者罗伯特·格拉布斯，在深圳设立了中国内地首个以诺贝尔奖得主命名的研究机构——深圳格拉布斯研究院。“这里与硅谷一样的创新精神和创新环境，是吸引我来的重要原因。”格拉布斯表示。

2018 年 1 月，在深圳市委六届九次全会上，深圳以“创新”为关键词，提出了未来发展目标——到 2020 年，基本建成现代化国际化创新型城市；到 2035 年，建成可持续发展的全球创新之都；到 21 世纪中叶，成为竞争力影响力卓著的创新引领型全球城市。

“深圳因改革开放而生，因改革开放而兴，必将以改革开放，创新驱动而强。”广东省委常委、深圳市委书记王伟中表示，深圳将扎实推进以科技创新为核心的全面创新，加快基础研究、技术开发、成果转化、金融支持的全链条创新，把深圳这座城市的创新基因再强化、再巩固、再提升，努力打造具有全球竞争力的“创新之都”。

（《深圳新闻网》2018 年 10 月 8 日）

深圳创新竞争力位居中国副省级城市第一

2018 年 11 月 21 日，首部《中国城市创新竞争力发展报告（2018）》蓝皮书在京发布，深圳在中国副省级城市创新竞争力排名中位居第一。同时，深圳位列中国城市创新竞争力前三名。

此次会议由中国科学技术交流中心、国际欧亚科学院中国科学中心、中共中央党校国际战略研究院、社科文献出版社等主办。“城市创新竞争力课题组”从创新基础竞争力、创新环境竞争力、创新投入竞争力、创新产出竞争力、创新可持续发展竞争力 5 个方面构建了指标评价体系进行评价。

对中国 15 个副省级城市创新竞争力评价结果显示，深圳创新竞争力得分最高，达 57.6 分，位居第一；广州 44.4 分，位居第二；杭州 42.2 分，位居第三。排名靠前的副省级城市，主要受益于创新基础竞争力、创新环境竞争力、创新投入竞争力 3 个二级指标，日益呈现强势趋势，从而拉动部分副省级城市排序。

其中，深圳的创新产出竞争力、创新基础竞争力、创新投入竞争力、创新可持续发展竞争力均位居副省级城市第一，得分分别为 73.8、66.1、61.5、42.1，创新环境竞争力位列第 5，得分 44.6。

“从城市创新竞争力综合排名来看，15 个副省级城市排名居于前 3 位的分别是深圳、广州、杭州，且 15 个副省级城市都处于第一梯队。”蓝皮书执行主编、福建师范大学经济学院院长黄茂兴说，这表明副省级城市创新竞争力强劲，显示其实力和潜力。

同时，对中国 274 个城市创新竞争力综合排名显示，中国城市创新竞争力第 1 至 10 位的城市依次为北京、上海、深圳、天津、广州、苏州、杭州、西安、宁波、武汉。

其中，排第 3 的深圳，城市创新产出力最强，位居 274

个城市创新竞争力榜榜首；城市创新投入竞争力紧随北京位居第 2；城市创新基础竞争力和城市创新可持续发展竞争力均位居第 3。深圳城市创新环境竞争力相对薄弱，居第 8 位。

蓝皮书指出，中国城市创新竞争力得分较高的城市主要分布在东部发达地区；中国城市创新竞争力得分呈阶梯状分布，只有 3 个城市的得分超过 50 分，即北京、上海、深圳；在 5 个二级指标中，创新产出竞争力对城市创新竞争力的贡献率最高，平均贡献率为 33.8%，创新环境竞争力的贡献率次之，创新基础竞争力的贡献率最小。

（《深圳特区报》2018 年 11 月 21 日）

创新引领深圳打造“智慧城区大脑”

“智慧城区大脑”高效运行，实现一体运行联动。目前，深圳正打造“1+11+N”一体化联动城市运行管理体系，以此实现在公共安全及社会治理等领域的一休化运行与管理。事实上，福田、宝安、龙岗、坪山等已初步打造出城区“智慧大脑”，未来深圳将在各区（新区）逐步推广建设。同时，深圳各区（新区）先行先试，在智慧医疗、智慧经服、智慧生态、智慧旅游等服务领域开展各类创新应用。

“城区智慧大脑”功能强大

作为深圳中心城区和深圳市新型智慧城市标杆市试点区，福田把智慧城市与数字政府建设相融合，按照“一中心、五平台、百系统”新架构，打造可感知、会思考、善指挥、有情感、能记忆的“城区大脑”，全国率先探索出一条基层治理现代化的新路径。

福田区智慧城市指挥中心今年 6 月 22 日正式投入使用。被称之为“城区智慧大脑”的这一智慧指挥中心整合并链接全区各类系统和数据，将区、街道、社区、网格四级纳入管理，具有事件分拨、应急联动、风险监测、数据共享、辅助决策、质量核查、可视化展示等功能，为基层一线提供智能支持，为决策提供辅助支撑，推进政府决策科学化、社会治理精细化、公共服务高效化。

目前，围绕“数据共融”，福田“智慧大脑”建立信息共享负面清单考核机制，横向打通 42 个职能部门的条状业务系统，共享数据 4.5 亿条，向全区提供数据集中共享，市民办事的证明信息可随时调阅、比对、推送，全区政务、社会数据汇聚集中、开放共享，让群众办事少跑腿。“智慧福田”APP 移动门户，打造政务服务“网上超市”，为市民和企业提供 15 类 212 项服务，实现 94 项政务“零跑腿”，向企业和居民提供全天候、多元化、有温度的公共服务。

网格化智慧管理精准到位

早前，宝安区全面启动网格化智慧管理工程，创新“大巡查、大智慧、大执法、大诚信、大参与”网格化智慧管理理念，形成“1+10+124+4833”综合网格体系，按 124 个社区为单元划定治安格、安监格、消防格、交通格等专业网格体系，形成多网融合，全区“一张网”运行的治理格局。同时，宝安区以智慧宝安管控指挥中心作为“中央控制中心”，向 10 个街道、15 个委办局延伸，逐步构建起“1+10+15”的智慧宝安管控指挥体系。

宝安区打造网格化智慧管理平台（管控通），实现全区所有事件进行综合集成、统一分拨，对事件进行了分类分级的标准化管理，应用“人机格事绑定”技术，将所有信息规范叠加至网格地图上，将网格内的楼、房、人、法人、事件、隐患、危险品等孤立信息实现有机联系。

目前，宝安区纵深地推进网格化智慧管理工程。比如，以社区微中心为单元进行“1+1+6”人员下沉及五员下社区等实现社会治理的精细化并建成智能管理和统一考核；推进落实社会主体责任，将事-物-人信息关联，督促业主、房东、法人等主体负起相应责任，解决问题隐患，形成多元的社会共治责任体系。

智慧中心一键可知全局

智慧城市和"数字政府"建设，龙岗先行先试，成果斐然。在由国家信息中心与国际数据集团（IDG）联合举办的"2018亚太智慧城市发展高峰论坛"活动中，经第三方机构评定，龙岗区获得"2018中国领军智慧城区奖"。

2018年11月中旬，龙岗区智慧中心正式启用，这是全国首个集"数据汇聚分析、运行指挥联动、成果体验展示"于一体的智慧中心，助力城市治理科学化、精细化、智能化，力争打造全球智慧城市样板。

一图全面感知，一键可知全局，一体运行联动。龙岗智慧中心内设的龙岗新型智慧城市运行管理中心，拥有国内面积最大、精度最高、无缝拼接、可实现龙岗区总体态势"一屏感知"的168平方米全LED大屏，已实现与安监、应急、公安、城管、查违、教育、卫生、水务、环保等15个业务应用系统互联互通，汇聚数据超过400亿条，实现对城区运行态势的实时监测、智能预警、联动指挥。

"城区大脑"实现快速处置

一网感知，能力共享，高效运营。这便是龙华区按照全市新型智慧城市建设要求构建的运行管理体系。

在感知领域，龙华区初步构建全区统一物联网平台，兼容三大运营商网络与七大类通用标准协议，对私有协议定制兼容。目前已接入7大类、20余种、共计6684个物联网设备，为空气、水、消防、路灯、边坡、危化品企业、污染源企业、校园的感知监测提供接入支撑，实现物联网一张图。

在"能力共享"中，龙华以"数聚"和"能显"为目标，构建全区统一、标准、共享的支撑平台，实现统一数据采集和交换，提供统一登录、统一认证、统一OCR识别等平台级功能，并实现与省、市统一身份认证及单点登录对接。同时，龙华建成GIS平台，实现市区统一和数据共享、可视化、统计分析等工具软件的统一使用。

在高效运管中，龙华区构建"1+6+N"城市运营管理体系，将大数据平台与各个治理应用系统集成为"1"个"大脑"，分布在全区6个街道和N个行业部门为前端实体中心，根据需要随时升级为"城区大脑"，实现就近指挥与快速处置，满足应急指挥需要。

信息化助力海绵城市建设

光明初步完成"1+6+N"管控指挥体系的建设，成立光明区管控指挥中心，以及各办事处、安监、消防等分中心。据悉，以网格化管理为基础，光明区将全区划分为1732个基础网格，建立网格化管理信息系统，通过建立大巡查队伍及大整治队伍等，承担起城市安全、查违、安监、消防、城管等一系列管理治理任务。截至2018年11月1日，光明已巡查发现事件信息2217409宗，整治2209476宗，整治率99.64%，公共安全事故大幅下降。

信息化助力海绵城市建设。2016年4月，光明区凤凰城作为试点区域成功申报第二批国家试点，涵盖鹅颈水和东坑水流域范围。目前，光明海绵城市亮点众多，实现项目的全生命周期管理，监测感知，模型率定评估，三维模拟展示。其中，光明海绵城市项目全生命周期管理，实现对建设项目整个生命周期的信息管理，支持电脑端和手机端两种方式，方便现场人员用手机端进行项目具体信息查看，提高工作效率，及时发现隐蔽工程存在问题，同时有助于提高建设项目海绵城市设施设计和建设质量。

"智慧医疗"互联互通惠及民生

围绕"一大脑""双中心""三朵云"及1+4大数据平台，"智慧罗湖"建设如火如荼。即建设"区级运行管理中心+区公安新一代指挥中心"的"双中心"，采用区级云数据中心、公安云数据副中心、医疗云数据副中心"三朵云"，采用1个区级大数据中心和公安、教育、医疗、交通4个行业数据平台的“1+4”建设模式，汇聚各类数据与应用，构建1个罗湖“城区大脑”。

“智慧医疗”惠及民生。罗湖区政府整合辖区5家区属医院、23家院办院管社康、1家研究院，成立紧密型医联体——罗湖医院集团，基于罗湖区区域信息化平台，实现集团各医疗机构之间数据和系统的互联互通。借助健康罗湖APP的智慧门诊、慢病管理、签约与转诊管理等功能，为居民提供线上线下的健康咨询与指导服务。目前健康罗湖APP的注册用户已有51万，活跃用户达8万，利用平台登记数据，整合居民15年诊疗记录。通过合理用药信息化的管理新模式，医院集团实现了药品调剂网上审方、智能核对、自动发药及闭环药物干预管理等，为辖区居民提供安全高效、快捷全面、优质的可移动式健康医疗服务，提升市民在看病就医体验上的舒适度及便捷度。

据透露，罗湖拟今年年底率先推出“先诊疗后付费”就诊模式，患者在预约就诊挂号时，由银行评估后给予一定信用额度作为担保，患者就医过程中，不用支付费用，待所有诊疗过程结束后一次性进行结算。

同时，南山力推“智能诊断”。目前，南山区建立了区域性的医学影像智能诊断系统，在区域信息平台上实现全区区属医院PACS影像的实时共享。患者可以在就近的基层医疗机构进行检查，数据经云PACS系统传输至上级医院。与此同时，云PACS系统内部通过数据标注、图像预处理、图像增强、深度学习等步骤，对数万例脱敏影像数据进行学习分析，建立了医学影像AI辅助诊断系统，上级医院专家可以借助云PACS系统集成的AI技术进行综合判断，书写诊断报告传输至基层医疗机构。

“智慧城市”优化营商环境

目前，前海力推新型智慧城市示范城区建设，成为国内互联网访问境外最快的地方，并实现深港用户访问公共Wi-Fi。同时，前海实现基于前海e站通服务中心和网上办事平台的快速便民政务服务，并且率先依托国家互联网金融风险分析平台构建前海特色的金融风险防控体系，实现全面监测、系统分析、及时预警。

坪山整合现有数字化城管、社会管理工作网、12345热线等全区事件分拨平台及采集软件，打造智慧管理指挥平台，集民生诉求、巡查上报、事件分拨、业务协同、网格员指挥调度、考核监督、统计分析、决策辅助等功能于一体，形成“采集-分拨-处置”的运行流程，对城区治理事件的接报及处置等实现“集中受理、统一分拨、闭环运转、实时同步、全程监督”运行。

盐田创新构建生态文明“碳币”体系，建立了以微信公众号为主，手机APP及网站为辅的公众互动平台。平台以“碳币”为基础度量，对全民参与生态文明建设的行为赋予一定的价值量，对公众的生态文明行为进行“碳币”奖励，实现生态文明实践获得感。

大鹏新区率先启动智慧旅游平台，涵盖“吃住行游购娱”旅游产业各个要素，实现了包括客流检测、产业监测、游客画像、自驾分析、精品线路、营销决策、舆情分析、景区监控等方面在内的信息资源共享，提升新区旅游综合管理能力。

（《深圳特区报》2018年12月11日）

《深圳“大众创业、万众创新”研究（2018）》成果发布

2018 年 12 月 18 日，《深圳“大众创业、万众创新”研究（2018）》（以下简称《深圳“双创”研究（2018）》）成果发布，连续第三年总结深圳“双创”发展的最新模式与经验。报告首次提出了“创新市场”概念，引起各界关注。

《深圳“双创”研究（2018）》成果发布暨专家研讨会由国务院参事室指导，深圳市社科联主办。该研究课题由国务院参事王京生牵头主持，联合深圳大学中国经济特区研究中心主任陶一桃及其团队开展深入研究。研究报告采用联合国所使用的创新环境三维评价方法，即（环境）支撑、（资源）能力、（绩效）价值三位一体的评价体系，对深圳“双创”发展现状进行了要素体系评估，并深入分析双创前沿趋势、经济社会绩效、启示及面临的挑战，对国际创新市场发展情况进行了考察，并对我国尤其是深圳完善创新市场发展提出了对策建议。

此次报告发布恰逢改革开放 40 年之际，立足全球视野，在全国背景下，将深圳与北京、上海、广州、杭州、武汉等城市进行比较，对改革之城深圳日渐形成的产业结构及发展趋势进行现实分析，得出判断——深圳 2018 年度双创综合指数蝉联全国首位，深圳是最注重创新创业环境综合发展的城市，是科创资源市场化配置质量最高的城市，是平衡双创价值与社会效益的最佳实践城市。

此次报告提出了“创新市场”的概念。所谓“创新市场”，是有商业价值的原创性信息和知识交易场所。报告将创新市场分为三类，即试验发展创新市场、应用研究创新市场、基础研究创新市场。课题组认为深圳处于“创新市场”发展的初级阶段，初步构建了支撑“创新市场”发展的创新要素市场体系，并不断以要素流动的方式与国际“创新市场”接轨。王京生认为，创新光有政府这只手还不够，要建设创新型城市及创新型国家，必须培育创新市场，为创新“造个海”，让创新各要素在这个市场上汇集、交易、培育、转化，用市场之手吸纳国内国际乃至每个人头脑中的资源，为创新要素交易搭建公平、公正、公开平台，让创新与财富在这里对接，让知识与产品在这里转化。

报告提出，深圳“双创”正经历 4 个“转变”，即从政府推动转入市场主导；从政策驱动转为制度驱动；从本土创新走向全球创新；从数量为主转向质量优先。

（《深圳特区报》2018 年 12 月 20 日）

排名全国第一！深圳2018成绩单出炉！

据不完全统计，2018 年深圳拿了 30 个第一，其中不乏全球前列——新建高楼全球第一、封顶高楼数量全球第一、城市竞争力全球第五……深圳不仅有大楼，未来还要有大学、实验室、人才，发展速度领衔全国，居世界前列……

1. 新建高楼数量全球第一

2018 年，见证了 18 座“摩天大楼”（高度超过 300 米的建筑）的诞生，是有史以来的最高数字。

中国在建造 200 米及以上的建筑上，连续第 23 年保持

着最高产的地位，2018 年完成 88 座，占总数的 61.5%。

中国深圳建成 14 座高楼，占全球总数的近 10%，再一次超过了去年自己创下的纪录，已经连续三年成为世界上完成 200 米及以上建筑最多的城市。

2.2018 深圳 GDP2.57 万亿！广东省第一！

按照由深圳市社科院与社科文献出版社在 2018 年 12 月 20 日共同发布的《深圳蓝皮书》中显示的信息，预估 2018 年深圳 GDP 将达到 25730 亿元，实际增长 8.6%，成功超过香港与广州，进一步拉近了与上海与北京的差距，排名广东第一位。

《深圳蓝皮书》中显示，2018 年深圳经济保持了良好的增长势头，经济实际增速（注意是实际增速，不是名义增速）要比全国高出了约 2 个百分点。2018 年深圳固定资产投资预计将达到 6337 亿元，增长 23%。

全年深圳工业增加值预计将达到 9534 亿元，实际增长 9%；第三产业增加值预计将达到 14573 亿元，实际增长 8.5%；全年深圳出口总额预计将达到 2762 亿美元，增长 10.2%；全年深圳社会消费品零售总额预计将达到 6585 亿元，增长 9.4%……

在全国经济呈现下行的情况下，深圳经济依然能够保持高速发展，这充分说了深圳经济已经成功转型——正在建立起代表整个国家未来必然走向的一个低投入、低能耗、高产出、高效益的经济体系，深圳将再次成为引领全国经济转型的排头兵。

3. 城市经济竞争力全球第五，中国第一

中国社会科学院与联合国人居署联合发布《全球城市竞争力报告 2018—2019：全球产业链，塑造群网化城市星球》。

报告显示 2018 年全球城市经济竞争力指数前十强分别为：纽约、洛杉矶、新加坡、伦敦、深圳、圣何塞、慕尼黑、旧金山、东京、和休斯顿。

中国只有深圳进入前十。深圳居第五，香港、上海、广州和北京共 5 个城市进入前 20 强。

4. 财政收入全国第一

2018 年，来源于深圳辖区一般公共预算收入突破 9100 亿元，达到 9102 亿元，增长 5.5%，其中地方级收入突破 3500 亿元，达 3538 亿元，增长 6.2%。

全社会各类营商成本降低 1500 多亿元，每平方公里产出税收入 4.6 亿元，平均每平方公里产出财税收入 4.6 亿元，在全国大中城市中居于首位。

5. 深圳再次上榜中国最具创新力第一

2018 福布斯中国发布最具创新力的 30 个城市榜，深圳第一。

福布斯中国再次推出了“创新力最强的 30 个城市”，由新申请专利数（人均及总量）、专利授权量（人均及总量）、发明专利授权量（人均及总量）、国际专利 /PCT 申请（人均及总量）、科技三项支出占地方财政支出比例等指标加权计算而得，作为考察每座城市的创新力指标。由于大城市在总量上会有更大的基数优势，因此我们也加入了人均部分，以更为全面地考察城市的创新发展力量。

在榜单中，深圳位列首位。“市场机制 + 民营经济”的发展格局，充分代表深圳改革开放的步伐，发挥市场配置资源决定性作用的市场经济体制和以民营经济为主体的混合所有制经济制度是深圳经济成功最根本的保障。作为一座不断受益于创新的城市，深圳发展的脚步不停。2018 年，前海自贸区在企业取得营业执照大为方便的基础上，深入开展“照后减证”的制度创新，为促进创业降门槛、为市场主体减负担、为激发投资拓空间、为公平营商创条件、为群众办事生活增便利。

6. 财力质量中国第一

2018 年 3 月 1 日，标准排名城市研究院发布“2018 年中国城市财力 50 强排行榜”。

榜单显示，深圳财力质量居全国榜首。此外财力位前十名城市依次为上海、北京、深圳、天津、重庆、苏州、杭州、

广州、武汉、成都。

7. 上市企业市值总价全国第一

深圳境内外上市公司累计 405 家，实有 383 家，民营企业占 85%，市值超 10 万亿，居全国第一。

深圳市中小企业服务署有关人士表示，深圳正从降低生产经营成本，缓解融资难融资贵，建立长效平稳发展机制，支持企业做大做强，优化政策执行环境等五大方面发力，支持民营企业发展。

8. 深圳中小板和创业板上市企业达 205 家，连续 12 年居全国第一

据《深圳特区报》报道称，截至 2019 年 1 月，深圳市中小板和创业板上市企业总量 205 家，连续 12 年居国内大中城市首位。深圳境内外上市企业累计 405 家，其中已退市 22 家，实有上市公司 383 家，首发募集资金合计 3757.59 亿元。境内上市企业 285 家，包括上交所主板 22 家、深交所主板 58 家、中小板 116 家、创业板 89 家、境外上市 98 家。同时，深圳还有 4 家企业已通过证监会发行审核，等待挂牌上市；14 家企业已向证监会递交股票发行申请文件；79 家企业已在深圳证监局辅导备案；近 500 家企业处于改制期或已完成改制尚未辅导阶段。

9. 城市营商环境全国第一

粤港澳大湾区研究院发布《2018 年中国城市营商环境评价报告》。与 2017 年相比，2018 年的排名发生较大变化。其中，深圳、上海、广州、北京、重庆继续保持在全国营商环境指数前 5 名，深圳从去年第三跃升排行榜首位。

10. 中国城市软环境排行榜全国第一

粤港澳大湾区研究院发布《2018 年中国城市营商环境评价报告》。软环境方面，深圳得分为全国第一。

2017 年深圳的常住人口增速 4.59%，为全国第一；深圳市场主体数（从事交易活动的组织和个人）为 306.1 万个，是全国唯一突破 300 万的城市；深圳每千人注册市场主体、新增市场主体数，均为全国第一。

11. 人口吸引力全国第一

报告以城市常住人口吸引力指数、高峰拥堵指数作为评估排名的核心指标，呈现出城市发展趋势。收入高，财富集中度高是吸引人的一大重要因素，开放的人才政策也是深圳蝉联最有活力城市的重要原因。

这几年，深圳已经通过特区居住证立法，先行探索实施居住证制度，将义务教育、社保、就业等公共服务有序向非户籍人口覆盖。

12. 深大：全球最具财富创造力大学

艾瑞深中国校友会网发布《2018 中国大学教学质量评价报告》，公布最新 2018 中国大学教学质量排行榜和 2018 中国最具财富创造力大学排行榜。

深圳大学最盛产全球顶级亿万富豪，福布斯 2018 全球亿万富豪榜 8 位上榜校友总财富近 6000 亿，富可敌国，问鼎排行榜冠军。

13. 智慧城市建设综合得分全国第一

国家信息中心发布的《中国信息社会发展报告 2017》显示，深圳信息社会指数达 0.88，连续 4 年位居全国地级以上城市第一，成为国内率先进入信息社会发展中级阶段的城市。

同时，中国社科院信息化研究中心最新发布的《第八届（2018）中国智慧城市发展水平评估报告》称，深圳智慧城市发展水平达 76.3，位居全国第一。

14.PCT 国际专利申请量全国第一

2018 年 1 月—6 月，深圳市专利申请 103775 件，同比增长 30.63%，其中发明专利申请 32458 件，同比增长 14.55%。专利授权 70638 件，同比增长 64.76%，其中发明

专利授权 10840 件，同比增长 21.1%。

截至 2018 年 6 月底，深圳市有效发明专利 113375 件，每万人口发明专利拥有量为 90.5 件，仅次于北京 (102.5 件)。有效发明专利五年以上维持率达 85.5%，高于北京、上海、广州等大中城市。PCT 国际专利申请 7925 件，继续居全国各大中城市的第一。

2017 年，深圳市有效发明专利量近 10.7 万件，每万人发明专利 89.78 件，是全国水平的 9.2 倍；有效发明专利维持 5 年以上比例达 86.72%，居全国大中城市第一；计算机软件著作权登记量 84652 件，占全国 11.36%。

15. 摩天高楼数量全球第一

除了新建高楼数量全球第一，深圳目前已封顶的摩天高楼数量也是全球第一。

2018 年 3 月城市已封顶 200 多米摩天高楼数量，深圳 106 座，世界第一。

16、工业百强区深圳龙岗区全国第一

中国信息通信研究院发布的《中国工业百强县（市）、百强区发展报告（2018 年）》，是国内最权威的县域发展报告之一。

报告显示，2018 年，工业百强县 (市) 以全国 5.3% 的县 (市) 数量及 6.7% 的人口，贡献了 11.0%GDP 和 16.3% 工业增加值。

17. 全国百强区深圳南山区全国第一

根据日前发布的赛迪顾问《2018 年中国百强区发展白皮书》，深圳市南山区、广州市天河区、深圳市福田区位列 2018 年中国百强区前三位，百强区第二、第三产业总比重超过 99%，位于城市工业化后期。

百强区以 9% 的人口及占全国不足 1% 的土地面积创造了全国近四分之一 GDP，成为引领我国经济发展的重要动能引擎。

18. 前海片区制度创新全国第一

2018 年 6 月 15 日，中山大学自贸区综合研究院发布《中国自由贸易试验区发展蓝皮书（2017—2018）》暨“2017—2018 年度中国自由贸易试验区制度创新指数”评估结果显示，前海蛇口自贸片区制度创新总体排名全国第一。

目前，深圳前海累计推出 401 项制度创新成果，全国首创或领先达 133 项，在全国复制推广 28 项，在全省复制推广 62 项。仅 2018 年片区就新推出 82 项制度创新成果。

19. 在园幼儿数量全国第一

2018 年，深圳在园幼儿数达到了 53 万，超过北京、上海，在园幼儿数全国排第一。

深圳市副市长王立新说：“幼儿多是好事，说明深圳人气旺，这个城市会有蓬勃发展的未来，并表示，深圳市不仅要解决基础教育数量上的问题，还要进一步提高质量。”

20. 新能源汽车市场总销量全国第一

从城市来看，上半年新能源汽车销量排名前十城市合计销量占市场 57%。其中，上半年新能源汽车推广最多的为深圳市，累计销量 29048 辆。其中，纯电动车型占比 31.6%，插电混动车型占比 68.4%。

整体来看，深圳、上海、北京、杭州、广州、天津六地为限牌城市，其中深圳、上海两地新能源汽车销量排名靠前，与其他城市拉开较大差距，两地均以插电混动车型为主。

21. 人口和创业密度全国第一

统计数据显示，深圳市商事主体总量累计 3098001 户，新登记企业量和个体工商户总量仍高居全国大中城市首位。按常住人口 1252.83 万人计算，深圳每千人拥有商事主体 247.3 户，拥有企业 156.5 户，每千人拥有商事主体 238 户，每千人拥有企业 136 户，已连续 6 年创业密度稳居全国第一。

22. 深圳平均年龄 32.02 岁，全国人口最年轻城市

“我问了一下，昨天（深圳人口）的平均年龄是 32.02 岁，今天可能又有一点不同，因为每天的数据都在变”深圳市经贸信息委主任刘胜在深圳举行的 2018（第四届）中国智慧城市国际博览会上说，深圳各政府部门的交换系统，每天交换的数据平均超过 2000 万条，需要哪个部门的数据都可以自主提取。以人口数据库为例，深圳每天的人口情况都在更新，而且每个人都可以具体到姓名、年龄，甚至住在什么地方、在什么地方上班。在刘胜眼里，这为交通、教育等部门决策提供了大数据支持。

23. 真正的 5G 供应商，全球第一

2017 年 12 月 3 日，华为技术有限公司轮值 CEO 徐直军介绍华为 3GPP 5G 科技成果。2018 年 12 月 25 日上午，华为董事长梁华博士在深圳总部举行的中国媒体圆桌会议上表示，目前已获得 26 个 5G 商用合同，与全球 50 多个商业伙伴签署合作协议，5G 基站商用发货数量也已经超过 10000 个。目前，无论是技术还是商用，华为 5G 均为业内领先，能为全球客户提供端到端的全系统服务。

24. 全球海洋中心城市，全国第一

作为全国首个发布“加快建设全球海洋中心城市决定”城市，深圳 2018 年 12 月 28 日召开相关新闻发布会称，将力争在统筹城市海陆格局、拓展蓝色经济空间、提升全球海洋治理能力等方面先行先试，提供“深圳经验”。已出台的《关于勇当海洋强国尖兵加快建设全球海洋中心城市的决定》(以下简称《决定》)，更规划出深圳建设全球海洋中心城市的三个阶段性目标：到 2020 年，海洋经济实现高质量增长，科技创新能力显著提升，生态环境稳步改善，海洋综合管理水平国内领先，海洋国际竞争力明显增强，为全球海洋中心城市建设奠定坚实基础。到 2035 年，重点提升在亚太地区海洋领域的影响力，基本建成全球海洋中心城市。到 21 世纪中叶，实现海洋发展达到全球一流水平，全面建成全球海洋中心城市。

25. 深圳数字经济，全国第一

2018 年 4 月 12 日至 13 日，2018 中国“互联网 +”数字经济峰会在重庆举行。峰会发布的《中国“互联网 +”指数报告（2018）》透露，深圳数字经济发展水平在全国百强城市中位居榜首。

26.2019 年世界最佳旅行目的地，全国第一

深圳是一座拥有独特魅力的城市，它年轻、时尚、美丽，有活力，有创意，对海外游客有着巨大的吸引力。

近日，Lonely Planet（孤独星球）公布了 2019 年世界最佳旅行目的地榜单，在十大最佳旅行城市榜单中，深圳赫然位居第二。

2018 年 12 月 15 日，“第十五届中国旅游发展北京对话·广州论坛——大数据视野下的旅游目的地城市建设”活动对外发布《2018 年度智库报告——2018 中国最佳旅游目的地城市排行榜》，深圳市入选总榜单“2018 中国最佳旅游目的地城市”。

27. 深圳福田区 CBD 含金量，全国第一

2018 年 11 月 29 日，首都经济贸易大学、社科文献出版社在京发布的《中央商务区蓝皮书：中央商务区产业发展报告（2018）——CBD 推动区域高质量协调发展》显示，深圳福田区 CBD 综合发展指数位居第四，并以 1111 亿元税收总额稳居第一，成为中国“含金量”最高 CBD。

28. 深圳学子登科学人物榜首，全球第一

世界顶尖学术期刊英国《自然》杂志 2018 年 12 月 18 日发布了 2018 年度榜首科学人物——1996 年出生，在美国麻省理工学院攻读博士的中国学生曹原。曹原发现了让石墨烯实现超导的方法，开创了物理学全新的研究领域，有望极大提高能源利用效率与传输效率，这份杂志将曹原称为“石墨烯的驾驭者”。

2018 年 3 月 5 日，《自然》发表了两篇以曹原为第一作者的石墨烯重磅论文。曹原发现当两层平行石墨烯堆

成约 1.1°的微妙角度，就会产生神奇的超导效应，而他也成为以第一作者身份在该杂志上发表论文的最年轻的中国学者。

据了解，曹原是许多人眼中的天才，2007 年，曹原入读深圳耀华实验学校，并在此后用了三年时间读完了小学至高中的全部课程，并于 2010 年以高分考入了中国科学技术大学少年班，年仅 14 岁。4 年后毕业，18 岁时前往美国攻读博士。

29. 深圳大学 ESI 年度排名进步速度全国第一

据权威数据显示，2017 年 11 月—2018 年 9 月，国内大多数高校 ESI 全球排名均有进步，部分进步明显。其中全球排名进步超过 100 名的高校有 7 所，进步位次在 50~100 名的高校有 34 所，进步名次 0—50 位的高校 52 所。深圳大学在全球排名进步显著——2017 年 11 月—2018 年 9 月，深圳大学 ESI 全球排名进步 183 名，平均每月进步 18.3 名。

30. 南科大冷冻电镜中心，全国第一

2018 年 11 月 19 日，南方科技大学冷冻电镜中心揭牌仪式在南科大生物楼举行。

南科大冷冻电镜中心是深圳市政府出资、南科大牵头建设的重大基础科学设施平台，旨在支撑深圳市及粤港澳大湾区，中国南方科技大学在生物医药、精准医学、新能源新材料方面的科学研究及产业升级。南科大冷冻电镜实验室拟安装 300 千伏冷冻电镜 6 台及其他 71 台或套相关辅助仪器和样品制备设备，全部建成后，将成为我国配套最齐全及最先进的冷冻电镜实验室。经过一年多前期准备工作，目前项目一期的 2 台 300KV 冷冻电子显微镜已经完成安装调试并投入使用。冷冻电镜技术改变了许多生物领域研究方式，使得诸多研究取得突破。冷冻电镜技术已成为结构生物学研究利器，这项技术克服了生物分子结构解析的诸多难点，被诺贝尔奖官方称为“使得生物化学进入一个新时代”。

南科大冷冻电镜中心落成之后，将会成为全球最大的三个冷冻电镜中心之一，另外两个分别在美国和英国。目前，世界上大概有 100 个类似研究机构，南科大冷冻电镜中心落成之后，其研究能力将达全球前 5%。

（《深圳新闻网》2019 年 1 月 10 日）

2018年深圳十件大事

2018 年，是全面贯彻党的十九大精神的开局之年，也是改革开放40周年。南海之滨，东风浩荡。牢记总书记殷殷嘱托，2018 年深圳发扬逢山开路、遇水搭桥的奋斗精神，继续敢闯敢试、敢为人先、埋头苦干，奋力将改革开放推向新高度。

2018 年，深圳报业集团、深圳广电集团联合评选 2018 年深圳十件大事，这些大事凝聚着深圳全市上下的努力探索和心血智慧，涵盖了深化改革开放、经济发展、城市治理、民生保障、文化建设、区域发展等诸多领域，开辟了深化改革开放新境界，树立了创新发展新典范，搭建了利民惠民新平台，展现了区域发展新作为。

大事 1

习近平总书记视察广东深圳，向世界宣示了中国改革不停顿，开放不止步的决心，肯定“前海模式”，要求深圳朝着建设中国特色社会主义先行示范区的方向前行，努力创建社会主义现代化强国的城市范例。

2018 年 10 月 24 日，习近平总书记在深圳视察，先后参观了“大潮起珠江——广东改革开放 40 周年展览”、广东自由贸易试验区深圳前海蛇口片区、龙华区民治街道北站社区，了解广东改革开放 40 年峥嵘岁月，实地察看前海开发情况，了解社区公共服务、基层党建、社区管理等情况，

充分肯定广东及深圳改革开放以来的发展成就，肯定“前海模式”，对广东提出深化改革开放、推动高质量发展、提高发展平衡性和协调性、加强党的领导和党的建设四个方面重要工作要求。

这是习近平总书记时隔 6 年再次视察深圳，也是党的十八大、十九大后，在不同时期、关键时段的重要视察，向世界宣示了中国改革不停顿、开放不止步的坚定决心。总书记强调，我们要不忘改革开放初心，认真总结改革开放 40 年成功经验，提升改革开放质量和水平。要坚持以人民为中心，把为人民谋幸福作为检验改革成效的标准，让改革开放成果更好惠及广大人民群众。广东、深圳要弘扬敢闯敢试、敢为人先的改革精神，立足自身优势，创造更多经验，把改革开放的旗帜举得更高更稳。

总书记视察广东重要讲话精神，将激励深圳全市上下在新时代走在前列、新征程勇当尖兵，朝着建设中国特色社会主义先行示范区的方向前行，努力创建社会主义现代化强国的城市范例。

大事 2

习近平总书记对深圳工作做出重要批示，充分肯定深圳经济特区作为我国改革开放的重要窗口，各项事业发展取得显著成绩，再次强调深圳朝着建设中国特色社会主义先行示范区的方向前行，努力创建社会主义现代化强国的城市范例，要求深圳广大干部群众继续解放思想、真抓实干，改革开放再出发，不断推动深圳工作开创新局面、再创新优势、铸就新辉煌，在新时代走在前列、新征程勇当尖兵。

2018 年 12 月 26 日，习近平总书记对深圳工作作出重要批示。全文如下：

“今年是改革开放 40 周年，深圳经济特区作为我国改革开放的重要窗口，各项事业发展取得显著成绩。深圳市委、市政府要始终牢记党中央创办经济特区的战略意图，认真总结改革开放 40 年成功经验，坚持和加强党的全面领导，坚持全面深化改革，坚持全面扩大开放，坚持以人民为中心，践行高质量发展要求，深入实施创新驱动发展战略，抓住粤港澳大湾区建设重大机遇，增强核心引擎功能，朝着建设中国特色社会主义先行示范区的方向前行，努力创建社会主义现代化强国的城市范例。希望深圳市广大干部群众继续解放思想、真抓实干，改革开放再出发，不断推动深圳工作开创新局面、再创新优势、铸就新辉煌，在新时代走在前列、新征程勇当尖兵。”

这是继 2015 年 1 月对深圳工作作出重要批示后，习近平总书记又一次对深圳工作作出重要批示，充分肯定了深圳经济特区的工作，充分体现了对深圳工作的高度重视和殷殷重托，对深圳人民的亲切关怀和深情厚爱。总书记的重要批示进一步明确了深圳在全国发展大局中的使命任务和责任担当，进一步明确了深圳在粤港澳大湾区建设中的地位和作用，进一步宣示了将改革开放进行到底的坚定决心，为新时代深圳发展明确了战略定位、注入了强大动力、指明了前进方向、提供了根本遵循。

深圳市委常委会第一时间召开扩大会议专题传达学习贯彻习近平总书记对深圳工作重要批示精神，全市上下迅速兴起学习宣传贯彻热潮。深圳正将总书记重要批示转化为一项具体任务抓好落实，将抓好总书记重要批示精神的贯彻落实作为对党忠诚的基本要求，直面问题攻坚克难，奋力推动总书记重要批示精神落地生根、结出丰硕成果。

大事 3

深圳认真贯彻落实习近平新时代中国特色社会主义思想和党的十九大精神，落实省委“大学习、深调研、真落实”的工作要求和“1+1+9”的工作部署，制定率先建设社会主义现代化先行区“1+1+6”系列文件。

深圳认真贯彻落实习近平新时代中国特色社会主义思想和党的十九大精神，落实广东省委“大学习、深调研、真落实”的工作要求和“1+1+9”的工作部署，2018 年先后召开了市委六届九次、十次全会，明确了新时代深圳工作的目标任务是高质量全面建成小康社会、率先建设社会主义现代化先行区，努力在新时代走在前列、新征程勇当尖兵。

1月14日，深圳市委六届九次全会召开。会议明确了深圳率先建设社会主义现代化先行区的目标任务，提出到2020年，深圳将基本建成现代化国际化创新型城市，高质量全面建成小康社会。到2035年，建成可持续发展的全球创新之都，实现社会主义现代化。到21世纪中叶，建成代表社会主义现代化强国的国家经济特区，成为竞争力影响力卓著的创新引领型全球城市。

7月17日至18日，深圳市委六届十次全会召开。会议强调，深圳要在新时代改革开放上率先突破、做得更好，当好展示我国改革开放成就的重要窗口、国际社会观察我国改革开放的重要窗口；要在发挥高新技术产业示范带动作用上率先突破、做得更好，打造可持续发展的全球创新之都；要在构建推动经济高质量发展体制机制上率先突破、做得更好，打造高质量发展示范区；要在建设现代化经济体系上率先突破、做得更好，形成具有世界级竞争力的现代产业体系；要在形成全面开放新格局上率先突破、做得更好，建设服务全国、面向世界的全球城市；要在营造共建共治共享社会治理格局上率先突破、做得更好，建设最安全稳定、最公平公正、法治环境最好的城市之一；要在提升党的建设质量上率先突破、做得更好，努力打造向世界全面彰显中国共产党先进性、纯洁性“精彩样板”。

2017年，深圳市委研究出台实施了“1+1+6”系列文件。系列文件对率先建设社会主义现代化先行区作了谋划安排，明确了时间表、路线图和任务书。

10月，总书记在视察广东重要讲话中明确要求深圳“朝着建设中国特色社会主义先行示范区的方向前行，努力创建社会主义现代化强国的城市范例”，充分说明深圳率先建设社会主义现代化先行区的思路和举措完全符合党的十九大精神和总书记的要求，深圳正朝着总书记赋予的新使命和更高目标定位奋勇前进。

大事4

中国共产党与世界政党高层对话会专题会议在深召开，推动与会外国政党政要进一步认识了中国改革开放的世界意义，得到高度关注和积极评价。

2018年5月26日至28日，中国共产党与世界政党高层对话会专题会议在深圳举行，来自100多个国家，200多个政党的500多名政党领导人出席会议。

本次专题会议包括“中国共产党的故事——习近平新时代中国特色社会主义思想在广东的实践”专题宣介会、纪念马克思诞辰200周年专题研讨会、第四届中非青年领导人论坛和第二届中拉政党论坛。

其中，“中国共产党的故事——习近平新时代中国特色社会主义思想在广东的实践”专题宣介会以“改革开放是决定当代中国命运的关键一招”为主题，向访华的外国政党代表介绍广东在习近平新时代中国特色社会主义思想指引下，通过改革开放实现跨越式发展的实践和经验，推动与会外国政党政要进一步认识了中国改革开放的世界意义。宣介会上，来自改革开放一线的亲历者讲述了“全面深化改革的广东故事”，从“完成伟大事业必须依靠党的领导”“发展是第一要务”“人才是第一资源”“创新是第一动力”四个方面全面展现了广东牢记习近平总书记嘱托，高举改革大旗，不断创新发展，在新时代奋勇争先的风貌。活动得到了来自世界各地与会者的高度关注和积极评价。

“中国共产党的故事——习近平新时代中国特色社会主义思想在广东的实践”专题宣介会既是中国共产党与世界政党高层对话会专题会议的重要内容，也是中联部“中国共产党的故事——地方党委的实践”专题宣介会的升级版，系首次在北京以外的城市举办。

大事5

出台“营商环境改革20条”“民营经济5条”，深化“放管服”改革，商事登记实现“三十证合一”，“深圳90”改革措施正式实施，企业投资项目备案实现“秒批”，深圳以更大力度支持民营经济发展，持续打造市场化国际化法治化的一流营商环境。

习近平总书记 2017 年 7 月 17 日在中央财经领导小组第十六次会议上提出，北京、上海、广州、深圳等特大城市要率先加大营商环境改革力度。深圳深入贯彻落实习近平总书记指示要求，把营商环境改革作为全面深化改革的重要抓手。

2018 年初，深圳政府一号文件——《关于加大营商环境改革力度的若干措施》出台，被称为“营商环境改革 20 条”。“营商环境改革 20 条”提出要营造综合成本适宜的产业发展环境，全方位降低企业运营成本和税费负担，努力率先营造国际一流的营商环境。

2018 年以来，深圳连续推出多项营商环境改革举措，深化放管服改革，推进数字政府建设，持续着力打造一流营商环境。7 月 12 日，深圳市商事登记全流程无纸化网上注册业务范围扩大，确保大多数业务能够足不出户网上办结，商事登记实行“三十证合一”。改革后，企业实现“一表申请、一次登记、一码通行”。8 月 1 日，“深圳 90”改革措施正式实施，建设项目从立项到施工许可办理完成，总审批时间将控制在 90 个工作日以内，将原来的审批时限压缩了三分之二。11 月 21 日，率先推出企业投资项目备案“秒批”服务，通过无人工干预自动审批，秒批出证，实现了从人工审批到自动智能审批转变，从事项申报到业务自动比对备案证自动生成，全过程在网上实现，全程无人工干预。

2018 年 12 月 4 日，深圳正式出台被称为“民营经济 5 条”的《关于更大力度支持民营经济发展的若干措施》，围绕降低企业生产经营成本、缓解融资难融资贵、建立长效平稳发展机制、支持企业做优做强、优化政策执行环境等五条措施助力深圳民营经济健康发展。重点内容可概括为“四四三二”，即四个千亿、四个计划、三个机制、二个平台。其中最能体现深圳支持力度的政策被概括为“4 个千亿”，分别是：确保 2018 年企业减负降成本 1000 亿元以上；实现新增银行信贷规模 1000 亿元以上；实现民营企业新增发债 1000 亿元以上；设立总规模 1000 亿元的深圳市民营企业平稳发展基金。

大事 6

深圳推出新一轮住房制度改革，针对不同收入水平的居民和专业人才等各类群体，构建多主体供给、多渠道保障、租购并举的住房供应与保障体系。

2018 年 7 月 27 日，深圳市政府发布《关于深化住房制度改革加快建立多主体供给多渠道保障租购并举的住房供应与保障体系的意见》，标志着深圳开展新一轮住房制度改革。

新一轮住房制度改革进一步扩大了保障的覆盖面。深圳坚持以住房供给侧结构性改革为主线，突出多层次、差异化、全覆盖，针对不同收入水平的居民和专业人才等各类群体，将住房分为市场商品住房、政策性支持住房（人才住房和安居型商品房）、公共租赁住房三大类共四种住房，其中政策性支持住房和公共租赁住房占六成。

深圳充分发挥政府、企业、社会组织等各类主体作用，优化调整增量住房结构，盘活规范存量住房市场。结合新一轮城市总体规划编制调整，合理规划布局了住房空间，进一步加大住房土地供应力度，计划新增盘活 35 平方公里土地用于建设各类住房。在统筹考虑未来新增人口对各类住房的需求基础上，计划到 2035 年，分近期、中期、远期三个阶段，全市筹集建设各类住房 170 万套，其中人才住房、安居型商品房、公共租赁住房总量不少于 100 万套。深圳新一轮房改为国家住房制度改革“探路”。

通过建立健全系统的住房供应和保障体系，在现有调控政策的基础上，增加市场经济手段，加大政府保障力度，合理调控好房价。减少高房价对吸引人才和发展产业的影响，不断提高城市对人才的吸引力和创新力，更好地促进实体经济发展，努力为构建现代化经济体系提供支撑，也为国家新一轮住房制度改革进行探索和实践。

大事 7

深圳启动规划建设新十大文化设施和十大特色文化街区，构建具有国际一流水平、代表城市形象文化新地标，形成更加完备的文体设施网络，更好满足人民群众对美好生活的向往。

以实施“文化创新发展 2020”为总抓手，深圳扎实做好新形势下宣传思想文化工作，文化强市建设迈出坚实步伐。

去年 12 月，深圳市委常委会审议通过了《深圳市加快推进重大文体设施建设规划》，提出深圳将重点规划建设“新十大文化设施”，包括深圳歌剧院、深圳改革开放展览馆、深圳创意设计馆、中国国家博物馆·深圳馆、深圳科学技术馆、深圳海洋博物馆、深圳自然博物馆、深圳美术馆新馆、深圳创新创意设计学院、深圳音乐学院。

其中，深圳歌剧院将打造成城市文化新地标。中国国家博物馆·深圳馆与深圳改革开放展览馆、深圳美术馆新馆等将引进不同主题的高水平展览。深圳创意设计馆、深圳创新创意设计学院、深圳科学技术馆等则彰显了深圳“设计之都”以及科技创新的特点。

此次新建的文体设施在建设运营上将由政府主导，对标一流，坚持高标准原则。在布局上将相对集中，逐步在前海新城市中心（含宝安中心区、大铲湾片区）、后海深圳湾片区（含东角头片区、后海片区、超级总部基地）、福田中心区（含香蜜湖片区）、国际会展城海洋新城片区、深圳北站片区、大运中心区等区域规划打造一批新的现代化国际化城市文化核心区。

此外深圳市将以街区所在区政府为主体，按照错位发展、体现特色原则，推动大鹏所城、南头古城、大芬油画村、观澜版画基地、甘坑客家小镇、大浪时尚创意小镇、大万世居、蛇口海上世界、华侨城创意文化街区、华强北科技时尚文化街区等 10 个特色较为明显、文化内涵丰富的文化街区进行提升改造，成为代表深圳文化形象的“十大特色文化街区”，形成新的城市文化景点。

同时规划建设一批重大文体设施——包括规划建设美术馆、博物馆、图书馆、演艺场馆、体育场馆、高等院校及其他文化场馆等 7 大类 31 项市级重大文体设施建设，以及 51 个区级大型文体设施，形成更加完备的区级文体设施网络。

除了高水平规划建设一批文体设施外，深圳将加大本土文化艺术体育人才培养力度，打造一批文化体育教育载体和人才孵化基地，培育城市文体基础力量。

大事 8

光明区正式揭牌成立，深汕特别合作区正式挂牌，深圳经济特区高质量一体化建设，创新区域合作模式，更好发挥对外辐射带动作用，推进区域协调发展。

2018 年 9 月 19 日，光明区正式揭牌成立。这是继 2016 年 10 月，国务院批复同意设立龙华、坪山区之后，深圳又一个获批的行政区，也是深圳第九个行政区。

光明区正式揭牌成立，是光明区改革创新发展的新起点，是推进特区高质量一体化建设的新起点，也是深圳更好发挥对外辐射带动作用、推进区域协调发展的新起点。

2010 年 7 月，深圳经济特区正式扩容，特区一体化建设拉开帷幕。8 年来，深圳市委、市政府持续加大政策、资源等向原特区外地区的倾斜力度，加快提升原特区外地区城市建设软硬件水平，促进全市发展更加公平更具可持续性，特区一体化发展目标逐一落到实处，见到实效，居民群众的获得感、幸福感日益增强。

2017 年 1 月，国务院同意撤销深圳经济特区管理线，这给特区一体化发展带来新的机遇。为此，我市进一步向原特区外地区倾斜更多的资源、财力，争取到 2020 年全面实现特区一体化的目标。

2018 年 12 月 16 日，深汕特别合作区正式挂牌，从此成为深圳的第“10+1”区，肩负着创新区域合作模式、促进区域协调发展的特殊使命。

回首过去 10 年，在省委省政府、深圳市委市政府、汕尾市委市政府的坚强领导下，从 2008 年成立深圳（汕尾）产业转移园，到 2011 年扩容升格为深汕特别合作区，到 2017 年调整由深圳全面负责建设管理，再到今天的正式揭牌，深汕走过了一段极不平凡的发展历程，闯出了一条升级赶超的发展之路。

2018 年深汕特别区预计全年生产总值完成 51.5 亿元，

全社会固定资产投资50亿元，规模以上工业增加值29亿元，社会消费品零售总额21.8亿元。据了解，深汕特别区从原来汕尾最为偏远、最为落后的区域之一，正逐步发展成为一个产业初具规模、城市配套持续提升、各项事业迅猛发展的日新月异的全新产业新城和滨海新区。“深汕飞地模式”受到社会各界的广泛关注。

大事 9

深圳成为首批国家可持续发展议程创新示范区，肩负起探索符合国际潮流，具有中国特色、地方特点的可持续发展之路，为国内外同类地区发展做出示范的重任。

2018年，国务院印发《中国落实2030年可持续发展议程创新示范区加强方案》，正式批复同意深圳、太原、桂林建设国家可持续发展议程创新示范区。

建设国家可持续发展议程创新示范区是党中央、国务院统筹国内国际两个大局做出的重要决策部署，意义重大。深圳肩负起探索符合国际潮流，具有中国特色、地方特点的可持续发展之路，为国内外同类地区发展作出示范的重任。

深圳将以创新引领超大型城市可持续发展为主题，重点针对资源环境承载力和社会治理支撑力相对不足等问题，集成应用污水处理、废弃物综合利用、生态修复、人工智能等技术，实施资源高效利用、生态环境治理、健康深圳建设和社会治理现代化等工程，为超大型城市可持续发展发挥示范效应。

2018年深圳在可持续发展上不断创新突破。扎实做好中央环保督察“回头看”反馈意见整改和省环保督察迎检，一级水源保护区1069栋违建全部拆除处置；实现河长制、湖长制全覆盖，146个黑臭水体得到治理，完成正本清源小区改造5520个，新增污水管网2855公里，“十三五”规划的污水管网建设任务提前两年完成——开展“深圳蓝”行动，出租车基本实现电动化，PM2.5浓度降至26微克每立方米。2018年，深圳还获批“国家森林城市”。

新时期，深圳将继续肩负重任，坚持新发展理念，统筹推进“五位一体”总体布局，协调推进“四个全面”战略布局，紧紧围绕联合国2030年可持续发展议程和《中国落实2030年可持续发展议程国别方案》，按照《中国落实2030年可持续发展创新示范区建设方案》要求，认真落实国务院的批复要求，不断探索以创新引领超大型城市可持续发展，实现经济、社会与环境协调发展，持续提升市民生活品质，率先建设社会主义现代化先行区。

大事 10

深圳坚持以人民为中心，沉着应对历史罕见强台风“山竹”，经受住了大灾大险考验，无重大灾情、无人员死亡、无负面舆情，得到各界充分肯定。

2018年9月16日登陆广东的今年第22号强台风“山竹”，破坏力极强，是继1983年“爱伦”台风之后，35年来影响深圳最为严重的台风。“山竹”登陆台山当天，其中心距离深圳仅125公里，给深圳带来了严重的风雨影响。

面对历史罕见的强台风袭击，深圳坚持以人民为中心，预测准、防备严、动员广、行动快、落实到位，紧张、有序、有力、高效地开展了各项防风救灾和灾后复产工作，最大限度降低了灾害损失。17日，全市即全面恢复正常生产生活秩序，修理倒伏树木等救灾复产工作已进入收尾阶段。无重大灾情、无人员死亡、无负面舆情，深圳经受住了大灾大险考验，防台风“山竹”工作得到了省委、省政府和社会各界的充分肯定。

台风无情，深圳有爱。这座城市，以一种特别的方式，在深圳经济特区建立38周年之际，为这座城市蓬勃的发展实力，书写了特别的注脚。

（《深圳商报》2019年1月21日）

2018深圳五项措施彰显科技创新发展魅力

作为高新技术产业发达的超大型城市，在可持续发展方面，2018年深圳已经落实了五项相关措施，覆盖政策、载体、技术、人才等方面，用科技创新助力城市发展。

据悉，第一项措施便是强化政策保障。深圳在制定全国首部创新型城市总体规划、国家自主创新示范区规划、自主创新“33条”等系列规划政策基础上，2016年以来，按照中央关于推进供给侧结构性改革的部署要求，又制定了支持企业提升竞争力、促进科技创新、人才优先发展、高等教育发展等“一揽子”政策，共235条措施。

2018年，为进一步加强创新驱动法制保障，围绕科技创新、产业创新、金融创新、管理服务创新、空间资源配置以及社会环境建设，深圳出台了《深圳经济特区自主创新示范区条例》并获批建设全国首批可持续发展议程创新示范区，以创新引领超大城市可持续发展为纲领，制定并发布可持续发展规划纲要和实施方案。针对高校、科研机构、企业等不同科研主体对于科研项目资金管理改革诉求，找准科研项目资金管理中存在的痛点、焦点问题，围绕资金分配、预算编制、使用管理、监督检查等财政科研项目资金管理流程，创新20项具体措施，推进出台了《关于加强和改进市级财政科研项目资金管理的实施意见》。

第二项措施是强化创新，让技术为创新提供动力。深圳实施原始创新“补短板”计划，聚焦大装置、高平台、前沿领域，实施重大基础科研专项，建立目标型科研项目管理体系。目前已经获批建设鹏城实验室、生命信息与生物医药两个广东省实验室，全省已有2个省实验室落户深圳。2018年新增各类创新载体189家，累计建成1877家，其中国家级114家。

除了政策和注重创新，技术也非常重要。2018年，深圳围绕高端医疗器械、工业母机、核心芯片、关键零部件等重点领域开展核心技术攻关，累计投入专项财政资金7.38亿元。针对深圳市高新技术企业普遍存在的“关键零部件、核心技术、重大装备受制于人”发展难题，按照“需求出发、目标导向，精准发力、主动布局”总体思路，组织实施10项重点技术攻关项目，资助总金额0.95亿元。

深圳技术型企业也“非常争气”，海思的“麒麟”应用处理器芯片性能与高通“骁龙”相当，并跑国际地位；云天励飞全球首创“云+端”动态人像智能解决方案，率先实现“亿万人脸，秒级定位”；汇顶科技指纹识别芯片在全球处于领跑地位，其自主研发的活体指纹识别芯片已经问世，为移动支付提供安全保障；紫光同创推出国内首款千万门级自主产权的高性能FPGA芯片；华大基因贡献了全球40%的基因测序数据；微芯生物历时12年自主研发的一类新药西达本胺，作为一种抗肿瘤口服药物填补了我国T细胞淋巴瘤治疗药物的空白；贝特瑞锂离子电池负极材料市场占有率全球第一；金洲精工是国内第一、世界第二大PCB用硬质合金精密超细微钻和铣刀供应商。

深圳的科技创新改革也一直走在路上，2018年已建立了无偿与有偿并行、事前与事后结合、稳定支持与竞争择优相结合的财政科技多元化投入机制。在全国率先实施国内外专家“主审制”；优化项目评审流程，建立重大科研项目评审专家库，建立评审信息公开、结果反馈公示、信用管理和失信惩戒机制。

面对企业高校，也分别进行改革。针对企业重点加强科研经费绩效管理，简化费用管理程序，设立企业创新专项，建立从创客交流、创业资助、创新券、贷款贴息、企业研发资助到重点企业研究院的企业发展过程全链条支持机制。针对高校、科研院所重点规范直接经费与间接经费管理，简化了预算编制科目，建立项目资金可追溯制度。创新科研项目“事后奖励”“科技悬赏”“高等院校稳定支持”“市区联动切块支持”“部门联动切块支持”等多元化投入方式。还出台了《深圳市“深港创新圈”计划项目管理规定（试行）》，创新深港合作机制，允许科研资金跨境使用。

深圳政府也发挥引导作用，设立总规模为 1000 亿元的政府投资引导基金，鼓励社会资本投向创新创业、新兴产业发展等领域。天使投资引导基金首期规模就达 50 亿元，由深投控、深创投两家市属国企共同管理。

设立科技金融专项，通过银政企合作贴息、股权投资、风险补偿等项目，放大政府财政资金对金融资源的撬动作用，引导金融支持企业创新创业。2018 年银政企新入库 416 个项目，对 132 个银政企合作贴息项目予以 3036 万元贴息支持，500 多家入库企业获得合作银行贷款，发放贷款总额近 100 亿元。

作为创客友好型城市，深圳加强创客载体建设，累计资助建设创客空间 195 个，孵化器 128 个，创客服务平台 98 个，资助力度超 6.5 亿元。支持特色众创空间优化升级，推动柴火、开放制造等众创空间面向硬件创客群体，提供种类丰富、功能强大的模块化开发工具、小批量生产和资金对接等综合孵化服务。

2018 年是深圳连续 10 年举办深创赛，深创赛已成为 创新活力的重要平台，累计吸引 2.3 万个项目参赛，培育出大疆科技、创鑫激光、码隆等一大批创新型企业。

（《深圳新闻网》2019 年 2 月 21 日）

深圳市市属国资国企奋力探索综合改革 2018年呈现出“十大亮点”

2018 年 3 月 6 日，深圳市属企业、区国资部门负责人会议暨市属企业党风廉政建设和反腐败工作会议透露，2018 年面对错综复杂的经济形势，深圳市国资系统在市委、市政府的坚强领导下，坚持稳中求进工作总基调，锐意进取、真抓实干，呈现“十大亮点”。

亮点 1

质量效益再创新高

全年利润总首次突破千亿元

深圳市区两级国企总资产达 3.3 万亿元，净资产达 1.2 万亿元，全年实现营业收入 5189 亿元，利润总额 1109 亿元。其中，市属企业规模效益突破“三大关口”，再创“五个新高”，总资产突破 3 万亿大关，达 3.1 万亿元，比年初增长 19.2%；净资产突破万亿大关，达 1.1 万亿元，比年初增长 13.7%；利润总额突破千亿大关，达 1074 亿元，同比增长 16.4%；实现营业收入 5000 亿元，同比增长 23.5%；上缴税金 923 亿元，同比增长 26.8%。在全国 37 个省级监管系统中，市属企业总资产排第 5，利润总额、净利润、成本费用利润率均排第 2 位。

亮点 2

服务城市大局功能彰显

承担全市重大项目 60 个

深圳市区两级国企积极发挥特区基础设施供给侧结构性改革主力军作用。市属企业全年完成投资 1385 亿元，其中承担全市重大项目 60 个，占全市投资额 1/4。特区建发援建的中国—巴新友谊学校启用；地铁在建里程达 275 公里，地铁及公交实现移动支付全覆盖；机场新增洲际通航城市 9 个，新增数量全国第一；水务实现盐田全区自来水直饮，人才安居筹集人才房 5.4 万套。秉持绿水青山就是金山银山理念，全面融入“美丽深圳”建设，能源、巴士获评“推进深圳蓝可持续行动计划先进企业”，水务获评“水污染治理攻坚先进企业”，排交所绿色金融研究成果写入 G20 峰会领导人宣言。全市国企为抗击超强台风“山竹”做出重要贡献。

亮点 3
国企改革上升为国家战略
5 家企业入选国家“双百行动”

深圳全面推进国资国企综合改革，投控、粮食、深国际、特发、远致 5 家企业入选国家国企改革“双百行动”。市政府印发投控对标淡马锡、打造国际一流国有资本投资公司实施方案。422 家市属二级企业功能界定与分类精准完成，16 家企业混合所有制改革完成立项，中小企业经营班子整体市场化选聘全面铺开，6 家企业试点外派财务总监管理模式改革。区属企业改革持续深化，龙岗出台“2+5+N”改革文件，福田、南山、盐田、坪山、光明、深汕合作区在公司制改革、薪酬激励等领域推出系列新举措。全市国资国企改革呈现全面发力、多点突破、纵深推进态势。

亮点 4
国资监管体系不断优化
市场化法治化信息化水平提升

落实以管资本为主要求，出台深圳市属国有股东以管资本方式参与未实际控制的上市公司治理办法，积极探索以章程为根本准则、董事监事履职为主要抓手、重大事项沟通为必备程序、紧急情形干预为重要保障的“3+1”治理体系，得到国务院国资委肯定。制定公平竞争审查操作规程，实现国企改革政策公平竞争审查与合法性审核全覆盖。积极落实市政府向市人大常委会报告国有资产管理情况制度，实现 19 家直管企业年报公开。完成智慧国资智慧国企信息化国资监管规划编制，资金资产监管平台和联交所物业联合租赁平台上线运行。国资监管市场化、法治化、信息化水平持续提升。

亮点 5
资本运作实现新突破
市属国资控股上市公司增至 26 家

深圳市属国资控股上市公司增至 26 家，资产证券化率上升至 54.7%，比年初高 2 个百分点。完成粮食与深宝资产重组，首开我国粮食储备企业整体上市先河。投控聚焦粤港澳大湾区建设，收购香港合和基建，开创市属企业收购境外上市公司先河。落实市委、市政府部署，在全国率先开展支持民营上市公司稳健发展专项行动，实现协同发展，合作共赢。

亮点 6
新一轮资源整合全面启动
累计出清“僵尸企业”170 家

围绕深圳发展战略，市国资委统筹推进环境水务、地面公交、食品安全等领域企业集团的组建或重组工作，科技金融控股集团、铁路投资建设集团组建方案获市政府批复，深港科技创新合作区发展公司、智慧城市科技发展集团、南方大数据交易公司注册成立。滚动做好“处僵治困”工作，累计出清“僵尸企业”170 家，提前完成省政府下达的工作任务。协同发展加快推进，直管企业之间加强资金融通，有效降低融资成本；与龙华、盐田、宝安签署战略合作协议，与清华、北大、南科大等高校开展深度合作。区属企业资源整合扎实推进，宝安形成 5 大集团协同发展格局，龙岗、罗湖、龙华、大鹏等有序推动街道企业划转整合工作。

亮点 7
深圳国资品牌价值日益凸显
持续提品质创品牌再获殊荣

国资国企持续提品质，创品牌，盐田港获评“亚洲最佳集装箱码头”，地铁 7 号线、福田交通枢纽荣获“詹天佑奖”，燃气、巴士获评“全国质量标杆”，能源荣获深圳“市长质量奖大奖”。创新投跻身“中国创投机构 50 强”第一名，深农获评“农业产业化国家重点龙头企业”。能源、巴士、天健、特发获评“改革开放 40 周年广东省优秀企业”，受到省委、省政府表彰。深国际、赛格、振业等 15 家企业入围“广东企业 500 强”。巴士获评“中国诚信品牌”，特发、东部公交等 11 家企业获评广东“最佳自主品牌”“最佳诚信企业”等荣誉，“TIMES DF 深圳免税”新品牌开启免税新形象。

亮点 8
创新动力加速释放
市属企业梯次布局特色产业园区

深圳国资国企坚持创新引领发展，积极融入深圳“全球创新创意之都”建设。科技园区梯次布局，深圳湾美国硅谷科创中心揭牌，前海深港基金小镇正式开园，空中客车亚洲首个创新中心落户深圳湾科技生态园。科技金融持续发力，首期规模 50 亿元的全国首支天使母基金设立运营，创新投、高新投、中小担服务企业新增融资 872 亿元。自主创新亮点纷呈，市属国资国企战略性新兴产业发展规划出台实施，燃气、天健等 5 个院士工作站获批设立，建总院参与完成的科研项目荣获国家科技进步奖二等奖。

亮点 9
国企党建质量显著提升
加快实施基层党建品牌化战略

全面抓好“国企党建质量提升年”工作，坚持把政治建设摆在首位，扎实推进“两学一做”学习教育常态化制度化，出台加强党的基层组织建设三年行动计划等文件，基本完成直管企业和上市公司党建要求进章程工作，立行立改中央巡视和市委巡察反馈问题。加快实施基层党建品牌化战略，深圳湾“跟党一起创业”楼宇党建被选为中国共产党与世界政党高层对话会参观点，获中组部、中联部、国务院国资委的肯定；特区建发海外基层党建获省领导的肯定。坚持重实干、重实绩用人导向，对 6 家市管企业和 7 家委管企业领导班子进行调整配备，出台企业领导人员任职交流及回避意见，进一步推动选人用人制度化规范化。

亮点 10
纪检监督“深圳模式”引领全国
“六位一体”大监督体系持续完善

深圳在全省唯一保留国资委纪委，全面推行纪委书记兼监事会主席新模式，出台市属企业“六位一体”监督体系建设指导意见，率先构建党委领导、纪委书记兼监事会主席统筹的大监督体系，纪检监督“深圳模式”为全国破解国企监督难题走出一条崭新道路。全国首创要素交易综合监管体系，被市纪委监委列为 2018 年书记跟踪项目。执纪审查、审计监督取得新成效，开展市国资委党委第二轮巡察，获评市纪检监察系统年度“十佳案例”，追回挽回经济损失、化解风险、增加收益成效显著，有效监督、有效益的监督成为深圳国资鲜明特征。积极为市委巡察、市纪委办案提供人才支持，国企纪检监督队伍成为全市纪检监察系统重要新生力量。8 篇论文被省纪检监察学会评为优秀论文，多篇信息被选送上报中办、国办。

（《深圳特区报》2019 年 3 月 7 日）

2018年深圳金融创新奖出炉

2018 年度深圳市金融创新奖评选结果最终。据最新名单，此次一、二、三等奖和优秀奖奖项共 50 个。此外，最重磅的两个奖项—推进奖（原特别奖），分别由深圳银保监局“交叉金融业务监管系统”和深圳证监局“私募基金监管系统”两个项目获得。

其中，获得一等奖项目共 5 个，分别为招商银行股份有限公司深圳分行的“小微企业‘在线一票通’”、深圳证券交易所和深圳证券信息有限公司“深交所创新创业投融资服务平台”、中国建设银行股份有限公司深圳市分行的“开放式银行”、深圳前海金融资产交易所有限公司的“人民币资产跨境交易平台业务（深港）”以及中国平安财产保险股份有限公司“一站式视频智能理赔”。

二等奖的项目共 10 个，既有招商银行股份有限公司及中国平安保险（集团）股份有限公司和深圳壹账通智能科技有限公司这样“熟面孔”项目——“地方政府专项债全流程金融服务方案”“多人视频面审系统”摘下奖项，也涌现了不少“新秀”，如微民保险代理有限公司，其获奖的项目为“腾讯旗下保险平台——微保”。

三等奖项目 15 个，优秀奖项目 20 个。其中获得三等奖项目包括平安银行股份有限公司的“平安银行零售新门店”等，获得优秀奖项目的包括中国民生银行股份有限公司深圳分行的“民生高速通”、中国农业银行股份有限公司深圳市分行的“轻型银行”、深圳前海微众银行股份有限公司的“联合贷款合作平台”等。

获奖的项目获得政府的专项奖励资金，其中推进奖和一等奖项目每个获得 100 万元奖励，二等奖 50 万元，三等奖和优秀奖分别为 30 万元和 15 万元。

2018 年深圳市金融科技专项奖评选也正式公布结果。其中，凭借“基于人工智能的小微信贷赋能平台”项目，深圳前海大数金融服务有限公司成为该专项奖获奖名单中唯一的金融科技公司，并获得 30 万元奖金。

据深圳市地方金融监督管理局相关负责人介绍，自深圳市 2005 年在全国率先设立“金融创新奖”开始，极大激发了深圳市金融创新活力，2000 余个项目先后参与评选，一批创新性强、示范性好的项目脱颖而出，并在全国得到复制推广。截至 2019 年，深圳市金融创新奖已连续成功举办 14 届，评出获奖项目 480 余个，奖励金额合计约 1.9 亿元。

（《深圳商报》2019 年 8 月 16 日）

第二节 产业篇

打造深河战略新兴产业走廊

“一条是广州——深圳的科技走廊，一条是深圳——河源战略新兴产业走廊，这两条走廊构成大湾区的‘两廊一圈’。比较而言，深河走廊产业发展成本相对要低，发展后劲要强，在我们的大湾区现代产业体系当中极具重要性和地位。”

2018 年 7 月 30 日，“湾区时代·园区之变”——2018 河源国家高新区发展高峰论坛举行，多名国家级的粤港澳大湾区（下称“大湾区”）研究专家、区域发展规划和产业规划专家、住房政策与房地产市场研究专家、产业经济研究专家聚集河源，探讨在大湾区背景下，在深圳对口帮扶河源背景下，河源高新区如何打造产城融合的产业新城、科技新城、幸福“心城”，以及深圳河源产业共建如何更好地对接，合力打造大湾区这一全球性的生态体系。

河源高新区建区 15 年要华丽变身

河源市委常委、副市长，深圳对口帮扶指挥部总指挥、河源高新区党工委书记王卫当天出席论坛，他表示，河源高新区建区 15 年来，迄今已步入快速发展时期。高新区先后获得国家和省授予的粤东西北地区首个国家级高新技术开发区、全国“十大最具发展潜力开发区”、省市共建战略性新兴产业（太阳能光伏）基地、省循环经济工业园、省手机产业集群升级示范区等荣誉称号，特别是近两年，高新区大力推进主导产业强链补群，创新要素补齐短板，产城融合完善配套，营商环境优化再造，国家级孵化器——金地深河创谷、国际模具城、阿里巴巴、中铁建、农夫山泉二期等大项目、大企业也纷纷落地和入驻。

2017 年在国家高新区综合排名中，河源高新区从 2016 年的 141 位上升至 130 名，排名升速全省最快。

王卫称，在取得巨大成绩的同时，高新区也面临不少矛盾和问题，如园区产城融合水平不够高、产业结构不够合理、自主创新能力不强、土地资源约束趋紧、发展成本持续上升等。如何破解这些发展过程中的瓶颈问题，当前急需借智借势借力，指导园区高水平发展。

河源高新区聘请五大专家顾问

当天出席论坛并作报告的专家分别有：粤港澳大湾区研究专家，综合开发研究院（深圳）常务副院长、全国港澳研究会副会长、深圳市社会科学联合会副主席、深圳市委决策咨询委员会委员郭万达；区域发展规划和产业规划专家，综合开发研究院（深圳）区域发展规划研究所所长、主任研究员、国家注册咨询工程师刘祥；中国住房政策与房地产市场研究专家，首届深圳市房地产中介行业协会常务副会长、秘书长郭建波；产业经济研究专家，广东省人民政府参事，深圳市决策咨询委员、深圳大学产业经济研究中心主任、深圳市政协常委、提案委员会副主任，广东省产业与区域经济研究会副会长魏达志；区域经济与城市研究专家、华南城市研究会副会长、广州市房地产协会专家委员会委员孙不熟。

专家顾问已成为河源高新区的常设机制。论坛当天，郭万达、刘祥、魏达志、孙不熟等 4 位被聘为河源高新区的专家顾问。此前，郭建波已受聘为河源高新区的专家顾问。

郭万达：深河战略新兴产业走廊更具发展后劲

大湾区是具有打造世界级的制造业集群条件的地方，因为这个地方的发展有层级性、有梯度差异，各个城市的产业之间具有非常良好的互补性。大湾区绝对不仅仅只是9+2城市，更重要的是辐射到粤东西北，甚至是泛珠和一带一路，带动的面很广。从这个角度来看，将来大湾区还会有很多的“新区”，河源本身就是在大湾区里面，处于辐射带动区域。

在大湾区背景下，河源高新区应该如何定位？大湾区现代化产业布局中，要重点打造“两廊一圈”，一个是广深科技创新走廊，另一个就是“深河战略新兴产业走廊”。比较而言，深河这条走廊，从深圳到惠州再到河源，可形成有阶梯层次、成本更低、发展后劲更强的战略新兴产业协同和集群，成本相对要低一些，发展后劲要强一些；深河走廊并不是广深科技走廊的延伸，而是更具特色的另一条走廊，将来接受辐射的程度及外溢程度会更强。这跟整个大湾区的现代体系的产业要求有很大的关系。

大湾区更加重视创新，建设全球科技产业的创新中心。大湾区各个城市，都应把创新放在一个很重要的地位中，创新是开放的，而且创新一定是跟产业体系高度地契合、吻合。河源高新区，同样也需要通过科技创新，对接利用广深港科技创新优势和资源，汇聚高端人才，为河源高新区提供源源不断的创新动力。

郭建波：发挥“飞地”优势 打造深河智能创新小镇

现在是谁掌握了大的IP（知识产权、品牌企业、大的有影响力的品牌），谁就能够符合园区的需求及城市的需求。而在产城融合的背景下，河源高新区，可以定位为“深河智能创新小镇”。

从空间来看，产业地产也日趋城市化的功能。比如深圳天安数码城，过去的厂房几百元一平方米，一步一步开始转型，比很多政府的园区提供了更全面的、更符合市场、符合企业需求的营运服务，现在都成了一个城市了，园区的巨大演变，这种模式这么多年正在向全国复制。

具体来说，河源高新区要有拥抱大湾区的时代意识，以政策激励为手段，加快融入湾区；要发挥“飞地”制造优势，抓住企业转型升级机遇，逐步优化产业格局。当前企业转移升级的现象就是飞地制造，一些大的IP，城市总部已经碎片化了。比如松山湖成功地接纳了华为，中兴通讯也飞到河源来了，河源是一个飞地布局非常好的区域，要以提升园区运营服务为重点，打造产业生态链，服务企业发展需求；要以产业资源为评价标准，实行政企合作招商，政府不做招商队长，而是让企业发挥产业优势，两者优势互补，形成产业地产资源化运营；要以优势资源禀赋为基础，布局未来产业格局，形成差异化竞争；要以人为本，打造宜业宜居的产业新城。

刘祥：从五方面与核心城市对接

大湾区核心的思路就是要构建一个创新的生态体系，所以河源高新区的发展要紧紧围绕创新驱动进行开展“融湾聚力，创新河源”。根据去年最新产业转移态势，大湾区城市中的新兴产业出现较强的外溢趋势，尤其是电子信息产业、新能源产业、软件信息服务业等。其中，深圳南山区高端产业外溢的态势表明，43.2%的高新技术企业有向外地搬迁的计划。河源高新区要积极对接大湾区核心城市圈的资源外溢，围绕一个发展核心动力——创新，积极利用资本和技术，加快制造业转型升级，提升产业竞争力。

刘祥提出的高新区转型升级的策略包括：一要找准定位，抓住机遇。河源的发展阶段是处于由工业化的中期向后期转变的关键阶段，这个关键阶段的核心要素是：以制造业为主，资本和技术是支撑经济增长主要力量。故此，我们要加快制造业的转型发展，要发挥资本和技术对生产的贡献，提升产业的竞争力。在服务业方面，特别是生产性服务业要与制造业相匹配，支撑制造业的发展，形成一个双轮驱动的好格局，这一块，整个河源的发展前景很好。二要把握产业转移趋势，创新服务意识。五年前我们产业转移主要的动力是为了降低成本，如今，产业转移的第一动力是开拓市场，在这方面，政府服务有很多事可以做，单纯是降成本已经不是最重要的，要了解企业的一些发展需求，企业缺什么，是缺技术、缺资金、缺市场？政府要有一个研判，有一些地方可以发挥政府的引导作用。三要适应产业发展，平台要升级。园区平台的升级改造，就好比“从猪圈到熊猫馆”的升级。不仅是楼太旧太破设施跟不上的问题，而是整体的生产、休闲、公共服务，各项配套能否跟得上。

要做好转型升级，河源高新区可以从 5 个方面与大湾区核心城市积极对接。一是观念对接，二是产业对接。河源高新区以原始创新和生产制造为主，实现湾区总部研发、河源生产制造的错位发展。三是交通对接。对外，赣深高铁通车后，河源高新区与大湾区核心城市的距离将大大缩短。对内，河源高新区要加快完善内部畅达便利的通勤网络。四是政策对接。深圳出台支持新兴产业用地（M0）政策，形成了新型的土地业态。五是公共服务对接。要花大力气完善针对所需人才的教育及医疗等公共服务配套设施，成为大湾区后花园和战略拓展区。

魏达志：河源应该全面介入“一核一带一区”

在大湾区背景下和全省“一核一带一区”区域发展格局中，河源不止是在“一核一区”沾上了边，还应该全面介入“一核一带一区”的发展。发展开放性经济和海洋经济，河源同样有机遇有能力，千万不要把自己的手脚束缚住，这是河源应有的历史选择。

大湾区，其首要任务就是要打造一个全球性的中心城市。“园区”这个概念已过时。过去，中国外向型经济的成长主要在园区，现在，河源高新区的战略性定位是三个内涵的直接表白。“我是科技新城、我是产业新城、我是幸福‘心城’”这三个“城”的表达，已经很明确了，“我做的不是园区，我是在造城，包括产城”。

河源高新区在未来的发展中，特别是在大湾区的背景下，要作为中国三线城市后发优势产城一体的制高点，体现引领区作用。要作为大湾区战略性新兴产业布局的一个突破口，打造一个新城区。要作为一个广东省粤东西北区域有效脱贫致富的一个示范区，起到示范型的作用。

河源只要找准了战略性定位，在全国版图、广东省版图、大湾区城市版图中，优质要素就会往你这里流动，科技新城、产业新城、幸福“心城”指日可待。

孙不熟则提出，世界城镇化有两种模式，一种是美国和德国的遍地开花，一种是一城独大。产业不一定要在大城市，小而美的城市也有机遇。河源作为一个小城市，就要充分发挥自己的优势及政府服务的力量，与大湾区其他城市进行互补与竞争。

河源要登上大湾区这一高速行驶的列车，就要做到交通基础设施联动、产业联动、观念联动，实现与先进沿海地区共振前进。

河源高新区：深河产业共建主战场

作为河源市区的南大门，河源高新区是河源市区离深圳最近的区域，其区位优势无与伦比。历年来，河源高新区是河源产业发展的重要阵地，更是新一轮深圳对口帮扶河源的共建主园区，因此，河源高新区还有另一个名字“深河产业转移工业园”。深圳对口帮扶河源指挥部总指挥王卫，同时也是河源高新区党工委书记。

作为共建主园区，河源高新区坚持“多位一体”联合招商机制，重点面向央企大型国企、有溢出效应和转移倾向的高科技企业、商会行业协会、乡贤企业家 4 个方向招商，对电子信息、精密制造等已有的主导产业，做大做强“补链强群”。对军民融合及战略新兴产业新的经济增长点，抢先布局转换动能。

据统计，深圳对口帮扶河源以来，累计协助河源引进项目 400 多个，总投资额 1400 多亿元。通过共建产业园区和推进产业共建，落户河源的深圳企业约占河源产业园区落户项目数六成。其中，2017 年，深圳对口帮扶河源产业共建园区（8 个园区含江东新区）累计完成产业项目转移 71 个，完成全年比例 142%。已落地建设的投资超亿元工业项目 39 个

（其中超 10 亿元项目 3 个），完成全年比例 195%。

2017 年在国家高新区综合排名中，河源高新区从 2016 年的 141 位上升至 130 名，全省上升最快。

2018 年 1 月至 6 月，协助河源签约项目 80 个，计划投资额 343.23 亿元；动工项目 78 个，合同投资额 275.32 亿元；在建项目 166 个，累计完成投资额 232.85 亿元。深圳对口帮扶河源产业共建园区累计完成产业项目转移 38 个，完成全年比例 76%，比去年增长 11.76%；已落地建设的投资超亿元工业项目 20 个，完成全年比例 100%，同比增长 25%，在全省 8 对结对共建市中排名第一。

博士俱乐部揭牌成立

2018 年 7 月 30 日下午，2018 河源高新区发展高峰论坛分论坛在智汇谷孵化器大楼举行。分论坛举行了博士俱乐部揭牌签约仪式，这是河源高新区乃至全市吸引高端人才采取的又一创新举措。

据介绍，博士俱乐部将作为河源高新区内企业博士及外聘专家的交流平台，通过各种沙龙活动，促进博士人才之间的相互学习提高、促进不同专业人才之间的相互合作、联合博士人才普及科学知识、协调专业人士优势互补，为园区发展出谋划策，更好地服务和回报河源高新区。

一个地方要实现创新发展，人才是关键。河源高新区有关负责人表示，博士俱乐部充分将发挥博士的优势，关注并服务园区企业创新发展，为企业排忧解难，带动一批人才特别是高端人才进驻扎根园区，推动园区产业发展和进步。

（《深圳特区报》 2018 年 8 月 1 日）

深圳战略性新兴产业挑大梁

在非洲主要城市街头，经常可以看到老百姓拿着来自深圳制造的功能手机——传音。目前，这一“不起眼”的手机品牌在非洲家喻户晓。传音手机因质量稳定、功耗良好、功能独特等特点，已占据非洲市场将近五成的份额。

传音手机在国际市场的走俏，是当前深圳战略性新兴产业快速崛起的一个生动写照。目前，战略性新兴产业正成为深圳经济发展的主引擎，并挑起大梁。2018 年上半年，深圳七大战略性新兴产业实现增加值 4146.04 亿元，增长 8.3%，高于 GDP 增速 0.3 个百分点。

新产业发展快后劲足

新兴产业的快速成长，助力深圳在全国率先走上质量型增长，内涵式发展道路，并形成了创新驱动发展良性机制。

以生物产业为例，深圳前瞻布局，加强产业关键核心技术和前沿技术研究，建设产业创新生态体系。近年，深圳生物产业以年均 20% 增速快速发展。2018 年上半年，生物医药产业增加值 141.92 亿元，增长 23.8%。

作为首批国家生物产业基地，深圳在生物医学工程及生物医药领域表现突出，高端生物医学工程、基因测序、生物信息分析、细胞治疗等技术跻身世界前沿。数据显示，深圳在生物领域拥有 300 家各级各类创新载体，其中国家级 21 家。主要产业园区包括国际生物谷、深圳高新技术产业园、坪山国家生物产业基地等。

新一代信息技术领域，深圳已成为中国重要的 IT 产业制造基地、研发基地、出口基地和物流中心，中国电子信息产业前 10 强总部或区域总部均落户深圳。2018 年上半年，深圳新一代信息技术产业增加值 2111.99 亿元，增长 9.6%，高于 GDP 增速 1.6 个百分点。

事实上，深圳先后出台生物、互联网、新能源、新材料、文化创意、新一代信息技术、节能环保七大战略性新兴产业规划及配套政策，不断培育和催生新兴业态。为推动战略性新兴产业的集聚发展，深圳规划建设了多个重点区域，加快留仙洞战略性新兴产业总部基地及坝光国际生物谷建设，增强战略性新兴产业发展后劲。

“新龙头”实力强贡献大

产业快速发展伴随的是创新成果密集涌现。华为、腾讯、比亚迪、迈瑞、超多维等一批龙头骨干企业成为业界翘楚，跻身国际前列，发挥了引领带动作用。

一批“蹬羚型”特色企业成长为行业冠军，成为推动新兴产业发展中坚力量。海普瑞取得肝素相关产品国际市场价格话语权；北科生物积累了目前世界上规模最大及数据最全的干细胞临床研究安全性有效性数据；贝特瑞成为全球最大的锂离子电池负极材料供应商；大疆科技占领了消费级无人机全球 70% 以上市场份额；优必选以 50 亿美元估值，成为全球首家跻身人形机器人高成长性的企业。

深圳加强创新体系顶层设计，以政策制度创新推动科技创新和产业发展。深圳出台《新兴产业专项资金多元化扶持方式改革方案》，实施战略性新兴产业专项扶持计划，累计支持产业化项目超过 12000 个。开展“产业链 + 创新链”融合发展专项，每年组织实施重大科技攻关项目 100 项以上，加大核心技术攻关力度。

“事实证明，深圳踩准世界科技革命发展的重要节点，可以说是抓得早、抓得准、抓得实” 深圳市国新南方知识产权研究院秘书长宋兵表示，战略性新兴产业的迅猛增长，使得深圳向创新更强、结构更优、质量更高的产业形态迈进，助力产业转型升级。

（《深圳特区报》 2018 年 8 月 9 日）

深圳加快布局发展战略性新兴产业

2018 年 7 月 17 日至 18 日，深圳市委六届十次全会对大力发展战略性新兴产业做出了决策部署。会议提出，瞄准高端高新向上突围，布局发展战略性新兴产业，夯实先进制造业基础，推动现代服务业高端化发展。

深圳是我国创新驱动发展的示范区，也是战略性新兴产业的聚集区。深圳近年来前瞻布局，大力发展战略性新兴产业，取得了显著成效，新兴产业增加值占 GDP 比重逐年提升。为切实贯彻落实市委六届十次全会精神，目前深圳市正进一步加快战略性新兴产业的布局，步履坚定地走质量型增长、内涵式发展道路。

战略性新兴产业成为支柱

2018 年 8 月 5 日，印尼龙目岛发生地震灾害，来自深圳海能达的通信设备在救援中大显身手，解决了前线搜救队伍通信受阻的问题，提升了救援团队的沟通协作效率，受到印尼红十字会总部负责人赞赏。

实际上，海能达的高质量产品不仅用于各种救灾抢险的恶劣环境，近年来还在金砖厦门会晤、G20 杭州峰会、俄罗斯世界杯、里约奥运会、博鳌论坛及上合组织峰会等国际社会重要舞台频频亮相，为这些重要活动的安全顺利举行“保驾护航”。

据了解，深圳前瞻性布局新一代信息技术、生物、新材料、海洋产业等领域，大力发展战略性新兴产业，涌现出一批如华为、腾讯、海能达、大疆等行业领军企业，形成了“雁阵式”全新创新梯队，在国际市场占据一席之地。

数据显示，深圳战略性新兴产业增加值从 2012 年的 3878.22 亿元增长至 2017 年的 9183.55 亿元，占 GDP 比重逐年提升，从 29.9% 增长至 40.9%。2018 年上半年，深圳战略性新兴产业实现增加值 4146.04 亿元，成为国内战略性新兴产业规模最大、集聚性最强的城市。

实施新兴产业集群发展

为实现战略性新兴产业跨越攀升，深圳制订实施《深圳市战略性新兴产业发展“十三五”规划》，以信息经济、生命经济、绿色经济、创意经济等为重点，不断提高创新能力，大力培育骨干企业，不断优化产业生态体系，引领产业向高端化、规模化、集群化发展。

战略性新兴产业集聚发展的成效日渐彰显。以集成电路产业为例，深圳已成为全国集成电路产品消费应用中心和设计创新中心，拥有集成电路设计企业机构数百家，产业总规模达 668 亿元。在人工智能和机器人密切相关的智能智造、智能汽车等领域，深圳形成了较为完备的产业链，全市目前正加速打造人工智能产业高地。

据科技部门介绍，深圳正围绕产业规划确定的重点领域，组织实施九批次战略性新兴产业和未来产业专项扶持计划，对创新载体、基础研究、技术攻关、产业化、应用示范等新兴产业项目给予扶持。

2018 年来，留仙洞战略性新兴产业总部基地、宝安“互联网 +”未来科技城、龙岗阿波罗未来产业城、坝光国际生物谷、坪山聚龙山智能制造未来产业集聚区等纷纷加快规划和建设，在新一代信息技术、互联网、新能源汽车、智能制造、高端医疗装备、无人机等领域形成了具有全球竞争力的优势产业集群。

深圳市发展改革委有关负责人透露，在贯彻落实市委六届十次全会过程中，为争创产业发展的新优势，深圳 2018 年还会出台未来产业发展实施意见，加快 5G 移动通信、第三代半导体、新型显示、人工智能等重点领域的布局。

（《深圳特区报》2018 年 8 月 24 日）

科技创新成就“中国硅谷”

党的十八大以来，深圳坚持创新驱动发展战略，加快建设国际科技、产业创新中心，创新环境不断优化，研发投入持续增加，科技人才加快集聚，创新成果不断涌现，创新能力显著提升，经济新动能加快成长，科技创新对高质量发展的支撑和引领作用日渐增强。

营造科技创新良好环境，点燃发展新引擎

（一）深化科技体制改革，以制度创新和政策创新推动科技创新

改革开放以来，深圳不断深化科技体制改革，以优化科技创新体系顶层设计为突破口，不断推进制度创新、政策创新，科技创新环境不断优化。早在 20 世纪八九十年代，深圳便出台《1990—2000 年深圳科学技术发展规划》《关于进一步扶持高新技术产业发展的若干规定》等一批前瞻性政策、法规及规划。进入新世纪后，深圳出台《中共深圳市委关于加快发展高新技术产业的决定》等政策，特别是 2006 年出台《中共深圳市委深圳市人民政府关于实施自主创新战略建设国家创新型城市的决定》，在全国率先提出实施自主创新战略，建设国家创新型城市，并在随后相继出台相关配套政策。党的十八大后，深圳又出台《深圳国家自主创新示范区建设实施方案》《关于促进科技创新的若干措施》《关于促进人才优先发展的若干措施》《深圳经济特区国家自主创新示范区条例》等一系列鼓励和支持科技创新的政策文件，从财政金融支持、人才支撑、创新载体建设、科技服务业发展等方面，全面加大对自主创新的支持力度，形成覆盖自主创新体系全

过程的政策链。通过对科技创新体系顶层设计的不断优化，以制度创新、政策创新为深圳的创新驱动发展提供政策保障，激发了企业、高校、科研院所等各类创新主体的创新激情和活力，实现了制度、政策创新与科技创新全面推进。

（二）搭建科技创新交流、交易和融资平台，助推科技创新发展

截至 2017 年底，深圳通过“创客专项计划”累计培育了 75 家创客服务平台和 281 家创业孵化载体。深圳举办“中国国际高新技术成果交易会”“国际创客周”“深圳创新创业大赛”“中国（深圳）IT 领袖峰会”等活动，为科技创新发展提供平台，特别是 1999 年开始举办的“中国国际高新技术成果交易会”，是中国规模最大、最具影响力的科技类展会，被誉为“中国科技第一展”，展会通过“官产学研资介”的有机结合，成为中国高新技术领域对外开放的重要窗口，有力地推动了高新技术成果的商品化、产业化和国际化，促进了国家、地区间的科学技术交流与合作。此外，深圳组织实施“科技金融计划”“股权投资置换”“科技创新券制度”等项目，通过实施“科技金融计划”，引导和放大财政资金的杠杆作用，进一步完善科技金融服务体系；通过“股权投资置换”，对急需资金扶持的重点科技计划项目，以股权投资的方式予以直接支持；在全国首创“科技创新券”制度，加大对企业的普惠性支持和事后资助。通过一系列创新举措，深圳基本建立了从实验研究、技术开发、产品中试到规模生产的全过程科技创新融资模式，有效缓解了创新企业融资难、融资贵的老大难问题，增强了全市创新主体的活力和动力，有力地推动了全市科技创新的发展。

加快研发投入和人才集聚，研发投入强度居全球前列

（一）科技资金投入快速增长，主要指标位居全国和全球前列

R&D 投入规模居全国城市第三位，工业研发投入居首位。2017 年，深圳 R&D 投入 976.94 亿元，占广东省的 41.7%，占全国的 5.5%，分别比 2012 年提高 2.2 和 0.8 个百分点，在全国大中城市居三位。其中，规模以上工业企业 R&D（研究与开发）投入 841.10 亿元，占广东省的 45.1%，全国的 7.0%，分别比 2012 年高 2.2 和 0.6 个百分点，连续多年位居全国大中城市首位。

R&D 投入增速远高于同期 GDP 增速。2017 年，深圳研发 R&D 投入 976.94 亿元，是 2012 年的 2 倍，五年年均增长 14.9%，远超同期 GDP 增速。其中，企业 R&D 投入 939.74 亿元，是 2012 年的 2 倍，年均增长 15.3%；科研院所 R&D 投入 15.92 亿元，是 2012 年的 2.1 倍，年均增长 16.4%；高等院校 R&D 投入 18.47 亿元，是 2012 年的 10.5 倍，年均增长 60.1%。2017 年，深圳市一般公共预算支出中科技支出 351.83 亿元，是 2012 年的 4.4 倍，年均增长 34.7%，占全市一般公共预算支出比重 7.7%，比 2012 年提高 2.6 个百分点。

R&D 投入强度位居全国和全球前列。2017 年，深圳 R&D 投入强度（R&D 投入占当年 GDP 的比重，R&D 投入规模和 R&D 投入强度是衡量一个国家或地区科技创新水平的两个最重要指标）为 4.35%，比 2012 年提高 0.68 个百分点，年均提高 0.14 个百分点，居国内大中城市第三位，远超 R&D 投入强度 2.50% 以上的国际创新型国家标准，超过以色列的 4.25%、韩国的 4.24%、瑞士的 3.37%、日本的 3.14%、美国的 2.74% 等世界公认的创新领导型国家水平。（上述国家数据为 2016 年数据）

（二）科技人才队伍不断壮大，高层次人才加快集聚

党的十八大以来，深圳大力推进人才强市战略，不断健全完善人才政策体系，先后出台了中长期人才发展规划纲要、高层次专业人才的“1 + 6”政策、引进海外高层次人才和团队的“孔雀计划”等政策措施，为人才在深圳创新创业提供全方位，大力度支持。强有力的人才政策和环境支撑使得深圳各类人才快速增长，高层次人才加快集聚。截至 2017 年底，全市累计培育和引进院士 19 人、“孔雀计划”人才 2954 人、

"珠江人才计划"创新团队 44 个、海外留学人员近 10 万人。2017 年，全市 R&D 人员 28.14 万人，比 2012 年增加 6.33 万人，增长 29.0%，年均增长 5.2%，其中企业 R&D 人员 26.67 万人，比 2012 年增加 7.05 万人，增长 35.9%，年均增长 6.3%。

（三）科技基础设施建设力度加大，创新载体与研发机构跨越式增长

党的十八大以来，随着国家超级计算深圳中心、深圳国家基因库、大亚湾中微子实验室等国家重点科研基础设施和格拉布斯研究院、中村修二激光照明实验室、科比尔卡创新药物开发研究院、瓦谢尔计算生物研究院、深圳盖姆石墨烯研究中心等诺贝尔奖实验室相继落户，深圳的国家、省、市级重点实验室、工程实验室、工程研究中心、企业技术中心等各类创新载体从无到有，从有到多。截至 2017 年底，全市重点实验室、工程实验室、工程中心、技术中心、公共技术服务平台等创新载体 1688 家，比 2012 年增加 928 家，是 2012 年的 2.2 倍，年均增长 17.3%。其中，国家级创新载体 103 家，省级创新载体 253 家。

研发机构是重大科技成果研究与产业化、科技创新人才聚集和培养、技术交流与合作的重要平台，是科技基础能力建设的重要组成部分。截至 2017 年底，深圳规模以上工业企业拥有研发机构 4296 个，比 2012 年增加 3688 个，增长 7.1 倍，年均增长 47.9%；机构人员 35.65 万人，比 2012 年增加 19.88 万人，是 2012 年的 2.3 倍，年均增长 17.7%；机构经费支出 1398.34 亿元，是 2012 年的 3.4 倍，年均增长 28.1%；机构科研用仪器设备原价 657.94 亿元，是 2012 年的 9.2 倍，年均增长 55.8%。企业研发机构建设的跨越式增长，夯实了企业乃至全市自主创新能力进一步提升的基础。

创新能力显著提升，多项指标居全国前列

（一）自主创新能力显著增强，源头创新与关键核心技术创新能力大幅提升

党的十八大以来，深圳基础研究、应用研究投入不断加大，占全社会 R&D 投入比重不断提高。2017 年，全市基础 R&D 投入 30.63 亿元，是 2012 年的 13.1 倍，年均增长 67.3%，占全社会 R&D 投入 3.1%，比 2012 年提高 2.7 个百分点。应用 R&D 投入 107.47 亿元，是 2012 年的 2.5 倍，年均增长 20.1%，占全社会 R&D 投入的 11.0%，比 2012 年提高 2.2 个百分点。

随着基础研究和应用研究投入的不断加大和大批处于创新塔尖的研发团队汇聚深圳，深圳源头创新与核心技术创新能力显著增强，一系列世界级创新成果从深圳走向全球。深圳大亚湾中微子实验室发现中微子"第三种振荡"，并测量到了它的振荡概率，这是中国本土首次测量到的基本物理学参数，是目前为止中国对基础物理学的最大贡献，被美国《科学》杂志评为 2012 年度全球十大科学突破；创世纪公司和冯树英团队Γ型杂交小麦技术突破世界难题，每亩可增产 15%，成为近年来我国农业领域最大的科技创新之一；香港城市大学深圳研究院吕坚教授团队成功研制全球首创的超钠镁合金材料，其强度较现有超强镁合金晶体材料高 10 倍，变形能力较镁基金属玻璃高 2 倍，在消费电子、航空及假肢材料领域拥有广阔应用前景，相关研究成果在《自然》杂志以封面文章发表；光启理工的专利申请总量占超材料领域专利申请总量的八成，并领衔起草了全球第一份超材料领域的中国国家标准；光峰光电成功研发出激光荧光显示技术，标志着中国企业首次掌握核心显示技术的全部知识产权，开启激光显示技术新篇章；柔宇科技创新性的研发出 0.01 毫米全球最薄彩色柔性显示屏，卷曲半径可以小到 1 毫米，其柔性屏能通过外力拉伸做到大小随意切换而不影响显示清晰度，技术领跑世界；华为在全球率先发力研究 5G 通信技术。这些在世界前沿科学和技术领域上的不断突破，标志着深圳自主创新能力显著增强，在源头创新与关键核心技术创新能力上大幅提升。

（二）知识产权量质双提升，多项指标居全国前列

研发活动的主要成果是以专利、计算机软件著作权等为代表的知识产权产品。党的十八大以来，深圳各类专利申请和授权数量持续快速增长，数量和质量大幅提升，多项指标

居全国前列。2017年，深圳国内专利申请量177103件，是2012年的2.4倍，年均增长19.4%，其中发明专利申请60258件，是2012年1.9倍，年均增长14.2%。国内专利授权94250件，是2012年的1.9倍，年均增长14.1%，其中发明专利授权18926件，是2012年的1.4倍，年均增长7.7%。累计有效发明专利量106917件，是2012年2倍，年均增长15.2%，每万人口发明专利拥有量为90件，居全国大中城市第二位，比2012年增加40件，增长1.8倍，年均增长12.5%。PCT国际专利申请量20457件，连续14年居全国大中城市首位，是2012年的2.5倍，年均增长20.6%，占全国申请总量的43.1%，比2012年提高2.8个百分点。计算机软件著作权登记量84652件，是2012年的6.8倍，年均增长46.9%，占全国计算机软件著作权登记总量的11.4%，比2012年提高2.5个百分点。

（三）新产品研发力度不断加大，占比明显提高

党的十八大以来，深圳规模以上工业企业产品研发力度不断加大，新产品占比明显提高。2017年，全市规模以上工业企业新产品开发27544项，是2012年的2倍，年均增长14.4%；新产品开发费用1340.29亿元，是2012年的2.6倍，年均增长21.4%；新产品产值12801.79亿元，是2012年的2.1倍，年均增长15.5%；新产品销售收入12138.71亿元，是2012年的2倍，年均增长14.4%。新产品产值占工业总产值比重为39.9%，比2012年提高10.8个百分点；新产品销售收入占主营业务收入比重为39.4%，比2012年提高9.8个百分点。

创新动能加快成长，引领高质量发展

（一）科技创新助力跨越式发展，世界级企业不断涌现

改革开放以来，依托众多的研发平台、大规模的研发投入、强大的生产能力、丰富的技术人才与高效的物流体系，深圳逐步形成了“设计—研发—孵化—生产—运营”创新生态链条，这一链条赋予了深圳科技创新强大生命力。坚持创新，不断研发，拥有行业领先技术是企业在市场竞争中获胜的核心因素，也已成为深圳企业的共识和显著特点。深圳的科技创新孕育出众多的世界级企业，如华为已经发展成为全球第一大通信设备商，腾讯已由“小企鹅”发展成为全球互联网巨头，光启理工已发展成一个创新机构分布在18个国家和地区的业务涉及航空航天和新型空间服务等领域的全球创新共同体，迈瑞发展成为全球领先的医疗设备和解决方案的供应商，华大基因为全球最大的基因测序和基因组学研究机构，一电航空是全球领先的多旋翼无人机系统制造商等。

（二）高新技术企业增长迅猛，带动高新技术产业快速发展

党的十八大以来，深圳国家级高新技术企业增长迅速。截至2017年底，全市共有国家级高新技术企业11230家，比2012年增加8363家，是2012年的3.9倍，年均增长31.4%。随着高新技术企业的成长，深圳在国际市场的竞争能力也逐步增强，如2003年跨界进入汽车领域的比亚迪，目前已成为全球销量最高的电动汽车制造商，也是全球唯一同时具备新能源电池和整车生产能力的企业；成立于2006年的大疆创新，已成为全球最大的消费级无人机厂商，其生产的无人机已经占据了全球民用无人机市场的七成份额。依托国家级高新技术企业的快速增长，深圳高新技术产业迅速发展。2017年，全市高新技术产业实现产值21378.78亿元，是2012年1.7倍，年均增长10.6%，实现增加值7359.69亿元，是2012年的1.8倍，年均增长12.2%，占GDP比重为32.8%，比2012年提高1.8个百分点。

（三）战略性新兴产业蓬勃发展，成为经济增长的主引擎

深圳高强度的研发投入和创新能力的提升有力推动着深圳战略性新兴产业的蓬勃发展。成立于2012年的柔宇科技，是全球柔性显示、柔性传感、VR显示及相关智能设备的领航者；成立于2012年的优必选，是一家专注研发人工智能和智

能机器人的高科技企业；成立于 2013 年的奥比中光，目前已成为全球第四家，亚洲第一家可以量产全自主知识产权消费级 3D 传感器的企业，其研发的 3D 传感器水平已具备同国外巨头抗衡的实力，正是深圳战略性新兴产业较快发展的缩影。党的十八大以来，深圳战略性新兴产业快速增长，2017 年全市战略性新兴产业增加值 9183.55 亿元，占 GDP 的 40.9%，对 GDP 增长的贡献不断提升，成为经济发展的主引擎。

（《深圳特区报》2018 年 12 月 16 日）

2018年深圳持续支持创新 全社会研发投入超千亿

2018 年深圳全社会研发投入超 1000 亿元 国内有效发明专利 11.8 万件

2019 年深圳政府工作报告数据显示，2018 年深圳在创新上持续“发力”，研发投入持续增加，全社会研发投入超 1000 亿元；科技人才加快集聚，全年新引进人才 28.5 万名；创新成果不断涌现，国内有效发明专利 11.8 万件。这意味着深圳质量型发展态度显现，科技创新对高质量发展的支撑和引领作用日渐增强。

战略性新兴产业占比达 37%

2019 深圳政府工作报告透露，2018 年深圳全市地区生产总值初步预计突破 2.4 万亿元，同比增长 7.5% 左右，人均 GDP 突破 19 万元，经济总量居亚洲城市前五。辖区全口径财政收入 9102.4 亿元，地方一般公共预算收入 3538.4 亿元。

计划报告透露，2018 年深圳现代化产业体系加快建设，建成投产了一批先进制造业重大项目，新一代信息技术、高端装备制造、绿色低碳、生物医药、数字经济、新材料、海洋经济等七大战略性新兴产业增加值达到 9150 亿元，增长 8.5%，占 GDP 比重达 37%。先进制造业增加值增速 10.8%，比规模以上工业增加值增速高 2 个百分点。

深圳市政协委员徐友军说，2018 年深圳公共财政收入占 GDP 比例约 35%，这表明深圳发展质量比较高。深圳市人民政府发展研究中心（政策研究室）主任吴思康此前指出，深圳最近几年的经济发展比较平稳，因为深圳的产业结构转型升级走得比较早，比较好，率先构建了现代化的产业体系。

全社会研发投入超过 1000 亿元

2019 深圳政府工作报告指出，坚持抓创新就是抓发展，谋创新就是谋未来，积极构建“基础研究 + 技术攻关 + 成果产业化 + 科技金融”的全过程创新生态链。数据显示，2018 年，深圳全社会研发投入超过 1000 亿元。全年新引进人才 28.5 万名，增长 8.4%，新增全职院士 12 名，总量增长 41%，新增高层次人才 2678 名、增长 59%。

2018 年深圳制定加强基础研究的实施办法，开展芯片、医疗器械等 10 项关键零部件重点技术攻关，开工合成生物研究、脑解析与脑模拟等重大科技基础设施，启动建设肿瘤化学基因组学国家重点实验室，新组建第三代半导体研究院等新型基础研究机构 10 家。2018 年，深圳新增各类创新载体 189 家，累计达 1877 家。

2018 年深圳创新成果不断涌现。其中，国家级高新技术企业新增 3000 家以上，总量超过 1.4 万，均居全省首位。国内有效发明专利拥有量达 11.8 万件，增长 10%，获中国专利金奖 4 项、国家科技奖 16 项、何梁何利基金科学与技术进步奖 1 项。

深圳市政协委员王淡浓认为，深圳全市研发投入占比及

PCT 国际专利申请量全国领先，说明发展不仅有速度。“从这些数据中可以体现出，深圳速度向深圳质量发展。国家高新技术的数量居于全国第二，指标非常好”。

（《金羊网》2019 年 1 月 19 日）

2018年深圳经济运行情况

2018 年，深圳以习近平新时代中国特色社会主义思想为指导，深入学习贯彻习近平总书记对广东重要讲话和对深圳重要批示指示精神，坚持稳中求进工作总基调，坚持新发展理念，践行高质量发展要求，深入实施创新驱动发展战略，经济运行总体稳健，高质量发展扎实推进。

一、经济运行总体稳健

初步核算并经广东省统计局核定，2018 年全市本地生产总值 24221.98 亿元（包含深汕特别合作区），按可比价计算，比上年（下同）增长 7.6%。分产业看，第一产业增加值 22.09 亿元，增长 3.9%；第二产业增加值 9961.95 亿元，增长 9.3%；第三产业增加值 14237.94 亿元，增长 6.4%。三次产业结构由上年的 0.1:41.4:58.5 调整为 0.1：41.1：58.8。

分行业看，农林牧渔业增加值 22.92 亿元，增长 4.1%；工业增加值 9254.00 亿元，增长 9.0%；建筑业增加值 724.46 亿元，增长 13.9%；批发和零售业增加值 2508.70 亿元，增长 3.9%；交通运输、仓储、邮政业增加值 733.26 亿元，增长 10.2%；住宿和餐饮业增加值 419.48 亿元，增长 2.4%；金融业增加值 3067.21 亿元，增长 3.6%；房地产业增加值 2080.42 亿元，增长 6.9%；其他服务业增加值 5411.53 亿元，增长 9.0%。

二、工业生产增速提升

2018 年，全市规模以上工业增加值 9109.54 亿元，增长 9.5%。先进制造业和高技术制造业增加值分别为 6564.83 亿元和 6131.20 亿元，分别增长 12.0% 和 13.3%，占规模以上工业增加值比重分别提升至 72.1% 和 67.3%。增速较快的行业有计算机、通信、其他电子设备制造业增长 14.0%，专用设备制造业增长 10.0%，汽车制造业增长 12.4%，医药制造业增长 25.0%。

三、固定资产投资较快增长

2018 年，全市固定资产投资增长 20.6%。其中，房地产开发投资增长 23.6%，非房地产开发投资增长 18.4%。按产业类别分，第二产业投资增长 7.0%，第三产业投资增长 23.4%。从主要行业看，工业投资增长 8.2%，其中工业技术改造投资增长 22.1%。民间投资增长 12.5%，占固定资产投资总额比重达到 47.6%。

2018 年，全市商品房屋销售面积增长 7.6%。

四、社会消费品零售总额平稳增长

2018 年，全市社会消费品零售总额 6168.87 亿元，增长 7.6%。其中，批发和零售业零售额 5424.38 亿元，增长 7.4%；住宿和餐饮业零售额 744.49 亿元，增长 8.4%。主要商品零售类别中，消费升级类商品增势良好，通讯器材类、金银珠宝类、文化办公用品类、体育娱乐用品类零售额分别增长 38.0%、8.0%、10.1% 和 8.3%。通过互联网实现的商品零售额增长 24.5%。

2018 年，全市实现商品销售总额 33081.43 亿元，增长 9.3%。其中，批发销售总额 27658.51 亿元，增长 9.7%。

五、规模以上服务业较快增长

2018 年 1—11 月，全市规模以上服务业（不含金融、房地产开发、批零住餐等行业）实现营业收入 9910.9 亿元，增长 14.0%，其中规模以上营利性服务业营业收入 5207.3 亿元，增长 17.4%。规模以上营利性服务业中，互联网和相关服务业营业收入增长 26.0%，软件和信息技术服务业增长 12.3%，租赁和商务服务业增长 15.9%。

六、进出口增速总体稳定

2018 年，全市进出口总额 29983.74 亿元，增长 7.0%。其中，出口总额 16274.69 亿元，下降 1.6%，进口总额 13709.05 亿元，增长 19.4%。

七、财政金融形势良好

2018 年，全市一般公共预算收入 3538.41 亿元，增长 6.2%，一般公共预算支出 4282.54 亿元，下降 6.8%。

截至 2018 年 12 月末，全市金融机构（含外资）本外币存款余额 72550.36 亿元，增长 4.1%，金融机构（含外资）本外币贷款余额 52539.79 亿元，增长 13.4%。

总的来看，2018 年深圳经济运行总体稳健，主要经济指标表现良好。下阶段，深圳将在深圳市委市政府的坚强领导下，坚持全面深化改革，坚持全面扩大开放，坚持以人民为中心，践行高质量发展要求，深入实施创新驱动发展战略，抓住粤港澳大湾区建设重大机遇，增强核心引擎功能，朝着建设中国特色社会主义先行示范区的方向前行，努力创建社会主义现代化强国的城市范例。

附注：

（1）本地生产总值及其分类项目、规模以上工业增加值及其分类项目增长速度按可比价计算，为实际增长速度。其他指标除特殊说明外，按现价计算，为名义增长速度。

（2）2017 年 10 月 1 日起，执行新国民经济行业分类标准（GB/T4754-2017），部分企业归属口径有所变化，指标增速按可比口径计算。

（3）规模以上工业统计范围为年主营业务收入 2000 万元及以上的工业企业。

（4）固定资产投资统计范围为计划总投资 500 万元以上的固定资产项目投资及所有房地产开发项目投资。

（5）进出口数据来源于深圳海关；一般公共预算收入和支出数据来源于市财政委；金融机构（含外资）本外币存、贷款余额数据来源于中国人民银行深圳中心支行。

（6）其他服务业是第三产业中除了交通运输仓储和邮政业、批发和零售业、住宿和餐饮业、金融业、房地产业之外的其他服务业，是现代服务业的重要组成部分，包括营利性服务业和非营利性服务业。营利性服务业包括信息传输软件和信息技术服务业、租赁和商务服务业、居民服务修理和其他服务业、文化体育和娱乐业；非营利性服务业包括科学研究和技术服务业、水利环境和公共设施管理业、教育、卫生和社会工作、公共管理社会保障和社会组织、国际组织。

（7）部分数据因四舍五入的原因，存在总计与分项合计不等的情况。

（《深圳新闻网》2019 年 2 月 1 日）

深圳成全国首个工业增加值破9000亿元城市

据悉，深圳 2018 年实现规模以上工业增加值 9109.5 亿元，增长 9.5%，连续两年位居全国大中城市首位，成为全国唯一一个工业增加值突破 9000 亿元的城市。副市长王立新出席会议。

深圳以供给侧结构性改革为主线，以提高供给质量和效益为主攻方向，加快推动工业和信息化发展高端化、智慧化、生态化，工业经济实现高质量发展。据统计，2018 年，深圳规模以上工业增加值增速连续两年超过 GDP 增速和三产增速，对 GDP 增长贡献达 44.7%，较上年提高 4.8 个百分点。深圳工业结构持续优化，去年先进制造业增加值增长 12%，占比 72.1%，较上年提高 1.1 个百分点；高技术制造业增加值增长 13.3%，占比 67.3%，较上年提高 1.7 个百分点；电子信息制造业增加值增长 14%，占比 61.3%，较上年提高 3.7 个百分点。

深圳工业投资平稳增长，去年工业投资 963.4 亿元，增长 8.2%，高于全国、全省增速 1.7 个和 7.4 个百分点。其中工业技术改造投资 424.9 亿元，增长 22.1%，高于全省增速 22.8 个百分点，占工业投资比重达到 44.1%，较上年提高 5.6

个百分点。同时，深圳划定 270 平方公里工业用地红线，推动出台工业区块线管理办法，规范工业区块线划定后的管理，提高工业用地节约集约利用水平。

会议透露，深圳将做优做强实体经济，推动制造业高质量发展，2019 年预期全市工业和信息化发展质量效益进一步提升，规模以上工业增加值增长 7.5% 左右；工业投资增长 3% 左右，其中工业技术改造投资增长 4% 左右，占比提升至 45% 左右；新增 100M 及以上光纤接入用户数 85.1 万户，5G 基站数 1955 座。

（《深圳特区报》2019 年 2 月 2 日）

2018深圳经济运行稳健有力 全市GDP达24221.98亿元

2019 年 2 月 2 日，深圳市统计局昨天正式发布圳 2018 年经济运行“成绩单”。数据显示，2018 年深圳本地生产总值（含深汕特别合作区）24221.98 亿元，按可比价计算，比上年（下同）增长 7.6%。“总体看，2018 年深圳经济运行总体稳健，主要经济指标表现良好”深圳市统计局相关负责人向记者表示。

第三产业占比提升

分产业看，深圳市第一产业增加值 22.09 亿元，增长 3.9%；第二产业增加值 9961.95 亿元，增长 9.3%；第三产业增加值 14237.94 亿元，增长 6.4%。三次产业结构由上年的 0.1 ：41.4 ：58.5 调整为 0.1 ：41.1 ：58.8。

分行业看，深圳市农林牧渔业增加值 22.92 亿元，增长 4.1%；工业增加值 9254.00 亿元，增长 9.0%；建筑业增加值 724.46 亿元，增长 13.9%；批发和零售业增加值 2508.70 亿元，增长 3.9%；交通运输、仓储和邮政业增加值 733.26 亿元，增长 10.2%；住宿和餐饮业增加值 419.48 亿元，增长 2.4%；金融业增加值 3067.21 亿元，增长 3.6%；房地产业增加值 2080.42 亿元，增长 6.9%；其他服务业增加值 5411.53 亿元，增长 9.0%。

规模以上工业增加值增长 9.5%

“主营业务收入 2000 万元及以上的规模以上工业企业，业绩增长成色十足”深圳市统计局负责人介绍，2018 年全市规模以上工业增加值 9109.54 亿元，增长 9.5%。先进制造业和高技术制造业增加值分别为 6564.83 亿元和 6131.20 亿元，分别增长 12.0% 和 13.3%，占规模以上工业增加值比重分别提升至 72.1% 和 67.3%。

增速较快的行业有计算机、通信、其他电子设备制造业增长 14.0%，专用设备制造业增长 10.0%，汽车制造业增长 12.4%，医药制造业增长 25.0%。

规模以上服务业同样呈现较快增长。2018 年 1—11 月，全市规模以上服务业（不含金融、房地产开发、批零住餐等行业）实现营业收入 9910.9 亿元，增长 14.0%，其中规模以上营利性服务业营业收入 5207.3 亿元，增长 17.4%。

规模以上营利性服务业中，互联网和相关服务业营业收入增长 26.0%，软件和信息技术服务业增长 12.3%，租赁和商务服务业增长 15.9%。

“三驾马车”均衡发力

固定投资、消费和进出口作为经济增长的“三驾马车”，去年平稳增长，驱动深圳经济稳健运行。

2018 年，深圳市固定资产投资增长 20.6%。其中，房地产开发投资增长 23.6%，非房地产开发投资增长 18.4%。按产业类别分，第二产业投资增长 7.0%，第三产业投资增长 23.4%。从主要行业看，工业投资增长 8.2%，其中工业技术改造投资增长 22.1%，民间投资增长 12.5%，占固定资产投资总额比重达 47.6%。同时，2018 年全市商品房屋销售面积增长 7.6%。

社会消费品零售总额平稳增长。2018 年，深圳市社会消费品零售总额 6168.87 亿元，增长 7.6%。其中，批发和零售业零售额 5424.38 亿元，增长 7.4%，住宿和餐饮业零售额 744.49 亿元，增长 8.4%。

主要商品零售类别中，消费升级类商品增势良好，通信器材类、金银珠宝类、文化办公用品类、体育娱乐用品类零售额分别增长 38.0%、8.0%、10.1% 和 8.3%。通过互联网实现的商品零售额增长 24.5%。

2018 年，全市实现商品销售总额 33081.43 亿元，增长 9.3%。其中，批发销售总额 27658.51 亿元，增长 9.7%。

进出口增速总体稳定。2018 年，深圳市进出口总额 29983.74 亿元，增长 7.0%。其中，出口总额 16274.69 亿元，下降 1.6%，进口总额 13709.05 亿元，增长 19.4%。

财政金融形势良好

2018 年，深圳市一般公共预算收入 3538.41 亿元，增长 6.2%，一般公共预算支出 4282.54 亿元，下降 6.8%。

截至 2018 年 12 月底，深圳市金融机构（含外资）本外币存款余额 72550.36 亿元，增长 4.1%，金融机构（含外资）本外币贷款余额 52539.79 亿元，增长 13.4%。

（《深圳特区报》2019 年 2 月 3 日）

2018年深圳工业设计产值达100亿元

2019 年 2 月 22 日深圳市工业设计行业协会春茗会举行，据悉，2018 年深圳工业设计产值达 100 亿元，同比增长 20.48%，带动下游产业经济价值超千亿元。

深圳市工业和信息化局新兴产业处处长刘毅刚、深圳市工业设计行业协会会长刘志雄、执行副会长兼秘书长封昌红出席当天活动，多位设计圈、科技圈、商界精英及 500 多家会员单位代表现场共论新风口下设计行业的发展机会与方向。

据深圳市工业和信息化局统计数据，目前深圳拥有工业设计师及相关从业人员 12 万，累计建成飞亚达、浪尖、中兴通讯、创维、海能达等国家级工业设计中心 5 家，省、市级工业设计中心分别为 15 家及 86 家。创新能力提升迅猛，自 2012 年以来，深圳获 iF 和红点设计奖数量连续七年位居中国内地大中城市的首位。

2018 年是深圳获得联合国教科文组织授予“设计之都”称号十周年，也是“设计推手”深圳市工业设计行业协会 (SIDA) 成立的十周年。

深圳市工业设计行业协会会长刘志雄表示，未来十年，协会计划集中力量做好三件大事，来构建良好的设计产业生态：进一步整合资源好、构建平台，共同打造一个“设计硅谷”；成立创意设计基金，用于大力支持工业设计产业的孵化、加速、检测，培育该产业领域的创新创业力量；建设全产业链创新集合体，打通工业设计整个产业链，在每个环节都做创新集合服务。

（《中新网》2019 年 2 月 22 日）

深圳文创产业GDP占比超10%

首家“文化创意特色银行”宣布成立，深圳“文化 + 金融”创新迈出新步伐；创新文博会办展体制机制，第十四届文博会成功举办，“中国文化产业第一展”地位进一步巩固；《2018 中国文化及相关产业统计年鉴》中，深圳在中国众多副省级城市中许多指标遥遥领先……

2018 年深圳文化产业大动作不断，“质量型内涵式”发展效果显著。作为“深圳文化创新发展 2020”攻坚年，2018 年深圳文化创意产业实现增加值 2621 亿元，占 GDP 比重超 10%。文博会、文交所、中国文化产业投资基金、对外文化贸易基地等一批国字号平台的不断发展，增加了深圳在全国文化产业版图中的分量。

深圳文化创意产业的发展，不仅成为弘扬中华优秀传统文化及传播社会主义核心价值观的重要载体，而且促进了经济的跨界融合与优化升级，有效地提升了城市形象和品牌，已成为深圳经济发展的重要支柱和创新引擎。持续行进在文化创新道路上的深圳，正努力打造全球区域文化中心城市和国际文化创新创意先锋城市。

生态培育，助重点文化企业更加强大

作为全国首批文化体制改革综合性试点地区，出台国内第一个文化产业促进条例的深圳市通过一系列“政策组合拳”推动文化产业逐年上水平。2018 年，《深圳市文化产业创新发展政策》完成新一轮修订，专项资金事前资助项目验收办法及事后监管机制进一步完善。实施原创研发和保险费资助专项资金扶持计划，安排超过 1.5 亿元资助文化创意企业，促进文化产业创新发展。2018 年 7 月，深圳首家“文化创意特色银行”宣布成立，为文化企业开通专属绿色金融通道，以定制化专享优惠，致力为深圳文创企业的长远发展保驾护航。

基于政策引领和生态培育，在推动“文化强市”战略的进程中，一批重点文化创意企业表现精彩，成为“深圳质量”的突出亮点，构建以质量型内涵式发展为特征的现代文化产业体系。

作为创新之都，深圳的创新发展动能强劲迸发，涌现出腾讯、华强方特、华侨城、雅昌等一批文化创意产业领军企业，全市文化创意企业已达近 5 万家。

动漫游戏是深圳发展创意内容产业的优势领域，腾讯、环球数码、创梦天地、冰川网络等多家具有较强竞争力的动漫游戏企业光彩夺目。以腾讯为例，不仅在游戏业市场份额占比近五成，内容产业经过多年布局，在动漫、影业、文学、电竞等领域也完成了深厚的积累。华侨城、华强方特连续多年入选“全国文化企业 30 强”，并入选全球前十主题公园。深圳印刷行业产值居全国首位，裕同、劲嘉、雅昌等多家企业入选“全国印刷企业百强”。

重点企业的抢眼表现，令深圳文化创意产业锐气十足。中国统计出版社日前出版了《2018 中国文化及相关产业统计年鉴》，与往年不同，2018 年卷增加了 15 个副省级城市规模以上文化企业主要经营指标。深圳与北京、上海两个直辖市相比，多项指标也很鲜亮。2017 年，深圳规模以上文化企业从业人员 51.94 万人，北京 54.14 万人，但资产规模和利润总额两项指标深圳均超过了北京，分别多出 561.21 亿元和 44.54 亿元。此外，深圳有 3 项指标超过上海，分别是从业人员（多出 8.16 万人）、资产规模（多出 3122.86 亿元）和利润总额（多出 106.99 亿元）。

数据显示，产业主体实力不断增强。文创百强企业和出口十强企业实力强劲，引领带动作用持续显现。深圳文化创意产业呈现出迈向高质量发展的稳定态势，也充分彰显了文化创意产业在推动科学发展、加快转变经济发展方式、构建以“高、新、软、优”为特征的现代产业体系等方面，具有独特优势和强大潜能。

创意引领，深圳设计展现城市魅力

被驴友奉为旅行圣经的《孤独星球》日前出炉《2019 全球十大最佳旅游城市榜单》，深圳成为中国唯一上榜城市，此消息一时刷爆朋友圈。

《孤独星球》给出的理由是：中国的硅谷、中国最具创新精神的城市、拥有新兴的独立音乐文化、前卫的咖啡馆、若干精酿酒吧以及在废弃旧仓库重焕生机的新艺术区……深圳以设计及创新之都面向世界来客，富有创新和活力的深圳，聚集了代表当代年轻潮流的一切……

这座城市正在变得越来越丰富多元。作为国内第一个被联合国教科文组织认定的“设计之都”，设计产业已成为深圳文化创意产业的支柱产业。深圳把设计作为一种创新力量，引领整个社会，变成尖端生产力。

据统计，深圳目前有 1.2 万家设计机构和近 20 万专业设计人员，设计产业每年产值约 230 亿元，带动工业产值数千亿元，平面设计、工业设计、室内设计、服装设计等领域占全国较大市场份额。

从文化立市，到《关于促进创意设计业发展的若干意见》，再到《深圳文化创新发展 2020（实施方案）》；从申请全球“设计之都”并获得成功，到“深圳创意设计新锐奖”，再到“环球设计大奖”；从“创意十二月”，到“深港设计双年展”，再到“深圳设计周”；从设计人才引入，到设计产业园区扶持，再到文化创意产业资金逐年加大专项支持力度，“深圳设计”立足深圳、引领全国、瞄准世界，已经结出累累硕果。

深圳近些年来致力于创意产业发展的努力和成就可圈可点，其中，创意园区是其中重要的一个亮点。目前，已认定 53 家市以上文化创意产业园区（基地），其中国家级文化产业园区 1 家，国家级文化产业基地 11 家。中国（深圳）新媒体广告产业园及大学城创意园集聚区获省文化产业示范园区创建资格。“扎堆效应”使园区的经济效益日益凸显，产业集聚辐射功能显著增强，成为全市文化创意产业的重要增长极。

据悉，今年深圳将出台《关于推动深圳创意设计高质量发展的若干意见》，以创意设计优势引领“粤港澳大湾区文化圈”发展。“一带一路”国际音乐季、深圳设计周等活动将通过创新机制，再度扩大其国际影响力。深圳将加强与联合国教科文组织等国际组织、创意城市网络、国际友好城市等的交流合作，拓展“深圳国际文化周”活动覆盖面，向世界充分展示深圳的城市形象和魅力。

模式创新，后发优势抢占产业制高点

深圳在全国率先探索新模式，以后发优势抢占文化产业制高点。近年来，深圳文化产业培育更多新型文化业态，做好“文化 +”大文章，从浅层相加迈向深度相融。

发挥科技创新和互联网发达的优势，深圳迅速成长起一批以高新技术为依托、数字内容为主体、自主知识产权为核心的高成长型文化科技企业，形成了“文化＋科技”“文化＋旅游”“文化＋金融”“文化 + 创意”等“文化 +”产业发展新模式、新业态，为文化创意产业开拓新的增长点。

近年来，业态融合和创新发展成效明显。大浪时尚小镇、观澜版画村、甘坑客家小镇等文化旅游聚集区融合发展向纵深推进。其中，甘坑客家小镇成功入围广东省文化旅游融合发展示范区创建名录。3 家文化文物单位文创产品开发试点单位新研发文创产品 130 余款，一批优秀产品进驻广州机场销售。

“文化 + 科技”成为深圳文化创意产业发展的突出特征和重要标志。通过数字技术、网络技术、软件技术等现代信息技术手段支撑，涌现出腾讯和华强一批以高新技术为依托、以数字内容为主体、以自主知识产权为核心的高成长型文化科技型企业。

据统计，目前深圳涉及数字文化产业的企业已经超过 1 万家，科技驱动内容正形成深圳数字内容产业一个非常具有特色的产业链生态。未来，深圳将加强大数据、云计算、物联网、虚拟现实、人工智能等核心、关键共性技术在文化领域的研发运用，为文化创意产业发展提供有力的科技支撑。

在原有的“文化+科技”“文化+金融”“文化+旅游”“文化+创意”等基础上，聚焦跨界融合、科技引领、版权衍生、沉浸体验等文化发展模式，将进一步推动文化产业高质量发展。

（《深圳商报》2019 年 2 月 23 日）

2018年深圳市本地生产总值达24221.98亿元

深圳市工业和信息化局日前发布了 2018 年深圳市经济运行情况。2018 年，深圳坚持稳中求进工作总基调，坚持新发展理念，践行高质量发展要求，深入实施创新驱动发展战略，经济运行总体稳健，高质量发展扎实推进。

一是经济运行总体稳健。初步核算并经广东省统计局核定，2018 年深圳市本地生产总值 24221.98 亿元，按可比价计算，比上年（下同）增长 7.6%。分产业看，第一产业增加值 22.09 亿元，增长 3.9%；第二产业增加值 9961.95 亿元，增长 9.3%；第三产业增加值 14237.94 亿元，增长 6.4%；三次产业结构由上年的 0.1 ∶ 41.4 ∶ 58.5 调整为 0.1 ∶ 41.1 ∶ 58.8。

分行业看，2018 年农林牧渔业增加值 22.92 亿元，增长 4.1%；工业增加值 9254.00 亿元，增长 9.0%；建筑业增加值 724.46 亿元，增长 13.9%；金融业增加值 3067.21 亿元，增长 3.6%。

二是工业生产增速提升。2018 年，深圳市规模以上工业增加值 9109.54 亿元，增长 9.5%。先进制造业和高技术制造业增加值分别为 6564.83 亿元和 6131.20 亿元，分别增长 12.0% 和 13.3%，占规模以上工业增加值比重分别提升至 72.1% 和 67.3%。增速较快的行业有计算机、通信、其他电子设备制造业增长 14.0%，专用设备制造业增长 10.0%，汽车制造业增长 12.4%，医药制造业增长 25.0%。

三是固定资产投资较快增长。2018 年，深圳市固定资产投资增长 20.6%。其中，房地产开发投资增长 23.6%，非房地产开发投资增长 18.4%。按产业类别分，第二产业投资增长 7.0%，第三产业投资增长 23.4%。从主要行业看，工业投资增长 8.2%，其中工业技术改造投资增长 22.1%，民间投资增长 12.5%，占固定资产投资总额比重达到 47.6%。

四是社会消费品零售总额平稳增长。2018 年，全市社会消费品零售总额 6168.87 亿元，增长 7.6%。其中，批发和零售业零售额 5424.38 亿元，增长 7.4%，住宿和餐饮业零售额 744.49 亿元，增长 8.4%。在主要商品零售类别中，消费升级类商品增势良好，通信器材类、金银珠宝类、文化办公用品类、体育娱乐用品类零售额分别增长 38.0%、8.0%、10.1% 和 8.3%。通过互联网实现的商品零售额增长 24.5%。

五是规模以上服务业较快增长。2018 年 1 至 11 月，深圳市规模以上服务业（不含金融、房地产开发、批零住餐等行业）实现营业收入 9910.9 亿元，增长 14.0%，其中规模以上营利性服务业营业收入 5207.3 亿元，增长 17.4%。规模以上营利性服务业中，互联网和相关服务业营业收入增长 26.0%，软件和信息技术服务业增长 12.3%，租赁和商务服务业增长 15.9%。

（《中国产业经济信息网》2019 年 3 月 9 日）

2018年深圳IT产业规模达 2.1 万亿元

2019 年 3 月 31 日召开的中国（深圳）IT 领袖论坛上，深圳发布了最新的《深圳 IT 产业发展报告》。

报告显示，2018 年深圳的 IT 产业规模达 2.1 万亿元。在数字通信、IC、智能终端、智能硬件等诸多领域亮点纷呈，尤其是 IC 设计领域超过 100 亿美元，也是国内唯一一个超过 100 亿美元销售额的城市。

深圳市市长陈如桂介绍，2018 年深圳本地区生产总值 2.42 万亿元，增长 7.6%；全口径财政收入 9102 亿元，其中地方一般公共预算收入 3538 亿元；全社会研发投入占 GDP 比重达到 4.2% 左右，居全球城市前列；国家级高新技术企业 1.44 万家，仅次于北京。尤其电子信息产业是深圳重要的支柱产业，去年产业规模达 2.1 万亿元，增长 14%，规模占全国 1/6，电子信息产业增加值占全市 GDP 比重近 1/4。目前，深圳集聚了华为、腾讯等一批具有国际竞争力的 IT 企业，集聚了越来越多国际人才、创新资源、创新平台，营造了良好创新生态，创造多发展奇迹，已然发展成为全国及全球电子信息技术研发实力最强、产业规模最大、新技术应用最快的城市之一。

创新驱动是深圳 IT 产业发展的基因。电子信息制造行业，深圳成为重要的生产基地，是传统家电、通信产品、计算机产品、数码产品、LED 等产业的全球制造中心；云计算与大数据行业，近年来成长出一大批大家耳熟能详的企业，如华为、中兴、腾讯、金蝶等为代表的行业龙头企业；物联网行业，建成的各类重点实验室及工程实验室载体近百家，物联网企业 1.1 万多家，41% 来自华为，中兴微电子发布中国首款自主研发的 TEE 安全物联网芯片；通信行业，深圳是 5G 试点城市之一，通信领域上市公司超过 50 家，通信领域发展活跃和集聚效益最优的地区之一；人工智能产业，深圳拥有 292 家人工智能企业，居世界第八，在国内亿欧发布的智能产业发展城市排行榜中，深圳居第三；半导体产业，在硅级半导体中国没有话语权，第三代半导体向从纵深拓展转向宽道扩展，将话语权寄托在第三代半导体上；金融科技领域，深圳的 Fintech 企业 1640 家，2018 年 8 月 10 日，深圳开出了首张区块链电子发票，代表区块链行业进入了技术 + 应用场景的新时代。深圳目前 IT 产业所处的阶段，处于发展动能转换关键期和冲击全球产业链高端环节的攻坚期，机遇与挑战并存。

深圳的 IT 产品结构也从原来的传统电子类产品到以通信设备、计算机外设、电子元器件等新型电子产品转变。深圳率先打造质量之都，是全球九大设计之都之一，坚持敢为天下先的精神，在制度创新、技术创新、平台创新、人才创新和金融创新五个方面构建创新生态链。另外，深圳 2017 年、2018 年吸引人才 61440 人，是吸引人才最多的城市。

（《中国青年报 · 中青在线》2019 年 3 月 31 日）

深圳半导体产业爆发，年涨32.42%！

2018 深圳半导体产业总结大会上有这么一组数据，2018 年深圳集成电路行业实现销售收入 897.94 亿元，其中 IC 设计业销售额为 758.7 亿元，增速达到 32.42%。同时，深圳 IC 设计业销售额在所有中国大陆城市中排名第一，也是唯一一个超过 100 亿美金销售额的城市。这也是自“中兴事件”后，最值得记住的成绩。

深圳市在全国 IC 设计产业当中，已连续 6 年保持了龙头老大地位。海思在 5G 手机芯片、汇顶在屏下指纹芯片、奥比中光在 3D 结构光芯片、云天励飞在人工智能安防芯片等领域的研发在全球都具备一定的开创性和领先性。这些创新领域的产品开发，投入大、风险高，需要良好的知识产权保护和服务体系，公平的贸易体系支撑，企业才更有动力和决心在创新性的研发上持续投入。

尽管如此，深圳科技和创新委员会主任梁永生在一次会议上说：在硅级半导体中国没有话语权，第三代半导体向从纵深拓展转向宽道扩展，希望在第三代半导体上有话语权。

根据 2017 年深圳 IC 企业分布数据看，南山区拥有 IC 企业 50 家（设计 47 家，封测 3 家）、福田区 8 家（设计 6 家，封测 2 家）、龙岗区 9 家（设计 2 家、封测 5 家、制造 2 家）、宝安区有 7 家（设计 3 家，封测 4 家）、坪山区有 1 家（中芯国际）、龙华区有 5 家（设计 3 家，封测 2 家）、光明区有 1 家、罗湖区有 1 家。

2018 年深圳芯片产业优秀“成绩单”

首先是，深圳市在坪山设立第三代半导体（集成电路）未来产业集聚区，总规划用地面积 5.09 平方公里。现已集聚了中芯国际、比亚迪（中央研究院）、昂纳科技、金泰克、基本半导体、拉普拉斯等 8 家第三代半导体和集成电路领域的核心企业，建立了材料、设备、设计、制造、封装测试及下游应用的完整产业链。规划 2020 年产值达到 30 亿元，年均增长 49%。

目前，坪山区也已经出台相关配套的人才政策，并正在研究制订集成电路专项扶持政策。同时，坪山区拟设立中航坪山半导体股权投资基金（暂定），基金首期规模 10 亿元，重点投向航空电子、新能源电力电子、新一代 5G 通信等下游领域，技术方向上重点关注第三代半导体和集成电路“特色工艺”领域的创新与突破。

其次，深圳引进国际芯片巨头。2018 年 8 月 24 日，南山区人民政府与安谋科技（中国）有限公司（Arm 中国，以下简称“安谋中国”）正式签订投资合作协议，支持安谋中国在南山建设 Arm 中国总部、中央研究院、生态科技公司总部、应用技术研究院。

2018 年 11 月 16 日，南山区政府与安谋科技（中国）有限公司宣布共建粤港澳大湾区集成电路公共创新设计平台，该平台将以公共服务平台方式运营，依托安谋中国的生态产业基地及本地研发中心，区企合作，共同打造符合中国国情的专业芯片设计服务，提高芯片设计效率，缩短芯片开发周期，有效减少整个集成电路设计行业的重复成本投入，对加快打通深圳市集成电路设计生态链具有重大意义。

2018 年 3 月底，第三代半导体产业创新战略联盟和南方科技大学主要参与共建的深圳第三代半导体研究院正式启动；2018 年 6 月，南方科技大学与香港科技大学签约合作建设深港微电子学院；2018 年 10 月，广州、深圳、珠海、香港和澳门五地的半导体组织正式联手，成立粤港澳大湾区半导体产业联盟，联盟成员共建包括芯片测试、EDA、IP、人才培训和产业孵化在内的系列服务支撑平台，构建粤港澳大湾区半导体产业生态，提升粤港澳大湾区半导体产业的整体竞争力；2018 年 12 月，国微技术宣布其全资子公司国微集团（深圳）有限公司获批国家重大科技专项“芯片设计全流程 EDA 系统开发与应用”项目，开启以深圳为主阵地，发展国产 EDA 软件。

芯片产业相关政策正在推进

《深圳市人民政府印发关于进一步加快发展战略性新兴产业实施方案的通知》(以下简称“方案”) 中提到第三代半导的部分有：

搭建国际一流的集成电路创新服务平台。支持建设一批重大产业先进技术研发平台和技术创新服务平台，开展前沿关键技术研究，推进先进技术应用和产品孵化。推进 ARM（中国）深圳创新总部建设，发挥其对集成电路设计企业支撑服务作用。加快建设深圳第三代半导体研究院，搭建 6~8 英寸碳化硅及氮化镓器件制造中试等平台，打造国际一流第三代半导体协同创新中心。积极筹建 5G 中高频器件创新中心。

此外，深圳市即将出台《深圳市进一步推动集成电路产业发展五年行动计划（2018 — 2022）》。同时成立深圳集成电路产业发展领导小组，制定发展战略，整合深圳市资源，形成发展合力。

芯片是万物互联基础 5G 是智能社会基础

虽然手机等传统消费电子行业增长趋缓，但 5G 商用化，物联网应用逐渐规模化落地，安防由高清化向智能化的演进，新能源乘用车市场的兴起，人工智能、AIoT、自动驾驶等领域的快速发展为全球半导体行业增添了新动力。这些新兴的应用领域，较之海外市场，中国市场的增长势头甚至更加明显，再加上核心元器件的国产化趋势，中国半导体行业呈现良好的发展态势。

（《深圳新闻网》2019 年 4 月 9 日）

2018年深圳机器人总产值近1200亿 同比增长近14%

2019 年 4 月 9 日举行的“2019 第五届深圳国际机器人与智能系统院士论坛”上发布的《2018 年度深圳机器人产业发展白皮书》（征求意见稿）显示，深圳机器人产业总产值已增长至近 1200 亿元，受益于 AI 等技术的发展，服务机器人产值增幅增过两成，迎来快速发展期。

报告显示，深圳市机器人企业的数量，从 2017 年的 594 家增加到 2018 年的 649 家。机器人工业总产值从 2017 年的 1035 亿元增长到 2018 年的 1178 亿元，同比增长率为 13.82%，保持快速增长的态势。区域分布上，机器人企业数量最多的是宝安区，占比 39%；总产值方面，南山区机器人产业贡献最大，占比近 40%。

深圳机器人企业各具特色，蓬勃发展。工业机器人规模化优势明显，尤其应用领域工艺要求更高，代表企业为众为兴、大族机器人、世椿智能、泰达机器人等；服务机器人在专业服务和物流应用领域继续扩张，代表企业有优必选、大族激光、朗驰欣创、勇毅达等；深圳机器人行业“细分为王”的特色突出，“核心零部件＋系统集成”模式更加普遍，代表企业有汇川技术、固高科技等；在人工智能方面，尤其机器视觉方面已涌现国际领先企业，如商汤科技、奥比中光、云天励飞等。

报告认为，从总体发展来看，深圳服务机器人的优势强于工业机器人。目前，深圳机器人已形成了健全的产业链，在系统集成的细分领域逐渐形成自主品牌。建立了一大批高水平创新载体，有力地推动了产业创新。工业机器人产品结构优化，移动机器人异军突起，应用场景迅速增加。服务机器人技术和应用水平国内领先，出现一批国际领先的技术企业。

（《深圳商报》2019 年 4 月 10 日）

深圳5G产业具先发优势

2019 年 4 月 18 日下午，深圳市政府召开的 5G 产业工作座谈会，据悉，深圳发展 5G 产业具有较好的基础和先发优势，5G 产业发展总体呈现产业链相对完善、网络基础设施加快推进、研发技术全国领先以及场景应用取得积极进展等特点。

据了解，5G 产业链主要包括终端、基站系统、网络架构、应用场景等环节，其中终端包括和普通用户所熟悉的手机、汽车、家电、穿戴设备等，基站系统包括天线、小微基站等，网络架构包括核心网等，应用场景包括云 VR/AR、无人机、医疗健康、工业互联网等。深圳市工业和信息化相关部门的调查统计显示，5G 产业链的各个环节都有深圳企业，并且在全国都有一定的竞争力。除华为及中兴基本涵盖 5G 行业全产业链外，海思半导体和中兴微电子等在芯片领域居于行业领先地位，日海则成为核心器件领域的龙头企业。

5G 网络是 5G 应用和产业发展的基础，今年的深圳市政府工作报告明确提出，要率先开展 5G 商用试点。根据相关计划，深圳铁塔公司今年全年基站建设总量为 7000 个左右，相关部门单位在 5G 信号提升、抗干扰、5G 使用频率协调等方面加快推进相关工作。在多功能智慧杆方面，已启动了光明马拉松赛道、侨香路、前海前湾一路和福田中心区交通设施及空间环境提升项目等多功能智能杆试点项目建设。

在 5G 研发技术方面，深圳龙头骨干企业坚持核心技术自主研发，在 5G 标准制定、频谱研究、技术创新、产品验证等方面率先布局，华为和中兴厂商推动极化码、大规模天线新型多址技术、车联网等被 5G 国际标准采纳。2019 年 1 月，华为“5G 刀片式基站”获得 2018 年度国家科学技术进步奖一等奖。4 月 10 日，“广东省 5G 中高频器件创新中心”在深圳市正式挂牌成立。同时，5G 产业技术联盟也已开始筹备工作，目前已有包括国内外 5G 产业链龙头企业和中小企业、各大科研院所和高校、国家级创新平台、产业园区、金融机构等近百家单位踊跃加入。

2019 年 2 月，中国电信与中国移动联合央广总台，成功实现了将央视春晚深圳分会场 4K 超高清信号回传至央广北京机房，在全国首次实现 4K 超高清内容 5G 网络传输，让 5G 的场景应用备受关注。目前，深圳在 5G+AR/VR、5G+ 智慧医疗、5G+ 智慧码头、5G+ 智慧酒店等多类应用场景都已有项目推进。2018 年底，中国电信联合宝安区公安分局在宝安区塘头派出所开展“智慧派出所”应用场景试验，打造了全国首个 5G 智慧派出所。中国移动正在坂田打造全国第一个 5G 体验园区，展示 5G 峰值下载速率、乘坐 5G 体验车实现园区周边道路连续 5G 覆盖能力展示等 5G 网络能力展示。

统计数据显示，2018 年深圳全市电子信息制造业完成规模以上工业总产值约占全国行业规模的六分之一，支柱产业地位明显。其中通信产业，包括手机、移动通信基站设备、服务器、路由器、光纤、通信产品零部件及光电器件等，是深圳最核心和最具竞争力的行业，其产业规模和研发水平在全国，乃至全球具有举足轻重的地位。2018 年深圳通信产品制造产业规模占全市工业比重将近 40%，年产值约 1.4 万亿元。

（《深圳特区报》2019 年 4 月 19 日）

深圳发布2018年知识产权发展状况白皮书

知识产权创造能力再上新台阶 PCT 国际专利申请量“15 连冠”

（一）专利申请和授权量。2018 年，深圳市知识产权创造数量和质量不断提升，多项核心指标居全国前列。国内专利申请量 228608 件，同比增长 29.08%。国内专利授权 140202 件，同比增长 48.76%。截至 2018 年底，深圳累计有效发明专利 118872 件，同比增长 11.18%。每万人口发明专利 91.25 件，为全国平均水平的 7.9 倍。有效发明专利五年以上维持率 85.6%，居全国大中城市首位。PCT 国际专利申请量 18081 件，占全国申请总量的 34.8%，连续 15 年居全国大中城市第一。华为公司 PCT 国际专利申请量 5405 件，居全球企业第一。

（二）商标申请和注册量。截至 2018 年底，深圳累计有效注册商标量 1026193 件，居全国大中城市第三。新增中国驰名商标 12 件，累计拥有中国驰名商标 183 件。

（三）著作权登记量。2018 年深圳一般作品著作权登记量 23131 件，同比增长 140.82%，占广东省登记量 29.43%。计算机软件著作权登记量 142695 件，同比增长 68.57%，占全国登记总量 12.92%，占广东省登记量 53.2%。

（四）知识产权创新成果。第二十届中国专利奖评审中，深圳获专利金奖 4 项，占全国总数 13.3%，专利银奖 9 项，外观设计银奖 3 项，其中信立泰、主力智业、源德盛、优必选分别获专利金奖各 1 项。雅昌文化集团获得 2018 年“中国版权金奖”（推广运用奖）。2018 年，深圳职务专利申请总量为 205678 件，占全市专利申请量 89.97%，企业作为创新主体的地位显著。

知识产权保护力度加大 市场监管局查处侵权案件增长 36.6%

（一）知识产权行政执法。深圳市市场监管局组织系列专项行动，查处知识产权侵权案件 1224 件，同比增长 36.6%，结案 1082 件，移送公安机关涉嫌犯罪案件 51 件，罚没款 642.35 万元。其中商标案件 774 件，同比增长 38.7%，专利案件 407 件，同比增长 39.9%，版权案件 43 件。深圳市文化广电旅游体育局查处案件 465 件，移交刑事立案 146 件。深圳海关开展“龙腾”行动，立案 361 件，同比增长 54%，涉及货物总数逾 2456 万件，案值 4.01 亿元。

（二）知识产权司法保护。深圳市公安机关专项行动战果显著，受理侵权案件 595 件，立案 560 件，同比增长 42.13%，刑事拘留 840 人。深圳市检察机关审查逮捕阶段受理侵权案件 438 件，同比增长 21.3%，批准逮捕 639 人。审查起诉阶段受理案件 439 件，同比增长 22.6%，决定起诉 611 人。市各级法院新收知识产权案件 28296 件，其中新收民事一审案件 22781 件，民事二审案件 4479 件，刑事案件 962 件，审结 28071 件。

（三）知识产权保护机制建设。深圳市政府召开 2018 年市知识产权联席会议，将知识产权保护工作定位为深圳的生命线战略；2018 年，中国（深圳）知识产权保护中心正式揭牌运行。深圳市市场监管局推动在行业协会建立 14 家知识产权保护工作站，签订《知识产权系统电子商务领域专利执法维权协作调度机制工作备忘录》。深圳市公安局畅通高新企业报案绿色通道。深圳市司法局组建知识产权律师专家库，建设“公证云平台”。前海管理局推进中国（深圳）知识产权保护中心软硬件建设通过验收。深圳市公平贸易促进署召开337调查案件应诉协调会。深圳国际仲裁院运用“ADR+仲裁”提供争议解决服务。深圳市检察院设立专职机构和专业办案组。深圳市中级人民法院推动知识产权一审案件诉前调解。深圳海关形成专利权海关保护深圳模式，在全国海关推广。罗湖区在黄金珠宝行业建立知识产权保护工作办公室。南山区推进“侦捕诉一体化”办案模式。

知识产权运用水平稳步提升 深圳市专利权质押约占全省总额的58.7%

（一）知识产权运营。深圳市政府出台《深圳市知识产权运营服务体系建设方案》。2018年，中国（南方）知识产权运营中心正式揭牌运行。深圳市市场监管局制订知识产权运营服务体系专项资金实施细则，推动设立紫藤专利运营基金。推进知识产权联盟建设，深圳市知识产权联盟备案数量达21家，其中10家在国家知识产权局备案。

（二）知识产权金融。深圳市进一步完善知识产权质押融资风险补偿体系，深圳市市场监管局启动深圳市知识产权质押融资风险补偿基金，全市专利权质押金额达123.47亿元，占全省总额58.7%。深圳市市场监管局推动开发设计专利维权保障保险等新险种，与中国人民财产保险股份有限公司签订专利保险战略合作协议，推进专利保险示范工作。全市911家企业的7068件专利进行投保，保障总额30亿元。

（三）知识产权交易。深圳市积极发展知识产权市场，推动专利知识产权技术转化实施。2018年，国家专利技术（深圳）展示交易中心线上平台共计展出5500项以上专利技术产品。

知识产权管理和服务体系不断健全 发布全国首部涵盖知识产权全类别并以保护为主题的地方法规

（一）知识产权政策体系建设。2018年12月，深圳市人大常委会通过全国首部涵盖知识产权全类别、以保护为主题的地方法规——《深圳经济特区知识产权保护条例》；深圳市市场监管局印发《关于鼓励我市行业协会建立知识产权保护工作站的通知》，制订《企业境外参展知识产权预警指南》八项省地方标准；深圳市文化广电旅游体育局出台《关于加强防范境外有害出版物及信息渗透的意见》；深圳市司法局编写《深圳市民营企业知识产权风险与防范法律问题》；前海管理局制订《前海蛇口自贸片区关于大力推进知识产权生态系统建设的意见》；深圳市公平贸易促进署编印《美国专利申请及复审指南》；深圳市中级人民法院出台《关于为优化营商环境提供司法保障的意见》；宝安区出台《关于创新引领发展的实施办法》及操作规程；光明区制定《知识产权优势企业评审规则》。

（二）知识产权试点示范培育。2018年，深圳入选国家知识产权运营服务体系建设试点城市，获批国家知识产权强市创建市。深圳市市场监管局推进知识产权区域布局试点，制订产业导向目录。推动贯彻实施企业知识产权管理规范国家标准，截至2018年底，深圳通过认证的企业达1197家，同比增长78.4%，居全省第二。华星光电等3家企业获评2018年度国家知识产权示范企业，翰宇药业等6家企业获评2018年度国家知识产权优势企业。

（三）知识产权服务体系建设。深圳商标受理窗口受理商标注册申请12823件，居全国第一。深圳市市场监管局推进知识产权保护综合服务平台建设，开展专利权质押融资登记全流程服务。2018年，深圳市引进美国布林克斯律师事务所（驻深圳代表处）、思保环球知识产权管理服务（深圳）有限公司2家国外高端服务机构，引进中细软集团有限公司、北京德和衡律师事务所、上海新诤信知识产权服务股份有限公司3家国内高端服务机构。南山区探索建立三位一体知识产权综合管理体系。全市专利代理机构175家，执业专利代理师1010人。

知识产权宣传培训成效明显 国家知识产权培训（广东）基地揭牌运行

（一）知识产权宣传。2018年，深圳市市场监管局发布

2017年度深圳市知识产权十大事件、知识产权发展状况白皮书，举办项目成果发布会，制定知识产权保护宣传方案，联合市科协举办第七届青少年知识产权大奖赛；深圳市文化广电旅游体育局举办知识产权宣传活动50余场；深圳市司法局组织全市公证机构开展宣传周活动；深圳市民政局推进行业自律试点工作等；深圳市检察院组建法治宣讲团；深圳市中级人民法院发布知识产权司法保护状况白皮书和十大典型案例；罗湖区推动知识产权宣传进社区；盐田区召开行业协会知识产权工作研讨会；宝安区组织新产业政策宣讲团；龙岗区组织30余场国高企业宣传发动会；大鹏新区开展知识产权进校园活动。

（二）知识产权培训。深圳市市场监管局举办近50场知识产权专题培训和44场公益讲座；深圳市文化广电旅游体育局开展线上全员执法培训、线下重点行业培训；深圳市公安局开展送法上门；深圳市司法局举办跨境电商知识产权保护等研讨；深圳市检察院举办知识产权法律保护经验交流会；深圳市中级人民法院召开知识产权刑事案件疑难问题研讨会。深圳海关开展“以案说法”；福田区举办2018（第二届）中国电子信息产业知识产权高峰论坛暨第18届信息技术领域专利态势发布会暨4·26知识产权发展论坛；盐田区举办“企业知识产权管理体系（贯标）培训”讲座；南山区举办中国名企知识产权经理人沙龙等高质量培训；坪山区开展知识产权大讲堂。

（三）知识产权人才培养。2018年，国家知识产权培训（广东）基地在深大正式揭牌运行；深大知识产权学院招收第五期学员41人，培养人员129人；深圳市拓展深化“孔雀计划”，吸引海外知识产权高端人才来深就业创业，2018年确认海外高层次人才1404名；继续开展知识产权职称评审工作，截至2018年底，共有330人申报知识产权专业技术职称，297人通过评审。

另外，深圳市知识产权对外合作交流不断深入。深圳市市场监管局与世界知识产权组织合作召开马德里体系助力中国企业国际化发展座谈会，联合世界知识产权组织及深圳国际仲裁院举办仲裁与调解国际研讨会，联合深圳市中级人民法院举办全国首次粤港澳大湾区知识产权保护论坛，承办中非知识产权制度与政策研讨会，举办中日知识产权保护研讨会。深圳市司法局协助企业办理“一带一路”沿线国家知识产权证书公证。深圳国际仲裁院举办中美贸易与高科技企业商事争议解决高峰对话会等活动。深圳海关与英中贸易代表团等机构开展执法交流协作。南山区举办中日知识产权高峰论坛。

深圳市将对标最优最高最好，实施最严格知识产权保护，创建一流的国家知识产权强市，为深圳市加快打造国际一流营商环境，创建社会主义现代化强国的城市范例提供有力支撑。

（《深圳特区报》2019年4月25日）

第三节 企业篇

筑巢引凤聚英才 深圳创新在人才

在深圳大鹏新区，有一座依山而建的梯田状建筑，三面环山，面朝大海。这是目前世界上最大的综合基因库——深圳国家基因库。

基因库三楼，150 台由华大基因自主研发的 BGI-Seq500 基因测序仪整齐排列，引人注目。目前，全球只有两个国家和三个公司可以量产临床级别的测序仪，中国华大基因名列其中。

总部位于深圳的华大基因是中国创新发展的一个缩影。国际专利连续 14 年全国第一，全社会研发投入接近全球最高水平，新兴产业对经济增长贡献达 50%……改革开放赋予了深圳创新的基因，并将其烙印在这座城市的每个人、每个企业、整个社会观念之中。

筑巢引凤聚英才 深圳创新在人才

“现在，只要有香港的团队想来内地创新创业，我就会以亲身经历告诉他们，深圳前海是一个不错的选择。”在深圳成功创业的香港青年陈升说。

2015 年，陈升带着行李来到前海创新创业，他创办了一家经营跨境电商和物流业务的公司。不到一年，公司获得 5000 万元首轮融资，现在估值超 8 亿元人民币。

“陈升”们的成功离不开前海改革开放，招纳人才的制度创新：港澳居民在前海就业免办就业证，自愿缴纳住房公积金，并享受公积金购房租房等贷款优惠。良好的创新创业环境引得港澳居民纷至沓来。截至 2018 年 3 月底，前海蛇口自贸片区累计注册港企 8031 家，注册资本超 8900 亿元。

在深圳，“孔雀计划”和人才“81 条”等已成为深圳人才政策的品牌。近 5 年来，深圳累计发放各类人才奖励补贴 15.7 亿元，供应人才配租房 76396 套，保障人数达 23 万人。

通过打造“政策高地”，深圳成了“人才洼地”。深圳市委组织部的数据显示，截至今年 3 月底，深圳市人才资源总量达 510 万人，连续三年增幅超过 40%，其中包括全职院士 29 人，国家“千人计划”人才 335 人。人才为深圳集聚了创新动力。

在深圳平均每天有 51 件发明专利获得授权，平均每平方公里有 5.6 家国家级高新技术企业，深圳已成为“创客之都”“中国硅谷”。

科研成果产业化 深圳创新在企业

“神州云海公司以徐扬生院士机器人实验室 30 多年研发成果为基础……”“碳云智能科技公司的创始人是主持过千人基因组等重大课题的 973 首席科学家王俊……”“奥比中光公司的核心研发人员有多名麻省理工学院等国际名校的博士、博士后，曾获‘孔雀计划’第一名……”

走访每一家深圳企业，都会听到负责人介绍他们强大的科研团队。在深圳，一个个创新人才背后，就是一家家迅速成长的创新企业。

1996 年，深圳首创让科研成果和市场对接的新型科研机构——深圳清华大学研究院。研究院坚持实验室（或研发中心）

与产业化公司同步组建，研发团队分享技术股权，现在已培养出21家上市公司和30家新三板挂牌企业。2012年，突出“创知、创新、创业”的新型高校——南方科技大学开始招生，允许全职教师每周可以有一天在校外从事科技转化工作，成立诺贝尔奖得主领衔的实验室推进产学研用对接。目前，南科大已成立25家科技创新公司。

30多年来，深圳构建起以企业为主体、以市场为导向、产学研深度融合的技术创新体系，形成了90%的研发人员、研发机构、科研投入、专利生产集中在企业的“4个90%”鲜明特征。

企业注重源头创新，科研人员也注重面向市场进行创新，使深圳的创新动能强劲迸发。从2000年率先向高新技术转型，到布局生物技术、互联网、新材料等战略性新兴产业，再到2013年率先培育生命健康，可穿戴设备等未来产业……深圳新兴产业年均增长15%左右，创新已成为深圳经济发展第一动力。

转型发展当尖兵 深圳创新在观念

深圳蛇口工业区原掌门人袁庚曾回忆说，蛇口的发展是从人的观念转变开始的。的确，先生长观念，再生长高楼和速度，在深圳，创造力和想象力是最大的无形资产。

“大家都知道kindle电子书是黑白的，那你们见过彩色的吗？我们科技园的国华光电科技有限公司正在研究彩色电子纸显示技术，我非常期待他们能成功。”说到园区的创新项目，银星集团常务副总裁张聪杰激动地说。这家位于深圳龙华区的银星科技园专门孵化创新企业，“未来我们还将投资300亿元，打造200万平方米的未来产业科技城。”张聪杰介绍。

在深圳龙岗区南岭村社区，清华启迪南岭科技园和生物医学研究院等成为招牌建筑，村里还募集了10亿南岭基金专门投资新兴产业。社区委员会书记张育彪告诉记者，南岭村要转型升级，要走出一条新路。“我们要从过去的种田，‘种’房子变成‘种’高科技企业，实现村集体经济创新发展。”无论是社区，还是产业园区，创新的观念一旦在整个社会凝聚，创新的力量便会不断涌流。过去五年，深圳新增各类创新载体1100多家，新增国家级高新技术企业8000多家，分别相当于之前30多年总量的1.5倍和3倍左右。

深圳兰度生物材料有限公司，因成功研发出国内首个适用于大面积真皮缺损修复的人工真皮产品，成为深圳清华大学研究院的一家明星企业。董事长佘振定在接受记者采访时说：“扎根深圳八年多，我们可以心无旁骛地做技术创新，汇聚人才和资金，带领团队不断开发有重大临床价值的产品，这些都是深圳作为创新之都的魅力。”

创新基因已深深融入深圳这座城市的血脉。

（《新华社》2018年5月22日）

“创新之城”强劲迸发 国际视野聚焦“深圳奇迹”

2018年11月6日至7日，2018中国（广东）-欧洲投资合作交流会暨德国企业走进广东推介会在深圳举行，近千位嘉宾齐聚一堂。

据悉，2017年深圳GDP达2.2万亿元，同比增长约8.8%。昔日的世界工厂迈向“硬件硅谷”“创新之城”“开放之都”，深圳对标全球先进城市和各领域最高水平，打造具有世界级竞争力的现代产业体系，建设服务全国乃至面向世界的全球城市。

近年来，广东，深圳与欧洲经济往来和经济合作日趋紧密。2017年广东与欧洲进出口总额占全国比重16.9%。欧洲在深圳的投资项目超1100个，2018年5月德国工商大会深圳创新中心正式成立，为德国企业与深圳在创新领域开展更紧密合作搭建了新的重要桥梁，广东深圳与欧洲的交流合作正不断向前迈进。

动能迸发 一天55件发明专利的“创新温室”

10月23日，深圳柔宇科技发布全球首款可折叠柔性屏智能手机FlexPai（柔派），比头发丝还薄的屏幕上，集成超过2000万个柔性超精密器件，600万柔性集成电路，可以自由弯折，这样的独创技术完全自主研发并在全球率先量产。

从创业团队起步，到研发颠覆性技术，数年间转化为产品，柔宇是深圳万千创新企业成长的缩影。深圳是中国首个以城市为基本单元的国家自主创新示范区，在电子信息、互联网、生物、新能源等产业具有领先地位。

创新发展动能在这里强劲迸发，2017年深圳GDP达2.2万亿元，其中研发经费占GDP比重达到4.13%。PCT国际专利逾2.04万件，占全国43.1%，相当于平均一天55件发明专利。世界知识产权组织（WIPO）等机构发布的《2017全球创新指数报告》显示，50%以上的国际专利申请发明人集中在全球30个热点地区，深圳——香港地区排名第二。

中高端产能在这里高度聚集，深圳涌现出平安、华为、腾讯等7家世界500强企业，也培养出大疆创新、优必选、碳云智能等成长强劲的创新企业。深圳国家级高新技术企业达11230家，密度居全国之首。

深圳不仅是“国际级企业的摇篮”，更是“创业者的梦工厂”。在深圳开办企业，只要提交材料审核成功，三个工作日内便可拿到营业执照。深圳有商事主体305.3万户，仅2018年前9个月就新设立37万余户，创业密度全国第一。

“深圳正在改写世界创新规则，培育一批影响世界的创新型企业集群。”2017年4月，英国《经济学人》杂志发表文章称，深圳已成为“创新温室”。

在最为核心的源头创新环节，近年来深圳相继建成国家超级计算深圳中心及首个国家基因库重大科技基础设施，成立南方科技大学，引入了香港中文大学（深圳）和清华-伯克利等高校。截至2017年底，深圳累计建成创新载体1688家，共有6家诺贝尔奖科学家实验室。

“深圳的发明发现正在影响中国各地，甚至世界各国。”诺贝尔经济学奖得主克里斯托弗·皮萨里德斯说。

产业跃升 与全球“创新互补”的活力之都

良好的创新生态加上百万级的企业数量，构建起深圳相对完备的产业链体系，进而催生出深圳创新的爆发力——“敏捷制造”。

何为“敏捷制造”？深圳拥有强大的硬件配套能力。企业或人才团队，可以在深圳找到所需的各种原材料，一周内就可以完成“产品原型-产品-小批量生产”全过程。深圳是全中国唯一拥有海、陆、空、铁口岸的城市，产品制造出厂后，1小时内即可通过口岸发往世界各地。

金融发展助力产业转化能力加速。根据英国智库Z/yen集团发布的第24期全球金融中心指数（GFCI 24），深圳位列全球第12位。

随着“基础研究＋技术攻关＋成果产业化＋科技金融”创新链条不断完善，天赋、想法、资本等在创新生态中加速重组，一个具有全球影响力的活力之都快速崛起。

集聚的高端人才、发达的产业链、国际化的环境，深圳迎来更多国际巨头。从“开店设厂”到“开设创新研发中心”，以前他们更多寻求的是全球加工制造的产业分工，而现在则是创新能力的开放互补。

美国苹果公司首席执行官蒂姆·库克慨叹道：“深圳给我留下了非常深刻的印象，苹果已有制造基地在深圳，而我们的研发中心也已落户这里。”

环境优化 国际资本集聚的湾区引擎之城

改革开放40周年，中国开放的大门越开越大。大幅度放宽市场准入，创造更有吸引力的投资环境，加强知识产权保护，正在成为深圳的开放举措。

今年，深圳出台“营商环境改革20条”措施，从贸易投资环境、产业发展环境、人才发展环境、政务环境、绿色发展环境等方面对标国际一流标准，成为深圳打造国际一流投资环境的“基石”。

知识产权对创新发展具有重大意义。深圳提出“实施最严格的知识产权保护”，在利用特区立法权加快知识产权保护立法、提高知识产权损害赔偿标准、加大惩罚性赔偿力度、合力分配举证责任等方面先行先试，使深圳成为全球创新要素集聚的“沃土”。

人才是发展的动力之源。8 月 4 日，深圳发布深化住房制度改革相关配套政策，承诺到 2035 年新增建设筹集人才住房、安居型商品房、公共租赁住房总量不少于 100 万套。深圳还设立人才专项资金，鼓励高等院校、科研院所、企业等在海外创办或共建研发机构，设立“人才伯乐奖”。

从 1979 年仅有一名工程师和 300 多名技术员，到 2018 年人才总量超过 510 万，此刻的深圳正向“人才高地”跃变，在人才培养、人才引进与流动、人才评价、人才激励、人才服务与保障等方面，综合构建新的机制，创造新的优势。

与此同时，深圳正全方位提升自己的“软实力”，打造国际一流宜业宜居环境。深圳万元 GDP 能耗和水耗处于中国内地城市最低水平，2017 年空气优良天数达 343 天，居内地城市最优水平。

作为中国首个“国际花园城市”，目前深圳拥有 942 个公园，全市建成区绿化覆盖率达 45% 以上。英国著名国际旅游指南《孤独星球》（Lonely Planet）公布 2019 年全球十大最佳旅游城市中，深圳排名第二。

在全球新一轮科技和产业革命，中国新一轮对外开放，以及粤港澳大湾区发展的重大机遇中，深圳是国际投资不可错过的“风口”。从太空俯瞰中国夜景，位于南部的粤港澳大湾区尤为明亮，在这里，深圳与香港，广州等座城市构成中国开放程度最高，经济活力最强的区域之一。

粤港澳大湾区土地总面积达 5.59 平方千米，常住人口约 6900 万，2017 年经济总量达 1.59 万亿美元，约占中国 GDP 的 12%，拥有 16 家世界 500 强企业的总部和 3 万多家国家级高新技术企业。在湾区中，深圳的经济体量约占 22%，世界 500 强企业总部接近一半，国家级高新技术企业约占三分之一。

年轻活力、锐意改革、开放创新的深圳，正携手珠三角城市群参与全球分工与合作，打造粤港澳大湾区核心引擎，建设服务全国，面向世界的全球城市。

（《深圳特区报》 2018 年 11 月 7 日）

2018年深圳质量大会召开

2018 年 12 月 11 日上午，2018 年深圳质量大会召开，进一步推进全市经济社会各领域高质量发展，总结部署深圳质量、深圳标准有关工作，颁发 2017 年度市长质量奖。华讯方舟科技有限公司及深圳能源集团股份有限公司 2 家企业获 2017 年度市长质量奖（大奖），深圳标准促进会在会上正式揭牌。

国家市场监管总局副局长、国家标准委主任田世宏出席会议并讲话，深圳市委常委、市政府党组成员杨洪为 2017 年度市长质量奖（大奖）获奖单位颁奖，副市长黄敏宣读表彰通报。

根据通报，深圳新宙邦科技股份有限公司，深圳市星源材质科技股份有限公司获 2017 年度市长质量奖提名奖；研祥智能科技股份有限公司、深圳市宝鹰建设集团股份有限公司、深圳市新产业生物医学工程股份有限公司、深圳市创世纪机械有限公司、崇达技术股份有限公司、深圳怡化电脑股份有限公司等 6 家企业获鼓励奖；海能达通信股份有限公司和深圳市星源材质科技股份有限公司获特别贡献奖。

田世宏充分肯定深圳质量强市建设取得的成绩并强调，

希望深圳按照中央高质量发展的要求，持续完善大质量、大标准、大市场、大监管的体系，尽快建立推动高质量发展的指标体系、政策体系、标准体系、统计体系、绩效评价和政绩考核办法，在更高层次打造质量强市，继续引领全国做好示范。

一是要在加强党对质量工作的领导，大力开展质量提升行动上走在前、做示范；二是要在实施更高水平标准战略，以高标准推动高质量发展上走在前、做示范；三是要在强化大市场大监管，激发创新创造活力上走在前、做示范；四是要在强化质量基础设施建设，夯实质量发展基石上走在前、做示范。

杨洪说，要认真贯彻习近平总书记关于高质量发展的重要指示，切实提高政治站位，在落实质量强国战略上勇担新使命、展现新作为；要主动对标全国最好、最优标准，坚持质量第一，努力在质量上创先进、赶先进、当先进；要全面开展质量提升行动，坚持抓创新、抓标准、抓监管，强化标准先行、设计支撑、品牌带动、信誉保证，推动质量工作全面上水平。

会上，获得 2017 年度市长质量奖（大奖）的华讯方舟科技有限公司、深圳能源集团股份有限公司负责人作了发言。

（《深圳特区报》 2018 年 12 月 12 日）

深圳摘得16项2018年度国家科技奖
华为斩获进步奖一等奖

国家科学技术奖励大会于 2019 年 1 月 8 日在北京隆重召开，深圳交出一份漂亮的成绩单——由 18 家深圳高校、科研机构、企业主持或参与完成的 16 个项目获 2018 年度国家科技奖。

华为再度摘得国家科技进步奖一等奖，充分展现了业界领先的研发实力

华为技术有限公司独立完成的“新一代刀片式基站解决方案研制与大规模应用”项目，一举拿下国家科技进步奖一等奖，这是华为时隔 17 年后再度摘得此项桂冠，成色十足，这也是华为连续第 12 年荣获国家科技奖，进一步展现其作为通信领域领军企业的雄厚研发实力，凸显行业地位。

该项目历时四年，自主研发出了业界领先的基带、中频、处理器芯片技术，率先在基站芯片内支持可信计算、产业化新型氮化镓功放，独创分布式电源技术，实现了基站高效节能，通过分布式基站的高速前传需求，推动了工业级 10G 光模块产业链关键器件国产化，替代进口；形成了新一代刀片式基站解决方案，在全球实现了大规模部署，设备成熟稳定，应用面广，成功商用部署在 170 个国家 310 张网络，发货量大，累计发货超 1500 万片，占据市场份额高，新增基站设备全球市场份额 45% 以上。

该项目的成功研制和应用，保障了我国在移动通信领域的核心设备基站的竞争力持续领先，实现了一系列重大技术突破，推动了相关配套产业的健康发展，取得了巨大的经济和社会效益。

获奖项目覆盖领域集中，自主创新优秀成果集聚

此次获奖项目覆盖领域与过往全面开花不同，集中在电子信息、新材料、新能源、土木建筑四类板块，其中电子信息领域就占 8 个，占通用项目总获奖数比重达到 57.1%，优秀成果集聚，足以证明电子信息行业在深圳市高新技术产业发展的突出优势，代表了国内领先水平，与深圳作为国家电子信息先锋重镇地位高度吻合。

由深圳市中金岭南有色金属股份有限公司牵头完成的

“锌清洁冶炼与高效利用关键技术和装备”（国家科技进步奖二等奖）项目，聚焦锌冶炼清洁生产与高效利用的共性需求，从源头减排、全过程优化、装备升级三个方面，开发了系列锌冶炼清洁生产及稀有金属综合回收新技术及智能化大型装备。该项目首次研发出锌精矿“一段低温同步还原—二段高温氧压浸出”新技术，建成了世界首座综合回收镓锗锌加压浸出厂，实现了同时高效回收锌及共伴生金属的目标；开发出系列锌浸出溶液深度净化新技术，大幅度降低了试剂单耗，突破了电解液杂质对大极板长周期锌电解制约的技术难题；开发了锌冶炼过程共伴生金属提取等关键技术，实现了镓锗铟硫高效回收，研制出大型锌自动熔铸炉、精准吊车、锌粉电炉等系列锌湿法冶炼智能化大型关键装备。主要技术均为国内外首创，在十余家大型企业实现推广应用，近三年新增销售额 75.86 亿元，利润 15.56 亿元。项目成果代表了锌清洁冶炼的主要发展方向，对锌冶炼行业科技进步、转型升级、节能减排具有重要意义。

由清华大学深圳研究生院郭振华参与完成的“大人群指掌纹高精度识别技术及应用”项目（国家技术发明奖二等奖），发明了面向低质量指掌纹的特征提取、配准、比对等新方法，获发明授权专利 29 件（含美国发明专利 5 件），形成核心技术专利池，带来直接经济效益 20.5 亿元，指纹识别算法在国际权威在线评测上排名第一。成果在我国电子护照、港澳通行证、身份证登记等重大工程中广泛应用，占全国刑侦领域使用量的70%，近5年破案40多万起，其中命案2000多起，产生了重大社会效益。

由深圳市腾讯计算机系统有限公司参与完成的“大规模街景系统及其位置服务关键技术”项目（国家科技进步奖二等奖），提出了街景处理及位置服务系列创新技术，自主研发了大规模街景及位置服务系统，填补了国内在大规模街景采集技术与在线网络服务方面的空白，并在国内最早开展了大规模街景数据采集，成为国内首家获得资质并正式运营的街景系统，总里程超过 100 万公里，覆盖 296 座城市。该系统 2012 年底上线，免费向社会提供服务，取得显著的经济和社会效益。

企业的创新主体地位凸显，参与协同创新效果显著

此次深圳的获奖名单（通用项目）中，由企业主持或参与获奖的达 13 项之多，占通用项目深圳市获奖总数的 92.9%，企业的创新主体地位凸显，既有华为、中金岭南、腾讯、中兴通讯、比亚迪、海思半导体等知名企业，也出现了格林美、任子行、麦捷微电子、中天迅通信等迅速崛起的细分行业生力军，折射出深圳科技创新勃勃的生机。

深圳其余获奖项目还包括：

1．国家科技进步奖二等奖：“废旧混凝土再生利用关键技术及工程应用”，参与单位：深圳市建筑设计研究总院有限公司。

2. 国家科技进步奖二等奖：“磷酸铁锂动力电池制造及其应用过程关键技术”，参与单位: 比亚迪汽车工业有限公司。

3. 国家科技进步奖二等奖：“电子废弃物绿色循环关键技术及产业化”，参与单位：格林美股份有限公司。

4. 国家科技进步奖二等奖：“高世代声表面波材料与滤波器产业化技术”，参与单位：深圳市麦捷微电子科技股份有限公司、深圳大学。

5. 国家科技进步奖二等奖：“高磁导率磁性基板关键技术及产业化”，参与单位：深圳市中天迅通信技术股份有限公司。

6. 国家科技进步奖二等奖：“笔式人机交互关键技术及应用”，参与单位：深圳市鸿合创新信息技术有限责任公司。

7. 国家科技进步奖二等奖：“大规模网络安全态势分析关键技术及系统 YHSAS”，参与单位：哈尔滨工业大学深圳研究生院、任子行网络技术股份有限公司。

8. 国家科技进步奖二等奖：“大型屋盖及围护体系抗风防灾理论、关键技术、工程应用”，参与单位：深圳市前海公共安全科学研究院有限公司。

9. 国家科技进步奖二等奖：“高效融合的超大容量光接入技术及应用”，参与单位：中兴通讯股份有限公司。

10. 国家科技进步奖二等奖："数字电视广播系统与核心芯片的国产化"，参与单位：深圳市海思半导体有限公司，康佳集团股份有限公司。

此外，深圳还有 2 个专用项目获奖。

深圳自 2010 年以来，连年斩获国家技术发明奖一等奖及科技进步奖特等奖等国家科技奖项达到 115 项，其中 2016 年获得 16 项国家科技奖，2017 年获得 15 项国家科技奖，2018 年获得 16 项国家科技奖，证明了深圳科技创新能力节节攀升，深圳的创新驱动发展实践效果也充分证明了这一点。目前省部共建肿瘤化学基因组学国家重点实验室已获批成立，实现了深圳市院校类国家重点实验室零的突破，鹏城实验室推进建设，生命信息与生物医药广东省实验室启动建设，国家、省、市级的重点实验室、工程实验室、工程研究中心等创新载体累计已达 1877 家，其中国家级 114 家，覆盖了国民经济社会发展主要领域，成为聚集创新人才及产生创新成果的重要平台。截至 2018 年 11 月底，累计引进海内外高层次人才 12480 人，其中 2018 年新认定高层次人才 2547 人，同比增长 65.4%，新增全职院士 12 名，总数达 41 名，在站博士后总数达 2620 人。预计新增国家高新技术企业 3000 家，总数将超过 1.4 万家，形成强大的梯次型创新企业群。2018 年 1 至 11 月，深圳市高新技术产业产值 21627.52 亿元，同比增长 12%，高新技术产业增加值 7344.01 亿元，同比增长 13.07%。

（《深圳新闻网》2019 年 1 月 8 日）

深圳地铁集团获2018年中国产学研合作创新奖

2019 年 1 月 6 日，第十二届中国产学研合作创新大会在北京举行。会议以"加强产学研用深度融合，促进民营经济创新发展"为主题，吸引了来自全国产学研界第一线的千余名代表汇聚一堂，表彰了 2018 年在产学研合作和成果转化等方面做出贡献的先进单位和个人，并就产学研协同创新经验展开交流和探讨。

其中，深圳市地铁集团有限公司申报的"深圳地铁预制整体板式无砟轨道结构技术研究"项目，以绿色制造、环境保护和制造集成为着力点，在延长道岔全生命周期，研制新型减振轨道结构，突破装配式轨道关键工艺及其智能装备等方面取得了重要的创新成果，获得了评审专家的一致好评，荣获 2018 中国产学研合作创新奖。

据介绍，促进产学研深度融合和协同创新是当前深化科技体制改革的重要内容，可推动科技成果转化为产业发展生产力，集聚优势资源，释放创新红利，为推动我国经济由高速增长向高质量发展提供强有力的支撑。

（《南方 +》 2019 年 1 月 10 日）

第十章 科技企业办事指南

R e g u l a t i o n s & G u i d a n c e

第一节 认定与申报

2019年高新技术企业认定和培育入库申请指南

一、申请内容

高新技术企业认定

高新技术企业培育入库

二、设定依据

（一）《高新技术企业认定管理办法》（国科发火〔2016〕32 号）

（二）《高新技术企业认定管理工作指引》（国科发火〔2016〕195 号）

（三）《关于促进科技创新的若干措施》（深发〔2016〕7 号）

（四）《深圳经济特区注册会计师条例》

三、审批数量及方式

审批数量：无数量限制

审批方式：自愿申报、专家评审、审批机关审定

四、审批条件

（一）申请单位应当是在深圳市或深汕合作区内依法注册、具有独立法人资格的企业，申请认定时须注册成立一年以上；

（二）申请高新技术企业培育入库的企业是从未获得过高新技术企业资格，且从未获得过高新技术企业培育入库资格的企业。申请高新技术企业培育入库必须同时申请高新技术企业认定；

（三）企业通过自主研发、受让、受赠、并购等方式，获得对其主要产品（服务）在技术上发挥核心支持作用的知识产权的所有权；

（四）对企业主要产品（服务）发挥核心支持作用的技术属于《国家重点支持的高新技术领域》规定的范围；

（五）企业从事研发和相关技术创新活动的科技人员占企业当年职工总数的比例不低于 10%；

（六）企业近三个会计年度（实际经营期不满三年的按实际经营时间计算，下同）的研究开发费用总额占同期销售收入总额的比例符合如下要求：

1. 最近一年销售收入小于 5000 万元（含）的企业，比例不低于 5%；

2. 最近一年销售收入在 5000 万元至 2 亿元（含）的企业，比例不低于 4%；

3. 最近一年销售收入在 2 亿元以上的企业，比例不低于 3%。

其中，企业在中国境内发生的研究开发费用总额占全部研究开发费用总额的比例不低于 60%；

（七）近一年高新技术产品（服务）收入占企业同期总收入的比例不低于 60%；

（八）企业创新能力评价应达到相应要求；

（九）企业申请认定前一年内未发生重大安全及重大质量事故或严重环境违法行为。

说明：同一企业同一年度只能申报一次高新技术企业认定，高新技术企业培育入库必须和高新技术企业认定同批次申请。

五、申请材料

（一）登录深圳市科技业务管理系统在线填报申请书，提供通过该系统打印的申请书纸质文件；

（二）科技成果转化、企业高新技术产品（服务）的关键技术和技术指标、生产批文、认证认可和资质证书、产品质量检测报告等相关材料复印件；

（三）知识产权材料、科研项目立项证明、研究开发的组织管理文件等相关材料复印件；

（四）经具有资质的中介机构出具并报深圳市注册会计师协会备案的含有防伪标识封面的企业近三个会计年度的财务会计报告原件，副本可提供复印件；（2016 年、2017 年、2018 年未备案的企业审计报告需由出具审计报告的会计师事务所向市注册会计师协会补充备案，市注册会计师协会不收取费用）

（五）深圳市财政局公布的高新技术企业认定审计中介机构出具的，并报深圳市注册会计师协会备案的含有防伪标识封面的企业近三个会计年度研究开发费用和近一个会计年度高新技术产品（服务）收入专项审计或鉴证报告原件，副本可提供复印件，并附研究开发活动说明材料；（未备案的专项审计报告需由出具审计报告的会计师事务所向市注册会计师协会补充备案，市注册会计师协会不收取费用）

（六）通过“国家税务总局深圳市电子税务局”打印的近三个会计年度企业所得税年度纳税申报表（包括主表及附表）复印件；

（七）企业职工和科技人员情况说明材料，并附科技人员信息表；

（八）上年度与高新技术产品（服务）相关的代表性的销售合同与发票复印件。

申请书封面（第 1 页）需加盖申报单位公章，申请书整体（含附件）需要加盖骑缝章。申请书中“七、企业研究开发活动汇总表”“八、企业年度研究开发费用结构明细表”“九、上年度高新技术产品（服务）汇总表”，由申报单位根据审计报告填报，并由出具审计报告的会计师事务所核对申报单位填报信息后，加盖会计师事务所公章。

以上材料一式二份（正本和副本），A4 纸双面打印或复印，非空白页（含封面）需连续编写页码，装订成册（胶装），在书脊处注明公司名称及申请年度。

企业在申请认定前，需到“高新技术企业认定管理工作网”注册登记，注册登记时行政区域选择深圳市（注册登记信息务必与申请书中保持一致）。

六、申请表格

本指南规定提交的表格，登录深圳市科技业务管理系统在线填报。

七、受理机关

（一）受理机关：深圳市科技创新委员会

（二）受理时间

第一批

网上受理时间：2019 年 6 月 14 日—2019 年 7 月 8 日（截止至 18:00）

书面材料受理时间：2019 年 7 月 1 日—2019 年 7 月 19 日

第二批

网上受理时间：2019 年 7 月 9 日—2019 年 8 月 23 日（截止至 18:00）

书面材料受理时间：2019 年 8 月 12 日—2019 年 8 月 30 日

（三）联系电话：86329895，26548598，88127373

深圳市注册会计师协会：83515412，82712551，83515432

（四）受理地点：市民中心行政服务大厅西厅 5~43 号综合窗口。

八、审批决定机关

全国高新技术企业认定管理工作领导小组办公室

九、审批程序

企业自我评价——“高新技术企业认定管理工作网”注册登记——深圳市科技业务管理系统注册登记——网上申报——向市科技创新委员会提交申请材料——市科技创新委员会组织专家评审——深圳市高新技术企业认定办公室审查认定——公示——全国高新技术企业认定管理工作领导小组办公室备案、公告——颁发证书

十、审批时限

成批处理

十一、审批证件及有效期限

证　件：证书

有效期限：三年

十二、审批的法律效力

享受政府规定的各项优惠政策

十三、收费

不收费

十四、年审或年检

无年审

声　明：
深圳市科技创新委从未委托任何单位或个人为项目申报单位代理资金申报事宜，申请单位必须自主申报。凡是购买、委托代写项目申请书的，或是提供虚假证明材料的，一经发现并查实，即视为骗取财政资金，一律不予受理、取消申请资格或撤销立项项目，并按规定严肃处理。深圳市科技创新委将严格按照有关标准和程序受理，不收取任何费用。如有任何中介机构和个人假借深圳市科技创新委员会领导和工作人员名义向申报单位收取费用的，请知情者立即举报。

项目申报单位需提交审计报告的，应当按照《深圳市科技计划项目管理办法》等规定，提供经深圳市注册会计师协会备案的含有防伪标识封面的审计报告。项目申报单位提供无防伪标识封面（未备案）或属于虚假防伪标识封面（未备案）的审计报告，市科技创新委员会不予采用。 相关审计报告经核查认定属于虚假材料的，项目单位五年内不得申请市科技计划项目，市科技创新委员会将其列入科研诚信异常名录，并按照市政府失信联合惩戒有关规定予以处理。

备注：
1. 知识产权相关材料：知识产权授权证书或授权通知书及缴费收据；国家知识产权局等官方网站上公布的摘要，通过转让、受赠、并购取得的知识产权需提供相关主管机关出具的变更证明等材料。知识产权有多个权属人时，应提交只有一个权属人在申请时使用的承诺书；
2. 科研项目立项证明：已验收或结题项目需附验收或结题报告；
3. 科技成果转化：总体情况、转化形式、应用成效的逐项说明；成果来源可从专利、技术诀窍、项目立项证明等方面提供证明材料；转化结果可从生产批文、新产品或新技术推广应用证明、产品质量检验报告等方面提供材料；
4. 研究开发的组织管理：研发组织管理制度、研发投入核算体系、研发费用辅助账；研发机构建设及设备设施、开展产学研合作活动；成果转化的组织实施与激励奖励制度、创新创业平台建立情况；科技人员的培养进修、职工技能培训、优秀人才引进，及人才绩效评价奖励制度等材料。
5.《深圳经济特区注册会计师条例》
第六十条：会计师事务所应当按照有关规定向市财政部门和市注册会计师协会进行电子化备案。深圳市财政部门和市注册会计师协会应当对会计师事务所出具的业务报告进行防伪标识管理。
当出具的业务报告数量或者内容显著异常时，深圳市财政部门或者市注册会计师协会应当进行提示，必要时可以要求会计师事务所或者当事人说明情况，也可以进行专项调查。
第八十七条：违反本条例第六十条规定，未及时向市财政部门和市注册会计师协会进行电子化备案的，由市财政部门责令限期改正。逾期拒不改正的，予以警告，并处一万元以上五万元以下罚款。

科技奖励

2019年度深圳市科学技术奖励申请指南

一、审批内容

深圳市科学技术奖市长奖、自然科学奖、技术发明奖、科技进步奖四类奖项的评定。

二、设定依据

（一）《深圳市科学技术奖励办法》，深圳市人民政府，深府〔2016〕87 号；

（二）《深圳市科学技术奖励办法实施细则》，深圳市科技创新委员会，深科技创新规〔2016〕3 号。

三、奖励强度与方式

奖励强度：有数量限制，受市科学技术奖奖金年度总额控制。

市长奖、自然科学奖、技术发明奖、科技进步奖四类奖项奖金标准如下：

（一）市长奖每名 300 万元；

（二）自然科学奖一等奖奖金 100 万元，二等奖奖金 50 万元；

（三）技术发明奖一等奖奖金 100 万元，二等奖奖金 50 万元；

（四）科技进步奖中的技术开发类和重大工程类项目一等奖奖金 100 万元，二等奖奖金 50 万元。社会公益类项目一等奖奖金 50 万元，二等奖奖金 30 万元。

审批方式：单位申报、专家评审、答辩或现场考察、社会公示、审批机关审定。

四、审批条件

（一）申请市长奖的，应当是在当代科学技术前沿取得重大突破或在科学技术发展中有卓越贡献，或是在科学技术创新、科学技术成果转化和高技术产业化中、创造巨大经济效益或者社会效益的自然人；应当由市、区人民政府有关部门推荐提名。

（二）申请自然科学奖的，应当是在基础研究和应用基础研究中阐明自然现象、特征、规律，做出重要科学发现的自然人。要求：

1. 仅限于在国内立项的科学研究成果，其代表性论文及论著公开发表时间 2 年以上（即 2016 年 12 月 31 日前发表）；

2. 每位完成人必须是代表性论文或论著的作者，排名前 3 位的完成人（含少于 3 位完成人的）必须是代表性论文及论著的第一作者或通讯作者；

3. 项目所附材料清单中的代表性论文及论著，以申请书所列目录及重要性顺序提交。

（三）申请技术发明奖的，应当是运用科学技术知识做出产品、工艺、材料及其系统等重要技术发明的自然人。要求：

1. 申请项目必须有已经获得国家授权的发明专利，且推广应用时间在 2 年以上（即 2016 年 12 月 31 日前已应用）；

2. 本项目前 3 位完成人（含少于 3 位完成人的）必须是项目授权知识产权的发明人；

3. 项目申请书所列发明专利必须提交相应证书、摘要页、权利要求书和说明书；

4. 项目所附材料清单中的知识产权及相关权利要求书，

代表性论文，以申请书所列主要技术专利及重要性顺序，技术关联的主要发表论文及重要性顺序提交。

（四）申请科技进步奖的，应当是在应用推广先进科学技术成果，完成重大科学技术工程、计划、项目等方面做出突出贡献的组织或者自然人。要求申请项目研究成果整体推广应用时间在 2 年以上（即 2016 年 12 月 31 日前已应用）。重大工程类项目要有国家、省或者市发改部门立项批文，并提交 2016 年 12 月 31 日前的工程竣工验收报告。

（五）对涉及有审批要求的项目，必须提交相应的行业许可批准证明材料（如新药、医疗器械、动植物新品种、农药、化肥、兽药、食品、通信设备、电力设备、压力容器等），且获得批准时间达到 2 年以上（即 2016 年 12 月 31 日前已获得批准）。

（六）深圳市科学技术奖自然科学奖、技术发明奖和科技进步奖，同一人同一年度只能作为一个申请项目的完成人参加评定。

（七）上两个年度（指 2017 年度或 2018 年度）深圳市科学技术奖自然科学奖、技术发明奖和科技进步奖获奖项目完成人，不能作为完成人申报本年度市科学技术奖自然科学奖、技术发明奖和科技进步奖。

（八）在市科学技术奖以往年度获奖项目或本年度其他申请项目中所列的代表性论文专著、主要知识产权证明、主要技术评价证明材料，不得重复使用。

（九）申请项目第一完成人必须征求未列入报奖主要完成人的知识产权权利人（发明专利指发明人）、论文专著作者的同意，并签署承诺。

（十）申请项目代表性论文（专著）的第一作者、通讯作者未列入申请项目完成人时，其本人应当出具知情同意证明。

（十一）列入国家或省市级科技计划、基金支持的申请项目，应当提供结题验收证明。

（十二）属于两个以上（含两个）完成人合作完成的申请项目，必须提交完成人合作关系证明、出具合作完成的证明材料。

（十三）申请单位或完成人未列入科技诚信异常名录。

（十四）《深圳市科学技术奖励办法实施细则》第六条规定的其他条件。

五、申请材料

（一）登录深圳市科技业务管理系统在线填报申请书，提供通过该系统打印的申请书纸质文件原件。

（二）根据每类奖项申请书填写说明的要求，提交相应的附件材料复印件（验原件）。

（三）申请技术发明奖、科技进步奖技术开发类或重大工程类的，还需提交：

1. 申请项目的专项审计报告：统计范围为申请项目整体应用推广开始截止至 2018 年底，应包含申请项目已整体应用推广的产品名单、形成的收入、毛利额、上缴税金，分年度统计；出具申请项目专项审计报告的第三方专业机构为依法注册成立的会计师事务所，由申请单位自行选定；审计报告应当采用经深圳市注册会计师协会备案的含有防伪标识封面的专项报告。

2. 申请项目的完成人所在完成单位及推广应用情况中所列应用单位产生的经济效益，其完成单位及应用单位须出具由法定代表人签名、单位盖章的应用证明。

以上材料一式两份，复印件需加盖申请单位公章，A4 纸正反面打印或复印，非空白页（含封面）需连续编写页码，装订成册（胶装）。

申请单位对申请材料的合法性、真实性、准确性和完整性负责。如有虚假，深圳市科创委核实后将不予奖励，并将申请单位列入我委科研诚信负面清单，视情节轻重，依法追究相关责任。

六、申请表格

本指南规定提交的表格，登录深圳市科技业务管理系统 https://sticapply.sz.gov.cn/ 在线填报。

七、审批受理机关

（一）受理机关：深圳市科技创新委员会

（二）受理时间：

网上填报受理时间：4 月 16 日至 6 月 21 日（截止至 18：00）

书面材料受理时间：6 月 24 日至 6 月 25 日

（三）联系人：朱永锋，王伟（88102264，88102159）

（四）受理地点：福田区福中三路市民中心行政服务大厅西厅 18~40 号窗口。

八、审批决定机关

市科技创新委会（市奖励办）提出拟奖名单报市奖励委审定后，报市政府批准。

九、审批程序

申请人网上申报——向市科技创新委收文窗口提交申请材料——市科技创新委（市奖励办）对申请材料进行初审——组织专家评审——市科技创新委（市奖励办）拟定拟奖名单——社会公示——市科技创新委（市奖励办）报市奖励委审定拟奖名单——市科技创新委（市奖励办）报市政府批准——市科技创新委（市奖励办）拨付奖金。

十、审批时限

每年一次，成批处理。

十一、审批证件及有效期限

证件：批准文件和证书。

有效期限：无

十二、审批的法律效力

申请人凭批准文件获得市科学技术奖奖金和荣誉证书。

十三、收费

不收费

十四、年审或年检

无年审

说　明：深圳市科技创新委员会从未委托任何单位或个人为申报单位代理申报事宜，请项目申报单位自主申报。深圳市科技创新委员会将严格按照有关标准和程序受理，不收取任何费用。如有任何中介机构和个人假借我委领导和工作人员名义向申报单位收取费用的，请知情者立即向深圳市科技创新委员会举报。

2020年国家和广东省科学技术奖配套奖励申请指南

一、审批内容

国家和广东省科学技术奖获奖项目的配套奖励。

二、设定依据

（一）《深圳市科学技术奖励办法》，深圳市人民政府，深府〔2016〕87 号；

（二）《深圳市科学技术奖励办法实施细则》，深圳市科技创新委员会，深科技创新规〔2016〕3 号。

三、奖励强度及方式

奖励强度：无数量限制

标准如下：

（一）国家最高科学技术奖每名 1000 万元；

（二）国家科技进步奖特等奖每名 300 万元；

（三）国家自然科学奖、技术发明奖、科技进步奖一等奖每名 200 万元，二等奖前 3 名每名 100 万元，二等奖非前 3 名的每名 60 万元；

（四）广东省科学技术突出贡献奖每名 500 万元；

（五）广东省科学技术奖特等奖且属第一完成单位的 200 万元，非第一完成单位的每名 100 万元；

（六）广东省科学技术奖一等奖、二等奖、三等奖前 3 名的每名 60 万元、30 万元、20 万元；一等奖、二等奖、三等奖非前 3 名的每名 30 万元、20 万元、10 万元。

除（一）、（四）外，其他款中的每名特指单位。

审批方式：单位申报、主管部门审核、社会公示、审批机关审定。

四、审批条件

申请配套奖励应当符合以下条件：

（一）申请单位应当是在深圳市依法注册、具有独立法人资格的企业、高等院校、科研机构和其他社会组织，且注册时间须在申报奖项之前。

（二）申报奖项应为 2017 年度及 2018 年度国家科学技术奖或广东省科学技术奖的项目（以国务院发布的当年度国家科学技术奖励决定及广东省政府发布的该年度广东省科学技术奖励通报为准）。

（三）申请单位近 5 年内未接受过刑事处罚，或未作为刑事案件嫌疑人正在接受调查；近 3 年内未因违反《财政违法行为处罚处分条例》、专项资金管理相关法律法规等接受过行政处罚。

（四）申请单位和主要完成人未列入科研诚信异常名录。

同一项目分别获得国家科学技术奖和广东省科学技术奖的，应分别申请；属于合作完成的获奖项目，完成单位应分别申请。

五、申请材料

（一）国家和广东省科学技术奖配套奖励申请书；

（二）申请单位是企业的，提供营业执照信息和上年度完税情况事项真实无误的承诺书；

（三）获奖证书（含完成单位）；

（四）获奖单位名称发生变化的，提供市市场监督管理局出具的变更通知书复印件（验原件）；

以上材料一式两份，申请国家科学技术奖配套奖励请用蓝色封皮，申请广东省科学技术奖配套奖励请用白色封皮。复印件需加盖申请单位公章，A4 纸正反面打印 / 复印，非空白页（含封面）需连续编写页码，装订成册（胶装）。

申请单位对申请材料的合法性、真实性、准确性和完整性负责。如有虚假，我委核实后将不予奖励，并将申请单位列入我委科研诚信负面清单，视情节轻重，依法追究相关责任。

六、申请表格

本实施办法规定提交的表格，登录市科技创新委科技业务管理系统 https://sticapply.sz.gov.cn/ 在线填报。

七、受理机关

（一）受理机关：深圳市科技创新委员会

（二）受理日期：

网络填报受理时间：4 月 9 日至 4 月 26 日（截止至 18：00）

书面材料受理时间：4 月 28 日至 5 月 6 日

（三）联系电话：0755-88102264、0755-88102159

（四） 受理地点：深圳市民中心行政服务大厅西厅 18-40 号窗口

八、决定机关

深圳市科技创新委员会会同深圳市财政委员会

九、审批程序

申请单位网上申报——向市科技创新委收文窗口提交申请材料——市科技创新委对申请材料进行审核——市科技创新委拟定拟奖名单——社会公示——市科技创新委和市财政委联合下达批准文件——市科技创新委拨付奖金。

十、审批时限

每年一次，成批处理

十一、审批证件及有效期限

证件：批准文件

有效期限：长期有效

十二、法律效力

申请单位凭批准文件获得国家和广东省科学技术奖配套奖励金。

十三、收费

不收费

十四、年审或年检

无年审或年检

说　明：我委从未委托任何单位或个人为项目申报单位代理资金申报事宜，请项目申报单位自主申报。我委将严格按照有关标准和程序受理，不收取任何费用。如有任何中介机构和个人假借我委领导和工作人员名义向申报单位收取费用的，请知情者立即向我委举报。

第二节 政府资助与申请

孔雀计划

2019年创业资助项目申请指南

为推进大众创业，万众创新，激发创新主体积极性和创造性，实施创业型企业研发资助计划。该计划分为科技型中小微企业和留学回国人员创业资助、创客创业资助、海外高层次人才创新创业专项资金创业资助。

一、科技型中小微企业和留学回国人员创业资助项目

（一）申请内容

以培育具有核心创新力，高成长性的源头创新型企业为目标，对科技型中小微企业和留学回国人员创办的科技型企业研发资助。

重点支持领域：互联网、生物、新能源、新材料、新一代信息技术、节能环保等战略性新兴产业；海洋、航空航天、生命健康、机器人、可穿戴设备和智能装备产业等未来产业；金融科技、先进制造、安全生产、资源环境等促进生态文明建设及民生改善的科技领域。

（二）设定依据

1.《关于促进科技创新的若干措施》，深圳市委，深发〔2016〕7 号；

2.《深圳经济特区科技创新促进条例》，深圳市第五届人民代表大会常务委员会公告，第 144 号；

3.《深圳市人民政府关于大力推进大众创业万众创新的实施意见》，深圳市人民政府，深府〔2016〕61 号；

4.《关于加强自主创新促进高新技术产业发展的若干政策措施》，深圳市人民政府，深府〔2008〕200 号；

5.《深圳市科技计划项目管理办法》，深圳市科技创新委员会 深圳市财政委员会，深科技创新规〔2012〕9 号；

6.《深圳市科技研发资金管理办法》，深圳市财政委员会 深圳市科技创新委员会，深财科〔2012〕168 号。

（三）办理方式

审批数量：有数量限制，受科技研发资金、战略性新兴产业资金、未来产业资金年度总额控制，单个项目资助强度不超过 100 万元。

审批方式：单位申报、各区（新区）考察推荐、专家评审、社会公示、决定机关审定。

（四）办理条件

申请科技型中小微企业创业资助应当符合以下条件：在深圳市依法注册、具有独立法人资格、符合国家《关于印发中小企业划型标准规定的通知》（工信部联企业〔2011〕300 号）中规定的科技型中小微企业，或深汕合作区内注册的深圳企业，依法注册成立时间为 2013 年 1 月 1 日至 2017 年 1 月 1 日，2017 年度营业收入在 50 万元以上 5000 万元以下。申

请企业至少拥有 1 项知识产权（发明专利、实用新型专利、计算机软件著作权）。

申请留学人员创业资助应当符合以下条件：留学回国人员在深圳创办的科技型企业，依法注册成立时间为 2013 年 1 月 1 日至 2017 年 1 月 1 日，留学人员回国时间为 2013 年 1 月 1 日至 2018 年 1 月 1 日，留学回国人员占申请企业注册登记中股份 (含技术股) 15% 以上比例。申请企业至少拥有 1 项知识产权（发明专利、实用新型专利、计算机软件著作权）。

申报单位未获得过市级科技型中小微企业创业资助和留学回国人员创业资助。

省科技特派员入驻企业予以优先支持。本年度申报基础研究（自由探索、学科布局）、技术攻关、创业资助、深港创新圈、国际科技合作（研究开发项目）、股权投资、重点实验室、工程中心、公共技术服务平台、科技应用示范、孔雀（孔雀团队、创业资助、技术创新）、创客（创客创业资助）计划的企业和高校、科研机构项目组成员，有申报总量限制：

1. 申请单位为企业的，原则上只能单独或者联合申报 1 项；2015 年以来获得国家、广东省和部级科技奖励的企业、2016 年及 2017 年深圳市工业百强企业，可以单独或者联合申报 2 项。

2. 申请单位为高校或者科研机构的，其项目组成员只能单独或联合申报 2 项。

（五）办理材料

1. 登录深圳市科技业务管理系统在线填报申请书，提供通过该系统打印的申请书纸质文件；

2. 组织机构代码证复印件、税务登记证复印件、工商营业执照复印件（或具有组织机构代码、纳税人识别号、社会保险登记编码的“一照四号”营业执照复印件）；

3. 法人代表身份证复印件；

4.2017 年度完税证明复印件；

5.2017 年度财务审计报告（审计工作尚未完成的，可暂由财务报表替代，最迟 4 月 30 日前上传审计报告）；

6. 项目可行性研究报告；

7. 项目组成员社会保险缴纳凭证复印件；

8. 知识产权证明复印件；

9. 申请留学回国人员创业资助须提供：深圳市外国专家局出具的出国留学人员资格证明复印件；企业信用信息单（申请人占股比例，网上打印加盖公章）；留学回国人员与申报单位签订的劳动合同复印件；

10. 可选择提供查新报告、检测报告、获奖证书、国家及省计划文件等项目技术水平相关证明材料复印件；

11. 申请人应谨慎填写项目申报书的人员信息、研发内容、技术经济指标、经费安排等内容，申请书中内容将作为合同内容生成依据。

以上材料一式两份，复印件需加盖申请单位公章（除第 2 项材料外，其他复印件需验原件），A4 纸正反面打印或复印，非空白页（含封面）需连续编写页码，装订成册（胶装）。

项目申报材料中拟取得的学术、技术、经济效益等指标应严肃和科学，申报指标将作为项目评审、合同签订、过程管理、验收结题及项目评估的依据，原则上不予调整。特提请各申报单位严肃对待。

项目申报单位对申请材料的合法性、真实性、准确性和完整性负责。如有虚假，深圳市科技创新委员会核实后将不予立项资助，并将申报单位列入科研诚信负面清单，视情节轻重，依法追究相关责任。

（六）办理表格

本指南规定提交的表格，申请人登录深圳市科技业务管理系统在线填报。

（七）受理机关

1. 受理机关：深圳市科技创新委员会

2. 受理时间：

网上填报时间：2018 年 1 月 12 日—2018 年 2 月 23 日

书面材料提交时间：2018 年 2 月 24 日—2018 年 3 月 9 日

办公时间：星期一至星期五

上午 9：00—12：00

下午 14：00—17:45

3. 联系人及联系电话：

电子信息领域：88101054，88127371

生物与资源领域：88121057，88121058

材料与能源领域：88103124，88125027

先进制造领域：88125001，88102172

4. 受理地点：深圳市民中心行政服务大厅西厅 18—28 号窗口

（八）决定机关

深圳市科技创新委会同市财政委

战略性新兴产业及未来产业领域资助项目由深圳市新兴高技术产业发展领导小组审定。

（九）办理程序

申请单位网上申报——向市科技创新委收文窗口提交纸质申请材料——市科技创新委对申请材料进行初审——各区（新区）科技主管部门按照项目申请单位实际经营地址进行考察推荐——市科技创新委组织专家评审——市科技创新委会同市财政委审定（战略性新兴产业、未来产业领域资助项目由市新兴高技术产业发展领导小组审定）——社会公示——市科技创新委、市财政委共同下达项目资金计划（战略性新兴产业、未来产业领域资助项目由市新兴高技术产业发展领导小组下达）——签订项目合同书——拨付资助经费。

（十）办理时限

结合受理情况，按申报顺序，分批处理。

（十一）证件

证件：批准文件

有效期限：申请单位应当在收到批准文件之日起 1 个月内，与市科技创新委签订项目合同书。

（十二）法律效力

申请人凭批准文件获得深圳市科技研发资金、战略性新兴产业资金、未来产业资金资助。

（十三）收费

不收费

（十四）年审或年检

无年审。深圳市科技创新委按照项目合同书对项目进行跟踪管理和组织验收。

二、创客创业资助项目

（一）申请内容

中国创新创业大赛、中国（深圳）创新创业大赛、全国农业科技创新创业大赛竞赛等优胜者在深圳实施竞赛项目的资助以及创客企业的资助。

（二）设定依据

1.《深圳市关于促进创客发展的若干措施》，深圳市政府，深府〔2015〕46 号；

2.《深圳市创客专项资金管理暂行办法》，深圳市财政委员会，深圳市科技创新委员会，深财规〔2015〕10 号。

（三）办理方式

支持强度：有数量限制，受创客专项资金年度总额控制，单个项目资助强度不超过 50 万元。

支持方式：申请人申报、专家评审、答辩（有必要时进行现场考察）、社会公示、审批机关审定。

（四）办理条件

（1）申请创业大赛优胜项目创客创业资助的企业应当符合以下条件：

2016 及 2017 年获得中国创新创业大赛行业总决赛优秀企业或团队，中国（深圳）创新创业大赛总决赛或行业决赛一、二、三等奖及优胜奖，全国农业科技创新创业大赛初创组优胜者，并同时满足以下条件：

a．在深圳注册设立企业实施竞赛项目；

b．2015 年 1 月 1 日以后在深圳依法注册设立具有独立法人资格的企业。

(2) 申请普通创客创业资助的企业应当符合以下条件：

2017 年 1 月 1 日及以后在深圳依法注册设立具有独立法人资格的创客企业。

2019 年度申报基础研究（自由探索、学科布局）、技术攻关、创业资助、深港创新圈、国际科技合作（研究开发项目）、股权投资、重点实验室、工程中心、公共技术服务平台、科技应用示范、孔雀（孔雀团队、创业资助、技术创新）、创客（创客创业资助）计划的企业和高校、科研机构项目组成员，有申报总量限制：

a. 申请单位为企业的，原则上只能单独或者联合申报 1 项；2015 年以来获得国家、广东省和部级科技奖励的企业或 2016 年、2017 年深圳市工业百强企业，可以单独或者联合申报 2 项；

b. 申请单位为高校或者科研机构的，其项目组成员只能单独或联合申报 2 项。

（五）申请材料

1. 登录深圳市科技业务管理系统在线填报申请书，提供通过该系统打印的申请书纸质文件原件；

2. 团队负责人、法人代表身份证复印件；

3. 大赛晋级决赛相关证明材料复印件；

4. 项目可行性研究报告原件；

5. 可选择提供知识产权证、查新报告、检测报告、获奖证书、国家或省计划文件等项目技术水平相关证明材料复印件（验原件）；

6．普通创客创业企业可选择提供创客空间推荐函或进驻创客空间的证明材料。

7. 项目申报材料中拟取得的学术、技术、经济效益等指标应严肃及科学，申报指标将作为项目评审、合同签订、过程管理、验收结题及项目评估的依据，原则上不予更改。请各申报单位科学，严谨制定申请指标。

以上材料一式两份，复印件需加盖申请单位公章，A4 纸正反面打印或复印，非空白页（含封面）需连续编写页码，装订成册（胶装）。

项目申报材料中拟取得的学术、技术、经济效益等指标应严肃及科学，申报指标将作为项目评审、合同签订、过程管理、验收结题及项目评估的依据，原则上不予调整。特提请各申报单位严肃对待。

项目申报单位对申请材料的合法性、真实性、准确性和完整性负责。如有虚假，深圳市科技创新委员会核实后将不予立项资助，并将申报单位列入科研诚信负面清单，视情节轻重，依法追究相关责任。

（六）申请表格

本指南规定提交的表格，申请人登录深圳市科技业务管理系统在线填报。

（七）受理机关

1. 受理机关：深圳市科技创新委

2. 受理时间（按申报顺序，分批处理）：

网络填报受理时间：2018 年 1 月 26 日至 2018 年 3 月 16 日

书面材料受理时间：2018 年 3 月 19 日至 2018 年 3 月 30 日

办公时间：星期一至星期五

上午 9：00—12：00

下午 14：00 － 17:45

3. 联系电话： 88103994，88102195

4. 受理地点：深圳市民中心行政服务大厅西厅 18~28 号窗口

（八）决定机关

深圳市科技创新委会同市财政委员会（以下简称“市财政委”）

（九）办理程序

申请人网上申报——向深圳市科技创新委收文窗口提交申请材料——市科技创新委对申请材料进行初审——组织专家评审，答辩或者现场考察——市科技创新委会同市财政委审定——社会公示——市科技创新委、市财政委共同下达项目资金计划——申请单位与市科技创新委签订项目合同书——拨付资助经费。

（十）办理时限

结合受理情况，按申报顺序，分批处理。

（十一）证件

证件：批准文件

有效期限：申请单位应当在收到批准文件之日起 1 个月内，与市科技创新委签订项目合同书。

（十二）法律效力

申请人凭批准文件获得深圳市创客专项资金资助。

（十三）收费

不收费

（十四）年审或年检

无年审。深圳市科技创新委按照项目合同书对项目进行跟踪管理和组织验收。

三、海外高层次人才创新创业专项资金创业项目

（一）申请内容

对来深圳市创办企业的海外高层次人才的创业项目予以资助。

重点支持领域：互联网、生物、新能源、新材料、新一代信息技术等战略性新兴产业。海洋、航空航天、生命健康、机器人、可穿戴设备、智能装备等未来产业。

（二）设定依据

1.《深圳市委市政府关于实施引进海外高层次人才“孔雀计划”的意见》，中共深圳市委，深发〔2011〕9 号；

2.《深圳市科技计划项目管理办法》，深圳市科技创新委员会、深圳市财政委员会，深科技创新规〔2012〕9 号；

3.《深圳市科技研发资金管理办法》，深圳市财政委员会、深圳市科技创新委员会，深财科〔2012〕168 号。

（三）办理方式

支持强度：有数量限制，受深圳市海外高层次人才创新创业资金年度总额控制。

支持方式：自愿申报、专家评审、现场考察、社会公示、受理机关审定。

（四）办理条件

申请创业项目资助应当符合以下条件：

1. 申报单位应当是具有 2 年以上海外学习或工作经历的海外专家、留学回国人员等高层次人才（即项目负责人）在深圳市创办的科技型企业；

2. 截止至 2017 年 12 月 31 日，项目负责人所在企业注册时间均不超过 5 年；

3. 项目负责人已按照《深圳市海外高层次人才确认办法》获得企业技术与创新创业类或科研学术与教育卫生类人才确认并处于深圳市海外高层次人才确认有效期内（截至 2018 年 3 月）；

4. 项目负责人为申请企业股东，且在项目执行期内须全职在申请单位工作。

5. 申报单位如已获得深圳市留学回国人员创业资助项目、深圳市海外高层次人才创新创业专项资金创业项目、深圳市出国留学人员创业前期费用补贴及其他同类计划资助，不得申报。

本年度申报基础研究（自由探索及学科布局）、技术攻关、创业资助、深港创新圈、国际科技合作（研究开发项目）、股权投资、重点实验室、工程中心、公共技术服务平台、科技应用示范、孔雀（孔雀团队、创业资助、技术创新）、创客（创客创业资助）计划的企业和高校、科研机构项目组成员，有申报总量限制：

1. 申请单位为企业的，原则上只能单独或者联合申报 1 项。2015 年以来获得国家、广东省和部级科技奖励的企业、2016 年及 2017 年深圳市工业百强企业，可以单独或者联合申报 2 项。

2. 申请单位为高校或者科研机构的，其项目组成员只能

单独或联合申报 2 项。

（五）申请材料

1. 登录深圳市科技业务管理系统在线填报申请书，提供通过该系统打印的申请书纸质文件原件；

2. 组织机构代码证复印件；

3. 营业执照复印件；

4. 法人代表身份证复印件；

5. 税务登记证复印件；

6.2017 年度完税证明复印件；

7.2017 年度财务审计报告复印件（注册未满一年的可提供验资报告，验原件。审计工作尚未完成的，可暂由财务报表替代，最迟 4 月 30 日前上传审计报告）；

8. 企业信用信息单（项目负责人占股比例，网上打印加盖公章）；

9. 深圳市海外高层次人才证书复印件（验原件）；

10. 两年以上海外学习或工作经历的证明材料，海外专家须提供深圳市外国专家局出具的就业许可证复印件，留学回国人员须提供深圳市或其他城市外国专家局出具的出国留学人员资格证明复印件，有海外工作经历的须提供海外任职证明材料复印件（如工作签证、任职经历证明等，验原件，外文须提供中文翻译）；

12. 项目负责人与申报单位签订的劳动合同复印件（验原件）；

13. 项目负责人身份证和学位证复印件（验原件）；

14. 项目负责人获得海外院校、机构录取、录用证明文件复印件（验原件）；

15. 项目负责人的相关专利证书、产品证书、奖励证书等复印件，发表的代表性论著、论文的首页和摘要复印件（外文须提供中文翻译）、主持（参与）过的主要项目证明材料复印件；

16. 项目可行性研究报告原件。

以上材料一式两份，复印件需加盖申请单位公章，A4 纸正反面打印或复印，非空白页（含封面）需连续编写页码，装订成册（胶装）。

项目申报材料中拟取得的学术、技术、经济效益等指标应严肃及科学，申报指标将作为项目评审、合同签订、过程管理、验收结题及项目评估的依据，原则上不予调整。特提请各申报单位严肃对待。

项目申报单位对申请材料的合法性、真实性、准确性和完整性负责。如有虚假，深圳市科技创新委员会核实后将不予立项资助，并将申报单位列入我委科研诚信负面清单，视情节轻重，依法追究相关责任。

（六）申请表格

指南规定提交的表格，登录深圳市科技业务管理系统在线填报。

（七）受理机关

1. 受理机关：深圳市科技创新委员会

2. 受理时间：

网络填报受理时间：2018 年 1 月 26 日至 2018 年 3 月 16 日

书面材料受理时间：2018 年 3 月 19 日至 2018 年 3 月 30 日

办公时间：星期一至星期五

上午 9：00—12：00

下午 14：00—17:45

3. 联系电话： 88121039，88102204

4. 受理地点：深圳市民中心行政服务大厅西厅 18~28 号窗口

（八）决定机关

深圳市科技创新委会同深圳市财政委员会（以下简称“市财政委”）。

（九）办理程序

申请人网上申报——向深圳市科技创新委收文窗口提交申请材料——深圳市科技创新委组织专家评审、答辩或现场考察——市科技创新委会同市财政委审定——社会公示——

市科技创新委、市财政委共同下达资金计划——申请单位与市科技创新委签订项目合同书—拨付经费。

(十)办理时限

每年一次，成批处理。

（十一）证件

证件：批准文件

有效期限：申请人应当在收到批准文件之日起1个月内，与市科技创新委签订项目合同书。

（十二）法律效力

申请单位凭批准文件获得深圳市海外高层次人才创新创业专项资金资助。

（十三）收费

不收费

（十四）年审或年检

无年审。深圳市科技创新委按照项目合同书对项目进行跟踪管理和组织验收。

声 明：

1. 深圳市科技创新委员会从未委托任何单位或个人为项目申报单位代理资金申报事宜，请项目申报单位自主申报。深圳市科技创新委员会将严格按照有关标准和程序受理，不收取任何费用。如有任何中介机构和个人假借我委领导和工作人员名义向申报单位收取费用的，请知情者立即举报。

2. 各申报单位报送深圳市科技创新为相关数据，需同报送市统计局数据保持一致。

2019年深圳市海外高层次人才创新创业专项资金创业场租补贴申请指南

一、申请内容

对已获得海外高层次人才创新创业专项创业资助、团队资助、广东省创新科研团队资助的企业予以场租补贴。

二、设定依据

《深圳市委市政府关于实施引进海外高层次人才“孔雀计划”的意见》，中共深圳市委，深发〔2011〕9号。

三、支持强度与方式

支持强度：有数量限制，受深圳市海外高层次人才创新创业专项资金年度总额控制。

自企业设立之日起两年内给予500平方米以下部分每月每平方米30元场租补贴，自企业设立之日第三年给予500平方米以下部分每月每平方米15元场租补贴。补贴截止时间为2017年12月31日。

支持方式为事后资助。自愿申报、委托审计、社会公示、受理机关审定。

四、办理条件

（一）申报主体必须是已获得深圳市海外高层次人才创新创业专项资金创业资助或团队资助或广东省创新科研团队资助的企业；

（二）申请补贴的场地应为获得海外高层次人才创新创业专项资金创业资助或团队资助或广东省创新科研团队资助的项目使用，且申请补贴期间项目仍在正常开展或已通过验收。

（三）2018年度已经申报的企业本次不再接受重复申报。

五、申请材料

（一）登录深圳市科技业务管理系统在线填报申请书，提供通过该系统打印的申请书纸质文件原件；

（二）组织机构代码证复印件；

（三）公司营业执照复印件；

（四）国地税税务登记证复印件（非事业单位提供）；

（五）单位法定代表人身份证复印件；

（六）有效租房合同复印件（验原件）；

（七）申请补贴期内交纳房租发票复印件（验原件）；

（八）申请补贴期内的财务审计报告（当年的可提交财务报表）和纳税证明复印件；

（九）项目已通过验收的提供验收证书复印件。

以上材料一式二份，复印件需加盖申请单位公章，A4纸正反面打印或复印，非空白页（含封面）需连续编写页码，装订成册（胶装）。

项目申报材料中拟取得的学术、技术、经济效益等指标应严肃及科学，申报指标将作为项目评审、合同签订、过程管理、验收结题及项目评估的依据，原则上不予调整。特提请各申报单位严肃对待。

项目申报单位对申请材料的合法性、真实性、准确性和完整性负责。如有虚假，深圳市科技创新委员会核实后将不予立项资助，并将申报单位列入科研诚信负面清单，视情节轻重，依法追究相关责任。

六、申请表格

本指南规定提交的表格，登录深圳市科技业务管理系统在线填报。

七、受理机关

（一）受理机关：深圳市科技创新委员会

（二）受理时间：

网上填报受理时间:2018年1月26日至2018年3月16日

书面材料受理时间:2018年3月19日至2018年3月30日

办公时间：星期一至星期五

上午9：00—12：00

下午14：00—17:45

（三）联系电话：88121039，88102204

（四）受理地点：深圳市民中心行政服务大厅西厅18~28号窗口

八、决定机关

深圳市科技创新委会同深圳市财政委员会（以下简称“市财政委”）

九、办理程序

申请人网上申报——向深圳市科技创新委收文窗口提交申请材料——深圳市科技创新委委托审计——深圳市科技创新委会同市财政委审定——社会公示——深圳市科技创新委、市财政委共同下达资金计划——拨付经费。

十、办理时限

每年一次，成批处理。

十一、证件

批准文件

十二、法律效力

申请人凭批准文件获得深圳市海外高层次人才创新创业专项资金资助。

十三、收费

不收费

十四、年审或年检

无年审和年检。

声 明：
深圳市科技创新委员会从未委托任何单位或个人为项目申报单位代理资金申报事宜，请项目申报单位自主申报。深圳市科技创新委员会将严格按照有关标准和程序受理，不收取任何费用。如有任何中介机构和个人假借深圳市科技创新委员会领导和工作人员名义向申报单位收取费用的，请知情者立即举报。

2019年深圳市海外高层次人才创新创业专项资金技术创新项目申请指南

一、申请内容

对来深圳市工作并担任研发项目负责人的海外高层次人才研发项目和成果转化项目予以资助。

重点支持领域：互联网、生物、新能源、新材料、新一代信息技术等战略性新兴产业；海洋、航空航天、生命健康等未来产业；先进制造和涉及民生改善的科技领域。

二、设定依据

（一）《深圳市委市政府关于实施引进海外高层次人才“孔雀计划”的意见》，中共深圳市委，深发〔2011〕9 号；

（二）《深圳市科技计划项目管理办法》，深圳市科技创新委员会，深圳市财政委员会，深科技创新规〔2012〕9 号；

（三）《深圳市科技研发资金管理办法》，深圳市财政委员会，深圳市科技创新委员会，深财科〔2012〕168 号。

三、支持强度与方式

支持强度：有数量限制，受深圳市海外高层次人才创新创业专项资金年度总额控制。平均资助强度 100 万元。

支持方式：自愿申报、专家评审、答辩或现场考察、社会公示、受理机关审定。

四、办理条件

申请技术创新项目资助应当符合以下条件：

（一）申请单位是在深圳市依法注册的独立法人；

（二）项目负责人已按照《深圳市海外高层次人才确认办法》获得企业技术与创新创业类或科研学术与教育卫生类人才确认，并处于深圳市海外高层次人才确认有效期内（截至 2018 年 3 月）；

（三）项目负责人在项目执行期内须全职在申请单位工作;

（四）申报单位同一项目每年只能申报一次，不得多头申报和重复申报。凡以相同项目多头申报，重复套取政府资金的，一经发现立即取消该单位两年内所有项目的资助资格。“同一项目”是指经我委使用相应软件对申报项目进行查重后，相似度为 30%以上（含 30%）的项目；

（五）已列入科技诚信异常名录的单位和人员不得申报。

本年度申报基础研究（自由探索及学科布局）、技术攻关、创业资助、深港创新圈、国际科技合作（研究开发项目）、股权投资、重点实验室、工程中心、公共技术服务平台、科技应用示范、孔雀（孔雀团队、创业资助、技术创新）、创客（创客创业资助）计划的企业和高校、科研机构项目组成员，有申报总量限制：

1. 申请单位为企业的，原则上只能单独或者联合申报 1 项；2015 年以来获得国家、广东省和部级科技奖励的企业、2016 年、2017 年深圳市工业百强企业，可以单独或者联合申报 2 项。

2. 申请单位为高校或者科研机构的，其项目组成员只能单独或联合申报 2 项。

五、申请材料

（一）登录深圳市科技业务管理系统在线填报申请书，提供通过该系统打印的申请书纸质文件原件。

申请人应认真填写项目申报书的人员信息、研发内容、技术经济指标、经费安排等内容，申请书中内容将作为合同内容生成依据。

（二）企业营业执照或事业单位登记证书复印件；

（三）法人代表身份证复印件；

（四）税务登记证复印件（非事业单位提供）；

（五）2017 年度纳税证明复印件（非事业单位提供）；

（六）2017 年度财务审计报告或通过审查的事业单位财务决算报表复印件（注册未满一年的可提供验资报告，验原件。审计工作尚未完成的，可暂由财务报表替代，最迟 4 月 30 日前上传审计报告）；

（七）深圳市海外高层次人才证书复印件（验原件）；

（八）2 年以上海外学习或工作经历的证明材料，海外专家须提供我市外国专家局出具的就业许可证复印件（验原件），留学回国人员须提供深圳市或其他城市外国专家局出具的出国留学人员资格证明复印件（验原件），有海外工作经历的须提供海外任职证明材料复印件（如工作签证、任职经历证明等，验原件，外文须提供中文翻译）；

（九）项目负责人与申报单位签订的劳动合同复印件（验原件）；

（十）项目负责人身份证和学位证复印件（验原件）；

（十一）项目负责人获得海外院校、机构录取、录用证明文件复印件（验原件）；

（十二）项目负责人的相关专利证书、产品证书、奖励证书等复印件，发表的代表性论著或论文的首页和摘要复印件（外文须提供中文翻译），主持（参与）过的主要项目证明材料复印件；

（十三）项目可行性研究报告原件。

以上材料一式两份，复印件需加盖申请单位公章，A4 纸正反面打印或复印，非空白页（含封面）需连续编写页码，装订成册（胶装）。

项目申报材料中拟取得的学术、技术、经济效益等指标应严肃及科学，申报指标将作为项目评审、合同签订、过程管理、验收结题及项目评估的依据，原则上不予调整。特提请各申报单位严肃对待。

项目申报单位对申请材料的合法性、真实性、准确性和完整性负责。如有虚假，深圳市科技创新未核实后将不予立项资助，并将申报单位列入科研诚信负面清单，视情节轻重，依法追究相关责任。

六、申请表格

本指南规定提交的表格，登录深圳市科技业务管理系统在线填报。

七、受理机关

（一）受理机关：深圳市科技创新委员会

（二）受理时间：

网上填报受理时间 :2018 年 1 月 26 日至 2018 年 3 月 16 日

书面材料受理时间 :2018 年 3 月 19 日至 2018 年 3 月 30 日

办公时间：星期一至星期五

上午 9：00—12：00

下午：14：00 — 17：45

（三）联系电话：88121039，88102204

（四）受理地点：深圳市民中心行政服务大厅西厅 18~28 号窗口

八、决定机关

深圳市科技创新委会同深圳市财政委员会（以下简称“市财政委”）

九、办理程序

申请人网上申报——向深圳市科技创新委收文窗口提交申请材料——市科技创新委组织专家评审、答辩或现场考察——深圳市科技创新委会同市财政委审定——社会公示——深圳市科技创新委、市财政委共同下达资金计划——

申请单位与市科技创新委签订项目合同书——拨付经费。

十、办理时限

每年一次，成批处理。

十一、证件及有效期限

证件：批准文件

有效期限：申请单位应当在收到批准文件之日起 1 个月内，与市科技创新委签订项目合同书。

十二、法律效力

申请单位凭批准文件获得深圳市海外高层次人才创新创业专项资金资助。

十三、收费

不收费

十四、年审或年检

无年审

深圳市科技创新委对项目进行跟踪管理和组织验收。

声 明：
深圳市科技创新委员会从未委托任何单位或个人为项目申报单位代理资金申报事宜，请项目申报单位自主申报。深圳市科技创新委员会将严格按照有关标准和程序受理，不收取任何费用。如有任何中介机构和个人假借我委领导和工作人员名义向申报单位收取费用的，请知情者立即举报。

2019年深圳市孔雀团队资助申请指南

一、申请内容

对来深圳市工作的海内外高层次人才团队创新创业予以资助。

重点支持领域：互联网、生物、新能源、新材料、新一代信息技术、节能环保、海洋、航空航天、生命健康、机器人、可穿戴设备、智能装备等新兴产业。

二、设定依据

（一）《深圳市委市政府关于实施引进海外高层次人才“孔雀计划”的意见》（深发〔2011〕9号）；

（二）《深圳市委市政府关于促进人才优先发展的若干措施》（深发〔2016〕9号）；

（三）《深圳市海外高层次人才“孔雀计划”资金管理暂行办法》（深财规〔2013〕1号）；

（四）《深圳市科技研发资金管理办法》（深财科〔2012〕168号）；

（五）《深圳市科技计划项目管理办法》（深科技创新规〔2012〕9号）。

三、支持强度与方式

支持强度：有数量限制，受专项资金年度总额控制。单个团队项目资助金额1000万元至1亿元，平均资助强度2000万元左右。其中，海外青年团队最高资助2000万元。对依托单位为企业的团队，资助金额不高于项目申报预算总额50%。

支持方为无偿资助。依托单位为非预算管理单位的资助资金分两期拨付，签订合同后拨付60%，通过中期考核后按规定拨付余款。预算管理单位按相关规定分年度拨付。

鼓励各区结合全市产业布局和各自优势，择优培育及资助具有成长潜力的创新创业预备项目团队。

四、办理条件

（一）申请单位是在深圳市或深汕合作区内依法注册、具有独立法人资格的单位。

（二）团队包括1名带头人和2名及以上核心成员，团队成员之间稳定合作2年以上。团队成员应具有良好的道德品质和职业操守，具备较强的创新创业能力，研究水平和成果居本领域、本行业前列，科研成果创新性突出或产业化前景好。

（三）海内外高层次团队由海外高层次人才（海外专家、留学回国人员、有丰富海外工作经历人员，海外学习及工作经历需在2年以上）或国内高层次人才（诺贝尔奖获得者、中国、美国、英国、德国、澳大利亚、以色列等国科学院、工程院院士，中组部“千人计划”、中科院“百人计划”、教育部“长江学者奖励计划”入选者，国家杰出青年科学基金项目、优秀青年科学基金项目获得者）组成。

海外青年团队由海外高层次人才组成，带头人及核心成员均应具有博士学位。

（四）团队中海外高层次人才从海外回国或来华工作时间及国内高层次人才来深圳工作时间均须在2015年1月1日之后。

（五）海内外高层次人才创新创业团队带头人年龄不得超过60岁（1958年1月1日之后出生），团队平均年龄不得超过55岁，国家“千人计划”顶尖人才及创新团队项目入选者、诺贝尔奖获得者、中国、美国、英国、德国、澳大利亚、以色列等国科学院、工程院院士作为带头人全职来深工作可放宽至65岁（1953年1月1日之后出生）；海外青年团队带头人及核心成员年龄均不超过45岁（1973年1月

1 日之后出生）。

（六）团队获得资助后需在深圳连续工作 5 年以上，团队带头人及其他核心成员一半或以上须全职（每年 9 个月或以上）在深工作，并与深圳市外单位没有全职聘用合同关系，其他成员在深圳工作时间年均须达到 3 个月或以上。项目执行期内，带头人不得更换，其他核心成员变更依照相关规定报主管部门审批。团队全职人员，如尚未与依托单位签订正式劳动合同，须签订意向性合同，并承诺入选 3 个月内签订正式劳动合同并到岗。

（七）申报单位同一项目每年只能申报一次，不得多头申报和重复申报。凡以相同项目多头申报或重复套取政府资金的，一经发现立即取消该单位两年内所有项目的资助资格。“同一项目”是指经深圳市科技创新委员会使用相应软件对申报项目进行查重后，相似度为 30% 以上（含 30%）的项目。

（八）已列入科技诚信异常名录的单位和人员，不得申报。

本年度申报基础研究（自由探索、学科布局）、技术攻关、创业资助、深港创新圈、国际科技合作（研究开发项目）、股权投资、重点实验室、工程中心、公共技术服务平台、科技应用示范、孔雀（孔雀团队、创业资助、技术创新）、创客（创客创业资助）计划的企业和高校、科研机构项目组成员，有申报总量限制。

1. 申请单位为企业的，原则上只能单独或者联合申报 1 项；2015 年以来获得国家、广东省和部级科技奖励的企业、2016 年及 2017 年深圳市工业百强企业，可以单独或者联合申报 2 项。

2. 申请单位为高校或者科研机构的，其项目组成员只能单独或联合申报 2 项。

五、团队举荐

（一）符合前述办理条件的团队，经由相关领域 3 名推荐人（诺贝尔奖获得者，中国、美国、英国、德国、澳大利亚、以色列等国科学院院士、工程院院士）联合举荐，可免函审直接进入答辩环节，举荐意见可供答辩评审参考。推荐信须对团队人员水平和项目的必要性、创新性及可行性等给予肯定性评价。同一推荐人每年只可推荐一个团队。

（二）已获批深圳市孔雀团队 5 个及以上的依托单位可举荐本单位新引进的创新创业团队，被举荐团队须符合前述办理条件。举荐单位曾获批 5 个孔雀团队即拥有 1 个举荐名额，曾获批 10 个孔雀团队即拥有 2 个举荐名额，以此类推。每举荐 1 个新团队，单位举荐名额减 1。单位推荐信须对团队人员水平和项目的必要性、创新性、可行性等给予肯定性评价，同时明确单位对团队成员到岗、资金使用、项目推进等承担主体责任，并为团队提供场地及经费等保障支持。经单位举荐的团队，可免函审直接进入答辩环节，单位举荐意见可供答辩评审参考。

（三）深圳市委市政府或市科技产业领导小组要求部署的团队，如符合前述办理条件，可免函审直接进入答辩环节。

六、申请材料

（一）登录深圳市科技业务管理系统在线填报申请书，提供通过该系统打印的申请书纸质文件原件；

（二）申请单位组织机构代码证、税务登记证、工商营业执照复印件（或具有组织机构代码、纳税人识别号、社会保险登记编码的“一照四号”营业执照复印件）；

（三）申请单位法定代表人身份证复印件；

（四）申请单位 2017 年度纳税证明复印件；

（五）申请单位 2017 年度财务审计报告复印件（注册未满一年的可不提供。审计工作尚未完成的，可暂由财务报表替代，最迟 4 月 30 日前上传审计报告）；

（六）海外专家须提供我市外国专家局出具的就业许可证复印件（验原件），留学回国人员须提供我市或其他城市出具的出国留学人员资格证明复印件（验原件），有海外工作经历的须提供海外任职证明材料复印件（如工作签证、任职经历证明等，验原件，外文须提供中文翻译）；

（七）团队成员与申报单位签订的劳动合同或意向性合同复印件（验原件）；

（八）团队成员身份证或护照，学历学位证书复印件（加盖申请单位公章）；

（九）团队成员发表的代表性论著、论文的首页和摘要复印件（外文须提供中文翻译）、主持（参与）过的主要项目、相关专利证书、产品证书、奖励证书等证明材料复印件以及团队成员之间的合作经历证明材料；

（十）项目可行性研究报告原件；

（十一）以举荐方式申报的团队，提交举荐材料（院士推荐信、依托单位推荐信、依托单位已入选我市孔雀团队的团队清单等）。

以上材料一式两份，A4 纸正反面打印或复印，非空白页（含封面）需连续编写页码，装订成册（胶装），书脊注明“2019 年深圳市孔雀团队申报书”、团队名称、带头人姓名、申报单位。申报书及附件材料均需加盖用人单位封面章、骑缝章。线上（申报系统）与线下纸质材料必须一致。

项目申报材料中拟取得的学术、技术、经济效益等指标应严肃及科学，申报指标将作为项目评审、合同签订、过程管理、验收结题及项目评估的依据，原则上不予调整。特提请各申报单位严肃对待。

项目申报单位对申请材料的合法性、真实性、准确性和完整性负责。如有虚假，我委核实后将不予立项资助，并将申报单位列入深圳市科技创新委员会科研诚信负面清单，视情节轻重，依法追究责任。

七、申请表格

本指南规定提交的表格，登录深圳市科技业务管理系统在线填报，网上成功提交后打印递交。

八、受理机关

受理机关：市科技创新委

网上填报受理时间 :2018 年 2 月 28 日至 4 月 4 日（截至 18:00）。

书面材料受理时间 :2018 年 4 月 8 日至 4 月 13 日

办公时间：星期一至星期五（法定节假日除外）

上午 9：00 — 12：00，下午 14：00 — 17:45

联系电话：88121039，88102204

受理地点：深圳市民中心行政服务大厅西厅 18~28 号窗口

九、决定机关

深圳市人才工作领导小组

十、办理程序

申请单位网上申报——向市科技创新委收文窗口提交申请材料——市科技创新委组织专家函审、答辩评审、现场考察——市科技创新委会同市财政委审核——市政府及人才工作领导小组审定——社会公示——市科技创新委下达资金计划——申请单位与市科技创新委签订项目合同书——拨付经费。

十一、办理时限

成批处理

十二、证件及有效期限

证件：批准文件

有效期限：申请人应当在收到批准文件之日起 1 个月内，与深圳市科技创新委员会签订项目合同书。

十三、法律效力

申请人凭批准文件获得深圳市海外高层次人才创新创业专项资金资助。

十四、收费

不收费

十五、年审或年检

无年审

深圳市科技创新委对项目进行跟踪管理、中期考核并组织验收。

声 明：
深圳市科技创新委员会从未委托任何单位或个人为项目申报单位代理资金申报事宜，请项目申报单位自主申报。深圳市科技创新委员会将严格按照有关标准和程序受理，不收取任何费用。如有任何中介机构和个人假借我委领导和工作人员名义向申报单位收取费用的，请知情者立即举报。

科技创新计划

2019年第一批重点技术攻关项目申请指南

一、申请内容

为增强我市高新技术产业核心竞争力，提升产业整体自主创新能力，突破关键零部件等产业发展共性关键技术，聚焦深圳市战略新兴产业和促进生态文明建设及民生改善的科技领域等瓶颈性关键技术，对深圳市高新技术产业重点领域、优先主题、重大专项的关键技术攻关予以资助。

二、设定依据

（一）《深圳经济特区科技创新促进条例》，深圳市第五届人民代表大会常务委员会公告，第 144 号；

（二）《关于促进科技创新的若干措施》，深圳市委，深发〔2016〕7 号；

（三）《深圳市科技计划项目管理办法》，深圳市科技创新委员、深圳市财政委员会会，深科技创新规〔2012〕9 号；

（四）《深圳市科技研发资金管理办法》，深圳市财政委员会、深圳市科技创新委员会深财科〔2012〕168 号。

三、支持强度与方式

审批数量：受科技研发资金年度总额控制，单个项目资助强度最高不超过 1000 万元。

审批方式：在深圳市科技创新委员会网站挂出课题申请指南，然后以“单位申报、专家评审、现场考察、社会公示、审批机关审定”的方式确定承担单位予以支持。

四、办理条件

申请深圳市技术攻关项目资助应当符合以下条件：

（一）申请单位应当是在深圳市或深汕特别合作区内依法注册、具有独立法人资格的国家或深圳市高新技术企业、技术先进型服务企业。鼓励采用产学研用协同创新模式联合申报，高校、科研机构、企业可作为合作单位参与项目。

（二）申请单位应当具有良好的研发基础和条件（在深具备研发场地、设施、人员等条件），健全的财务制度和优秀的技术及管理团队，能提供相应的配套资金，企业自筹资金不低于申请的财政资助金额。

（三）项目负责人必须为申请单位的全职在职人员，项目组成员总人数的 50% 以上须在深圳购买社会保险。

（四）有合作单位的，应注意以下事项：

1. 申请书中填报合作单位名称并加盖合作单位公章，如果项目无合作单位，则明确填写“无合作单位”；

2. 合作协议中应明确牵头申请单位和合作单位的研发内容分工及知识产权分配相关内容；

3. 牵头申请单位资金分配比例不少于单个合作单位的分配比例；

4. 申请单位可联合深圳市外创新资源共同研发；深圳市外单位作为合作单位的，按深圳市财政资助资金有关管理办法执行。

（五）本项目申报实行限项制，具体要求是：

1.同一个法人单位只能牵头申报一项本批次重点技术攻关项目；

2. 已列入科技诚信异常名录的单位和人员，不得申报；

3. 已承担 2018 年第一批重点技术攻关项目的牵头单位在项目验收前不得牵头申报本批次重点技术攻关项目。

（六）申请人应谨慎填写项目申报书的人员信息、研发内容、技术经济指标、经费安排等内容，申请书中内容将作为合同内容生成依据。项目一经立项，项目投入资金总额不予调整，深圳市财政资金申请额与实际下达资助额之间的差额部分，由项目申请单位自筹资金补足。

（七）项目申报材料中拟取得的学术、技术及经济效益等指标应严肃、科学，申报指标将作为项目评审、合同签订、过程管理、验收结题及项目评估的依据，原则上不予调整。请各申请单位严肃对待。

（八）如果项目申请涉及科研伦理与科技安全（如生物安全、信息安全等）的相关问题，申报单位应当严格执行国家有关法律法规和伦理准则。

（九）项目负责人应当承诺所提交材料真实性，申报单位应当对申报材料的真实性进行审核。

（十）项目实施期限为三年。

五、申请材料

（一）登录深圳市科技业务管理系统在线填报申请书，提供通过该系统打印的申请书纸质文件；

（二）2018 年完税证明复印件；

（三）2018 年财务审计报告复印件（2018 年审计报告尚未完成的，可暂由 2017 年审计报告替代，最迟 4 月 30 日前补交 2018 年审计报告）；

（四）项目可行性研究报告；

（五）申报单位和项目负责人所签诚信承诺书原件；

（六）50% 以上项目组成员最近半年以上社会保险缴纳凭证复印件；

（七）合作协议复印件；

（八）可以选择提供知识产权证 (包括专利和软件著作权，证书有效期应在项目受理截止日期 2019 年 2 月 15 日之前)、查新报告、检测报告、获奖证书、国家省立项计划文件、广东省企业科技特派员派驻协议书等证明材料复印件。

以上材料必须在深圳市科技业务管理系统提交电子版，同时提交纸质申报材料一式两份，复印件需加盖申请单位公章，A4 纸正反面打印或复印，非空白页（含封面）需连续编写页码，胶装成册。

六、申请表格

本指南规定提交的表格，申请人登录深圳市科技业务管理系统在线填报。

七、受理机关

（一）受理机关：深圳市科技创新委员会

（二）受理时间：

网上填报时间：2019 年 1 月 14 日—2019 年 2 月 15 日

书面材料提交时间：2019 年 2 月 18 日—2019 年 2 月 22 日。

办公时间：法定工作日

上午 9：00 － 12：00；下午 14：00 － 17:45

（三）书面申报材料受理地址：

深圳市福田区福中三路市民中心行政服务大厅西厅 18~40 号窗口

（四）联系人及电话：

电子信息领域：88127371，88101054

生物与资源领域：88121057，88121058

材料与能源领域：88125027，88103124

先进制造领域：88102172，88125001

八、决定机关

深圳市科技创新委员会同深圳市财政主管部门

九、办理程序

项目征集——发布课题——申请人网上申报——提交纸质申请材料——深圳市科技创新委对申请材料进行初审——专家评审——集中答辩——现场考察——深圳市科技创新委会同市财政主管部门审定——社会公示——深圳市科技创新委、深圳市财政主管部门共同下达项目资金计划——申请单位与深圳市科技创新委签订项目合同书——拨付资助经费。

十、办理时限

结合受理情况，按申报顺序，分批处理。

十一、证件

证件：批准文件

有效期限：申请单位应当在收到批准文件之日起 1 个月内，与市科技创新委签订项目合同书。

十二、法律效力

申请人凭批准文件获得深圳市科技研发资金资助。

十三、收费

不收费

十四、年审或年检

无年审。市科技创新委按照项目合同书对项目进行跟踪管理和组织验收。

说 明：深圳市科技创新委员会从未委托任何单位或个人为项目申报单位代理资金申报事宜，请项目申报单位自主申报。深圳市科技创新委员会将严格按照有关标准和程序受理，不收取任何费用。如有任何中介机构和个人假借深圳市科技创新委员会领导和工作人员名义向申报单位收取费用的，请知情者立即举报。

2019年第二批技术攻关重点项目申请指南

一、申请内容

为增强深圳市高新技术产业核心竞争力，提升产业整体自主创新能力，突破关键零部件等产业发展共性关键技术，聚焦深圳市战略新兴产业、促进生态文明建设和民生改善等科技领域瓶颈性关键技术，对深圳市高新技术产业重点领域、优先主题、重点专项的关键技术攻关予以资助。

二、设定依据

（一）《深圳经济特区科技创新促进条例》，深圳市第五届人民代表大会常务委员会公告，第 144 号；

（二）《关于促进科技创新的若干措施》，中共深圳市委，深发〔2016〕7 号；

（三）《深圳市科技计划管理改革方案》，深圳市人民政府，深府〔2019〕1 号；

（四）《深圳市科技计划项目管理办法》，深圳市科技创新委员会，深科技创新规〔2019〕1 号；

（五）《深圳市科技研发资金管理办法》，深圳市科技创新委员会、深圳市财政局，深科技创新规〔2019〕2 号。

三、支持强度与方式

支持强度：有数量限制，本批次资助资金纳入 2019 年市级财政预算安排。受科技研发资金年度总额控制，单个项目资助强度最高不超过 1000 万元。

支持方式：事前资助

四、申请条件

申请技术攻关重点项目资助应当符合以下条件：

（一）申请牵头单位应当是在深圳市或深汕特别合作区内依法注册、具有独立法人资格的国家或深圳市高新技术企业、技术先进型服务企业；采用联合申报方式，鼓励产学研用合作攻关，牵头单位或参与单位中应有一家企业 2018 年度营业收入在 1 亿元以上（含 1 亿元）；国内（含港澳）高校、科研机构和企业可作为合作单位参与项目；

（二）申请单位应当具有良好的研发基础和条件（在深具备研发场地、设施、人员等条件），健全的财务制度和优秀的技术及管理团队，能提供相应的配套资金，企业自筹资金不低于申请的财政资助金额；

（三）项目负责人必须为申请牵头单位的全职在职人员，项目组成员总人数的 50% 以上须在深圳购买社会保险；

（四）联合申报应注意以下事项：

1. 申请书中填报合作单位名称并加盖合作单位公章；

2. 合作协议中应明确申请牵头单位和合作单位的研发内容分工及知识产权分配等相关内容；

3. 申请牵头单位资金分配比例不少于单个合作单位的分配比例；

4. 申请牵头单位可联合国内（含港澳）创新资源共同研发，深圳市外单位作为合作单位的，按深圳市财政资助资金有关管理办法执行。

（五）本项目申请实行限项制，具体要求是：

1. 同一个法人单位只能牵头申请 1 项本批次技术攻关重点项目；

2. 已列入科技诚信异常名录的单位和人员，不得申请；

3. 已承担 2019 年第一批重点技术攻关项目的牵头单位不得牵头申请本批次技术攻关重点项目。

（六）申请单位应谨慎填写项目申请书的人员信息、研发内容、技术经济指标、经费安排等内容，申请书中内容将作为合同内容生成依据。项目一经立项，项目投入资金总额不予调整，市财政资金申请额与实际下达资助额之间的差额部分，由项目申请单位自筹资金补足；

（七）项目申请材料中拟取得的学术、技术、经济效益等指标应严肃及科学，申请指标将作为项目评审、合同签订、过程管理、验收结题及项目评估的依据，原则上不予调整。请各申请单位严肃对待；

（八）如果项目申请涉及科研伦理与科技安全（如生物安全、信息安全等）的相关问题，申请单位应当严格执行国家有关法律法规和伦理准则；

（九）项目负责人应当承诺所提交材料真实性，申请单位应当对申请材料的真实性进行审核；

（十）项目实施期限为 3 年。

五、申请材料

（一）登录深圳市科技业务管理系统在线填报申请书，提供通过该系统打印的申请书纸质文件；

（二）2018 年完税证明复印件；

（三）经深圳市注册会计师协会备案的含有防伪标识封面的 2018 年财务审计报告复印件（牵头单位营业收入不足 1 亿元的，同时提供 1 家营业收入在 1 亿元以上（含 1 亿元）合作企业的财务审计报告）；

（四）项目可行性研究报告；

（五）申请单位和项目负责人所签诚信承诺书原件；

（六）50% 以上项目组成员近 3 个月内的深圳社会保险缴纳凭证复印件；

（七）合作协议原件；

（八）可以选择提供知识产权证 (包括专利和软件著作权，证书有效期应在项目受理截止日期 2019 年 8 月 18 日之前)、查新报告、检测报告、获奖证书、国家省立项计划文件、广东省企业科技特派员派驻协议书等证明材料复印件。

以上材料必须在深圳市科技业务管理系统提交电子版，同时提交纸质申请材料一式两份，复印件需加盖申请单位公章，A4 纸正反面打印或复印，非空白页（含封面）需连续编写页码，胶装成册。

六、申请表格

本指南规定提交的表格，申请单位登录深圳市科技业务管理系统在线填报。

七、受理机关

（一）受理机关：深圳市科技创新委员会

（二）受理时间：

网络填报受理时间：2019 年 7 月 18 日 -2019 年 8 月 18 日（截止至 18:00）

书面材料受理时间：2019 年 8 月 19 日 -2019 年 8 月 23 日

办公时间：星期一至星期五

上午 9:00 — 12:00，下午 14:00 — 17:45

（三）书面材料受理地点：深圳市福田区福中三路市民中心行政服务大厅西厅 5~43 号窗口

（四）联系电话：

电子信息领域：88127371，88101054

材料与能源领域：88125027，88103124

智能装备制造领域：88103956，88125001

八、决定机关

深圳市科技创新委员会

九、审批程序

项目征集——发布课题——申请单位网上申请——向深圳市科技创新委收文窗口提交申请材料——深圳市科技创新委对申请材料进行初审——专家评审——现场核查——深圳市科技创新委审定——深圳市科技创新委下达项目资金计划——申请单位与深圳市科技创新委签订项目合同书——拨付资助经费。

十、审批时限

成批处理

十一、证件及有效期限

证件：批准文件

有效期限：申请单位应当在收到批准文件之日起 1 个月内，与深圳市科技创新委签订项目合同书。

十二、法律效力

申请单位凭批准文件获得深圳市科技研发资金资助。

十三、收费

不收费

十四、年审或年检

无年审。市科技创新委按照项目合同书对项目进行跟踪管理和组织验收。

声　明：深圳市科技创新委从未委托任何单位或个人为项目申请单位代理资金申请事宜，申请单位必须自主申请。凡是购买或委托代写项目申请书的，以及提供虚假证明材料的，一经发现并查实，即视为骗取财政资金，一律不予受理，取消申请资格或撤销立项项目，并按规定严肃处理。深圳市科技创新委将严格按照有关标准和程序受理，不收取任何费用。如有任何中介机构和个人假借深圳市科技创新委员会领导和工作人员名义向申请单位收取费用的，请知情者立即举报。

项目申请单位需提交审计报告的，应当按照《深圳市科技计划项目管理办法》等规定，提供经深圳市注册会计师协会备案的含有防伪标识封面的审计报告。项目申请单位提供无防伪标识封面（未备案）或属于虚假防伪标识封面（未备案）的审计报告，深圳市科技创新委员会不予采用。相关审计报告经核查认定属于虚假材料的，项目单位五年内不得申请深圳市科技计划项目，深圳市科技创新委员会将其列入科研诚信异常名录，并按照深圳市政府失信联合惩戒有关规定予以处理。

项目申请单位一经立项，即对项目执行全过程负有主体责任。即有义务按合同约定开展研发活动，完成约定目标；有义务接受主管部门监督，配合主管部门完成中期检查和抽查；有义务最迟在合同到期后 6 个月内向主管部门提交纸质验收申请资料。不履行上述义务的，主管部门按规定将项目承担单位或项目负责人记入科研诚信异常名录，取消其一定年限内申请科研资助的资格，并依法追究责任。

2019年高新技术企业培育资助申请指南

一、申请内容

实施高新技术企业培育计划，建立高新技术企业培育库，对 2018 年入库和出库企业予以一定金额事后资助。

二、设定依据

（一）《关于促进科技创新的若干措施的通知》，中共深圳市委、深圳市人民政府，深发〔2016〕7 号；

（二）《深圳市科技计划项目管理办法》，深圳市科技创新委，深科技创新规〔2019〕1 号；

（三）《深圳市科技研发资金管理办法》，深圳市科技创新委、深圳市财政局，深科技创新规〔2019〕2 号；

（四）《关于加强高新技术企业培育的通知》，深圳市科技创新委，深科技创新〔2017〕278 号。

三、数量及方式

数量：受年度财政预算安排总量控制。

方式：自愿申报及审批机关审定。

四、申请条件

（一）在深圳（包括深汕特别合作区）注册独立企业法人；

（二）2018 年高新技术企业培育库入库和出库企业（名单见附件 1）；

（三）属于规模以上工业和服务业企业的，应已建立内部研发机构，并按照国家统计法规要求已如实填报科技统计报表；

（四）研究开发活动符合研发费用加计扣除政策范畴，且上年度已向税务部门办理了加计扣除申报；

（五）企业诚信良好。

五、申请材料

（一）登录深圳市科技业务管理系统（业务申请——市科技创新委——科技政策——高企培育资助）在线填报申请书，并进入“科研人员（专家）登录”模块，进行科研人员登记。

（二）经深圳市财政部门确认的高新技术企业认定审计中介机构出具，经深圳市注册会计师协会备案的含有防伪标识封面的上年度研究开发费用专项审计报告。申请企业可选择提供以下两种专审报告之一：

1. 符合 2019 年高新技术企业认定申报指南规定的，近三个会计年度研究开发费用专项审计报告原件或复印件。

2. 符合 2019 年企业研究开发资助申请指南规定的，上年度研究开发费用专项审计报告原件或复印件。

（三）入库和出库企业名称发生变更的，以当前企业名称申报，并提供深圳市市场监督管理局出具的企业名称《变更（备案）通知书》复印件。

特别提醒：

申报单位申请书中研究开发费用应与专项审计报告中 2018 年研究开发费用保持一致，请特别注意金额单位为万元。研发费用申报数为 0 的，不予资助。

申报单位按照统计法规的要求如实填报科技统计报表，科技统计报表应报未报或企业内部研发机构应填未填的，不予资助。

申报单位研究开发费用申报金额与税务部门确认的符合加计扣除政策的研发费用金额不一致的，按金额较小的作为企业上年度研究开发费用。

申报单位研究开发活动涉及科研伦理与科技安全（如临床研究、信息安全等）的相关问题，申报单位应当严格执行国家有关法律法规和伦理原则。涉及实验动物和动物实验、人的生物医学研究，应获得伦理审查委员会审查通过意见。

六、申请表格

本指南规定提交的表格，登录深圳市科技业务管理系统在线填报。

七、受理机关

（一）受理机关：深圳市科技创新委员会

（二）受理时间：

网上填报受理时间：2019 年 9 月 20 日—2019 年 10 月 18 日（截止至 18:00）

申报时无须提交纸质材料，申报单位在申报时间内在深圳市科技业务管理系统完成提交即可。获得立项资助的申报单位须提交纸质申请材料，提交时间和方式于深圳市科技创新委员会网站另行通知。

办公时间：星期一至星期五（法定节假日除外）

上午 9：00 － 12：00，下午 14：00 － 17:45

（三）联系电话：0755-86329895，0775-26548598，0775-88127373

技术支持电话：0755-86576087，86576088

八、决定机关

深圳市科技创新委员会

九、办理程序

申请人网上申报——向深圳市科技创新委提交申请材料——统计、税务等部门核对数据——深圳市科技创新委会审定——社会公示——深圳市科技创新委会下达资助资金——拨付资金。

十、办理时限

每年一次，成批处理。

十一、证件及有效期限

证件：批准文件

申请单位在收到批准文件之日起 1 个月内办理资金拨付。

十二、法律效力

申请人凭批准文件获得相关资助。

十三、收费

不收费

十四、年审或年检

无年审

声 明：深圳市科技创新委从未委托任何单位或个人为项目申报单位代理资金申报事宜，申请单位必须自主申报。凡是购买或者委托代写项目申请书的，一经提供虚假证明材料的，一经发现并查实，即视为骗取财政资金，一律不予受理，取消申请资格或撤销立项项目，并按规定严肃处理。深圳市科技创新委将严格按照有关标准和程序受理，不收取任何费用。如有任何中介机构和个人假借深圳市科技创新委员会领导和工作人员名义向申报单位收取费用的，请知情者立即举报。

项目申报单位需提交审计报告的，应当按照《深圳市科技计划项目管理办法》等规定，提供经深圳市注册会计师协会备案的含有防伪标识封面的审计报告。项目申报单位提供无防伪标识封面（未备案）或属于虚假防伪标识封面（未备案）的审计报告，深圳市科技创新委员会不予采用。相关审计报告经核查认定属于虚假材料的，项目单位五年内不得申请市科技计划项目，深圳市科技创新委员会将其列入科研诚信异常名录，并按照市政府失信联合惩戒有关规定予以处理。

2019年企业研究开发资助申请指南

一、申请内容

支持高新技术企业建立研发准备金制度，对其按规定支出，符合加计扣除政策的研发项目，按上年度研发费用实际支出，予以一定比例事后资助。

二、设定依据

（一）《关于促进科技创新的若干措施的通知》，中共深圳市委、深圳市人民政府，深发〔2016〕7 号；

（二）《深圳市科技计划项目管理办法》，深圳市科技创新委，深科技创新规〔2019〕1 号；

（三）《深圳市科技研发资金管理办法》，深圳市科技创新委、深圳市财政局，深科技创新规〔2019〕2 号。

三、数量及方式

数量：受年度财政预算安排总量控制。

方式：自愿申报、审批机关审定。

四、申请条件

（一）在深圳（包括深汕特别合作区）注册的具有高新技术企业资质或深圳市高新技术企业资质的企业法人（发证时间为 2016 － 2018 年），或纳入统计部门统计范围（纳统年度为 2018 年）规模以上工业和服务业企业法人；

（二）属于规模以上工业和服务业企业的，应已建立内部研发机构，并按照国家统计法规要求已如实填报科技统计报表；

（三）研究开发活动符合研发费用加计扣除政策范畴，且上年度已向税务部门办理了加计扣除申报；

（四）企业诚信良好。

五、申请材料

（一）登录深圳市科技业务管理系统（业务申请——市科技创新委——科技计划——项目申报）在线填报申请书，并进入“科研人员（专家）登录”模块，进行科研人员登记。

（二）经深圳市财政部门确认的高新技术企业认定审计中介机构出具，经深圳市注册会计师协会备案的含有防伪标识封面的上年度研究开发费用专项审计报告，研究开发项目应符合《国家重点支持的高新技术领域》，研究开发费用计算范围和计算比例按照《关于完善研究开发费用税前加计扣除政策的通知》（财税〔2015〕119 号），《国家税务总局关于研发费用税前加计扣除归集范围有关问题的公告》（国家税务总局公告 2017 年第 40 号）等政策文件的规定执行。

特别提醒：

申报单位申请书中研究开发费用应与上年度研究开发费用专项审计报告中的研究开发费用保持一致，请特别注意金额单位为万元，研发费用申报数为 0 的，不予资助。

申报单位按照统计法规的要求如实填报科技统计报表，科技统计报表应报未报或企业内部研发机构应填未填的，不予资助。

申报单位研究开发资助申报金额比税务部门确认的符合加计扣除政策的研发费用金额多 20% 及以上的企业，将被列为重点监测企业，我委将致函税务部门将其列为下一年度重点抽查对象。

申报单位研究开发活动涉及科研伦理与科技安全（如临床研究、信息安全等）的相关问题，申报单位应当严格执行国家有关法律法规和伦理原则。涉及实验动物和动物实验、人的生物医学研究，应获得伦理审查委员会审查通过意见。

六、申请表格

本指南规定提交的表格，登录深圳市科技业务管理系统在线填报。

七、受理机关

（一）受理机关：深圳市科技创新委员会

（二）受理时间：

网上填报受理时间：2019 年 9 月 6 日－ 2019 年 10 月 11 日（截止至 18：00）

申报时无须提交纸质材料，申报单位在申报时间内在深圳市科技业务管理系统完成提交即可。获得企业研究开发计划立项资助的申报单位须提交纸质申请材料，提交时间和方式于深圳市科技创新委网站另行通知。

办公时间：星期一至星期五（法定节假日除外）

上午 9：00 － 12：00，下午 14：00 － 17:45

（三）联系电话：0755-88125491，88103124

技术支持电话：0755-86576087，86576088，86329895，26548598

八、决定机关

深圳市科技创新委员会

九、办理程序

申请人网上申报——向深圳市科技创新委提交申请材料——统计、税务等部门核对数据——深圳市科技创新委会审定——社会公示——深圳市科技创新委会下达资助资金——拨付资金。

十、办理时限

每年一次，成批处理。

十一、证件及有效期限

证件：批准文件

申请单位在收到批准文件之日起 1 个月内办理资金拨付。

十二、法律效力

申请人凭批准文件获得相关资助。

十三、收费

不收费

十四、年审或年检

无年审

声　明：深圳市科技创新委从未委托任何单位或个人为项目申报单位代理资金申报事宜，申请单位必须自主申报。凡是购买或委托代写项目申请书的，以及提供虚假证明材料的，一经发现并查实，即视为骗取财政资金，一律不予受理，取消申请资格或撤销立项项目，并按规定严肃处理。深圳市科技创新委将严格按照有关标准和程序受理，不收取任何费用。如有任何中介机构和个人假借深圳市科技创新委员会领导和工作人员名义向申报单位收取费用的，请知情者立即举报。

项目申报单位需提交审计报告的，应当按照《深圳市科技计划项目管理办法》等规定，提供经深圳市注册会计师协会备案的含有防伪标识封面的审计报告。项目申报单位提供无防伪标识封面（未备案）或属于虚假防伪标识封面（未备案）的审计报告，深圳市科技创新委员会不予采用。相关审计报告经核查认定属于虚假材料的，项目单位五年内不得申请深圳市科技计划项目，深圳市科技创新委员会将其列入科研诚信异常名录，并按照深圳市政府失信联合惩戒有关规定予以处理。

2019年深圳市软科学研究项目申请指南

一、申请内容

项目申请由符合条件的有关单位从《2019 年深圳市软科学研究项目申报选题》中选择题目自行申报，经审核、评审等程序后择优支持。

二、设定依据

（一）《深圳市软科学研究项目管理办法》，深圳市科技创新委员会，深科技创新规〔2016〕2 号；

（二）《深圳市科技计划项目管理办法》，深圳市科技创新委员会、深圳市财政委员会，深科技创新规〔2012〕9 号；

（三）《深圳市科技研发资金管理办法》，深圳市财政委员会、深圳市科技创新委员会，深财科〔2012〕168 号。

三、支持强度与方式

支持强度：有数量限制，受深圳市科技研发资金年度总额控制，单个项目资助强度一般不超过 50 万元。本项目不需要申报单位自筹资金。

四、申请条件

（一）申报单位应当是在深圳市或者深汕合作区内依法注册，具有独立法人资格的企业、高等院校、科研机构、社会组织等单位且具有组织项目实施的相应能力。

（二）申报单位必须从指定的《2019 年深圳市软科学研究项目申报选题》中选择选题申报。一个软科学研究项目只能确定一个项目负责人和项目承担单位。

（三）项目负责人原则上每年只能承担一个软科学研究项目。

（四）已在市级部门预算管理单位安排项目支出的同一项目，不得重复申报软科学研究项目。

（五）项目负责人应当承诺所提交材料真实性，申报单位应当对申报材料的真实性进行审核。

（六）深圳市外研究机构可以作为合作单位参与软科学研究项目并应当与申报单位签订合作协议。

（七）已列入科研诚信异常名录的单位和人员，不得申报。

（八）项目实施期限为一年。

五、申请材料

（一）登录深圳市科技业务管理系统在线填报申报书，提供通过该系统打印的申报书纸质文件原件；

（二）申报单位和项目负责人所签诚信承诺书原件，项目申请单位为企业的，还应当提交《承诺书》，确保其营业执照信息、上年度完税情况事项真实无误；

（三）市级以上政府部门推荐材料、项目研究水平相关证明材料复印件（验原件，可以选择提交）；

（四）合作协议复印件（验原件，深圳市外研究机构作为合作单位的应当提交）。

以上材料必须在深圳市科技业务管理系统提交电子版，同时提交纸质申报材料一式两份，复印件需加盖申请单位公章，A4 纸正反面打印或复印，非空白页（含封面）需连续编写页码，胶装成册。

项目申报材料中拟取得的学术、技术、经济效益等指标应严肃及科学，申报指标将作为项目评审、合同签订、过程管理、验收结题及项目评估的依据，原则上不予调整。特提请各申报单位严肃对待。

项目申报单位对申请材料的合法性、真实性、准确性和完整性负责。如有虚假，深圳市科技创新委核实后将不予立项资助，并将申报单位列入科研诚信异常名录，视情节轻重，依法追究相关责任。

六、申请表格

本指南规定提交的表格，申请人登录深圳市科技业务管理系统在线填报。

七、受理机关

（一）受理机关：深圳市科技创新委员会

（二）受理时间：

网络填报受理时间：2019 年 6 月 17 日—2019 年 7 月 15 日（截止至 18:00）

书面材料受理时间：2019 年 6 月 17 日—2019 年 7 月 17 日

办公时间：星期一至星期五

上午 9:00 － 12:00，下午 14:00 － 17:45

（三）咨询电话：88103417，88102185

（四）受理地点：深圳市民中心行政服务大厅西厅 5~43 号窗口

八、决定机关

深圳市科技创新委员会

九、受理程序

申请人网上申请——向深圳市科技创新委收文窗口提交申请材料——深圳市科技创新委组织专家评审、答辩——深圳市科技创新委会审定——社会公示——深圳市科技创新委下达项目资金计划——申请单位与深圳市科技创新委签订项目合同书——拨付资助经费。

十、受理时限

每年一次，成批处理。

十一、证件及有效期限

证件：批准文件

有效期限：申请单位应当在收到批准文件之日起 1 个月内，与深圳市科技创新委员会签订项目合同书。

十二、法律效力

申请单位凭批准文件获得科技研发资金资助。

十三、收费

不收费

十四、年审或年检

无年审。深圳市科技创新委按照项目合同书对项目组织验收。

声明：深圳市科技创新委从未委托任何单位或个人为项目申报单位代理资金申报事宜，申请单位必须自主申报。凡是购买或委托代写项目申请书的，以及提供虚假证明材料的，一经发现并查实，即视为骗取财政资金，一律不予受理，取消申请资格或撤销立项项目，并按规定严肃处理。深圳市科技创新委将严格按照有关标准和程序受理，不收取任何费用。如有任何中介机构和个人假借深圳市科技创新委员会领导和工作人员名义向申报单位收取费用的，请知情者立即举报。

项目申报单位一经立项，即对项目执行全过程负有主体责任。即有义务按合同约定开展研发活动，完成约定目标；有义务接受主管部门监督，配合主管部门完成中期检查和抽查；有义务最迟在合同到期后 6 个月内向主管部门提交纸质验收申请资料。不履行上述义务的，主管部门按规定将项目承担单位或项目负责人等记入科研诚信异常名录，取消其一定年限内申请科研资助的资格，并依法追究其他责任。

附件：

《2019年深圳市软科学研究项目申报选题》

专题一："顶层设计"研究

1. 项目名称：深圳市科技创新发展"十四五"规划研究

研究内容：全面总结梳理深圳"十三五"科技创新取得的成绩、存在问题，广泛调研国内先进地区、对标全球最高最优最好水平，瞄准世界科技前沿、聚焦创新主体发展诉求，提出"十四五"科技创新发展路径、重点发展的技术领域和重点工程，形成《深圳市科技创新发展"十四五"规划（建议稿）》。

资助金额：50 万元

2. 项目名称：粤港澳大湾区背景下的深港澳科技合作战略研究

研究内容：对深港澳三地的创新资源、创新能力、优势领域等进行对比研究，深入分析深港澳科技合作基础，在粤港澳大湾区背景下，提出深港澳三个中心城市的科技合作领域、合作方式、合作路径等政策建议和可落地实施的工作方案，提交《粤港澳大湾区背景下的深港澳科技合作战略研究报告》。

资助金额：50 万元

3. 项目名称："十四五"时期我市科技创新发展趋势及影响研究

研究内容：从科技变革趋势、全球科技竞争态势、粤港澳大湾区发展战略等方面，分析未来一段时间深圳科技创新发展面临的新趋势、新特点、新态势，同时研究全球政治、经济形势变化对科技创新的影响，梳理发达国家或地区科技创新的战略部署和发展动向，分析对深圳科技创新发展的主要影响，提出相关政策建议，提交《深圳"十四五"科技创新发展趋势及对策研究》。

资助金额：30 万元

4. 项目名称：深圳可持续发展典型案例及发展对策研究

研究内容：围绕创新引领超大型城市可持续发展建设主题，聚焦资源高效利用、生态环境治理、健康深圳建设、社会治理现代化等"四大工程"，以及创新服务支撑和多元人才支撑"两大体系"，集成应用污水处理、废弃物综合利用、生态修复、人工智能等技术，探索适用技术路线和系统解决方案，形成可操作、可复制、可推广的典型案例及有效模式，并通过对国内外和深圳可持续发展在体制机制、经济发展、科技进步、资源环境、社会发展和社会治理、公众参与等方面的典型案例分析研究，探索深圳市可持续发展路径，为深圳可持续发展提供对策建议及智力支撑，提交《深圳可持续发展典型案例及发展对策研究（建议稿）》。

资助金额：30 万元

5. 项目名称：深圳市科学院建设可行性研究

研究内容：全面研究深圳市科技创新，尤其是原始创新布局，系统梳理深圳市科技创新各类载体类型及分布，对标国内外科技创新先进城市科学院案例，论证深圳市设立科学院的可行性，制定深圳市科学院的定位及功能，聚焦若干重点领域，提出框架性管理运营模式，提交《深圳市科学院建设方案（建议稿）》报告。

资助金额：30 万元

专题二：“先行先试”策略研究与经验总结

6. 项目名称：探索创建新经济创新试验区战略研究

研究内容：建立更加包容审慎的准入监管机制，探索形成新技术新产品的标准、认定、认证、定价机制；建立符合科技创新发展规律的新经济监管服务体系，大力发展新技术、新产品、新业态、新模式，探索制定自动驾驶、服务机器人、基因科技等领域的相关安全管理法规，建立保障和规范相关产业健康发展的法律法规和伦理道德框架；提交《深圳创建新经济试验区方案（建议稿）》。

资助金额：30 万元

7. 项目名称：深圳市科研仪器设备租赁平台体制机制研究

研究内容：为进一步加强深圳科研仪器设备资源的集中整合和开放共享，提高使用效率和社会效益，全面梳理深圳科技创新资源建设、分布、共享、使用等情况，深入设备配置、运营、管理、服务等方面问题，借鉴国内外先进经验做法，从共享内容、共享主体、合作模式等方面提出适合深圳科研仪器设备租赁平台建设模式，提交《深圳市科研仪器设备租赁平台建设方案（建议稿）》。

资助金额：30 万元

8. 项目名称：科技成果产权交易体制机制研究

研究内容：当前，世界新一轮科技革命和产业革命加速推进，科技创新从“科学”到“技术”到“市场”的演进周期正在缩短，科技成果产业化是科技与经济融通发展的关键环节。聚焦深圳成为全国科技成果产权交易中心这个目标，全面分析研究深圳市科技成果产权交易现状、症结和瓶颈，从体制机制上提出科技成果产权交易的对策，提交《深圳科技成果产权交易中心建设方案（建议稿）》。

资助金额：30 万元

9. 项目名称：深圳科技创业孵化高质量发展策略研究

研究内容：通过对全市科技创新孵化培育相关机构、园区和入驻企业的全面深入调研，全面掌握我市科技创业孵化载体的建设、分布、运营、服务和企业孵化培育的总体情况。与国家及各省市科技孵化数据进行对比研究，摸清我市科技创业孵化在全国所处水平及与先进地区差距。深入挖掘我市科技创业孵化管理运营机制、模式及存在问题，以及园区和入驻企业的政策诉求。以问题为导向，提出推动我市科技创业孵化高质量发展的策略建议，提交《深圳促进科技创业孵化高质量发展的若干措施（建议稿）》。

资助金额：30 万元

10. 项目名称：科研样本、试验试剂和遗传资源监管及出入境审批制度创新研究

研究内容：人体组织、血液等科研样本、实验室试剂和遗传资源监管及出入境审批制度创新，对建设深港科技创新合作区具有重要意义。对科研样本、试验试剂和遗传资源监管制度开展比较研究，探索建立科研生物样本、生物信息安全准入风险评估及风险防控体系，实现分类分级监管；对内地与香港、澳门、台湾相关规则对接、检测结果互认及疫情风险信息互通问题进行研究；探索建立科学研究机构自监管、自披露制度，研究出台科研机构失信人惩戒措施；通过审批制度创新，简化科研样本、试验试剂和遗传资源出入境手续，提高效率，适应深港科技创新合作区发展需求；提交修改完善科研样本、试验试剂和遗传资源监管及出入境审批办法的建议草案。

资助金额：30 万元

11. 项目名称：深圳科技创新报告 2019

研究内容：回顾与总结 2019 年度深圳科技创新总体发展情况，全面、系统地梳理和挖掘深圳科技创新领域的数据与举措，包括但不限于科技基础设施、创新平台、创新载体、科技人才、技术突破、创新生态、双创活动、科技成果转化、科技金融、科技服务、智慧城市、科技体制机制改革与创新、科技政策与法规、科技重点区域、科普事业、深港科技合作、国际科技交流、科技对经济社会的引领和支撑等，结合粤港澳大湾区建设，体现时代要求、深圳特色与战略导向，提交《深圳科技创新报告 2019》。

资助金额：30 万元

专题四：新兴产业前瞻研究

12. 项目名称：新兴产业伦理研究

研究内容：近年来，新技术、新产业、新业态、新模式快速成长，也对伦理道德提出新的挑战。开展新兴产业伦理的研究和顶层设计，重点聚焦人工智能与生物医药等领域，促进社会民生福祉改善，强化领军企业责任，推进行业健康发展，掌握新一轮技术革命的主动权，让新兴产业伦理研究成果服务于社会发展和人民生活需要。提交《新兴产业伦理研究报告》。

资助金额：30 万元

13. 项目名称：粤港澳大湾区框架下的科技产业布局研究

研究内容：梳理粤港澳大湾区主要城市的现有产业发展基础，统筹兼顾各地的经济发展特色，科学系统布局科技产业发展方向，避免大湾区各主体间的同质竞争。研究在粤港澳大湾区框架下的产业生态链建设方式和各地间的分工。研究在人工智能、机器人、生物技术、大航天、5G、自动驾驶等最新科技前沿技术领域，各主体间的协同创新机制。制定为产业生态链提供服务的科技服务业配套政策法规，在研发与设计服务、科技成果转化、知识产权及相关法律、检验检测认证标准计量服务等行业方面提供综合性的政策建议。

资助金额：30 万元

14. 项目名称：新时期深圳虚拟大学园发展思路研究

研究内容：以深圳虚拟大学园为研究对象，对其 20 年来的发展路径进行研究，分析提炼成功经验、可供推广的市校合作做法以及发展过程中存在的问题。结合深圳科技教育形势的变化，提出未来五到十年深圳虚拟大学园的发展规划、思路，目标和任务，为深圳虚拟大学园发展做好顶层设计，提交《新时期深圳虚拟大学园发展研究报告》。

资助金额：30 万元

专题五：高新区大发展研究

15. 项目名称：深圳高新区 2035 创新发展战略研究

研究内容：全面分析过去 20 多年深圳高新区发展历程、发展阶段、发展路径，总结高新区发展特点、优势与经验，梳理深圳高新区创新发展存在的短板与问题，学习借鉴国内外先进经验，研判全球、国家、粤港澳大湾区未来发展新形势，提出深圳高新区面向 2035 年的战略定位、发展目标、建设思路、发展路径与重点任务，提交《深圳高新区 2035 年创新发展战略研究报告》。

资助金额：30 万元

16. 项目名称：深圳高新区以产业创新共同体打造世界级产业集群的对策研究

研究内容：聚焦全球高成长、大规模的新经济产业，分析新经济产业出现的新现象、新规律，深入研究新经济企业间协作网络的组织方式、依托平台、利益分配方式，创新成果及经济效益，分析通过以产业创新共同体来实现打造世界级产业集群的必要性与可行性。结合深圳的产业基础，选择具有前瞻性的产业发展方向，提出深圳高新区构建产业创新共同体的总体思路、原则、目标和路径，提交《深圳高新区以产业创新共同体打造世界级产业集群的对策建议》。

资助金额：30 万元

2020年基础研究面上项目申请指南

一、申请内容

基础研究面上项目是以获取自主知识产权、原始创新成果、培养创新型人才为目标，发展科学知识的独创性基础研究项目以及围绕临床问题开展的科学研究项目。主要支持科研人员在科技计划资助范围内自主选题或具有创新性的科学研究项目。成果形式主要以论文、著作、专利为主。

二、设定依据

（一）《关于促进科技创新的若干措施》，中共深圳市委、深圳市人民政府，深发〔2016〕7 号；

（二）《深圳市关于加强基础科学研究的实施办法》，深圳市人民政府，深府规〔2018〕25 号。

三、支持强度与方式

支持强度：有数量限制，受科技研发资金年度总额控制。资助金额不超过 60 万元 / 项，研究期限一般为 3 年。

支持方式：事前资助。采用“单位申报、合规性审查、专家评审、社会公示、审批机关审定”的方式予以支持。

四、办理条件

（一）申请单位应当是在深圳市或深汕合作区内依法注册，具有独立法人资格的高等院校，科研机构以及具有基础研究能力的国家、省、市级企业重点实验室依托单位。

申请单位应具备较好的科研实验环境，能提供良好的科研用房及仪器设备。

（二）申请人（项目负责人）必须是申请单位全职人员，在该项目研究中承担实质性任务，具有承担基础研究项目或者从事基础研究经历，并符合下列条件之一：

1. 具有高级专业技术职务（职称）；

2. 具有博士学位；

3. 具有中级专业技术职务（职称）或者硕士学位的人员申请面上项目须有 2 名与其研究领域相同、具有高级专业技术职务（职称）的科学技术人员推荐。

（三）正在博士后工作站内从事研究的科学技术人员申请项目，须由申请单位提供书面承诺，保证在项目获得资助后延长其在博士后工作站的期限至项目资助期满或者出站后继续留在申请单位从事相关研究。

（四）主要参与者中如有申请单位以外的人员（包括研究生），其所在单位即被视为合作申报单位。如有合作单位，应注意以下事项：

1. 合作申报单位仅限 1 个。

2. 申请书中填报合作单位名称并加盖合作单位公章，同时提供合作协议书。协议书中应明确双方研究内容分工、财政资金及自筹资金分配、知识产权归属的内容。其中，项目研究中所发表的论文、著作的第一署名单位应为申请单位。

3. 申请单位应承担大部分研发内容，财政资助资金分配比例应大于合作单位资金分配比例。

4. 项目组前五位成员中至少三位为申请单位研究人员。

5. 有企业参与的，自筹经费金额应不低于市财政资金资助金额，并提供自筹经费投入承诺书。

五、注意事项

（一）限项申请规定

1. 高等院校、科研院所项目申请人或国家、省、市级企业重点实验室依托单位同年只能申报 1 项基础研究类项目（面上项目或重点项目）。

2. 高等院校和科研院所项目申请人或国家、省、市级企业重点实验室依托单位，申请和正在承担（包括主持和参与）以下类型市级项目总数合计限为 3 项：自然科学基金、平台和载体专项、人才专项、创新创业专项、协同创新专项。

3. 申请人作为项目负责人获得上年度获得基础研学科布局项目支持的，本年度不得申请。

（二）申请人在以往市级科技计划或其他机构（如科技部、国家自然科学基金、省科技厅）资助项目基础上提出的新项目，应在项目可行性报告中明确阐述二者的异同、继承、发展关系。

（三）项目涉及科研伦理与科技安全（如临床研究、信息安全）的问题，申请单位应当严格执行国家有关法律法规和伦理原则。涉及实验动物和动物实验及人的生物医学研究，应提供伦理审查委员会意见。

六、申请材料

（一）登录深圳市科技业务管理系统在线填报申请书，提供通过该系统打印的申请书纸质文件原件。

（二）2018 年度完税证明复印件（非事业单位提供）。

（三）经深圳市注册会计师协会备案的含有防伪标识封面的 2018 年度财务审计报告复印件（非事业单位提供，审计工作尚未完成的，可暂由财务报表替代，注册未满一年的可不提供）。

（四）项目可行性研究报告原件（模板详见附件 1）。

（五）申报单位和项目负责人所签诚信承诺书原件。

（六）申请人博士学位证书或副高级及以上职称证书、近三年代表性研究成果和学术水平的证明材料（论文、专著、专利、高层次人才证书、获奖证书）复印件。

（七）申请人与深圳用人单位签订的劳动合同复印件（用人单位或其人事部门盖章）。

（八）申请人近一年内的深圳社会保险缴纳凭证复印件（境外人员未在深圳缴纳社保的，提供可充分证明在申请单位全职工作的材料）。

（九）申请单位提供本项目在深自有科研用房和仪器设备清单的证明材料。

（十）有合作单位的，应提供合作协议（加盖双方单位公章）。

（十一）有企业参与的，应提供自筹经费投入承诺书。

（十二）申请人为在站博士后的，申请单位应提供申报面上项目承诺书（模板详见附件 2）。

（十三）伦理审查委员会意见（涉及实验动物和动物实验、人的生物医学研究的）。

以上材料（二）和（三）由申请单位管理员在业务系统统一上传，其他材料由申请人上传。同时准备纸质材料一式两份，复印件需加盖申请单位公章，A4 纸正反面打印或复印，非空白页（含封面）需连续编写页码，胶装成册。所有材料的电子版和纸质版务必保持一致。

特别提醒：

项目申报材料中拟取得的学术、技术、经济效益的指标应严肃及科学，申报指标将作为项目评审、合同签订、过程管理、验收结题及项目评估的依据，原则上不予调整。特提请各申报单位严肃对待。

项目申报单位对申请材料的合法性、真实性、准确性和完整性负责。如有虚假，深圳科技创新委员会核实后将不予立项资助，并将申报单位列入科研诚信负面清单，视情节轻重，依法追究责任。

七、受理机关

（一）受理机关：深圳市科技创新委员会

（二）受理时间：

网上填报受理时间：2019 年 7 月 5 日—2019 年 8 月 7 日（截止至 18:00）

书面材料受理时间：2019 年 8 月 5 日—2019 年 8 月 14 日（截止至 17：45）

办公时间：星期一至星期五

上午 9：00 — 12：00，下午 14：00 — 17:45

（三）联系电话：

电子信息领域：88127371，88101054

生物与环境领域：88103567，88121058

材料与能源领域：88100739，88103124

智能制造领域：88125001，88103956

（四）受理地点：深圳市民中心行政服务大厅西厅 5~40 号窗口

八、决定机关

深圳市科技创新委员会

九、办理程序

申请人网上申报——向深圳市科技创新委收文窗口提交申请材料——深圳市科技创新委对申请材料进行初审——深圳市科技创新委委托专家评审——深圳市科技创新委审定——社会公示——项目入库。

十、办理时限

结合受理情况，按申报顺序，分批处理。

十一、证件

证件：批准文件

有效期限：申请单位应当在收到批准文件之日起 1 个月内，与深圳市科技创新委员会签订项目合同书。

十二、法律效力

申请人凭批准文件获得深圳市科技研发资金资助。

十三、收费

不收费

十四、年审或年检

无年审。深圳市科技创新委员会按照项目合同书对项目进行跟踪管理和组织验收。

声 明：深圳市科技创新委从未委托任何单位或个人为项目申报单位代理资金申报事宜，申请单位必须自主申报。凡是购买或委托代写项目申请书的，以及提供虚假证明材料的，一经发现并查实，即视为骗取财政资金，一律不予受理，取消申请资格或撤销立项项目，并按规定严肃处理。深圳市科技创新委将严格按照有关标准和程序受理，不收取任何费用。如有任何中介机构和个人假借深圳市科技创新委员会领导和工作人员名义向申报单位收取费用的，请知情者立即举报。

项目申报单位需提交审计报告的，应当按照《深圳市科技计划项目管理办法》的规定，提供经深圳市注册会计师协会备案的含有防伪标识封面的审计报告。项目申报单位提供无防伪标识封面（未备案）或属于虚假防伪标识封面（未备案）的审计报告，深圳市科技创新委员会不予采用。审计报告经核查认定属于虚假材料的，项目单位五年内不得申请深圳市科技计划项目，将其列入科研诚信异常名录，并按照深圳市政府失信联合惩戒有关规定予以处理。

项目申报单位一经立项，即对项目执行全过程负有主体责任。即有义务按合同约定开展研发活动，完成约定目标；有义务接受主管部门监督，配合主管部门完成中期检查和抽查；有义务最迟在合同到期后 6 个月内向主管部门提交纸质验收申请资料。不履行上述义务的，主管部门按规定将项目承担单位或项目负责人记入科研诚信异常名录，取消其一定年限内申请科研资助的资格，并依法追究责任。

协同创新计划

2019年深港创新圈A类项目申请指南

一、申请内容

深港创新圈 A 类项目，由深圳市科技创新委员会和香港创新科技署联合评审、联合资助。深港两地申请单位就同一合作项目分别向本地科技部门递交申请，通过两地联合评审立项后，由两地科技部门分别给予资助。

重点支持领域：物联网、大数据、云计算、人工智能、集成电路、新型显示、信息安全、5G、量子信息、第三代半导体；医药生物技术、人口健康技术、水环境治理和生态修复、农业生物育种；石墨烯材料、先进电子信息材料、显示材料、新能源材料、高性能高分子材料、氢能和燃料电池；机器人与智能装备、智能无人系统、增材制造和激光制造。

二、设定依据

（一）《深圳经济特区科技创新促进条例》，深圳市五届人大第二十六次会议修正，2013 年 12 月 25 日；

（二）《深圳市“深港创新圈”计划项目管理办法（试行）》，深圳市科技创新委员会、深圳市财政委员会，深科技创新规〔2018〕3 号；

（三）《深圳市科技计划项目管理办法》，深圳市科技创新委员会，深科技创新规〔2019〕1 号；

（四）《深圳市科技研发资金管理办法》，深圳市科技创新委员会、深圳市财政局，深科技创新规〔2019〕2 号。

三、数量方式

有数量限制，受科技研发资金年度总额控制，竞争性择优支持。

采取事前资助方式，单个项目最高资助 300 万元，资助比例不超过深方项目预算经费的 50%。

四、申请条件

申请深港创新圈 A 类项目应符合以下条件：

（一）申请单位应当是在深依法注册，具有法人资格的企业、高等院校、科研机构、医疗卫生单位；

（二）香港合作单位应当是香港公营科研机构（包括所有受大学教育资助委员会资助院校、根据《专上学院条例》（第 320 章）注册的自资本地学位颁授院校、香港生产力促进局、职业训练局、制衣业训练局及香港生物科技研究院）或创新及科技基金下成立的研发中心（即汽车零部件研发中心、纺织及成衣研发中心、资讯及通讯技术研发中心、物流及供应链多元技术研发中心、纳米及先进材料研发院）；

（三）申请单位已与香港合作单位签订合作协议，明确技术、人力、设备、资金投入、知识产权归属等权利义务，共同开展研究活动；

（四）深方和港方需分别向各自科技部门进行申请，单方申请无效。

限项要求：本年度内申请基础研究、技术攻关、创业项目、可持续发展专项、国际合作、深港创新圈、孔雀计划、优秀人才培育项目的，有数量限制：

（1）申请单位为企业的，原则上只能单独或者联合申请 1 项。2017 年以来获得国家、广东省和部级科技奖励的企业或 2017 年及 2018 年深圳市工业百强企业，可以单独或者联合申请 2 项。

(2) 申请单位为高等院校、科研机构、医疗卫生单位的，其项目组成员只能单独或联合申请 1 项，申请和正在承担（主持和参与）的市级科技计划项目总数不超过 3 项。

五、申请材料

申请深港创新圈 A 类项目应当提供以下材料：

（一）登录深圳市科技业务管理系统在线填报申请书，提供通过该系统打印的申请书纸质文件原件；

（二）上年度完税证明复印件（非事业单位提供）；

（三）上年度财务审计报告（指经深圳市注册会计师协会备案的含有防伪标识封面的审计报告）或通过审查的事业单位财务决算报表复印件（注册未满一年的可提供验资报告，验原件）；

（四）涉及科研伦理与科技安全的项目，提供国家有关法律法规和伦理准则要求的相关手续证明（复印件）；

（五）项目可行性研究报告原件；

（六）双方签订的合作协议书复印件（验原件）；

（七）香港合作单位向香港政府提交的项目申请书复印件；

（八）知识产权合规性声明；

（九）科研诚信承诺书。

申请单位网上提交申请材料后，应当按照要求及时到受理窗口递交书面材料。书面材料一式两份，A4 纸正反面打印或复印，复印件需加盖申请单位公章，非空白页（含封面）需连续编写页码，装订成册（胶装）。

特别提醒：申请人和申请单位对申请材料的合法性、真实性、准确性和完整性负责。申请材料的研究内容和拟取得的学术、技术、经济指标应科学合理，严谨规范，并作为项目评审、合同签订、过程管理、验收结题及项目评估的依据，原则上不予调整。对抄袭剽窃或弄虚作假的，深圳市科技创新委员会核实后将不予立项或撤销项目，并纳入科研诚信异常名录，同时视情节轻重，依法依规追究相应责任。

六、申请表格

本指南规定提交的表格，申请人登录市科技创新委科技业务管理系统在线填报。

七、受理机关

（一）受理机关：深圳市科技创新委

（二）受理时间：

网上填报时间: 2019 年 7 月 29 日—2019 年 9 月 13 日（截止至 18:00）

书面材料受理时间：2019 年 9 月 16 日—2019 年 9 月 20 日（办公时间：星期一至星期五 9:00 － 17：45）

（三）联系电话：88103764，88127383

（四）受理地点：深圳市民中心行政服务大厅西厅 5~43 号窗口

八、决定机关

深圳市科技创新委会

九、办理程序

申请人网上申报——向深圳市科技创新委收文窗口提交申请材料——深圳市科技创新委组织专家评审、答辩或者现场考察——深圳市科技创新委与香港创新科技署确定拟联合资助项目——深圳市科技创新委会审定——社会公示——项目入库。

十、办理时限

每年一次，成批处理。

十一、证件及有效期限

证件：批准文件

有效期限：申请单位应当在收到批准文件之日起 1 个月内，与市科技创新委签订项目合同书。

十二、审批的法律效力

申请人凭批准文件获得深圳市科技研发资金资助。

十三、收费

不收费。

十四、年审或年检

无年审。市科技创新委按照项目合同书对项目进行跟踪管理和组织验收。

声 明：深圳市科技创新委从未委托任何单位或个人为项目申请单位代理资金申请事宜，申请单位必须自主申请。凡是购买或委托代写项目申请书的，以及提供虚假证明材料的，一经发现并查实，即视为骗取财政资金，一律不予受理，取消申请资格或撤销立项项目，并按规定严肃处理。深圳市科技创新委将严格按照有关标准和程序受理，不收取任何费用。如有任何中介机构和个人假借深圳市科技创新委员会领导和工作人员名义向申请单位收取费用的，请知情者立即举报。

项目申请单位需提交审计报告的，应当按照《深圳市科技计划项目管理办法》等规定，提供经深圳市注册会计师协会备案的含有防伪标识封面的审计报告。项目申请单位提供无防伪标识封面（未备案）或属于虚假防伪标识封面（未备案）的审计报告，深圳市科技创新委员会不予采用。相关审计报告经核查认定属于虚假材料的，项目单位五年内不得申请深圳市科技计划项目，深圳市科技创新委员会将其列入科研诚信异常名录，并按照深圳市政府失信联合惩戒有关规定予以处理。

项目申请单位一经立项，即对项目执行全过程负有主体责任。即有义务按合同约定开展研发活动，完成约定目标；有义务接受主管部门监督，配合主管部门完成中期检查和抽查；有义务最迟在合同到期后6个月内向主管部门提交纸质验收申请资料。不履行上述义务的，主管部门按规定将项目承担单位或项目负责人等记入科研诚信异常名录，取消其一定年限内申请科研资助的资格，并依法追究其他责任。

2019年深港创新圈D类项目申请指南

一、项目类别

深港创新圈 D 类项目由香港申请单位提出申请，深圳市科技创新委员会(以下简称“市科技创新委”)进行评审和资助，深圳市财政资助资金直接拨付至香港申请单位账户，可依据立项合同在深港两地开支。

重点领域：物联网、大数据、云计算、人工智能、集成电路、新型显示、信息安全、5G、量子信息、第三代半导体；医药生物技术、医疗器械、人口健康技术、水环境治理和生态修复、农业生物育种；石墨烯材料、先进电子信息材料、显示材料、新能源材料、高性能高分子材料、氢能和燃料电池；机器人与智能装备、智能无人系统、增材制造和激光制造。

二、设定依据

(一)《深圳经济特区科技创新促进条例》，市五届人大第二十六次会议修正，2013 年 12 月 25 日。

(二)《深圳市“深港创新圈”计划项目管理办法(试行)》，深圳市科技创新委员会、深圳市财政委员会，深科技创新规〔2018〕3 号。

三、数量方式

有数量限制，受科技研发资金年度总额控制，竞争性择优支持，本批次资助资金纳入 2019 年市级财政预算安排。

采用事前资助方式，单个项目最高资助人民币 300 万元，可以不提供配套资金。

四、申请条件

申请深港创新圈 D 类项目应符合以下条件：

（一）申请单位应属于香港公营科研机构，包括所有受大学教育资助委员会资助院校，根据《专上学院条例》（第 320 章）注册的自资本地学位颁授院校、香港生产力促进局、职业训练局、制衣业训练局及香港生物科技研究院，创新及科技基金下成立的研发中心（即汽车零部件研发中心、纺织及成衣研发中心、资讯及通讯技术研发中心、物流及供应链多元技术研发中心、纳米及先进材料研发院）；

（二）项目负责人全职受聘于申请单位，不限国籍；

（三）项目组成员严格遵循科学界公认的学术道德和行为规范，不存在知识产权纠纷或其他违反法律的行为；

（四）项目获得的科技成果与知识产权须授权深圳市政府部门和非营利机构无偿使用，并承诺相关科技成果优先在深圳市产业化。

五、申请材料

（一）登录深圳市科技创新委科技业务管理系统在线填报申请书，提供通过该系统打印的申请书纸质文件原件；

（二）项目可行性研究报告原件；

（三）申请人承诺书（包括知识产权、科研诚信等）；

（四）可以选择提供知识产权证、查新报告、检测报告、获奖证书、国家省计划文件等技术水平证明材料复印件(验原件)。

以上材料通过系统提交，申请时不用递交书面材料。

特别提醒：申请人和申请单位对申请材料的合法性、真实性、准确性和完整性负责。申请材料的研究内容和拟取得的学术、技术及经济指标应科学合理，严谨规范，并作为项目评审、合同签订、过程管理、验收结题及项目评估的依据，原则上不予调整。对抄袭剽窃或弄虚作假的，深圳市科技创新委员会核实后将不予立项或撤销项目，并纳入科研诚信异常名录，同时视情节轻重，依法依规追究相应责任。

六、申请表格

本指南规定提交的表格，申请人登录深圳市科技创新委科技业务管理系统在线填报。

七、受理机关

受理机关：深圳市科技创新委员会

受理时间：

网上填报时间：2019年7月3日—2019年8月16日（截止至18:00）

书面材料受理时间和地点：待定

八、决定机关

深圳市科技创新委员会

九、办理程序

申请人网上申报——深圳市科技创新委对申请材料进行初审——深圳市科技创新委组织专家评审和现场考察——深圳市科技创新委审定——社会公示——项目入库。

十、办理时限

每年一次，成批处理。

十一、证件及有效期限

证　件：批准文件。

有效期限：申请单位应当在收到批准文件之日起1个月内，与市科技创新委签订项目合同书。

十二、法律效力

申请人凭批准文件获得深圳市科技研发资金资助。

十三、收费

不收费

十四、年审或年检

无年审。市科技创新委按照项目合同书对项目进行跟踪管理和组织验收。

声　明：深圳市科技创新委从未委托任何单位或个人为项目申请单位代理资金申请事宜，申请单位必须自主申请。凡是购买或委托代写项目申请书的，以及提供虚假证明材料的，一经发现并查实，即视为骗取财政资金，一律不予受理，取消申请资格或撤销立项项目，并按规定严肃处理。深圳市科技创新委将严格按照有关标准和程序受理，不收取任何费用。如有任何中介机构和个人假借深圳市科技创新委员会领导和工作人员名义向申请单位收取费用的，请知情者立即举报。

项目申请单位需提交审计报告的，应当按照《深圳市科技计划项目管理办法》等规定，提供经深圳市注册会计师协会备案的含有防伪标识封面的审计报告。项目申请单位提供无防伪标识封面（未备案）或属于虚假防伪标识封面（未备案）的审计报告，深圳市科技创新委员会不予采用。 相关审计报告经核查认定属于虚假材料的，项目单位五年内不得申请市科技计划项目，深圳市科技创新委员会将其列入科研诚信异常名录，并按照深圳市政府失信联合惩戒有关规定予以处理。

项目申请单位一经立项，即对项目执行全过程负有主体责任。即有义务按合同约定开展研发活动，完成约定目标；有义务接受主管部门监督，配合主管部门完成中期检查和抽查；有义务最迟在合同到期后6个月内向主管部门提交纸质验收申请资料。不履行上述义务的，主管部门按规定将项目承担单位或项目负责人等记入科研诚信异常名录，取消其一定年限内申请科研资助的资格，并依法追究其他责任。

2020年国际科技合作项目申请指南

一、申请内容

国际科技合作深圳以色列政府间合作项目、自主合作项目、活动交流项目资助。

重点领域：新一代信息技术、高端装备制造、绿色低碳、生物医药、数字经济、新材料、海洋经济等战略性新兴产业。

重点支持具有国际领先水平、弥补深圳市产业链缺失环节的技术合作项目，鼓励深圳市企业和科研机构与外国先进科研机构进行前瞻性研究合作。

二、设定依据

（一）《深圳经济特区科技创新促进条例》，深圳市五届人大第二十六次会议修正，2013 年 12 月 25 日。

（二）《关于深化科技体制改革提升科技创新能力的若干措施》，深圳市人民政府，深府〔2012〕123 号。

三、强度方式

有数量限制，受科技研发资金年度总额控制，本批次资助资金纳入 2020 年市级财政预算安排。

深圳以色列政府间合作项目，采用事前资助方式，资助比例不超过中方研发投入资金的 50%，最高资助 300 万元；

自主合作项目，采用事前资助方式，资助比例不超过中方研发投入资金的 50%，最高资助 100 万元；

活动交流项目，采用事后补助方式，资助比例不超过活动实际发生合理费用的 50%，最高资助 100 万元。

四、办理条件

申请深圳以色列政府间合作项目应符合以下条件：

（一）申请单位是在深依法注册，具备法人资格的企业；

（二）申请项目符合政府间合作协议明确的领域方向和目标任务，满足组织实施的相关要求和条件；

（三） 深方和以方签署合作协议或意向书，明确双方在合作研发中的贡献和分工，包括技术、人力、设备、资金等；

（四）深方和以方需分别向各自科技主管部门进行申请，单方申请无效；

（五）深方需提交以方递交以方科技主管部门的申请书，并确保与提交我市科技主管部门项目申请书中的项目主要内容一致。

申请自主合作项目应符合以下条件：

（一）申请单位是在深依法注册，具有法人资格的企业、高等院校、科研机构、医疗卫生单位。非企业类单位申请的，应当有至少一家在深企业作为合作单位，并由企业提供至少与政府资助等额的配套出资；

（二）深方和外方签署合作协议或意向书，明确双方在合作研发中的贡献和分工，包括技术、人力、设备、资金等；

（三）合作研发的成果由双方共有或者由中方所有；

（四）在深高等院校、科研机构与海外院校设立联合实验室的，不受第一项限制。

申请活动交流项目应符合以下条件：

（一）申请单位是在深依法注册，具有法人资格的企业、高等院校、科研机构、医疗卫生单位，且是交流活动的主办方或承办方；

（二）交流活动应当在国际学科和科技领域具有权威性、国际性和领先性，并在深圳举办；

（三）交流活动参加人数 100 人以上，其中外宾人数 30 人以上 (不包括港澳台)；

（四）国际会议须按程序通过市外事部门完成报批或备

案手续；

（五）交流活动预算按照财政部《在华举办国际会议经费管理办法》（财行〔2015〕371 号）编制和执行；

（六）交流活动在 2018 年 6 月 1 日至 2019 年 6 月 30 日期间举办。

限项要求：申请2020年度基础研究、技术攻关、创业项目、可持续发展专项、国际合作、深港创新圈、孔雀计划、优秀人才培育项目的，有数量限制：

（1）申请单位为企业的，原则上只能单独或者联合申请 1 项，2017 年以来获得国家、广东省和部级科技奖励的企业或 2017 年及 2018 年深圳市工业百强企业，可以单独或者联合申请 2 项。

（2）申请单位为高等院校、科研机构、医疗卫生单位的，其项目组成员只能单独或联合申请 1 项，申请和正在承担（主持和参与）的市级科技计划项目总数不超过 3 项。

五、申请材料

申请国际科技合作类项目应提交以下材料：

（一）登录深圳市科技业务管理系统在线填报申请书，提供通过该系统打印的申请书纸质文件原件；

（二）上年度完税证明复印件（非事业单位提供）；

（三）上年度财务审计报告（指经深圳市注册会计师协会备案的含有防伪标识封面的审计报告）或通过审查的事业单位财务决算报表复印件（注册未满一年的可提供验资报告，验原件）；

（四）涉及科研伦理与科技安全的项目，提供国家有关法律法规和伦理准则要求的相关手续证明（复印件）。

申请中以政府间合作项目还应提交以下材料：

（一）项目可行性研究报告原件；

（二）与境外机构签订的合作协议书复印件（验原件，如只有外文，需翻译成中文）；

（三）知识产权合规性声明；

（四）科研诚信承诺书。

申请自主合作项目还应提交以下材料：

（一）项目可行性研究报告原件；

（二）与境外机构签订的合作协议书复印件（验原件，如只有外文，需翻译成中文）；

（三）境外合作单位是企业的，还需提交经所在国或地区公证机关或其他有权机构公证的合法营业证明（复印件，如只有外文的，需翻译成中文）；

（四）知识产权合规性声明；

（五）科研诚信承诺书。

申请活动交流项目还应提交以下材料：

（一）活动交流的批文、协议、合同等依据文件（复印件，验原件）；

（二）活动交流的总结报告，内容包括：活动的基本情况、规模和规格，出席会议的重要嘉宾，活动的主要内容、成效和启示等（原件）；

（三）活动交流的邀请函；活动现场的彩色照片；出席会议人员的签到表（包括单位名称、姓名、职务、联系方式）；外国嘉宾的护照或身份证明材料（复印件）；

（四）项目执行所发生的费用清单、支出单据、集中支付凭证及所涉及的相关合同（协议）书（复印件）。

申请单位网上提交申请材料后，应当按照要求及时到受理窗口递交书面材料。书面材料一式两份，A4 纸正反面打印或复印，复印件需加盖申请单位公章，非空白页（含封面）需连续编写页码，装订成册（胶装）。

特别提醒：申请人和申请单位对申请材料的合法性、真实性、准确性和完整性负责。申请材料的研究内容和拟取得的学术、技术、经济指标应科学合理，严谨规范，并作为项目评审、合同签订、过程管理、验收结题及项目评估的依据，原则上不予调整。对抄袭剽窃或弄虚作假的，深圳市科技创新委员会核实后将不予立项或撤销项目，并纳入科研诚信异常名录，同时视情节轻重，依法依规追究相应责任。

六、申请表格

本指南规定提交的表格，申请人登录深圳市科技业务管理系统在线填报。

七、受理机关

（一）受理机关：深圳市科技创新委员会

（二）受理时间：

网上填报时间：2019 年 7 月 3 日—2019 年 8 月 16 日（截止至 18:00）

书面材料受理时间：2019 年 8 月 19 日—2019 年 8 月 23 日（办公时间：星期一至星期五 9:00 － 17:45）

（三）联系电话：88103764，88127383

（四）受理地点：深圳市民中心行政服务大厅西厅 5~43 号窗口

八、决定机关

深圳市科技创新委员会

九、办理程序

申请人网上申请——向深圳市科技创新委收文窗口提交申请材料——深圳市科技创新委组织专家评审、委托审计、现场考察——深圳市科技创新委会审定——社会公示——项目入库。

十、办理时限

每年一次，成批处理。

十一、证件及有效期限

证件：批准文件

有效期限：申请单位应当在收到批准文件之日起 1 个月内，与市科技创新委签订项目合同书（活动交流项目除外）。

十二、法律效力

申请人凭批准文件获得深圳市科技研发资金资助。

十三、收费

不收费

十四、年审或年检

无年审。市科技创新委按照项目合同书对项目进行跟踪管理和组织验收（活动交流项目除外）。

声　明：深圳市科技创新委从未委托任何单位或个人为项目申请单位代理资金申请事宜，申请单位必须自主申请。凡是购买或委托代写项目申请书的，以及提供虚假证明材料的，一经发现并查实，即视为骗取财政资金，一律不予受理，取消申请资格或撤销立项项目，并按规定严肃处理。深圳市科技创新委将严格按照有关标准和程序受理，不收取任何费用。如有任何中介机构和个人假借深圳市科技创新委员会领导和工作人员名义向申请单位收取费用的，请知情者立即举报。

项目申请单位需提交审计报告的，应当按照《深圳市科技计划项目管理办法》等规定，提供经深圳市注册会计师协会备案的含有防伪标识封面的审计报告。项目申请单位提供无防伪标识封面（未备案）或属于虚假防伪标识封面（未备案）的审计报告，深圳市科技创新委员会不予采用。相关审计报告经核查认定属于虚假材料的，项目单位五年内不得申请深圳市科技计划项目，深圳市科技创新委员会将其列入科研诚信异常名录，并按照深圳市政府失信联合惩戒有关规定予以处理。

项目申请单位一经立项，即对项目执行全过程负有主体责任。即有义务按合同约定开展研发活动，完成约定目标；有义务接受主管部门监督，配合主管部门完成中期检查和抽查；有义务最迟在合同到期后 6 个月内向主管部门提交纸质验收申请资料。不履行上述义务的，主管部门按规定将项目承担单位，项目负责人等记入科研诚信异常名录，取消其一定年限内申请科研资助的资格，并依法追究其他责任。

2020年国家和省计划项目配套申请指南

一、申请内容

对获评国家科技重大专项的科技项目、国家科技部和广东省科技厅设立的科技项目予以配套支持。

二、设定依据

（一）《关于促进科技创新的若干措施》，中共深圳市委、深圳市人民政府，深发〔2016〕7 号。

（二）《深圳市国家和广东省科技计划项目配套资助管理办法》，深圳科技创新委员会，深科技创新规〔2018〕5 号。

三、支持强度与方式

无偿资助，有数量限制，受配套专项资金年度总额控制，本批次资助资金纳入 2020 年市级财政预算安排。

配套资助资金的比例如下：

（一）国家和省相关文件（含申报指南、项目或课题任务书和合同等）有明确配套资助金额或比例要求的，按照国家和省的相关要求执行；

（二）国家和省相关文件有配套资助要求，未明确配套金额或比例的，地方配套比例不超过 1:1，且不超过单位自筹经费的 50%。对于单位经费来源主要为财政核拨的高校、科研机构及民间非营利组织，项目经费自筹部分不设强制性要求；

（三）国家和省相关文件没有配套资助要求，但项目申报单位有自筹资金的，可按照不超过国家或省拨资金 1:1 的比例予以配套资助，配套资助资金不超过单位自筹经费的 50%；

（四）市政府或市相关部门有相关政策的，按相关政策执行。

四、办理条件

（一）申请单位应当是在深圳市（含深汕特别合作区）依法注册，具备独立法人资格的企业、高等院校、科研机构和社会组织等单位或者是经市政府批准的其他机构；

（二）申请单位应当牵头承担或者参与承担国家和省科技计划项目，拥有开展项目的必要条件；

（三）申请配套资助的立项项目，国家和广东省财政资助应当拨付到位，且资金到账日期为 2017 年 1 月 1 日至 2018 年 12 月 31 日；

（四）同一单位同一项目的同一批次上级财政资助只能申报一次配套资助；

（五）申请单位和项目负责人均未被列入深圳市科研诚信异常名录。

五、申请材料

（一）登录深圳市科技业务管理系统在线填报申请书，提供通过该系统打印的申请书纸质文件原件；

（二）2018 年度完税证明复印件（非事业单位提供）；

（三）2018 年度财务审计报告（需提交经深圳市注册会计师协会备案的含有防伪标识封面的审计报告）或通过审查的事业单位财务决算报表复印件（注册未满一年的可提供验资报告，验原件）；

（四）申请国家和省项目时的可行性研究报告复印件；

（五）国家和省项目下达文件、任务书或合同书，拨款经费进账凭证（银行回单）或相关证明复印件（验原件）；如申报单位是国家、省项目牵头单位，须提供给项目参与单位拨款的银行回单复印件（验原件）；

（六）国家、省要求配套的文件和深圳有配套承诺的文件（可选择提供）；

（七）若本项目曾获得配套资助，须提供历史配套资助下达文件等相关资料（如有请提供）；

（八）科研诚信承诺书。

以上材料一式两份，复印件需加盖申请单位公章，A4 纸正反面打印或复印，非空白页（含封面）需连续编写页码，装订成册（胶装）。

项目申报单位对申请材料的合法性、真实性、准确性和完整性负责，进入审计环节不再受理向审计机构补充资料。项目承担单位在配套资金的使用和管理上弄虚作假或者违规的，深圳市科技创新委可以终止配套资金的拨付，追回已拨付的配套资金，并将申报单位列入深圳市科技创新委员会科研诚信异常名录，情节严重的，按国家有关规定追究项目承担单位的法律责任。

六、申请表格

本指南规定提交的表格，申请人登录深圳市科技业务管理系统在线填报。

七、受理机关

（一）受理机关：深圳市科技创新委员会

（二）受理时间：

网络填报受理时间：2019 年 4 月 30 日—2019 年 6 月 10 日（截至 18:00）

书面材料受理时间：2019 年 6 月 3 日—2019 年 6 月 14 日

（三）办公时间：星期一至星期五

上午 9：00 — 12：00，下午 14：00 — 17:45

（四）联系电话：88102496，88125001

（五）受理地点：深圳市民中心行政服务大厅西厅 5~40 号窗口

八、决定机关

深圳市科技创新委员会

九、办理程序

申请人网上申报——向深圳市科技创新委收文窗口提交申请材料——深圳市科技创新委对申请材料进行初审——委托审计、答辩或者现场考察——深圳市科技创新委会审定——社会公示——相关单位征求意见——项目入库。

获得配套资助的申报单位无须与深圳市科技创新委签订任务合同。

十、办理时限

结合受理情况，按申报顺序，分批处理。

十一、证件

批准文件

十二、法律效力

申请人凭批准文件获得深圳市科技研发资金资助。

申请单位应当按照国家或广东省的任务合同书要求，切实开展好项目研究，规范使用配套资金，保证配套资金的使用绩效。

十三、收费

不收费

十四、年审或年检

无年审。项目承担单位应当在国家和广东省项目验收通过半年内，向深圳市科技创新委抄报验收申请书主件和正式验收意见。

声 明：深圳市科技创新委从未委托任何单位或个人为项目申报单位代理资金申报事宜，申请单位必须自主申报。凡是购买或委托代写项目申请书的，以及提供虚假证明材料的，一经发现并查实，即视为骗取财政资金，一律不予受理，取消申请资格或撤销立项项目，并按规定严肃处理。深圳市科技创新委将严格按照有关标准和程序受理，不收取任何费用。如有任何中介机构和个人假借深圳市科技创新委员会领导和工作人员名义向申报单位收取费用的，请知情者立即举报。

项目申报单位需提交审计报告的，应当按照《深圳市科技计划项目管理办法》等规定，提供经深圳市注册会计师协会备案的含有防伪标识封面的审计报告。项目申报单位提供无防伪标识封面（未备案）或属于虚假防伪标识封面（未备案）的审计报告，深圳市科技创新委员会不予采用。相关审计报告经核查认定属于虚假材料的，项目单位五年内不得申请深圳市科技计划项目，深圳市科技创新委员会将其列入科研诚信异常名录，并按照深圳市政府失信联合惩戒有关规定予以处理。

项目申报单位一经立项，即对项目执行全过程负有主体责任。即有义务按合同约定开展研发活动，完成约定目标；有义务接受主管部门监督，配合主管部门完成中期检查和抽查；有义务最迟在合同到期后 6 个月内向主管部门提交纸质验收申请资料。不履行上述义务的，主管部门按规定将项目承担单位或项目负责人等记入科研诚信异常名录，取消其一定年限内申请科研资助的资格，并依法追究其他责任。

创新环境建设计划

2020年深圳市工程技术研究中心认定指南

一、申请内容

为加快推进企业研发机构建设，建立健全以企业为主体、市场为导向、产学研相结合的技术创新体系，设立并资助深圳市工程技术研究中心（以下简称“深圳市工程技术中心”）。

重点支持领域：新一代信息技术、高端装备制造、绿色低碳、生物医药、数字经济、新材料、新能源、海洋经济。

对于已布局市工程技术中的细分领域，不进行重复布局。

二、设定依据

（一）《深圳经济特区科技创新促进条例》，深圳市第六届人民代表大会常务委员会公告，第 95 号；

（二）《关于促进科技创新的若干措施》，深发〔2016〕7 号；

（三）《深圳市科技计划管理改革方案》，深府〔2019〕1 号；

（四）《深圳市科技计划项目管理办法》，深科技创新规〔2019〕1 号；

（五）《深圳市科技研发资金管理办法》，深科技创新规〔2019〕2 号。

三、认定方式与强度

受科技研发资金年度总额控制，每单位每年限申报 1 个。对符合认定条件的申请，由市科技行政主管部门择优认定。

主要流程包括单位申报、专家评审、答辩或者现场考察、社会公示、审批机关认定。资助方式执行后补助经费支持，根据企业研发投入情况，最高 300 万元。

深圳市科技行政主管部门对已认定的市工程技术中心每 3 年进行一次评估，评估结果分为“优秀”“良好”“合格”“不合格”等 4 个等级。对评估结果为“优秀”的市工程技术中心给予最高 200 万元的奖励资助，对评估结果“良好”的给予最高 100 万元的奖励资助。

四、认定条件

（一）依托单位应当是在深圳市及深汕合作区内注册登记的具有独立法人资格的企业，在所属领域整体研发实力和地位应达国内先进及深圳领先水平。优先支持产品、技术水平和综合实力在同行业中名列前茅的大中型企业。已承担市工程中心组建任务的依托单位原则上不予重叠认定。已列入异常名单的单位不得申报。

（二）企业经营和运行状况良好，具有较强的盈利能力和较高的管理水平，能够提供组建市工程技术中心需要的主要资金，软件、创意设计、研发服务类企业可适当降低。

（三）企业建有专门的研发机构，有持续的研发投入，上一年度销售额不低于 5000 万元，近 2 年（2017 年元月 1 日至 2018 年 12 月 31 日，下同）每年研发费用 1000 万元以上。

（四）企业近 2 年获得授权的知识产权（包括发明、实用新型、非简单改变产品图案和形状的外观设计、软件著作权、集成电路布图设计专有权、植物新品种）总计不少于 15 项（其中发明专利、软件著作权、集成电路布图设计专有权或植物新品种总计不少于 7 项）。

（五）申请组建的市工程技术中心应配备管理负责人和

技术带头人，其中拥有岗位专职研发人员 20 人以上，其中具有中级以上职称或硕士以上学位不少于 10 人（其中具有高级职称或博士学位不少于 3 人）。

专职科研人员不得同时隶属于其他省部级以及市级科技创新载体。

已列入科研诚信异常名录者不得列为工程技术中心人员。

（六）具备工程技术试验条件和基础设施，研发专门用房面积 500 平方米以上，有必要的检测、分析、测试手段和工艺设备（不包括生产用设备），仪器设备及专用软件的现值不低于 700 万元（软件类市工程技术中心相应的现值不低于 400 万元）。

（七）有良好的产学研合作基础，重视科技人员和高技能人才的培养、引进、使用。组建市工程技术中心目标明确，研究开发任务具体，方案可行，措施得力。

（八）该计划属于竞争类计划。竞争类科技计划项目是指协同创新专项、人才和载体专项、企业创新专项、重大科技专项、深圳市自然科学基金等。

（九）申报单位同一项目每年只能申报一次，不得多头申报和重复申报。凡以相同项目多头申报、重复套取政府资金的，一经发现立即取消该单位两年内所有项目的资助资格。“同一项目”是指经深圳市科技创新委员会使用相应软件对申报项目进行查重后，相似度为 30% 以上（含 30%）的项目。

五、申请材料

（一）登录深圳市科技业务管理系统在线填报申请书，提供通过该系统打印的申请书纸质文件原件，申请人应认真填写，申请书中内容将作为合同内容生成依据；

（二）上年度纳税证明复印件；

（三）企业最近 2 个会计年度研究开发费用和主营业务收入专项审计复印件，验原件（专项审计应由深圳市财政局公布的高新技术企业认定审计中介机构出具，并带有深圳市注册会计师协会备案的含有防伪标识封面。未备案的专项审计报告需由出具审计报告的会计师事务所向市注册会计师协会补充备案，深圳市注册会计师协会不收取费用）；

（四）科研用房面积、仪器设备、专用软件现值相关证明材料；

（五）项目可行性研究报告原件；

（六）深圳市工程技术中心仪器设备清单和研发人员名单；

（七）知识产权相关的证明材料复印件（验原件）；

（八）专职研发人员情况的相关证明材料复印件（包括专职研发人员基本情况表、近 2 年的深圳社会保险单位缴交明细表复印件、主要研发人员的学历、学位和职称复印件，验原件）；

（九）知识产权合规性声明；

（十）科研诚信承诺书；

（十一）项目涉及科研伦理和科技安全的，提供国家有关法律法规和伦理准则要求的批准或备案文件。

以上材料必须在深圳市科技业务管理系统提交电子版，同时提交纸质申报材料一式两份，复印件需加盖申请单位公章，A4 纸正反面打印或复印，非空白页（含封面）需连续编写页码，胶装成册。

项目申报材料中拟取得的学术、技术及经济效益等指标应严肃、科学，申报指标将作为项目评审、合同签订、过程管理、验收结题及项目评估的依据，原则上不予更改。请各申报单位科学并严谨制定申请指标。

项目申报单位对申请材料的合法性、真实性、准确性和完整性负责。如有虚假，深圳市科技创新委员会核实后将不予立项资助，并将申报单位列入深圳市科技创新委员会科研诚信负面清单，视情节轻重，依法追究相关责任。

六、申请表格

本指南规定提交的表格，申请单位登录深圳市科技业务管理系统在线填报。

七、受理机关

（一）受理机关：深圳市科技创新委员会

（二）受理时间：

网上填报受理时间为：2019 年 7 月 30 日－ 2019 年 8 月 30 日（截至 18:00）

书面材料受理截止时间：2019 年 9 月 2 日－ 2019 年 9 月 5 日

办公时间：星期一至星期五

上午 9：00 － 12：00，下午 14：00 － 17:45

（三）咨询电话：88101372（基础研究和平台基地处）

（四）受理地址：深圳市福田区福中三路市民中心行政服务大厅西区 5~43 号窗口

八、决定机关

深圳市科技创新委员会

九、办理程序

申请单位网上申报——向深圳市科技创新委收文窗口提交申请材料——深圳市科技创新委对申请材料进行初审——组织专家评审、答辩或者现场考察——深圳市科技创新委审定——社会公示——项目入库。

十、办理时限

成批处理

十一、证件及有效期限

证 件：批准文件

有效期限：申请单位在收到批准文件之日起 1 个月内办理资金拨付。

十二、法律效力

申报单位凭批准文件获得深圳市科技研发资金资助。

十三、收费

不收费

十四、年审或年检

深圳市工程技术中心应在每年第一季度提交上年度总结和本年度工作计划。无正当理由拒绝填报提交年度总结和计划的，视为自动放弃市工程技术中心资格。

深圳市工程技术中心实施动态管理。对已认定的市工程技术中心的运行情况和建设绩效，深圳市科技创新委每 3 年进行一次评估。评估结果不合格的，限期 1 年进行整改，对整改后仍不合格的，取消其市工程技术中心资格，5 年内不得重新申报市工程技术中心认定。对评估结果优秀和良好的市工程技术中心，给予奖励支持。

声　明：深圳市科技创新委员会从未委托任何单位或个人为项目申报单位代理资金申报事宜，申请单位必须自主申报。凡是购买或委托代写项目申请书的，以及提供虚假证明材料的，一经发现并查实，即视为骗取财政资金，一律不予受理，取消申请资格或撤销立项项目，并按规定严肃处理。深圳市科技创新委将严格按照有关标准和程序受理，不收取任何费用。如有任何中介机构和个人假借深圳市科技创新委领导和工作人员名义向申报单位收取费用的，请知情者立即举报。

专项审计报告经核查认定属于虚假材料的，依托单位五年内不得申请市科技计划项目，深圳市科技创新委员会将其列入科研诚信异常名录，并按照深圳市政府失信联合惩戒有关规定予以处理。

项目申报单位一经立项，即对项目执行全过程负有主体责任。即有义务按合同约定开展研发活动，完成约定目标；有义务接受主管部门监督，配合主管部门完成中期检查和抽查；有义务最迟在合同到期后 6 个月内向主管部门提交纸质验收申请资料。不履行上述义务的，主管部门按规定将项目承担单位或项目负责人记入科研诚信异常名录，取消其一定年限内申请科研资助的资格，并依法追究其他责任。

2020年深圳市重点实验室筹建启动资助申请指南

一、申请内容

以开展基础与应用研究、培养人才、支撑产业和社会发展为目标的市重点实验室筹建启动资助。

重点支持领域：新一代信息技术、高端装备制造、绿色低碳、生物医药、数字经济、新材料、新能源、海洋经济。

二、设定依据

（一）《深圳经济特区科技创新促进条例》，深圳市第六届人民代表大会常务委员会公告，第95号；

（二）《关于促进科技创新的若干措施》，（深发〔2016〕7号）；

（三）《深圳市关于加强基础科学研究的实施办法》，（深府规〔2018〕25号）；

（四）《深圳市科技计划管理改革方案》，（深府〔2019〕1号）；

（五）《深圳市科技计划项目管理办法》，深科技创新规〔2019〕1号；

（六）《深圳市科技研发资金管理办法》，深科技创新规〔2019〕2号。

三、支持强度与方式

支持强度：受科技研发资金年度总额控制，单个市级重点实验室筹建启动资助最高500万元。

支持方式：事前资助。主要流程包括单位申报、资格审核确认、社会公示、审批机关审定。

四、办理条件

（一）申请单位应当是在深圳市及深汕特别合作区依法注册、具有独立法人资格的高等院校、科研机构或其他具有原始创新能力的法人机构。已列入科研诚信异常名录的单位不得申报。

院校类实验室应在本学科或领域中具有国内领先水平或特色，具备承担市级及以上重大科研项目的能力。企业类实验室的依托单位，应为在本行业或领域内具有较高的知名度和影响力的国家高新技术企业，具备承担市级及以上重大科研项目的能力，能为深圳市的产业和社会发展提供关键技术和共性技术支撑，具有较强的技术储备和技术扩散能力，与高等院校、科研机构等建立了长期稳定的产学研合作关系。企业类实验室的依托单位须为国家高新技术企业，申请单位近2年（2017年元月1日至2018年12月31日，下同）每年的主营业务收入超过5亿元，近2年每年按高新技术企业认定管理办法经专项审计确认的研发费用在4000万元以上。

（二）实验室有清晰的定位和目标，研究方向明确，不得与市级及以上已有重点实验室重复，研究内容具有前瞻性和特色，且与实验室名称相符合。已有市重点实验室请参考“深圳市科技创新委员会官网科技服务专栏（http://stic.sz.gov.cn/kjfw/cxzt/szscxztmd/）”。

（三）须由在我市单位全职工作的深圳市杰出人才（人才证书应在有效期内）担任实验室主任。

（四）申请人应谨慎填写项目申报书的人员信息、研发内容、技术经济指标、经费安排等内容，申请书中内容将作为合同内容生成依据。项目一经立项，项目投入资金总额不予调整，深圳市财政资金申请额与实际下达资助额之间的差额部分，由项目申请单位自筹资金补足。

（五）项目申报材料中拟取得的学术、技术及经济效益等指标应严肃、科学，申报指标将作为项目评审、合同签订、过程管理、验收结题及项目评估的依据，原则上不予调整。请各申请单位严肃对待。

五、申请材料

（一）登录深圳市科技业务管理系统在线填报申请书，提供通过该系统打印的申请书纸质文件原件，申请人应认真填写，申请书中内容将作为合同内容生成依据；

（二）企业类市重点实验筹建启动室依托单位须提供企业最近 2 个会计年度研究开发费用和主营业务收入专项审计报告复印件，验原件（专项审计报告应由深圳市财政局公布的高新技术企业认定审计中介机构出具，并带有深圳市注册会计师协会备案的含有防伪标识封面。未备案的专项审计报告需由出具审计报告的会计师事务所向市注册会计师协会补充备案，市注册会计师协会不收取费用）；

（三）科研用房面积、设备、专用软件原值相关证明材料；

（四）仪器设备清单和实验室人员名单；

（五）项目可行性研究报告原件；

（六）依托单位为市重点实验室筹建启动提供资金、技术、后勤和学术交流等配套条件的承诺函原件；

（七）深圳市杰出人才认定证书复印件（验原件）、实验室主任与依托单位签订的劳动合同或聘用合同等长期工作证明文件复印件（验原件）、近一年内的深圳社会保险缴纳凭证复印件（境外人员未在深圳缴纳社保的，需提供可充分证明在依托单位全职工作的材料）；

（八）知识产权合规性声明；

（九）科研诚信承诺书；

（十）项目涉及科研伦理和科技安全的，提供国家有关法律法规和伦理准则要求的批准或备案文件。

以上材料必须在深圳市科技业务管理系统提交电子版，同时提交纸质申报材料一式两份，复印件需加盖申请单位公章，A4 纸正反面打印或复印，非空白页（含封面）须连续编写页码，胶装成册。

申报材料中拟取得的学术、技术等指标应严肃、科学，申报指标将作为合同签订、过程管理、验收结题的依据，原则上不予更改。请各申报单位科学，严谨制定申请指标。

申报单位对申请材料的合法性、真实性、准确性和完整性负责。如有虚假，深圳市科技创新委员会核实后将不予立项资助，并将申报单位列入我委科研诚信负面清单，视情节轻重，依法追究相关责任。

六、申请表格

本指南规定提交的表格，申请单位登录深圳市科技业务管理系统在线填报。

七、受理机关

（一）受理机关：深圳市科技创新委员会

（二）受理时间：常年受理

办公时间：星期一至星期五

上午 9：00 — 12：00，下午 14：00 — 17:45

（三）咨询电话：88102204，88102176（基础研究和平台基地处）

（四）受理地址：深圳市福田区福中三路市民中心行政服务大厅西区 5~43 号窗口

八、决定机关

深圳市科技创新委员会

九、办理程序

申请单位网上申报——向深圳市科技创新委员会收文窗口提交申请材料——深圳市科技创新委员会对申请材料进行资格审核确认——社会公示——项目入库。

十、办理时限

成批处理

十一、证件及有效期限

证件：批准文件

有效期限：申请单位在收到批准文件之日起 1 个月内办理资金拨付。

十二、法律效力

申报单位凭批准文件获得深圳市科技研发资金资助。

十三、收费

不收费

十四、年审或年检

深圳市重点实验室筹建启动期一般为 2 年。一经立项，申报单位即对项目执行全过程负有主体责任——有义务按合同约定开展研发活动，完成约定目标，有义务接受主管部门监督，配合主管部门完成中期检查和抽查，有义务最迟在合同到期后 6 个月内向主管部门提交纸质验收申请资料。

对到期拒不提交验收申请或验收不通过的，取消该实验室申报市重点实验室组建资格，申报单位 5 年内不得在同一领域申报市重点实验室组建。

在筹建启动期结束前，实验室建设因故终止的，深圳市科技创新委将按照《深圳市科技研发资金管理办法》《深圳市科技计划项目管理办法》相关规定进行处理。

声 明：深圳市科技创新委从未委托任何单位或个人为项目申报单位代理资金申报事宜，申请单位必须自主申报。凡是购买或委托代写项目申请书的，以及提供虚假证明材料的，一经发现并查实，即视为骗取财政资金，一律不予受理，取消申请资格或撤销立项项目，并按规定严肃处理。深圳市科技创新委将严格按照有关标准和程序受理，不收取任何费用。如有任何中介机构和个人假借深圳市科技创新委员会领导和工作人员名义向申报单位收取费用的，请知情者立即举报。

专项审计报告经核查认定属于虚假材料的，依托单位五年内不得申请市科技计划项目，深圳市科技创新委员会将其列入科研诚信异常名录，并按照市政府失信联合惩戒有关规定予以处理。

项目申报单位一经立项，即对项目执行全过程负有主体责任——有义务按合同约定开展研发活动，完成约定目标，有义务接受主管部门监督，配合主管部门完成中期检查和抽查。有义务最迟在合同到期后 6 个月内向主管部门提交纸质验收申请资料。不履行上述义务的，主管部门按规定将项目承担单位、项目负责人等记入科研诚信异常名录，取消其一定年限内申请科研资助的资格，并依法追究其他责任。

2020年深圳市重点实验室组建资助申请指南

一、申请内容

以开展基础与应用基础研究、培养人才、支撑产业和社会发展为目标的市重点实验室组建资助。

重点支持领域：新一代信息技术、高端装备制造、绿色低碳、生物医药、数字经济、新材料、新能源、海洋经济。

二、设定依据

（一）《深圳经济特区科技创新促进条例》，深圳市第六届人民代表大会常务委员会公告，第 95 号；

（二）《关于促进科技创新的若干措施》，(深发〔2016〕7 号)；

（三）《深圳市关于加强基础科学研究的实施办法》，(深府规〔2018〕25 号）；

（四）《深圳市科技计划管理改革方案》，(深府〔2019〕1 号)；

（五）《深圳市科技计划项目管理办法》，深科技创新规〔2019〕1 号；

（六）《深圳市科技研发资金管理办法》，深科技创新规〔2019〕2 号。

三、支持强度与方式

支持强度：受科技研发资金年度总额控制，单个市重点实验室组建资助最高 500 万元。

支持方式：事前资助。主要流程包括单位申报、专家评审、答辩或者现场考察、社会公示、审批机关审定。

四、办理条件

（一）申请单位应当是在深圳市及深汕特别合作区依法注册、具有独立法人资格的高等院校、科研机构、企业或其他具有原始创新能力的法人机构。已列入科研诚信异常名录的单位不得申报。

（二）实验室有清晰的定位和目标，研究方向明确，不得与市级及以上已有重点实验室重复，研究内容具有前瞻性和特色，且与实验室名称相符合。已有市重点实验室请参考“深圳市科技创新委员会官网科技服务专栏（http://stic.sz.gov.cn/kjfw/cxzt/szscxztmd/）”。

（三）有高水平的实验室主任、副主任、学术或技术带头人、规模适度及知识结构合理的科研队伍。

研究人员、技术人员、管理人员等固定人员不少于 20 人，其中学术或技术带头人不少于 2 人。访问学者、博士后、研究生、短聘成员等流动人员不少于 10 人。

固定科研人员不得与市级及以上已有的其他科技创新载体组成人员交叉重复。

已列入科研诚信异常名录者不得列为实验室人员。

（四）具备较强的科研实力，原则上应具备以下条件：

实验室成员近 2 年（2017 年元月 1 日至 2018 年 12 月 31 日，下同）被 SCI、EI、ISTP、ISR 等收录的论文及获得授权知识产权（包括发明、实用新型、非简单改变产品图案和形状的外观设计、软件著作权、集成电路布图设计专有权、植物新品种）合计不少于 20 项，其中被 SCI 和 EI 收录的期刊论文及授权发明专利、软件著作权、集成电路布图设计专有权、植物新品种总计不少于 10 项。

院校类实验室应在本学科或领域中具有国内领先水平或特色，具备承担市级及以上重大科研项目的能力，实验室成员近 2 年以依托单位名义主持承担新立项的与实验室研究方向相关的省部级及以上科研项目不少于 7 项（其中国家级项目不少于 1 项），归属于依托单位的立项总金额在 700 万元以上，同等或更高水平的海外项目可纳入统计，与其他高校、科研院所和企业有良好的科研合作与学术交流基础，能对外开放并发挥行业带动和辐射作用。企业类实验室的依托单位，应为在本行业或领域内具有较高的知名度和影响力的国家高新技术企业，具备承担市级及以上重大科研项目的能力，能为深圳市的产业和社会发展提供关键技术和共性技术支撑，具有较强的技术储备和技术扩散能力，与高等院校、科研机构等建立了长期稳定的产学研合作关系。企业类实验室的依托单位须为国家高新技术企业，申请单位近 2 年每年的主营业务收入超过 5 亿元，近 2 年每年按高新技术企业认定管理办法经专项审计确认的研发费用在 4000 万元以上。

5. 具备良好的科学研究和学术交流条件，有合理的管理体制和运行机制，有相对集中的科研实验场地。实验室科研用房面积 700 平方米以上，科研仪器设备原值不低于 700 万元（软件领域实验室原值不低于 400 万元）。

（五）企业类申报单位每年度可申报 1 项市重点实验室组建计划。高校或科研机构，每年度最多可申报 5 项。

（六）申请人应谨慎填写项目申报书的人员信息、研发内容、技术经济指标、经费安排等内容，申请书中内容将作为合同内容生成依据。项目一经立项，项目投入资金总额不予调整，深圳市财政资金申请额与实际下达资助额之间的差额部分，由项目申请单位自筹资金补足。

（七）项目申报材料中拟取得的学术、技术、经济等效益指标应严肃及科学，申报指标将作为项目评审、合同签订、过程管理、验收结题及项目评估的依据，原则上不予调整。请各申请单位严肃对待。

五、申请材料

（一）登录深圳市科技业务管理系统在线填报申请书，提供通过该系统打印的申请书纸质文件原件；

（二）企业类市重点实验室组建依托单位须提供企业最近 2 个会计年度研究开发费用和主营业务收入专项审计报告复印件，验原件（专项审计报告应由深圳市财政局公布的高新技术企业认定审计中介机构出具，并带有深圳市注册会计师协会备案的含有防伪标识封面。未备案的专项审计报告需由出具审计报告的会计师事务所向市注册会计师协会补充备案，市注册会计师协会不收取费用）；

（三）科研用房面积、设备及专用软件原值相关证明材料；

（四）仪器设备清单和实验室人员名单；

（五）项目可行性研究报告原件；

（六）实验室科研人员近 2 年获得立项的省部级以上科研项目及科研成果（论文、专利、奖项等）相关证明材料复印件（验原件）；

（七）依托单位为实验室提供资金、技术、后勤、学术交流等配套条件的承诺函原件；

（八）20 名固定人员的劳动合同或聘用合同等长期工作证明文件复印件以及近一年内的深圳社会保险缴纳凭证复印件（境外人员未在深圳缴纳社保的，需提供可充分证明在依托单位全职工作的材料）；

（九）近 2 年实验室固定人员费用支出清单；

（十）知识产权合规性声明；

（十一）科研诚信承诺书；

（十二）项目涉及科研伦理和科技安全的，提供国家有关法律法规和伦理准则要求的批准或备案文件。

以上材料必须在深圳市科技业务管理系统提交电子版，同时提交纸质申报材料一式两份，复印件须加盖申请单位公章，A4 纸正反面打印或复印，非空白页（含封面）须连续编写页码，胶装成册。

申报材料中拟取得的学术、技术及经济效益等指标应严肃、科学，申报指标将作为项目评审、合同签订、过程管理、验收结题及项目评估的依据，原则上不予更改。请各申报单位科学并严谨制定申请指标。

申报单位对申请材料的合法性、真实性、准确性和完整性负责。如有虚假，深圳市科技创新委员会核实后将不予通过组建，并将申报单位列入我委科研诚信负面清单，视情节轻重，依法追究相关责任。

六、申请表格

本指南规定提交的表格，申请单位登录深圳市科技业务管理系统在线填报。

七、受理机关

（一）受理机关：深圳市科技创新委员会

（二）受理时间：

网上填报受理时间为：2019 年 7 月 30 日—2019 年 8 月

30 日（截止至 18:00）

无须提交纸质材料，申请单位在申报时间内在系统完成提交即可。

办公时间：星期一至星期五

上午 9：00 — 12：00，下午 14：00 — 17：45

（三）咨询电话：88102204，88102176（基础研究和平台基地处）

（四）受理地址：深圳市福田区福中三路市民中心行政服务大厅西区 5~43 号窗口

八、决定机关

深圳市科技创新委员会

九、办理程序

申请单位网上申报——向深圳市科技创新委员会收文窗口提交申请材料——深圳市科技创新委员会对申请材料进行初审——专家答辩评审——现场考察——深圳市科技创新委员会审定——社会公示——项目入库。

十、办理时限

成批处理

十一、证件及有效期限

证 件：批准文件

有效期限：申请单位在收到批准文件之日起 1 个月内办理资金拨付。

十二、法律效力

申报单位凭批准文件获得深圳市科技研发资金资助。

十三、收费

不收费

十四、年审或年检

深圳市重点实验室组建期一般为 2 年。深圳市重点实验室应在每年第一季度提交上年度工作总结和本年度工作计划。无正当理由拒绝填报提交的，视为自动放弃市重点实验室资格。组建任务完成后，由依托单位按照《深圳市科技计划项目验收管理办法（试行）》提出验收申请。

验收不通过的或到期拒不验收的实验室，撤销其市重点实验室称号。

验收通过的实验室，实施长期动态管理。主管部门制定考核评估体系进行定期评估，3 年为一个评估周期。深圳市重点实验室评估参照《深圳市重点实验室评价指标体系及说明》执行。评估结果分“优秀”“良好”“合格”“不合格”四个等级。对评估结果为“优秀”和“良好”的，根据实验室类别分级给予后续经费支持，对评估结果为“合格”的，暂停提供财政经费支持。

对出现违反科学伦理准则、科技安全、到期拒不参与评估的实验室，直接撤销其市重点实验室称号。对评估结果为“不合格”的实验室责令其整改，整改期不超过一年。整改期满后复评结果“不合格”的，撤销其市重点实验室称号。撤销市重点实验室称号的依托单位 5 年内不得在同一领域申报市重点实验室组建资助。

声　明：深圳市科技创新委从未委托任何单位或个人为项目申报单位代理资金申报事宜，申请单位必须自主申报。凡是购买或委托代写项目申请书的，以及提供虚假证明材料的，一经发现并查实，即视为骗取财政资金，一律不予受理，取消申请资格或撤销立项项目，并按规定严肃处理。深圳市科技创新委将严格按照有关标准和程序受理，不收取任何费用。如有任何中介机构和个人假借深圳市科技创新委领导和工作人员名义向申报单位收取费用的，请知情者立即举报。

专项审计报告经核查认定属于虚假材料的，依托单位五年内不得申请市科技计划项目，深圳市科技创新委员会将其列入科研诚信异常名录，并按照深圳市政府失信联合惩戒有关规定予以处理。

项目申报单位一经立项，即对项目执行全过程负有主体责任。即有义务按合同约定开展研发活动，完成约定目标；有义务接受主管部门监督，配合主管部门完成中期检查和抽查；有义务最迟在合同到期后 6 个月内向主管部门提交纸质验收申请资料。不履行上述义务的，主管部门按规定将项目承担单位及项目负责人等记入科研诚信异常名录，取消其一定年限内申请科研资助的资格，并依法追究其他责任。

科技金融

2020年深圳市贷款贴息（银政企合作项目贴息）申请指南

一、申请内容

对银政企合作入库项目予以贷款贴息资助。

二、设定依据

（一）《关于深化科技体制改革提升科技创新能力的若干措施》，深圳市人民政府，深府〔2012〕123 号；

（二）《关于促进科技和金融结合的若干措施》，深圳市人民政府，深府〔2012〕125 号。

三、数量方式

有数量限制，受科技研发资金年度贴息总额控制，本批次资助资金纳入 2020 年市级财政预算安排。

采用事后资助方式，贴息比例按中国银行同期同类贷款基准利率 80% 计算，小微企业 100%。单个企业贴息支持的贷款总额不超过 1000 万元。

四、申请条件

申请贷款贴息（银政企合作项目贴息）应符合以下条件：

（一）申请项目属于深圳市银政企合作项目库入库项目；

（二）申请单位为原入库项目承担单位；

（三）申请单位已获得合作银行（农业银行、浦发银行）贷款，且贷款用于该项目的研发；

（四）同一笔贷款利息未获得我委或市其他有关部门的资助支持。

五、申请材料

（一）登录深圳市科技业务管理系统在线填报申请书，提供通过该系统打印的申请书纸质文件原件；

（二）上年度完税证明复印件（非事业单位提供）；

（三）贷款合同复印件；

（四）贷款进账单复印件；

（五）付息凭证复印件；

（六）项目可行性研究报告原件。

申请单位网上提交申请材料后，应当按照要求及时到受理窗口递交书面材料。书面材料一式一份，A4 纸正反面打印或复印，复印件需加盖申请单位公章，非空白页（含封面）需连续编写页码，装订成册（胶装）。

特别提醒：申请人和申请单位对申请材料的合法性、真实性、准确性和完整性负责。申请材料的研究内容和拟取得的学术、技术、经济指标应科学合理，严谨规范，并作为项目评审、合同签订、过程管理、验收结题及项目评估的依据，原则上不予调整。对抄袭剽窃或弄虚作假的，深圳市科技创新委员会核实后将不予立项或撤销项目，并纳入科研诚信异常名录，同时视情节轻重，依法依规追究相应责任。

六、申请表格

本指南规定提交的表格，申请人登录深圳市科技业务管理系统在线填报。

七、受理机关

（一）受理机关：深圳市科技创新委员会

（二）受理时间：

网上填报时间：2019年9月11日—2019年10月11日（截至18:00）。

书面材料受理时间：2019年10月14日—2019年10月18日

受理时间：星期一至星期五 9:00—17：45

（三）联系电话：88103764，88127383

（四）受理地点：深圳市民中心行政服务大厅西厅5~43号窗口

八、决定机关

深圳市科技创新委会员会

九、办理程序

申请人网上申报——向深圳市科技创新委收文窗口提交申请材料——深圳市科技创新委委托审计——深圳市科技创新委员会审定——社会公示——项目入库。

十、办理时限

成批处理

十一、证件

证件：批准文件

十二、法律效力

申请人凭批准文件获得深圳市科技研发资金资助。

十三、收费

不收费

十四、年审或年检

无年审

声　明：深圳市科技创新委员会从未委托任何单位或个人为项目申请单位代理资金申请事宜，申请单位必须自主申请。凡是购买或委托代写项目申请书的，以及提供虚假证明材料的，一经发现并查实，即视为骗取财政资金，一律不予受理，取消申请资格或撤销立项项目，并按规定严肃处理。深圳市科技创新委将严格按照有关标准和程序受理，不收取任何费用。如有任何中介机构和个人假借深圳市科技创新委员会领导和工作人员名义向申请单位收取费用的，请知情者立即举报。

项目申请单位需提交审计报告的，应当按照《深圳市科技计划项目管理办法》等规定，提供经深圳市注册会计师协会备案的含有防伪标识封面的审计报告。项目申请单位提供无防伪标识封面（未备案）或属于虚假防伪标识封面（未备案）的审计报告，深圳市科技创新委员会不予采用。相关审计报告经核查认定属于虚假材料的，项目单位五年内不得申请深圳市科技计划项目，深圳市科技创新委员会将其列入科研诚信异常名录，并按照深圳市政府失信联合惩戒有关规定予以处理。

项目申请单位一经立项，即对项目执行全过程负有主体责任。有义务按合同约定开展研发活动，完成约定目标；有义务接受主管部门监督，配合主管部门完成中期检查和抽查；有义务最迟在合同到期后6个月内向主管部门提交纸质验收申请资料。不履行上述义务的，主管部门按规定将项目承担单位或项目负责人等记入科研诚信异常名录，取消其一定年限内申请科研资助的资格，并依法追究其他责任。

金融服务体系建设

2019年科技创新券兑现申请指南

一、申请内容

对服务机构已接收科技创新券并完成科研活动直接相关科技服务事项后的兑现。

二、设定依据

（一）《关于促进科技创新的若干措施》，中共深圳市委、深圳市人民政府，深发〔2016〕7 号；

（二）《关于加强高新技术企业培育的通知》，深圳市科技创新委，深科技创新〔2017〕278 号；

（三）《深圳市科技计划管理改革方案》，深圳市人民政府，深府〔2019〕1 号；

（四）《深圳市科技计划项目管理办法》，深圳市科技创新委，深科技创新规〔2019〕1 号；

（五）《深圳市科技研发资金管理办法》，深圳市科技创新委、深圳市财政局，深科技创新规〔2019〕2 号。

三、受理数量和方式

受理数量：有数量限制，受深圳市创客专项资金年度总额控制，采用事后资助方式。

受理方式：单位申报、部门审核、委托审计、社会公示、受理机关审定。

四、受理条件

（一）创新券兑现需满足下面全部条件：

1. 申请单位是深圳市科技创新券已入库服务机构，按照相关规定与持券单位签订了科技服务合同、接收了创新券并按服务合同约定完成了相关科技服务事项；

2. 科技创新券仅支持 2017 年 1 月 1 日（含）之后签订的科技服务合同（协议），科技创新券支持的服务内容以合同签订日期所在年度审核入库的服务内容为准（详见附件）；

3. 服务协议（合同）的双方应无任何投资与被投资，隶属、共建、产权纽带等影响公平公正市场交易的关联关系；

4. 企业持创新券缴费的科技服务项目的兑现金额，原则上不超过服务总费用的 50%，实际资助金额以创新券兑现金额为准。

（二）有下列情形之一的，不予兑现：

1. 未按要求提供兑现申请材料（如自筹资金财务凭证、服务证明材料等）的项目，不予兑现；

2. 未按服务内容要求使用创新券的项目，不予兑现；

3. 科技服务合同（协议）签订日期和科技服务项目完成日期不在资助期限，不予兑现；

4. 持券单位与服务机构存在投资与被投资，隶属、共建、产权纽带等影响公平公正市场交易，不予兑现；

5. 服务机构提供的间接服务（如外包服务），不予兑现；

6. 已申请或取得其他市级财政资金的项目，不予兑现；

7. 提供虚假材料，骗取财政资金的项目，不予兑现，并依法追究法律责任。

五、申请材料

（一）登录深圳市科技业务管理系统在线填报申请书，

提供通过该系统打印的申请书纸质文件原件，法定代表人签字并加盖公章；

（二）科技服务项目实施有关财务证明复印件（自筹资金银行转账凭证和科技服务合同费的等额发票）；

（三）提供科技服务合同的复印件。

服务合同需包含但不限以下条款：服务内容说明、收费标准及收费金额；服务内容所对应的具体科研活动的关联性说明；未能足额兑现部分的处理方案。

（四）提供科技服务过程证明文件 (如派工单、样品流转单等) 和完成科技服务的证明材料（如技术解决方案、检验检测认证报告、审计报告、咨询报告等）资料复印件；

（五）提供实施科技服务项目主要人员如项目负责人或专家的简介、资质及在职证明；

（六）提供科技服务执行期服务机构银行流水（非事业单位、非上市公司提供）；

（七）上年度完税证明、上年度财务审计报告或者通过审查的事业单位财务决算报表复印件；

（八）提供科研诚信承诺书（需机构法人签名及盖章）。

以上材料一式两份，复印件需加盖申请单位公章，A4 纸正反面打印或复印，非空白页（含封面）需连续编写页码，装订成册（胶装）。

六、申请表格

本指南规定提交的表格，申请人登录深圳市科技业务管理系统在线填报。

七、受理机关

（一）受理机关：深圳市科技创新委

（二）受理时间：

网络填报时间：2019 年 9 月 2 日—2019 年 9 月 27 日（截至 18:00）

书面材料受理时间：2019 年 9 月 24 日—2019 年 9 月 30 日

办公时间：星期一至星期五

上午 9：00 － 12：00，下午 14：00 － 17：45

（三）联系电话：88100078，88102145

业务系统技术支持：86576088

（四）受理地点：深圳市民中心行政服务大厅西厅 5~43 号窗口

八、决定机关

深圳市科技创新委员会员会

九、受理程序

申请单位网上申报——申请单位向深圳市科技创新委收文窗口提交申请材料——深圳市科技创新委委托审计——深圳市科技创新委员会审核——社会公示——深圳市科技创新委下达项目资金计划——科技创新券兑现

十、受理时限

结合受理情况，按申报顺序，分批处理。

十一、受理证件及有效期限

证件：批准文件

有效期限：申请单位应当在收到批准文件之日起 1 个月内，办理科技创新券兑现事宜。

十二、受理的法律效力

凭批准文件将获得科技创新券兑现。

十三、收费

不收费

十四、年审或年检

无年审

说　明：深圳市科技创新委从未委托任何单位或个人为项目申报单位代理项目申报事宜，项目申报单位必须自主申报，如委托他人代为申报的，深圳市科技创新委员会将不予受理。与他人串通、骗取财政资金并经查证属实的，将一律取消申请或立项资格，并按规定严肃处理。深圳市科技创新委严格按照有关标准和程序受理项目申报，不收取任何费用。如有任何中介机构和个人假借深圳市科技创新委领导和工作人员名义向申报单位收取费用的，请知情者立即向举报。

项目申报单位需提交审计报告的，应当按照《深圳市科技计划项目管理办法》等规定，提供经深圳市注册会计师协会备案的含有防伪标识封面的审计报告。项目申报单位提供无防伪标识封面(未备案)或属于虚假防伪标识封面(未备案)的审计报告，深圳市科技创新委员会不予采用。相关审计报告经核查认定属于虚假材料的，项目单位五年内不得申请市科技计划项目，深圳市科技创新委员会将其列入科研诚信异常名录，并按照市政府失信联合惩戒有关规定予以处理。

附件：

表 1 2017 年度科技创新券适用范围及服务机构资质

序号	服务类别	服务子类	服务机构资质
1	研究开发服务	基础应用研究和试验发展服务	拥有市级以上认证的重点实验室、工程中心、公共技术平台的机构
		产品研发设计服务	
		开放科研设施服务	在“深圳市科技创新资源共享平台”备案大型仪器设备的机构
2	技术转移服务	科技成果转移转化服务	市级以上认定的技术转移机构（创新券兑现需提供在市技术转移中心备案的技术转移合同）
3	检验检测认证服务	检验检测分析服务	检验检测认证机构（创新券兑现需提供样品流转单、检验检测认证报告等证明材料）
		检测结果国际互认服务	
		资质认证服务	拥有市级以上认证或第三方认证资质的机构 (创新券兑现需提供市级以上认证证书)
4	知识产权服务	知识产权代理服务	拥有相应知识产权代理资质的机构（创新券兑现需提供国家知识产权局或省市以上知识产权机构证明文件）
		知识产权检索分析服务	拥有知识产权代理资质的机构（兑现需提供 STN 国际联机检索、国家知识产权局专利检索咨询中心等第三方检索机构出具检索报告）

表 2 2018 年度科技创新券适用范围及服务机构资质

序号	服务类别	服务子类	服务机构资质
1	研究开发服务	基础应用研究和试验发展服务	拥有市级以上认证的重点实验室、工程中心、公共技术平台的机构
		产品研发设计服务	
		开放科研设施服务	在“深圳市科技创新资源共享平台”备案大型仪器设备的机构
		云计算服务	(1) 具备中国工信部颁发的增值电信业务经营许可证及 IDC/ISP; (2) 建立完善的信息安全保护措施及制度，获国际云安全联盟 CSA 的 C-STAR 安全认证、ISCCC 信息安全管理体系认证或国际信息安全标准体系 ISO27001 认证等认证； (3) 云服务收费企业租户数超过 500 个以上； (4) 三年以上云服务运营业务基础； (5) 具有健全的服务质量保障体系。
2	技术转移服务	科技成果转移转化服务	市级以上认定的技术转移机构(创新券兑现需提供在市技术转移中心备案的技术转移合同)
3	检验检测认证服务	检验检测分析服务	检验检测认证机构（创新券兑现需提供样品流转单、检验检测认证报告等证明材料）
		检测结果国际互认服务	
		资质认证服务	拥有市级以上认证或第三方认证资质的机构 (创新券兑现需提供市级以上认证证书)
4	知识产权服务	知识产权代理服务	拥有相应知识产权代理资质的机构（创新券兑现需提供国家知识产权局或省市以上知识产权机构证明文件）
		知识产权检索分析服务	拥有知识产权代理资质的机构（兑现需提供 STN 国际联机检索、国家知识产权局专利检索咨询中心等第三方检索机构出具检索报告）

表 3 2019 年度科技创新券适用范围及服务机构资质

序号	服务类别	服务子类	申请单位资质
1	研究开发服务	基础应用研究和试验发展服务	拥有市级以上认证的重点实验室、工程中心、公共技术平台的机构
		产品研发设计服务	
		开放科研设施服务	在“深圳市科技创新资源共享平台”备案大型仪器设备的机构
		云计算服务	1. 具备中国工信部颁发的增值电信业务经营许可证及 IDC/ISP; 2. 建立完善的信息安全保护措施及制度，获国际云安全联盟 CSA 的 C-STAR 安全认证、ISCCC 信息安全管理体系认证或者国际信息安全标准体系 ISO27001 认证等认证; 3. 云服务收费企业租户数超过 500 个以上; 4. 三年以上云服务运营业务基础; 5. 具有健全的服务质量保障体系。
2	技术转移服务	科技成果转移转化服务	市级以上认定的技术转移机构（科技创新券兑现需提供在市技术转移中心备案的技术转移合同）
3	检验检测认证服务	检验检测分析服务	检验检测认证机构（科技创新券兑现需提供样品流转单、检验检测认证报告等证明材料）
		检测结果国际互认服务	
		资质认证服务	拥有市级以上认证或者第三方认证资质的机构 (科技创新券兑现需提供市级以上认证证书)
4	知识产权服务	知识产权代理服务	拥有相应知识产权代理资质的机构（科技创新券兑现需提供国家知识产权局或者省市以上知识产权机构证明文件）
		知识产权检索分析服务	拥有知识产权代理资质的机构（兑现需提供 STN 国际联机检索、国家知识产权局专利检索咨询中心等第三方检索机构出具检索报告）

2019年科技创新券服务机构入库申请指南

一、申请内容

为科技型中小微企业和创客提供具体科研活动直接相关的科技服务，接收并兑现科技创新券的服务机构入库（服务机构是指提供科技服务的企业、高等院校、科研机构和科技服务机构等）。

二、设定依据

（一）《关于促进科技创新的若干措施》，深发〔2016〕7号；

（二）《关于加强高新技术企业培育的通知》，深科技创新〔2017〕278号；

（三）《深圳市科技计划管理改革方案》，深府〔2019〕1号；

（四）《深圳市科技计划项目管理办法》，深科技创新规〔2019〕1号；

（五）《深圳市科技研发资金管理办法》，深科技创新规〔2019〕2号。

三、受理数量和方式

受理数量：无数量限制；

受理方式：单位申报、部门审核、社会公示、受理机关审定。

四、受理条件

（一）申请单位应当是在深圳市或者深汕合作区内依法注册、具有独立法人资格的服务机构，具备较强能力服务机构在深圳市或者深汕合作区设立的分支机构；

（二）本年度科技创新券重点支持研究开发服务、技术转移服务、检验检测认证服务、知识产权服务，且服务机构应当具备相应科技服务资质：

表1 2019年度科技创新券适用范围及服务机构资质

序号	服务类别	服务子类	申请单位资质
1	研究开发服务	基础应用研究和试验发展服务	拥有市级以上认证的重点实验室、工程中心、公共技术平台的机构
		产品研发设计服务	
		开放科研设施服务	在“深圳科技创新资源共享平台”备案大型仪器设备的机构
		云计算服务	1. 具备中国工信部颁发的增值电信业务经营许可证及IDC/ISP； 2. 建立完善的信息安全保护措施及制度，获国际云安全联盟CSA的C-STAR安全认证、ISCCC信息安全管理体系认证或者国际信息安全标准体系ISO27001认证等认证； 3. 云服务收费企业租户数超过500个以上； 4. 三年以上云服务运营业务基础； 5. 具有健全的服务质量保障体系
2	技术转移服务	科技成果转移转化服务	市级以上认定的技术转移机构（科技创新券兑现需提供在市技术转移中心备案的技术转移合同）
3	检验检测认证服务	检验检测分析服务	检验检测认证机构（科技创新券兑现需提供样品流转单、检验检测认证报告等证明材料）
		检测结果国际互认服务	
		资质认证服务	拥有市级以上认证或者第三方认证资质的机构（科技创新券兑现需提供市级以上认证证书）
4	知识产权服务	知识产权代理服务	拥有相应知识产权代理资质的机构（科技创新券兑现需提供国家知识产权局或者省市以上知识产权机构证明文件）
		知识产权检索分析服务	拥有知识产权代理资质的机构（兑现需提供STN国际联机检索、国家知识产权局专利检索咨询中心等第三方检索机构出具检索报告）

（三）申请单位应当具备科技服务能力，有一定数量的专业人员，并具有从事相关科技服务一年以上的业务基础；

（四）申请单位需提供由国家或者省市批准的资质证明、服务内容及收费标准（如：由物价部门核定的收费项目及市场指导价格）。事业单位所提供的科技服务收费应当按照相关财务制度和收费管理规定执行；

（五）入库服务机构的有效期为三年，每年的服务内容以当年的服务机构申请指南为准；

（六）如果项目申请涉及科研伦理与科技安全（如生物安全、信息安全等）的相关问题，申报单位应当严格执行国家有关法律法规和伦理准则；

（七）申报单位应当对申报材料的真实性、合法性负责。

五、申请材料

（一）登录深圳市科技业务管理系统在线填报申请书，提供通过该系统打印的申请书纸质文件原件，法定代表人签字并加盖公章；

（二）上年度完税证明复印件（非事业单位提供）；

（三）上年度财务审计报告或者通过审查的事业单位财务决算报表复印件；

（四）可以选择提供国家或者省市批准的资质证明、服务内容及收费标准复印件；

（五）提供科研诚信承诺书（需机构负责人签名）。

以上材料准备一份，复印件需加盖申请单位公章，A4 纸正反面打印或复印，非空白页（含封面）需连续编写页码，装订成册（胶装）。

六、申请表格

本指南规定提交的表格，申请人登录深圳市科技业务管理系统在线填报。

七、受理机关

（一）受理机关：深圳市科技创新委

（二）受理时间：

网络填报时间：2019 年 8 月 23 日—2019 年 9 月 20 日（截至 18：00）

书面材料受理时间：2019 年 8 月 26 日—2019 年 9 月 27 日

办公时间：星期一至星期五

上午 9：00 － 12：00，下午 14：00 － 17:45

（三）联系电话：88100078，88102145

业务系统技术支持：86576088

（四）受理地点：市民中心行政服务大厅西厅 5~43 号窗口

八、决定机关

深圳市科技创新委员会

九、办理程序

申请单位网上申报——申请单位向深圳市科技创新委收文窗口提交申请材料——专家评审（委托审计）——深圳市科技创新委审核——社会公示——深圳市科技创新委下达入库通知书。

十、办理时限

结合受理情况，按照申报顺序，分批处理。

十一、办理证件

证件：批准文件

十二、法律效力

凭批准文件加入深圳市科技创新券服务机构库。

十三、收费

不收费

十四、年审或者年检

无年审

说　明：深圳市科技创新委从未委托任何单位或个人为服务机构入库申报单位代理入库申报事宜，申报单位必须自主申报，如委托他人代为申报的，深圳市科技创新委员会将不予受理。与他人串通或骗取财政资金并经查证属实的，将一律取消申请或入库资格，并按规定严肃处理。深圳市科技创新委严格按照有关标准和程序受理入库申报，不收取任何费用。如有任何中介机构和个人假借深圳市科技创新委领导和工作人员名义向申报单位收取费用的，请知情者立即向市科技创新委举报。

申报单位需提交审计报告的，应当按照《深圳市科技计划项目管理办法》等规定，提供经深圳市注册会计师协会备案的含有防伪标识封面的审计报告。申报单位提供无防伪标识封面（未备案）或属于虚假防伪标识封面（未备案）的审计报告，深圳市科技创新委员会不予采用。相关审计报告经核查认定属于虚假材料的，申报单位五年内不得申请市科技计划项目，深圳市科技创新委员会将其列入科研诚信异常名录，并按照市政府失信联合惩戒有关规定予以处理。

2019年深圳市科技计划项目验收申请指南

一、受理对象

深圳市财政专项资金事前资助、按照深圳市科技计划项目合同（以下简称“合同”）规定应当申请验收的项目。

二、设定依据

《深圳市科技计划项目管理办法》深圳市科技创新委员会，深科技创新规〔2019〕1号；

《深圳市科技计划项目验收实施办法》，深圳市科技创新委员会，深科技创新〔2015〕267号。

三、验收方式

深圳市科技创新委组织相关领域专家，以会议审核、集中答辩或现场答辩方式进行验收。其中，资助金额小于100万元的项目一般采取会议审核方式进行验收。资助金额大于等于100万元的项目一般采取集中答辩方式进行验收（重点实验室、工程技术研究中心、公共技术服务平台等对研发场地有要求的项目，以及孔雀团队等资助金额大、要求高的项目一般采取现场答辩方式进行验收）。

具体答辩日期和地点以市科技创新委事前通知为准。

四、申请条件

（一）合同到期申请验收

1. 承担单位已按合同约定完成了研究任务，实现了预期目标；

2. 项目承担单位（以下简称“承担单位”）在合同到期后6个月内，将纸质验收申请资料交至行政服务大厅市科技创新委受理窗口（以窗口出具的受理回执为准）。

（二）申请复议验收

1. 承担单位已按《深圳市科技计划项目复议验收通知书》要求补充、完善了相关资料；

2. 承担单位在《深圳市科技计划项目复议验收通知书》规定时限内，将纸质复议验收申请资料交至行政服务大厅市科技创新委受理窗口（以窗口出具的受理回执为准）。

（三）申请项目延期

1. 承担单位为完成合同约定的研发任务，被迫延长开发周期，无法按期申请验收；

2. 项目延期原则上只能申请一次，且延长不超过1年；

3. 承担单位应在合同到期前，登录深圳市科技业务管理系统提交项目延期申请，经单位管理员审核通过后，将纸质申请交至行政服务大厅市科技创新委受理窗口。

五、申请材料（除明确要求外，一般只需要提供复印件，验原件）

（一）合同到期申请验收应提交以下纸质材料：

1. 深圳市科技计划项目验收申请书原件。

2. 深圳市科技计划项目合同复印件。

3. 主项目的验收通过证明复印件（限国家和省配套项目，且主项目已经上级部门验收的提供）。

4. 深圳市科技创新委员会同意变更合同的书面批复资料复印件（限合同到期日，技术参数、知识产权、文章等指标，或者设备采购预算等信息发生过变更的项目提供）。

5. 项目实施总结报告原件（编写提纲见附件1）。

6. 项目科技报告原件（编写提纲见附件2）。

7. 证明合同约定技术指标完成情况的第三方检测报告或公开发表的文章复印件。基础研究项目既可以提供第三方检测报告，也可以提供公开发表的文章。其他类别项目只可提供第三方检测报告。

第三方检测报告是指合法具有相关领域检测资质的第三方机构（独立于承担单位、合作单位及其利益相关方以外的机构）针对合同约定技术指标完成情况出具的检测结果。

提供第三方检测报告的，送检单位必须是合同约定的项目承担单位。检测机构必须具有相应技术领域的检测资质。既有承担单位，又有合作单位的项目，既可由承担单位独立提供，也可由承担单位、合作单位分别提供。

提供公开发表文章的，除文章本身要符合以下第 8 条关于文章的要求外，还应包含证明指标的推导、演算等内容。

8. 知识产权指标完成情况统计表原件（限合同约定了知识产权指标的项目提供，格式见附件 3）。

9. 证明合同约定数量和质量的文章或著作的复印件（著作仅需提供首页、目录页和最后有关编辑、发行信息的页面）。文章或著作未正式发表但已收到用刊通知的，应提供用刊通知和文章全文（著作内容同上）的复印件。文章或著作内容应与项目研究方向相关，致谢部分应注明项目编号（限合同约定了文章发表指标的项目提供）。

项目组成员必须是文章或著作的第一作者或通讯作者，且该第一作者或通讯作者在文章或著作中标注的所属单位也必须是项目承担单位。仅以承担单位内设的实验室或其他内设科研机构作为第一作者或通讯作者所在单位进行标注的文章或著作不能作为完成相应指标的依据（重点实验室、工程技术研究中心和公共技术服务平台项目除外）。

10. 证明合同约定数量和质量的专利申请受理回执、专利授权证书复印件。专利内容应与合同研究内容相关。项目承担方为单位法人的，该单位应为专利权人；项目承担方为自然人的，该自然人应为专利权人（限合同约定了专利申请、授权指标的项目提供）。

11. 证明合同约定数量的软件著作权证书复印件。软件应与合同研究内容相关。项目承担方为单位法人的，该单位应为软件著作权人。项目承担方为自然人的，该自然人应为软件著作权人（限合同约定了软件著作权指标的项目提供）。

12. 承担单位申请验收时上年度财务报告复印件。

13. 深圳市科技计划项目专项审计报告复印件（限资助额大于或等于 100 万元的项目提供，格式见附件 4）。

14. 深圳市科技计划项目经费决算表原件（限资助额小于 100 万元的项目提供，格式见附件 5）。

15. 合同约定了人员培养目标的，承担单位应对照下列情况提供相应证明。

（1）以获得学位为培养目标，且培养对象为在校学生的，如果合同到期时学生仍未毕业，应提供相应数量的培养人员名单和学生所在学校出具的委托培养证明（含委托培养单位名称、培养人员名单、培养目标，加盖学生所在院系公章或学校学生处或教务处公章）。如果合同到期时学生已毕业，应提供相应人员的学位证书复印件。

（2）以获得学位为培养目标，且培养对象为社会人员的，应提供被培养人员的学位证书复印件和这些人员合同执行期内的社保购买证明复印件（加盖单位公章）。

社保购买证明应以人为单位按月汇总提供。合同约定培养几个人就要提供几个人的证明。培养对象如果是在合同执行期间加入项目组参与研发工作的，从加入项目组当月开始提供证明即可。

（3）以获得职称为培养目标的，应提供职称证书或培训证书复印件和这些人员合同执行期内的社保购买证明复印件（加盖单位公章）。具体要求与上述“以获得学位为培养目标，且培养对象为社会人员的”相同。

16. 专项审计报告附件 3 至附件 18，或项目决算表的表 2 至表 17 中填报的所有支出，应提供以下证明材料。

（1）承担单位与供货方或服务提供方签订的合同复印件；

（2）供货方或服务提供方向承担单位开具的发票、收据复印件；

（3）承担单位向供货方或服务提供方付款的银行转账凭证复印件；

（4）供货方向承担单位提供的货物清单（含货名、型号、单价、数量等）；

（5）服务提供方向承担单位提供的服务名录（含服务名称、服务内容、收费标准、服务次数等）；

（6）承担单位向项目组成员中无工资性收入的相关人员（如在校研究生）和项目组临时聘用人员支付劳务费的银行转账凭证复印件；

（7）承担单位向本单位项目组成员中在册员工及长期聘用人员支付人员费的银行转账凭证复印件；

（8）承担单位支付绩效支出的银行转账凭证复印件。

对上述 1 至 16 项材料存疑的，可参见附件说明。

（二）申请复议验收时应提交以下纸质材料：

1. 深圳市科技计划项目复议验收申请书原件；

2. 深圳市科技计划项目复议验收通知书复印件；

3. 深圳市科技计划项目合同复印件（仅提供纸质版，电子版不必在市科技创新委科技业务管理系统中上传）；

4. 按复议验收通知书要求补充的材料复印件。

合同到期申请验收和申请复议验收的纸质材料装订要求如下：

1. 一式二份，统一使用白色封皮，页码连续编写，按附件所列清单顺序胶装。一本装订不下的可分上、下两册装订。

2. 打印（复印）资料时请使用 A4 纸双面打印（复印），复印件需加盖申请单位公章。

3. 书脊标注本项目验收年度（如 2017 年）及项目名称、单位名称。

（三）申请项目延期的纸质材料要求，以深圳市科技业务管理系统（http://apply.szsti.gov.cn）申报单位人员登录页面右侧的“变更业务申请操作指引”为准。

六、申请表格

（一）合同到期申请验收

本指南规定需提交的深圳市科技计划项目验收申请书，请登录市科技创新委科技业务管理系统 http://apply.szsti.gov.cn/ 在线填报。其他表格、提纲等请从指南附件下载填报。

（二）申请复议验收

本指南规定需提交的深圳市科技计划项目复议验收申请书，请登录市科技创新委科技业务管理系统 http://apply.szsti.gov.cn/ 在线填报。

七、受理机关

（一）合同到期申请验收和申请复议验收

1. 受理机关：深圳市科技创新委员会

2. 受理日期：全年受理

3. 受理地点：行政服务大厅西厅 5~40 号窗口

4. 联系电话： 88102416，88102191，88121260

（二）申请项目延期

1. 受理机关：深圳市科技创新委员会

2. 受理日期：全年受理

3. 受理地点：深圳市民中心 C 区 5051 室

4. 联系人：深圳市科技创新委员会合同签订责任人，联系电话（以合同为准，原 8200XXXX、8210XXXX 电话已改为 8810XXXX、8812XXXX）

八、决定机关

深圳市科技创新委员会

九、审定程序

（一）合同到期申请验收

申请单位网上申报——深圳市科技创新委网上初审——申请单位向窗口提交纸质申请材料——深圳市科技创新委对纸质申请材料进行核验——组织专家集中答辩或者现场答辩验收——审定验收结论——向社会公布验收结论

（二）申请复议验收

申请单位网上申报——深圳市科技创新委网上初审——申请单位向窗口提交纸质申请材料——深圳市科技创新委对纸质申请材料进行核验——组织专家复议验收——审定复议验收结论——向社会公布复议验收结论

（三）申请项目延期

项目负责人在业务系统中提交变更申请至单位管理员——单位管理员审核通过后提交申请——变更申请人向市科技创新委窗口提交变更申请书的纸质材料（需单位盖章）——窗口接受纸质材料后受理——深圳市科技创新委审定—> 将审定结果告知申请人

十、对合同到期项目和复议验收项目的验收答辩安排

按照申请顺序，分批组织专家验收并审定验收结论。

十一、项目验收审定证件及有效期限

证件：验收证书

有效期限：长期有效

十二、法律效力

（一）申请单位凭验收证书和合同期内相应票据，可按合同预算提取项目资助资金的保证金部分。保证金比例以合同约定为准。

（二）验收结论为“不通过”的项目，市科技创新委自公布验收结论之日起三年内不予受理项目承担单位（企业）或项目组成员（高校、科研机构）申请市科技计划项目立项资助，也不推荐其申报国家级和省级科技计划项目。

十三、收费

不收费

十四、年审或年检

无年审或年检

声　明：深圳市科技创新委员会从未委托任何中介机构代办深圳市科技计划项目验收申请。深圳市科技创新委鼓励和支持项目承担单位自行申请项目验收，如在项目验收工作中发现项目承担单位委托中介机构代办验收申请的，将保留取消其后续获得资助资格的权力。

附件：

深圳市科技计划项目验收纸质申请材料说明

1.《深圳市科技计划项目验收申请书》《关于科技计划项目有关事项变更申请批复》请登录业务管理系统（http://183.62.232.2:8088//）打印；

2. 如第三方检测机构无法对合同指标进行检测，应书面说明无法进行检测的原因，并以 3 家以上（含 3 家）用户使用报告原件代替测试报告原件；

3. 专利、论文、软件著作权等知识产权证书的发表、申请、授权日期统计范围是申请项目立项之日起至合同到期后 6 个月止；

4. 专项审计的统计范围是申请项目立项之日起至合同到期之日止；

5. 出具专项审计报告的第三方专业机构是指依法注册成立的会计师事务所，由项目承担单位自行选定；

6. 决算的统计范围是申请项目立项之日起至合同到期之日止。

7. 本说明提及的申请项目立项之日，是指项目立项申请资料交至行政服务大厅窗口的日期，即合同书左上角合同编号前 8 位数字代表的年（4 位）、月（2 位）、日（2 位）。

2020年科技创新券申请指南

一、申请内容

对科技型中小微企业和创客向服务机构购买科技服务的科技创新券资助（科技创新券是指利用财政资金支持科技型中小微企业和创客向服务机构购买科技服务而发放的配额凭证。以科技创新券支付的科技服务费用原则上不超过总费用的 50%。实际资助金额以科技创新券兑现金额为准）。

二、设定依据

（一）《关于促进科技创新的若干措施》，深发〔2016〕7 号；

（二）《关于加强高新技术企业培育的通知》，深科技创新〔2017〕278 号；

（三）《深圳市科技计划管理改革方案》，深府〔2019〕1 号；

（四）《深圳市科技计划项目管理办法》，深科技创新规〔2019〕1 号；

（五）《深圳市科技研发资金管理办法》，深科技创新规〔2019〕2 号。

三、受理数量和方式

受理数量：中型企业、小型企业、微型企业、创客个人单次申领额度上限分别为 20 万元、10 万元、5 万元、2 万元。申请次数受年度预算总额控制。

受理方式：单位申报、部门审核、社会公示、受理机关审定。

四、受理条件

（一）申请人为在深圳市依法注册、具有独立法人资格、无不良记录，且有自主研发经费投入和研发活动的科技型中小微企业或者创客个人，中小微企业划定标准详见《中小企业划型标准规定》（工信部联企业 [2011]300 号）。申请人为创客个人的应当通过创客空间或者其他商事主体申请。

（二）申请单位在申领年度内有与科技研发活动相关的科技服务需求，且科技服务需求在入库服务机构提供的服务项目内：

表 1 2020 年度科技创新券适用范围

序号	服务类别	服务子类
1	研究开发服务	基础应用研究和试验发展服务
		产品研发设计服务
		开放科研设施服务
		云计算服务
2	技术转移服务	科技成果转移转化服务
3	检验检测认证服务	检验检测分析服务
		检测结果国际互认服务
		资质认证服务
4	知识产权服务	知识产权代理服务
		知识产权检索分析服务

（三）科技创新券支持的服务内容以合同签订日期所在年度入库的服务内容为准（对 2018 年已发放但是尚未使用完仍在有效期内的科技创新券，支持范围以 2019 年度入库的服务内容为准）；

（四）申请单位前次申领额度未使用完的不得再次申领科技创新券（余额小于 2000 的视为使用完）；对已申请或者取得其他市级财政资金的项目，科技创新券不重复支持；

（五）科技创新券持有单位与服务机构（科技服务提供方）应当无任何投资与被投资，隶属、共建、产权纽带等影响公平公正市场交易的关联关系；

（六）如果项目申请涉及科研伦理与科技安全（如生物安全、信息安全等）的相关问题，申报单位应当严格执行国家有关法律法规和伦理准则；

（七）申报单位应当对申报材料的真实性、合法性负责。

五、申请材料

（一）登录深圳市科技业务管理系统（市科技创新委——科技计划——项目申报——科技创新券）在线填报申请书；

（二）上年度完税证明复印件（非事业单位提供）（在线提供即可）；

（三）上年度财务审计报告复印件（在线提供即可，注册未满一年的可以不提供）；

（四）科研诚信承诺书（需申报单位负责人或创客签名）。

六、申请表格

本指南规定提交的表格，申请人登录深圳市科技业务管理系统在线填报。

七、受理机关

（一）受理机关：深圳市科技创新委

（二）受理时间：

网络填报时间：2019 年 8 月 23 日—2019 年 9 月 20 日（截至 18:00）

只需网络填报，无须提交纸质材料。

办公时间：星期一至星期五

上午 9：00 — 12：00，下午 14：00 — 18:00

（三）联系电话：88100078，88102145

业务系统技术支持：86576088

八、决定机关

深圳市科技创新委员会

九、办理程序

申请人网上申报——专家评审（委托审计）——深圳市科技创新委审核——社会公示——深圳市科技创新委发放科技创新券

十、办理时限

结合受理情况，按照申报顺序，分批处理。

十一、办理证件及有效期限

证件：批准文件

有效期限：申请单位应当在收到批准文件之日起 1 个月内领取科技创新券，逾期未领视为自动弃权，科技创新券有效期一年。

十二、法律效力

申请人凭批准文件获得科技创新券。

十三、收费

不收费

十四、年审或年检

无年审

说　明：深圳市科技创新委从未委托任何单位或个人为项目申报单位代理项目申报事宜，项目申报单位必须自主申报，如委托他人代为申报的，深圳市科技创新委员会将不予受理。与他人串通或骗取财政资金并经查证属实的，将一律取消申请或立项资格，并按规定严肃处理。深圳市科技创新委严格按照有关标准和程序受理项目申报，不收取任何费用。如有任何中介机构和个人假借深圳市科技创新委领导和工作人员名义向申报单位收取费用的，请知情者立即举报。

项目申报单位需提交审计报告的，应当按照《深圳市科技计划项目管理办法》等规定，提供经深圳市注册会计师协会备案的含有防伪标识封面的审计报告。项目申报单位提供无防伪标识封面（未备案）或属于虚假防伪标识封面（未备案）的审计报告，深圳市科技创新委员会不予采用。相关审计报告经核查认定属于虚假材料的，项目单位五年内不得申请市科技计划项目，深圳市科技创新委员会将其列入科研诚信异常名录，并按照深圳市政府失信联合惩戒有关规定予以处理。

项目申报单位一经立项，即对项目执行全过程负有主体责任。即有义务按约定开展研发活动，完成约定目标；有义务接受主管部门监督，配合主管部门完成中期检查和抽查；不履行上述义务的，主管部门按规定将项目承担单位或项目负责人记入科研诚信异常名录，取消其一定年限内申请科研资助的资格，并依法追究其他责任。

机构确认服务

2019年深圳市技术先进型服务企业认定申报指南

一、认定内容

深圳市技术先进型服务企业认定。

二、设定依据

（一）《关于完善技术先进型服务企业所得税政策问题的通知》（财税〔2014〕59 号）；

（二）《关于将技术先进型服务企业所得税政策推广至全国实施的通知》（财税〔2017〕79 号）;

（三）《关于将服务贸易创新发展试点地区技术先进型服务企业所得税政策推广至全国实施的通知》(财税〔2018〕44 号);

（四）《全国技术先进型服务企业业务办理管理平台指引（试行）》（国科火字〔2017〕227 号）；

（五）《深圳市技术先进型服务企业认定实施办法》（深科技创新〔2016〕1 号）。

三、认定数量与方式

认定数量：无数量限制，符合条件即可申请。

认定方式：自愿申报、专家评审、社会公示、审批机关审定、报国家相关部门备案、发放证书。

四、认定条件

（一）依法在深圳市注册的独立法人资格企业；

（二）其从事的业务应属于下列范围：

1. 信息技术外包服务（ITO）：包括软件研发及外包、信息技术研发服务外包、信息系统运营维护外包等；

2. 技术性业务流程外包服务（BPO）：包括企业业务流程设计服务、企业内部管理服务、企业运营服务和企业供应链管理服务等；

3. 技术性知识流程外包服务（KPO）；

4. 计算机和信息服务；

5. 研究开发和技术服务；

6. 文化技术服务；

7. 中医药医疗服务。

（三）企业正常经营，近两年在进出口业务管理、财务管理、税收管理、外汇管理、海关管理等方面无违法行为；

（四）企业应采用先进技术或具备较强的研发能力；

（五）技术先进型服务业务收入总和占本企业当年总收入的 50% 以上，其中国际（离岸）外包服务业务收入占本企业当年总收入的 35% 以上；

（六）具有大专以上学历的员工占企业职工总数的 50% 以上；

（七）企业可提供有关国际组织认证。

五、申请材料

（一）登录深圳市科技业务管理系统业务申请——先进

服企认定菜单下，点击“申报项目”按钮，打开先进服企认定申报书，进行填报并提交；

（二）营业执照、税务登记证复印件（加盖公章）；

（三）上年度财务报表、专项财务审计报告（成立不满一年的可免交）以及经市财政部门认可的会计师事务所资质证明，专项财务审计报告包括基本情况、上年度总收入、技术先进型服务总收入、离岸技术先进型服务总收入和明细、银行结汇或外汇收入核销等证明；

（四）开展技术先进型服务企业业务论述，包括提供服务及经营管理等基本情况、采用先进技术和开展研发活动情况、企业发展前景与规划、企业在行业中的地位与竞争优势，主要客户及其对企业增值服务的评价等；

（五）企业工作场所证明复印件（房屋产权证或房屋租赁合同）；

（六）企业可提供有关国家组织认证的国际资质认证证书复印件（如开发能力和成熟度模型认定证书、开发能力和成熟度模型集成认定证书、IT 服务管理认定证书、信息安全管理认定证书、服务提供商环境安全认定证书、ISO 质量体系认证证书、人力资源能力认证证书等）（验原件）；

（七）上年度销售或服务合同、合作开发合同、委托开发协议书等材料复印件，离岸外包业务需提供银行结汇或外汇收入核销等证明（总额占企业当年总收入 35% 以上的票据）、在岸外包业务需提供销售或服务发票（与外汇收入核销证明总额总和占当年总收入 50% 以上的票据）（验原件）；

（八）企业员工名册（注明员工学历结构、从事离岸服务外包人员情况）；

（九）企业就业人员社会保险缴费单复印件；

（十）企业采用先进技术或研发能力的证明材料复印件（如获奖证书、专利证书、软件著作权证书、客户评价证明等）（验原件）。

以上材料一式两份，复印件需加盖申请单位公章，A4 纸正反面打印或复印，非空白页（含封面）需连续编写页码，装订成册（胶装）。

六、申请表格

本指南规定提交的表格，申请人登录深圳市科技业务管理系统在线填报。

七、受理机关

受理机关：深圳市科技创新委员会

受理时间：

1. 网络填报受理时间：2019 年 8 月 16 日—9 月 12 日

2. 书面材料受理时间：2019 年 9 月 16 日—9 月 18 日

3. 联系电话：88100078，88102145（深圳市科技创新委员会）

4. 受理地点：深圳市民中心行政服务西大厅 18~28 号窗口（深圳市科技创新委员会）

八、认定机关

深圳市科技创新委员会同市发展改革委员会、财政局、商务局、国家税务总局深圳市税务局。

九、认定程序

申请人网上申报——向深圳市科技创新委收文窗口提交申请材料——深圳市科技创新委组织专家评审——深圳市科技创新委会同市财政局、国家税务总局深圳市税务局、商务局、发展改革委审定——社会公示——报科技部、商务部、财政部、国家税务总局和国家发展改革委备案，在“技术先进型服务企业认定网”和深圳市科技创新委网站公告认定——深圳市科技创新委颁发认定证书。

十、认定时限

深圳认定工作流程 60 个工作日。

十一、认定证件及有效期限

证件：技术先进型服务企业证书

有效期限：三年

十二、认定的法律效力

申请人凭批准文件享受税收优惠政策。

十三、收费

不收费

十四、年审或年检

无年审，无年检。

说明：深圳市科技创新委员会从未委托任何单位或个人为申请单位代理申请事宜，请申请单位自主申报。深圳市科技创新委员会将严格按照有关标准和程序受理，不收取任何费用。如有任何中介机构或个人假借深圳市科技创新委领导和工作人员名义向申报单位收取费用的，请知情者立即举报。

深圳市科技类民办非企业单位免税资格确认指南

一、受理范围

1. 本行政许可适用于本市登记注册的、具有法人资格的科技类民办非企业单位。

2. 符合以下全部条件的科技类民办非企业可以提出申请:

（1）资产总额在 300 万元 (含) 以上；

（2）从事科学研究的专业技术人员 (指大专以上学历或中级以上技术职称专业技术人员) 在 20 人以上，且占全部人员的比例不低于 60%；

（3）兼职的科研人员不超过 25%。

3. 免税资格确认有效期两年，获得资格确认的科技类民办非企业单位需在有效期到期前三个月向市科技主管部门提出复审，有效期逾期未办理复审的科技类民办非企业单位取消免税资格，并在一年内不得申请办理。

二、设立依据

1. 《关于印发科技类民办非企业单位进口科学研究和教学用品免税资格审核认定管理办法的通知》（国科发政 [2013]52 号）；

2. 《关于“十三五”期间支持科技创新进口税收政策的通知》（财关税 [2016]70 号）；

3. 《财政部 工业和信息化部 国家发展和改革委员会 国家税务总局 国家新闻出版广播电影电视总局 海关总署 教育部 科学技术部 民政部 商务部关于支持科技创新进口税收政策管理办法的通知》（财关税 [2016]71 号）；

三、实施机关

深圳市科技创新委员会

四、审批条件

<table>
<tr><td rowspan="3">设立依据</td><td>《财政部 科技部 民政部 海关总署 国家税务总局关于科技类民办非企业单位适用科学研究和教学用品进口税收政策的通知》</td><td>财关税 [2012]54 号</td></tr>
<tr><td>《关于印发科技类民办非企业单位进口科学研究和教学用品免税资格审核认定管理办法的通知》</td><td>国科发政 [2013]52 号</td></tr>
<tr><td>《财政部 工业和信息化部 国家发展和改革委员会 国家税务总局 国家新闻出版广播电影电视总局 海关总署 教育部 科学技术部 民政部 商务部关于支持科技创新进口税收政策管理办法的通知》</td><td>财关税 [2016]71 号</td></tr>
<tr><td rowspan="2">必要条件</td><td colspan="2">1. 满足下列全部条件的，予以办理:
1) 上一年度年检合格章的民办非企业单位（法人）；
2) 资产总额在 300 万元 (含) 以上；
3) 从事科学研究的专业技术人员 (指大专以上学历或中级以上技术职称专业技术人员) 在 20 人以上，且占全部人员的比例不低于 60%；
4) 兼职的科研人员不超过 25%。</td></tr>
<tr><td colspan="2">2. 不予办理的情形 : 无</td></tr>
</table>

五、申请材料

纸质申请材料采用 A4 纸，手写材料应当字迹工整清晰，复印件申请人均应签名（盖章）、复印清晰、大小与原件相符。

表 1 科技类民办非企业免税资格确认申请材料目录

材料名称	要求	原件份数（份/套）	复印件份数（份/套）	纸质/电子版
申请书	登录深圳市科技业务管理系统在线填报申请书，通过该系统打印申请书纸质文件原件。复印件需加盖申请单位公章，A4 纸正反面打印 / 复印，非空白页（含封面）需连续编写页码，装订成册（胶装）	2	0	纸质 + 电子版
上一年度年检合格章的民办非企业单位（法人）登记证书	复印件 2 份	0	2	
民办非企业单位年检报告书	复印件 2 份	0	2	
上年度的工作报告	复印件 2 份	0	2	
上年度财务审计报告	复印件 2 份	0	2	
上一年年末专职和兼职人员名册	包括姓名、学历、职称、工作岗位、劳动合同及其期限、联系方式等，并对专业技术人员进行标注	0	2	

表 2 科技类民办非企业免税资格复审申请材料目录

材料名称	要求	原件份数（份/套）	复印件份数（份/套）	纸质/电子版
申请书	登录深圳市科技业务管理系统在线填报申请书，通过该系统打印申请书纸质文件原件。复印件需加盖申请单位公章，A4 纸正反面打印 / 复印，非空白页（含封面）需连续编写页码，装订成册（胶装）	2	0	纸质 + 电子版
上一年度年检合格章的民办非企业单位（法人）登记证书	复印件 2 份	0	2	
民办非企业单位年检报告书	复印件 2 份	0	2	
免税资格有效期内工作报告	复印件 2 份	0	2	
免税资格有效期内进口设备清单	复印件 2 份	0	2	
上年度财务审计报告	复印件 2 份	0	2	
上一年年末专职和兼职人员名册	包括姓名、学历、职称、工作岗位、劳动合同及其期限、联系方式等，并对专业技术人员进行标注	0	2	

六、办理时限

申请时限	无		
受理时限	申请指南规定的受理时间	受理时限说明	在申请指南规定的受理时限内提出申请
法定办理时限	无	法定办理时限说明	无
承诺办理时限	30 个工作日	承诺办理时限说明	

七、办理收费

不收费

八、办理流程

本事项窗口办理流程如下：

1．申请。申请人在深圳市科技创新委员会科技业务管理系统（网址：https://apply.szsti.gov.cn/）在线填报申请书，向深圳市科技创新委员会窗口提交通过该系统打印的申请书纸质材料。

2. 受理。接件受理人员核验申请材料，当场作出受理决定；申请人符合申请资格，并材料齐全、格式规范、符合法定形式的，予以受理，出具“受理回执”；申请人不符合申请资格的，接件受理人员不予受理，出具“不予受理通知书”；申请人材料不符合要求但可以当场更正的，退回当场更正后予以受理，无法当场更正的，一次性告知所需材料。

3. 审查。受理后，窗口通知深圳市科技创新委员会基础处领取申请材料。审查方式包括书面审查和现场考察。深圳市科技创新委员会基础处对申请材料进行书面审查，审查提交的申请材料是否满足确认条件要求，提交“书面审查意见表”（时限 5 个工作日）。深圳市科技创新委员会 10 个工作日内会同深圳市民政局及深圳海关现场考察，核对申请材料的真实性和完整性，提出考察意见（会同深圳市民政局及深圳海关的现场考察不计入办理时限）。

4. 决定。经书面审查及现场考察，深圳市科技创新委员会基础处作出确认决定，经分管委领导于 5 个工作日内审核后，提交委主任办公室，在 10 个工作日内审议。

5. 决定公开。确认结果深圳市科技创新委员会核准公告，告知申请人，并送达确认文书，同时抄送深圳市民政局、深圳海关、深圳市财政委员会。

本事项网上办理流程如下：

1. 申请。申请人登录深圳市科技创新委员会深圳市科技业务管理系统（网址：https://apply.szsti.gov.cn/）提出申请，上传电子材料。

2. 受理。接件受理人员核验申请材料，当场作出受理决定；申请人符合申请资格，并材料齐全、格式规范、符合法定形式的，予以受理，出具“受理回执”；申请人不符合申请资格的，接件受理人员不予受理，出具“不予受理通知书”；申请人材料不符合要求但可以当场更正的，退回当场更正后予以受理，无法当场更正的，一次性告知所需材料。

3. 审查。受理后，窗口通知市科技创新委员会基础处领取申请材料。审查方式包括书面审查和现场考察。深圳科技创新委员会基础处对申请材料进行书面审查，审查提交的申请材料是否满足确认条件要求，提交“书面审查意见表”（时限 5 个工作日）。深圳市科技创新委员会 10 个工作日内会同深圳海关现场考察，核对申请材料的真实性和完整性，提出考察意见（会同深圳海关的现场考察不计入办理时限）。

4. 决定。经书面审查及现场考察，深圳市科技创新委员会基础处作出确认决定，经分管委领导于 5 个工作日内审核后，提交委主任办公室，在 10 个工作日内审议。

5. 决定公开。确认结果深圳市科技创新委员会核准公告，告知申请人，并送达确认文书，同时抄送深圳海关及深圳市财政委员会。

九、办理地址

1. 窗口办理地址

窗口地址	联系电话	办公时间	交通指引
深圳市民中心行政服务大厅 13-14 号窗口	0755-88127569	工作日 上午 9:00—12:00 下午 14:00—17:45	可乘坐：107 路、123 路、234 路、235 路、236 路、38 路、374 路、398 路、41 路、60 路、64 路、B686 路、地铁蛇口线 2 号线、地铁龙华线 4 号线、E18 路、K578 路、M390 路、N9 路

2. 网上办理网址

https://apply.szsti.gov.cn/

十、咨询、投诉、行政复议或行政诉讼

1. 申请人可通过电话、网上、窗口等方式进行咨询和审批进程查询。

电话查询：0755-88101372，0755-88103742

网上查询：www.szsti.gov.cn

2. 申请人可通过电话、网上、窗口等方式进行投诉。

电话：0755-12345

网址：www.szsti.gov.cn

3. 申请人对本非行政许可审批事项的办理结果有异议的，可依法申请行政复议或提起行政诉讼。

行政复议受理单位及通信：深圳市人民政府行政复议办公室；深圳市福田区同心路 1 号市信访大厅 B103 室；0755-88101165（咨询），0755-88120387（咨询），0755-88132145（收案室）。

行政诉讼受理单位及通信：广东省深圳市福田区人民法院；广东省深圳市福田区福民路 123 号；0755-82918999。

深圳市科普基地及其科普活动免税资格确认指南

一、受理范围

1. 申请人：具备深圳市科普基地及其科普活动确认申请条件的在对公众开放的科技馆、自然博物馆、天文馆（站、台）和气象台（站）、地震台（站）、高校和科研机构对外开放的科普基地。

2. 申请内容：申请确认深圳市科普基地及其科普活动。

3. 申请条件：

符合下列全部条件的，可提出申请：

（1）面向公众从事《科普法》所规定的科普活动，有稳定的科普活动投入；

（2）有适合常年向公众开放的一定的科普设施、器材和场所等，累计每年不能少于 200 天；对青少年实行优惠或免费开放的时间不少于每年 20 天（含法定节假日）；

（3）有常设内部科普工作机构并配备有必要的专职科普工作人员；

（4）有明确的科普工作规划和年度科普工作计划；

（5）省级科普基地认定书。

二、设立依据

1. 《科普税收优惠政策实施办法》（国科发政字〔2003〕416 号）第二条第三款；

2. 《财政部 海关总署 国家税务总局关于鼓励科普事业发展进口税收政策的通知》（财关税〔2016〕6 号）全文。

三、实施机关

深圳市科技创新委员会

1. 权责划分（市）

深圳市科技创新委员会负责本事项的受理、审核、决定。

四、办理条件

设立依据	《科普税收优惠政策实施办法》（国科发政字〔2003〕416 号）	第二条第三款
必要条件	1. 予以批准的条件： 满足下列全部条件的，予以批准： （1）面向公众从事《科普法》所规定的科普活动，有稳定的科普活动投入； （2）有适合常年向公众开放的一定的科普设施、器材和场所等，累计每年不能少于 200 天，对青少年实行优惠或免费开放的时间不少于每年 20 天（含法定节假日）； （3）有常设内部科普工作机构并配备有必要的专职科普工作人员； （4）有明确的科普工作规划和年度科普工作计划； （5）省级科普基地认定书。	
	2. 不予办理的情形：无	
政策和技术限制	无	
数量限制	无	

五、申请材料

纸质申请材料采用 A4 纸，手写材料应当字迹工整、清晰，复印件申请人均应签名、复印清晰、大小与原件相符。（详见表 1）

表 1 深圳市科普基地及其科普活动确认申请材料目录

材料名称	要求	原件份数（份/套）	复印件份数(份/套)	纸质/电子版
申请书	登录深圳市科技业务管理系统在线填报申请书，通过该系统打印申请书纸质文件原件	2	0	纸质+电子版
组织机构代码证	无	0	2	纸质+电子版
法人代表身份证	加盖申请单位公章	0	2	纸质+电子版
科普机构批准文件	验原件	0	2	纸质+电子版
开展科普活动证明材料	验原件	0	2	纸质+电子版
进口科普影视作品或其播映权的合同、协议（附中文译本）	验原件	0	2	纸质+电子版

六、办理时限

申请时限	指南规定的时限提出申请		
受理时限	5个工作日	受理时限说明	自申请之日起5个工作日内作出受理或不予受理决定
法定办理时限	无	法定办理时限说明	无
承诺办理时限	30个工作日	承诺办理时限说明	自受理截止之日起30个工作日内办结

七、办理收费

不收费

八、办理流程

本事项窗口办理流程如下：

1. 申请

申请人在深圳市科技业务管理系统（网址：https://apply.szsti.gov.cn/）在线填报申请书，通过该系统打印申请书纸质文件原件，连同相关申请材料，一并向深圳市科技创新委员会窗口提交提出深圳市科普基地及其科普活动确认的申请。

2. 受理

接件受理人员核验申请材料，当场作出受理决定；申请人符合申请资格，并材料齐全、格式规范、符合法定形式的，予以受理，出具“受理回执”；申请人不符合申请资格的，接件受理人员不予受理，出具“不予受理通知书”；申请人材料不符合要求但可以当场更正的，退回当场更正后予以受理，无法当场更正的，一次性告知所需材料。

3. 审查

受理截止后，窗口通知市科技创新委员会示范区管理处领取申请材料。审查方式包括书面审查和现场考察。科技创新委员会示范区管理处对申请材料进行书面审查，审查提交的申请材料是否满足确认条件要求，提交“书面审查意见表”（时限 5 个工作日）。深圳市科技创新委员会 10 个工作日内会同深圳海关现场考察，核对申请材料的真实性和完整性，提出考察意见（会同深圳海关的现场考察不计入办理时限）。

4. 决定

经书面审查及现场考察，深圳市科技创新委员会示范区管理处作出确认决定，经分管委领导于 5 个工作日内审核后，提交委主任办公会在 10 个工作日内审议。

5. 决定公开

确认结果深圳市科技创新委员会核准公告，告知申请人，并送达确认文书，同时抄送深圳海关、深圳市财政委员会。

本事项的窗口办理流程见图 1。

本事项的网上办理流程如下：

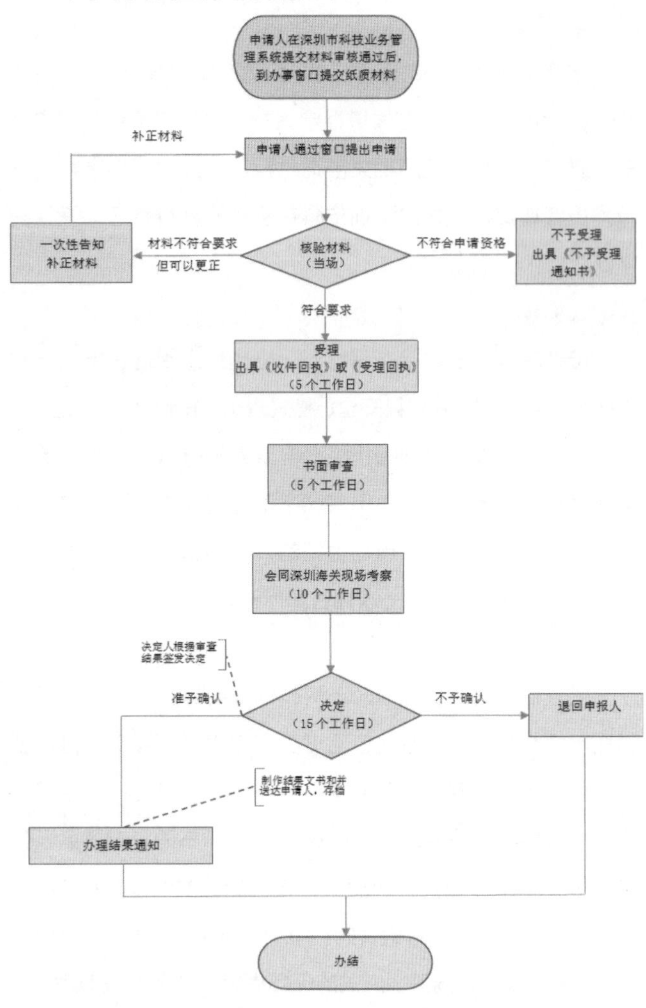

图 1 深圳市科普基地及其活动确认窗口办理流程图

1. 申请

申请人登录深圳市科技业务管理系统（网址：https://apply.szsti.gov.cn/）向深圳市科技创新委员会提出深圳市科普基地及其科普活动确认的申请，上传电子材料。

2. 受理

申请人在网上提交申报材料后，向市科技创新委窗口提交纸质材料，接件受理人员当场与网上电子材料审核无误后予以正式受理，出具“受理回执”。

3. 审查

受理截止后，窗口通知市科技创新委员会示范区管理处领取申请材料。审查方式包括书面审查和现场考察。科技创新委员会示范区管理处对申请材料进行书面审查，审查提交的申请材料是否满足确认条件要求，提交“书面审查意见表”（时限 5 个工作日）。深圳市科技创新委员会 10 个工作日内会同深圳海关现场考察，核对申请材料的真实性和完整性，提出考察意见（会同深圳海关的现场考察不计入办理时限）。

4. 决定

经书面审查及现场考察，深圳市科技创新委员会示范区管理处作出确认决定，经分管委领导于 5 个工作日内审核后，提交委主任办公会在 10 个工作日内审议。

5. 决定公开

确认结果深圳市科技创新委员会核准公告，告知申请人，并送达确认文书，同时抄送深圳海关、深圳市财政委员会。

本事项的网上办理流程见图 2。

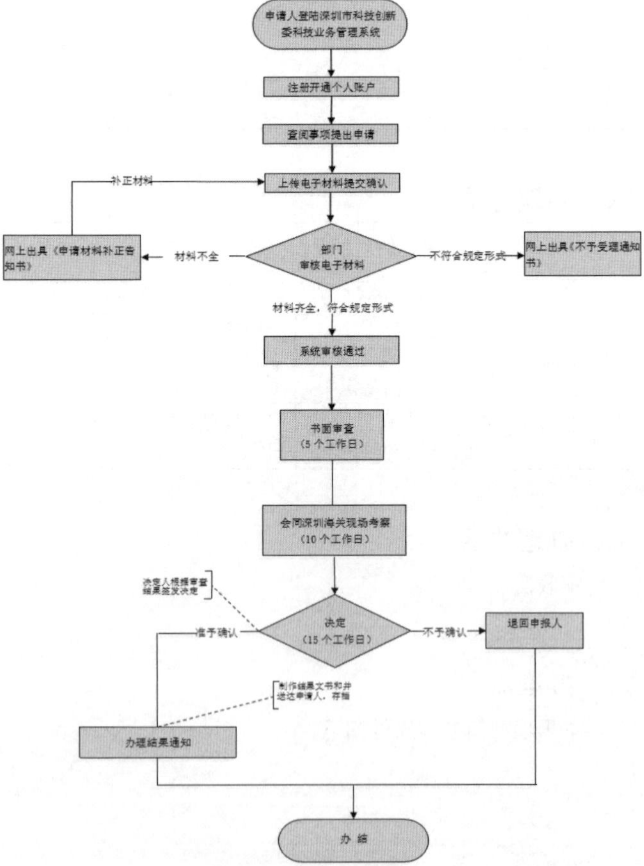

图 2 深圳市科普基地及其科普活动确认网上办理流程图

九、办理地址

1. 窗口办理地址

窗口名称	窗口地址	联系电话	办公时间	交通指引
深圳市科技创新委员会业务受理点	深圳市福田区福中三路市民中心行政服务大厅东厅13、14号	0755-88127569	工作日 上午 9:00—12:00 下午 14:00—17:45	可乘坐：107 路、123 路、234 路、235 路、236 路、38 路、374 路、398 路、41 路、60 路、64 路、B686 路、地铁蛇口线 2 号线、地铁龙华线 4 号线、E18 路、K578 路、M390 路、N9 路

2. 网上办理网址

https://apply.szsti.gov.cn/

十、咨询、投诉、行政复议或行政诉讼

1. 申请人可通过电话、网上、窗口等方式进行咨询和审批进程查询。

电话查询：0755-12345，0755-88127569；

网上查询：www.szsti.gov.cn

2. 申请人可通过电话、网上、窗口等方式进行投诉。

窗口投诉：深圳市民中心行政服务大厅 13、14 号窗口

电话投诉：0755-12345

网上投诉：http://www.szsti.gov.cn

信函投诉受理单位及通信：深圳市科技创新委员会，深圳市福田区福中三路市民中心 C 区五楼；邮编 518035。

3. 申请人对本非行政许可审批事项的办理结果有异议的，可依法申请行政复议或提起行政诉讼。

行政复议受理单位及通信：深圳市人民政府行政复议办公室，深圳市福田区同心路 1 号市信访大厅 B103 室，0755-88101165（咨询）、0755-88120397（咨询）、0755-88132145（收案室）；

行政诉讼受理单位及通信：深圳市盐田区人民法院，深圳市盐田区沙头角深盐路 2088 号，0755-12368、0755-25228750、0755-25228778。

深圳市科学研究机构免税资格确认指南

一、受理范围

1. 本行政许可适用于本市设立的科学研究院所。

2. 符合以下全部条件的科学研究院所可以提出申请：

（1）深圳市政府批准成立的科研院所；

（2）市属事业单位；

（3）从事科学研究的专业技术人员多于 15 人；

（4）从事科研研究的专业技术人员占机构总人数的比例大于 50%；

（5）资产总额大于 300 万元；

（6）科研用房面积大于 300 平方米。

二、设立依据

1．《科学研究和教学用品免征进口税收规定》（财政部、海关总署、国家税务总局令第 45 号）；

2．《关于海关实施〈科教用品免税规定〉和〈科技用品免税暂行规定〉的有关办法和相关事宜的公告》（海关总署公告 2007 年第 13 号）；

3.《财政部 工业和信息化部 国家发展和改革委员会 国家税务总局 国家新闻出版广播电影电视总局 海关总署 教育部 科学技术部 民政部 商务部关于支持科技创新进口税收政策管理办法的通知》（财关税 [2016]71 号）；

4.《财政部 商务部 国家税务总局关于继续执行研发机构采购设备增值税政策的通知》（财税〔2016〕121 号）。

三、实施机关

深圳市科技创新委员会

四、审批条件

设立依据	《科学研究和教学用品免征进口税收规定》	财政部、海关总署、国家税务总局令第 45 号
	《关于海关实施〈科教用品免税规定〉和〈科技用品免税暂行规定〉的有关办法和相关事宜的公告》	海关总署公告 2007 年第 13 号
	《财政部 工业和信息化部 国家发展和改革委员会 国家税务总局 国家新闻出版广播电影电视总局 海关总署 教育部 科学技术部 民政部 商务部关于支持科技创新进口税收政策管理办法的通知》	财关税 [2016]71 号
	《财政部 商务部 国家税务总局关于继续执行研发机构采购设备增值税政策的通知》	财税 [2016]121 号
必要条件	1. 满足下列全部条件的，予以办理： 1) 深圳市政府或深圳市机构编制主管部门颁发的批准成立文件； 2) 事业单位法人证书； 3) 举办宗旨和业务范围需具备科学研究属性； 4) 从事科学研究的专业技术人员多于 15 人； 5）从事科学研究的专业技术人员占机构总人数的比例大于 50%； 6）资产总额大于 300 万元； 7）科研用房面积大于 300 平方米	
	2. 不予办理的情形：无	

五、申请材料

纸质申请材料采用 A4 纸，手写材料应当字迹工整、清晰，复印件申请人均应签名（盖章）、复印清晰、大小与原件相符。详见表 1：

表 1 科研机构免税资格确认申请材料目录

材料名称	要求	原件份数（份/套）	复印件份数（份/套）	纸质/电子版
申请书	登录深圳市科技业务管理系统在线填报申请书，通过该系统打印申请书纸质文件原件。复印件需加盖申请单位公章，A4 纸正反面打印或复印，非空白页（含封面）需连续编写页码，装订成册（胶装）	2	0	纸质+电子版
深圳市政府批准成立的文件或深圳市机构编制主管部门批准成立的文件	复印件 2 份	0	2	
组织机构代码证	复印件 2 份	0	2	
事业单位法人证书	复印件 2 份	0	2	
法人代表身份证	复印件 2 份，加盖申请单位公章	0	2	
上年度的工作报告	复印件 2 份	0	2	
上年度财务审计报告	复印件 2 份	0	2	
上一年年末专职人员名册	包括姓名、学历、职称、工作岗位、劳动合同及其期限、联系方式等，并对专业技术人员进行标注	0	2	

六、办理时限

申请时限	无		
受理时限	申请指南规定的受理时间	受理时限说明	在申请指南规定的受理时限内提出申请
法定办理时限	无	法定办理时限说明	无
承诺办理时限	30 个工作日	承诺办理时限说明	

七、办理收费

不收费

八、办理流程

本事项窗口办理流程如下：

1．申请。申请人在深圳市科技创新委员会科技业务管理系统（网址：https://apply.szsti.gov.cn/）在线填报申请书，向深圳市科技创新委员会窗口提交通过该系统打印的申请书纸质材料。

2. 受理。接件受理人员核验申请材料，当场作出受理决定；申请人符合申请资格，并材料齐全、格式规范、符合法定形式的，予以受理，出具“受理回执”；申请人不符合申请资格的，接件受理人员不予受理，出具“不予受理通知书”；申请人材料不符合要求但可以当场更正的，退回当场更正后予以受理，无法当场更正的，一次性告知所需材料。

3. 审查。受理后，窗口通知深圳市科技创新委员会基础处领取申请材料。审查方式包括书面审查和现场考察。深圳市科技创新委员会基础处对申请材料进行书面审查，审查提交的申请材料是否满足确认条件要求，提交“书面审查意见表”（时限 5 个工作日）。深圳市科技创新委员会 10 个工作日内会同深圳海关现场考察，核对申请材料的真实性和完整性，提出考察意见（会同深圳海关的现场考察不计入办理时限）。

4. 决定。经书面审查及现场考察，深圳市科技创新委员会基础处作出确认决定，经分管委领导于 5 个工作日内审核后，提交委主任办公室后，会在 10 个工作日内审议。

5. 决定公开。确认结果深圳市科技创新委员会核准公告，告知申请人，并送达确认文书，同时抄送深圳海关、深圳市财政委员会。

本事项网上办理流程如下：

1. 申请。申请人登录深圳市科技创新委员会深圳市科技业务管理系统（网址：https://apply.szsti.gov.cn/）提出申请，上传电子材料。

2. 受理。接件受理人员核验申请材料，当场作出受理决定；申请人符合申请资格，并材料齐全、格式规范、符合法定形式的，予以受理，出具“受理回执”；申请人不符合申请资格的，接件受理人员不予受理，出具“不予受理通知书”；申请人材料不符合要求但可以当场更正的，退回当场更正后予以受理，无法当场更正的，一次性告知所需材料。

3. 审查。受理后，窗口通知深圳市科技创新委员会基础处领取申请材料。审查方式包括书面审查和现场考察。深圳科技创新委员会基础处对申请材料进行书面审查，审查提交的申请材料是否满足确认条件要求，提交“书面审查意见表”（时限 5 个工作日）。深圳市科技创新委员会 10 个工作日内会同深圳海关现场考察，核对申请材料的真实性和完整性，提出考察意见（会同深圳海关的现场考察不计入办理时限）。

4. 决定。经书面审查及现场考察，深圳市科技创新委员会基础处作出确认决定，经分管委领导于 5 个工作日内审核后，提交委主任办公会在 10 个工作日内审议。

5. 决定公开。确认结果深圳市科技创新委员会核准公告，告知申请人，并送达确认文书，同时抄送深圳海关、深圳市财政委员会。

九、办理地址

1. 窗口办理地址

窗口地址	联系电话	办公时间	交通指引
深圳市民中心行政服务大厅 13-14 号窗口	0755-88127569	工作日 上 午 9:00—12:00 下 午 14:00—17:45	可乘坐：107 路、123 路、234 路、235 路、236 路、38 路、374 路、398 路、41 路、60 路、64 路、B686 路、 地铁蛇口线 2 号线、地铁龙华线 4 号线、E18 路、K578 路、M390 路、N9 路

2. 网上办理网址

https://apply.szsti.gov.cn/

十、咨询、投诉、行政复议或行政诉讼

1. 申请人可通过电话、网上、窗口等方式进行咨询和审批进程查询。

电话查询：0755-88101372，0755-88103742

网上查询：www.szsti.gov.cn

2. 申请人可通过电话、网上、窗口等方式进行投诉。

电话：0755-12345

网址：www.szsti.gov.cn

3. 申请人对本非行政许可审批事项的办理结果有异议的，可依法申请行政复议或提起行政诉讼。

行政复议：深圳市人民政府行政复议办公室，深圳市福田区同心路 1 号市信访大厅 B103 室，0755-88101165,0755-88120387（咨询）；0755-88132145（收案室）；

行政诉讼：广东省深圳市福田区人民法院，广东省深圳市福田区福民路 123 号，0755-82918999。

创客空间项目申请指南

2019年深圳市创客交流活动项目申请指南

一、申请内容

对科技企业孵化器、众创空间运营单位在深圳举办的创客论坛、创客大赛、创客成果展、创客项目路演等创客交流活动，以及经市政府批准的深圳国际创客周活动等重大创客交流活动予以资助。

二、设定依据

（一）《深圳经济特区科技创新促进条例》，深圳市五届人大第二十六次会议修正，2013 年 12 月 25 日；

（二）《关于促进科技创新的若干措施》，中共深圳市委，深发〔2016〕7 号；

（三）《深圳市科技计划项目管理办法》，深圳市科技创新委员会，深科技创新规〔2019〕1 号；

（四）《深圳市科技研发资金管理办法》，深圳市科技创新委员会 深圳市财政局，深科技创新规〔2019〕2 号。

三、支持强度及方式

支持强度：有数量限制，本批次资助资金纳入 2020 年市级财政预算安排。受科技研发资金年度总额控制，资助金额不超过活动组织经费支出的 50%，最高不超过 50 万元。全市重大创客交流活动支持额度按活动实际情况审批。

支持方式：事后资助。

四、申请条件

（一）申请单位应当是在深圳市及深汕合作区依法注册、具有独立法人资格的国家级科技企业孵化器、国家备案众创空间的运营单位，全市重大创客交流活动的组织单位可不受此条限制；

（二）创客交流活动参加人数 100 人以上，具备开放性、公益性的特点，有一定的社会影响力；

（三）近一年在深圳举办的活动，未获得过市级财政资助。

五、申请材料

（一）登录深圳市科技业务管理系统在线填报申请书，提供通过该系统打印的申请书纸质文件原件；

（二）2018 年度完税证明复印件（非事业单位提供）；

（三）2018 年度财务审计报告（需提交经深圳市注册会计师协会备案的含有防伪标识封面的审计报告）或通过审查的事业单位财务决算报表复印件（注册未满一年的可提供验资报告，验原件）；

（四）活动总结报告（包括活动基本情况、规格和规模、重要嘉宾、活动主要内容、成效和启示等）并附活动方案、活动议程、签到表、活动照片等活动佐证材料；

（五）活动所发生的费用清单和支出单据、支付凭证及所涉及的相关合同（协议）书；

（六）科研诚信承诺书。

以上材料一式两份，复印件需加盖申请单位公章，A4 纸正反面打印 / 复印，非空白页（含封面）需连续编写页码，装订成册（胶装）。

项目申报材料中拟取得的学术、技术及经济效益等指标应严肃、科学，申报指标将作为项目评审、合同签订、过程管理、验收结题及项目评估的依据，原则上不予调整。特提请各申报单位严肃对待。

项目申报单位对申请材料的合法性、真实性、准确性和完整性负责。如有虚假，深圳市科技创新委员会核实后将不予立项资助，并将申报单位列入我委科研诚信负面清单，视情节轻重，依法追究相关责任。

六、申请表格

本指南规定提交的表格，申请人登录深圳市科技业务管理系统在线填报。

七、受理机关

（一）受理机关：深圳市科技创新委员会

（二）受理时间：

网络填报受理时间：2019 年 8 月 13 日－ 2019 年 9 月 16 日（截至 18:00）

书面材料受理时间：2019 年 9 月 2 日－ 2019 年 9 月 16 日

办公时间：星期一至星期五

上午 9:00 － 12:00，下午 14:00 － 17:45

（三）咨询电话：88102119，88125772

（四）受理地点：深圳市民中心行政服务大厅西厅 5~43 号窗口

八、受理决定机关

深圳市科技创新委

九、受理程序

申请人网上申报并向深圳市科技创新委收文窗口提交申请材料——深圳市科技创新委对申请材料进行初审——深圳市科技创新委委托各区（新区）科技行政主管部门审核推荐——深圳市科技创新委组织专项审计——深圳市科技创新委审定——社会公示——项目入库

十、受理时限

成批处理

十一、证件及有效期限

证件：批准文件

有效期限：无期限

十二、法律效力

申请单位凭批准文件获得科技研发资金资助。

十三、收费

不收费

十四、年审或年检

无年审

声 明：深圳市科技创新委从未委托任何单位或个人为项目申报单位代理资金申报事宜，申请单位必须自主申报。凡是购买或委托代写项目申请书的，以及提供虚假证明材料的，一经发现并查实，即视为骗取财政资金，一律不予受理，取消申请资格或撤销立项项目，并按规定严肃处理。深圳市科技创新委将严格按照有关标准和程序受理，不收取任何费用。如有任何中介机构和个人假借深圳市科技创新委领导和工作人员名义向申报单位收取费用的，请知情者立即举报。

项目申报单位需提交审计报告的，应当按照《深圳市科技计划项目管理办法》等规定，提供经深圳市注册会计师协会备案的含有防伪标识封面的审计报告。项目申报单位提供无防伪标识封面（未备案）或属于虚假防伪标识封面（未备案）的审计报告，深圳市科技创新委员会不予采用。相关审计报告经核查认定属于虚假材料的，项目单位五年内不得申请深圳市科技计划项目，深圳市科技创新委员会将其列入科研诚信异常名录，并按照市政府失信联合惩戒有关规定予以处理。

2019年创业资助项目申请指南

一、申请内容

对晋级中国深圳创新创业大赛（以下简称“深创赛”）半决赛及以上的参赛企业和参赛团队所创办的企业、广东省科技行政主管部门主办的大赛获奖企业、经深圳市政府同意举办且市科技行政主管部门主办或承办的大赛获奖企业或者获奖团队创办的企业予以资助。

二、设定依据

（一）《深圳市科技计划管理改革方案》，深圳市人民政府，深府〔2019〕1号；

（二）《深圳市科技计划项目管理办法》，深圳市科技创新委，深科技创新规〔2019〕1号；

（三）《深圳市科技研发资金管理办法》，深圳市科技创新委、深圳市财政局，深科技创新规〔2019〕2号。

三、支持强度与方式

支持强度：有数量限制，本批次资助资金纳入2020年市级财政预算安排，受科技研发资金年度总额控制。

创业资助分为参赛企业资助项目和参赛团队资助项目两类：

（一）参赛企业资助项目

单个项目资助强度不超过100万元。广东省科技行政主管部门主办的大赛相关文件有资助要求，地方资助强度不超过省资助下达文件额度，且不超过项目承担单位自筹经费的50%。

（二）参赛团队资助项目

单个项目资助强度不超过50万元。

支持方式：奖励补助

四、受理条件

（一）参赛企业资助项目

1. 参加2018年度深创赛且晋级半决赛，或者参加2018年度省科技行政主管部门主办的大赛并获奖；

2. 在深圳市或深汕合作区内依法注册，且注册成立时间在2014年1月1日以后；

3．2017度年销售收入不超过2亿元人民币；

4．申报项目与参赛项目名称一致，且申报项目负责人应为参赛项目负责人或核心成员。

（二）参赛团队资助项目

1. 参加2017年度和2018年度深创赛且晋级半决赛及以上，或者参加市科技行政主管部门主办的大赛并获奖；

2. 在深圳市或者深汕特别合作区内依法注册企业，且注册成立时间应在参加深创赛或者深圳市科技行政主管部门主承办的大赛当年截止报名日期之后，企业股东应为参赛项目负责人或者核心成员之一；

3. 申报项目与参赛项目名称一致，且申报项目负责人应为参赛项目负责人或者核心成员。

（三）其他要求

已列入科技诚信异常名录的单位和人员，不得申报。

五、申请材料

（一）登录深圳市科技业务管理系统在线填报申请书，提供通过该系统打印的申请书纸质文件原件；

（二）税务部门出具的上年度纳税证明复印件；

（三）上年度财务审计报告（需提交经深圳市注册会计师协会备案的含有防伪标识封面的审计报告，且参赛企业资助项目需提供上两年度财务审计报告）或通过审查的事业单位财务决算报表复印件（注册未满一年的可提供验资报告，验原件）；

（四）申报项目专项审计报告复印件；

（五）近一年内（截至申报截止日）项目组主要成员社保清单；

（六）知识产权合规性声明；

（七）在中国深圳创新创业大赛中晋级半决赛及以上的证明材料；或者省科技行政主管部门主办的大赛获奖证明材料和省资助下达文件；或者经深圳市政府同意举办，深圳市科技行政主管部门主承办的大赛获奖证明材料；

（八）参赛团队资助项目需提供诚信承诺书原件（诚信承诺书需参赛项目的项目负责人和所有核心成员签字）和参赛项目负责人或核心成员作为注册企业股东的证明材料；

（九）项目涉及科研伦理和科技安全的，提供国家有关法律法规和伦理准则要求的批准或备案文件；

（十）可选择提供查新报告、检测报告、获奖证书、国家或省计划文件项目技术水平证明材料。

以上材料一式两份，复印件需加盖申请单位公章，A4 纸正反面打印或复印，非空白页（含封面）需连续编写页码，装订成册（胶装）。

六、申请表格

本指南规定提交的表格，申请人登录深圳市科技业务管理系统在线填报。

七、受理机关

（一）受理机关：深圳市科技创新委员会

（二）受理时间：

网络填报受理时间：2019 年 9 月 2 日至 2019 年 10 月 8 日（截至 18:00）

书面材料受理时间：2019 年 10 月 8 日至 2019 年 10 月 12 日

办公时间：星期一至星期五

上午 9：00 － 12：00，下午 14：00 － 17:45

（三）咨询电话：23610487，83672185

（四）受理地点：深圳市民中心行政服务大厅西厅 18~28 号窗口

八、受理决定机关

深圳市科技创新委员会

九、受理程序

申请人网上申报并向深圳市科技创新委收文窗口提交申请材料——深圳市科技创新委对申请材料进行初审——深圳市科技创新委委托各区（新区）科技行政主管部门现场核查——深圳市科技创新委组织专家评审——深圳市科技创新委审定——社会公示——项目入库。

十、受理时限

成批处理

十一、证件及有效期限

证　件：批准文件

有效期限：无期限

十二、法律效力

申请人凭批准文件获得深圳市科技研发资金资助。

十三、收费

不收费

十四、年审或年检

无年审

声　明：深圳市科技创新委从未委托任何单位或个人为项目申请单位代理资金申报事宜，申请单位必须自主申报。凡是购买或委托代写项目申请书的，以及提供虚假证明材料的，一经发现并查实，即视为骗取财政资金，一律不予受理，取消申请资格或撤销立项项目，并按规定严肃处理。深圳市科技创新委将严格按照有关标准和程序受理，不收取任何费用。如有任何中介机构和个人假借深圳市科技创新委领导和工作人员名义向申报单位收取费用的，请知情者立即举报。

项目申请单位需提交审计报告的，应当按照《深圳市科技计划项目管理办法》等规定，提供经深圳市注册会计师协会备案的含有防伪标识封面的审计报告。项目申报单位提供无防伪标识封面（未备案）或属于虚假防伪标识封面（未备案）的审计报告，深圳市科技创新委员会不予采用。 相关审计报告经核查认定属于虚假材料的，项目单位五年内不得申请深圳市科技计划项目，深圳市科技创新委员会将其列入科研诚信异常名录，并按照深圳市政府失信联合惩戒有关规定予以处理。

2019年深圳市科技企业孵化器认定与资助申请指南

一、申请内容

对为科技型初创企业提供孵化服务的科技企业孵化器及为创业团队、初创企业提供创新创业服务的众创空间予以认定与资助。

二、设定依据

（一）《关于促进科技创新的若干措施》，中共深圳市委，深发〔2016〕7号；

（二）《深圳市人民政府关于加强和改进市级财政科研项目资金管理的实施意见（试行）》，深圳市人民政府，深府规〔2018〕9号。

三、支持强度与方式

支持强度：有数量限制，本批次资助资金纳入2020年市级财政预算安排。受科技研发资金年度总额控制，资助金额不超过孵化器、众创空间近两年投入运营经费的50%，孵化器最高不超过300万元，众创空间最高不超过200万元。

支持方式：事后资助

四、受理条件

1. 在深圳市或深汕合作区内依法注册、具有独立法人资格的企事业单位；

2. 孵化器的运营时间满2年（截至申报截止日），发展方向明确，具备完善的运营管理体系和孵化服务机制；

3. 孵化场地面积不低于3000平方米，其中在孵企业使用面积（含公共服务面积）占75%以上；

4. 拥有提供孵化服务的专业团队，其中专职人员不少于5人；具有集成化服务能力，能够提供技术转移、科技金融、创业辅导等各类创业服务，签约科技服务机构6家以上，创业导师3名以上；

5. 在孵企业不少于20家且每千平方米平均在孵企业不少于3家；

6. 在孵企业中已申请专利的企业占在孵企业总数比例不低于50%或拥有有效知识产权的企业占比不低于30%；

7. 孵化器自有种子资金或合作的孵化资金规模不低于300万元人民币，并有2家以上在孵企业获得投融资；

8. 累计毕业企业8家以上。

在孵企业应具备以下条件：一是主要从事新技术、新产品的研发、生产和服务，应满足科技型中小企业相关要求；二是企业注册地和主要研发、办公场所须在本孵化器场地内；三是申请进入孵化器的企业，成立时间不超过24个月；四是孵化时限不超过48个月，从事生物医药、集成电路设计、现代农业等特殊领域的创业企业孵化时限不超过60个月。

毕业企业应至少符合以下条件中的一项：一是经国家备案通过的高新技术企业；二是累计获得天使投资或风险投资超过500万元；三是连续2年营业收入累计超过1000万元；四是被兼并、收购或在国内外资本市场挂牌、上市。

五、申请材料

（一）登录深圳市科技业务管理系统在线填报申请书，提供通过该系统打印的申请书纸质文件原件；

（二）2018年度完税证明复印件（非事业单位提供）；

（三）2018 年度财务审计报告（需提交经深圳市注册会计师协会备案的含有防伪标识封面的审计报告）或通过审查的事业单位财务决算报表复印件（注册未满一年的可提供验资报告，验原件）；

（四）自有房产证明或租赁合同等证明文件（验原件）；

（五）孵化服务能力证明材料，主要包括：上年度 12 月份专职管理团队社保清单及接受孵化器专业培训人员的证明材料复印件；与 6 家以上科技服务机构签署的合作协议复印件，3 名以上创业导师名单及介绍；

（六）在孵企业证明材料，主要包括在孵企业信息一览表、孵化服务协议复印件、在孵企业营业执照复印件（加盖在孵企业公章），在孵企业申请专利或拥有有效自主知识产权证明复印件（加盖在孵企业公章）；

（七）投融资服务能力证明材料，主要包括：拥有种子资金或合作孵化资金的相关证明材料复印件（如存款证明、设立孵化资金的文件、如何使用孵化资金的文件等），2 家以上在孵企业获得投融资的案例证明（如投资证明文件等）；

（八）毕业企业信息一览表及资质证明材料；

（九）按时完成科技企业孵化器火炬统计工作承诺书；

（十）近两年发生的运营费用的发票、合同、单据等证明材料复印件。

以上材料一式两份，复印件需加盖申请单位公章，A4 纸正反面打印 / 复印，非空白页（含封面）需连续编写页码，装订成册（胶装）。

项目申报材料中拟取得的学术、技术及经济效益等指标应严肃、科学，申报指标将作为项目评审、合同签订、过程管理、验收结题及项目评估的依据，原则上不予调整。特提请各申报单位严肃对待。

项目申报单位对申请材料的合法性、真实性、准确性和完整性负责。如有虚假，我委核实后将不予立项资助，并将申报单位列入我委科研诚信负面清单，视情节轻重，依法追究相关责任。

六、申请表格

本指南规定提交的表格，申请人登录深圳市科技业务管理系统在线填报。

七、受理机关

（一）受理机关：深圳市科技创新委员会

（二）受理时间：

网络填报受理时间：2019 年 6 月 17 日 -2019 年 7 月 17 日（截至 18:00）；

书面材料受理时间：2019 年 6 月 17 日 — 2019 年 7 月 19 日；

办公时间：星期一至星期五

上午 9:00 — 12:00，下午 14:00 — 17:45。

（三）咨询电话：88102119，88125772

（四）受理地点：深圳市民中心行政服务大厅西厅 5~43 号窗口

八、受理决定机关

深圳市科技创新委员会

九、受理程序

申请人网上申报并向深圳市科技创新委收文窗口提交申请材料——深圳市科技创新委对申请材料进行初审——深圳市科技创新委委托各区（新区）科技行政主管部门现场考察——深圳市科技创新委组织专家评审，专项审计——深圳市科技创新委会审定——社会公示——项目入库

十、受理时限

成批处理

十一、证件及有效期限

证件：批准文件

有效期限：无期限

十二、法律效力

申请单位凭批准文件获得科技研发资金资助。

十三、收费

不收费

十四、年审或年检

无年审。认定后，深圳市科技创新委定期开展市级孵化器、众创空间的运营评价工作。

声　明：深圳市科技创新委员会从未委托任何单位或个人为项目申报单位代理资金申报事宜，申请单位必须自主申报。凡是购买、委托代写项目申请书的，或是提供虚假证明材料的，一经发现并查实，即视为骗取财政资金，一律不予受理，取消申请资格或撤销立项项目，并按规定严肃处理。深圳市科技创新委将严格按照有关标准和程序受理，不收取任何费用。如有任何中介机构和个人假借深圳市科技创新委领导和工作人员名义向申报单位收取费用的，请知情者立即举报。

项目申报单位需提交审计报告的，应当按照《深圳市科技计划项目管理办法》等规定，提供经深圳市注册会计师协会备案的含有防伪标识封面的审计报告。项目申报单位提供无防伪标识封面（未备案）或属于虚假防伪标识封面（未备案）的审计报告，深圳市科技创新委员会不予采用。相关审计报告经核查认定属于虚假材料的，项目单位五年内不得申请深圳市科技计划项目，深圳市科技创新委员会将其列入科研诚信异常名录，并按照市政府失信联合惩戒有关规定予以处理。

2019年深圳市众创空间认定与资助申请指南

一、申请内容

对为科技型初创企业提供孵化服务的科技企业孵化器及为创业团队、初创企业提供创新创业服务的众创空间予以认定与资助。

二、设定依据

（一）《关于促进科技创新的若干措施》，中共深圳市委，深发〔2016〕7号；

（二）《深圳市人民政府关于加强和改进市级财政科研项目资金管理的实施意见（试行）》，深圳市人民政府，深府规〔2018〕9号。

三、支持强度与方式

支持强度：有数量限制，本批次资助资金纳入2020年市级财政预算安排。受科技研发资金年度总额控制，资助金额不超过孵化器、众创空间近两年投入运营经费的50%，孵化器最高不超过300万元，众创空间最高不超过200万元。

支持方式：事后资助

四、受理条件

1. 在深圳市或深汕合作区内依法注册、具有独立法人资格的企事业单位；

2. 众创空间运营时间满1年（截至申报截止日），发展方向明确、模式清晰，具备可持续发展能力；

3. 拥有不低于500平方米的服务场地，或提供不少于30个创业工位，并具备会议洽谈、项目展示等公共服务场地，提供的创业工位和公共服务场地面积不低于总面积的75%；

4. 拥有提供创新创业辅导的专业团队，其中专职人员不少于3人；具有集成化服务能力，能够提供技术咨询、创业辅导等各类创业服务，签约科技服务机构6家以上，创业导师3名以上；

5. 入驻创业团队、初创企业不少于20个，入驻时间不少于3个月，入驻时限不超过24个月；

6. 入驻创业团队每年新注册为企业的数量不低于6家，或每年有2个以上入驻创业团队、初创企业获得投融资；

7. 每年开展的创业沙龙、路演、创业大赛、创业教育培训等活动不少于6场次。

2019年前已获孵化载体资助的单位（科技企业孵化器、创客空间），不重复认定与资助。

五、申请材料

（一）登录深圳市科技业务管理系统在线填报申请书，提供通过该系统打印的申请书纸质文件原件；

（二）2018年度完税证明复印件（非事业单位提供）；

（三）2018年度财务审计报告（需提交经深圳市注册会计师协会备案的含有防伪标识封面的审计报告）或通过审查的事业单位财务决算报表复印件（注册未满一年的可提供验资报告，验原件）；

（四）自有房产证明或租赁合同等证明文件（验原件）；

（五）创新创业服务能力证明材料，主要包括：上年度12月份专职管理团队社保清单；与6家以上科技服务机构签署的合作协议复印件，3名以上创业导师名单及介绍；

（六）入驻创业团队、初创企业证明材料，主要包括：入驻创业团队和初创企业清单，入驻协议复印件，创业团队项目简介（经创业团队签字）或入驻初创企业营业执照复印件（加盖初创企业公章）；

（七）投融资服务证明材料，主要包括：2家以上创业团队、初创企业获得投融资的案例证明；

（八）开展活动证明材料，主要包括：每年开展 6 场次以上创新创业活动的方案、议程、照片等材料；

（九）按时完成众创空间火炬统计工作承诺书；

（十）近两年发生的运营费用的发票、合同、单据等证明材料复印件。

以上材料一式两份，复印件需加盖申请单位公章，A4 纸正反面打印 / 复印，非空白页（含封面）需连续编写页码，装订成册（胶装）。

项目申报材料中拟取得的学术、技术及经济效益等指标应严肃、科学，申报指标将作为项目评审、合同签订、过程管理、验收结题及项目评估的依据，原则上不予调整。特提请各申报单位严肃对待。

项目申报单位对申请材料的合法性、真实性、准确性和完整性负责。如有虚假，我委核实后将不予立项资助，并将申报单位列入我委科研诚信负面清单，视情节轻重，依法追究相关责任。

六、申请表格

本指南规定提交的表格，申请人登录深圳市科技业务管理系统在线填报。

七、受理机关

（一）受理机关：深圳市科技创新委

（二）受理时间：

网络填报受理时间：2019 年 6 月 17 日－ 2019 年 7 月 17 日（截至 18:00）；

书面材料受理时间：2019年6月17日－2019年7月19日；

办公时间：星期一至星期五

上午 9：00 － 12:00，下午 14:00 － 17：45。

（三）咨询电话：88102119，88125772

（四）受理地点：深圳市民中心行政服务大厅西厅 5~43 号窗口

八、受理决定机关

深圳市科技创新委

九、受理程序

申请人网上申报并向深圳市科技创新委收文窗口提交申请材料——深圳市科技创新委对申请材料进行初审——深圳市科技创新委委托各区（新区）科技行政主管部门现场考察——深圳市科技创新委组织专家评审，专项审计——深圳市科技创新委会审定——社会公示——项目入库

十、受理时限

成批处理

十一、证件及有效期限

证件：批准文件

有效期限：无期限

十二、法律效力

申请单位凭批准文件获得科技研发资金资助。

十三、收费

不收费

十四、年审或年检

无年审。认定后，深圳市科技创新委定期开展市级孵化器、众创空间的运营评价工作。

声　明：深圳市科技创新委从未委托任何单位或个人为项目申报单位代理资金申报事宜，申请单位必须自主申报。凡是购买、委托代写项目申请书的，或是提供虚假证明材料的，一经发现并查实，即视为骗取财政资金，一律不予受理，取消申请资格或撤销立项项目，并按规定严肃处理。深圳市科技创新委将严格按照有关标准和程序受理，不收取任何费用。如有任何中介机构和个人假借深圳市科技创新委领导和工作人员名义向申报单位收取费用的，请知情者立即举报。

项目申报单位需提交审计报告的，应当按照《深圳市科技计划项目管理办法》等规定，提供经深圳市注册会计师协会备案的含有防伪标识封面的审计报告。项目申报单位提供无防伪标识封面（未备案）或属于虚假防伪标识封面（未备案）的审计报告，深圳市科技创新委员会不予采用。相关审计报告经核查认定属于虚假材料的，项目单位五年内不得申请深圳市科技计划项目，深圳市科技创新委员会将其列入科研诚信异常名录，并按照市政府失信联合惩戒有关规定予以处理。

第十一章 科技名录

Corporations & Projects

第一节 高新技术企业名单

2018 年新增深圳市高新技术企业名单

序号	单位名称
1	深圳市逸诺科技有限公司
2	深圳市智蓝同创科技有限公司
3	深圳市数码龙电子有限公司
4	深圳市兆驰数码科技股份有限公司
5	深圳市州宏医疗科技有限公司
6	深圳市顺易通信息技术有限公司
7	深圳市微付充科技有限公司
8	深圳市晶显达科技有限公司
9	深圳新合群科技有限公司
10	深圳市火芯人科技有限公司
11	深圳市超技金塑科技有限公司
12	深圳品创兴科技有限公司
13	深圳扬煜科技开发有限公司
14	当代海洋生物科技（深圳）有限公司
15	战国科技（深圳）有限公司
16	深圳市英内尔科技有限公司
17	深圳欣强智创电路板有限公司
18	深圳东方红鹰科技有限公司
19	深圳润伽包装印刷有限公司
20	深圳云之家网络有限公司
21	深圳市珂荣信息技术有限公司
22	深圳市龙影天下信息系统有限公司
23	深圳市声光动力生物医药科技有限公司
24	深圳市经纬拉链有限公司
25	深圳市大道智创科技有限公司
26	深圳市我家信息开发有限公司
27	深圳市城市公共安全技术研究院有限公司
28	深圳睿瀚医疗科技有限公司
29	深圳市芯合利诚科技有限公司
30	深圳市浩霸电池有限公司
31	深圳市鸿华通交通设施工程有限公司
32	深圳华药南方制药有限公司
33	深圳市华能电力设备有限公司
34	深圳市中现智联科技有限公司
35	深圳市长天长空智能设备科技有限公司
36	深圳市都市电子商务科技有限公司
37	深圳市方元讯通科技有限公司
38	深圳市华硕纸制品有限公司
39	深圳市诗碧曼科技有限公司
40	深圳市宇芯数码技术有限公司
41	广东中科检测技术股份有限公司
42	深圳市博盛新材料有限公司
43	深圳市慧农科技有限公司
44	深圳市南天威视科技有限公司
45	深圳市瀚宏数码科技有限公司
46	妙智科技（深圳）有限公司
47	深圳市德创电力电气设备有限公司
48	深圳市盛世传奇文化发展股份有限公司
49	深圳市世纪松源纸塑包装制品有限公司
50	深圳市兴远发环保安全科技有限公司
51	深圳宅呵呵网络科技有限公司
52	深圳欧谱申光电科技有限公司
53	蘑菇物联技术（深圳）有限公司
54	深圳市吉子通科技有限公司
55	深圳市乐博实业有限公司
56	深圳市赛瑞系统技术有限公司
57	深圳市东方星园林绿化有限公司
58	深圳宙游网络科技有限公司
59	深圳市玖创科技有限公司
60	深圳市合丰光电有限公司
61	深圳市易安电力科技有限公司
62	深圳市达博威科技有限公司
63	深圳市慧联通信技术有限公司
64	深圳市微固科技有限公司
65	深圳市长鑫盛通科技有限公司
66	深圳市成利富科技有限公司
67	深圳市华兴旺包装科技有限公司
68	深圳市伟曼达科技有限公司
69	深圳市安吉拉测试设备有限公司
70	深圳伊讯科技有限公司
71	深圳市易百讯科技有限公司
72	深圳市掌娱炫动信息技术有限公司
73	深圳市富伟电子有限公司
74	深圳市东方红印刷有限公司
75	深圳市福鸿达盛科技有限公司
76	深圳市腾沐科技有限公司
77	深圳市骏业鼎兴技术有限公司
78	深圳市凡与科技有限公司
79	深圳安德勒电气科技有限公司
80	深圳精云溯信息技术有限公司
81	深圳市鸿逸达科技有限公司
82	深圳市世纪众云科技有限公司
83	深圳视感文化科技有限公司
84	深圳市卿林包装材料有限公司
85	深圳市舜通智能科技有限公司
86	深圳市威芒科技有限公司
87	心邀（深圳）生物科技有限公司
88	深圳市雅森医疗设备有限公司
89	深圳市高贝电子有限公司
90	深圳市立符软件技术有限公司
91	深圳市禾葡兰信息科技有限公司
92	深圳市华达华惠机械有限公司
93	深圳市深奇浩实业有限公司
94	深圳飞亮智能科技有限公司
95	深圳市泓达环境科技有限公司
96	深圳市艾沃电子科技有限公司
97	深圳市鼎源检测技术有限公司
98	深圳市晶泓达光电工程技术有限公司
99	深圳市蓝鹰立德软件咨询有限公司
100	深圳市云捷波科技有限公司
101	深圳汉高创想科技有限公司
102	深圳市欧博迪通信有限公司
103	深圳巨亚能源有限公司
104	深圳市臻络科技有限公司
105	深圳市旺通达电子有限公司
106	深圳市韵蓝科技有限公司
107	深圳市贝思伯威科技有限公司
108	深圳市灿阳电气设备有限公司
109	深圳市任海智能工程设计有限公司
110	深圳市梓桥科技有限公司
111	深圳市安费通电子科技有限公司
112	深圳市蝶通视讯有限公司
113	深圳市新华鹏激光设备有限公司
114	深圳市华阅文化传媒有限公司
115	金顶新医疗科技经营管理（深圳）有限公司
116	深圳国卫医信科技有限公司
117	深圳米字科技发展有限公司
118	深圳声联网科技有限公司
119	深圳市昌鸿科技有限公司
120	深圳市格兰图科技有限公司
121	深圳市菱远自动化科技有限公司
122	深圳市天策激光科技有限公司
123	深圳喜格实业有限公司
124	深圳市稳赢信息科技有限公司
125	深圳市步步信息科技有限公司
126	深圳市华宝软件有限公司
127	深圳市启明云端科技有限公司
128	深圳云创文化科技有限公司
129	深圳市斑点猫信息技术有限公司

序号	单位名称
130	深圳市谜谭动画有限公司
131	深圳羚羊极速科技有限公司
132	容川博电子（深圳）有限公司
133	深圳大普微电子科技有限公司
134	深圳市智尊宝知识产权数据开发有限公司
135	深圳市尚彩印刷包装有限公司
136	深圳市亿歌润滑科技有限公司
137	深圳市二八智能家居有限公司
138	中检（深圳）计量测试服务有限公司
139	深圳雨燕智能科技服务有限公司
140	深圳市百为视讯电子有限公司
141	深圳市铨顺宏科技有限公司
142	深圳市星科启电子商务有限公司
143	深圳市中联建工程项目管理有限公司
144	深圳市和弘科技有限公司
145	深圳和谐万维信息技术有限公司
146	深圳市北辰智能技术有限公司
147	深圳市崇越科技有限公司
148	深圳市源诚辉电子有限公司
149	共和精英塑胶五金制品（深圳）有限公司
150	深圳市飞点健康管理有限公司
151	深圳市新海思威科技有限公司
152	深圳爱特天翔科技有限公司
153	深圳彩晨科技有限公司
154	深圳巨为科技开发有限公司
155	深圳市宝晟互联信息技术有限公司
156	深圳市铂电科技有限公司
157	深圳市振阳软件开发有限公司
158	深圳市中波新能源科技有限公司
159	深圳市警泰欣科技有限公司
160	深圳市比特原子科技有限公司
161	深圳市新业自动化科技有限公司
162	深圳市科有为科技有限公司
163	派能生物科技（深圳）有限公司
164	深圳时代鑫华科技有限公司
165	阿啦（深圳）网络有限公司
166	前海蓝亚之技术服务（深圳）有限公司
167	深圳市地标城市规划设计有限公司
168	深圳市齐飞精密机械有限公司
169	深圳市泰安达纸品包装有限公司
170	深圳市中电熊猫磁通电子有限公司
171	深圳市汇龙天成科技有限公司
172	深圳凯特电气有限公司
173	转录科技（深圳）有限公司
174	深圳喆能电子技术有限公司
175	哨鸟（深圳）前海科技有限公司
176	深圳迈德科技有限公司
177	深圳土筑虎网络科技有限公司
178	光达（深圳）精密设备有限公司
179	深圳市柏信达电子科技有限公司

序号	单位名称
180	深圳市海梁科技有限公司
181	深圳市大为物联科技有限公司
182	深圳市国投创新科技有限公司
183	深圳市翠箓科技绿化工程有限公司
184	深圳市西玛泰数控设备有限公司
185	深圳市华阳新材料科技有限公司
186	中天智能装备（深圳）有限公司
187	深圳市元登建筑装饰工程有限公司
188	深圳聚信时代实业有限公司
189	深圳明科智能科技有限公司
190	深圳市黑爵电子科技有限公司
191	深圳市恒瑞阳光照明实业有限公司
192	深圳市岚明电子科技有限公司
193	深圳市琉璃光生物科技有限公司
194	深圳市民兴科技有限公司
195	深圳市明达电子有限公司
196	深圳市上映科技有限公司
197	深圳市新恒基电气有限公司
198	深圳市亿谷科技开发有限公司
199	深圳维萌海风科技有限公司
200	深圳状元峰科技有限公司
201	深圳市合盛航精密科技有限公司
202	真益电子（深圳）有限公司
203	深圳市福光泰电子科技有限公司
204	深圳和创财税科技有限公司
205	深圳红点点互动技术发展有限公司
206	深圳市埃尔法光电科技有限公司
207	深圳市馥豪人防工程防护设备有限公司
208	深圳市纽乐节能设备工程有限公司
209	深圳市数展科技有限公司
210	深圳市沃福泰克科技有限公司
211	深圳兆讯科技有限公司
212	深圳迈鼎电子有限公司
213	深圳市安诺软件有限公司
214	深圳市绿瑞高尔夫科技有限公司
215	深圳优道科技有限公司
216	深圳时代建筑科技有限公司
217	深圳大舜激光技术有限公司
218	深圳市博先电子有限公司
219	深圳市合一互联技术有限责任公司
220	深圳市蓝拓创远科技有限公司
221	深圳市思创信息技术有限公司
222	亿慧云智能科技（深圳）股份有限公司
223	终结号（深圳）科技有限公司
224	深圳市昕威峰电子科技有限公司
225	深圳市前海英米迪特科技有限责任公司
226	深圳市众康动保科技有限公司
227	深圳市新蓝海网络科技有限公司
228	深圳澳特弗科技有限公司
229	深圳市大帝酒检信息系统有限公司

序号	单位名称
230	深圳市丰富来包装有限公司
231	深圳市量子慧智科技有限公司
232	深圳市龙德兴业科技有限公司
233	深圳市迈泰瑞尔科技有限公司
234	深圳市索美特精密电子有限公司
235	深圳市易车合创科技有限公司
236	深圳酷酷科技有限公司
237	法狗狗（深圳）科技有限公司
238	坤金聚宝（深圳）电子商务有限公司
239	深圳市华安盛泰科技有限公司
240	深圳市北科检测科技有限公司
241	深圳市帝森易罗德电气有限公司
242	深圳亿播网视科技有限公司
243	深圳市创智辉电子科技有限公司
244	深圳市振华测试设备有限公司
245	深圳前海康博士网络技术有限公司
246	深圳市格云宏邦环保科技有限公司
247	深圳市大新电器有限公司
248	深圳市汇智伟业信息技术有限公司
249	深圳市世纪天任科技有限公司
250	深圳市仕兴鸿科技有限公司
251	深圳市煜盛电子有限公司
252	海伯森技术（深圳）有限公司
253	深圳市深翼星科技有限公司
254	深圳市爱德利智能科技有限公司
255	深圳市北斗教育信息有限公司
256	广东益天下环境科技有限公司
257	深圳蓝图信息技术股份有限公司
258	深圳市汉沛斯环保设备有限公司
259	深圳市恒利礼品有限公司
260	深圳市莱博精密制造有限公司
261	深圳智联车网科技有限公司
262	深圳市悦创进科技有限公司
263	深圳市优品未来科技有限公司
264	深圳市软通宝科技有限公司
265	深圳聚合时光科技有限公司
266	深圳市恒德生物科技有限公司
267	深圳市明宇达智能设备有限公司
268	深圳市锐界科技有限公司
269	深圳市数帝网络科技有限公司
270	深圳市威格旺电器有限公司
271	深圳格调网络运营有限公司
272	深圳市尚云互联技术有限公司
273	深圳积木易搭科技技术有限公司
274	深圳市成功快车科技有限公司
275	深圳市海纳川机电有限公司
276	深圳市山康电子技术有限公司
277	深圳市拓成达电子有限公司
278	深圳肆专科技有限公司
279	深圳星医科技有限公司

序号	单位名称
280	深圳市中仪信息技术有限公司
281	深圳天联星科技有限公司
282	深圳市道通合盛软件开发有限公司
283	深圳市松果数码科技有限公司
284	深圳市中天协创科技发展有限公司
285	深圳市思萌科技有限公司
286	深圳市顺时网络科技有限公司
287	深圳市博软通科技开发有限公司
288	深圳市鼎丰泰达科技有限公司
289	深圳市斯拓电子有限公司
290	深圳市威软思科技有限公司
291	深圳市一指通智能科技有限公司
292	深圳思瓦科技有限公司
293	深圳聚点互动科技有限公司
294	深圳卓易安科技有限公司
295	深圳沃德生命科技有限公司
296	深圳市硕控智能科技有限公司
297	深圳市瑞雪时代网络科技有限公司
298	深圳市龙星辰电源有限公司
299	深圳前海中金都会科技有限公司
300	深圳德菲实业有限公司
301	深圳市铂胜光电有限公司
302	深圳市充技电子科技有限公司
303	深圳市国惠照明器材有限公司
304	深圳市三一精工科技有限公司
305	深圳市悦安电子有限公司
306	深圳音诺恒科技有限公司
307	深圳市芸鸽科技有限公司
308	深圳普智联科机器人技术有限公司
309	深圳市海川世纪科技有限公司
310	深圳市英特瑞半导体科技有限公司
311	深圳市浩宇泰科技有限公司
312	深圳市汇生活科技技术有限公司
313	深圳市华普新材料有限公司
314	深圳市嘉乐互动信息技术有限公司
315	深圳市三辉创电子有限公司
316	深圳市南方新天地科技发展有限公司
317	深圳市立信远大科技有限公司
318	深圳市乐乐米信息技术有限公司
319	深圳市安拓森仪器仪表有限公司
320	深圳市丰融达科技发展有限公司
321	深圳市百川通电子有限公司
322	深圳市迈特控制技术有限公司
323	深圳市木光科技有限公司
324	深圳创达通讯科技有限公司
325	深圳立德智能装备科技有限公司
326	深圳市德葳克数控设备有限公司
327	深圳市凯正辉光电有限公司
328	深圳市蓝思网络技术有限公司
329	深圳市顺电工业电缆有限公司
330	深圳市智能鸿云科技有限公司
331	深圳市东陆高新实业有限公司
332	深圳市上佳科技有限公司
333	深圳市易联网络技术有限公司
334	深圳市科迈爱康科技有限公司
335	深圳星普森信息技术有限公司
336	深圳市汉邸科技有限公司
337	深圳市骏丰难燃木制品有限公司
338	新达通科技股份有限公司
339	深圳市乐为创新科技有限公司
340	深圳市森茂微科技有限公司
341	深圳市新恒平胶粘制品有限公司
342	深圳双鑫通信设备有限公司
343	深圳市三锋智能科技有限公司
344	深圳市德润机械有限公司
345	深圳烯创先进材料研究院有限公司
346	深圳百沃彰世科技有限公司
347	深圳骏通微集成电路设计有限公司
348	深圳市霖川科技有限公司
349	深圳市兆福源科技有限公司
350	深圳市维嘉自动化设备有限公司
351	深圳市展嵘电子有限公司
352	云智评信息咨询（深圳）有限公司
353	深圳市斯泰迪新能源科技有限公司
354	深圳乐点创想科技有限公司
355	深圳市宇时科技有限公司
356	深圳市牧激科技有限公司
357	深圳市哈贝尔智能科技有限公司
358	深圳市誉烁鑫电子有限公司
359	深圳市华正飞扬电子科技有限公司
360	深圳市科斯科精密塑胶模具有限公司
361	深圳牛视科技有限公司
362	深圳市黑金工业制造有限公司
363	深圳市连硕教育投资管理有限公司
364	深圳市启博科创有限公司
365	深圳市天香赋生物科技有限公司
366	深圳掌酷软件有限公司
367	深圳市辰尔技术有限公司
368	深圳市太赫兹科技创新研究院有限公司
369	深圳品质人生科技有限公司
370	深圳市巨码科技有限公司
371	深圳市天誉宏远科技有限公司
372	深圳市昊锐照明科技有限公司
373	深圳哼哈匠信息科技有限公司
374	深圳市豪龙新材料技术有限公司
375	深圳市晟思智能电网有限公司
376	深圳市众网创惠科技有限公司
377	深圳市金蜜蜂科技有限公司
378	深圳市前海景耀健旅科技有限公司
379	深圳市鑫冠辉达电子有限公司
380	深圳市鸿飞机电科技有限公司
381	深圳市金财主信息科技有限公司
382	深圳市梅赛德威科技有限公司
383	深圳市马汀科技有限公司
384	深圳市万为物联科技有限公司
385	深圳市瑞科电子有限公司
386	深圳市诚信恒佳科技有限公司
387	深圳市望升信息技术有限公司
388	深圳众力新能源科技有限公司
389	深圳市绿源极光科技有限公司
390	深圳市木树智库有限公司
391	深圳市中建停车设备有限公司
392	深圳朗锐智建科技有限公司
393	深圳市迈思展览展示有限公司
394	深圳市晨光乳业有限公司
395	深圳市衡兴安全检测技术有限公司
396	深圳市惠隆实业发展有限公司
397	深圳市联合信通科技有限公司
398	深圳市容微精密电子有限公司
399	深圳市优育科技有限公司
400	深圳市永康源环保科技有限公司
401	深圳蓝束科技有限公司
402	深圳市深日科技有限公司
403	深圳市中科德睿智能科技有限公司
404	深圳市华迈环保有限公司
405	深圳市和盈互联科技有限公司
406	深圳数字动能信息技术有限公司
407	深圳市宝视达光电有限公司
408	深圳市金霆正通科技有限公司
409	深圳劲宇生物科技有限公司
410	深圳联钜自控科技有限公司
411	深圳市润泽机器人有限公司
412	深圳市朗琴信息科技有限公司
413	深圳古威科技有限公司
414	深圳亚洲富士电梯设备有限公司
415	朗锐慧康科技（深圳）有限公司
416	深圳市华尔博思科技有限公司
417	深圳市智美德科技有限公司
418	深圳市纯水一号水处理科技有限公司
419	深圳市广能达科技有限公司
420	深圳市金加达科技有限公司
421	深圳市医泰天下科技有限公司
422	深圳市金飞杰信息技术服务有限公司
423	深圳市星火智能科技有限公司
424	深圳市车泊乐科技有限公司
425	深圳云集智造系统技术有限公司
426	深圳市源泉汇创业孵化器有限公司
427	深圳新翔科技有限公司
428	深圳埔鑫电气设备有限公司
429	深圳市智能制造软件开发有限公司

序号	单位名称
430	中建水务（深圳）有限公司
431	深圳市同进视讯技术有限公司
432	深圳市联飞云科技有限公司
433	深圳市特力科信息技术有限公司
434	深圳微网能源技术有限公司
435	深圳市易课文化科技有限公司
436	深圳市魔城互动网络科技有限责任公司
437	深圳市非尼电源有限公司
438	深圳会玩科技有限公司
439	深圳市华睿智兴信息科技有限公司
440	深圳市泛深港管理顾问有限公司
441	深圳市天麒检测技术服务有限公司
442	深圳四海万联科技有限公司
443	深圳市安信达存储技术有限公司
444	深圳市升邦水处理设备有限公司
445	深圳市预见之网科技有限公司
446	深圳市甲壳虫能源科技有限公司
447	深圳市岭克科技有限公司
448	深圳市豪霆赛车文化发展有限公司
449	深圳市多彩汇通实业有限公司
450	深圳市力合力拓电子科技有限公司
451	深圳市新蕾电子有限公司
452	深圳市古古美美实业有限公司
453	深圳市巴达木科技有限公司
454	深圳市普睿科技有限公司
455	深圳市皇驰科技有限公司
456	深圳市艾达新能源有限公司
457	深圳市多威尔科技有限公司
458	深圳市华智智能制造有限公司
459	深圳市奇奕工业技术有限公司
460	深圳市伏安动力科技有限公司
461	深圳市欣联科技有限公司
462	椭圆方程（深圳）信息技术有限公司
463	麦格创科技（深圳）有限公司
464	深圳市乐清合兴电子有限公司
465	深圳市雅昌艺术网股份有限公司
466	深圳市成为生物科技有限公司
467	深圳为胜智控技术有限公司
468	深圳市联谛信息无障碍有限责任公司
469	深圳市锐傲视讯有限公司
470	深圳市皓飞实业有限公司
471	深圳市艾伦森光电有限公司
472	深圳市冠卓科技有限公司
473	深圳市智铭盛科技有限公司
474	深圳市艾科维达科技有限公司
475	深圳市星颖达实业有限公司
476	深圳市大星光电科技有限公司
477	深圳市文泉智能制造有限公司
478	深圳市创志联科技有限公司
479	深圳市麦芽智能设备有限公司
480	深圳市东大景观设计有限公司
481	深圳市金永信科技有限公司
482	深圳市云动创想科技有限公司
483	深圳市任非电子元件有限公司
484	深圳市路安仪器设备有限公司
485	深圳市谷姐科技有限公司
486	深圳言色文化艺术股份有限公司
487	深圳市佳锐普科技有限公司
488	中亿（深圳）信息科技有限公司
489	深圳市粤圳玻璃钢有限公司
490	深圳市荣杰星医疗设备有限公司
491	深圳市吉宏达电子有限公司
492	深圳市三爱电子有限公司
493	深圳市世纪光华照明技术有限公司
494	深圳市木浪云数据有限公司
495	深圳中能宏达科技有限公司
496	深圳市深业控网络科技有限公司
497	深圳市硕果尚品科技有限公司
498	深圳市茂迪太阳能科技有限公司
499	深圳市宏图志达电子有限公司
500	深圳市恒锐科技有限公司
501	深圳市康威斯科技有限公司
502	深圳市科凌峰科技有限公司
503	深圳市蒜泥科技有限公司
504	深圳市新昌红电气设备有限公司
505	深圳市南科燃料电池有限公司
506	深圳基业长芯光电科技有限责任公司
507	深圳市康比特信息技术有限公司
508	深圳千典建筑与工程设计顾问有限公司
509	深圳市创事通科技有限公司
510	深圳市启宏伟业科技有限公司
511	深圳市敖翔实业发展有限公司
512	深圳市保臻社区服务科技有限公司
513	深圳市古汐文化传播有限公司
514	深圳瑞芯通智能科技有限公司
515	深圳市匠盟科技有限公司
516	深圳市乐败家科技有限公司
517	深圳市华维诺电子有限公司
518	深圳市虹美影像科技有限公司
519	深圳市全品医疗科技有限公司
520	深圳市精卓流体技术有限公司
521	深圳百名阳科技有限公司
522	深圳市莫贝尔科技有限公司
523	深圳市保凯迪科技企业服务有限公司
524	深圳市中科计算机软件技术有限责任公司
525	深圳市深联发科技有限公司
526	鑫钏五金制品（深圳）有限公司
527	深圳市格雷柏智能装备股份有限公司
528	深圳市凯贝罗科技有限公司
529	深圳市和仕佳科技有限公司
530	天石（深圳）技研有限公司
531	深圳市前海打望技术有限公司
532	深圳市日月佳包装材料有限公司
533	深圳市科睿视讯科技有限公司
534	深圳市同宇模具有限公司
535	深圳市华硕达科技有限公司
536	深圳联腾达科技有限公司
537	深圳市点石源水处理技术有限公司
538	深圳市乐盛能源有限公司
539	深圳思诺达节能科技有限公司
540	深圳市深正宏电路有限公司
541	启航星辰（深圳）科技有限公司
542	深圳市恒驰文化传播有限公司
543	深圳市思班都市营销策划有限公司
544	深圳市腾基电子科技有限公司
545	深圳市鑫国科技有限公司
546	深圳汉阳科技有限公司
547	深圳市华创振新科技发展有限公司
548	深圳市联益科技有限公司
549	深圳市万载中科节能环保有限公司
550	深圳硼堡互动娱乐有限公司
551	深圳市诚荣智能科技有限公司
552	深圳市新力川电气有限公司
553	深圳市永卓欣科技有限公司
554	深圳市源刚自动化设备有限公司
555	深圳市实能高科动力有限公司
556	深圳启梦动力科技有限公司
557	深圳市鹏基精密工业有限公司
558	深圳市艾迪模塑有限公司
559	深圳市二乘三数字口腔有限公司
560	深圳市云创自动化设备有限公司
561	深圳加西亚联合技术有限公司
562	深圳市诺普恩科技有限公司
563	好优投科技（深圳）有限公司
564	深圳市小草音乐网络科技有限公司
565	深圳市威达康机电设备工程有限公司
566	深圳市德制信文化科技有限公司
567	深圳市捷泰达电子科技有限公司
568	深圳市布兰登医疗科技有限公司
569	深圳市安正信科技有限公司
570	深圳市宇泰试验设备有限公司
571	深圳城邦机电工业有限公司
572	深圳市尚诺百应科技有限公司
573	深圳市容大信息技术有限公司
574	深圳市三连星实业有限公司
575	深圳市百利沃德科技有限公司
576	深圳市第二互感器科技有限公司
577	深圳市富乐思电子有限公司
578	深圳市易融软件有限公司
579	深圳市爱智慧科技有限公司

序号	单位名称
580	深圳市东华安防电子有限公司
581	深圳瑞科索科技有限公司
582	佰分贰拾（深圳）品牌管理有限公司
583	深圳市普乐华科技有限公司
584	深圳市聚海鑫科技有限公司
585	深圳市精创宏科技有限公司
586	深圳市朗固精密五金有限公司
587	深圳诚信动力科技有限公司
588	深圳市众力扬电子科技有限公司
589	深圳市华汛滓科技有限公司
590	深圳建扬技术有限公司
591	万昌隆电子科技（深圳）有限公司
592	深圳市融创飞宇通讯有限公司
593	深圳市阿尔法通讯技术有限公司
594	深圳市创亿电力设备有限公司
595	深圳市嘉力电气技术有限公司
596	深圳市天步技术有限公司
597	深圳市贝克晨睿科技有限公司
598	深圳市泛海统联精密制造有限公司
599	深圳凯迪尔检测服务有限公司
600	深圳市联昌兴电子有限公司
601	深圳市百代亚星科技有限公司
602	深圳威冠激光科技有限公司
603	深圳市越宏五金弹簧有限公司
604	深圳市雷赛医用科技有限公司
605	深圳市冠准科技有限公司
606	深圳市中域通信息技术有限公司
607	深圳市天常科技有限公司
608	深圳市龙嘉鑫五金精密模具有限公司
609	深圳前海新生付电子商务有限公司
610	尔朵智能科技（深圳）有限公司
611	深圳市华谱计量检测有限公司
612	深圳市九彩鹰皇智能技术有限公司
613	深圳市奥斯曼压缩机制造有限公司
614	深圳北航汇智谷科技有限公司
615	深圳市驰扬科技有限公司
616	深圳市犇越科技有限公司
617	深圳市牛蛙互动网络技术有限公司
618	深圳市朗图品牌设计有限公司
619	深圳市二轻环联检测技术有限公司
620	深圳市易高立泰科技有限公司
621	深圳市爱因斯坦科技有限公司
622	深圳市天博通信设备有限公司
623	深圳市中科智宏实业发展有限公司
624	深圳市合讯电子有限公司
625	深圳市卡美达科技有限公司
626	深圳市英唐创泰科技有限公司
627	深圳基因启示录科技有限公司
628	深圳市中正威科技有限公司
629	深圳市安耐佳电子有限公司
630	深圳市道盟智能科技有限公司
631	深圳市工视通智控技术有限公司
632	深圳市科莱德电子有限公司
633	深圳无疆新能科技有限公司
634	名扬医疗科技（深圳）有限公司
635	深圳市迅灵电子科技有限公司
636	深圳市华高嘉科技有限公司
637	深圳市朗迅实业有限公司
638	长电（深圳）自动化设备有限公司
639	深圳市仕普精密五金塑胶有限公司
640	深圳市普惠鑫科技有限公司
641	深圳市正励信精密五金有限公司
642	深圳市奥宇嘉科技有限公司
643	深圳市视界新源光电科技有限公司
644	深圳市浩盛泰自动化设备有限公司
645	深圳市德晟摩拜科技有限公司
646	深圳市日航新技术有限公司
647	深圳市佛兰空间膜结构有限公司
648	深圳市康普瑞中药饮片有限公司
649	深圳市华澳美科技有限公司
650	深圳市裕龙鑫科技有限公司
651	深圳市昆勒浦科技有限公司
652	深圳市科尔莫科技有限公司
653	深圳市网广通讯设备技术有限公司
654	深圳市万政科技有限公司
655	联芯半导体（深圳）有限公司
656	深圳市奥利信通讯设备有限公司
657	深圳市茜泰科技有限公司
658	深圳市食货星球科技有限公司
659	深圳市宝生源电子有限公司
660	深圳市前海容融科技有限公司
661	深圳市玮肯电气技术有限公司
662	深圳市昕宏锐塑胶五金有限公司
663	深圳市特思德激光设备有限公司
664	深圳智慧者智能科技集团股份有限公司
665	深圳市佳成绳带织造有限公司
666	深圳市尚彩科技有限公司
667	深圳臻金精密科技有限公司
668	深圳势必可赢科技有限公司
669	深圳市安必成精密科技有限公司
670	深圳市众智空调设备有限公司
671	深圳市正工精密五金塑胶有限公司
672	弘丰塑胶制品（深圳）有限公司
673	深圳市双源包装材料有限公司
674	深圳市明旺达精密科技有限公司
675	深圳先讯科技发展有限公司
676	深圳市九鼎新材料有限公司
677	深圳市坤尚精密五金有限公司
678	深圳市锦鑫烽塑胶五金有限公司
679	深圳市世纪奥柯电子有限公司
680	深圳市鲸旗天下网络科技有限公司
681	深圳市联趣智能科技有限公司
682	深圳市再玩科技有限公司
683	深圳和家园网络科技有限公司
684	深圳市亿方电子有限公司
685	深圳市茅庐信息科技有限公司
686	铸宝电讯材料（深圳）有限公司
687	深圳市捷快信息技术有限公司
688	深圳市锐豪科技有限公司
689	深圳市威盛康科技有限公司
690	深圳市铂骏电子有限公司
691	深圳市鑫海翔科技有限公司
692	深圳市宏洲电子有限公司
693	深圳市锦上嘉科技有限公司
694	深圳市优冠安防科技有限公司
695	深圳云和医疗科技有限公司
696	深圳市奥德机械有限公司
697	深圳市狮子汇文化传播有限公司
698	深圳市艾尔摩迪精密科技有限公司
699	深圳国政科技投资有限公司
700	深圳市世星泰得技术研发有限公司
701	深圳市中科电工科技有限公司
702	瑞博信息技术服务（深圳）有限公司
703	深圳市极致物通软件有限公司
704	前海玖星光能低碳科技（深圳）有限公司
705	深圳市安培科技有限公司
706	深圳晶玲科技有限公司
707	深圳市汇利德邦环保科技有限公司
708	深圳市拓尔德能源有限公司
709	深圳市熙睿科技有限公司
710	深圳市新联恒光电科技有限公司
711	深圳报业集团电子商务有限公司
712	广东华冠半导体有限公司
713	深圳市倍诺博生物科技有限公司
714	深圳市华讯创智科技有限公司
715	深圳市金源讯科科技有限公司
716	深圳市汇能达塑料有限公司
717	多多易购科技（深圳）有限公司
718	深圳市金瑞华电科技有限公司
719	深圳市瑞色光电有限公司
720	深圳市三木模具有限公司
721	深圳市拉丁曼科技有限公司
722	深圳市财门智能科技有限公司
723	深圳市科乐达电子科技有限公司
724	深圳市华利伟业科技有限公司
725	深圳市龙程威尼科技有限公司
726	深圳市艾特大师网络科技有限公司
727	深圳隆平金谷种业有限公司
728	深圳市研硕达科技有限公司
729	深圳市爱普丰电子有限公司

序号	单位名称
730	深圳市鑫南天科技有限公司
731	深圳市太阳美科技有限公司
732	深圳市艾科智能技术有限公司
733	深圳市华彩星显示科技有限公司
734	深圳市本牛科技有限责任公司
735	深圳市永为科技有限公司
736	深圳市鹏达诚科技股份有限公司
737	深圳市森宝照明有限公司
738	深圳市中芯车业科技有限公司
739	深圳市亿合创电子有限公司
740	深圳聚网优速科技有限公司
741	深圳市戈瑞辐照科技有限公司
742	深圳长佳医疗设备有限公司
743	深圳市智博通电子有限公司
744	深圳市尚格鼎工科技有限公司
745	深圳雅联实业有限公司
746	你瞅啥（深圳）科技有限公司
747	深圳市赛迪菲科自动化科技有限公司
748	深圳广侨建设股份有限公司
749	深圳市聚创车业有限公司
750	深圳市富辉鸿电子科技有限公司
751	深圳市深白数码影像设计有限公司
752	深圳市万达安精密科技有限公司
753	深华建设（深圳）股份有限公司
754	深圳市鑫悦峰科技有限公司
755	深圳市康灿新能源科技有限公司
756	深圳市恒讯通科技有限公司
757	深圳市焕升建筑工程有限公司
758	深圳惠养车科技有限公司
759	深圳富强智能系统科技有限公司
760	深圳市弘新五金制品有限公司
761	深圳市动力聚能科技有限公司
762	深圳市润鹏华通创新科技有限公司
763	深圳明锦强电子有限公司
764	深圳市源鸿达建筑工程有限公司
765	深圳市合美鑫电子有限公司
766	有丽塑胶科技（深圳）有限公司
767	深圳市水贝珠宝有限公司
768	深圳市晟达通讯设备有限公司
769	深圳市韵阳科技有限公司
770	深圳市豆豆联软件有限公司
771	深圳市联合创艺建筑设计有限公司
772	深圳市森来信科技有限公司
773	深圳市优普惠药品股份有限公司
774	深圳市君科达科技有限公司
775	深圳市三芯微电子有限公司
776	深圳市锦康霖科技有限公司
777	深圳市博艺奇建筑设计有限公司
778	深圳市深邦科技有限公司
779	深圳康雅生态环境有限公司

序号	单位名称
780	鸿泰智能科技（深圳）有限公司
781	泰科兴业科技（深圳）有限公司
782	深圳市安轲达科技有限责任公司
783	深圳市欧冠科技有限公司
784	深圳市晶岛科技有限公司
785	深圳奇藉通讯技术有限公司
786	深圳言成复合线有限公司
787	深圳德技医疗器械有限公司
788	深圳市华澜环保科技有限公司
789	深圳市宝腾科技有限公司
790	深圳市瀚图佳视科技有限公司
791	深圳市沃信科技有限公司
792	深圳市睿海智电子科技有限公司
793	深圳市品成电机有限公司
794	深圳市宇驰环境科技咨询有限公司
795	深圳市盈润科技有限公司
796	深圳市亨泰智能科技有限公司
797	深圳市尧天科技有限公司
798	深圳市鑫锐达电子五金塑胶有限公司
799	精英世家（深圳）教育科技有限责任公司
800	高美玩具（深圳）有限公司
801	深圳市富视彩电子科技有限公司
802	深圳市华章自动化设备有限公司
803	深圳丁杰技术有限公司
804	深圳市永鑫源包装制品有限公司
805	深圳联翼网络有限公司
806	深圳市欧雅拓电子科技有限公司
807	深圳市东亿软件技术有限公司
808	深圳市新生代投资发展有限公司
809	深圳市忘忧草科技有限公司
810	深圳逗号广告有限公司
811	深圳市明远精密科技有限公司
812	深圳钜祥精密模具有限公司
813	深圳市荣德丽电子科技有限公司
814	深圳市轩哲科技有限公司
815	深圳市联明电源有限公司
816	深圳市华夏泰和科技有限公司
817	深圳市骁锐科技有限公司
818	金城宝五金（深圳）有限公司
819	深圳市橄榄科技有限公司
820	深圳市斯玛仪器有限公司
821	深圳无觅科技有限公司
822	深圳市鹏安达机械设备有限公司
823	深圳市华域物联网科技有限公司
824	深圳市天显威科技有限公司
825	深圳市有机生活科技发展有限公司
826	深圳市飞翔电路有限公司
827	深圳市楷腾物业园林建设有限公司
828	深圳安迪上科新材料科技有限公司
829	深圳市全景达科技有限公司

序号	单位名称
830	深圳市诚至臻科技有限公司
831	深圳汉利泽科技有限公司
832	深圳市三水展览设计工程有限公司
833	深圳永顺智信息科技有限公司
834	深圳市荣德自动化设备有限公司
835	深圳中跃希光科技有限公司
836	深圳市鸿海源科技有限公司
837	深圳市艾磊创兴科技有限公司
838	深圳市金鹰汇科技有限公司
839	深圳市聚峰锡制品有限公司
840	汎达科技（深圳）有限公司
841	深圳博创机器人技术有限公司
842	深圳思飞尔电子设备有限公司
843	深圳市航宇磁电有限公司
844	深圳市世锟电子有限公司
845	深圳市个联科技有限公司
846	深圳市赑玄阁科技有限公司
847	深圳市锐巽自动化设备有限公司
848	深圳市大盈互动网络技术有限公司
849	深圳市深力卓光电有限公司
850	深圳市天心天思软件有限公司
851	深圳市优米电子数码有限公司
852	深圳市东大新智能技术有限公司
853	深圳双猴科技有限公司
854	深圳市思感科技有限公司
855	深圳市欧捷斯显示科技有限公司
856	深圳市迪品世纪数字科技有限公司
857	深圳市博视系统集成有限公司
858	深圳市启沛实业有限公司
859	深圳市中科艾深医药有限公司
860	深圳市科睿机械人教育科技有限公司
861	深圳市新兴田科技有限公司
862	深圳乐土生物科技有限公司
863	深圳市海宸兴科技有限公司
864	钻明钻石股份有限公司
865	深圳市博科系统科技有限公司
866	深圳市车讯网科技开发有限公司
867	深圳国辰智能系统有限公司
868	深圳市众人通科技有限公司
869	深圳市歌扬文化传播有限公司
870	深圳市益百通科技有限公司
871	深圳市幻竞科技有限公司
872	深圳市云端高科信息科技有限公司
873	深圳小信科技有限公司
874	深圳市三维立现科技有限公司
875	深圳市胜华鑫科技有限公司
876	深圳市博腾纳科技有限公司
877	深圳市杰创达家电有限公司
878	深圳浩物联科技有限公司
879	深圳市名汉唐设计有限公司

序号	单位名称
880	深圳众永合科技有限公司
881	深圳市雄峰五金制品有限公司
882	深圳市创荣欣科技有限公司
883	深圳市亮彩机电产品有限公司
884	深圳市翔瑞微科技有限公司
885	深圳市盛俊智能家居科技有限公司
886	深圳市多推网络科技有限公司
887	深圳市优易控软件有限公司
888	深圳市铭海光照明有限公司
889	深圳市标新印刷有限公司
890	深圳市乐橙互联有限公司
891	深圳蓝新科技有限公司
892	深圳市启辰展览展示策划有限公司
893	深圳市贝尔信智能系统有限公司
894	深圳市晶润达科技有限公司
895	深圳市德诚宝精密塑胶模具有限公司
896	深圳盛皓生物科技有限公司
897	深圳市酷彼伴玩具有限公司
898	深圳市穿穿科技开发有限公司
899	深圳市康诺达科技有限公司
900	深圳航畅科技有限公司
901	深圳兴先达五金塑胶制品有限公司
902	深圳市波粒高清视界安防工程有限公司
903	深圳市通用实验科技有限公司
904	深圳市盘古帮帮孵化科技有限公司
905	深圳市金铸固化剂地坪有限公司
906	深圳市拓友精密电子有限公司
907	深圳市佐申电子有限公司
908	深圳市海瑞电子科技有限公司
909	深圳追光电子科技有限公司
910	深圳市好亚通防护用品有限公司
911	深圳市艾瑞德控制技术有限公司
912	深圳市龙合实业有限公司
913	深圳快游互动网络科技有限公司
914	深圳市高乐网络科技有限公司
915	深圳市华笙光电子有限公司
916	深圳市柚子智能科技有限公司
917	深圳旭利达五金制品有限公司
918	深圳华夏地标电子商务有限公司
919	深圳市芯传科技有限公司
920	深圳市佳航电子有限公司
921	深圳市安瑞吉科技有限公司
922	深圳市富裕金卡纸品有限公司
923	深圳市圣地保人防有限公司
924	深圳瑞莱保核能技术发展有限公司
925	深圳市龙兴宝科技有限公司
926	深圳市中深建装饰设计工程有限公司
927	深圳陌趣科技有限公司
928	深圳市康益恒科技有限公司
929	深圳市瑞赛生物技术有限公司

序号	单位名称
930	深圳仓谷创新软件有限公司
931	深圳市民搏鸿通电子有限公司
932	深圳市猫空科技有限公司
933	深圳市格莱菲特电池材料有限公司
934	深圳零智创新科技有限公司
935	深圳市蓝蜂时代实业有限公司
936	深圳市祥泰精密五金有限公司
937	深圳市爱佳法实业股份有限公司
938	深圳市迪嘉机械有限公司
939	深圳市溯安智能科技有限公司
940	深圳市准亿科技有限公司
941	深圳市雪峰迅豹户外科技有限公司
942	深圳市高盛科物联技术有限公司
943	深圳前海坤农实业发展有限公司
944	深圳市鑫飞宏电子有限公司
945	深圳市优卡特电子有限公司
946	深圳市佳沃通信技术有限公司
947	深圳市恒善堂生物科技有限公司
948	深圳市世纪通用工程技术有限公司
949	深圳市法尔亚科技有限公司
950	深圳市海星信力德智能系统工程有限公司
951	深圳市唯泰新科技有限公司
952	深圳市海洋星电子科技有限公司
953	深圳福高科技有限公司
954	深圳市高博旺精密机械有限公司
955	深圳市格林晟自动化技术有限公司
956	深圳市英威腾电动汽车充电技术有限公司
957	深圳市赛美特自动化设备有限公司
958	深圳市科发鑫电子有限公司
959	深圳市骏强五金制品有限公司
960	深圳市联建隆科技有限公司
961	深圳市华南汇机科技有限公司
962	深圳市华深厨房设备工程有限公司
963	深圳市思展自动化设备有限公司
964	深圳市泰正电子科技有限公司
965	深圳市浩瑞泰科技有限公司
966	深圳市富源晟科技有限公司
967	深圳市创百智能科技有限公司
968	深圳广安视通科技有限公司
969	深圳众意远诚环保科技有限公司
970	试金石信用服务有限公司
971	深圳市永泰源电子科技有限公司
972	深圳市欣裕达机械设备有限公司
973	深圳市联美科技有限公司
974	深圳市千晟电声科技有限公司
975	深圳市惠士顿科技有限公司
976	易模塑科技（深圳）有限公司
977	深圳市启智来科技有限公司
978	深圳市精信达模具有限公司
979	深圳市金宣发包装制品有限公司

序号	单位名称
980	深圳市长盛德机电有限公司
981	深圳市掌信传媒科技有限公司
982	深圳市逗娱科技有限公司
983	深圳市护牌智能科技有限公司
984	大成利馨铭牌五金（深圳）有限责任公司
985	恩捷斯智能系统（深圳）有限公司
986	深圳航天科创实业有限公司
987	永骏塑胶制品（深圳）有限公司
988	深圳市锦鹏五金塑胶有限公司
989	深圳市经纬星辉科技有限公司
990	深圳橙立科技有限公司
991	深圳市甲天下中空板制品有限公司
992	深圳市迈泰生物医疗有限公司
993	深圳市盛世华服信息有限公司
994	北斗位通科技（深圳）有限公司
995	深圳兰丁医学检验实验室
996	深圳市博达威电子科技有限公司
997	深圳市华安宏瑞科技有限公司
998	深圳市杰纳瑞医疗仪器股份有限公司
999	深圳市康纳沃自动化科技有限公司
1000	深圳市智华信息技术有限公司
1001	德盈科技（深圳）有限公司
1002	凯新创达（深圳）科技发展有限公司
1003	深圳和合医学检验实验室
1004	深圳市海达威科技有限公司
1005	深圳市恒南电子有限公司
1006	深圳市迈越智能设备有限公司
1007	深圳市瑞裕科技有限公司
1008	深圳亿昇动力科技有限公司
1009	行云新能科技（深圳）有限公司
1010	深圳明锐光电科技有限公司
1011	深圳市弗镭斯激光技术有限公司
1012	深圳市斯比泰克实业有限公司
1013	TCL 金融科技（深圳）有限公司
1014	深圳高通半导体有限公司
1015	深圳市奥赛瑞科技有限公司
1016	深圳市合科泰电子有限公司
1017	深圳市赢政电子有限公司
1018	深圳市卓立环境科技有限公司
1019	深圳市兴华炜科技有限公司
1020	深圳盛达同泽科技有限公司
1021	深圳市新天宇科技有限公司
1022	深圳万佳怡科技有限公司
1023	深圳力科电气有限公司
1024	深圳市爱华兴模具有限公司
1025	深圳市鼎山科技有限公司
1026	深圳市寰保化工科技有限公司
1027	深圳市欧士照明科技有限公司
1028	广东君箭智能有限公司
1029	深圳市港坤科技有限公司

序号	单位名称
1030	深圳市慧择时代科技有限公司
1031	深圳市康益生物科技有限公司
1032	深圳市晟辉机械有限公司
1033	深圳市夏梓唐电子制造有限公司
1034	深圳市安多福消毒高科技股份有限公司
1035	深圳市鸿雁电缆实业有限公司
1036	深圳市前海精准生物科技有限公司
1037	深圳市泛力科光电有限公司
1038	深圳市金明伟光电科技有限公司
1039	深圳市奇美特五金电子有限公司
1040	深圳市树立水处理设备有限公司
1041	深圳市万德自动化科技有限公司
1042	中晨科技（深圳）有限公司
1043	安吉康尔（深圳）科技有限公司
1044	聚诚（深圳）网络科技有限公司
1045	君联自动化设备（深圳）有限公司
1046	深圳市博瑞生物科技有限公司
1047	深圳市九天星科技发展有限公司
1048	深圳市达海利科技有限公司
1049	深圳市德宝门控科技有限公司
1050	深圳市网商天下科技开发有限公司
1051	深圳市友情光电子有限公司
1052	深圳市智汇创科技有限公司
1053	深圳斯维德科技有限公司
1054	深圳天富创科技有限公司
1055	深圳新亮智能技术有限公司
1056	深圳英鸿骏智能科技有限公司
1057	慧灵科技（深圳）有限公司
1058	深圳锦峰信息技术有限公司
1059	深圳诺欧博智能科技有限公司
1060	深圳市奇丽照明有限公司
1061	深圳市润立方科技有限公司
1062	深圳市粤达科工程检测技术有限公司
1063	科睿驰（深圳）医疗科技发展有限公司
1064	深圳市汉林环保科技有限公司
1065	深圳市鸿岸电子科技有限公司
1066	深圳市鸿庆泰石油添加剂有限公司
1067	深圳市智致物联科技有限公司
1068	爱宝达科技（深圳）有限公司
1069	深圳市本汇宝科技有限公司
1070	深圳市江盟磁性科技有限公司
1071	深圳市山旭电子有限公司
1072	深圳市悠响声学科技有限公司
1073	深圳市高星文网络科技有限公司
1074	深圳市深度网络有限公司
1075	深圳市苏北科技有限公司
1076	深圳市优普洛科技有限公司
1077	深圳搜保信息科技有限公司
1078	深圳琪乐科技有限公司
1079	深圳市福硕光电科技有限公司
1080	深医信息技术（深圳）有限公司
1081	深圳市广普网络科技有限公司
1082	深圳市马太智能科技有限公司
1083	深圳光耀能源科技有限公司
1084	深圳市均方根科技有限公司
1085	深圳新蕊科技有限公司
1086	深圳市创智成科技股份有限公司
1087	易视智瞳科技（深圳）有限公司
1088	深圳市艾闪科技有限公司
1089	深圳市邦大科技有限公司
1090	深大云网络（深圳）有限公司
1091	深圳市云客派科技有限公司
1092	深圳市创绿新能源科技有限公司
1093	深圳市查知科技有限公司
1094	深圳市安顺祥科技有限公司
1095	深圳市星野信息技术有限公司
1096	深圳市胜泽消防工程有限公司
1097	深圳市自行科技有限公司
1098	松泰精技（深圳）有限公司
1099	深圳中科力联科技有限公司
1100	深圳市象形科技有限公司
1101	深圳市创成微电子有限公司
1102	深圳市爱能森科技有限公司
1103	深圳市新产业生物医学工程股份有限公司
1104	深圳市裕展精密科技有限公司
1105	深圳市鼎信科技有限公司
1106	深圳市中海通机器人有限公司
1107	信翼博达科技（深圳）有限公司
1108	深圳市视维科技股份有限公司
1109	深圳点石创新科技有限公司
1110	深圳市捷高电子科技有限公司
1111	深圳市中金新材实业有限公司
1112	深圳云及智慧科技有限公司
1113	深圳市八达威科技有限公司
1114	德龙伟创科技（深圳）有限公司
1115	深圳前海百递网络有限公司
1116	深圳市升蓝物流有限公司
1117	深圳市京鼎工业技术股份有限公司
1118	深圳市爱都科技有限公司
1119	深圳市影冠科技有限公司
1120	深圳市威能讯电子有限公司
1121	深圳市泰奇科智能技术有限公司
1122	深圳市美莱克科技有限公司
1123	深圳市米花创达科技有限公司
1124	深圳市小小信息技术有限公司
1125	深圳潜行创新科技有限公司
1126	深圳市金质金银珠宝检验研究中心有限公司
1127	深圳市灿琳智能装备有限公司
1128	深圳市泛思成科技有限公司
1129	深圳市创睿极光光电有限公司
1130	深圳市天麟精密模具有限公司
1131	深圳市赢合科技股份有限公司
1132	深圳市山水乐环保科技有限公司
1133	深圳劲嘉集团股份有限公司
1134	深圳市明上光电子有限公司
1135	深圳市布瑞特水墨涂料有限公司
1136	中移信息技术有限公司
1137	深圳市海科瑞科技有限公司
1138	创新科存储技术（深圳）有限公司
1139	深圳市海威达兴科技有限公司
1140	深圳市美人鱼科技有限公司
1141	深圳柏施泰环境工程有限公司
1142	深圳致炫贝恩科技有限公司
1143	深圳市优维尔科技有限公司
1144	深圳市车可讯科技有限公司
1145	深圳市世工科技有限公司
1146	深圳泛科环保产业发展有限公司
1147	深圳蚁石科技有限公司
1148	深圳市天翔宇科技有限公司
1149	深圳前海慧联科技发展有限公司
1150	深圳市壁虎互动科技有限公司
1151	深圳市诺安环境安全股份有限公司
1152	深圳市创兴建设股份有限公司
1153	深圳市新益技术有限公司
1154	深圳市亚奇科技有限公司
1155	深圳市拇指游玩科技有限公司
1156	深圳市海柏恩科技有限公司
1157	深圳承泰科技有限公司
1158	深圳丰速科技有限公司
1159	深圳莱斯迈迪立体电路科技有限公司
1160	深圳市和合自动化有限公司
1161	深圳市冠运智控科技有限公司
1162	深圳市灼华网络科技有限公司
1163	深圳市方格尔科技有限公司
1164	深圳市百山川科技有限公司
1165	深圳市英维克科技股份有限公司
1166	深圳市优特普科技有限公司
1167	卓越高新模塑技术（深圳）有限公司
1168	深圳市保利特新材料有限公司
1169	深圳中科图灵科技有限公司
1170	深圳方位通讯科技有限公司
1171	深圳市永安合信科技有限公司
1172	深圳市华思旭科技有限公司
1173	深圳眼千里科技有限公司
1174	深圳市卓呈电子有限公司
1175	深圳市达实智控科技股份有限公司
1176	铭薪电子（深圳）有限公司
1177	深圳市合川医疗科技有限公司
1178	鸿富准精密工业（深圳）有限公司
1179	深圳市威可特电子科技有限公司

序号	单位名称
1180	深圳市鹏准模具有限公司
1181	深圳闽星科技有限公司
1182	深圳双十科技有限公司
1183	深圳市亮彩科技有限公司
1184	深圳弘锐精密数码喷印设备有限公司
1185	深圳市伟方成科技有限公司
1186	深圳旦倍科技有限公司
1187	深圳怡钛积科技股份有限公司
1188	深圳市晶正光电有限公司
1189	深圳市品色科技有限公司
1190	深圳市吉兆信息科技有限公司
1191	信电电线（深圳）有限公司
1192	威力思通科技（深圳）有限公司
1193	深圳市偶家科技有限公司
1194	深圳市看见智能科技有限公司
1195	深圳市博思凯电子有限公司
1196	深圳市科瑞康实业有限公司
1197	深圳市百事帮科技有限公司
1198	深圳市前海大众鑫环保科技有限公司
1199	深圳佳睿科技有限公司
1200	深圳市志奋领科技有限公司
1201	深圳市朗文科技实业有限公司
1202	深圳市驰普科达科技有限公司
1203	深圳市澳斯凯智能科技有限公司
1204	深圳市朗科智能电气股份有限公司
1205	深圳市核心光电技术有限公司
1206	深圳市艾睿科电气有限公司
1207	深圳市永诚创科技有限公司
1208	深圳市盈华讯方通信技术有限公司
1209	深圳市宏测电子有限公司
1210	深圳市聚飞光电股份有限公司
1211	深圳市新迪精密科技有限公司
1212	深圳市媒讯津峰科技有限公司
1213	深圳市巴丁微电子有限公司
1214	深圳市昌本科技有限公司
1215	深圳中科数字工程研究中心有限公司
1216	深圳市汇春科技股份有限公司
1217	深圳联达技术实业有限公司
1218	深圳市易飞腾科技有限公司
1219	深圳市深新科技发展有限公司
1220	深圳国氢新能源科技有限公司
1221	深圳市锐曼智能装备有限公司
1222	深圳市得科电子有限公司
1223	深圳市吉米探针有限公司
1224	深圳市捷顺科技实业股份有限公司
1225	深圳海王医药科技研究院有限公司
1226	深圳市宝贝团信息技术有限公司
1227	深圳市迈凯诺电气股份有限公司
1228	深圳博美柯自动化设备有限公司
1229	深圳市品生科技有限公司
1230	深圳市米阳科技有限公司
1231	深圳市纽创信安科技开发有限公司
1232	深圳市卓盈泰电子有限公司
1233	深圳市科曼斯特科技开发有限公司
1234	深圳乐易住智能科技股份有限公司
1235	深圳艾史比特电机有限公司
1236	天马微电子股份有限公司
1237	深圳市蓝月光电子科技有限公司
1238	东江精创注塑（深圳）有限公司
1239	深圳市拓阔科技有限公司
1240	深圳市创智成功科技有限公司
1241	深圳市三千米光电科技有限公司
1242	深圳市安联兴科技有限公司
1243	深圳拓扑精膜科技有限公司
1244	深圳市尊泰自动化设备有限公司
1245	深圳市捷骏和泰科技有限公司
1246	深圳市百富自动化喷砂设备有限公司
1247	飞杨电源技术（深圳）有限公司
1248	深圳智微电子科技有限公司
1249	富东群自动化科技（深圳）有限公司
1250	深圳市砝石激光雷达有限公司
1251	深圳市麦道微电子技术有限公司
1252	深圳市朗驰欣创科技股份有限公司
1253	深圳飞扬骏研新材料股份有限公司
1254	深圳市深科达半导体科技有限公司
1255	深圳特威新能源有限公司
1256	麦格雷博电子（深圳）有限公司
1257	深圳诚拓数码设备有限公司
1258	深圳市鸿鹭信息系统有限公司
1259	深圳时时测技术服务有限公司
1260	深圳市朗石科学仪器有限公司
1261	深圳市德富莱智能科技股份有限公司
1262	深圳易联智能电气有限公司
1263	深圳市欧康精密技术有限公司
1264	深圳市尚鼎芯科技有限公司
1265	深圳市正弦电气股份有限公司
1266	深圳市壹路通科技有限公司
1267	深圳品信检测科技有限公司
1268	深圳市伟创芯电子有限公司
1269	深圳市云采网络科技有限公司
1270	深圳市金得科技有限公司
1271	深圳易瓦科技有限公司
1272	深圳常锋信息技术有限公司
1273	深圳市卡立方智能科技有限公司
1274	深圳市联建光电股份有限公司
1275	深圳市瑞根科技有限公司
1276	深圳市英可瑞科技股份有限公司
1277	深圳市赛思信息技术有限公司
1278	深圳市晟瑞科技有限公司
1279	深圳市中毅科技有限公司
1280	深圳市吉利通电子有限公司
1281	深圳中科四合科技有限公司
1282	深圳市仁怡安装工程有限公司
1283	深圳市知小兵科技有限公司
1284	深圳民盾安全技术开发有限公司
1285	深圳市一道生物科技有限公司
1286	深圳市椰壳信息科技有限公司
1287	深圳云甲科技有限公司
1288	深圳星康医疗科技有限公司
1289	深圳市逸辰微科技有限公司
1290	深圳市易车服科技有限公司
1291	港龙生物技术（深圳）有限公司
1292	深圳市凌承芯电子有限公司
1293	深圳市伟发科技有限公司
1294	艾特（深圳）通讯有限公司
1295	深圳市大数据无线科技有限公司
1296	深圳市三鑫智能科技有限公司
1297	深圳市本恩生物科技有限公司
1298	深圳市安印科技有限公司
1299	丰致科技（深圳）有限公司
1300	深圳市车童网科技有限公司
1301	深圳市思米电子有限公司
1302	深圳中云创科技有限公司
1303	深圳市艾鑫承科技有限公司
1304	深圳市新智慧网络技术有限公司
1305	深圳市硕龙汽车用品有限公司
1306	深圳市汉德网络科技有限公司
1307	深圳市汉霸机电有限公司
1308	深圳市蚂蚁雄兵物联技术有限公司
1309	深圳市捷益达电子有限公司
1310	深圳市聚众智能科技有限公司
1311	深圳市德安通科技有限公司
1312	深圳优立全息科技有限公司
1313	深圳市双元科技有限公司
1314	深圳市君航品牌策划管理有限公司
1315	凯士林电子（深圳）有限公司
1316	深圳诚通光电科技有限公司
1317	抖动科技（深圳）有限公司
1318	深圳元核云技术有限公司
1319	深圳市科研欣机电设备有限公司
1320	深圳市云刷科技有限公司
1321	深圳信丰科技有限公司
1322	深圳市品清科技有限公司
1323	森声数字科技（深圳）有限公司
1324	深圳阿凡达智控有限公司
1325	深圳市明鸿五金制品有限公司
1326	深圳市秀美时尚科技有限公司
1327	深圳市汇马电子有限公司
1328	深圳市桑威科技有限公司
1329	深圳市康海电子有限公司

序号	单位名称
1330	深圳埃瑞斯瓦特新能源有限公司
1331	金马节能科技（深圳）有限公司
1332	深圳市城市之光广告照明科技有限公司
1333	深圳市雅加亿电子科技有限公司
1334	华世腾智能科技（深圳）有限公司
1335	深圳市八方达电子有限公司
1336	深圳市希玛科技有限公司
1337	深圳全民互动科技有限公司
1338	深圳市柯达科电子科技有限公司
1339	深圳市睿讯通电子有限公司
1340	深圳市杰容电子科技有限公司
1341	深圳市奥米斯科技有限公司
1342	深圳市日升质电子科技有限公司
1343	深圳市聚利丰精密模具有限公司
1344	深圳市中金产业咨询有限公司
1345	艾奕康设计与咨询（深圳）有限公司
1346	深圳大漠大智控技术有限公司
1347	深圳市伟思顿电子电器有限公司
1348	深圳市丰源升科技有限公司
1349	聚银塑料包装制品（深圳）有限公司
1350	安登利电子（深圳）有限公司
1351	深圳市筑道建筑工程设计有限公司
1352	深圳市科威普电子有限公司
1353	创新维（深圳）电子有限公司
1354	深圳广田集团股份有限公司
1355	深圳市杰普科技有限公司
1356	深圳市泰凯达科技有限公司
1357	深圳市华冠光电科技有限公司
1358	深圳市清华苑工程结构鉴定有限公司
1359	深圳市元通汽车电子有限公司
1360	深圳德一贵金属科技有限公司
1361	深圳市海裕机电设备有限公司
1362	深圳市柏涛蓝森国际建筑设计有限公司
1363	深圳市承德电子有限公司
1364	深圳市净之泉科技有限公司
1365	深圳市蓝禾科技有限公司
1366	深圳市中装园林建设工程有限公司
1367	深圳市万通顺达科技股份有限公司
1368	深圳市福锐达科技有限公司
1369	深圳市方向通科技有限公司
1370	深圳市新光芯制器件有限公司
1371	深圳市深龙达电器有限公司
1372	深圳景同信息科技有限公司
1373	深圳市乌托邦创意科技有限公司
1374	蓝海帆科技（深圳）有限公司
1375	深圳市百纳九洲科技有限公司
1376	深圳鸿鑫晶光电有限公司
1377	深圳市瀚德标检生物工程有限公司
1378	深圳大地创想建筑景观规划设计有限公司
1379	深圳市联合嘉利科技有限公司

序号	单位名称
1380	中海油信息科技有限公司
1381	深圳市鑫聚联达塑胶制品有限公司
1382	深圳市神舟飞箭电子科技有限公司
1383	深圳市实瑞建筑技术有限公司
1384	深圳市灿弘自动化科技有限公司
1385	深圳市晶博科技有限公司
1386	深圳市迈驰电子有限公司
1387	深圳市吉上润达电子有限公司
1388	深圳市欧奇胜科技有限公司
1389	深圳市欧铭源科技有限公司
1390	深圳华大基因股份有限公司
1391	深圳市菲灿科技有限公司
1392	深圳市理泽欣科技有限公司
1393	深圳市一本电子有限公司
1394	深圳墨泰建筑设计与咨询股份有限公司
1395	博康云信科技有限公司
1396	深圳市越达彩印科技有限公司
1397	深圳市鸿栢科技实业有限公司
1398	深圳市拓远志达科技有限公司
1399	深圳市金大智能创新科技有限公司
1400	深圳市晶讯科电子有限公司
1401	深圳市金大精密制造有限公司
1402	深圳市沈氏彤创航天模型有限公司
1403	深圳市麦肯机电有限公司
1404	深圳市东辰电子有限公司
1405	深圳市康凯思特通讯设备有限公司
1406	深圳市银联宝电子科技有限公司
18120	深圳市银联宝电子科技有限公司
14745	深圳创达通讯科技有限公司
14744	深圳市木光科技有限公司
14743	深圳市迈特控制技术有限公司
14742	深圳市百川通电子有限公司
14741	深圳市丰融达科技发展有限公司
14740	深圳市安拓森仪器仪表有限公司
14739	深圳市乐乐米信息技术有限公司
14738	深圳市立信远大科技有限公司
14737	深圳市南方新天地科技发展有限公司
14736	深圳市三辉创电子有限公司
14735	深圳市嘉乐互动信息技术有限公司
14734	深圳市华普新材料有限公司
14733	深圳市汇生活科技技术有限公司
14732	深圳市浩宇泰科技有限公司
14731	深圳市英特瑞半导体科技有限公司
14730	深圳市海川世纪科技有限公司
14729	深圳普智联科机器人技术有限公司
14728	深圳市芸鸽科技有限公司
14727	深圳音诺恒科技有限公司
14726	深圳市悦安电子有限公司
14725	深圳市三一精工科技有限公司
14724	深圳市国惠照明器材有限公司

序号	单位名称
14723	深圳市充技电子科技有限公司
14722	深圳市铂胜光电有限公司
14721	深圳德菲实业有限公司
14720	深圳前海中金都会科技有限公司
14719	深圳市龙星辰电源有限公司
14718	深圳市瑞雪时代网络科技有限公司
14717	深圳市硕控智能科技有限公司
14716	深圳沃德生命科技有限公司
14715	深圳卓易安科技有限公司
14714	深圳聚点互动科技有限公司
14713	深圳思瓦科技有限公司
14712	深圳市一指通智能科技有限公司
14711	深圳市威软思科技有限公司
14710	深圳市斯拓电子有限公司
14709	深圳市鼎丰泰达科技有限公司
14708	深圳市博软通科技开发有限公司
14707	深圳市顺时网络科技有限公司
14706	深圳市思萌科技有限公司
14705	深圳市中天协创科技发展有限公司
14704	深圳市松果数码科技有限公司
14703	深圳市道通合盛软件开发有限公司
14702	深圳天联星科技有限公司
14701	深圳市中仪信息技术有限公司
14700	深圳星医科技有限公司
14699	深圳肆专科技有限公司
14698	深圳市拓成达电子有限公司
14697	深圳市山康电子技术有限公司
14696	深圳市海纳川机电有限公司
14695	深圳市成功快车科技有限公司
14694	深圳积木易搭科技技术有限公司
14693	深圳市尚云互联技术有限公司
14692	深圳格调网络运营有限公司
14691	深圳市威格旺电器有限公司
14690	深圳市数帝网络科技有限公司
14689	深圳市锐界科技有限公司
14688	深圳市明宇达智能设备有限公司
14687	深圳市恒德生物科技有限公司
14686	深圳聚合时光科技有限公司
14685	深圳市软通宝科技有限公司
14684	深圳市优品未来科技有限公司
14683	深圳市悦创进科技有限公司
14682	深圳智联车网科技有限公司
14681	深圳市莱博精密制造有限公司
14680	深圳市恒利礼品有限公司
14679	深圳市汉沛斯环保设备有限公司
14678	深圳蓝图信息技术股份有限公司
14677	广东益天下环境科技有限公司
14676	深圳市北斗教育信息有限公司
14675	深圳市爱德利智能科技有限公司
14674	深圳市深翼星科技有限公司

序号	单位名称
14673	海伯森技术（深圳）有限公司
14672	深圳市煜盛电子有限公司
14671	深圳市仕兴鸿科技有限公司
14670	深圳市世纪天任科技有限公司
14669	深圳市汇智伟业信息技术有限公司
14668	深圳市大新电器有限公司
14667	深圳市格云宏邦环保科技有限公司
14666	深圳前海康博士网络技术有限公司
14665	深圳市振华测试设备有限公司
14664	深圳市创智辉电子科技有限公司
14663	深圳亿播网视科技有限公司
14662	深圳市帝森易罗德电气有限公司
14661	深圳市北科检测科技有限公司
14660	深圳市华安盛泰科技有限公司
14659	坤金聚宝（深圳）电子商务有限公司
14658	法狗狗（深圳）科技有限公司
14657	深圳酷酷科技有限公司
14656	深圳市易车合创科技有限公司
14655	深圳市索美特精密电子有限公司
14654	深圳市迈泰瑞尔科技有限公司
14653	深圳市龙德兴业科技有限公司
14652	深圳市量子慧智科技有限公司
14651	深圳市丰富来包装有限公司
14650	深圳市大帝酒检信息系统有限公司
14649	深圳澳特弗科技有限公司
14648	深圳市新蓝海网络科技有限公司
14647	深圳市众康动保科技有限公司
14646	深圳市前海英米迪特科技有限责任公司
14645	深圳市昕威峰电子科技有限公司
14644	终结号（深圳）科技有限公司
14643	亿慧云智能科技（深圳）股份有限公司
14642	深圳市思创信息技术有限公司
14641	深圳市蓝拓创远科技有限公司
14640	深圳市合一互联技术有限责任公司
14639	深圳市博先电子有限公司
14638	深圳大舜激光技术有限公司
14637	深圳时代建筑科技有限公司
14636	深圳优道科技有限公司
14635	深圳市绿瑞高尔夫科技有限公司
14634	深圳市安诺软件有限公司
14633	深圳迈鼎电子有限公司
14632	深圳兆讯科技有限公司
14631	深圳市沃福泰克科技有限公司
14630	深圳市数展科技有限公司
14629	深圳市纽乐节能设备工程有限公司
14628	深圳市馥豪人防工程防护设备有限公司
14627	深圳市埃尔法光电科技有限公司
14626	深圳红点点互动技术发展有限公司
14625	深圳和创财税科技有限公司
14624	深圳市福光泰电子科技有限公司
14623	真益电子（深圳）有限公司
14622	深圳市合盛航精密科技有限公司
14621	深圳状元峰科技有限公司
14620	深圳维萌海风科技有限公司
14619	深圳市亿谷科技开发有限公司
14618	深圳市新恒基电气有限公司
14617	深圳市上映科技有限公司
14616	深圳市明达电子有限公司
14615	深圳市民兴科技有限公司
14614	深圳市琉璃光生物科技有限公司
14613	深圳市岚明电子科技有限公司
14612	深圳市恒瑞阳光照明实业有限公司
14611	深圳市黑爵电子科技有限公司
14610	深圳明科智能科技有限公司
14609	深圳聚信时代实业有限公司
14608	深圳市元登建筑装饰工程有限公司
14607	中天智能装备（深圳）有限公司
14606	深圳市华阳新材料科技有限公司
14605	深圳市西玛泰数控设备有限公司
14604	深圳市翠篆科技绿化工程有限公司
14603	深圳市国投创新科技有限公司
14602	深圳市大为物联科技有限公司
14601	深圳市海梁科技有限公司
14600	深圳市柏信达电子科技有限公司
14599	光达（深圳）精密设备有限公司
14598	深圳土筑虎网络科技有限公司
14597	深圳迈德科技有限公司
14596	哨鸟（深圳）前海科技有限公司
14595	深圳喆能电子技术有限公司
14594	转录科技（深圳）有限公司
14593	深圳凯特电气有限公司
14592	深圳市汇龙天成科技有限公司
14591	深圳市中电熊猫磁通电子有限公司
14590	深圳市泰安达纸品包装有限公司
14589	深圳市齐飞精密机械有限公司
14588	深圳市地标城市规划设计有限公司
14587	前海蓝亚之技术服务（深圳）有限公司
14586	阿啦（深圳）网络有限公司
14585	深圳时代鑫华科技有限公司
14584	派能生物科技（深圳）有限公司
14583	深圳市科有为科技有限公司
14582	深圳市新业自动化科技有限公司
14581	深圳市比特原子科技有限公司
14580	深圳市警泰欣科技有限公司
14579	深圳市中波新能源科技有限公司
14578	深圳市振阳软件开发有限公司
14577	深圳市铂电科技有限公司
14576	深圳市宝晟互联信息技术有限公司
14575	深圳巨为科技开发有限公司
14574	深圳彩晨科技有限公司
14573	深圳爱特天翔科技有限公司
14572	深圳市新海思威科技有限公司
14571	深圳市飞点健康管理有限公司
14570	共和精英塑胶五金制品（深圳）有限公司
14569	深圳市源诚辉电子有限公司
14568	深圳市崇越科技有限公司
14567	深圳市北辰智能技术有限公司
14566	深圳和谐万维信息技术有限公司
14565	深圳市和弘科技有限公司
14564	深圳市中联建工程项目管理有限公司
14563	深圳市星科启电子商务有限公司
14562	深圳市铨顺宏科技有限公司
14561	深圳市百为视讯电子有限公司
14560	深圳雨燕智能科技服务有限公司
14559	中检（深圳）计量测试服务有限公司
14558	深圳市二八智能家居有限公司
14557	深圳市亿歌润滑科技有限公司
14556	深圳市尚彩印刷包装有限公司
14555	深圳市智尊宝知识产权数据开发有限公司
14554	深圳大普微电子科技有限公司
14553	容川博电子（深圳）有限公司
14552	深圳羚羊极速科技有限公司
14551	深圳市谜谭动画有限公司
14550	深圳市斑点猫信息技术有限公司
14549	深圳云创文化科技有限公司
14548	深圳市启明云端科技有限公司
14547	深圳市华宝软件有限公司
14546	深圳市步步信息科技有限公司
14545	深圳市稳赢信息科技有限公司
14544	深圳喜格实业有限公司
14543	深圳市天策激光科技有限公司
14542	深圳市菱远自动化科技有限公司
14541	深圳市格兰图科技有限公司
14540	深圳市昌鸿科技有限公司
14539	深圳声联网科技有限公司
14538	深圳米宇科技发展有限公司
14537	深圳国卫医信科技有限公司
14536	金顶新医疗科技经营管理（深圳）有限公司
14535	深圳市华阅文化传媒有限公司
14534	深圳市新华鹏激光设备有限公司
14533	深圳市蝶通视讯有限公司
14532	深圳市安费通电子科技有限公司
14531	深圳市梓桥科技有限公司
14530	深圳市任海智能工程设计有限公司
14529	深圳市灿阳电气设备有限公司
14528	深圳市贝思伯威科技有限公司
14527	深圳市韵蓝科技有限公司
14526	深圳市旺通达电子有限公司
14525	深圳市臻络科技有限公司
14524	深圳巨亚能源有限公司

序号	单位名称
14523	深圳市欧博迪通信有限公司
14522	深圳汉高创想科技有限公司
14521	深圳市云捷波科技有限公司
14520	深圳市蓝鹰立德软件咨询有限公司
14519	深圳市晶泓达光电工程技术有限公司
14518	深圳市鼎源检测技术有限公司
14517	深圳市艾沃电子科技有限公司
14516	深圳市泓达环境科技有限公司
14515	深圳飞亮智能科技有限公司
14514	深圳市深奇浩实业有限公司
14513	深圳市华达华惠机械有限公司
14512	深圳市禾葡兰信息科技有限公司
14511	深圳市立符软件技术有限公司
14510	深圳市高贝电子有限公司
14509	深圳市雅森医疗设备有限公司
14508	心邀（深圳）生物科技有限公司
14507	深圳市威芒科技有限公司
14506	深圳市舜通智能科技有限公司
14505	深圳市卿林包装材料有限公司
14504	深圳视感文化科技有限公司
14503	深圳市世纪众云科技有限公司
14502	深圳市鸿逸达科技有限公司
14501	深圳精云溯信息技术有限公司
14500	深圳安德勒电气科技有限公司
14499	深圳市凡与科技有限公司
14498	深圳市骏业鼎兴技术有限公司
14497	深圳市腾沐科技有限公司
14496	深圳市福鸿达盛科技有限公司
14495	深圳市东方红印刷有限公司
14494	深圳市富伟电子有限公司
14493	深圳市掌娱炫动信息技术有限公司
14492	深圳市易百讯科技有限公司
14491	深圳伊讯科技有限公司
14490	深圳市安吉拉测试设备有限公司
14489	深圳市伟曼达科技有限公司

序号	单位名称
14488	深圳市华兴旺包装科技有限公司
14487	深圳市成利富科技有限公司
14486	深圳市长鑫盛通科技有限公司
14485	深圳市微固科技有限公司
14484	深圳市慧联通信技术有限公司
14483	深圳市达博威科技有限公司
14482	深圳市易安电力科技有限公司
14481	深圳市合丰光电有限公司
14480	深圳市玖创科技有限公司
14479	深圳宙游网络科技有限公司
14478	深圳市东方星园林绿化有限公司
14477	深圳市赛瑞系统技术有限公司
14476	深圳市乐博实业有限公司
14475	深圳市吉子通科技有限公司
14474	蘑菇物联技术（深圳）有限公司
14473	深圳欧谱申光电科技有限公司
14472	深圳宅呵呵网络科技有限公司
14471	深圳市兴远发环保安全科技有限公司
14470	深圳市世纪松源纸塑包装制品有限公司
14469	深圳市盛世传奇文化发展股份有限公司
14468	深圳市德创电力电气设备有限公司
14467	妙智科技（深圳）有限公司
14466	深圳市瀚宏数码科技有限公司
14465	深圳市南天威视科技有限公司
14464	深圳市慧农科技有限公司
14463	深圳市博盛新材料有限公司
14462	广东中科检测技术股份有限公司
14461	深圳市宇芯数码技术有限公司
14460	深圳市诗碧曼科技有限公司
14459	深圳市华硕纸制品有限公司
14458	深圳市方元讯通科技有限公司
14457	深圳市都市电子商务科技有限公司
14456	深圳市长天长空智能设备科技有限公司
14455	深圳市中现智联科技有限公司
14454	深圳市华能电力设备有限公司

序号	单位名称
14453	深圳华药南方制药有限公司
14452	深圳市鸿华通交通设施工程有限公司
14451	深圳市浩霸电池有限公司
14450	深圳市芯合利诚科技有限公司
14449	深圳睿瀚医疗科技有限公司
14448	深圳市城市公共安全技术研究院有限公司
14447	深圳市我家信息开发有限公司
14446	深圳市大道智创科技有限公司
14445	深圳市经纬拉链有限公司
14444	深圳市声光动力生物医药科技有限公司
14443	深圳市龙影天下信息系统有限公司
14442	深圳市珂荣信息技术有限公司
14441	深圳云之家网络有限公司
14440	深圳润伽包装印刷有限公司
14439	深圳东方红鹰科技有限公司
14438	深圳欣强智创电路板有限公司
14437	深圳市英内尔科技有限公司
14436	战国科技（深圳）有限公司
14435	当代海洋生物科技（深圳）有限公司
14434	深圳扬煜科技开发有限公司
14433	深圳品创兴科技有限公司
14432	深圳市超技金塑科技有限公司
14431	深圳市火芯人科技有限公司
14430	深圳新合群科技有限公司
14429	深圳市晶显达科技有限公司
14428	深圳市微付充科技有限公司
14427	深圳市顺易通信息技术有限公司
14426	深圳市州宏医疗科技有限公司
14425	深圳市兆驰数码科技股份有限公司
14424	深圳市数码龙电子有限公司
14423	深圳市智蓝同创科技有限公司
14422	深圳市逸诺科技有限公司
14421	斯坦德机器人（深圳）有限公司

2018 年深圳市新增高新技术企业在线查看

2018 年新增国家高新技术企业名单

序号	单位名称
1	**科普云医疗软件（深圳）有限公司**
2	深圳市驰明新能源科技有限公司
3	爱思捷科技（深圳）有限公司
4	深圳云广家居装饰设计有限公司
5	安费诺凯杰科技（深圳）有限公司
6	深圳曜光科技有限公司
7	深圳合纵富科技有限公司
8	深圳市赛舸电子科技有限公司
9	深圳市永亿豪电子有限公司
10	深圳市金峰精密机械电子有限公司
11	深圳市治标环保环境技术有限公司
12	深圳市新昊青科技有限公司
13	深圳市玥芯通科技有限公司
14	深圳挖车科技有限公司
15	深圳市易迈迪森软件科技有限公司
16	深圳永合高分子材料有限公司
17	深圳飞扬骏研新材料股份有限公司
18	深圳能升科技有限公司
19	深圳市电明科技股份有限公司
20	深圳市一指淘科技有限公司
21	深圳市象形科技有限公司
22	深圳市天汇世纪科技有限公司
23	深圳聚融科技股份有限公司
24	深圳市博安智控科技有限公司
25	深圳市若腾科技有限公司
26	德科勒电子（深圳）有限公司
27	深圳市优必选科技有限公司
28	深圳市艺峰马达配件有限公司
29	深圳市润贝化工有限公司
30	深圳市鑫精诚科技有限公司
31	深圳易瓦科技有限公司
32	深圳市深创谷技术服务有限公司
33	深圳市科普豪电子科技有限公司
34	深圳市中航楼宇科技有限公司
35	深圳市思米电子有限公司
36	深圳市天鼎微波科技有限公司
37	深圳市佳得设备科技有限公司
38	深圳市亮影科技有限公司
39	深圳市普盛激光设备有限公司
40	深圳市正元泰电子科技有限公司
41	深圳市朗驰欣创科技股份有限公司
42	深圳市泰永电气科技有限公司
43	深圳市多元世纪信息技术股份有限公司
44	深圳富鼎智控有限公司
45	天贵电子科技（深圳）有限公司
46	深圳市江机实业有限公司
47	深圳天祥质量技术服务有限公司
48	深圳磊迈照明科技有限公司
49	深圳讯丰通医疗股份有限公司
50	深圳市大麦创新产品有限公司
51	声源科技（深圳）有限公司
52	深圳前向启创数码技术有限公司
53	深圳市创容新能源有限公司
54	深圳市捷骏和泰科技有限公司
55	深圳市尚控实业发展有限公司
56	深圳市优维尔科技有限公司
57	迈科实业（深圳）有限公司
58	深圳市孚瑞友胜电子有限公司
59	深圳市宝泽热流道有限公司
60	深圳大家来控股（集团）有限公司
61	广东迪奥应用材料科技有限公司
62	深圳市金泰克半导体有限公司
63	深圳市东宝泰科技有限公司
64	深圳市芯图科技有限公司
65	深圳市荣者光电科技发展有限公司
66	深圳市明上光电子有限公司
67	深圳市普玛斯精密组件有限公司
68	深圳市星特科技有限公司
69	深圳市资福药业有限公司
70	深圳市迪美照明有限公司
71	深圳市纳福信息技术有限公司
72	深圳四方精创资讯股份有限公司
73	深圳欧陆通电子股份有限公司
74	深圳市卓帆技术有限公司
75	深圳市碧源达科技有限公司
76	深圳市中兴新地技术股份有限公司
77	深圳市德安通科技有限公司
78	深圳市众朗科技有限公司
79	深圳市太丰东方海洋生物科技有限公司
80	深圳市鸿利昌机械制造有限公司
81	深圳市趣虹科技有限公司
82	深圳市宏博宇通信科技有限公司
83	深圳市吉兆信息科技有限公司
84	永天机械设备制造（深圳）有限公司
85	深圳市宇顺电子股份有限公司
86	深圳市博新美纳米科技有限公司
87	深圳市昱科电子有限公司
88	云杉智慧新能源技术有限公司
89	深圳市联医科技有限公司
90	深圳市恒毅兴实业有限公司
91	深圳粤鹏环保技术股份有限公司
92	深圳市中龙通电子科技有限公司
93	深圳市安利集电子有限公司
94	深圳市天盾雷电技术有限公司
95	深圳市启建时代科技有限公司
96	深圳市东微智能科技股份有限公司
97	深圳欣锐科技股份有限公司
98	深圳市恒星物联科技有限公司
99	深圳市金田谷科技有限公司
100	深圳市电格安防有限公司
101	深圳市鼎尖软件有限公司
102	深圳市威利特自动化设备有限公司
103	深圳蓝普科技有限公司
104	深圳市欧康精密技术有限公司
105	深圳市达实智控科技股份有限公司
106	深圳市卓越建筑工程有限公司
107	深圳全民互动科技有限公司
108	深圳市北鼎晶辉科技股份有限公司
109	深圳中科数字工程研究中心有限公司
110	深圳市科美达自动化设备有限公司
111	深圳科之美新材料科技有限公司
112	深圳市泰尔斯五金塑胶制品有限公司
113	深圳市收收科技有限公司
114	深圳市泰智科技有限公司
115	深圳市高戈奇科技有限公司
116	深圳博大博聚科技有限公司
117	深圳市恒佳誉科技有限公司
118	深圳市德盛兴实业有限公司
119	深圳证券通信有限公司
120	深圳市盈华讯方通信技术有限公司
121	深圳易联智能电气有限公司
122	深圳市伟发科技有限公司
123	深圳市汉霸机电有限公司
124	深圳市青青子木科技有限公司
125	深圳市南睿信息科技有限公司
126	深圳一海通全球供应链管理有限公司
127	深圳市南方国讯科技有限公司
128	深圳市精运达自动化设备有限公司
129	深圳开思时代科技有限公司
130	深圳美诺迪科技有限公司
131	贝克电热科技（深圳）有限公司
132	深圳市艾柯森自动化设备有限公司
133	深圳德尔特科技有限公司
134	深圳市元博智能科技有限公司
135	深圳多途科技有限公司

序号	单位名称	序号	单位名称	序号	单位名称
136	深圳市通立威科技有限公司	186	深圳市飞易通科技有限公司	236	深圳市易胜德机械设备有限公司
137	云智汇（深圳）高新科技服务有限公司	187	深圳市天睿臻游科技有限公司	237	星阅科技（深圳）有限公司
138	深圳市康必达中创科技有限公司	188	港加贺电子（深圳）有限公司	238	森声数字科技（深圳）有限公司
139	深圳市巨力方视觉技术有限公司	189	深圳市科奥信电源技术有限公司	239	深圳市昊瑞丰数控设备有限公司
140	深圳市凌宝电子有限公司	190	深圳市广安消防装饰工程有限公司	240	广东南方电信规划咨询设计院有限公司
141	深圳市汉森软件有限公司	191	深圳市中驱电机有限公司	241	深圳市小耳朵电源有限公司
142	深圳市永顺创科技有限公司	192	深圳市蛮荒科技研发有限公司	242	深圳市恒力天科技有限公司
143	深圳市夏日晨光数码有限公司	193	深圳市保利特新材料有限公司	243	深圳诚一信科技有限公司
144	深圳市瑞森思科技有限公司	194	深圳市自行科技有限公司	244	中咨联教育技术（深圳）有限公司
145	深圳市蚂蚁雄兵物联技术有限公司	195	深圳市锦铭科技有限公司	245	深圳市标谱半导体科技有限公司
146	深圳易能电气技术股份有限公司	196	深圳博壹电力自动化有限公司	246	深圳市佛光照明有限公司
147	深圳市承熹机电设备有限公司	197	深圳市飞科笛系统开发有限公司	247	深圳市天昊科技有限公司
148	深圳市科瑞爱特科技开发有限公司	198	深圳市科思创动科技有限公司	248	深圳市新迪精密科技有限公司
149	深圳市和元信信息技术有限公司	199	深圳市光祥科技股份有限公司	249	深圳市汇融科技有限公司
150	银盛通信有限公司	200	深圳市中孚光电科技有限公司	250	深圳金智凌轩视讯技术有限公司
151	深圳市奥电高压电气有限公司	201	深圳市格林兴显示科技有限公司	251	深圳市睿讯通电子有限公司
152	深圳市穗榕同轴电缆科技有限公司	202	深圳市普盛旺科技有限公司	252	深圳市驱动人生科技股份有限公司
153	亚太卫星宽带通信（深圳）有限公司	203	深圳市新益晟科技有限公司	253	深圳市拓利兴科技有限公司
154	深圳市富满电子集团股份有限公司	204	深圳市优界科技有限公司	254	深圳金曜来科技有限公司
155	深圳市中天超硬工具股份有限公司	205	深圳市仕通优途科技有限公司	255	深圳有好软件有限公司
156	深圳市柳溪科技发展有限公司	206	深圳市新广恒环保技术有限公司	256	深圳市黑鹰威视电子科技有限公司
157	深圳市好德芯电子科技有限公司	207	深圳市轻生活科技有限公司	257	深圳恒通源环保科技有限公司
158	中移信息技术有限公司	208	深圳市斯普瑞特通信技术有限公司	258	深圳市华运通科技股份有限公司
159	深圳市鹏准模具有限公司	209	深圳前海华兆新能源有限公司	259	深圳市掌世界网络科技有限公司
160	深圳松乐生物科技有限公司	210	泉芯电子技术（深圳）有限公司	260	深圳市洋浦新丰科技有限公司
161	深圳辉业科技有限公司	211	深圳市前海格锐建筑技术有限公司	261	深圳市三全视讯科技有限公司
162	平田橡塑五金制品（深圳）有限公司	212	深圳市中盈建科控股有限公司	262	深圳市深台帏翔电子有限公司
163	深圳市华远显示器件有限公司	213	深圳市友健科技有限公司	263	深圳市前海麦芽科技有限公司
164	深圳市恒伟信业显示科技有限公司	214	深圳市拓科智能科技有限公司	264	深圳市阿龙电子有限公司
165	柏拉蒂电子（深圳）有限公司	215	深圳市德仓科技有限公司	265	深圳市易平方网络科技有限公司
166	深圳迈瑞科技有限公司	216	深圳悠易阅科技有限公司	266	深圳市九阳安防智能工程有限公司
167	深圳市奥米斯科技有限公司	217	深圳卓泰达电子科技有限公司	267	深圳市崇辉表面技术开发有限公司
168	深圳市铭斯特精密机械有限公司	218	深圳市宇维视通科技有限公司	268	深圳市爱夫卡科技股份有限公司
169	深圳市一诺成电子有限公司	219	深圳微纵横网络科技有限公司	269	深圳市创火科技有限公司
170	深圳市腾付通电子支付科技有限公司	220	深圳市米阳科技有限公司	270	深圳市凯斯德塑胶制品有限公司
171	深圳市富恒通科技有限公司	221	深圳市创瑞电子元件有限公司	271	深圳市华东兴科技有限公司
172	深圳优之派电子商务有限公司	222	深圳格兰达智能装备股份有限公司	272	深圳市鸿泰安全技术有限公司
173	深圳市华宇半导体有限公司	223	深圳市吾悦电子有限公司	273	深圳市鸿鹭信息系统有限公司
174	深圳市三和电力科技有限公司	224	深圳市施罗德工业测控设备有限公司	274	富东群自动化科技（深圳）有限公司
175	深圳华策辉弘科技有限公司	225	深圳市城图科技有限公司	275	深圳市阿美特科技有限公司
176	深圳市一诺软件有限公司	226	深圳市爱都科技有限公司	276	深圳市优瑞特检测技术有限公司
177	深圳市智胜慧通科技有限公司	227	深圳市安吉尔实业有限公司	277	深圳市锦发铜铝有限公司
178	深圳市世纪畅行科技有限公司	228	深圳市捷宇通信技术有限公司	278	深圳市利朗达科技有限公司
179	翔耀电子（深圳）有限公司	229	深圳市麦澜创新科技有限公司	279	深圳圣融达科技有限公司
180	深圳市凌昱微科技有限公司	230	深圳市智莱科技股份有限公司	280	深圳市吉斯迪科技有限公司
181	深圳市盛阳科技股份有限公司	231	深圳市易维世界科技有限公司	281	深圳怡钛积科技股份有限公司
182	深圳市链路电控实业有限公司	232	深圳市智慧恒迪科技有限公司	282	深圳市康磁电子有限公司
183	深圳市昌本科技有限公司	233	深圳中科四合科技有限公司	283	深圳市健元医药科技有限公司
184	深圳市明日系统集成有限公司	234	深圳蚁石科技有限公司	284	深圳市彤兴电子有限公司
185	深圳市希恩凯电子有限公司	235	深圳市科研欣机电设备有限公司	285	深圳市龙兴机械科技有限公司

序号	单位名称
286	深圳市启视电子有限公司
287	深圳艾派网络科技股份有限公司
288	深圳市圣必智科技开发有限公司
289	深圳华夏恒泰电子有限公司
290	国润生物科技（深圳）有限公司
291	深圳前海小智萌品科技有限公司
292	深圳赢时通网络有限公司
293	深圳市西凡谨顿科技有限公司
294	深圳融昕医疗科技有限公司
295	深圳市柯达科电子科技有限公司
296	深圳市建筑设计研究总院有限公司
297	深圳市长兴达新能源有限公司
298	深圳市众和君达科技有限公司
299	深圳美丽策光生物科技有限公司
300	深圳市腾鑫精密胶粘制品有限公司
301	信电电线（深圳）有限公司
302	深圳市绿恒科技有限公司
303	深圳市本恩生物科技有限公司
304	广东广顺电器科技有限公司
305	深圳市砺剑特种电源科技有限公司
306	深圳市秀美时尚科技有限公司
307	深圳市黑米材料技术有限公司
308	深圳市矩形科技有限公司
309	深圳创感科技有限公司
310	深圳市美莱克科技有限公司
311	深圳市华世精工技术有限公司
312	深圳市汉辉塑胶制品有限公司
313	深圳市清山泉环保科技有限公司
314	深圳市三木智能技术有限公司
315	深圳市网安计算机安全检测技术有限公司
316	深圳市奋兴科技发展有限公司
317	深圳珑璟光电技术有限公司
318	深圳华融电子科技有限公司
319	深圳市止观智通网络科技有限公司
320	深圳市壁虎互动科技有限公司
321	深圳市达克罗工业有限公司
322	深圳市华科莱特电子有限公司
323	深圳市拓奇膜科技有限公司
324	深圳市博思通电脑科技开发有限公司
325	深圳兆亮照明有限公司
326	众安信息技术服务有限公司
327	深圳市亚派光电器件有限公司
328	深圳市鑫精盟精密科技有限公司
329	深圳市乐歌数码科技有限公司
330	深圳市泰乐康科技有限公司
331	深圳市金瑞铭科技有限公司
332	深圳市聚荣科技有限公司
333	深圳市众鸿科技股份有限公司
334	深圳市志奋领科技有限公司
335	深圳市迈丘景观规划设计有限公司
336	深圳广田机器人有限公司
337	深圳市叁星飞荣机械有限公司
338	深圳市德富莱智能科技股份有限公司
339	深圳市智屏微科技有限公司
340	深圳市钰品技术有限公司
341	深圳闽星科技有限公司
342	深圳市网联信息科技开发有限公司
343	深圳市赛时达光电科技有限公司
344	滴滴优点科技（深圳）有限公司
345	莱茵技术监护（深圳）有限公司
346	深圳市万极科技股份有限公司
347	深圳市富恒新材料股份有限公司
348	深圳市如茵生态环境建设有限公司
349	深圳崇达多层线路板有限公司
350	德龙伟创科技（深圳）有限公司
351	深圳市英威腾控制技术有限公司
352	深圳吉兰丁智能科技有限公司
353	深圳市鹏诚新能源科技有限公司
354	深圳扬兴科技有限公司
355	深圳尚达医疗工程有限公司
356	深圳市信濠光电科技股份有限公司
357	深圳市赢合科技股份有限公司
358	深圳蓝创动力科技有限公司
359	深圳市深峰电子有限公司
360	同观科技（深圳）有限公司
361	深圳市智语科技有限公司
362	深圳市源泰医疗器械有限公司
363	深圳市甲骨文智慧实验室建设有限公司
364	深圳市拇指游玩科技有限公司
365	深圳市鸿捷源自动化系统有限公司
366	深圳市九趣科技有限公司
367	深圳市英锐芯电子科技有限公司
368	深圳市兆纪光电有限公司
369	深圳市大象互娱科技有限公司
370	深圳市大风科技有限公司
371	深圳市声扬科技有限公司
372	深圳市共健全民体质体育产业发展有限公司
373	深圳市升瑞科仪光电有限公司
374	深圳市新昂慧科技有限公司
375	深圳市福峰模具制造有限公司
376	深圳市雅迪眼镜制造有限公司
377	深圳市亚泰光电技术有限公司
378	深圳市鑫景顺科技有限公司
379	深圳市正祥医疗科技有限公司
380	深圳市精品诚电子科技有限公司
381	深圳市塔雷斯测量设备有限公司
382	安盛信达科技股份公司
383	深圳奥联信息安全技术有限公司
384	深圳市麦道微电子技术有限公司
385	深圳市北航电子有限公司
386	天际明技术（深圳）有限公司
387	深圳市鑫博创科技有限公司
388	深圳市金派医疗包装灭菌服务有限公司
389	深圳市瑞隆源电子有限公司
390	深圳市研盛芯控电子技术有限公司
391	兴联盈精密电子（深圳）有限公司
392	深圳市成天泰电气设备有限公司
393	深圳华显微科技有限公司
394	深圳市乐富天智能科技有限公司
395	深圳市科信通信技术股份有限公司
396	深圳腾千里科技有限公司
397	深圳通达电子有限公司
398	金联兴电子（深圳）有限公司
399	深圳瑞达圣通科技有限公司
400	锦丰科技（深圳）有限公司
401	深圳市柠檬智慧互联网咨询有限公司
402	深圳市艾特智能科技有限公司
403	深圳市得科电子有限公司
404	深圳市中天安驰有限责任公司
405	深圳市海沃德科技有限公司
406	深圳聚能新能源科技有限公司
407	深圳市敏捷条码技术有限公司
408	深圳市深新科技发展有限公司
409	深圳市德鑫泰实业有限公司
410	深圳市三千米光电科技有限公司
411	深圳市新嘉拓自动化技术有限公司
412	华南建材（深圳）有限公司
413	维睿空气系统产品（深圳）有限公司
414	深圳市本地传感科技有限公司
415	深圳市即达网络技术有限公司
416	深圳传音通讯有限公司
417	深圳市鸿合创新信息技术有限责任公司
418	深圳市希莱恒医用电子有限公司
419	深圳比翼电子有限责任公司
420	深圳市辰诺节能科技有限公司
421	深圳市创兴建设股份有限公司
422	深圳市名格宝丽材料科技有限公司
423	深圳市宜加新能源科技有限公司
424	深圳市泰衡诺科技有限公司
425	深圳百时得能源环保科技有限公司
426	深圳市创业印章实业有限公司
427	深圳市骏达光电股份有限公司
428	深圳市飞托克实业有限公司
429	深圳市力友软件开发有限公司
430	深圳市深科达半导体科技有限公司
431	深圳市豫龙光电零件有限公司
432	深圳市世清环保科技有限公司
433	深圳市酷锐杰通信技术有限公司
434	深圳市海弘装备技术有限公司
435	深圳水晶石数字科技有限公司

序号	单位名称
436	深圳中物兴华科技发展有限公司
437	动力盈科实业（深圳）有限公司
438	深圳市晶新科技有限公司
439	深圳市互彩通科技有限公司
440	深圳市鑫鸿达清洗技术有限公司
441	深圳市朗能动力技术有限公司
442	深圳市科曼医疗设备有限公司
443	深圳市布瑞特水墨涂料有限公司
444	深圳市东视电子有限公司
445	深圳市泽昕通讯有限公司
446	深圳市帝一通讯有限公司
447	深圳市群辉模具有限公司
448	深圳市鑫宇环标准技术有限公司
449	深圳基鸿建设工程有限公司
450	深圳商巨智能设备股份有限公司
451	深圳市天麟精密模具有限公司
452	深圳市中晴亮科技有限公司
453	深圳瑞之谷医疗科技有限公司
454	深圳市来吉软件有限公司
455	深圳市朗思照明有限公司
456	深圳市柏涛环境艺术设计有限公司
457	深圳市升宏光电科技有限公司
458	深圳研源环境科技有限公司
459	深圳市鲸仓科技有限公司
460	深圳市埃克苏照明系统有限公司
461	深圳市方大自动化系统有限公司
462	深圳市味奇生物科技有限公司
463	深圳桑达国际电源科技有限公司
464	深圳市哲思特科技有限公司
465	深圳市芬能自动化设备有限公司
466	深圳市大科电机有限公司
467	深圳市华润达科技有限公司
468	深圳市锐能安防科技有限公司
469	深圳市艾克瑞电气有限公司
470	深圳市无眼界科技有限公司
471	深圳市瀚德微链技术有限公司
472	深圳市中方圆科技有限公司
473	深圳市盛世行云科技有限公司
474	深圳市锐志电力技术有限公司
475	深圳市迅捷兴科技股份有限公司
476	深圳多维新城数字展示科技有限公司
477	深圳信威通信技术有限公司
478	深圳市帝迈生物技术有限公司
479	深圳市同创塑胶制品有限公司
480	深圳市橙社网络技术有限公司
481	深圳市恒拓高工业技术股份有限公司
482	深圳市万斯得自动化设备有限公司
483	深圳市新普软件开发有限公司
484	深圳市烨光璇电子科技有限公司
485	深圳市华普电力电气有限公司
486	深圳市天彦通信股份有限公司
487	深圳市东瑞焊接设备股份有限公司
488	深圳市德信盈通科技发展有限公司
489	深圳市海翔电路有限公司
490	深圳市易安锐自动化设备有限公司
491	深圳市盛大林科技有限公司
492	深圳市三林生物科技工程有限公司
493	深圳市云之音科技有限公司
494	深圳毕路德建筑顾问有限公司
495	深圳市海和科技股份有限公司
496	深圳市海普智能装备技术有限公司
497	深圳市睿策者科技有限公司
498	深圳市隆利科技股份有限公司
499	深圳市英泰康科技有限公司
500	深圳市航天食品分析测试中心有限公司
501	深圳乐言科技有限公司
502	深圳市瀚鼎电路电子有限公司
503	深圳市卓盈泰电子有限公司
504	深圳洲际建筑装饰集团有限公司
505	深圳市迈航信息技术有限公司
506	深圳市同科自动化设备有限公司
507	深圳市宇阳科技发展有限公司
508	鑫辰信息科技（深圳）有限公司
509	深圳市设际邹工业设计有限公司
510	深圳市合成快捷电子科技有限公司
511	广东核电合营有限公司
512	深圳市易鑫磊科技有限公司
513	深圳市芯盛世纪科技有限公司
514	深圳市方格尔科技有限公司
515	深圳市明唐通信有限公司
516	深圳市喜喜仕景观设计有限公司
517	深圳市诚立业科技发展有限公司
518	深圳市闪魔数码科技有限公司
519	深圳市恒盛新锐科技有限公司
520	深圳市鼎晖伟业自动化设备有限公司
521	深圳市宜步科技有限公司
522	深圳市凡骑绿畅技术有限公司
523	深圳市安车检测股份有限公司
524	深圳丰汇汽车电子有限公司
525	深圳尚雅致远科技有限公司
526	深圳市阳邦电子股份有限公司
527	深圳市武测空间信息有限公司
528	深圳市金欣辉电子科技有限公司
529	深圳市恒泰源光电技术有限公司
530	深圳市恒久溯源电子有限公司
531	深圳市山龙智控有限公司
532	长园深瑞继保自动化有限公司
533	深圳市鑫赛自动化设备有限公司
534	深圳市车童网科技有限公司
535	深圳市亿铖达工业有限公司
536	深圳市逸辰微科技有限公司
537	深圳市灿琳智能装备有限公司
538	深圳市新星轻合金材料股份有限公司
539	深圳志合天成科技有限公司
540	深圳英迪隆科技有限公司
541	深圳市海圣微电子有限公司
542	深圳市艾伦德科技有限公司
543	深圳市海清视讯科技有限公司
544	深圳市原像天成科技有限公司
545	深圳市奥斯拓科技有限公司
546	深圳市大京大科技有限公司
547	深圳中翼特种装备制造有限公司
548	深圳市海能通信股份有限公司
549	深圳市微校互联科技有限公司
550	深圳市东方硅源科技有限公司
551	深圳市视得安罗格朗电子有限公司
552	深圳市德秀科技有限公司
553	深圳市信瑞时代科技有限公司
554	深圳市宝晔威电子有限公司
555	深圳市万业隆太阳能科技有限公司
556	深圳市爱致科技有限公司
557	深圳信果科技有限公司
558	深圳市立创普照明设备有限公司
559	深圳中网时代网络科技服务有限公司
560	深圳市华南检测科技中心
561	深圳康诚达电子有限公司
562	深圳市麦捷微电子科技股份有限公司
563	深圳市双宇实业有限公司
564	深圳市国邦电子科技有限公司
565	深圳市优课在线教育有限公司
566	深圳市飞瑞斯科技有限公司
567	深圳市荣利自动化科技有限公司
568	深圳市远望淦拓科技有限公司
569	深圳市潘多拉光电股份有限公司
570	深圳市平豪电子有限公司
571	深圳市明德环科生态科技有限公司
572	深圳市拓普斯诺照明科技有限公司
573	深圳市明源软件股份有限公司
574	深圳市冠杰光电有限公司
575	深圳市鼎泰祥新能源科技有限公司
576	深圳天成真空技术有限公司
577	深圳市喜德盛碳纤科技有限公司
578	深圳市核达中远通电源技术股份有限公司
579	深圳市常茂信科技开发有限公司
580	深圳市普禄科智能检测设备有限公司
581	深圳华一检验有限公司
582	深圳市常春电子有限公司
583	深圳米筐科技有限公司
584	深圳高迪数码有限公司
585	深圳市捷时行科技服务有限公司

序号	单位名称	序号	单位名称	序号	单位名称
586	深圳耀信科技有限公司	636	深圳市优利美科技有限公司	686	深圳市安安森电子科技有限公司
587	深圳市耐明光电有限公司	637	深圳市稳超科技有限公司	687	深圳市金鼎泰电子有限公司
588	深圳市智远互联科技有限公司	638	深圳市微分科技有限公司	688	深圳市云展信息技术有限公司
589	深圳市贝尔加数据信息有限公司	639	深圳乐达明电子科技有限公司	689	深圳市鑫精达精密科技有限公司
590	深圳德一贵金属科技有限公司	640	深圳市立群精密设备有限公司	690	深圳市蜀黍科技有限公司
591	创维液晶器件（深圳）有限公司	641	深圳市瑞源祥橡塑制品有限公司	691	深圳市魔方安全科技有限公司
592	深圳市骏威实创电子有限公司	642	深圳市原动力运控技术有限公司	692	深圳市美日净化科技有限公司
593	深圳市携众通科技有限公司	643	深圳市华创精密科技有限公司	693	深圳市互诺科技有限公司
594	深圳市荣德机器人科技有限公司	644	深圳市奥宇节能技术股份有限公司	694	深圳微米动力科技有限公司
595	深圳市环硕科技有限公司	645	深圳市海运通电子科技有限公司	695	深圳市长园特发科技有限公司
596	深圳市新城市规划建筑设计股份有限公司	646	深圳市华龙新力激光科技有限公司	696	深圳警圣技术股份有限公司
597	深圳市普乐方文化科技股份有限公司	647	深圳市康贝尔智能技术有限公司	697	深圳动狐科技有限公司
598	深圳市耕创电子有限公司	648	深圳市欧之巨科技有限公司	698	安特塑胶（深圳）有限公司
599	深圳市华尚半导体科技有限公司	649	深圳市惠兴恒科技有限公司	699	深圳科荣达航空科技有限公司
600	深圳市华工宏信科技有限公司	650	深圳航信德诚科技有限公司	700	深圳市净之泉科技有限公司
601	深圳华大基因股份有限公司	651	深圳市易酷科技有限公司	701	深圳市创思科科技有限公司
602	深圳台佑电子科技有限公司	652	深圳市合信达控制系统有限公司	702	深圳市澳创智能科技有限公司
603	深圳市亚卡特义齿有限公司	653	深圳市诚质半导体设备有限公司	703	深圳振华富电子有限公司
604	深圳市易传信息科技有限公司	654	深圳市彩源光电有限公司	704	深圳市嘉景机电有限公司
605	深圳宝龙达信息技术股份有限公司	655	深圳市众耀光电有限公司	705	深圳睿志诚科技有限公司
606	深圳市力可为科技有限公司	656	深圳市动盈先进材料有限公司	706	深圳市特普生传感有限公司
607	深圳市拓邦锂电池有限公司	657	深圳市领创精密机械有限公司	707	深圳市新木犀科技有限公司
608	深圳中凝科技有限公司	658	深圳市帝馨软件有限公司	708	深圳市鹈鹕山互动科技有限公司
609	深圳市神舟飞箭电子科技有限公司	659	深圳晶凌达科技有限公司	709	深圳市高易电子有限公司
610	深圳市恒利能源科技有限公司	660	志峰五金塑胶（深圳）有限公司	710	深圳吉阳智能科技有限公司
611	深圳安茂科技有限公司	661	深圳市鼎盛威电子有限公司	711	深圳市吉英荣科技有限公司
612	深圳市德高智能系统有限公司	662	深圳市百焱科技有限公司	712	深圳市优迪泰自动化科技有限公司
613	深圳市网通兴技术发展有限公司	663	天空创新科技（深圳）有限公司	713	深圳市巨兆数码股份有限公司
614	深圳海迈偲科技有限公司	664	深圳汉华智能装备有限公司	714	深圳市昊岳科技有限公司
615	深圳企业云科技股份有限公司	665	深圳市奇珀信息技术有限公司	715	深圳市施特安邦科技有限公司
616	深圳市洋沃电子有限公司	666	深圳市罗博泰尔机器人技术有限公司	716	深圳市前海爱开创科技有限公司
617	深圳市汇众达电子有限公司	667	深圳市速必拓网络科技有限公司	717	深圳市智能派科技有限公司
618	深圳市华凌安科技有限公司	668	深圳市紘通电子有限公司	718	深圳市森电电子有限公司
619	深圳市安伯斯科技有限公司	669	伟登五金（深圳）有限公司	719	深圳酷风行实业有限公司
620	深圳前海沃诺新能源发展有限公司	670	深圳智慧云科技有限公司	720	深圳市钜达机械设备有限公司
621	深圳市丽晶光电科技股份有限公司	671	深圳市灿弘自动化科技有限公司	721	深圳市勤熙科技开发有限公司
622	深圳市海瑞思自动化科技有限公司	672	深圳市蓝凌软件股份有限公司	722	深圳市米诺电子有限公司
623	深圳三扬轴业股份有限公司	673	深圳市星龙科技股份有限公司	723	深圳市中金岭南有色金属股份有限公司
624	深圳市易晨虚拟现实技术有限公司	674	深圳市明日实业股份有限公司	724	深圳市杰科数码有限公司
625	锦胜包装（深圳）有限公司	675	深圳市巨世科技股份有限公司	725	深圳市柏涛蓝森国际建筑设计有限公司
626	深圳市豪璟达实业有限公司	676	深圳市百利永峰精密模具有限公司	726	深圳市和科达精密清洗设备股份有限公司
627	深圳市美德瑞生物科技有限公司	677	深圳市泰士特科技股份有限公司	727	深圳市恩特技术有限公司
628	深圳市维度科技有限公司	678	俊杰机械（深圳）有限公司	728	深圳市弘捷科技有限公司
629	深圳市至欣科技有限公司	679	深圳市安硕科技有限公司	729	深圳市昭城电子有限公司
630	深圳正和捷思科技有限公司	680	深圳市科思科技股份有限公司	730	深圳市鸿卓电子有限公司
631	深圳市东辰电子有限公司	681	深圳创维无线技术有限公司	731	深圳市韩宇新科技股份有限公司
632	深圳位置网科技有限公司	682	深圳市杜高生物新技术有限公司	732	深圳市帝鹏科技有限公司
633	深圳市英辉源电子有限公司	683	深圳豪成通讯科技有限公司	733	深圳市恒天吉科技技术发展有限公司
634	深圳市金研微科技有限公司	684	深圳市心丹医药科技有限公司	734	深圳伊腾迪新能源有限公司
635	深圳市警星科技有限公司	685	深圳市瀚云通科技有限公司	735	深圳市优米时代通讯有限公司

序号	单位名称
736	深圳市霍克视觉科技有限公司
737	深圳闪博科技有限公司
738	深圳市鑫锐华自动化设备有限公司
739	深圳市云智科技有限公司
740	深圳市德尔尚科技有限公司
741	深圳天华机器设备有限公司
742	深圳市格瑞斯达科技有限公司
743	深圳市微纳先材科技有限公司
744	深圳市大岭生态农林科技有限公司
745	深圳市韬略科技有限公司
746	深圳市清华天安信息技术有限公司
747	深圳市舜鼎科技有限公司
748	深圳大跃电机实业有限公司
749	深圳极视角科技有限公司
750	深圳永辰科技有限公司
751	深圳市晶宏照明有限公司
752	深圳巴斯巴科技发展有限公司
753	深圳市科能医疗器械有限公司
754	深圳市佰邦建筑设计顾问有限公司
755	深圳市车葫芦科技有限公司
756	深圳市华彩视讯科技有限公司
757	深圳市智能泰科技有限公司
758	深圳汇准科技有限公司
759	深圳市畅翔机电设备有限公司
760	深圳市库莱特光电科技有限公司
761	深圳市兴泰达隆科技有限公司
762	深圳市绿色星球互联新能源科技有限公司
763	深圳市舜源自动化科技有限公司
764	深圳市康泰电气设备有限公司
765	深圳三诺信息科技有限公司
766	深圳市洲际恒通科技有限公司
767	深圳联合益佰电子有限公司
768	深圳市博特精密设备科技有限公司
769	深圳市二砂深联有限公司
770	深圳市致胜腾达电业有限公司
771	深圳市思迈达智能设备有限公司
772	深圳市联腾科技有限公司
773	深圳市荣昌鑫电机有限公司
774	深圳麦普工程咨询有限公司
775	深圳市众能实业发展有限公司
776	深圳市汉华热管理科技有限公司
777	深圳市巴伦技术股份有限公司
778	深圳市车连连科技有限公司
779	深圳市南方电子口岸有限公司
780	深圳市捷耐电器有限公司
781	久裕交通器材（深圳）有限公司
782	深圳市诺可信科技股份有限公司
783	深圳市比特科技有限公司
784	深圳市正通荣耀通信科技有限公司
785	深圳华芯信息技术股份有限公司
786	深圳感通科技有限公司
787	深圳市通久电子有限公司
788	深圳市幺柒零信息科技有限公司
789	深圳市新纶科技股份有限公司
790	深圳市宏鑫源电子有限公司
791	深圳市泓海龙诚科技有限公司
792	深圳市博铭维系统工程有限公司
793	深圳市大别山新能源有限公司
794	深圳景视科技有限公司
795	深圳市贝斯通网络服务有限公司
796	深圳市明通辉电子有限公司
797	深圳市宝瑞恒业科技有限公司
798	泰豪科技（深圳）电力技术有限公司
799	深圳市台杰机械科技有限公司
800	深圳市瑞必达科技有限公司
801	深圳市思强瑞科技有限公司
802	深圳市晶昶能新能源科技有限公司
803	深圳市拓普旺模具有限公司
804	深圳市冠力达电子有限公司
805	深圳市点凡电子有限公司
806	深圳市铛铛出行科技有限公司
807	深圳市速易宝智能科技有限公司
808	深圳市能隙科技有限公司
809	华普特科技（深圳）股份有限公司
810	深圳市鸿旭科技有限公司
811	深圳市柏斯泰电脑配件有限公司
812	深圳市钜兆商用智能炉业有限公司
813	深圳比特微电子科技有限公司
814	深圳市汇万川塑胶薄膜有限公司
815	深圳市虚拟现实技术有限公司
816	深圳市蓝盔科技有限公司
817	深圳市鑫昊翔科技有限公司
818	深圳盟云全息文化有限公司
819	深圳市华彩玻璃机械有限公司
820	特大纺织制品（深圳）有限公司
821	深圳市泛彩溢实业有限公司
822	深圳市捷泰技术有限公司
823	深圳市深发源精密科技有限公司
824	友联科技通讯电子（深圳）有限公司
825	深圳市陆行鸟自动化设备有限公司
826	深圳合大电气有限公司
827	深圳市奥灵柯科技有限公司
828	深圳市慧网时代科技有限公司
829	深圳市微创云启科技有限公司
830	和林电子（深圳）有限公司
831	深圳市捷晶能源科技有限公司
832	深圳市聚源德科技有限公司
833	深圳市富邦新科技有限公司
834	医行华夏（深圳）科技有限公司
835	深圳市厚璞科技有限公司
836	优泰科技（深圳）有限公司
837	深圳市恒享表面处理技术有限公司
838	深圳市海博视科技有限公司
839	深圳市德立达科技有限公司
840	深圳市正耀科技有限公司
841	深圳市快易检网络科技有限公司
842	深圳市东维丰电子科技股份有限公司
843	深圳市微我科技有限公司
844	深圳市柏顺星科技有限公司
845	深圳市中科台富科技有限公司
846	深圳市兴瑞微科技有限公司
847	深圳市建升科技股份有限公司
848	深圳市倍量电子有限公司
849	深圳途泰科技有限公司
850	深圳市达程科技开发有限公司
851	深圳市龙科展电子有限公司
852	深圳市鹏基光电有限公司
853	深圳市鸿捷威科技有限公司
854	深圳市华升安全检验有限公司
855	深圳市铁头科技有限公司
856	深圳市京龙电子有限公司
857	深圳市金三科电子有限公司
858	深圳市盘古数据有限公司
859	深圳市和佳兴电子有限公司
860	深圳市西谷制冷设备有限公司
861	深圳市大拿科技有限公司
862	深圳市新军设备工程有限公司
863	深圳市锐斯特科技有限公司
864	深圳金丰源高分子材料有限公司
865	深圳市福浪电子有限公司
866	深圳市南科环保科技有限公司
867	深圳市迪立莱科技有限公司
868	深圳市阿西莫夫科技有限公司
869	深圳市艾博克电脑系统有限公司
870	深圳市志金电子有限公司
871	深圳市炬宏昌科技有限公司
872	深圳市华成峰科技有限公司
873	深圳市鸿富邦科技有限公司
874	深圳市百合隆工艺制品有限公司
875	深圳市创艺龙电子科技有限公司
876	深圳市科伦特电子有限公司
877	深圳市仁耀机电设备有限公司
878	深圳市浩信展业光电信息技术有限公司
879	深圳市众联激光智能装备有限公司
880	深圳市欧米兰新能源科技有限公司
881	深圳市盛世美行科技有限公司
882	实丰（深圳）网络科技有限公司
883	深圳市金程光电有限公司
884	深圳德龙激光智能有限公司
885	深圳市深科达智能装备股份有限公司

序号	单位名称
886	深圳市信步科技有限公司
887	深圳互连科技有限公司
888	深圳市英威腾交通技术有限公司
889	深圳市依波特科技有限公司
890	深圳竹云科技有限公司
891	深圳市大程节能设备有限公司
892	钜亿科技（深圳）有限公司
893	深圳市展业电机有限公司
894	深圳市速程精密科技有限公司
895	深圳市易百珑科技有限公司
896	深圳市城市交通规划设计研究中心有限公司
897	深圳市普耐尔科技有限公司
898	深圳市林外林园林工程有限公司
899	深圳市披克科技有限公司
900	深圳市越达彩印科技有限公司
901	深圳市莱美斯硅业有限公司
902	深圳市众焱科技有限公司
903	深圳市博望电子有限公司
904	深圳市飞博尔珠宝科技有限公司
905	深圳市安卓工控设备有限公司
906	深圳市克洛普斯科技有限公司
907	深圳市银星联盟电力科技有限公司
908	深圳乐谱照明科技有限公司
909	深圳市讯商科技股份有限公司
910	深圳市长辉新材料科技有限公司
911	深圳市宏事达能源科技有限公司
912	深圳市三德冠精密电路科技有限公司
913	深圳市火元素网络技术有限公司
914	深圳市依诺信科技有限公司
915	深圳市联华国际物流有限公司
916	深圳市奔达康电缆股份有限公司
917	深圳市森磊镒铭设计顾问有限公司
918	深圳市胜信科技有限公司
919	深圳市麦驰物联股份有限公司
920	深圳市鸿威盛精密科技有限公司
921	深圳市经合纬通讯设备有限公司
922	深圳市亿思达科技集团有限公司
923	深圳鸿鑫晶光电有限公司
924	深圳市科森林电子有限公司
925	深圳市中光远科技有限公司
926	深圳市萌奇文化发展有限公司
927	深圳市艾默锝科技有限公司
928	深圳市雅迪威电子有限公司
929	深圳市爱科学教育科技有限公司
930	鸿狮标识（深圳）有限公司
931	东昌电机（深圳）有限公司
932	深圳市天行家科技有限公司
933	深圳市喜德盛自行车股份有限公司
934	深圳市沈氏彤创航天模型有限公司
935	诺华达电子（深圳）有限公司
936	深圳市全利成机械制造有限公司
937	深圳开沃汽车有限公司
938	深圳联合金融数据科技有限公司
939	深圳市天地通电子有限公司
940	深圳市鼎峰无限电子有限公司
941	深圳市三三得玖通信技术有限公司
942	深圳市立杰天源科技有限公司
943	深圳非云信息技术有限公司
944	深圳市海鑫净化设备有限公司
945	深圳市自由侠科技有限公司
946	深圳市奥斯特电气技术有限公司
947	深圳市卓瑞科技有限公司
948	深圳大华轴承有限公司
949	深圳市宏泰源实业有限公司
950	深圳市金牛头新材料技术有限公司
951	深圳市沁源春科技有限公司
952	深圳市泰坦士科技有限公司
953	深圳市彩屏电子有限公司
954	九州阳光电源（深圳）有限公司
955	深圳好多彩五金有限公司
956	深圳市东华通用电气有限公司
957	深圳市联信永达科技有限公司
958	深圳市友为软件有限公司
959	深圳市信瑞泰支付服务有限公司
960	深圳市耀泰明德科技有限公司
961	深圳科士达新能源有限公司
962	深圳市西莫罗智能科技有限公司
963	东江环保股份有限公司
964	深圳市格先者科技有限公司
965	深圳市艾斯芸防伪技术开发有限公司
966	深圳煜之峰五金制品有限公司
967	深圳市数创众泰科技有限公司
968	深圳市陆海电子有限公司
969	深圳市翔迈精密科技有限公司
970	深圳市普力达包装材料有限公司
971	深圳市鼎隆盛塑胶模具有限公司
972	深圳易极智能科技有限公司
973	深圳清创系统有限公司
974	深圳市精芯微科技有限公司
975	深圳市涌固精密治具有限公司
976	深圳市众通源科技发展有限公司
977	深圳市莱卡斯电子有限公司
978	深圳市翠绿洲环境艺术有限公司
979	深圳市飞鹤电子有限公司
980	深圳市中涛环保工程技术有限公司
981	深圳市盛邦尔科技有限公司
982	深圳市凝锐电子科技有限公司
983	深圳市柏志兴环保科技有限公司
984	深圳市撒比斯科技有限公司
985	深圳市宝瑞达科技有限公司
986	深圳市弘城益五金制品有限公司
987	坚业科技（深圳）有限公司
988	深圳市永恒丰智能设备有限公司
989	深圳市蓝炬致远科技有限公司
990	深圳美嘉林软件科技有限公司
991	深圳市至高通信技术发展有限公司
992	深圳市鹏雄科技有限公司
993	深圳市风眼科技有限公司
994	深圳用友软件有限公司
995	深圳市兴威格科技有限公司
996	深圳市龙展科技有限公司
997	深圳东海建设集团有限公司
998	深圳市伊登软件股份有限公司
999	深圳市智绘科技有限公司
1000	深圳市海宇科电子科技有限公司
1001	深圳市力群印务有限公司
1002	深圳市华商维泰显示科技有限公司
1003	深圳市瑞秋卡森环保科技有限公司
1004	深圳市一窗科技有限责任公司
1005	深圳市中电软件有限公司
1006	深圳市锦昊安科技有限公司
1007	深圳泰德激光科技有限公司
1008	深圳市龙海精工有限公司
1009	深圳市八骏环境景观有限公司
1010	深圳威洛博机器人有限公司
1011	深圳市艾创电子有限公司
1012	中海油信息科技有限公司
1013	深圳市海普瑞药业集团股份有限公司
1014	深圳市中航世星科技有限公司
1015	深圳市华测实验室技术服务有限公司
1016	深圳南方精益科技有限公司
1017	深圳市必拓电子股份有限公司
1018	深圳市重和科技有限公司
1019	深圳市楚鹰新材料有限公司
1020	深圳京昊电容器有限公司
1021	深圳中航信息科技产业股份有限公司
1022	深圳科鑫泰电子有限公司
1023	深圳市兴隽光电科技有限公司
1024	深圳市图瑞科技有限公司
1025	深圳市蘑菇财富技术有限公司
1026	深圳市新桥网络技术有限公司
1027	深圳市微电能科技有限公司
1028	深圳市东一圣科技有限公司
1029	深圳市隆易芯科技开发有限公司
1030	深圳闪电鸟网络科技有限公司
1031	深圳市云鼎天科技有限公司
1032	深圳市科脉技术股份有限公司
1033	深圳国泰安教育技术股份有限公司
1034	深圳市鹏创软件有限公司
1035	深圳市民德电子科技股份有限公司

序号	单位名称
1036	深圳市冠泰橡胶制品有限公司
1037	深圳市昌龙盛机电技术有限公司
1038	深圳市满坤电子有限公司
1039	深圳市华立诺显示技术有限公司
1040	深圳市凯瑞德电子股份有限公司
1041	深圳市奋勇光电有限公司
1042	深圳市中美高格环保科技有限公司
1043	深圳市源科光电有限公司
1044	深圳市泰元丰机电有限公司
1045	深圳市德青科技有限公司
1046	深圳市奥昇光电技术有限公司
1047	雅保特科技模具（深圳）有限公司
1048	深圳市汉诺威设计有限公司
1049	深圳市深锐德智能科技有限公司
1050	深圳市锐晓科技有限公司
1051	深圳市大地和电气股份有限公司
1052	深圳市三奇科技有限公司
1053	深圳市瑞拓鑫电子有限公司
1054	深圳市肖端电子有限公司
1055	深圳市天聆通科技有限公司
1056	深圳大漠大智控技术有限公司
1057	深圳市新群力机械有限公司
1058	深圳市泰凯达科技有限公司
1059	深圳市晨鑫翔科技有限公司
1060	深圳市齐奥通信技术有限公司
1061	深圳市鑫聚联达塑胶制品有限公司
1062	深圳市贝菲科技有限公司
1063	深圳宾德生物技术有限公司
1064	深圳创怡兴实业有限公司
1065	深圳市楚唯呈科技有限公司
1066	深圳市汇米易通网络科技有限公司
1067	深圳市联欣科技有限公司
1068	深圳市达英和自动化工程有限公司
1069	深圳市均特利科技有限公司
1070	深圳市鑫鹏达光电有限公司
1071	深圳市华金精密五金有限公司
1072	深圳乐融软件技术有限公司
1073	深圳市鑫声电机有限公司
1074	深圳市超盛金属制品有限公司
1075	深圳市力信陆南实业有限公司
1076	建朗电子（深圳）有限公司
1077	深圳市天翼恒科技有限公司
1078	深圳市神盾信息技术有限公司
1079	深圳市碧云祥电子有限公司
1080	创新维（深圳）电子有限公司
1081	瑞兴恒方网络（深圳）有限公司
1082	深圳市华汇数据服务有限公司
1083	深圳市安百纳科技有限公司
1084	深圳市中金产业咨询有限公司
1085	深圳市友悦机器人科技有限公司

序号	单位名称
1086	深圳市达丰计量检测集团有限公司
1087	山特电子（深圳）有限公司
1088	广研德孚科技发展（深圳）有限公司
1089	渲美美健（深圳）科技股份有限公司
1090	深圳市天运电子科技有限公司
1091	深圳市亚的斯机电有限公司
1092	深圳市鑫灏源精密技术股份有限公司
1093	深圳市盛佳环保设备有限公司
1094	深圳市口袋搜网络股份有限公司
1095	深圳市隆兴达科技有限公司
1096	深圳太多电器科技有限公司
1097	深圳市新和创智能科技有限公司
1098	深圳市天方达健信科技股份有限公司
1099	深圳市创先照明科技有限公司
1100	深圳市维盛泰光电有限公司
1101	聚宝电器（深圳）有限公司
1102	深圳市卓毅科技有限公司
1103	深圳市升源园林生态有限公司
1104	深圳市德泛科技有限公司
1105	深圳市海曼科技股份有限公司
1106	美富精密制造（深圳）有限公司
1107	深圳市三研照明有限公司
1108	深圳宏安通信科技有限公司
1109	欧唐科技（深圳）有限公司
1110	深圳市绘美源科技有限公司
1111	深圳市鹏程安全技术事务有限公司
1112	深圳市卡迪森机器人有限公司
1113	深圳市莫亚科技有限公司
1114	深圳京龙睿信科技有限公司
1115	深圳市佰易兄弟网络技术有限公司
1116	深圳市艺盛科五金电子有限公司
1117	深圳前海维度信息技术有限公司
1118	深圳市鑫亚凯立科技有限公司
1119	深圳市高正软件有限公司
1120	深圳市泰昂能源科技股份有限公司
1121	深圳市鼎勤通讯有限公司
1122	深圳市美创电感制品有限公司
1123	新至升塑胶模具（深圳）有限公司
1124	深圳市钜沣泰科技有限公司
1125	深圳旭峰威视股份有限公司
1126	深圳百迈技术有限公司
1127	深圳市同创精密自动化设备有限公司
1128	深圳市新良田科技有限公司
1129	深圳市凯福机电设备有限公司
1130	深圳市艾辉自动化科技有限公司
1131	深圳市建成塑业有限公司
1132	虚拟现实（深圳）智能科技有限公司
1133	加油宝金融科技服务（深圳）有限公司
1134	深圳市裕同包装科技股份有限公司
1135	深圳市飞瑞航空服务有限公司

序号	单位名称
1136	源德盛塑胶电子（深圳）有限公司
1137	深圳风向标教育资源股份有限公司
1138	深圳市北京大学深圳研究院分析测试中心有限公司
1139	深圳市源度科技有限公司
1140	深圳市正东视觉数字技术有限公司
1141	深圳市泰达机器人有限公司
1142	深圳市天穹网络科技有限公司
1143	深圳市日昇园林绿化有限公司
1144	深圳市同辰建筑设计咨询有限公司
1145	深圳市斯迈迪科技发展有限公司
1146	深圳影迈科技股份有限公司
1147	深圳市优视技术有限公司
1148	深圳铭锋达精密技术有限公司
1149	深圳市蓝海扬电子有限公司
1150	深圳市利盛五金螺丝模具有限公司
1151	深圳居行者科技有限公司
1152	深圳市显创光电有限公司
1153	深圳市锦瑞新材料股份有限公司
1154	深圳市水务科技有限公司
1155	深圳市曼恩斯特科技有限公司
1156	深圳市博众节能工程技术有限公司
1157	深圳市燃气集团股份有限公司
1158	深圳市亿达全科技发展有限公司
1159	深圳市昌荣发科技发展有限公司
1160	深圳航天智控科技有限公司
1161	深圳市陆百亿光电有限公司
1162	深圳市中神盾电子科技有限公司
1163	深圳市南和建毅模具有限公司
1164	深圳市华一通信技术有限公司
1165	深圳软通动力信息技术有限公司
1166	深圳市精瑞科技有限公司
1167	博亿（深圳）工业科技有限公司
1168	深圳兴奇宏科技有限公司
1169	金蝶汽车网络科技有限公司
1170	深圳市奥达丰科技有限公司
1171	深圳市金悠然科技有限公司
1172	深圳市柔宇科技有限公司
1173	深圳芯瑞晟微电子有限公司
1174	深圳市盟友自动化有限公司
1175	深圳市康元电气技术有限公司
1176	深圳市固胜智能科技有限公司
1177	深圳市高斯通信息技术有限公司
1178	深圳市豹风网络股份有限公司
1179	深圳市科威普电子有限公司
1180	深圳市国成辉塑胶模具有限公司
1181	深圳市集电通实业有限公司
1182	深圳意杰（EBG）电子有限公司
1183	深圳市盛康泰医疗器械有限公司
1184	深圳市嘉卓成科技发展有限公司

序号	单位名称
1185	深圳市深龙达电器有限公司
1186	深圳市品琦照明有限公司
1187	深圳市集源鑫电子有限公司
1188	深圳市拓思创新通信技术有限公司
1189	深圳市三昆科技有限公司
1190	深圳市易珑科技有限公司
1191	深圳市龙诚行实业有限公司
1192	深圳市百辰科技股份有限公司
1193	深圳市广安电力设备有限公司
1194	昇翰科技（深圳）有限公司
1195	深圳市百能达电子有限公司
1196	深圳市南霸科技有限公司
1197	深圳市德达数控设备制造有限公司
1198	深圳市鸿威星光电有限公司
1199	深圳市银鹏威电子有限公司
1200	深圳市科力纳米工程设备有限公司
1201	深圳市永明尚德科技发展有限公司
1202	深圳市通达光电子有限公司
1203	深圳市安上科技有限公司
1204	广东德昌电机有限公司
1205	深圳市鸿哲智能系统工程有限公司
1206	深圳市百丽春粘胶实业有限公司
1207	时趣互动科技（深圳）有限公司
1208	深圳市磐慧科技有限公司
1209	深圳博柯安电机有限公司
1210	深圳市韦艾氏电子有限公司
1211	深圳市威泰能源有限公司
1212	深圳市积聚电子有限公司
1213	深圳市恒义建筑技术有限公司
1214	盈佳云创科技（深圳）有限公司
1215	深圳市海优达电子有限公司
1216	深圳市智客网络科技有限公司
1217	深圳零玖科技有限公司
1218	深圳市大观照明有限公司
1219	深圳市海恒智能技术有限公司
1220	深圳市兴鸿昌电器有限公司
1221	深圳市聚永能科技有限公司
1222	深圳市高巨创新科技开发有限公司
1223	深圳市深云通网络科技有限公司
1224	深圳般若海科技有限公司
1225	深圳市奇勤达科技发展有限公司
1226	深圳市邦士富科技有限公司
1227	深圳市国鸿天成科技有限公司
1228	深圳市鑫海鹰电子科技有限公司
1229	深圳市易奥特科技有限公司
1230	深圳市恒讯通电子有限公司
1231	深圳市太科检测有限公司
1232	深圳市掌星立意科技有限公司
1233	深圳华侨城文化旅游科技股份有限公司
1234	深圳市科美集成电路有限公司
1235	深圳市威雅莉科技有限公司
1236	深圳市熠辉照明科技有限公司
1237	中源智人科技（深圳）股份有限公司
1238	智慧光科技（深圳）有限公司
1239	深圳市卓泰硅胶制品有限公司
1240	深圳市森瑞普电子有限公司
1241	深圳市美德尔科技有限公司
1242	深圳市中翔达润电子有限公司
1243	深圳市比亚迪电子部品件有限公司
1244	深圳市联而达机电制品有限公司
1245	深圳市创信包装材料科技有限公司
1246	深圳市佛莱邦科技有限公司
1247	深圳缇铭科技有限公司
1248	深圳市晶泰液晶显示技术有限公司
1249	深圳市豪斯特力节能环保科技有限公司
1250	深圳市迈科信科技有限公司
1251	深圳盛通智能科技有限公司
1252	深圳市乐维机械有限公司
1253	深圳市普耐光电科技有限公司
1254	深圳力美数字科技有限公司
1255	深圳市兴国威电子有限公司
1256	深圳市超晋达超声工程设备有限公司
1257	深圳市三思科技开发有限公司
1258	深圳市宝峰达科技有限公司
1259	深圳市拓智者科技有限公司
1260	深圳市凯达丰精密五金制品有限公司
1261	深圳市上仁科技有限公司
1262	深圳市鸿睿物联科技发展有限公司
1263	深圳市魔耳乐器有限公司
1264	深圳市杜莎科技有限公司
1265	深圳方糖电子有限公司
1266	鹰星精密工业（深圳）有限公司
1267	深圳市赛弥康电子科技有限公司
1268	力维兴电子（深圳）有限公司
1269	智充科技（深圳）有限公司
1270	深圳市中博科创信息技术有限公司
1271	深圳市桑迪科技有限公司
1272	筑博设计（深圳）有限公司
1273	深圳市萨博机器人工具技术有限公司
1274	深圳市一本电子有限公司
1275	深圳新控自动化设备有限公司
1276	深圳市恒扬数据股份有限公司
1277	深圳市大元智能科技有限公司
1278	深圳市恒捷自动化有限公司
1279	深圳市蜂汇物联科技有限公司
1280	深圳豪客互联网有限公司
1281	深圳市鑫闻达电子有限公司
1282	深圳驰宇微科技有限公司
1283	深圳市镭康机械设备有限公司
1284	深圳市华科核医疗技术有限公司
1285	前海拉斯曼智能系统（深圳）有限公司
1286	深圳市飞尔跃科技发展有限公司
1287	深圳市威马克科技有限公司
1288	深圳市德兰明海科技有限公司
1289	深圳市华皓伟业光电有限公司
1290	神州在线科技有限公司
1291	深圳市优软科技有限公司
1292	深圳市勤丽光电有限公司
1293	深圳市禹鑫精密设备有限公司
1294	深圳市松上自动化科技有限公司
1295	安柏利亚通讯（深圳）有限公司
1296	深圳德沃尔机器人有限公司
1297	深圳市柯尼达巨茂医疗设备有限公司
1298	深圳市辰舟电器有限公司
1299	深圳市麦米智控技术有限公司
1300	深圳市瑞福达液晶显示技术股份有限公司
1301	深圳市尼柯光学精密技术有限公司
1302	深圳市逸协电子股份有限公司
1303	华津国检（深圳）金银珠宝检验中心有限公司
1304	深圳市云智数据服务有限公司
1305	深圳市德奥信息技术有限公司
1306	深圳市众祥安全科技有限公司
1307	深圳祥博一科技有限公司
1308	深圳市牧本工业设计有限公司
1309	深圳市海凌科达科技有限公司
1310	深圳市奥顺达实业有限公司
1311	深圳市松恒科技有限公司
1312	深圳市优晶源科技有限公司
1313	深圳市桑泰防伪材料有限公司
1314	欧达可电子（深圳）有限公司
1315	平安付科技服务有限公司
1316	深圳市汇顶科技股份有限公司
1317	深圳市科列技术股份有限公司
1318	智诚计算机辅助设计（深圳）有限公司
1319	深圳海思环境工程有限公司
1320	深圳市鹏力凯科技有限公司
1321	深圳市鸿祥文魔术贴有限公司
1322	深圳市凯特电子有限公司
1323	深圳市祢得智能设备有限公司
1324	深圳市世宗自动化设备有限公司
1325	深圳市领志光机电自动化系统有限公司
1326	深圳市臻鼎盛通讯有限公司
1327	深圳市中政汇智管理咨询有限公司
1328	深圳市冠知科技有限公司
1329	深圳市希力普环保设备发展有限公司
1330	深圳市杉川机器人有限公司
1331	深圳市港源微键技术有限公司
1332	深圳市中电网络技术有限公司
1333	深圳宏友金钻石工具有限公司
1334	深圳市轩彩视佳科技有限公司

序号	单位名称
1335	深圳游视虚拟现实技术有限公司
1336	深圳博雅英杰电子有限公司
1337	深圳市新动文化传播有限公司
1338	深圳市君利信达科技有限公司
1339	深圳市钧诚精密制造有限公司
1340	深圳市中凯业科技有限公司
1341	深圳市南方创新真空技术有限公司
1342	深圳市翰鑫自动化科技有限公司
1343	深圳市腾立达科技有限公司
1344	深圳一电科技有限公司
1345	深圳市深鹏达电网科技有限公司
1346	深圳和华国际工程与设计有限公司
1347	深圳市英唐智能控制股份有限公司
1348	广东奥博特实业有限公司
1349	深圳市科路思科技有限公司
1350	深圳市科安硅胶制品有限公司
1351	深圳普鲁士特空压系统有限公司
1352	深圳市良源通科技有限公司
1353	迅雷计算机（深圳）有限公司
1354	昂纳自动化技术（深圳）有限公司
1355	深圳市掌锐电子有限公司
1356	全怡艺科技（深圳）有限公司
1357	深圳市飞扬亿视科技发展有限公司
1358	深圳市雅乐实业有限公司
1359	深圳市宏毅泰科技有限公司
1360	深圳市驰卡软件有限公司
1361	深圳市恒博精工科技有限公司
1362	深圳市福锐达科技有限公司
1363	深圳市明日信息技术有限公司
1364	深圳市安良科技有限公司
1365	广东新环环保产业集团有限公司
1366	深圳市海吉星环保有限责任公司
1367	恩斯迈电子（深圳）有限公司
1368	深圳市湛艺建设集团有限公司
1369	深圳赛意法微电子有限公司
1370	深圳市万友城五金制品有限公司
1371	深圳天诚巨能科技有限公司
1372	深圳电丰电子有限公司
1373	深圳中广核工程设计有限公司
1374	深圳市康源半导体有限公司
1375	深圳市灿晶电子科技有限公司
1376	深圳栢讯灵动科技有限公司
1377	深圳市聚泽源科技有限公司
1378	孝爱通（深圳）科技有限公司
1379	联正电子（深圳）有限公司
1380	深圳市威尔健科技发展有限公司
1381	深圳思傲电子有限公司
1382	深圳市凯迪炫电子科技有限公司
1383	深圳市智能现实科技有限公司
1384	深圳市威力佳科技有限公司

序号	单位名称
1385	深圳市海立方生物科技有限公司
1386	深圳市华星光电半导体显示技术有限公司
1387	深圳亚泰飞越设计顾问有限公司
1388	深圳市莱珂蔓科技有限公司
1389	旭程电子（深圳）有限公司
1390	深圳市晶博科技有限公司
1391	深圳市德威机电设备有限公司
1392	深圳市通银海精密电子有限公司
1393	深圳市君奕豪科技有限公司
1394	深圳市星盘科技有限公司
1395	深圳鸿博永创科技有限公司
1396	深圳市欧迪机电有限公司
1397	深圳市亨瑞达制冷设备有限公司
1398	深圳市云谷创新科技有限公司
1399	深圳市求卓科技有限公司
1400	金元数金融信息系统（深圳）有限公司
1401	深圳市悦和智慧科技有限公司
1402	深圳市源流科技有限公司
1403	深圳市宝斯鑫科技发展有限公司
1404	深圳市中科卓软科技有限公司
1405	深圳市威勒科技股份有限公司
1406	深圳市章贡禾精密五金有限公司
1407	深圳市金证前海金融科技有限公司
1408	保祥胶袋制品（深圳）有限公司
1409	深圳市盐田港建筑工程检测有限公司
1410	深圳市鼎业电子有限公司
1411	深圳市鸿鸣通科技有限公司
1412	深圳市康佳智能电器科技有限公司
1413	深圳市嘉中电子有限公司
1414	深圳小鹏网络技术有限公司
1415	深圳市致远优学教育科技有限公司
1416	深圳市百联创新科技有限公司
1417	深圳市誉托科技有限公司
1418	深圳德威音响有限公司
1419	深圳市本征方程石墨烯技术股份有限公司
1420	深圳市清华苑工程结构鉴定有限公司
1421	深圳市绿沁环保投资有限公司
1422	深圳市侠游科技有限公司
1423	深圳爱根斯通科技有限公司
1424	蓝聚（深圳）空气系统有限公司
1425	深圳市凯立德欣软件技术有限公司
1426	深圳市昆龙卓盈机电有限公司
1427	深圳市溢旭电子有限公司
1428	深圳找房网络科技有限公司
1429	深圳市博科顺精密设备有限公司
1430	深圳博邦诚光电有限公司
1431	深圳市云之尚网络科技有限公司
1432	深圳市天鹤科技有限公司
1433	深圳跃海节能技术有限公司
1434	深圳华科云动力科技有限公司

序号	单位名称
1435	深圳市嘉盛鸿大科技有限公司
1436	干霸干燥剂（深圳）有限公司
1437	聚联视通（深圳）科技有限公司
1438	深圳市前海数据服务有限公司
1439	深圳市锐骏半导体股份有限公司
1440	深圳市听科技音频技术有限公司
1441	深圳市英盟塑胶模具有限公司
1442	深圳市晶久源电子有限公司
1443	欧菲科技股份有限公司
1444	深圳市鼎烽电气有限公司
1445	深圳市华元自动化设备有限公司
1446	深圳市元创视觉科技有限公司
1447	深圳市华荣科技有限公司
1448	深圳米趣玩科技有限公司
1449	深圳前海大数金融服务有限公司
1450	深圳市组创微电子有限公司
1451	深圳市雄伟达电子有限公司
1452	深圳市爱林瑞电子有限公司
1453	深圳市华之鑫自动化设备有限公司
1454	深圳市元通汽车电子有限公司
1455	深圳市海裕机电设备有限公司
1456	深圳市精敏数字机器有限公司
1457	深圳鹏达信能源环保科技有限公司
1458	深圳格兰泰克科技有限公司
1459	达维信息技术（深圳）有限公司
1460	深圳市金玺智控技术有限公司
1461	深圳市国兰电子科技有限公司
1462	先歌国际影音有限公司
1463	深圳市艾捷莫科技有限公司
1464	深圳市百纳九洲科技有限公司
1465	深圳市莱帝森环保节能科技有限公司
1466	深圳市永晟科技有限公司
1467	深圳道可视科技有限公司
1468	深圳市银翔科技有限公司
1469	深圳安捷互联有限公司
1470	深圳市汉宇环境科技有限公司
1471	深圳市雅玛西电子有限公司
1472	广东天泽汇通科技有限公司
1473	深圳市尚亿创新科技有限公司
1474	深圳市林上科技有限公司
1475	深圳市慢钱网络科技有限公司
1476	深圳市普天宜通技术股份有限公司
1477	深圳市凯博科技有限公司
1478	深圳市研拓利科技有限公司
1479	深圳康美生物科技股份有限公司
1480	深圳市深银联易办事金融服务有限公司
1481	深圳市新通模具有限公司
1482	晋升泰精密（深圳）有限公司
1483	深圳市万人市场调查股份有限公司
1484	乐聚（深圳）机器人技术有限公司

序号	单位名称
1485	深圳市超越显示科技有限公司
1486	杰特电子实业（深圳）有限公司
1487	深圳市兴森快捷电路科技股份有限公司
1488	深圳市创力能电源有限公司
1489	深圳市智维晟科技有限公司
1490	益安科技工程股份有限公司
1491	深圳恩泽瑞显示科技有限公司
1492	深圳市紫光新能源技术有限公司
1493	通国科技（深圳）有限公司
1494	深圳市牛鼎丰科技有限公司
1495	中电金融设备系统（深圳）有限公司
1496	深圳市爱拓自动化设备有限公司
1497	信安技术（中国）有限公司
1498	深圳市聆动智能科技有限公司
1499	新富生光电（深圳）有限公司
1500	深圳市华顺强科技有限公司
1501	深圳市菲森科技有限公司
1502	固泰鑫科技（深圳）有限公司
1503	深圳以诺生物制药有限公司
1504	新灵电子技术开发（深圳）有限公司
1505	深圳市斯珀特思科技有限公司
1506	深圳市强元芯电子有限公司
1507	深圳一向众盈科技有限公司
1508	深圳市净万嘉环保科技有限公司
1509	深圳铭键电子有限公司
1510	深圳市华科星电气有限公司
1511	深圳市中建金属制品有限公司
1512	深圳市大地幕墙科技有限公司
1513	深圳市普方软件有限公司
1514	深圳市多美达数码科技有限公司
1515	深圳市华粤世通软件科技有限公司
1516	深圳市兴为通科技股份有限公司
1517	深圳市合方圆科技开发有限公司
1518	美律电子（深圳）有限公司
1519	深圳广田集团股份有限公司
1520	深圳市速通捷科技有限公司
1521	深圳鑫源诚精密机械有限公司
1522	深圳市鸿东环境工程有限公司
1523	深圳市安吉丽光电科技有限公司
1524	深圳市东进银通电子有限公司
1525	深圳市欢乐动漫股份有限公司
1526	中航工业南航（深圳）测控技术有限公司
1527	深圳市车网联盟科技有限公司
1528	深圳市松青锌镁铝精密压铸有限公司
1529	深圳市杰思谷科技有限公司
1530	深圳市鑫运祥精密刀具有限公司
1531	唐锋机电科技（深圳）有限公司
1532	深圳市安多微电子有限公司
1533	深圳市艺通能科技有限公司
1534	深圳市环球教学设备有限公司
1535	深圳市东深工程有限公司
1536	驰为创新科技（深圳）有限公司
1537	深圳市深之蓝科技有限公司
1538	深圳市晶展鑫电子设备有限公司
1539	深圳市铭瑞达五金制品有限公司
1540	深圳市万正兴电子有限公司
1541	深圳市迪米科技有限公司
1542	深圳市恒腾达自动化设备有限公司
1543	深圳市科图自动化新技术应用公司
1544	深圳市大象联合空间建设股份有限公司
1545	深圳市爱培科技术股份有限公司
1546	深圳市创视通电子技术有限公司
1547	深圳市奥斯珂科技有限公司
1548	深圳市创易联合科技有限公司
1549	深圳市佳信德科技有限公司
1550	深圳市爱派环保物联科技有限公司
1551	深圳市前海圆舟网络科技股份有限公司
1552	深圳市广天地数控设备有限公司
1553	深圳市鹏翔电气有限公司
1554	安瑞普电气有限公司
1555	深圳市捷科智能系统有限公司
1556	深圳市众雄科技有限公司
1557	深圳市蓝晟电子有限公司
1558	深圳市博瑞得科技有限公司
1559	深圳市盖斯帕克气体应用技术有限公司
1560	深圳市宏胜飞科技有限公司
1561	深圳市安触科技有限公司
1562	深圳热播网络科技有限公司
1563	深圳市联合嘉利科技有限公司
1564	深圳优普莱等离子体技术有限公司
1565	华宇信通科技有限公司
1566	深圳市新元素医疗技术开发有限公司
1567	深圳市松特电子有限公司
1568	深圳市景运通硅胶制品有限公司
1569	深圳市汇和精密电路有限公司
1570	深圳市富一方科技有限公司
1571	深圳市文鼎创数据科技有限公司
1572	深圳市联生佳科技有限公司
1573	深圳唯美度生物科技有限公司
1574	深圳市纽斯达光电有限公司
1575	深圳市德润达光电股份有限公司
1576	深圳市卓越至高电子有限公司
1577	深圳市极而峰工业设备有限公司
1578	深圳市日晖达电子有限公司
1579	深圳市澳迪星电子有限公司
1580	深圳市天技电子技术有限公司
1581	未来机器人（深圳）有限公司
1582	深圳市木雅园林股份有限公司
1583	深圳市通发激光设备有限公司
1584	深圳市迷你玩科技有限公司
1585	深圳市友博数控机床有限公司
1586	深圳市南粤电力设备有限公司
1587	深圳市理泽欣科技有限公司
1588	深圳市天宇恒电子有限公司
1589	深圳红树科技有限公司
1590	博康云信科技有限公司
1591	深圳市美灿欣电子科技有限公司
1592	高新现代智能系统股份有限公司
1593	深圳光启岗达创新科技有限公司
1594	深圳市康视佳网络科技发展有限公司
1595	深圳市海威特智能系统有限公司
1596	深圳市蜂之舞智能科技有限公司
1597	深圳天鼎新材料有限公司
1598	深圳市信毅科技有限公司
1599	深圳市鑫磊峰科技有限公司
1600	深圳市方迪融信科技有限公司
1601	深圳市泰科科技有限公司
1602	深圳市合派电子技术有限公司
1603	深圳市奇摩计算机有限公司
1604	深圳市博亿精科科技有限公司
1605	深圳市欣天科技股份有限公司
1606	深圳市库博建筑设计事务所有限公司
1607	深圳市深港联检测有限公司
1608	深圳市三维度科技有限公司
1609	深圳市爱思软件技术有限公司
1610	深圳市宏创威科技有限公司
1611	深圳市西林电气技术有限公司
1612	金雅豪精密金属科技（深圳）股份有限公司
1613	深圳市欧视卡科技有限公司
1614	深圳市杰普科技有限公司
1615	深圳市广通软件有限公司
1616	深圳东原电子有限公司
1617	深圳市学之友科技有限公司
1618	深圳市康美特科技有限公司
1619	深圳桑达商用机器有限公司
1620	深圳市天元节保技术有限公司
1621	深圳科瑞技术股份有限公司
1622	深圳市正嘉翔科技有限公司
1623	国医华科（深圳）医疗科技发展有限公司
1624	深圳市仁川自动化设备有限公司
1625	深圳市无界人文科技有限公司
1626	深圳市嘉正欣实业有限公司
1627	深圳市凯卓立液压设备股份有限公司
1628	深圳市展业桓电子有限公司
1629	深圳市天微电子股份有限公司
1630	深圳泰利能源有限公司
1631	深圳市互联在线云计算股份有限公司
1632	固高科技（深圳）有限公司
1633	深圳市易驱电气有限公司
1634	菲鹏生物股份有限公司

序号	单位名称
1635	深圳市天翊瑞霖智能科技有限公司
1636	深圳兆日科技股份有限公司
1637	深圳市索晶新能源科技有限公司
1638	深圳微企宝计算机系统有限公司
1639	深圳伯图康卓智能科技有限公司
1640	深圳市合兴加能科技有限公司
1641	深圳市鑫嘉恒科技有限公司
1642	深圳市乐的美光电股份有限公司
1643	深圳键桥轨道交通有限公司
1644	深圳市创联云科技有限公司
1645	深圳市精诚显示技术有限公司
1646	深圳市车联天下信息科技有限公司
1647	深圳市天虹激光技术有限公司
1648	深圳市贝斯得电子有限公司
1649	深圳市东圣源达科技有限公司
1650	深圳市展达胜包装材料有限公司
1651	深圳信息通信研究院
1652	深圳市证通佳明光电有限公司
1653	深圳和盛新创科技有限公司
1654	深圳市百鸿光电有限公司
1655	深圳侨云科技股份有限公司
1656	深圳市智路由科技有限公司
1657	深圳华电通讯有限公司
1658	高诚电子（深圳）有限公司
1659	深圳市鹏林电子有限公司
1660	深圳市坊城建筑设计顾问有限公司
1661	深圳莱特光电股份有限公司
1662	深圳市新联鑫网络科技有限公司
1663	深圳市德运昌科技有限公司
1664	深圳市信展通电子有限公司
1665	深圳市华熠致源科技有限公司
1666	深圳海岸语音技术有限公司
1667	深圳市一康智科技有限公司
1668	深圳市东恒达智能科技有限公司
1669	深圳市永兴盛科技有限公司
1670	深圳市思迪信息技术股份有限公司
1671	深圳市长盈创新科技有限公司
1672	深圳辰达行电子有限公司
1673	深圳市开步电子有限公司
1674	联泰高科电路板（深圳）有限公司
1675	深圳市泰士特线缆有限公司
1676	深圳方圆自动化设备有限公司
1677	深圳市云积分科技有限公司
1678	深圳开拍网科技有限公司
1679	深圳市北斗车载电子有限公司
1680	深圳嘉印包装有限公司
1681	深圳市金越翔科技有限公司
1682	深圳市曜通科技有限公司
1683	深圳市航天新源科技有限公司
1684	深圳市圣宏威精密模具有限公司
1685	深圳市宝盛自动化设备有限公司
1686	深圳福沃药业有限公司
1687	深圳市和合信电子科技有限公司
1688	深圳市万瑞和电子有限公司
1689	深圳市凯比特微电子有限公司
1690	深圳市科世佳电子有限公司
1691	深圳市元泰丰光电有限公司
1692	深圳远大科技工程有限公司
1693	深圳仕佳光缆技术有限公司
1694	深圳市华美兴泰科技股份有限公司
1695	深圳市佑明光电有限公司
1696	深圳市卡贝电子技术有限公司
1697	深圳市注目视讯技术有限公司
1698	深圳市永隆信科技有限公司
1699	深圳市博星达科技有限公司
1700	深圳市新启航科创服务有限公司
1701	南塑建材塑胶制品（深圳）有限公司
1702	深圳坤易泰建材有限公司
1703	深圳市环源虹照明技术有限公司
1704	深圳莱洛电力科技有限公司
1705	深圳市前海胜德建筑科技有限公司
1706	深圳市合众源环保科技有限公司
1707	深圳市裕麟环境工程有限公司
1708	深圳市粤能电气有限公司
1709	深圳天星创展电子有限公司
1710	深圳爱酷智能科技有限公司
1711	深圳天地鼎视精密装备有限公司
1712	深圳市吉泰鑫电子有限公司
1713	深圳市赫格电气有限公司
1714	深圳市威赛环境照明有限公司
1715	深圳雁联数据科技有限公司
1716	深圳市联新移动医疗科技有限公司
1717	深圳市新沧海机械有限公司
1718	深圳市天勤供应链服务有限公司
1719	广东北斗翔晨科技有限公司
1720	安科利通讯设备（深圳）有限公司
1721	深圳市菲炫电子科技有限公司
1722	深圳市凯德旺科技有限公司
1723	深圳市通创通信有限公司
1724	深圳市方兴鎏通实业有限公司
1725	深圳市辉志腾科技有限公司
1726	深圳市蒲迅电池有限公司
1727	深圳市沛城电子科技有限公司
1728	深圳市海亿康科技有限公司
1729	中晶彩光学（深圳）有限公司
1730	深圳市致格科技有限公司
1731	深圳市英能达电子有限公司
1732	深圳暴风统帅科技有限公司
1733	深圳市思航信息科技有限公司
1734	盈锋志诚嘉精密五金（深圳）有限公司
1735	深圳市前海必胜道网络科技有限公司
1736	深圳市优创兴电子科技有限公司
1737	深圳铭洋中科能源技术有限公司
1738	深圳市天益智网科技有限公司
1739	深圳市弘海净化设备有限公司
1740	深圳市乐电科技有限公司
1741	深圳市迅飞自动化设备有限公司
1742	深圳市丰利源节能科技有限公司
1743	深圳灿和兄弟网络科技有限公司
1744	深圳市金城保密技术有限公司
1745	深圳市浩文安通科技有限公司
1746	深圳市劲厨厨具设备有限公司
1747	深圳市深之创科技有限公司
1748	深圳市方圆鹏程科技有限公司
1749	深圳市精朗自动化科技有限公司
1750	深圳市小牛动力科技有限公司
1751	深圳市现代城市建筑设计有限公司
1752	深圳弘富源科技有限公司
1753	深圳特发东智科技有限公司
1754	深圳市琦轩实创科技有限公司
1755	深圳市伟思顿电子电器有限公司
1756	深圳科安达电子科技股份有限公司
1757	深圳市新怡富数控设备有限公司
1758	深圳市承德电子有限公司
1759	宏峰行化工（深圳）有限公司
1760	深圳市多泰节能科技股份有限公司
1761	深圳市智傲科技有限公司
1762	深圳市奥德斯景观及建筑规划设计院有限公司
1763	深圳市思索科技有限公司
1764	深圳市安莫比科技有限公司
1765	深圳创世泰克科技有限公司
1766	深圳市星锦雅实业有限公司
1767	深圳市港湾信息系统集成有限公司
1768	深圳市联智光电科技有限公司
1769	深圳市超群永强科技有限公司
1770	深圳市锐博精创科技有限公司
1771	深圳市金大精密制造有限公司
1772	深圳市威尔创恒科技有限公司
1773	深圳市华众自动化工程有限公司
1774	深圳嘉德力合智能科技发展有限公司
1775	深圳市聚和应用科技有限公司
1776	深圳市思特通连电子有限公司
1777	深圳市欣横纵技术股份有限公司
1778	深圳市建和诚达科技有限公司
1779	深圳烯旺智能生活有限公司
1780	艾奕康设计与咨询（深圳）有限公司
1781	深圳市贝特瑞纳米科技有限公司
1782	深圳市美思先端电子有限公司
1783	深圳市集力电线电缆有限公司
1784	深圳东方泰和科技有限公司

序号	单位名称
1785	深圳市超纯环保股份有限公司
1786	深圳市房谱网络科技股份有限公司
1787	深圳市振宇达智能机器人科技有限公司
1788	深圳金华达技派科技有限公司
1789	深圳市美捷森特种电路技术有限公司
1790	深圳市盛天商业机器有限公司
1791	深圳市诚意枫光电有限公司
1792	深圳市杰巍祥和实业有限公司
1793	深圳市新格林耐特通信技术有限公司
1794	深圳市固睿技术有限公司
1795	深圳市老友互动科技有限公司
1796	深圳市锐登特科技有限公司
1797	深圳市精致网络设备有限公司
1798	深圳市科荣软件股份有限公司
1799	深圳市华科博创信息科技有限公司
1800	深圳市鑫达精密技术有限公司
1801	凯杰生物工程（深圳）有限公司
1802	深圳市企慧通信息技术有限公司
1803	深圳安培龙科技股份有限公司
1804	深圳润迅数据通信有限公司
1805	深圳市沃美生科技有限公司
1806	深圳市精锐纵横网络技术有限公司
1807	深圳市参数领航科技有限公司
1808	深圳市时凯电子有限公司
1809	深圳市汇智在线科技有限公司
1810	深圳市氧管家科技有限公司
1811	深圳市合力精锐工业设备有限公司
1812	九辉包装（深圳）有限公司
1813	深圳咏华盛世技术有限公司
1814	深圳市兆兴博拓科技有限公司
1815	深圳中润光电技术股份有限公司
1816	深圳八班网络科技有限公司
1817	恒信永耀塑胶五金（深圳）有限公司
1818	深圳市首迈通信技术有限公司
1819	深圳优筑环保产业发展有限公司
1820	深圳德尚自动化设备有限公司
1821	深圳市众芯能科技有限公司
1822	深圳市爱视视觉光学有限公司
1823	深圳市银联宝电子科技有限公司
1824	深圳市亚优特科技有限公司
1825	深圳市鼎耀科技有限公司
1826	深圳市亿利达数码印刷有限公司
1827	深圳市绎立锐光科技开发有限公司
1828	深圳市佳维思科技有限公司
1829	深圳市库泰克电子材料技术有限公司
1830	深圳市集站科技有限公司
1831	深圳市天慧谷科技股份公司
1832	深圳市元征科技股份有限公司
1833	深圳市云时空科技有限公司
1834	深圳市艾博德科技股份有限公司

序号	单位名称
1835	粤和兴激光刀模（深圳）有限公司
1836	深圳市潜力实业有限公司
1837	深圳市宇昊电子科技有限公司
1838	柯赛科技（深圳）有限公司
1839	深圳银光机器人技术有限公司
1840	深圳市奥思科电子有限公司
1841	深圳消安科技有限公司
1842	深圳市爱比瑞塑胶模具有限公司
1843	深圳市美卡达科技有限公司
1844	深圳田田云网络科技有限公司
1845	深圳晶美锐多媒体有限公司
1846	深圳市明鑫亿显科技有限公司
1847	招商局重工（深圳）有限公司
1848	深圳麦科信仪器有限公司
1849	深圳市赛为智能股份有限公司
1850	深圳市九力信水处理科技有限公司
1851	深圳市美晶科技有限公司
1852	深圳市安能能源技术有限公司
1853	深圳市金印达科技有限公司
1854	深圳市时代创新科技有限公司
1855	深圳市安联达实业有限公司
1856	深圳文科园林股份有限公司
1857	深圳市润恒泰实业有限公司
1858	深圳市福誉电子有限公司
1859	深圳市中外建建筑设计有限公司
1860	深圳市普利凯新材料股份有限公司
1861	深圳市朗程师地域规划设计有限公司
1862	深圳市恩欣龙特种材料股份有限公司
1863	深圳市富成模具制品有限公司
1864	深圳骏信科技有限公司
1865	深圳市新菱江电子科技有限公司
1866	深圳市安盛信息技术有限公司
1867	广东安迪普科技有限公司
1868	深圳市金鹏正科技有限公司
1869	深圳点点科技有限公司
1870	深圳市中装园林建设工程有限公司
1871	深圳市亿威尔信息技术股份有限公司
1872	深圳市乐智教育科技有限公司
1873	深圳市科力恩生物医疗有限公司
1874	深圳市鹰之航航空科技有限公司
1875	十速兴业科技（深圳）有限公司
1876	深圳好尔德机电设备有限公司
1877	深圳市义特科技有限公司
1878	深圳市辰中科技有限公司
1879	立讯精密工业股份有限公司
1880	誉展精密科技（深圳）有限公司
1881	深圳市碧园环保技术有限公司
1882	深圳市速易网络科技有限公司
1883	深圳慧昱教育科技有限公司
1884	盛视科技股份有限公司

序号	单位名称
1885	深圳市合纵机电工程有限公司
1886	深圳安科高技术股份有限公司
1887	深圳布鲁威森光电有限公司
1888	比亚迪汽车工业有限公司
1889	深圳市信必成实业有限公司
1890	深圳市鼎拓达机电有限公司
1891	深圳市华群世纪光电有限公司
1892	深圳市中大信通科技有限公司
1893	深圳市立德电控科技有限公司
1894	深圳市标富科技有限公司
1895	深圳市艾贝特电子科技有限公司
1896	深圳市杰尼思科技有限公司
1897	深圳市奇脉电子技术有限公司
1898	深圳市晶盛自动化设备有限公司
1899	深圳市集和诚科技开发有限公司
1900	深圳市数通智能有限公司
1901	深圳迪奥普无人机股份公司
1902	深圳市比克动力电池有限公司
1903	业成光电（深圳）有限公司
1904	深圳市海美思信息技术有限公司
1905	深圳市咫尺网络科技开发有限公司
1906	深圳市博立生物材料有限公司
1907	深圳市南通五金橡塑制品有限公司
1908	深圳市大族智能控制科技有限公司
1909	深圳市拓远志达科技有限公司
1910	深圳市丛文安全电子有限公司
1911	深圳市阿可美电器有限公司
1912	深圳市万德新材料有限公司
1913	深圳市恒芯伟业数码有限公司
1914	深圳市美微视电子有限公司
1915	深圳市荣升发展有限公司
1916	深圳市创世互动科技有限公司
1917	深圳市飞兆科技有限公司
1918	深圳市宜车科技有限公司
1919	深圳市东方博雅科技有限公司
1920	深圳市深大检测有限公司
1921	深圳市绿通环保技术有限公司
1922	深圳市三也生物科技有限公司
1923	深圳市首熙机械设备有限公司
1924	深圳市赛元微电子有限公司
1925	深圳市成星自动化系统有限公司
1926	深圳市补优优网络科技有限公司
1927	威士徕光源（深圳）有限公司
1928	深圳市海里表面技术处理有限公司
1929	深圳市华友宏业新能源技术有限公司
1930	深圳市宝盛电子技术有限公司
1931	深圳市彩斓光电科技有限公司
1932	深圳市优瑞康模具科技有限公司
1933	深圳市艾可尔电子科技有限公司
1934	深圳市海翔铭实业有限公司

序号	单位名称	序号	单位名称	序号	单位名称
1935	深圳市新启发汽车用品有限公司	1985	美芯集成电路（深圳）有限公司	2035	深圳市极致科技股份有限公司
1936	深圳市金百泽电子科技股份有限公司	1986	深圳钢堡医疗科技实业有限公司	2036	深圳市顺昱自动化设备有限公司
1937	深圳市深发五金技术有限公司	1987	深圳市易连汇通科技有限公司	2037	深圳矽递科技股份有限公司
1938	深圳市智盾环保科技有限公司	1988	深圳市众拓自动化设备有限公司	2038	深圳市傲雷科技发展有限公司
1939	深圳市微控智能自动化设备有限公司	1989	深圳市卓励科技有限公司	2039	深圳市鑫尔泰科技有限公司
1940	深圳市惠斯登电子有限公司	1990	深圳市环境工程科学技术中心有限公司	2040	深圳市天诺通光电科技有限公司
1941	深圳心派科技有限公司	1991	深圳市富源机电设备有限公司	2041	深圳精研能源科技有限公司
1942	深圳市中捷联创电子技术有限公司	1992	深圳市毕昇科技有限公司	2042	源澈科技开发（深圳）有限公司
1943	深圳珠科创新技术有限公司	1993	深圳市颉立德智能科技有限公司	2043	深圳市盛贸彩印有限公司
1944	深圳震有科技股份有限公司	1994	深圳市富翔科技有限公司	2044	深圳晶彩显示技术有限公司
1945	深圳市格信通电子科技有限公司	1995	广东粤明动力有限公司	2045	深圳市富源电电源有限公司
1946	深圳市华企网络科技有限公司	1996	深圳市易通畅达科技发展有限公司	2046	深圳兴精科塑胶模具有限公司
1947	深圳市高捷机械设备有限公司	1997	深圳市合鑫合油墨科技有限公司	2047	深圳市瑞泰空气处理系统有限公司
1948	深圳市高松科技有限公司	1998	深圳市麦肯机电有限公司	2048	深圳市创荣发电子有限公司
1949	深圳市泰福昌科技有限公司	1999	深圳市诚慧丰精密科技有限公司	2049	深圳中科讯联科技股份有限公司
1950	深圳市鑫辰通信工程有限公司	2000	深圳市惠之达精密工业有限公司	2050	深圳市贝斯特净化设备有限公司
1951	深圳市智汇光电有限公司	2001	深圳市彩虹谷科技有限公司	2051	深圳市尚影视界科技有限公司
1952	深圳市虹丰电子有限公司	2002	深圳市聚慧照明信息服务有限公司	2052	深圳市雷诺智能技术有限公司
1953	深圳市长隆科技有限公司	2003	深圳市安联为安全技术服务有限公司	2053	深圳市同步闸机有限公司
1954	深圳泰尔智能视控股份有限公司	2004	深圳市众佳摩擦材料有限公司	2054	深圳市越众绿色建筑科技发展有限公司
1955	深圳市领芯者软件有限公司	2005	深圳市天地互通科技有限公司	2055	深圳市鸿海波精密机械有限公司
1956	深圳市雅力士电机有限公司	2006	深圳华钜芯半导体有限公司	2056	深圳市比亚迪锂电池有限公司
1957	深圳易速马网络科技有限公司	2007	深圳市虹远通信有限责任公司	2057	深圳格数电力设计院有限公司
1958	深圳市松旭光电显示技术有限公司	2008	深圳九磊科技有限公司	2058	深圳磨霸智能科技有限公司
1959	深圳市深玛网络科技有限公司	2009	深圳市中瑞奇电子科技有限公司	2059	深圳市瀚翔工业设计有限公司
1960	深圳市缤迪实业有限公司	2010	深圳市太古半导体有限公司	2060	深圳市飞亚达精密计时制造有限公司
1961	深圳市蔚蓝思科技有限公司	2011	深圳市速博精微科技有限公司	2061	深圳市联嘉祥科技股份有限公司
1962	深圳华海达科技有限公司	2012	深圳市华茂欧特科技有限公司	2062	深圳市亚特尔科技有限公司
1963	深圳市创想盟科技有限公司	2013	深圳市利群电气设备有限公司	2063	深圳市科普恩电子有限公司
1964	深圳市前海手绘科技文化有限公司	2014	深圳中天银河科技有限公司	2064	深圳市越来越酷科技有限公司
1965	深圳市天一智能科技有限公司	2015	深圳市正芯烽电子科技有限公司	2065	深圳市三旺通信技术有限公司
1966	深圳市恩玖科技有限公司	2016	深圳市伟顾德自动化设备有限公司	2066	深圳市迪晟能源技术有限公司
1967	深圳市乐信兴业科技有限公司	2017	旭日牙科器材（深圳）有限公司	2067	深圳市欣光辉科技有限公司
1968	深圳市尚品世纪科技有限公司	2018	深圳市创美佳精品制造有限公司	2068	深圳市朗联设计顾问有限公司
1969	深圳市瑞健医信科技有限公司	2019	深圳市傲川科技有限公司	2069	深圳嘉力达节能科技有限公司
1970	双盈电气技术有限公司	2020	深圳云财经大数据技术有限公司	2070	深圳特为科创信息技术有限公司
1971	深圳市蓝盾专显电子科技有限公司	2021	深圳市华太检测有限公司	2071	深圳市巨龙科教网络有限公司
1972	深圳市宝元金实业有限公司	2022	深圳市万天瑞科技有限公司	2072	深圳市艾比森光电股份有限公司
1973	深圳世检检测有限公司	2023	深圳市安鼎信息技术有限公司	2073	深圳市深合达电子有限公司
1974	深圳中兴力维技术有限公司	2024	深圳市家鸿口腔医疗股份有限公司	2074	深圳市乌托邦创意科技有限公司
1975	深圳精智机器有限公司	2025	深圳市合富荣科技有限公司	2075	深圳市赛立科技有限公司
1976	深圳市瀚德标检生物工程有限公司	2026	深圳市爱图仕影像器材有限公司	2076	深圳市柯美莱光电有限公司
1977	深圳三加智能科技有限公司	2027	深圳市捷信金属材料科技有限公司	2077	深圳高新区信息网有限公司
1978	深圳莱德尔光电科技有限公司	2028	深圳市兴安安全技术有限公司	2078	深圳德科精密科技有限公司
1979	深圳市冠恒新材料科技有限公司	2029	深圳市点创科技有限公司	2079	深圳市发利机械设备结构有限公司
1980	深圳市梦网科技发展有限公司	2030	深圳市伟业胶贴制品有限公司	2080	深圳市云朗网络科技有限公司
1981	深圳华用科技有限公司	2031	深圳万瑞博科技有限公司	2081	深圳市南方安创科技有限公司
1982	深圳市蓝特电路板有限公司	2032	深圳市银通软件有限公司	2082	深圳市裂石影音科技有限公司
1983	深圳市汇拓新邦科技有限公司	2033	深圳鼎旺精密技术有限公司	2083	深圳市兆能讯通科技有限公司
1984	深圳市格丽照明有限公司	2034	深圳市金华塑胶模具有限公司	2084	深圳市九洲光电科技有限公司

序号	单位名称
2085	深圳市金盾北斗信息技术有限公司
2086	深圳市山田美工业设备有限公司
2087	深圳安东星科技有限公司
2088	深圳市国祥鑫精密模具有限公司
2089	宝德塑胶金属零部件（深圳）有限公司
2090	中亚胜科技（深圳）有限公司
2091	深圳市欣维度信息技术有限公司
2092	深圳市鸿栢科技实业有限公司
2093	深圳市博士达焊锡制品有限公司
2094	深圳华启科技有限公司
2095	深圳市美鼎恒自动化科技有限公司
2096	深圳市名瑞科科技有限公司
2097	深圳米露丝科技有限公司
2098	深圳市中金科五金制造有限公司
2099	顺天网络技术服务（深圳）有限公司
2100	深圳市智诚测控技术有限公司
2101	深圳市极佳光电有限公司
2102	深圳市新芯矽创电子科技有限公司
2103	深圳市络道科技有限公司
2104	深圳市宁远科技股份有限公司
2105	广东钶锐锶数控技术有限公司
2106	深圳市昂思科技有限公司
2107	深圳市邦大科技有限公司
2108	深圳市海达威科技有限公司
2109	深圳市永裕精密科技有限公司
2110	深圳市江盟磁性科技有限公司
2111	深圳琪乐科技有限公司
2112	鑫赞光电（深圳）有限公司
2113	深圳市浩立信图文技术有限公司
2114	深圳晗竣雅科技有限公司
2115	深圳市鼎盛合科技有限公司
2116	深圳市韩晶威电子有限公司
2117	深圳市铤创利电子科技有限公司
2118	迪森线路板（深圳）有限公司
2119	深圳市鼎欣茂科技有限公司
2120	深圳市蓝色领域科技有限公司
2121	深圳裕隆厨业发展有限公司
2122	深圳谱能科技有限公司
2123	深圳市好景光电有限公司
2124	深圳市诺哲科技有限公司
2125	深圳市蓝方光电有限公司
2126	深圳市海纳威科技有限公司
2127	深圳市新日电梯有限公司
2128	深圳市鸿岸电子科技有限公司
2129	深圳市甲天下中空板制品有限公司
2130	深圳银链科技有限公司
2131	深圳市海洲数控机械刀具有限公司
2132	深圳英鸿骏智能科技有限公司
2133	深圳市大新智慧网络科技有限公司
2134	深圳中科君浩科技股份有限公司
2135	深圳市晶锐显科技有限公司
2136	深圳明锐光电科技有限公司
2137	深圳晶恒宇环境科技有限公司
2138	深圳市弗镭斯激光技术有限公司
2139	深圳优启科技有限公司
2140	深圳市尤佳环境科技有限公司
2141	深圳市倍轻松科技股份有限公司
2142	深圳市鑫安正科技有限公司
2143	深圳市金圣科技有限公司
2144	深圳市正善电子有限公司
2145	德庆塑胶五金（深圳）有限公司
2146	好光景通信科技（深圳）有限公司
2147	深圳市好家庭实业有限公司
2148	深圳市信力坚环保科技有限公司
2149	深圳市金鸿达传动设备有限公司
2150	深圳市高速达科技有限公司
2151	深圳市诚盈信科技有限公司
2152	深圳市晟辉机械有限公司
2153	深圳市创世富尔电子有限公司
2154	深圳市恒达兴电路板有限公司
2155	深圳市瑞泰祥电子科技有限公司
2156	深圳熙斯特新能源技术有限公司
2157	深圳兆能电力设计院有限公司
2158	深圳市搜虎网络科技有限公司
2159	深圳市儒科电子有限公司
2160	深圳华智测控技术有限公司
2161	深圳市鸿南电子有限公司
2162	深圳市爱立基电子有限公司
2163	深圳市东茂视界科技有限公司
2164	中科遥感（深圳）卫星应用创新研究院有限公司
2165	深圳市易景空间智能科技有限公司
2166	深圳市睿祥翼精密机械有限公司
2167	深圳市天祐智能有限公司
2168	深圳市明仕达智能光电有限公司
2169	深圳市查知科技有限公司
2170	深圳市永盛环境工程有限公司
2171	深圳市普渡科技有限公司
2172	深圳市酷影派科技有限公司
2173	深圳市联建光电有限公司
2174	深圳市立品塑胶模具制品有限公司
2175	深圳市欧灵科技有限公司
2176	东方力驰（深圳）有限公司
2177	深圳市迈格精密科技有限公司
2178	深圳市普天达智能装备有限公司
2179	深圳市百迈生命科学有限公司
2180	深圳市斯迈尔电子有限公司
2181	深圳市澄天伟业科技股份有限公司
2182	深圳市镕创科技有限公司
2183	深圳市菲易特自动化有限公司
2184	深圳市爱微尔科技有限公司
2185	深圳市泛力科光电有限公司
2186	深圳市鑫华创能科技有限公司
2187	深圳市大愚智能技术有限公司
2188	深圳市鑫宝临五金有限公司
2189	深圳市汇海鑫科技有限公司
2190	深圳市欣精艺科技有限公司
2191	深圳市科本精密模具有限公司
2192	赛森汽车电子（深圳）有限公司
2193	深圳市前海广达新材料有限公司
2194	深圳市优诺法科技有限公司
2195	深圳供电规划设计院有限公司
2196	深圳半岛医疗有限公司
2197	深圳市安吉斯生物科技有限公司
2198	深圳市晶日光电新能源科技有限公司
2199	深圳市粤达科工程检测技术有限公司
2200	深圳市立三机电有限公司
2201	深圳三地一芯电子有限责任公司
2202	深圳华锐金融技术股份有限公司
2203	深圳盛达同泽科技有限公司
2204	深圳市桐欣浩科技有限公司
2205	深圳市恒天伟业科技有限公司
2206	深圳市麦峰通信技术有限公司
2207	深圳市奥瑞康精工有限公司
2208	深圳市和商电子有限公司
2209	深圳市夏梓唐电子制造有限公司
2210	深圳市金长隆机械有限公司
2211	深圳市威臣互联网科技有限公司
2212	深圳市华艺佳彩色印刷有限公司
2213	凯斯泰尔通信设备（深圳）有限公司
2214	深圳市爱能森新能源互联网科技有限公司
2215	深圳市欧士照明科技有限公司
2216	深圳市中航三鑫光伏工程有限公司
2217	行云新能科技（深圳）有限公司
2218	深圳市昂盛达电子有限公司
2219	深圳市微度数字技术有限公司
2220	深圳市万阳精密机械有限公司
2221	永骏塑胶制品（深圳）有限公司
2222	深圳市蓝人科技有限公司
2223	深圳市迈泰生物医疗有限公司
2224	深圳市九天星科技发展有限公司
2225	深圳万佳怡科技有限公司
2226	深圳晶泰科技有限公司
2227	金科龙软件科技（深圳）有限公司
2228	吉密科技（深圳）有限公司
2229	深圳捷讯智能系统有限公司
2230	泽昌科技（深圳）有限公司
2231	深圳蓝奥声科技有限公司
2232	深圳市本汇宝科技有限公司
2233	深圳市三德盈电子有限公司

序号	单位名称
2234	科睿驰（深圳）医疗科技发展有限公司
2235	深圳华盛芯科智能科技有限公司
2236	深圳市港坤科技有限公司
2237	深圳市巨唯科技有限公司
2238	深圳市迈安特科技有限公司
2239	深圳市杰创连电子有限公司
2240	深圳市美景照明有限公司
2241	深圳市怡百世医学检测研究院有限公司
2242	深圳市其乐游戏科技有限公司
2243	深圳市聚享无线科技有限公司
2244	深圳市宝盛嘉科技股份有限公司
2245	深圳市宝润科技有限公司
2246	深圳市东方林实业有限公司
2247	深圳市鼎山科技有限公司
2248	深圳市绿美金宇电子有限公司
2249	深圳市鑫讯霆通信设备有限公司
2250	深圳华大北斗科技有限公司
2251	帝锋泓扬电子（深圳）有限公司
2252	深圳市诚特微电子有限公司
2253	瑞莱生物工程（深圳）有限公司
2254	深圳市苏北科技有限公司
2255	深圳辉烨通讯技术有限公司
2256	深圳市长盛德机电有限公司
2257	深圳市鹏凯新世纪科技有限公司
2258	深圳市欧恩科技有限公司
2259	深圳市通茂电子有限公司
2260	深圳市奇辉电气有限公司
2261	深圳市索源致远科技有限公司
2262	深圳赛美思高科有限公司
2263	深圳爱感科技有限公司
2264	深圳斯维德科技有限公司
2265	深圳市易精灵科技有限公司
2266	深圳市华赢飞沃科技有限公司
2267	深圳前海汉视科技有限公司
2268	深圳美晶专显科技有限公司
2269	深圳市富创橡塑五金制品有限公司
2270	深圳市新天宇科技有限公司
2271	深圳市华珅邦电子科技有限公司
2272	深圳市利新联电子有限公司
2273	深圳维讯通科技有限公司
2274	深圳市慧择时代科技有限公司
2275	深圳市智芯永联科技有限公司
2276	深圳市快读科技有限公司
2277	深圳市艾闪科技有限公司
2278	深圳市国日宏电子科技有限公司
2279	深圳索瑞德电子有限公司
2280	深圳市顺天航旅信息技术股份有限公司
2281	深圳市新世纪启航科技开发有限公司
2282	深圳市富泰鑫科技有限公司
2283	深圳市博林鑫实业有限公司
2284	深圳市杰美克安防科技有限公司
2285	深圳市洛酷信息科技有限公司
2286	深圳华冠机器人技术有限公司
2287	深圳市世通药品包装材料有限公司
2288	深圳市朝一电子有限公司
2289	深圳麦克韦尔股份有限公司
2290	君联自动化设备（深圳）有限公司
2291	深圳市鸿智电子技术有限公司
2292	深圳市华安宏瑞科技有限公司
2293	深圳兰丁医学检验实验室
2294	深圳市汇德科技有限公司
2295	深圳市海汇环保科技有限公司
2296	深圳华硕新材料应用科技有限公司
2297	腾博智慧云商股份有限公司
2298	深圳市赛鸿通电线科技有限公司
2299	云数势能科技（深圳）有限公司
2300	深圳市车电网络有限公司
2301	美盈森集团股份有限公司
2302	深圳市点睛创视技术有限公司
2303	深圳市宝丰达工贸有限公司
2304	深圳亿昇动力科技有限公司
2305	深圳市天祥顺科技有限公司
2306	深圳市润和天泽城市立体生态科技有限公司
2307	深圳市基胜电子有限公司
2308	深圳市福硕光电科技有限公司
2309	深圳市斯佳电器有限公司
2310	深圳仕上电子科技有限公司
2311	深圳市明盛东电子科技有限公司
2312	深圳市观度科技有限公司
2313	深圳市隆创盛科技有限公司
2314	深圳市板明科技有限公司
2315	深圳市圣心照明科技有限公司
2316	深圳市新奇境健康科技有限公司
2317	深圳市艾唯尔科技有限公司
2318	深圳银涛电子信息工程有限公司
2319	深圳市易顺科技有限公司
2320	深圳市屹石科技股份有限公司
2321	深圳市佳泰药业股份有限公司
2322	深圳市广南电子有限公司
2323	深圳市普联精密技术有限公司
2324	深圳市飞鸿达科技有限公司
2325	深圳市万迪电源有限公司
2326	深圳市冠新科技有限公司
2327	深圳市未来通道信息技术有限公司
2328	深圳市威盛自动化技术有限公司
2329	深圳富视安智能科技有限公司
2330	深圳市中农易讯信息技术有限公司
2331	深圳云联万企科技有限公司
2332	深医信息技术（深圳）有限公司
2333	深圳市绿志新型建材研究院有限公司
2334	深圳市万维博新能源技术有限公司
2335	深圳宇翊技术股份有限公司
2336	深圳市宜和勤环保科技有限公司
2337	深圳赛西信息技术有限公司
2338	深圳市惠芯康电子有限公司
2339	毅嘉（深圳）实业有限公司
2340	深圳市通航科技有限公司
2341	深圳市正易龙科技有限公司
2342	深圳市安耐电热科技有限公司
2343	深圳市视鑫数码有限公司
2344	深圳市哈斯福科技有限公司
2345	深圳市有德者科技有限公司
2346	深圳市科览泰光电科技有限公司
2347	深圳市微易科技有限公司
2348	深圳市环基实业有限公司
2349	深圳优美创新科技有限公司
2350	深圳市顺通自动化设备有限公司
2351	深圳市博达威电子科技有限公司
2352	泰特斯（深圳）零部件有限公司
2353	伊荣德滚塑管业（深圳）有限公司
2354	深圳市优普洛科技有限公司
2355	深圳市兴亚柔性电路板有限公司
2356	深圳市集芯源电子科技有限公司
2357	深圳市视宝嘉电子有限公司
2358	深圳市百米生活股份有限公司
2359	深圳市三捷机械设备有限公司
2360	深圳市斯比泰克实业有限公司
2361	大成利馨铭牌五金（深圳）有限责任公司
2362	深圳博浦科技有限公司
2363	深圳市盛世华服信息有限公司
2364	深圳市宏辉浩医药科技有限公司
2365	深圳市兰德科技有限公司
2366	深圳市繁兴科技股份有限公司
2367	深圳市颖勤电子有限公司
2368	深圳市正华智能科技有限公司
2369	隐形科技（深圳）有限公司
2370	深圳市百威智能科技有限公司
2371	深圳天城电子有限公司
2372	深圳中科精诚医学科技有限公司
2373	深圳市雍邑科技有限公司
2374	深圳市英大科特技术有限公司
2375	深圳市新移科技有限公司
2376	北斗位通科技（深圳）有限公司
2377	深圳市柏诚科技有限公司
2378	深圳市佳佳旺印刷有限公司
2379	深圳市盟科电子科技有限公司
2380	深圳市恒南电子有限公司
2381	深圳市能华钨钢科技有限公司
2382	深圳市佳晨科技有限公司
2383	优尼麦迪克器械（深圳）有限公司

序号	单位名称
2384	深圳市艺鼎鹏包装设计有限公司
2385	深圳市瑞辰易为科技有限公司
2386	深圳市永杰诚实业有限公司
2387	轩辕智驾科技（深圳）有限公司
2388	深圳市红盖光电有限公司
2389	深圳中天精装股份有限公司
2390	深圳市旭日伟业科技有限公司
2391	深圳市鑫田威尔科技有限公司
2392	深圳云峯智能科技有限公司
2393	深圳市金途信息技术有限公司
2394	深圳市创绿新能源科技有限公司
2395	深圳市今天国际智能机器人有限公司
2396	深圳市诚创立科技有限公司
2397	深圳市安顺祥科技有限公司
2398	深圳市韵腾激光科技有限公司
2399	深圳市创安达科技有限公司
2400	深圳市康奈可科技有限公司
2401	深圳市联合创富网络技术有限公司
2402	深圳市鼎视普锐科技有限公司
2403	深圳市优仪高电子科技有限公司
2404	深圳市微申时代科技有限公司
2405	深圳市小麦飞扬科技有限公司
2406	深圳市昌威鑫五金科技有限公司
2407	深圳市广大安安全生产技术信息咨询有限公司
2408	协粮塑胶模具五金（深圳）有限公司
2409	深圳市峰亚电子有限公司
2410	森科五金（深圳）有限公司
2411	深圳市航天楼宇科技有限公司
14420	深圳市航天楼宇科技有限公司

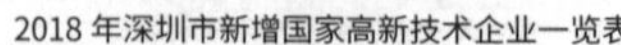

2018 年深圳市新增国家高新技术企业一览表

2018 年深圳市新增国家高新技术企业在线查看

第二节 2019年度深圳市科学技术奖公示名单

一、市长奖 2 名

序号	姓名	所在单位、职务 / 职称	推荐单位
1	康飞宇	清华大学深圳国际研究生院副院长、教授	南山区科技创新局
2	陈 友	深圳天源迪科信息技术股份有限公司董事长	南山区科技创新局

二、自然科学奖 8 项

序号	项目名称	主要完成人	拟奖等级
1	声镊理论及其操控效应	郑海荣（中国科学院深圳先进技术研究院） 孟龙（中国科学院深圳先进技术研究院） 蔡飞燕（中国科学院深圳先进技术研究院） 严飞（中国科学院深圳先进技术研究院） 李飞（中国科学院深圳先进技术研究院）	一等奖
2	金属配合物激发态的基础与应用研究	支志明（香港大学深圳研究院） 程 刚（香港大学深圳研究院） 杜伟邦（香港大学深圳研究院） 陆振南（香港大学深圳研究院） 邹滔滔（香港大学深圳研究院）	二等奖
3	二维材料非线性光学及超快光子器件研究	张 晗（深圳大学） 郭志男（深圳大学） 陆顺斌（深圳大学） 宋宇峰（深圳大学）	二等奖
4	水泥基压电复合材料频率响应规律及作用机制	董必钦（深圳大学） 刘铁军 [哈尔滨工业大学（深圳）] 张津瑞（香港科技大学） 邹笃建 [哈尔滨工业大学（深圳）] 李宗津（香港科技大学）	二等奖
5	新型超灵敏光纤温度传感器创新技术研究	李学金（深圳大学） 耿优福（深圳大学） 于永芹（深圳大学）	二等奖
6	基于低成本营养环保型界面材料的有机光电器件研究	邓先宇 [哈尔滨工业大学（深圳）] 聂日明 [哈尔滨工业大学（深圳）] 王洋洋 [哈尔滨工业大学（深圳）] 李爱源 [哈尔滨工业大学（深圳）] 姜 亮 [哈尔滨工业大学（深圳）]	二等奖
7	生精障碍发生的分子生物学机制	桂耀庭（北京大学深圳医院） 牟丽莎（深圳市第二人民医院） 唐爱发（深圳市第二人民医院） 李俞池（北京大学深圳医院） 杜野（北京大学深圳医院）	二等奖

续表

序号	项目名称	主要完成人	拟奖等级
8	人工纳米颗粒物的水生环境行为及生物响应	朱小山（清华大学深圳研究生院） 蔡中华（清华大学深圳研究生院） 周进（清华大学深圳研究生院）	二等奖

三、技术发明奖 4 项

序号	项目名称	主要完成人	拟奖等级
1	集成于电视面板上的栅驱动电路技术研究	张盛东（北京大学深圳研究生院） 廖聪维（北京大学深圳研究生院） 曾丽媚（深圳市华星光电技术有限公司） 张鑫（深圳市华星光电技术有限公司） 张玮（深圳市华星光电技术有限公司） 石龙强（深圳市华星光电技术有限公司）	一等奖
2	特种废物等离子体无害化减容处理技术	刘夏杰（中广核研究院有限公司） 吕永红（中广核研究院有限公司） 陆杰（中广核研究院有限公司） 李晴（中广核研究院有限公司） 林鹏（中广核研究院有限公司） 陈明周（中广核研究院有限公司）	一等奖
3	基于隐性核不育基因 OsNP1 的水稻杂交育种技术	邓兴旺（深圳市作物分子设计育种研究院） 唐晓艳（深圳市作物分子设计育种研究院） 周君莉（深圳兴旺生物种业有限公司） 陈竹锋（深圳市作物分子设计育种研究院） 谢刚（深圳兴旺生物种业有限公司） 常振仪（深圳市作物分子设计育种研究院）	二等奖
4	城乡生活垃圾环保智能高效收运系统	张涉（深圳市龙澄高科技环保（集团）有限公司） 陆晓春（深圳市龙澄高科技环保（集团）有限公司） 黄森佑（深圳市龙澄高科技环保（集团）有限公司） 宋娟（深圳市龙澄高科技环保（集团）有限公司） 黎莉（深圳市龙澄高科技环保（集团）有限公司） 朱芒（武汉龙澄环境装备有限公司）	二等奖

四、科技进步奖 54 项

（一）技术开发类 42 项

序号	项目名称	主要完成人	主要完成单位	拟奖等级
1	华为创新 LampSite 室内数字化解决方案	于香起 徐向宁 洪劲松 吴元春 邓爱林 郑君立 贺朝国 张鹏 万 滔 鲁迎春 王世康 何建平 苟奎 莫利光 胡友进	华为技术有限公司	一等奖
2	三维环境智能感知系统研发及应用	朱振宇 周谷越 唐克坦 严嘉祺 周游 吴显亮 李思晋 蔡剑钊 钱 杰 刘昂 黄金柱 杨振飞 张立天	深圳市大疆创新科技有限公司	一等奖

续表

序号	项目名称	主要完成人	主要完成单位	拟奖等级
3	血液细胞分析流水线系统的研制及产业化	李朝阳李学荣李乐昌颜昌银熊文超 郁 琦刘建超刘隐明刘鹏昊王长星 谢子贤刘 林张军伟姜 斌胡力坚	深圳迈瑞生物医疗电子股份有限公司 深圳迈瑞软件技术有限公司	一等奖
4	有源数字室内覆盖技术解决方案	别业楠 毕文仲 滕伟 崔文会 徐法禄 陈建军 段向阳 李晓彤 李向阳 程伟森 封葳 瞿兆斌 梁彩云 刘凯 辛勤	中兴通讯股份有限公司	一等奖
5	高容量锂离子电池氧化亚硅负极材料的研发及产业化	庞春雷 任建国 李向军 岳敏 贺雪琴 黄友元 梁腾宇 胡玲 石晓太 屈丽娟 邓志强 纪晓林	深圳市贝特瑞新能源材料股份有限公司	一等奖
6	TaiShan 高性能服务器设备研制及产业化	武湛 钟来军 蔡世顺 卢广 张立鹏 陈鹏 支凌云 张军 邱隆 龙飞 刘庆芳 熊方苟 尹凌冰	华为技术有限公司	一等奖
7	城市电网高电能质量关键技术和装备研究及其应用	胡子珩 张华赢 刘 莎 李艳 汪伟 汗清 李成升 曹军威 魏应冬 肖先勇 曾江 刘顺桂 黄志伟 史帅彬 欧阳森	深圳供电局有限公司 清华大学 华南理工大学 四川大学 苏州华天国科电力科技有限公司 深圳市中电电力技术股份有限公司	一等奖
8	基于应用终端内外网络隔离技术访问的互联网网络审计系统研究	梁景波 袁义金 张志良 杨学斌 徐猛 吴泽敏 丁凯 蔡泽宜 陈耀强严德志 张武健 朱隽 文曦畅 陆明友	深信服科技股份有限公司	一等奖
9	驱控一体化装配机器人控制系统	楼云江 李建刚 李泽源 戴丹 郑春霞 张合明 刘越 刘宗礼 杨先声	固高科技（深圳）有限公司 哈尔滨工业大学（深圳）	一等奖
10	智能移动终端用触控显示一体化全面屏技术研发及应用	周忠伟 常 伟 毛林山 郭向茹 汤邦文 姜琳 方荣虎 高国峰 余龙江 钟志勇 吴洋 汪文昌 高飞 吕怀远 黄树康	创维液晶器件（深圳）有限公司	一等奖
11	全数字化高可靠性磁控管驱动技术研发及应用	官继红 桂成才 张志 赵英军 李湘斌 汪经伟 祖志立 刘勇	深圳麦格米特电气股份有限公司	一等奖
12	立体组装小型化印制电路板	张利华 陈于春 武凤伍 邓先友 刘海龙 刘金峰 申 伟 巩丽虹	深南电路股份有限公司	二等奖
13	具有环境感知能力的自适应降噪管理技术	吴海全 贡维勇 张恩勤 曹 磊 彭久高 迟有鹏 程 雯 迟欣	深圳市冠旭电子股份有限公司	二等奖
14	动力电池极耳激光高速切割成型设备研制与产业	赵盛宇 张松岭 周宇超 林国栋 梁 辰 温燕修 江桦锐 李进财	深圳市海目星激光智能装备股份有限公司	二等奖
15	开放架构大容量数据中心互联超高速 400G/600G 盒式 OTN 系统及其应用	汪林峰 李汉宇 孙志勇 刘杨广 战伟东 吴平伟 詹海亮 武春秀	中兴通讯股份有限公司	二等奖
16	心房颤动患者脑卒中预防新技术及其临床应用	李安宁 林逸贤 黄从新 黄 鹤 谢粤辉 张德元 李思漪 刘建勇	先健科技（深圳）有限公司 武汉大学人民医院	二等奖
17	基于北斗三代全球组网多系统全频高精度组合天线	刘超 李振亚 王晓辉 李建辉 周盛阳 伍淼 吴文平 王春华	深圳市华信天线技术有限公司	二等奖
18	复杂视频的深度表征和理解关键技术及应用	乔宇 闫俊杰 王利民 彭小江 王亚立 赵瑞	中国科学院深圳先进技术研究院 深圳市商汤科技有限公司 南京大学	二等奖
19	高精度全彩色三维传感器测量网技术及应用	刘晓利 刘梦龙 彭 翔 何懂 陈海龙 汤其剑 张青松 关颖健	深圳市易尚展示股份有限公司 深圳大学	二等奖

续表

序号	项目名称	主要完成人	主要完成单位	拟奖等级
20	高性能锂离子动力电池用磷酸铁锂正极材料关键技术研发	孔令涌 尚伟丽 吉学文王允实	深圳市德方纳米科技股份有限公司	二等奖
21	异型材质高效双头中频焊接全自动成套加工设备	刘兴伟 陈天航 何 峰 骆柳怀 刁思勉 宋宝 金建国 李永鹏	深圳市鹏煜威科技有限公司 华中科技大学 广东省智能制造研究所	二等奖
22	核电站仪控设备可靠性提升技术研发及应用	马蜀 李勇 丁俊超 浦黎 犹代伦 吴长雷 纪庆泉 董世儒	中广核核电运营有限公司 大亚湾核电运营管理有限责任公司 苏州热工研究院有限公司	二等奖
23	SmartAisle 模块化数据中心关键技术及集成应用	冉启坤 李星 田军 高程 张敬 薛波浪 房继军 王腾江	维谛技术有限公司 维谛技术（西安）有限公司	二等奖
24	卡式尿素 [14C] 呼气试验药盒研发和产业化	沈桂富 黄晋杰 沈澄 郭春生 曹掌歧	深圳市中核海得威生物科技有限公司	二等奖
25	基于国产 SOC 单芯片的智能超高清数字电视终端	张恩利 陈飞 唐文龙 于洋 许辉 姚孛孛 林英辉 吴不	深圳创维数字技术有限公司 深圳市创维软件有限公司	二等奖
26	金融保险领域智能查勘与赔付系统的研发及产业化	肖京 朱友刚 李捷 顾青山 胡珊 姜桂林 王健宗 徐亮	平安科技（深圳）有限公司 中国平安财产保险股份有限公司 深圳壹账通智能科技有限公司	二等奖
27	波形钢腹板组合梁桥新理论及延寿设计技术研究与应用	姜瑞娟 陈宜言 区达光 王清远 王志宇 陈夏春 盖卫明 吴启明	深圳市市政设计研究院有限公司 香港大学 四川大学 深圳市尚智工程技术咨询有限公司	二等奖
28	高导热厚铜高密度互连板新产品研发	彭卫红 宋建远 翟青霞 周文涛 张盼盼 周浩峰 黄海蛟 荣孝强	深圳崇达多层线路板有限公司	二等奖
29	基于大数据的智能融合数据处理平台关键技术及应用	赵 培 俞义方 吕达 崔良军 吕伟初 叶郁文 江 滢 申光	中兴通讯股份有限公司	二等奖
30	光分路器芯片的研发与产业化	付 勇 孔祥君 王琦 李 栋 唐天志	深圳市中兴新地技术股份有限公司	二等奖
31	基于物联网技术的智慧消防系统研发	黄令刚 张湘贤 刘真照 张琪 柴雪峰 胡元智 贾 禹 曹子江	深圳市泛海三江电子股份有限公司	二等奖
32	8 代 TFT LCD 用掩模版产品	熊启龙 李春兰 荆学军 罗俊辉 曾献彬 戴海哲 鄢红军 吴克强	深圳清溢光电股份有限公司	二等奖
33	高功率车用锂离子应急启动电源系统研发及应用	雷 云 雷星亮 张智锋 王 群 欧阳明星 胡益丹 孙一飞 雍松	深圳市华思旭科技有限公司	二等奖
34	基于安全可控技术的分布式银行系统架构	马智涛 万磊 江旻 卢道和 范瑞彬 冯庆磊 朱红燕 胡盼盼	深圳前海微众银行股份有限公司	二等奖
35	大功率数字化焊接装备研究及产业化	邱光 王浩 余建国 丁彦 李志宏 邓必孟 李才荣 张明宇	深圳市瑞凌实业股份有限公司	二等奖
36	华南滨海城市绿地盐化土壤修复关键技术及应用	史正军 李良 袁丽丽 冯世秀 董慧 聂丽平 赵玉梅 樊波	深圳市国艺园林建设有限公司 深圳市仙湖植物园管理处 深圳市广信园林建设有限公司	二等奖
37	深圳合建式变电站关键技术研究与应用	李福权 吴宇宁 何光军 符国晖 戴志勇 周军 涂昊曦 戴君武	深圳供电局有限公司 深圳供电规划设计院有限公司 中国地震局工程力学研究所	二等奖

续表

序号	项目名称	主要完成人	主要完成单位	拟奖等级
38	In-cell 触控显示一体化模组关键技术研发及应用	彭夏春 张木平 颜和平 谢绍梅 杨双辉 吴向华 杨秀元 刘鹏飞	深圳市立德通讯器材有限公司	二等奖
39	新一代智慧能源管控系统	林峰平 刘正方 张孝山 周正龙 魏洪飞 陈林 刘健 肖铁航	深圳市康必达控制技术有限公司	二等奖
40	面向并网发电的高效逆变技术的研发与产业化	李晓锋 丁永强 陈景文 吴良材 邓蜀云 赵盛 李永平	深圳古瑞瓦特新能源股份有限公司	二等奖
41	基于“归一化”设计理念的标准化大功率 LED 驱动电源的研发与产业化	陈浩 王畅 刘建铨 张炳杰	深圳茂硕电子科技有限公司	二等奖
42	高能量密度动力电池系统	郑卫鑫 孙华军 鲁志佩 江文锋 曾而平 曾毅 王小龙 陈旭	深圳市比亚迪锂电池有限公司	二等奖

（二）社会公益类 11 项

序号	项目名称	主要完成人	主要完成单位	拟奖等级
43	毛棉杜鹃生态景观林营造新技术及应用	王定跃 谢利娟 李文华 白宇清 黎国健 林贝满 刘永金 张开文 曾振平 景慧娟 沈彦 徐滔 罗菁 袁银 周玲	深圳市梧桐山风景区管理处 深圳职业技术学院 深圳市铁汉生态环境股份有限公司	一等奖
44	基于建筑结构监测手段的工程验证理论方法和工程应用	滕军 卢伟 胡卫华 李祚华 崔燕 唐德徽	哈尔滨工业大学（深圳）	一等奖
45	智能产前超声关键技术及应用	雷倪东 李胜利 柏英 汪天富 文华轩 许龙 陈思平 王毅 廖伊梅 党静	深圳市妇幼保健院 深圳大学 深圳开立生物医疗科技股份有限公司	一等奖
46	中国人重要血型基因分子遗传背景及在临床输血中应用的系统研究	洪文旭 徐筠娉 苏宇清 梁延连 梁爽 何柳媚 王宋兴 吴凡	深圳市血液中心	一等奖
47	高分辨率 4D 医用超声实时成像探头研发及产业化	彭珏 陈林 曹义雄 唐浒 唐生利	深圳大学 深圳市索诺瑞科技有限公司	二等奖
48	表面等离子体相位光谱关键技术研究及其在传染病快速检测中的应用	顾大勇 何建安 邵永红 何浩培 李微 叶颖 谢昭聪 叶健忠	深圳市检验检疫科学研究院 深圳大学 香港中文大学 深圳国际旅行卫生保健中心	二等奖
49	深圳卫生信息大数据平台构建及应用	林德南 郑静 吴红艳 陈汝林 王爽 王浩 杨玉洁 陈润格	深圳市医学信息中心 中国科学院深圳先进技术研究院 深圳市联影医疗数据服务有限公司	二等奖
50	重要农林有害生物检疫处理关键技术与应用	余道坚 徐浪 刘涛 张伟锋 焦懿 黄河清 王跃进 林伟	深圳出入境检验检疫局动植物检验检疫技术中心 中国检验检疫科学研究院	二等奖
51	子宫颈癌防治体系建设与技术推广应用研究	刘植华 王月云 彭绩 袁世新 吴波 张燕茹 林威 胡海燕	深圳市妇幼保健院 深圳市慢性病防治中心	二等奖
52	中医补肾法治疗 ALT 正常 HBeAg 阳性慢性 HBV 感染者临床研究	童光东 邢宇锋 周大桥 贺劲松 魏春山 韩志毅 郑颖俊 邱梅	深圳市中医院	二等奖
53	儿童用品化学安全关键检测技术创新及应用	李丽霞 谢堂堂 罗忻 牛增元 叶曦雯 麦宝华 闫杰 王成云	深圳出入境检验检疫局工业品检测技术中心 山东出入境检验检疫局检验检疫技术中心	二等奖

（三）重大工程类 1 项

序号	项目名称	主要完成单位	拟奖等级
54	深圳地铁九号线项目关键技术研究与应用	深圳市地铁集团有限公司 中建南方投资有限公司	二等奖

五、青年科技奖 8 名

序号	姓名	所在单位	职务 / 职称	学位
1	王 智	清华大学深圳研究生院	教师 / 副教授	博士
2	郭祖强	深圳光峰科技股份有限公司	高级经理	硕士
3	刘培超	深圳市越疆科技有限公司	董事长兼 CEO / 工程师	硕士
4	代 毅	深圳市博铭维智能科技有限公司	董事长 / 高级工程师	硕士
5	蔚鹏飞	深圳先进技术研究院	团委书记 / 副研究员	博士
6	刘宇辰	深圳市第二人民医院	专职 PI/ 副研究员	博士
7	谷 猛	南方科技大学	副教授	博士
8	陈实富	深圳市海普洛斯生物科技有限公司	首席技术官 / 高级工程师	博士

六、专利奖 25 项

序号	专利号	专利名称	单位名称	发明人 / 设计人
1	200910258932.5	丢包检测方法和装置及路由器	华为技术有限公司	岳坚飞 宋慧华
2	201010611680.2	光线路终端、光网络单元和无源光网络系统	中兴通讯股份有限公司	朱松林 耿丹 张伟良 张德智
3	201380049742.7	无人飞行器起飞及降落方法	深圳市大疆创新科技有限公司	王铭钰
4	201510165863.9	光源系统和投影系统	深圳光峰科技股份有限公司	郭祖强 王则钦 胡飞
5	201610908829.0	应用程序处理方法和装置	腾讯科技（深圳）有限公司	吴宗倬 胡豪俊 胡浩 林超 游顺航 林庆杰
6	201730264459.7	身份验证一体机	深圳市商汤科技有限公司	向许波 佘忠华 徐妙然 衷丛洪 胡志利 李建 曹莉 张忠福 秦少明 马堃
7	201510875602.6	麦克风芯片的制造方法	瑞声声学科技（深圳）有限公司	吴宛玲 吕丽英 陈秋玉 钟晓辉 林义雄 黎家健
8	201580000929.7	电容触摸屏及其制造方法	深圳市柔宇科技有限公司	刘自鸿 余晓军 魏鹏 邹翔 周瑜 陈鑫
9	201210213348.X	一种芯片结构及其制作方法	比亚迪股份有限公司	刘鹏飞 吴海平
10	201110394926.X	一种自适应调节音效的方法和设备	海能达通信股份有限公司	谢汉雄 黄妮 杜洪
11	201510605693.1	一种智能垃圾清运系统及清运方法	深圳市龙澄高科技环保（集团）有限公司	张涉 陆晓春 黎莉 黄森佑 熊香春 郭提
12	201780000249.4	生物特征数据的检测方法、生物特征识别装置和电子终端	深圳市汇顶科技股份有限公司	林金辉

续表

序号	专利号	专利名称	单位名称	发明人 / 设计人
13	201310419886.9	监护设备及其生理参数处理方法与系统	深圳迈瑞生物医疗电子股份有限公司	孙泽辉 苏健伟 喻娇 杨景明 谢超成 叶文宇 岑建
14	201621155117.8	一种扬声器及耳机	深圳市冠旭电子股份有限公司	贡维勇 吴海全 师瑞文
15	201630496683.4	机器人	深圳市优必选科技股份有限公司	缪宇斯 余文华 周礼兵 赵琦 熊友军
16	201210294621.6	显示屏驱动电路及发光二极管显示装置	深圳市易事达电子有限公司	颜小平 罗强 郭明星 杜康 潘高 李亚 俞德军 杨晓春
17	201410687123.7	一种统一电能质量调节装置及方法	深圳供电局有限公司	张华赢 胡子珩 姚森敬 曹军威 杨明博 王淼
18	201410830359.1	一种根据组织不同特点进行自动优化的方法、装置及系统	深圳开立生物医疗科技股份有限公司	杨仲汉 冯乃章 骆文博
19	200510050981.1	一种治疗牙痛的药物	深圳市泰康制药有限公司	陈阳
20	201611205487.2	一种卷积神经网络的数据调度方法、系统及计算机设备	深圳云天励飞技术有限公司	蒋文
21	201280003068.4	谐波检测方法及相关装置	深圳市英威腾电气股份有限公司	刘海威
22	201410163296.9	模块化冷却单元及模块化冷却单元组合	深圳市英维克科技股份有限公司	吴刚 陈云伟 李程 王铁旺 陈川 戴向阳 陶楷
23	201310535157.X	一种 LED 显示屏系统及其亮暗线校正方法	深圳市奥拓电子股份有限公司	李选中 邓新峰 吴振志 刘玲 吴涵渠
24	201310481861.1	一种防止 Android 智能机顶盒非正常刷机的方法及装置	深圳创维数字技术有限公司	洪德胜
25	201410650493.3	虚拟化一体机集群中虚拟机调度方法及系统	深信服科技股份有限公司	王正

七、标准奖 15 项

序号	标准编号	标准名称	单位名称
1	IETF RFC 7743	MPLS Ping 中继应答机制	中兴通讯股份有限公司
2	IEC/TS 62607-4-2：2016	纳米制造 - 关键控制特性第 4-2 部分纳米储能器件中纳米正极材料的密度测试	深圳市德方纳米科技股份有限公司
3	《中华人民共和国药典》2015 年版二部	青蒿素哌喹片	深圳市药品检验研究院（深圳市医疗器械检测中心）
4	GB/T 33057-2016	废弃化学品取样方法	深圳市深投环保科技有限公司
5	3GPP TS 24.161 V13.0.0	基于网络的 IP 流迁移	中兴通讯股份有限公司
6	SZDB/Z 164-2016	基于追溯体系的预包装食品风险评价及供应商信用评价规范	深圳市标准技术研究院
7	SZDB/Z 204-2016	金融服务移动应用信息安全指南	深圳市金融科技协会
8	SN/T 4493-2016	电子标签与条码应用转换规则	深圳市检验检疫科学研究院
9	NB/T 42103-2016	集散式汇流箱技术规范	深圳市禾望电气股份有限公司
10	GM/T 0049-2016	密码键盘密码检测规范	深圳市证通电子股份有限公司

续表

序号	标准编号	标准名称	单位名称
11	YD/T 2904.1-2015	集成可调谐激光器组件第 1 部分：蝶形封装组件	深圳新飞通光电子技术有限公司
12	GB/T 32659-2016	专用数字对讲设备技术要求和测试方法	海能达通信股份有限公司
13	NB/T 20327.1-2015	压水堆核电厂特种门 第 1 部分：设计	中广核工程有限公司
14	GB/T 32886-2016	电子电气产品可回收利用材料选择导则	深圳市计量质量检测研究院
15	GB/T 32511-2016	电磁屏蔽塑料通用技术要求	深圳市飞荣达科技股份有限公司

第三节 科技成果

2018 年科技成果登记一览表

登记编号	成果名称	完成单位	完成人员
2018J0001	《让你不生病——健康 养生 治未病》	深圳市卫生和计划生育委员会	廖利平、李顺民、曾庆明、林晓生、夏俊杰、张天奉、胡世平、翟明玉、朱美玲、廖素华
2018J0002	孕产妇沙眼衣原体感染及基因型分布与母婴传播的关系研究	广东省深圳市宝安区妇幼保健院	熊礼宽、李月凤、夏勇、梁卉
2018J0003	等量异位标签 (iTRAQ) 技术在膝关节骨性关节炎（OA）诊断中的应用研究	深圳市人民医院	潘晓华、潘福海、陈志斌、殷春明、Chen Qian
2018J0004	等量异位标签（iTRAQ）多重标记与串联质谱技术在膝关节骨性关节炎定量诊断中的应用基础研究	深圳市人民医院	潘晓华、张悦、叶喜阳、胡新佳、林博文、李伟、孙育欣、胡泓
2018J0005	MicroRNA-140 调节软骨代谢治疗骨性关节炎的实验研究	深圳市人民医院	潘晓华、叶喜阳、徐忠世、刘进
2018J0006	阻断 SDF-1 信号转导通路抑制软骨退化的基础研究	深圳市人民医院	潘晓华、李刚、魏垒、孙育欣、陈志斌
2018J0007	国际鸟类生命之树研究计划	深圳华大生命科学研究院	张国捷、杨焕明、李启业、王宗吉
2018J0008	高维复杂数据的子空间挖掘方法研究	哈尔滨工业大学（深圳）	叶允明、李旭涛、张海军、吴庆耀、陈小军、张晓峰、黄晓辉
2018J0009	基于相性能强化机理的相变陶粒储能混凝土性能优化模型	深圳大学土木工程学院	崔宏志、卢耀、李宗津、张东、邢锋、陈大柱、石宪
2018J0010	相变储能陶粒——水泥基复合材料界面特征及耐久性	深圳大学土木工程学院	崔宏志、卢耀、李宗津、张东、邢锋、陈大柱、石宪
2018R0001	深圳广播电视产业应对美国下一代广播电视标准 ATSC3.0 技术性贸易措施新规及国外准入壁垒对外磋商关键技术研究	深圳市检验检疫科学研究院	何军、王军、彭佳庆、陈帆、邢军、吴小彬、张宇君、赖筱、王妮娜、路莎、莫婷、周祖光、王小飞
2018R0002	民用无人机主要贸易国家技术性贸易措施体系研究以及深圳出口无人机产业应对分析	深圳市检验检疫科学研究院	何军、张宇君、梁冯坚、陈芳、何俐娟、张军娜、陈帆、董建鹏、杨敏、李浩天、林慧柱、刘渤、冯涛、邢军
2018R0003	地下水环境管理技术体系研究——以深圳市为例	深圳市环境科学研究院	熊向陨、谢林伸、何晋勇、李玮、廖国威、陈纯兴、常旭、温海广、张世喜、韩龙、唐天均、潘晓峰 李婧、卢淼、周婧
2018R0004	深圳市雨水径流污染现状、迁移机理及控制对策研究——以光明新区为例	深圳市环境科学研究院	熊向陨、谢林伸、韩龙、张世喜、李玮、廖国威、陈纯兴、唐天均、何伟彪、谢颖嘉、常旭、李婧、卢淼、郑媛媛、董智敏
2018Y0003	双氟磺酰亚胺锂的生产工艺研究	深圳新宙邦科技股份有限公司	刘振国、喻京鼎、曾爱国、石桥、陈群、谭连芳、曾赐林、朱海春、曾翼、周艾平
2018Y0004	雄心一号、芈心一号优质白菜薹新品种的选育	深圳市农业科技促进中心	王先琳、周成良、苏运诗、马海峰、周向阳、陈章鹏、欧继喜、陈利丹、王翠叶、屈海斌、陈明春、莫洁华、林馥芬、朱晓敏、李丽霞、戴晓萍
2018Y0005	高维复杂数据的子空间挖掘方法研究	哈尔滨工业大学深圳研究生院	叶允明、李旭涛、张海军、吴庆耀、陈小军、张晓峰

续表

登记编号	成果名称	完成单位	完成人员
2018Y0005	远程智能柜员系统	深圳怡化电脑股份有限公司	石欧、彭彤、赵玉民、杨泊、沈锐、王务利
2018Y0006	海格零售商代理退货物流管理信息系统V1.0	深圳市海格物流股份有限公司	胡桑、陈芬
2018Y0007	海格基于 RFID 的智能 WMS 系统 V1.0	深圳市海格物流股份有限公司	胡桑、陈芬
2018Y0008	海格自有车辆智能调度软件 V1.0	深圳市海格物流股份有限公司	肖霄、李景荣
2018Y0009	海格零售订单异常管理软件 V1.0	深圳市海格物流股份有限公司	肖霄、王瑶
2018Y0010	海格客户报表推送系统 V1.0	深圳市海格物流股份有限公司	肖霄、王瑶
2018Y0011	海格 NIKE 扫描收货软件 V1.0	深圳市海格物流股份有限公司	胡桑、尧凡
2018Y0012	海格应收自动化软件 V1.0	深圳市海格物流股份有限公司	刘家婉、肖霄
2018Y0013	广东内伶仃岛植被演替与猕猴植物食性研究	广东内伶仃福田国家级自然保护区管理局	徐华林、廖文波、王蕾、张鹏、凡强、王孟琪、陈丽、袁天天、杜欢、刘忠成、楚原梦冉、谭维政、赵万义、关开朗、吴荣恩
2018Y0014	基于独立远场语音模块控制的 OLED 壁挂电视	深圳创维 -RGB 电子有限公司	李坚、徐遥令、洪文生、刘远军、侯志龙、喻召福、姚文兴、赵新科、王煊、马万乐、王德闯、宛永琪、金立平、李新、贾增利、张曼华
2018Y0015	物联网技术在农作物生态体系管控的应用	深圳市超视科技有限公司	陈虎、宋兴奎、黄鑫、徐斌、梁嘉豪、蓝震宇
2018Y0016	基于云计算及多网络接入技术的超高清数字电视终端产品	深圳创维数字技术有限公司	张恩利、陈飞、于洋、唐文龙、许辉、方旭阳、张威轶、叶新民、李义才、胡常青、吴俊杰、张神力、杜凯程、吴晓军、伍银河
2018Y0017	主动式圆柱形毫米波人体安检仪	华讯方舟科技有限公司	祁春超、吴光胜、黄雄伟、李玉鹏、刘艳丽、王荣、孙超、冯智辉、向志华、陶松淮、谭信辉、陈恒；石纪特、李怡微、杨图健、刘俊、高王祥浩、杨丽、谢俊忠、贾成艳、郭令霞、宾文尤、余辉、唐建敏、肖千、张天生
2018Y0018	高分辨率多维医用超声实时成像探头	深圳大学	彭珏、曹义雄、陈林、唐浒、彭小健
2018Y0019	大规模天线阵列系统关键技术及应用	中兴通讯股份有限公司	王喜瑜、鲁照华、柏钢、朱伏生、李刚、胡留军、郁光辉、高旭昇、陈艺戬、李军、顾翔、王瑜新、吴枫、王宁、莫林梅
2018Y0020	基于间断化学分析技术的在线多参数化学分析仪研发应用	深圳市朗诚科技股份有限公司	陈总威、杨建洪、谢佳裕、桓清柳、马方方
2018Y0021	泵闸站群综合自动化软件	深圳市河道管理中心	李晨曦、胡凯、柯瑞坤、张志峰、黄桂林、刘山江、付万林、唐燚、穆松、汪顺
2018Y0022	智能公交协同运行监测系统	深圳市都市交通规划设计研究院有限公司	耿铭君、李云辉、胡刚、董威、张晓谦、刘琦、张威、胡志刚、潘德芬、胡盼、李沛、谭硕果邓进、贺文雅、李飞
2018Y0023	深圳市公交管理决策支持系统	深圳市都市交通规划设计研究院有限公司	薛博、韩国华、耿铭君、胡刚、张晓谦、潘德芬、胡盼、李云辉、翁飞、吕文艳、谭硕果、邓进、韩艳、范志丽、于晓东
2018Y0024	高安全性二次电池关键材料研究	清华大学深圳研究生院	康飞宇、贺艳兵、李宝华、杨全红、徐成俊、黄正宏、李新禄、马俊、周栋、韩翠平、柳明、秦显营、王超、许东伟

续表

登记编号	成果名称	完成单位	完成人员
2018Y0025	新一代应急指挥通信平台	深圳震有科技股份有限公司	姜坤、杨明涛、杨振广、卫宣安、杜盛光、吉晓佳
2018Y0026	4G 手机射频模块封装用基板	深南电路股份有限公司	杨智勤、谷新、张亚平、徐强、李飒、张云川、王亮、侯井龙、欧阳小平、石东、李华、刘刚
2018Y0027	大容量固态存储刚挠印制电路板	深南电路股份有限公司	周进群、武凤伍、刘金峰、申伟、邓青、邓先友、刘海龙、向付羽、李仁涛、张河根、刘志涛、高文帅
2018Y0028	医疗超声探头用超薄铜柔性印制电路板	深南电路股份有限公司	周进群、李林宏、武凤伍、刘金峰、申伟、巩丽虹、刘海龙、邓先友、张河根、李仁涛、刘志涛、陆敏菲
2018Y0029	梨小食心虫性迷向绿色防控技术及应用	深圳百乐宝生物农业科技有限公司	苏敏、王立颖、Alan Cork、Hancock Richard Paul、李晶晶、熊绍顺、彭东
2018Y0030	生化试剂 - 脂血类产品	深圳迈瑞生物医疗电子股份有限公司	张裕平、王嘉鹏、黄斌、林春娇
2018Y0031	化学发光免疫试剂 - 心肌标志物产品	深圳迈瑞生物医疗电子股份有限公司	李可、张裕平、唐涛、王頔、刘君君
2018Y0032	生化试剂（比色法）- 心肌标志物产品	深圳迈瑞生物医疗电子股份有限公司	张裕平、王嘉鹏、黄斌、林纪昀、杜少卿
2018Y0033	JXYL8000 系列石墨烯改性防火涂料	深圳市锦翔友连新材料有限公司	刘勤、苗强、刘颖雅、李建国、冉祥凤、陈跃、张埌
2018Y0034	《中药编码规则及编码》国家标准的研究与制定	深圳市卫生和计划生育委员会	廖利平、吕爱平、曾庆明、徐美渠、吴培凯、易炳学、李顺民、周哲、徐甘霖、李静、包文虎、兰青山、马双成、李海燕、郭兰萍、谭登平、许冬瑾、原文鹏、张德雄、张尚斌、王淑红、赵玉合
2018Y0035	《深圳经济特区中医药条例》及其政策的研究	深圳市卫生和计划生育委员会	廖利平、许四虎、陆钰萍、朱炎、张慧敏、武肇玲、李顺民、杨卓欣、王师耀、林晓生、吴培凯、曾庆明、胡世平、彭立生、傅诗书
2018Y0036	基于多通道温度传感器的 PCR 仪校准系统	深圳市计量质量检测研究院	黄志凡、李向召、李名兆、罗文怀、罗逸龙、钟妮、杨初
2018Y0037	深圳湾红树林湿地景观片段化的驱动力分析	深圳市野生动物救护中心	李瑜、刘海军、昝启杰、孙红斌、刘莉娜、赵晴、陈丹、高虹、余世孝、李真
2018Y0038	引种无瓣海桑对深圳湾土壤环境影响的研究	深圳市野生动物救护中心	刘莉娜、刘海军、李瑜、昝启杰、赵晴、王佐霖、陈丹、夏熳璐、韦萍萍、伍娥、胡长云
2018Y0039	港口突发天气预警系统	深圳市雅码科技有限公司	梁锦雄、张文海、陈林锋、金海龙、黄素平、冯碧锋、谢光前、白景涛、张翼、余世新、严刚、万彤、徐渊弢
2018Y0040	上市公司智能监管系统	深圳市迪博企业风险管理技术有限公司	郑喜、胡为民、刘克飞、阳尧、谢凡、陈赛霞、余露、刘娟、朱新涛、张可佳、陈艳梅、熊自康
2018Y0041	北斗地基增强系统基准站天线	深圳市华信天线技术有限公司	王春华、张捷、吴文平、王晓辉、刘超、伍淼、吴仕伟、尹小明、郭奇松、袁兴辉
2018Y0042	基于内容图像识别的关联信息推送系统	深圳市酷开网络科技有限公司	马万铮、李晓榕、吴旭、吴广生、谢仁斌、谢光财、刘鹏、叶兴旺、谢永超、高奇、黄麒龙、陈滢、曾有兰、喻召福、伍银河
2018Y0043	一种组合式电路板、组合式电路套件及元件连接件	深圳市中虹天意实业有限公司	王善合、赵庆芬

续表

登记编号	成果名称	完成单位	完成人员
2018Y0044	一种计算机系统的备份、还原方法、装置及计算机系统	研祥智能科技股份有限公司	陈志列、陈超、沈航
2018Y0045	基于物联网的菱镁矿冶炼智能化管理系统研制与应用	研祥智能科技股份有限公司	陈志列、庞观士、林诗美、刘志永、陈超、孙煜、沈航、马先明、王洋、吴光斌、邹波、岑宏杰、曾霆、薛英仪、邹建红
2018Y0046	一种磁盘保护方法、装置及设备	研祥智能科技股份有限公司	陈超、王玉章、曾霆
2018Y0047	一种 MTCA 平台智能散热方法	研祥智能科技股份有限公司	陈志列、沈航、陈超
2018Y0048	便携式电子设备的防水门	研祥智能科技股份有限公司	陈志列、陈超、薛英仪
2018Y0049	启动计算机系统的方法	研祥智能科技股份有限公司	陈志列、马先明、庞观士、沈航
2018Y0050	板卡组件	研祥智能科技股份有限公司	陈超、孙煜、陈志列、沈航
2018Y0051	可视化接地装置	深圳宇翊技术股份有限公司	刘路江、经宁、刘冲、李福成、杜晗、李琳
2018Y0052	基于照明 LED 的光通信系统	清华大学深圳研究生院	权进国、王昭诚、张颢、谢拥军、金爽、张潇男、白勃、邱莉萍、刘伟、曹继业
2018Y0053	万米级潜水表防水测试仪设计及研发	天王电子（深圳）有限公司	张克来、马涛、夏超、乐天献、冯甜甜、陈绪明、郑勇
2018Y0054	万米级潜水表设计及研发	天王电子（深圳）有限公司	张克来、乐天献、陈绪明、夏超、马涛、冯甜甜、郑勇、周秀国
2018Y0055	微波天线 PCB 制作技术及产品	深圳崇达多层线路板有限公司	宋建远、彭卫红、周文涛、张盼盼、翟青霞、刘丽娟、谢华、孙保玉、王耀明、刘亚飞、黄彪、季辉、周洁峰、田小刚、乐禄安
2018Y0056	交通路口综合信息智能管控系统	深圳市交通科学技术研究所	张欣、郭倡敏、高柏衔、许泽彬、崔晓峰、刘磊、刘剑祥、刘剑飞、扶福家、周厚军、唐伍红、潘青
2018Y0057	普 20150153：进口食品质量安全服务平台技术研发	深圳市检验检疫科学研究院	包先雨、仲建忠、蔡伊娜、詹爱军、杨余久、章建方、邢军、刘鹏、薛海峰、郑文丽、吴绍精、蔡屹、王洋
2018Y0058	跨境电子商务产品质量风险分级与评定研究	深圳市检验检疫科学研究院	包先雨、郑文丽、蔡伊娜、邢军；章建方、孙兆洋、刘鹏、杨余久、薛海峰、王先科、吴忠祥、王洋
2018Y0059	考试智能安全管理系统	深圳市海云天科技股份有限公司	刘彦、王立新、吴建江、罗亮锋、刘波、郭远武、谢小明、谢海波、张兴虎、陈节约、王华；朱小龙
2018Y0060	甲壳素分子修饰及其在创面修复中的应用	深圳大学化学与环境工程学院	吴奕光、赵丽青、周莉、吴灿光、邢涛、江长兵、薛清辉、邓文婧
2018Y0061	华南野牡丹科园林观赏植物的筛选及繁殖技术研究	深圳市仙湖植物园管理处	金红、焦根林、宋丽萍、陈刚、王翊、李文燕、杨红梅
2018Y0062	高强度高热稳定性聚烯烃陶瓷涂覆隔膜	深圳市星源材质科技股份有限公司	高东波、丁志强、植志飞、肖武华、苗发成、朱俊、谭斌、鲁东奎、樊文辉、林盛鹏、王金波
2018Y0063	胎龄 27-42 周新生儿宫内生长曲线与身体指数曲线研究	深圳市宝安区妇幼保健院	黄小云、刘惠龙、雷敏、连朝辉、麦慧芬、李优聪
2018Y0064	深圳市宝安区社区健康服务运行机制改革实践与评价	深圳市宝安区中心医院	吴江、张升超、陈辉清、周育瑾、林滢宇、赵鹏、何振彬、夏挺松、缪建平、余信国、王素平、余汉兵、甘虎、谢志灵、司炳煜

续表

登记编号	成果名称	完成单位	完成人员
2018Y0065	面向智慧城市的大规模动态人像识别和实时检索系统及其应用	深圳云天励飞技术有限公司	田第鸿、陈宁、钟斌、彭程、程冰、尹义、苏建钢、吴伟、胡文泽、杨龙、王孝宇、李爱军、蒋文、韦国恒、李建文、罗泽漩
2018Y0066	现金存取款机芯技术	深圳怡化电脑股份有限公司	彭彤、石鸥、赵玉民、杨泊、李淮泾、胡练新、黄惠娟、夏荣华
2018Y0067	高速大额存取款机芯技术	深圳怡化电脑股份有限公司	彭彤、石鸥、赵玉民、杨泊、李淮泾、胡练新、黄惠娟、夏荣华
2018Y0068	一种高效紧凑的黑臭水体处理系统应用项目	深圳市深水水务咨询有限公司	黄琼、霍国友、张伟、陆子峰、夏卫红、王春华、洪小红、江偲、陈聘、左光栋、庹进朗、李小清、李金楷、颜昭、袁岸琼
2018Y0069	骨关节疾病损伤修复的多组学探索及创新治疗的应用基础研究	深圳市宝安区人民医院	潘晓华、张戈、李刚、叶喜阳、潘宇、黄居科、吴晓敏、张洪志、孙育欣、卞斌、利春叶、周娟、邱俊莹
2018Y0070	国家Ⅰ级保护植物 -- 仙湖苏铁的抢救性保护和原生种群扩大技术研究	深圳市梅林水库管理处	付奇峰、王定跃、李楠、张秀忠、孙延军、谢剑峰、张文、王运华、孙健、荣建伟、刘海燕、邝嘉慧、陈晓熹、黄应锋、戴金水、杨文灏、许旭南、张强、刘明辉
2018Y0071	文化主题公园影像集成技术研发	华强方特（深圳）电影有限公司	戎志刚、丁亮、徐魁、徐海波、李晓斌、罗德富、谢峰
2018Y0072	虚拟交互娱乐装备及控制系统研发	华强方特（深圳）智能技术有限公司	刘辉、官培雄、郝炳焜、孙焕俊、刘强、孔凡新、吴正平、李昱旻、徐接文、张永
2018Y0073	中药丹参质量的化学模式识别研究	深圳市药品检验研究院	王铁杰、江坤、王洋、韩东岐、王平、王淑红、殷果、王珏
2018Y0074	广东道地中草药药效物质基础和质量标准研究	深圳市药品检验研究院	王铁杰、叶文才、江坤、张晓琦、王平、王淑红、殷果、王珏
2018Y0075	功能性共加工药用辅料的设计及评价体系的构建研究	深圳市药品检验研究院	鲁艺、王铁杰、涂家生、殷果、李玉兰、金一宝、王思明
2018Y0076	叠层片式共模滤波器	深圳顺络电子股份有限公司	陈先仁、郭海、戴春雷、曾向东、郑卫卫、覃杰勇、王清华、陆达富、宋俊学、吴震、李可、胡荣荣、曾艳军、黄佑新
2018Y0077	低温共烧结陶瓷基板	深圳顺络电子股份有限公司	郭海、戴春雷、曾向东、李可、郑卫卫、余强华、陈柳城、占湘湘、胡兰、崔定锡、陆达富
2018Y0078	陶瓷压力传感器	深圳顺络电子股份有限公司	肖小朋、郭海、贾广平、曾向东、向长秋、刘 勇、谭凯夫、刘 旭、罗 蕾、姚 斌、王清华、曾令炉、王晓华、谢林利
2018Y0079	一种体位固定器	深圳市宝安区人民医院	潘晓华
2018Y0080	一种用于肢体定位的体位固定器	深圳市宝安区人民医院	潘晓华
2018Y0081	注射用五水头孢唑林钠关键生产参数的过程控制技术	深圳市药品检验研究院	王铁杰、胡昌勤、殷 果、黄权华、闫 研、苏军权
2018Y0082	健康产品中非法添加西药成分的快速质谱分析合作研究	深圳市药品检验研究院	王铁杰、姚钟平、鲁艺、殷果、胡斌、毕开顺、张高飞、刘凯双、韩东岐、王珏、秦斌、苏培坚、肖丽和、李清、梁智渊、王海星、吴子浚

续表

登记编号	成果名称	完成单位	完成人员
2018Y0083	高压大功率卫星电源控制关键技术及应用	深圳市航天新源科技有限公司	张东来、吕晓明、李峰、陶宏君、朱洪雨、程航、王超、付明、张贤涛、张华、邢浩江、鹿才华、刘青、王骞、姜启福、佟强、侯学龙、孔庆林、陈红、张博温、刘锡洋、韩悦、张洪伟、董升、李林杰、马云珑、张艺、周奕龙、孙放、李巍、王树民、张迪、刘贺
2018Y0084	水泵国产化替代改造咨询	深圳市深水水务咨询有限公司	黄琼、邓学让、吴熙春、张志民、廖燕华、杨正军、罗来辉、杨立寒
2018Y0085	新兴工业区重点职业病危害防治技术与应用	深圳市龙华区疾病预防控制中心	林启辉、王金明、徐新云、林孟端、陈自然、古小明、荣怿、钟学飘、陈嘉斌、蔡妙森、全德甫、高林、王俊雄、马挺、吴传安、曹赫、朱振凡、任燕、凌均超、张靖
2018Y0086	基于复合纳米探针 - 流式细胞技术实现食品中指标菌 - 致病菌同步分析策略的研究	深圳市检验检疫科学研究院	刘慧玲、吕敬章、张恒、黄李华、葛丽雅
2018Y0087	一模 256 穴光学透镜超精密模具与成型技术	深圳明智超精密科技有限公司	张志才、宋保国、张锦标、彭泳鑫、张祖周、盘海夏
2018Y0088	空间飞行器快速高可靠智能测试技术研究	清华大学深圳研究生院	梁斌、李志恒、王学谦、徐峰、李力、张凯、李成、刘厚德、杨君、芦维宁、谭俊波、陶彦博、高学海、孟得山、赵珏昱
2018Y0089	水上联排灌注桩施工关键技术	中交天航南方交通建设有限公司	史景光、李超超、陈铎、尤毅、陈飞飞、孙贵甲、胡晓东、周希勇、杨树松、黄先胜、彭城、吴旭彬
2018Y0090	秋海棠属种质资源收集与利用	深圳市仙湖植物园管理处	张寿洲、张苏州、郎校安、王文广、杨建芬、余俊杰、周宏艳、郑曼枞、杨蕾蕾、蔡江桥、陈朋、李凌飞、姚张秀、李军娟、黄小瑜
2018Y0091	基于深度学习的人脸抓拍 IPC	深圳英飞拓科技股份有限公司	张福林、邓小铭、曾祖祥、晏冬、肖仁伟、李军、陈国虎、吴莹莹、王欢
2018Y0092	节能环保型后压式智能环卫车	深圳东风汽车有限公司	姚华军、黄闯、周启君、尹声涛、龚云亮、李伟涛、杨忆、周聪、左博赟、王菲、邵亮、黄祖志、吴林、周美孝、何卫华
2018Y0093	两档一体式自动变速（AMT）纯电动运载车	深圳东风汽车有限公司	高飞、黄闯、周启君、刘土红、王海涛、李伟涛、何虎祥、姚华军、张潮州、肖菁华、王菲、邵亮、罗上员、何卫华、刘帅
2018Y0094	智能化云存储视频监控系统	深圳英飞拓科技股份有限公司	黄恒杰、占鹏、有斌斌、毛金花、马兴、严瑞、陈家吉、何堤森、谢锐旭、叶斌、李关顺、李春兰、宋志威
2018Y0095	园林植物大数据技术研发	深圳市梧桐山风景区管理处	王定跃、刘永金、冯志坚、王东斌、袁银、贾彩娟、邓羿、洪伟、黄玉嵩、鄢诚、张维力、钟伟光、王晓芳
2018Y0096	植物多样性在深圳园林绿化中的应用	深圳仙湖植物园管理处	戴耀良、何国强、谢良生、雷江丽、蓝翠钰、蔡江桥、徐桂红、徐丽莉、尹婷辉、夏德美、李存焕、张永夏、彭晗、石燕珍、张 斌
2018Y0097	南山区能源信息公共服务平台	深圳市拓远能源科技有限公司	冯钰洋、季静华、甘冰文、尹建平、余海平、程译、林智亮

续表

登记编号	成果名称	完成单位	完成人员
2018Y0098	超常规尺寸高速多层印制路板关键技术	深圳市博敏电子有限公司	王强、黄建国、余传裕、周大伟、罗雄文、张俭、易胜、刘东、刘威、徐正武、黄廷漾、罗小忠、梁春光、彭美良、唐成华、梁景成、王飞、张长明、杜毅、武登山、邵富强
2018Y0099	观赏苦苣苔科植物在园林配置中的应用与评价	深圳市仙湖植物园管理处	邱志敬、谢锐星、舒文、邹纯清、杨平、罗倩、朱果果、宋凤鸣、袁峰均、蔡江桥、王虹妍、唐婧文
2018Y0100	苦苣苔科种质创新研究和开发利用	深圳市仙湖植物园管理处	邱志敬、谢锐星、廖一颖、舒文、邹纯清、杨平、罗倩、朱果果、袁峰均、蔡江桥、陈朋、曹惠聪
2018Y0101	智能化"五位一体"建筑废弃物高效循环利用技术	深圳市为海建材有限公司	杨根宏、李正茂、彭孟啟、王志更、夏素平、高庆、杨金华、孙国彬、蔡捷峰
2018Y0102	新型智慧剧场声光电系统	深圳市中孚泰文化建筑建设股份有限公司	谭泽斌、周君军、李鹏成、胡石君、陈漳兴、易 辉、陈孟辉、梁 宇、刘 科、唐 琳、李泽涛、林夏明、崔发全、庞远华、路 群
2018Y0103	超高清商用 LED 显示系统	深圳市奥拓电子股份有限公司	何昆鹏、李选中、肖华勇、罗子龙、吴振志、王玉彬、谢明璞、熊青松、任怀平、张奇、赵丽红、严振航、孙兴红、田景松、辛国生、银西金、杨敏
2018Y0105	智能剧场多功能建筑声学可调系统	深圳市中孚泰文化建筑建设股份有限公司	罗泽红、刘 芳、顾 委、胡石君、陈漳兴、容倩林、易 辉、王 建、陈孟辉、赵荆新、刘 科、唐 琳、杨宗筱、陈 敏、路 群
2018Y0106	电气化铁路接触网用瓷套型复合绝缘子	深圳市银星绝缘子电气化铁路器材有限公司	马 民、马淮根、聂宗华、袁棋虎、周才渊、简阳、邱方、李连杰、赵峰、文静、梁田、徐新颜、陆清兰、吴珍香
2018Y0107	电气化铁路接触网用合成材料芯棒型瓷绝缘子	深圳市银星绝缘子电气化铁路器材有限公司	马民、马淮根、聂宗华、袁棋虎、简阳、周才渊、邱方、李连杰、赵峰、文静、梁田、徐新颜、陆清兰、吴珍香
2018Y0108	基于 IPV6 的智能多屏互动全媒体云终端	深圳金亚太科技有限公司	周祁东、吴熙杰、卢小光、邓根根、杨贵平、何凤勇、朱飞、韦洪儒、罗军、邱婷、邓莹、曹亮
2018Y0109	深圳城市公园主题花卉及文化发展研究	深圳市公园管理中心	田学根、王 辉、朱伟华、王贤荣、王晓明、周武忠、胡振华、李宗怀、尹新新、谢佐桂、孙延军、周兰平、杨 勋、管 洁、李琪安、张元燕、连舜秋、杨义标、赖燕玲、余淑莲、邵志芳、雷光富、胡 雪
2018Y0110	基于 Android 解扰功能的智能全数字电视终端	深圳金亚太科技有限公司	周祁东、吴熙杰、卢小光、邓根根、杨贵平、何凤勇、朱飞、韦洪儒、罗军、邱婷、邓莹、曹亮
2018Y0111	兼容北斗定位系统 /3G 的智能车载互联导航系统	深圳市索菱实业股份有限公司	蔡建国、曾 城、邓先海、赵国海、戴志鸿、罗永明、杜焱先、田响海、刘 勤、刘怡能、李伟军、黄瑞锋、李旭光、魏小晴
2018Y0112	交互式显示平台系统	深圳市慧之星计算机有限公司	曾云清、吴剑平、幸炜、康毅、吴丽红、黄博、张强、刘国柱、王要奇、曾海潮、李罡星、兰峰、吴敏、汤晓林、胡祥希
2018Y0113	储能与电动车动力电池系统和低碳技术研究	清华大学深圳研究生院	康飞宇、杨全红、李宝华、杜鸿达、姚有为、张正铭、吕瑞涛、干林、李佳、黎维彬、赵世玺、席靖宇、徐成俊、贺艳兵、杨诚

续表

登记编号	成果名称	完成单位	完成人员
2018Y0114	碳基电容	深圳市图门新能源有限公司	郑役军、郑东冬、詹维建、郑路、范淑瑞、李尉、曹雷、李鑫、秦海龙、黄家冠、王永梅、文荣运、文祥运、张赢、张建华、蔡孝锋、谢波、孔庆强、廖桂豫、徐子利、汪强
2018Y0115	牙列缺损的数字化精准种植修复系列研究	深圳市龙岗中心医院	高永波、黄盛兴、林臻彦、吴熙凤、赵静辉、刘云峰、盛立远、游嘉、周延民、彭伟、石磊、万林子、李阳、林璇、向子云
2018Y0116	功能性小肌肉移植重建拇对掌功能的基础与临床研究	深圳市人民医院	庄永青、熊洪涛、魏瑞鸿、付强、方锡池、姜浩力、刘英男、温桂芬、蔡妙霞、高永玲
2018Y0117	精密挤压涂布机	深圳市善营自动化股份有限公司	潘昱凡、王光岩、宁鹏、谢礼、欧阳锴、吴国俊、关敬党、张静、王莹、刘耀涛
2018Y0118	基于仿生质子迁移的绿色催化合成	北京大学深圳研究生院	黄湧、赵劲、张欣豪、吴云东、陈杰安
2018Y0119	围垦后滨海湿地生态系统修复与工程示范	香港城市大学深圳研究院	昝启杰、谭凤仪、李喻春、杨琼、徐华林、单锦城、张肇坚、关利平、李凤兰、樊蓓莉、韦萍萍、许会敏、徐桂红、曾琳、田婷婷
2018Y0120	红树林人工湿地净化系统的长期有效性及机制研究	香港城市大学深圳研究院	谭凤仪、李凤兰、昝启杰、杨琼、田婷婷
2018Y0121	超高层强外框（筒）结构体系关键技术及其工程应用	深圳市建筑设计研究总院有限公司	刘琼祥、王启文、张建军、周斌、杨旺华、郑庆星、唐熙、刘伟、刘圳圻、陈弟、刘臣、吴宏雄、覃建华、王益山、林文明
2018Y0122	新型高功率锂离子动力电池的研究与应用	深圳市海盈科技有限公司	陶芝勇、胡清平、李进、刘焱、吴吉强、刁胜、曹丽君、周艳兵、乔三刚、郭永兴、唐道平、曾纪术、吴南、黄启祥
2018Y0123	板卡弹压垫及其板卡压紧装置	研祥智能科技股份有限公司	陈志列、林诗美、王志栋、孙煜、沈航
2018Y0124	查杀引导型病毒的方法及系统	研祥智能科技股份有限公司	陈志列、王志栋、孙煜、林淼、曾霆
2018Y0125	一种串口自检方法、电路及装置	研祥智能科技股份有限公司	陈志列、刘志永、庞观士、林诗美、陈超、薛英仪
2018Y0126	一种电子设备及其数据的保护方法和系统	研祥智能科技股份有限公司	陈志列、王志栋、孙煜、薛英仪、沈航、郭煜
2018Y0127	基于 ARINC 429 的通信方法、装置及扩展接口	研祥智能科技股份有限公司	陈志列、刘志永、庞观士、林诗美、陈超、林淼
2018Y0128	网卡自动排序方法、系统以及相应的电子设备	研祥智能科技股份有限公司	陈志列、孙煜、曾霆、薛英仪、林淼、郭煜
2018Y0129	一种串行中断处理的方法、装置及计算机系统	研祥智能科技股份有限公司	陈志列、马先明、王志栋、曾霆、沈航、郭煜
2018Y0130	一种可支持光电切换的网络装置和网络服务器	研祥智能科技股份有限公司	陈志列、薛英仪、曾霆、林淼、沈航、郭煜
2018Y0131	石墨烯透明电热膜的研制及应用	烯旺新材料科技股份有限公司	冯冠平、张谦、王兰兰、袁凯杰、郭倩芬、朱惠忠、冯欣悦、汪涵
2018Y0132	口腔数字化精准种植修复关键技术研发	深圳市龙岗中心医院	高永波、林臻彦、孙蕾、李阳、万林子、宋芳、陈漫娟
2018Y0133	野生动物友好型城市生态栖息地构建关键技术与应用	深圳园林股份有限公司	孙延军、林石狮、赵 健、李玉龙、陈晓熹、苏洪林、王一钦、刘先锋、古青锋、王 健、张威威、叶 頔、揭丽佩、严敏茹、梁家源

续表

登记编号	成果名称	完成单位	完成人员
2018Y0134	轻型屋顶绿化优良植物筛选及应用关键技术研究与示范	深圳园林股份有限公司	孙延军、郭 微、叶自慧、王辉、刘璐璐、蒋永萍、陈泽敏、吴菲、谢志银、徐玉芬、宋火元、易凡、李琪安、陈征东、宋亮华
2018Y0135	Auto-Trader 量化研究平台（简称：AT 量能）	深圳数字动能信息技术有限公司	黄嵩、陈亮、赖淼华、吉君、买浩原、郑俊豪、袁德信、艾迪、黄子桓、王驰、王俊豪、杨滨、刘伊琦、徐称称、郑海生、蔡福兵、彭玄、杨钢、杨俊康、鞠帅、曹梦倩、凌楚蕃、李晋、黄建国、黎奔、郭水亮、杨彬、刘武明、杨乐、刘昆林
2018Y0136	复杂环境下基于非欧氏空间的定位理论与方法	深圳大学	黄磊、苏庆祥、王文钦、孙维泽；、李强、钱诚、曾文俊、肖宇航、刘克飞、何振清
2018Y0137	餐厨垃圾生物质能源回收技术	深圳格诺致锦科技发展有限公司	李思铭、王成英、马随涛、李子君、赵良彪
2018Y0138	深圳蛇口邮轮中心工程建设关键技术研究	中铁建工集团有限公司	毕彦春、王世明、吴书峰、骆盐府、南雅轩、陈晓东、陈顺、曾劲锋、贾经伟、高亚伟、杨超、周文、吴隆伟、张竞辉、吕燕霞
2018Y0139	位移监测 体机	深圳市北斗云信息技术有限公司	李慧生、李柯含、王建顺、赖光程、苏亚凌、汪洋、蒋书龙、朱朴、李帆、郑之凯、谭亮
2018Y0140	高性能便携式计算机锂电池模组	欣旺达电子股份有限公司	李武岐、夏必忠、王明旺、冯平法、孙威、赖勇智、杨浩勃
2018Y0141	一种无害化处理暂存桶	深圳格诺致锦科技发展有限公司	李思铭、王成英、马随涛、李子君
2018Y0142	病、死动物及不合格肉制品无害化处理方法及其处理系统	深圳格诺致锦科技发展有限公司	李思铭、王成英、马随涛、李子君、赵良彪
2018Y0143	一种病死畜禽货车卸料装置	深圳格诺致锦科技发展有限公司	李思铭、王成英、马随涛、李子君
2018Y0144	一种病死禽畜干制无害化处理的进料系统	深圳格诺致锦科技发展有限公司	李思铭、王成英、马随涛、李子君
2018Y0145	一种病死禽畜无害化前处理装置	深圳格诺致锦科技发展有限公司	李思铭、王成英、马随涛、李子君
2018Y0146	一种大型病死动物分割破碎处理装置	深圳格诺致锦科技发展有限公司	李思铭、王成英、马随涛、李子君
2018Y0147	基于网络信息论的高效能分布式存储与移动传输关键技术及应用	北京大学深圳研究生院	李挥、陆平、侯韩旭、屠要峰、朱兵、李硕彦、朱跃生、李文军、马化军、张晗、韩银俊、郭斌、高洪、邓芳伟、彭涛
2018Y0148	集成式附着升降脚手架（TC-8 型）	深圳市特辰科技股份有限公司	沈海晏、钟建都、张维贵、朱庚华、李青平、龙丽、谢先富、吕光利、边文栋、张喜平、杜宝宏、王海波、魏威、刘志平
2018Y0149	假俭草新品种引种与应用技术研发	深圳市万信达生态环境股份有限公司	朱兆华、陈晓蓉、徐国钢；、高敏化、周庆、迟国梁、郭幸飞、孙吉雄、赖庆旺
2018Y0150	《深圳城市有机固体废物综合利用工程技术研究中心》建设及科研	深圳市万信达生态环境股份有限公司	朱兆华、徐国钢、陈晓蓉、高敏化、周庆、迟国梁、郭幸飞、孙吉雄、崔晓宇
2018Y0151	海马的高效繁育、健康养殖及深加工产业化应用	深圳市万骐海洋生物科技有限公司	崔玉华、千忠吉、张翼、秦耿、丁莉、许晓涛、刘梓韬
2018Y0152	高效率高速分散机	深圳市尚水智能设备有限公司	金旭东、闫拥军、谭育林、黄端、刘博生、左晶
2018Y0153	移动互联网应用审计与综合数据处理平台	任子行网络技术股份有限公司	杨强、张东升、黄洪发、胡文鹏、唐新民、朱生尊、杜大帅、潘广、钟鸣、彭威
2018Y0154	VLD 终端结构系列 DMOS 器件	深圳深爱半导体股份有限公司	李 杰、魏国栋、田甜、康剑、蔡业信、孙伟、柏才利、王定宁、林泽川、段花花

续表

登记编号	成果名称	完成单位	完成人员
2018Y0155	深圳湾红树林结构调控及修复技术研究与示范	深圳大学	史秀华、徐华林、胡涛、丑庆川、李存焕、阳承胜、庆、马宗仁、张士才、何诗雨
2018Y0156	自升降式物料平台	深圳市特辰科技股份有限公司	沈海晏、周金、陈志生
2018Y0157	密封型一体化爬架及其使用方法	深圳市特辰科技股份有限公司	沈海晏、韩建恩
2018Y0158	MIPI_1.5Gbps_CMOS 图像传感器质量检测系统	深圳市辰卓科技有限公司	范艳根、李洪、王林旺、谭湘
2018Y0159	运动拍摄设备中的图像信息采集组件质量检测系统	深圳市辰卓科技有限公司	范艳根、谭湘、李洪、王林旺、周淑晴
2018Y0160	基于应用终端内外网络隔离技术的互联网网络审计系统产业化	深信服科技股份有限公司	梁景波、袁义金、张志良、杨学斌、徐猛、吴泽敏、丁凯、蔡泽宜
2018Y0161	中药农药残留快筛技术的研究 -- 双功能荧光纳米颗粒免疫层析技术平台的建立	深圳市药品检验研究院	秦斌、王炳志、闫研、殷果、朱海、王铁杰、杨星星、严义勇、金虹、付辉、关潇滢、张美娟、周志、马涛
2018Y0162	" 辣丰黑帅 "" 辣丰五十三号 "" 辣丰七十八号 "" 永优青帅 " 辣椒新品种选育	深圳市永利种业有限公司	周群初、李永红、何青、杨剑锋、陈红娜、周志豪、陈恭荣、陈明春、杨以龙、何春、刘志宏、邓汉超、莫洁华、杨晓怀、李红云、屈海斌、林馥芬
2018Y0163	英威腾自主化轨道交通车辆牵引系统	深圳市英威腾交通技术有限公司	杨北辉、王辉华、吴能峰、陈灿、周炜、尹雄桂、覃亚艳、程梦来、刘小龙、胡彩凤、柳翔、何佳琪、甘锐利、杨期志、钟立群
2018Y0164	四方精创乐寻坊 APP iOS 版软件 V1.0	深圳四方精创资讯股份有限公司	陈鑫琦、艾思任、施春林、梁浩、郑亮、李志恒、蔡维文
2018Y0165	四方精创乐寻坊 APP 安卓版软件 V1.0	深圳四方精创资讯股份有限公司	黄晓滨、许嘉奇、王鹏、孙成明、敖瑾、蔡华翔
2018Y0166	四方精创易息酒店预订 APP 系统 V1.0	深圳四方精创资讯股份有限公司	王鑫、侯超鑫、廖丽莎、张佳龙
2018Y0167	四方精创商业银行印章管理系统 V1.0	深圳四方精创资讯股份有限公司	王彪、周静、毕亭、卞立顺、程煜钊、刘丽丽、农庆静、孙海宁、王仁姣、曹磊、高奎一、胡国栋、王文奇、傅熔芳
2018Y0168	四方精创商业银行自助填单系统 V1.0	深圳四方精创资讯股份有限公司	刘诚秋、林济松、梁进军、张在军、徐建、蔡嘉杰
2018Y0169	四方精创 COBOL 应用迁移工具软件 V1.0	深圳四方精创资讯股份有限公司	王浩洋 、冯腾龙、 房淼瑞、 代欢 、邓倩 、刘俊川 、刘思浩 、成文华、 张岭、 李小青、 李旺娟 、李维 、欧阳泽宇、陈亮、贺文彬 、郑茂中、唐峻、莫业丽、 黄银雪、 廖启胜
2018Y0170	四方精创讯必达网络推广 APP 系统 V1.0	深圳四方精创资讯股份有限公司	黄晓滨 、蓝师盛、 陈燊 、赖裕良、 许嘉奇、郑亮 、孙成明 、谭英健
2018Y0171	四方精创讯必达网络推广 CMS 系统 V1.0	深圳四方精创资讯股份有限公司	王小龙、冯馨仪、 吕旭娟、 许娟、 李一珉 、李亮宇、 帖鸿伟 、罗祥立、 陈延旭、 陈焕、侯松瀚 、骆志文 、蔡顺金
2018Y0172	四方精创商业银行财政公务卡系统 V1.0	深圳四方精创资讯股份有限公司	邓朝轩、秦维 、陈桂林、 王恒清 、赖书文、张华

续表

登记编号	成果名称	完成单位	完成人员
2018Y0173	四方精创商业银行国内信用证系统 V1.0	深圳四方精创资讯股份有限公司	马文龙、马婼晗、尤锦芳、王兴国、王若成、卢山、田川、刘冉、刘金、朱勇、艾思任、何清平、余艳芳、吴忠卫、张齐、张育良、张淑婷、李健、李晨旸；李碧玉、罗发新、陈乐琦、陈树琼、陈胜豪、陈嘉诚、段伟、段春旸、胡胜军、郎廷秀、荀子辉、贾爽、康路军、黄春火、黄钟、黄德洲、黄慧君、董沛
2018Y0174	四方精创分行系统柜员作业平台软件 V1.0	深圳四方精创资讯股份有限公司	丁涛、万成、马小迪、尹文崇、尹风帆、王小龙、王学吉、王浩、王舜尧、付谋、冯馨仪、邓玉桂、刘少章、刘伟兵、刘宇、刘涛、孙行、纪炜、余佳胜、余梦丽、张进进、李一珉、李东高、李杰、李春颖、李娟、李峰、李祥；沈涛、周子豪、林素连、陈丹媚、陈少棠、陈燊、姜兆海、姜晓东、郑君杰
2018Y0175	四方精创核心银行 ESB 大前置平台系统 V1.0	深圳四方精创资讯股份有限公司	王天文、宁国兴、宁焰红、母刚、农庆静、刘义刚、刘晓龙、刘博、向卢宇、向焱雄、吕先清、吕泽鸿、孙飞、孙成明、孙红赫、孙海宁、吴小霞、吴江桥、张兰、张立根、李开辉、肖海波、肖魁、闵定平、易晓梦、林俊斌、罗伟、罗伟珍、罗美丽、罗英哲、陆荣平、陆桂全、郑亮、倪泽文、徐雨萧、郭丽芳、鹿慧芳、彭珊
2018Y0176	四方精创易息酒店预订系统（酒店端）V1.0	深圳四方精创资讯股份有限公司	童志福、骆军、杨群飞
2018Y0177	四方精创易息酒店预订系统（平台端）V1.0	深圳四方精创资讯股份有限公司	黄国坚、关均龙、阮超
2018Y0178	四方精创核心银行集群架构基础平台系统 V1.0	深圳四方精创资讯股份有限公司	车静文、江鑫、齐蕾、张宏伟、张海奎、周依琼、陈土银、陈冬东、洪宝明、涂小超、曹名雄、梁永甫、梁教亮、黄语哲、曾昊天、谢粮海、赖增杭
2018Y0179	四方精创分行系统参数化交易开发平台软件 V1.0	深圳四方精创资讯股份有限公司	邓志明、邓锦婷、龙丽英、刘耀、何挺、余永胜、张帆、张晓华、李小文、李从焱、李志远、杨小娟、阮凯、周飞、周振宇、林彬、侯金鑫、苏斗贵、曹达成、梁月华、梁阿雄、梁浩、曾聪聪、韩兆容、董新新、甄欣
2018Y0180	四方精创核心银行存款及贷款业务系统软件 V1.0	深圳四方精创资讯股份有限公司	万小龙、王十英、王小芹、王寿勇、王冠、王南非、王瑞锋、叶成、伍文博、刘兵、孙杰、朱天伟、何清、李小强、李飞、李亚钊、李楠；杜丁丁、杜俊、杜铭浩、杜斌、谷力、辛迪、周星、周鑫、庞红佳、罗任、陈云辉、陈永隆、陈玉、陈志伟、陈佳良、陈松、陈银、陈鑫琦、姜婷婷、柯露、胡有亮、胡晓媛、赵亚静、赵炎
2018Y0181	四方精创新消费金融开放集群式架构核心系统 V1.0	深圳四方精创资讯股份有限公司	卜国亮、卞立顺、王美林、白春礼、邓宏、吕烈和、安鹏、汪庞辉、陈雨、胡小海、胡阳、郑茂中、郑超、高翔、黄婷、雷连华、翟跃
2018Y0182	四方精创商业银行外汇及跨境人民币数据管理系统 V1.0	深圳四方精创资讯股份有限公司	桑慧、宋焘、王寿勇、高文琦、范君、罗伟珍、杨淑华

第四节 科技计划项目

2018 年第 1 批市科技计划项目验收结果

序号	项目编号	项目名称	项目承担单位	验收结论
1	CKCY20160428150025438	一种实时定位和智能导航的仓储运输机器人关键技术研发	爱啃萝卜机器人技术（深圳）有限责任公司	通过
2	CYZZ20150706153601111	HAS 家庭智能化套装控制系统的研发	爱图智能（深圳）有限公司	通过
3	CKCY20160426154409516	商用无人机全自动化智能辅助系统的研发	傲飞创新科技（深圳）有限公司	通过
4	ZDSYS20140509094114169	基于低影响开发的城市径流和蒸散发综合调控技术与示范（重点实验室提升项目）	北京大学深圳研究生院	通过
5	ZDSY20150518092938324	PM2.5 中水溶性全组分在线监测与源识别技术开发（提升项目）	北京大学深圳研究生院	通过
6	KQCX20150327093155294	单核 / 巨噬细胞 PFKFB3 作为动脉粥样硬化新靶点的研究与探索	北京大学深圳研究生院	通过
7	CXZZ20140419131807788	便携式呼出气一氧化氮检测器的开发及其于哮喘预防控制中的应用	北京大学深圳研究生院	通过
8	JCYJ20150327093647166	面向集成电路设计实际应用的可靠性模型开发	北京大学深圳研究生院	通过
9	JCYJ20150518092928547	植生滞留槽去除城市径流中氮污染的机制与模拟研究	北京大学深圳研究生院	通过
10	CXZZ20150529095235046	普 20150264：B 细胞淋巴瘤治疗药物技术研发	北京大学深圳研究生院	通过
11	JCYJ20150629144717142	无人机群自组织网络基础技术研究	北京大学深圳研究生院	通过
12	JCYJ20150828092818268	空气中甲醛的快速监测方法开发与应用	北京大学深圳研究生院	通过
13	JCYJ20150629144453251	锂电池高容量负极的新型黏结剂设计及研究	北京大学深圳研究生院	通过
14	JCYJ20150629144526408	锂离子电池石墨负极材料电极界面过程的 EIS-AFM 原位研究	北京大学深圳研究生院	通过
15	JCYJ20150629144022829	抗耐药菌天然环脂肽 Teixobactin 的合成、生物学活性及构效关系研究	北京大学深圳研究生院	通过
16	JSGG20150331101105708	重 20150001：背沟道刻蚀型铟镓锌氧化物（a-IGZO）液晶面板关键技术研发	北京大学深圳研究生院	通过
17	GJHS20160226104335419	活性海洋萜类及类似物的全合成研究	北京大学深圳研究生院	通过
18	JCYJ20150331100418474	深圳市水系统的水与能耦合关系研究	北京大学深圳研究生院	通过
19	JCYJ20150331160617771	深圳城市供水深度处理研究	北京大学深圳研究生院	通过
20	JCYJ20150331100515911	锂离子电池三元材料结构与电化学性能衰退机制关联研究	北京大学深圳研究生院	通过
21	JCYJ20140417144423188	荷电正渗透膜制备及正渗透技术在海水淡化中的应用研究	北京大学深圳研究生院	通过

续表

序号	项目编号	项目名称	项目承担单位	验收结论
22	JCYJ20150626110611869	跨数据中心的安全云存储关键技术研究	北京大学深圳研究生院	通过
23	JCYJ20150629144835001	原子层沉积新型导锂材料包覆电极材料提高锂电池性能的研究	北京大学深圳研究生院	复议
24	JCYJ20150616163111759	基于体外仿生凝血模型的壳聚糖凝血性能评价与机理研究	北京大学深圳研究院	通过
25	JCYJ20150403091443303	长链非编码 RNA MALAT1 调控口腔鳞状细胞癌炎症微环境机制的研究	北京大学深圳医院	通过
26	JCYJ20150403091443300	咯萘啶逆转乳腺癌化疗耐药和机制研究	北京大学深圳医院	通过
27	JCYJ20150403091443286	生存素 survivin 调控口腔鳞状细胞癌炎症微环境机制的研究	北京大学深圳医院	通过
28	JCYJ20150403091443284	AR 阳性乳腺癌患者内分泌治疗效果及相关机制研究	北京大学深圳医院	通过
29	JCYJ20150403091443319	颈椎人工椎间盘置换的临床应用及生物力学研究	北京大学深圳医院	通过
30	JCYJ20150403091443275	Wnt 介导骨髓干细胞成软骨分化复合新型 3D 生物支架修复软骨缺损的实验研究	北京大学深圳医院	通过
31	JCYJ20150403091443282	组织因子在他汀抑制大肠癌转移中的作用及其机制	北京大学深圳医院	通过
32	JCYJ20150403091443325	II 型糖尿病左室重构的磁共振功能成像早期诊断研究	北京大学深圳医院	通过
33	JCYJ20150403091443336	miRNA-494 通过调控 GALNT7 参与鼻咽癌发病的作用机制研究	北京大学深圳医院	通过
34	JCYJ20150403091443298	磁共振分子靶向成像对乳腺癌血管生成的研究	北京大学深圳医院	通过
35	JCYJ20150403091443283	医技检查集中预约模式在大型综合医院的应用研究	北京大学深圳医院	通过
36	JCYJ20150403091443305	成人 EB 病毒相关 T/NK 细胞淋巴增殖性疾病中 EB 病毒相关 miRNA 的鉴定及其功能研究	北京大学深圳医院	通过
37	JCYJ20150403091443320	基于可视化基因芯片检测技术的幽门螺杆菌个体化治疗	北京大学深圳医院	通过
38	JCYJ20150403091443313	双能量 CT 定量分析肝硬化失代偿期肝血流灌注重分布与上消化道出血风险相关性研究	北京大学深圳医院	通过
39	JCYJ20150403091443304	肾癌高表达的 miR-15a-5p 的功能、作用机制和临床应用研究	北京大学深圳医院	通过
40	JCYJ20150403091443296	右美托咪定对糖尿病大鼠肺损伤的干预作用及机制研究	北京大学深圳医院	通过
41	JCYJ20150403091443312	IL-10 诱导 MT1 表达对类风湿关节炎的治疗作用及免疫调节机制的研究	北京大学深圳医院	通过
42	JCYJ20150403091443278	TCF21 异常甲基化在非小细胞肺癌发生发展过程中的作用及其分子机制	北京大学深圳医院	通过
43	JCYJ20150403091443308	磁共振多模态成像在慢性肝病、肝纤维化的定量研究	北京大学深圳医院	通过
44	JCYJ20150403091443327	ECMO(体外膜肺) 高级生命支持应用研究	北京大学深圳医院	通过
45	JCYJ20150403091443323	化学萃取同种异体肌腱重建肩关节前盂唇的实验研究	北京大学深圳医院	通过

续表

序号	项目编号	项目名称	项目承担单位	验收结论
46	JCYJ20150403091443307	利用条件重编程细胞技术探究慢性阻塞性肺疾病气道上皮的炎症核心作用	北京大学深圳医院	通过
47	JCYJ20150403091443292	应用改良 Delphi 法建立新生儿医源性皮肤损伤风险评估工具	北京大学深圳医院	通过
48	JCYJ20150403091443299	临床大数据挖掘在深圳市医院绩效评价中的实践应用	北京大学深圳医院	通过
49	JCYJ20150403091443290	TW37 对 H1975 细胞系生长影响及其机制研究	北京大学深圳医院	通过
50	JCYJ20150403091443337	运用二代高通量测序技术探讨孕妇宫内和下生殖道微生态与早产的关系	北京大学深圳医院	通过
51	JCYJ20150403091443297	个案管理护理对冠脉搭桥患者生活质量的影响研究	北京大学深圳医院	通过
52	JCYJ20150403091443306	5- 羟色胺在质子泵抑制剂疗效差的非糜烂性反流病发病机制中的研究	北京大学深圳医院	通过
53	JCYJ20150403091443291	低频脉冲穴位刺激对腰椎术后患者的自主排尿功能的影响	北京大学深圳医院	通过
54	JCYJ20150403091443311	急性缺血性卒中核磁 DWI-FLAIR 不匹配与侧枝循环相关性的研究	北京大学深圳医院	通过
55	JCYJ20140415162338863	川芎嗪缓释剂穴位埋药对兔视网膜脱离后抗增殖作用研究	北京大学深圳医院	通过
56	JCYJ20150403091443331	Lnc-DQ 通过 p300/CREB 调控 Treg 细胞分化介导肝癌免疫逃逸的机制研究	北京大学深圳医院	复议
57	JCYJ20150403091443302	FOXP3-siRNA 调控肝癌细胞增殖侵袭及趋化因子 / 受体轴效应和机制	北京大学深圳医院	复议
58	JCYJ20150403091443326	双光子激发荧光显微技术在胃常见良恶性疾病诊断中的研究	北京大学深圳医院	复议
59	JCYJ20150403091443272	新型抗血小板药物对 ACS 患者择期 PCI 的疗效与安全性的观察	北京大学深圳医院	复议
60	CYZZ20150421111329260	抗强磁干扰的自保持继电器研发及产业推广	博达电气（深圳）有限公司	复议
61	CXZZ20150331152756552	普 20150072：提升 CmCry2Aa 抗虫基因功能活性的蛋白质工程研究	创世纪种业有限公司	通过
62	GJHS20140418151925491	基于云存储的数据备份容灾系统	创新科软件技术（深圳）有限公司	通过
63	RKX20150331094539349	深圳高新技术产品供应链产业发展与管理对策研究	对外经济贸易大学深圳研究院	通过
64	GJHZ20150316143022864	新一代人中性粒细胞明胶酶相关脂质运载蛋白 (NGAL) 检测试剂开发	菲鹏生物股份有限公司	通过
65	CXZZ20150402141341298	普 20150004：高可靠长寿命铝电容器的研发	丰宾电子（深圳）有限公司	复议
66	JSGG20150601153723042	重 20150151：装配机器人关键技术研发	固高科技 (深圳) 有限公司	通过
67	JSGG20150331093953474	重 20150040: 750 吨 / 天以上大型生活垃圾焚烧炉炉排关键技术研发	光大环保 (中国) 有限公司	通过
68	CXZZ20140807151622227	一种净化养殖水质生物水处理制剂的研发与推广应用	广东白鹤生物科技发展有限公司	通过
69	JCYJ20150331091533450	压敏点恢刺法治疗颈源性头痛的临床评价及作用机制研究	广州中医药大学深圳医院（福田）	通过

续表

序号	项目编号	项目名称	项目承担单位	验收结论
70	JCYJ20150331091304763	聚焦超声开放血脑屏障递送靶向载 HSV-TK/GCV 阳离子脂质体治疗脑胶质瘤的研究	广州中医药大学深圳医院（福田）	通过
71	JCYJ20150331091637075	围剿推拿疗法治疗脑卒中后睡眠倒错的临床研究	广州中医药大学深圳医院（福田）	通过
72	JCYJ20150331091159153	加味易黄汤联合壳聚糖抗菌膜治疗宫颈 HPV 感染的疗效观察及其对相关蛋白表达的影响	广州中医药大学深圳医院（福田）	通过
73	JSGG20150330155038630	重 20150014：基于声波通信的安全支付芯片关键技术研发	国民技术股份有限公司	复议
74	JCYJ20150403161923528	基于呼吸气体分析的糖尿病无创检测技术与方法研究	哈尔滨工业大学深圳研究生院	通过
75	JCYJ20150626110425228	基于高性能计算和语言处理技术的蛋白质远程同源性检测方法研究	哈尔滨工业大学深圳研究生院	通过
76	GJHZ20150312114149569	基于水声信号分离、定位和跟踪的海洋环境探测技术	哈尔滨工业大学深圳研究生院	通过
77	JCYJ20150403161923527	基于组合优化理论的云计算负载均衡算法研究	哈尔滨工业大学深圳研究生院	通过
78	JCYJ20150513151706574	移动互联网用户认证与密钥协议技术研究	哈尔滨工业大学深圳研究生院	通过
79	JCYJ20140417172620448	面向 3D 打印的超大规模非正则网格模型间的布尔运算研究	哈尔滨工业大学深圳研究生院	通过
80	JCYJ20140417172417090	基于 GPS 车辆定位的道路交通状况实时分析系统的研制	哈尔滨工业大学深圳研究生院	通过
81	KQCX20150326141251370	基于移动互联网的监测服务技术研究	哈尔滨工业大学深圳研究生院	通过
82	JSGG20150529153336124	重 20150144：三维精密测试装置关键技术研发	哈尔滨工业大学深圳研究生院	通过
83	JCYJ20150403161923508	低功耗、低开销的大规模集成电路可测试性设计技术研究	哈尔滨工业大学深圳研究生院	通过
84	JSGG20150529114007828	重 20150157：航天多变换器开关电源关键技术研发	哈尔滨工业大学深圳研究生院	通过
85	JCYJ20150625142543453	抑制风致振动的行波壁仿生流动控制方法研究	哈尔滨工业大学深圳研究生院	通过
86	JCYJ20150625142543470	基于符号化表示学习的脑电信号分析方法及其应用	哈尔滨工业大学深圳研究生院	通过
87	JCYJ20150625142543473	基于物联网平台的基础设施安全无损检测技术研究	哈尔滨工业大学深圳研究生院	通过
88	JCYJ20150403161923530	基于硅光微环调制器的正交频分复用单边带调制	哈尔滨工业大学深圳研究生院	通过
89	JCYJ20150403161923510	基于磁共振 DTI 老年痴呆症的神经指纹研究	哈尔滨工业大学深圳研究生院	通过
90	JCYJ20140904154822267	编译型开放式数控系统的开发与应用	哈尔滨工业大学深圳研究生院	通过
91	JCYJ20150513155236762	二氧化碳捕捉过程的优化理论及设备升级改造技术的研究	哈尔滨工业大学深圳研究生院	通过
92	JCYJ20150403161923535	臭氧 / 羟胺体系中自由基生成特性和机理研究	哈尔滨工业大学深圳研究生院	通过
93	JCYJ20150327155705357	基于新型半径导向卡尔曼滤波的任意光调制偏振态跟踪技术	哈尔滨工业大学深圳研究生院	通过
94	JCYJ20140828170509984	基于环境认知的无线体域网共存机制研究	哈尔滨工业大学深圳研究生院	通过

续表

序号	项目编号	项目名称	项目承担单位	验收结论
95	JCYJ20150327155221857	城市垃圾焚烧残余物固化的加速碳化处理及其资源化利用	哈尔滨工业大学深圳研究生院	通过
96	JCYJ20130329144615918	基于精细化有限元的空间钢结构双重非线性研究	哈尔滨工业大学深圳研究生院	通过
97	JCYJ20140417172417149	基于监控图像的停车场智能车位识别算法研究	哈尔滨工业大学深圳研究生院	通过
98	JCYJ20150625142543475	智能轨道探伤和磨耗检测装置的研究与实现	哈尔滨工业大学深圳研究生院	通过
99	JCYJ20150403161923537	基于无电解电容的永磁同步电机变频控制系统	哈尔滨工业大学深圳研究生院	通过
100	GRCK20160826105935160	基于 QUATRE 架构的全局优化算法及其应用研究	哈尔滨工业大学深圳研究生院	通过
101	JCYJ20150403161923545	水下机器人视觉处理系统关键技术的研究	哈尔滨工业大学深圳研究生院	通过
102	JCYJ20140417172417120	高通量流式活体细胞三维成像关键技术	哈尔滨工业大学深圳研究生院	通过
103	JCYJ20140417173156097	MARVELD1 调控内胚层细胞定向分化的表观遗传机制	哈尔滨工业大学深圳研究生院	通过
104	ZDSYS20140508161825065	航空航天大数据图像感知技术与装备重点实验室	哈尔滨工业大学深圳研究生院	通过
105	ZDSYS20140508161547829	仿生扑翼无人机的研制(重点实验室提升项目)	哈尔滨工业大学深圳研究生院	复议
106	CXZZ20120831095820996	远程多媒体实景互动教学平台	互联天下科技发展（深圳）有限公司	通过
107	FHQ20140519145243347	华南城网商创业园	华南国际工业原料城（深圳）有限公司	通过
108	JSGG20150601161110010	重 20150130：12 英寸晶圆测试关键技术研发	华润赛美科微电子（深圳）有限公司	复议
109	GJHS20130407165442364	感冒灵大品种技术升级	华润三九医药股份有限公司	通过
110	CXZZ20130517110546401	基于云计算的多媒体虚拟化整体解决方案	惠科股份有限公司	通过
111	JSGG20150529145323265	重 20150135：动态供应链协同电子商务交易关键技术研究	金蝶软件（中国）有限公司	通过
112	GRCK20150831175939439	Darma 智能座椅、智能床垫	明日星投资咨询（深圳）有限公司	通过
113	JCYJ20150630145302231	固体推进剂用新型核壳纳米结构燃速催化剂的研究	南方科技大学	通过
114	KQCX20150331101823700	面向产业化的高性能硫属化合物热电材料研究	南方科技大学	通过
115	CXZZ20150529152325859	普 20150267：神经药物先导化合物结构修饰技术研发	南方科技大学	通过
116	JCYJ20150630145302225	基于拓扑材料的自旋电子学器件设计	南方科技大学	通过
117	JCYJ20150630145302222	基于发射和接收联合优化的雷达抗干扰技术研究	南方科技大学	通过
118	KQCX20150331101823702	含三氟甲基的手性胺类化合物的不对称构建以及抗肿瘤活性研发	南方科技大学	通过
119	JCYJ20150331101823677	锂空气电池空气电极用选择性透氧膜的研究	南方科技大学	通过
120	JCYJ20150630145302235	基于过渡金属硫化物半导体材料的太赫兹发射与接收器件研究	南方科技大学	通过
121	JCYJ20150630145302240	拓扑材料的电子学结构和拓扑电子学器件	南方科技大学	通过

续表

序号	项目编号	项目名称	项目承担单位	验收结论
122	JCYJ20150331101823688	用于骨组织工程的镁合金表面多功能复合涂层设计	南方科技大学	通过
123	JCYJ20150630162649956	基于能量转移的多功能上转换材料的研制与应用	南方科技大学	通过
124	JCYJ20150630145302226	高灵敏度光电探测器的高分子材料开发	南方科技大学	通过
125	JCYJ20150630145302228	生物医用聚醚醚酮三元复合材料的制备、结构与性能研究	南方科技大学	通过
126	JCYJ20150831141958719	TiO2 在新国标饮用水终端深度处理中的应用研究	南方科技大学	通过
127	JCYJ20150831142213741	土壤胶体协同铀的迁移机理和耦合模型研究	南方科技大学	通过
128	JCYJ20150630145302244	基于 DNA 纳米技术制备小干扰 RNA 药物输送载体的研究	南方科技大学	通过
129	JCYJ20150630145302236	基于分步成膜制备高效聚合物光探测器的研究	南方科技大学	通过
130	JCYJ20150331101823697	爪蛙原肠作用期间 vpp1 阳性预定腹部胰腺内胚层形成的分子机制研究	南方科技大学	通过
131	GRCK20160412163531659	新型高灵敏有毒气体传感器	南方科技大学	通过
132	ZDSYS20150529152538249	有机半导体印刷材料与器件重点实验室	南方科技大学	通过
133	FHQ20140930104055082	南方科技大学科学园孵化器	南方科技大学	复议
134	JCYJ20140417115840232	水下激光三维成像雷达原理及关键技术研究	清华大学深圳研究生院	通过
135	CXZZ20140902110505864	基于传感网的海洋观测集成平台的开发	清华大学深圳研究生院	通过
136	GJHS20120702113257109	未来互联网高效路由与智能传输机理	清华大学深圳研究生院	通过
137	JCYJ20140902110354240	基于离子迁移谱的大气中挥发性有机物实时监测技术研究	清华大学深圳研究生院	通过
138	GJHZ20150316160614843	生物质能源绿色可循环再生发酵技术的开发	清华大学深圳研究生院	通过
139	JSGG20140716144254155	重 2014-022：高致病性禽流感现场超敏检测试剂及配套装置研发	清华大学深圳研究生院	通过
140	JCYJ20150331151536444	低温固体氧化物燃料电池浸渍阴极微纳结构设计、制备及电催化机理研究	清华大学深圳研究生院	通过
141	JCYJ20150630170146830	面向高效内容分发的感知路由机制研究	清华大学深圳研究生院	通过
142	JCYJ20150331151536446	大型底栖动物扰动对海湾沉积物中典型污染物迁移、释放与转化机制研究	清华大学深圳研究生院	通过
143	JCYJ20140902110354253	深圳河湾淤积演变及治理对策研究	清华大学深圳研究生院	通过
144	JSKF20150717163429311	复合填料生物膜工艺强化生活污水深度脱氮除磷技术研发	清华大学深圳研究生院	通过
145	JCYJ20150331151358146	移动平台新型人机交互中关键问题研究	清华大学深圳研究生院	通过
146	JCYJ20140418112637647	可伸缩高效视频编码的快速算法研究和实现	清华大学深圳研究生院	通过
147	JCYJ20140417115840267	从古菌蛋白库挖掘并在大肠杆菌中表达和纯化嗜热纤维素酶	清华大学深圳研究生院	通过

续表

序号	项目编号	项目名称	项目承担单位	验收结论
148	JCYJ20150331151358136	大面积柔性石墨烯导热薄膜的微波加热自组装可控制备	清华大学深圳研究生院	通过
149	JCYJ20140902110354259	基于非辐射复合缺陷浓度定量测量的半导体发光器件可靠性测试技术	清华大学深圳研究生院	通过
150	JCYJ20150601165744635	基 20150019 数字媒体版权保护与追踪技术研究	清华大学深圳研究生院	通过
151	GJHS20120702113257112	海洋原位观测微颗粒流速仪研制	清华大学深圳研究生院	通过
152	ZDSYS20140509172959969	深圳市先进传感器件与集成系统重点实验室组建	清华大学深圳研究生院	通过
153	CXB201104210013A	肿瘤的细胞治疗基础与临床应用研究	清华大学深圳研究生院	通过
154	JCYJ20150331151358133	电纺丝法制备绝缘导热纳米纤维及其应用研究	清华大学深圳研究生院	复议
155	CXZZ20140521161827690	一体化串联式深海声学应答释放器设计与研发	清华大学深圳研究生院	复议
156	JCYJ20140417115840234	核燃料组件下管座激光增材成型技术基础研究	清华大学深圳研究生院	复议
157	JSGG20160229115624128	重 20160244 移动互联网应用安全监管系统关键技术研究	任子行网络技术股份有限公司	通过
158	CXZZ20150527170023046	普 20150293：面向可穿戴设备的低功耗电容式硅微声学传感技术研发	瑞声声学科技（深圳）有限公司	通过
159	CKCY20160428171501920	VR 音频设备及技术实施方案	森声数字科技（深圳）有限公司	通过
160	CXZZ20150529162257593	普 20150282：用于重金属废水处理的污泥基生物碳制备技术研发	深港产学研基地	通过
161	JCYJ20140904093920884	深圳市红树林的植被固碳潜力研究	深港产学研基地	通过
162	JCYJ20150515154623966	短时超声波强化混凝去除水华藻类及其机理研究	深港产学研基地	通过
163	JCYJ20160329161539885	面向盆底肌群力学性能辅助修复的新型妇科补片的研发	深港产学研基地	通过
164	JCYJ20150529162319953	新型纳滤膜材料的制备及其去除水体中复合污染物的研究	深港产学研基地	通过
165	GRCK20160414171249583	基于雾计算的视频分发网络平台（Fog VDN）	深港产学研基地	通过
166	GRCK20150827174207519	沃刻智桌	深圳阿谷智能科技有限公司	通过
167	JCYJ20140416171850019	飞秒激光辅助白内障手术治疗年龄相关性白内障的临床研究	深圳爱尔眼科医院有限公司	通过
168	CKCY20160429155636604	高吞吐量分布式消息系统的开发	深圳爱告技术有限公司	通过
169	GJHS20160323161404833	体感操作 - 智能终端人机交互技术革命	深圳奥比中光科技有限公司	通过
170	CXZZ20150529164249265	普 20150263：2 型糖尿病治疗复方制剂技术研发	深圳奥萨制药有限公司	通过
171	JSGG20130923110556312	重 2013-067：一种治疗伴有同型半胱氨酸升高的高胆固醇血症的新型药物研发	深圳奥萨制药有限公司	通过
172	JSGG20150331152209708	重 20150041：核电站用高可靠性超大功率变流器关键技术研发	深圳奥特迅电力设备股份有限公司	通过
173	JSGG20150512160434776	重 20150074：互联网新媒体融合处理与分析关键技术研究	深圳报业集团	通过

续表

序号	项目编号	项目名称	项目承担单位	验收结论
174	CYZZ20150403111012661	城市大数据分析平台及服务	深圳北斗应用技术研究院有限公司	通过
175	JCYJ20150403110829616	Fam71d 基因在生精细胞的表达特征及功能研究	深圳北京大学香港科技大学医学中心	通过
176	JCYJ20140416144209745	缓释释放多种神经因子的 PEG 水凝胶材料治疗脑缺血再灌注的实验研究	深圳北京大学香港科技大学医学中心	通过
177	JSGG20150330154439685	重 20150015：基于脑电信号的无创血糖分析芯片研发	深圳贝特莱电子科技股份有限公司	通过
178	CYZZ20130318170217126	CRP 单克隆抗体纳米乳胶微球组合物（FR-PETIA）研制	深圳伯美生物医药有限公司	通过
179	GRCK20150831202317373	全智能商用地面清洁机器人	深圳博金创源网络技术有限公司（深圳豆芽创客空间）	通过
180	GRCK20150831195935584	人造星空	深圳柴火创客文化传播有限公司	通过
181	GRCK20150831200124881	懒人种植机	深圳柴火创客文化传播有限公司	通过
182	GJHZ20150316150604228	用于先进显示与成像的表面等离子激元ＣＭＯＳ数字成像技术研发	深圳超多维光电子有限公司	通过
183	CYZZ20160429164821921	基于 SM9 加密的新型高安全固态硬盘	深圳创久科技有限公司	通过
184	GRCK2016082917044821	智能尿不湿	深圳创客空间科技有限公司	通过
185	GRCK2016082917061926	一种提高功率放大器效率的方法	深圳创客空间科技有限公司	通过
186	GRCK20150831102334662	一个基于 linux 的软件开发框架	深圳创客空间科技有限公司	通过
187	JCYJ20150324140036853	脑靶向修饰纳米粒介导 NgR-siRNA 与 BDNF 治疗 AD 病	深圳大学	通过
188	CXZZ20150430092951135	普 20150190：抗肿瘤干细胞治疗性疫苗的临床前研究	深圳大学	通过
189	CXZZ20150324160120260	普 20150061：免疫突触形成调控在肿瘤治疗中的技术研究	深圳大学	通过
190	JCYJ20150324141711702	手性抗癌药物的绿色催化合成技术开发研究	深圳大学	通过
191	GJHZ20150313093755757	超宽带波长可调谐光纤激光器	深圳大学	通过
192	GRCK20160413154032772	孤独症儿童早期快速诊断蛋白芯片的研制	深圳大学	通过
193	JCYJ20150625102531697	基于扫描信息序列的点云在线分类方法	深圳大学	通过
194	JCYJ20150525092941064	高精度单次太赫兹时域光谱仪	深圳大学	通过
195	JCYJ20150324141711612	硅深孔阵列像素化 X 射线转换屏出光效率研究	深圳大学	通过
196	KQCX20150324161839810	基于表面等离激元的新型动态纳米光镊系统研制	深圳大学	通过
197	JCYJ20140828163633984	基于拓扑绝缘体锁模的近红外超快固体激光研究	深圳大学	通过
198	JCYJ20150324140036855	纳米电化学前列腺癌传感器研究及应用	深圳大学	通过
199	JCYJ20140418091413518	基于金属 - 有机配位化合物的单一离子触发微胶囊的制备	深圳大学	通过
200	JCYJ20150324141711699	面向智能设备的快速人脸检测算法设计	深圳大学	通过

续表

序号	项目编号	项目名称	项目承担单位	验收结论
201	JCYJ20150324141711574	基于胃癌干细胞的肿瘤抗原肽的鉴定及其抗胃癌免疫效应研究	深圳大学	通过
202	CXZZ20140509172609150	二氧化碳碳化法改善再生骨料混凝土性能研究	深圳大学	通过
203	JCYJ20150324140036849	基于多路复用 DNA 传感技术的 DNA 逻辑电路寄存器模型研究	深圳大学	通过
204	JCYJ20150324140036842	基于移动代码的安全高效易用数据分析 SaaS 平台的研发	深圳大学	通过
205	JCYJ20150324141711557	民间药用植物蟛蜞菊有效活性成分及其作用机制研究	深圳大学	通过
206	JCYJ20150625102750478	高性能动力电池隔膜的制备及理论研究	深圳大学	通过
207	JCYJ20150525092940982	全乳超声乳腺密度精确测量系统研制	深圳大学	通过
208	JCYJ20150324141711677	用于物联网的新型低功耗 CMOS 气体传感系统芯片技术研究	深圳大学	通过
209	JCYJ20150324141711689	高强箍筋 - 钢管高强机制砂混凝土组合剪力墙力学模型及抗震机理研究	深圳大学	通过
210	JCYJ20150525092940976	树枝状大分子紫外发光材料的制备及性能研究	深圳大学	通过
211	GRCK20160413150043724	低灯位道路照明节能技术	深圳大学	通过
212	JCYJ20150331142303052	高支化聚苯并咪唑作为高温燃料电池膜材料的制备与性能研究	深圳大学	通过
213	GRCK20160413145437354	快速量房 - 智能测绘仪与相关软件	深圳大学	通过
214	JCYJ20150324141711572	滨海高品质碱激发结构混凝土的设计与耐久性研究	深圳大学	通过
215	JCYJ20150828113927076	污泥残渣制备地质聚合物的重金属固化及调控机理研究	深圳大学	通过
216	JCYJ20140418091413587	非编码 RNA 在纤维素酶表达调控中的作用及高效菌株构建研究	深圳大学	通过
217	JCYJ20140418182819191	基于复合聚光的新型太阳能光电 / 光热综合利用系统关键技术研究	深圳大学	通过
218	JCYJ20150324141711576	基于飞秒激光逐点写制技术的倾斜光纤光栅制备及应用研究	深圳大学	通过
219	JCYJ20150324141711611	超长光纤布拉格光栅传感器及飞行器结构健康监测应用	深圳大学	通过
220	JCYJ20150324140036839	南海经济开发中结构物桩基础在台风海浪作用下的动力响应	深圳大学	通过
221	JCYJ20150525092941002	去乙酰化酶 SIRT6 与蛋白激酶 ATM 协作的抗衰老机制研究	深圳大学	通过
222	RKX20150325111351653	政府投资建设项目管理模式创新研究	深圳大学	通过
223	GRCK20160413153547742	米客教育科技	深圳大学	通过
224	GRCK20160826112832124	基于血溶氧技术的智能防溺泳衣	深圳大学	通过
225	GRCK20160413145340862	智能体感手环	深圳大学	通过

续表

序号	项目编号	项目名称	项目承担单位	验收结论
226	GRCK20160413152525815	基于小型多旋翼飞行器的高楼火灾灾情智能勘查与指挥系统	深圳大学	通过
227	GRCK20160413153530164	分子美食与 3D 食物打印	深圳大学	通过
228	GRCK20160413154807405	全自动高速 LED 贴片机的研发	深圳大学	通过
229	ZDSYS20140430164957665	液体丙烯腈低聚物制备石墨烯碳微米管及其负载非贵金属作为燃料电池还原催化剂的研究	深圳大学	通过
230	JCYJ20140418095735596	面向云计算密文数据处理的函数加密体制研究	深圳大学	通过
231	JCYJ20150324141711613	苯乙烯类小分子的多光子吸收 / 三次谐波产生及其应用研究	深圳大学	通过
232	JCYJ20140416180032316	血清特异性 miRNA 谱在糖尿病视网膜病变早期诊断中的作用研究	深圳大学	通过
233	CXZZ20130516103023168	适于脊柱退行性病变的原位组织再生关键技术研究	深圳大学	通过
234	JCYJ20140418095735635	早老症中蛋白激酶 CK2 功能改变引发细胞衰老的研究	深圳大学	通过
235	GRCK20160413144723041	一种新型双稳型火灾报警器	深圳大学	通过
236	KQCX20140519103243534	医学影像中的辐射风险评估及低辐射扫描方案研究	深圳大学	通过
237	ZDSYS20150714110513080	深圳高分子材料及制造技术重点实验室	深圳大学	通过
238	ZDSYS20140509100746679	深圳细胞衰老与再生创新研究重点实验室（组建）	深圳大学	通过
239	JCYJ20150525092941012	非晶合金精密件压铸成型中模具材料的选择与优化研究	深圳大学	复议
240	JCYJ20150625101638041	有机硅微球的制备与折射率调控及高性能光散射材料研究	深圳大学	复议
241	JCYJ20150525092940997	过氧化物酶家族基因在丝状真菌 Podospora anserina 降解木质纤维素过程中的功能分析及高效基因工程菌株的构建	深圳大学	复议
242	JCYJ20150625103526744	深圳海域入海排污口污染物溯源及通量评估技术研发	深圳大学	复议
243	JCYJ20150525092941030	盐霉素调控乳腺癌细胞 Hippo 信号通路的研究	深圳大学	复议
244	JCYJ20150324141711672	低氧诱导因子 HIF-miRNA 对骨关节炎软骨干细胞的协同调控研究	深圳大学	复议
245	JCYJ20150324141711688	高脂诱导骨骼肌细胞胰岛素抵抗过程中脂肪酸转运蛋白 CD36 异常分布的机制研究	深圳大学	复议
246	JCYJ20150324141711596	柔性 PNIPAm/Ag 复合纤维的制备及其温度传感性能研究	深圳大学	复议
247	JCYJ20150324141711644	单根 ZnO 纳米线的点缺陷及其对场效应晶体管性能的影响	深圳大学	复议
248	JCYJ20140418095735569	基于集成学习理论的蛋白质相互作用与功能预测研究	深圳大学	复议
249	JCYJ20150324141711676	基于结构光视觉的偏光膜内部压痕检测方法研究	深圳大学	复议

续表

序号	项目编号	项目名称	项目承担单位	验收结论
250	JC201005280685A	利用相位跟踪方法获得声传播特性的弹性成像方法研究	深圳大学	不通过
251	JCYJ20130329143116152	CMOS 无源植入式电子设备的超低功耗数据交换方法研究	深圳大学	不通过
252	GRCK20150928113702009	基于移动互联网的企业模拟在线互动学习平台	深圳第二高级技工学校	通过
253	CKSJS20150928113701754	IM 创客工作室	深圳第二高级技工学校	通过
254	CXZZ20150402141544693	普 20150005：集成电路 8 管脚贴片封装多制层（SOP8 MCP）多芯片封装技术研发	深圳电通纬创微电子股份有限公司	通过
255	GCZX20150602163844010	载 20150027：深圳市导电材料工程技术研究开发中心	深圳飞世尔新材料股份有限公司	通过
256	CYZZ20140905164452843	新型医学材料生物活性玻璃的产业化开发	深圳飞翔世纪生物科技有限公司	不通过
257	CYZZ20140829090900505	高效微功耗并网光伏逆变器	深圳广中能能源技术有限公司	通过
258	CKCY20160428150550223	面向 3C 和食品行业智能制造的柔性通用机械手	深圳果力智能科技有限公司	通过
259	JSGG20150529152811109	重 20150152：穿戴式外骨骼搬运机器人关键技术研发	深圳航天科技创新研究院	通过
260	CXZZ20150504150548932	普 20150174：新一代地基增强系统参考站测距技术研发	深圳航天科技创新研究院	通过
261	JSGG20150529152935468	重 20150156：大功率卫星电源系统关键技术研发	深圳航天科技创新研究院	通过
262	CXZZ20150504150449729	普 20150209：水性镍基宽频电磁屏蔽复合涂料制备技术研发	深圳航天科技创新研究院	通过
263	CXZZ20150504150510573	普 20150244：高精密直线电机的研发	深圳航天科技创新研究院	复议
264	CXZZ20150331175211786	普 20150079：高纯高分散 SiO2 微球的规模可控制备技术和装备研发	深圳航天科技创新研究院	复议
265	CXZZ20140716161050905	无线智能水表系统及其自动化生产线关键技术的研发	深圳赫美集团股份有限公司	不通过
266	GJHZ20150316161321646	基于测序技术的癌症个体化治疗的生物医学文本挖掘的应用研究	深圳华大生命科学研究院	通过
267	JSGG20150330171719763	重 20150029: 阿尔茨海默病遗传机制及生物标记技术研发	深圳华大生命科学研究院	通过
268	JSGG20150330171741169	重 20150032: 新一代基因测序技术的研发	深圳华大生命科学研究院	通过
269	CXZZ20140717163045905	新一代超广谱抗耐药菌抗生素头孢洛林酯原料及制剂的开发	深圳华润九新药业有限公司	通过
270	CXZZ20150326151853870	普 20150024：多光源非接触式电子证件核验系统研发	深圳华视电子读写设备有限公司	复议
271	JSGG20141017111008163	重 2014-150：高效节能气体保护焊（MIG）关键技术研究	深圳华意隆电气股份有限公司	通过
272	GJHZ20150402110426458	基于 DCSK 宽频调制技术的低压供电网络载波通讯应用开发	深圳华智测控技术有限公司	通过
273	JCYJ20150616144425373	面向 5G 的高性能低复杂度 IRA-LDPC 码的技术方案研究	深圳华中科技大学研究院	通过

续表

序号	项目编号	项目名称	项目承担单位	验收结论
274	JCYJ20150630155150193	垃圾焚烧厂持久性剧毒有机污染物排放控制技术研究	深圳华中科技大学研究院	通过
275	JCYJ20140903171444757	外周血循环肿瘤细胞在癌症扩散过程中的单细胞水平的分子机制研究	深圳华中科技大学研究院	复议
276	CYZZ20150410112302066	全自动视觉高精度电路板印刷机研发	深圳环城自动化设备有限公司	通过
277	CKCY20160428112208149	高精度在线品质管控系统关键技术的研究	深圳吉兰丁智能科技有限公司	通过
278	CKCY20160429160129464	基于 Android 的智能化语音识别车载导航终端及其系统的研发	深圳极豆科技有限公司	通过
279	GRCK20150831175833389	极视角 - 计算机视觉 PaaS 云平台	深圳极视角科技有限公司	通过
280	GRCK20150930112330800	云前台在线编程	深圳技师学院	通过
281	GRCK20150930112331296	云后台在线编程	深圳技师学院	通过
282	CYZZ20150824143455666	广电网络家庭智能网关机顶盒研发	深圳佳力拓科技有限公司	通过
283	FWCX20150803094723763	深圳市控排企业低碳技术服务信息化平台建设项目	深圳嘉德瑞碳资产股份有限公司	通过
284	CXZZ20140428163257483	新能源兆瓦级电力变流设备用储能缓冲电容器	深圳江浩电子有限公司	通过
285	CYZZ20150327145150682	基于移动互联网的音视频实时财经路演平台研发	深圳进门财经科技股份有限公司	通过
286	GRCK20150901113353810	机器人远程数据控制解决方案	深圳开源创客坊科技有限公司	通过
287	JSGG20150331152017052	重 20150017：移动智能终端信息安全系统关键技术研发	深圳康佳通信科技有限公司	通过
288	CXZZ20140422162946772	智能电网过电压一体化保护系统	深圳可雷可科技股份有限公司	复议
289	CYZZ20140418092226413	平板显示关键间隔物二氧化硅微球材料研发及产业化	深圳迈思瑞尔科技有限公司	通过
290	CXZZ20150529115008421	普 20150365：智能坐便器控制系统关键技术的研发	深圳麦格米特电气股份有限公司	通过
291	GRCK20160309145234551	暴走轮靴（那吒轮靴）	深圳南荔工坊创意文化有限公司	通过
292	CYZZ20150811144016763	应用于服务器的一种新型板式换热器	深圳诺曼威科技有限公司	通过
293	CXZZ20150429170515635	普 20150168：基于移动智能终端的虹膜安全识别技术研发	深圳普创天信科技发展有限公司	通过
294	JCYJ20150403155812833	基于广义 LDPC 编码理论的多域编码调制技术研究	深圳清华大学研究院	通过
295	CXZZ20150323160924557	普 20150077：宽波段疏水型太阳能增透膜应用技术研发	深圳清华大学研究院	通过
296	CXZZ20150402104253189	普 20150086：纳米银线导电膜关键技术研发	深圳清华大学研究院	通过
297	JCYJ20140419122040621	用于固态电容器的石墨烯 / 聚合物电极材料的研究	深圳清华大学研究院	通过
298	CXZZ20140419121218100	芯片制造中大尺寸衬底材料超精抛光液技术研发及产业化	深圳清华大学研究院	通过
299	JCYJ20150402103811548	用于心肌梗死治疗的新型智能自愈性水凝胶的制备及性能研究	深圳清华大学研究院	通过

续表

序号	项目编号	项目名称	项目承担单位	验收结论
300	CXZZ20150402104158173	普 20150057：多靶点中药验方治疗 2 型糖尿病的技术研发	深圳清华大学研究院	复议
301	CXZZ20150401154444740	普 20150112：半导体激光芯片综合性能测试装备的开发	深圳瑞波光电子有限公司	通过
302	CKCY20160829193719082	基于 6 轴陀螺仪三维交互的虚拟现实技术在教育领域的应用	深圳升大教育科技有限公司	通过
303	CYZZ20150819103000310	基于 SaaS 的“互联网 + 微商户”O2O 商务系统开发	深圳盛灿科技股份有限公司	通过
304	CXZZ20140902144333146	中老年神经系统康复仪的研发与应用	深圳市艾尔曼医疗电子仪器有限公司	通过
305	CXZZ20140516115822581	大气环境监测无人机平台研发及产业化	深圳市艾特航空科技股份有限公司	复议
306	CYZZ20150430163449682	汽车高效能源管理系统开发	深圳市艾廷思技术有限公司	通过
307	CYZZ20150714103132159	AGV 智能车视觉图像处理导航技术的研究与实现	深圳市艾微迅自动化科技有限公司	复议
308	CXZZ20150430102010964	普 20150232：智能家居节能减排技术的研发	深圳市爱美家电子科技有限公司	通过
309	CYZZ20150828160451573	云存储智能广告机互动信息发布系统	深圳市安致兰德科技有限公司	通过
310	CXZZ20140801102507525	小型警用多轴无人机设计与开发	深圳市昂德环球科技有限公司	复议
311	KJYY20141015161626022	新型电子元器件的应用示范	深圳市奥伦德科技股份有限公司	通过
312	CYZZ20150803154308403	一体式太阳能离网光伏逆变电能转换和储能系统的研发	深圳市百尔威新能源技术有限公司	复议
313	CXZZ20140903153343364	基于图兰特电池储能系统的微网系统开发及应用	深圳市佰特瑞储能系统有限公司	通过
314	FHQ20140520095540425	华丰华源科技创新园	深圳市宝安华丰实业有限公司	通过
315	JCYJ20150402155756978	扶阳泄浊化瘀法调节溃疡性结肠炎 Treg/Th17 细胞免疫平衡的研究	深圳市宝安区福永人民医院	通过
316	JCYJ20150403105513698	炎症调控基因甲基化与妊娠期糖尿病子代胰岛素抵抗的关联研究	深圳市宝安区妇幼保健院	通过
317	JCYJ20150403105513701	IGF-II 基因多态性及其表达水平与稽留流产的相关性研究	深圳市宝安区妇幼保健院	通过
318	JCYJ20150403105513693	Rab11 在儿童脓毒症中的表达水平研究	深圳市宝安区妇幼保健院	通过
319	JCYJ20150403105513696	不同断脐方式对母婴循环系统及远期预后影响的研究	深圳市宝安区妇幼保健院	通过
320	JCYJ20150403105513697	FGR 胎盘三维能量多普勒及 GADD153 表达对比研究	深圳市宝安区妇幼保健院	通过
321	JCYJ20140416085544656	益生菌预防纯配方奶喂养极低出生体重儿坏死性小肠结肠炎的作用及机制研究	深圳市宝安区妇幼保健院	通过
322	JCYJ20140416085544630	MMP-9 在妊娠中期感染解脲支原体导致胎膜早破的作用	深圳市宝安区妇幼保健院	通过
323	ZDSYS20150430170715229	深圳市出生缺陷研究重点实验室	深圳市宝安区妇幼保健院	通过
324	JCYJ20150403094740975	人群易感性在 EV71 感染手足口病重症流行中的作用研究	深圳市宝安区疾病预防控制中心	通过

续表

序号	项目编号	项目名称	项目承担单位	验收结论
325	JCYJ20150401092136087	信息推送在结核病人治疗管理中的应用及其对群体知信行影响机制研究	深圳市宝安区慢性病防治院	通过
326	JCYJ20150402100258220	亲子阅读与 0~3 岁婴幼儿心理健康关系研究	深圳市宝安区人口和计划生育服务中心（计划生育专科医院）	通过
327	JCYJ20150402100142485	宝安区育龄妇女孕前甲状腺激素水平监测及对甲状腺疾病患者进行孕前早期干预的研究	深圳市宝安区人口和计划生育服务中心（计划生育专科医院）	通过
328	JCYJ20150402152005642	艾灸干预遗忘型轻度认知障碍的功能连接及效应脑网络研究	深圳市宝安区人民医院	通过
329	JCYJ20150402152005623	HQ22 调节脑缺血再灌注损伤后神经再生及其信号通路的研究	深圳市宝安区人民医院	通过
330	JCYJ20150402152005625	16kD 泌乳素片段和 miR-146a 对围生期心肌病早期诊断的临床研究	深圳市宝安区人民医院	通过
331	JCYJ20150402152005622	脑胶质瘤术前侵袭性及病理边界的磁共振多模态功能成像研究	深圳市宝安区人民医院	通过
332	JCYJ20150402152005632	高精度、小体积、经济型牙科口腔扫描仪	深圳市宝安区人民医院	通过
333	JCYJ20150402152005639	超声暴露内耳损伤模型的建立及超声末梢编码定位	深圳市宝安区人民医院	通过
334	JCYJ20150402152005640	基于 CT 的肾结石三维模型的建立及其在 PCNL 手术运用的研究	深圳市宝安区人民医院	通过
335	JCYJ20150402152005619	健侧低频经颅磁刺激干预脑外伤后认知障碍的脑网络研究	深圳市宝安区人民医院	通过
336	JCYJ20150402152005636	动物膝关节软骨下骨微损伤量化模型的建立及降钙素相关基因肽在其修复机制中的作用研究	深圳市宝安区人民医院	通过
337	JCYJ20150402152005620	不良情绪反应对突发性耳聋影响及患者内耳 MRI 检测分析	深圳市宝安区人民医院	通过
338	JCYJ20150402152005631	右美托咪定对阿尔茨海默病 NLRP3/Caspase-1 通路的干预机制研究	深圳市宝安区人民医院	通过
339	JCYJ20150402152005616	超声弹性成像联合磁共振 DWI 诊断前列腺癌并靶向引导前列腺活检的应用研究	深圳市宝安区人民医院	通过
340	JCYJ20150402152005615	HIS 下护理不良事件报告分析学习系统的设计应用	深圳市宝安区人民医院	通过
341	JCYJ20150402152005624	3D 打印技术辅助评估小弹簧圈血管内栓塞微小动脉瘤手术效果	深圳市宝安区人民医院	通过
342	JCYJ20150402152005633	FFR 联合 3.0T 磁共振灌注成像对冠脉微循环障碍评价及蛋白组学探讨	深圳市宝安区人民医院	通过
343	JCYJ20150402152005629	HSP70-HBcAg 嵌合基因上调树突细胞疫苗抗 HBV 作用及分子机制研究	深圳市宝安区人民医院	复议
344	JCYJ20150402095058887	游离皮瓣前负荷调节的机制探讨	深圳市宝安区沙井人民医院	通过
345	JCYJ20150402095058880	脑梗死合并微出血与脑微结构及 AQP-4、MMP-9 基因分布异常的相关性研究	深圳市宝安区沙井人民医院	通过
346	JCYJ20150402095058888	右正中神经电刺激治疗脑出血昏迷患者脑电变化与疗效研究	深圳市宝安区沙井人民医院	通过
347	JCYJ20150402095058885	基于改良分子信标、HAND 及 MCPC 的细菌性肺炎快速诊断研究及应用	深圳市宝安区沙井人民医院	通过

续表

序号	项目编号	项目名称	项目承担单位	验收结论
348	JCYJ20150402155418382	妊娠早中期个体化医学营养管理降低妊娠期糖尿病发生率作用的研究	深圳市宝安区石岩人民医院	通过
349	JCYJ20150402155418380	深圳市宝安区 2~6 岁儿童甲营养不良现况调查	深圳市宝安区石岩人民医院	通过
350	JCYJ20150403150555636	HSP90α 在胆管癌组织及细胞中的表达及 17-AAG 对胆管癌细胞株的影响	深圳市宝安区中心医院	通过
351	JCYJ20150401161033976	电针背俞穴干预慢性疲劳综合征大鼠的神经 - 内分泌 - 免疫机制研究	深圳市宝安区中医院	通过
352	JCYJ20150401161033969	祛瘀生新方治疗脑梗死的疗效观察和分子机理研究	深圳市宝安区中医院	通过
353	JCYJ20150401161033959	基于 ROS-MAPK 通路探讨艾灸治疗椎间盘突出症的抗炎机制研究	深圳市宝安区中医院	通过
354	CXZZ20150430152511042	普 20150189：基因修饰免疫细胞肿瘤治疗技术的临床前研究	深圳市北科生物科技有限公司	通过
355	CXZZ20150326144708838	普 20150090：锂离子动力与储能电池负极材料钛酸锂研发	深圳市贝特瑞纳米科技有限公司	通过
356	SGLH20150212114225814	硅纳米线作为锂离子电池负极材料的应用研究	深圳市贝特瑞新能源材料股份有限公司	通过
357	CXZZ20140904160054871	一站式智慧微体检系统关键技术研发	深圳市倍泰健康测量分析技术有限公司	通过
358	CXZZ20150504145109589	普 20150122：可穿戴用血氧与脉率监测关键技术研发	深圳市倍泰健康测量分析技术有限公司	复议
359	CXZZ20140903173557630	以人工湿地净化水质构建景观水体生态系统关键技术研究	深圳市碧园环保技术有限公司	通过
360	CYZZ20150826142614682	基于四路电源管理与双电池供电的工业笔记本主板开发	深圳市铂盛科技有限公司	复议
361	CKFW20160412152200411	创客智趣服务平台	深圳市博安通科技股份有限公司	通过
362	KJYY20160330170751082	SF20160011 节能电器应用示范	深圳市博莱凯半导体照明有限公司	通过
363	CYZZ20140805113232713	鼻用高分子凝胶填充材料的产业化	深圳市博立生物材料有限公司	通过
364	CXZZ20150401152602734	普 20150052: 心脑血管疾病早期诊断、预防、干预关键技术研发	深圳市博英医疗仪器科技有限公司	通过
365	CYZZ20150813154841638	低功耗无线自组网智能家庭物联连接控制技术研发	深圳市彩易生活科技有限公司	通过
366	GRCK20160415095447868	OhMyStar2.0 — 加速创意工作效率的服务平台	深圳市创赛平台创业服务有限公司	通过
367	GRCK20160829144653360	桌面型空气净化器	深圳市创赛平台创业服务有限公司	通过
368	GRCK2016082914424352	基于人体可穿戴柔性温差能量收集器件	深圳市创赛平台创业服务有限公司	通过
369	GRCK20150902140540025	油电混合动力车专用电机	深圳市创赛平台创业服务有限公司	通过
370	CYZZ20150520162835593	基于云端存储的无线智能电子黑板	深圳市创易联合科技有限公司	复议
371	CXZZ20150430090814448	普 20150214：动力锂离子电池生产一致性检测技术的研发	深圳市大成精密设备有限公司	复议
372	CXZZ20150402153045036	普 20150101：三维视景无人机关键技术开发	深圳市大疆创新科技有限公司	通过

续表

序号	项目编号	项目名称	项目承担单位	验收结论
373	CXZZ20150402115822235	普 20150115：iMac 电脑机内外箱自动化包装系统的开发	深圳市道元实业有限公司	通过
374	CYZZ20150319112002244	全数字开放式高端数控系统关键技术开发	深圳市德堡数控技术有限公司	通过
375	GJHZ20150515113559401	城市道路占道停车诱导系统	深圳市德立达科技有限公司	通过
376	CYZZ20140509101610820	液相复合晶体法制备储能及动力型磷酸铁锂正极材料及电池产业化研究	深圳市德睿新能源科技有限公司	通过
377	CYZZ20140417145450759	复合垂直种植系统（CVPs）的开发研究及推广应用	深圳市地丽生态科技有限公司	通过
378	CXZZ20150529102555468	普 20150347：高性能环保无毒聚氯乙烯电缆的研发	深圳市帝源新材料科技股份有限公司	通过
379	GJHZ20150316154912494	Scgb3a1 在小鼠生精过程中的作用及机制研究	深圳市第二人民医院	通过
380	JCYJ20150330102720163	雄激素对精子发生过程的调控作用及其分子机制的研究	深圳市第二人民医院	通过
381	JCYJ20150330102720133	妇科肿瘤根治术后尿潴留集束化护理措施的研制及临床应用研究	深圳市第二人民医院	通过
382	JCYJ20150330102720182	核苷酸切除修复交叉互补基因 2(ERCC2) 在膀胱癌发生中的机制研究	深圳市第二人民医院	通过
383	JCYJ20150330102720128	基于 SPR 的微流控芯片用于疟疾快速检测的方法研究	深圳市第二人民医院	通过
384	JCYJ20150330102401099	乌司他丁调控自噬介导急性缺血性肾损伤实验研究	深圳市第二人民医院	通过
385	JCYJ20150330102720148	糖尿病心肌病早期诊断、发病机制和治疗的基础及临床研究	深圳市第二人民医院	通过
386	JCYJ20150330102720152	DNA 甲基化协同 p53 调控的 miR-16 在胶质瘤干细胞增殖中的作用和机制	深圳市第二人民医院	通过
387	JCYJ20150330102720137	龋齿易感青少年正畸患者的监控和预防机制研究	深圳市第二人民医院	通过
388	JCYJ20150330102401098	盘再定位颌垫治疗颞下颌关节盘可复性前移位的临床及影像学研究	深圳市第二人民医院	通过
389	CXZZ20140829154909599	新型胃癌分子标志物及耐药相关基因的研究	深圳市第二人民医院	通过
390	JCYJ20150330102401083	DEFB1 结合 CCR 6 参与人精子 Ca2+ 动员和精子功能的机制研究	深圳市第二人民医院	通过
391	JCYJ20150330102720125	基因检测联合介入超声在甲状腺乳头状癌诊治中的应用研究	深圳市第二人民医院	通过
392	JCYJ20150330102720153	Klotho 诱导猪血管内皮细胞免疫耐受的作用及机制研究	深圳市第二人民医院	通过
393	JCYJ20150330102401088	干预 Hippo 信号通路对垂体泌乳素腺瘤影响的试验研究	深圳市第二人民医院	通过
394	GJHZ20160301163138685	低氧诱导 URG11 基因表达的分子机制及其在“三阴性”乳腺癌靶向治疗中的作用研究	深圳市第二人民医院	通过
395	JCYJ20150330102720126	雷公藤多苷对咪喹莫特诱导银屑病样小鼠 Wnt/Frizzled 信号传导通路的影响	深圳市第二人民医院	通过
396	JCYJ20150330102720174	下调多能干细胞基因 NANOG 表达影响乳腺癌生物学活性的机制研究	深圳市第二人民医院	通过

续表

序号	项目编号	项目名称	项目承担单位	验收结论
397	JCYJ20150330102401096	基因转染 MSCs 细胞片复合新型多孔水凝胶构建组织工程软骨的研究	深圳市第二人民医院	通过
398	JCYJ20150330102720135	HDAC6 调控糖皮质激素受体非反式激活通路作为抑郁症治疗的药理靶点研究	深圳市第二人民医院	通过
399	JCYJ20150330102720115	CyclinD1 及 NIS 蛋白表达水平测试与甲状腺癌颈部淋巴结转移与碘 131 治疗敏感性相关性研究	深圳市第二人民医院	通过
400	JCYJ20150330102720172	颈围对稳定型及不稳定型冠心病预测价值的研究	深圳市第二人民医院	通过
401	JCYJ20150330102401092	不同原因感染后咳嗽患者咳嗽敏感性的变化及与气道神经源性炎症关系的探讨	深圳市第二人民医院	通过
402	JCYJ20150330102720150	稳定期 COPD 患者康复治疗处方的制定及效果评价的研究	深圳市第二人民医院	通过
403	JCYJ20150330102720161	眼缺血性疾病与颈动脉血液流变学改变的相关性研究	深圳市第二人民医院	通过
404	JCYJ20150330102720183	NLPR3 炎症通路在溃疡性结肠炎癌变中的作用与分子机制	深圳市第二人民医院	通过
405	JCYJ20150330102720123	深圳市卒中后抑郁流行病学及干预策略研究	深圳市第二人民医院	通过
406	JCYJ20150330102720162	快速康复理念和技术在骨科围手术期的应用	深圳市第二人民医院	通过
407	JCYJ20150330102720141	调控分子硫化氢在 Graves 甲亢发病中的作用	深圳市第二人民医院	通过
408	JCYJ20150330102720130	长链非编码 RNA MALAT1 通过下调 miR-125b 促进膀胱癌进展的机制研究	深圳市第二人民医院	通过
409	JCYJ20150330102720178	粪便多基因联合检测在结直肠癌及其癌前病变诊断中的价值	深圳市第二人民医院	通过
410	JCYJ20140414170821158	脂肪乳对急性百草枯中毒毒物清除及抗肺纤维化的机制研究	深圳市第二人民医院	通过
411	JCYJ20140414170821231	喉鳞癌中 miR-375 与 RASD1 基因调控关系的研究	深圳市第二人民医院	通过
412	JCYJ20140414170821318	骨肉瘤中转录因子 /miR-124/ 靶基因调控机制研究	深圳市第二人民医院	通过
413	GCZX20150430172411917	深圳市运动医学工程技术研究开发中心	深圳市第二人民医院	通过
414	CXZZ20140421155346007	糖尿病肾病进展的影响因素以及咖啡酸苯乙酯对其肾脏和血管的保护机制	深圳市第二人民医院	复议
415	GJHZ20150316141713255	肠神经元 - 胶质细胞可塑性的变化在感染后肠激惹综合征中的分子机制研究	深圳市第二人民医院	复议
416	JCYJ20150330102720120	As2O3 和 HCPT-PLGA 微球在原发性肝癌介入治疗中作用的实验研究	深圳市第二人民医院	复议
417	JCYJ20120830113244694	两种新型颈椎前路内固定系统研制及生物力学研究	深圳市第二人民医院	不通过
418	JCYJ20150402111430624	宿主初始结核菌感染状态对 ESAT-6 亚单位疫苗诱导的特异性 T 细胞应答的影响及机制研究	深圳市第三人民医院	通过
419	JCYJ20150402111430656	结核菌感染上调 CD157 表达的分子机制及其对中性粒细胞 / 单核细胞迁移功能的影响	深圳市第三人民医院	通过
420	JCYJ20140411113237229	足踝部定量主动运动对下肢动静脉血流影响的研究	深圳市第三人民医院	通过

续表

序号	项目编号	项目名称	项目承担单位	验收结论
421	JCYJ20150402111430618	一易栓症家系致病基因的鉴定及其功能研究	深圳市第三人民医院	通过
422	JCYJ20150402111430633	Nrf2 和 DKK-1 通路影响间充质干细胞移植治疗肝病机制研究	深圳市第三人民医院	通过
423	JCYJ20150402111430653	γ- 干扰素释放试验联合 CD161 检测技术在女性结核性盆腔炎诊断中的应用	深圳市第三人民医院	通过
424	JCYJ20150402111430629	HBV 感染及抗病毒治疗对母婴的影响	深圳市第三人民医院	通过
425	JCYJ20150402111430647	ARID1A 基因在肝癌细胞中发挥抑制作用的分子机制研究	深圳市第三人民医院	通过
426	JCYJ20150402111430643	H7N9 流感病毒中和抗体的筛选和抗原表位研究	深圳市第三人民医院	通过
427	JCYJ20150402111430648	CENPK 在肝癌中高表达的调控机制及其在肝癌发生发展中的作用研究	深圳市第三人民医院	通过
428	JCYJ20150402111430615	大肠埃希菌碳青霉烯异质性耐药及分子机制研究	深圳市第三人民医院	通过
429	JCYJ20150402111430634	DC/CIK 联合 IFN/NAs 序贯治疗 CHB 的策略研究	深圳市第三人民医院	通过
430	JCYJ20150402111430645	SFXN1, SOCS3 和 CDKN1C 在艾滋病合并结核患者中的表达变化及临床意义的研究	深圳市第三人民医院	通过
431	JCYJ20150402111430642	经肺导管局部药物治疗非结核分枝杆菌肺病的临床研究	深圳市第三人民医院	通过
432	JCYJ20150402111430658	丹皮酚抑制肝星状细胞活化及胶原合成的研究	深圳市第三人民医院	通过
433	JCYJ20150402111430617	H7N9 高效抗原表位的鉴定和临床免疫特征分析	深圳市第三人民医院	通过
434	JCYJ20150402111430651	维生素 D 与干扰素联合利巴韦林治疗过程中发生贫血的相关性研究	深圳市第三人民医院	通过
435	JCYJ20140411113237233	HBeAg 阴性慢性乙型肝炎的疗效预测和优化治疗策略探讨	深圳市第三人民医院	通过
436	JCYJ20150402111430635	陆禽在 H9N2 流感病毒跨种属中的作用	深圳市第三人民医院	复议
437	CYZZ20150423163821401	微转化自媒体传播工具（自媒体大数据）的研发	深圳市第一推信息技术有限公司	通过
438	JSGG20140702141529125	重 2014- 先 11：新型乳腺 X 光与彩超三维成像有机集成与图像融合关键技术研究	深圳市恩普电子技术有限公司	不通过
439	JCYJ20150403100317053	不同浓度褪黑素对大鼠颌面部疼痛的影响与三叉神经通路各级神经元内 MT1R、NOS 的表达变化	深圳市儿童医院	通过
440	JCYJ20150403100317070	唇腭裂儿童中枢听觉神经系统功能的事件相关电位研究	深圳市儿童医院	通过
441	JCYJ20150403100317074	含不同比例自体血冷心脏停搏液对未成熟心肌保护作用的研究	深圳市儿童医院	通过
442	JCYJ20150403100317076	儿童周围神经母细胞肿瘤临床病理分子分型探究	深圳市儿童医院	通过
443	JCYJ20150403100317075	平板电脑游戏对缓解患儿围手术期焦虑的作用	深圳市儿童医院	通过
444	JCYJ20150403100317064	简易 GnRH 激发试验对中枢性性早熟治疗后性腺轴抑制效果的诊断价值	深圳市儿童医院	通过
445	JCYJ20150403100317063	儿童肾上腺相关激素及性激素生物参考区间的建立	深圳市儿童医院	通过

续表

序号	项目编号	项目名称	项目承担单位	验收结论
446	JCYJ20150403100317054	儿童血友病性关节病的临床与 MRI 的相关分析	深圳市儿童医院	通过
447	JCYJ20150403100317077	3.0T 磁共振波谱与弥散张量成像对儿童颞叶癫痫致癫灶定位价值的研究	深圳市儿童医院	通过
448	JCYJ20150403100317057	TCRP1 参与儿童慢性髓系白血病发生发展的机制研究	深圳市儿童医院	通过
449	JCYJ20150403100317058	婴儿侵袭性 B 族链球菌感染分子流行病学及耐药性研究	深圳市儿童医院	通过
450	JCYJ20150403100317069	深圳市先天性心脏病筛查及治疗网络的建立	深圳市儿童医院	通过
451	JCYJ20150403100317072	MicroRNA145-Adducin3 通路在胆道闭锁发病中的作用及其机制研究	深圳市儿童医院	通过
452	JCYJ20150403100317078	儿童支气管哮喘发作期不同证候的生物标记物研究	深圳市儿童医院	通过
453	JCYJ20150403100317061	气道相关性婴幼儿猝死的诊疗与防治的研究	深圳市儿童医院	通过
454	JCYJ20150403100317052	基于抗原表位的 EV71 特异性诊断试剂研发	深圳市儿童医院	通过
455	CYZZ20150605103159151	电子产品失效分析及可靠性解决方案技术研发	深圳市帆泰检测技术有限公司	复议
456	CYZZ20150325103520838	基于 O2O 的社区健康养老服务平台	深圳市凡达讯科技有限公司	通过
457	CYZZ20140404103531707	基于互联网云比对技术人脸识别便携式智能终端（Face Note）	深圳市飞瑞斯科技有限公司	通过
458	KJYY20150601141137510	SF2015-19. 智能化制造生产线的应用示范	深圳市飞泰科自动化装备有限公司	通过
459	CXZZ20140902102552739	SIGear 固体绝缘环网柜	深圳市飞越电气设备有限公司	不通过
460	JSGG20150508165647589	高性能全系列自主以太网交换芯片关键技术研发	深圳市风云实业有限公司	通过
461	JCYJ20150403110253458	根据干体重调整血流量对血透患者 Kt/V 影响的研究	深圳市福田区第二人民医院	通过
462	JCYJ20150403110420396	11-14 孕周胎儿畸形筛查三维超声质量控制体系的研究	深圳市福田区第二人民医院	通过
463	JCYJ20140415094713859	深圳市新生儿听力及耳聋基因联合筛查模式研究	深圳市福田区妇幼保健院	通过
464	JCYJ20150402150147470	深圳地区人群黄曲霉毒素总膳食暴露评估研究	深圳市福田区疾病预防控制中心	通过
465	JCYJ20140415145841926	妊娠梅毒单疗程与双疗程驱梅后妊娠结局的比较研究	深圳市福田区慢性病防治院	通过
466	JCYJ20150402090413003	基于睾丸附睾精子成熟微环境调控探讨针药结合对少、弱精子症的影响	深圳市妇幼保健院	通过
467	JCYJ20150402090413026	妊娠及产后抑郁的风险预测模型建立	深圳市妇幼保健院	通过
468	JCYJ20150402090413001	性发育障碍致病基础及遗传学诊断研究	深圳市妇幼保健院	通过
469	JCYJ20140414142131620	亲子游戏治疗与正性行为管理训练治疗学龄前儿童行为问题的应用研究	深圳市妇幼保健院	通过
470	JCYJ20150402090413004	HPV16E7-HSP90 DNA 疫苗用于治疗宫颈癌及其免疫机制的研究	深圳市妇幼保健院	通过
471	JCYJ20150402090413008	表达 TSP1 的 B 细胞抑制呼吸道过敏性炎症及其机理探讨	深圳市妇幼保健院	通过

续表

序号	项目编号	项目名称	项目承担单位	验收结论
472	JCYJ20150402090412990	细菌性阴道病与宫颈高级别鳞状上皮内病变相关性及阴道局部免疫机制的研究	深圳市妇幼保健院	通过
473	JCYJ20150402090412996	无创产前 DNA 检测进行唐氏筛查不同方案的卫生经济学评价	深圳市妇幼保健院	通过
474	JCYJ20150402090413028	母乳喂养门诊管理模式建立与应用研究	深圳市妇幼保健院	通过
475	JCYJ20150402090412997	生长激素受体及其信号传导通路基因缺陷矮小儿童的遗传和临床研究	深圳市妇幼保健院	通过
476	JCYJ20150402090413027	先天性甲状腺功能减低症总碘有机化通路的分子遗传学缺陷研究	深圳市妇幼保健院	通过
477	JCYJ20150402090413020	ART 妊娠人群孕产期信息系统建立及低出生体重儿风险因素的研究	深圳市妇幼保健院	通过
478	JCYJ20150402090413010	深圳市产后抑郁筛查与干预体系构建及其应用	深圳市妇幼保健院	通过
479	JCYJ20150402090412995	硫代二半乳糖苷治疗子宫内膜异位症的抗炎抗血管生成机制研究和疗效观察	深圳市妇幼保健院	通过
480	JCYJ20150402090413024	单绒毛膜双胎选择性胎儿生长受限胎盘差异蛋白的研究	深圳市妇幼保健院	通过
481	JCYJ20150402090413021	深圳市哮喘儿童家长知信行调查及综合护理干预应用研究	深圳市妇幼保健院	通过
482	JCYJ20150402090413031	肥大细胞在白藜芦醇抗小肠缺血再灌注继发性肺损伤中的作用	深圳市妇幼保健院	通过
483	JCYJ20150402090412999	冷冻胚胎移植术后雌激素低下的先兆流产患者治疗方案及预后的临床研究	深圳市妇幼保健院	通过
484	JCYJ20150402090413000	子宫下段剖宫产术后阴道分娩预测公式的建立与验证	深圳市妇幼保健院	通过
485	JCYJ20150402090413019	出生后早期体温变化与极 / 超低出生体重儿颅内出血的关系研究	深圳市妇幼保健院	通过
486	JCYJ20150402090413009	位点保存邻面牙槽嵴高度早期变化的研究	深圳市妇幼保健院	通过
487	JCYJ20150402090413030	早期吸入布地奈德及特布他林防治极早产儿支气管肺发育不良的临床研究	深圳市妇幼保健院	通过
488	CXZZ20150529145800906	普 20150306：基于快速充电技术的电源管理芯片研发	深圳市富满电子集团股份有限公司	通过
489	CXZZ20150401105527161	普 20150103：船用水下通讯关键技术研发	深圳市港湾船艇管理服务有限公司	通过
490	CYZZ20150410155147723	基于非序列光学追踪设计的低眩光 LED 面板灯研发	深圳市格利美照明有限公司	通过
491	CXZZ20150325101720463	普 20150092：无人机用聚合物锂离子电池技术研发	深圳市格瑞普电池有限公司	通过
492	CYZZ20150529154648249	可实现近零排放的高效深度脱硫技术的研发	深圳市格瑞斯达科技有限公司	通过
493	CKCY20160415160721876	基于虚拟现实技术的的桌面互动系统研发	深圳市观梦科技有限公司	通过
494	CYZZ20150519150953999	超精密微光学机床技术创新	深圳市光波光能科技有限公司	复议
495	JCYJ20150402161136231	miRNA-335 的表观遗传学调控鼻咽癌侵袭转移的机制	深圳市光明新区人民医院	通过

续表

序号	项目编号	项目名称	项目承担单位	验收结论
496	JCYJ20150402161136228	研制一套用于尿道损伤、导尿、尿道扩张手术器械	深圳市光明新区人民医院	复议
497	CYZZ20150824142817995	100G 小型化 CFP2 高速光模块研发	深圳市光为光通信科技有限公司	通过
498	CYZZ20140728112410829	OGS 与 TFT 无缝贴合技术研发与产业化	深圳市广百光电科技有限公司	复议
499	KJYY20150601091418807	SF2015-21. 建筑节能技术的应用示范 -- 综合能源测量与评价技术在大型医院中的应用示范	深圳市广宁股份有限公司	通过
500	CYZZ20150423150552885	工业机器人 HDS 高速穿经控制系统	深圳市海弘装备技术有限公司	通过
501	CYZZ20150825145520307	新一代通信无源集成射频滤波器技术研发	深圳市海纳电讯设备有限公司	通过
502	CXZZ20140829164307536	高性能矢量控制变频器	深圳市海浦蒙特科技有限公司	通过
503	GJHS20140801100756822	电梯门机驱动控制器	深圳市海浦蒙特科技有限公司	通过
504	CYZZ20150527145115656	基于高通量测序的单细胞分析技术的研发及应用	深圳市海普洛斯生物科技有限公司	通过
505	CXZZ20150529115414968	普 20150353：磷酸铁锂动力电池的研发	深圳市海盈科技有限公司	通过
506	CXZZ20150928095257857	普 20150431：远距离高分辨危险气体监测系统技术研发	深圳市瀚海科技有限公司	不通过
507	CXZZ20150504150620995	普 20150212：微型风力发电系统的研发	深圳市航天新源科技有限公司	通过
508	CYZZ20150827152325120	高效节能内置驱动器永磁无刷直流电机的研发及应用	深圳市恒驱电机股份有限公司	通过
509	CYZZ20140423141950553	面向半导体照明整合倒装晶片封装的高效精密固晶装备	深圳市恒睿智达科技有限公司	不通过
510	CYZZ20150828140056620	AES-256 位数字加密 USB 3.0 移动硬盘的关键技术研发	深圳市恒哲科技有限公司	通过
511	FHQ20140929140609739	益田创新科技园	深圳市红岭创投产业园运营有限公司	复议
512	CYZZ20140825165433980	基于脑电波技术的智力开发软硬件项目的研发	深圳市宏智力科技有限公司	复议
513	CXZZ20150401144941568	普 20150023：可调光全角度立体光源技术研发	深圳市泓亚智慧科技股份有限公司	通过
514	CYZZ20140509164251554	互联网数据中心网络安全攻击防护系统	深圳市互盟科技股份有限公司	复议
515	GJHZ20150316104205630	大数据金融服务平台的研发	深圳市华傲数据技术有限公司	通过
516	CXZZ20150528165819718	普 20150319：基于图数据库的数据挖掘技术研发	深圳市华傲数据技术有限公司	通过
517	GJHS20160328150354670	面向智慧城市的大规模图数据技术研发与创新应用	深圳市华傲数据技术有限公司	通过
518	GRCK20160415155709153	基于无细胞体系试纸的开源化 DNA 逻辑芯片	深圳市华大基因学院	通过
519	FHQ20150528163239859	A8 新媒体文化科技创业园	深圳市华动飞天网络技术开发有限公司	通过
520	CYZZ20140901145506271	纳米粒冻干技术在新型保健品开发中的应用	深圳市华力康生物科技有限公司	通过
521	CXZZ20150930113537810	普 20150471: 寻血猎犬纯种繁育技术研发	深圳市华南犬类管理服务有限公司	通过
522	RKX20150331162914536	深圳电子元器件技术与产业发展分析研究（2015）	深圳市华强北电子市场价格指数有限公司	通过

续表

序号	项目编号	项目名称	项目承担单位	验收结论
523	CXZZ20150924141337742	普 20150462：高精度 LED 分选系统的研发	深圳市华腾半导体设备有限公司	通过
524	JSGG20151015093828313	重 20150206：面向移动终端的跨平台可信中间件关键技术研发	深圳市华威世纪科技股份有限公司	通过
525	JSGG20140519112353612	重 2014-026：环境空气质量立体监测关键技术研发	深圳市环境监测中心站	通过
526	JCYJ20140430142951405	基于声音识别的城市噪声环境评价及监控技术研究	深圳市环境监测中心站	不通过
527	CXZZ20150504170245573	普 20150238：高性能网络化机器人运动控制器的研发	深圳市汇川技术股份有限公司	通过
528	JSGG20150930141717373	重 20150202：工业机器人控制器操作系统的研发	深圳市汇川技术股份有限公司	通过
529	FHQ20150331163912099	汇聚创新园科技企业孵化器	深圳市汇聚资产管理有限公司	通过
530	CYZZ20150529153453171	基于高清投影技术的智能家庭影院终端的研发	深圳市火乐科技发展有限公司	通过
531	CYZZ20140904165212085	面向物业管理行业的社区 O2O 平台的研发及产业化	深圳市极致电子商务有限公司	通过
532	JCYJ20150402102135500	白纹伊蚊深圳地理种群与登革 1 型病毒感染易感性关系研究	深圳市疾病预防控制中心	通过
533	JCYJ20150402102135496	不同乙型肝炎病毒基因型对乙肝母婴传播影响的研究	深圳市疾病预防控制中心	通过
534	JCYJ20150402102135501	深圳地区禽职业暴露人群感染 H7N9 禽流感病毒的前瞻性队列研究	深圳市疾病预防控制中心	通过
535	JCYJ20150402102135505	深圳大气中细颗粒物（PM2.5）中邻苯二甲酸酯的污染状况及暴露风险评估	深圳市疾病预防控制中心	通过
536	JCYJ20150402102135493	深圳海域贝类污染时空预警模型的建立	深圳市疾病预防控制中心	通过
537	JCYJ20150402102135495	食源性疾病预测预警技术研究	深圳市疾病预防控制中心	通过
538	JCYJ20150402102135507	深圳藁杆双脐螺环境影响因素及分子遗传特征研究	深圳市疾病预防控制中心	通过
539	JCYJ20150402102135503	Th 细胞表达趋化因子受体及配体遗传变异与 HCV 感染转归关系的研究	深圳市疾病预防控制中心	通过
540	JCYJ20150402102135492	白藜芦醇激活 HIV 潜伏库的信号分子表达及其通路的研究	深圳市疾病预防控制中心	通过
541	JCYJ20150402102135510	新型超敏分子检测技术在 HIV 病毒储存库检测及早期诊断中的应用与标准化研究	深圳市疾病预防控制中心	通过
542	JCYJ20150626104807916	高灵敏度河豚毒素荧光共振能量转移免疫层析技术的研究	深圳市计量质量检测研究院	通过
543	JCYJ20150625100647056	致病性蜡样芽孢杆菌快速检测体系研究	深圳市计量质量检测研究院	通过
544	GGJS20150730142313486	载 20150038：电动汽车动力电池回收利用检测公共技术服务平台	深圳市计量质量检测研究院	通过
545	CYZZ20150826104509245	液晶电视直下式迷你 LED 反射式透镜的研发	深圳市佳美达光电有限公司	通过
546	CYZZ20150629165705954	微型精密射频同轴连接器的技术创新	深圳市佳沃通信技术有限公司	通过
547	CYZZ20150508150432104	智能益智云学习伴侣	深圳市嘉利信息技术有限公司	通过

续表

序号	项目编号	项目名称	项目承担单位	验收结论
548	CXZZ20150504163004339	普 20150199：高致病性病原微生物微流控芯片高通量快速检测技术研发	深圳市检验检疫科学研究院	通过
549	JCYJ20140419151654444	基于复合纳米探针 - 流式细胞技术实现食品中指标菌 - 致病菌同步分析策略的研究	深圳市检验检疫科学研究院	通过
550	CXZZ20150504163316885	普 20150153：进口食品质量安全服务平台技术研发	深圳市检验检疫科学研究院	通过
551	CXZZ20150811110517794	普 20150422：混合步进伺服驱动器研发	深圳市杰美康机电有限公司	通过
552	CXZZ20150430142000292	普 20150127：基于卡尔曼滤波动态网络光信号快速性能监测技术研究	深圳市杰普特光电股份有限公司	通过
553	CXZZ20140508162725226	全自动全封闭多靶点生物技术平台研发	深圳市捷纳生物技术有限公司	复议
554	GJHS20130403144418375	太阳莲花 - 太阳能用于水体修复的多功能装置研发	深圳市金达健水科技有限公司	通过
555	CYZZ20150831104417381	基于 GPS 及移动互联网技术的智能盲人拐杖应用的研发	深圳市金东泰智能科技有限公司	通过
556	CYZZ20150814165512341	基于 DIMM 固态硬盘的高速高频抗干扰嵌入式存储技术研发	深圳市金泰克半导体有限公司	通过
557	CYZZ20150827113807791	基于联网控制的新型光伏储能逆变器的研发	深圳市金霆新能源技术有限公司	复议
558	KJYY20140901152919677	SF2014-23. 智能交通技术的应用示范	深圳市金溢科技股份有限公司	通过
559	CXZZ20150529175410640	普 20150344：医疗牙科精密微型刀具研发	深圳市金洲精工科技股份有限公司	通过
560	KQCY20150326150654026	用于医学领域 3D 打印 Fe-Mn-Pd 系金属材料的研发	深圳市晶莱新材料科技有限公司	通过
561	CXZZ20150401162134302	普 20150019：LED 芯片级封装技术研发	深圳市晶台股份有限公司	通过
562	CYZZ20150806155301981	高精度特种玻璃精雕数控设备的研发及应用	深圳市精雕数控设备有限公司	通过
563	CXZZ20140904172127696	面向移动互联网金融综合业务的安全评估及交互系统技术开发	深圳市九思泰达技术有限公司	通过
564	CYZZ20150330162808825	双 Z 轴双 CCD OGS 玻璃雕刻机	深圳市久久犇自动化设备股份有限公司	通过
565	CYZZ20150917143650633	电动汽车智能解决方案	深圳市聚电网络科技有限公司	通过
566	JSGG20140717151534342	重 2014-069：柔性超薄触摸屏用纳米材料的研发	深圳市骏达光电股份有限公司	通过
567	CKCY20160429155244124	基于四重定位系统的儿童智能可穿戴设备的开发	深圳市开心无线科技有限公司	通过
568	CXZZ20150504170355729	普 20150193：基于 MBR 工艺的线路板废水处理及回用技术研发	深圳市凯宏膜环保科技有限公司	通过
569	JSGG20150929175010888	重 20150198：数字电视网络与可见光通信融合传输关键技术研发	深圳市凯利华电子有限公司	通过
570	CYZZ20150730155246658	一种应用于智能代步机器人的外转子伺服电机研发	深圳市凯旸电机有限公司	复议
571	CXZZ20150925150700492	普 20150464：高速高精密数控钻铣设备研发	深圳市康铖机械设备有限公司	复议
572	CYZZ20150820104123373	液标全功能血气电解质分析仪关键技术的研发	深圳市康立生物医疗有限公司	通过
573	JCYJ20150402093137758	司法鉴定中精神分裂症患者辨认控制能力的神经心理学特征研究	深圳市康宁医院	通过

续表

序号	项目编号	项目名称	项目承担单位	验收结论
574	JCYJ20150402093137757	生命早期应激 DISC1 基因与成年后精神分裂症发病之间的表观遗传学研究	深圳市康宁医院	通过
575	JCYJ20140415092628046	血液中 IL-1β、Th1/Th2 平衡与事件相关电位联合检测对阿尔茨海默病早期诊断的价值	深圳市康宁医院	通过
576	CXZZ20140711140841514	逻辑光纹流涎信息材料研发	深圳市科彩印务有限公司	通过
577	CXZZ20150804102448966	普 20150299：气泡式液位传感器的研发	深圳市科皓信息技术有限公司	通过
578	RKX20150921162844242	深圳市科技服务业发展分析研究（2015）	深圳市科技服务业协会	通过
579	FWCX20150803100150028	创新创业服务链建设	深圳市科技服务业协会	通过
580	JSGG20140519162240472	重 2014-045：电动汽车电池组自动均衡标定系统关键技术研发	深圳市科陆电子科技股份有限公司	通过
581	JSKF20150925143853397	基于高性能工业清洗材料及其回收再利用技术的研发	深圳市科玺化工有限公司	通过
582	CYZZ20150708104650345	具有抗凝血功能的左心耳封堵器	深圳市科奕顿生物医疗科技有限公司	通过
583	JSGG20141017150646491	重 2014-138：单片玻璃触控（OGS）全贴合用液态光学胶关键技术研发	深圳市库泰克电子材料技术有限公司	不通过
584	CYZZ20150326153036479	微型太阳能直流变频空调	深圳市酷凌时代科技有限公司	通过
585	JCYJ20140402093332029	铁皮石斛降血糖活性多糖的构效关系与作用机理研究	深圳市兰科植物保护研究中心	通过
586	JCYJ20150403150235943	老年痴呆症一类新药的前期研发及增强记忆力保健品开发	深圳市兰科植物保护研究中心	复议
587	JCYJ20150401172154474	隐形化纳米脑靶向雷公藤甲素的制备技术及其药效机理研究	深圳市老年医学研究所	通过
588	JCYJ20150401171904130	渗透型 CRISPR/Cas9 基因敲除系统的研究	深圳市老年医学研究所	通过
589	JCYJ20150401171352927	髓系来源的抑制性细胞在胶原诱导性关节炎小鼠骨破坏中的作用及机制研究	深圳市老年医学研究所	通过
590	JCYJ20150401171519333	与神经退行性疾病相关的简单序列蛋白搜索及其构象研究	深圳市老年医学研究所	通过
591	JCYJ20150401170235349	Mir124 介导柴胡疏肝散调控抑郁症肝郁证模型海马神经可塑性的分子机制研究	深圳市老年医学研究所	通过
592	CXZZ20140904104500608	智能卡信息自动校验关键器件研发	深圳市乐彩智能卡科技有限公司	不通过
593	CXZZ20150504150105135	普 20150196：果蔬农产品速冻保鲜技术研发	深圳市零下五十度集团有限公司	通过
594	KQCY20150330170131528	新一代慢病云数据分析及家庭智能医疗器械检测系统	深圳市领治医学科技有限公司	通过
595	CYZZ20150331144353771	PROCHECK 新一代早期肾病检测试剂及试纸的研发	深圳市领治医学科技有限公司	复议
596	CXZZ20150812104841341	普 20150400：PCB 钻微孔用覆膜铝基盖板关键技术研发	深圳市柳鑫实业股份有限公司	通过
597	JCYJ20150401141931046	职业性激光接触对视觉系统影响的研究	深圳市龙岗区坂田预防保健所	通过
598	JCYJ20150330164744810	人感染 H7N9 禽流感流行病学研究	深圳市龙岗区疾病预防控制中心	通过

续表

序号	项目编号	项目名称	项目承担单位	验收结论
599	JCYJ20150330165028622	大肠埃希菌暴发菌株致病机制研究及流行情况调查	深圳市龙岗区疾病预防控制中心	通过
600	JCYJ20150402141723407	硒蛋白抗手足口病病原体 EV71 感染的免疫机制研究	深圳市龙岗区坪地预防保健所门诊部	通过
601	JCYJ20150402164314696	FOXP3 和 IFNG 基因甲基化与糖尿病肾脏病细胞免疫失衡的相关性研究	深圳市龙岗区人民医院	通过
602	JCYJ20150402164314694	Hedgehog 信号通路在幽门螺杆菌致癌机制中的作用	深圳市龙岗区人民医院	通过
603	JCYJ20140414123738254	基于多模态 fMRI 的经颅直流电刺激对卒中后上肢痉挛康复作用的神经网络机制研究	深圳市龙岗区人民医院	通过
604	JCYJ20140415094024204	扶阳灸治疗脾肾阳虚型慢性疲劳综合征的临床及免疫机制研究	深圳市龙岗区中医院	通过
605	JCYJ20150403091931199	结肠镜检查中平坦型腺瘤检出及其影响因素的研究	深圳市龙岗中心医院	通过
606	JCYJ20140411150717070	640 层 3D-CTA 联合 3D 打印脑动脉瘤成像的临床价值研究	深圳市龙岗中心医院	通过
607	JCYJ20150403091931195	TIM4 蛋白抑制 Th2 细胞凋亡的机制研究	深圳市龙岗中心医院	通过
608	JCYJ20150403091931178	sEphB4 抑制视网膜新生血管和玻璃体增殖的作用机理和疗效评价	深圳市龙岗中心医院	通过
609	JCYJ20150403110314536	耐甲氧西林金黄色葡萄球菌母婴传播风险研究	深圳市龙华区妇幼保健院	通过
610	JCYJ20150402144905865	基于不同程度肾功能损伤草酸钙结石模型探讨肾结石发生分子机制	深圳市龙华区人民医院	通过
611	JCYJ20150402144905868	深圳市医护人员、孕产妇及家属对瘢痕子宫再次妊娠分娩方式选择的调查及临床意义	深圳市龙华区人民医院	通过
612	JCYJ20150402144905867	体内 AQP7 定向高表达的实验研究	深圳市龙华区人民医院	通过
613	JCYJ20150402144905869	脓毒症患者血清中中性粒细胞来源微颗粒水平与预后的关系	深圳市龙华区人民医院	通过
614	JCYJ20140415091921388	基于分子信标探针溶解曲线分析技术对 HPA 1-17，Cab 基因检测的研究	深圳市龙华区中心医院	通过
615	JCYJ20150403142731429	儿童孤独症谱系障碍综合康复干预的临床疗效研究	深圳市罗湖区妇幼保健院	通过
616	JCYJ20150403142731428	胰岛素样生长因子 -1 在乳腺癌筛查中的应用研究	深圳市罗湖区妇幼保健院	通过
617	JCYJ20150403142731427	儿童孤独症谱系障碍睾酮水平与共情能力的关联性研究	深圳市罗湖区妇幼保健院	通过
618	JCYJ20150401091500833	社康中心签约服务在流产后关爱中的应用研究	深圳市罗湖区慢性病防治院	通过
619	JCYJ20150402100915083	金匮肾气丸对阳虚型亚临床甲减患者 TPOAb-HPTA 的升调印证研究	深圳市罗湖区中医院	通过
620	CXZZ20140402165027029	螺旋藻鲜食保健技术的研发	深圳市绿得宝保健食品有限公司	通过
621	JSGG20150330151139974	重 20150028: 食品安全检测用基因工程抗体技术研发	深圳市绿诗源生物技术有限公司	通过
622	CYZZ20140620110943216	基于数控缠绕技术一次成型的高强度高抗压玻璃钢化粪池	深圳市绿洲彩虹机电科技有限公司	通过

续表

序号	项目编号	项目名称	项目承担单位	验收结论
623	CXZZ20150529162813765	普 20150273：基于病理切片图像的癌症自动诊断系统技术研发	深圳市迈科龙医疗设备有限公司	复议
624	CYZZ20150828173232666	基于新型 TM 介质双端短路的小型化 1900M 双通带滤波器的开发	深圳市迈特通信设备有限公司	通过
625	CXZZ20150331105132958	普 20150104：集成运动控制的可编程控制器的研发	深圳市麦格米特控制技术有限公司	通过
626	CXZZ20140509140508945	高精度智能伺服驱动器的研发	深圳市麦格米特驱动技术有限公司	通过
627	CXZZ20140418111334335	超微型高频叠层功率电感元件关键技术开发	深圳市麦捷微电子科技股份有限公司	通过
628	JSGG20140717095927233	重 2014-066：高性能近场通信（NFC）铁氧体磁屏蔽材料	深圳市麦捷微电子科技股份有限公司	通过
629	CYZZ20150831153218162	基于传感互动技术的智能病床的研发	深圳市美格尔医疗设备股份有限公司	通过
630	GJHZ20150316091138927	关于公共交通紧急自动救援系统的研发	深圳市美力高集团有限公司	通过
631	CXZZ20150331113144224	普 20150040：基于北斗 /GPS 双模定位的汽车主动安全技术研发	深圳市美力高集团有限公司	复议
632	CXZZ20150814102452903	普 20150398：新型高遮盖玻璃镜片油墨的研发	深圳市美丽华科技股份有限公司	复议
633	CKCY20160429101927253	自动焊片机及其焊片方法	深圳市米思米自动化设备有限公司	通过
634	CKCY20160829140238931	基于激光雷达无轨导航技术智能餐饮机器人的研发	深圳市魔仙智能机器人有限公司	通过
635	CXZZ20140428112450530	基于 MEMS 器件一体化备份仪表研制	深圳市南航电子工业有限公司	复议
636	JCYJ20140416095154398	H7N9 禽流感病毒感染细胞特征蛋白谱研究	深圳市南山区疾病预防控制中心	通过
637	JCYJ20150402152407820	深圳市大学生性传播感染及其危险因素研究	深圳市南山区疾病预防控制中心	通过
638	JCYJ20140415090253911	基于多层线性模型的精神分裂症患者攻击行为危险因素的追踪研究	深圳市南山区慢性病防治院	通过
639	JCYJ20150402095940017	循环 miRNAs 在 2 型糖尿病及视网膜病变不同发展阶段中的差异表达研究	深圳市南山区慢性病防治院	通过
640	JCYJ20150402152130190	RNA 干扰靶向沉默己糖激酶 2 的表达对鼻咽癌细胞株 CNE2 生物学特性的影响	深圳市南山区人民医院	通过
641	JCYJ20150402152130184	胶质瘤干细胞向内皮细胞分化的关键调控分子研究	深圳市南山区人民医院	通过
642	JCYJ20150402152130183	长链非编码 RNA HOTAIR：乳腺癌 Trastuzumab 耐药新机制	深圳市南山区人民医院	通过
643	JCYJ20150402152130176	甲基化修饰 miR-195 靶向调控 FASN 基因对骨肉瘤恶性表型的影响及机制	深圳市南山区人民医院	通过
644	JCYJ20150402152130192	从线粒体凋亡途径探讨蜂毒素对类风湿关节炎成纤维样滑膜细胞影响	深圳市南山区人民医院	通过
645	JCYJ20150402152130189	居家环境干预体系对出院后老年脑卒中患者生活质量的影响	深圳市南山区人民医院	通过
646	JCYJ20150402152130187	老年吞咽功能障碍患者集束化护理策略研究	深圳市南山区人民医院	通过

续表

序号	项目编号	项目名称	项目承担单位	验收结论
647	JCYJ20150402152130186	HIF-1α 基因转染 ADSCs—纳米释控海藻酸钠三维仿生支架材料的开发及其修复大面积骨缺损的体内外实验研究	深圳市南山区人民医院	通过
648	JCYJ20150402152130179	基于光干涉成像技术剩余牙本质量精确测定的研究	深圳市南山区人民医院	通过
649	JCYJ20150402152130168	局部枸橼酸抗凝在重症中毒患者血液灌流治疗中的应用研究	深圳市南山区人民医院	通过
650	JCYJ20150402152130166	基于呼出气冷凝液的肺癌早期基因辅助诊断技术可行性研究	深圳市南山区人民医院	通过
651	JCYJ20150402152130172	入髓区射频神经调控技术治疗神经源性疼痛的临床研究	深圳市南山区人民医院	通过
652	JCYJ20150402152130177	急性 B 淋巴细胞白血病 miRNA 与转录因子调控网络的构建与分析	深圳市南山区人民医院	通过
653	JCYJ20150402152130175	基于现代互联网技术的 O2O 护士学习模式的探索	深圳市南山区人民医院	通过
654	JCYJ20150402152130180	蒲葵提取物 EHHM 对肝癌细胞的抑制作用及分子机制研究	深圳市南山区人民医院	通过
655	JCYJ20150402152130181	应用 Bold-fMRI 对头针联合低频重复经颅磁刺激治疗中风偏瘫后脑功能重 塑机制的研究	深圳市南山区人民医院	通过
656	JCYJ20150402152130174	指动脉皮支血管网的显微解剖与皮支链皮瓣的设计应用研究	深圳市南山区人民医院	复议
657	JCYJ20150403093555014	国人 PVT1 基因多态性对糖尿病肾病易感相关性研究	深圳市南山区蛇口人民医院	通过
658	JCYJ20150403093555010	宫颈黏液脱落细胞标本中宫颈癌 microRNA 标志物的筛选与临床应用	深圳市南山区蛇口人民医院	通过
659	JCYJ20150403093555019	纤维蛋白胶 /BMP2 基因修饰的脂肪基质细胞复合物促进骨延长区新骨形成的实验研究	深圳市南山区蛇口人民医院	通过
660	JCYJ20150403093555016	肿瘤相关巨噬细胞对膀胱癌血管生成的影响	深圳市南山区蛇口人民医院	通过
661	JCYJ20150403093555006	床上沐浴专利设备用于卧床患者皮肤菌落数及舒适度的临床研究	深圳市南山区蛇口人民医院	通过
662	JCYJ20150402095641634	EPO 对缺氧缺血性脑损伤保护作用机制的研究	深圳市南山区西丽人民医院	通过
663	JCYJ20150402095641635	骨形态发生蛋白 -2/I 型胶原凝胶促进兔前交叉韧带重建的实验研究	深圳市南山区西丽人民医院	通过
664	JSGG20130624160136487	重 2013-025：中温太阳能平板集热器关键技术研发	深圳市鹏桑普太阳能股份有限公司	通过
665	JCYJ20150403093323885	IgA 肾病患者肠道微生物菌群基因组学的研究	深圳市坪山区人民医院	通过
666	JCYJ20150403093323880	小儿重症肺炎心肌损伤生物标志物的鉴定及其临床应用的研究	深圳市坪山区人民医院	通过
667	CYZZ20140722161041374	自动化激光锡焊设备的研发及产业化	深圳市普德激光设备有限公司	通过
668	KJYY20140828173749402	SF2014-25. 生物废弃物零排放的应用示范	深圳市普新环境资源技术有限公司	复议
669	CXZZ20151117153518879	普 20150320：基于 RGB IR 图像传感器的人脸识别系统的研发	深圳市祈飞科技有限公司	通过
670	CKCY20160829142523240	前海胜马科技 NFC 防伪溯源系统	深圳市前海胜马科技有限公司	通过

续表

序号	项目编号	项目名称	项目承担单位	验收结论
671	GRCK20150831163820434	基于布料传感器的智能床单及其在医疗健康中的应用	深圳市前海思微投资管理有限公司	通过
672	JCYJ20130402090058120	中国人家族性X连锁隐性遗传高度近视表观遗传分子机理研究	深圳市人口和计划生育科学研究所	通过
673	JCYJ20150403101028164	表达IL-25的重组双歧杆菌通过调控T细胞分化治疗炎症性肠病相关机制的研究	深圳市人民医院	通过
674	JCYJ20150403101146298	基于全基因组重测序捕获家族性假性肥大型肌营养不良心肌病的致病基因及其功能研究	深圳市人民医院	通过
675	JCYJ20150403101028198	生物钟基因Per3调节紊乱协同乙肝病毒X蛋白对肝癌发生发展的作用及机制	深圳市人民医院	通过
676	JCYJ20150403102020235	基于蝎毒素的新型分子靶向制剂应用于脑胶质瘤自适应放疗的相关研究	深圳市人民医院	通过
677	JCYJ20140416122812029	两条Wnt信号通路在卵巢癌组织中的表达及其临床意义	深圳市人民医院	通过
678	JCYJ20150403102020233	3.0T对脑卒中后抑郁症患者的形态、结构和功能磁共振成像的系统研究	深圳市人民医院	通过
679	JCYJ20150403101028205	以分子对接为先导的鹿角缩酮B的代谢酶学研究	深圳市人民医院	通过
680	JCYJ20150403101146294	以护士为主体的多学科合作团队对住院患者营养管理模式建立的研究	深圳市人民医院	通过
681	JCYJ20150403101146313	雌激素受体拮抗剂靶向治疗ERα阳性乳腺癌及作用机制研究	深圳市人民医院	通过
682	JCYJ20150403101028202	他汀类药物对慢性脑缺血侧支循环的作用及其机制研究	深圳市人民医院	通过
683	JCYJ20150403101146311	宫内感染对血浆IGF-1和早产儿视网膜病的影响	深圳市人民医院	通过
684	JCYJ20150403101146281	影像学筛查乳腺癌高危因素成本效益控制	深圳市人民医院	通过、
685	JCYJ20150403101028185	Epstein-Barr病毒感染及LMP1基因与华南地区乳腺癌的相关性研究	深圳市人民医院	通过
686	JCYJ20150403101028192	趋化素介导Treg/Th17免疫失衡在动脉粥样硬化进程中的作用及机制研究	深圳市人民医院	通过
687	JCYJ20150403101028193	纳米炭淋巴示踪在壶腹部癌根治术中的应用研究	深圳市人民医院	通过
688	JCYJ20150403101146297	阿尔茨海默氏（Alzheimer’s）相关蛋白作为糖尿病视网膜病变新治疗靶点的探索性研究	深圳市人民医院	通过
689	JCYJ20150403101028196	雷洛昔芬对高糖高脂饮食小鼠主动脉瓣生物学功能的影响	深圳市人民医院	通过
690	JCYJ20150403102020231	表达sponge-microRNA的双歧杆菌治疗结肠炎及防治结肠炎相关性癌的研究	深圳市人民医院	通过
691	CXZZ20140523105549765	颈动脉三维超声联合计算机自动分析评价缺血性脑血管病发生风险的技术研发	深圳市人民医院	通过
692	JCYJ20150403101146278	高通量基因测序技术检测肺癌患者血浆ctDNA指导临床个体化治疗的应用研究	深圳市人民医院	通过
693	JCYJ20150403101028183	从visfatin水平研究芪棱汤对脑梗死患者动脉粥样硬化的影响	深圳市人民医院	通过
694	JCYJ20150403101146319	新生儿PICC导管常见并发症危险因素的多中心研究	深圳市人民医院	通过

续表

序号	项目编号	项目名称	项目承担单位	验收结论
695	JCYJ20150403101028174	男性生殖道梗阻重建系列手术的创新和临床应用	深圳市人民医院	通过
696	JCYJ20140416122811974	光声及弹性成像定量分析三阴性乳腺癌诊断系统	深圳市人民医院	通过
697	JCYJ20130402092657781	年轻宫颈癌患者卵巢自体移植不同术式的临床研究	深圳市人民医院	通过
698	JCYJ20150403101028189	21 基因在早期乳腺癌局部复发风险的预测和精准放射治疗决策的研究	深圳市人民医院	通过
699	JCYJ20140416122812000	PPARγ 在妊娠期糖尿病脂肪及胎盘组织的表达	深圳市人民医院	通过
700	CXZZ20150814101901153	普 20150405：柔性印制电路板用阻焊油墨的研发	深圳市容大感光科技股份有限公司	通过
701	CXZZ20140904140711428	磁射流体抛光技术及设备的开发	深圳市锐步科技有限公司	通过
702	JSKF20150831190027847	家用空调器的高效节能变频器的技术开发	深圳市锐钜科技有限公司	复议
703	JSGG20130922173053177	重 2013-057：智能型蒸汽机械再压缩蒸发（MVR）技术研发	深圳市瑞升华科技股份有限公司	通过
704	CXZZ20150521165459484	普 20150068：X 射线荧光法大气重金属在线监测技术研发	深圳市赛宝伦科技有限公司	通过
705	GRCK20160411113754211	应用于激光振镜控制的视觉引导系统	深圳市赛格创业汇有限公司	通过
706	GRCK20160411112219313	大场景下高精度车载激光三维建模系统	深圳市赛格创业汇有限公司	通过
707	GRCK20160411112333217	自拍机器人	深圳市赛格创业汇有限公司	通过
708	CKCY20160429100638809	多媒体智能互动车载系统的研发	深圳市赛瑞系统技术有限公司	通过
709	CYZZ20150416174656245	用于建筑建造的 3D 打印热熔水泥材料的研发	深圳市三帝梦工场科技开发有限公司	通过
710	CXZZ20150325140421385	普 20150059：多能干细胞技术治疗老年痴呆症和帕金森病的药物筛选技术研发	深圳市三启生物技术有限公司	通过
711	CYZZ20150410165310822	带有智能控制系统的 LED 自行车灯	深圳市山人技术有限公司	通过
712	CKCY20160429100214097	企业智慧眼智能门禁管理系统的研发	深圳市商汤科技有限公司	通过
713	CYZZ20150827163055198	一种非手术的盲人复明设备	深圳市上示科技有限公司	通过
714	CYZZ20150323112756057	餐厨垃圾无害化处理设备科技惠民示范及应用	深圳市尚善循环治污有限公司	通过
715	JSGG20141118114954828	重 2014-164：天然虾红素提取关键技术研究	深圳市深博泰生物科技有限公司	不通过
716	GRCK20160414092630979	基于无人机的城市违章建筑智能监测系统	深圳市深大工业技术研究院有限公司	通过
717	CYZZ20150825144648995	一种 EDI 超纯水设备远程控制系统研发	深圳市升邦水处理设备有限公司	复议
718	CYZZ20150331150615083	一种用于微创血管介入的股动脉电子压迫止血器	深圳市升昊科技有限公司	通过
719	CXZZ20140416142443488	基于 LED 外延片生长应用的 MOCVD 石墨基座	深圳市石金科技股份有限公司	不通过
720	CXZZ20150811142309981	普 20150371：高光效低投射比 3D 投影关键器件开发	深圳市时代华影科技股份有限公司	通过
721	CYZZ20150828145510651	太阳能一体化大功率 LED 路灯照明系统的研发	深圳市世纪阳光照明有限公司	通过
722	JCYJ20140828152830610	视力残疾者视觉代偿的功能磁共振成像研究	深圳市视光学会	通过

续表

序号	项目编号	项目名称	项目承担单位	验收结论
723	CYZZ20150831113037443	新型教育交互式触控一体机的研发	深圳市视汇通电子有限公司	通过
724	CXZZ20150529144549687	普 20150272：围产期健康管理与康复保健技术研发	深圳市是源医学科技有限公司	通过
725	FHQ20140930101656457	双环新一代信息技术产业园	深圳市双环全新机电股份有限公司	不通过
726	CXZZ20150429150018260	普 20150191：污水厂生物池工艺智能控制技术研发	深圳市水务科技有限公司	通过
727	CXZZ20140828162958960	STAR-NET 微功率无线自组网智能用电信息管理系统开发	深圳市思达仪表有限公司	通过
728	CYZZ20150511150342151	高解析度低温固化感光银浆的研制及工艺技术研究	深圳市思迈科新材料有限公司	通过
729	CYZZ20140905161249343	液态金属导热材料的研发	深圳市思钛新材料有限公司	复议
730	CXZZ20150429091909073	普 20150128：基于倒装芯片 LED 封装的背光源模组的研发	深圳市斯迈得半导体有限公司	通过
731	JSGG20151113153603489	重 20150172：电动汽车动力电池软 / 硬碳复合负极材料的研发	深圳市斯诺实业发展股份有限公司	通过
732	FHQ20150331172939552	四方网盈投资服务创业港湾	深圳市四方网盈孵化器管理有限公司	通过
733	JCYJ20150402094341897	冠脉微循环障碍对大鼠心肌梗塞后心肌凋亡、心肌重构及相关蛋白 Bcl-2/Bax、Caspase-3 表达的影响	深圳市孙逸仙心血管医院	通过
734	JCYJ20140415151845363	缺血后处理对体外循环患者心肌凋亡及信号通路的研究	深圳市孙逸仙心血管医院	通过
735	JCYJ20150402094341901	B 型主动脉夹层腔内修复术手术时机的选择	深圳市孙逸仙心血管医院	复议
736	JCYJ20140415151845360	高通量快速测序筛查心力衰竭患者循环 miRNA 标志物	深圳市孙逸仙心血管医院	复议
737	JCYJ20140415151845365	基于等摩尔量 DNA 高通量全基因组重测序筛查原发性高血压的高贡献率易感基因变异位点的研究	深圳市孙逸仙心血管医院	不通过
738	JCYJ20150629164028923	厌氧氨氧化在源分离尿液处理中的应用研究	深圳市太空科技南方研究院	通过
739	CYZZ20160531101904954	基于车机系统的视觉 ADAS+ 智能语音系统	深圳市天派软件开发有限公司	复议
740	CXZZ20140902160818443	加密监控摄像头的技术研发	深圳市天视通电子科技有限公司	通过
741	CXZZ20140627165748718	高倍率连续二氧化碳发泡聚乙烯板材产业化关键技术	深圳市天之娇塑料制品有限公司	通过
742	CXZZ20140904172828906	低碳低成本高阻隔二氧化碳基聚合物复合包装材料关键技术研发	深圳市通产丽星股份有限公司	复议
743	CYZZ20150331105107966	一种全自动上下料贴片机关键技术的研发	深圳市同立盛光电设备有限公司	通过
744	CXZZ20150529114846796	普 20150022：紫外 LED 光源技术研发	深圳市同一方光电技术有限公司	通过
745	CKCY20160429151743038	飞行仿生机器人	深圳市拓灵者科技有限公司	通过
746	KJYY20140901094713958	SF2014-28. 太阳能（光伏、光热）技术的应用示范	深圳市拓日新能源科技股份有限公司	通过
747	JSGG20140703150537491	重 2014- 先 33：直驱式太阳能空调关键技术研发	深圳市拓日新能源科技股份有限公司	不通过

续表

序号	项目编号	项目名称	项目承担单位	验收结论
748	CXZZ20150527171538718	普 20150285：假俭草新品种引种与应用技术研发	深圳市万信达生态环境股份有限公司	通过
749	GCZX20150515144352345	深圳城市有机固体废物综合利用工程技术研究中心	深圳市万信达生态环境股份有限公司	通过
750	CXZZ20140421165151163	新型高效节能二氧化碳冷热双功能水源热泵机组的研发	深圳市万越新能源科技有限公司	通过
751	JSGG20150731142227736	重 20150170：高性能高温合金设计及其粉末制备关键技术研发	深圳市万泽中南研究院有限公司	通过
752	CXZZ20140417145649147	采用超声微泡空化技术的可调声学参数的溶栓仪研发及产业化	深圳市威尔德医疗电子有限公司	通过
753	CYZZ20150701154923236	面向新能源汽车的高性能电力熔断器关键技术研发	深圳市威可特电子科技有限公司	复议
754	CKKJ20150821150105327	点石创客空间	深圳市微纳集成电路与系统应用研究院	通过
755	GRCK20160413142812291	冠心病术后服药恢复的监督智能药盒以及医护管理系统	深圳市微游汇孵化器管理有限公司	通过
756	CYZZ20150630103919314	高精度机器视觉检测系统关键技术研发	深圳市维图视技术有限公司	通过
757	CYZZ20150731163347580	基于脉搏波数据的睡眠质量监测系统的研发	深圳市维亿魄科技有限公司	通过
758	CKFW20150821112217406	玩创工房创客服务平台	深圳市熙龙玩具有限公司	复议
759	JSGG20140515164852417	买麻藤科植物基因组学系统研究	深圳市仙湖植物园管理处	通过
760	CYZZ20150520154741156	自动背光补偿及智能图像处理算法的研发	深圳市先河系统技术有限公司	复议
761	CYZZ20150515140549948	基于建筑信息模型 (BIM) 协同平台的研究	深圳市小知了工程技术服务有限公司	通过
762	CYZZ20150528105619890	数字化健康管理平台的研发及应用	深圳市携康网络科技有限公司	通过
763	CXZZ20150331160450786	普 20150070：节能环保油烟净化系统技术研发	深圳市新宝盈科技有限公司	通过
764	CXZZ20150929104037576	普 20150429：工业废气治理技术研发	深圳市新广恒环保技术有限公司	通过
765	JSGG20150601162120292	重 20150147：新型四氟铝酸钾（KAlF4）制备技术及其在工业铝电解质体系中的应用研究	深圳市新星轻合金材料股份有限公司	通过
766	CYZZ20150515161434917	高导热硅橡胶的研发及其产业化	深圳市鑫东邦科技有限公司	通过
767	CYZZ20150817140401701	锂电池正极自动超焊贴胶机的研发与产业化	深圳市星锦宏科技有限公司	复议
768	CXZZ20140904162800344	基于移动互联网络的便携式人体健康无创监测预警系统开发及产业化	深圳市旭子科技有限公司	通过
769	CYZZ20150731151038517	人脸识别云端监控应用平台的研发	深圳市炫彩酷游科技有限公司	通过
770	CYZZ20150410144708691	环保型水性特效涂料的研发与产业化	深圳市绚图新材科技有限公司	通过
771	JCYJ20150401092220224	乙肝疫苗免疫献血人群隐匿性乙型肝炎感染状况与分子生物学特性的研究	深圳市血液中心	复议
772	CXZZ20150430114455245	普 20150231：农作物温室环境智能控制系统的研发	深圳市讯方技术股份有限公司	通过
773	CYZZ20140418201812991	X 验证系统	深圳市研工科技有限公司	通过

续表

序号	项目编号	项目名称	项目承担单位	验收结论
774	JCYJ20150403150326522	深圳市海产品多环芳烃污染状况及风险研究	深圳市盐田区疾病预防控制中心	通过
775	JCYJ20150402092102036	新生儿院前 - 院中 - 院后医护一体化诊护模式创新研究	深圳市盐田区人民医院	通过
776	JCYJ20150402092102033	成人常年性变应性鼻炎患者自我管理模式的应用研究	深圳市盐田区人民医院	通过
777	JCYJ20150402092102039	呼出气冷凝液 IL-17、IL-10、8-iso-PG 测定在 AECOPD 患者中的临床研究	深圳市盐田区人民医院	通过
778	JCYJ20150402092102035	桡神经浅支外侧支皮瓣的临床研究	深圳市盐田区人民医院	通过
779	JCYJ20150402092102037	利用荧光定量 PCR 检测慢粒的一种新型检测方法的研究	深圳市盐田区人民医院	通过
780	JCYJ20150402092102041	乙肝表面抗原滴度与 HA 及 PCШ 动态相关性的研究	深圳市盐田区人民医院	通过
781	JCYJ20140415095736830	VPSM 工具在持续改进社区产后访视工作中的应用研究	深圳市盐田区人民医院	通过
782	JCYJ20140415095736825	MMPs 在诱导高血压大鼠脑动脉瘤模型中的机制研究	深圳市盐田区人民医院	通过
783	JCYJ20140414114853651	中国人群原发性视网膜色素变性致病基因突变谱的研究	深圳市眼科医院	通过
784	JCYJ20150402152130691	先天性晶状体脱位致病基因及远期疗效干预	深圳市眼科医院	通过
785	JCYJ20150402152130693	密蒙花“消目中赤脉”作用对小鼠碱烧伤角膜新生血管的作用研究	深圳市眼科医院	通过
786	JCYJ20150402152130692	单纯及合并其他先天异常的小儿白内障的防治体系的建立	深圳市眼科医院	通过
787	GJHZ20150316150106271	条件重编程细胞技术应用于角膜再生模型和 HSV-1 型病毒性角膜炎的实验及研究	深圳市眼科医院	通过
788	JCYJ20150402152130689	饥饿素在鱼藤酮诱导的大鼠帕金森综合症模型导致的视网膜病变的效果研究	深圳市眼科医院	通过
789	JCYJ20150402152130696	自噬及其调控在外伤性视神经病变中的作用研究	深圳市眼科医院	复议
790	KJYY20151015144346907	SF2015-34：商业银行轻型化网点业务集中运营平台应用示范	深圳市雁联计算系统有限公司	通过
791	JCYJ20140418153354413	Pig-a 基因突变试验在化妆品遗传毒性检测领域的应用研究	深圳市药品检验研究院（深圳市医疗器械检测中心）	复议
792	CYZZ20150402110056458	新一代高品质 OGS 玻璃强化炉的应用研发	深圳市一脉科技有限公司	通过
793	GJHS20160331140908160	家电制冷组件铜 / 铝、铝 / 铝材料钎焊技术及其产业化应用	深圳市亿铖达工业有限公司	通过
794	CYZZ20150619154304041	基于“互联网 +”的 DVB 与 OTT 融合高清互动数字机顶盒	深圳市亿联智能有限公司	通过
795	CKCY20160429153916828	互联网聚合支付平台和企业大数据征信技术项目	深圳市易融投网络科技有限公司	通过
796	CYZZ20150518162736234	全自动飞行视觉识别技术的多功能智能贴片机的研发	深圳市易通自动化设备有限公司	通过
797	CYZZ20150330160127919	移动互联网人工智能游戏引擎	深圳市逸风网络科技有限公司	通过

续表

序号	项目编号	项目名称	项目承担单位	验收结论
798	CXZZ20150929170907107	普 20150439：双嵌合抗原受体 T 细胞靶向治疗恶性胶质瘤技术开发	深圳市茵冠生物科技有限公司	通过
799	CYZZ20140901143458224	一类 3- 羟基 -4- 氨基化合物的新合成研究及产业化	深圳市茵诺圣生物科技有限公司	通过
800	CXZZ20150529145623843	普 20150297：用于空调节能的智能插座监测和感知技术研发	深圳市银河风云网络系统股份有限公司	通过
801	GJHS20160331141439269	风力发电机专用增量式光电编码器	深圳市英科达光电技术有限公司	通过
802	CYZZ20150820150131139	智慧教学及知识数据交易服务云平台的研发	深圳市鹰硕技术有限公司	通过
803	CXZZ20150504110141589	普 20150143：基于 SDN 的 IAAS 云平台技术研发	深圳市永达电子信息股份有限公司	通过
804	GCZX20141118112610812	深圳市工业移动智能终端及应用工程技术研究开发中心	深圳市优博讯科技股份有限公司	通过
805	CYZZ20150814105831684	准工业级高精度三维立体打印机	深圳市优特打印耗材有限公司	通过
806	CYZZ20150818091248545	物联网高清视频智能终端管理应用软件及系统开发	深圳市优特普电子有限公司	通过
807	CKCY20160428151750775	柴油发电机组智能控制器及控制方法研究项目	深圳市宇和电能科技有限公司	通过
808	CYZZ20150828172226807	一种手势控制仪表娱乐系统的立体悬浮数字仪表盘	深圳市愿景视讯科技有限公司	通过
809	JSKF20150828170348273	LED 空气净化高效节能灯研发	深圳市越日兴实业有限公司	通过
810	CYZZ20150828140144573	基于 O2O 的智慧城市公共停车资源移动互联网运营平台	深圳市云丛科技有限公司	通过
811	CYZZ20150602152220245	基于分布式云引擎技术的 OTT 通信方案研发	深圳市云之讯网络技术有限公司	通过
812	JSGG20150512140134698	重 20150072：支持海量互联网金融交易的分布式系统架构关键技术研究	深圳市长亮科技股份有限公司	通过
813	CXZZ20150504142549307	普 20150239：服务机器人关节传动机构的研发	深圳市兆威机电有限公司	通过
814	JSGG20150511104613104	重 20150078：管用分离的整机加密关键技术研究	深圳市振华微电子有限公司	复议
815	CKFW20150821144019452	筹小鸭科技创业孵化平台	深圳市指媒数字股份有限公司	通过
816	CKCY20160429161900752	基于无线网络控制技术的可穿戴智能移动视频终端的研发	深圳市至壹科技开发有限公司	通过
817	CYZZ20150824154755260	室内机器人精确导航与定位技术研究	深圳市致趣科技有限公司	通过
818	CYZZ20150410102032262	Pakpobox 派宝箱自助快递寄存系统	深圳市智和创兴科技有限公司	通过
819	CYZZ20140409100444504	实现机器故障精确定位与云服务的智能维护系统	深圳市智慧机器技术有限公司	通过
820	CKCY20160829163801254	基于低能量激光生发技术的智能头盔产品研究	深圳市智连众康科技有限公司	通过
821	CKCY20160428141847944	原车功能扩展智能盒子	深圳市智联腾众科技有限公司	通过
822	CYZZ20150408152315667	天机 - 大数据追踪引擎	深圳市智搜信息技术有限公司	复议
823	JSGG20150331101736052	重 20150025：集群文件系统中海量小文件并发处理关键技术研发	深圳市中博科创信息技术有限公司	通过
824	CXZZ20150430160424495	普 20150145：三维地质自动建模技术研发	深圳市中地软件工程有限公司	通过

续表

序号	项目编号	项目名称	项目承担单位	验收结论
825	CKFW20150820151405527	我爱快包 -- 智能硬件创客众包服务平台	深圳市中电网络技术有限公司	复议
826	CXZZ20140508111528071	微孔金属箔在锂离子储能器件中的应用技术研究	深圳市中金高能电池材料有限公司	通过
827	CXZZ20150422152108120	普 20150198：海藻发酵液提取技术研发	深圳市中科台富科技有限公司	通过
828	CYZZ20150408140125807	消防巡查系统	深圳市中科信诚科技有限公司	复议
829	FHQ20140605114000389	宝能科技园科技企业创业孵化中心	深圳市中林实业发展有限公司	复议
830	CXZZ20140508151854248	基于移动流媒体云媒资播控平台技术开发项目	深圳市中青合创传媒科技有限公司	通过
831	JCYJ20150401163247239	基于卵巢自分泌 / 旁分泌调控系统探讨针刺任督脉经穴促卵泡发育机制研究	深圳市中医院	通过
832	JCYJ20150401163247232	腰突颗粒防治椎间盘退变的分子靶点研究	深圳市中医院	通过
833	JCYJ20150401163247209	基于神经电生理信号（MEP）探讨头皮针刺治疗脑卒中肢体瘫痪机制的研究	深圳市中医院	通过
834	JCYJ20140408153331817	经口直接胆道镜进镜方法的研究	深圳市中医院	通过
835	JCYJ20150401163247242	牛膝醇提物对骨关节炎软骨修复作用的分子生物网络机理研究	深圳市中医院	通过
836	JCYJ20150401163247228	基于 ERS- 肾胺酶信号通路探讨益气温阳活血解毒法改善蛋白尿肾小管损伤的作用机制	深圳市中医院	通过
837	JCYJ20150401163247205	青少年手机依赖症多模态核磁共振脑功能成像研究	深圳市中医院	通过
838	JCYJ20150401163247223	PGC-1α- 线粒体轴异常在肾小管间质纤维化中的作用及健脾益肾法干预效应与靶点研究	深圳市中医院	通过
839	JCYJ20150401163247238	基于 BIA 测量相位角对糖尿病肾病性水肿患者的细胞膜营养状态评价及中药黄龙颗粒治疗糖尿病肾病性水肿的疗效观察	深圳市中医院	通过
840	JCYJ20150401163247234	64 层螺旋 CT 重建成像在视神经病变的应用研究	深圳市中医院	通过
841	JCYJ20150401163247213	健脾益肾方对 TGFβ 诱导的肾脏细胞纤维化抑制作用及其有效成分筛选的研究	深圳市中医院	通过
842	JCYJ20140408153331810	应用系统生物学研究滋肾降糖丸对糖尿病大鼠骨质疏松的防治作用及机制	深圳市中医院	通过
843	JCYJ20150401163841057	扶正培本方对 CIK 细胞免疫治疗的影响	深圳市中医院	通过
844	JCYJ20150401163247236	中药通过 P2X7R — ANO6 通路抑制肝衰竭免疫炎症反应的机制研究	深圳市中医院	通过
845	JCYJ20150401163841055	补肾健脾方治疗封闭抗体阴性的复发性流产的临床研究	深圳市中医院	通过
846	JCYJ20150401163247231	射频消融联合温敏纳米粒靶向治疗肝癌的实验研究	深圳市中医院	通过
847	CYZZ20150828105817604	基于 NFC 技术的发光指甲标签研发及产业化	深圳市中远达智能科技有限公司	通过
848	CKKJ20150821091311404	汇盈销众创空间	深圳市众扬汇科技股份有限公司	通过
849	CKCY20160428150406993	基于锂电池梯次利用技术的电动助力式移动储能型交直流新能源汽车充电终端	深圳市紫帆科技开发有限公司	复议

续表

序号	项目编号	项目名称	项目承担单位	验收结论
850	CXZZ20150401155247552	普 20150036：在线视频制作技术研发	深圳水晶石数字科技有限公司	通过
851	JSGG20150511163238932	重 20150067：基于 3D 图像采集和分析的手势识别芯片关键技术研发	深圳泰山体育科技股份有限公司	通过
852	GJHS20160331143708449	面向服务的制造执行系统中间件平台 SOMES	深圳天源迪科信息技术股份有限公司	通过
853	CYZZ20150804164001513	关于 DT80-TETRA 数字集群通信系统的关键技术研发及应用	深圳天之励诚科技有限公司	通过
854	CKCY20160829092208912	移动互联下的汽车 B2b 交易 APP 平台	深圳挖车科技有限公司	复议
855	GJHS20160818145948010	一类新药多拉达唑的临床研究	深圳万乐药业有限公司	通过
856	CYZZ20140826162221948	均一单分散固相合成树脂微球材料研发及产业化	深圳微球科技有限公司	通过
857	JSGG20140515161400837	西达本胺联合抗激素类药物治疗晚期乳腺癌的 Ib 期和 II 期临床研究	深圳微芯生物科技有限责任公司	通过
858	CKCY20160429161715968	基于机器学习的智慧能源管理系统	深圳微自然创新科技有限公司	通过
859	GJHS20140519171532128	多 WAN 无线高速高稳定智能行为管理企业级路由	深圳维盟科技股份有限公司	通过
860	CYZZ20150831111156678	基于智能面部图像识别与校正修正算法的法定证件照自助拍照设备	深圳五一合文化科技有限公司	通过
861	CKCY20160428112015426	高精度 CVD 修整滚轮的研究与开发	深圳西斯特科技有限公司	通过
862	KJYY20140530105356499	SF2014-01. 教育领域 SaaS 系统在深圳云计算平台的应用示范	深圳习习网络科技有限公司	不通过
863	CXZZ20150529144128031	普 20150345：新型复合生物活性骨修复材料关键技术研发	深圳先进技术研究院	通过
864	CXZZ20150505093829778	普 20150163：一种基于人体通信的身份认证鉴别研究开发	深圳先进技术研究院	通过
865	CXZZ20150813160047997	普 20150395：医用金纳米棒大规模可控制备技术研发	深圳先进技术研究院	通过
866	JCYJ20150401150223648	具有能量收集性能的协作中继网络资源优化理论与技术研究	深圳先进技术研究院	通过
867	JSGG20150512145714248	重 20150075：面向智能城市管理的大数据智能分析关键技术研究	深圳先进技术研究院	通过
868	CXZZ20150505093829781	普 20150123：穿戴式设备用柔性传感器关键技术研发	深圳先进技术研究院	通过
869	JCYJ20150401145529012	高抗氧化性核壳结构铜纳米线的可控制备及机理研究	深圳先进技术研究院	通过
870	JCYJ20150401145529010	功能模块组装法构建结构针对型骨修复体	深圳先进技术研究院	通过
871	JCYJ20150630114942277	下一代互联网的内容中心网络绿色智能请求转发模型研究	深圳先进技术研究院	通过
872	JSGG20150602143328010	重 20150119：海洋船舶环保防污膜关键技术研发	深圳先进技术研究院	通过
873	JSGG20150512145714246	重 20150093：高密度倒装芯片底部填充胶关键技术研发	深圳先进技术研究院	通过
874	JCYJ20150521094519485	单臂极弱心电采集芯片设计方法的关键技术研究	深圳先进技术研究院	通过

续表

序号	项目编号	项目名称	项目承担单位	验收结论
875	JCYJ20150316144345646	用于筛选循环肿瘤细胞的声学微流控芯片关键技术研究	深圳先进技术研究院	通过
876	JSGG20141020103440413	重 2014-094：220KV 以上高压油浸变压器内部绕组温度传感及在线监测关键技术研发	深圳先进技术研究院	通过
877	JSGG20150512145714247	重 20150091：海洋环境遥感监测关键技术研发	深圳先进技术研究院	通过
878	CXZZ20150401152251209	普 20150075：海洋源生物活性骨水泥在脊柱压缩性骨折中应用的临床前研究	深圳先进技术研究院	通过
879	JCYJ20150401145529040	基于多谱成像的可穿戴式静脉增强显示系统的研究	深圳先进技术研究院	通过
880	JCYJ20150630114942256	骨科植入体表面化学和微纳拓扑结构的协同调控及其对生物学性能的影响研究	深圳先进技术研究院	通过
881	JCYJ20150401145529032	免疫活化细胞光热治疗乳腺癌新技术的研发	深圳先进技术研究院	通过
882	JSGG20150331154931068	重 20150030: 骨质疏松性椎体骨折修复新技术研发	深圳先进技术研究院	通过
883	JSGG20150602143414338	重 20150111 心脑血管介入手术规划与模拟训练设备关键技术研发	深圳先进技术研究院	通过
884	GJHZ20150316143320494	用于支架植入血管再狭窄无创性评估的正对比磁共振成像技术研发	深圳先进技术研究院	通过
885	JCYJ20150521094519483	船体复杂曲面钢板柔性渐进成形技术研究	深圳先进技术研究院	通过
886	JSGG20150512145714245	重 20150057：基于人体感知的低功耗可穿戴关键技术研发	深圳先进技术研究院	通过
887	SGLH20150213143207911	无创式血管异常结构诊断平台及大规模临床验证研究	深圳先进技术研究院	通过
888	GJHZ20150316143827260	含有葛根素的新型医用生物支架用以修复骨关节炎中骨软骨缺损的研究	深圳先进技术研究院	通过
889	JCYJ20150401150223647	光遗传学技术应用于解析本能恐惧情感环路的研究	深圳先进技术研究院	通过
890	CXZZ20150601160410510	普 20150357：基于无线网络技术的电动汽车电池管理系统的研发	深圳先进技术研究院	通过
891	JCYJ20150401145529007	VLDL 受体在缺血性心肌病中的作用机制研究	深圳先进技术研究院	通过
892	GJHZ20150316143625432	基于驻极体和液滴微流控的环境能量收集微型系统	深圳先进技术研究院	通过
893	JCYJ20150401145529016	携能无线通信中鲁棒功率控制技术	深圳先进技术研究院	通过
894	JCYJ20150521094519488	抑制 Chemerin/CMKLR1 信号通路作为子痫前期治疗手段的研究	深圳先进技术研究院	通过
895	JCYJ20150401145529005	基于模式识别的手部精细运动功能主动康复方法研究	深圳先进技术研究院	通过
896	JCYJ20150401145529037	光声 / 超声双模消化道内窥技术研究	深圳先进技术研究院	通过
897	JCYJ20150401150223631	脂肪因子 Chemerin 及其受体 GPR1 对 mBMSCs 分化、发育及骨代谢影响的研究	深圳先进技术研究院	通过
898	JCYJ20150401145529006	全固态薄膜锂离子电池中关键材料的掺杂改性及器件的制作	深圳先进技术研究院	通过

续表

序号	项目编号	项目名称	项目承担单位	验收结论
899	GJHZ20150316144412072	新能源车辆动力电池系统集成与应用技术研究	深圳先进技术研究院	通过
900	JCYJ20150521144321001	多功能活性含镁支架的影像引导精细设计与 3D 精准打印技术研究	深圳先进技术研究院	通过
901	JCYJ20140610152828673	基于超材料的新一代高场磁共振射频系统基础研究	深圳先进技术研究院	通过
902	JCYJ20150401145529015	智能化吲哚菁绿纳米探针用于脑胶质瘤成像与治疗一体化研究	深圳先进技术研究院	通过
903	JCYJ20150521144320987	可用于高内涵药物筛选的高灵敏荧光共振能量转移对的研究	深圳先进技术研究院	通过
904	JCYJ20150316144521974	智能隐形眼镜用于眼压监测和控制一体化的探索研究	深圳先进技术研究院	通过
905	JCYJ20150630114942300	靶向细胞周期激酶 Plk1 的抗肿瘤药物研发	深圳先进技术研究院	通过
906	JCYJ20150401145529053	多孔介质微生物淤堵的机理与稳定性研究	深圳先进技术研究院	通过
907	JCYJ20150521094519486	治疗性乙肝病毒 DNA 疫苗的研究	深圳先进技术研究院	通过
908	JSGG20141020103523741	重 2014-145：功能膜层制备的线型蒸发器关键技术研究	深圳先进技术研究院	通过
909	JCYJ20140417113430610	可降解多孔镁合金支架结合双因子控释体系促进髌骨再生的研究	深圳先进技术研究院	复议
910	SGLH20150213143207910	抗菌不锈钢外科手术器械及相关器具的开发与应用	深圳先进技术研究院	复议
911	CXZZ20140417113430630	人体下肢肌骨系统康复步行训练系统	深圳先进技术研究院	复议
912	CYZZ20150709113258470	一种用于智能 LED 照明驱动 IC 的研究与开发	深圳芯瑞晟微电子有限公司	复议
913	CXZZ20150402162412704	普 20150006：超小型 100G 高速收发一体化模块技术研发	深圳新飞通光电子技术有限公司	通过
914	GRCK20160330101813656	可移动多功能智能监控系统	深圳信息职业技术学院	通过
915	GRCK20160330101713755	汽车动力电池激光高速精密焊接设备的研发	深圳信息职业技术学院	通过
916	GJHZ20150316112419786	大幅面五轴数控激光加工系统的研发与应用	深圳信息职业技术学院	通过
917	GRCK20160415111859120	三维紫外激光打标机	深圳信息职业技术学院	通过
918	GRCK20150929141405300	FacePhone	深圳信息职业技术学院	通过
919	CKSJS20150929141404526	2188 创客实践室建设	深圳信息职业技术学院	通过
920	JSGG20140701170115218	重 2014- 先 07：飞行器与目标协同运动关键技术研究	深圳一电科技有限公司	通过
921	FHQ20150327144334263	移盟移动互联网创业孵化中心	深圳移盟产业园运营有限公司	通过
922	CXZZ20150929165021669	普 20150452：基于电子签名功能的终端通讯系统研发	深圳易普森科技股份有限公司	复议
923	CYZZ20150818104633951	基于分布式云引擎技术的低带宽高清云会议平台	深圳银澎云计算有限公司	复议
924	CKCY20160427142655826	数字化义齿修复系统 --UPCAD	深圳云甲科技有限公司	通过

续表

序号	项目编号	项目名称	项目承担单位	验收结论
925	KQTD20150331090709240	视觉智能和机器学习处理器创新与产业化	深圳云天励飞技术有限公司	通过
926	JCYJ20150630114140630	储能钒电池的温度特性及应对策略	深圳职业技术学院	通过
927	JCYJ20140901162541286	荔枝果肉多酚对酒精性肝损伤的保护作用及其分子机制	深圳职业技术学院	通过
928	JCYJ20140508155916427	不同干燥方式下荔枝果肉对血糖代谢的影响及机理	深圳职业技术学院	通过
929	JCYJ20140718171721295	楼顶环境、基质和肥料种类对蔬菜生长发育和营养价值的影响	深圳职业技术学院	通过
930	JCYJ20140718171525577	基于人身安全的纯电动汽车驱动系统电磁辐射仿真与试验研究	深圳职业技术学院	通过
931	JCYJ20150630114140646	势能与电能协同作用的纯电动车高能效能量回收方法研究	深圳职业技术学院	通过
932	CYZZ20150825164206198	倾斜摄影建模技术的无人机系统	深圳智航无人机有限公司	通过
933	CXZZ20150402105414536	普 20150084：可生物降解绿色驻极体过滤材料研发	深圳中纺滤材科技有限公司	复议
934	JSGG20150331112612497	重 20150043: 核电厂乏燃料干法贮存关键技术研发	深圳中广核工程设计有限公司	通过
935	GJHS20160325094312200	波纹薄板大型结构件智能高速焊接装备研发及产业化	深圳中集智能科技有限公司	通过
936	CYZZ20150917142446773	新型复合生物活性骨修复支架	深圳中科精诚医学科技有限公司	复议
937	KJYY20150430143152745	SF2015-05. 基于可信计算的云安全防护技术示范应用及推广	深圳中软华泰信息技术有限公司	通过
938	JCYJ20150402165325178	uNK 通过毒性颗粒影响 RIF 患者妊娠结局的分子机制研究	深圳中山泌尿外科医院	通过
939	JCYJ20150402165325174	褪黑素通过清除活性氧促进人类囊胚形成的机制研究	深圳中山泌尿外科医院	通过
940	JCYJ20150402165325173	纳米巴西蜂胶提取物制剂治疗生殖器疱疹实验研究	深圳中山泌尿外科医院	通过
941	JCYJ20150402165325176	CD8+T 细胞通过 Fas 通路调控滋养层细胞侵袭的分子机制研究	深圳中山泌尿外科医院	通过
942	JCYJ20150402165325177	COX-2 和 NOS 在滥用氯胺酮导致膀胱功能障碍患者膀胱组织中的表达及作用机制研究	深圳中山泌尿外科医院	通过
943	CXZZ20150427154506229	普 20150136：耐高温铝电解电容器技术研发	深圳中元电子有限公司	通过
944	CXZZ20150529144919093	普 20150352：耐热无气味复合牙胶材料的研发	盛嘉伦橡塑（深圳）股份有限公司	通过
945	CXZZ20150504151533526	普 20150213：采用硅碳负极材料的聚合物锂离子电池的研发	曙鹏科技（深圳）有限公司	通过
946	FWCX20150731155412314	深圳市细胞重编程技术服务中心建设项目	武汉大学深圳研究院	通过
947	JCYJ20150417142356653	条件重编程人正常支气管上皮病毒感染的 3D 体外模型及其应用研究	武汉大学深圳研究院	通过
948	JCYJ20150422150029094	KDM4 组蛋白去甲基化酶家族过表达介导的肿瘤细胞 DNA 损伤类化疗药物抗性产生机制研究	武汉大学深圳研究院	通过
949	JCYJ20150422150029092	欠覆盖环境下多源监控视频大数据高效编码方法	武汉大学深圳研究院	复议

续表

序号	项目编号	项目名称	项目承担单位	验收结论
950	CXZZ20140801102425603	手抛式小型固定翼无人机设计与开发	西北工业大学深圳研究院	通过
951	JCYJ20150518163139952	基于耦合 Wi-Fi 与 iBeacon 室内定位系统的建筑能耗主动控制理论、方法及应用的研究	香港城市大学深圳研究院	通过
952	JCYJ20150318154726296	复杂社会网络下的智能反馈理论、方法及其在居民节能行为中的应用研究	香港城市大学深圳研究院	通过
953	JCYJ20140509155229804	应用于 3D 打印的具有超强玻璃形成能力大块金属玻璃的液态相变研究	香港城市大学深圳研究院	通过
954	ZDSYS20140509155229805	组建 EV/HEV 能源管理系统重点实验室	香港城市大学深圳研究院	通过
955	JCYJ20140903112959965	脂肪细胞型脂肪酸结合蛋白在产热效应及白色脂肪棕色化中的作用及机制研究	香港大学深圳研究院	通过
956	JCYJ20140903112959964	小檗碱通过多靶点调节原发性肝癌肿瘤微环境的研究	香港大学深圳研究院	通过
957	JCYJ20150331142757383	家族性高胆固醇血症（FH）病人 iPSCs 的基因修复和细胞移植治疗的研究	香港大学深圳医院	通过
958	JCYJ20150331142757393	基于神经电生理的脊髓型颈椎病病程预测研究	香港大学深圳医院	通过
959	JCYJ20150331142757395	建立深圳市神经免疫疾病实验室开放平台及临床数据库	香港大学深圳医院	通过
960	JCYJ20150331142757382	港大深圳医院引进香港医疗风险管理体系的构建	香港大学深圳医院	通过
961	JCYJ20150331142757381	SULF2/GPC3/β-catenin 轴在干细胞表型 HBV- 肝癌的中心作用	香港大学深圳医院	通过
962	JCYJ20150331142757388	基于国际护理实践分类的骨科标准化护理语言库的建立与探讨	香港大学深圳医院	通过
963	JCYJ20150331142757384	基于体素内不相干运动弥散加权成像 (IVIM-DWI) 联合 MR 动态增强在鼻咽癌的应用价值	香港大学深圳医院	通过
964	JCYJ20150331142757398	新型掺锶生物活性骨水泥强化 PHILOS 对肱骨近端骨折的固定效果	香港大学深圳医院	通过
965	JCYJ20140414092558967	深港创新模式对提升血液透析患者生存质量的研究	香港大学深圳医院	通过
966	JCYJ20150331142757396	脂肪酸结合蛋白 4 在骨性关节炎软骨退化中的作用及机制研究	香港大学深圳医院	通过
967	JCYJ20150331142757399	新型三维胚胎着床模型的建立	香港大学深圳医院	通过
968	JCYJ20140414090541801	人附睾上皮分泌蛋白 4（HE4）联合配对盒基因 8 抗原（PAX8）在卵巢癌复发监测中的作用评估	香港大学深圳医院	通过
969	JCYJ20150331142757385	以动机式访谈管理 2 型糖尿病的「病人自强计划」效果分析：随机对照研究（RCT）	香港大学深圳医院	复议
970	JCYJ20150331142757380	左室射血分数保留的心力衰竭神经内分泌激素水平、心脏重构、预后的相关性研究	香港大学深圳医院	复议
971	JCYJ20140419130357038	深圳大气细颗粒物中的一次及二次有机气溶胶的来源解析	香港浸会大学深圳研究院	通过
972	JCYJ20140419130507116	以功能性金属聚合物为前体的超高密度磁性存储系统：合成、性能及器件制备	香港浸会大学深圳研究院	通过
973	JCYJ20140818163041143	基于长寿命电荷分离态和强上转换性能的高效金属配合物光电材料开发和应用研究	香港浸会大学深圳研究院	通过

续表

序号	项目编号	项目名称	项目承担单位	验收结论
974	JCYJ20150611092848134	基于光子晶体的光通讯半导体激光器的理论和工艺研究	香港中文大学（深圳）	通过
975	GJHS20120702105523301	具选择功能的分布式合作控制系统	香港中文大学深圳研究院	通过
976	GJHS20120702105523307	慢性肾脏病进展的机制研究	香港中文大学深圳研究院	通过
977	JCYJ20140905151710921	抗菌肽 Cathelicidin 在抑制具核梭杆菌诱发结肠癌过程中的作用及机制研究	香港中文大学深圳研究院	通过
978	JCYJ20150507154758604	高性能网络编码多址接入技术研究	香港中文大学深圳研究院	通过
979	JCYJ20140425184428464	基于聚苯胺的纳米金颗粒表面等离激元开关及其在智能窗 / 镜上的应用	香港中文大学深圳研究院	通过
980	CKCY20160429152807067	关于电缆隧道机器人智能巡检系统的研发	虚拟依托单位	通过
981	CYZZ20150713153559955	基于云计算的远程医疗服务平台的研发与应用	医行华夏（深圳）科技有限公司	通过
982	CYZZ20150402155417829	第三方电子商务创业平台的研发及应用	远大云商网络科技（深圳）有限公司	通过
983	CKCY20160429153610176	基于大数据平台的包装定制系统关键技术研发	云盒技术（深圳）有限公司	通过
984	CXZZ20140509160806367	放射性废气处理系统活性炭滞留单元研发	中广核工程有限公司	通过
985	ZDSYS20150430162023370	深圳市核反应堆安全重点实验室	中广核研究院有限公司	通过
986	JSGG20141015154342147	重 2014-135：珊瑚人工繁殖与修复关键技术研发	中国水产科学研究院南海水产研究所深圳试验基地	通过
987	FWCX20140728171411907	物联网多天线应用终端认证服务	中检集团南方电子产品测试（深圳）股份有限公司	通过
988	JCYJ20140509142357195	高能锂硒电池用石墨烯包覆含氮蜂窝碳 / 硒复合正极材料的设计、制备与储能机理研究	中南大学深圳研究院	通过
989	CXZZ20140506150310438	高性能参杂硅 / 铝（Si/Al）复合封装材料研制及产业化	中南大学深圳研究院	复议
990	JCYJ20150402145015986	活动性肺结核与细菌性肺炎鉴别诊断技术的建立	中山大学附属第八医院（深圳福田）	通过
991	JCYJ20150402145015987	增强型体外反搏治疗对缺血性脑卒中患者的临床意义系统性评估	中山大学附属第八医院（深圳福田）	通过
992	JCYJ20150402145016003	运用蛋白质谱技术筛选 Ph+ 急性淋巴细胞白血病早期中枢复发的脑脊液蛋白标志物	中山大学附属第八医院（深圳福田）	通过
993	JCYJ20140416094330210	DLL4/Notch1 调控胶质母细胞瘤拟态血管向肿瘤源性血管过渡及其分子机制研究	中山大学附属第八医院（深圳福田）	通过
994	JCYJ20140424173418463	步行航位推算辅助的异构网络自养指纹室内定位关键技术研究	中山大学深圳研究院	通过
995	ZDSYS20140509094955257	新一代超高速通信系统关键技术研究	中兴通讯股份有限公司	通过

2018 年第 2 批市科技计划项目验收结果

序号	项目编号	项目名称	项目承担单位	验收结论
1	JSGG20140717102922014	重 2014-062：抗肿瘤创新药物 6- 磷酸果糖 2- 激酶（PFKFB3）抑制剂的研发	北京大学深圳研究生院	通过
2	JCYJ20160531141109132	水体系高电压超级电容器关键材料研究	北京大学深圳研究生院	通过
3	KQCX20140521145956269	城市碳源碳汇监测与模拟技术系统研究	北京大学深圳研究生院	通过
4	JCYJ20150629144818001	深圳水产养殖场雌激素及抗生素类物质的生态风险评估	北京大学深圳研究生院	通过
5	JCYJ20150806112401354	废水中重金属吸附剂的制备及性能研究	北京大学深圳研究生院	通过
6	JCYJ20150806112221114	固定化微藻系统修复水产养殖水体的研究	北京大学深圳研究生院	通过
7	JCYJ20150828092938205	电子垃圾中 ABS 塑料混合溶剂连续萃取回收技术研究	北京大学深圳研究生院	通过
8	JCYJ20150626111042525	海洋麻痹性贝类毒素的快速检测方法	北京大学深圳研究生院	通过
9	JCYJ20150626110855791	溶藻细菌对海洋富油微藻的细胞破壁及油脂释放机理研究	北京大学深圳研究生院	通过
10	JCYJ20150626110817181	群体感应猝灭在 MBR 膜污染防治中的应用研究	北京大学深圳研究生院	通过
11	JCYJ20150629144658017	NMDA 受体增强剂对大脑的记忆消除的调控研究	北京大学深圳研究生院	通过
12	JCYJ20150626111117384	TFT 集成的锁存电路研究	北京大学深圳研究生院	通过
13	JCYJ20150629144612861	新型低成本功能化石墨烯材料的调控与制备	北京大学深圳研究生院	通过
14	JCYJ20150625155931806	碳纤热塑复合材料 / 不锈钢激光焊接缺陷机理及预测	北京大学深圳研究院	通过
15	JCYJ20160407090231002	一种低成本高温合金晶界硼化物的结构演化及其性能研究	北京大学深圳研究院	通过
16	CXZZ20140731091722497	新一代全降解镁合金冠脉支架表面改性及药物涂层关键技术的研发	北京大学深圳研究院	通过
17	CXZZ20140419114548507	全降解冠脉支架用镁合金精密管材关键技术的研发	北京大学深圳研究院	通过
18	JCYJ20150403091443318	胸椎体切除数量对脊髓血运和神经功能的影响	北京大学深圳医院	通过
19	zyc201105180425A	印记基因 IGF2/H19 在小鼠和人精子发生过程中的作用及其临床意义	北京大学深圳医院	通过
20	JCYJ20150403091443271	EBV 相关胃癌中 LMP1/LMP2A 调节 PD-L1 介导免疫逃逸的机制研究	北京大学深圳医院	通过
21	JCYJ20150403091443285	HPV18 阳性在不同病理类型宫颈癌中 miRNA 表达差异研究	北京大学深圳医院	通过
22	JCYJ20150403091443310	MiR-204 抑制 Bcl-2 在非小细胞肺癌中表达及其对生物学行为和预后影响的研究	北京大学深圳医院	通过
23	JCYJ20150403091443301	靶向微泡造影剂介导 miRNA222 反义基因治疗压力性尿失禁的实验研究	北京大学深圳医院	通过
24	GRCK20160829174211237	动态车载式机场助航灯光强检测系统设计	北京理工大学深圳研究院	通过
25	CKCY20160826162522186	用于肿瘤治疗的双特异性抗体	本康生物制药（深圳）有限公司	通过

续表

序号	项目编号	项目名称	项目承担单位	验收结论
26	CXZZ20150428102714198	普 20150246：硅晶圆隐形切割工艺与装备关键技术的研发	大族激光科技产业集团股份有限公司	通过
27	CYZZ20150624112501134	行车记录仪中的无线智能高清摄像机及智能系统研发	盯盯拍（深圳）技术股份有限公司	通过
28	CKCY20160429143320657	高效环保新型氟表面活性剂新材料	光力新型材料（深圳）有限公司	通过
29	CYZZ20150831090400599	家用双净化新风机系列产品开发	广东风和洁净工程有限公司	通过
30	CYZZ20150825162419026	太阳能大功率移动电源技术研发项目	广东太阳库新能源科技有限公司	通过
31	JCYJ20150331091358607	钩芍降压方对老年高血压病血压变异性的影响及其干预机制	广州中医药大学深圳医院（福田）	通过
32	CKCY20160829143810921	基于人工智能技术的线上商务服务运营平台（众包众办平台）	国高技术研究院（深圳）有限公司	通过
33	GRCK20160406100103330	可穿戴式无人机	哈尔滨工业大学（深圳）	通过
34	JCYJ20150403161923521	基于分布式星座的空天 DTN 网络匹配传输机理研究	哈尔滨工业大学（深圳）	通过
35	JCYJ20150403161923539	启发式多目标代谢网络重构算法研究	哈尔滨工业大学（深圳）	通过
36	JCYJ20150403161923526	面向硬脆材料的多模态超声辅助加工工艺与关键技术	哈尔滨工业大学（深圳）	通过
37	GJHS20150403165315818	景观生态 - 活性污泥复合处理系统的构建及稳定运行机制研究	哈尔滨工业大学（深圳）	通过
38	JCYJ20150625142543458	基于 DTN 网络的无人机中继系统数据传输优化	哈尔滨工业大学（深圳）	通过
39	GJHS20120627112429511	南方低影响开发示范区和示范工程监测与评估	哈尔滨工业大学（深圳）	通过
40	JCYJ20150625142543480	特殊飞行环境下扑翼式无人机气动特性研究	哈尔滨工业大学（深圳）	通过
41	JSGG20150330103937411	重 20150024：基于异构云计算的 CAE 软件高性能数值仿真平台研发	哈尔滨工业大学深圳研究生院	通过
42	CXZZ20151117174345411	普 20150432：地下水位水温动态监测系统技术研发	哈尔滨工业大学深圳研究生院	通过
43	JCYJ20150731105134064	基 20150052 柔性辅料贴装智能机器人关键技术研究	哈尔滨工业大学深圳研究生院	通过
44	JCYJ20150625142543456	存储器抗多位翻转加固设计技术研究	哈尔滨工业大学深圳研究生院	通过
45	GRCK20160406102549438	文字识别与转换技术及移动端 APP 的开发	哈尔滨工业大学深圳研究生院	通过
46	JCYJ20150403161923544	基于宏观基本图模型的区域路网脆弱性识别及改善策略研究	哈尔滨工业大学深圳研究生院	通过
47	JCYJ20150625142543469	基于微射流控制的斜坡流研究	哈尔滨工业大学深圳研究生院	通过
48	JCYJ20150625142543472	PM2.5 中二次有机示踪物的非均相臭氧氧化研究	哈尔滨工业大学深圳研究生院	通过
49	JCYJ20150403161923531	微小通道内化学反应流的边界层流场控制方法研究	哈尔滨工业大学深圳研究生院	通过
50	JCYJ20160318094441483	用于碳化硅芯片键合的 Sn/Ni 钎料制备及其耐高温互连界面形成机制	哈尔滨工业大学深圳研究生院	通过

续表

序号	项目编号	项目名称	项目承担单位	验收结论
51	JCYJ20150625142543481	新型石墨烯增韧陶瓷人工关节复合材料制备及仿生织构表面增强效应研究	哈尔滨工业大学深圳研究生院	通过
52	JCYJ20160427184531017	高比表面的磁性核壳结构介孔碳材料的设计合成及对污染物的吸附性能研究	哈尔滨工业大学深圳研究生院	通过
53	JCYJ20150625142543461	新型三维碳纳米结构锰氧化物可挠式非对称型超级电容器系统的研究	哈尔滨工业大学深圳研究生院	通过
54	KQCX20150327155039700	基于大数据挖掘技术的企业品牌价值创造对企业排名的影响机制研究	哈尔滨工业大学深圳研究生院	通过
55	GRCK20160406101644113	固载化 TiO2 光催化去除 VOCS 技术	哈尔滨工业大学深圳研究生院	通过
56	JCYJ20150625142543479	白光 LED 用新型磷酸盐荧光玻璃的制备及发光性能研究	哈尔滨工业大学深圳研究生院	通过
57	JCYJ20150625142543448	室内语音主动降噪技术的研究	哈尔滨工业大学深圳研究生院	通过
58	GRCK20160406102438428	智能仓储移动机器人系统	哈尔滨工业大学深圳研究生院	通过
59	JCYJ20150403161923507	浅海环境下基于有限字符信号的水声 MIMO 通信物理层安全机理	哈尔滨工业大学深圳研究生院	通过
60	GRCK20160406101908148	面向精密制造的基于辨识模型的直驱电机伺服驱动器研发	哈尔滨工业大学深圳研究生院	通过
61	GRCK20160406095746472	基于仿生向日葵追踪技术的太阳能光纤照明系统	哈尔滨工业大学深圳研究生院	通过
62	JCYJ20150513151706580	复杂条件唇读识别及虚拟唇动重构技术研究	哈尔滨工业大学深圳研究生院	通过
63	KJYY20150529152716812	SF2015-03. 国产芯片的应用示范 -- 红外光接收芯片的科技应用示范项目	华润半导体（深圳）有限公司	通过
64	CKCY20160420110858224	会员积分同储共付平台	积分通支付（深圳）有限公司	通过
65	CXZZ20140902140738552	基于剪切增稠流体技术的自适应型轮胎	建泰橡胶（深圳）有限公司	通过
66	CKCY20160829152620435	一种抗强震耐污染的高精度数据采样关键技术的研发	凯达威尔创新科技（深圳）有限公司	通过
67	CKKJ20150821141310634	深圳科技寺联合创业空间	科聚思（深圳）科技有限公司	通过
68	CKCY20160429165153521	海洋工程智能化设备	孔雀团队依托单位	通过
69	CXZZ20150925111603758	普 20150468：冲压设备关键技术的研发	莱恩精机（深圳）有限公司	通过
70	CKCY20160826152726337	基于新型等离子体光谱的煤质在线测量系统	莱森光学（深圳）有限公司	通过
71	CKCY20160829145419309	小型双足仿人机器人技术开发	乐聚（深圳）机器人技术有限公司	通过
72	CYZZ20150430144505557	一种可视化全分离式穿刺器的研发	联合微创医疗器械（深圳）有限公司	通过
73	CKCY20160429140227042	脑磁共振影像辅助诊断平台	迈格生命科技（深圳）有限公司	通过
74	CKKJ20150821164717500	HAX 国际硬创加速器	明日星投资咨询（深圳）有限公司	通过
75	GRCK20160829201148700	基于苯乙烯微球包裹缺氧传感器并用于检测人体病变细胞	南方科技大学	通过
76	JCYJ20150430160022510	基于重氮吲哚酮的催化不对称合成及其产物的抗癌活性研究	南方科技大学	通过

续表

序号	项目编号	项目名称	项目承担单位	验收结论
77	JCYJ20150630145302243	实时定量血糖血钾的多功能传感材料的合成与应用研究	南方科技大学	通过
78	GRCK20160412165644621	纳米抗菌滤膜的开发与应用	南方科技大学	通过
79	JCYJ20150630145302246	建立胰腺β细胞再生模型并筛选促进β细胞再生的药物	南方科技大学	通过
80	JCYJ20150630145302229	二氢黄酮类化合物的手性合成及其抗肿瘤活性研究	南方科技大学	通过
81	JCYJ20150430160022517	不对称胺化构建手性含氟杂环化合物库及抗肿瘤活性研究	南方科技大学	通过
82	JCYJ20150630145302245	基于罗丹明衍生物的稀土离子荧光探针的研究	南方科技大学	通过
83	JCYJ20150507170334573	可用于打印的钙钛矿复合氧化物胶体纳米晶的制备	南方科技大学	通过
84	KQCX20150331101823682	高功率光纤激光器高效双光锥侧向泵浦光耦合技术	南方科技大学	通过
85	JCYJ20150630145302234	密码函数及其在组合设计中的应用	南方科技大学	通过
86	GRCK20160829200325126	膝踝耦合被动助力下肢外骨骼	南方科技大学	通过
87	JCYJ20150529152146473	区域智能电网框架下的V2G电能优化调度策略研究	南方科技大学	通过
88	GRCK20160829200553374	燃料电池双极板精密制造方法及工艺研究	南方科技大学	通过
89	JCYJ20140714151402768	荔枝和龙眼中天然酚类化合物激活COX酶催化活性的分子机理研究	南方科技大学	通过
90	JCYJ20140417105816348	植物储藏液泡前体在种子蛋白运输中的功能与机制研究	南方科技大学	通过
91	GRCK20160829195437222	基于钙钛矿太阳能电池柔性充电装置	南方科技大学	通过
92	GRCK20160412170637463	陆空两栖环境探测器	南方科技大学	通过
93	GRCK20160412171902474	3D打印电池墨水的制备以及利用该墨水打印3D柔性电池	南方科技大学	通过
94	CKCY20160429170930910	基于移动互联网的建筑工程管理工具平台的研发	牛牛易工网络科技（深圳）有限公司	通过
95	JCYJ20160301152300347	阿霉素“自我门控”的介孔二氧化硅智能给药系统用于癌症的靶向治疗研究	清华大学深圳研究生院	通过
96	KQCX20140521161756228	用于定向声波技术的高性能压电换能器阵列的研发	清华大学深圳研究生院	通过
97	GRCK20160826165325484	角膜交联治疗仪	清华大学深圳研究生院	通过
98	JCYJ20150630170146829	基于微流控芯片的单细胞打印技术开发及其应用研究	清华大学深圳研究生院	通过
99	JCYJ20160301153417873	面向高端装备的光栅干涉测距关键元件制作工艺研究	清华大学深圳研究生院	通过
100	KQCX20140521161756227	大面积、高质量石墨烯的可控制备研究	清华大学深圳研究生院	通过
101	JSGG20150512162908714	重20150109：绝对式二维光栅尺关键技术的研发	清华大学深圳研究生院	通过

续表

序号	项目编号	项目名称	项目承担单位	验收结论
102	JCYJ20150518162154828	基于 SOS/Umu 系统的水源水遗传毒性的双报告荧光检测方法	清华大学深圳研究生院	通过
103	JCYJ20150724173156330	基 20150046 神经胶质细胞病变相关的非编码核酸对阿尔茨海默病的影响及其机理研究	清华大学深圳研究生院	通过
104	SGLH20150216144502856	海藻快速分类检测	清华大学深圳研究生院	通过
105	KQCX20150331151536447	基于重金属除污的微藻能源研究	清华大学深圳研究生院	通过
106	JCYJ20150630170146833	开发和优化新型膜生物反应器处理生活污水用于磷资源的高效回收	清华大学深圳研究生院	通过
107	GRCK20160826165356294	复合材料服役状态评价系统 (SCACM) 开发	清华大学深圳研究生院	通过
108	JCYJ20150402105524053	面向环境探索的机器人建模与协同技术研究	山东大学深圳研究院	通过
109	JCYJ20150626095215791	以生物藻类和废弃生物油脂为原料制备生物柴油的新型高效催化剂及其性能研究	山东大学深圳研究院	通过
110	JCYJ20150430160921948	基于微小 RNA Let-7c 设计的小核酸药物治疗阿尔茨海默氏病的研究	山东大学深圳研究院	通过
111	JCYJ20150402105524051	HMGB1 诱导 PASMC 表型转化在肺血管重构中的作用及分子机制研究	山东大学深圳研究院	通过
112	JCYJ20150626095226962	新型掺硅磷酸钙骨修复材料的制备及固化机理研究	山东大学深圳研究院	通过
113	CXZZ20150814151558528	普 20150412：大功率高效率不间断电源系统的研发	山特电子（深圳）有限公司	通过
114	JCYJ20150402104008943	基于自动光学技术的透明薄膜全场三维轮廓在线测量方法研究	深港产学研基地	通过
115	JSGG20150331112841427	重 20150007：光通信用光模块印制电路板关键技术研发	深南电路股份有限公司	通过
116	CKCY20160427114924333	基于 3D 打印的隐形牙齿矫治器及三维数字化矫治系统	深圳爱美适科技有限公司	通过
117	JCYJ20150624154400509	基于深圳市民活动大数据的城市计算研究	深圳北航新兴产业技术研究院	通过
118	JCYJ20150403110829615	癌睾丸抗原表位在骨髓瘤特异性细胞过继免疫治疗中作用及其机制的基础研究	深圳北京大学香港科技大学医学中心	通过
119	FWCX20150721165452252	深圳实施创新驱动战略中的知识产权运营建设	深圳崇德广业知识产权运营顾问有限公司	通过
120	CKCY20160429145219140	RHfly 3D/VR 无人机	深圳创客空间科技有限公司	通过
121	CKFW20150918174506554	元创空间公共服务平台	深圳创新设计研究院有限公司	通过
122	CKCY20160826152221792	无人机自主平台关键技术研发	深圳慈航无人智能系统技术有限公司	通过
123	KQCX20140519105054690	低碳节能型绿色复合材料及其高性能化应用研究	深圳大学	通过
124	JSGG20140703163838793	重 2014- 先 15：阿尔茨海默症早期诊断和预报的生物标记物的研究	深圳大学	通过
125	CXZZ20150930105220591	普 20150435：治疗类风湿性关节炎药物的技术研发	深圳大学	通过
126	JCYJ20150529115823249	面向大功率 LED 汽车前照灯的切削纤维热沉成形机理	深圳大学	通过

续表

序号	项目编号	项目名称	项目承担单位	验收结论
127	JCYJ20160422102136542	沿海地区环境参数对盐雾氯离子在混凝土中作用过程的影响	深圳大学	通过
128	JCYJ20140828163633991	过敏原特异性免疫治疗抑制食物过敏反应的作用机理研究	深圳大学	通过
129	JCYJ20150525092941038	泡生法生长大尺寸蓝宝石单晶气泡研究	深圳大学	通过
130	FHQ20150325100435916	深圳大学中英科技创新孵化器	深圳大学	通过
131	JCYJ20150324141711624	基于磁性印迹 SERS 的水产品中有害物质超灵敏检测方法研究	深圳大学	通过
132	JSGG20130411160539208	重 2013-017：富硒红球藻生产关键技术与产业化应用	深圳大学	通过
133	JCYJ20150324141711609	miR-24/23b/27b cluster 对肺癌发生发展的调控作用和分子机制研究	深圳大学	通过
134	JCYJ20150525092940975	应用于血液流速和含氧量同时检测的多光谱频分复用光声多普勒技术	深圳大学	通过
135	JCYJ20150525092941030	尘螨疫苗免疫治疗上调气道固有免疫的机制研究	深圳大学	通过
136	KQCX20150324161839807	超高灵敏、高分辨新型光学表面波传感成像技术	深圳大学	通过
137	CXZZ20140903103747568	间充质干细胞抗衰老的机制及其临床前研究	深圳大学	通过
138	JCYJ20150626090344603	不同来源间充质干细胞治疗骨性关节炎的比较研究	深圳大学	通过
139	JCYJ20150525092941027	高效 ZnO 基钙钛矿太阳能电池的制备和机理研究	深圳大学	通过
140	JCYJ20150324141711568	内质网应激通路调控食管癌干细胞药物敏感性的作用机制	深圳大学	通过
141	JCYJ20150625102859322	白血病细胞迁移记忆效应的研究	深圳大学	通过
142	GRCK20160826112429597	血细胞检测的全光纤传感器	深圳大学	通过
143	JCYJ20150828155800601	FRP 增强再生骨料 - 海砂混凝土结构的基础力学性能研究	深圳大学	通过
144	JCYJ20150625100821634	应用于非圆柱光学元件面形误差测量的干涉拼接术研究	深圳大学	通过
145	JCYJ20150324140036862	基于碳纳米管飞秒掺铒光纤激光器的中红外光频梳研究	深圳大学	通过
146	JCYJ20150324141711648	利用核酸自组装构建新型功能生物材料的时间分辨光谱研究和探索	深圳大学	通过
147	JCYJ20150324141711587	基于石墨烯纳米带靶点蛋白特异性识别的时间分辨太赫兹光谱研究	深圳大学	通过
148	JCYJ20150625102246712	用于高灵敏痕量气体检测的红外 - 太赫兹双共振光谱技术研究	深圳大学	通过
149	JCYJ20150525092940969	用于汽车尾气控制的 FeCrAl 多孔金属 / 钴基纳米结构研究	深圳大学	通过
150	JCYJ20150525092940988	高逼真实时四维超声成像系统研究	深圳大学	通过
151	JCYJ20150324141711695	汽车油漆层无损分析中的太赫兹塑料光纤成像技术	深圳大学	通过

续表

序号	项目编号	项目名称	项目承担单位	验收结论
152	JCYJ20150626141652681	Der f 24 通过 STIM1/ORAI1/NFAT 通路促进 TSLP 致敏的分子机制研究	深圳大学	通过
153	JCYJ20150630105452814	帧图像信息质心理论研究	深圳大学	通过
154	GRCK20160826113132018	面向无人机的微型光纤加速度计制备技术	深圳大学	通过
155	JCYJ20150324140036854	胃 X/A 样细胞调节机体糖脂代谢稳态的作用和机制	深圳大学	通过
156	JCYJ20150324141711614	面向航空航天应用的光纤多点微振动传感技术研究	深圳大学	通过
157	JCYJ20150324140036826	面向大规模社交网络的社区搜索算法研究	深圳大学	通过
158	JCYJ20150525092941062	中药 pH 敏感性聚合物 / 脂质复合纳米粒载体表面修饰、结构构筑与体外药学性能	深圳大学	通过
159	JCYJ20150625101401072	利用瞬时正交成像的斑马鱼胚胎内中性粒细胞的三维跟踪及形态学特征提取算法研究	深圳大学	通过
160	JCYJ20150930105133185	基 20150081 基于龙芯集群平台的科学计算关键技术研究	深圳大学	通过
161	JCYJ20150525092941057	以 IL-17 为靶标研究粗壮女贞抗类风湿性关节炎的物质基础及作用机制	深圳大学	通过
162	JCYJ20150629152510439	多源信息无人机自主导航方法与系统	深圳大学	通过
163	CXZZ20150601140615135	普 20150270：咖啡酸苯乙酯治疗原发性肾小球疾病技术研发	深圳大学	通过
164	JCYJ20150625102427087	基于声辐射力超声弹性成像的晶状体力学特性定量测量研究	深圳大学	通过
165	JCYJ20150525092941053	基于光声成像技术的放疗实时监控方法研究	深圳大学	通过
166	JCYJ20150324141711663	基于因瓦效应的金属块体非晶合金成分设计和性能研究	深圳大学	通过
167	JCYJ20150626090521275	应用于可穿戴式智能设备的 MEMS 传感器信号采集平台核心芯片的研究	深圳大学	通过
168	GRCK20160826112853581	基于二维材料的低成本、高稳定性超快光纤激光器研制	深圳大学	通过
169	GRCK20160826113038610	TOF 面阵传感器系统	深圳大学	通过
170	GRCK20160826113150807	地铁维检智能多旋翼飞行器	深圳大学	通过
171	KQCX20150324161839813	高效精密二维光纤耦合器研制	深圳大学	通过
172	JCYJ20150324140036843	荧光钌配合物功能化金纳米粒子用于肿瘤细胞成像的研究	深圳大学	通过
173	JCYJ20150324141711682	滨海环境作用下，氯离子在混凝土中传输的研究	深圳大学	通过
174	JCYJ20150324140036870	石墨烯 NO2 气体传感解吸附特性研究	深圳大学	通过
175	JCYJ20150626090430369	气溶胶喷墨 3D 打印锂离子电池系统及工艺研发	深圳大学	通过
176	JCYJ20150626090329072	生物质纳米结构 SiO2 的提取及其对高性能海工混凝土的改性研究	深圳大学	通过

续表

序号	项目编号	项目名称	项目承担单位	验收结论
177	JCYJ20140418193546107	利用多头绒泡菌快速检测纳米材料对细胞的毒性作用剂量	深圳大学	通过
178	SGLH20131010163759789	用于血管动态诊断的超快超声成像设备研究：无创颈动脉斑块筛查的新模式	深圳大学	通过
179	GRCK20160413153641564	温 - 压一体化测量全光纤传感器	深圳大学	通过
180	GRCK20160413145903461	基于嵌入式视觉系统的智能点胶机器人	深圳大学	通过
181	GRCK20160413150320022	一种用于高校和农村客运的交通信息服务平台	深圳大学	通过
182	JCYJ20150525092940987	新兴芳香族类消毒副产物在深圳市饮用水中的生成研究和毒性评价	深圳大学	通过
183	JCYJ20150410112709457	基于介孔材料的纳米药物缓释给药系统的建立与表征	深圳大学	通过
184	GRCK20160413145310028	“好物在中国”网站平台建设以及 APP 软件开发	深圳大学	通过
185	JCYJ20150324141711595	面向大数据中心的可重构异构计算平台核心技术研究	深圳大学	通过
186	JCYJ20150625103619275	二维原子晶体材料黑磷的非线性超快光学研究	深圳大学	通过
187	JCYJ20150324141711692	高容量大倍率锂离子电池负极材料的可控制备及性能研究	深圳大学	通过
188	JCYJ20140418091413575	基于分水岭变换的 PCB 缺陷机器视觉检测算法研究	深圳大学	通过
189	JCYJ20140509172719311	氧化石墨烯 / 聚合物复合水凝胶的流变性、电性能及其构效关系研究	深圳大学	通过
190	CXZZ20150601110000604	普 20150065：中药金线莲治疗糖尿病技术研发	深圳大学	通过
191	JCYJ20140418181958477	基于亚毫米级解剖数据集构建数字化脑血流动力学模型	深圳大学	通过
192	JCYJ20150324141711606	基于石墨烯的干性心电电极性能研究	深圳大学	通过
193	GRCK20160826112917963	新型智能电子鼻系统的设计开发	深圳大学	通过
194	JCYJ20150626090504916	低维碳 / 锂硫电池的制备及其性能研究	深圳大学	通过
195	CXZZ20140418182638770	心脑血管突发事件预警诊断试剂 LP-PLA2 产业化	深圳大学	通过
196	GRCK20160826112811967	带物理不可克隆电路功能的 RFID 系统	深圳大学	通过
197	GRCK20160413150002610	网络加速精灵	深圳大学	通过
198	GRCK20160413150404132	基于新型 PMMA 膜材料——洗车废水循环回用全自动处理系统	深圳大学	通过
199	JCYJ20150324141711585	大气颗粒物滞留时间与沉积速率多核素示踪研究	深圳大学	通过
200	JCYJ20150324140036829	登革病毒与伊蚊宿主的遗传相关性分析及登革病毒传播机制的研究	深圳大学	通过
201	JCYJ20140418091413560	薄膜太阳能电池吸收层铜铟硒的离子注入效应及性能研究	深圳大学	通过
202	JCYJ20150324141711622	污水处理厂剩余污泥电化学深度脱水工艺开发及应用研究	深圳大学	通过

续表

序号	项目编号	项目名称	项目承担单位	验收结论
203	GRCK20160413150450034	无线虚拟现实显示终端系统	深圳大学	通过
204	CKCY20160829162952771	基于单轴机器人的全自动手机玻璃研磨清洗设备	深圳德菲实业有限公司	通过
205	JSGG20150814151946841	重 20150163：移动设备高速 FLASH 多线程渲染引擎关键技术研究	深圳第七大道科技有限公司	通过
206	CYZZ20150827170338198	基于运动传感技术的无线运动激励耳机的研发	深圳第一蓝筹科技有限公司	通过
207	CYZZ20150615113602900	基于云计算的金融教育在线系统 (Dysoft) 研发	深圳典阅科技有限公司	通过
208	CYZZ20150727105036142	基于 C2B 大数据云计算平台的研发	深圳电通大数据有限公司	通过
209	CKCY20160829193808854	犬只虹膜识别设备的开发与应用	深圳动保科技有限公司	通过
210	CKCY20160429112035125	智能型铅碳超级电池用碳材料的研发	深圳富威新能源有限公司	通过
211	CKKJ20150819095648141	3D 打印创客空间	深圳光华伟业股份有限公司	通过
212	CYZZ20150831114917381	光伏电池片全自动串焊机研发	深圳光远智能装备股份有限公司	通过
213	CYZZ20150826171839963	基于明火仿真技术的数字化节能磁电厨房设备产业化项目	深圳国创名厨商用设备制造有限公司	通过
214	CKFW20150819150744897	深圳开放式云计算创客服务平台	深圳国家高技术产业创新中心	通过
215	CKCY20160829090819347	医院全面质量管理（TQM）信息系统平台	深圳国卫医信科技有限公司	通过
216	CYZZ20150407093727729	IWN9000 审计安全无线 AP	深圳海盛特科技有限公司	通过
217	CKCY20160825090510126	基于相变储能技术的医药冷链解决方案	深圳好新鲜冷链科技有限公司	通过
218	JCYJ20150629165423751	基于系统生物学的产酶黑曲霉的代谢工程改造与应用研究	深圳华大生命科学研究院	通过
219	JCYJ20140418203036946	超级增强子及其关联主转录因子影响胚胎干细胞分化倾向性的研究	深圳华大生命科学研究院	通过
220	JCYJ20150629113858501	水稻抗稻瘟病基因的高效精细定位	深圳华大生命科学研究院	通过
221	JCYJ20150629165344267	“益生菌 + 抗性淀粉”合生元的制备及其减肥功效与机理研究	深圳华大生命科学研究院	通过
222	JSGG20130918102805062	重 2013-072：水稻拒镉基因挖掘及其分子育种技术研发	深圳华大生命科学研究院	通过
223	CKCY20160428113909705	高精密集成永磁伺服电机的关键技术研发	深圳华航智能装备技术有限公司	通过
224	GRCK20160829175638248	桌面级高精度多功能六轴机器人	深圳华强电子交易网络有限公司	通过
225	GRCK20160829175718516	基于 slam 技术的轻量级移动机械臂平台	深圳华强电子交易网络有限公司	通过
226	CYZZ20150831114716959	高并发高可用电子发烧友门户系统平台研发	深圳华强聚丰电子科技有限公司	通过
227	CYZZ20150521140846781	临时心脏起搏与多参数监护一体化的心律失常诊疗仪研发	深圳华腾生物医疗电子有限公司	通过
228	CKCY20160429100158023	高品质单层石墨烯的连续可控量产	深圳华烯新材料有限公司	通过
229	JCYJ20150730103208405	基于云计算的通信机房节能监测与优化控制系统研究	深圳华中科技大学研究院	通过

续表

序号	项目编号	项目名称	项目承担单位	验收结论
230	JCYJ20150831202835225	环境监测用无线无源 SAW 气体传感器的能量损耗控制研究	深圳华中科技大学研究院	通过
231	JCYJ20150831202633340	深圳市垃圾焚烧过程中有害重金属的实时在线监测和联合脱除研究	深圳华中科技大学研究院	通过
232	JCYJ20150630155150209	基于 SEM-DIC 的纳米尺度全场三维应变测量技术	深圳华中科技大学研究院	通过
233	JCYJ20150630155150203	基于激光选区烧结的多孔 Si3N4 陶瓷的增材制造及其性能研究	深圳华中科技大学研究院	通过
234	JCYJ20140509162710497	阿尔茨海默病的靶向纳米磁共振诊断对比剂的制备、优化与临床前开发研究	深圳华中科技大学研究院	通过
235	GRCK20160415092038959	MY 首饰定制工作室	深圳技师学院	通过
236	CYZZ20150916170917211	加号财富用技术改变中小企业融资环境和管理方式	深圳加号财富金融服务有限公司	通过
237	CKFW20150820162154899	创业津梁云筹非公开股权融资创业孵化服务平台	深圳津梁创业信息咨询有限公司	通过
238	CYZZ20150618111257744	双高清执法记录仪的研发	深圳警圣技术股份有限公司	通过
239	GRCK20160415092013576	Pay Watch 移动支付智能手表	深圳开放创新科技有限公司	通过
240	GRCK20160415094202250	3D 打印笔	深圳开放创新科技有限公司	通过
241	GRCK20160415092149122	智能自行车把立	深圳开放创新科技有限公司	通过
242	CKFW20150821205732784	深圳开放创新实验室（国际微观装配实验室创客空间）	深圳开放创新科技有限公司	通过
243	GRCK20160415100204412	手机 VR 分享社交平台	深圳开放创新科技有限公司	通过
244	GRCK20160415093747436	Jogger	深圳开放创新科技有限公司	通过
245	GRCK20160415091411619	魔法水果英语	深圳开放创新科技有限公司	通过
246	GRCK20160415095125287	四轴无人机	深圳开放创新科技有限公司	通过
247	JSGG20150330170328716	重 20150052：超高频血管内超声成像系统研发	深圳开立生物医疗科技股份有限公司	通过
248	CYZZ20150731142330048	臭氧高级氧化旋流溶气气浮一体污水深度处理技术研发	深圳科力迩科技有限公司	通过
249	CKCY20160428144406931	磁颗粒增强免疫透射比浊法检测试剂的构建	深圳蓝韵生物技术有限公司	通过
250	CKCY20160829152041402	DL-100 真彩扫描软件	深圳朗呈医疗科技有限公司	通过
251	GJHS20140617110312232	符合地面数字电视国标的一体化移动演播直播发射机	深圳力合视达科技有限公司	通过
252	CXZZ20150401154228661	普 20150017：全彩色超高清小间距 LED 显示技术研发	深圳利亚德光电有限公司	通过
253	CKCY20160829162502815	基于 RGBD 相机的机器人自主导航模块的研发及产业化	深圳灵喵机器人技术有限公司	通过
254	JSGG20150813151238606	重 20150177：大型智能高真空压铸单元关键技术研发	深圳领威科技有限公司	通过
255	CKCY20160825092203636	新型冠脉介入手术用栓塞保护装置	深圳迈德科技有限公司	通过

续表

序号	项目编号	项目名称	项目承担单位	验收结论
256	CKCY20160829172210965	餐饮服务机器人研究及应用	深圳曼尼餐厅机器人有限公司	通过
257	CKCY20160428162121417	77GHz 雷达射频芯片	深圳密卡思科技有限公司	通过
258	CYZZ20150427101239042	基于特征定位算法的新一代智能光学检测系统（AOI）的研发及产业化	深圳明锐理想科技有限公司	通过
259	CKCY20160429113421278	基于 HTML5 的社交媒体营销云平台	深圳拇指部落科技有限公司	通过
260	CYZZ20150410110204059	高效率组合式二氧化氯发生器的研发	深圳欧泰华工程设备有限公司	通过
261	CXZZ20150930140935810	普 20150451：智能 3D 儿童益智教育云平台研发	深圳品网科技有限公司	通过
262	CKCY20160829193057592	一体化精细陶瓷 3D 打印机及其适配陶瓷及生物材料的开发	深圳奇遇科技有限公司	通过
263	CYZZ20150625144842681	基于 BCP 技术的移动传输方案研发	深圳岂凡网络有限公司	通过
264	GRCK20160415105000137	低成本高光效车载抬头显示系统研发	深圳前海力合英诺孵化器有限公司	通过
265	GRCK20160415103653709	一种具有蓝牙通信功能的健康坐垫	深圳前海力合英诺孵化器有限公司	通过
266	GRCK20160829164506453	一种冷电池的创新研发	深圳前海力合英诺孵化器有限公司	通过
267	CKCY20160829150513672	高效智能检测显示面板系统的研发	深圳前海骁客影像科技设计有限公司	通过
268	CYZZ20160526140042472	互联网 + 管道产业信息服务运营平台的研发与应用	深圳前海优管信息技术有限公司	通过
269	CKCY20160429173946794	基于 MetaTrader 4 的上下游衍生软件系统的开发	深圳前海中金都会科技有限公司	通过
270	CKCY20160829101948088	个人探索水下机器人的研发	深圳潜水侠创新动力科技有限公司	通过
271	JSGG20150512162029307	重 20150065：高速高精度模数转换器（ADC）芯片关键技术研发	深圳清华大学研究院	通过
272	JCYJ20150402103811551	多维结构 Cu-Ti-O 纳米管阵列的可控制备与性能研究	深圳清华大学研究院	通过
273	CXZZ20150928165834560	普 20150461：基于高速无线传输的多媒体终端研发	深圳清华大学研究院	通过
274	JCYJ20151030160526024	基 20150105：骨科精准康复医学研究	深圳清华大学研究院	通过
275	CXZZ20140421112021913	中草药组学图谱构建、研究与深度应用（一期启动）	深圳清华大学研究院	通过
276	CXZZ20150427140532370	普 20150230：通信机柜节能关键技术的研发	深圳日海通讯技术股份有限公司	通过
277	CKCY20160429090543459	基于智能通气与云计算技术的呼吸健康管理系统的研发	深圳融昕医疗科技有限公司	通过
278	CKCY20160823140553395	反欺诈风险管理云平台	深圳瑞赛网络科技有限公司	通过
279	CKCY20160427154643195	赛斯鹏芯流式免疫发光分析仪	深圳赛斯鹏芯生物技术有限公司	通过
280	CYZZ20150731111314986	基于 Zigbee 和低频唤醒的仓储用声光定位系统技术研发	深圳山脊技术有限公司	通过
281	CKCY20160823142615293	全自动居民身份证自助领证机	深圳神盾卫民警用设备有限公司	通过
282	CYZZ20150427153542026	一种化学发光法生物毒性水质在线监测仪	深圳世绘林科技有限公司	通过

续表

序号	项目编号	项目名称	项目承担单位	验收结论
283	CYZZ20150430091814401	基于云计算、物联网技术构建智慧社区居家养老服务系统	深圳市阿尔艾富信息技术股份有限公司	通过
284	CYZZ20150821155110764	基于焊点识别图像处理技术的自动激光软钎焊装备	深圳市艾尔摩迪精密科技有限公司	通过
285	CYZZ20140813095622096	低剂量数字化乳腺 X 线 3D 成像及诊断系统	深圳市安健医疗设备有限公司	通过
286	CYZZ20150828094728495	基于云服务模式的幼教安全管理系统研发	深圳市安捷视讯电子科技有限公司	通过
287	CYZZ20150602111229870	汽车级高精密智能多彩聚光环微型步进电机的开发	深圳市安进汽车电子有限公司	通过
288	CKCY20160429160003067	线路板四线式通用型低阻测试设备研发	深圳市奥高德科技有限公司	通过
289	CYZZ20150825153553026	一种基于移动互联网的分布式私有云设备	深圳市奥谷奇技术有限公司	通过
290	CXZZ20150730145112673	普 20150423：高危流体装卸机器人关键技术研发	深圳市奥图威尔科技有限公司	通过
291	FWCX20150330153012450	新能源汽车用锂电池系统检测认证服务	深圳市巴伦技术股份有限公司	通过
292	JSGG20160608112246943	重 20160528： 高温原油储罐内壁高性能防腐材料研制	深圳市百安百科技有限公司	通过
293	CXZZ20150430143039526	普 20150156：基于 PCB 设计文件智能检查与工程优化自动化的技术研发	深圳市百能信息技术有限公司	通过
294	CXZZ20151117151531567	普 20150284：温室气体在线监测系统技术研发	深圳市柏特瑞电子有限公司	通过
295	JCYJ20150403105513694	新型多重荧光探针法检测 B 族链球菌血清型的应用研究	深圳市宝安区妇幼保健院	通过
296	JCYJ20150403105513704	早产儿脐带血维生素 D 水平与婴儿期生长发育关系的研究	深圳市宝安区妇幼保健院	通过
297	JCYJ20150402155418386	miR-141 通过调控 EphA2 抑制神经胶质瘤血管生成拟态的形成	深圳市宝安区石岩人民医院	通过
298	JCYJ20150331102453903	替莫唑胺化疗耐药干预的分子靶标研究	深圳市宝安区西乡预防保健所	通过
299	JCYJ20150402142435083	无偿献血招募创新模式的实践与效果评估	深圳市宝安区中心血站	通过
300	CXZZ20150730104923158	普 20150424：自动对位真空贴合系统关键技术研发	深圳市宝德自动化精密设备有限公司	通过
301	CYZZ20150630143624064	基于互联网 + 的智能监护仪的研究与开发	深圳市保身欣科技电子有限公司	通过
302	CYZZ20150819154759967	巡航卫士车辆位置服务平台	深圳市北斗时空科技有限公司	通过
303	CYZZ20150610164133838	基于消防安全的三维空间温度分布监测技术研发	深圳市贝莱光电科技有限公司	通过
304	KQCX20150327140756370	锂离子电池高容量纳米硅 / 石墨烯复合负极材料的研发及产业化	深圳市贝特瑞新能源材料股份有限公司	通过
305	CYZZ20150831142145756	基于物联网的 DSP+FPGA 并行处理智能钞票鉴别仪	深圳市倍量科技有限公司	通过
306	CKKJ20150915173633855	比特咖啡创客空间	深圳市比特文化科技有限公司	通过
307	CYZZ20160315091626284	基于云计算的分子光谱分析系统	深圳市比特原子科技有限公司	通过
308	JSGG20150601170456182	重 20150117：城市水环境面源污染控制关键技术研发	深圳市碧园环保技术有限公司	通过

续表

序号	项目编号	项目名称	项目承担单位	验收结论
309	CXZZ20150723155500908	普 20150420：多工位精密钻铣设备关键技术研发	深圳市标特福精密机械电子有限公司	通过
310	CYZZ20150831160459349	车载一体化高清视频显示系统的研发	深圳市标威电子有限公司	通过
311	CXZZ20150504161057526	普 20150132：高频高速电子线路板技术研发	深圳市博敏兴电子有限公司	通过
312	CKCY20160429100916642	用于注塑的可控金属表面纳米孔成型技术的研发	深圳市步莱恩科技有限公司	通过
313	CXZZ20150430162847495	普 20150197：木酚素和亚麻多糖提取技术研发	深圳市诚致生物开发有限公司	通过
314	CKCY20160428110609527	基于计算机虚拟现实技术的互动显示箱的研发	深圳市传呈科技有限公司	通过
315	GRCK20160415095448492	悬浮语音智能遥控器	深圳市创赛平台创业服务有限公司	通过
316	GRCK20160829183738792	普及型智能马桶盖	深圳市创赛平台创业服务有限公司	通过
317	FWCX20150803100127341	国际创新资源引进与服务平台	深圳市创新驿站科技有限公司	通过
318	CXZZ20150527155200593	普 20150283：工业有机废气在线监控及预警系统技术研发	深圳市达英和自动化工程有限公司	通过
319	GRCK20160415150657454	网络麦克风	深圳市大典创新供应链有限公司	通过
320	CKKJ20150821203651204	深圳国际生物谷 · 海洋生物产业园创客空间	深圳市大鹏新区投资控股有限公司	通过
321	CXZZ20150504110025995	普 20150237：全自动太阳能电池片串焊柔性生产线的研发	深圳市大族能联新能源科技股份有限公司	通过
322	CKCY20160829110914568	雨生红球藻工业化养殖系统	深圳市德和生物科技有限公司	通过
323	CYZZ20150831170225459	新型离并网混合光伏发电储能系统	深圳市德兰明海科技有限公司	通过
324	CXZZ20140826163906370	超高深度测序检测微量突变技术在肿瘤无创筛查中的应用	深圳市第二人民医院	通过
325	SGLH20150216172854731	多模态成像超声平台研发及其在甲状腺上的应用	深圳市第二人民医院	通过
326	JCYJ20150330102720164	子宫内膜癌筛查方法的研究	深圳市第二人民医院	通过
327	CXZZ20151009102246360	普 20150437：多种技术联合检测肿瘤突变基因的研发	深圳市第二人民医院	通过
328	JCYJ20150330102720119	微小核糖核苷酸在心肌缺血再灌注损伤的影响及可能机制	深圳市第二人民医院	通过
329	JCYJ20150330102401094	外来体在多发性骨髓瘤细胞与 NK 细胞相互作用中地位的研究	深圳市第二人民医院	通过
330	JCYJ20150330102401089	镜像治疗对不同时期脑卒中运动性失语语言及认识功能影响的 fMRI 研究	深圳市第二人民医院	通过
331	JCYJ20150330102720175	P 物质在骨质疏松发病机制中的作用	深圳市第二人民医院	通过
332	JCYJ20150330102720179	长效纳米银涂层导管抗菌性能的研究	深圳市第二人民医院	通过
333	JCYJ20150402111430616	定向蛇形穿刺骨锥的研制及用于椎体成形术的实验和应用研究	深圳市第三人民医院	通过
334	JCYJ20150402111430623	儿童重症手足口病患者宿主全转录组相关易感因子研究	深圳市第三人民医院	通过
335	CXZZ20140814142212956	往复逆推式垃圾焚烧炉研发项目	深圳市鼎铸环保技术有限公司	通过

续表

序号	项目编号	项目名称	项目承担单位	验收结论
336	JSKF20150828173756275	市政污水深度处理技术研发	深圳市东方祺胜实业有限公司	通过
337	CKCY20160429111015719	虚拟现实和增强现实社交软件及系统的研发	深圳市豆娱科技有限公司	通过
338	SGLH20150213140604619	用于 miRNA 分析的先进便携式 SPR 检测平台关键技术研发	深圳市恩普电子技术有限公司	通过
339	JCYJ20150403100317073	特发性矮身材患儿数据库的构建及矮身材同源盒基因的定向筛查策略及优化	深圳市儿童医院	通过
340	CYZZ20150812170057341	基于室内空气环境监测检测的智能互联网终端	深圳市二中科技股份有限公司	通过
341	CKFW20150821173128329	科技园 FT 创咖互联网金融创客空间	深圳市菲特咖啡管理有限公司	通过
342	CKKJ20150821195109802	“蜂群”物联网创客空间	深圳市蜂群物联产业服务有限公司	通过
343	JCYJ20150416111234542	深圳市狂犬病流行病学分析与早期预警	深圳市福田区动物防疫监督所	通过
344	JCYJ20150402154553260	妊娠期糖尿病与妊娠期亚临床甲状腺功能减退的相关性研究	深圳市福田区妇幼保健院	通过
345	JCYJ20150402154553256	胎盘滋养层细胞 RIG-I-MAVS 信号通路异常活化对 HBV 宫内感染的作用研究	深圳市福田区妇幼保健院	通过
346	JCYJ20150402154553258	耐亚胺培南铜绿假单胞菌的耐药机制研究	深圳市福田区妇幼保健院	通过
347	JCYJ20150402090413006	基于高通量测序技术滋养细胞全基因组测序的子痫前期发病机制研究	深圳市妇幼保健院	通过
348	JSKF20150811112931275	家用智能健康新风系统的研究与应用	深圳市高科金信净化科技有限公司	通过
349	CXZZ20150430155610932	普 20150119：降噪型智能耳机技术研发	深圳市冠旭电子股份有限公司	通过
350	JSKF20150921102321056	新型燃油清净剂的研发	深圳市广昌达石油添加剂有限公司	通过
351	CYZZ20150831115059490	石墨烯新材料及应用研发	深圳市国创珈伟石墨烯科技有限公司	通过
352	JSGG20150915150040898	重 20150133：全自动特定蛋白分析仪研发	深圳市国赛生物技术有限公司	通过
353	CXZZ20150529171112140	普 20150001：可穿戴设备用触控显示模组技术研发	深圳市国显科技有限公司	通过
354	CYZZ20150401102949435	应用于电子打击乐器中激光传感器及其检测算法研究	深圳市海星王科技有限公司	通过
355	CXZZ20150728144526892	普 20150387：单分子测序技术及研发	深圳市瀚海基因生物科技有限公司	通过
356	CYZZ20150630095314345	基于 STN/TN 液晶显示原理的 LCD 显示驱动集成电路	深圳市航顺芯片技术研发有限公司	通过
357	CYZZ20150831110621865	高铁座椅驱动系统伺服电机组合研发	深圳市航天电机系统有限公司	通过
358	CXZZ20151015172437172	普 20150476：基于实时全景系统的高级辅助驾驶技术研发	深圳市豪恩汽车电子装备股份有限公司	通过
359	CYZZ20150827110914604	智能一体化 LED 应急照明控制技术的研究开发	深圳市皓璟照明科技有限公司	通过
360	GJHS20160324165758417	7MW 级风电变流器及控制系统产业化关键技术研发	深圳市禾望电气股份有限公司	通过
361	CXZZ20150401102708177	普 20150093：集散式光伏逆变系统技术研发	深圳市禾望电气股份有限公司	通过
362	CYZZ20160324152440866	大气污染恶臭天然植物液处理技术研究及应用	深圳市合众源环保科技有限公司	通过

续表

序号	项目编号	项目名称	项目承担单位	验收结论
363	CYDS20120607164229815	太阳能海水淡化	深圳市和平卧龙科技有限公司	通过
364	CYZZ20150831170518021	基于大数据趋势分析与预警的家庭健康管理系统	深圳市恒康泰医疗科技有限公司	通过
365	CYZZ20150827093232729	工业机器人运动控制和驱控一体化产品	深圳市恒科通机器人有限公司	通过
366	CKCY20160826090739210	2- 氮杂非金刚烷 -N- 氧自由基的开发和应用	深圳市宏辉浩医药科技有限公司	通过
367	CYZZ20160331105736763	车载船载移动卫星电视接收系统的关键技术研发	深圳市宏腾通电子有限公司	通过
368	CKCY20160822165958597	一种新型智能掘进机器人	深圳市鸿淏高科产业发展有限公司	通过
369	CYZZ20150827155002963	太阳能光伏发电系统 PV 阵列智能在线监测单元研发	深圳市华杰电气技术有限公司	通过
370	CXZZ20150529151632859	普 20150298：超宽频探地雷达三维成像技术开发	深圳市华儒科技有限公司	通过
371	CXZZ20150424113738307	普 20150140：北斗终端低功耗射频芯片及其模块研发	深圳市华信天线技术有限公司	通过
372	JCYJ20150831190958804	深圳城市植物群落净化 PM2.5 能力研究	深圳市环境监测中心站	通过
373	CYZZ20150831172643178	光伏电站集中运维管理平台开发	深圳市汇拓新邦科技有限公司	通过
374	CXZZ20150930120253716	普 20150442：冠心病无创治疗设备研发	深圳市慧康医疗器械有限公司	通过
375	CYZZ20150624145243525	基于车联网智能车载蓝牙系统的研究	深圳市极客空间科技有限公司	通过
376	CYZZ20150522092306953	支持 802.11ac 标准的高精度 WLAN 综合测试仪	深圳市极致汇仪科技有限公司	通过
377	JCYJ20140416150012350	细胞因子信号转导抑制因子 3 和白介素 -6 在脓毒血症大鼠肺中的表达及药物干预	深圳市急救中心	通过
378	JCYJ20150402142955532	深圳市急救医疗服务体系对严重创伤结局的影响研究	深圳市急救中心	通过
379	CKFW20150918172254723	创客产品工业设计及产业化服务平台	深圳市嘉兰图设计股份有限公司	通过
380	CYZZ20150831102533193	第四代实验室气流智能控制系统研发	深圳市甲骨文智慧实验室建设有限公司	通过
381	GJHS20140609101437921	一类抗心脑血管疾病的新型前体药物的开发研究	深圳市健元医药科技有限公司	通过
382	CYZZ20150828160718979	基于移动互联网的智慧综合交通出行平台的研发	深圳市交投科技有限公司	通过
383	CYZZ20150831163254334	撬装式机械蒸汽压缩废水处理系统	深圳市捷晶能源科技有限公司	通过
384	CXZZ20150813111154044	普 20150413：锂离子电池硅 - 碳复合负极材料研发	深圳市金润能源材料有限公司	通过
385	CYZZ20150715151704549	机器人无卤低烟环保垂直阻燃高柔性彩色排线	深圳市金泰科环保线缆有限公司	通过
386	FHQ20150529171844796	金新农生物产业创新孵化基地	深圳市金新农科技股份有限公司	通过
387	CXZZ20150814091820419	普 20150402：高闪火电压无硼系铝电解电容器电解液研发	深圳市金元电子技术有限公司	通过
388	CKCY20160829094605550	智慧安防移动交流应用平台关键技术的研发	深圳市九脉网络有限公司	通过
389	JSGG20160301164005425	重 20160091： 基于数据驱动的智能电视终端内容分发关键技术研发	深圳市九洲电器有限公司	通过

续表

序号	项目编号	项目名称	项目承担单位	验收结论
390	CKCY20160428115223509	新能源汽车智能充电生态圈建立	深圳市钜能科技有限公司	通过
391	CKCY20160429161929295	基于 DSP 技术车载无损音乐播放器以及音频处理器的研发	深圳市聚视音科技有限公司	通过
392	JSKF20150817163650538	高效节能监测云平台	深圳市康必达中创科技有限公司	通过
393	CXZZ20150811141814966	普 20150375：移动支付可信服务管理系统研发	深圳市康索特软件有限公司	通过
394	CKCY20160428162148538	基于物联网 RFID 技术的病患定位监护管理系统	深圳市康英科技有限公司	通过
395	CXZZ20150811140350809	普 20150417：抽油机节电智能变频器研发	深圳市康元电气技术有限公司	通过
396	CXZZ20150929164433857	普 20150453：4G 无线网络多径质量监测系统研发	深圳市科虹通信有限公司	通过
397	CYZZ20150831162814412	汇通影像质量管理系统	深圳市科联汇通科技有限公司	通过
398	JSGG20150508162540151	重 20150098：高性能动力电池组管理系统关键技术开发	深圳市科列技术股份有限公司	通过
399	CKCY20160429141101349	人工智能在步态云系统的应用及研究	深圳市科迈爱康科技有限公司	通过
400	CYZZ20150410115537504	基于神经网络技术的智能人脸识别系统的研发及产业化	深圳市科葩信息技术有限公司	通过
401	JSGG20150929155228404	重 20150199：基于工业控制总线的运动控制器的研发	深圳市雷赛智能控制股份有限公司	通过
402	CYZZ20150716101108174	一种低功耗待机控制器集成电路的研发	深圳市力生美半导体股份有限公司	通过
403	CYZZ20150804112257981	基于物联网技术的塑料饮料瓶智能回收机	深圳市利恩信息技术股份有限公司	通过
404	CXZZ20140512161651257	动力电池用高速自动化激光精密焊接设备研究开发	深圳市联赢激光股份有限公司	通过
405	CKCY20160429093906910	便携式智能无线通讯设备	深圳市两步路信息技术有限公司	通过
406	CYZZ20150331144353771	PROCHECK 新一代早期肾病检测试剂及试纸的研发	深圳市领治医学科技有限公司	通过
407	JCYJ20150402092653980	新型长链非编码 RNA BC002811 在胃癌中潜在的生物学功能及其分子机制研究	深圳市龙岗区第二人民医院	通过
408	JCYJ20150331095655740	术后抑郁症电休克治疗后 Tau 蛋白过度磷酸化的分子机制研究	深圳市龙岗区第五人民医院	通过
409	JCYJ20150402164314698	白头翁汤对溃疡性结肠炎患者 Treg/Th17 的影响	深圳市龙岗区人民医院	通过
410	JCYJ20150403091931189	介入法腔内留置侧孔导管联合药物灌注预防输卵管复通术后再闭塞的临床研究	深圳市龙岗中心医院	通过
411	JCYJ20150403091931198	PRAME 影响、调控骨肉瘤细胞周期及分化机制的研究	深圳市龙岗中心医院	通过
412	JCYJ20150403091931186	维生素 D 对调节性 B 细胞的影响及其在系统性红斑狼疮发病中的作用	深圳市龙岗中心医院	通过
413	JCYJ20150402162704224	登革热病毒 NS3 非结构蛋白单克隆抗体制备及快速诊断试剂研发	深圳市龙华区疾病预防控制中心	通过
414	CXZZ20140730164451016	深圳市新生儿眼病筛查防治体系的建立	深圳市龙华区中心医院	通过
415	JCYJ20150402140827350	肿瘤坏死因子 α 通过脂筏促人肝癌细胞侵袭作用的分子机制	深圳市龙华区中心医院	通过

续表

序号	项目编号	项目名称	项目承担单位	验收结论
416	JCYJ20150402140827345	肠道病毒（EV71）感染手足口病患儿外周血淋巴细胞 Fas-FasL 表达水平的研究	深圳市龙华区中心医院	通过
417	JCYJ20150402140827355	内镜下经口内入路咽旁间隙应用解剖研究	深圳市龙华区中心医院	通过
418	FHQ20150529175245062	深圳市泰华梧桐岛科技创新园（科技孵化器）	深圳市龙志投资发展有限公司	通过
419	JSGG20150529175127078	重 20150002：低温多晶硅（LTPS）液晶面板制造用掩模版关键技术研发	深圳市路维光电股份有限公司	通过
420	JCYJ20150407140144537	深圳市罗湖区大肠癌机会性筛查及早诊早治实践研究	深圳市罗湖区人民医院	通过
421	JCYJ20130402161226917	RNA 干扰阻断巨噬细胞集落刺激因子基因表达抑制子宫内膜异位症侵袭生长的研究	深圳市罗湖区人民医院	通过
422	JCYJ20150407140144540	纵向研究腹膜阴道成形术后人工阴道微生态状况	深圳市罗湖区人民医院	通过
423	JCYJ20150407140144534	提高肛周手术创面愈合质量的临床研究	深圳市罗湖区人民医院	通过
424	JCYJ20150407140144527	球囊扩张式冠脉支架置入术治疗症状性椎动脉起始部狭窄	深圳市罗湖区人民医院	通过
425	JCYJ20150402100915084	改良 PNF 技术配合龙氏手法在颈椎病（颈型）的临床研究	深圳市罗湖区中医院	通过
426	CYZZ20150703090959361	基于计算机虚拟现实技术的血管内介入手术综合平台	深圳市迈达思敏科技有限公司	通过
427	CYZZ20150624140835916	四轴联动全自动焊锡机器人研发	深圳市迈威测控技术有限公司	通过
428	CKCY20160429173549559	3D 影视播放系统及其 VR 设备的研发	深圳市麦讯软件科技有限公司	通过
429	JCYJ20150402151501944	“互联网 + 结核病”新型管理模式的建立与效果研究	深圳市慢性病防治中心	通过
430	JCYJ20150402151501945	维生素 D 及其代谢产物与肺癌的发生及转化医学相关性研究	深圳市慢性病防治中心	通过
431	CKCY20160429101401008	智能餐饮管理系统	深圳市每食如意智能科技有限公司	通过
432	CKCY20160429173947102	新一代绿色真空冻干技术应用	深圳市美夫人真空冻干技术有限公司	通过
433	CYZZ20150827155317432	“美丽加”在线美业平台	深圳市美丽加互联网有限公司	通过
434	CXZZ20150528163524249	普 20150166：面向电子商务的云安全认证系统研发	深圳市明唐通信有限公司	通过
435	JSGG20150507151331229	重 20150069：快速动态响应的离线式开关电源芯片关键技术研发	深圳市明微电子股份有限公司	通过
436	GJHS20140419150319632	动力锂电池隔膜隔热涂层研发及产业化应用	深圳市摩码科技有限公司	通过
437	CKCY20160428151529956	木光社交平台	深圳市木光科技有限公司	通过
438	GJHZ20150313165118007	高性能伺服电机及驱动开发	深圳市南方安华电子科技有限公司	通过
439	FWCX20150522155124343	构建“联盟 + 技术转移 + 创客”的创新生态服务链	深圳市南山科技事务所	通过
440	JCYJ20150402100128583	孕期抑郁与妊娠结局的前瞻性研究	深圳市南山区妇幼保健院	通过
441	JCYJ20140416095154396	生物样品中鹅膏肽类毒素特征代谢产物的筛选和鉴定研究	深圳市南山区疾病预防控制中心	通过

续表

序号	项目编号	项目名称	项目承担单位	验收结论
442	JCYJ20140416095154399	深圳市不同来源空肠弯曲菌遗传特征及耐药分析	深圳市南山区疾病预防控制中心	通过
443	JCYJ20150402152130178	rhBMP-2/CPC 与 PMMA 在骨质疏松绵羊腰椎融合手术中应用的实验研究	深圳市南山区人民医院	通过
444	JCYJ20150402152130164	以 Sphk1 为靶点观察水飞蓟宾对大鼠糖尿病心肌病自噬的作用及机制	深圳市南山区人民医院	通过
445	JCYJ20150403093555011	RNA 干扰技术下调 CCR7 表达对宫颈癌细胞的影响	深圳市南山区蛇口人民医院	通过
446	KQCY20150330154953771	下一代密码芯片安全检测专用设备 (PSCA) 研发	深圳市纽创信安科技开发有限公司	通过
447	CKCY20160829163045397	高效节能强光手电及其电池导电方法的研发	深圳市怒狐电子科技有限公司	通过
448	CYZZ20150529105747984	全自动新型电子玻璃表面化学处理设备	深圳市诺赛德精密科技有限公司	通过
449	CXZZ20150429172124917	普 20150181：基于 OBD 的车辆实时诊断及城市交通管理系统技术研发	深圳市欧克蓝科技有限公司	通过
450	CKCY20160829140707258	宽频谱太赫兹光谱仪的研发	深圳市鹏星光电科技有限公司	通过
451	CXZZ20150528093030953	普 20150311：复合钢结构件新型焊接设备关键技术的研发	深圳市鹏煜威科技有限公司	通过
452	CYZZ20150831110335318	汽车舒适性系统的研发	深圳市澎湃动力电子科技有限公司	通过
453	CKFW20150821154052675	深圳市显示产业创业生态圈创客服务平台	深圳市平板显示行业协会	通过
454	CYZZ20150911140929392	超声聚焦疼痛治疗系统	深圳市普罗医学股份有限公司	通过
455	CYZZ20150831104158256	基于物联网的餐厨废弃物综合处理及流程监控关键技术的研发	深圳市七星电气与智能化工程科技有限公司	通过
456	CYZZ20150826163537557	奇兔一键刷机系统工具研发	深圳市奇兔软件技术有限公司	通过
457	CYZZ20140819111019674	海上搜救终端示位器可行性研究报告	深圳市启航明科技有限公司	通过
458	CKKJ20150831140755096	深圳大学城创意园“创客 BOX”国际创客生态空间	深圳市千秋教育发展有限公司	通过
459	CKCY20160829110201978	以肠道菌群为靶标的活性饲料添加剂系列产品创制	深圳市前海金卓生物技术有限公司	通过
460	CKCY20160420103752214	基于动态分时电价的智慧城市充电桩管家系统	深圳市前海英米迪特科技有限责任公司	通过
461	JSKF20150924155416186	利用脱硫石膏生产抹灰石膏的方法及其设备的研究	深圳市青青源科技有限公司	通过
462	CXZZ20151117150642379	普 20150489：混合电镀废水系统处理技术研发	深圳市清泉水业股份有限公司	通过
463	CKCY20170508092720065	一种分仓防水手机的研发	深圳市人彩科技有限公司	通过
464	JCYJ20150403101028191	骨桥蛋白（OPN）激活 NF-κB 通路参与 OA 发病的机制研究	深圳市人民医院	通过
465	JCYJ20150529112551484	基 20150002：小檗碱对阿尔茨海默症防治的机制研究	深圳市人民医院	通过
466	JCYJ20150403102020225	脂氧素通过 cAMP/cGMP 信号转导通路调节急性肺损伤中肺泡水肿液清除的作用研究	深圳市人民医院	通过

续表

序号	项目编号	项目名称	项目承担单位	验收结论
467	JCYJ20150403102020230	以护士为主导多学科参与的分组管理模式对血液透析患者护理质量影响的研究	深圳市人民医院	通过
468	JCYJ20150403101028171	GLP-1 对 AOPP 诱导妊娠滋养细胞损伤的影响及机制	深圳市人民医院	通过
469	JCYJ20150403102020224	MiRNA-146a 基因功能性 SNPs 与哮喘易感性的关联分析及生物学效应研究	深圳市人民医院	通过
470	JCYJ20150403101146282	不稳定型股骨转子间骨折稳定性的生物力学与三维有限元研究	深圳市人民医院	通过
471	JCYJ20150403101028199	深圳市凶险性前置胎盘诊治现状调查及优化容量复苏方案的研究	深圳市人民医院	通过
472	JCYJ20150403101146287	深圳地区金黄色葡萄球菌杀白细胞毒素检测及分子流行病学研究	深圳市人民医院	通过
473	JCYJ20140416122812030	三种机用镍钛根管锉成形能力、清洁能力和剩余牙体强度的比较研究	深圳市人民医院	通过
474	GJHZ20150316162329697	软体防毒帐篷在突发重大灾难中医疗防护应用的研究	深圳市人民医院	通过
475	JCYJ20150403101028195	TNFRSF10C 与 PPP2R5C 基因调控耐药 CML 细胞凋亡的相关性研究	深圳市人民医院	通过
476	JCYJ20150403101146305	血浆微粒在肺血栓栓塞症诊断中的临床意义	深圳市人民医院	通过
477	JCYJ20150403101028177	转录因子 SOX9 参与胃食管结合部腺癌对曲妥珠单抗耐药的机制研究	深圳市人民医院	通过
478	JCYJ20140416122811961	VEGF 和 Ang-1 对冻存人卵巢组织异种移植卵泡存活和血管重建的影响	深圳市人民医院	通过
479	JCYJ20150403101146307	基于遗传性纤维蛋白原异常家系致病基因的克隆鉴定及其功能研究	深圳市人民医院	通过
480	JCYJ20150403101146288	TRAF3 调控 NF-κB 通路促进 ARPKD 肾集合管上皮细胞抗凋亡的作用机制研究	深圳市人民医院	通过
481	JCYJ20150403101146277	基于核心家系的石骨症致病基因定位及功能分析	深圳市人民医院	通过
482	JCYJ20150403101146274	亲水性纤维含银敷料治疗压疮的安全性研究	深圳市人民医院	通过
483	JCYJ20150403102020229	RNA 干扰沉默 CA IX对人鼻咽癌细胞放射敏感性的影响	深圳市人民医院	通过
484	JCYJ20150403101146301	异常子宫内膜组织中 HABP1 和 CyclinA 的表达及对子宫内膜癌的生物学影响的研究	深圳市人民医院	通过
485	JCYJ20140416122811971	β- 受体拮抗剂对脓毒症心肌线粒体功能的影响	深圳市人民医院	通过
486	JCYJ20150403101028190	不同牙槽骨吸收状态下牵引钩长度对个性化舌侧矫治生物力学的影响研究	深圳市人民医院	通过
487	JCYJ20150403101146303	非瓣膜性房颤行左心耳封堵术对左心房结构重构和神经内分泌功能的影响	深圳市人民医院	通过
488	JCYJ20140416122811920	乳腺癌患者免疫细胞蛋白质组学及抑制乳腺癌种植及促凋亡研究	深圳市人民医院	通过
489	JCYJ20150403101028167	循环肿瘤细胞在卵巢癌中的意义及应用	深圳市人民医院	通过
490	JCYJ20150403101146272	镍钛合金网与带状肌在晚期声门癌切除喉功能重建中的研究	深圳市人民医院	通过

续表

序号	项目编号	项目名称	项目承担单位	验收结论
491	JCYJ20150403101028197	孤立性肺结节 3.0TMRI 形态学及功能学成像研究	深圳市人民医院	通过
492	JCYJ20150403101028162	VEGF 反义 RNA 抑制脑胶质瘤细胞生长的实验研究	深圳市人民医院	通过
493	JCYJ20150403101146299	脊髓水平 EphrinBs/EphBs 信号系统介导糖尿病神经病理性疼痛的作用及机制研究	深圳市人民医院	通过
494	JCYJ20150403101146280	乳腺癌磁共振功能成像与癌组织乏氧的相关性研究	深圳市人民医院	通过
495	JCYJ20150403101028161	早期肺腺癌全基因组甲基化差异分析、重要功能基因临床验证及机制研究	深圳市人民医院	通过
496	JCYJ20150403101028168	GYY4137 对骨质疏松作用效果的研究	深圳市人民医院	通过
497	JCYJ20140416122811914	胃癌浸润淋巴细胞受体深度测序及特性研究	深圳市人民医院	通过
498	JCYJ20150403101146271	血清 miR-21 及 HE4 检测在早期诊断子宫内膜癌中的应用研究	深圳市人民医院	通过
499	JCYJ20150403101028186	肾胺酶在肾性高血压临床治疗中的应用研究	深圳市人民医院	通过
500	CXZZ20151028095023267	普 20150487：天然蜂胶活性物质制备关键技术研发	深圳市荣格保健品有限公司	通过
501	CYZZ20150428150459667	基于云计算的资源全息运营管控平台	深圳市软数科技有限公司	通过
502	CYZZ20150831155712943	基于镜面偏光技术和近场通讯技术的新媒体终端的研究	深圳市锐吉电子科技有限公司	通过
503	CYZZ20150831170835053	新能源汽车动力锂电安全防爆技术开发	深圳市瑞德丰精密制造有限公司	通过
504	CYZZ20150722145250923	无线远程可穿戴心电实时监护分析系统	深圳市瑞康宏业科技开发有限公司	通过
505	CXZZ20150814114743403	普 20150421：多功能大功率智能化气体保护焊机研发	深圳市瑞凌实业股份有限公司	通过
506	CKCY20160829142610556	基于高能分离满液式制冷的节能冷链技术研发	深圳市瑞思冷链有限公司	通过
507	CYZZ20150828114121229	节能环保型垂直花园绿化技术的研发与产业化	深圳市润和天泽城市立体生态科技有限公司	通过
508	CYZZ20150402165813974	面向航空遥感等系统中关键光学元件的柔性快抛技术及设备	深圳市润祥程科技有限公司	通过
509	CKKJ20150821101347673	深圳市赛格创业汇有限公司	深圳市赛格创业汇有限公司	通过
510	CXZZ20150331113005365	普 20150016：平面转换（IPS）显示屏用大视角漏光抑制偏光片技术研发	深圳市三利谱光电科技股份有限公司	通过
511	CYZZ20150831160223240	智能 WIFI 商业运营管理云平台项目研发	深圳市商道元信息技术有限公司	通过
512	CYZZ20150826102930385	基于机器视觉和机器人技术的智能柔性自动化（“软自动化”）生产装备	深圳市深立精机科技有限公司	通过
513	CKCY20160829140934160	激光在线测厚项目	深圳市神臂智能科技有限公司	通过
514	CYZZ20150831151557974	基于“互联网 +”的国学经典智慧教育课程体系研发	深圳市神尔科技股份有限公司	通过
515	CKKJ20150821161859194	深圳市艾卫德创客发展促进中心	深圳市生命科学与生物技术协会	通过
516	CKCY20160429093338032	抗食管癌光敏创新药的技术开发	深圳市声光动力生物医药科技有限公司	通过

续表

序号	项目编号	项目名称	项目承担单位	验收结论
517	CYZZ20150527143103093	一种用于环境信息监测的安全头盔	深圳市盛思维科技有限公司	通过
518	CYZZ20150710154434126	3D 宝狄英语云教育平台的研发及应用	深圳市世纪创意科技有限公司	通过
519	CKKJ20150918093425267	梧桐 - 思创创客空间	深圳市思创智慧科技有限公司	通过
520	JCYJ20150402094341903	纳米 t-PA 基因涂层支架的研制及其对犬冠脉支架血栓形成的预防作用	深圳市孙逸仙心血管医院	通过
521	JCYJ20150402094341900	双能量 CT 冠状动脉成像结合心肌灌注碘图评价非 ST 段抬高急性冠脉综合征	深圳市孙逸仙心血管医院	通过
522	JCYJ20150402094341896	远程缺血预处理对胸腔镜下微创体外循环手术的肺保护作用研究	深圳市孙逸仙心血管医院	通过
523	JSGG20160229114231872	重 20160063： 太赫兹三维全息成像关键技术研发	深圳市太赫兹科技创新研究院	通过
524	JCYJ20150629164441049	CTRP4 对骨丢失的调控作用及机制研究	深圳市太空科技南方研究院	通过
525	JCYJ20150629164441050	抗氧化剂木犀草素对模拟航天复合因素下生物节律的调节作用研究	深圳市太空科技南方研究院	通过
526	CKCY20160428165921789	智能聋哑人辅助发音与交流眼镜	深圳市钛格龙科技有限公司	通过
527	CYZZ20150630154621095	城市公交精准乘车系统研发	深圳市特维视科技有限公司	通过
528	CYZZ20150713170404143	预消化型全谷物婴幼儿营养米粉的设计创制及产业化示范	深圳市腾泰农业科技有限公司	通过
529	CXZZ20150529111255390	普 20150279：油烟油雾净化自清洁技术研发	深圳市天得一环境科技有限公司	通过
530	CYZZ20150424150830026	基于云计算的新型物联网智慧家庭系统应用技术研发	深圳市天和荣科技有限公司	通过
531	CYZZ20150827100244479	低功耗集成封装大功率 LED 产品研发	深圳市天添光电科技有限公司	通过
532	CYZZ20150807111901591	基于 linux 开放式控制系统的冲压机械手的研发及推广	深圳市同川科技有限公司	通过
533	GJHS20150915102222789	基于超材料的天线设计制备及应用研究	深圳市同洲电子股份有限公司	通过
534	CXZZ20140418150932460	基于数字电视数据挖掘的新一代电视电子商务系统平台	深圳市同洲电子股份有限公司	通过
535	CYZZ20150831153135287	基于“互联网 +”的户外活动 O2O 平台研发	深圳市驼铃科技有限公司	通过
536	CYZZ20160229171239425	流量分发营销平台的研发	深圳市万恒科技有限公司	通过
537	CXZZ20150529142029906	普 20150329：数据中心级 40G 多层以太网路由交换技术研发	深圳市万网博通科技有限公司	通过
538	CKKJ20150915181846875	旺田商务创业孵化基地	深圳市旺田商务秘书服务有限公司	通过
539	CKCY20160429103743321	面向机器人及智能设备的语音感知关键技术研究	深圳市微纳感知计算技术有限公司	通过
540	CYZZ20150410102904591	高免疫活性的鸡蛋黄复合保健饲料的中试生产及产业化	深圳市维德营养饲料有限公司	通过
541	KJYY20150430145348557	SF2015-15. 智能立体停车系统的应用示范	深圳市伟创自动化设备有限公司	通过
542	JSKF20150925104614572	动态冰浆储能系统关键技术研发	深圳市伟力低碳股份有限公司	通过
543	GRCK20160825145811927	虚拟现实人机交互输入设备研发	深圳市未来媒体技术研究院	通过

续表

序号	项目编号	项目名称	项目承担单位	验收结论
544	CKCY20160429143449284	未来天使人形智能家居机器人	深圳市未来天使机器人有限公司	通过
545	CYZZ20150827160341635	一种基于新型纳米二氧化钛技术的彩色反射隔热涂料的研究	深圳市文浩科技有限公司	通过
546	CYZZ20150529151330312	沃享 Cplus 信息化运营平台开发	深圳市沃享科技有限公司	通过
547	CKKJ20150821143401839	希格斯全球智造中心	深圳市希格斯众创科技有限公司	通过
548	CKFW20150916165725251	Coding 云端软件开发平台	深圳市希云科技有限公司	通过
549	CYZZ20150522093832749	多功能同步整流移动电源集成电路的研发	深圳市矽硕电子科技有限公司	通过
550	CKCY20160426100338201	带有自匹配功能的高效条码解码技术的研发	深圳市销邦锋度科技有限公司	通过
551	CYZZ20150511142226870	基于物联网云计算的药品流通信息化平台	深圳市欣诺泰电子有限公司	通过
552	CYZZ20150615153825759	锂离子二次电池专用球型四氧化三锰产业化项目	深圳市新昊青科技有限公司	通过
553	CXZZ20140509154250507	高精度和复杂形状的三维微型陶瓷零部件的研究开发	深圳市星迪伟业科技有限公司	通过
554	CKKJ20150821104402405	星河创客世界	深圳市星河产业投资发展集团有限公司	通过
555	CYZZ20170331170435098	基于大数据挖掘引擎和视频识别的社区服务机器人	深圳市兴创时代科技有限公司	通过
556	JSKF20150724164235135	不飞溅松香的清洁环保锡丝关键技术的研发	深圳市兴鸿泰锡业有限公司	通过
557	CKCY20160428161350618	基于互联网的 O2O 手机维修交易平台	深圳市修机一百科技有限公司	通过
558	CYZZ20150602151352495	“爱牙”口腔科 SaaS 管理系统	深圳市牙邦科技股份有限公司	通过
559	CXZZ20140416153554801	新一代 4 路并行 100Gbs 光发射接收核心器件	深圳市亚派光电器件有限公司	通过
560	CYZZ20150729100726502	锂钛氧镧包覆改性锰酸锂动力电池的研发	深圳市言九电子科技有限公司	通过
561	CXZZ20150529151451703	普 20150268：中药饮片染色掺假快速检测技术研发	深圳市药品检验研究院（深圳市医疗器械检测中心）	通过
562	JCYJ20140722104416530	六味补血胶囊药效物质基础研究及质量标准提高	深圳市药品检验研究院（深圳市医疗器械检测中心）	通过
563	JCYJ20130402144215893	两面针中药材物质基础研究及质量标准制定	深圳市药品检验研究院（深圳市医疗器械检测中心）	通过
564	CKCY20160829110724528	可用于癌症早期诊断的液相生物芯片检测仪器开发	深圳市液芯生物科技有限公司	通过
565	JSGG20151015161015297	重 20150205：互联网诊疗平台关键技术研究	深圳市医学信息中心	通过
566	JCYJ20150402160243506	深圳市医疗机构五权管理系统	深圳市医学信息中心	通过
567	JSGG20151030151743586	重 20150219：三维多源数据集成检测关键技术研发	深圳市易尚展示股份有限公司	通过
568	CYZZ20150708113906579	可穿戴式介导现实智能眼镜	深圳市易瞳科技有限公司	通过
569	GJHS20160330111353938	智能柔性制造与机器人系统及其应用示范	深圳市银星智能科技股份有限公司	通过
570	JSGG20150508140237229	重 20150077：基于云计算的 P2P 金融理财服务平台关键技术研究	深圳市赢时胜信息技术股份有限公司	通过

续表

序号	项目编号	项目名称	项目承担单位	验收结论
571	CYZZ20150402142025740	基于移动医疗的传感网络动态血压监测系统研发	深圳市永盟智能信息系统有限公司	通过
572	CYZZ20150730142158892	高性能全自动剥胶装备研发与产业化	深圳市永能机械有限公司	通过
573	CXZZ20150504143850901	普 20150152：信息技术服务资质管理支撑服务平台技术研发	深圳市永兴元科技股份有限公司	通过
574	CYZZ20150720092435595	远程无线传输自动感应监控相机	深圳市优威视讯科技有限公司	通过
575	CYZZ20150630141952361	恒流技术应用于区域管网水流监测系统	深圳市禹安节水科技有限公司	通过
576	CXZZ20150529145117078	普 20150015：40GHz 大功率同轴负载的研发	深圳市禹龙通电子有限公司	通过
577	CKCY20160428171333361	智能健康光电式运动心率精准监测关键技术研究	深圳市玉成创新科技有限公司	通过
578	JSGG20150814110853356	重 20150169：智能缓释微胶囊保鲜包装材料研发	深圳市裕同包装科技股份有限公司	通过
579	JSGG20150601144800885	重 20150087：基于车载环境下的无线接入车联网关键技术研究	深圳市元征科技股份有限公司	通过
580	CKCY20160429165725366	基于多机模块化控制的智能化高精度桌面机器人	深圳市越疆科技有限公司	通过
581	CYZZ20160429155931159	智能运动体感设备研发	深圳市云鼠科技开发有限公司	通过
582	JSGG20150930094602013	重 20150201：高性能伺服驱动系统关键技术的研发	深圳市正弦电气股份有限公司	通过
583	CXZZ20151117112347864	普 20150164：基于国密标准的金融数据安全集群加密服务平台研发	深圳市证通电子股份有限公司	通过
584	JCYJ20150403091305481	基于肠道共生菌展示特异性铅结合蛋白 PbrR691 用于铅中毒防治	深圳市职业病防治院	通过
585	JCYJ20150403091305482	临床急性中毒毒物快速确证检测平台的构建	深圳市职业病防治院	通过
586	JCYJ20150403091305483	肺保护性通气策略在大容量肺灌洗中的应用研究	深圳市职业病防治院	通过
587	JCYJ20150403091305480	“深圳——职业病爱肝家园”肝病防治工作的研究	深圳市职业病防治院	通过
588	JCYJ20150403091305486	职业病诊断参与者心理健康状况及影响因素研究	深圳市职业病防治院	通过
589	JCYJ20150403091305477	自我管理模式在尘肺患者康复过程中的应用及效果评价	深圳市职业病防治院	通过
590	JCYJ20150403091305474	基于 HSOPSC 调查的公立医院病人安全文化研究	深圳市职业病防治院	通过
591	JCYJ20150403091305478	尘肺病大容量肺灌洗前后肺功能的螺旋 CT 评价研究	深圳市职业病防治院	通过
592	GRCK20160829175519126	增强现实软件开发引擎 NginABC 的开发	深圳市智客空间科技有限公司	通过
593	CKKJ20150826115353884	智客空间	深圳市智客空间科技有限公司	通过
594	JSGG20150529143040234	重 20150138：基于建筑信息建模的综合监控及运维平台关键技术研究	深圳市智宇实业发展有限公司	通过
595	CXZZ20150504172000651	普 20150154：水面小目标三方联动雷达监控系统的技术研发	深圳市置辰海信科技有限公司	通过
596	CYZZ20150820164217217	基于 AUTO MESH 无线网状网的组网优化技术及示范应用	深圳市中创鑫和科技有限公司	通过

续表

序号	项目编号	项目名称	项目承担单位	验收结论
597	CKFW20150821201331582	海峡两岸青年创业基地（中芬设计中心）	深圳市中芬创意产业园投资发展有限公司	通过
598	CYZZ20150831104922428	基于 ZigBee 无线测距技术的智能定位矿灯	深圳市中孚能电气设备有限公司	通过
599	GJHS20120817104056898	广东省 LED 专利信息收集分析平台	深圳市中昊科技有限公司	通过
600	JSGG20160331144810549	重 20160408 千级无尘车间空气净化系统关键技术研发	深圳市中建南方环境股份有限公司	通过
601	JSGG20141017103353178	重 2014-125：健脾益肾丸治疗慢性肾衰竭的临床研究	深圳市中医院	通过
602	JCYJ20150401163247218	中医辨体调质对子宫内膜容受性不良不孕患者的研究分析	深圳市中医院	通过
603	JCYJ20140408153413105	基于辨证论治的中风病常用中成药适宜人群数学模型构建方法学示范性研究	深圳市中医院	通过
604	CKCY20160413104618367	远程医疗云平台的研发	深圳市众信医联科技有限公司	通过
605	CXZZ20150504111229370	普 20150245：多自由度点胶系统的研发	深圳市轴心自控技术有限公司	通过
606	CKCY20160429090335347	“学习小助手”移动互联网教学辅助系统	深圳市助学科技有限公司	通过
607	CYZZ20160418140554863	电子物料智能优选平台的开发与应用	深圳市壮壮优选技术股份有限公司	通过
608	JSGG20160429102212390	重 20160067： 面向自主卫星智能多制式终端设备研发	深圳特发东智科技有限公司	通过
609	KJYY20150911112954751	SF2015-03. 国产芯片的应用示范	深圳天珑无线科技有限公司	通过
610	CYZZ20150812163358528	高安全性网贷系统管理软件研发	深圳投哪金融服务有限公司	通过
611	CKCY20160425101537922	基于 PHP 技术 WEB 运营型互联网留学培训服务平台	深圳托您的福科技有限公司	通过
612	CXZZ20150925112242758	普 20150463：智能落锤式冲击试验机的研发	深圳万测试验设备有限公司	通过
613	JSGG20151030164240842	重 20150218：重点疾病领域仿制药一致性评价关键技术研究	深圳万乐药业有限公司	通过
614	CYZZ20150807154714419	四轴悬臂机器人在 3C 行业视觉柔性的研发	深圳威洛博机器人有限公司	通过
615	CYZZ20150624174034791	移动设备上的手游社区平台研发项目	深圳微米动力科技有限公司	通过
616	JCYJ20150630151329298	面向城市轨道交通 CBTC 系统的干扰检测方法研究	深圳无线电检测技术研究院	通过
617	CKFW20150821164135797	矽递创客开源硬件服务平台	深圳矽递科技股份有限公司	通过
618	JCYJ20150521094519494	SLM 多孔钛三维表面电化学沉积机制及关键技术研究	深圳先进技术研究院	通过
619	JCYJ20150630114942312	深圳高分辨率城市热岛空间变化检测与减缓技术研究	深圳先进技术研究院	通过
620	JCYJ20150831194835299	基于景观格局演化模拟的沿海滩涂区域生态修复技术研究	深圳先进技术研究院	通过
621	JCYJ20150401150223649	吡咯咪唑聚酰胺抑制程序性死亡受体 1 基因转录机制的研究	深圳先进技术研究院	通过
622	CXZZ20151015151249563	普 20150391：骨质疏松血清 miRNA 的早期诊断技术研发	深圳先进技术研究院	通过

续表

序号	项目编号	项目名称	项目承担单位	验收结论
623	KQCX20150331173541542	极地海域新型多糖胶材料的开发与细菌产胶生理学	深圳先进技术研究院	通过
624	JCYJ20150630114942279	低氧诱导因子调控类风湿关节炎的作用及分子机制的实验研究	深圳先进技术研究院	通过
625	JCYJ20150521144321007	玫瑰精油主要成分化合物的微生物合成	深圳先进技术研究院	通过
626	JCYJ20150521094519497	基于多组分多功能纳米颗粒簇的多模态生物医学影像技术用于癌症早期诊断研究	深圳先进技术研究院	通过
627	JCYJ20150630114942291	基于多特征融合和图结构自适应径向基函数的医学影像配准	深圳先进技术研究院	通过
628	JCYJ20150521094519490	污泥水热生物炭的开发与应用研究	深圳先进技术研究院	通过
629	JCYJ20160331193059332	基于氢结构调控的新型高温超导体研究	深圳先进技术研究院	通过
630	JCYJ20150401145529042	三维石墨烯 / 纳米金属硫化物复合材料的制备及储锂性能研究	深圳先进技术研究院	通过
631	JCYJ20150630114942307	贵金属 @ 二氧化钛精细纳米结构阵列用于环境污染物的高灵敏检测及光催化降解	深圳先进技术研究院	通过
632	SGLH20150213143207909	应用在眼镜制造行业的智能打磨抛光机器人系统的关键技术研究	深圳先进技术研究院	通过
633	JCYJ20150630114942288	靶向 TIGIT 打破 HBV 肝脏免疫耐受的机制研究	深圳先进技术研究院	通过
634	JCYJ20150521094519473	靶向炎症的多糖纳米载药及抗关节炎作用研究	深圳先进技术研究院	通过
635	KQCX20150331173541541	新型高效低毒环孢菌素类药物的研发	深圳先进技术研究院	通过
636	JCYJ20150630114942260	基于地理信息的智能视频大数据识别技术研究	深圳先进技术研究院	通过
637	JCYJ20150401145529036	人乳头瘤病毒治疗性疫苗及抗癌作用的研究	深圳先进技术研究院	通过
638	JCYJ20150521144320992	海洋细菌合成菌群降解石油污染物效率的影响因素分析	深圳先进技术研究院	通过
639	JCYJ20150401145529039	三维超声引导肝脏肿瘤消融手术辅助系统关键技术研究	深圳先进技术研究院	通过
640	JCYJ20150401145529035	金属和半导体复合纳米结构中的能量转移行为及其在光伏中的应用研究	深圳先进技术研究院	通过
641	JCYJ20150401150223641	高效率无毒低成本铜锌锡硫薄膜电池的关键问题研究	深圳先进技术研究院	通过
642	JCYJ20150401150223635	3D 打印关键技术：基于影像引导的可控渐变孔隙率多孔结构 3D 建模技术研究	深圳先进技术研究院	通过
643	JCYJ20150521094519472	靶向 TIGIT 打破 NK 细胞肿瘤免疫耐受的机制研究	深圳先进技术研究院	通过
644	KQCX20150401110350115	基于城市大数据的移动行为分析及智能交通应用研究	深圳先进技术研究院	通过
645	JCYJ20150630114942317	磁共振图像引导聚焦超声治疗中焦点定位关键问题研究	深圳先进技术研究院	通过
646	GJHS20150417103343323	新一代 X 射线光子计数探测器与基于碳纳米 X 射线发射源的 CT 系统研发	深圳先进技术研究院	通过
647	JCYJ20150630114942293	DcR3 通过调节 EMT 调控肿瘤转移的机制研究	深圳先进技术研究院	通过

续表

序号	项目编号	项目名称	项目承担单位	验收结论
648	JCYJ20150521144321005	用于易损斑块在体检测的高速血管内光声光谱成像系统	深圳先进技术研究院	通过
649	JCYJ20150630114942263	靶向 micro RNA-21 预防和治疗 1 型糖尿病的研究	深圳先进技术研究院	通过
650	JCYJ20150401145529008	基于颜色与深度信息深度融合的场景本征属性重建	深圳先进技术研究院	通过
651	JCYJ20150630114942316	面向穿戴式应用的新型无扰式连续血压测量方法研究	深圳先进技术研究院	通过
652	JCYJ20150401150223645	面向实时图像处理应用的三维堆叠存储器存取模式优化研究	深圳先进技术研究院	通过
653	JCYJ20150401145529049	基于内容的图像检索技术	深圳先进技术研究院	通过
654	KQCX20150331173541530	新型生物医用材料防治腹部粘连的临床前研究	深圳先进技术研究院	通过
655	KQCX20150331173541528	基于双外周连续血压信号的自适应中心动脉压重建算法及系统关键技术的研究	深圳先进技术研究院	通过
656	KQCX20150331173541533	非受控条件下人的身份与行为识别关键技术研究	深圳先进技术研究院	通过
657	JCYJ20150630114942313	面向百亿亿超级计算系统的算法级容错技术	深圳先进技术研究院	通过
658	JCYJ20150630114942298	基于立体复合导航及信息耦合的多 UAV 协作方法研究	深圳先进技术研究院	通过
659	JCYJ20150521094519487	磁共振空化成像与定量分析方法研究	深圳先进技术研究院	通过
660	KQCX20150331173541527	免疫炎症对骨折愈合的影响及机理研究	深圳先进技术研究院	通过
661	JCYJ20150401145529029	移动云环境中的数据安全去重研究	深圳先进技术研究院	通过
662	JCYJ20150630114942310	高清晰磁兼容脑成像 PET 探测器研究	深圳先进技术研究院	通过
663	JCYJ20150521144321010	载氢气微泡的超声可视化传递及其治疗心肌缺血再灌注损伤的研究	深圳先进技术研究院	通过
664	JCYJ20150521144321006	生物矿化细胞调控纳米级珍珠质的形成及其在珍珠涂层骨支架的应用研究	深圳先进技术研究院	通过
665	JCYJ20150630114942296	基于纤维素聚电解质和氧化石墨烯的有机 / 无机杂化复合纳滤膜的制备和应用研究	深圳先进技术研究院	通过
666	JCYJ20150630114942290	深圳地区典型医药行业排水生物毒性特征研究	深圳先进技术研究院	通过
667	JCYJ20150630114942295	基于广义圆柱分割的三维模型分析研究	深圳先进技术研究院	通过
668	JCYJ20150630114942268	近海区域污染物监测与污染源追踪的并行数值模拟算法	深圳先进技术研究院	通过
669	KQCX20150331173541534	小胶质细胞在大脑生理和病理条件下的功能跟踪和调控机制	深圳先进技术研究院	通过
670	JCYJ20150521094519482	基于高品质因子狭缝局域声场的流体传感器检测机理与关键技术研究	深圳先进技术研究院	通过
671	JCYJ20150630114942265	基于摩擦驱动的轮 / 履带变换机器人移动平台关键技术研究和样机研发	深圳先进技术研究院	通过
672	JCYJ20140901003939019	膀胱癌关键基因的定量生物学研究	深圳先进技术研究院	通过

续表

序号	项目编号	项目名称	项目承担单位	验收结论
673	JCYJ20150630114942315	基于模型降阶的快速模拟方法及其在航天航空中的应用	深圳先进技术研究院	通过
674	JSKF20150831171545604	酵母菌 -CT 纳米催化剂用于降解工业废水中芳烃类化合物的关键技术研发	深圳先进技术研究院	通过
675	JCYJ20150521094519463	基于磁共振影像的阿尔茨海默氏症辅助诊断与早期预测算法研究	深圳先进技术研究院	通过
676	JSGG20150602143353104	重 20150145：高压输电线路智能巡检仪关键技术研发	深圳先进技术研究院	通过
677	CKCY20160426105912746	XPOWER 系列智能电力系统	深圳相舆科技有限公司	通过
678	CKCY20160829161450775	一种基于指定分类系统的机电产品数据平台的研发	深圳小筑理信息技术有限公司	通过
679	CKCY20160428151453266	超小型区域触控指纹识别传感器的研发	深圳芯启航科技有限公司	通过
680	JSGG20160229164459515	重 20160103 进出口企业报检大数据监测与分析平台关键技术的研究	深圳信城通数码科技有限公司	通过
681	JSGG20151030140645655	重 20150217：新机制降血脂药物的技术开发	深圳信立泰药业股份有限公司	通过
682	GJHS20120627152540441	新型喹诺酮类抗感染药物西他沙星的重大工艺改进及临床研究	深圳信立泰药业股份有限公司	通过
683	JCYJ20150417094158019	基于光学辅助的高保真三维成像机理研究	深圳信息职业技术学院	通过
684	JCYJ20150417094158014	污水处理中溶解氧浓度调节的节能优化控制研究	深圳信息职业技术学院	通过
685	JCYJ20150417094158012	生物酶转化玉米秸秆构建吸油剂及后处置的研究	深圳信息职业技术学院	通过
686	JCYJ20150417094158016	五轴数控激光加工纹理映射技术的优化研究与应用	深圳信息职业技术学院	通过
687	JCYJ20150626102232416	海滨蓝藻逆境诱导胞外多糖的生理机制研究	深圳信息职业技术学院	通过
688	JCYJ20150417094158028	金属纤维多孔载体的微观结构特征分析与多尺度形貌协同设计研究	深圳信息职业技术学院	通过
689	JCYJ20150417094158018	OCT 鼻内镜成像系统的研制	深圳信息职业技术学院	通过
690	CKCY20160829191016516	关于新创客团体资金互助平台关键技术的研发	深圳言色文化艺术股份有限公司	通过
691	CXZZ20150327163508432	普 20150003: 基于下一代新型透明导电薄膜的触控面板技术开发	深圳业际光电有限公司	通过
692	CKCY20160829165449738	ctDNA 肿瘤超早期筛查技术	深圳因合生物科技有限公司	通过
693	CKCY20160428162532431	基于 MDM 的一站式移动终端管理云服务系统	深圳盈达信息科技有限公司	通过
694	CKCY20160829141416414	新型活动性结核早期筛查与诊断技术的研发和产业化	深圳优圣康医学检验实验室	通过
695	CKCY20160829173422271	无人机农业飞防整体解决方案研发与产业化	深圳雨燕智能科技服务有限公司	通过
696	CYZZ20150828152356370	一种新型滤光片切换器的关键技术研发	深圳誉品光电技术有限公司	通过
697	CKCY20160829163013107	面向工业的增强现实技术智能眼镜研发	深圳增强现实技术有限公司	通过
698	CKKJ20150821202506507	深圳众创工场创客空间	深圳长虹科技有限责任公司	通过

续表

序号	项目编号	项目名称	项目承担单位	验收结论
699	CYZZ20150826145402385	基于深圳市云公共服务平台的物流快递行业移动支付云平台	深圳支付界科技有限公司	通过
700	GRCK20160829094933322	量子计算攻击免疫的密码硬件系统	深圳职业技术学院	通过
701	JCYJ20150630114140642	基于计算机视觉的人体步态识别技术研究	深圳职业技术学院	通过
702	JCYJ20150630114140635	切削液有机废水深度处理关键技术的研究	深圳职业技术学院	通过
703	FHQ20141125172829038	深职院创客创业园	深圳职业技术学院	通过
704	JCYJ20150630114140628	基于 PMAC 的多轴联动开放式数控平台研究与开发	深圳职业技术学院	通过
705	JCYJ20160413164551682	基于事件驱动机制的含噪声复杂动态网络控制研究	深圳职业技术学院	通过
706	JCYJ20150630114140632	基于 AMPK 靶标的长裂苦苣菜改善 MS/IR 作用机制及化学成分研究	深圳职业技术学院	通过
707	JCYJ20130331152215198	基于 BIM 技术的绿色建筑设计应用研究	深圳职业技术学院	通过
708	JCYJ20150630114140637	生物滴滤塔处理有机硫恶臭气体关键技术研究	深圳职业技术学院	通过
709	GRCK20160826140330955	基于充电识别的智能充电线	深圳智造众创智能硬件孵化服务有限公司	通过
710	CKKJ20150916152644318	智造局	深圳智造众创智能硬件孵化服务有限公司	通过
711	GRCK20160829094327171	空间感知及智能控制平台	深圳智造众创智能硬件孵化服务有限公司	通过
712	GRCK20160826140153659	由人体坐姿计算健康度的控制电路及智能椅垫	深圳智造众创智能硬件孵化服务有限公司	通过
713	CXZZ20150402105414536	普 20150084：可生物降解绿色驻极体过滤材料研发	深圳中纺滤材科技有限公司	通过
714	GJHS20160331112843077	智能柔性制造与机器人系统及其应用示范	深圳中集天达空港设备有限公司	通过
715	GRCK20160414154717443	用于桌面机械臂的双镜头云台视觉系统	深圳中科创客学院有限公司	通过
716	CKCY20160429152122898	群防群治塔式管理系统研发及应用	深圳中科华通信息服务有限公司	通过
717	GJHS20140613142428060	红熊猫 NSCG 网络安全控制网关研发与应用	深圳竹云科技有限公司	通过
718	CKCY20160822094633556	香蕉抗性淀粉生产技术科技成果转化应用	天蕉健康食品（广东）有限公司	通过
719	JSGG20150330112112560	重 20150003：集成触控显示一体化关键技术研发	天马微电子股份有限公司	通过
720	CXZZ20150812101436513	普 20150407：医用硅凝胶伤口防粘敷料的研发	稳健医疗用品股份有限公司	通过
721	CXZZ20150529140240624	普 20150315：基于展馆业应用的移动端 APP 系统技术研发	沃利科技（深圳）有限公司	通过
722	JCYJ20150417142356654	纳米线材料太赫兹量子级联激光器输运特性建模与热特性研究	武汉大学深圳研究院	通过
723	JCYJ20150513162829635	基于粒子多群进化的群目标匹配检测与变形参数最优估计	武汉大学深圳研究院	通过
724	JCYJ20150422150029093	数字化喷墨设备色彩特性化关键问题研究	武汉大学深圳研究院	通过

续表

序号	项目编号	项目名称	项目承担单位	验收结论
725	JCYJ20150601102053061	基于微球磁泳效应之微核糖核酸分子检测技术	香港城市大学深圳研究院	通过
726	JCYJ20150416163041307	红树林湿地修复河口海岸土壤沉积物污染的机理与应用研究——以深圳湾红树林为例	香港城市大学深圳研究院	通过
727	JCYJ20150630140546704	高效减反射金属芯 p 型光电阴极的简便电化学制备	香港城市大学深圳研究院	通过
728	JCYJ20150601102053071	基于能源实时不匹配特性的零能耗建筑系统优化核心问题研究	香港城市大学深圳研究院	通过
729	JCYJ20150601102053060	可用于高效光解水的石墨相氮化碳的研究	香港城市大学深圳研究院	通过
730	JCYJ20150601102053067	仿生催化氧化水和烷烃的高效绿色体系研究	香港城市大学深圳研究院	通过
731	JCYJ20150601102053070	微流控芯片技术用于模拟体内培养的肺癌单细胞表达谱分析	香港城市大学深圳研究院	通过
732	JCYJ20150630140546712	基于泛拉盖尔 - 沃特拉模型的高性能可重构大脑海马体认知神经假肢电路系统架构	香港城市大学深圳研究院	通过
733	JCYJ20150601102053069	梯度结构不锈钢丝的高强韧性与相变特征研究	香港城市大学深圳研究院	通过
734	JCYJ20150629151046879	过渡金属催化重氮化合物串联反应构建多取代杂环化合物	香港大学深圳研究院	通过
735	JCYJ20150629151046885	软体机器人设计控制与系统集成的研究	香港大学深圳研究院	通过
736	JCYJ20150629151046876	甘草酸减少缺血性脑卒中延时溶栓治疗过程中引起的血脑屏障破坏与出血转化	香港大学深圳研究院	通过
737	JCYJ20150629151046896	细菌激活免疫干预乳腺癌的机理与优化	香港大学深圳研究院	通过
738	JCYJ20150629151046877	具有弹性的电力系统自愈体系设计	香港大学深圳研究院	通过
739	JCYJ20150630164505505	骨质疏松症增龄性成骨能力下降的分子机制：破骨细胞来源的 miR-214 对成骨细胞活性的影响	香港浸会大学深圳研究院	通过
740	JCYJ20150630115257892	面向互联网关键链路的随机化动态安全监控技术研究	香港理工大学深圳研究院	通过
741	JCYJ20150630115257900	齐墩果酸及其天然衍生物作为自噬诱导剂用于帕金森病治疗的分子机理研究	香港理工大学深圳研究院	通过
742	JCYJ20150630115257902	用于超精密车削加工的 6 自由度刀架及加工路径设计	香港理工大学深圳研究院	通过
743	JCYJ20150630115257899	微藻生物质全制备生物燃料研究	香港理工大学深圳研究院	通过
744	JCYJ20150630165236956	自噬溶酶体系统在非酒精性脂肪肝中的分子机制及靶向治疗研究	香港中文大学深圳研究院	通过
745	CXZZ20140606164105361	单侧唇腭裂手术疗效计算机仿真的关键技术开发	香港中文大学深圳研究院	通过
746	JCYJ20150630165236954	应用 CRISPR-Cas9 噬菌体介导的基因剪切技术靶向治疗超毒艰难梭菌感染	香港中文大学深圳研究院	通过
747	JCYJ20150630165236963	宫颈癌高危型 HPV E7 基因对 microRNA-182 的调控的研究	香港中文大学深圳研究院	通过
748	JCYJ20150630165236960	Mir-21 调控间充质干细胞成骨 / 软骨分化的机制及应用研究	香港中文大学深圳研究院	通过
749	KQCX20130628164008004	Algebraic Fabric 交换引擎关键技术及实现	香港中文大学深圳研究院	通过

续表

序号	项目编号	项目名称	项目承担单位	验收结论
750	CXZZ20150430094314745	普 20150130：高性能多通道选择光开关技术研发	新富生光电（深圳）有限公司	通过
751	JSGG20160325104749293	重 20160316： 用于植物生长的全光谱 LED 光源模组研发	旭宇光电（深圳）股份有限公司	通过
752	KJYY20150911114009095	SF2015-23. 基于国产 CPU 工业控制计算机的应用示范	研祥智能科技股份有限公司	通过
753	GJHS20160324152831633	信息安全监控与防护平台研发以及在电子政务中的应用	研祥智能科技股份有限公司	通过
754	GJHS20160324153006761	面向高端装备应用的 VPX 高级计算平台研发	研祥智能科技股份有限公司	通过
755	CXZZ20150331165855724	普 20150035：基于可信计算的移动安全支付技术研发	宇龙计算机通信科技 (深圳) 有限公司	通过
756	CKCY20160829161941396	基于深紫外 LED 健康芯片的研发	圆融健康科技（深圳）有限公司	通过
757	CKCY20160829190613914	深紫外细菌疾病治疗仪	圆融医疗设备（深圳）有限公司	通过
758	CKCY20160429170538695	虚拟现实视频的网络分发引擎项目技术开发	战国科技（深圳）有限公司	通过
759	JSGG20150601163601323	重 20150142：高压电缆综合在线监测系统研发	长园深瑞继保自动化有限公司	通过
760	KQCX20150327145639857	先进核燃料新型定位格架方案设计研究	中广核研究院有限公司	通过
761	GJHS20160325094442386	集装箱供应链服务平台研发与应用	中国国际海运集装箱（集团）股份有限公司	通过
762	KYPT20121228160843692	先进电子封装材料创新团队	中国科学院深圳先进技术研究院	通过
763	KQCX20150331104643021	玉米小 RNA 人工表达技术及其在分子育种中的应用	中国农业科学院深圳农业基因组研究所	通过
764	JCYJ20150630165133393	GPS-seq 技术的开发及其在水稻功能获得性突变体库中的应用	中国农业科学院深圳农业基因组研究所	通过
765	JCYJ20150630165133402	水稻穗型基因 GHD10 的群体分布特征及应用研究	中国农业科学院深圳农业基因组研究所	通过
766	JCYJ20150630165133403	水稻 MAGIC 群体氮高效利用和耐低氮遗传重叠分析与优异基因发掘	中国农业科学院深圳农业基因组研究所	通过
767	JCYJ20150630165133401	玉米谷氨酰胺合成酶控制种子数量和大小的分子遗传调控机制研究	中国农业科学院深圳农业基因组研究所	通过
768	JCYJ20150630165133395	血根碱对鸡肠道宏基因组的作用研究	中国农业科学院深圳农业基因组研究所	通过
769	JSGG20150930115037107	重 20150196：基于 ARM 的国产处理器的行业应用终端关键技术研发	中国长城科技集团股份有限公司	通过
770	CXZZ20150327172141870	普 20150095：液化天然气储运环节紧凑型液化设备的研发	中科力函（深圳）热声技术有限公司	通过
771	JCYJ20140506150310437	脉冲功率技术开采海底富钴结壳的理论与试验研究	中南大学深圳研究院	通过
772	JCYJ20150402145016009	变应性鼻炎与喉及嗓音障碍的相关性研究	中山大学附属第八医院（深圳福田）	通过
773	JCYJ20150402145016005	假性湿疣样高危 HPV 感染的致病性研究	中山大学附属第八医院（深圳福田）	通过
774	JCYJ20150402145016012	MSC 生物学改变在骨质疏松性脊柱退变过程中的遗传与表观遗传机制研究	中山大学附属第八医院（深圳福田）	通过

续表

序号	项目编号	项目名称	项目承担单位	验收结论
775	JCYJ20150402145016008	NFATc1 调控 MSCs 在细胞外基质水凝胶微环境向髓核细胞分化的表观遗传学机制	中山大学附属第八医院（深圳福田）	通过
776	JCYJ20150402145016000	TRAF6 通过调控成纤维样滑膜细胞增殖、迁移和软骨 / 骨侵蚀能力对类风湿关节炎软骨 / 骨破坏的影响	中山大学附属第八医院（深圳福田）	通过
777	JCYJ20150402145016001	血小板膜糖蛋白 Ibα 对维持性血液透析患者动静脉内瘘和心血管系统血栓形成的调控作用	中山大学附属第八医院（深圳福田）	通过
778	JCYJ20150402145015991	可溶性环氧化水解酶抑制剂防治缺血性脑卒中的作用与机制	中山大学附属第八医院（深圳福田）	通过
779	JSGG20150512153735417	重 20150080：基于室内定位及可穿戴设备的健康监护系统关键技术研究	中山大学深圳研究院	通过
780	JCYJ20150624165943509	深圳湾红树林优势种群动态及其对海岸环境的反馈	中山大学深圳研究院	通过
781	JCYJ20150403151851068	基于 iPS 细胞技术的 Alzheimer 病特异细胞模型的建立	中山大学深圳研究院	通过
782	ZDSYS20150430104540698	深圳市药物依赖与安全用药重点实验室	深圳北京大学香港科技大学医学中心	通过
783	ZDSYS20150703155010595	深圳市天线与电波重点实验室	深圳大学	通过
784	CKSJS20150930112331052	深圳技师学院 - 嵌入式创客实践室	深圳技师学院	通过
785	ZDSYS20150430172217432	深圳市基因重编程技术重点实验室	深圳市第二人民医院	通过
786	GCZX20150430172817057	深圳市驯化器官医学工程技术研究开发中心	深圳市第二人民医院	通过
787	GCZX20150504112255635	深圳市脑损伤与修复医学工程技术研究开发中心	深圳市第二人民医院	通过
788	ZDSYS20150430153405747	深圳市病原微生物与免疫学重点实验室	深圳市第三人民医院	通过
789	ZDSYS20150430153405748	深圳市生物芯片研究重点实验室	深圳市第三人民医院	通过
790	GCZX20150430153405746	深圳市结核病研究工程技术研究开发中心	深圳市第三人民医院	通过
791	ZDSYS20150430153405745	深圳市肝胆疾病研究重点实验室	深圳市第三人民医院	通过
792	GCZX20150602112614729	载 20150001：深圳市精神医学工程技术研究开发中心	深圳市康宁医院	通过
793	ZDSYS20150430161623417	深圳市肾脏疾病研究重点实验室	深圳市人民医院	通过
794	GCZX20150430161654481	深圳市心血管微创医学工程技术研究开发中心	深圳市人民医院	通过
795	GCZX20150430161654482	深圳市麻醉医学工程技术研究开发中心	深圳市人民医院	通过
796	ZDSYS20150430161623418	深圳市呼吸疾病研究重点实验室	深圳市人民医院	通过
797	GCZX20150430161654483	深圳市泌尿外科微创医学工程技术研究开发中心	深圳市人民医院	通过
798	CKKJ20150918141619724	星河博文创客空间	深圳市星河博文创新创业创投研究院有限公司	通过
799	ZDSYS20140509155229806	组建深圳市海洋生物多样性可持续利用重点实验室	香港城市大学深圳研究院	通过
800	JSGG20160229124653670	重 20160209 基于 100Gbps 和 400Gbps 超高速发射器用微光学模块关键技术研发	北极光电（深圳）有限公司	复议

续表

序号	项目编号	项目名称	项目承担单位	验收结论
801	JCYJ20150529095551499	基 20150034：建筑高效日光采集系统研究	北京大学深圳研究生院	复议
802	JCYJ20150403091443279	国人 HBV 相关肝纤维化、肝硬化和小肝癌的磁共振成像研究	北京大学深圳医院	复议
803	GRCK20160829175826554	大视场虹膜识别手机光学镜头设计	北京理工大学深圳研究院	复议
804	CKCY20160829183820517	嗨 HaiBP 一商业计划书生成美化专家	创梦客科技（深圳）有限公司	复议
805	CXZZ20150525165208062	普 20150281：废酸蚀刻液梯级回收循环利用技术研发	东江环保股份有限公司	复议
806	CKCY20160427154702414	基于传感器网络的室内环境质量综合解决方案	风纹物联（深圳）技术有限公司	复议
807	GRCK20160406103337044	基于 FPGA 硬件加速的深度学习系统的研究	哈尔滨工业大学（深圳）	复议
808	GRCK20160406103413683	一种能有效降低米饭中重金属含量的家用电饭煲	哈尔滨工业大学（深圳）	复议
809	GRCK20160406101939513	利用三维重建和增强现实的虚拟购物体验	哈尔滨工业大学（深圳）	复议
810	JCYJ20150625142543449	扑翼式飞行器气动特性及控制方法研究	哈尔滨工业大学（深圳）	复议
811	JCYJ20150513151706576	一种柔性桁架张力腿漂浮式海上风机支撑结构水动力学研究	哈尔滨工业大学（深圳）	复议
812	KQCX20150324094653260	工程结构安全保障的压电功能器件研发及关键技术应用研究	哈尔滨工业大学深圳研究生院	复议
813	GRCK20160406100834336	低功率微小卫星电弧推进器	哈尔滨工业大学深圳研究生院	复议
814	KQCX20150324095012963	动态光网络时域混合光调制信号快速性能监测技术研究	哈尔滨工业大学深圳研究生院	复议
815	JCYJ20150403161923505	高性能双馈电机三电平四象限变频器的节能技术研究	哈尔滨工业大学深圳研究生院	复议
816	JCYJ20160427184645305	新型阵列式微纳米俘能器的能量收集特征及性能优化	哈尔滨工业大学深圳研究生院	复议
817	JCYJ20150513151706567	便携式云计算异构数据心电诊断系统	哈尔滨工业大学深圳研究生院	复议
818	JCYJ20150403161923536	模拟光合作用的 ZnIn2S4- 石墨烯 -BiVO4 Z 型催化剂降解有机污染物同时产氢的研究	哈尔滨工业大学深圳研究生院	复议
819	JSGG20150918161237023	重 20150178：卫星宽带通信路由调制解调器关键技术研究	华讯方舟科技有限公司	复议
820	CXZZ20150529141609187	普 20150328：基于多路由组网的低功耗无线智能家居控制系统技术研发	慧锐通智能科技股份有限公司	复议
821	CKCY20160829163814315	小微门店及商户营销管理公共服务平台	聚诚（深圳）网络科技有限公司	复议
822	CKCY20160812090149544	人工皮肤及高端医用敷料的研发及其产业化	孔雀团队依托单位	复议
823	CKCY20160829161747408	室内 TOF 三维激光雷达的研发	孔雀团队依托单位	复议
824	JCYJ20150630145302230	面向智能人体行为特征辨识的分布式二进制感知技术研究	南方科技大学	复议
825	GRCK20160331114924138	模块化无线供能传感系统的研发	南方科技大学	复议
826	GRCK20160412170058274	基于量子点的高稳定性紫外光检测设备	南方科技大学	复议

续表

序号	项目编号	项目名称	项目承担单位	验收结论
827	GRCK20160412171624777	环境组合型智能传感器	南方科技大学	复议
828	GRCK20160412170757209	人体可穿戴运动健康设备及 Unity 3D 平台应用开发	南方科技大学	复议
829	GRCK20160412164242411	半自动射击移动机器人	南方科技大学	复议
830	GRCK20160412165332990	石蜡 3D 打印机设计及其在熔模铸造工艺中的应用	南方科技大学	复议
831	GRCK20160829200957004	无铅热释电薄膜红外探测器	南方科技大学	复议
832	GRCK20160412163545177	低功耗数字 VOC 挥发性有机物气体传感器	南方科技大学	复议
833	GRCK20160412164211210	设计和制备 SERS 活性基底光学传感器	南方科技大学	复议
834	JCYJ20150630145302223	基于等离激元增强的宽色域显示用高光效量子点 LED 关键技术研究	南方科技大学	复议
835	GRCK20160829195523424	一种骨关节保健食品开发	南方科技大学	复议
836	GRCK20160829200225199	用于骨修复的纳米羟基磷灰石的制备	南方科技大学	复议
837	JCYJ20150529152146478	真核生物基因组转录调控元件的大规模功能性鉴定研究	南方科技大学	复议
838	KQCX20150331101823681	毫米波无损血糖检测仪的研发	南方科技大学	复议
839	GRCK20160829200708148	氟化石墨烯润滑材料的研发及小试	南方科技大学	复议
840	CKCY20160829101759324	Hard watch 智能手表设计与实现	前海核桃创意（深圳）科技有限公司	复议
841	JCYJ20150626095244634	关节软骨组织缺损修复用聚磷酸钙梯度生物陶瓷的研发	山东大学深圳研究院	复议
842	JCYJ20150403104645648	GADD45A 基因家族与卵巢癌分子分型及作用机制	山东大学深圳研究院	复议
843	JCYJ20150430160921949	基于天然产物（+）-deoxyfrenolicin 的抗真菌和抗病毒药物发现研究	山东大学深圳研究院	复议
844	JCYJ20150402105524048	间充质干细胞（MSCs）分化的胰岛素分泌细胞（IPCs）治疗糖尿病的应用基础研究	山东大学深圳研究院	复议
845	CXZZ20150430161339354	普 20150253：腹部肿瘤微创介入关键技术的研发	深圳安科高技术股份有限公司	复议
846	CXZZ20150504103335854	普 20150173：全景在线移动医疗图像处理技术研发	深圳安泰创新科技股份有限公司	复议
847	CKCY20160829173647848	一种新型的汽车智能盒子及车载智能交互系统	深圳车盒子科技有限公司	复议
848	CYZZ20160331101503973	手机全自动智能柔性装配线的关键技术研发	深圳橙子自动化有限公司	复议
849	KJYY20150828164915480	动态冰蓄冷及其节能控制技术在商用建筑中的应用示范	深圳达实智能股份有限公司	复议
850	JCYJ20150827101359276	深圳海域赤潮来源溶藻菌溶藻活性物质的分离鉴定及作用机理研究	深圳大学	复议
851	JCYJ20150625102622556	微流体装置在污损防治标靶研究中的应用	深圳大学	复议
852	KQCX20150324165213073	血浆长链非编码 RNA 作为非小细胞肺癌分子标记物的筛选、验证、及试剂盒研发	深圳大学	复议
853	JCYJ20150324141711618	多光子吸收发光石墨烯量子点研究	深圳大学	复议

续表

序号	项目编号	项目名称	项目承担单位	验收结论
854	JCYJ20150625103602228	氮化铝晶体在高性能深紫外探测器中的应用研究	深圳大学	复议
855	CKKJ20150917112516305	碧岭现代农业创新创客空间	深圳大学	复议
856	CYZZ20150825145314416	全自动化学发光酶免荧光免疫分析仪四合一一体机的研发	深圳德夏生物医学工程有限公司	复议
857	SGJL20150217094454668	高可靠 CMOS 集成电路的制程工艺及高速设计验证平台	深圳方正微电子有限公司	复议
858	CYZZ20150803174612544	基于 3D 封装的倒装芯片底部填充胶关键技术研发	深圳广恒威科技有限公司	复议
859	CXZZ20150402145317849	普 20150033：数字媒体条件接收及数字版权管理（CA/DRM）安全芯片研发	深圳国微技术有限公司	复议
860	JSGG20160510112231536	重 20160497 大数据架构下标准化信息智能采集引擎关键技术研究	深圳海棠通信技术有限公司	复议
861	JSGG20140702161347218	重 2014- 先 19：基于基因组学新技术的乳腺癌个体化医疗应用研究与技术开发	深圳华大生命科学研究院	复议
862	CYZZ20150416112557464	专网加密人像采集传输系统研发	深圳华视高科电子有限公司	复议
863	CKCY20160429154554464	智能网络广告机精准营销的智能视频分析应用方案	深圳极视角科技有限公司	复议
864	CKCY20160429105223914	共轴双桨航拍无人机关键技术研发	深圳加创科技有限公司	复议
865	CYZZ20150825151613635	基于“互联网 + 非公开股权融资”模式的创新创业云筹平台开发	深圳津梁创业信息咨询有限公司	复议
866	JSGG20150508152347542	重 20150058：高动态数字同色同谱复制关键技术研发	深圳劲嘉集团股份有限公司	复议
867	GRCK20160415091925734	FamilyTask 家务特工	深圳开放创新科技有限公司	复议
868	GRCK20160826162633932	魔法涂画本	深圳开放创新科技有限公司	复议
869	GRCK20160826162539400	高效过滤器自动扫描检漏系统	深圳开放创新科技有限公司	复议
870	GRCK20160415091116935	一种模组化电弧（含等离子）发生器（衍生品含打火机或点火器）商品化实用新型专利	深圳开放创新科技有限公司	复议
871	GRCK20160415100003426	3D 视觉实时传输及显示系统	深圳开放创新科技有限公司	复议
872	GRCK20160826162454521	基于物联云平台养殖监控系统	深圳开放创新科技有限公司	复议
873	GRCK20160826162355442	一种新型可以替换电芯与烟油方案的电子烟具	深圳开放创新科技有限公司	复议
874	CKCY20160824160854509	新一代高性能 Wi-Fi 技术研究 (Wi-Fi 2.0)	深圳鲲鹏无限科技有限公司	复议
875	KQCX20150331112450005	基于新型探针的个性化用药快速基因检测技术研究	深圳联合医学科技有限公司	复议
876	CKCY20160429164604416	应用于反恐和抢险救援领域的多任务无人侦察机研发	深圳零度智能机器人科技有限公司	复议
877	CKCY20160822170625293	可体内降解的介入医学用血管穿刺口快速关闭器的产业化	深圳麦普奇医疗科技有限公司	复议
878	CYZZ20150828152813463	一种高磁导率超薄 NiCuZnMn 铁氧体基片的研发与应用	深圳鹏汇功能材料有限公司	复议
879	CKCY20160429105139495	海集网线上平台	深圳前海圣铂供应链管理有限公司	复议

续表

序号	项目编号	项目名称	项目承担单位	验收结论
880	CYZZ20150831200858178	易师傅 - 现代手艺人（O2O）移动作业及职业发展平台	深圳乾讯科技有限公司	复议
881	JCYJ20150630153033408	第三代半导体材料氮化镓晶片平坦化中的关键材料研究	深圳清华大学研究院	复议
882	JSGG20150806140442122	重 20150164：全光网络的光互连系统关键技术研究	深圳日海通讯技术股份有限公司	复议
883	CYZZ20150410144945582	基于 Air-Fingers 技术的全景 3D 信息提取研究及应用	深圳柔石科技有限公司	复议
884	JSGG20150511143246807	重 20150092：适用于第五代移动通讯技术的低介电聚酰亚胺薄膜的研制	深圳瑞华泰薄膜科技有限公司	复议
885	CYZZ20150508153420635	物联网微米级纹理图像防伪追溯的关键技术研究	深圳三元色数码科技有限公司	复议
886	CYZZ20150818155227685	餐饮智能收银机 V2.0	深圳世纪银河网络发展有限公司	复议
887	CKCY20160429163952215	采用余热、空气能高效回收技术的新风空气净化系统	深圳市艾弗纳环境智能科技有限公司	复议
888	CYZZ20150827160629666	32 位低功耗物联网触控 SoC 芯片的研发	深圳市爱普特微电子有限公司	复议
889	CXZZ20150504164643276	普 20150201：大容差高导热有机硅材料研发	深圳市傲川科技有限公司	复议
890	JCYJ20150403105513703	乳腺癌全基因组差异甲基化筛查及其早期诊断的方法学研究	深圳市宝安区妇幼保健院	复议
891	CXZZ20150504171337510	普 20150148：基于多级能耗模型的城市能耗监测及信息管理技术研发	深圳市北电仪表有限公司	复议
892	JSGG20150814150743856	重 20150171：18650-3.8Ah 高容量动力锂离子电池关键技术研发	深圳市比克电池有限公司	复议
893	GJHS20130408165223677	特种无线音视频控制系统	深圳市博电电子技术有限公司	复议
894	CXZZ20150930153435888	普 20150460：超大尺寸一体机显示屏触控技术研发	深圳市成鸿科技有限公司	复议
895	CYZZ20150623140302900	视觉全自动背光模组与显示模组组装机关键技术的研发	深圳市诚亿自动化科技有限公司	复议
896	CYZZ20150803162536434	基于智能快递柜在邮包服务中的应用	深圳市传达科技有限公司	复议
897	GRCK20160415095448043	私人云安全存储设备	深圳市创赛平台创业服务有限公司	复议
898	CKCY20160429112414325	新一代智能停车云平台及停车云支付技术研究	深圳市大道至简信息技术有限公司	复议
899	CYZZ20150828144356182	悦音魔方自创作互联网 + 音乐项目研发与运营	深圳市迪为通信有限公司	复议
900	JCYJ20140414170821273	BRAF 突变和 SPECT/CT 在甲状腺乳头状癌碘 -131 治疗中的应用	深圳市第二人民医院	复议
901	JCYJ20150330102401100	应用 MRI 弥散张量成像研究老年抑郁症和脑小血管病的关系及发病机制	深圳市第二人民医院	复议
902	JCYJ20150402111430640	ZR-1 型人源化生物人工肝治疗急性肝功能衰竭的临床研究	深圳市第三人民医院	复议
903	JCYJ20150402111430630	赤芍承气汤高位保留灌肠对肝衰竭患者肠道微生态失衡的研究	深圳市第三人民医院	复议
904	JCYJ20150403100317065	多重实时荧光 PCR 技术快速基因分型检测开颅手术后颅内细菌感染的研究	深圳市儿童医院	复议

续表

序号	项目编号	项目名称	项目承担单位	验收结论
905	JSGG20150928180428529	重 20150193：基于全息功能屏的裸视真三维全息显示系统关键技术研发	深圳市泛彩溢实业有限公司	复议
906	CKCY20160429153759305	红外检测仪器设备	深圳市菲比斯科技有限公司	复议
907	JCYJ20150402090413018	孕中期大鼠丙泊酚麻醉导致子鼠抑郁症的发生机制	深圳市妇幼保健院	复议
908	CYZZ20150831105053896	高精度及形状复杂的精密微型卡托的研究开发	深圳市富优驰科技有限公司	复议
909	CKCY20160829145849587	智能互动颠覆在线教学平台	深圳市格熙信息科技有限公司	复议
910	JSKF20150827160706290	微电荷喷淋吸收塔——UVTi 光催化净化 VOCs 的成套设备开发研究及其应用	深圳市冠升华实业发展有限公司	复议
911	CYZZ20150724103209658	超微型节能压电泵的研制	深圳市合一精密泵业科技有限公司	复议
912	CXZZ20150814155434903	普 20150379：基于光谱图像的光伏产品质量自动检测技术研发	深圳市恒志图像科技有限公司	复议
913	CYZZ20150515151146026	石化生产冷源数字化智能化控制系统技术	深圳市宏事达能源科技有限公司	复议
914	CXZZ20151117103249770	普 20150082：聚乳酸耐热改性技术研究及制品开发	深圳市虹彩新材料科技有限公司	复议
915	CYZZ20150831113603209	基于电磁技术的动漫设计手写绘画屏的研发	深圳市绘王动漫科技有限公司	复议
916	CKCY20160829145712331	养猪自动化和信息化系统	深圳市慧农科技有限公司	复议
917	CYZZ20150821155328654	增强现实技术的多媒体展示系统结构	深圳市火种数字科技有限公司	复议
918	CYZZ20150714162651549	企业移动管理平台 EMM 的研发	深圳市建乔无线信息技术有限公司	复议
919	CYZZ20150819140314873	高频变压器用超薄耐热柔性三层绝缘线研发	深圳市凯中和东新材料有限公司	复议
920	CXZZ20150401165931171	普 20150073：船载式海洋生物毒性应急监测仪技术研发	深圳市朗石科学仪器有限公司	复议
921	CKCY20160429155511777	网络空间漏洞归并平台系统的研发	深圳市量智信息技术有限公司	复议
922	CKCY20160823145937486	大视场高分辨率全景立体内容捕捉设备及交互技术的研发	深圳市量子视觉科技有限公司	复议
923	CXZZ20150529154036984	普 20150296：家用环境综合监测自动控制技术研发	深圳市领耀东方科技股份有限公司	复议
924	JCYJ20140414124506130	心力衰竭患者血浆 MicroRNA 表达谱变化及不同病因对其影响	深圳市龙岗区人民医院	复议
925	JCYJ20150407140144538	腹主动脉球囊阻断在骶尾部肿瘤手术麻醉管理中的应用	深圳市罗湖区人民医院	复议
926	JCYJ20150407140144531	虚拟现实训练对急性期脑梗死认知功能障碍的作用机制研究	深圳市罗湖区人民医院	复议
927	JCYJ20150407140144529	左心耳封堵术在心房颤动卒中预防中的应用	深圳市罗湖区人民医院	复议
928	CKCY20160826155054257	面向精确营销的商家客户关系管理与智能数据分析平台	深圳市满一乐科技有限公司	复议
929	JCYJ20150402152130161	VEGF-C 封闭对角膜新生淋巴管的抑制和对同种移植物存活的促进作用研究	深圳市南山区人民医院	复议
930	JCYJ20150403093555005	幽门螺旋杆菌和儿童 OSAHS 的相关性研究	深圳市南山区蛇口人民医院	复议

续表

序号	项目编号	项目名称	项目承担单位	验收结论
931	CYZZ20150519105751499	超级导热功能高分子复合材料的研发及其应用	深圳市欧姆阳科技有限公司	复议
932	CYZZ20150731142227986	图像投影微光刻3D打印及其微光电元件制作技术	深圳市鹏安视科技有限公司	复议
933	CYZZ20160510140552366	智能化YAG激光焊接电源教学应用系统开发	深圳市普达镭射科技有限公司	复议
934	CXZZ20150527160348765	普20150327：基于触发信号驱动计量动态读取技术的研发	深圳市千宝通通科技有限公司	复议
935	CYZZ20150917141813961	7号网	深圳市前海七号网络科技有限公司	复议
936	JCYJ20150403101146312	胎儿染色体微缺失/微重复的无创产前检测	深圳市人民医院	复议
937	JCYJ20150403101028209	NLRP3炎症小体活化在急慢性HBV感染控制中的作用及其激活机制研究	深圳市人民医院	复议
938	JCYJ20150403101146318	使用血栓弹力图指导羊水栓塞抢救的基础性研究	深圳市人民医院	复议
939	JSGG20150331101125630	重20150044:弧焊机器人用全数字电源关键技术研发	深圳市瑞凌实业股份有限公司	复议
940	JSGG20150602110005151	重20150143：食品安全纳米荧光快速检测仪关键技术研发	深圳市三方圆生物科技有限公司	复议
941	CKCY20160427141139310	基于深度学习技术的全自动通用工业缺陷检测系统	深圳市深度智能系统有限公司	复议
942	CYZZ20150624111532478	基于视觉定位的十轴六联动激光焊接测量一体设备研发	深圳市深普镭科技有限公司	复议
943	CXZZ20150504112953479	普20150234：基于人工智能的电网配电自动化控制系统的研发	深圳市深泰明科技有限公司	复议
944	CYZZ20150522160013328	哺乳动物细胞表达重组人促性腺激素中试工艺开发	深圳市深研生物科技有限公司	复议
945	CXZZ20150811101620138	普20150372：高压大功率槽型静电屏蔽效应晶体管的研发	深圳市盛元半导体有限公司	复议
946	CKCY20160429174412949	云台稳定器技术与视频分享APP的研发	深圳市随拍科技有限公司	复议
947	JCYJ20150402094341898	3D打印技术在心血管外科瓣膜手术中的应用研究	深圳市孙逸仙心血管医院	复议
948	GJHZ20150316101744427	航天特因环境血管内皮功能适应性调控机制研究	深圳市太空科技南方研究院	复议
949	CKCY20160829143042191	基于阿尔兹海默症早期诊断识别的大数据分析平台	深圳市唐仁医疗科技有限公司	复议
950	CXZZ20150813142943888	普20150404：锂离子电池正极用水性复合粘结剂研发	深圳市腾龙源实业有限公司	复议
951	CKCY20160428170135921	海军熊早教平台	深圳市童伴科技有限公司	复议
952	CKCY20160829174246289	治疗非酒精性肝炎（NASH）的多肽药物的开发	深圳市图微安创科技开发有限公司	复议
953	CYZZ20150821142206295	便携式精密分光测色仪的研发	深圳市威福光电科技有限公司	复议
954	CXZZ20150813100417184	普20150401：细晶钨铜复合材料制备技术研发	深圳市威勒科技股份有限公司	复议
955	CKKJ20150821172033172	Wedo联合创业社	深圳市微度联创社科技有限公司	复议
956	CYZZ20150707105348720	基于大数据分析处理技术的LTE专家分析生态系统	深圳市微数科技有限公司	复议

续表

序号	项目编号	项目名称	项目承担单位	验收结论
957	JSKF20150819103831278	SV100 伺服驱动器	深圳市西林电气技术有限公司	复议
958	JSKF20150807114111404	大气污染防治中的柴油机尾气高效减排治理技术的研发	深圳市希力普环保设备发展有限公司	复议
959	CKCY20160429173759773	应急物资装备物联网智能仓储管理平台	深圳市芯瀚科技有限公司	复议
960	JSGG20160510160349588	重 20160514 可交换 WIFI 网络技术研发	深圳市欣博跃电子有限公司	复议
961	CYZZ20150702102645001	咖啡厅社交集客系统研发	深圳市新锋网络科技有限公司	复议
962	FHQ20150526170120515	深圳光明居家服饰创意谷科技企业孵化器	深圳市雪仙丽集团有限公司	复议
963	JSGG20150601154713104	重 20150121：基于波分复用和脉冲振幅调制技术的 100G 光收发模块关键技术研发	深圳市亚派光电器件有限公司	复议
964	CYZZ20150731090112377	基于数字 3D 技术的互动幼教应用平台	深圳市氧橙互动娱乐有限公司	复议
965	CKCY20160829185557010	智能超低功耗无线可视门铃系统的研究	深圳市一道智能开发有限公司	复议
966	CYZZ20150814104731356	屹石运动健身云平台	深圳市屹石科技股份有限公司	复议
967	CYZZ20150831144745459	食管癌的溶瘤免疫治疗新药临床前开发研究	深圳市亦诺微医药科技有限公司	复议
968	CXZZ20150529155933671	普 20150316：深圳房地产数据处理与分析平台系统技术研发	深圳市易图资讯股份有限公司	复议
969	CYZZ20160302091944301	基于云平台的 TV-home 智能服务系统研发及产业化项目	深圳市粤创科技有限公司	复议
970	CKCY20160427143250461	车联网智能交互终端的开发和应用推广	深圳市智车联技术有限公司	复议
971	CYZZ20150529112706249	基于云平台的室内空气质量检测预警系统	深圳市中科斯克技术有限公司	复议
972	CXZZ20150529172628890	普 20150341：新型聚晶金刚石铣刀关键技术的研发	深圳市中天超硬工具股份有限公司	复议
973	CKCY20160428151405246	互联网 +“自助共享式”知识产权服务平台项目	深圳市自己来创新服务有限公司	复议
974	CKCY20160429141320004	智能载重型四旋翼无人机系统	深圳思博航空科技有限公司	复议
975	CKCY20160829091229434	轻小型激光雷达系统 SE-J500 研制	深圳天眼激光科技有限公司	复议
976	CKCY20160428161628213	Wavebot 新一代企业智能助理机器人	深圳微服机器人科技有限公司	复议
977	CXZZ20151013171242907	普 20150055：1.1 类糖尿病新药西格列他钠片的药代研究	深圳微芯生物科技有限责任公司	复议
978	CKCY20160429141634585	大数据个性化智能篮球关键技术研发	深圳未网科技有限公司	复议
979	KQCX20150331173541529	运动功能神经康复机器人技术与系统	深圳先进技术研究院	复议
980	KQCX20150331173541544	石墨烯材料的电化学制备与应用	深圳先进技术研究院	复议
981	JCYJ20150630114942318	基于核磁信号演变的快速横向弛豫时间映像方法研究	深圳先进技术研究院	复议
982	JCYJ20150630114942259	5d 过渡金属硼化物超硬涂层应力随工艺、结构的演化规律及量化调控机制研究	深圳先进技术研究院	复议
983	JCYJ20150521144320990	全固态薄膜锂电池电极 - 电解质高效界面的构筑及研究	深圳先进技术研究院	复议

续表

序号	项目编号	项目名称	项目承担单位	验收结论
984	JCYJ20150630114942270	基于 Fuzzy 逻辑的睡眠呼吸暂停综合症检测方法研究	深圳先进技术研究院	复议
985	JCYJ20150630114942262	光调节重度抑郁症的神经环路机制和策略研究	深圳先进技术研究院	复议
986	KQCX20150331173541557	面向安防监控的人形服务机器人	深圳先进技术研究院	复议
987	GJHZ20150316112246318	虚拟人主动学习环境感知应用研究	深圳信息职业技术学院	复议
988	CKCY20160425101327238	童伴教育基于位置信息服务的儿童安全穿戴式智能手表的研发与产业化	深圳星空侠客科技有限公司	复议
989	CYZZ20150423150051042	E 智车联 VICS 可视化交互系统	深圳一智信息技术有限公司	复议
990	CKKJ20150918173700117	英博工业 4.0 加速器	深圳英博科技产业培育有限公司	复议
991	CYZZ20150828111638370	USB3.0 大容量固态硬盘的主控制器芯片研发	深圳英集芯科技有限公司	复议
992	CXZZ20130517145458601	基于软交换的视频会议与视频监控综合平台	深圳职业技术学院	复议
993	JCYJ20150630114140629	冗余约束对穿戴式展开机构的发电性能影响机理及优化研究	深圳职业技术学院	复议
994	JCYJ20150617155336259	SEBS 热塑性弹性体可 X 射线探测性改性研究	深圳职业技术学院	复议
995	GRCK20160414155102530	无源高精度温度传感器芯片	深圳中科创客学院有限公司	复议
996	CKKJ20150821092606748	“佃客中国”创客空间	深圳中科君浩科技股份有限公司	复议
997	CXZZ20150529115130781	普 20150323：高速网络通讯数据接口存储连接设备的研发	仕昌电子（深圳）有限公司	复议
998	CXZZ20140722151254702	一种具有自渗性能的硅氧烷聚合物硅油材料的开发与产业化	天惠有机硅（深圳）有限公司	复议
999	JCYJ20150630153917254	喷泉码在认知无线传感网络中可靠数据传输的应用研究	武汉大学深圳研究院	复议
1000	JCYJ20150629151046886	新一代超高强度高塑性纳米孪晶增强双相 TWIP 汽车钢	香港大学深圳研究院	复议
1001	JCYJ20140903112959962	用于网格重构的快速优化方法研究	香港大学深圳研究院	复议
1002	JCYJ20150630094001158	金属有机骨架材料基微流体催化膜反应器用于二氧化碳转化的研究	香港科技大学深圳研究院	复议
1003	JCYJ20150618110015259	新型可调吲哚苯并咪唑类膦配体的研发及其偶联反应应用	香港理工大学深圳研究院	复议
1004	JCYJ20150630165236958	通过免疫策略消除麻疹的数理传染病模型研究	香港中文大学深圳研究院	复议
1005	CKCY20160829095549772	UStorage 智能存储移动电源研发	隐形科技（深圳）有限公司	复议
1006	CKCY20160826160219591	鹰眼辅助驾驶“车联云”系统	鹰驾科技（深圳）有限公司	复议
1007	JSGG20150601144258573	重 20150139：低轨卫星地面通信网系统关键技术研究	中国国际海运集装箱（集团）股份有限公司	复议
1008	JCYJ20150402145015985	KLF6 在血小板促肝癌生长和转移中作用的研究	中山大学附属第八医院（深圳福田）	复议
1009	CKCY20160429103717890	面向下一代的多尺度三维高性能电子器件冷却技术	中微冷却技术（深圳）有限公司	复议

续表

序号	项目编号	项目名称	项目承担单位	验收结论
1010	GCZX20150430161654479	深圳市介入医学工程技术研究开发中心	深圳市人民医院	复议
1011	FHQ20140520153721925	起点创业孵化基地	深圳市创新起点科技有限公司	不通过
1012	CXZZ20120614174636154	碳纳米导热新高分子复合材料研发及产业化	深圳市东维丰电子科技股份有限公司	不通过
1013	CXZZ20130321094729517	一种新型阿莫西林复方注射剂的研发及临床研究	深圳华润九新药业有限公司	不通过
1014	KQCX20120802155308065	肿瘤光动力治疗创新药的开发	深圳华润九新药业有限公司	不通过
1015	CXZZ20120618165608947	海底多功能电法探测系统研制	中南大学深圳研究院	不通过
1016	KQCX20130625164044956	基于钛酸铜钙的陶瓷电容器和陶瓷叠片式超级电容器的研究开发	深圳大学	不通过
1017	ZDSY20120619140933512	空气中细颗粒物 (PM2.5) 的检测分析及控制技术研究	清华大学深圳研究生院	不通过
1018	JCYJ20140905100736939	柯诺辛对帕金森病的神经保护作用及诱导神经细胞自噬的磷酸化蛋白调控网络研究	香港浸会大学深圳研究院	不通过
1019	CYZZ20130401112411323	纳米银负载稻壳材料低成本高效净水杀菌过滤技术产业化	深圳市尚善水科技有限公司	不通过
1020	CYZZ20140506093134421	用于大功率 LED 封装的有机硅材料的研究开发	深圳市泰康新材料科技有限公司	不通过
1021	JCYJ20120613150915404	基于分布式光纤传感的大型土木工程结构监测技术研究	哈尔滨工业大学（深圳）	不通过
1022	JCYJ20130329145553590	基于声能图像源方法的我国交通噪声图研究 - 以深圳为例	哈尔滨工业大学（深圳）	不通过
1023	JCYJ20130329161328512	芯片设计中信号的位宽优化研究	哈尔滨工业大学（深圳）	不通过
1024	JCYJ20140418095735548	湍流热对流系统中能流涨落的测量和研究	深圳大学	不通过
1025	JCYJ20130331151421558	车载自组网通信系统动力学混合建模研究	深圳职业技术学院	不通过
1026	JSGG20150917101426070	重 20150183：新能源汽车整车控制器关键技术研发	深圳市航盛电子股份有限公司	不通过
1027	JSGG20150331151536448	重 20150048：海洋浮游动物在线成像仪关键技术研发	清华大学深圳研究生院	不通过
1028	JSGG20150331151358134	重 20150056：气固两相流粉料输送质量流量计研发	清华大学深圳研究生院	不通过
1029	JSGG20150512153045135	重 20150082：面向 5G 的终端直通分布式网络研究	宇龙计算机通信科技（深圳）有限公司	不通过
1030	JSGG20150930154605341	重 20150104：精密谐波减速器的研发	深圳市大族精密传动科技有限公司	不通过
1031	JSGG20150813112029403	重 20150168：水性紫外光 -LED 光固化树脂合成关键技术研发	深圳市嘉卓成科技发展有限公司	不通过
1032	CXZZ20150505115146792	普 20150192：用于园林绿化的市政中水利用技术研发	深圳市水务（集团）有限公司	不通过
1033	CXZZ20150504141623042	普 20150183：基于多源位置数据的城市居民出行调查与分析系统技术研发	深圳大学	不通过
1034	CXZZ20140404100600551	新型鼻用干粉吸入剂的关键技术研究	深圳市嘉轩医药科技发展有限公司	不通过

续表

序号	项目编号	项目名称	项目承担单位	验收结论
1035	CXZZ20150428161434745	普 20150211：高功率高能量锂离子电池用新型碳纳米导电剂的研发	深圳市三顺纳米新材料股份有限公司	不通过
1036	CXZZ20140509145704976	治疗冠心病中药新制剂的研发	深圳市万欣医药科技开发有限公司	不通过
1037	JCYJ20130408172903817	新型柔性显示技术研究（重点实验室提升）	深圳大学	不通过
1038	CYZZ20150331100835153	高增效抗摩擦生物陶瓷自修复材料的研究与应用	深圳市百顺源节能科技有限公司	不通过
1039	CKCY20160826142421849	基于 3D 可视化技术的物联网管理平台的研发	深圳村夫科技有限公司	不通过

2018 年第 3 批市科技计划项目验收结果

序号	项目编号	项目名称	项目承担单位	验收结论
1	JCYJ20160429191918729	有机催化串联环化反应构建手性 3,4- 二氢异香豆素骨架	南方科技大学	通过
2	CYZZ20150828140356713	高端全数字助听器研制	深圳市康健助力科技有限公司	通过
3	JCYJ20150630164505508	四君子汤抗黑色素瘤分子机制研究	香港浸会大学深圳研究院	通过
4	CKCY20160829160822903	低功耗蓝牙 +GPS 的智能骑行系统	深圳欧米智能科技有限公司	通过
5	CKCY20160829172457121	心脏冠状动脉介入压力导管技术研发	深圳北芯生命科技有限公司	通过
6	CYZZ20150824104632213	具有双层 FPC 背光源的车载中控显示单元	深圳市赛时达光电科技有限公司	通过
7	CKCY20160829165605054	互联网 +B2B2C 模式的全方位房屋维修服务平台开发与运营	深圳市补优优网络科技有限公司	通过
8	CKCY20160429162940868	基于云计算的指静脉识别储值会员支付系统及设备研发及产业化	深圳市释金石科技有限公司	通过
9	CKCY20160829105129050	社区宝便利店物流系统	深圳社区宝移动互联网有限公司	通过
10	CKCY20160829191624848	基于北斗卫星定位的车联网大数据服务平台	深圳市脚印数据科技有限公司	通过
11	JCYJ20150525092941012	非晶合金精密件压铸成型中模具材料的选择与优化研究	深圳大学	通过
12	CYZZ20150828151243323	LED 防爆照明系统关键技术开发	深圳科宏健半导体照明有限公司	通过
13	CYZZ20150826102223057	新型超大容量高速固态硬盘（SSD）的研发	深圳市嘉合劲威电子科技有限公司	通过
14	CYZZ20150825151004651	“睿航”智能高效汽车驾驶模拟器研发	深圳市中智仿真科技有限公司	通过
15	CYZZ20150803152136075	基于深度学习的智能公共安全监控系统	深圳进化动力数码科技有限公司	通过
16	JCYJ20160523113743114	双保护策略的高性能 Fe2O3@ 碳 / 碳气凝胶复合负极材料的设计、制备及储锂性能研究	深圳职业技术学院	通过
17	CYZZ20150831115227787	植物干细胞微生物有机肥的研发项目	万物生（深圳）生物科技控股有限公司	通过
18	JCYJ20150831200925298	建筑废弃物在道路工程应用研究及技术规程	深圳市市政设计研究院有限公司	通过
19	CYZZ20160603163946712	中高端多用途平板彩超及其产业化项目	深圳华声医疗技术股份有限公司	通过
20	JCYJ20160308093035903	上转换纳米激光器用于细胞疗法临床前实验多细胞追踪研究	深圳大学	通过
21	CYZZ20160308161221283	燃煤锅炉高能炭醇浆体清洁燃料替代技术及设备研发	中蓝能源（深圳）有限公司	通过
22	JCYJ20150403094227974	BMI1 蛋白在乳腺癌 MCF7 细胞 DDR 过程作用机制研究	深圳市龙岗区妇幼保健院	通过
23	JCYJ20150831194441446	区域大气污染物实时在线自动监测装置的研发及其应用	深圳先进技术研究院	通过
24	JCYJ20160428153800920	癌症相关蛋白 CD38 的新型信号调控机制研究	北京大学深圳研究生院	通过
25	CKCY20160829150603327	基于大数据的 WEB 页面信息抽取及精准信息定制的软件系统	深圳纳实大数据技术有限公司	通过

续表

序号	项目编号	项目名称	项目承担单位	验收结论
26	JCYJ20160307113206388	微结构调控增强 CoSb3 薄膜热电输运特性及其物理机制研究	深圳大学	通过
27	CYZZ20160303171355178	光感智慧节能照明技术研发	深圳市博适通照明有限公司	通过
28	CKCY20160829152239791	纳米超导纤维（NEF）加热板关键技术的研发及应用	深圳东睦科技发展有限公司	通过
29	CKCY20160829192106283	带亲水超滑涂层抗菌型导尿管	深圳市奇道精密导管有限公司	通过
30	GRCK20160330101306829	速运邦邦最后一公里云服务 OTO 平台	深圳信息职业技术学院	通过
31	CKCY20160829093212103	高效弱光型非晶硅太阳能电池研发	深圳市辰翔新能源技术有限公司	通过
32	CYZZ20150730154229533	适用于中央空调闭式循环水系统的节能环保型减阻剂的研制与应用	深圳市勤达富流体机电设备有限公司	通过
33	CYZZ20150831112044904	基于金属后壳的 NFC 天线装置研发	深圳市中天迅通信技术股份有限公司	通过
34	CYZZ20150826152442198	手持微型投影仪的研发	深圳市九鼎创展科技有限公司	通过
35	CYZZ20160413102735720	警用擒拿抓捕手套	深圳市森讯达电子技术有限公司	通过
36	CYZZ20150818102935701	高性能音频 DSP 芯片的关键技术研发	深圳市创成微电子有限公司	通过
37	CYZZ20150831163559896	高功率因数原边反馈 LED 恒流驱动芯片的开发	深圳天源中芯半导体有限公司	通过
38	CKCY20160829103423225	“爱笛生”网络互动音乐教学系统	深圳爱笛生教育科技有限公司	通过
39	CKCY20160428103423534	电动助力行器及其驱动系统	孔雀团队依托单位	通过
40	GRCK20160826110431687	基于 Project Tango 的室内导航系统	哈尔滨工业大学（深圳）	通过
41	CYZZ20150824170545948	新型高密度钴酸锂旋转靶材研发	深圳恒泰克科技有限公司	通过
42	CYZZ20150814103256013	基于移动互联网的房产交易开放平台	深圳市吉屋科技股份有限公司	通过
43	CKCY20160429163143277	基于 IaaS 和 SaaS 模式的互联网云服务生态系统	深圳前海小鸟云计算有限公司	通过
44	CYZZ20150831152205037	基于 IPv6 技术新一代 2.5G 万兆 POE 交换机	深圳市世联盈丰科技有限公司	通过
45	CYZZ20150831165942459	高性能深度摄像头模组关键技术的研究开发	深圳韩倍达电子科技有限公司	通过
46	CYZZ20150728100939970	低功耗、高识别率指纹识别模组的研发	深圳指芯智能科技有限公司	通过
47	CYZZ20150916171609211	智能液晶膜手写板	深圳市唯酷光电有限公司	通过
48	JCYJ20150730155600636	用于饮用水源水体中微量有毒污染物分析与去除的新材料研究	深圳市环境科学研究院	通过
49	JCYJ20150324141711596	柔性 PNIPAm/Ag 复合纤维的制备及其温度传感性能研究	深圳大学	通过
50	CYZZ20150828162822495	高精密长寿命超薄 IC 晶圆划片刀的研发	深圳市华弘机电精密技术有限公司	通过
51	CYZZ20150831115138068	基于M E M S传感器技术的智能自然人机交互系统遥控器	深圳市启望科文技术有限公司	通过
52	CYZZ20160506175045650	新能源汽车超级电容器单体与模组的技术研发	深圳市金能弘盛能源科技有限公司	通过
53	CKCY20160829110051543	智能插座管理系统的研发	深圳市峰创科技有限公司	通过

续表

序号	项目编号	项目名称	项目承担单位	验收结论
54	CYZZ20160422160646586	基于互联网的电动汽车充电运营管理系统关键技术的研发	深圳驿普乐氏科技有限公司	通过
55	CYZZ20160428152648694	基于深度融合和可视化技术的协同分析管理系统研发	深圳市金众诚科技有限公司	通过
56	CYZZ20150831154324865	安通智慧城市建筑云管理系统	深圳市安通世纪智能科技有限公司	通过
57	CYZZ20150831091801396	基于高性能数字信号处理器运动相机控制系统	深圳市品色科技有限公司	通过
58	CYZZ20150716141612174	基于 SaaS 模式的企业 IT 智慧云服务管理平台研发及产业化	深圳市耀泰明德科技有限公司	通过
59	CYZZ20150708092029798	工业 4.0 互联网交换机的研发	深圳市厚石网络科技有限公司	通过
60	CYZZ20150831151956521	手游卡牌游戏平台的关键技术研发与应用	深圳市圣盛网络科技有限公司	通过
61	CYZZ20150714144831205	环保低烟低毒阻燃线缆关键材料研发	深圳市百事达先进材料有限公司	通过
62	CYZZ20150831105333349	环保功能型色母的研发	深圳市博彩新材料科技有限公司	通过
63	CYZZ20150401161718718	聚合物锂电池复合包装膜的研制	深圳市丽得富新能源材料科技有限公司	通过
64	JCYJ20150902162946055	低成本家居能耗细节监控系统关键技术研究	香港城市大学深圳研究院	通过
65	CYZZ20150824143308276	基于智能 AC 驱动技术的集成式 LED 光引擎技术研发	深圳博用科技有限公司	通过
66	CYZZ20150723142613392	基于电子化交换技术下的医院信息集成平台研发及产业化	深圳市泰江生物医疗科技有限公司	通过
67	JCYJ20160520171103239	静电纺丝法制备导电高分子 / 无机氧化物柔性复合材料及其在气体传感器方面的应用	深圳大学	通过
68	CYZZ20150917114700289	新型抗病毒材料	深圳前海广大科技有限公司	通过
69	CYZZ20150917154539914	基于全集成微流控液滴数字 PCR 芯片技术的消化道肿瘤分子诊断试剂开发及产业化应用	深圳市晋百慧生物有限公司	通过
70	CKCY20160829164028621	呼信	深圳有麦科技有限公司	通过
71	CYZZ20160429100831386	LED 植物培育智能光控应用的项目研发	深圳普益照明科技有限公司	通过
72	CYZZ20150831140253115	新型膜污染防治系统开发与应用	福瑞莱环保科技（深圳）股份有限公司	通过
73	GRCK20160415111858628	智能电动自平衡车研制	深圳信息职业技术学院	通过
74	JCYJ20160317152359560	基于 3D 同轴流动聚焦微流控系统的功能化微球可控制备	清华大学深圳研究生院	通过
75	/	单极性磁转角传感器的关键技术研究	诺帝恩（深圳）技术有限公司	通过
76	CYZZ20150831151413818	海洋传奇游戏软件的开发	深圳市灵游互娱股份有限公司	通过
77	JCYJ20150331151358133	电纺丝法制备绝缘导热纳米纤维及其应用研究	清华大学深圳研究生院	通过
78	JCYJ20150324141711644	单根 ZnO 纳米线的点缺陷及其对场效应晶体管性能的影响	深圳大学	通过
79	CKCY20160816165953720	嵌入式非接触疲劳驾驶监测仪的研发	深圳大视科技有限公司	通过

续表

序号	项目编号	项目名称	项目承担单位	验收结论
80	CYZZ20150821145148795	警用枪支管理系统研发项目	深圳市金沃德科技有限公司	通过
81	JCYJ20160428173252471	LncRNA GAS5 在大黄蛰虫丸抗肝纤维化中的作用及其机制研究	北京大学深圳医院	通过
82	CYZZ20160428110359291	基于 5.1 解码无线环绕兼便携式蓝牙多用途音响系统的研发及产业化	深圳市万有云科技有限公司	通过
83	CYZZ20160411154243462	基于 CCD 视觉的全自动高光平面表面瑕疵检测技术研发	深圳中天创图科技有限公司	通过
84	JCYJ20150625101638041	有机硅微球的制备与折射率调控及高性能光散射材料研究	深圳大学	通过
85	CYZZ20150828102709932	应用于金融行业高并发影像平台的研发	深圳市北辰德技术有限公司	通过
86	CYZZ20160331144649966	利用分布式计算呈现重度游戏的智能电视终端关键技术研发及实现	深圳市东方时代新媒体有限公司	通过
87	CYZZ20160401110800578	CO2 大功率光纤熔接系统	深圳市讯泉科技有限公司	通过
88	CYZZ20150811144132122	脊柱保健智能电动按摩椅关键技术研发	深圳市诺嘉智能养生发展有限公司	通过
89	CYZZ20150827113345135	国标二维条码 GM 码高速识别模块及嵌入式软件研发	深圳市科普恩电子有限公司	通过
90	CYZZ20150831155223240	新型智能化、互动化便携式快充移动电源研发与产业化	深圳市劲力思特科技有限公司	通过
91	CKCY20160428111434495	废旧手机回收再利用服务平台	深圳市爱博绿环保科技有限公司	通过
92	CYZZ20150723140403861	新型平面连接式倒装 LED 设计与关键技术研究	深圳市欣代光电有限公司	通过
93	CYZZ20150828145318370	一种支持多种形式支付的公路客运自助售票机	深圳市环阳通信息技术有限公司	通过
94	CYZZ20150828163011698	基于 DSP 模型的移动应用交叉推广平台	深圳市奇迅新游科技股份有限公司	通过
95	CKCY20160829101430250	点微微交易系统	深圳前海点微信息技术有限公司	通过
96	JCYJ20160414101859817	节油减排型压电喷头用大应变致动器及无铅弛豫铁电陶瓷材料研究	深圳华中科技大学研究院	通过
97	CYZZ20160429163908623	基于大数据的第三方电子合同缔约与托管存证云平台的研究应用	深圳法大大网络科技有限公司	通过
98	CYZZ20150717161636768	基于交通安全的车用节能 LED 示宽灯及控制系统研发	深圳市众朗科技有限公司	通过
99	JCYJ20150831192847649	城市给水系统中抗生素耐药菌群落结构全谱表征及抗生素抗性基因污染特征分析	清华大学深圳研究生院	通过
100	CKCY20160829172332092	基于半有缆通讯技术的水下无人机	深圳潜行创新科技有限公司	通过
101	CYZZ20150827104408620	新一代系统管理云平台	深圳市众云网有限公司	通过
102	CYZZ20150828173704057	基于社交网络大数据分析的垂直行业服务平台	深圳云筑科技有限公司	通过
103	CYZZ20160429161113511	基于 DHT 算法的海量数据分布式存储系统	深圳傲华科技有限公司	通过
104	CYZZ20150831162458396	基于法院系统的司法公开三大平台的关键技术研发应用	深圳市商合网络技术有限公司	通过
105	CYZZ20150817144150092	基于云计算推荐算法的 C2C 移动电商平台	深圳花儿绽放网络科技股份有限公司	通过

续表

序号	项目编号	项目名称	项目承担单位	验收结论
106	CYZZ20150803154308403	一体式太阳能离网光伏逆变电能转换和储能系统的研发	深圳市百尔威新能源技术有限公司	通过
107	GRCK20160825152920149	一款电视节能电源插座产品	深圳长虹科技有限责任公司	通过
108	CYZZ20150821144716279	基于负离子净化技术的弥散式富氧新风装置	深圳市至养生太科技有限公司	通过
109	CYZZ20150827154525979	可实现即装即用的停车场安装管理系统的研发	深圳市道尔智控科技股份有限公司	通过
110	CYZZ20150831194054537	基于倒装焊接技术的 COB 封装技术研究	深圳市两岸光电科技有限公司	通过
111	CYZZ20150831143702240	具有自动聚焦功能的高清 HD-CVI 扳机的技术开发	深圳市安威科电子有限公司	通过
112	CYZZ20160531101904954	基于车机系统的视觉 ADAS+ 智能语音系统	深圳市天派软件开发有限公司	通过
113	CYZZ20150826153547651	仿手工可连续染色机的研发	深圳市科软科技有限公司	通过
114	CYZZ20150831171420053	移动应用信息推送服务平台关键技术的研发	深圳市和讯华谷信息技术有限公司	通过
115	CYZZ20160401163837628	超带宽无线音视频传输终端的研发和应用	深圳市晟江科技有限公司	通过
116	CKCY20160826155536657	“肥魔方”废弃有机物自动发酵箱的研发及应用	深圳市清川美地环境科技有限公司	通过
117	CYZZ20150831105747631	T2F 话友网络语音通话终端软件的研发	深圳市东讯网络有限公司	通过
118	JCYJ20150402092653975	条件性剔除 M1 型巨噬细胞防治内毒素性急性肺损伤的作用及机制研究	深圳市龙岗区第二人民医院	通过
119	CYZZ20150831141245646	基于集中控制技术的消防应急照明和疏散指示系统	深圳市嘉泰智能股份有限公司	通过
120	CYZZ20150819145614732	针对二型糖尿病早期风险评估的新型诊断技术	深圳市安之酶生物技术有限公司	通过
121	CYZZ20150828172024229	QSFP28 ER4 超长距光电通信模块的开发	深圳市欧凌克光电科技有限公司	通过
122	GRCK20160829144633490	新型户用型秸秆气化能源化利用技术研究与开发	深圳市创赛平台创业服务有限公司	通过
123	CYZZ20150715100141674	启创 html5 游戏引擎	深圳市启创东方科技有限公司	通过
124	CYZZ20150827100940416	基于大数据应用的早期肺癌计算机辅助诊断系统开发	深圳市智影医疗科技有限公司	通过
125	CYZZ20150828153710245	眼镜全角度虚拟试戴系统开发（人脸识别结合 3D 建模与渲染技术）	深圳市朗形数字科技有限公司	通过
126	CYZZ20150826104344838	车辆租贷风险控制系统的研发与应用	深圳市首航通信股份有限公司	通过
127	CYZZ20150828141643088	无线终端整机辐射性能测试（Over The Air）系统	深圳市通用测试系统有限公司	通过
128	JCYJ20150525092940997	过氧化物酶家族基因在丝状真菌 Podospora anserina 降解木质纤维素过程中的功能分析及高效基因工程菌株的构建	深圳大学	通过
129	CYZZ20150831160251443	北斗无盲区通讯单兵智能手持终端的研发及产业化	深圳市智慧联芯科技有限公司	通过
130	CYZZ20160505150635259	基于云计算网页大数据高并发自动化提取分析系统研发	深圳视界信息技术有限公司	通过
131	CYZZ20160330155827428	财富点评智能理财推荐平台的研发	深圳市榕时代科技有限公司	通过
132	CKCY20160829192735538	机器视觉算法及 FPGA 实现	睿视智觉（深圳）算法技术有限公司	通过

续表

序号	项目编号	项目名称	项目承担单位	验收结论
133	CYZZ20150831170534428	智能化双感应紫外光室内空气净化器控制系统	深圳市艾科林环保科技有限公司	通过
134	CYZZ20150728093809908	高效节能智能化客房自控制系统研发	奥罗拉环境技术有限公司	通过
135	CKCY20160829092208912	移动互联下的汽车 B2b 交易 APP 平台	深圳挖车科技有限公司	通过
136	CKCY20160826145311463	虚拟现实 + 医学临床辅助及教育综合平台的研发	妙智科技（深圳）有限公司	通过
137	CYZZ20150827113807791	基于联网控制的新型光伏储能逆变器的研发	深圳市金霆新能源技术有限公司	通过
138	CYZZ20160226180127759	纳米复合无机膜及其生物反应器的开发与产业化	深圳中清环境科技有限公司	通过
139	JCYJ20150401092220224	乙肝疫苗免疫献血人群隐匿性乙型肝炎感染状况与分子生物学特性的研究	深圳市血液中心	通过
140	CKCY20160826144025089	基于光电检测脉搏波技术的便携式血压计的研发	深圳无疆电子科技有限公司	通过
141	CYZZ20150826102434385	智能家庭口腔检查仪的研发及产业化	深圳市首艾科技有限公司	通过
142	CYZZ20150828172755073	智能止鼾仪的研发及产业化	深圳市云中飞电子有限公司	通过
143	JCYJ20150625142543468	面向体外除颤器的高可信度室颤分析关键技术研究	哈尔滨工业大学（深圳）	通过
144	CYZZ20150421111329260	抗强磁干扰的自保持继电器研发及产业推广	博达电气（深圳）有限公司	通过
145	JCYJ20150403161923533	基于 miRNA 控制肿瘤细胞信号通道及增殖的统计推理及应用分析	哈尔滨工业大学深圳研究生院	通过
146	CYZZ20150826144217620	基于 FTTH 的智能家庭数据中心	深圳市云猫信息技术有限公司	通过
147	CYZZ20150828162839838	R7 残疾人微环境开关型控制系统	深圳汉尼康科技有限公司	通过
148	CYZZ20150824092014682	CAR-CIK 技术治疗病毒性肝炎相关肝癌	深圳市泰华细胞工程有限公司	通过
149	CYZZ20160331154240856	跨平台高性能 3D 游戏软件研发与实践	深圳易帆互动科技有限公司	通过
150	JCYJ20150902154515690	水中有机卤污染物的新型简易快速检测方法研究	哈尔滨工业大学（深圳）	通过
151	JCYJ20150402115458642	脂蛋白相关磷脂酶 A2 酶活性及其基因 R92H 多态性与冠心病的相关研究	深圳恒生医院	通过
152	CYZZ20150826142614682	基于四路电源管理与双电池供电的工业笔记本主板开发	深圳市铂盛科技有限公司	通过
153	JCYJ20150831112754988	基于监测数据的环境污染快速预警和决策系统研究	哈尔滨工业大学（深圳）	通过
154	JCYJ20160422141605247	右美托咪定用于小儿麻醉前镇静的临床药效学研究	深圳市龙岗区人民医院	通过
155	CYZZ20150520154741156	自动背光补偿及智能图像处理算法的研发	深圳市先河系统技术有限公司	通过
156	CYZZ20160303160116471	基于移动互联网的实时视频社交媒体开发	深圳和聚网络科技有限公司	通过
157	JCYJ20160412101452710	超声和 MRI 在胎儿心脏畸形诊断中的对比与联合应用研究	深圳华侨城医院	通过
158	CKCY20160825140344261	可提供移动医疗辅助诊断服务和健康数据管理的智能服装	深圳市心与心智能科技有限公司	通过
159	CYZZ20150831165952646	基于认知疗法的多感官视平衡觉互动系统的研发	深圳市童欢笑游戏设备有限公司	通过

续表

序号	项目编号	项目名称	项目承担单位	验收结论
160	JCYJ20150831112814592	深圳市主要大气污染物新增总量指标环境容量研究	哈尔滨工业大学（深圳）	通过
161	CYZZ20150408152315667	天机 - 大数据追踪引擎	深圳市智搜信息技术有限公司	通过
162	CYZZ20150818104633951	基于分布式云引擎技术的低带宽高清云会议平台	深圳银澎云计算有限公司	通过
163	JCYJ20150403091443331	Lnc-DQ 通过 p300/CREB 调控 Treg 细胞分化介导肝癌免疫逃逸的机制研究	北京大学深圳医院	通过
164	JCYJ20150403150235943	老年痴呆症一类新药的前期研发及增强记忆力保健品开发	深圳市兰科植物保护研究中心	通过
165	CKCY20160829163112380	基于真空冻干技术的生物毒性发光细菌法检测菌剂的研发与应用	深圳市有为环境科技有限公司	通过
166	JCYJ20150601102053063	破碎性砂土细观拓补结构的 X 射线断层扫描表征与基于概率理论的三维离散元模拟研究	香港城市大学深圳研究院	通过
167	JCYJ20150403091443326	双光子激发荧光显微技术在胃常见良恶性疾病诊断中的研究	北京大学深圳医院	通过
168	CYZZ20150708154236142	智能车牌识别新型广告道闸一体机	深圳一道通科技股份有限公司	通过
169	CYZZ20150831142439587	一体化污水智能处理系统的研发	广东赛威赢环境技术工程有限公司	通过
170	JCYJ20150402095641631	可穿戴监护技术在腹腔镜下胆囊切除术围手术期的应用与研究	深圳市南山区西丽人民医院	通过
171	CYZZ20150520162835593	基于云端存储的无线智能电子黑板	深圳市创易联合科技有限公司	通过
172	CYZZ20150709113258470	一种用于智能 LED 照明驱动 IC 的研究与开发	深圳芯瑞晟微电子有限公司	通过
173	CYZZ20150831111155662	基于云平台的互联网农业多端智能服务系统	深圳市良食网科技开发有限公司	通过
174	JCYJ20150625103526744	深圳海域入海排污口污染物溯源及通量评估技术研发	深圳大学	通过
175	JCYJ20140717153620436	基于 Cas9-guid RNA 共表达系统构建乳腺特异性敲除 BRCA1 基因小鼠的研究	深圳华大方舟生物技术有限公司	通过
176	ZDSY20150831141712549	深圳市土壤与地下水污染防治重点实验室	南方科技大学	通过
177	GCZX20150424162154667	深圳市基因诊断芯片工程技术研究中心	亚能生物技术（深圳）有限公司	通过
178	JSGG20150925164740726	重 20150190：海洋生物视觉观测与监控关键技术研发	深圳先进技术研究院	通过
179	CXZZ20151117141320317	普 20150394：餐厨垃圾生物质能源回收技术研发	北京大学深圳研究生院	通过
180	JSKF20150928111532254	大气污染物采样校准装置关键技术研发	华测检测认证集团股份有限公司	通过
181	JSGG20160329101321846	重 20160313： 面向多信号源的一体化小型基站装置研发	深圳市安拓浦科技有限公司	通过
182	GJHS20160331163330453	电动汽车关键共性技术研究及整车集成应用	比亚迪汽车工业有限公司	通过
183	GJHS20170302142415656	电动汽车关键共性技术研究及整车集成应用	比亚迪汽车工业有限公司	通过
184	JSGG20160331092324632	重 20160335： 智能电动平衡车专用控制电路研发	峰岹科技（深圳）有限公司	通过
185	JSGG20160229103804363	重 20160060： 4K 超高清激光电视关键技术研发	深圳创维 -RGB 电子有限公司	通过

续表

序号	项目编号	项目名称	项目承担单位	验收结论
186	JSGG20160325145826620	重 20160356： 高致密高可靠性户外表贴式 LED 光源关键技术研发	深圳市新光台电子科技股份有限公司	通过
187	CXZZ20150807142033481	普 20150377：基于云计算技术的电子发票系统研发	深圳市中润四方信息技术有限公司	通过
188	CKFW20150918094401614	浪尖创客公共服务平台	浪尖设计集团有限公司	通过
189	GRCK20160829142908082	纳米强化智能道路快速修补材料	清华大学深圳研究生院	通过
190	CKKJ20150821175917488	哈工大深圳研究生院创客空间	哈尔滨工业大学（深圳）	通过
191	CXZZ20150504145320557	普 20150207：高频贱金属电极多层陶瓷电容器用铜粉制备技术研发	深圳市中金岭南科技有限公司	通过
192	CKCY20160829163605016	一种非接触式生理信号检测装置	深圳市乾脉科技有限公司	通过
193	GJHS20130402101741886	可再生能源驱动的热声发电关键技术研究与产业化	中科力函（深圳）热声技术有限公司	通过
194	JSGG20160301163219289	重 20160188： 真实场景下的复杂海量人像分析关键技术研究	盛视科技股份有限公司	通过
195	JSGG20151015180521547	重 20150209：超高速光网络数据采集分析设备关键技术研发	深圳市恒扬数据股份有限公司	通过
196	JCYJ20160318094917454	聚光式太阳能热电站用熔融盐高温传热流体对耐蚀合金腐蚀性的研究	哈尔滨工业大学（深圳）	通过
197	CKFW20150916152319008	媒体 + 创新服务平台（深圳广电集团天和信息）	深圳市天和信息服务有限公司	通过
198	CXZZ20150814103136606	普 20150384：光授权移动支付技术研发	深圳光启智能光子技术有限公司	通过
199	CXZZ20150325153701254	普 20150028：超短焦激光投影智能电视研发	康佳集团股份有限公司	通过
200	JSGG20160225155513079	重 20160053： 高熔点无铅钎料合金合成关键技术研发	深圳市汉尔信电子科技有限公司	通过
201	JSGG20160229172236096	重 20160089： 电力线载波及微功率无线双模自适应混合网络技术及单芯片研发	深圳市力合微电子股份有限公司	通过
202	CXZZ20150813155917544	普 20150378：移动终端恶意软件检测技术研发	深圳先进技术研究院	通过
203	GJHS20170227140143080	智能柔性制造与机器人系统及其应用示范	深圳中集天达空港设备有限公司	通过
204	KJYY20151015154908063	SF2015-36：基于 PDT 标准的警用数字集群通信系统应用示范	海能达通信股份有限公司	通过
205	JSGG20141020103523742	重 2014-132：海床基式海底环境监测平台关键技术研发	深圳先进技术研究院	通过
206	GJHS20170120111441649	电子电气产品化学分析测试研发平台	深圳市虹彩检测技术有限公司	通过
207	CYZZ20160530155546041	基于 BIM 的虚拟现实智慧建筑系统的研发	深圳市博普森机电顾问有限公司	通过
208	CYZZ20150916142823461	高精度光纤传感系统	深圳中科传感科技有限公司	通过
209	CXZZ20150918155800914	普 20150433：新型悬浮生物填料技术研发	深圳市中拓天达环保科技有限公司	通过
210	CYZZ20160415114211203	AR 穿透式显示光学系统的研究	深圳珑璟光电技术有限公司	通过
211	CXZZ20150601141339385	普 20150162：数字版权保护（DRM）系统研发	深圳数字太和科技有限公司	通过

续表

序号	项目编号	项目名称	项目承担单位	验收结论
212	JSGG20160229121228213	重 20160264： 智能家居产品互联互通关键技术研发	华为终端有限公司	通过
213	CXZZ20151014153341282	普 20150477：聚光光伏系统中菲涅尔透镜用液体硅胶技术研发	深圳市森日有机硅材料股份有限公司	通过
214	GJHS20120702141735953	多功能自助服务终端设备	深圳市泰利信息技术有限公司	通过
215	JSGG20160329155916972	重 20160341： 超低功耗高压超结功率器件关键技术研发	深圳尚阳通科技有限公司	通过
216	JSGG20160229125310062	重 20160107 集成电路 SIP 封装技术研发	深圳佰维存储科技股份有限公司	通过
217	GJHS20160322154047461	32 英寸 8K×4K 超高分辨率专业显示关键技术研发	深圳市华星光电技术有限公司	通过
218	JCYJ20150417094158023	基于光谱视觉和电子鼻的腊肠品质检测技术研究	深圳信息职业技术学院	通过
219	JSKF20150928163848082	新一代节能型信息化电源系统研究与开发	深圳市英威腾电源有限公司	通过
220	JSGG20160229150510483	重 20160250： 心血管药物结晶关键技术研发	北京大学深圳研究生院	通过
221	CXZZ20151117142034426	普 20150085：新型水系聚合物隔膜材料关键技术研发	深圳中兴新材技术股份有限公司	通过
222	GJHS20170213145451554	进出口电子产品检测认证公共服务平台	深圳立讯检测股份有限公司	通过
223	CXZZ20150504151516495	普 20150150：高性能分布式云存储系统的技术研发	深圳市宝德软件开发有限公司	通过
224	GJHS20150402152620880	32 英寸 8K×4K 超高分辨率专业显示关键技术研发	深圳市华星光电技术有限公司	通过
225	CXZZ20150403140325802	普 20150043：支持安全隔离机制的企业移动应用平台研发	深圳市金蝶天燕中间件股份有限公司	通过
226	GJHS20120820152628608	多功能光子创面治疗仪	深圳普门科技股份有限公司	通过
227	CKCY20160829142214821	智能空间传感技术和大数据分析	深圳市鸿逸达科技有限公司	通过
228	GJHS20170117145124656	无线通讯产品检测技术中心	深圳市摩尔环宇通信技术有限公司	通过
229	JSKF20150928142452831	海洋结构物表面新型环保处理技术	武汉大学深圳研究院	通过
230	JCYJ20130401100513008	水上智能交通中船舶航迹跟踪控制关键技术研究	深圳信息职业技术学院	通过
231	CXZZ20140416141331457	多能干细胞移植治疗新生儿支气管发育不良新技术	深圳市儿童医院	通过
232	GJHS20120820152628607	广东省普门科技光子创面治疗研究与应用院士工作站	深圳普门科技股份有限公司	通过
233	GJHS20170228151249184	食品安全检测公共技术服务平台	深圳中检联检测有限公司	通过
234	CXZZ20150811101750481	普 20150382：基于高级持续性威胁（APT）的下一代防火墙关键技术研发	深圳市利谱信息技术有限公司	通过
235	CYZZ20150828145929760	跨境物流智能管理系统研发	深圳海带宝网络科技股份有限公司	通过
236	JCYJ20160229200902680	智能化纳米粒子用于脑胶质瘤的成像与光学治疗	深圳先进技术研究院	通过
237	GJHS20160831155840572	表观遗传学相关靶标验证和调节剂发现核心技术研究——西达本胺临床研究	深圳微芯生物科技股份有限公司	通过

续表

序号	项目编号	项目名称	项目承担单位	验收结论
238	JSGG20160510115007898	重 20160483：车用耐高温波纹管材料及工艺关键技术研发	深圳市骏鼎达新材料股份有限公司	通过
239	CXZZ20151015163619907	普 20150388：医院 - 社区 - 家庭心脏健康管理技术研发	深圳先进技术研究院	通过
240	GJHS20170313113818005	中小水厂消毒工艺优化及副产物控制技术研究与示范 (第二笔)	哈尔滨工业大学（深圳）	通过
241	KJYY20151014163300376	SF2015-35：云计算系统中统一身份管理系统应用示范	深圳竹云科技有限公司	通过
242	CKFW20150918102103820	“创新育成”创客空间服务平台	深圳市创新企业育成研究院有限公司	通过
243	JCYJ20160513103916577	基于平滑约束的三维视频深度重建算法研究	清华大学深圳研究生院	通过
244	CKCY20160829093523997	新型相变导热复合材料及终端热管理关键技术的研发	深圳市力邦新材料科技有限公司	通过
245	JSGG20151117110411567	重 20150018：主机恶意行为监控与分析关键技术研究	深信服科技股份有限公司	通过
246	GJHS20160831155623609	针对重大疾病原创化学新药的临床和临床前研究	深圳微芯生物科技股份有限公司	通过
247	CKCY20160822113452327	基于双波长分光光度法的微型全自动化学需氧量在线分析仪	深圳市正奇环境科技有限公司	通过
248	CYZZ20150831155921740	IC 芯片晶圆探针卡测试系统	深圳市道格特科技有限公司	通过
249	JCYJ20150901164734162	基 20150060：细胞衰老调控肿瘤免疫治疗效果的机制研究	哈尔滨工业大学（深圳）	通过
250	CYZZ20150824153422448	新材料产业服务及电商平台	深圳市赛瑞产业研究有限公司	通过
251	CYZZ20150831110011006	高功率因数高效率恒流驱动 LED 的集成电路的研制	深圳市梓晶微科技有限公司	通过
252	CYZZ20150826094418260	智能跟踪多平台应用 3D 四轮定位仪的开发及产业化	深圳市圳天元科技开发有限责任公司	通过
253	CXZZ20151117165117145	普 20150438：阿尔茨海默病预警基因信息分析技术研发	深圳华因康基因科技有限公司	通过
254	CXZZ20150330110201927	普 20150097：组合磁功率因数校正（PFC）关键技术研发	深圳市雅玛西电子有限公司	通过
255	CXZZ20151117093505692	普 20150227：35KV 风电 / 光伏箱变屏蔽型电缆终端接头关键技术研发	深圳市光辉电器实业有限公司	通过
256	CYZZ20160330172539430	高精度三维激光扫描设备与数字建模系统的研发	深圳市速腾聚创科技有限公司	通过
257	JSGG20160301170946217	重 20160074：LED 智能照明驱动 SOC 芯片研发	泉芯电子技术（深圳）有限公司	通过
258	CKKJ20150916183459403	华大创 · 享 · 空间	深圳市华大基因学院	通过
259	CXZZ20151117161747567	普 20150176：基于北斗卫星通讯 / 定位与车辆安全驾驶的技术研发	深圳先进技术研究院	通过
260	JSGG20150930152419716	重 20150194：微光学器件制造关键技术研发	昂纳信息技术（深圳）有限公司	通过
261	JSGG20160229120931548	重 20160256：基于逐点扫描数字合成的通信基带信号模拟器关键技术研究	深圳市鼎阳科技有限公司	通过
262	CYZZ20150831170034178	在线式双面扫描 AOI 光学检查机	奥蒂玛光学科技（深圳）有限公司	通过

续表

序号	项目编号	项目名称	项目承担单位	验收结论
263	CXZZ20150402104211552	普 20150038：智能低功耗无线传感网络技术研发	深圳市有方科技股份有限公司	通过
264	JSGG20150930152145373	重 20150192：超高流明数字电影放映机激光光源关键技术研发	深圳市绎立锐光科技开发有限公司	通过
265	CXZZ20150814144029153	普 20150390：人体脊柱侧弯的检测与早期干预技术研发	深圳市中航健康时尚集团股份有限公司	通过
266	JCYJ20150417094158025	演化建模的关键技术研究及其在广东汛期雨量预测中的应用	深圳信息职业技术学院	通过
267	JSKF20150928112439148	具有高光效无眩光 LED 灯的关键技术研发	深圳市乐的美光电股份有限公司	通过
268	KJYY20151030152342586	SF2015-37：智慧健康云服务平台在社区的应用示范	深圳市倍泰健康测量分析技术有限公司	通过
269	CXZZ20150814101140575	普 20150393：重金属残留物快速检测技术研发	清华大学深圳研究生院	通过
270	CXZZ20150929155414951	普 20150457：LED 背光模组导光膜的研发	深圳市帝显电子有限公司	通过
271	GJHS20120627172148566	光学创面治疗仪应用示范与技术提升	深圳普门科技股份有限公司	通过
272	CXZZ20150813151056544	普 20150389：母婴居家健康管理技术研发	深圳市理邦精密仪器股份有限公司	通过
273	JSGG20141016145810835	重 2014-124：鼻腔干粉给药系统关键技术研发	南京大学深圳研究院	通过
274	JCYJ20150630164505507	后百亿亿级存储系统的关键并行计算技术研究	香港浸会大学深圳研究院	通过
275	JCYJ20160322114027138	基于量子密码的移动无线网络结构及安全技术研究	深圳职业技术学院	通过
276	JSGG20151111170703381	重 20150204：数据中心管理平台研发	深圳市华成峰科技有限公司	通过
277	CXZZ20150813155012591	普 20150376：综合能源管理系统研发	深圳市科陆电子科技股份有限公司	通过
278	ZDSYS20140508161547829	仿生扑翼无人机的研制（重点实验室提升项目）	哈尔滨工业大学（深圳）	通过
279	GJHZ20160226155819413	工业服务器智能平台管理技术开发	研祥智能科技股份有限公司	通过
280	CXZZ20150529144041624	普 20150271：针对儿童肥胖的膳食营养干预技术研发	深圳先进技术研究院	通过
281	CXZZ20150929140642779	普 20150469：车轮车桥智能定位系统的研发	深圳市康士柏实业有限公司	通过
282	JCYJ20150417094158026	基于联合学习的脑电信号特征提取及解释方法研究	深圳信息职业技术学院	通过
283	JCYJ20160415114250896	电子耳蜗佩带双耳的失配及补偿研究	深圳信息职业技术学院	通过
284	CKCY20160829190800118	基于柔性生产管理系统的 C2M 服装定制平台的开发	深圳市网汇天下网络技术有限公司	通过
285	GJHS20160317152248618	基于 LED 照明可见光通信工程关键技术的研究及应用示范	清华大学深圳研究生院	通过
286	CXZZ20151015113845782	普 20150484：智能蓄电池及云管理系统技术的研发	深圳市佰特瑞储能系统有限公司	通过
287	CKCY20160826144552565	钠基干法脱硫复合材料制备及应用的关键技术研发	苏福（深圳）科技有限公司	通过
288	CXZZ20151117093427957	普 20150455：无人机用光学变倍高清智能摄像机技术开发	深圳市锐达视科技有限公司	通过

续表

序号	项目编号	项目名称	项目承担单位	验收结论
289	GRCK20160406100849770	工业智能相机关键技术研究	哈尔滨工业大学深圳研究生院	通过
290	KJYY20150827155949775	低成本快速生化技术在屠宰废水处理及回用中的应用示范	深圳清华大学研究院	通过
291	KQJSCX20160226190419701	雪卡毒素形成的微生物学机制与检测试剂盒开发	清华大学深圳研究生院	通过
292	JSGG20151016161632969	重 20150212：100GHz 光通信用侧入光 25GHz 阵列光接收芯片关键技术研发	深圳市芯思杰联邦国际科技发展有限公司	通过
293	GRCK20160829171552535	负压式净化装置油烟机	深圳市大典创新供应链有限公司	通过
294	GRCK20160829173723500	美学盒子——集装箱的改造再利用	深圳市风火创意管理股份有限公司	通过
295	CXZZ20150529154711406	普 20150312：硬质合金注射成型工艺关键技术的研发	深圳市注成科技股份有限公司	通过
296	CXZZ20150930104115529	普 20150470：家政机器人的研发	深圳乐行天下科技有限公司	通过
297	JSKF20150901115155532	电镀废水低排放升级改造关键技术与工业化装备	深圳职业技术学院	通过
298	CXZZ20150529155222515	普 20150360：页岩气复合压裂核心技术研发	深圳市百勤石油技术有限公司	通过
299	KJYY20160330104939343	SF20160012：第三方电子证据保全系统应用示范	深圳市网安计算机安全检测技术有限公司	通过
300	JSGG20160226175421643	重 20160114：用于临床管理的可穿戴智能终端关键技术研发	深圳市联新移动医疗科技有限公司	通过
301	CXZZ20150930105817357	普 20150467：自动焊锡机的研发	深圳市福之岛实业有限公司	通过
302	CXZZ20150929155433482	普 20150445：残障人士用智能轮椅的研发	深圳市尚荣医用工程有限公司	通过
303	CXZZ20151015120228266	普 20150483：新型双组份有机硅胶灌封材料的研发	深圳市欧普特工业材料有限公司	通过
304	GJHZ20160226191632089	高氨氮废水高效可持续亚硝化关键技术研究	清华大学深圳研究生院	通过
305	JSGG20160226181430241	重 20160181 电动汽车驱动电机专用磁钢关键技术研发	深圳市东升磁业有限公司	通过
306	GJHS20170124161035544	无线产品检测认证公共服务平台	信华科技（深圳）有限公司	通过
307	JSGG20160226164518770	重 20160203：基于光波导芯片的混合集成系统研发	深圳市中兴新地技术股份有限公司	通过
308	GJHS20160316094252816	基于 LED 照明可见光通信工程关键技术的研究及应用示范	深圳市芯通信息科技有限公司	通过
309	CYZZ20160331172926062	基于机器视觉技术的高精度智能全自动在线检测设备	深圳市鑫信腾科技有限公司	通过
310	JSGG20160510140156383	重 20160502：基于大数据的保险精算定价服务云平台系统研发	深圳市拓保软件有限公司	通过
311	GJHS20160325152231596	大型综合会馆舞台 LED 创意显示集成系统	深圳利亚德光电有限公司	通过
312	CKKJ20160829193753652	种子社区创客空间	深圳中创国投资本有限公司	通过
313	JSGG20151030140325149	重 20150214：新型仿生骨材料的关键技术研发	深圳先进技术研究院	通过
314	CYZZ20150813153806997	用于测试按键类产品的全自动智能测试系统	深圳市海铭德科技有限公司	通过

续表

序号	项目编号	项目名称	项目承担单位	验收结论
315	JSGG20151029140405227	重 20150216：急性白血病治疗单克隆抗体药物关键技术开发	深圳赛保尔生物药业有限公司	通过
316	GJHS20170221141443545	SSR-300 高速率遥感卫星数字解调器	深圳市统先科技股份有限公司	通过
317	KQJSCX20160226190159320	高效率高鲁棒性的无线充电系统及芯片研究	清华大学深圳研究生院	通过
318	JSGG20160330154250020	重 20160368：智慧停车系统研发	深圳市金证科技股份有限公司	通过
319	JSKF20150831190848789	环境水质 TN、TP 自动监测性能扩展及关键试剂材料国产化技术研发	深圳市环境监测中心站	通过
320	CKCY20160826142441655	"全水"生产离子交换膜工艺的关键技术研发	世晟博（深圳）科技有限公司	通过
321	JSGG20141016150327538	重 2014-126：舍吲哚药物用于脑胶质瘤治疗的临床前研究	深圳市坤健创新药物研究院	通过
322	GJHS20170313162546806	PCB 检测上下料智能机器人	深港产学研基地	通过
323	GJHS20170216110943469	LTE 无线产品检测技术研究平台	深圳市通测检测技术有限公司	通过
324	CYZZ20160328104118375	LED 产品的 EMI 测试系统技术开发	深圳市优耐检测技术有限公司	通过
325	CKCY20160429141945578	米骑智能自行车把立	米骑科技（深圳）有限公司	通过
326	CXZZ20150930120101326	普 20150448：电网运行 3D 模拟监测控制系统的研发	深圳市蓝盾满泰科技发展有限公司	通过
327	GJHS20140411155136738	多工位自动喷油机	深圳市朝阳辉电气设备有限公司	通过
328	JSKF20150925162228282	环保型在线锡还原再生水平式化学浸锡设备	永天机械设备制造（深圳）有限公司	通过
329	JSGG20150812162350341	重 20150162：下一代广播电视无线网（NGB-W）全媒体接入设备关键技术研发	深圳康佳信息网络有限公司	通过
330	GRCK20160826165343088	学术宝	清华大学深圳研究生院	通过
331	JSGG20151117110846832	重 20150207：面向移动安全存储领域的高密级 eMMC 及密码服务芯片关键技术研发	记忆科技（深圳）有限公司	通过
332	JSKF20150928174856112	关于无电增压泵反渗透纯水机的关键技术研发及应用	深圳市金利源净水设备有限公司	通过
333	GJHS20120817143006207	动物源性食品产业链中有害因子溯源、测控技术研究与集成示范	深圳市易瑞生物技术股份有限公司	通过
334	JCYJ20160415113927863	信息安全芯片中基于椭圆曲线代数结构理论的侧信道防御技术研究	深圳信息职业技术学院	通过
335	JCYJ20150422150029092	欠覆盖环境下多源监控视频大数据高效编码方法	武汉大学深圳研究院	通过
336	CXZZ20150529153842359	普 20150334：智能电能质量优化系统的研发	深圳市泰昂能源科技股份有限公司	通过
337	CXZZ20150327155805385	普 20150067：城市小区生活污水深度处理及再利用技术研发	深圳市环境工程科学技术中心有限公司	通过
338	CKCY20160826160638458	电子竞技机器人关键技术的研发	深圳市工匠社科技有限公司	通过
339	CYZZ20150828142713323	六轴智能工业机器人项目可行性研究报告	深圳威特尔自动化科技有限公司	通过
340	CXZZ20150929145610263	普 20150443：机器人自动定位跟踪技术研发	深圳市朗驰欣创科技股份有限公司	通过
341	JSGG20160510143843525	重 20160525：车联网数据应用分析系统研发	深圳市京弘全智能科技股份有限公司	通过

续表

序号	项目编号	项目名称	项目承担单位	验收结论
342	CXZZ20140902151802864	基于干细胞再生技术的牙周病个体化治疗	深圳市耳鼻咽喉研究所	通过
343	CXZZ20150529155408562	普 20150366：USBC 型连接线生产用精密设备的研发	深圳市中海通机器人有限公司	通过
344	CYZZ20150805153636559	一种软包装锂离子电池自动真空注液机的研究	深圳市力德科技有限公司	通过
345	CKCY20160829175941880	基于 R-Guardian 技术的智能可携式装置的开发	前海随身宝（深圳）科技有限公司	通过
346	CXZZ20151013101635626	普 20150478：永久型高效抗静电薄膜的制备研发	深圳市润麒麟科技发展有限公司	通过
347	CXZZ20150925150700492	普 20150464：高速高精密数控钻铣设备研发	深圳市康铖机械设备有限公司	通过
348	CYZZ20150806104917013	基于人机交互方式的智能美女餐厅机器人研发	深圳市欧铠智能机器人股份有限公司	通过
349	CYZZ20150721150140986	信贷资产管理平台	深圳融合高科信息技术有限公司	通过
350	JSKF20150831190027847	家用空调器的高效节能变频器的技术开发	深圳市锐钜科技有限公司	通过
351	CXZZ20151117152342192	普 20150179：一体化智能公交监控及管理系统研发	深圳市名宗科技有限公司	通过
352	JCYJ20150324141711676	基于结构光视觉的偏光膜内部压痕检测方法研究	深圳大学	通过
353	GRCK20160829141117824	身份证人脸识别智能自助通关系统	深圳市深大工业技术研究院有限公司	通过
354	FHQ20150331104310427	长龙港科技孵化器	深圳市长龙港投资发展有限公司	通过
355	JCYJ20150402161136228	研制一套用于尿道损伤、 导尿、尿道扩张手术器械	深圳市光明新区人民医院	通过
356	CXZZ20140905095554702	治疗视网膜色素变性的 PEDF- - hUCMSCs 关键技术开发	深圳市眼科医院	通过
357	CKCY20160829175824143	LED 球炮灯自动组装生产线	深圳市大圣神通机器人科技有限公司	通过
358	JSGG20160510151009557	重 20160524：4G/5G 移动通信网络高性能信息交互关键技术研发	深圳市北科瑞声科技股份有限公司	通过
359	CKCY20160829190537333	创赛优胜奖—3D 打印机高精度控制与断点续传关键技术研发	深圳市洛众科技有限公司	通过
360	JSKF20150806172404882	垃圾渗滤液和膜滤浓缩液光电磁高级氧化深度处理技术及配套装置的研发	深圳市碧宝环保科技有限公司	通过
361	JCYJ20150626102255212	面向高效制氢的多尺度纤维载体节能烧结成形研究	深圳信息职业技术学院	通过
362	JSGG20150601161110010	重 20150130：12 英寸晶圆测试关键技术研发	华润赛美科微电子（深圳）有限公司	通过
363	GJHS20160331172600717	智能柔性制造与机器人系统及其应用示范	深圳先进技术研究院	通过
364	JCYJ20160428154156417	急性诱发免疫炎症对老年痴呆模式动物的影响	北京大学深圳研究生院	通过
365	CYZZ20150519150953999	超精密微光学机床技术创新	深圳市光波光能科技有限公司	通过
366	CYZZ20150831145816928	ICU 重症监护远程医疗信息系统	深圳市鼎创安健医疗科技有限公司	通过
367	CXZZ20150929141129873	普 20150456：VA 垂直取向型液晶显示屏关键技术研发	深圳市瑞福达液晶显示技术股份有限公司	通过
368	CXZZ20140428112450530	基于 MEMS 器件一体化备份仪表研制	深圳市南航电子工业有限公司	通过

续表

序号	项目编号	项目名称	项目承担单位	验收结论
369	GRCK20160829090423962	魔块	深圳南荔工坊创意文化有限公司	通过
370	CYZZ20150827164638166	高精度自动对位贴附机关键技术研发	深圳市盛德鑫自动化设备有限公司	通过
371	CKCY20160829164627004	低功耗无线传输 TPMS 轮胎压力监测仪	深圳市安驾创新科技有限公司	通过
372	JSGG20150928171841216	重 20150189：海洋环境直线电机关键技术研发	深圳市锐健电子有限公司	通过
373	CKFW20150911100300656	深圳纳米微米材料创客服务平台	深圳迈思瑞尔科技有限公司	通过
374	CKCY20160829162417723	新型柔性液晶调光功能薄膜关键技术及产品的研发	深圳市时代智光科技有限公司	通过
375	CXZZ20150331113144224	普 20150040：基于北斗 /GPS 双模定位的汽车主动安全技术研发	深圳市美力高集团有限公司	通过
376	FHQ20150529162914968	全至科技创新园（孵化加速器）	深圳市佳领域实业有限公司	通过
377	CYZZ20150831162125037	超长条发光导向照明线的研究与开发	深圳市中长成科技有限公司	通过
378	KQJSCX20160226190705414	用于人体健康医疗电子的低功耗无线收发机芯片关键技术研究	清华大学深圳研究生院	通过
379	GJHS20170314144132865	应用于电子商务平台的椭圆曲线加密芯片	深圳市芯通信息科技有限公司	通过
380	CYZZ20150831145237287	基于游乐运动平台的安全监控预警系统	深圳市普乐方数字技术有限公司	通过
381	JSGG20150511104613104	重 20150078：管用分离的整机加密关键技术研究	深圳市振华微电子有限公司	通过
382	CYZZ20160229161203145	中国智能电视大数据平台软件系统	深圳市奥维云网大数据科技有限公司	通过
383	GJHS20170308150009315	深圳市高新奇大型综合孵化器创新平台	深圳高新奇战略新兴产业园区管理有限公司	通过
384	CKFW20150918175326456	壹城物联网全产业链创客服务平台	深圳英盟欣科技有限公司	通过
385	CXZZ20150930110900560	普 20150446：农用单旋翼无人机研发	深圳高科新农技术有限公司	通过
386	JSGG20160328140148346	重 20160321： 高通量基因测序核心工具酶的开发	菲鹏生物股份有限公司	通过
387	CXZZ20150529162813765	普 20150273：基于病理切片图像的癌症自动诊断系统技术研发	深圳市迈科龙医疗设备有限公司	通过
388	CXZZ20150326151853870	普 20150024：多光源非接触式电子证件核验系统研发	深圳华视电子读写设备有限公司	通过
389	JSGG20160229174229763	重 20160041：基于无磁技术的低功耗无线自组网智能气表关键技术研发	深圳友讯达科技股份有限公司	通过
390	CXZZ20150430090814448	普 20150214：动力锂离子电池生产一致性检测技术的研发	深圳市大成精密设备有限公司	通过
391	CXZZ20140408153331808	多功能颈椎保健治疗枕的研发	深圳市中医院	通过
392	CYZZ20160226164213254	基于制革工艺的新型高效专用酶制剂的关键技术研究	深圳市大地康恩生物科技有限公司	通过
393	GRCK20160829144511681	自动光学检测（AOI）的在线维修系统	深圳市创赛平台创业服务有限公司	通过
394	CXZZ20150814102452903	普 20150398：新型高遮盖玻璃镜片油墨的研发	深圳市美丽华科技股份有限公司	通过
395	CXZZ20150929165021669	普 20150452：基于电子签名功能的终端通讯系统研发	深圳易普森科技股份有限公司	通过

续表

序号	项目编号	项目名称	项目承担单位	验收结论
396	CKCY20160829103103694	工业四库	深圳市通盈互联网科技有限公司	通过
397	FHQ20141114173155156	深圳中山大学产学研基地科技孵化器	深圳市中大产学研孵化基地有限公司	通过
398	JCYJ20150525092941030	盐霉素调控乳腺癌细胞 Hippo 信号通路的研究	深圳大学	通过
399	JSKF20150925163525547	新型多孔纳米水体油污吸附剂的应用研发	深圳先进技术研究院	通过
400	CYZZ20160222155157899	基于人工智能的时尚决策引擎	深圳码隆科技有限公司	通过
401	JSKF20150831153440408	餐厨垃圾生物质能源回收技术	深圳格诺致锦科技发展有限公司	通过
402	CYZZ20150408140125807	消防巡查系统	深圳市中科信诚科技有限公司	通过
403	CYZZ20150824170346729	基于云服务的智能人形机器人	深圳市优必选科技有限公司	通过
404	CXZZ20150331175211786	普 20150079：高纯高分散 SiO2 微球的规模可控制备技术和装备研发	深圳航天科技创新研究院	通过
405	CYZZ20150701154923236	面向新能源汽车的高性能电力熔断器关键技术研发	深圳市威可特电子科技有限公司	通过
406	CYZZ20160329103631340	星雅假日	深圳市星雅假日信息科技有限公司	通过
407	CKCY20160829172256029	体感型智能电动滑板车	深圳市万波智能科技有限公司	通过
408	CKFW20150820151405527	我爱快包 -- 智能硬件创客众包服务平台	深圳市中电网络技术有限公司	通过
409	CXZZ20150402141341298	普 20150004：高可靠长寿命铝电容器的研发	丰宾电子（深圳）有限公司	通过
410	CXZZ20151113173039161	普 20150411：新能源汽车高压接触器的研发	深圳巴斯巴科技发展有限公司	通过
411	CKFW20150821112217406	玩创工房创客服务平台	深圳市熙龙玩具有限公司	通过
412	JCYJ20150324141711684	CoCrFeNi 基高熵合金热电效应基础研究	深圳大学	通过
413	JCYJ20150521144320984	植被生态系统 - 气候变暖 - 大气环流制约机制研究	深圳先进技术研究院	通过
414	FHQ20140605114000389	宝能科技园科技企业创业孵化中心	深圳市中林实业发展有限公司	通过
415	JSGG20150330155038630	重 20150014：基于声波通信的安全支付芯片关键技术研发	国民技术股份有限公司	通过
416	JSGG20160329144923741	重 20160383：面向金融服务的 SAAS 服务云平台系统的关键技术研发	维恩贝特科技有限公司	通过
417	CXZZ20140904172828906	低碳低成本高阻隔二氧化碳基聚合物复合包装材料关键技术研发	深圳市通产丽星股份有限公司	通过
418	JSKF20150814112155846	河湖富营养化及蓝藻水华生物控制技术研发	深圳市鸿和达水利水环境有限公司	通过
419	CXZZ20150504145109589	普 20150122：可穿戴用血氧与脉率监测关键技术研发	深圳市倍泰健康测量分析技术有限公司	通过
420	CKCY20170508105029699	基于物联网压电传感器的健康睡眠技术研发项目	深圳市量子慧智科技有限公司	通过
421	JSKF20150928101646033	基于生物技术 CASS-SSF 污水处理技术及设备系统研发	深圳粤鹏环保技术股份有限公司	通过
422	CKKJ20150918092712054	创乐士 · 鸿汉机器人创客空间	深圳市左创智慧产业园运营有限公司	通过

续表

序号	项目编号	项目名称	项目承担单位	验收结论
423	ZDSY20150730155510540	深圳市水环境中新型污染物检测与控制重点实验室组建	深圳市环境科学研究院	通过
424	GCZX20150831165904003	深圳城市防洪减灾监测预警工程技术研究开发中心	深圳市宏电技术股份有限公司	通过
425	CYZZ20150831150709162	基于无线智能穿透技术的可视化智能家居系统研发	深圳市安普睿智科技有限公司	复议
426	GRCK20160330101938894	wemore 移动生活系统	深圳信息职业技术学院	复议
427	GRCK20160330101758334	微信预约排队叫号系统	深圳信息职业技术学院	复议
428	CKCY20160829185827677	旅游电子合同平台	深圳小信科技有限公司	复议
429	GRCK20160826110026204	基于深度学习的智能学习助手	哈尔滨工业大学深圳研究生院	复议
430	GRCK20160414163200340	“爱溯源”	深圳市中科众创空间科技创投有限公司	复议
431	JCYJ20150630164505506	紫外隔离化学物质在深圳水域中的环境监测以及潜在生态毒性分析	香港浸会大学深圳研究院	复议
432	CKCY20160829142433644	基于计算机虚拟筛选和细胞荧光示踪技术研发新的抗癌药物	未来转化医学科技（深圳）有限公司	复议
433	CYZZ20160226163937861	超高灵敏度 MEMS 磁场传感器及 12 轴运动传感器项目	海伯森技术（深圳）有限公司	复议
434	GRCK20150929141404912	“衣起穿”-- 大学生的穿衣试衣电商平台	深圳信息职业技术学院	复议
435	CKCY20160826172330448	游戏化一站式金融服务平台的开发	深圳前海惠金信息技术有限公司	复议
436	CYZZ20150916115321805	增强现实头戴式显示器	深圳市智帽科技开发有限公司	复议
437	CYZZ20160328173243298	WeGene 个人基因组检测平台	深圳市早知道科技有限公司	复议
438	JCYJ20150831203344665	具有预组织空腔结构的芳香酰胺反渗透膜设计与开发	深圳华中科技大学研究院	复议
439	CKCY20160829105214113	智能远程控制人体微环境设备的研发	龙尾电子（深圳）有限公司	复议
440	CYZZ20150831093032178	宜保云保险智能购销系统	深圳市易保网通科技有限公司	复议
441	CKCY20160829090311426	够格（GoGal）直播购物平台	深圳市美知互动科技有限公司	复议
442	CYZZ20160414153348728	基于 WIFI 入口的智慧社区 O2O 开放平台研发	深圳全民尚网科技有限公司	复议
443	CYZZ20160311151136438	一种防止 IC 卡信息被窃取的远程屏蔽报警系统研究	深圳市联合智能卡有限公司	复议
444	CYZZ20150804104005091	可通话二次氧化工艺智能手表	深圳市哈波智能科技有限公司	复议
445	CYZZ20130315141054504	线路板深度节水系统开发研究	深圳中兴节能环保股份有限公司	复议
446	CYZZ20150831150646474	基于智能活体指纹识别系统关键技术的研发	深圳英诺敏科技有限公司	复议
447	CYZZ20160408102906598	摄像头自动检测器研发	深圳市铭嘉信科技有限公司	复议
448	CYZZ20150831170426959	高效率环保型光电玻璃减薄工艺的研发	深圳市金鸿桦烨电子科技有限公司	复议
449	CKCY20160829164202479	基于人脸识别技术的车载智能后视镜	深圳市芝麻开门电子科技有限公司	复议

续表

序号	项目编号	项目名称	项目承担单位	验收结论
450	CKCY20160429142619772	基于磁共振耦合的第二代无线充电芯片研发	深圳市易冲无线科技有限公司	复议
451	CYZZ20150831093915740	多功能纳米陶瓷平板膜及其饮用水处理设备研发	深圳市康源环境纳米科技有限公司	复议
452	CYZZ20150821162029639	城市景观水体生态修复核心技术研发及应用	深圳市益水生态科技有限公司	复议
453	CYZZ20160530092417380	新型节能热管散热无眩光 LED 高功率投射灯	深圳市艾格斯特科技有限公司	复议
454	CYZZ20150805154340778	智能电网电力线网络分析仪的研发	深圳市中创电测技术有限公司	复议
455	CKCY20160829143406132	基于动态数据解析技术的多维视角观赛系统研发	深圳市纬氪智能科技有限公司	复议
456	CKCY20160829163647413	燃气泄漏智能监控与远程控制系统研发	深圳市泰燃智能科技有限公司	复议
457	CYZZ20150827143548823	基于银纳米线的透明柔性电极的研发	深圳市华科创智技术有限公司	复议
458	CKCY20160427102110718	新型微藻饲料的开发与应用	深圳市微宇生物科技有限公司	复议
459	GRCK20150929141405558	兼职速	深圳信息职业技术学院	复议
460	GRCK20160415111858907	CHARM- 基于服装定制云平台	深圳信息职业技术学院	复议
461	CKCY20160829163647413	互联网警务侦控系统	孔雀团队依托单位	复议
462	CKCY20160829173724169	临床级关节镜冲洗液干细胞的关键技术研发与产业化制备	安和（深圳）健康科技有限公司	复议
463	CYZZ20160304165036893	基于云平台的母婴健康智能管理终端研发	深圳市深大云伴健康科技有限公司	复议
464	CYZZ20150826142127432	柔性印制电路板用阻焊油墨的研发与产业化	深圳市珞珈新材料科技有限公司	复议
465	GRCK20160415111859716	沉浸式虚拟现实无人机驾驶系统研制	深圳信息职业技术学院	复议
466	GRCK20150929141405429	吃货	深圳信息职业技术学院	复议
467	CYZZ20160407161621481	新型仿生复合多孔骨修复材料及其产品的研发	深圳市汉强医用材料有限公司	复议
468	CYZZ20150727143721033	城市出租车智能服务管理信息系统	深圳市京泰基科技有限公司	复议
469	GRCK20160826172203952	互联网学车服务平台	深圳信息职业技术学院	复议
470	CYZZ20150831171440131	基于大数据生态构造的 Tronker 创客网络平台的研发	深圳赛飞软件有限公司	复议
471	JCYJ20160408173301955	帕崩板防治肝癌的机制研究	深圳华中科技大学研究院	复议
472	GRCK20160330101906312	咕饥——基于互联网 + 的食堂订餐平台	深圳信息职业技术学院	复议
473	GRCK20160825153135721	智能蓝牙防丢钥匙扣	深圳长虹科技有限责任公司	复议
474	CYZZ20160229125014879	面向包装行业的捆包堆码智能系统关键技术研发	深圳市动力飞扬自动化设备有限公司	复议
475	CYZZ20150716100006440	应用于数字化医院远程医疗服务的大数据管理系统开发	蓝网科技股份有限公司	复议
476	CYZZ20150810105918934	汽车铝型材挤压机用钢改进型 H13 的研制	深圳市海科模具科技有限公司	复议
477	CKCY20160829173916521	应用 Crispr/Cas9 系统精准改良诱导多能间充质干细胞 (iPS-MSC) 再生性能的关键技术开发	深圳丹伦基因科技有限公司	复议

续表

序号	项目编号	项目名称	项目承担单位	验收结论
478	JCYJ20150630164505504	新型卟啉小分子的设计、合成、结构 - 性能研究及光伏应用	香港浸会大学深圳研究院	复议
479	GRCK20160825153403024	基于机屏分离技术的通讯终端	深圳长虹科技有限责任公司	复议
480	GRCK20160330101627896	【速印先生】云制造印刷服务平台	深圳信息职业技术学院	复议
481	CYZZ20150831152035271	关于太阳能光伏发电系统的关键技术研发	深圳市晶昶能新能源科技有限公司	复议
482	CKCY20160825172358762	AR 增强现实智能眼镜研发及产业化	深圳鼎界科技有限公司	复议
483	CYZZ20150827114711354	有机垃圾资源化处理技术及设备的研发	深圳市三盛环保科技有限公司	复议
484	CRCK20160829180326552	基于总线通信无线控制技术的 3D 打印细胞机器人的设计与开发	深圳信息职业技术学院	复议
485	GRCK20160826110215508	汽车鱼眼镜头 360 环视系统	哈尔滨工业大学深圳研究生院	复议
486	CKCY20160429165537566	Air Button 超級按鍵	孔雀团队依托单位	复议
487	JCYJ20120615172425764	深圳市花簕杜鹃种质资源保育和评价研究	深圳市仙湖植物园管理处	复议
488	GRCK20160415111858542	基于秀米 O2O 定制平台研发出智能 wifi 路由器	深圳信息职业技术学院	复议
489	GRCK20150929141405687	橙色阳光	深圳信息职业技术学院	复议
490	CXZZ20150814161248700	普 20150275：具有骨关节修复与保健功能的活性物质研发	深圳太太药业有限公司	复议
491	CXZZ20150527154129156	普 20150309：支持多种国密算法的低功耗高性能密码芯片研发	深圳华视微电子有限公司	复议
492	CXZZ20151015145605329	普 20150473：基于大数据的互联网云安全平台的开发	深圳市盈华讯方通信技术有限公司	复议
493	CXZZ20130517173626835	新型颈椎椎间融合器的研制以及其生物力学与生物相容性研究	深圳市第二人民医院	复议
494	JSKF20150828161854750	中央空调循环水处理全自动加药排污技术的研发	深圳市南峰水处理服务有限公司	复议
495	GJHS20170313150656588	纳米增强复合新型电池隔膜的产业化	深圳市星源材质科技股份有限公司	复议
496	CXZZ20151015150739454	普 20150475：基于车联网智能行车安全系统技术研发	深圳市凌启电子有限公司	复议
497	CXZZ20140903154251302	玉叶金花种质资源保存与新品种培育和推广应用研究	深圳市仙湖植物园管理处	复议
498	JSGG20150512100134432	重 20150095：新型多模陶瓷介质材料滤波器关键技术研发	摩比天线技术（深圳）有限公司	复议
499	KQCY20150401160622265	耐高温半导体电子封装纳米杂化材料的先进制备技术与产业化	深圳市珞珈新材料科技有限公司	复议
500	JSGG20150831193123444	大气重金属多元素精密全天候在线监测仪	深圳市华唯计量技术开发有限公司	复议
501	CKKJ20150821174215949	创客基地众创空间	深圳创客基地科技有限公司	复议
502	CXZZ20150929112741857	普 20150436：抗血小板聚集拟肽类药物的前期研发	深圳市维琪医药研发有限公司	复议
503	CKKJ20150821195543492	大公坊创客基地	深圳市大典创新供应链有限公司	复议

续表

序号	项目编号	项目名称	项目承担单位	验收结论
504	JSKF20150824151319996	节能汽车多层共挤吹塑燃油箱模具制造关键技术的研发	深圳市银宝山新科技股份有限公司	复议
505	GJHS20170313162853154	建筑铝材无铬钝化前处理锆钛化新技术产品的研制	北京大学深圳研究院	复议
506	CYZZ20160504112955358	深圳市民生环境改善 VOC 新技术检测公共技术服务平台	深圳市安康检测科技有限公司	复议
507	JSKF20150710143601878	基于 UV 光解的工业废气高效净化技术研发	深圳市天浩洋环保股份有限公司	复议
508	JSGG20151030110921727	重 20150215：靶标专一性抗癌新药的研发	香港城市大学深圳研究院	复议
509	CXZZ20150813155527653	普 20150397：导尿管亲水超滑涂层材料的研发	深圳市凯思特医疗科技股份有限公司	复议
510	CYZZ20150730120204955	全自动水底地貌测绘机器人系统研发	深圳市云洲创新科技有限公司	复议
511	CYZZ20160401142843495	基于高精度智能、一体化技术的动力电池防爆盖板制造设备	深圳市元博智能科技有限公司	复议
512	JSGG20160229120145057	重 20160123： 超高精细复合玻璃触控面板关键技术研发	深圳市锦瑞新材料股份有限公司	复议
513	CYZZ20160518153246592	新型轻质复合材料及结构的关键技术研发	深圳市飞博超强新材料有限公司	复议
514	CYZZ20150828153039354	新能源领域的新型大功率高频磁性器件的应用开发	特富特科技（深圳）有限公司	复议
515	CKCY20160829143108005	多功能可折叠智能脚踏式母婴亲子车	深圳市鑫鼎泰实业有限公司	复议
516	JCYJ20160406140612883	基于核磁共振代谢组技术研究艾灸胃经穴促进胃黏膜损伤修复的中枢响应机制	厦门大学深圳研究院	复议
517	KJYY20151116165726645	SF2015-38. 深圳市新生儿遗传病基因诊断的应用示范	深圳华大生命科学研究院	复议
518	CKCY20160824110907572	高性能数字化焊接电源	孔雀团队依托单位	复议
519	JSKF20150928164945550	基于 ZigBee 技术的高效节能智能化 LED 照明系统研发	深圳市索佳光电实业有限公司	复议
520	CKFW20150918144954341	中国创客联盟服务平台	深圳市科技企业孵化器协会	复议
521	JSKF20150821100323471	退锡废液回收处理及循环再生关键技术研发	深圳市瑞世兴科技有限公司	复议
522	CYZZ20160302141203817	基于 Air-Elastic 技术的智能随行杯 Seed 的研发	深圳麦开网络技术有限公司	复议
523	JSGG20160427103632585	重 20160283：基于数据融合模型与分布式流计算的 IT 运维关键技术的研究	深圳市脉山龙信息技术股份有限公司	复议
524	CKFW20150821172909129	多媒体艺术设计文化创客服务平台	深圳市软沟通文化发展有限公司	复议
525	CYZZ20160518172016888	IsFit 中小行业物联网应用中间件技术的研究及应用	深圳市麦斯杰网络有限公司	复议
526	CYZZ20160412152120055	智能对讲数据终端的研发	深圳市万维智联科技有限公司	复议
527	JSGG20140519152001112	重 2014-019：下一代光接入 TWDM PON 关键技术研发	中兴通讯股份有限公司	复议
528	CYZZ20160421104139318	基于海量文本挖掘技术的产品洞察系统	深圳市海阔信息技术有限公司	复议
529	CKFW20150918153939389	星云智能硬件加速器 (创客服务平台)	深圳星云极客科技孵化器有限公司	复议

续表

序号	项目编号	项目名称	项目承担单位	验收结论
530	CYZZ20160310102249573	基于雷达传感技术的汽车盲点监测系统	深圳市佰誉达科技有限公司	复议
531	JSGG20160510160048860	重 20160513： 远程无线电调制解调（LORA）低功耗通信网络关键技术研发	深圳市泰比特科技有限公司	复议
532	CKCY20160829110444330	手术麻醉临床信息化解决方案	优医软件（深圳）有限公司	不通过
533	JCYJ20140903171444757	外周血循环肿瘤细胞在癌症扩散过程中的单细胞水平的分子机制研究	深圳华中科技大学研究院	不通过
534	JCYJ20140416122811980	利用新型引导针进行三维适形射频消融的动物实验研究	深圳市人民医院	不通过
535	CKCY20160428150406993	基于锂电池梯次利用技术的电动助力式移动储能型交直流新能源汽车充电终端	深圳市紫帆科技开发有限公司	不通过
536	KJYY20140530105356499	SF2014-01. 教育领域 SaaS 系统在深圳云计算平台的应用示范	深圳习习网络科技有限公司	不通过
537	CXZZ20140825100151761	采用复合相变换热器的烟气余热利用技术研发	深圳中兴科扬节能环保股份有限公司	不通过
538	KJYY20150731141145480	城市污泥制富氢燃气技术的应用示范	深圳华中科技大学研究院	不通过

2018 年第 4 批市科技计划项目验收结果

序号	项目编号	项目名称	项目承担单位	验收结论
1	JCYJ20160122105855253	深圳大气中生物气溶胶的海陆来源鉴别研究	北京大学深圳研究生院	通过
2	JCYJ20160428154351820	睡眠期间钙离子树突峰电位对阿尔茨海默症发病进程的影响	北京大学深圳研究生院	通过
3	JCYJ20150629144835001	原子层沉积新型导锂材料包覆电极材料提高锂电池性能的研究	北京大学深圳研究生院	通过
4	ZDSYS20150430153916135	深圳市细胞生理学重点实验室	北京大学深圳研究生院	通过
5	JCYJ20160531173428892	光伏玻璃表面防污纳米涂层的开发	北京大学深圳研究院	通过
6	JCYJ20150403091443302	FOXP3-siRNA 调控肝癌细胞增殖侵袭及趋化因子 / 受体轴效应和机制	北京大学深圳医院	通过
7	JCYJ20150403091443272	新型抗血小板药物对 ACS 患者择期 PCI 的疗效与安全性的观察	北京大学深圳医院	通过
8	JSGG20160229115138818	重 20160253：基于小型低成本红外光谱的人体血糖浓度的无创检测技术研发	北京理工大学深圳研究院	通过
9	KQJSCX20160217143907137	确定性光学制造装备及工艺智能化技术	北京理工大学深圳研究院	通过
10	JSGG20160229115108346	重 20160235 高精度二维动态光电准直测量系统研发	北京理工大学深圳研究院	通过
11	ZDSYS20160421145511910	载 20160018：深圳市先进光学制造装备与检测重点实验室	北京理工大学深圳研究院	通过
12	JSGG20160428114357401	重 20160423：适用于柔性电子器件的高可靠柔性封装薄膜技术研发	创维液晶器件（深圳）有限公司	通过
13	GJHS20170314112602473	南方城市污泥厌氧消化与安全运行技术与装备	东江环保股份有限公司	通过
14	CKCY20160427154702414	基于传感器网络的室内环境质量综合解决方案	风纹物联（深圳）技术有限公司	通过
15	KQJSCX20160226201838900	柱稳型海上浮式风机基础的关键技术开发	哈尔滨工业大学（深圳）	通过
16	GRCK20160406161855801	用于子宫切除手术的双操作臂转塔式子宫定位器的研制	哈尔滨工业大学（深圳）	通过
17	GJHS20140508142134335	国家企业互联网服务支撑软件工程技术研究中心	金蝶软件（中国）有限公司	通过
18	GJHS20160331101639468	现代服务业跨界服务共性技术体系研发与应用示范	金蝶软件（中国）有限公司	通过
19	CKCY20160829163814315	小微门店及商户营销管理公共服务平台	聚诚（深圳）网络科技有限公司	通过
20	CKCY20160829161747408	室内 TOF 三维激光雷达的研发	孔雀团队依托单位	通过
21	JCYJ20160226192238361	细胞黏附分子在肾小球疾病中的作用及相关机制研究	南方科技大学	通过
22	JCYJ20160301112230218	脑卒中神经损伤炎性反应相关的脂组学研究	南方科技大学	通过
23	FHQ20140930104055082	南方科技大学科学园孵化器	南方科技大学	通过
24	JCYJ20160301152145171	面向 SDN 混合部署场景的 IP 源地址验证机制研究	清华大学深圳研究生院	通过
25	JCYJ20140417115840234	核燃料组件下管座激光增材成型技术基础研究	清华大学深圳研究生院	通过

续表

序号	项目编号	项目名称	项目承担单位	验收结论
26	CXZZ20140521161827690	一体化串联式深海声学应答释放器设计与研发	清华大学深圳研究生院	通过
27	CYZZ20160420145538860	交互系统核心微型 3D 传感器及人工智能平台	深圳奥比中光科技有限公司	通过
28	CYZZ20160331101503973	手机全自动智能柔性装配线的关键技术研发	深圳橙子自动化有限公司	通过
29	JSGG20160428140620531	重 20160050：相变储能空调系统研发	深圳创维空调科技有限公司	通过
30	KJYY20150828164915480	动态冰蓄冷及其节能控制技术在商用建筑中的应用示范	深圳达实智能股份有限公司	通过
31	JCYJ20160422102622085	多晶硒化锡基材料的湿化学法合成及其电热传输机理研究	深圳大学	通过
32	JCYJ20160307154003475	面向视频大数据的快速视觉显著性检测及目标分割算法	深圳大学	通过
33	JCYJ20160307143441261	高空间分辨率高光谱图像的空谱域兴趣点研究	深圳大学	通过
34	JSGG20150512162504354	重 20150106：谐振式光纤陀螺的研发	深圳大学	通过
35	JCYJ20140418095735569	基于集成学习理论的蛋白质相互作用与功能预测研究	深圳大学	通过
36	JCYJ20150324141711672	低氧诱导因子 HIF-miRNA 对骨关节炎软骨干细胞的协同调控研究	深圳大学	通过
37	JCYJ20150324141711688	高脂诱导骨骼肌细胞胰岛素抵抗过程中脂肪酸转运蛋白 CD36 异常分布的机制研究	深圳大学	通过
38	CYZZ20160408152853047	基于物联网技术的智能 LED 照明灯光控制系统的研发及应用	深圳飞德利照明科技有限公司	通过
39	JSGG20160429162150389	重 20160428：基于聚酰亚胺的柔性显示基底制备关键技术研发	深圳飞世尔新材料股份有限公司	通过
40	KJYY20160331152547545	SF20160019：IC 芯片自动测试分选技术的应用示范	深圳格兰达智能装备股份有限公司	通过
41	JSGG20160229101830487	重 20160135：基于碳基纳米材料的快速充电高能量密度锂电池关键技术研发	深圳格林德能源有限公司	通过
42	JSGG20160331092139109	重 20160352 新能源微网一体机研发	深圳古瑞瓦特新能源股份有限公司	通过
43	JSGG20150917174734195	重 20150182：低频吸波超材料关键技术研究	深圳光启高等理工研究院	通过
44	JSGG20150917174852555	重 20150181：超材料低剖面宽带垂直极化辐射单元关键技术研究	深圳光启高等理工研究院	通过
45	GCZX20160229142046430	载 20160002 深圳市虚拟现实与增强现实视频制作工程技术研究开发中心	深圳广播电影电视集团	通过
46	JSGG20160510112231536	重 20160497 大数据架构下标准化信息智能采集引擎关键技术研究	深圳海棠通信技术有限公司	通过
47	CXZZ20150504150510573	普 20150244：高精密直线电机的研发	深圳航天科技创新研究院	通过
48	CYZZ20160406155343272	楼宇自动化暖通节能控制器关键技术研发	深圳宏伟时代自控有限公司	通过
49	JSGG20160229105031551	重 20160130：北斗卫星导航系统声表面波滤波器射频芯片研发	深圳华远微电科技有限公司	通过
50	CYZZ20160513150526988	基于 COBO 硅光子技术的高速平行光学端子	深圳加华微捷科技有限公司	通过

续表

序号	项目编号	项目名称	项目承担单位	验收结论
51	KQTD201204	治疗糖尿病的多肽新药创制与产业化（多肽新药开发孔雀团队）	深圳君圣泰生物技术有限公司	通过
52	CYZZ20160329111723898	新型 3D 影像四轮定位仪研发及产业化	深圳科澳汽车科技有限公司	通过
53	CXZZ20140422162946772	智能电网过电压一体化保护系统	深圳可雷可科技股份有限公司	通过
54	CKCY20160824160854509	新一代高性能 Wi-Fi 技术研究 (Wi-Fi 2.0)	深圳鲲鹏无限科技有限公司	通过
55	CYZZ20160530155044529	数字标牌在警情预告中应用的技术研发	深圳蓝图信息技术股份有限公司	通过
56	CYZZ20160229112222250	无线远程监控多通道静脉输注中央站的研究	深圳麦科田生物医疗技术有限公司	通过
57	JSGG20160331161537174	重 20160360： 高能效风冷磁悬浮冷水机组研发	深圳麦克维尔空调有限公司	通过
58	CYZZ20160422162354128	基于 Android 平台的米钻锁屏软件研究应用	深圳米钻网络科技有限公司	通过
59	JSGG20160331105030925	重 20160409 ： 低空喷洒专用农药产品技术研发	深圳诺普信农化股份有限公司	通过
60	GJHS20170119150548753	锂离子电池检测技术研究 公共服务平台	深圳普瑞赛思检测技术有限公司	通过
61	CKCY20160429113654008	基于云架构的智能搬运机器人系统	深圳普智联科机器人技术有限公司	通过
62	JCYJ20160309153506046	颈 / 腰椎人工假体摩擦腐蚀耦合损伤关键基础问题研究	深圳清华大学研究院	通过
63	GJHS20170307145434494	用于胶囊内窥镜的新一代高能效无线收发机芯片	深圳清华大学研究院	通过
64	GJHZ20160301092608343	面向新一代能源互联网的高效感知、可靠传输与组网优化关键技术研究	深圳清华大学研究院	通过
65	JCYJ20160429170032960	基于角点特征的图像多目标检测及其应用研究	深圳清华大学研究院	通过
66	CXZZ20150402104158173	普 20150057：多靶点中药验方治疗 2 型糖尿病的技术研发	深圳清华大学研究院	通过
67	JCYJ20150630153033408	第三代半导体材料氮化镓晶片平坦化中的关键材料研究	深圳清华大学研究院	通过
68	GJHS20160329160503174	面向行业用户的高清专业录播系统	深圳锐取信息技术股份有限公司	通过
69	CYZZ20160331102340755	无（低）光生物危害防爆 LED 玻璃管及其涂料的关键技术开发	深圳瑞欧光技术有限公司	通过
70	CYZZ20160315100214637	高效集成模块化机房制冷绿色数据中心解决方案	深圳市阿尔法特网络环境有限公司	通过
71	CXZZ20140516115822581	大气环境监测无人机平台研发及产业化	深圳市艾特航空科技股份有限公司	通过
72	CYZZ20150714103132159	AGV 智能车视觉图像处理导航技术的研究与实现	深圳市艾微迅自动化科技有限公司	通过
73	CYZZ20160429110816550	生物学数字化综合实验室解决方案	深圳市爱科学教育科技有限公司	通过
74	CYZZ20150827160629666	32 位低功耗物联网触控 SoC 芯片的研发	深圳市爱普特微电子有限公司	通过
75	CKCY20160829192132781	基于人工智能深度学习系统的老年理财陪伴机器人	深圳市爱智慧科技有限公司	通过
76	CXZZ20150504164643276	普 20150201：大容差高导热有机硅材料研发	深圳市傲川科技有限公司	通过
77	CYZZ20160525092524870	全自定义玻璃智能键盘的研发与应用	深圳市百川海奇科技有限公司	通过

续表

序号	项目编号	项目名称	项目承担单位	验收结论
78	JCYJ20150402152005629	HSP70-HBcAg 嵌合基因上调树突细胞疫苗抗 HBV 作用及分子机制研究	深圳市宝安区人民医院	通过
79	GJHS20140418145848319	全降解血管支架（金属镁基、聚乳酸基）	深圳市北科航飞生物医学工程有限公司	通过
80	GJHS20160329151358803	广东省干细胞再生医学新生物工程技术研究开发中心	深圳市北科生物科技有限公司	通过
81	JSGG20160229113515153	重 20160170：化学镍金镀钌阻挡层关键技术研发	深圳市贝加电子材料有限公司	通过
82	GJHZ20150316141713255	肠神经元 - 胶质细胞可塑性的变化在感染后肠激惹综合征中的分子机制研究	深圳市第二人民医院	通过
83	JCYJ20150330102720120	As2O3 和 HCPT-PLGA 微球在原发性肝癌介入治疗中作用的实验研究	深圳市第二人民医院	通过
84	CXZZ20140421155346007	糖尿病肾病进展的影响因素以及咖啡酸苯乙酯对其肾脏和血管的保护机制	深圳市第二人民医院	通过
85	JCYJ20150402111430635	陆禽在 H9N2 流感病毒跨种属中的作用	深圳市第三人民医院	通过
86	JSGG20150330154546911	重 20150004：基于石墨烯的声学振膜及信号调理模块关键技术研发	深圳市奋达科技股份有限公司	通过
87	CYZZ20160317092020517	新一代蓝牙自组网智能家居通信系统	深圳市高为通信技术有限公司	通过
88	CYZZ20140728112410829	OGS 与 TFT 无缝贴合技术研发与产业化	深圳市广百光电科技有限公司	通过
89	KQJSCX20160226121026650	一种新型原油降凝剂的研究与应用	深圳市广昌达石油添加剂有限公司	通过
90	CYZZ20160329103130119	基于语音识别的智能家居云系统的研发	深圳市广佳乐新智能科技有限公司	通过
91	CYZZ20160331155342774	高功率铁路模块电源的研发	深圳市广能达科技有限公司	通过
92	JSGG20160506091621022	重 20160520：军用特种自修复复合材料研发	深圳市国志汇富高分子材料股份有限公司	通过
93	CYZZ20160401155930573	集成搬运机器人开放式通讯导航的自动化智能仓储管理系统	深圳市海联天下科技有限公司	通过
94	FHQ20140929140609739	益田创新科技园	深圳市红岭创投产业园运营有限公司	通过
95	JSGG20160330151454284	重 20160403：分布式高效图计算引擎关键技术研究	深圳市华傲数据技术有限公司	通过
96	JSGG20160229162049693	重 20160269：超高分辨率大尺寸宽视角补偿液晶显示面板关键技术研发	深圳市华星光电技术有限公司	通过
97	CYZZ20160422161018201	教学质量监控系统的研发	深圳市继尧信息技术有限公司	通过
98	CXZZ20140508162725226	全自动全封闭多靶点生物技术平台研发	深圳市捷纳生物技术有限公司	通过
99	CKCY20160829193021842	LED 芯片级封装（CSP）产业化关键技术研究	深圳市晶仕德光电有限公司	通过
100	GJHS20160224091155416	基于 LED 照明可见光通信工程关键技术的研究及应用示范	深圳市九洲光电科技有限公司	通过
101	CYZZ20150730155246658	一种应用于智能代步机器人的外转子伺服电机研发	深圳市凯旸电机有限公司	通过
102	JSGG20160331154546471	重 20160332：边坡稳定性预测预报及垮塌控制技术研究	深圳市勘察测绘院有限公司	通过

续表

序号	项目编号	项目名称	项目承担单位	验收结论
103	CYZZ20150803150750450	智能调光玻璃 ITO 柔性导电膜的研发	深圳市康盛光电科技有限公司	通过
104	CYZZ20160523111851108	基于空气涡旋式散热技术的大功率 LED 工矿灯开发及应用	深圳市柯美莱光电有限公司	通过
105	JSGG20160509162417636	重 20160501： 基于移动支付的云管理平台关键技术研究	深圳市科脉技术股份有限公司	通过
106	GJHS20170313163512454	新一代数字电视产业链关键技术及产品研发与产业化	深圳市酷开网络科技有限公司	通过
107	CYZZ20160408161421864	基于惯性传感技术的羽毛球动作分析系统	深圳市酷浪云计算有限公司	通过
108	JSGG20160229122659888	重 20160042： 高效节能植物生长系统的智能控制关键技术研究	深圳市朗科智能电气股份有限公司	通过
109	JCYJ20150327100319791	乳糜微粒对无偿献血血液 5 项检测指标的影响研究	深圳市龙岗区中心血站	通过
110	JCYJ20150331103341693	SDF-1/CXCR4 通路对骨肉瘤细胞侵袭转移能力影响的实验研究	深圳市龙岗区中医院	通过
111	JCYJ20150331103341694	减味寿胎丸对甲醛生殖毒性的干预作用	深圳市龙岗区中医院	通过
112	ZDSYS20150605093527292	深圳市耳鼻咽喉疾病重点实验室	深圳市龙岗中心医院	通过
113	JSGG20160229153205240	重 20160232： OLED 用高阻隔、高光学透明度柔性压敏胶粘带的研发	深圳市美信电子有限公司	通过
114	JSGG20160229170423146	重 20160057：基因修饰靶向治疗遗传疾病关键技术研发	深圳市免疫基因治疗研究院	通过
115	GJHS20170314141617630	高精度 LED 照明驱动芯片	深圳市明微电子股份有限公司	通过
116	GJHS20170314141541691	高刷新率、低功耗 LED 高精度恒流驱动芯片	深圳市明微电子股份有限公司	通过
117	GJHS20160330143311735	便携式视力筛查仪	深圳市莫廷影像技术有限公司	通过
118	JCYJ20150402152130174	指动脉皮支血管网的显微解剖与皮支链皮瓣的设计应用研究	深圳市南山区人民医院	通过
119	CYZZ20160530190311692	有毒气体智能传感器及安全防护系统的研发	深圳市欧瑞博科技有限公司	通过
120	CYZZ20150731142227986	图像投影微光刻 3D 打印及其微光电元件制作技术	深圳市鹏安视科技有限公司	通过
121	KJYY20140828173749402	SF2014-25. 生物废弃物零排放的应用示范	深圳市普新环境资源技术有限公司	通过
122	CXZZ20150527160348765	普 20150327：基于触发信号驱动计量动态读取技术的研发	深圳市千宝通通科技有限公司	通过
123	GJHS20170310105814371	广东省数字化焊接电源工程技术研究中心	深圳市瑞凌实业股份有限公司	通过
124	CYZZ20160323143635845	基于汽车娱乐系统可靠性 α 测试机器人的研发	深圳市瑞旸科技有限公司	通过
125	CYZZ20160330105655982	智能型一体纯水机	深圳市深水海纳净水科技有限公司	通过
126	CYZZ20150825144648995	一种 EDI 超纯水设备远程控制系统研发	深圳市升邦水处理设备有限公司	通过
127	CYZZ20160421145837354	改性磷酸铁锂动力型电池关键技术研发	深圳市盛邦科技有限公司	通过
128	CKKJ20150916112642133	天诚商务互联网信息创客空间	深圳市盛世天诚商务管理有限公司	通过

续表

序号	项目编号	项目名称	项目承担单位	验收结论
129	CYZZ20160311094659924	基于 BDS/GPS 的多模多频低功耗芯片关键技术研发及产业化	深圳市时代云海科技有限公司	通过
130	CYZZ20160318161746532	新一代 4G 全球漫游宝虚拟卡无线路由器的研发	深圳市斯凯荣科技有限公司	通过
131	CYZZ20160524141527534	卫星移动互联网及天地混组交互技术在远程教育的应用	深圳市斯坦梦卫星传播有限公司	通过
132	JSGG20160229144225905	重 20160190：数控机床用大功率大扭矩电主轴的研发	深圳市速锋科技股份有限公司	通过
133	JCYJ20150402094341901	B 型主动脉夹层腔内修复术手术时机的选择	深圳市孙逸仙心血管医院	通过
134	CXZZ20150402144434970	普 20150109：便携式血小板功能检测仪器研发	深圳市泰嘉电子有限公司	通过
135	CYZZ20160518154914197	基于大数据的智能公路治超管控平台的研发	深圳市坦成科技有限公司	通过
136	CKCY20160829143042191	基于阿尔兹海默症早期诊断识别的大数据分析平台	深圳市唐仁医疗科技有限公司	通过
137	CYZZ20160429160641298	移动 4G 通信终端 LTE 天线创新技术研发	深圳市天威讯无线技术有限公司	通过
138	GJHS20170313162031641	铁汉生态研究院建设	深圳市铁汉生态环境股份有限公司	通过
139	CYZZ20150821142206295	便携式精密分光测色仪的研发	深圳市威福光电科技有限公司	通过
140	CXZZ20150813100417184	普 20150401：细晶钨铜复合材料制备技术研发	深圳市威勒科技股份有限公司	通过
141	JSGG20160229143158882	重 20160252 ：高响应高精度永磁同步伺服驱动器的研发	深圳市伟创电气有限公司	通过
142	JSKF20150807114111404	大气污染防治中的柴油机尾气高效减排治理技术的研发	深圳市希力普环保设备发展有限公司	通过
143	JSGG20160229145748550	重 20160183：用于触摸屏的改性有机硅材料的研发	深圳市新纶科技股份有限公司	通过
144	CYZZ20170331155453904	一种可自动侦测和自动调整电源电压的智能充电器（Type-C/PD）项目研究	深圳市鑫荣昌科技有限公司	通过
145	KJYY20160427153724785	SF20160027 压铸机辅助自动化装备的应用示范	深圳市鑫台铭智能装备股份有限公司	通过
146	CYZZ20150824153018650	复合式膜生物生活污水一体化处理设备研发	深圳市信力坚环保科技有限公司	通过
147	CYZZ20160530200924455	世界同服实时对抗 3D 游戏《Pink Battle》研发	深圳市星辰时代科技有限公司	通过
148	CYZZ20150817140401701	锂电池正极自动超焊贴胶机的研发与产业化	深圳市星锦宏科技有限公司	通过
149	JSGG20160429140800177	重 20160438：多维身份认证智能终端关键技术研发	深圳市雄帝科技股份有限公司	通过
150	GJHZ20160229170623135	早产儿童近视状态及发病机理研究	深圳市眼科医院	通过
151	JCYJ20150402152130696	自噬及其调控在外伤性视神经病变中的作用研究	深圳市眼科医院	通过
152	JCYJ20140418153354413	Pig-a 基因突变试验在化妆品遗传毒性检测领域的应用研究	深圳市药品检验研究院（深圳市医疗器械检测中心）	通过
153	CYZZ20150831144745459	食管癌的溶瘤免疫治疗新药临床前开发研究	深圳市亦诺微医药科技有限公司	通过
154	KQTD201104	新型超高亮度半导体光源的研制及产业化（新型超高亮度半导体光源之研发团队）	深圳市绎立锐光科技开发有限公司	通过

续表

序号	项目编号	项目名称	项目承担单位	验收结论
155	JSGG20160429115315032	重 20160137：靶向治疗白血病的双嵌合抗原受体 T 细胞技术开发	深圳市茵冠生物科技有限公司	通过
156	JSGG20160229112558701	重 20160034：低地板车牵引驱动变流器电抗器关键技术研发	深圳市英大科特技术有限公司	通过
157	JSGG20160330170801001	重 20160311： 基于国产安全芯片的移动支付终端研发	深圳市优博讯科技股份有限公司	通过
158	JSGG20160425110832544	重 20160431：基于氮化铝陶瓷基板的无级调光 LED 模组研发	深圳市源磊科技有限公司	通过
159	CYZZ20160527145018964	基于“互联网 +”的医院床旁智能服务平台系统研发	深圳市云谷创新科技有限公司	通过
160	CYZZ20160426154329878	移动互联终端云服务安全管理平台的研究及应用	深圳市掌星立意科技有限公司	通过
161	CKCY20160427143250461	车联网智能交互终端的开发和应用推广	深圳市智车联技术有限公司	通过
162	JCYJ20150401163247220	叶下珠及其复方对 HBxAg 介导人肝癌 URG11 表达的影响	深圳市中医院	通过
163	CYZZ20160411165056215	4K2K 分辨率的超高清 LED 视频处理器的研发	深圳市众鼎科技有限公司	通过
164	CKCY20160428151405246	互联网 +“自助共享式”知识产权服务平台项目	深圳市自己来创新服务有限公司	通过
165	JSGG20160229152644321	重 20160155：高倍率 18650-2.8Ah 动力电池关键技术研发	深圳拓邦股份有限公司	通过
166	CYZZ20160427101618890	基于微纳米加工技术的滤膜制备技术和应用研究	深圳拓扑精膜科技有限公司	通过
167	JSGG20160331112312159	重 20160324：微生态活菌制品工艺及其生产设备的研究与开发	深圳万和制药有限公司	通过
168	JCYJ20160531184646437	基于混合通信模式的无线体域网高能效通信理论研究	深圳先进技术研究院	通过
169	JCYJ20160122143446357	近海海水中污染物降解相关可移动遗传元件的研究	深圳先进技术研究院	通过
170	JCYJ20140417113430610	可降解多孔镁合金支架结合双因子控释体系促进髌骨再生的研究	深圳先进技术研究院	通过
171	CXZZ20140417113430630	人体下肢肌骨系统康复步行训练系统	深圳先进技术研究院	通过
172	SGLH20150213143207910	抗菌不锈钢外科手术器械及相关器具的开发与应用	深圳先进技术研究院	通过
173	CYZZ20160318145900786	免驱动发光二极管集成光源的研发与应用	深圳英莱能源科技有限公司	通过
174	JSGG20160229152744475	重 20160234 多重信号采样定位的关键技术研究	深圳优美创新科技有限公司	通过
175	GJHS20160331161151318	分布系统接地综合防雷装置的技术研发	深圳远征技术有限公司	通过
176	JSGG20160229121006579	重 20160179：证券信息多层网络数据检索与监控关键技术的研究	深圳证券信息有限公司	通过
177	CYZZ20160531092327197	基于健康档案的医疗卫生信息共享和协同服务系统	深圳中科金证科技有限公司	通过
178	CYZZ20150917142446773	新型复合生物活性骨修复支架	深圳中科精诚医学科技有限公司	通过
179	JSGG20160229122214337	重 20160233：可信云架构关键技术研究	深圳中软华泰信息技术有限公司	通过

续表

序号	项目编号	项目名称	项目承担单位	验收结论
180	JSGG20160229124854403	重 20160092：有机废弃物资源化处理关键技术研发	生物源生物技术（深圳）股份有限公司	通过
181	JCYJ20160229174320053	MACF1-lncRNA 在老年性骨质疏松症发生中的作用及其机制	西北工业大学深圳研究院	通过
182	JCYJ20160229172932237	GPS 信号缺失下的无人机高精度光学测量与自主着陆系统研究	西北工业大学深圳研究院	通过
183	JCYJ20160331142601031	风力机叶片联合射流主动流动控制方法的数值模拟研究	西北工业大学深圳研究院	通过
184	JCYJ20160429153110908	基于微流控芯片的抗肿瘤化合物对人乳腺癌干细胞 EMT 作用研究	西北工业大学深圳研究院	通过
185	JCYJ20160510140747996	基于壁面润湿性调控的质子交换膜燃料电池排水方法研究	西北工业大学深圳研究院	通过
186	JCYJ20150331142757385	以动机式访谈管理 2 型糖尿病的「病人自强计划」效果分析：随机对照研究（RCT）	香港大学深圳医院	通过
187	JCYJ20150331142757380	左室射血分数保留的心力衰竭神经内分泌激素水平、心脏重构、预后的相关性研究	香港大学深圳医院	通过
188	KQTD201101	植物分子生物技术在现代农业中的应用研究（农业生物技术创新团队）	香港中文大学深圳研究院	通过
189	CKCY20160824101059703	智能太阳光导节能照明系统研发	语路科技（深圳）有限公司	通过
190	JCYJ20160412104112569	面向高速硅光的片上集成偏振控制器研究	浙江大学深圳研究院	通过
191	JCYJ20160425164642646	河口盐水楔作用下污染物扩散机理与数值模拟技术	浙江大学深圳研究院	通过
192	CYZZ20160322143555169	基于大数据的汽车 4S 店运营管理系统研发	臻汇科技（深圳）有限公司	通过
193	JSGG20160301153402375	重 20160014：新型注塑机关键技术研究	震雄机械（深圳）有限公司	通过
194	GJHS20160322111753132	同频同时全双工组网技术研发 (2016 年度)	中兴通讯股份有限公司	通过
195	JSKF20150831144523121	多旋翼动态水深漂浮型水环境监测采样设备	深圳国技仪器有限公司	复议
196	JSGG20160425140816101	重 20160472：机械手表走时参数综合测试分析系统研发	深圳市泰坦时钟表科技有限公司	复议
197	JSGG20160229143525083	重 20160161：基于 LTE 的车联网智能硬件核心模块的关键技术研发	深圳市中兴物联科技有限公司	复议
198	KJYY20151010143724735	SF2015-28：粪渣就地资源化处理技术的应用示范	深圳市普新环境资源技术有限公司	复议
199	CYZZ20160421145045648	石墨烯改性复合电极材料制备超级电容的研发及产业化	深圳博磊达新能源科技有限公司	复议
200	JSGG20160229115408842	重 20160085：基于声纹识别的远程身份验证系统研究	深圳市东进银通电子有限公司	复议
201	CYZZ20160316171608054	光聚合型感光高分子信息记录材料研制	深圳市西卡德科技有限公司	复议
202	JCYJ20160229115218573	全空间分布光度可调计量方法与技术研究	北京理工大学深圳研究院	复议
203	JSKF20150827161352523	基于国 IV& 国 V 汽车节气门匹配技术和尾气环保技术的研发	深圳市爱夫卡科技股份有限公司	复议
204	KJYY20160429140840457	SF20160023 河道底泥综合利用的应用示范	中电建水环境治理技术有限公司	复议

续表

序号	项目编号	项目名称	项目承担单位	验收结论
205	CXZZ20150529142756437	普 20150304：高频段（毫米波段）无线通信 IC 封装基板研发	美龙翔微电子科技（深圳）有限公司	复议
206	CYZZ20160314163116016	事故规避系统及驾驶员行为分析数据库系统	深圳市美好幸福生活安全系统有限公司	复议
207	CYZZ20160428164157615	基于 IPTV 技术的酒店多媒体客控系统	深圳市华元智能系统集成有限公司	复议
208	CYZZ20160308110619049	通配型 VR 穿戴式头显系统研发	深圳多新哆技术有限责任公司	复议
209	CYZZ20160420152208451	高速高精度动力电池注液机器人	深圳市铂纳特斯自动化科技有限公司	复议
210	CYZZ20160303102047099	基于移动互联技术汽车营销服务管理云平台	深圳市挖金科技有限公司	复议
211	JSGG20160510155409733	重 20160503：基于云计算的大数据征信平台关键技术研究	深圳市银之杰科技股份有限公司	复议
212	CXZZ20150814100136059	普 20150380：基于银行业务的 SaaS 快速开发平台研发	深圳市黄金资讯集团有限公司	复议
213	JSGG20160506164858952	重 20160515：厚卡纸一次成型高效节能制袋技术研究	深圳市东京文洪印刷机械有限公司	复议
214	CKKJ20160406163959239	“微漾国际”创客空间	深圳市艾醍科技有限公司	复议
215	CYZZ20160419142234728	基于近红外光谱检测技术的穿戴式无创血糖检测设备及系统的研发	舒糖讯息科技（深圳）有限公司	复议
216	JSKF20150831192112172	基于一种复合触媒技术的墙体装饰环保材料的研发及产业化	深圳市汇益德环保材料有限公司	复议
217	CYZZ20160527150942359	电动平衡车智能一体化控制系统研发	深圳市依波特科技有限公司	复议
218	CKCY20160829170305680	锂离子动力电池卷绕边界在线监测模块开发	深圳湾新科技有限公司	复议
219	GRCK20170421154648362	基于 LoRa 与 NB-IoT 的端到端物联网传输解决方案	深圳市创赛平台创业服务有限公司	复议
220	CYZZ20160408141329053	Qi 无线充电技术检测研究及其应用	深圳普瑞赛思检测技术有限公司	复议
221	CXZZ20150529102352218	普 20150250：全自动过敏原分析仪的研发	深圳市亚辉龙生物科技股份有限公司	复议
222	JSGG20160229142853414	重 20160004：高精度万吨级多功能试验机成套关键技术研究	中建钢构有限公司	复议
223	CKKJ20150916175948511	创客蚂蚁邦	深圳市图道智能科技有限公司	复议
224	CKKJ20150916113517338	国家高新区创新型创客空间项目	深圳市中科众创空间科技创投有限公司	复议
225	CKCY20160829164702496	SellerGrowth 海量视频知识的跨境电商成长平台	深圳市前海必胜道网络科技有限公司	复议
226	CXZZ20150325160505035	普 20150011：新一代高品质功率器件（RUPAK）的研发	深圳市锐骏半导体股份有限公司	复议
227	ZDSYS20160330141758804	载 20160009：深圳市有机物污染防控重点实验室	哈尔滨工业大学（深圳）	复议
228	KQTD201106	半导体激光器研发和生产（半导体激光创新科研团队）	深圳清华大学研究院	复议
229	JSGG20160330162302290	重 20160353：高可靠性锂电池控制系统研发	深圳天邦达科技有限公司	不通过
230	KQTD201207	非真空 CIGS 薄膜太阳能电池技术开发和应用（深圳首创光伏团队）	深圳首创新能源股份有限公司	不通过

2018 年第 5 批市科技计划项目验收结果

序号	项目编号	项目名称	项目承担单位	验收结论
1	CKCY20170504150126077	面向精准医疗的基因智能医疗决策辅助系统	安吉康尔（深圳）科技有限公司	复议
2	GRCK20160829175826554	大视场虹膜识别手机光学镜头设计	北京理工大学深圳研究院	通过
3	JCYJ20160530100703804	基于人体通信的接触式信息交互模块设计	北京理工大学深圳研究院	通过
4	JSGG20160229152614207	重 20160192： 基于 FSO（自由空间光通信）技术的高速铁路车地宽带通信系统关键技术研发	北京邮电大学深圳研究院	通过
5	CKCY20160829183820517	嗨 HaiBP 一商业计划书生成美化专家	创梦客科技（深圳）有限公司	通过
6	CXZZ20130322161339280	废旧轮胎橡胶粉资源化利用（深圳市工程中心提升项目）	格林美股份有限公司	复议
7	GJHS20120628144325597	循环再造塑木型材关键技术及设备研究	格林美股份有限公司	复议
8	GRCK20160829171128919	远近光一体化 LED 车大灯的研发	广东立人文化实业有限公司	通过
9	CXZZ20150402145317849	普 20150033：数字媒体条件接收及数字版权管理（CA/DRM）安全芯片研发	国微集团（深圳）有限公司	通过
10	JCYJ20160406161948211	基于学习理论的视觉目标智能跟踪方法	哈尔滨工业大学（深圳）	通过
11	JCYJ20160318094652204	基于可控磁场的微机器人主动控制技术研究	哈尔滨工业大学（深圳）	通过
12	JCYJ20160531191442288	海洋立管尾流作用下立管流致振动机理研究	哈尔滨工业大学（深圳）	通过
13	JCYJ20150513151706565	基于等离子体激励器的自适应机翼流动分离控制系统	哈尔滨工业大学（深圳）	通过
14	JCYJ20150529114024234	基 20150018 城市污水培养产油微藻系统中菌藻共生体系的构建与调控研究	哈尔滨工业大学（深圳）	通过
15	JCYJ20160525163956782	硫 / 碳纳米纤维的制备、改性及其用于锂硫电池正极材料的研究	哈尔滨工业大学（深圳）	通过
16	JCYJ20160427184825558	多能级掺杂热电材料的电声输运机制研究	哈尔滨工业大学（深圳）	通过
17	JCYJ20160318093930497	臭氧氧化法脱除电子行业排水中溴代阻燃剂及毒性控制研究	哈尔滨工业大学（深圳）	通过
18	JCYJ20160427184645305	新型阵列式微纳米俘能器的能量收集特征及性能优化	哈尔滨工业大学（深圳）	通过
19	CYZZ20160226163937861	超高灵敏度 MEMS 磁场传感器及 12 轴运动传感器项目	海伯森技术（深圳）有限公司	通过
20	CKCY20160826161341133	聚四氟乙烯高频覆铜板的研发	海弗斯（深圳）先进材料科技有限公司	通过
21	CYZZ20160429095734377	基于雨水管网液位流量数据监测的大数据评价分析系统的研发	恒天益科技（深圳）有限公司	通过
22	CYZZ20160520172630064	基于 PGIS 技术的公安扁平化智能指挥调度平台	华平智慧信息技术（深圳）有限公司	通过
23	JSGG20160331092023796	重 20160340：硅基高速光耦系列芯片关键技术研发	华润半导体（深圳）有限公司	通过
24	JSGG20160229114446837	重 20160207：100G 集成相干收发机硅光芯片关键技术研发	华为技术有限公司	通过
25	CXZZ20150529141609187	普 20150328：基于多路由组网的低功耗无线智能家居控制系统技术研发	慧锐通智能科技股份有限公司	通过

续表

序号	项目编号	项目名称	项目承担单位	验收结论
26	CKCY20160829185930703	基于同声翻译的便携式蓝牙耳机	麦思威科技（深圳）有限责任公司	通过
27	JCYJ20150601155130432	城市污泥制备微晶玻璃过程中重金属的稳定化机制	南方科技大学	通过
28	CYZZ20160412163734330	双寄生 LTE 天线研发及产业化项目	普尔信通讯科技（深圳）有限公司	通过
29	CYZZ20160422160515976	基于 LBS 的实时精准广告营销平台关键技术研究	前海创意时空科技（深圳）有限公司	通过
30	JCYJ20160301153442633	基于激光诱导击穿光谱的智能电网在线检测关键技术研究	清华大学深圳研究生院	通过
31	JCYJ20160301153317415	坐标测量机 (CMM) 测量不确定度智能化评定及应用关键技术研究	清华大学深圳研究生院	通过
32	JCYJ20160331184124954	基 20160112： 智能高效可见光通信关键技术研究	清华大学深圳研究生院	通过
33	JCYJ20160428182427603	运用功能基因组学大规模遗传筛选方法建立 PHF6 基因突变型急性 T 淋巴细胞白血病精准治疗方案	清华大学深圳研究生院	通过
34	JCYJ20160301153753269	苯并咪唑类衍生物抗乳腺癌的多靶点作用机制研究	清华大学深圳研究生院	通过
35	CXZZ20150504103335854	普 20150173：全景在线移动医疗图像处理技术研发	深圳安泰创新科技股份有限公司	通过
36	CYZZ20160429090528369	高精度高可靠性通用智能机器视觉系统算法研究	深圳百迈技术有限公司	复议
37	CKCY20160829173647848	一种新型的汽车智能盒子及车载智能交互系统	深圳车盒子科技有限公司	通过
38	CYZZ20160504140933828	虚拟现实一体机及与全景相机的结合的技术研究	深圳晨芯时代科技有限公司	通过
39	GJHS20140402105048529	基于国产软硬件的数字电视终端解决方案及样机研制	深圳创维数字技术有限公司	通过
40	JCYJ20160520164642478	对基于双光束干涉加密技术中“轮廓复现”问题的研究	深圳大学	通过
41	JCYJ20160307143716576	金填充光子晶体光纤微结构传感器件制备与应用	深圳大学	通过
42	JCYJ20160307150657874	光纤多色飞秒激光系统建造及其在多光子成像中的应用研究	深圳大学	通过
43	JCYJ20160307143501276	基于选择性填充的光子晶体光纤全光开关研究	深圳大学	通过
44	JCYJ20160422165525693	高功率密度新能源并网系统滤波器的研究与优化	深圳大学	通过
45	JCYJ20160307154630057	多模态医学图像配准的共形几何代数方法研究	深圳大学	通过
46	KQJSCX20160226194031482	高能量全光纤 2µm 百飞秒脉冲激光器的研究	深圳大学	通过
47	JCYJ20160427161937700	利用仲丁醇浸取法提高钙钛矿太阳能电池性能及其重复性的研究	深圳大学	通过
48	JCYJ20160308091758179	常温下镁合金超声波塑化柔性冲头微挤压成形方法及机理研究	深圳大学	通过
49	JCYJ20160308095149392	用于高速移动通信的波束宽度可重构磁电偶极子天线关键技术研究	深圳大学	通过
50	JCYJ20160308090821437	3D 打印用于骨软骨组织修复的多相仿生生物支架的研究	深圳大学	通过

续表

序号	项目编号	项目名称	项目承担单位	验收结论
51	JCYJ20160308094919279	基于子项共享技术的低功耗 FIR 滤波器设计理论与方法研究	深圳大学	通过
52	JCYJ20160422095146121	滨海环境裂缝预防与自修复高性能水泥基材料研究	深圳大学	通过
53	JCYJ20160603172549843	高速光纤通信系统中信道内非线性效应的抑制研究	深圳大学	通过
54	JCYJ20160307150216309	基于全同态加密的云计算密文搜索研究	深圳大学	通过
55	JCYJ20160520160830116	可再生重金属离子检测、吸附与分离材料	深圳大学	通过
56	JCYJ20160307142444674	黑磷场效应晶体管的电输运性质研究	深圳大学	通过
57	JCYJ20160422112428681	基于 3D EM 建模的射频 MEMS 电磁兼容研究	深圳大学	通过
58	JCYJ20160422145322758	可穿戴下肢软体矫正器对老年人步态和平衡的主动干预研究	深圳大学	通过
59	JCYJ20160308105200725	多元胺聚合物刷修饰的棉纱固定床的制备及其选择性吸附废水重金属的特性研究	深圳大学	通过
60	JCYJ20160422102802301	超薄铁电薄膜的极化调控研究	深圳大学	通过
61	JCYJ20160308104259253	采用 ICCP-SS 双重保护的滨海钢筋混凝土梁式构件疲劳性能研究	深圳大学	通过
62	JCYJ20160308104845606	特种耐高温锂离子电池电解质及其关键问题研究	深圳大学	通过
63	JCYJ20160422144751573	新型氧化钛铌（NTO）透明导电陶瓷靶材的制备及烧结机理研究	深圳大学	通过
64	JCYJ20160308092830132	金属线 THz SPPs 高效耦合技术及其超分辨成像应用	深圳大学	通过
65	JCYJ20160422104921235	多尺度非均质结构对液态金属断裂的作用机理与优化研究	深圳大学	通过
66	JCYJ20160520165659418	基于阵列天线的无人机北斗导航空域抗干扰技术研究	深圳大学	通过
67	JCYJ20160307114724751	基于上转换荧光纳米探针的黄曲霉毒素超灵敏检测方法研究与应用	深圳大学	通过
68	JCYJ20160520163134575	全光纤微流传感器理论与实验研究	深圳大学	通过
69	KQJSCX20160226193555889	面向数据中心的大容量短距离光互联技术研究	深圳大学	通过
70	GJHZ20160226202139185	基于自适应光学技术的 STED 超分辨荧光寿命显微成像研究	深圳大学	通过
71	JCYJ20160422102541990	新型重金属离子荧光检测碳纳米点复合探针的研究	深圳大学	通过
72	JSGG20160427104619278	重 20160455： 应用于超声成像诊断设备的高性能复合压电振子及其探头的研发	深圳大学	通过
73	JCYJ20160307111047701	多孔氧化物基便携式糖尿病呼气标志物丙酮传感器的研究	深圳大学	通过
74	KQJSCX20160226194151932	1700nm 活体动物穿透头骨多光子脑成像技术及系统研究	深圳大学	通过

续表

序号	项目编号	项目名称	项目承担单位	验收结论
75	JCYJ20160308092144035	基于微流控电挤压嵌入式打印技术的柔性透明电子器件	深圳大学	通过
76	JCYJ20160422102022017	5G 高密度异构蜂窝网络中面向用户公平的网络优化	深圳大学	通过
77	JCYJ20160422103423458	高分子材料 / 无机阻锈剂共混颗粒的制备及其阻锈性能	深圳大学	通过
78	JCYJ20160307153818306	基于无线供电的传感器网络中信息和能量联合传输控制研究	深圳大学	通过
79	JCYJ20160520162743717	大数据中的信息扩散过程研究	深圳大学	通过
80	JCYJ20160308093947132	微纳米 pMOS 器件带偏置 NBTI 效应变化机理研究	深圳大学	通过
81	GRCK20170421104200472	SPR 血液分析仪	深圳大学	通过
82	JCYJ20160307112710376	无人机载压缩感知毫米波 PD 雷达关键技术研究	深圳大学	通过
83	JCYJ20160422090807181	脂肪干细胞结合细胞片层技术构建皮肤复合组织的初步研究	深圳大学	通过
84	JCYJ20160308104825040	直驱波能集群发电网络关键问题研究	深圳大学	通过
85	JCYJ20160310095523765	基于数据驱动的移动视频分发关键技术研究	深圳大学	通过
86	JCYJ20160422091658982	转录因子 ETV5 在肥胖相关胃肠激素合成分泌中的作用	深圳大学	通过
87	JCYJ20160520161235957	低成本低生物毒性荧光造影剂的研究与开发	深圳大学	通过
88	JCYJ20160422093647889	基于光谱和空间联合特征表示的高光谱影像分类技术研究	深圳大学	通过
89	JCYJ20160422144110140	基于空间 - 光谱域联合变化特征的高光谱图像分类	深圳大学	通过
90	JCYJ20160307155707264	DNA 甲基化水平及其动态变化状态与 2 型糖尿病关联的前瞻性巢式病例对照研究	深圳大学	通过
91	JCYJ20160427183317387	深圳市高血压病人社会资本与防治策略研究	深圳大学	通过
92	JCYJ20160308100236349	基于 5G 通信的新型平面印刷 MIMO 电磁偶极子天线研究	深圳大学	通过
93	JCYJ20160308103848156	有机物特性对膜污染形成过程影响定量表征与机理研究	深圳大学	通过
94	JCYJ20160520174438578	物理气相传输法制备大尺寸氮化铝晶体的研究	深圳大学	通过
95	JCYJ20160307113632699	基于紧框架特征字典的图像修复研究	深圳大学	通过
96	JCYJ20160307144047526	基于 MEMS 技术的高性能纳米氢气传感技术及相关机理研究	深圳大学	通过
97	JCYJ20160308091322373	X-SPP 纳米回音壁模式电子 - 空穴等离子体超快紫外激射研究	深圳大学	通过
98	JCYJ20160520161847267	基于多字典学习的形态学成分分析	深圳大学	通过
99	GJHZ20160226202520268	雾计算安全关键技术研究	深圳大学	通过
100	JCYJ20160422151611496	基于二次谐波和双光子激发荧光成像的分化心肌细胞的收缩特性研究	深圳大学	通过

续表

序号	项目编号	项目名称	项目承担单位	验收结论
101	JCYJ20160422112909302	基于用户多级行为分析的移动视频个性化推荐服务研究	深圳大学	通过
102	JCYJ20160308095800771	“氧化还原梭”表面修饰一维纳米结构导电聚合物基空气电极的设计及其电化学反应机理研究	深圳大学	通过
103	JCYJ20160308104404452	活细胞内多目标的三维纳米精度追踪平台	深圳大学	通过
104	JCYJ20160422153856130	应用稳定同位素示踪技术研究海洋贝类的重金属生物动力学	深圳大学	通过
105	JCYJ20160422152152634	低频太赫兹波光纤无线通信系统关键技术研究	深圳大学	通过
106	JCYJ20160307114900292	基于智能图像处理的鼻咽癌影像辅助诊疗技术研究	深圳大学	通过
107	JCYJ20160422171348663	基于采样结构的新型叠印光纤光栅机理与实现方法研究	深圳大学	通过
108	JCYJ20160422152829188	基于电化学净化技术协同处理柴油车尾气多种污染物的机制研究	深圳大学	通过
109	JCYJ20160422110910282	内容中心网络中动态学习的路由和网络感知的缓存研究	深圳大学	通过
110	JCYJ20150324140036865	金属薄板超声微拉深工艺及微成形机理研究	深圳大学	通过
111	KQJSCX20160226200541336	低成本、低功耗可穿戴式无创生命信息检测芯片的研制	深圳大学	复议
112	JCYJ20160422091914681	TRPV1 在鼻咽癌增殖和转移中的作用及机制研究	深圳大学	复议
113	JCYJ20150525092941022	具有光响应性的超分子功能材料的制备及其在光电方面的应用研究	深圳大学	复议
114	JCYJ20160307160819191	肾素（原）受体调节体内 LDLR 及血脂水平的研究	深圳大学	复议
115	JCYJ20160308092249215	二维黑磷纳米片的非线性光学特性与光子器件	深圳大学	复议
116	JCYJ20160422102919963	氧化铁基介孔异质结材料光催化抗菌研究	深圳大学	复议
117	JCYJ20160308091918472	超低功耗人体医学芯片数字单元及关键技术研发	深圳大学	复议
118	JCYJ20160308092044016	钙钛矿电子材料的反常力学与热学系数的研究	深圳大学	复议
119	JCYJ20160520162818982	高品质 PAN 基碳纤维原丝的分子设计、合成与工业化应用	深圳大学	复议
120	GRCK20170421105116585	食刻 ---- 健康美食推荐	深圳大学	复议
121	CKCY20160825172358762	AR 增强现实智能眼镜研发及产业化	深圳鼎界科技有限公司	通过
122	CYZZ20160525155242693	基于物联网的云计算智能能源在线监测管理平台项目研发	深圳国能环保节能科技有限公司	通过
123	CYZZ20160307114153677	高密度运算与大容量存储一体化控制系统	深圳海云海量信息技术有限公司	通过
124	CYZZ20160329140825965	基于 16s rDNA 高通量测序的肠道菌群检测技术研究	深圳弘睿康生物科技有限公司	通过
125	GJHZ20160229173052805	基因组学和生物信息学支撑的新型海洋药物研发	深圳华大海洋科技有限公司	通过
126	GJHS20160331150703934	广东省海洋经济动物分子育种重点实验室	深圳华大生命科学研究院	通过

续表

序号	项目编号	项目名称	项目承担单位	验收结论
127	GJHS20170313150914571	高通量基因测序仪系统与试剂的研发	深圳华因康基因科技有限公司	通过
128	CKCY20160429154554464	智能网络广告机精准营销的智能视频分析应用方案	深圳极视角科技有限公司	通过
129	JSGG20150508152347542	重 20150058：高动态数字同色同谱复制关键技术研发	深圳劲嘉集团股份有限公司	通过
130	KQCX20150331112450005	基于新型探针的个性化用药快速基因检测技术研究	深圳联合医学科技有限公司	通过
131	CKCY20160822170625293	可体内降解的介入医学用血管穿刺口快速关闭器的产业化	深圳麦普奇医疗科技有限公司	通过
132	JSGG20160229153756752	重 20160295： 治疗系统性红斑狼疮创新药的临床研究	深圳明赛瑞霖药业有限公司	通过
133	CKCY20170503090436347	满足空运和 GSP 要求的冷链温湿度云监测仪研发	深圳诺德高科有限公司	通过
134	CYZZ20160419152330875	等离子病毒灭活及空气全净化技术研究	深圳奇滨科技开发有限公司	通过
135	KJFHQ20160415163606402	启迪之星孵化器（深圳南岭）	深圳启迪深龙科技园运营管理有限公司	通过
136	JSGG20150331155519130	重 20150034: 纳米陶瓷纤维与高聚物复合材料关键技术研发	深圳清华大学研究院	通过
137	JCYJ20160301100700645	基 20160024： 太阳能光波转换材料的光谱调制和增益机理研究	深圳清华大学研究院	通过
138	JCYJ20160531150920071	覆碳铝箔的制备及其在固态电容中的应用研究	深圳清华大学研究院	通过
139	CKCY20160429163952215	采用余热、空气能高效回收技术的新风空气净化系统	深圳市艾弗纳环境智能科技有限公司	通过
140	CYZZ20160530092417380	新型节能热管散热无眩光 LED 高功率投射灯	深圳市艾格斯特科技有限公司	通过
141	CYZZ20160530173940800	1 型糖尿病实时动态血糖监测系统及共同照护平台的研发	深圳市爱宝惟生物科技有限公司	通过
142	CYZZ20160415143724020	基于 Linux 系统的 U-Mail Antispam 安全网关核心技术研发	深圳市安般科技有限公司	复议
143	CYZZ20150831150709162	基于无线智能穿透技术的可视化智能家居系统研发	深圳市安普睿智科技有限公司	通过
144	CYZZ20160517154858478	高稳定成像的球形高清摄像机研发	深圳市安途科技有限公司	通过
145	JSGG20160229164018623	重 20160055 ：高硬度超级耐蚀性奥氏体不锈钢处理技术研发	深圳市八六三新材料技术有限责任公司	通过
146	CYZZ20160324112255490	免疫胶体金技术在水产品激素残留快速检测中的应用	深圳市宝安康生物技术有限公司	复议
147	JCYJ20150403150555634	自体树突状细胞（DC）疫苗治疗 HPV 病毒感染者的临床研究	深圳市宝安区中心医院	通过
148	JCYJ20150403150555638	三维彩超、超声造影联合肿瘤标志物筛查早期卵巢癌的研究	深圳市宝安区中心医院	通过
149	JSGG20160325111018893	重 20160351： 光伏离并网储能逆变器关键技术研发	深圳市宝安任达电器实业有限公司	通过
150	CYZZ20160531192624385	智能 LED 情景氛围高效节能照明技术研发	深圳市宝斯恩科技有限公司	通过

续表

序号	项目编号	项目名称	项目承担单位	验收结论
151	CXZZ20150504171337510	普 20150148：基于多级能耗模型的城市能耗监测及信息管理技术研发	深圳市北电仪表有限公司	通过
152	GJHS20170314154205163	全降解血管支架（金属镁基、聚乳酸基）	深圳市北科航飞生物医学工程有限公司	通过
153	JSGG20160226160957354	重 20160268：大型工程项目的 2D/3D 云端协同关键技术的研究	深圳市毕美科技有限公司	复议
154	JSGG20160510111244946	重 20160480：直流升压电感用合金软磁材料研发	深圳市铂科新材料股份有限公司	通过
155	GQYCZZ20151120162051614	基于国产高性能 32 位嵌入式 CPU 的绿色智能家电控制 SOC 芯片关键技术研究	深圳市博巨兴实业发展有限公司	通过
156	CYZZ20160530175158954	4G 图传高清移动执法记录仪终端技术研发及产业化	深圳市宸电电子有限公司	通过
157	GRCK20170414094018245	集装箱储能智能监控系统研发	深圳市创客智趣通信技术有限公司	通过
158	GRCK20170414094052121	智能电网馈线自动化终端系统	深圳市创客智趣通信技术有限公司	通过
159	CKKJ20160829160957490	创客射频空间	深圳市创客智趣通信技术有限公司	复议
160	JSGG20160331100457164	重 20160331 挥发性有机物净化催化剂研发	深圳市创智成功科技有限公司	复议
161	CYZZ20160530140809314	4G 移动执法电子证据智能管理系统	深圳市达城威电子科技有限公司	通过
162	CKCY20160429112414325	新一代智能停车云平台及停车云支付技术研究	深圳市大道至简信息技术有限公司	通过
163	JSGG20160330160428703	重 20160348： 动力电池用碳基复合导电浆料关键技术研发	深圳市德方纳米科技股份有限公司	通过
164	CKCY20170427154827166	分体式智能隐形锁安防系统开发	深圳市滴塔技术有限公司	通过
165	CYZZ20150828144356182	悦音魔方自创作互联网 + 音乐项目研发与运营	深圳市迪为通信有限公司	通过
166	CYZZ20160329110501819	纯电动汽车车载 DC/DC 转换器的研发	深圳市鼎硕同邦科技有限公司	复议
167	JSGG20160428165425332	重 20160452：精密激光成像制板设备关键技术研发	深圳市东方宇之光科技股份有限公司	通过
168	CYZZ20160526155529419	益智休闲游戏快速开发平台的研发	深圳市动能无线传媒有限公司	通过
169	JCYJ20150403100317065	多重实时荧光 PCR 技术快速基因分型检测开颅手术后颅内细菌感染的研究	深圳市儿童医院	通过
170	JSGG20160429103104282	重 20160473 用于 4G/5G 通信的非金属天线振子的关键技术研发	深圳市飞荣达科技股份有限公司	复议
171	JSGG20160229110058474	重 20160003： 深厚硬岩钻孔灌注桩大直径潜孔锤成桩关键技术研究	深圳市工勘岩土集团有限公司	通过
172	GJHZ20160226121146957	一种燃料防腐清灰剂的研究与应用	深圳市广昌达石油添加剂有限公司	通过
173	GQYCZZ20151118163824739	基于端到端 PCI-E 总线协议双控闪存磁盘阵列技术的研发及产业化	深圳市国鑫恒宇科技有限公司	通过
174	CYZZ20160530104616481	物联网远程集中控制无人值守的制氮系统关键技术研究	深圳市海格金谷工业科技有限公司	通过
175	JSGG20160330162121922	重 20160401： 锂离子动力电池极耳激光高速切割设备的研发	深圳市海目星激光智能装备股份有限公司	通过
176	JSGG20160226145928935	重 20160080： 兼容多模标准的数字电视解调芯片研发	深圳市海思半导体有限公司	通过

续表

序号	项目编号	项目名称	项目承担单位	验收结论
177	CYZZ20160525162119524	可充电锌离子二次电池的产业化开发	深圳市寒暑科技新能源有限公司	通过
178	CYZZ20150831162932443	基于高活性 HANK 细胞制备技术的原料制备工艺优化及中试制备	深圳市汉科生物工程有限公司	复议
179	CYZZ20160531093510000	结构化大数据应用平台技术	深圳市汉云科技有限公司	通过
180	JSGG20160301162727514	重 20160204 燃料电池大巴电源变换关键技术研发	深圳市航天新源科技有限公司	通过
181	CYZZ20160516160651340	新能源轨道交通智能移动式充放电一体机关键技术研发	深圳市虹鹏能源科技有限责任公司	通过
182	JSGG20160225161516542	重 20160286： 基于北斗定位的车辆可视化调度平台关键技术的研究	深圳市华宝电子科技有限公司	复议
183	JSGG20160329150531815	重 20160337： 超低照度图像传感芯片及无线低功耗被动红外安全相机研发	深圳市华海技术有限公司	复议
184	CYZZ20160513153257062	基于大数据文本挖掘技术的低碳环保垂直门户	深圳市汇碳科技有限公司	通过
185	CKKJ20150918155628766	深圳汇天智能港创客空间	深圳市汇天软件技术有限公司	通过
186	CYZZ20150831113603209	基于电磁技术的动漫设计手写绘画屏的研发	深圳市绘王动漫科技有限公司	通过
187	CKCY20160829145712331	养猪自动化和信息化系统	深圳市慧农科技有限公司	通过
188	CYZZ20150702091900861	基于 Starling 框架技术下的页游《姬战三国》开发	深圳市火元素网络技术有限公司	通过
189	CYZZ20150821155328654	增强现实技术的多媒体展示系统结构	深圳市火种数字科技有限公司	通过
190	CYZZ20160531191612232	基于小智陪你机器人内容感知融合研究	深圳市吉美文化科技有限公司	通过
191	CYZZ20160520150848744	一种锂电池组管理监控模块及系统的研发	深圳市技领科技有限公司	通过
192	CXZZ20151117095425254	普 20150178：无人驾驶汽车中基于计算机视觉技术的行车感知和控制系统研发	深圳市嘉瀚科技有限公司	复议
193	JSGG20160331105957267	重 20160346： 3D 弧形钢化玻璃研发	深圳市杰美特科技股份有限公司	通过
194	CYZZ20160428105352526	基于大数据的互联网金融风险控制系统研发	深圳市金慧融智数据服务有限公司	通过
195	GQYCZZ20151125171328252	内存及固态硬盘一体化存储解决方案技术研究	深圳市金泰克半导体有限公司	通过
196	JSGG20160229120145057	重 20160123 超高精细复合玻璃触控面板关键技术研发	深圳市锦瑞新材料股份有限公司	通过
197	CYZZ20150727143721033	城市出租车智能服务管理信息系统	深圳市京泰基科技有限公司	通过
198	CKCY20170504095537115	二次复合石墨用作锂电池负极材料的技术研究	深圳市玖创科技有限公司	通过
199	JSGG20160301141221990	重 20160198： 基于微组装输入最佳噪声匹配技术的卫星微波转发系统的研究	深圳市君威科技有限公司	复议
200	JSGG20160330140145588	重 20160404： 基于激光全景点云技术的高精度导航地图关键技术研发	深圳市凯立德科技股份有限公司	通过
201	CYZZ20150819140314873	高频变压器用超薄耐热柔性三层绝缘线研发	深圳市凯中和东新材料有限公司	通过
202	JCYJ20150402093137765	双相 I 型障碍患者混合特征及心境稳定剂治疗的脑功能磁共振机制研究	深圳市康宁医院	通过
203	CYZZ20160427183504446	基于沉浸式的虚拟现实设备（VR）中间件开发	深圳市酷炫游科技有限公司	通过

续表

序号	项目编号	项目名称	项目承担单位	验收结论
204	CYZZ20160408165309112	3D 现代指挥官 MMOARPG 游戏开发	深圳市乐易网络股份有限公司	通过
205	CYZZ20150330103013591	便携式燃气智能数码变频发电机研发及产业化	深圳市力骏泰新能源动力科技股份有限公司	通过
206	CYZZ20160527105321020	基于再循环蒸发冷却（冷凝）节能技术的空调器研发	深圳市立冰节能科技有限公司	通过
207	CYZZ20160525140637524	高性能量化交易与实时风控系统（ISON3.0）研发	深圳市丽海弘金科技有限公司	通过
208	CYZZ20160311151136438	一种防止 IC 卡信息被窃取的远程屏蔽报警系统研究	深圳市联合智能卡有限公司	通过
209	CYZZ20160513145350221	专业个人移动存储解决方案	深圳市梁信科技有限公司	通过
210	CKCY20160429155511777	网络空间漏洞归并平台系统的研发	深圳市量智信息技术有限公司	通过
211	CYZZ20160323155039908	GSM+APP 无线智能控制家用防盗报警系统的研发	深圳市领航卫士安全技术有限公司	通过
212	JCYJ20150402092653974	棘相关 MicroRNA 调控途径在新生缺氧缺血鼠脑组织作用机制及意义探讨	深圳市龙岗区第二人民医院	通过
213	JCYJ20150402092653970	宫颈癌变中 Nestin 和 SOX2 表达与 HPV 感染的相关性研究	深圳市龙岗区第二人民医院	通过
214	CYZZ20160321092057543	基于移动互联网高效货运物流 O2O 信息管理系统	深圳市龙火科技有限公司	通过
215	CKCY20170420101614644	用于 TMS 治疗的自主定位及追踪机器人系统开发	深圳市迈步机器人科技有限公司	复议
216	CYZZ20160318153923657	面向医疗康复、助老助残智能机器人的研发	深圳市迈康信医用机器人有限公司	复议
217	JSGG20160425095558608	重 20160447： 热流道系统快速换色关键技术的研发	深圳市麦士德福科技股份有限公司	通过
218	CYZZ20160518172016888	IsFit 中小行业物联网应用中间件技术的研究及应用	深圳市麦斯杰网络有限公司	通过
219	JSKF20150831110209477	智能化系统工业除尘设备的研发及产业化	深圳市美普达环保设备有限公司	复议
220	CKCY20160829090311426	够格（GoGal）直播购物平台	深圳市美知互动科技有限公司	通过
221	JSGG20160229123847534	重 20160126： 高精度热敏温度传感器研发	深圳市敏杰电子科技有限公司	复议
222	CYZZ20160425092523206	基于伺服转台稳定原理的军用无人机光电取证系统研发	深圳市明日系统集成有限公司	通过
223	CYZZ20160408102906598	摄像头自动检测器研发	深圳市铭嘉信科技有限公司	通过
224	JCYJ20150402152130161	VEGF-C 封闭对角膜新生淋巴管的抑制和对同种移植物存活的促进作用研究	深圳市南山区人民医院	通过
225	CYZZ20150917141813961	7 号网	深圳市七号网络科技有限公司	通过
226	CYZZ20160415160500710	基于琦沃老年智能穿戴的大健康数据库系统的研发	深圳市琦沃科技发展有限公司	通过
227	CYZZ20160428102306717	基于大中型企业的 xSimple 专属移动平台的研发	深圳市前海圆舟网络科技股份有限公司	通过
228	CYZZ20160429111838449	网络智能步进伺服系统的研究开发	深圳市青蓝自动化科技有限公司	复议
229	JCYJ20150403101028209	NLRP3 炎症小体活化在急慢性 HBV 感染控制中的作用及其激活机制研究	深圳市人民医院	通过

续表

序号	项目编号	项目名称	项目承担单位	验收结论
230	CKCY20160825091701810	高性能视频云转码集群技术及产品研发	深圳市瑞讯云技术有限公司	通过
231	CXZZ20150402115235001	普 20150049：海量监控视频信息分析挖掘技术研发	深圳市赛为智能股份有限公司	通过
232	CYZZ20150827114711354	有机垃圾资源化处理技术及设备的研发	深圳市三盛环保科技有限公司	通过
233	CKCY20160427141139310	基于深度学习技术的全自动通用工业缺陷检测系统	深圳市深度智能系统有限公司	通过
234	CYZZ20160421155314018	非晶高性能伺服电机的研发	深圳市实能高科动力有限公司	复议
235	CYZZ20160422140342809	含镍废水的污染物控制技术及其设备研究	深圳市世清环保科技有限公司	通过
236	JSGG20160427140827815	重 20160420：基于城市供水环境的铝离子在线监测系统研发	深圳市水务科技有限公司	通过
237	GJHS20170314172110271	基于北斗的车辆远程诊断及服务平台的研发及应用	深圳市思迈中天科技有限公司	通过
238	CYZZ20160229122144050	新型六轴喷涂机器人	深圳市松崎机器人自动化设备有限公司	通过
239	JSGG20160510160048860	重 20160513：远程无线电调制解调（LORA）低功耗通信网络关键技术研发	深圳市泰比特科技有限公司	通过
240	JSGG20160429094621056	重 20160434：基于增强现实触控技术的在线交互式智能终端研发	深圳市天英联合教育股份有限公司	通过
241	GJHS20170313161954065	铁汉生态院士工作站建设	深圳市铁汉生态环境股份有限公司	通过
242	GJHS20160226103558712	广播级多接口 H.264 高清实时编转码器	深圳市同洲电子股份有限公司	通过
243	CKCY20160428170135921	海军熊早教平台	深圳市童伴科技有限公司	通过
244	CYZZ20160527151003659	儿童成长陪伴智能机器人	深圳市图灵机器人有限公司	复议
245	CKCY20160829174246289	治疗非酒精性肝炎（NASH）的多肽药物的开发	深圳市图微安创科技开发有限公司	通过
246	CYZZ20150707105348720	基于大数据分析处理技术的 LTE 专家分析生态系统	深圳市微数科技有限公司	通过
247	CKCY20170505141300763	无人机高精度快速城市三维建模及应用	深圳市武测空间信息有限公司	通过
248	JSKF20150819103831278	SV100 伺服驱动器	深圳市西林电气技术有限公司	通过
249	JSGG20160331104855391	重 20160349：中温快速固化高粘结强度的加成型有机硅材料制备关键技术研发	深圳市希顺有机硅科技有限公司	通过
250	CKKJ20150917151621252	“悟空间”创客空间	深圳市心昊空间科技服务有限公司	通过
251	JSGG20160510160349588	重 20160514：可交换 WIFI 网络技术研发	深圳市欣博跃电子有限公司	通过
252	JSGG20160226121823118	重 20160195：动力电池高速宽幅挤压涂布机研发	深圳市新嘉拓自动化技术有限公司	通过
253	GJHZ20160301162738054	基于 Zigbee3.0 协议的智能产品开发与应用	深圳市信驰达科技有限公司	通过
254	CYZZ20160229121944150	智能全自动控制的环保 MIM 催化脱脂炉研发	深圳市星特烁科技有限公司	通过
255	JCYJ20150402160243505	基于医疗大数据的“两费控制”模型研究	深圳市医学信息中心	通过
256	JSGG20160331140813199	重 20160320：低温锡膏的研发	深圳市亿铖达工业有限公司	通过

续表

序号	项目编号	项目名称	项目承担单位	验收结论
257	CYZZ20150814104731356	屹石运动健身云平台	深圳市屹石科技股份有限公司	通过
258	CYZZ20160420144354298	移动智能多功能食品安全快速检测仪	深圳市银河光生物科技有限公司	通过
259	KQJSCX20160229151622551	基于 DSP 的 vSLAM 技术开发和应用	深圳市银星智能科技股份有限公司	通过
260	CXZZ20150402140657302	普 20150002：电容触摸屏的窄边框技术开发	深圳市宇顺电子股份有限公司	通过
261	CXZZ20150402141209068	普 20150021：基于 LED 的可见光通信技术研发	深圳市裕富照明有限公司	通过
262	GJHS20160331154050370	绿色建筑与小区低影响开发雨水系统研究工程示范	深圳市越众（集团）股份有限公司	通过
263	CXZZ20150429115613542	普 20150146：基于 3D 设计快速成衣的 C2M 式服装产业链应用技术研发	深圳市云之梦科技有限公司	通过
264	CYZZ20160328173243298	WeGene 个人基因组检测平台	深圳市早知道科技有限公司	通过
265	CYZZ20160513160212641	基于分布式云技术的智慧酒店数字化业务支撑平台开发	深圳市长泰传媒有限公司	通过
266	GJHS20160322143740429	头戴式多通道智能交互系统核心技术研发与产业化	深圳市掌网科技股份有限公司	通过
267	CYZZ20160527094129788	宽幅金箔双合叠轧技术研究	深圳市中金新材实业有限公司	通过
268	JSGG20160226111125680	重 20160255：面向 4G 通信 LTE-A 的 CMOS 集成射频前端模块研发	深圳市中科汉天下电子有限公司	复议
269	CKKJ20160413145017196	中诺思物联网产业创新实训创客空间	深圳市中诺思科技股份有限公司	复议
270	GJHS20140421161521289	TD-LTE 多频射频商用芯片研发（2014 年度）	深圳市中兴微电子技术有限公司	通过
271	GJHS20140421161521290	TD-LTE/FDD-LTE/TD-SCDMA/WCDMA/GSM 多模基带商用芯片研发（2014 年度）	深圳市中兴微电子技术有限公司	通过
272	JSGG20140515154252285	重 2014-001：多模 PON OLT 芯片关键技术研究	深圳市中兴微电子技术有限公司	通过
273	JSGG20160307151729526	重 20160174：可重构计算智能芯片关键技术研发	深圳市紫光同创电子有限公司	复议
274	GJHS20160330152111138	新型电流传感光纤研制	深圳太辰光通信股份有限公司	复议
275	CYZZ20150821175730967	云课桌 交互教学解决方案	深圳图瑞交互信息技术有限公司	复议
276	CKCY20160428161628213	Wavebot 新一代企业智能助理机器人	深圳微服机器人科技有限公司	通过
277	CKCY20160429141634585	大数据个性化智能篮球关键技术研发	深圳未网科技有限公司	通过
278	JCYJ20160229203627477	基于 miRNA 的缺血性脑卒中年轻患者发病的遗传及环境因素互作研究	深圳先进技术研究院	通过
279	JCYJ20160331191436180	基于压电原子力显微检测对生物血管铁电效应的研究	深圳先进技术研究院	通过
280	KQJSCX20160301144623814	水产动物肠道微生物来源的乳酸菌肽研发	深圳先进技术研究院	通过
281	CKCY20160829185827677	旅游电子合同平台	深圳小信科技有限公司	通过
282	CYZZ20150831172526724	基于移动互联网交互技术桌面系统研发	深圳信壹网络有限公司	通过
283	JSGG20160229114843195	重 20160200：磁性特征识别传感器关键技术研发	深圳粤宝电子科技有限公司	复议

续表

序号	项目编号	项目名称	项目承担单位	验收结论
284	GRCK20160825153638399	辅助戒烟的智能打火机以及控烟软件系统	深圳长虹科技有限责任公司	通过
285	JCYJ20160413163534712	基于遥感数据深度学习的近海环境污染识别与预报方法研究	深圳职业技术学院	通过
286	JSGG20160229173734086	重 20160176：低轨全覆盖空间通信物联网研发	深圳中集智能科技有限公司	通过
287	JSGG20160509142926253	重 20160505：基于国产 COS 操作系统的健康终端与系统研发	深圳中科强华科技有限公司	复议
288	CXZZ20150529115130781	普 20150323：高速网络通讯数据接口存储连接设备的研发	仕昌电子（深圳）有限公司	通过
289	JCYJ20160517104459444	基于高长径比 Ag 纳米线的柔性透明导电电极的印刷法制备及其应用研究	武汉大学深圳研究院	通过
290	JCYJ20160523160953223	面向智慧城市的情境感知社会化推荐方法研究	武汉大学深圳研究院	通过
291	JCYJ20160229173132894	面向小型无人机防冰的柔性微纳复合结构研究	西北工业大学深圳研究院	通过
292	CYZZ20160525150514198	石墨烯透明发热膜关键技术的研发及应用	烯旺新材料科技股份有限公司	通过
293	JSGG20141020103826038	重 2014-102：航空轴承疲劳性能提高关键技术研发	香港城市大学深圳研究院	通过
294	JCYJ20150630094001158	金属有机骨架材料基微流体催化膜反应器用于二氧化碳转化的研究	香港科技大学深圳研究院	通过
295	JSGG20160509102705901	重 20160518 智能电网用 40.5kV 智能环保气体绝缘环网柜关键技术研发	亚洲电力设备（深圳）股份有限公司	通过
296	CYZZ20160519151759434	全系列无血清细胞培养基的技术研发及应用	壹生科（深圳）有限公司	复议
297	CKCY20160829095549772	UStorage 智能存储移动电源研发	隐形科技（深圳）有限公司	通过
298	JSGG20150601144258573	重 20150139：低轨卫星地面通信网系统关键技术研究	中国国际海运集装箱（集团）股份有限公司	通过
299	JCYJ20160425165447211	入侵植物薇甘菊的种群基因组学研究：解析气候和土壤因子驱动的适应性进化	中山大学深圳研究院	通过
300	JSGG20150330145709677	重 20150022：带内高精度无线地面定位网关键技术研发	中兴通讯股份有限公司	通过
301	GJHS20140429093437751	FDD LTE-Advanced 终端基带芯片工程样片研发 [2014 年度]	中兴通讯股份有限公司	通过
302	GJHS20140429093437756	TD-LTE/FDD-LTE/TD-SCDMA/WCDMA/GSM 多模基带商用芯片研发	中兴通讯股份有限公司	通过

2018 年第 6 批市科技计划项目验收结果

序号	项目编号	项目名称	项目承担单位	验收结论
1	JSGG20150813172407669	重 20150116：电镀重金属废水零排放关键技术研发	北京大学深圳研究生院	复议
2	JCYJ20150403091443279	国人 HBV 相关肝纤维化、肝硬化和小肝癌的磁共振成像研究	北京大学深圳医院	通过
3	JSGG20150814151046528	重 20150149：废旧锂离子动力电池的梯次利用关键技术研发	比亚迪汽车工业有限公司	通过
4	JSGG20160226180323323	重 20160133：自主安全的信息存储系统研发	创新科存储技术（深圳）有限公司	通过
5	JSGG20160426102409625	重 20160449：新能源动力电池软连接智能化激光焊接系统研发	大族激光科技产业集团股份有限公司	通过
6	JHPT20150319170158053	南方城市污泥厌氧消化与安全运行技术与装备	东江环保股份有限公司	通过
7	CXZZ20150525165208062	普 20150281：废酸蚀刻液梯级回收循环利用技术研发	东江环保股份有限公司	通过
8	GJHS20120820091627488	新一代丙型肝炎诊断用核心试剂的研制及其产业化	菲鹏生物股份有限公司	通过
9	JCYJ20160318094101317	分布式云计算虚拟机部署策略及优化算法设计	哈尔滨工业大学（深圳）	通过
10	JCYJ20150403161923546	基于纳米硅晶沟道波导的量子关联光子对产生机理与实验研究	哈尔滨工业大学（深圳）	通过
11	JCYJ20160318094336513	面向云数据高级查询的可搜索加密技术研究	哈尔滨工业大学（深圳）	通过
12	JCYJ20160318093244885	高定向高密度掺氮碳纳米片的化学气相生长及其燃料电池催化剂应用	哈尔滨工业大学（深圳）	通过
13	JCYJ20160330161701343	基于声表面波作用的微流体雾化机理及雾化芯片研究	哈尔滨工业大学（深圳）	通过
14	JCYJ20160525163140206	基于多传感器信息感知融合的结构损伤诊断机制研究	哈尔滨工业大学（深圳）	通过
15	JCYJ20160525163756635	基于本体的恶意代码行为建模方法研究	哈尔滨工业大学（深圳）	通过
16	GRCK20160406103337044	基于 FPGA 硬件加速的深度学习系统的研究	哈尔滨工业大学（深圳）	通过
17	KQCX20150324095012963	动态光网络时域混合光调制信号快速性能监测技术研究	哈尔滨工业大学（深圳）	通过
18	JCYJ20150625142543449	扑翼式飞行器气动特性及控制方法研究	哈尔滨工业大学（深圳）	通过
19	GJHS20140829143704130	正天丸大品种技术升级	华润三九医药股份有限公司	通过
20	JSGG20150918161237023	重 20150178：卫星宽带通信路由调制解调器关键技术研究	华讯方舟科技有限公司	通过
21	CKCY20160825145532131	TourForce 全球旅游分销云系统	杰福瑞科技（深圳）有限公司	通过
22	GJHS20170224155019435	现代服务业跨界服务共性技术体系研发与应用示范	金蝶软件（中国）有限公司	通过
23	JSGG20160331101809920	重 20160377：分享型经济数据的云服务关键技术研究	金蝶软件（中国）有限公司	通过
24	CKCY20160826141330891	互联网警务侦控系统	孔雀团队依托单位	通过

续表

序号	项目编号	项目名称	项目承担单位	验收结论
25	CKCY20160812090149544	人工皮肤及高端医用敷料的研发及其产业化	孔雀团队依托单位	通过
26	JSGG20160301163023862	重 20160049： 锁相环控制技术在红外线信号语音传输系统开发	美芯集成电路（深圳）有限公司	不通过
27	JSGG20160301103415523	重 20160096： 全自动化蛋白质组学分析平台的研制及其在肿瘤生物标记物筛查中的应用	南方科技大学	通过
28	JCYJ20160226192118056	超分子药物增溶与控制释放技术	南方科技大学	通过
29	RKX20170804141556717	深圳建设更高水平科技与金融深度融合先行区实施策略研究	南方科技大学	通过
30	JCYJ20160530190717385	多孔配位聚合高分子材料的极端环境响应研究	南方科技大学	通过
31	JCYJ20150630145302223	基于等离激元增强的宽色域显示用高光效量子点 LED 关键技术研究	南方科技大学	通过
32	KQCX20150331101823681	毫米波无损血糖检测仪的研发	南方科技大学	通过
33	ZDSYS20160331101348971	载 20160012：深圳市氢能重点实验室	南方科技大学	通过
34	JCYJ20160531151105346	细胞黏附材料的理论研究	南京大学深圳研究院	通过
35	JSGG20160229114051113	重 20160180：智能穿戴用超薄芯片封装技术研发	气派科技股份有限公司	通过
36	JCYJ20160509154951210	基于 3D 打印技术梯度软骨支架的制造研究	清华 - 伯克利深圳学院筹备办公室	通过
37	KQJSCX20160226191136199	钠离子电池用可快速充放电一体化锡碳负极的设计与制备	清华大学深圳研究生院	通过
38	JCYJ20160531174259309	移动网络钓鱼检测与防范技术研究	清华大学深圳研究生院	通过
39	JCYJ20160301151844537	基于深度学习的评论数据挖掘及其在推荐系统应用研究	清华大学深圳研究生院	通过
40	JCYJ20160406140612883	基于核磁共振代谢组技术研究艾灸胃经穴促进胃黏膜损伤修复的中枢响应机制	厦门大学深圳研究院	通过
41	JCYJ20160331174544721	硫化改性与弱磁场协同提高零价铁反应活性加速水体中重金属离子的去除及机理研究	山东大学深圳研究院	通过
42	JCYJ20150626095244634	关节软骨组织缺损修复用聚磷酸钙梯度生物陶瓷的研发	山东大学深圳研究院	通过
43	JCYJ20150403104645648	GADD45A 基因家族与卵巢癌分子分型及作用机制	山东大学深圳研究院	通过
44	JCYJ20150430160921949	基于天然产物（+）-deoxyfrenolicin 的抗真菌和抗病毒药物发现研究	山东大学深圳研究院	通过
45	JCYJ20150402105524048	间充质干细胞（MSCs）分化的胰岛素分泌细胞（IPCs）治疗糖尿病的应用基础研究	山东大学深圳研究院	通过
46	GRCK20170424170539277	太阳能电池板及玻璃幕墙清洁机器人	深港产学研基地	通过
47	GRCK20170424152911853	生物质基防火生态砖	深港产学研基地产业发展中心	通过
48	GRCK20170424152624983	智能激光投影电视柜	深港产学研基地产业发展中心	通过
49	CXZZ20150430161339354	普 20150253：腹部肿瘤微创介入关键技术的研发	深圳安科高技术股份有限公司	通过
50	GJHS20170314114659070	企业创新药物孵化基地建设项目	深圳奥萨制药有限公司	通过

续表

序号	项目编号	项目名称	项目承担单位	验收结论
51	CKCY20160829151236854	基于高清非标图码的新型防伪与安全支付技术	深圳超级码力科技有限公司	通过
52	CKKJ20150821174215949	创客基地众创空间	深圳创客基地科技有限公司	通过
53	CKKJ20160414141926419	深圳无人机与智能机器人创客服务平台	深圳创客空间科技有限公司	通过
54	GJHS20170314103736073	新一代数字电视产业链关键技术及产品研发与产业化	深圳创维 -RGB 电子有限公司	通过
55	JCYJ20160520173802186	基于微流体液滴技术的高通量蛋白质结晶条件筛选平台的研发	深圳大学	通过
56	KQJSCX20160226200315994	基于土壤污染修复的污泥生物炭开发及其改性技术研究	深圳大学	通过
57	JCYJ20160422162907121	压电阵列马达驱动基础理论及关键技术研究	深圳大学	通过
58	JCYJ20160328144641638	基 20160113 基于光／无线融合的轨道角动量通信研究	深圳大学	通过
59	JCYJ20160422171614147	对虾特异性抗菌肽的筛选及抗菌肽饵料的制备	深圳大学	通过
60	JCYJ20160308092940394	电动汽车动力电池参数和状态多时间尺度联合估计方法研究	深圳大学	通过
61	JCYJ20160308104704791	基于聚合物组装构建新型核壳纳米粒子及其催化应用研究	深圳大学	通过
62	JCYJ20160520174223112	5G 通信场景中引入社交关系的 D2D 通信无线资源分配	深圳大学	通过
63	JCYJ20160308095019383	北斗射频芯片低功耗关键技术研究	深圳大学	通过
64	JCYJ20160422143659258	Cu ／ Cu20 纳米多孔复合材料的制备及光催化性能研究	深圳大学	通过
65	JCYJ20160307115030281	云存储数据安全审计机制研究	深圳大学	通过
66	JCYJ20160422092836654	功能纳米颗粒改性的水泥基材料自免疫性能研究	深圳大学	通过
67	JCYJ20160307155641741	NCAMhighCD44low/- 细胞群在小细胞肺癌转移中的功能和临床诊断中的应用研究	深圳大学	通过
68	JCYJ20160308103527680	二维平面电极电解加工三维微结构的成形规律与机理研究	深圳大学	通过
69	GRCK20170424112232447	微透镜结构化 LED 发光芯片研发	深圳大学	通过
70	JSGG20160226202029158	重 20160288： 乳腺癌液体活检关键技术研发	深圳大学	复议
71	CYZZ20150825145314416	全自动化学发光酶免荧光免疫分析仪四合一一体机的研发	深圳德夏生物医学工程有限公司	通过
72	JSGG20160330113608537	重 20160364： 薄小外形集成电路封装（TSOT）关键技术研发	深圳电通纬创微电子股份有限公司	通过
73	KJYY20170412094127551	SF20170005： 节能环保型后压式智能环卫车应用示范	深圳东风汽车有限公司	通过
74	SGJL20150217094454668	高可靠 CMOS 集成电路的制程工艺及高速设计验证平台	深圳方正微电子有限公司	通过
75	JSGG20160226173257468	重 20160237： 高精度多轴全自动石墨舟装卸片机研发	深圳丰盛装备股份有限公司	通过

续表

序号	项目编号	项目名称	项目承担单位	验收结论
76	CXZZ20150806155143919	普 20150392：电絮凝法处理重金属废水技术研发	深圳盖雅环境科技有限公司	复议
77	KQTD201102	基于异质集成技术的自感知复合智能材料	深圳光启高等理工研究院	通过
78	KQJSCX20160226174752426	先进半导体芯片固晶导电胶浆关键技术研发	深圳广恒威科技有限公司	通过
79	JSGG20160331141539370	重 20160363：多功能防眩膜微纳结构材料关键技术研究	深圳航天科技创新研究院	通过
80	JSGG20160301155216579	重 20160025：食用瓶盖激光标刻系统研发	深圳华工激光设备有限公司	通过
81	CYZZ20160531192829479	基于网络的广播电视信号检测系统研发	深圳华立视通科技有限公司	通过
82	CXZZ20140905161827827	注塑机节能智能化关键技术研发	深圳华数机器人有限公司	复议
83	CXZZ20130322150432022	基于现场总线的全闭环节能注塑机数控系统关键技术研究与开发	深圳华数机器人有限公司	复议
84	JCYJ20160429182628979	基于活性钯催化氧化的生活垃圾渗沥液中难降解污染物处理技术研究	深圳华中科技大学研究院	通过
85	JCYJ20160408173301955	帕崩板防治肝癌的机制研究	深圳华中科技大学研究院	通过
86	CYZZ20150401140541343	“一对多”模式的跨境电商平台系统的开发及产业化推广	深圳荟网软件技术有限公司	复议
87	JSKF20150928152404269	基于蓝牙技术的智能 LED 照明关键技术研发	深圳珈伟光伏照明股份有限公司	通过
88	CYZZ20160531151608620	麦克风自动化生产工艺及智能化声学整体解决方案	深圳捷力泰科技开发有限公司	通过
89	CYZZ20150825151613635	基于“互联网 + 非公开股权融资”模式的创新创业云筹平台开发	深圳津梁创业信息咨询有限公司	通过
90	GRCK20160826162355442	一种新型可以替换电芯与烟油方案的电子烟具	深圳开放创新科技有限公司	通过
91	GRCK20160826162633932	魔法涂画本	深圳开放创新科技有限公司	通过
92	GRCK20160826162539400	高效过滤器自动扫描检漏系统	深圳开放创新科技有限公司	通过
93	GRCK20160826162454521	基于物联云平台养殖监控系统	深圳开放创新科技有限公司	通过
94	GRCK20160415091925734	FamilyTask 家务特工	深圳开放创新科技有限公司	通过
95	GRCK20160415091116935	一种模组化电弧（含等离子）发生器（衍生品含打火机或点火器）商品化实用新型专利	深圳开放创新科技有限公司	通过
96	GRCK20160415100003426	3D 视觉实时传输及显示系统	深圳开放创新科技有限公司	通过
97	JSGG20160229124157879	重 20160106：大型触控显示屏用高精密红外 LED 封装关键技术研发	深圳莱特光电股份有限公司	通过
98	JSGG20150324145354207	重 20150037: 用于大面积真皮再生修复的人工皮肤材料关键技术研发	深圳兰度生物材料有限公司	复议
99	CKCY20160824091121160	高性能长效汽车玻璃防雾剂的研发	深圳理科生科技有限公司	通过
100	JSGG20160229120215210	重 20160016：异形件打磨抛光智能化机器人研发	深圳连硕自动化科技有限公司	通过
101	JSGG20160229122138973	重 20160147： 高功率半导体激光器研发	深圳联品激光技术有限公司	通过
102	CKCY20160429164604416	应用于反恐和抢险救援领域的多任务无人侦察机研发	深圳零度智能机器人科技有限公司	通过

续表

序号	项目编号	项目名称	项目承担单位	验收结论
103	CYZZ20160531184310851	智能触控 WiFi 音响的研发	深圳米唐科技有限公司	通过
104	CKCY20160429105139495	海集网线上平台	深圳前海圣铂供应链管理有限公司	通过
105	CYZZ20150831200858178	易师傅 - 现代手艺人（O2O）移动作业及职业发展平台	深圳乾讯科技有限公司	通过
106	GJHZ20150316154158400	新一代交通信息多元感知关键技术研究	深圳清华大学研究院	通过
107	CYZZ20150508153420635	物联网微米级纹理图像防伪追溯的关键技术研究	深圳三元色数码科技有限公司	通过
108	CKCY20170505142824728	基于音频交互技术的即时翻译耳机的研发	深圳时空壶技术有限公司	通过
109	CYZZ20150818155227685	餐饮智能收银机 V2.0	深圳世纪银河网络发展有限公司	通过
110	CKCY20160823172706092	智能商业服务机器人大脑及整体解决方案研发	深圳市阿西莫夫科技有限公司	复议
111	CYZZ20160310102249573	基于雷达传感技术的汽车盲点监测系统	深圳市佰誉达科技有限公司	通过
112	JSGG20160224154213989	重 20160168： 基于超融合架构的高性能一体机关键技术研发	深圳市宝德计算机系统有限公司	通过
113	CYZZ20160523145119740	基于超高频的 RFID 小型化高增益窄波束天线的研发及产业化	深圳市博纬智能识别科技有限公司	通过
114	GGFW20160330172418911	载 20160014 ： 深圳市交通大数据公共技术服务平台	深圳市城市交通规划设计研究中心有限公司	通过
115	CYZZ20150803162536434	基于智能快递柜在邮包服务中的应用	深圳市传达科技有限公司	通过
116	GRCK20160415095448043	私人云安全存储设备	深圳市创赛平台创业服务有限公司	通过
117	CYZZ20160418165803952	跨境物流信息自动跟踪查询系统	深圳市帝盟网络科技有限公司	复议
118	JCYJ20150402111430640	ZR-1 型人源化生物人工肝治疗急性肝功能衰竭的临床研究	深圳市第三人民医院	通过
119	JCYJ20150402111430630	赤芍承气汤高位保留灌肠对肝衰竭患者肠道微生态失衡的研究	深圳市第三人民医院	通过
120	CKCY20170502110453714	低温烧结技术量产纳米 Sialon 中高温电热元件材料	深圳市东川技术研究有限公司	通过
121	JSGG20150928180428529	重 20150193：基于全息功能屏的裸视真三维全息显示系统关键技术研发	深圳市泛彩溢实业有限公司	通过
122	CYZZ20160406090241201	高速高效 PCB 滚轮式清洁设备磁力驱动技术研发	深圳市方泰设备技术有限公司	复议
123	CYZZ20160518153246592	新型轻质复合材料及结构的关键技术研发	深圳市飞博超强新材料有限公司	通过
124	CYZZ20150831105053896	高精度及形状复杂的精密微型卡托的研究开发	深圳市富优驰科技有限公司	不通过
125	JSGG20160229143914931	重 20160121：低浓度有机废气处理关键技术研发	深圳市高斯宝电气技术有限公司	复议
126	CYZZ20160531112317385	基于虚拟云媒体综合服务平台开发	深圳市歌华智能科技有限公司	通过
127	JSKF20150827160706290	微电荷喷淋吸收塔 --UVTi 光催化净化 VOCs 的成套设备开发研究及其应用	深圳市冠升华实业发展有限公司	通过
128	JSGG20160509152020642	重 20160509：基于 LTE 技术的车用无线通信系统研发	深圳市广和通无线股份有限公司	通过
129	GQYCZZ20150715102651940	智能电子生产设备的研发及产业化	深圳市广晟德科技发展有限公司	通过

续表

序号	项目编号	项目名称	项目承担单位	验收结论
130	CYZZ20160421104139318	基于海量文本挖掘技术的产品洞察系统	深圳市海阔信息技术有限公司	通过
131	GJHZ20160229144015560	海能达与日本 Furuno 合作研究开发远洋大型轮船通信产品项目	深圳市海能达通信有限公司	通过
132	CYZZ20150724103209658	超微型节能压电泵的研制	深圳市合一精密泵业科技有限公司	通过
133	CYZZ20160317151312026	针对游戏服务器负载均衡革新方案的研发及应用	深圳市嗨皮窝网络科技有限公司	复议
134	CYZZ20160328152919883	磁性酶法阿莫西林生产工艺的研发	深圳市红莓生物科技有限公司	通过
135	CYZZ20160525152808749	一种基于大数据的电视互联网交互平台的研发	深圳市虎瑞科技有限公司	通过
136	JSGG20160329154744905	重 20160380：智能云操作系统关键技术研发	深圳市华云中盛科技有限公司	通过
137	CYZZ20160412140510727	基于双目立体视觉的虚拟现实位置追踪关键技术研发	深圳市欢创科技有限公司	通过
138	CKCY20170426105359902	新型高精度智能化角度传感器项目研发	深圳市慧传科技有限公司	通过
139	GJHS20170228162059658	智能机器人在高能聚焦无创治疗设备的研发与应用	深圳市慧康精密仪器有限公司	通过
140	GJHS20160329165322291	面向区域医疗和公共卫生的健康大数据处理分析研究及示范应用	深圳市金证科技股份有限公司	通过
141	GJHS20130329152647449	PCB 微钻全自动刃磨关键技术及装备	深圳市金洲精工科技股份有限公司	通过
142	CYZZ20150831152035271	关于太阳能光伏发电系统的关键技术研发	深圳市晶昶能新能源科技有限公司	通过
143	JSGG20170413141633840	重 20170189：工业级无人机长续航氢燃料电池系统关键技术研发	深圳市科比特航空科技有限公司	复议
144	CKFW20150918144954341	中国创客联盟服务平台	深圳市科技企业孵化器协会	通过
145	JSGG20160510104132062	重 20160482：基于非沥青基反应型高分子自粘防水卷材的关键技术研发	深圳市蓝盾防水工程有限公司	通过
146	JSGG20160510154416143	重 20160390：基于智能感知技术的供应链平台研发	深圳市朗华供应链服务有限公司	通过
147	CXZZ20150401165931171	普 20150073：船载式海洋生物毒性应急监测仪技术研发	深圳市朗石科学仪器有限公司	通过
148	CYZZ20160226162945570	环形激光多 CMOS 图像拼接激光雷达系统研发	深圳市镭神智能系统有限公司	通过
149	JSGG20160429101055788	重 20160427：有机发光二极管（OLED）显示触控一体化模组关键技术研发	深圳市立德通讯器材有限公司	复议
150	CYZZ20160531111656731	Type-C 全功能集线器	深圳市利达成科技有限公司	通过
151	CKCY20160823145937486	大视场高分辨率全景立体内容捕捉设备及交互技术的研发	深圳市量子视觉科技有限公司	通过
152	CYZZ20160414160138994	可自组网的多功能精密户外运动智能腕表	深圳市龙腾飞通讯装备技术有限公司	通过
153	CYZZ20160524093805207	高精度数字式气压力传感器开关表研发	深圳市迈斯艾尔科技发展有限公司	复议
154	JSGG20160427103632585	重 20160283：基于数据融合模型与分布式流计算的 IT 运维关键技术的研究	深圳市脉山龙信息技术股份有限公司	通过
155	CKCY20160826155054257	面向精确营销的商家客户关系管理与智能数据分析平台	深圳市满一乐科技有限公司	通过

续表

序号	项目编号	项目名称	项目承担单位	验收结论
156	CYZZ20160505145748760	基于私有云服务系统的云棒产品关键技术研究	深圳市美贝壳科技有限公司	通过
157	CYZZ20150716173439752	基于云计算的地产移动化社交化营销服务平台关键技术的研发	深圳市明源云客电子商务有限公司	通过
158	CYZZ20150519105751499	超级导热功能高分子复合材料的研发及其应用	深圳市欧姆阳科技有限公司	通过
159	JSGG20160229115819903	重 20160040：超低温热泵与天然气锅炉动态调节型高效供暖系统关键技术研究	深圳市派沃新能源科技股份有限公司	通过
160	CYZZ20160122105504230	自然冷媒超高效节能热泵	深圳市鹏跃新能源科技有限公司	通过
161	CYZZ20160510140552366	智能化 YAG 激光焊接电源教学应用系统开发	深圳市普达镭射科技有限公司	通过
162	CKKJ20160413114232854	启迪 K 栈（启迪深圳 · 深圳湾双创孵化基地）	深圳市启迪爱地创业孵化器有限公司	通过
163	JSGG20150331101125630	重 20150044: 弧焊机器人用全数字电源关键技术研发	深圳市瑞凌实业股份有限公司	通过
164	CYZZ20160429164730112	一种可以快速安装的 LED 显示屏压铸铝箱体	深圳市赛立鸿塑胶五金有限公司	通过
165	CYZZ20160229165055451	基于无线通讯技术的新型智能锂离子电池管理系统	深圳市尚亿芯科技有限公司	通过
166	CYZZ20160304165036893	基于云平台的母婴健康智能管理终端研发	深圳市深大云伴健康科技有限公司	通过
167	GQYCZZ20150914115049773	多曲面安全节能玻璃的研发及产业化	深圳市深南益玻璃制品有限公司	通过
168	CYZZ20150624111532478	基于视觉定位的十轴六联动激光焊接测量一体设备研发	深圳市深普镭科技有限公司	通过
169	CXZZ20150811101620138	普 20150372：高压大功率槽型静电屏蔽效应晶体管的研发	深圳市盛元半导体有限公司	通过
170	JSGG20160427110122363	重 20160468：飞机结构件高速加工中心关键技术研发	深圳市仕兴鸿精密机械设备有限公司	通过
171	CYZZ20160331102701784	新能源锂离子电池极片全自动高速切片机的研发	深圳市舜源自动化科技有限公司	通过
172	CKCY20160429174412949	云台稳定器技术与视频分享 APP 的研发	深圳市随拍科技有限公司	通过
173	KJYY20160429172810071	SF20160024：基于有线数字电视网的多协议智能网关应用示范	深圳市天威视讯股份有限公司	复议
174	JSGG20160229163402221	重 20160054：下一代细粒度数据库安全审计关键技术研究	深圳市网域科技股份有限公司	通过
175	CKKJ20150821172033172	Wedo 联合创业社	深圳市微度联创社科技有限公司	通过
176	CYZZ20160428145124698	基于云平台的远程互动录播教学系统	深圳市唯高科技有限公司	通过
177	GQYCZZ20140926152526582	3D 生物特征识别技术的 3D 人脸识别行业应用产品研发和销售	深圳市唯特视科技有限公司	复议
178	CXZZ20150929112741857	普 20150436：抗血小板聚集拟肽类药物的前期研发	深圳市维琪医药研发有限公司	通过
179	JSGG20160229145914701	重 20160162：新型高频线路板基材关键技术研发	深圳市沃特新材料股份有限公司	通过
180	CKFW20160414173318849	Mould Lao 创客工场	深圳市五鑫科技有限公司	通过
181	CYZZ20160519153643347	智能多目标监测与实时跟踪系统技术研发	深圳市芯耐特安防科技有限公司	通过

续表

序号	项目编号	项目名称	项目承担单位	验收结论
182	GJHZ20160229170608241	HLA-E、-G 的分子表达及调控在青光眼睫状体眼综合征中的作用机制研究	深圳市眼科医院	通过
183	CYZZ20150731090112377	基于数字 3D 技术的互动幼教应用平台	深圳市氧橙互动娱乐有限公司	不通过
184	CKCY20160829185557010	智能超低功耗无线可视门铃系统的研究	深圳市一道智能开发有限公司	通过
185	JSGG20160510155409733	重 20160503 基于云计算的大数据征信平台关键技术研究	深圳市银之杰科技股份有限公司	通过
186	CYZZ20160302091944301	基于云平台的 TV-home 智能服务系统研发及产业化项目	深圳市粤创科技有限公司	通过
187	CYZZ20160331153414323	场景应用一基于移动互联网 Html5 商业技术的研发	深圳市云来网络科技有限公司	通过
188	CKCY20160829105014216	搜索引擎优化的研发与产业化方案	深圳市臻至科技有限公司	通过
189	CKCY20160829164202479	基于人脸识别技术的车载智能后视镜	深圳市芝麻开门电子科技有限公司	通过
190	CYZZ20150805154340778	智能电网电力线网络分析仪的研发	深圳市中创电测技术有限公司	通过
191	CYZZ20150529112706249	基于云平台的室内空气质量检测预警系统	深圳市中科斯克技术有限公司	通过
192	GRCK20160829165158677	远程控制管理自断电信号唤醒的解决方案	深圳市中科众创空间科技创投有限公司	通过
193	GRCK20160414163200340	“爱溯源”	深圳市中科众创空间科技创投有限公司	不通过
194	CXZZ20150529172628890	普 20150341：新型聚晶金刚石铣刀关键技术的研发	深圳市中天超硬工具股份有限公司	通过
195	JSGG20150330145605583	重 20150023：基于软件定义的分组传送网 (SPTN) 关键技术研发	深圳市中兴软件有限责任公司	复议
196	CYZZ20160526092006367	30KW 电动中巴车无线充电系统的开发	深圳市中兴新能源汽车科技有限公司	复议
197	JSGG20160429171355245	重 20160239： 基于语义的资讯大数据价值挖掘及通信系统研究	深圳市中易科技有限责任公司	复议
198	CYZZ20160328095922947	一体化全网通智能手机流量分发平台	深圳腾畅科技有限公司	通过
199	JSGG20160229114627558	重 20160150：面向智能终端的高集成度图像识别模组关键技术研发	深圳天珑无线科技有限公司	通过
200	CKCY20160829091229434	轻小型激光雷达系统 SE-J500 研制	深圳天眼激光科技有限公司	通过
201	CKCY20160829145443620	基于倾斜摄影测量技术的复杂地表信息采集与建模创新应用	深圳万图科技有限公司	通过
202	JSGG20160229202345378	重 20160245： 超高清沉浸式虚拟现实视频直播与点播关键技术研发	深圳先进技术研究院	通过
203	JCYJ20160229195249481	表面功能化镁基金属的降解性能和抗菌行为研究	深圳先进技术研究院	通过
204	KQCX20150331173541557	面向安防监控的人形服务机器人	深圳先进技术研究院	通过
205	KQCX20150331173541529	运动功能神经康复机器人技术与系统	深圳先进技术研究院	通过
206	KQCX20150331173541544	石墨烯材料的电化学制备与应用	深圳先进技术研究院	通过
207	CKCY20170505102610205	智能全制式基站信息采集仪关键技术研发	深圳心派科技有限公司	通过

续表

序号	项目编号	项目名称	项目承担单位	验收结论
208	GRCK20170424095842014	基于不安全通信环境下的芯片动态防伪技术	深圳信息职业技术学院	通过
209	JCYJ20160307101532282	互联网流媒体系统中带宽资源使用问题研究	深圳信息职业技术学院	通过
210	GJHZ20150316112246318	虚拟人主动学习环境感知应用研究	深圳信息职业技术学院	通过
211	JCYJ20160415113818087	车载燃料电池重整制氢微反应器的多尺度表面功能结构协同设计与制造基础研究	深圳信息职业技术学院	通过
212	CYZZ20150828111638370	USB3.0 大容量固态硬盘的主控制器芯片研发	深圳英集芯科技有限公司	通过
213	CYZZ20160531091021983	基于高通量测序技术的中国人群肿瘤免疫新抗原（neoantigens）检测产品的研究开发	深圳裕策生物科技有限公司	通过
214	CKCY20170505160438725	直播资源数据服务平台	深圳宅呵呵科技文化有限公司	通过
215	CXZZ20130517145458601	基于软交换的视频会议与视频监控综合平台	深圳职业技术学院	通过
216	CYZZ20160428162520048	基于 OTDOA 算法的高精度便携式全制式定位主站研发	深圳智慧新智能技术有限公司	复议
217	GRCK20170421104513343	低压配电网故障定位系统	深圳智造众创智能硬件孵化服务有限公司	通过
218	GRCK20170421104613984	基于 Lighthouse 的低成本毫米级室内定位模块	深圳智造众创智能硬件孵化服务有限公司	通过
219	JSGG20160229145724161	重 20160077；系列航空集装箱、集装板装载平台车关键技术研发	深圳中集天达空港设备有限公司	复议
220	GRCK20170424144929585	基于 LoRa 的无线停车管理系统	深圳中科创客学院有限公司	通过
221	GRCK20160414155102530	无源高精度温度传感器芯片	深圳中科创客学院有限公司	通过
222	CYZZ20160530144311406	大功率工业机器人伺服系统研发	深圳众城卓越科技有限公司	通过
223	JCYJ20150630153917254	喷泉码在认知无线传感网络中可靠数据传输的应用研究	武汉大学深圳研究院	通过
224	JCYJ20160531172042899	航空航天用超高温改性非烧蚀碳 / 碳复合材料研究	西北工业大学深圳研究院	通过
225	JCYJ20150629151046886	新一代超高强度高塑性纳米孪晶增强双相 TWIP 汽车钢	香港大学深圳研究院	通过
226	JCYJ20140903112959962	用于网格重构的快速优化方法研究	香港大学深圳研究院	通过
227	JCYJ20160509170535223	高效纯有机室温磷光材料的开发、结构 - 性能关系及其应用研究	香港科技大学深圳研究院	通过
228	GJHZ20160301165723718	智能主动配电网中的新能源协调技术：建模控制与优化	香港中文大学（深圳）	通过
229	CKCY20160826160219591	鹰眼辅助驾驶“车联云”系统	鹰驾科技（深圳）有限公司	通过
230	CKCY20170508121036342	智能问答机器人	智言科技 (深圳) 有限公司	复议

2018 年第 7 批市科技计划项目验收结果

序号	项目编号	项目名称	项目承担单位	验收结论
1	CKCY20160829173724169	临床级关节镜冲洗液干细胞的关键技术研发与产业化制备	安和（深圳）健康科技有限公司	通过
2	JSGG20160229124653670	重 20160209：基于 100Gbps 和 400Gbps 超高速发射器用微光学模块关键技术研发	北极光电（深圳）有限公司	通过
3	GRCK20170424144522964	长链脂肪醛的绿色合成工艺及在药物改质中的应用研究	北京大学深圳研究生院	通过
4	GJHS20170310093035206	用于环境中重金属的生物传感器与吸附技术	北京大学深圳研究生院	通过
5	GJHS20150416102200276	用于环境中重金属的生物传感器与吸附技术	北京大学深圳研究生院	通过
6	JCYJ20160122151433832	基于碳减排的嗜极微生物资源及耐热氧化还原酶开发利用研究	北京大学深圳研究生院	通过
7	JCYJ20150529095551499	基 20150034 建筑高效日光采集系统研究	北京大学深圳研究生院	通过
8	JCYJ20150630152545236	亚 10 纳米多栅极晶体管器件与工艺技术研究	北京大学深圳研究生院	通过
9	JCYJ20170307111334308	miR-100-5p、miR-216a-5p 和 miR-136-5p 在肾癌中的功能、作用机制和早期诊断的研究	北京大学深圳医院	通过
10	JCYJ20120830161804257	螺内酯治疗慢性房颤及其机制的可行性研究	北京大学深圳医院	通过
11	GRCK20170424111927024	微透镜阵列光场相机	北京理工大学深圳研究院	通过
12	GRCK20170424112553306	人体下肢智能康复训练机器人	北京理工大学深圳研究院	通过
13	JCYJ20160229115218573	全空间分布光度可调计量方法与技术研究	北京理工大学深圳研究院	通过
14	CYZZ20160428151040658	3G-SDI 高清无缝视频切换矩阵关键技术研究开发	方图智能（深圳）科技集团股份有限公司	通过
15	CYZZ20160408114701555	近距离触碰组网智能家居系统的研发	丰唐物联技术（深圳）有限公司	通过
16	CYZZ20160525160615479	基于地图融合的智能清洁机器人关键技术研究	广东宝乐机器人股份有限公司	通过
17	JSGG20160229110429358	重 20160202：无线高清视频分发枢纽设备的关键技术研发	国微集团（深圳）有限公司	通过
18	CKFW20160330163725150	深圳哈工创意机器人双创服务平台	哈尔滨工业大学（深圳）	通过
19	JCYJ20150403161923505	高性能双馈电机三电平四象限变频器的节能技术研究	哈尔滨工业大学（深圳）	通过
20	JCYJ20150513151706576	一种柔性桁架张力腿漂浮式海上风机支撑结构水动力学研究	哈尔滨工业大学（深圳）	通过
21	GJHZ20160226200952216	微槽道冲击冷却新型主动冷凝散热器的研制	哈尔滨工业大学（深圳）	通过
22	KQCX20150324094653260	工程结构安全保障的压电功能器件研发及关键技术应用研究	哈尔滨工业大学（深圳）	通过
23	GRCK20160406103413683	一种能有效降低米饭中重金属含量的家用电饭煲	哈尔滨工业大学（深圳）	通过
24	JCYJ20150731105106111	基 20150051：智能自学习制造关键技术研究	哈尔滨工业大学（深圳）	通过
25	GRCK20160826110215508	汽车鱼眼镜头 360 环视系统	哈尔滨工业大学（深圳）	通过
26	GRCK20160826110026204	基于深度学习的智能学习助手	哈尔滨工业大学（深圳）	通过

续表

序号	项目编号	项目名称	项目承担单位	验收结论
27	GRCK20160406100834336	低功率微小卫星电弧推进器	哈尔滨工业大学（深圳）	通过
28	GRCK20160406101939513	利用三维重建和增强现实的虚拟购物体验	哈尔滨工业大学（深圳）	通过
29	CKCY20170505161151076	三电平 LLC 软开关技术的高效大功率高频智能快速充电桩	合康动力技术（深圳）有限公司	通过
30	GJHS20160331192738449	面向移动互联网的端到端流量管理和优化技术研究	华为技术有限公司	通过
31	GJHS20160331193745636	FDD LTE-Advanced 系统试验设备开发	华为技术有限公司	通过
32	GJHS20160331192854011	基于用户体验的端到端 3G/LTE 业务质量评测与分析系统研发	华为技术有限公司	通过
33	GJHS20130402163628441	IMT-Advanced 新型无线接入网络技术研发	华为技术有限公司	通过
34	GJHS20160331193815624	IMT-Advanced 关键技术试验平台开发	华为技术有限公司	通过
35	CKCY20170504152703897	新型玻璃幕墙透明显示屏的研发	金罡视觉技术（深圳）有限公司	通过
36	CKCY20160429165537566	Air Button 超級按鍵	孔雀团队依托单位	通过
37	CYZZ20150716100006440	应用于数字化医院远程医疗服务的大数据管理系统开发	蓝网科技股份有限公司	通过
38	JSGG20150512100134432	重 20150095：新型多模陶瓷介质材料滤波器关键技术研发	摩比天线技术（深圳）有限公司	通过
39	GRCK20170424110213802	一种智能胎心仪检测设备的研制	南方科技大学	通过
40	JCYJ20160530184453345	可溶性金属酞菁异构体合成分离与钙钛矿太阳能电池应用研究	南方科技大学	通过
41	JCYJ20160315164631204	新型纳米润滑抗磨材料的研发与应用研究	南方科技大学	通过
42	GRCK20170424105659581	高容量、高电压柔性超级电容器	南方科技大学	通过
43	GRCK20170424105420967	无创伤酸碱和氧双传感绷带用于烧伤恢复监测	南方科技大学	通过
44	KQJSCX20160226193445650	高效无线能量传输系统的研发	南方科技大学	通过
45	GRCK20170424110436921	基于固体废物城市污泥为原料的高性能陶瓷膜产品制备	南方科技大学	通过
46	GRCK20170424105332902	增强无人机的仿生智能机器手臂	南方科技大学	通过
47	GRCK20160412165332990	石蜡 3D 打印机设计及其在熔模铸造工艺中的应用	南方科技大学	通过
48	GRCK20170424110059772	用于超薄层陶瓷电容器的水基流延膜工艺研究	南方科技大学	通过
49	GRCK20160412170058274	基于量子点的高稳定性紫外光检测设备	南方科技大学	通过
50	GRCK20170424105625744	基于离子敏场效应（ISFET）的非玻璃型 pH 测量计	南方科技大学	通过
51	GRCK20160829200957004	无铅热释电薄膜红外探测器	南方科技大学	通过
52	GRCK20160412170757209	人体可穿戴运动健康设备及 Unity 3D 平台应用开发	南方科技大学	通过
53	GRCK20160412164242411	半自动射击移动机器人	南方科技大学	通过

续表

序号	项目编号	项目名称	项目承担单位	验收结论
54	GRCK20160829200225199	用于骨修复的纳米羟基磷灰石的制备	南方科技大学	通过
55	GRCK20160412171624777	环境组合型智能传感器	南方科技大学	通过
56	GRCK20160331114924138	模块化无线供能传感系统的研发	南方科技大学	通过
57	JCYJ20150529152146478	真核生物基因组转录调控元件的大规模功能性鉴定研究	南方科技大学	通过
58	JCYJ20150630145302230	面向智能人体行为特征辨识的分布式二进制感知技术研究	南方科技大学	通过
59	GRCK20160829195523424	一种骨关节保健食品开发	南方科技大学	通过
60	GRCK20160829200708148	氟化石墨烯润滑材料的研发及小试	南方科技大学	通过
61	GRCK20160412163545177	低功耗数字 VOC 挥发性有机物气体传感器	南方科技大学	通过
62	GRCK20160412164211210	设计和制备 SERS 活性基底光学传感器	南方科技大学	通过
63	GRCK20170424110141167	20W 单频线偏振光纤激光放大器的研发	南方科技大学	复议
64	JCYJ20160531151102203	锂电池正极用高综合性能硫碳高分子复合材料研究	南京大学深圳研究院	通过
65	CKCY20170417101500681	基于虚拟现实技术环境的人机交互平台	你瞅啥（深圳）科技有限公司	复议
66	CKCY20160829101759324	Hard watch 智能手表设计与实现	前海核桃创意（深圳）科技有限公司	通过
67	JSGG20160229124719053	重 20160019：高性能多色 3D 打印机关键技术研究	乔丰科技实业（深圳）有限公司	复议
68	JCYJ20160125095838752	臭氧高级氧化对水中有毒有害致色污染物去除研究	清华大学深圳研究生院	通过
69	JCYJ20150529164918734	基 20150025 石墨烯基材料的制备及应用技术	清华大学深圳研究生院	通过
70	GRCK20170424150758360	胰岛素智能给药系统	清华大学深圳研究生院	通过
71	JCYJ20160301151028370	用于胸腔内肿瘤诊疗的高精度呼吸跟踪方法研究	清华大学深圳研究生院	通过
72	GRCK20170424150422441	脉搏波心率自测仪	清华大学深圳研究生院	通过
73	JSGG20150806140442122	重 20150164：全光网络的光互连系统关键技术研究	日海智能科技股份有限公司	通过
74	JCYJ20160429183630760	基于传感型土工格栅的高大堆积土体灾变机理与内部变形自检测技术研究	山东大学深圳研究院	通过
75	JCYJ20160429183458771	液压救援机器人轻量化设计及双臂协调控制研究	山东大学深圳研究院	通过
76	JCYJ20160331174814755	基于自然语言的云机器人服务决策机制的研究	山东大学深圳研究院	通过
77	JCYJ20160331174228600	基于类脑计算的视觉认知机理及机器人感知关键技术研究	山东大学深圳研究院	通过
78	JCYJ20160331183804137	重组 PRCP 调控线粒体自噬改善糖尿病性心肌病的作用及机制	山东大学深圳研究院	通过
79	JCYJ20160331184515666	竹炭基固体酸催化餐饮业废油脂同步酯化 - 酯交换生产生物柴油的作用机制研究	山东大学深圳研究院	通过
80	JCYJ20160331174108379	利用基因敲入小鼠研究耳聋基因 VLGR1 突变致聋机制	山东大学深圳研究院	通过

续表

序号	项目编号	项目名称	项目承担单位	验收结论
81	JCYJ20160331183934512	基于萤火虫生物发光的生物体内成像研究	山东大学深圳研究院	通过
82	JCYJ20160429183214979	金属玻璃复杂液液相变及其性能宏观调控研究	山东大学深圳研究院	通过
83	CKFW20160414140943199	安博智创电子创客服务平台	深圳安博检测股份有限公司	通过
84	CKCY20170427102013467	智能控制液化石油气新型角阀充装装置的研发	深圳安博智控科技有限公司	通过
85	CKCY20170508103400324	云智能监控太阳能机场助航灯光系统的研发	深圳安航科技有限公司	通过
86	CYZZ20160425150201139	面向数据密集行业的量化计算分析系统研发	深圳般若计算机系统股份有限公司	通过
87	JCYJ20160419152942010	面向异构车载网的安全消息分发关键技术与系统	深圳北航新兴产业技术研究院	通过
88	CKCY20170508093959900	配网故障指示器全自动库线一体检测平台	深圳博壹电力自动化有限公司	通过
89	CXZZ20140828115934838	高效动态物理屏蔽油烟净化机项目	深圳厨之道环保高科有限公司	通过
90	GRCK20170424154156280	无人气动船	深圳创客空间科技有限公司	通过
91	JCYJ20150525092940994	用于防止老年人跌倒的智能鞋垫的研究	深圳大学	通过
92	JCYJ20160422101725667	免疫调节抗过敏疫苗的研制	深圳大学	通过
93	JCYJ20160422170722474	环状RNA-826通过内源性RNA方式结合miRNA-340调控SMG1对胃癌转移侵袭机制的研究	深圳大学	通过
94	SGLH20150213170331329	精密玻璃光学显微结构的微纳印压装置及加工技术之研发	深圳大学	通过
95	JCYJ20160422110629751	Tau蛋白在阿尔茨海默症和额颞叶痴呆中的功能结构异同分析	深圳大学	通过
96	JCYJ20160308091733202	基于人造随机反馈的中红外随机光纤激光技术研究	深圳大学	通过
97	JCYJ20160422091418366	动力储能锂离子电池关键负极材料的微纳结构构筑与性能研究	深圳大学	通过
98	JCYJ20150529164656098	基20150036：基于热光效应的智能节能窗用二氧化钒薄膜研究	深圳大学	通过
99	JCYJ20160308095910917	流行病原虫贾第虫的单细胞核转录组研究	深圳大学	通过
100	JCYJ20160308110354332	新颖二氟甲基化方法的发展及其在药物设计合成中的应用	深圳大学	通过
101	JCYJ20160308104109234	表观复合体调控动脉粥样硬化	深圳大学	通过
102	JCYJ20160520161411353	在两相界面可控合成复合结构的磁性碳材料及其电催化性能的研究	深圳大学	通过
103	JCYJ20150529164656096	基20150016：面向大数据的计算复杂性理论基础研究	深圳大学	通过
104	JCYJ20160422091523612	具类胰岛素效应的氧钒配合物抗糖尿病早期视网膜神经退行性病变的作用机制研究	深圳大学	通过
105	GJHS20170313110310155	高功率全光纤化可见光超连续谱光源技术研究	深圳大学	通过
106	JCYJ20150625102622556	微流体装置在污损防治标靶研究中的应用	深圳大学	通过

续表

序号	项目编号	项目名称	项目承担单位	验收结论
107	JCYJ20150525092941007	纳米羟基磷灰石 / 壳聚糖复合物界面结构、相互作用与计算机模拟研究	深圳大学	通过
108	JCYJ20150827101359276	深圳海域赤潮来源溶藻菌溶藻活性物质的分离鉴定及作用机理研究	深圳大学	通过
109	GJHS20120621154321244	CDK3 磷酸化 KLF4 在细胞转化和肿瘤发生中的作用及机制研究	深圳大学	通过
110	KQCX20140522111508785	阿克苷诱导内源 IFN-γ 抗甲型 H1N1 流感病毒活性及其靶效机制研究	深圳大学	通过
111	JCYJ20130329104732074	调控乳腺癌细胞凋亡与乳腺癌化疗耐药相关因素研究	深圳大学	通过
112	JCYJ20140724165855348	细胞壁中的 AtRD22 蛋白在植物耐受 Cu2+ 胁迫中的作用机理	深圳大学	通过
113	CXZZ20120830160459755	高安全性锂离子动力电池负极材料 - 类石墨烯包覆与掺杂钛酸锂的研究	深圳大学	通过
114	CKKJ20150917112516305	碧岭现代农业创新创客空间	深圳大学	通过
115	JCYJ20150625103602228	氮化铝晶体在高性能深紫外探测器中的应用研究	深圳大学	通过
116	JCYJ20150324141711618	多光子吸收发光石墨烯量子点研究	深圳大学	通过
117	JCYJ20160308092249215	二维黑磷纳米片的非线性光学特性与光子器件	深圳大学	通过
118	JCYJ20120613173913654	IL-17 在尘螨变应原诱导过敏性哮喘发病机制中的研究	深圳大学	通过
119	JCYJ20160520165724531	基于微纳光子晶体结构的新型红外探测器的模拟和实验研究	深圳大学	复议
120	KQCX20150324165213073	血浆长链非编码 RNA 作为非小细胞肺癌分子标记物的筛选、验证、及试剂盒研发	深圳大学	不通过
121	CKCY20160829173916521	应用 Crispr/Cas9 系统精准改良诱导多能间充质干细胞 (iPS-MSC) 再生性能的关键技术开发	深圳丹伦基因科技有限公司	通过
122	CYZZ20160426153458297	一种高性能凸杆式无铁芯直线电机及其运动控制模组的研发	深圳德康威尔科技有限公司	通过
123	CYZZ20130823152107738	燃烧烟气联合脱硫脱硝系统的研发及应用	深圳广昌达环境科学有限公司	不通过
124	KJYY20160510145621968	SF20160032： 智慧金融监控平台的示范应用	深圳广电银通金融电子科技有限公司	通过
125	CYZZ20150803174612544	基于 3D 封装的倒装芯片底部填充胶关键技术研发	深圳广恒威科技有限公司	通过
126	CKKJ20160414142613136	大学城绿色产业创客空间	深圳硅谷大学城创业园管理有限公司	通过
127	KQCY20160224152545938	60 及 256 电极人造视网膜关键技术研发及产业化	深圳硅基仿生科技有限公司	通过
128	KJYY20160331165033737	SF20160008： 教育云平台的应用示范	深圳国泰安教育技术有限公司	通过
129	GJHZ20160301164912038	分布式、高并发的海量金融交易数据存储分析系统研发	深圳国泰安教育技术有限公司	通过
130	KQTD201208	特种化学键合胶凝材料开发与应用研究	深圳航天科技创新研究院	通过
131	JSGG20140702161347218	重 2014- 先 19：基于基因组学新技术的乳腺癌个体化医疗应用研究与技术开发	深圳华大生命科学研究院	通过

续表

序号	项目编号	项目名称	项目承担单位	验收结论
132	CYZZ20150416112557464	专网加密人像采集传输系统研发	深圳华视高科电子有限公司	通过
133	CXZZ20150527154129156	普 20150309：支持多种国密算法的低功耗高性能密码芯片研发	深圳华视微电子有限公司	通过
134	JCYJ20160414102210144	真空法制备高效硒化锑薄膜太阳能电池的研究	深圳华中科技大学研究院	通过
135	JCYJ20150831203344665	具有预组织空腔结构的芳香酰胺反渗透膜设计与开发	深圳华中科技大学研究院	通过
136	JCYJ20160429182443609	柔性高效率大面积钙钛矿太阳能电池的研究	深圳华中科技大学研究院	通过
137	JCYJ20160531194518142	基于光纤轨道角动量新一代数据中心 / 光互连的应用基础研究	深圳华中科技大学研究院	通过
138	JCYJ20160429182959405	高稳定量子点荧光太阳光聚集器研究	深圳华中科技大学研究院	通过
139	JCYJ20160429182424047	面向全组织全局亚细胞水平成像的斜扫超分辨贝塞尔光片显微镜技术	深圳华中科技大学研究院	复议
140	CKCY20160429105223914	共轴双桨航拍无人机关键技术研发	深圳加创科技有限公司	通过
141	CKCY20170502162003260	暴鸡电竞	深圳开黑科技有限公司	通过
142	JSGG20160429162646357	重 20160464： 大面积高精度无掩膜光刻设备研发	深圳凯世光研股份有限公司	通过
143	CKCY20170505152348154	基于直角坐标机器人技术的高精度 3D 打印、数控激光雕刻一体机研发	深圳快造科技有限公司	通过
144	CYZZ20160531101049882	七轴五联动 3D 曲面数控打磨设备	深圳蓝狐思谷科技有限公司	复议
145	CKCY20170425092913408	利用新型可见光催化技术研发重大疾病药物	深圳蓝新科技有限公司	通过
146	CYZZ20130830093933056	能源化工产业用的低成本、高性能金属基复合材料制备与成形技术	深圳力合金表面技术有限公司	通过
147	JSGG20151014153000438	重 20150210：隐藏爆炸物高灵敏度荧光探针材料关键技术研发	深圳砺剑防卫技术有限公司	复议
148	CYZZ20160530190131339	多功能全自动 LED 多点式高速点胶机	深圳灵感化设备有限公司	通过
149	CYZZ20160429162500997	面向网络安全监控的下一代无线上网行为安全审计系统研发	深圳绿净网科技有限公司	通过
150	KQTD201209	人体组织再生生物制造技术的产业化	深圳迈普再生医学科技有限公司	通过
151	GJHS20170314161508355	高端全数字彩色多普勒超声诊断设备的研发（二）	深圳迈瑞生物医疗电子股份有限公司	通过
152	CYZZ20160302141203817	基于 Air-Elastic 技术的智能随行杯 Seed 的研发	深圳麦开网络技术有限公司	通过
153	CYZZ20160302091438346	老年人用可穿戴式智能健康仪的研发	深圳曼瑞德科技有限公司	通过
154	CYZZ20160525154836938	面向模具行业设计制造技术的 MES 管理系统的研究	深圳模德宝科技有限公司	通过
155	CKCY20170505160552207	基于二维纳米材料的抗磨材料开发与产品小试生产	深圳南科新材科技有限公司	复议
156	CYZZ20160229145804201	基于三极管开关的高压大功率 LED 驱动芯片技术研发	深圳欧创芯半导体有限公司	复议
157	CYZZ20150828152813463	一种高磁导率超薄 NiCuZnMn 铁氧体基片的研发与应用	深圳鹏汇功能材料有限公司	通过

续表

序号	项目编号	项目名称	项目承担单位	验收结论
158	CYZZ20160408141329053	Qi 无线充电技术检测研究及其应用	深圳普瑞赛思检测技术有限公司	通过
159	CKCY20170504104203425	FIFISH 水下机器人关键技术研发	深圳鳍源科技有限公司	通过
160	CKCY20160826172330448	游戏化一站式金融服务平台的开发	深圳前海惠金信息技术有限公司	通过
161	JSGG20160301095829250	重 20160182 ：用于疾病早期筛查的等离子体荧光增强蛋白芯片的关键技术研究	深圳清华大学研究院	通过
162	CYZZ20150410144945582	基于 Air-Fingers 技术的全景 3D 信息提取研究及应用	深圳柔石科技有限公司	通过
163	JSGG20150511143246807	重 20150092：适用于第五代移动通讯技术的低介电聚酰亚胺薄膜的研制	深圳瑞华泰薄膜科技有限公司	通过
164	CKCY20170418163441639	基于虚拟现实全浸入式 3D 打印可穿戴脑控手部康复机器人	深圳睿瀚医疗科技有限公司	通过
165	CYZZ20150831171440131	基于大数据生态构造的 Tronker 创客网络平台的研发	深圳赛飞软件有限公司	通过
166	CKFW20160414140352352	赛格国际创客产品展示推广中心	深圳赛格股份有限公司	通过
167	JSKF20150827161352523	基于国 IV& 国 V 汽车节气门匹配技术和尾气环保技术的研发	深圳市爱夫卡科技股份有限公司	通过
168	CKKJ20160415112803564	爱义红提联合创业空间	深圳市爱义创业创投服务有限公司	通过
169	CYZZ20160504112955358	深圳市民生环境改善 VOC 新技术检测公共技术服务平台	深圳市安康检测科技有限公司	通过
170	JSGG20160510114646495	重 20160490： 高折射率有机硅光学材料的关键技术研发	深圳市安品有机硅材料有限公司	复议
171	JSGG20160229123752355	重 20160062： 面向公有云的接入与管控平台研发	深圳市傲冠软件股份有限公司	通过
172	JCYJ20150403105513703	乳腺癌全基因组差异甲基化筛查及其早期诊断的方法学研究	深圳市宝安区妇幼保健院	通过
173	CYZZ20160531141740259	基于互联网电子商务大数据的卖家智能运营支撑平台	深圳市宝贝团信息技术有限公司	通过
174	CYZZ20160519163814824	零 VOC 无机重防腐材料及应用的研发	深圳市保利特新材料有限公司	通过
175	CYZZ20160415102927648	智能化电子设计中心平台（SEDC）研发	深圳市贝思科尔软件技术有限公司	复议
176	JSGG20150814150743856	重 20150171：18650-3.8Ah 高容量动力锂离子电池关键技术研发	深圳市比克电池有限公司	通过
177	CYZZ20150709170448564	火星翻译 O2O 平台	深圳市比邻软件有限公司	复议
178	CYZZ20160414151855854	基于 iBeacon 技术营销系统平台的研发	深圳市必肯科技有限公司	通过
179	JSGG20160229145518240	重 20160124： 可穿戴电子设备用埋入式无源器件研发	深圳市博敏兴电子有限公司	复议
180	JSGG20160229115539499	重 20160193 ：智能化太阳能路灯储能电池及管理系统关键技术研发	深圳市超思维电子股份有限公司	通过
181	CXZZ20150930153435888	普 20150460：超大尺寸一体机显示屏触控技术研发	深圳市成鸿科技有限公司	通过
182	CYZZ20150623140302900	视觉全自动背光模组与显示模组组装机关键技术的研发	深圳市诚亿自动化科技有限公司	通过

续表

序号	项目编号	项目名称	项目承担单位	验收结论
183	CKCY20170424171710566	出租宝—城中村出租屋智能管理服务公共云平台	深圳市出租宝网络科技有限公司	通过
184	CKCY20170425151341919	液态金属导热材料的应用及研发	深圳市大材液态金属科技有限公司	通过
185	JSGG20160229121607837	重 20160018： 高速高精度异型元器件贴插设备研发	深圳市德富莱智能科技股份有限公司	通过
186	CYZZ20160506174624668	基于 LRM 高频毫米波连接器的研发	深圳市德誉兴业电子有限公司	通过
187	JCYJ20150330102401100	应用 MRI 弥散张量成像研究老年抑郁症和脑小血管病的关系及发病机制	深圳市第二人民医院	通过
188	JCYJ20140414170821273	BRAF 突变和 SPECT/CT 在甲状腺乳头状癌碘 -131 治疗中的应用	深圳市第二人民医院	通过
189	JSGG20160229155249762	重 20160164 高性能导热胶带关键材料及制备关键技术研发	深圳市法鑫忠信新材料有限公司	复议
190	GJHS20160314174205317	基于大数据挖掘及可视化的智慧城市关键技术及应用	深圳市泛海三江电子股份有限公司	通过
191	JSGG20160329090258787	重 20160385： 基于物联网的智慧消防云服务平台关键技术的研发	深圳市泛海三江科技发展有限公司	通过
192	CKCY20170505105134284	基于 SENT 的第二代汽车扭矩转向传感器（TAS）芯片项目	深圳市飞仙智能科技有限公司	复议
193	CKCY20160429153759305	红外检测仪器设备	深圳市菲比斯科技有限公司	通过
194	CKKJ20160414163811029	筋斗云创客空间	深圳市丰泰瑞达实业有限公司	通过
195	JCYJ20150402090413018	孕中期大鼠丙泊酚麻醉导致子鼠抑郁症的发生机制	深圳市妇幼保健院	通过
196	CKCY20170505160931998	基于无线传输技术的胎压监测系统（TPMS）研发	深圳市高原汽车电子有限公司	通过
197	CKCY20160829145849587	智能互动颠覆在线教学平台	深圳市格熙信息科技有限公司	通过
198	CYZZ20160229120000100	基于数字 ID 的新一代浏览器互动平台的研发	深圳市谷熊网络科技有限公司	通过
199	JSGG20160229155434792	重 20160217： 海绵型城市绿地建植关键技术研发	深圳市国艺园林建设有限公司	通过
200	CKCY20170508105747468	新型 OLED 掩膜版再生设备及配套再生剂的研发	深圳市海博源光电科技有限公司	通过
201	CYZZ20150810105918934	汽车铝型材挤压机用钢改进型 H13 的研制	深圳市海科模具科技有限公司	通过
202	CYZZ20160527142509008	高效静音型智能化立体仓库及其控制系统的研发及产业化	深圳市航瑞物流自动化有限公司	复议
203	JSGG20160329153006319	重 20160338： 适用 iOS 的高速存储电路研发	深圳市和宏实业股份有限公司	通过
204	CXZZ20150814155434903	普 20150379：基于光谱图像的光伏产品质量自动检测技术研发	深圳市恒志图像科技有限公司	通过
205	CYZZ20150515151146026	石化生产冷源数字化智能化控制系统技术	深圳市宏事达能源科技有限公司	通过
206	CYZZ20140825165433980	基于脑电波技术的智力开发软硬件项目的研发	深圳市宏智力科技有限公司	通过
207	CXZZ20151117103249770	普 20150082：聚乳酸耐热改性技术研究及制品开发	深圳市虹彩新材料科技有限公司	通过
208	CYZZ20160527154519316	基于工业环网通信与供电交换机 IDSE 的研发	深圳市洪瑞光祥电子技术有限公司	复议

续表

序号	项目编号	项目名称	项目承担单位	验收结论
209	CYZZ20140509164251554	互联网数据中心网络安全攻击防护系统	深圳市互盟科技股份有限公司	通过
210	CYZZ20150827143548823	基于银纳米线的透明柔性电极的研发	深圳市华科创智技术有限公司	通过
211	JSGG20150831193123444	大气重金属多元素精密全天候在线监测仪	深圳市华唯计量技术开发有限公司	通过
212	JSGG20150831193123444	大气重金属多元素精密全天候在线监测仪	深圳市华唯计量技术开发有限公司	通过
213	CKCY20170427104206939	石墨烯二硫化钼锂电池负极复合材料的制备中试及产业化	深圳市华禹墨烯科技有限公司	复议
214	CKCY20170508140430855	基于磁共振式无线供电技术的输配电线路在线监测系统的应用研究开发与产业化	深圳市华禹无线供电技术有限公司	复议
215	CKCY20170504102128452	基于人工智能技术的互联网文学作品传播平台项目	深圳市华阅文化传媒有限公司	复议
216	CYZZ20160516163050928	DataEye 游戏数据统计分析平台	深圳市慧动创想科技有限公司	复议
217	JSGG20160229120821300	重 20160141 基于反离子电渗透技术的无创血糖生物传感器的研发	深圳市慧康医疗器械有限公司	通过
218	CYZZ20160531092206074	“追更神器”移动阅读应用系统研发	深圳市积汇天成科技有限公司	通过
219	CKCY20170504144730907	360 度全息 3D 投影成像幕布	深圳市吉之梦传媒有限公司	复议
220	JSGG20160226104140247	重 20160231： 无线环境参数高精度综合测试仪研发	深圳市极致汇仪科技有限公司	通过
221	JSGG20160509171208943	重 20160479： 基于 30KW 燃料电池动力系统的氢能客车研发	深圳市佳华利道新技术开发有限公司	通过
222	CYZZ20160531092602400	柔性曲面触摸屏关键技术的研发	深圳市嘉中电子有限公司	复议
223	KJYY20160229141621130	SF20160002： 新型智能终端在前海跨境电子商务追溯监管中的应用示范	深圳市检验检疫科学研究院	通过
224	CYZZ20150714162651549	企业移动管理平台 EMM 的研发	深圳市建乔无线信息技术有限公司	通过
225	CYZZ20150831170426959	高效率环保型光电玻璃减薄工艺的研发	深圳市金鸿桦烨电子科技有限公司	通过
226	CYZZ20140509142642226	免疫检查点抑制剂强化的 SOCS1 沉默的 DC- 效应细胞抗肿瘤治疗的临床前研究	深圳市金佳禾生物医药有限公司	通过
227	JSGG20160328103642937	重 20160407： 人类白细胞抗原基因分型对 T 细胞精准免疫治疗相关性研究	深圳市晋百慧生物有限公司	通过
228	CKCY20170428140056636	柔性同心曲管介入式神经手术机器人	深圳市聚焦医疗机器人科技有限公司	通过
229	CKCY20170505111345668	基于纳米复合技术的中空纤维超滤膜制备及应用技术研究	深圳市君脉膜科技有限公司	通过
230	CYZZ20150518154844562	金融押运 RFID 智能移动管理系统	深圳市俊海思创科技开发有限公司	复议
231	CYZZ20160531104440432	无线智能便携式手机血糖仪的研发	深圳市卡卓无线信息技术有限公司	复议
232	KQTD201202	高灵敏度一机多功能即时准确临床体外诊断系统产及业化关键技术研发（POCT 研发团队）	深圳市理邦精密仪器股份有限公司	通过
233	CKCY20170508110101118	互联网无障碍自动化检测工具的研究与应用	深圳市联谛信息无障碍有限责任公司	复议
234	CXZZ20151015150739454	普 20150475：基于车联网智能行车安全系统技术研发	深圳市凌启电子有限公司	通过

续表

序号	项目编号	项目名称	项目承担单位	验收结论
235	CXZZ20150529154036984	普 20150296：家用环境综合监测自动控制技术研发	深圳市领耀东方科技股份有限公司	通过
236	JCYJ20150402164314701	腰椎间盘突出症磁共振 T2* 定量与有限元分析的研究	深圳市龙岗区人民医院	通过
237	CKCY20170508102814290	基于一键互联的安卓智能车机的研究及产业化	深圳市辂元技术有限公司	复议
238	JCYJ20150407140144529	左心耳封堵术在心房颤动卒中预防中的应用	深圳市罗湖区人民医院	通过
239	JCYJ20150407140144531	虚拟现实训练对急性期脑梗死认知功能障碍的作用机制研究	深圳市罗湖区人民医院	通过
240	JCYJ20150407140144538	腹主动脉球囊阻断在骶尾部肿瘤手术麻醉管理中的应用	深圳市罗湖区人民医院	通过
241	CKCY20170505165003481	基于 VR 虚拟现实技术的房地产及家居体验中心研发	深圳市蚂蚁方阵科技有限公司	复议
242	CKCY20170421161055329	基于动力电车锂电池管理系统主从模块（BMS）关键技术的研究与开发	深圳市麦澜创新科技有限公司	通过
243	CKCY20160829191943505	《山河社稷图》动画系列片	深圳市谜谭动画有限公司	通过
244	CYZZ20160531143535041	轻量化高性能树脂基复合材料车厢在新能源物流车的应用研究及产业化	深圳市牧世复材科技有限公司	通过
245	JCYJ20150403093555005	幽门螺旋杆菌和儿童 OSAHS 的相关性研究	深圳市南山区蛇口人民医院	通过
246	CKCY20170508155226635	基于 SaaS 模式的全国道路智能救援生态云平台（慧星云）	深圳市柠檬智慧互联网咨询有限公司	通过
247	CYZZ20160427153353744	多菌种水质生物毒性自动监测设备	深圳市七善科技有限公司	通过
248	GCZX20150430161654479	深圳市介入医学工程技术研究开发中心	深圳市人民医院	通过
249	JCYJ20150403101146312	胎儿染色体微缺失 / 微重复的无创产前检测	深圳市人民医院	通过
250	JCYJ20150403101146318	使用血栓弹力图指导羊水栓塞抢救的基础性研究	深圳市人民医院	通过
251	CYZZ20160407155432705	智能化能效综合管理系统的研究与应用	深圳市仁洲科技有限公司	通过
252	GJHS20120613093002748	六关节喷涂机器人	深圳市荣德机器人科技有限公司	通过
253	JSGG20160229155804984	重 20160009： 海洋微藻发酵制备 DHA 关键技术研发	深圳市荣格保健品有限公司	通过
254	JSGG20150511151940432	重 20150085：新一代 Ku 波段卫星通讯监测关键技术的研究	深圳市嵘兴实业发展有限公司	通过
255	CKCY20170428150354388	基于 AUTOSAR 架构的新型高效 BMS 系统研发	深圳市芮能科技有限公司	通过
256	JSKF20150821100323471	退锡废液回收处理及循环再生关键技术研发	深圳市瑞世兴科技有限公司	通过
257	JSGG20160331143528205	重 20160310： 面向社区矫正定位跟踪的可穿戴装置研发	深圳市润安科技发展有限公司	通过
258	JSGG20150602110005151	重 20150143：食品安全纳米荧光快速检测仪关键技术研发	深圳市三方圆生物科技有限公司	通过
259	GJHS20120611150443779	环网冗余以太网模块	深圳市三旺通信技术有限公司	通过
260	CYZZ20160506174423205	锂离子电池浆料高速超细分散设备的研发	深圳市尚水智能设备有限公司	通过

续表

序号	项目编号	项目名称	项目承担单位	验收结论
261	CKCY20170508161142433	基于 UPH42K 的超高速多功能一体化全自动砖塔测试分选系统的创新研发	深圳市深科达半导体科技有限公司	通过
262	CXZZ20150504112953479	普 20150234：基于人工智能的电网配电自动化控制系统的研发	深圳市深泰明科技有限公司	通过
263	CYZZ20150522160013328	哺乳动物细胞表达重组人促性腺激素中试工艺开发	深圳市深研生物科技有限公司	通过
264	CYZZ20160519154529843	适用于狭小空间的高效自动扎带机	深圳市施威德自动化科技有限公司	复议
265	CKKJ20160415140503348	小梓青年社区	深圳市世联科创科技服务有限公司	通过
266	CYZZ20160516110519658	高亮节能 LED 背光源超薄封装工艺关键技术研发	深圳市世鑫盛光电有限公司	通过
267	CYZZ20160330150036954	可智能调节音量的健康耳机	深圳市树源科技有限公司	通过
268	CYZZ20160527102453739	基于精益思想的新一代智能制造执行系统的研发	深圳市数本科技开发有限公司	通过
269	JSGG20160329111618698	重 20160308 基于 3 片式硅基液晶（LCOS）的 4K 投影系统研发	深圳市帅映科技股份有限公司	通过
270	JSGG20160510151700835	重 20160507 基于下一代无源光纤网络（PON）核心传输平台技术研发	深圳市双翼科技股份有限公司	复议
271	JCYJ20140415151845360	高通量快速测序筛查心力衰竭患者循环 miRNA 标志物	深圳市孙逸仙心血管医院	不通过
272	GJHZ20150316101744427	航天特因环境血管内皮功能适应性调控机制研究	深圳市太空科技南方研究院	通过
273	JSGG20160425140816101	重 20160472： 机械手表走时参数综合测试分析系统研发	深圳市泰坦时钟表科技有限公司	通过
274	CYZZ20150410171900634	T-LINX 智能云服务系统	深圳市淘淘谷信息技术有限公司	通过
275	JSGG20160428093437372	重 20160445： 基于云系统的主动式配电网负荷动态监测及故障快速循迹系统研发	深圳市特力康科技有限公司	通过
276	CXZZ20150813142943888	普 20150404：锂离子电池正极用水性复合粘结剂研发	深圳市腾龙源实业有限公司	通过
277	RKX20170807153157616	河套地区开发建设实施策略研究	深圳市体制改革研究会	复议
278	RKX20170807153336378	深圳新型研发机构发展策略研究	深圳市体制改革研究会	复议
279	JSKF20150710143601878	基于 UV 光解的工业废气高效净化技术研发	深圳市天浩洋环保股份有限公司	通过
280	CYZZ20160527100705100	节材型防火厨房油烟排气系统	深圳市万居科技股份有限公司	通过
281	JSGG20160229144927783	重 20160236： 基于 4G/5G 多制式深度覆盖网络优化关键技术研发	深圳市网信联动通信技术股份有限公司	通过
282	CKCY20160427102110718	新型微藻饲料的开发与应用	深圳市微宇生物科技有限公司	通过
283	CKCY20170502093307872	基于照明的智能停车场位置信息服务系统的研发	深圳市维爱希电子科技有限公司	通过
284	JSGG20160331173111649	重 20160323： 亲水树脂填料分离纯化新型血浆蛋白的关键技术研发	深圳市卫光生物制品股份有限公司	通过
285	CKFW20160414103910292	未来工场“互联网 + 制造”创客服务平台	深圳市未来工场科技有限公司	通过
286	CKKJ20160415112505674	未来媒体技术众创空间	深圳市未来媒体技术研究院	复议

续表

序号	项目编号	项目名称	项目承担单位	验收结论
287	JSGG20160509153007561	重 20160512： 面向 5G 网络的超高精度时频同步测试系统研发	深圳市夏光通信测量技术有限公司	复议
288	CYZZ20160531100843397	抗震节能建筑墙体保温技术的研发	深圳市现代营造科技有限公司	通过
289	CKCY20160429173759773	应急物资装备物联网智能仓储管理平台	深圳市芯瀚科技有限公司	通过
290	CYZZ20160401093508148	USB 智能识别与限流保护 UC2502 芯片研发	深圳市芯卓微科技有限公司	复议
291	CYZZ20150702102645001	咖啡厅社交集客系统研发	深圳市新锋网络科技有限公司	通过
292	FHQ20150526170120515	深圳光明居家服饰创意谷科技企业孵化器	深圳市雪仙丽集团有限公司	通过
293	JSGG20150601154713104	重 20150121：基于波分复用和脉冲振幅调制技术的 100G 光收发模块关键技术研发	深圳市亚派光电器件有限公司	通过
294	CKCY20170508151221963	用于家庭种植的“MiNi 植物工厂”技术研发	深圳市亿平米农业科技发展有限公司	通过
295	CYZZ20160531142827028	基于健康管理系统平台的智能终端设备研发	深圳市易百年科技股份有限公司	复议
296	CKCY20160429142619772	基于磁共振耦合的第二代无线充电芯片研发	深圳市易冲无线科技有限公司	通过
297	JSGG20160229103328217	重 20160248 ： 微间距 LED 显示模块化关键技术研发	深圳市易事达电子有限公司	通过
298	CXZZ20150529155933671	普 20150316：深圳房地产数据处理与分析平台系统技术研发	深圳市易图资讯股份有限公司	通过
299	CYZZ20150821162029639	城市景观水体生态修复核心技术研发及应用	深圳市益水生态科技有限公司	通过
300	JSKF20150824151319996	节能汽车多层共挤吹塑燃油箱模具制造关键技术的研发	深圳市银宝山新科技股份有限公司	通过
301	GJHS20170313155322078	新一代家用服务机器人关键技术突破及集成应用示范	深圳市银星智能科技股份有限公司	通过
302	JSGG20160331142922075	重 20160367 ： 基于大数据的持续性攻击（APT）威胁捕获系统研发	深圳市永达电子信息股份有限公司	通过
303	JSGG20160509140156126	重 20160481： 纳米晶体纤维素的制备与分散关键技术研发	深圳市优普惠药品股份有限公司	复议
304	CKKJ20160824100722402	御风创客码头	深圳市御风创客码头投资有限公司	通过
305	CYZZ20160401142843495	基于高精度智能、一体化技术的动力电池防爆盖板制造设备	深圳市元博智能科技有限公司	通过
306	CKKJ20160414150233748	源创力创客空间	深圳市源力创新孵化器有限公司	复议
307	GJHZ20160301161059833	基于通用元器件设计的高性能超高频读写器关键技术研发	深圳市远望谷信息技术股份有限公司	通过
308	GRCK20170424163139853	应用卡尔曼滤波的可视化点云实时远控机器人技术	深圳市指媒数字股份有限公司	通过
309	GRCK20170424163247329	应用 hadoop 分布式软件框架的感知互动电化教育技术平台	深圳市指媒数字股份有限公司	通过
310	CKCY20170505103552665	CAD 技术在移动终端和云计算的应用技术项目研发	深圳市智绘睿图科技信息有限公司	通过
311	CYZZ20150916115321805	增强现实头戴式显示器	深圳市智帽科技开发有限公司	通过

续表

序号	项目编号	项目名称	项目承担单位	验收结论
312	CKCY20160829142531781	基于增强现实技术的智能穿戴终端的关键技术研究	深圳市智能体科技有限公司	通过
313	CKCY20170428105715316	智能无线通信综合测试仪研发	深圳市中承科技有限公司	通过
314	RKX20170807091744831	《深圳建设“广深科技创新走廊”实施策略研究》	深圳市中孵产业园发展中心	通过
315	GJHZ20160226181545777	中以网商自贸区企业信用动态监管平台	深圳市中企信星电子商务有限公司	复议
316	JSGG20160229143525083	重 20160161 ：基于 LTE 的车联网智能硬件核心模块的关键技术研发	深圳市中兴物联科技有限公司	通过
317	CYZZ20160530152842293	基于 Android4.2 平台的手持式智能 POS 终端研发	深圳市中智金云科技有限公司	复议
318	CYZZ20160325103937835	智能肠道式燃气节能蒸汽机关键技术的研发	深圳市卓益节能环保设备有限公司	通过
319	JSGG20160226122133657	重 20160045： 纯电力驱动的小型钻探设备关键技术研发	深圳市钻通工程机械股份有限公司	复议
320	CKKJ20160414115310959	创乐土创客空间 . 塘坑站	深圳市左创资产管理有限公司	通过
321	JSGG20150601144539417	重 20150122：新型超细电极低温共烧叠层共模扼流器开发	深圳顺络电子股份有限公司	通过
322	CKCY20160429141320004	智能载重型四旋翼无人机系	深圳思博航空科技有限公司	通过
323	CXZZ20120618140441728	基于云计算的互联网 PaaS 平台开发及产业化	深圳文思海辉信息技术有限公司	不通过
324	GRCK20170424173555485	低温制备超高硬度耐热耐腐蚀铣削材料	深圳武汉理工大研究院有限公司	通过
325	GRCK20170424173444983	烟消味散智动净化器	深圳武汉理工大研究院有限公司	通过
326	GRCK20170424174733755	警用电子脚扣	深圳武汉理工大研究院有限公司	复议
327	JSGG20160225173451292	重 20160037： 橡胶轮胎门式起重机 (RTG) 节能型混合动力储能系统关键技术研发	深圳先进储能材料国家工程研究中心有限公司	通过
328	KQJSCX20160301140901638	利用小分子多肽靶向 IL-23 在治疗自身免疫性疾病中的应用	深圳先进技术研究院	通过
329	JCYJ20160408152617408	低雷诺数流体内柔性微型机器人的运动形态及磁性控制的研究	深圳先进技术研究院	通过
330	JCYJ20160229202315086	面向软组织变形的经鼻微创手术辅助机器人运动控制研究	深圳先进技术研究院	通过
331	KQJSCX20160301141522527	新生儿听力损失的无创筛查技术和应用研究	深圳先进技术研究院	通过
332	KQJSCX20160301144248092	移动式锥束 CT 术中三维成像关键技术研究	深圳先进技术研究院	通过
333	JCYJ20150521144320990	全固态薄膜锂电池电极 - 电解质高效界面的构筑及研究	深圳先进技术研究院	通过
334	JCYJ20150630114942259	5d 过渡金属硼化物超硬涂层应力随工艺、结构的演化规律及量化调控机制研究	深圳先进技术研究院	通过
335	JCYJ20160229193541167	复杂视频环境中的高性能人体姿态估计与运动跟踪算法研究	深圳先进技术研究院	通过
336	JCYJ20160229193120432	面向精准医学的医药知识库系统构建关键技术研究	深圳先进技术研究院	通过
337	JCYJ20150630114942262	光调节重度抑郁症的神经环路机制和策略研究	深圳先进技术研究院	通过

续表

序号	项目编号	项目名称	项目承担单位	验收结论
338	JCYJ20150630114942318	基于核磁信号演变的快速横向弛豫时间映像方法研究	深圳先进技术研究院	通过
339	JCYJ20150630114942270	基于 Fuzzy 逻辑的睡眠呼吸暂停综合症检测方法研究	深圳先进技术研究院	通过
340	KQTD201210	新一代单抗药物研发	深圳先进技术研究院	通过
341	KQTD201211	老年骨与关节退行性疾病治疗新技术研发	深圳先进技术研究院	通过
342	JSGG20160429144407238	重 20160443： 下一代相干光通信集成多载波激光器及其模块研发	深圳新飞通光电子技术有限公司	通过
343	JCYJ20160415114050831	高速铣削深型腔模具的参数优化与误差补偿研究与应用	深圳信息职业技术学院	通过
344	GRCK20150929141405558	兼职速	深圳信息职业技术学院	通过
345	GRCK20160330101906312	咕饥——基于互联网 + 的食堂订餐平台	深圳信息职业技术学院	通过
346	GRCK20160330101758334	微信预约排队叫号系统	深圳信息职业技术学院	通过
347	GRCK20160415111858542	基于秀米 O2O 定制平台研发出智能 wifi 路由器	深圳信息职业技术学院	通过
348	GRCK20160330101627896	【速印先生】云制造印刷服务平台	深圳信息职业技术学院	通过
349	GRCK20150929141405429	吃货	深圳信息职业技术学院	通过
350	GRCK20160330101938894	wemore 移动生活系统	深圳信息职业技术学院	通过
351	GRCK20160415111859716	沉浸式虚拟现实无人机驾驶系统研制	深圳信息职业技术学院	通过
352	GRCK20160415111858907	CHARM- 基于服装定制云平台	深圳信息职业技术学院	通过
353	GRCK20150929141404912	“衣起穿”-- 大学生的穿衣试衣电商平台	深圳信息职业技术学院	通过
354	CKCY20160425101327238	童伴教育基于位置信息服务的儿童安全穿戴式智能手表的研发与产业化	深圳星空侠客科技有限公司	通过
355	CKFW20150918153939389	星云智能硬件加速器（创客服务平台）	深圳星云极客科技孵化器有限公司	通过
356	CYZZ20160322171134405	全新“婚恋 + 教育”模式的婚恋平台及高匹配算法的研发	深圳幸福空间信息技术有限公司	不通过
357	CYZZ20160422153109796	移动端直播及社区应用系统的开发	深圳压寨网络有限公司	复议
358	CYZZ20150423150051042	E 智车联 VICS 可视化交互系统	深圳一智信息技术有限公司	通过
359	JSGG20160331155117744	重 20160312： 新版纸币的鉴伪识别关键技术研发	深圳怡化电脑股份有限公司	通过
360	CKKJ20150918173700117	英博工业 4.0 加速器	深圳英博科技产业培育有限公司	通过
361	GRCK20170421170821554	基于 VR 体验的移动互联网房产中介服务平台技术开发	深圳英博科技产业培育有限公司	复议
362	CYZZ20160329152430446	超好玩—萌聚二次元产品的研发与应用	深圳英鹏互娱科技有限公司	复议
363	CYZZ20160329152250498	基于互联网云存储技术的智能硬件云平台	深圳英鹏信息技术股份有限公司	通过
364	CKCY20170424152824821	基于 LED 调光照明高光效项目的研发	深圳盈特创智能科技有限公司	通过
365	CYZZ20160510145917389	动力型锂离子电池管理系统 BMS 的研发	深圳宇拓瑞科新能源科技有限公司	通过

续表

序号	项目编号	项目名称	项目承担单位	验收结论
366	JCYJ20160429145314252	基于云计算及车联网的智能车辆调度关键技术研究	深圳职业技术学院	通过
367	JCYJ20150617155336259	SEBS 热塑性弹性体可 X 射线探测性改性研究	深圳职业技术学院	通过
368	JCYJ20160523113602609	基于概率分布相似性的大规模不确定数据聚类算法研究	深圳职业技术学院	通过
369	JCYJ20150630114140629	冗余约束对穿戴式展开机构的发电性能影响机理及优化研究	深圳职业技术学院	通过
370	CKCY20170428095503004	基于 GIS 技术的房地产估价系统——智估中房 SmartAPC	深圳中房信息技术有限公司	复议
371	CKKJ20150821092606748	“佃客中国”创客空间	深圳中科君浩科技股份有限公司	通过
372	GRCK20170418150556583	微电子高密度导电互连催化剂	深圳中科育成科技有限公司	通过
373	CYZZ20130315141054504	线路板深度节水系统开发研究	深圳中兴节能环保股份有限公司	通过
374	CKCY20170504094435238	新一代 PCB 碱性及酸性蚀刻液循环再生系统的研发	深圳众意远诚环保科技有限公司	通过
375	CYZZ20150828153039354	新能源领域的新型大功率高频磁性器件的应用开发	特富特科技（深圳）有限公司	通过
376	CXZZ20140722151254702	一种具有自渗性能的硅氧烷聚合物硅油材料的开发与产业化	天惠有机硅（深圳）有限公司	通过
377	CKCY20170421155813087	基于物流无人机精确降落系统开发	天机智汇科技（深圳）有限公司	通过
378	CYZZ20160513151644143	基于电控可切换光栅的裸眼 3D 智能移动终端项目研发	万维环球科技（深圳）有限公司	通过
379	CYZZ20160530184453137	基于细胞功效营养医学的互联网健康管理生态平台的研发	微康细胞生命科技（深圳）有限公司	通过
380	JCYJ20160428155118212	基于多模态磁共振图像的前列腺癌病变检测及定位研究	香港城市大学深圳研究院	通过
381	JCYJ20160229165240684	新型硅纳米结构应用于人工光合作用技术的研究	香港城市大学深圳研究院	通过
382	JCYJ20160229165210666	基于石墨相氮化碳薄膜的异质结构筑及其在高效光解水制氢中的应用研究	香港城市大学深圳研究院	通过
383	JCYJ20160401100137854	深圳邻近海域风资源评估、风电场选址及优化设计理论研究	香港城市大学深圳研究院	通过
384	JSGG20151030110921727	重 20150215：靶标专一性抗癌新药的研发	香港城市大学深圳研究院	通过
385	JCYJ20160229165250876	磁性纳米分子印迹材料对地下水中抗生素类新型污染物残留的快速敏感检测	香港城市大学深圳研究院	复议
386	JCYJ20150630164505504	新型卟啉小分子的设计、合成、结构 - 性能研究及光伏应用	香港浸会大学深圳研究院	通过
387	JCYJ20150630164505506	紫外隔离化学物质在深圳水域中的环境监测以及潜在生态毒性分析	香港浸会大学深圳研究院	通过
388	JCYJ20150618110015259	新型可调吲哚苯并咪唑类膦配体的研发及其偶联反应应用	香港理工大学深圳研究院	通过
389	JCYJ20150630165236958	通过免疫策略消除麻疹的数理传染病模型研究	香港中文大学深圳研究院	通过

续表

序号	项目编号	项目名称	项目承担单位	验收结论
390	JSGG20160301155912655	重 20160271： 存取款一体化 ATM 的机芯关键技术研发	新达通科技股份有限公司	通过
391	CKCY20170427094906210	VR 博物馆	易乐无限文化（深圳）有限公司	通过
392	GJHS20170309144423452	广东省环境监测与治理研究院	宇星科技发展（深圳）有限公司	通过
393	GJHS20130326144004484	核电站用热缩材料关键技术研究与产业化	长园集团股份有限公司	通过
394	JSGG20160229113054194	重 20160305： 基于移动通信大数据的群体行为预测和居民出行调查支持系统研发	中国联合网络通信有限公司深圳市分公司	通过
395	CYZZ20150331112945075	新型纳米银浆开发	中科纳通（深圳）光电新材料有限公司	不通过
396	CXZZ20140506150310438	高性能参杂硅 / 铝（Si/Al）复合封装材料研制及产业化	中南大学深圳研究院	通过
397	GJHZ20160229160351498	头戴式智能 VR 交互系统核心技术研发	中山大学深圳研究院	通过
398	CKCY20160429103717890	面向下一代的多尺度三维高性能电子器件冷却技术	中微冷却技术（深圳）有限公司	通过
399	JSGG20140519152001112	重 2014-019：下一代光接入 TWDM PON 关键技术研发	中兴通讯股份有限公司	通过
400	KJYY20130410145016802	BIM 技术在创业投资大厦项目中的技术集成与示范	筑博设计（深圳）有限公司	通过
401	CYZZ20120831152610239	民生科技——城市标准立体绿化系统设计	筑博设计（深圳）有限公司	通过

第十二章 创新载体

Innovation Carrier

第一节 重点实验室

2018 年深圳市新增重点实验室

序号	创新载体名称	载体类型	级别	主管部门	依托单位	立项年度
308	广东省激光显示企业重点实验室	重点实验室	省级		深圳光峰科技股份有限公司	2018 年
307	广东省汽车智能网联信息技术企业重点实验室	重点实验室	省级		深圳市路畅科技股份有限公司	2018 年
306	广东省危险废液资源化与深度处理技术研发企业重点实验室	重点实验室	省级		东江环保股份有限公司	2018 年
305	广东省核电安全企业重点实验室	重点实验室	省级		中广核研究院有限公司	2018 年
304	广东省心血管药物研发企业重点实验室	重点实验室	省级		深圳信立泰药业股份有限公司	2018 年
303	广东省工业超短脉冲激光技术企业重点实验室	重点实验室	省级		大族激光科技产业集团股份有限公司	2018 年
302	广东省合成基因组学重点实验室（2019 年度）	重点实验室	省级		中国科学院深圳先进技术研究院	2018 年
301	广东省组织器官区域免疫与疾病重点实验室（2019 年度）	重点实验室	省级		深圳大学	2018 年
300	广东省计算科学与新材料设计重点实验室（2019 年度）	重点实验室	省级		南方科技大学	2018 年
299	广东省电驱动力能源材料重点实验室（2018 年度）	重点实验室	省级		南方科技大学	2018 年
298	广东省城市空间信息工程重点实验室（2018 年度）	重点实验室	省级		深圳大学	2018 年
297	广东省空天通信与网络技术重点实验室（2018 年度）	重点实验室	省级		哈尔滨工业大学（深圳）	2018 年
296	深圳市数字外科 3D 打印重点试验室	重点实验室	市级	市科创委	南方医科大学深圳医院	2018 年
295	深圳市空天动力及能源重点实验室	重点实验室	市级	市科创委	哈尔滨工业大学深圳研究生院	2018 年
294	深圳市微创手术机器人技术与系统重点实验室	重点实验室	市级	市科创委	深圳先进技术研究院	2018 年
293	深圳市大数据和人工智能重点实验室	重点实验室	市级	市科创委	香港中文大学（深圳）	2018 年
292	深圳市物联网智能系统与无线网络技术重点实验室	重点实验室	市级	市科创委	香港中文大学（深圳）	2018 年
291	深圳市脑机接口与类脑智能重点实验室	重点实验室	市级	市科创委	深圳航天科技创新研究院	2018 年
290	深圳市新能源材料基因组制备和检测重点实验室	重点实验室	市级	市科创委	北京大学深圳研究生院	2018 年
289	深圳市动力电池安全研究重点实验室	重点实验室	市级	市科创委	清华大学深圳研究生院	2018 年
288	病毒相关肿瘤分子机制及转化研究	重点实验室	市级	市科创委	南方医科大学深圳医院	2018 年
287	深圳市纳米酶肿瘤转化医学重点实验室	重点实验室	市级	市科创委	深圳市第二人民医院	2018 年

续表

序号	创新载体名称	载体类型	级别	主管部门	依托单位	立项年度
286	深圳市智能医疗诊断重点实验室	重点实验室	市级	市科创委	深圳大学	2018 年
285	深圳市可食用及药用资源研究重点实验室	重点实验室	市级	市科创委	香港科技大学深圳研究院	2018 年

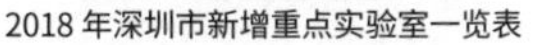
2018 年深圳市新增重点实验室一览表

2018 年深圳市新增重点实验室在线查看

第二节 工程中心

2018 年深圳市新增工程中心

序号	创新载体名称	载体类型	级别	主管部门	依托单位	立项年度
745	广东省特定蛋白检测系统工程技术研究中心	工程中心	省级	市科创委	深圳市国赛生物技术有限公司	2018 年
744	广东省医学超声可视化诊疗系统工程技术研究中心	工程中心	省级	市科创委	深圳市威尔德医疗电子有限公司	2018 年
743	广东省急救和生命支持类医疗设备工程技术研究中心	工程中心	省级	市科创委	深圳市安保科技有限公司	2018 年
742	广东省新生儿重症监护工程技术研究中心	工程中心	省级	市科创委	深圳市科曼医疗设备有限公司	2018 年
741	广东省血液检测医学工程技术研究中心	工程中心	省级	市科创委	深圳市帝迈生物技术有限公司	2018 年
740	广东省呼吸医疗器械工程技术研究中心	工程中心	省级	市科创委	深圳市美好创亿医疗科技有限公司	2018 年
739	广东省生命科学仪器设备工程技术研究中心	工程中心	省级	市科创委	深圳华大智造科技有限公司	2018 年
738	广东省创面修复材料工程技术研究中心	工程中心	省级	市科创委	稳健医疗用品股份有限公司	2018 年
737	广东省医用高分子植入材料工程技术研究中心	工程中心	省级	市科创委	深圳兰度生物材料有限公司	2018 年
736	广东省基于人工智能的医疗影像诊断系统工程技术研究中心	工程中心	省级	市科创委	深圳市恩普电子技术有限公司	2018 年
735	广东省全自动化学发光免疫定量分析系统工程技术研究中心	工程中心	省级	市科创委	深圳市新产业生物医学工程股份有限公司	2018 年
734	广东省高场磁共振工程技术研究中心	工程中心	省级	市科创委	深圳市贝斯达医疗股份有限公司	2018 年
733	广东省超声空化工程技术研究中心	工程中心	省级	市科创委	深圳市普罗医学股份有限公司	2018 年
732	广东省肿瘤液体活检工程技术研究中心	工程中心	省级	市科创委	深圳市海普洛斯生物科技有限公司	2018 年
731	广东省亚健康干预及康复工程技术研究中心	工程中心	省级	市科创委	深圳市中航健康时尚集团股份有限公司	2018 年
730	广东省心血管介入医疗器械工程技术研究中心	工程中心	省级	市科创委	深圳市金瑞凯利生物科技有限公司	2018 年
729	广东省头孢菌素制剂工程技术研究中心	工程中心	省级	市科创委	国药集团致君（深圳）制药有限公司	2018 年
728	广东省围着床期生殖免疫工程技术研究中心	工程中心	省级	市科创委	深圳中山泌尿外科医院	2018 年
727	广东省体外诊断试剂生物活性原料工程技术研究中心	工程中心	省级	市科创委	菲鹏生物股份有限公司	2018 年
726	广东省动植物基因组组学工程技术研究中心	工程中心	省级	市科创委	深圳华大基因科技服务有限公司	2018 年
725	广东省合成肽创新药物工程技术研究中心	工程中心	省级	市科创委	深圳市健元医药科技有限公司	2018 年

续表

序号	创新载体名称	载体类型	级别	主管部门	依托单位	立项年度
724	广东省超级电容储能工程技术研究中心	工程中心	省级	市科创委	深圳市今朝时代股份有限公司	2018 年
723	广东省绿色高功率密度智能电源工程技术研究中心	工程中心	省级	市科创委	深圳东洲新能源科技有限公司	2018 年
722	广东省高能量密度锂离子电池工程技术研究中心	工程中心	省级	市科创委	深圳市卓能新能源股份有限公司	2018 年
721	广东省航空标准件工程技术研究中心	工程中心	省级	市科创委	深圳航空标准件有限公司	2018 年
720	广东省高可靠性锂电池管理系统工程技术研究中心	工程中心	省级	市科创委	深圳天邦达科技有限公司	2018 年
719	广东省新能源汽车充电桩系统工程技术研究中心	工程中心	省级	市科创委	深圳市金威源科技股份有限公司	2018 年
718	广东省光伏可视化智能运维与集中控制工程技术研究中心	工程中心	省级	市科创委	联合光伏（深圳）有限公司	2018 年
717	广东省电动汽车集成控制系统工程技术研究中心	工程中心	省级	市科创委	深圳市英威腾电动汽车驱动技术有限公司	2018 年
716	广东省高倍率锂离子电池工程技术研究中心	工程中心	省级	市科创委	深圳市格瑞普电池有限公司	2018 年
715	广东省新能源汽车电力电子与电力传动工程技术研究中心	工程中心	省级	市科创委	深圳威迈斯电源有限公司	2018 年
714	广东省新能源汽车 BMS 系统工程技术研究中心	工程中心	省级	市科创委	深圳市科列技术股份有限公司	2018 年
713	广东省新能源汽车高压电控集成工程技术研究中心	工程中心	省级	市科创委	深圳欣锐科技股份有限公司	2018 年
712	广东省高安全电池系统及智能化生产工程技术研究中心	工程中心	省级	市科创委	欣旺达电动汽车电池有限公司	2018 年
711	广东省盛弘新能源动力电池检测及充电桩工程技术研究中心	工程中心	省级	市科创委	深圳市盛弘电气股份有限公司	2018 年
710	广东省轻量化精密汽车模具工程技术研究中心	工程中心	省级	市科创委	深圳市银宝山新科技股份有限公司	2018 年
709	广东省先进动力与储能电池工程技术研究中心	工程中心	省级	市科创委	深圳市海盈科技有限公司	2018 年
708	广东省新能源车载 DC-DC 转换器及充电系统工程技术研究中心	工程中心	省级	市科创委	深圳市核达中远通电源技术股份有限公司	2018 年
707	广东省无线智能产品检测认证工程技术研究中心	工程中心	省级	市科创委	信华科技（深圳）有限公司	2018 年
706	广东省空气智能监测与净化工程技术研究中心	工程中心	省级	市科创委	深圳市百欧森环保科技股份有限公司	2018 年
705	广东省水体污染源溯源监测及预警工程技术研究中心	工程中心	省级	市科创委	深圳市绿恩环保技术有限公司	2018 年
704	广东省空气净化（普瑞美泰）工程技术研究中心	工程中心	省级	市科创委	深圳市普瑞美泰环保科技有限公司	2018 年
703	广东省装配式建筑装饰工程技术研究中心	工程中心	省级	市科创委	深圳市建筑装饰（集团）有限公司	2018 年
702	广东省绿色节能精致建造工程技术研究中心	工程中心	省级	市科创委	深圳市福田建安建设集团有限公司	2018 年

续表

序号	创新载体名称	载体类型	级别	主管部门	依托单位	立项年度
701	广东省热管理工程技术研究中心	工程中心	省级	市科创委	深圳市英维克科技股份有限公司	2018 年
700	广东省环境物联网监测工程技术研究中心	工程中心	省级	市科创委	中兴仪器（深圳）有限公司	2018 年
699	广东省建筑装饰检测工程技术研究中心	工程中心	省级	市科创委	深圳市政院检测有限公司	2018 年
698	广东省多腔换色热流道工程技术研究中心	工程中心	省级	市科创委	深圳市麦士德福科技股份有限公司	2018 年
697	广东省海洋生态环境监测工程技术研究中心	工程中心	省级	市科创委	深圳中检联检测有限公司	2018 年
696	广东省企业风险管理智能控制工程技术研究中心	工程中心	省级	市科创委	深圳市迪博企业风险管理技术有限公司	2018 年
695	广东省智能环保装饰设计工程技术研究中心	工程中心	省级	市科创委	深圳市安星装饰设计工程有限公司	2018 年
694	广东省智能金融服务平台工程技术研究中心	工程中心	省级	市科创委	深圳市银雁金融服务有限公司	2018 年
693	广东省海岸带生态工程技术研究中心	工程中心	省级	市科创委	深圳市国源环境集团有限公司，广东海洋大学	2018 年
692	广东省彩色三维数字化工程技术研究中心	工程中心	省级	市科创委	深圳市易尚展示股份有限公司	2018 年
691	广东省智能化精密检测设备（YSK）工程技术研究中心	工程中心	省级	市科创委	深圳市艺盛科五金电子有限公司	2018 年
690	广东省智能立体停车设备工程技术研究中心	工程中心	省级	市科创委	深圳市伟创自动化设备有限公司	2018 年
689	广东省分布式光伏发电系统控制工程技术研究中心	工程中心	省级	市科创委	深圳古瑞瓦特新能源股份有限公司	2018 年
688	广东省移动终端精密金属结构件工程技术研究中心	工程中心	省级	市科创委	深圳市富诚达科技有限公司	2018 年
687	广东省铅酸蓄电池智能管理系统工程技术研究中心	工程中心	省级	市科创委	深圳市佰特瑞储能系统有限公司	2018 年
686	广东省精密模具智能制造工程技术研究中心	工程中心	省级	市科创委	东江模具（深圳）有限公司	2018 年
685	广东省锂电装备智能制造工程技术研究中心	工程中心	省级	市科创委	深圳吉阳智能科技有限公司	2018 年
684	广东省精密自动化检测工程技术研究中心	工程中心	省级	市科创委	深圳科瑞技术股份有限公司	2018 年
683	广东省消防与应急救援工程技术研究中心	工程中心	省级	市科创委	深圳市泛海三江电子股份有限公司	2018 年
682	广东省基于机器视觉技术的 LCD 显示屏检测工程技术研究中心	工程中心	省级	市科创委	深圳市万福达精密设备股份有限公司	2018 年
681	广东省厨卫智能小家电（唐锋机电）工程技术研究中心	工程中心	省级	市科创委	唐锋机电科技（深圳）有限公司	2018 年
680	广东省智能直流电源及配电工程工程技术研究中心	工程中心	省级	市科创委	深圳市泰昂能源科技股份有限公司	2018 年
679	广东省高性能变频器及伺服系统工程技术研究中心	工程中心	省级	市科创委	深圳市正弦电气股份有限公司	2018 年

续表

序号	创新载体名称	载体类型	级别	主管部门	依托单位	立项年度
678	广东省工业自动化电子电气工程技术研究中心	工程中心	省级	市科创委	深圳市步科电气有限公司	2018 年
677	广东省工业机器人伺服系统与智能变频器工程技术研究中心	工程中心	省级	市科创委	深圳市四方电气技术有限公司	2018 年
676	广东省智能化高效节能微电机工程技术研究中心	工程中心	省级	市科创委	深圳市力辉电机有限公司	2018 年
675	广东省新能源智能装备工程技术研究中心	工程中心	省级	市科创委	深圳市尚水智能设备有限公司	2018 年
674	广东省专用车数字化与智能制造工程技术研究中心	工程中心	省级	市科创委	深圳中集专用车有限公司	2018 年
673	广东省共享通讯塑胶模具工程技术研究中心	工程中心	省级	市科创委	鹰星精密工业(深圳)有限公司	2018 年
672	广东省绿色智能厨房家电工程技术研究中心	工程中心	省级	市科创委	深圳市联创三金电器有限公司	2018 年
671	广东省微型齿轮传动工程技术研究中心	工程中心	省级	市科创委	深圳市兆威机电股份有限公司	2018 年
670	广东省精密金属智能成型工程技术研究中心	工程中心	省级	市科创委	深圳市亿和精密科技集团有限公司	2018 年
669	广东省大型精密汽车注塑模具工程技术研究中心	工程中心	省级	市科创委	深圳市华益盛模具股份有限公司	2018 年
668	广东省宝鸿精密复杂模具工程技术研究中心	工程中心	省级	市科创委	深圳市宝鸿精密模具股份有限公司	2018 年
667	广东省高精度汽车传递模工程技术研究中心	工程中心	省级	市科创委	深圳亿和模具制造有限公司	2018 年
666	广东省高精密塑胶模具及模具标准件工程技术研究中心	工程中心	省级	市科创委	亿和塑胶电子制品（深圳）有限公司	2018 年
665	广东省高端针式打印机工程技术研究中心	工程中心	省级	市科创委	深圳普赢创新科技股份有限公司，华中科技大学	2018 年
664	广东省鼎智智能手机工程技术研究中心	工程中心	省级	市科创委	深圳鼎智通讯股份有限公司	2018 年
663	广东省高端通信测量仪器工程技术研究中心	工程中心	省级	市科创委	深圳市鼎阳科技有限公司	2018 年
662	广东省智能驾驶（爱培科）工程技术研究中心	工程中心	省级	市科创委	深圳市爱培科技术股份有限公司	2018 年
661	广东省智能安全支付识别射频技术工程技术研究中心	工程中心	省级	市科创委	深圳市德卡科技股份有限公司	2018 年
660	广东省磁性特征识别传感器工程技术研究中心	工程中心	省级	市科创委	深圳粤宝电子科技有限公司	2018 年
659	广东省智能电子（京华信息）工程技术研究中心	工程中心	省级	市科创委	深圳市京华信息技术有限公司	2018 年
658	广东省智慧零售终端工程技术研究中心	工程中心	省级	市科创委	深圳市桑格尔科技股份有限公司	2018 年
657	广东省服务机器人及人工智能工程技术研究中心	工程中心	省级	市科创委	深圳市优必选科技有限公司	2018 年
656	广东省速腾聚创无人驾驶感知系统工程技术研究中心	工程中心	省级	市科创委	深圳市速腾聚创科技有限公司	2018 年

续表

序号	创新载体名称	载体类型	级别	主管部门	依托单位	立项年度
655	广东省供水智能终端（华旭科技）工程技术研究中心	工程中心	省级	市科创委	深圳市华旭科技开发有限公司	2018 年
654	广东省重大装备在线监测诊断工程技术研究中心	工程中心	省级	市科创委	深圳市亚泰光电技术有限公司	2018 年
653	广东省身份识别与可信认证工程技术研究中心	工程中心	省级	市科创委	深圳市雄帝科技股份有限公司	2018 年
652	广东省中高端数控机床（仕兴鸿）工程技术研究中心	工程中心	省级	市科创委	深圳市仕兴鸿精密机械设备有限公司	2018 年
651	广东省高端自动化多功能喷涂镀膜工程技术研究中心	工程中心	省级	市科创委	深圳市顺安恒科技发展有限公司	2018 年
650	广东省智能终端主板研发与应用工程技术研究中心	工程中心	省级	市科创委	深圳沸石科技股份有限公司	2018 年
649	广东省汽车塑胶模具设计与制造工程技术研究中心	工程中心	省级	市科创委	锦丰科技（深圳）有限公司	2018 年
648	广东省特种变频（库马克）工程技术研究中心	工程中心	省级	市科创委	深圳市库马克新技术股份有限公司	2018 年
647	广东省智能支付终端（新国都）工程技术研究中心	工程中心	省级	市科创委	深圳市新国都支付技术有限公司	2018 年
646	广东省智能终端设移动通信备工程技术研究中心	工程中心	省级	市科创委	深圳市艾创电子有限公司	2018 年
645	广东省汽车电子（特尔佳）工程技术研究中心	工程中心	省级	市科创委	深圳市特尔佳科技股份有限公司	2018 年
644	广东省 3C 产品外壳超精密模具智能柔性制造工程技术研究中心	工程中心	省级	市科创委	深圳市联懋塑胶有限公司	2018 年
643	广东省移动物联智能终端（销邦）工程技术研究中心	工程中心	省级	市科创委	深圳市销邦科技股份有限公司	2018 年
642	广东省智能车载电子设备工程技术研究中心	工程中心	省级	市科创委	深圳市豪恩汽车电子装备股份有限公司	2018 年
641	广东省微模块数据中心及模块化 UPS 电源工程技术研究中心	工程中心	省级	市科创委	深圳市英威腾电源有限公司	2018 年
640	广东省高端医药防伪包装工程技术研究中心	工程中心	省级	市科创委	深圳九星印刷包装集团有限公司	2018 年
639	广东省激光测距（迈测科技）工程技术研究中心	工程中心	省级	市科创委	深圳市迈测科技股份有限公司	2018 年
638	广东省柔性矿物质电缆工程技术研究中心	工程中心	省级	市科创委	深圳市东佳信电线电缆有限公司	2018 年
637	广东省智能传导特种电线电缆工程技术研究中心	工程中心	省级	市科创委	深圳宝兴电线电缆制造有限公司	2018 年
636	广东省雷电防护装置及安监系统工程技术研究中心	工程中心	省级	市科创委	深圳远征技术有限公司	2018 年
635	广东省网络能源（高斯宝）工程技术研究中心	工程中心	省级	市科创委	深圳市高斯宝电气技术有限公司	2018 年
634	广东省任达智能配电及节能技术工程技术研究中心	工程中心	省级	市科创委	深圳市宝安任达电器实业有限公司	2018 年

续表

序号	创新载体名称	载体类型	级别	主管部门	依托单位	立项年度
633	广东省电气智能仪表（龙电）工程技术研究中心	工程中心	省级	市科创委	深圳龙电电气股份有限公司	2018 年
632	广东省绿色智能电源工程技术研究中心	工程中心	省级	市科创委	深圳市航嘉驰源电气股份有限公司	2018 年
631	广东省智能家居物联平台工程技术研究中心	工程中心	省级	市科创委	深圳市彬讯科技有限公司	2018 年
630	广东省软件定义物联网（SDIoT）工程技术研究中心	工程中心	省级	市科创委	深圳软通动力信息技术有限公司	2018 年
629	广东省虚拟现实核心引擎关键技术平台工程技术研究中心	工程中心	省级	市科创委	深圳市中视典数字科技有限公司	2018 年
628	广东省移动终端数字地面电视天线工程技术研究中心	工程中心	省级	市科创委	深圳市安拓浦科技有限公司	2018 年
627	广东省面向 5G 和大型超大型数据中心的高速光模块工程技术研究中心	工程中心	省级	市科创委	深圳市光为光通信科技有限公司	2018 年
626	广东省家庭智能多媒体工程技术研究中心	工程中心	省级	市科创委	深圳市汇星数字技术有限公司	2018 年
625	广东省高端近距离无线通信设备工程技术研究中心	工程中心	省级	市科创委	深圳市中易腾达科技股份有限公司	2018 年
624	广东省智能音视频电子工程技术研究中心	工程中心	省级	市科创委	深圳奥尼电子股份有限公司	2018 年
623	广东省物联网智慧家庭安防和控制工程技术研究中心	工程中心	省级	市科创委	深圳绿米联创科技有限公司	2018 年
622	广东省光纤传感（太辰光）工程技术研究中心	工程中心	省级	市科创委	深圳太辰光通信股份有限公司	2018 年
621	广东省智能电表通信芯片工程技术研究中心	工程中心	省级	市科创委	瑞斯康微电子（深圳）有限公司	2018 年
620	广东省数字家庭媒体终端工程技术研究中心	工程中心	省级	市科创委	深圳市九洲电器有限公司	2018 年
619	广东省数字家庭融媒体解决方案工程技术研究中心	工程中心	省级	市科创委	深圳市茁壮网络股份有限公司	2018 年
618	广东省智能集装箱（中集）工程技术研究中心	工程中心	省级	市科创委	深圳中集智能科技有限公司	2018 年
617	广东省光纤通信物理连接设备工程技术研究中心	工程中心	省级	市科创委	深圳市科信通信技术股份有限公司	2018 年
616	广东省无线分布式自组网工程技术研究中心	工程中心	省级	市科创委	深圳市吉祥腾达科技有限公司	2018 年
615	广东省多媒体信息通信工程技术研究中心	工程中心	省级	市科创委	深圳市捷视飞通科技股份有限公司	2018 年
614	广东省移动金融终端信息安全工程技术研究中心	工程中心	省级	市科创委	深圳市至高通信技术发展有限公司	2018 年
613	广东省光通信网络（中兴新地）工程技术研究中心	工程中心	省级	市科创委	深圳市中兴新地技术股份有限公司	2018 年
612	广东省高速光传输模块工程技术研究中心	工程中心	省级	市科创委	昂纳信息技术（深圳）有限公司	2018 年
611	广东省 LCP5G 射频系统工程技术研究中心	工程中心	省级	市科创委	深圳市信维通信股份有限公司	2018 年

续表

序号	创新载体名称	载体类型	级别	主管部门	依托单位	立项年度
610	广东省工业物联网数据通信工程技术研究中心	工程中心	省级	市科创委	深圳市宏电技术股份有限公司	2018 年
609	广东省宽带网络终端设备工程技术研究中心	工程中心	省级	市科创委	深圳市共进电子股份有限公司	2018 年
608	广东省辅酶（邦泰生物）工程技术研究中心	工程中心	省级	市科创委	邦泰生物工程（深圳）有限公司	2018 年
607	广东省角膜再生材料工程技术研究中心	工程中心	省级	市科创委	深圳艾尼尔角膜工程有限公司	2018 年
606	广东省植物活性成分与天然香料工程技术研究中心	工程中心	省级	市科创委	深圳波顿香料有限公司	2018 年
605	广东省新型环保多功能胶粘剂工程技术研究中心	工程中心	省级	市科创委	深圳市顾康力化工有限公司	2018 年
604	广东省先进润滑与防护材料工程技术研究中心	工程中心	省级	市科创委	深圳市优宝新材料科技有限公司	2018 年
603	广东省石化精细与专用化学品工程技术研究中心	工程中心	省级	市科创委	深圳市广昌达石油添加剂有限公司	2018 年
602	广东省信息传输与复合材料工程技术研究中心	工程中心	省级	市科创委	深圳市联嘉祥科技股份有限公司	2018 年
601	广东省钎焊新材料（亿铖达）工程技术研究中心	工程中心	省级	市科创委	深圳市亿铖达工业有限公司	2018 年
600	广东省合金软磁材料及其应用工程技术研究中心	工程中心	省级	市科创委	深圳市铂科新材料股份有限公司	2018 年
599	广东省电池管理系统工程技术研究中心	工程中心	省级	市科创委	深圳市超思维电子股份有限公司	2018 年
598	广东省城市水环境工程技术研究中心	工程中心	省级	市科创委	深圳市深水水务咨询有限公司	2018 年
597	广东省空气净化（康弘环保）工程技术研究中心	工程中心	省级	市科创委	深圳市康弘环保技术有限公司	2018 年
596	广东省城市大宗低值固体废弃物资源化利用工程技术研究中心	工程中心	省级	市科创委	深圳市华威环保建材有限公司	2018 年
595	广东省地质环境监测与修复工程技术研究中心	工程中心	省级	市科创委	深圳市宇驰检测技术股份有限公司	2018 年
594	广东省智慧健康人居空间工程技术研究中心	工程中心	省级	市科创委	深圳市亚泰国际建设股份有限公司	2018 年
593	广东省城市水环境与水务信息化工程技术研究中心	工程中心	省级	市科创委	深圳市广汇源环境水务有限公司	2018 年
592	广东省园林景观与生态恢复工程技术研究中心	工程中心	省级	市科创委	深圳文科园林股份有限公司	2018 年
591	广东省电子信息行业危险废物资源化与无害化工程技术研究中心	工程中心	省级	市科创委	深圳市深投环保科技有限公司	2018 年
590	广东省流域水环境修复工程技术研究中心	工程中心	省级	市科创委	深圳市深港产学研环保工程技术股份有限公司	2018 年
589	广东省玻璃精密加工与表面智能工程技术研究中心	工程中心	省级	市科创委	维达力实业（深圳）有限公司	2018 年
588	广东省支付服务系统（快付通）工程技术研究中心	工程中心	省级	市科创委	深圳市快付通金融网络科技服务有限公司	2018 年

续表

序号	创新载体名称	载体类型	级别	主管部门	依托单位	立项年度
587	广东省汽车全价值链系统平台工程技术研究中心	工程中心	省级	市科创委	深圳联友科技有限公司	2018 年
586	广东省智能通讯终端方案设计工程技术研究中心	工程中心	省级	市科创委	深圳市腾瑞丰科技有限公司	2018 年
585	广东省彩票行业销售终端及智能化信息系统工程技术研究中心	工程中心	省级	市科创委	深圳市思乐数据技术有限公司	2018 年
584	广东省智能安全身份认证工程技术研究中心	工程中心	省级	市科创委	深圳市文鼎创数据科技有限公司	2018 年
583	广东省金融信息安全（银之杰）工程技术研究中心	工程中心	省级	市科创委	深圳市银之杰科技股份有限公司	2018 年
582	广东省汽车智能诊断工程技术研究中心	工程中心	省级	市科创委	深圳市道通科技股份有限公司	2018 年
581	广东省三防保密会议室工程技术研究中心	工程中心	省级	市科创委	深圳市金城保密技术有限公司	2018 年
580	广东省车载智能终端系统工程技术研究中心	工程中心	省级	市科创委	深圳市众鸿科技股份有限公司	2018 年
579	广东省证通金融支付安全工程技术研究中心	工程中心	省级	市科创委	深圳市证通电子股份有限公司	2018 年
578	广东省高性能大数据处理工程技术研究中心	工程中心	省级	市科创委	国家超级计算深圳中心（深圳云计算中心），中国科学院深圳先进技术研究院	2018 年
577	广东省交通基础设施资产数字化工程技术研究中心	工程中心	省级	市科创委	深圳高速工程顾问有限公司	2018 年
576	广东省基于云平台架构的自动化智慧码头工程技术研究中心	工程中心	省级	市科创委	招商局国际信息技术有限公司	2018 年
575	广东省移动终端软件开发与应用工程技术研究中心	工程中心	省级	市科创委	深圳市西可德信通信技术设备有限公司	2018 年
574	广东省海信智能电视运营平台工程技术研究中心	工程中心	省级	市科创委	海信电子科技 (深圳) 有限公司	2018 年
573	广东省舆情分析与仿真工程技术研究中心	工程中心	省级	市科创委	深圳中泓在线股份有限公司	2018 年
572	广东省智能视频视觉控制与交互工程技术研究中心	工程中心	省级	市科创委	深圳市智美达科技股份有限公司	2018 年
571	广东省医疗公共服务信息化工程技术研究中心	工程中心	省级	市科创委	深圳市宁远科技股份有限公司	2018 年
570	广东省 BIM+CIM 工程管理工程技术研究中心	工程中心	省级	市科创委	深圳市斯维尔科技股份有限公司	2018 年
569	广东省智能教学（方直科技）工程技术研究中心	工程中心	省级	市科创委	深圳市方直科技股份有限公司	2018 年
568	广东省软件技术服务工程技术研究中心	工程中心	省级	市科创委	深圳市拓保软件有限公司	2018 年
567	广东省自然语义分析及其应用技术工程技术研究中心	工程中心	省级	市科创委	深圳市信义科技有限公司	2018 年
566	广东省面向商户的智慧经营服务平台工程技术研究中心	工程中心	省级	市科创委	深圳盒子信息科技有限公司	2018 年

续表

序号	创新载体名称	载体类型	级别	主管部门	依托单位	立项年度
565	广东省智制大数据（傲天）工程技术研究中心	工程中心	省级	市科创委	深圳市傲天科技股份有限公司	2018 年
564	广东省数据治理（华傲数据）工程技术研究中心	工程中心	省级	市科创委	深圳市华傲数据技术有限公司	2018 年
563	广东省智慧数字影院工程技术研究中心	工程中心	省级	市科创委	深圳市环球数码科技有限公司	2018 年
562	广东省智能视频分析工程技术研究中心	工程中心	省级	市科创委	深圳市赛为智能股份有限公司	2018 年
561	广东省智能云计算（深信服）工程技术研究中心	工程中心	省级	市科创委	深信服科技股份有限公司	2018 年
560	广东省高密度多层 PCB 绿色制造工程技术研究中心	工程中心	省级	市科创委	深圳市强达电路有限公司	2018 年
559	广东省电磁感应加热智能控制工程技术研究中心	工程中心	省级	市科创委	深圳市鑫汇科股份有限公司	2018 年
558	广东省边缘计算核心控制模组工程技术研究中心	工程中心	省级	市科创委	深圳微步信息股份有限公司	2018 年
557	广东省 LED（穗晶）工程技术研究中心	工程中心	省级	市科创委	深圳市穗晶光电股份有限公司	2018 年
556	广东省物联网芯片开发与应用（芯海科技）工程技术研究中心	工程中心	省级	市科创委	芯海科技（深圳）股份有限公司	2018 年
555	广东省高可靠性非易失性存储器的数模混合 SOC 芯片工程技术研究中心	工程中心	省级	市科创委	辉芒微电子（深圳）有限公司	2018 年
554	广东省混合集成电路工程技术研究中心	工程中心	省级	市科创委	深圳市振华微电子有限公司	2018 年
553	广东省深度图像传感芯片及应用工程技术研究中心	工程中心	省级	市科创委	深圳贝特莱电子科技股份有限公司	2018 年
552	广东省功率半导体先进制造工程技术研究中心	工程中心	省级	市科创委	深圳方正微电子有限公司	2018 年
551	广东省生物环保材料工程技术研究中心	工程中心	省级	市科创委	深圳市虹彩新材料科技有限公司	2018 年
550	广东省石墨烯薄膜工程技术研究中心	工程中心	省级	市科创委	深圳垒石热管理技术有限公司	2018 年
549	广东省绿色包装印刷及制品精密印制技术工程技术研究中心	工程中心	省级	市科创委	深圳劲嘉集团股份有限公司	2018 年
548	广东省高模量碳纤维复合材料工程技术研究中心	工程中心	省级	市科创委	深圳市喜德盛碳纤科技有限公司	2018 年
547	广东省 PCB 钻孔用盖 / 垫板工程技术研究中心	工程中心	省级	市科创委	深圳市柳鑫实业股份有限公司	2018 年
546	广东省超硬复合材料工程技术研究中心	工程中心	省级	市科创委	深圳市海明润超硬材料股份有限公司	2018 年
545	广东省导电材料（飞世尔）工程技术研究中心	工程中心	省级	市科创委	深圳飞世尔新材料股份有限公司	2018 年
544	广东省中高压变频器工程技术研究中心	工程中心	省级	市科创委	深圳市安邦信电子有限公司	2018 年
543	广东省聚晶金刚石刀具工程技术研究中心	工程中心	省级	市科创委	深圳市中天超硬工具股份有限公司	2018 年
542	广东省智能耳机（万魔声学）工程技术研究中心	工程中心	省级	市科创委	万魔声学科技有限公司	2018 年

续表

序号	创新载体名称	载体类型	级别	主管部门	依托单位	立项年度
541	广东省超快光纤激光器工程技术研究中心	工程中心	省级	市科创委	深圳联品激光技术有限公司	2018 年
540	广东省嵌入式控制系统及电机变频控制器工程技术研究中心	工程中心	省级	市科创委	深圳市振邦智能科技股份有限公司	2018 年
539	广东省光纤激光器及其核心器件工程技术研究中心	工程中心	省级	市科创委	深圳市创鑫激光股份有限公司	2018 年
538	广东省轨道交通工控系统安全工程技术研究中心	工程中心	省级	市科创委	深圳市永达电子信息股份有限公司	2018 年
537	广东省智能制造装备智慧计量检测工程技术研究中心	工程中心	省级	市科创委	深圳天溯计量检测股份有限公司	2018 年
536	广东省雷达信息系统（亿威尔）工程技术研究中心	工程中心	省级	市科创委	深圳市亿威尔信息技术股份有限公司	2018 年
535	广东省锂电池化成分容自动化检测设备工程技术研究中心	工程中心	省级	市科创委	深圳市瑞能实业股份有限公司	2018 年
534	广东省动力电池激光制造装备工程技术研究中心	工程中心	省级	市科创委	深圳市海目星激光智能装备股份有限公司	2018 年
533	广东省智能航测系统（飞马）工程技术研究中心	工程中心	省级	市科创委	深圳飞马机器人科技有限公司	2018 年
532	广东省卫星天线（华信天线）工程技术研究中心	工程中心	省级	市科创委	深圳市华信天线技术有限公司	2018 年
531	广东省智能精密加工关键技术工程技术研究中心	工程中心	省级	市科创委	深圳市创世纪机械有限公司	2018 年
530	广东省精密激光焊接装备工程技术研究中心	工程中心	省级	市科创委	深圳市联赢激光股份有限公司	2018 年
529	广东省民用爆炸物品工程技术研究中心	工程中心	省级	市科创委	深圳市金奥博科技股份有限公司	2018 年
528	广东省电站智能无损监检测工程技术研究中心	工程中心	省级	市科创委	中广核检测技术有限公司	2018 年
527	广东省新一代面板 AMOLED 驱动电源芯片工程技术研究中心	工程中心	省级	市科创委	深圳市华芯邦科技有限公司	2018 年
526	广东省智慧充电与系统集成工程技术研究中心	工程中心	省级	市科创委	深圳市稳先微电子有限公司	2018 年
525	广东省智能卡终端系统（毅能达）工程技术研究中心	工程中心	省级	市科创委	深圳毅能达金融信息股份有限公司	2018 年
524	广东省 5G 通信模组（广和通）工程技术研究中心	工程中心	省级	市科创委	深圳市广和通无线股份有限公司	2018 年
523	广东省坚果激光电视工程技术研究中心	工程中心	省级	市科创委	深圳市火乐科技发展有限公司	2018 年
522	广东省智能物联网终端（普创天信）工程技术研究中心	工程中心	省级	市科创委	深圳普创天信科技发展有限公司	2018 年
521	广东省嵌入式微处理器与系统级芯片设计工程技术研究中心	工程中心	省级	市科创委	深圳开阳电子股份有限公司	2018 年
520	广东省射频连接器（安费诺凯杰）工程技术研究中心	工程中心	省级	市科创委	安费诺凯杰科技（深圳）有限公司	2018 年
519	广东省自动对焦镜头及自动闪光灯工程技术研究中心	工程中心	省级	市科创委	深圳市永诺摄影器材股份有限公司	2018 年

续表

序号	创新载体名称	载体类型	级别	主管部门	依托单位	立项年度
518	广东省无线智能快速充电器研制工程技术研究中心	工程中心	省级	市科创委	高怡达科技（深圳）有限公司	2018 年
517	广东省微型压力传感器工程技术研究中心	工程中心	省级	市科创委	深圳市天微电子股份有限公司	2018 年
516	广东省智能化及移动终端摄像头模组工程技术研究中心	工程中心	省级	市科创委	深圳市金康光电有限公司	2018 年
515	广东省智能家居电子控制器工程技术研究中心	工程中心	省级	市科创委	深圳朗特智能控制股份有限公司	2018 年
514	广东省新型电子雾化加热装置工程技术研究中心	工程中心	省级	市科创委	深圳市合元科技有限公司	2018 年
513	广东省智能电网高压互感器工程技术研究中心	工程中心	省级	市科创委	深圳市创银科技股份有限公司	2018 年
512	广东省智能化数字电源控制工程技术研究中心	工程中心	省级	市科创委	深圳可立克科技股份有限公司	2018 年
511	广东省智能终端控制技术工程技术研究中心	工程中心	省级	市科创委	深圳市创荣发电子有限公司	2018 年
510	广东省挠性线路板（华麟电路）工程技术研究中心	工程中心	省级	市科创委	深圳华麟电路技术有限公司	2018 年
509	广东省智能型通讯产品的高端柔性印制电路板工程技术研究中心	工程中心	省级	市科创委	深圳市新宇腾跃电子有限公司	2018 年
508	广东省柔性电子电路工程技术研究中心	工程中心	省级	市科创委	鹏鼎控股（深圳）股份有限公司	2018 年
507	广东省新型电子元件与新材料工程技术研究中心	工程中心	省级	市科创委	深圳顺络电子股份有限公司	2018 年
506	广东省高速光收发模块工程技术研究中心	工程中心	省级	市科创委	深圳市易飞扬通信技术有限公司	2018 年
505	广东省高密度刚挠结合印制电路工程技术研究中心	工程中心	省级	市科创委	深圳市精诚达电路科技股份有限公司	2018 年
504	广东省高精密互联多层 FPC 工程技术研究中心	工程中心	省级	市科创委	深圳市嘉之宏电子有限公司	2018 年
503	广东省 5G 高密度互联 HDI 线路板工程技术研究中心	工程中心	省级	市科创委	深圳明阳电路科技股份有限公司	2018 年
502	广东省高能效智能电源及电源管理工程技术研究中心	工程中心	省级	市科创委	深圳欧陆通电子股份有限公司	2018 年
501	广东省 SMOK 雾化器工程技术研究中心	工程中心	省级	市科创委	深圳市艾维普思科技有限公司	2018 年
500	广东省高可靠性汽车印制电路板工程技术研究中心	工程中心	省级	市科创委	深圳市景旺电子股份有限公司	2018 年
499	广东省电子连接器及连接组件（立讯精密）工程技术研究中心	工程中心	省级	市科创委	立讯精密工业股份有限公司	2018 年
498	广东省超薄高亮 LED 背光源工程技术研究中心	工程中心	省级	市科创委	深圳市帝显电子有限公司	2018 年
497	广东省新辉开触控与显示工程技术研究中心	工程中心	省级	市科创委	新辉开科技（深圳）有限公司	2018 年
496	广东省智能终端玻璃盖板工程技术研究中心	工程中心	省级	市科创委	深圳市信濠光电科技股份有限公司	2018 年

续表

序号	创新载体名称	载体类型	级别	主管部门	依托单位	立项年度
495	广东省 3D 曲面玻璃盖板工程技术研究中心	工程中心	省级	市科创委	深圳市悦目光学器件有限公司．深圳恒信德利科技有限公司．烟台正海科技股份有限公司	2018 年
494	广东省高效 LCD 液晶显示与 LED 照明工程技术研究中心	工程中心	省级	市科创委	深圳市普耐光电科技有限公司	2018 年
493	广东省全面屏超薄背光模组工程技术研究中心	工程中心	省级	市科创委	深圳市德仓科技有限公司	2018 年
492	广东省立体计算视觉工程技术研究中心	工程中心	省级	市科创委	深圳超多维科技有限公司．深圳超多维光电子有限公司	2018 年
491	广东省智能高效 LED 驱动电源工程技术研究中心	工程中心	省级	市科创委	深圳市德帮能源科技有限公司	2018 年
490	广东省智能物联照明设备及系统工程技术研究中心	工程中心	省级	市科创委	深圳市豪恩智能物联股份有限公司	2018 年
489	广东省液晶显示模组工程技术研究中心	工程中心	省级	市科创委	深圳同兴达科技股份有限公司	2018 年
488	广东省智能交互显示工程技术研究中心	工程中心	省级	市科创委	深圳市鸿合创新信息技术有限责任公司	2018 年
487	广东省智能终端显示器（立德通讯）工程技术研究中心	工程中心	省级	市科创委	深圳市立德通讯器材有限公司	2018 年
486	广东省 LED 显示系统（利亚德）工程技术研究中心	工程中心	省级	市科创委	深圳利亚德光电有限公司	2018 年
485	广东省智能平板显示工程技术研究中心	工程中心	省级	市科创委	深圳市康冠技术有限公司	2018 年
484	广东省 miniLED 新一代商业显示工程技术研究中心	工程中心	省级	市科创委	深圳市奥拓电子股份有限公司	2018 年
483	广东省半导体照明（尚为）工程技术研究中心	工程中心	省级	市科创委	深圳市尚为照明有限公司	2018 年
482	广东省智屏高清 LED 显示工程技术研究中心	工程中心	省级	市科创委	深圳市创显光电有限公司	2018 年
481	广东省 LED 灯具及智能控制系统工程技术研究中心	工程中心	省级	市科创委	深圳市冠科科技有限公司	2018 年
480	广东省绿色 LED 照明工程技术研究中心	工程中心	省级	市科创委	深圳民爆光电技术有限公司	2018 年
479	广东省车用 LED 智能照明（弘凯光电）工程技术研究中心	工程中心	省级	市科创委	弘凯光电（深圳）有限公司	2018 年
478	广东省背光源显示产业工程技术研究中心	工程中心	省级	市科创委	深圳市山本光电股份有限公司	2018 年
477	广东省景观 led 灯（爱克莱特）工程技术研究中心	工程中心	省级	市科创委	深圳爱克莱特科技股份有限公司	2018 年
476	广东省 LED 背光显示（南极光电子）工程技术研究中心	工程中心	省级	市科创委	深圳市南极光电子科技股份有限公司	2018 年
475	广东省特种 LED 照明灯具工程技术研究中心	工程中心	省级	市科创委	深圳市紫光照明技术股份有限公司	2018 年
474	广东省 LED 离网照明工程技术研究中心	工程中心	省级	市科创委	长方集团康铭盛（深圳）科技有限公司	2018 年
473	广东省 LED 智慧照明驱动电源工程技术研究中心	工程中心	省级	市科创委	茂硕电源科技股份有限公司	2018 年

续表

序号	创新载体名称	载体类型	级别	主管部门	依托单位	立项年度
472	广东省 LED 电视背光源工程技术研究中心	工程中心	省级	市科创委	深圳市瑞丰光电子股份有限公司	2018 年
471	广东省轨道交通电气传动与控制工程技术研究中心	工程中心	省级	市科创委	深圳市英威腾交通技术有限公司	2018 年
470	广东省农业供应链管理工程技术研究中心	工程中心	省级	市科创委	深圳点筹互联网农业控股有限公司	2018 年
469	广东省智能图像识别（码隆）工程技术研究中心	工程中心	省级	市科创委	深圳码隆科技有限公司	2018 年
468	广东省环境功能基因芯片工程技术研究中心	工程中心	省级	市科创委	广东美格基因科技有限公司	2018 年
467	广东省智能装备与系统工程技术研究中心	工程中心	省级	市科创委	深圳市智能机器人研究院	2018 年
466	广东省北斗卫星导航和定位技术工程技术研究中心	工程中心	省级	市科创委	深圳华大北斗科技有限公司	2018 年
465	深圳市焊接光源工程技术研究中心	工程中心	市级	市科创委	大族激光科技产业集团股份有限公司	2018 年
464	移动终端三维传感工程技术研究中心	工程中心	市级	市科创委	深圳市易尚展示股份有限公司	2018 年
463	深圳市智慧能源监测技术研究工程开发中心	工程中心	市级	市科创委	瑞斯康微电子（深圳）有限公司	2018 年
462	半导体芯片散热组件工程技术研究中心	工程中心	市级	市科创委	深圳市超频三科技股份有限公司	2018 年
461	新型绿色包装材料工程技术研究中心	工程中心	市级	市科创委	深圳市裕同包装科技股份有限公司	2018 年

2018 年深圳市新增工程中心一览表

2018 年深圳市新增工程中心在线查看

第三节 重大基础设施

深圳市重大基础设施

序号	创新载体名称	载体类型	级别	主管部门	依托单位	立项年度
1	国家超级计算深圳中心（深圳云计算中心）	重大基础设施	国家级	市科技创新委	深圳市科技创新委员会	2009 年
2	深圳国家基因库	重大基础设施	国家级	市发展改革委	深圳华大基因研究院	2011 年

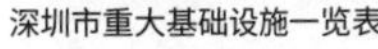
深圳市重大基础设施一览表

深圳市重大基础设施在线查看

第四节 公共技术服务平台

2018 年深圳市新增公共技术服务平台

序号	创新载体名称	载体类型	级别	主管部门	依托单位	立项年度
159	高性能储能电池材料测试公共技术服务平台	公共技术服务平台	市级	市发改委	深圳安博检测股份有限公司	2018 年
160	先进照明材料检测认证公共技术服务平台	公共技术服务平台	市级	市发改委	深圳市倍通检测股份有限公司	2018 年

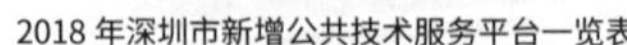

2018 年深圳市新增公共技术服务平台一览表

2018 年深圳市新增公共技术服务平台在线查看

第五节 技术中心

2018 年深圳市新增技术中心

序号	创新载体名称	载体类型	级别	主管部门	依托单位	立项年度
1	深圳市沃尔核材股份有限公司技术中心	技术中心	国家级	市发改委	深圳市沃尔核材股份有限公司	2018 年
2	深圳市雄韬电源科技股份有限公司技术中心	技术中心	国家级	市发改委	深圳市雄韬电源科技股份有限公司	2018 年
3	研祥智能科技股份有限公司技术中心	技术中心	国家级	市发改委	研祥智能科技股份有限公司	2018 年
4	深圳市银宝山新科技股份有限公司 技术中心	技术中心	国家级	市发改委	深圳市银宝山新科技股份有限公司	2018 年
5	欣旺达电子股份有限公司技术中心	技术中心	国家级	市发改委	欣旺达电子股份有限公司	2018 年
6	深圳市金证科技股份有限公司技术中心	技术中心	国家级	市工信局	深圳市金证科技股份有限公司	2018 年
7	长园深瑞继保自动化有限公司技术中心	技术中心	国家级	市工信局	长园深瑞继保自动化有限公司	2018 年
8	深圳天珑无线科技有限公司技术中心	技术中心	市级	市经贸信息委	深圳天珑无线科技有限公司	2018 年
9	努比亚技术有限公司技术中心	技术中心	市级	市经贸信息委	努比亚技术有限公司	2018 年
10	深圳普创天信科技发展有限公司技术中心	技术中心	市级	市经贸信息委	深圳普创天信科技发展有限公司	2018 年
11	深圳市创益通技术股份有限公司技术中心	技术中心	市级	市经贸信息委	深圳市创益通技术股份有限公司	2018 年
12	深圳市路畅科技股份有限公司技术中心	技术中心	市级	市经贸信息委	深圳市路畅科技股份有限公司	2018 年
13	深圳市创维软件有限公司技术中心	技术中心	市级	市经贸信息委	深圳市创维软件有限公司	2018 年
14	深超光电（深圳）有限公司技术中心	技术中心	市级	市经贸信息委	深超光电（深圳）有限公司	2018 年
15	深圳江浩电子有限公司技术中心	技术中心	市级	市经贸信息委	深圳江浩电子有限公司	2018 年
16	深圳市国显科技有限责任公司技术中心	技术中心	市级	市经贸信息委	深圳市国显科技有限责任公司	2018 年
17	顺丰科技有限公司技术中心	技术中心	市级	市经贸信息委	顺丰科技有限公司	2018 年
18	美律电子（深圳）有限公司技术中心	技术中心	市级	市经贸信息委	美律电子（深圳）有限公司	2018 年
19	康佳集团股份有限公司技术中心	技术中心	市级	市经贸信息委	康佳集团股份有限公司	2018 年
20	深圳波顿香料有限公司技术中心	技术中心	市级	市经贸信息委	深圳波顿香料有限公司	2018 年
21	深圳新宙邦科技股份有限公司技术中心	技术中心	市级	市经贸信息委	深圳新宙邦科技股份有限公司	2018 年
22	深圳欣锐科技股份有限公司技术中心	技术中心	市级	市经贸信息委	深圳欣锐科技股份有限公司	2018 年
23	广东天劲新能源科技股份有限公司技术中心	技术中心	市级	市经贸信息委	广东天劲新能源科技股份有限公司	2018 年
24	深圳市酷开网络科技有限公司技术中心	技术中心	市级	市经贸信息委	深圳市酷开网络科技有限公司	2018 年
25	深圳市英威腾电气股份有限公司技术中心	技术中心	市级	市经贸信息委	深圳市英威腾电气股份有限公司	2018 年
26	深圳市创鑫激光股份有限公司技术中心	技术中心	市级	市经贸信息委	深圳市创鑫激光股份有限公司	2018 年

续表

序号	创新载体名称	载体类型	级别	主管部门	依托单位	立项年度
27	深圳市联赢激光股份有限公司技术中心	技术中心	市级	市经贸信息委	深圳市联赢激光股份有限公司	2018 年
28	深圳市兆威机电股份有限公司技术中心	技术中心	市级	市经贸信息委	深圳市兆威机电股份有限公司	2018 年
29	深圳市福田建安建设集团有限公司技术中心	技术中心	市级	市经贸信息委	深圳市福田建安建设集团有限公司	2018 年

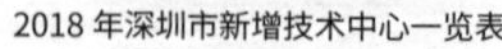
2018 年深圳市新增技术中心一览表

2018 年深圳市新增技术中心在线查看

第六节 工程实验室

2018 年深圳市新增工程实验室

序号	创新载体名称	载体类型	级别	主管部门	依托单位	立项年度
1	广东省电动汽车电池及充电系统检测工程实验室	工程实验室	省级	市发改委	深圳市计量质量检测研究院	2018 年
2	超高清电视媒体资源聚合及精准推送操作系统工程实验室	工程实验室	省级	市发改委	深圳创维 -RGB 电子有限公司	2018 年
3	深圳新型智慧城市真景四维多元大数据融合处理工程实验室	工程实验室	市级	市发改委	中电科新型智慧城市研究院有限公司	2018 年
4	深圳分子酶工程实验室	工程实验室	市级	市发改委	深圳华大生命科学研究院	2018 年
5	深圳神经康复技术工程实验室	工程实验室	市级	市发改委	中国科学院深圳先进技术研究院	2018 年
6	深圳金融智能服务机器人关键技术工程实验室	工程实验室	市级	市发改委	平安科技（深圳）有限公司	2018 年
7	深圳高精密电子封装关键技术工程实验室	工程实验室	市级	市发改委	深圳市腾盛工业设备有限公司	2018 年
8	深圳下一代信息网络高速光互联器件技术工程实验室	工程实验室	市级	市发改委	深圳日海通讯技术股份有限公司	2018 年
9	深圳跨座式单轨列车通信信号系统测试见证与仿真工程实验室	工程实验室	市级	市发改委	比亚迪汽车工业有限公司	2018 年
10	深圳物联网智能信息处理工程实验室	工程实验室	市级	市发改委	南方科技大学	2018 年
11	深圳下一代相干通信网络光子器件集成技术工程实验室	工程实验室	市级	市发改委	深圳新飞通光电子技术有限公司	2018 年

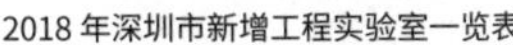
2018 年深圳市新增工程实验室一览表

2018 年深圳市新增工程实验室在线查看

第七节 深圳市科技企业孵化器

2018 年深圳市科技企业新增孵化器

序号	创新载体名称	载体类型	级别	主管部门	依托单位	立项年度
1	深圳湾创业广场	孵化器	市级	市科创委	深圳湾科技发展有限公司	2018
2	深圳华中科技大学研究院	孵化器	市级	市科创委	深圳华中科技大学研究院	2018
3	中科瑞智孵化基地	孵化器	市级	市科创委	深圳前海中科瑞智资产管理投资有限公司	2018
4	阿里云优客工场	孵化器	市级	市科创委	优客工场（深圳）创业服务有限公司	2018
5	深圳市港之龙孵化器	孵化器	市级	市科创委	深圳市卓信盈投资控股有限公司	2018
6	瀚德孵化器	孵化器	市级	市科创委	深圳瀚德创客金融投资有限公司	2018
7	深圳市东明投资发展有限公司（微总部东明孵化基地）	孵化器	市级	市科创委	深圳市东明投资发展有限公司	2018
8	绿创空间物联网产业孵化器	孵化器	市级	市科创委	深圳市绿创空间科技有限公司	2018
9	龙岗万国摩天之星孵化器	孵化器	市级	市科创委	深圳市摩天之星孵化器科技有限公司	2018
10	龙华观澜摩天之星孵化器	孵化器	市级	市科创委	深圳市摩天之星企业孵化器有限公司	2018
11	领亚美生智慧绿谷科技孵化器	孵化器	市级	市科创委	深圳市领亚美生孵化器管理有限公司	2018
12	深圳市福海信息港（A 区）科技孵化器	孵化器	市级	市科创委	深圳市洪韦盛实业有限公司	2018

2018 年深圳市科技企业新增孵化器一览表

2018 年深圳市科技企业新增孵化器在线查看

第八节 国家级平台

国家级平台

序号	创新载体名称	载体类型	级别	主管部门	依托单位	立项年度
1	国家数字电子产品监督检验中心	国家级平台	国家级	质检院	深圳市计量质量检测研究院	2008 年
2	国家体育产品监督检验中心	国家级平台	国家级	质检院	深圳市计量质量检测研究院	2010 年

2017 年深圳市国家级平台一览表

2017 年深圳市国家级平台在线查看

第九节 工程研究中心

2018 年深圳市工程研究中心

序号	创新载体名称	载体类型	级别	主管部门	依托单位	立项年度
1	深圳区块链通用基础关键技术工程研究中心	市级工程研究中心	市级	市发改委	深圳市腾讯计算机系统有限公司	2018
2	深圳互联网内容深度解析技术工程研究中心	市级工程研究中心	市级	市发改委	深圳市商汤科技有限公司	2018
3	深圳企业级区块链技术及应用工程研究中心	市级工程研究中心	市级	市发改委	金蝶软件（中国）有限公司	2018
4	深圳智慧物流大数据工程研究中心	市级工程研究中心	市级	市发改委	顺丰科技有限公司	2018
5	深圳交通运输行业大数据应用工程研究中心	市级工程研究中心	市级	市发改委	深圳市城市交通规划设计研究中心有限公司	2018
6	深圳智能金融大数据工程研究中心	市级工程研究中心	市级	市发改委	深圳乐信软件技术有限公司	2018
7	深圳言语信息智能处理工程研究中心	市级工程研究中心	市级	市发改委	北京大学深圳研究院	2018
8	深圳金融大数据智能应用技术工程研究中心	市级工程研究中心	市级	市发改委	深圳市思迪信息技术股份有限公司	2018
9	深圳新型电子信息材料与器件工程研究中心	市级工程研究中心	市级	市发改委	南方科技大学	2018
10	深圳前沿材料高压制备工程研究中心	市级工程研究中心	市级	市发改委	南方科技大学	2018
11	深圳 OLED 材料与器件工艺工程研究中心	市级工程研究中心	市级	市发改委	北京大学深圳研究生院	2018
12	深圳纳米多孔水处理材料工程研究中心	市级工程研究中心	市级	市发改委	北京大学深圳研究生院	2018
13	深圳二维原子晶体制备技术工程研究中心	市级工程研究中心	市级	市发改委	中国科学院深圳先进技术研究院	2018
14	深圳耐高温动力电池隔膜工程研究中心	市级工程研究中心	市级	市发改委	深圳中兴新材技术股份有限公司	2018

2018 年深圳市工程研究中心一览表

第十节 创业公共服务平台

2018 年深圳市创业公共服务平台

序号	创新载体名称	载体类型	级别	主管部门	依托单位	立项年度
1	腾讯创新创业公共服务平台	市级创业公共服务平台	市级	市发改委	深圳市腾讯计算机系统有限公司	2018
2	深圳材料与器件检测创新创业公共服务平台	市级创业公共服务平台	市级	市发改委	清华大学深圳研究生院	2018

2018 年深圳市创业公共服务平台一览表

乐唯科技

loovee

深圳市乐唯科技开发有限公司（简称“乐唯科技”），设立于2011年，是国家高新技术企业。主营业务有游戏化社交软件、游艺游戏软件的开发和运营，互联网广告业务等。公司目前有员工近100人，设有总经办、研发部、运营部、广告事业部、市场部、产品部、设计部、财务部、行政人事部9个部门。研发人员占总人数的56%，本科及以上学历人员占总人数的80%。公司目前获得了19项发明专利、60项自主软件著作权、85项国内外商标版权。2013年乐唯科技自主研发的产品“基于移动多媒体的智能化社交服务平台（对面APP）产业化”获得发改委战略性新兴产业项目专项扶持。2018年乐唯科技自主研发的产品项目“深圳AR创意游艺游戏工程实验室”也获得深圳市发改委文创项目专项扶持。

乐唯科技同时荣获包括“中国行业信息化创新产品奖”“全球移动互联网卓越成就奖”“游戏化社交最佳创新奖”“社交类年度最佳产品奖”“最佳移动社交应用奖”“年度最佳娱乐应用奖”“最具创新互联网企业”在内的几十个奖项。

2019年乐唯已经在华南建立了全国物流交通中心，自建仓配供应链，占地面积10000平方米，将线下用户引流线上。同时研发多个线上游艺产品，搭建一体化电商仓储物流中线，以最领先的技术和最智能化的管理，打造中国乃至全球的最大的线上游艺平台。

乐唯科技在2019年联合游戏陀螺展开了全国线下娃娃机游艺游戏电竞比赛，从游艺游戏产品所衍生出来的文化因子可以在传统制造业例如玩具、服装等以及其他文化产业例如电影电视业得到继续和延伸。深圳市具有制造业的传统优势，游艺游戏产业的多元化发展战略将整合这部分力量，可以实现对传统行业巨大的拉动效应，并同时实现其自身发展价值的利益最大化。同年乐唯科技在深圳龙华开设了第一个线下娃娃机主题店，将游艺游戏发展到线下平台，预计2020年将复制此模式到整个中国市场。

深圳市跨境电子商务协会

近年来，随着全球人均购买力增强、互联网普及率提升、第三方支付软件的进一步成熟、物流等配套设施的完善，网络购物已经成为全球兴起的消费习惯。而跨境电商通过搭建一个自由、开放、通用、惠普的全球贸易平台，并透过互联网实现了全世界的连接，未来随着跨境电商不断取代传统贸易市场，有望成为全球贸易的主要形式。

跨境电商的快速增长主要取决于对传统贸易市场的替代，我国跨境电商渗透率逐渐提升，未来发展空间巨大。根据艾媒咨询数据显示，2017年我国进出口贸易总额达27.79万亿元，同比增长14%，为六年来首次实现双位数增长，2018年中国跨境电商交易规模达到9.1万亿元，用户规模超1亿。预测2020年我国跨境电商交易额将达到12万亿，三年复合增长率为16.44%，渗透率达37.6%，未来跨境电商发展市场空间巨大。

深圳，作为全国最大的进出口口岸，也是全国跨境电子商务发展最早和最发达的城市，外贸出口连续25年全国第一，拥有独立B2C企业和大卖家超过2000家,交易额据全国半壁江山。

2013年12月，“深圳市跨境电子商务协会”（以下简称：深圳跨境电商协会）应运而生，由当时深圳最大的52家深圳跨境电商行业龙头企业组建，不到半年时间，2014年5月20日，深圳跨境电商协会第一次会员大会在深圳市市民中心多功能厅举行，已经拥有了19家副会长单位、54家理事单位、132家会员单位，成为当时中国跨境电商行业最早的专业性行业社会组织。

深圳跨境电商协会，一直以“引领跨境，服务全球”为使命，秉承“团结、学习、爱心、廉洁、共享、多赢”的理念，历经5年发展，深圳跨境电商协会汇聚了跨境电商龙头企业100多家，会员单位近2000家，秘书处全职工作人员50名。截至目前，与全国35个跨境试点城市达成紧密合作关系、与全球四十多所高校开展交流合作项目、与世界上50个国家的近100个民间团体和组织机构建立了友好合作关系。已在美、日、英、德、意等30个中外地区、国别设立当地分支机构，其中有环球易购、百事泰、有棵树、通拓、赛维、乐信、建设银行、华夏银行、中国银行、工商银行、农业银行、平安银行、昆仑国际、前海三态、世航国际、广东天元、焦点科技、价之链、萨拉摩尔、江苏银行、民生银行等30多家上市企业。深圳邮政速递、递四方、钱海支付、保宏、Paypal、深诺集团、倍通供应链、中外运安迈世、韩国气加商贸、有信达集团、行云全球汇、航天数联、跨越速运、创捷供应链、联合利丰供应链、友和道通、浩方、四海商舟、中国好东西网、五州海康、德购商城、德视佳、大运国际、环金科技、云路供应链、乐信、payoneer、Asiabill、海源城、华南城电商产业园、万国食品城、连连支付、汇付天下、天航科技、湘潭跨境新丝路、万邑通等130多家知名副会长单位。

与此同时，深圳跨境电商协会全球布局、遍布5大洲、25个国家、40座境外城市、成功举办300多场国际性活动、与16个国际机构签署谅解备忘录、覆盖10大领域。为响应“一带一路”国家倡议，把握全球跨境电商行业大势，协助企业探索行业发展与创新之路，协会先后成立政府政策、金融投资、行业展会、产业园、海外事业、法律咨询、人才、物流、公益共九大委员会机构。在韩国、日本、新加坡、印度、保加利亚、美国、澳大利亚、越南、加拿大、德国、比利时、爱尔兰、捷克、瑞士、俄罗斯、乌克兰、阿联酋、沙特阿拉伯、巴林、埃塞俄比亚、肯尼亚等国设立了24个海外分会，以及湖北、天津、成都、重庆、上海、宁夏、前海、盐田等9处国内联络点。各专业委员会与分会针对区域跨境市场收集商机，整合资源，为会员企业提供市场动态、资本、人才等全方位一站式服务。

在深圳跨境人的不懈努力下，深圳跨境电商协会与会员单位一起，以高速发展中的中国为腹地，以中国改革开放窗口——深圳为大本营，全球范围内以“协同服务、资源共享、信息互通”为宗旨，持续在国内成功举办了“首届中国（深圳）跨境电商峰会”“2018大融合·新升级中国（深圳）跨境电商年度盛典”“2019开放·突破中国(深圳)跨境电商年度盛典”“中国‘智造’选品会”“首届616全球跨境电商节暨第三届深圳国际跨境贸易博览会”等数场大型高端峰会活动及行业高规格展会，更在全球范围内举办多场国际交流合作活动，跟比利时、巴林、加拿大、澳大利亚、印度、美国、韩国、日本等多个国家、机构签署了多项国际交流合作战略协议，覆盖了进出口跨境电商行业的方方面面，使众多会员企业从中受益。

目前主要任务：

■ 行业交流、组团互访。开展国内外行业交流，组织代表团互访，举办纪念庆典，倡议和主办研讨会、洽谈会、论坛等交流活动，增进与海内外不同区域之间的相互了解，为会员企业开拓市场提供支持。每年举办一届跨境电商行业年度盛会，针对协会全体会员，邀请行业顶尖企业分享未来发展趋势，为会员的大规模交流提供优质平台。

■ 国际平台、资源链动。推动国际合作，建立交流机制，搭建合作平台，促进中外双方在经济、科技、人才等多领域的务实合作，为实现互利共赢、共同发展创造有利条件。

■ 跨境展会、享誉全球。每年主办616全球跨境电商节，全球跨境电商相关行业人士共同参与；举办全球跨境电商贸易博览会，打造了首届616跨境节近15万有效人次参观，近千家相关企业汇聚一堂，促进中外跨境电商行业相关产品及服务的对接的行业盛会。

■ 政策研究、政府桥梁。受政府委托，推动跨境电商相关行业分析以及制定相关跨境电商行业标准，协会辅助政府制定行业政策，及时准确反映行业信息和诉求，解决行业共性问题，维护行业共同利益，凝聚力量，形成合力，促进行业的改革与发展，推动跨境电商行业健康有序的发展。

■ 商品出海、文化出海。发展中外友好力量，在“一带一路”国家联合不同地区和国家的友协团体合作，借助跨境电商手段推动中国文化输出，开展国际文化交流。

5年走来，深圳跨境电商协会已成为跨境电商行业全国最年轻、成长最快、会员规模最大，最具影响力和公信力的行业社会组织，确定了跨境电商行业协会领军地位，获得了深圳市政府的高度认可。在深圳上万家社会组织中脱颖而出，被评为“深圳市5A级社会组织”，在推动行业发展等多个层面已经达到国际的领先水平。为引领行业发展、政策及意见做出重要表率。

随着信息化手段已经渗入到了各行各业，深圳跨境电商协会也借助“互联网+”手段，正在全力打造四大平台为跨境电商行业提供帮助：

一是打造互动良好的企业与政府沟通的平台：保障我会企业与政府各部门的良好互动，争取政府在跨境电商行业各个方面最大限度的顺应和支持；

二是打造企业和企业的信息及时互动沟通的平台；

三是打造帮助企业解决融资难等问题的平台：关心企业发展，帮助跨境电商企业通过合法渠道筹集解决燃眉之急和长远发展的资金；

四是打造可供企业进行贸易和市场信息查询的平台：帮助企业在制定企业发展大计规划时，能够在最短的时间获得最有效最广泛的信息支持，全面推动跨境电商行业向价值链高端跃升。

深圳跨境电商协会也将继续搭建外贸企业人脉资源、整合优化资源、致力于跨境经济合作，推动中国产业转型升级，争取2020年打造成为全球最具权威性和感召力的跨境电商组织，推动跨境电商行业的不断发展壮大，为深圳赢得了“跨境电商看中国，中国跨境看深圳”的美誉做出贡献。

深圳市社会组织评估等级证书

证书编号：深社评字【2017】第028号

深圳市跨境电子商务协会：

经评估，你单位被评为5A级社会组织，特颁此证。

有效期：2017年12月-2022年12月

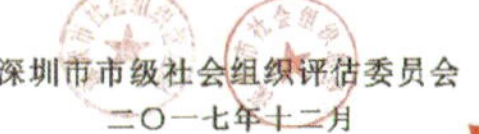

深圳市市级社会组织评估委员会

二〇一七年十二月

关于我们

深圳市能源环保有限公司成立于1997年，是深圳能源集团股份有限公司（深圳能源，股票代码：000027）旗下的固体废弃物处置专业化公司，是国家高新技术企业；已申请国内专利近 200 件、PCT 国际专利优先权 50 件，荣获国家科技进步奖等众多科技大奖；拥有20多年固体废弃物处理研发、设计、设备制造、投资、建设、运营全过程产业链经验，是行业公认的技术和管理龙头企业；获得业内唯一国家优质工程金质奖以及唯一全国质量标杆；主、参编国家、行业标准达 24 部，约占行业标准总量的68%以上；连续多年获“最具社会责任感”和“最受政府信赖”企业称号。

荣获 A' 国际设计大奖的深能环保盐田能源生态园

行业唯一国家优质工程金质奖获得者

垃圾清洁焚烧发电领跑者

高标准运营理念践行者

国家标准主要编撰者

运营管理系统行业唯一全国质量标杆单位

广东省唯一所有运行电厂无害化等级评定AAA级（最高级）企业

广东省唯一所有运行电厂获企业环境信用评价绿牌（最高级）企业

编写行业唯一百万字《生产人员技能培训教材》并公开发行

拥有行业唯一 400、750 吨级远程仿真培训系统行业首个仿真培训基地

生态部认可的行业首家第三方机构审计昆明 4 家电厂运营、环境绩效，并提供改善方案

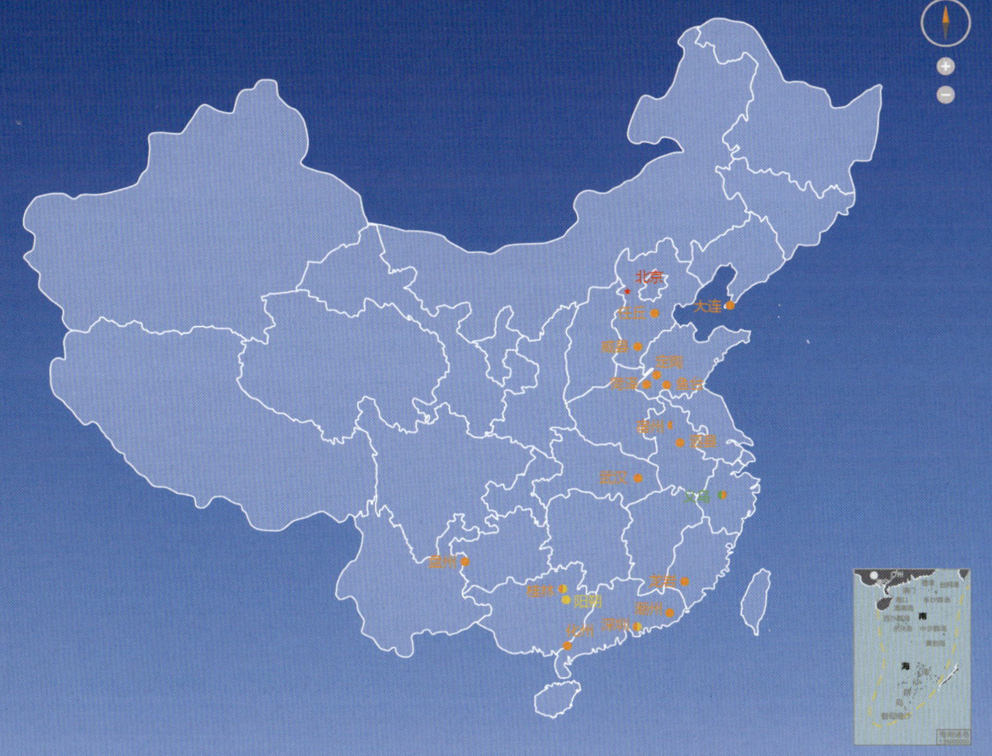

老厂如新厂、新厂树标杆！

- **深能环保拥有全国数据最完善最全的垃圾焚烧厂仿真培训中心。**
- **深能环保每建设一个垃圾发电厂，都成为当地的标杆精品项目。**

> 盐田能源生态园——是国家资源环境与资源节约重大示范工程项目。

> 南山能源生态园——深圳科博会永久分会场，开创国内首个居民共建小组模式。

> 宝安能源生态园（一期）——国内首批AAA级且满分评价的垃圾发电项目。

> 宝安能源生态园（二期）——垃圾发电行业首个国家优质工程金质奖项目。

> 武汉能源生态园——获得楚天杯优质工程金奖。

> 全过程咨询的北京高安屯二期获得结构长城杯工程金质奖。

■ ■ ■

“扫一扫”全景参观
“网红”盐田能源生态园

精品项目

深能环保龙岗能源生态园

深能环保南山能源生态园

深圳 宝安

低碳环保典范、依法治理典范、和谐共赢典范

深能环保宝安能源生态园

更多信息可登陆深能环保官方网站：www.seee.com.cn 或 扫描上方二维码了解最新公司资讯。

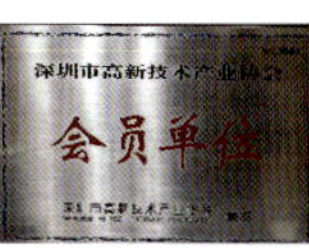

业务范围

深圳市傲天医疗智能系统有限公司(以下简称“傲天医疗”)一直专注于医疗智能化领域，集研发、生产、服务于一体的创新型公司，在医疗智能化领域具备过硬的技术能力和创新能力；自成立以来已向市场成功推出集血液标本的采集、运输、存储全闭环流程的智能化整体解决方案，并迅速取得用户的好评，覆盖了全国市场凭借着良好的产品研发与运营服务能力，赢得了广大客户的支持与信任。

服务体系

傲天医疗坚持“全员参与，技术创新，持续改善，追求客户百分百满意”的质量方针，在ISO 9001：2015质量管理体系和CMM过程管理理念的基础上，建立以深圳为中心，全国覆盖的服务体系，从而有效地保证了公司产品和服务的质量及效率，最大限度地保障了客户利益。

公司理念

傲天医疗秉承“务实、创新、责任、双赢”的理念；一切从实际出发，充分了解客户需求，持续研发、持续创新，为客户提供实用、好用、品质过硬的行业解决方案和产品；力争在短期内成为采供血行业内的领导者；长期成为智能化医疗的中坚力量，并成为医疗智能化卓越的服务商，为生命健康护航。

团队能力

傲天医疗汇集了行业内骨干精英和人才，在公司的文化指导下，务实创新，精诚协作，形成强大的人文力量，为客户创造更大的价值。

发展历程

深圳市傲天医疗智能系统有限公司于2012年3月份成立，总部设在最具创新、最具活力的城市深圳。2013年公司第一代智能化血液标本管理系统正式上市，2014年通过ISO 9001：2008质量管理体系认证；2015年被评为“深圳市高新技术企业”，2016年成为深圳市科技创新委员会重点资助扶持企业，2017年被评为“国家高新技术企业”，同一年智能化采血系统和傲天冷链监控云平台正式上市。截至目前傲天医疗已取得12项计算机软件著作权登记证书、16项自主研发的新型专利证书，以及数10项新的专利在申请受理中，公司不断地在开拓创新，实力日渐增大！力争成为输血行业一流的服务供应商！

傲天产品介绍

智能化采血系统

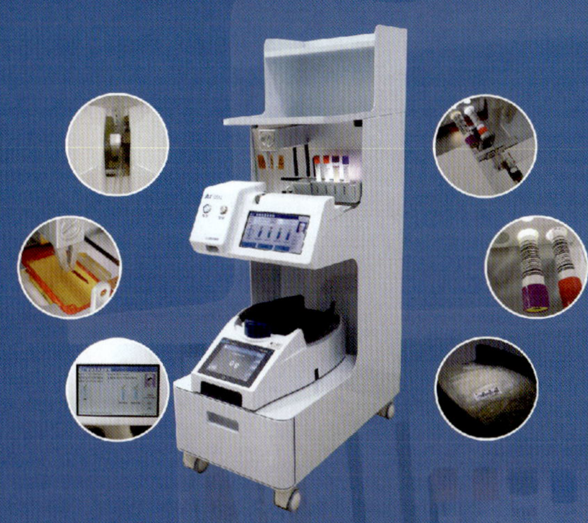

本项目融合多种先进技术，实现了采血过程中条码核对、血液留样等的自动化、智能化，能够有效地解决血液安全和职业暴露的问题，在国内处于领先地位，主要先进技术如下：

1.无干预自动化核对技术，应用光学原理，扫描样本标签，自动核对各个标签是否一致，若有条码不匹配，则提示报警；

2.光纤微距检测算法控制光纤检测针头位置，自动插拔针及预留血样，杜绝了人工插拔针误伤的隐藏风险；

3.应用电荷容量检测及高频热合技术控制热合模块，自动检测导管是否到位并进行热合，达到分离针头和血袋的目的，以便后续留存；

4.在全球范围内首次提出在采血环节实现智能化管控概念，填补了在采血环节的技术空白；

5.在过程中实现自动条码核对、自动留样、流速控制、自动热合、自动处理针头等一系统涉及质量安全和职业暴露问题；

6.自主研发“智能化采血系统软件”：以ISO 9001管理方针为蓝本，融合血站业务模式，系统高度智能化。

该设备作为采血环节的智能化设备，在血站将长久存在、不可或缺，能够有效的解决血液安全和职业暴露的问题。实现了从血液采集开始的追溯和监管，自动化操作避免人工操作失误造成的血液感染。因此该设备研发正适合现阶段采供血行业的发展潮流，成为血站重要的管理工具的手段。

血液标本后处理系统

本项目涉及为完善对血液标本的存放管理而开发的血液标本后处理系统，其主要解决血液标本封装、存放管理、过程控制的问题。主要关键技术如下：

1.自主研发融合IC卡和数字图像技术：用于出入库管理管控，可详细地追溯到操作人员、时间、操作行为等信息；

2.自主研发超低温无霜制冷技术：可追溯到10年以上的运行数据，包括保持温度、各个重要零部件的运行次数、运行时间等，符合血液标本长期保存要求；

3.自主研发“血液标本后处理系统软件”：以ISO 9001管理方针为蓝本，融合血站和医院实际业务模式，系统高度智能化。

智能化医疗产品的普及是未来趋势，然而传统的医疗设备和管理体系仍然在国内血站占主流，存在极大的改造升级空间，先进的管理理念是智能化医疗产品的基础，因此我们不仅要推广血液标本后处理系统的应用，更要推广一种更科学、更严谨、更有效率的标本质量管理标准，该产品研发成功在采供血行业具有广阔的应用和极大的经济效益和社会价值，符合深圳市科技创新发展方向。

深圳市得可自动化设备有限公司

SHENZHEN DEKE AUTOMATION EQUIPMENT CO.,LTD

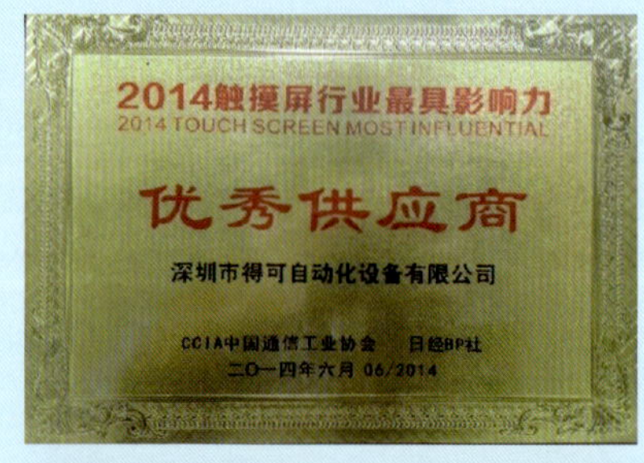

深圳市得可自动化设备有限公司成立于2013年，是国内大型丝网印刷设备制造商，集研发、生产、组装、销售、服务为一体的高科技综合型企业。公司现拥有6000多平方米的无尘生产车间、先进的生产设备、完善的产品检测手段和品质保证体系，以及一批长期从事丝网印刷设备研发工作的专业技术人才。

公司自创立以来，主要生产高性能、高品质的丝网印刷设备，设备所选原材料及零配件都来源于业内顶级水准供应商，通过全球化的批量采购，确保了出货产品的性能和质量。公司凭借雄厚的技术实力，自有机加工车间5000平方米，大小CNC机床10余台，大型精龙门加工中心，大功率激光切割机、折弯机、数控机有效保证了设备零件的精度和加工效率。聚焦客户需求，以一流的技术品质和完善的售后服务，为国内外客户提供有竞争力的丝网印刷解决方案和服务，持续为客户创造最大价值，通过锲而不舍的艰苦追求力争成为国内一流企业。

在手机行业火热发展的今天，现如今的丝网印刷行业在积极地适应科技和技术发展的脚步，全自动丝印机线市场的占有率正在逐渐增加,很多大公司已经投入使用,一些中小企业也正在逐步引进当中。目前，公司研发的部分自动化设备已经为东莞市华星镀膜科技有限公司、安徽智胜光学科技有限公司、郑州富士康等公司所采用，效果良好。公司目前与南昌欧菲光科技有限公司、富士康科技集团达成合作意向，并与深圳市能佳自动化设备有限公司合作配套使用全自动丝印线。

公司此次研发的“基于CCD高精度对位和高效转盘式全自动丝印机”项目已经获得了15项实用新型专利，该项目的发明专利正在申请中，该发明专利已经进入了实质审查阶段。公司成立至今很重视知识产权保护，近三年共申请了共30项知识产权，其中26项实用新型，3项外观专利，发明专利7项。

一、该项目丝印范围为3.5寸~6寸，兼顾性强，为了提高效率转盘分为四个工作位：上料区、对位区、丝印区、下料区。

二、该项目可达到从第一道丝印至最后一道丝印完成，中间环节不需要人手搬运，减少人工，提高工作效率。按自动化生产线设计制造流程，研究触摸屏产品的制作工艺、实现自动化设备机构的合理性与可靠性、生产时的稳定性，保证产品生产时的合格率。

三、转盘式CCD对位机构丝印机，通过XYC对位平台来矫正产品的位置，保证每片产品的精度。转盘4个工位式，自动上料方式采用Tray盘输送式上料。在激烈的市场竞争、人工及土地使用成本越来越高昂的环境下，对产能要求的提升上研发出设备体积小、占地少、效率高的全自动丝印机。

该项目研发团队共由8名软硬件工程师组成。全部为大专以上学历，其中主要项目负责人在本行业有着几十年的丰富经验。此项目从2015年8月研发至今，2018年进入量产阶段。该项目研发设计方案已与富士康获得共识，并成为富士康公司生产方式转型升级的重要合作伙伴。目前公司已经陆续获得安徽智胜光学、南昌欧菲光等公司的订单。

地址：深圳市光明新区公明街道上村社区冠城低碳产业园A栋一、三楼

电话：0755-23700976　直线：0755-23287016　传真：0755-23200276

邮箱: yuxiangrong@deke-ae.com　网址：www.szdeke.net

双喜（金01）
威尼顿吴哥（沉香）
云烟（神秘花园）
云烟（细支珍品）
黄山（大壹品）1号

一、公司简介

深圳市冠为科技股份有限公司创建于2005年5月，注册资金12215.69万元，位于深圳市地理中心和城市发展中轴的龙华区观澜大布巷社区银星科技园丰和工业区内，厂区占地面积36000平方米，建筑面积80000平方米，员工食堂与宿舍建筑面积9000平方米，园林绿化面积为5000平方米。公司资产总值3.4亿元，2018年公司的销售额达3.3亿元。经过多年的发展，现已成为一家大型现代化并获得国家高新技术企业资质的包装印刷企业。公司已获得荣誉包括深圳文化创意百强企业、国家高新技术企业、深圳市高新技术企业、市级企业技术中心、国家检测检验试验室、广东省守合同重信用企业、绿色企业等荣誉称号。

冠为科技致力于高档卷烟包装的设计开发与生产，并逐步拓展高端礼品盒设计的开发与生产。公司拥有德国、日本等世界一流的印刷及印后加工生产设备，同时凝聚资深研发、设计、技术与管理人才近百人，生产技术员工近二百多人，现有员工320人，目前卷烟包装生产能力已达到80万大箱，2018年卷烟包装产能将达到100万大箱以上。

冠为科技秉承“技术创新”“务实进取”的经营理念，多年来，公司集人力、财力、物力，专注于烟标印刷业务，聘请精通高新印刷技术的设计与开发人员负责产品的创新设计和自主研发，同时聘请来自国内外一流企业的有着丰富管理经验的人员负责行政管理与财务运作，学习和引进先进的管理模式，实施自动化办公等科学高效管理，实现对物流、资金流、信息流的全电脑化控制，努力为客户提供高效、优质的服务。冠为科技坚持“精细管理，诚信服务，技术创新，质量创优”的质量管理方针，并顺利通过ISO 9001质量体系、ISO 14001环境管理体系、OHSAS18001职业健康安全管理体系认证和持续有效运行。公司极其强调品质的控制，不制造、不传递、不容忍次品。公司所有员工上岗前，均经过严格测试和岗前培训，并实现从来样核对、设计制版校对、产品IQC、IPQC、QC、QA及入仓核数、出货核单全套品质流程控制，力求每一件产品都完美无暇。

充满冠为特色的管理与服务，为公司的可持续发展带来了无限的活力和强大的动力。管理特色之一是目标管理（OTB），即拟定目标、充分授权，严格监督与奖惩分明，强调项项有目标，事事有定额，人人有考核，如成本目标、技术创新目标和管理目标等。管理特色之二是极其严格的品质控制与管理，公司通过ISO质量管理体系，精益求精为客户生产每一件产品，真正让客户满意。管理特色之三是注重人性化管理，公司关注员工职业健康安全及工作生产环境，于2011年通过OHSAS18001职业健康安全管理体系认证与ISO1 4001环境管理体系认证，并按体系要求做好员工职业健康安全管理与环境管理工作，为员工创设安全、舒适、健康的工作生活条件。特别是公司秉承“道、实、丰、和”的企业文化精神，以员工为中心，积极组织企业文化活动，促进了团队的和谐发展。

二、公司研发能力的介绍

深圳市冠为科技股份有限公司成立专门的企业技术中心并且取得“深圳市技术中心”称号，该技术中心共有研发人员40人，其中博士2人、硕士3人、大专以上研发人员35人。技术中心骨干成员4人均拥有教授、副教授职称等。公司重视新产品和新技术的开发与创新工作，将研发工作作为公司保持核心竞争力的重要保证，不断加大技术开发与研究的投入力度，近三年投入研发经费3800.00万元，占销售额比例为5.13%。研发中心占地4500平方米，现有的研发设备主要有HP indigo四色数字印刷机、柯达计算机直接制版系统、德国REA条码检测仪、美国超高效液相色谱系统、气相色谱仪、摩擦系数测定仪及折痕挺度仪、摩擦试验机、晒版机、海德堡速霸对开四色平张纸胶印机、液晶数位屏、烤版机、全自动模切机、全自动烫金机、冲版机等。

技术研发中心分别从设计创意、工艺材料开发、制作技术以及技术把控协同研发新的工艺技术，开发具有市场竞争力的新产品、新工艺、新技术，联合湖南工业大学、西安理工大学、深圳职业技术学院等印刷专家组成外部专家团队，成立湖南工业大学培训基地。双方共同完成科研的开发工作，借助院校的科研实力，解决工作中的问题。通过校企合作，共同成立项目攻关小组。湖南工大长期派驻技术团队到公司，对公司的科研项目做技术指导。研发团队梯次组成合理，工作高效，主要研发人员具有丰富的科研及技术创新经历，并且拥有较高学历，尤其在防伪技术研发、全息图像处理、印刷工程技术、防伪材料等方面有很强的实力。

公司随时收集行业内外以及上下游产业的技术进步信息与需求，根据技术领先战略的目标自主确定每个阶段的研发内容与目标，通过项目方式进行攻关，保证成效，重点内容主要包括防伪技术、新材料、新工艺、新技术等，突出实用性，整体研究成果在数量方面做到新技术的研发试验、成果储备与正式产品应用各占适当的比例，以保证公司在整体技术研发与应用方面保持持续的竞争能力。

近期内，公司计划重点突破环保、防伪等方面的关键原创性技术，确保每年分别有3-5个环保与防伪技术应用项目，并在新材料、新工艺、新设备关键应用性技术方面获得技术专利。公司不断探索新技术，结合公司及客户需求情况，在新技术的应用和储备上取得了良好的成绩。

1.目前成熟的应用技术有：（1）全息定位转移技术；（2）超微缩印刷技术；（3）全息镭射定位烫；（4）超线防伪技术；（5）丝印：雪花、凸油、变色等新技术；（6）烫模：烫金、击凸一次成型技术，击凸、模切一次成型技术；（7）材质：多变彩色镭射膜技术。

2.2013年4月18日获得《国家公信证书防伪通用技术条件》国家标准（计划编号：20100160-T-469）制定任务、2018年参与。

3.产、学、研小组的赵东柏老师课题组，针对可逆与不可逆热敏（温变）油墨的变色原理以及可逆与不可逆热敏（温变）油墨的示温功能在食品、药品等包装领域的应用方面，通过潜心研究、实验，积累了丰厚的理论和实践经验。2013年1月在包装学报发表了《热敏（温变）油墨的变色原理及其在包装领域的应用》，其实效的应用价值理念，备受读者关注。

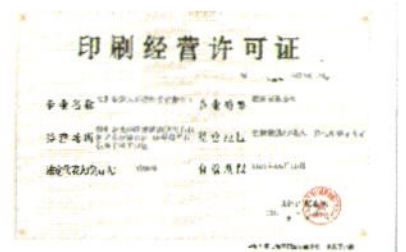

海基实业（深圳）有限公司

1.企业基本情况

海基实业（深圳）有限公司成立于2015年，注册资本人民币3000万元。公司立足于对中国经济社会发展进入新时代的深刻认识，积极响应“健康中国”供给侧改革发展战略，投身大健康产业和共享经济的创业浪潮，致力于为广大人民群众追求幸福美好生活提供健康理念、健康产品和健康服务。

公司秉承“呵护健康，精彩人生”为服务理念，以大爱精神为指引，以“大健康+互联网+分享经济”的营销思想为导向，以中医药大健康产品为切入点，为市场和用户提供一流产品，一流服务。公司现阶段以开发保健、康美、养生产品为主线，建立了一套完善的产、供、销信息化供应链体系。

公司以传播大爱、成就自我的教育文化、成长文化和创业文化为引领，塑造了一支有梦想、敢拼搏，讲责任、懂感恩的强大销售团队。企业文化：诚信、团队、创新、共赢、责任、大爱。

公司于2017年获得“2016—2017年度宝安区文明诚信企业”；2018年被评为“2018年广药集团钻石级大健康合作伙伴”、2017年度广东省守合同重信用企业、2018—2019年度质量信用企业、产品创新典范企业、社交新零售信用认证企业；通过ISO9001认证和微商企业信用认证。

2.明星主打产品——维一植物精油

维一植物精油是由广药集团成员企业广州白云山拜迪生物医药有限公司与海基实业（深圳）有限公司强强联手推出的一款外用喷雾型精油产品，由红花、人参、远志、木香、独活、天麻、羌活等几十种中药材萃取而成。

白云山维一植物精油

维一植物精油具有适用人群优势

本产品适用于长期在空调、潮湿环境的工作人群；低头族、手机族、开车族、办公室工作人员、中老年人群等。

适用人群广，无论男女老少皆可使用，可满足不同人群的不同需求。

维一植物精油具有产品应用优势

本产品适用于皮肤表层，严禁内服及使用在感觉器官等敏感部位。植物精油使用方便，根据使用目的，可采用喷、揉、搓等多种使用方法，达到不同的效果。目前公司已为该产品购买了中国平安产品责任险（保险单号：10528003900435410676），充分保障消费者的权益。本产品的应用优势在于：外用能降低产生不良反应的概率、反馈快、体验感强、市场推广方便。

维一植物精油具有产品类别优势

精油属于外用品，设计上融合器械理念，其产品类别优势体现如下：携带方便、便于体验与推广、使用方法简单、接受度高。

3.海基公司与广药集团的结缘之旅

2016年4月1日，白云山维一植物精油面世。总经销商为广药集团成员企业广州白云山拜迪生物医药有限公司，特约经销商为海基实业（深圳）有限公司。

2018年12月2日，海基实业（深圳）有限公司被评选为“2018年广药集团大健康钻石级合作伙伴”。

2018年11月7日，海基创始团队与广州白云山拜迪生物医药有限公司共同成立合资公司广州白云山维一实业股份有限公司。

2018年11月19日，广州白云山维一实业股份有限公司举行揭牌仪式。

2019年4月10日，广州白云山维一实业股份有限公司正式开业。

广药集团董事长李楚源与海基创始人陈朝晖

广州白云山维一实业股份有限公司揭牌仪式

4.秩序与活力并存的销售模式

传统销售模式往往是通过“制造商→批发商→零售商→消费者”的营销渠道销售产品。

本销售模式在传统的销售模式基础上进行优化，并形成以履行社会责任为导向的经营理念。

借鉴传统行业经验，创新“三合一”市场管理模式，通过时间、销量、市场三要素来评估经销商实力，执行无条件退换货机制，保障经销商无压货风险，让经销商零风险，从根源上打消经销商顾虑。

同时，打造“销售技能培训+旅游+大爱感恩小蜜蜂精神”的企业文化，不断提高经销商的综合素质，帮助他们更好更规范地开发市场。

海通科创（深圳）有限公司

深圳市安顺节能科技发展有限公司

公/司/基/本/情/况

海通科创（深圳）有限公司（以下简称海通科创）是一家集研发、生产、销售、服务为一体的国际化创新企业 。

依托海通科创各股东近50年在港口、海事产业的积累和沉淀，充分利用新能源领域、人工智能和物联网的研发成果、市场网络和客户资源等优势，提供相关技术在港口、船舶领域的应用和系统方案，拓展轨道交通及人工智能等应用领域，实现科技创新。

港口设备人工智能控制技术研发、生产及人工智能领域的投资，新能源技术研发及相关系统的集成，机电设备、计算机软件的技术开发、技术服务，合同能源管理，机电设备、起重机械控制系统的设计、集成与销售；高性能动力电池控制系统的研发，动力电池成组，进出口贸易，国内贸易。

主/要/产/品

1.RTG混合动力系统：RTG混合动力系统（双动力）包括系统控制器、电池组、发电机组、辅助电源系统等；采用一套电池组作为主动力电源，电池组可满足RTG在一段时间内的全电作业，实现动力源输出功率与设备功率需求全程完全匹配，提高能源效率；实现RTG制动能量回收并循环利用；发电机组一旦工作便控制在最佳能效下输出功率，能源效率最高；实现发动机不过载、不冒黑烟；缩短发电机组运行时间、延长维护保养周期；可以提高RTG的能源利用效率，达到降低RTG的整体能耗的效果，节能减排的效果。实际使用节油率可达60%以上。

RTG混合动力系统

2.新能源低速牵引车：港口特殊的装卸工艺配置导致码头低速牵引车怠速等候时间超过总工作小时50%以上，在不足50%的工作时间内，又存在50%（总工作时间的25%）的空载行驶比例，常规动力牵引车能耗损失巨大。新能源低速牵引车采用电池供电给电机直接驱动，增程器仅发电并不参与驱动，运行时在最佳经济油耗区运行，能源效率高；制动减速能量可回收再利用，减少能源浪费；结构简单，可靠性高；相比传统码头牵引车，可节约燃油50%以上，同时降低维护保养成本。

原理：小柴油机组提供动力源，电机驱动，解决了上述方案续航里程以及场地、经济性的不足，节油率可达45%以上，适合在码头全面推广。

新能源低速牵引车

3.其他产品：RTG新能源储能系统、岸边装卸设备节能降容系统、人工智能散货码头装车系统、轮胎智能监测系统、流动机械智能启停系统、港口综合能源系统。

深圳市胜马三维科技有限公司

地 址：深圳市宝安区西乡街道107国道润东晟工业园9栋2层
电 话：0755-23005369
传 真：0755-29566799
官网地址：www.gtstar3d.com

深圳市胜马三维科技有限公司成立于2013年，总部设立于深圳，并在成都设立了分公司。公司自成立以来一直专注于3D数字化及3D打印技术，主营业务为3D打印机及相关智能软件的研发、生产、销售。

胜马三维一直都很重视创新研发，研发人员占比达40%以上，涵盖机器视觉、图形学、软件、光学、机械、电子、控制及自动化、材料学等专业领域。公司自主研发了多项核心技术，已申请了2项发明专利和4项实用新型专利。

通过多年在3D打印行业的努力耕耘，胜马三维已推出多款拥有完全自主知识产权的热熔沉积(FDM)和光固化(DLP)3D打印机，广泛应用于家庭、教育、珠宝、医疗等多个领域。

在未来，胜马三维将秉承“诚信经营、持续创新、合作共赢”的经营理念，始终以创新为主导，致力为客户创造价值，努力把公司打造成为3D打印领域的顶级服务商。

部分产品介绍及6项专利

胜马三维围绕3D打印机为核心，目前成功开发了三大系列产品，具体如下：

一、热熔沉积(FDM)3D打印机

胜马三维开发的FDM 3D打印机融合了多项核心专利技术：断料检测技术、打印材质颜色检测技术、3D打印机底板清理检查技术等。FDM 3D打印机的工作原理十分简单，上手容易，可以非常直观地诠释“增材制造”的层层堆叠的成型方式，特别适合初学者使用。另外，FDM 3D打印机价格非常亲民，是很多3D打印爱好者的首选。FDM 3D打印机广泛应用于工业设计、模具模型制造、教学领域、医疗领域等。

二、光固化(DLP)3D打印机

胜马三维开发的光固化3D打印机采用了DLP技术，通过投影仪来逐层固化光敏聚合物液体，从而创建出3D打印对象。采用了DLP技术的打印机的像素尺寸达到了30微米的级别，与其他3D打印方法相比，这种打印机的打印分辨率要高得多，成品表面也更为光滑，因此整体打印效果令人更满意，后续的处理工作也更少。目前，DLP 3D打印技术应用领域较多，珠宝首饰、牙科医疗、玩具、建筑模型、考古、教育等领域都有涉及。

三、儿童3D打印机

胜马三维针对儿童开发的3D打印机，外形小巧，操作简单，能够满足孩子的各种奇思妙想。机身框架全部采用了优质的ABS材料覆盖，封闭无外漏的设计可以给孩子和父母一个更安全的操作体验。这款儿童3D打印机可以用来打印孩子的玩具，也可以打印摆件、装饰等艺术作品。儿童3D打印机不仅能满足孩子爱玩耍的天性，还能在打印过程中调动孩子们的空间想象能力，培养孩子的创造性思维。

深圳市勘察研究院有限公司

电话：0755-83357534/83328287　传真：0755-83364623　网址：http://www.sziri.com

主营业务及行业地位

业务：工程勘察、测绘地理信息、岩土工程设计与咨询、工程检测与监测、地质灾害防治与环境地质研究、文化遗产保护、城乡规划、土地规划、地基与基础工程施工、勘察及施工图设计审查、城乡防灾减灾综合服务、海洋资源保护开发。

行业地位：连续十一年被评为“广东省诚信示范企业”，连续八年被评为“广东省守合同重信用企业”，获“中国测绘地理信息产业百强企业”“广东省勘察设计行业最具影响力企业”“深圳知名品牌”“中心区最具影响力品牌”等殊荣，成立广东省工程勘察设计行业协会工程勘察专业委员会，成为主任委员单位并承办勘察信息化年会；成为BIM专业委员会副主任委员单位；承办中国测绘学会全国性会议。多次受邀参加国内知名学术会议，有力地提升了公司的知名度。

新技术引进及应用

推进勘察BIM、测绘倾斜航空摄影、激光三维扫描测量、地下管线三维可视化管理、管道缺陷自动化检测、城市地下管线内外业一体化处理软件、基于云平台的房屋拆迁管理系统、地铁自动化监测、基坑的全自动化监测等先进技术的开发和应用，积极引进工程物探技术和设备、大屏幕三维立体展示系统、自然资源卫星影像即时浏览系统、“CMC静水压力释放技术”。

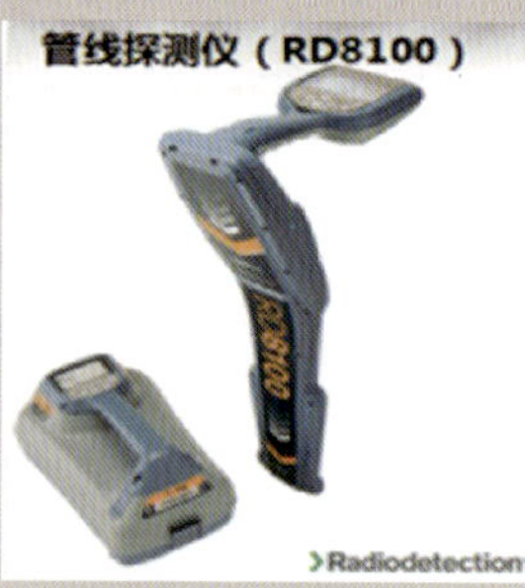

管线探测仪

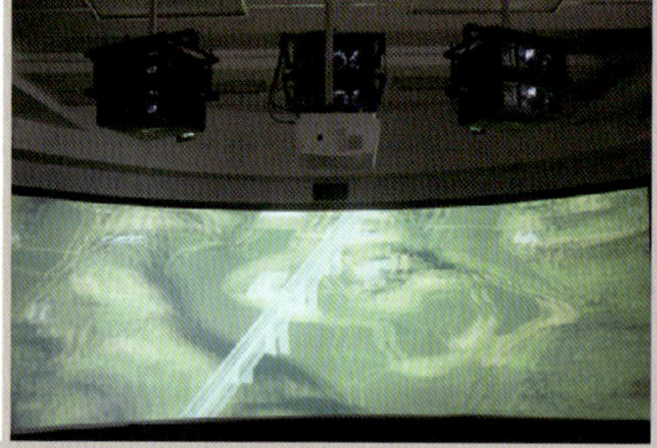

三维立体展示系统

市场拓展

领衔成立深圳市秉睦科技有限公司，致力于岩土工程、地灾、环境地质等专业领域的软件开发、产品销售、工程应用、工程咨询及培训等技术服务工作！

积极开拓深汕合作区、雄安新区、粤港澳大湾区等新业务领域，成立各分支机构，抢占市场新高地。

深圳市勘察研究院、秉睦科技攻克国际性难题

#抢占智慧城市制高点 深圳工勘、秉睦科技、领跑行业未来#

2019年3月23日，全国多位工程勘察行业大咖齐聚深圳，共同见证：深圳市勘察研究院联合秉睦科技主办的《工程勘察三维信息化整体解决方案》正式发布。该方案攻克了国际勘察行业多年来的三维信息化难题，同时给勘察专业工作带来了革命性的影响，未来将催生新的标准、应用模式和市场需求。这象征深圳市勘察研究院智慧城市建设迈出了具有核心竞争力的一步，也是其在推动科技创新、建设美好人居方面结出的硕果。该整体解决方案具有广泛的应用前景，通过以三维取代传统二维、全信息链取代单一环节等工作方式，实现内外业一体化，给勘察专业工作带来革命性的影响。

深圳工勘总经理　地质工程专业博士蒋鹏主持发布会

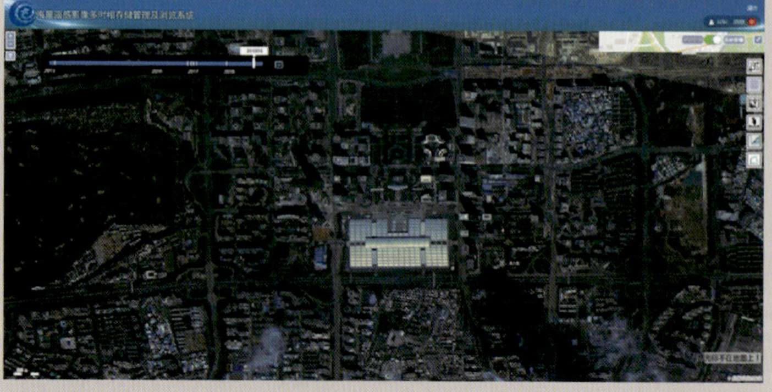

海量遥感影像多时相储存管理及浏览系统

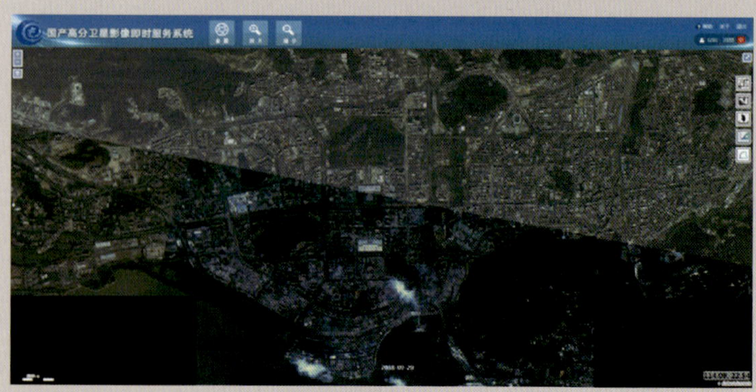

卫星影像及时服务系统

民太安财产保险公估股份有限公司

公司简介

民太安财产保险公估股份有限公司，新三板上市企业（股票代码：833984），总部位于深圳，注册资本金人民币1.4亿元。经营范围：保险标的承保前的检验、估价及风险评估；对保险标的出险后的查勘、检验、估损理算及出险保险标的残值处理；风险管理咨询；经中国银保监会批准的其他业务。

公司自成立以来，坚持专业化经营的发展战略，深耕保险公估市场，新增灾后修复、司法鉴定、城市风险管理等业务板块，具有保险与风险管理完整服务链。目前在全国主要经济城市设立33个分公司，公司营业收入和市场份额连续多年位居中国保险公估行业第一。国际公估合作包括亚洲、非洲、欧洲、美洲四大洲87个国家及地区。

公司自2002年推行了ISO 9001：2000质量认证体系，成为国内第一家获得ISO 9001：2000质量认证的公估公司。

公司资质

营业执照

CTi
质量管理体系认证证书
QUALITY MANAGEMENT SYSTEM CERTIFICATE

公司业务板块

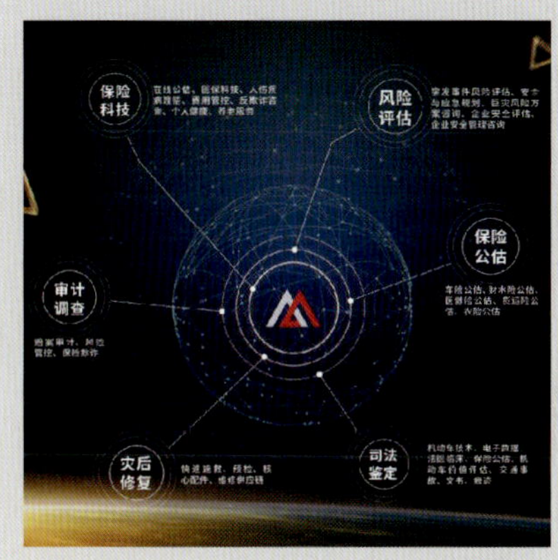

核心服务及产品

赔伴网：理赔不难，有我相伴

以前沿的先进技术（智能图像识别、智能调度、智能定损、智能语音识别、录音情感分析、智能风控体系等）为驱动，提升保险理赔领域的科技化水平，进而提升保险服务时效，降低服务成本，管控服务风险。以“工具+服务”的模式为客户提供智能车险公估云服务。

智能风控云：让风险评估变得更专业

致力于为政府部门、保险公司及生产经营单位提供全方位的财产风险管理服务。以智能科技驱动、以大数据技术和风控模型为支撑，主要功能包括风险隐患排查、风险量化评估、隐患整改反馈落实、日常巡查维护、实时风险监控预警、线下风险干预、企业安全征信管理、集风险评估静态闭环及智能监控动态闭环的风险管理服务于一体，将不可保财产变可保财产，做贴心的风险管家。

商用车智能风控平台：一站式安全管理服务

以物联网、大数据、人工智能等新兴技术应用为依托，融合发挥保险服务、智能科技、安全管理各领域的技术与专家优势，致力于为企业提供一站式的智能化风险管理与保险服务解决方案。

旗下产品商用车智能风控解决方案，对车辆行驶过程中的人、车、道路、天气等风险因子智能分析，实时预警；结合7*24小时监控+风险评估+安全报告+防御性驾驶培训的闭环安全服务，打造共建共享共治服务生态！

施救保：灾后施救、灾后修复

“施救保”作为一款智能化灾后施救、修复类产品，着力解决财产保险领域中灾后财产损失不断扩大与财产不断灭失两大痛点，通过智能化工单系统，为查勘提供移动端工具，将现场查勘与快速施救、排故定检、核心配件集采、维修项目管理等核心任务全流程打通，实现高效、专业、准确的全过程管控，为社会降低财产损失。

商务合作-联系方式

民太安财险公估公司全国统一热线电话：4008-611-888

民太安财险公估公司-赔伴网-财水险：欧阳小姐 138-2430-6183

民太安财险公估公司-赔伴网-车医险：陈先生 134-1702-0287

民太安财险公估公司-赔伴网-货运险：左先生 186-9658-2610

在线公估公司-智能风控云：肖小姐 176-7320-9970

智能科技公司-商用车智能风控平台：王先生 186-8872-1088

欧瑞科公司-施救保：谈先生 133-9219-7551

深圳市荣德机器人科技有限公司

深圳市荣德机器人科技有限公司主要从事喷涂机器人、自动喷涂设备和自动化生产线的研发、设计、生产、销售及服务，产业遍及军工、汽车、家电、电子、电脑、五金、塑胶、皮具、灯饰、木业、玩具等制造产业，根据客户的要求非标定做自动化设备，解决客户人工成本高、招工难等实际问题，从而帮助客户提高市场核心竞争力。

荣德公司成立于2002年，自成立之日起，就致力于自动化生产线的研发、生产、销售及服务，从2004年开始，生产经营自动喷涂设备如五轴自动喷漆机、SPINDLE喷涂线等，到2008年，在政府倡导“自主创新、产业升级”的政策支持下，荣德在行业内第一家成功研发了喷涂机器人，并将喷涂机器人实现产业化。

2003年通过了ISO 9001国际质量管理体系认证，二十多年标准化、科学化、规范化、系统化的管理使得荣德公司深受客户信赖。

2011年，公司自主研发具有完全自主知识产权的喷涂机器人获得科技部创新基金立项，并获得了“广东省自主创新产品证书”“广东省重点新产品证书”“深圳市自主创新产品认定证书”。2011年公司获得“国家高新技术企业”证书。

2013年，获得“广东省名牌产品”荣誉称号。

2014—2018年，连续五年获得广东省工商行政管理局颁发的“守合同重信用企业”荣誉证书。

2015年，公司被评为“深圳知名品牌”。

2017年，公司顺利通过知识产权管理体系认证（GB/T 29490—2013）。

2018年，喷涂机器人获得国家防爆认证。

2019年，公司被评为“广东省机器人骨干企业”。

荣德公司致力于高科技产品特别是智能喷涂机器人的研制和开发，采用现代化管理方法，大力拓展国内外市场，力争攀登行业高峰，朝集团化、国际化方向发展！

证书展示

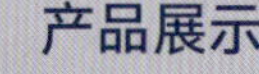

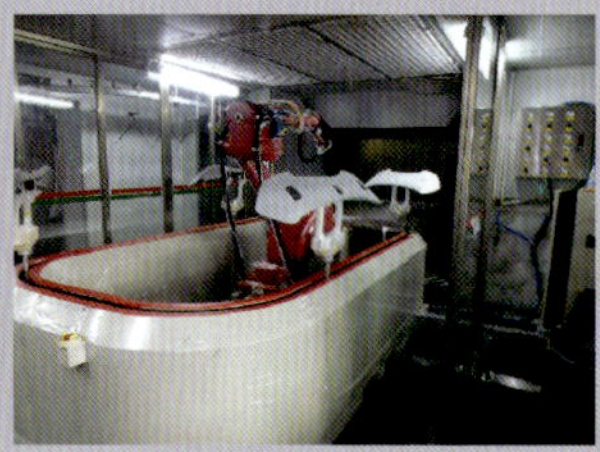

1.六关节智能喷涂机器人

表面喷涂作为工业产品的最后一道工序，将直接影响产品的外观质量；而且喷涂作业产生的有害气体对喷漆工人会造成严重的职业危害，机器换人社会意义巨大；同时喷涂作业一般在这密闭的无尘车间进行，喷涂过程中的有害气体浓度超标之后，一旦有火花产生将会产生爆炸，具有重大的安全隐患。荣德机器人早在2008年就开始研发喷涂机器人并在国内最早将研发成果实现产业化，产业遍及军工、汽车、家电、电子、电脑、五金、塑胶、皮具、灯饰、木业、玩具等制造产业。荣德公司喷涂机器人采用防爆设计，获得国家权威机构“国家防爆电气产品质量监督检验中心”颁发的防爆合格证，让客户买得放心用得安心。

2.机器人关节减速器

作为2018年深圳市科技创新委技术攻关的项目之一，机器人关节减速器研究高精度摆线轮与轴承针齿滚动传动，因采用轴承针齿滚动传动，磨损小，精度更稳定，传动效率由RV减速器综合工况60%提高到95%；减速器温升降低，把减速器整体寿命由6000小时提高到20000小时；机器人伺服马达输入功率降低。适应新型滚动传动机器人关节减速器的低成本润滑油，减少换油频率，降低用户成本。降低摆线轮支撑轴承的转速，提高轴承的寿命，由原来一级齿轮传动改为二级齿轮传动，增大齿轮减速的传动比，降低摆线轮的减速比，相当于降低了偏心轮支撑轴承的转速，从而提高轴承的寿命。满足人机协作机器人对关节减速器的高精度及高传动效率要求，现有RV减速器在低力矩传动效率50%以下处于自锁状态，实现不了机器人臂碰到操作者时把微小阻力变化快速反馈到减速器输入电机端的要求，达不到由电机电流的变化来控制电机紧急停止的效果，无法保护操作者不会受到机器人的伤害。目前该项目产品已经研发成功，各项技术指标均已达到设计输入要求，即将进入批量生产阶段。

电话：0755-27058548
网址：www.chinarongde.com
地址：深圳市宝安区燕罗街道洪桥头社区下围水工业区1栋

联系人：马德斌
职务：副总经理
手机：13613030034

Ready Dietech®致力成为世界专业的动物代餐产品供应商

公司介绍

Ready Dietech®致力于为实验动物提供各种新形态的营养补充品和全营养膳食替代物，为研究人员实现特定的研究目的，并提高实验动物的总体福利水平。其主要产品包括替代传统粗饲料的纯化原料颗粒状代餐产品Ready Bite®，用于动物疾病预防和治疗、术后恢复和运输中补充水分营养的果冻状代餐产品Ready Jelly®，以及专为无菌动物研发的全营养奶粉或人工乳Ready Powder®。我们所有的产品都是用精炼的原料按照精准的配方经过特殊的工艺做成的，批次与批次之间的营养素误差不超过0.5%，确保您的实验的可重复性、可修改性和可报道性。

产品介绍

实验动物功能凝胶：

合适的膳食和科学的喂养是实验动物健康的关键环节。在不同的条件和环境下，实验动物选用的食物和喂养方法也应该有所不同。长期以来，国内实验动物界在术后恢复、长途运输补水、寄生虫防治等一直没有理想的饲料。为此，我司为实验动物专门开发出果冻系列产品，涵盖水分和营养补充、寄生虫感染防治、缓解动物术后疼痛以及术后敏感细菌杀灭等功能，产品对比传统颗粒饲料优点突出，可以取代传统的颗粒饲料加水瓶的喂食方式、保留水分、节省饲喂人工和时间、降低污染的风险，提高实验动物福利。

实验动物造模饲料：

公司拥有世界先进水平的造模纯化饲料生产技术和加工工艺，超过16000种造模饲料配方以及一个包含超过3000篇的与这些配方相关的科研文献数据库。在原料方面，我们使用精炼的原料，最大限度地降低批次和批次之间的误差，保证产品的可重复性、可报导性和可修改性。这些造模产品主要包括但不限于以下几方面：

- 用于诱导大小鼠肥胖、二型糖尿病、高脂血症和胰岛素拮抗的超高脂肪(60kcal%)纯化饲料；
- 用于诱导高血压的高盐纯化饲料；
- 用于诱导动脉粥样硬化的各种高脂饲料；
- 用于诱导急性非酒精性脂肪肝的氨基酸纯化饲料；
- 用于诱导各种矿物质或维生素缺乏或过量的纯化饲料；
- 根据客户需求定制纯化饲料配方和动物模型诱导服务以满足客户科研需要。

实验动物人工乳：

专为实验动物研发的全营养奶粉或人工乳，充分考虑到刚出生的各种实验动物的特殊营养所需，以精炼的原料、精准的配方和严格的工艺制作出具有高科技含量的产品，包括豚鼠人工乳、迷你猪奶粉等。这些人工乳产品均经过双重灭菌工序，适用于各种 SPF环境以及无菌动物的饲喂。

深圳市建乔无线信息技术有限公司

深圳市建乔无线信息技术有限公司（以下简称“建乔无线”），成立于2013年，注册资金1000万元，是一家专注于企业移动互联网解决方案的高新技术企业。建乔无线总部位于经济特区深圳市福田区，同时在北京、上海设有研发中心和分公司。公司90%以上员工为大专及以上学历的技术人员。公司创始人团队来自国内外著名IT企业，具有15余年丰富的IT服务经验和信息安全从业经验。骨干员工来自Fortinet、山石网科、长天科技、华为、H3C等应用软件及网络安全厂商，具备优秀的基础架构设计、软件开发、网络安全等领域的技术研发能力。作为迅速崛起的移动互联网新生力量，建乔无线凭借专业的技术能力，紧随移动互联网的发展，深入行业客户，不断完善产品，自主创新研发了MyColleague企业安全移动门户、AppIron企业移动化安全管理等多项产品，全面系统地为行业客户提供了企业移动安全整体解决方案，产品服务于国信证券、华润等众多国内大型知名企业，客户涉及金融、央企、地产、航空、能源、电商、媒体、政府等多个领域，服务终端用户超过千万。

自成立以来，建乔无线始终坚持“以人为本”的经营理念，注重员工的人文关怀，在发展过程中，努力逐步完善员工的保障和激励机制，提供有竞争力的福利待遇，吸引更多优秀人才，促进企业与员工的双赢。同时致力于建立和健全特有的企业文化，彰显和树立企业良好的雇主品牌。与此同时，在科技研发上大力投入资金，坚持核心技术自有化，通过自主研发技术取得了计算机软件著作权登记证书18件。2015年12月，建乔无线通过深圳市高新技术企业认定；2016年11月，通过国家高新技术企业认定。是深圳市软件行业协会理事会成员，是福田区金融科技青年人才培训基地。2018年4月，建乔无线自主研发项目：企业移动安全支撑平台，荣获第六届证券期货科学技术三等奖。2015年-2018年，建乔无线企业移动管理平台EMM的研发项目，通过了深圳市科技创新委员会技术创新计划-创业资助项目的评审和验收，并受专项资金资助60万元。2016年，自主研发项目企业移动社交软件V2.0，获得企业研究开发项目资金资助80万元。2017年，获得国家高新技术企业培育计划项目资金资助86.6万元。

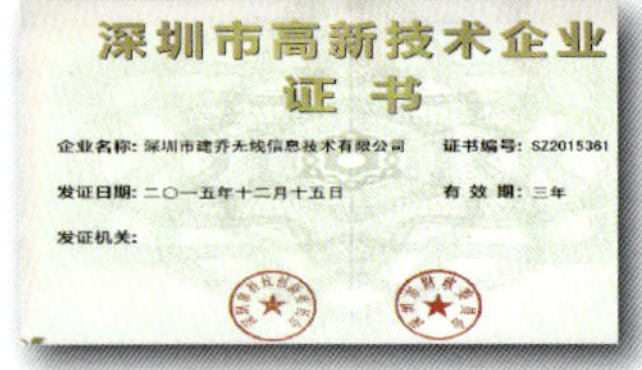
深圳市高新技术企业
证书

高新技术企业
证书

建乔无线旗下子公司安软信创 AppIron 是国内首批研究移动安全领域的高新技术企业，成立于2016年，立足于金融行业，逐渐向政府服务、地产行业、大型制造业等领域拓展，目前已经在国信证券、东方证券、五矿证券、长城证券、第一创业证券、中原证券、国泰君安证券、华福证券、中天国富证券、南方基金、华安基金、广东省农业银行、中关村银行、昆仑银行、绍兴银行、泸州银行、卫计委系统，深业地产、佳兆业地产、花样年集团、中车财务、宝钢财务、太钢财务、深圳地铁、安东石油等多家金融及企业客户中应用，都对AppIron所提供的企业移动安全管理解决方案给予高度认可与赞赏。AppIron保护了各类企业移动应用近千种，服务终端客户超百万。AppIron帮助企业解决移动设备的安全管理，实现企业应用和移动设备的分发管控，为企业移动信息化保驾护航。

主要产品介绍

安软信创的AppIron移动安全管理平台，是面向企事业单位移动应用需求场景推出的一套软件系统。该平台结合多年移动应用软件开发、网络数据安全等领域技术积累研发的企业移动安全管理整体解决方案。

作为创新一代的移动安全管理产品，以保护企业数字资产为目标，重点关注管理及安全两个设计维度，集终端设备管理、移动身份管理、移动单点登录、移动应用管理、终端WiFi接入管理及配置下发、安全管理策略配置、移动数据安全防泄漏等功能为一体，是一款面向企业移动应用场景的专业安全管理产品，不仅能够协助企业完成日常的移动化管理，还为企业提供多种专属的移动安全服务，解决了企业移动互联网转型过程中的基础安全和管理问题，为企业提供完整的移动化安全运维管理支撑，同时平衡了安全管理与移动用户体验，协助企业打造高效、安全的移动管理综合平台。

公司地址：深圳市福田区沙头街道泰然科技园苍松大厦南座2201

公司网址：http://www.appiron.cn/appIron/　　：400-880-1027　　：marketing@appiron.cn

深圳市佳顺智能机器人股份有限公司

Shenzhen Casun Intelligent Robot Co., Ltd.

公司介绍 Company Introduction

深圳市佳顺智能机器人股份有限公司（以下简称“佳顺智能”）创立于2007年，是国内一家以AGV移动机器人为核心产品的新三板上市企业（股票代码：834863）。在苏州、重庆、西安、武汉、北京、广州，及海外的印度尼西亚、马来西亚、越南、印度、德国、土耳其、澳大利亚、美国、墨西哥、巴西等多地建有办事处、分公司。经过连续多年的快速发展，目前已成长为国内具有创新和研发能力的AGV移动机器人行业知名企业。佳顺智能坚持核心技术自有化，坚持自主研发，目前拥有各项专利及软件著作权100多项，其中发明专利近10项。多年来佳顺智能致力于为全世界制造领域企业全面迈入“工业4.0时代”，提供更准确、更稳定的物流信息化及大数据服务！

佳顺智能正在以最佳状态创造着机器人行业的奇迹。

技术实力 Main technology

激光导航AGV

激光导航AGV定位精确；地面无需其他定位设施；行驶路径可灵活多变，能够适合各种现场环境，可以通过软件随时修改德国路线，没有磁条和地标，维护更方便，它是目前国外优先采用的先进导引方式。举升式激光叉车AGV，是佳顺根据不同行业的实际要求而研发的系列AGV产品，主要由AGV车体、升降装置等组成。

- 激光导引，地面无需磁条及地标，维护更方便。行驶路径灵活多变能够适应多种现场环境；
- 举升高度可达2.9m，承载能力可达1.5吨（或按需求定制）；
- 精确定位，误差在10mm内。

自然导航AGV（SLAM导航）

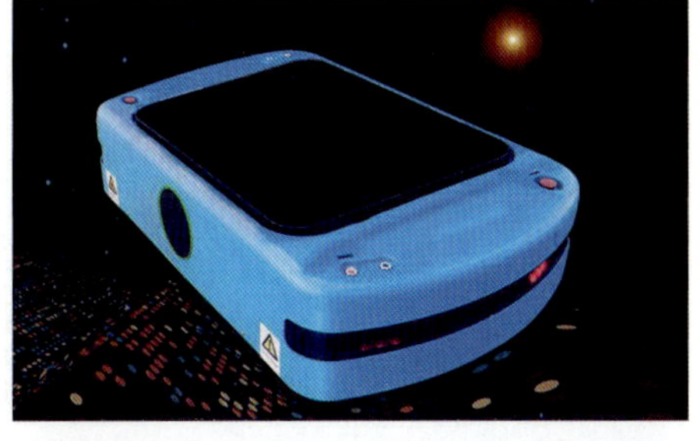

自然导航AGV，采用双轮差速驱动，应用于环境变化小、地面条件良好的现场，采用激光头扫描定位与编码器辅助计算的方式，使得定位精度更高，而且地面无需磁条，降低了施工难度，并可拓展自主避障功能，极大提高灵活性。

- 无需轨道标识，无需施工；
- 高度自主思维；
- 自主学习、自主记忆，自由行走！

二维码导航AGV

二维码导航AGV是佳顺成熟的产品，使用惯性导航控制，二维码标签辅助纠偏，无需地磁条，项目实施方便，运行占用空间小。它使用双轮差速驱动或舵轮驱动，不用调头即可实现前进、后退，具备原地旋转功能。速度快，24小时不间断工作且实时数据传输监控，满足快节奏生产要求。

- 精度高速度快，自由规划路线；
- 与仓库管理系统相连，实时更新物料状况及所在地标位置。

总部：深圳市龙华区福城街道茜坑新村老围一区182号佳顺智能 | 0755-83987143 | www.casun.cn

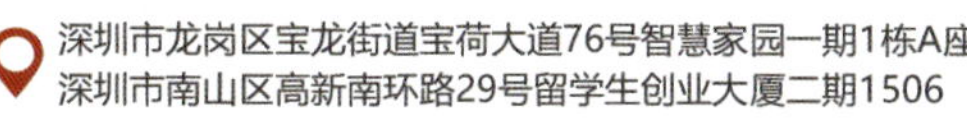

企业简介

深圳市华科创智技术有限公司（以下简称“华科创智”）成立于2014年9月，位于中国高新技术产业最活跃的国际都市——深圳，孵化于香港科技大学深圳产学研基地，是一家以银纳米线技术为核心的集研发、生产及销售为一体的战略新材料领域的国家级高新技术企业，并提供基于银纳米线技术的柔性透明导体全套解决方案，致力于打造以全新柔性透明电极为核心的全产业链。

发展历程

华科创智公司注册成立

荣获深圳市孔雀团队

TP工厂启用
发布MAXHUB应用电容屏

获国家级高新技术企业证书

入围2017年度中国创客45强

江苏华科正式投产

2014年9月　2014年12月　2016年5月　2016年6月　2017年3月　2017年5月　2017年8月　2017年11月　2017年12月　2018年2月　2018年9月　2019年4月

香港科技大学深圳产学研基地280m²实验室启用

完成A轮融资，深创投领投

完成B轮融资，国科瑞华领投
获深圳市委常委挂点单位

优秀产品及供应商奖
年度创新成长企业

材料领军企业2017年度十大军工新

总部乔迁智慧家园

部分产品及应用展示

银纳米线

直径20nm，表面阻抗30Ω的银纳米线墨水和导电膜材料从2017年开始大规模产业化，同时突破直径8nm材料合成技术 。

CPI

首创开发的基于涂布技术制备的CPI，在超薄、光学指标等方面已经超越国际同行。

纳米黑板

4K超清护眼屏
银纳米线电容触控
全贴合工艺
178°广视角
海量教学资源

会议平板

4K超清护眼屏
银纳米线电容触控
无线同屏
任意批注
远程视频

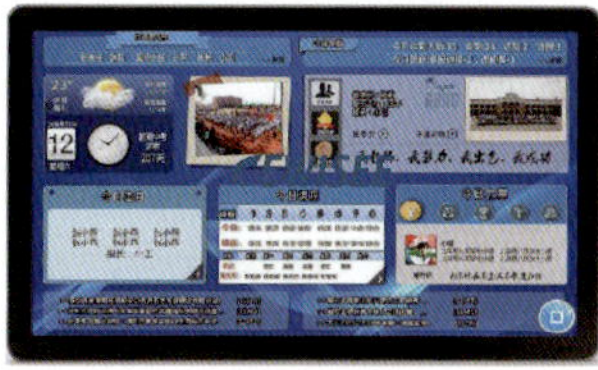

电子班牌

人脸识别，考勤签到
电子课程表
校园信息通知
德育展示

柔　性　材　料　　智　慧　未　来

ADVANCED ENERGY

Great Wall Technology - Building

The Boardroom

Main Lobby

AE三十多年来一直致力于完善电源产品，这使开发设计突破性产品成为可能，同时推动了半导体和工业领域主要客户的增长。我们的精密电源、自动控制技术以及应用方面的专有技术，激励我们在薄膜工业和工业制造领域建立紧密的合作关系，并推动我们持续不断地创新。

AE自1981年成立至今，已成为一家向各行业提供高端电源和控制产品的多元化国际公司。依托其部署在北美、欧洲和亚洲的AE团队，向薄膜工业和工业制造领域提供专业技术以及快速灵敏的电源方案。

AE在北美、亚洲和欧洲的区域中心展开运营，并通过直接办事处、代理机构以及分销商提供全球性销售与支援。AE位于中国深圳的工厂已全面投入运营，并完全有能力进行不断改善，以提高能力并扩大产能。AE在将其多数供应基地转移到亚洲地区方面正不断取得进展。

优仪半导体设备（深圳）有限公司是AE集团于2003年2月在深圳市设立的外商独资企业，主要从事电子、半导体专用设备，测试仪器、精密在线测量仪器的生产，提供产品维修及售后服务等。

AE Shenzhen - Power Production

AESZ Shenzhen - Power Testing Facilities

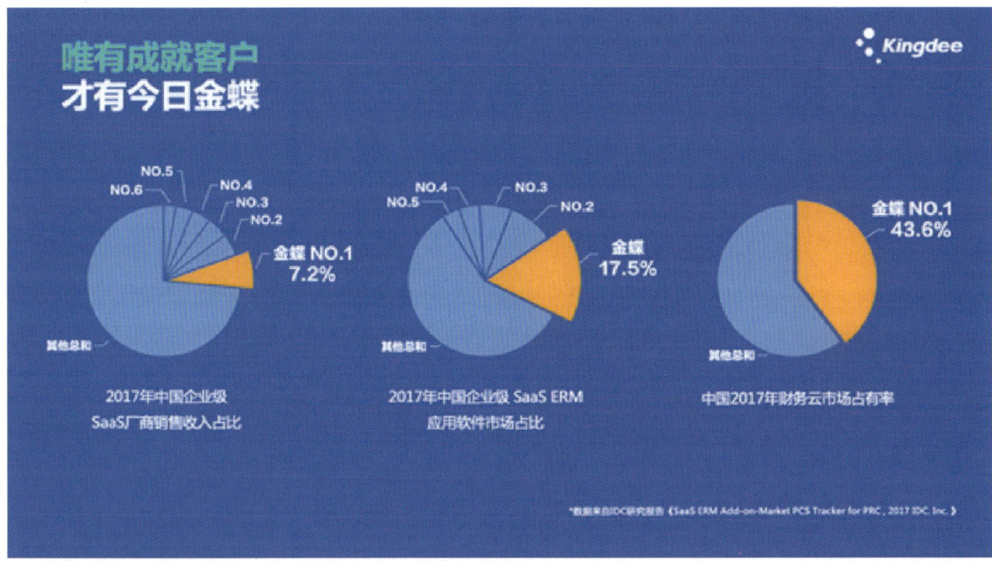

Kingdee金蝶

金蝶软件（中国）有限公司始创于1993年，总部位于中国深圳。以“致良知、走正道、行王道”为核心价值观，以全心全意为企业服务为使命，致力成为最值得托付的企业服务平台。根据国际研究机构IDC数据显示金蝶作为中国企业云服务市场领航者，不仅连续13年稳居成长型企业应用软件市场占有率第一，更在企业级SaaS云服务市场占有率排名第一。金蝶旗下的多款云服务产品获得标杆企业的青睐，包括金蝶云•苍穹（大企业云服务平台）、金蝶云•星空（中大型、成长型企业创新云服务平台）、金蝶精斗云（小微企业的一站式云服务）、云之家（智能协同办公云服务）、管易云（电商行业云）及车商悦（汽车经销行业云）等。金蝶通过管理软件与云服务，已为世界范围内超过680万家企业、政府等组织提供服务。网址：www.kingdee.com。

专注企业管理25年，金蝶获得众多500强企业青睐，也支持过众多小微企业成长成中大型企业。金蝶以持续创新的精神，紧抓前瞻技术（如云计算、大数据、人工智能、物联网等）运用到帮助客户企业管理当中。在2012年，金蝶进行云服务战略转型，其后推出多款云产品获得市场认可，IDC数据显示，金蝶从2016年至今蝉联中国企业SaaS云服务、SaaS ERM、财务云市场占有率第一，其中在财务云领域，金蝶市场占有率超过2~6名之和。

在产业互联网崛起、信息对称和新技术爆发背景下，金蝶洞察到企业将面对更多的不确定性，行业价值链面临重构，封闭和稳定成为企业发展的阻碍。因此，金蝶提出了“直达·共生”，直达并成就客户，与客户及利益相关者共生共赢，这是任何企业在当下不确定的环境下确定的选择与战略，更是金蝶领跑产业互联网的指导思想。直达：金蝶建立“徐少春个人号”公众号，用户可以直接与徐少春进行沟通，推动金蝶服务变革，倒逼研发及营销、交付变革，与客户共同发展；“共生”：金蝶携手行业龙头企业，基于金蝶云苍穹PaaS平台，帮助大型企业快速构建数字化平台、发展独立及行业软件伙伴，共同推动中国企业数字化转型，支撑大型企业快速创新，实现行业价值链重构。目前已成为北方工业、中国中车、中石油国际、温氏集团、华为等大型企业的共同选择，在产业互联网事业中共生共赢。

金蝶坚持自主研发创新的发展战略,目前建设有国家企业互联网服务支撑软件工程技术研究中心、企业电商大数据服务技术国家地方联合工程实验室、深圳市应用软件企业重点实验室、深圳平台即服务（PaaS）关键技术工程实验室等多个技术研发机构，并取得了一系列的自主知识产权创新成果，金蝶累计申请了技术发明专利1124项，授权技术发明专利429项，取得软件著作权登记证书283项，注册商标831项，是企业管理软件领域发明专利最多的企业之一，先后获得2012年深圳市科技进步二等奖、2014年中国计算机学会科技进步一等奖、2015年湖北省科技进步一等奖、中国发明协会发明创业成果奖一等奖、吴文俊人工智能科技进步二等奖。

深圳市路桥建设集团有限公司
SHENZHEN ROAD&BRIDGE CONSTRUCTION GROUP CO.,LTD

深圳市路桥建设集团有限公司（简称“深圳路桥集团”）成立于1979年5月，注册资金3.05亿元，拥有市政公用工程施工总承包壹级、公路工程施工总承包壹级、公路路面工程专业承包壹级、公路路基工程专业承包壹级、桥梁工程专业承包贰级、建筑工程施工总承包贰级等资质。先后通过ISO 9001质量体系、OHSAS18001职业安全健康管理体系、环境体系认证和国家计量合格认证。

多年来，深圳路桥集团积极参与市内外各项工程建设，业务遍及10多个省份，先后完成市政道路、公路及其他城市基础设施等中大型建设项目500多项，多个项目获得了国家级、省市样板工程称号。深圳路桥集团秉持“匠心建造、百年路桥”的企业使命，矢志打造深圳唯一、行业领先的集城市市政交通基础设施“养”“修”“保”“建”“投”于一体的专业化、信息化、管理型企业，积极打造成为广受尊敬的现代城市交通基础设施综合服务商。

为了形成适应市场竞争要求和企业发展需要的企业技术开发体系及其有效运行机制，提高企业的市场反应能力、协调、运用资源的能力和自主创新能力，从根本上提高企业的核心竞争能力和发展后劲，加强创新平台建设：2014年9月组建技术中心；2015年2月，设立博士后创新实践基地；2016年11月，获得国家高新技术企业证书。

经过四年多的发展，技术中心已形成以在站博士后、博士、硕士及现场专业技术人员为稳固梯队的科研研发及专业技术方案设计团队，与清华大学（深圳）、华南理工、哈工大（深圳）、深圳大学、广州大学、福州大学、华侨大学等国内多所高等院校建立了长期稳固的科研研发合作关系。拥有仪器设备主要有3D打印机、多点挠度动态测量仪、三维激光扫描仪等。近三年，共发布QC13项，省级工法7项，授权发明专利3项，授权实用新型专利15项。

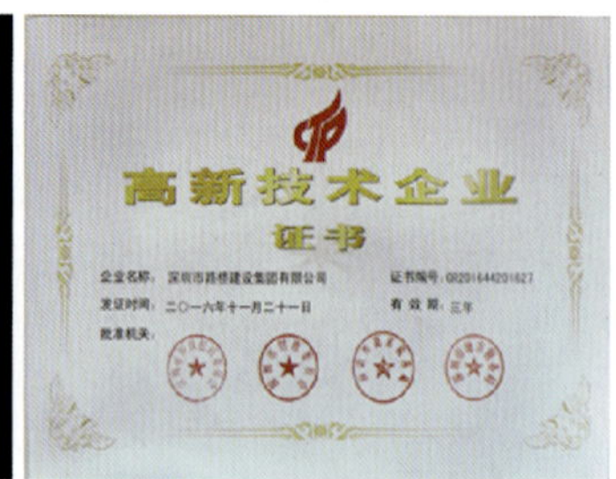

技术中心抓住行业重点和热点问题，确立研发方向、发展核心技术和生产核心产品。主要研发领域及核心技术包括两个方面：

主流建模软件　20多种数据格式

BENTLEY

DASSAULT SYSTEMES

……

深圳市路桥建设集团BIM施工管理云平台

BIM施工管理云平台

一是建筑工业化研究、开发与应用。建造方式革命，是以绿色发展为核心，全面深入地推动绿色建筑、装配式建筑的发展。依托自身优势，以技术中心为平台，与国内装配式建筑领域优势企业和科研机构强强联合，逐渐形成了市政交通行业装配式建造的研发、设计、生产、施工全链条综合服务能力，生产的构件（如新型预制装配整体式综合管廊、装配式格构锚固技术、预制组装检查井和集水井（管）、预制防撞墩）已经应用到公司承接项目前海、沿江高速、滨河大道修缮等工程的试验段，获得了良好口碑。

二是智慧建管技术研究、开发与应用。建筑业科技革命，核心是数字技术对建筑业发展的深刻广泛影响。深圳路桥技术中心搭建完成“路桥集团BIM云平台系统”“路桥集团BIM云平台市政基础设施智能养护系统”，将BIM及云计算、大数据、物联网、移动互联网、人工智能及3D打印等技术逐步应用到在建项目和维修管养项目中，初步实现工程项目的智能互联管理。

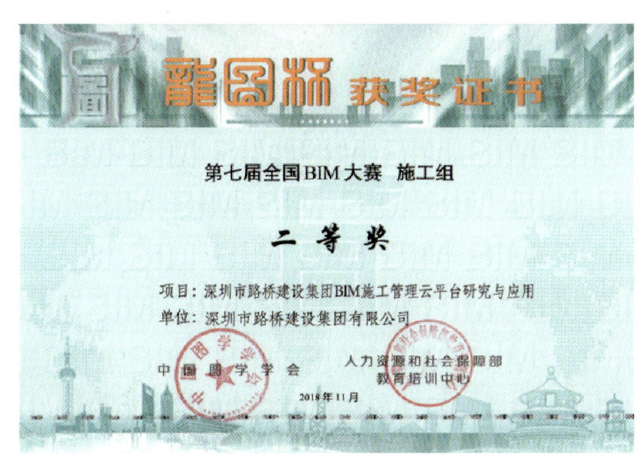
龍图杯 获奖证书

第七届全国BIM大赛　施工组

二等奖

项目：深圳市路桥建设集团BIM施工管理云平台研究与应用

单位：深圳市路桥建设集团有限公司

中国图学学会　　人力资源和社会保障部教育培训中心

2018年11月

龙图杯奖状

预制装配式管廊

深圳民爆光电股份有限公司

- 国家级高新技术企业
- 荣获ISO 9001国际质量保证体系认定
- 荣获广东省名牌企业荣誉称号
- 宝安区创新百强企业
- 经国标知识产权管理体系认证
- 中国照明学会团体会员单位
- 广东省中小企业创新产业化示范基地
- 欧盟、澳洲认定商标及专利
- 连续四年荣获阿里金牌销售企业
- 宝安区民营中小企业成长计划工程企业

深圳民爆光电股份有限公司（简称“民爆光电”）成立于2010年,是一家集研发、生产、销售于一体的LED照明领域国家级高新技术企业。同时也是一家经 ISO 9001国际质量保证体系及ISO1400环境管理系列权威认证的专业LED照明产品制造商。

公司主要经营LED照明产品,涵盖商业照明及工业照明。核心竞争力主要体现在整合资源对产品进行一体化、智能化（即产品人性化关爱化）两大方面。公司产品具有性能稳定、安全可靠、使用寿命长等特点，产品广泛应用于家居照明、道路交通、工程等照明领域，是取代传统照明灯具理想的升级替换产品。在产品上，民爆光电一直坚持中高端产品战略，研发并掌握了产品智能调光调色、电源兼容性等方面的核心技术，产品质量过硬。产品设计符合SAA、CE、PSE、UL 、RoHS、EMC、LVD 等有关标准，产品畅销全国各地，公司95%的产品远销澳洲、欧洲、北美等发达国家及地区。

公司获得“国家级高新技术企业”荣誉称号，获得2014年宝安区“十二五”期间第三批民营中小企业成长计划工程企业荣誉称号,列名全第五。2015年度公司总部商业照明出口额排名深圳第七名，公司控股的子公司工业照明全国出口额排名第一。获得“澳大利亚”及“欧盟”专利，并获得“第十四届深圳企业创新纪录”荣誉称号。2016年获得宝安区百强自主创新优势企业荣誉称号。2017年深圳市科创委签订“ 某关键技术研发之技术攻关项目”等。2018年获得“广东省名牌产品”荣誉称号,获得“广东省中小企业创新示范基地”“广东省绿色LED工程中心”“广东省知识产权示范企业”认定及实验室获颁“CTF实验室资质”等荣誉称号。

深圳柏德医疗科技有限公司

深圳柏德医疗科技有限公司位于龙岗区坂田街道宏奕产业园C栋202，毗邻华为总部，交通便利。

公司专注于脑电电生理、手术设备可视化产品的研发、生产、销售。在该领域积累了深厚技术实力，能够保证为客户提供定制、新产品开发及供应链解决方案。

公司的高信号质量脑电信号采集项目得到了市政府高度认可和研发支持,为国内外科研、医疗、脑机接口应用领域提供了信号更准确、更具经济性的耗材解决方案；同时自主研发的新一代可视喉镜，为医院气道插管提供了可靠的可视化工具，使得不具备插管经验的医生、急救人员、战场救护人员，在该设备的辅助下能实现快速、准确插管，成为医生的得力帮手造福了广大病人。工厂获得的资质包括：ISO13485、CE、FDA、CFDA认证等，产品拥有多项自主知识产权。

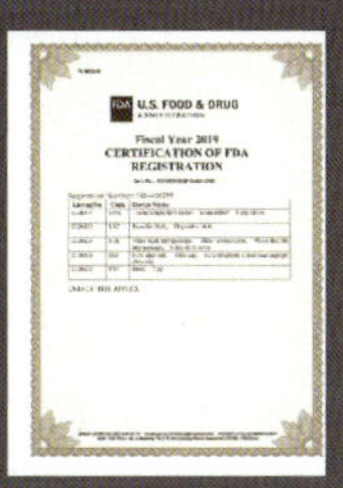

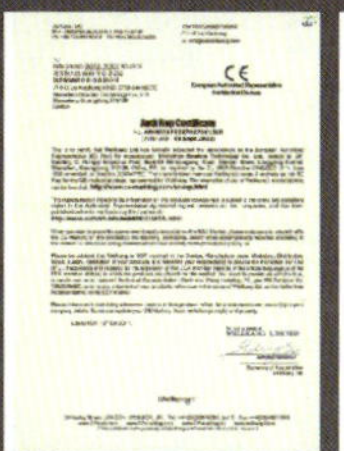
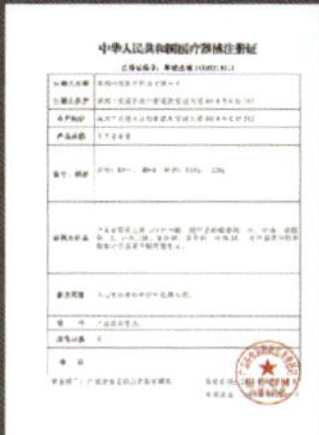
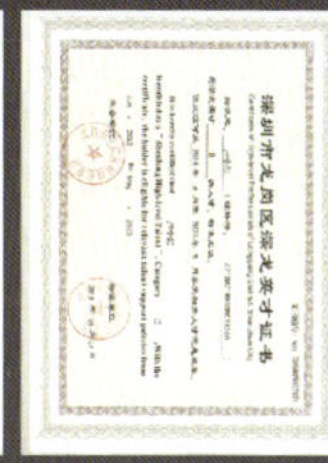

公司产品信息

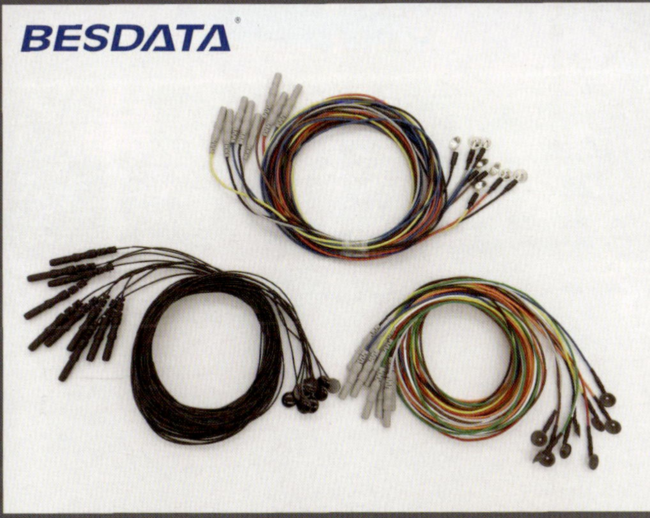

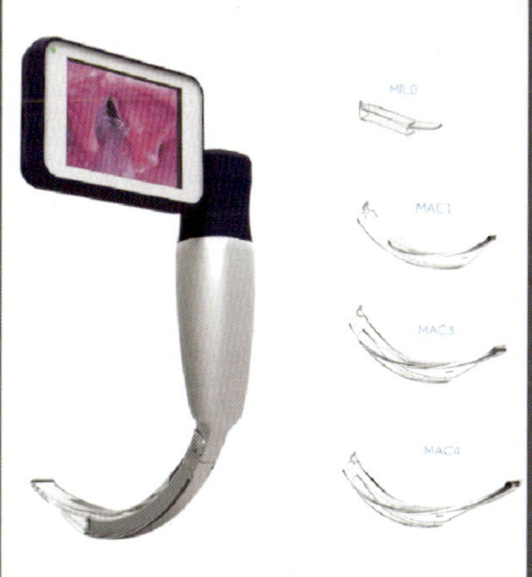

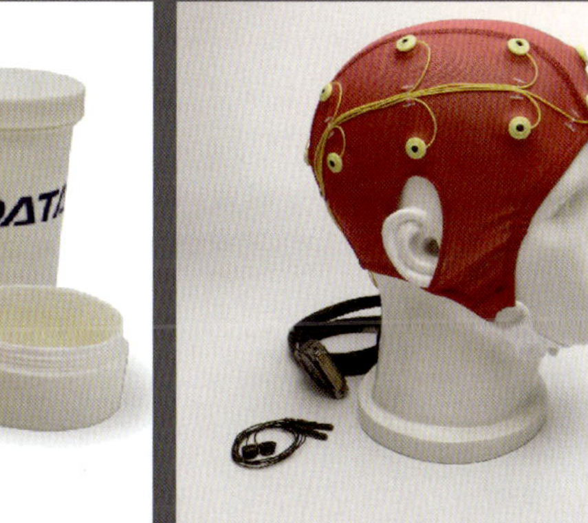

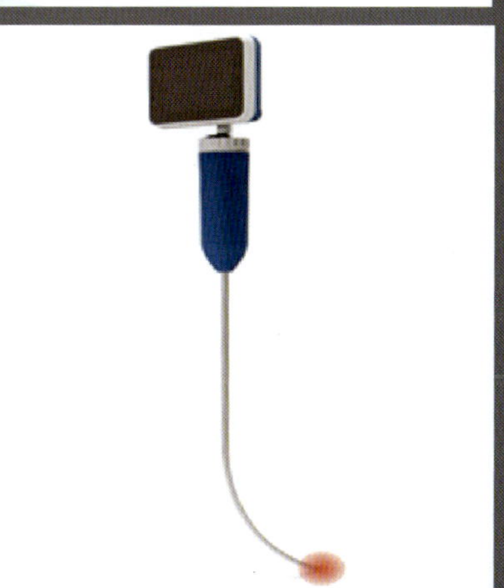

网址：http://www.besdatatech.com 电话：0755-84416070

深圳市凯盛科技工程有限公司

地址：深圳市南山区创业路北怡海广场东座五楼　联系电话：0755-26492783　网址：http://www.szctiec.com　邮编：518054

简　介

深圳市凯盛科技工程有限公司成立于2002年4月，是中国建材国际工程集团有限公司下属的以节能减排工程技术为核心的科技型子公司，国家高新技术企业。

公司通过了GB/T 28001-2011/OHSAS 18001:2007职业健康安全管理体系、GB/T 19001—2016/ISO 9001:2015质量管理体系、GB/T 24001—2016/ISO1 4001:2015环境管理体系三标一体化认证，具有进出口经营权。

主营业务：

1.发电工程：工业窑炉烟气余热发电系统工程技术及其成套装备。

2.环保工程：工业窑炉烟气治理系统（脱硫、脱硝、除尘及其一体化）工程及其成套装备。

3.原料工程：以微量程精确称量电子秤为核心技术的玻璃原料系统工程及其成套装备。

4.新型热工节能设备及节能新材料。

超高精度微量称量系统

洛玻600t余热发电、脱硫、脱硝一体化工程

孟加拉余热锅炉系统

宜宾威力斯触媒陶瓷纤维脱硫脱硝除尘一体化工程

公司拥有一支80多人组成的研发、设计队伍，其中，高级工程师（含教授级）32人，工程师21人。在节能、环保和原料工程等新材料、新技术、新装备领域，开发了具有自主知识产权的核心技术。

多年来设计开发的：浮法玻璃熔窑余热发电、余热利用工程技术；玻璃熔窑烟气脱硫、脱硝、除尘及其一体化工程技术，包括：湿法脱硫技术（石灰石石膏法、单碱法、双碱法）、半干法脱硫技术（R-SDA、F-CFB、新型半干法脱硫）、干法脱硫技术；SCR脱硝技术、SNCR脱硝技术；触媒陶瓷纤维脱硫除尘脱硝一体化技术；高温干法脱硫、脱硝、除尘一体化技术；袋式除尘器、电除尘器、电袋复合除尘器、陶瓷纤维滤管除尘器、脱硫塔等成套设备）；玻璃原料系统工程技术（包括：浮法玻璃原料系统自动控制与成套技术，超白玻璃原料系统成套技术，高铝、中铝玻璃原料系统成套技术，微量程精确称量电子秤、微误差精细小料秤等）；新型热工节能设备及节能新材料（包括：玻璃熔窑用吊墙系列热工节能设备，玻璃熔窑用红外高辐射节能涂料，工业窑炉用高效隔热保温涂料及制品）等，都已得到广泛应用，得到了客户的一致好评。其中，国内与南玻、信义玻璃、台玻、耀华皮尔金顿、洛玻、旗滨、中玻等知名玻璃企业都有良好合作，国外项目覆盖了印度、埃及、越南、孟加拉国、缅甸、伊朗、尼日利亚等众多国家和地区。

公司坚持贯彻“诚信、团结、求实、向上”的企业精神，奉行“干一个工程，树一面旗帜，上一个台阶”的经营理念。面向未来，我们将认真贯彻落实科学发展观，加速推进战略发展，进一步完善核心业务，努力实现持续成长与进步，加快提升公司在本领域的市场定位和行业影响力。我们尊重公司每一位员工和每一位客户，营造多方合作、多方受益、多方共赢的协作氛围，与客户在合作中共创辉煌！

深圳市房多多网络科技有限公司简介

深圳市房多多网络科技有限公司成立于2011年，是中国居住领域以经纪人为中心的、独立开放的、数据技术驱动的互联网平台。以“帮经纪商户简单做生意，让经纪行业充满梦想”为使命，通过创新性地使用移动互联网技术、交易大数据、平台专有的经纪人评级系统等关键业务资源，经纪人不仅能够开展业务，而且能够拓宽服务范围并提高服务效率，房多多用技术创新从根本上改变了房地产经纪人的从业方式。截至2018年，房多多平台上拥有注册经纪商户超91万名，是中国最大的在线房产交易服务平台。

在产业互联网崛起的大背景下，房多多作为房产交易服务行业产业互联网的引领者，以服务为核心，为行业搭建基础设施，建立覆盖多产业链的生态体系。房多多为房地产经纪人在房多多平台上开网店提供三大基础设施：1.24亿套真实房源的数据库，也是中国最大的房地产数据库之一；为经纪公司和经纪人提供SaaS，让传统的服务行为实现在线化、数据化；建立了一个数据模型：基于房东数据、经纪人行为数据和买家数据形成的三方算法的匹配。房多多不仅向经纪人提供一站式服务，并将房地产经纪人、开发商、购房者、卖房者及交易相关服务提供商融入一个充满活力的生态系统。

专注房地产在线交易服务8年，带着对行业的深刻理解和积极探索，房多多通过互联网技术和大数据分析，围绕房源、客户、经纪人、管理和资金的“五个在线”，建立一套完善的以SaaS为基础的全面解决方案，帮助传统经纪公司实现数字化转型升级。“五个在线”分别对应其五大智能经营系统：经纪公司官方旗舰店、小程序、经纪人SaaS、经纪公司SaaS和收款宝。五大智能经营系统为房产交易各方参与者建立有效连接，实现房产交易服务的在线化、网络化和智能化。

在五大智能经营系统的内核基础上，根据经纪商户经营的不同场景和需求，房多多提供的15款智能产品同样受到了经纪商户的青睐。包括：帮助经纪人开展全国范围新房和旅游地产业务的“新房通”，帮助经纪人快速成交的智能获客工具“网商卡”，帮助本土经纪公司成长为互联网直营加盟平台的“平台通”等等。这些产品贯穿了经纪商户作业的各个环节，最终推动了行业交易效率与用户体验的提升。

五个在线

推动经纪行业实现

在线化 网络化 智能化

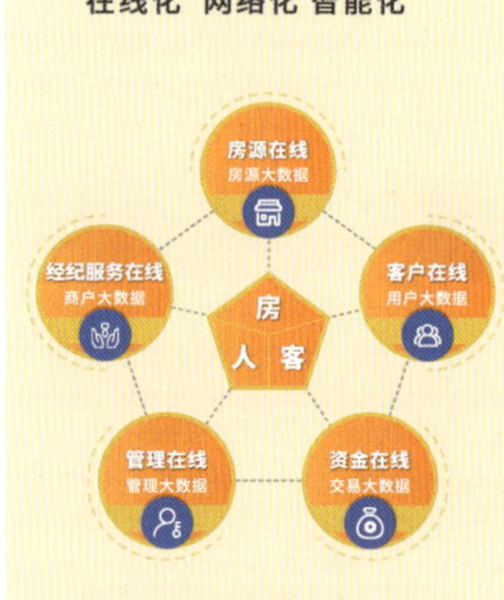

中国互联网百强企业

2018年、2019年连续两年荣登工信部“中国互联网百强企业”榜

房多多一直以来非常注重知识产权的积累及行业地位提升。2011至2018年，房多多共取得26项软件著作权登记、10件美术作品登记、1项发明专利、1项实用新型专利，另有两项发明专利已进入实审阶段，目前这些专利都已成功的应用到实际的研发活动中，并注册了一系列企业相关商标。2014年，房多多获得国家高新技术企业资质，同年取得ICP经营许可资质，2018年分别完成信息系统安全等级保护备案及网络安全风险测评。2018年，房多多进入国家科技部火炬中心的“中国独角兽企业”榜，2018－2019连续两年荣登国家工信部“中国互联网100强企业”榜，获得广东省商务厅“2017年–2018年度广东省电子商务示范企业”。

深圳市合元科技有限公司

深圳市合元科技有限公司是一家以电子烟产品为核心的，集基础研究、产品研发、生产制造及销售为一体的国家级高新技术企业，拥有完全的自主知识产权和自主品牌，是全球电子烟行业的奠定者和引领者，产品在全球市场上具有极高的占有率。公司产品品种齐全，包括一次性电子烟、电子烟套装、eGo电子烟、电子雪茄、电子烟斗及电子烟雾化器等及其他新型电子烟的所有品类，涵盖vaptio、vivikita　、菲斯瑞尔、康诚一品等多个自主品牌，产品出口到50多个国家。合元集团以“质量”为生命之源，已获得ISO 9001、GMP、ISO 14001、OHSAS 18001、ISO 13485、HACCP，QC080000认证。截至目前累计申请专利1500余项。其产品获得CE、RoHS、UL、FCC等认证，出口到50多个国家，为300多家电子烟品牌提供OEM及ODM服务，主要客户为全球前十大烟草商，并与国内十余家中烟客户进行合作。

办公环境

公司拥有国际一流的电子烟技术研发中心，占地3000平方米，配备了先进的研发、检测、实验设备和设计软件，拥有超过300人的技术团队，致力于改进并丰富产品系列，设有前沿技术研究院，专注于基础核心技术的研究，在新型材料、新型发热体、精准温控技术等领域有多项专利技术成果。

公司规模宏大，注册资金2000万元，拥有3000多名员工，深圳设有2个电子烟制造基地，生产制造车间达到LEAN无尘化要求。近年来合元的制造模式逐渐由纵向一体化发展成为横向一体化,逐渐由离散制造变为流水制造。精益生产、敏捷制造、智能制造、绿色制造等制造理论逐渐在合元中应用开来。通过强大的数据采集、分析等功能，提高企业的管理力度。在此基础上，进一步加快我公司研发成果产业化进程。

公司产品

公司荣誉

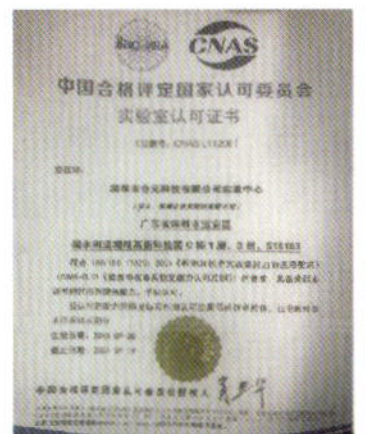
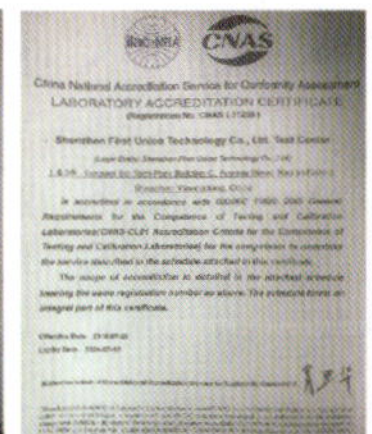

公司地址：深圳市宝安区福永街道塘尾高新科技园C栋(深圳市宝安区福永街道兴围路口星航华府四期F座第15-19层设有经营场所)

公司网址：http://www.chinafirstunion.com/about.html

电话：+86-0755-27333776

深圳市雷赛智能控制股份有限公司

公司简介

深圳市雷赛智能控制股份有限公司（以下简称“雷赛智能”），成立于1997年12月，由毕业于美国麻省理工学院机器人与自动化专业的归国博士李卫平先生创办，是一家实行员工持股的民营高科技企业集团。

公司创立以来，一直以“成就客户、共创共赢”为企业经营理念，致力于以先进的运动控制技术和产品推动中国工业从劳动密集型的“中国制造”向装备技术密集型的“中国智造”转型，为各行各业的自动化装备提供电子化的“大脑”（控制器）、“心脏”（驱动器）和“手脚”（电机），减轻人们体力劳动，提升生产效率和产品质量。

公司产品包括伺服电机驱动系统、步进电机驱动系统、运动控制卡、运动控制器等，广泛应用于电子、半导体设备、特种机床、工业机器人、喷绘包装、医疗健康以及纺织、物流等行业。公司销售网点遍及国内30多个大中城市，产品远销美国、德国、印度等60多个国家，质量稳定、性能可靠，已成为运动控制领域的知名品牌。

公司拥有自主知识产权、技术研发和生产制造基地，已建立了包含线索到回款（LTC）、集成产品开发（IPD）、集成供应链管理（ISC）、全面质量管理（TQM）等完善的管理流程和质量体系，已申报取得包括发明专利在内的71项专利技术，107项软件著作权，部分核心技术已达到国际先进水平。

未来，雷赛智能将继续秉承“聚焦客户关注的挑战和压力，提供有竞争力的运动控制产品与方案，持续为客户创造最大价值”的企业使命，为中国乃至全球的智能装备制造行业提供一流的运动控制产品解决方案和服务。

办公地址：深圳市南山区学苑大道1001号南山智园A3栋10-11楼
生产基地：深圳市南山区松白路百旺信工业区第五区22栋
网 址：www.leisai.com
E_mail：marketing@leisai.com
传 真：0755-26402718
电 话：0755-26433338
销售咨询专线：400-885-5521
技术支持专线：400-885-5501

深圳市山水乐环保科技有限公司

地址：深圳市龙岗区中心城爱心路31-33号 电话：0755-28963381
传真：0755-28963443 邮箱：e-marketing@szssl.cn 网址：www.szssl.cn

公司资质

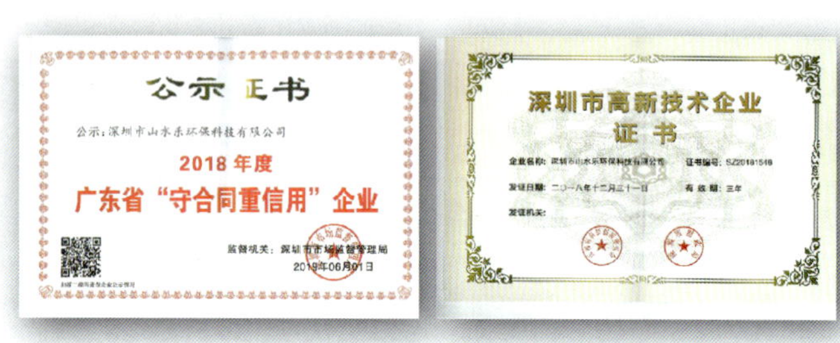

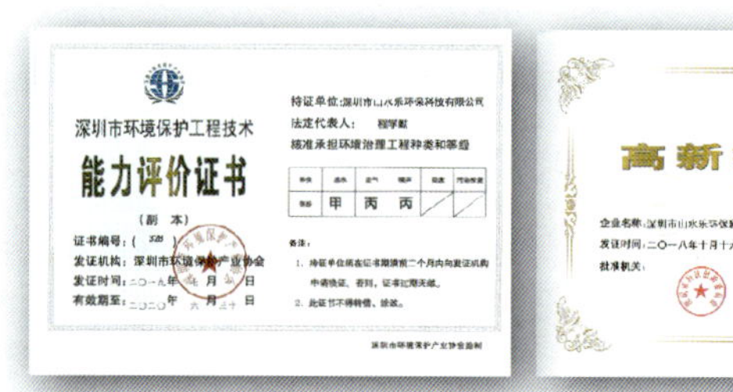

深圳市山水乐环保科技有限公司（以下简称"山水乐环保"）成立于2006年7月，总投资人民币1000万元。现有员工300余人，总部现位于深圳市龙岗区中心城。 山水乐环保是一家由具有丰富行业经验的专业技术人员和施工队伍组成的，集环保咨询、工程设计、施工、设备安装及运营维护为一体的综合性环保科技公司，已在三废治理工程、工业废水和生活污水处理运营等方面积累了丰富的经验和技术能力。山水乐环保直属机构包含行政人事部、财务部、工程设计部、技术研发部、工程设备安装部、项目运营部、市场开发部、采购部、质量管理部等9个部门。主要从事工业废水/废气/噪声治理工程、工业用水及生活污水中水回用工程总承包、厨房油烟治理工程总承包，污水处理运营，环保设施维护管理，环保设备设计制造销售。

山水乐环保一直秉承着"诚信服务、创新环保"的经营宗旨，以"持续为客户减低其生产和生活过程对空气、水及土壤环境的污染，成为全中国最受欢迎的环境保护综合解决方案集成运营公司"为使命，遵循节能减排、低碳经济、循环经济的发展规律，顺应地球"低碳、循环、可持续发展"的诉求，为客户、为国家、为地球实现山青水绿人乐的节能减耗无污染的绿色经济发展而努力。山水乐环保奉行"平台、发展、合作"的人才战略，形成了以专业环保技术为核心的专业团队，开拓创新能力日益强大。公司内90%以上技术员工是大学本科或以上学历，其中20%以上为硕士、博士，同时还与很多节能减排、环境工程等方面的研究员，享受国务院特殊津贴的专家、教授、高工等专家建立了密切的合作关系，吸引了清华、中科大等众多重点高校优秀人才的加盟。

山水乐环保成立至今，已取得的资质有：《国家高新技术企业》《环保工程总承包资质》《环境污染治理设施运营资质证书》国家乙级，《深圳市环境保护工程技术资格证书》等。主要业绩：已承包治理并通过环保局验收工程项目86项； 已承包工业废水和生活污水处理及其环境设施运营管理项目 11 项；为 3006 家公司提供过环保咨询或设计服务。山水乐环保凭借娴熟的环保技术和不断钻研的精神，凡由我们提供服务的企业都能顺利通过相关申报/验收。在上述各项环保服务的过程中，我们透过大量的调研、评估及技改，已成功开发并申报近10项技术专利，为众多客户带来环保达标与成本低减的双丰收。

深圳市星银医药有限公司

公司网址：http://www.xingyin.com/　　公司电话：0755-26996999

深圳市星银医药有限公司（下称“星银医药”）成立二十五年来，始终坚持“兴药为民”的神圣使命，心系大众健康，热心支持公益，讲诚信、重发展。与此同时，星银医药成立了研发中心，在科研创新领域一直走在行业前沿。

星银医药研发中心自成立以来，确立了与项目相结合的短、中、长期发展策略，研发的产品多为国内外市场较为前沿的生物产品，技术水平处于国际先进、国内领先地位。经过坚持不懈地自主研发，研发中心已经在中药现代化和多肽领域取得了重大的突破。目前已经涉及的产品包括中药质量标准提升、中药现代化、多肽原料药及其缓释制剂等。这些药物在治疗作用上涉及肿瘤、糖尿病、心血管等多个重要领域，并根据这些项目申请了相应的专利保护。

研发中心与国内外多所高校院校和科研院所建立了长期的合作关系，拥有一支高素质的项目管理和研究开发团队及一流的专家顾问队伍。目前，在深圳南山的生物孵化器拥有实验室，同时在深圳坪山新区生物加速器内拥有一个约5千平方米符合国家级工程技术中心要求的新药开发研究平台，另外还在湖北咸宁拥有占地600亩的生物制药配套厂区。星银医药通过持续不断的研发投入，在研发中心的基础上初步建成了天然药物结构修饰研究开发技术平台与多肽缓释制剂研究开发技术平台。

星银医药为提高研发中心的管理，建立健全了研发中心管理制度，其中包括项目立项管理制度，规范产品研发流程，并对新产品进行立项与计划。对新项目投入进行预算管理，对研发项目过程中产生的人员工资、材料、仪器设备等研发费用实行转账核算制度。星银医药还制定了主管绩效考核制度，以激励研发人员致力于产品研发及技术提升，不断强化产品的市场竞争力与科技创新能力。公司重视科学管理与人员综合能力提升，每年都会投入经费用于核心技术人员培训学习，不断提高员工的专业知识，促进高等教育人才培养目标的实现和企业生产技术的进步，更好地利用高等学校和企业在人才资源、科学研究和生产实践的优势。

深圳同兴达科技股份有限公司

深圳同兴达科技股份有限公司创立于2004年4月,注册资本20278.7968万元，隶属于国家级高新技术企业，坐落于广东省深圳市龙华区。专业研发、设计、生产、销售TFT液晶显示模组、触控显示一体化模组（On-cell、In-cell）、AMOLED、全面屏、摄像头模组等产品，产品主要用于手机、平板电脑、数码相机、医疗设备显示、仪器仪表、车载显示等领域，符合欧盟ROHS2.0、REACH法规、无卤的环保标准。产品销往全国各地和港澳台地区，部分出口欧美、东南亚、中东等国家和地区。丰富的制造经验、先进的设备、精良的工艺、高效的管理使同兴达成为国内最优秀的液晶显示器模块制造商之一。强大的研发队伍和国内外最先进的设备、技术，确保同兴达能够为客户提供从咨询、设计、制造、销售全方位的服务和专业的技术支持。目前公司已成功与华为、OPPO、vivo等国内主要品牌手机终端厂商形成了稳定长期的合作关系，并与小米建立初步合作意向，未来公司将不断加大对国内、国际其他品牌手机厂商的市场开发力度。

公司于2017年1月25日在深圳证券交易所上市，股票简称：同兴达，股票代码：002845，公司充分借助资本市场资源，发展自身综合能力，大力提高了在行业中的地位，登上一个崭新的台阶。

同兴达总部坐落于广东省深圳市龙华区，围绕深圳总部，拥有深圳研发中心及南昌制造部和赣州制造部两大制造基地，下辖南昌同兴达精密、南昌同兴达智能显示、赣州同兴达电子、香港同兴达4家全资子公司，以及上海办事处、台湾办事处两大业务办事机构，并且正在积极筹建印度同兴达孙公司。

公司坚持科技创新，拥有各项专利131项，软件著作权21项，先后获得了广东省著名品牌、文明诚信企业、龙华区高新技术与战略性新兴产业50强、龙华区工业50强、龙华区科技创新奖、中国电子科技集团第五十五研究所产学研合作单位、深圳知名品牌、国家级高新技术企业、龙华区百强企业、广东省守合同重信用企业、广东省液晶显示模组工程技术研究中心、深圳市龙华区企业技术中心、企业信用评级AAA级信用企业、深圳市平板显示行业协会副会长单位、深圳市平板显示行业协会十佳优秀会员等荣誉称号。

公司主要产品液晶显示模组和摄像头模组作为手机的配件，技术革新紧紧跟随手机终端市场发展趋势。公司重视技术创新，提倡知识产权保护意识，产品拥有独立知识产权。截至目前，共申请知识产权216项，已获得授权专利131项，软件著作权21项。公司主要研发触控液晶显示模组、触控液晶显示一体化模组、触控AMOLED模组、触控AMOLED一体化模组和摄像头模组五大类产品。公司开发的全面屏液晶显示模组，采用在整个行业属于先进的V-CUT技术，自主开发四周无亮线处理技术、白平衡色温调整烧录系统、云端测试系统等，同时，运用全自动贴片设备、全自动COG、FOG绑定技术、全自动背光组装技术、自动光学对位贴合技术等，实现液晶显示模组的超薄、高清、窄边框等性能，达到“显示屏+触摸屏”一体化。随着全面屏技术的创新发展，结合U槽和C/R角的设计，Notch结构，已经做好COF技术储备，随时准备迎接。光电类产品摄像头模组技术储备已完成，单摄、双摄和智能穿戴类等模组正在进行规模化生产。

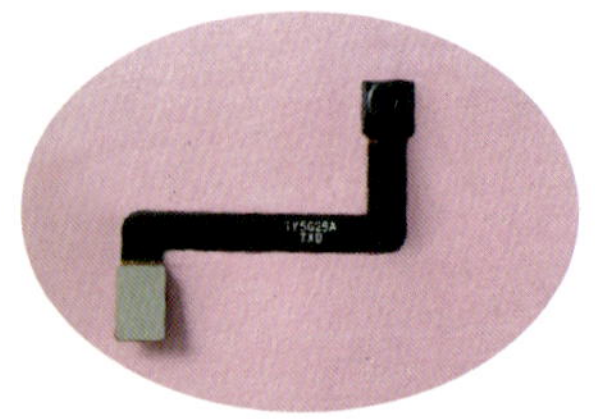

TY5G29A
类型：智能穿戴设备模组
像素：5M
头部尺寸：5.0・5.0・3.54mm

手机类

手表类

TYBS1MA
类型：FF
像素：13M
头部尺寸：7.6・7.4・4.87mm

机器人面部显示屏

TYBS06A
类型：双摄
像素：13M+13M
头部尺寸：8.5・8.5・4.86mm

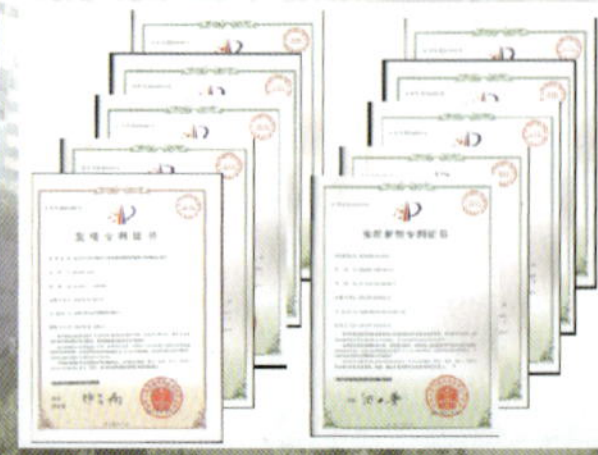

咨询热线：0755-28065632/0755-36691180　单位传真：0755-33687791　单位网址：http://www.txdkj.com/

深圳市傲川科技有限公司：创立于2004年，是国内首家专业致力于电子导热材料的研发、生产、销售为一体的高新技术企业。公司主要产品包括导热硅胶片、导热绝缘片、导热硅脂、导热界面材料、导热矽胶布、导热粘接胶、导热灌封胶、导热双面胶带等。

深圳市傲川科技有限公司于2008年荣获“深圳市高新技术企业”称号；2009年荣获深圳市政府专项技术资金支持；2013年荣获“国家高新技术企业”称号。产品全面通过UL、SGS等第三方机构权威认证，是国内行业内少有的通过ISO 9001、ISO 14001、TS16949认证的企业；公司先后在苏州、北京等地设立了分支机构，以全面满足客户服务的需求。

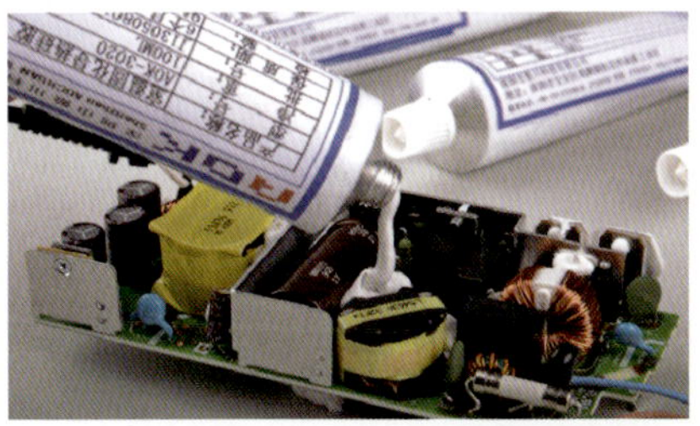

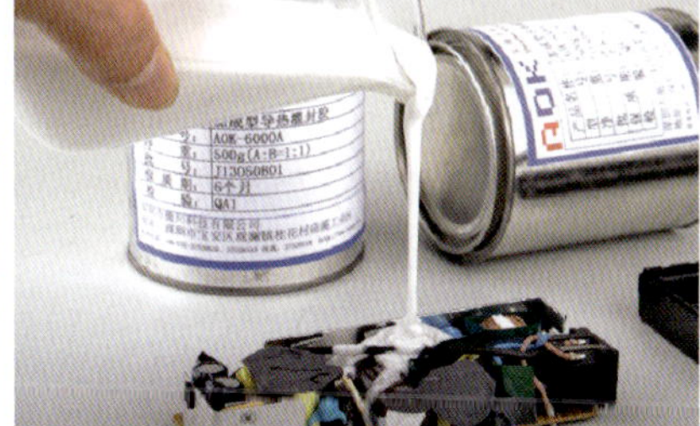

TP080 導熱硅膠墊片 Thermal Conductive Pad

TP150 導熱硅膠墊片 Thermal Conductive Pad

产品展示

产品名称：绝缘帽套
型号：TO-3PA

产品名称：导热垫片
型号：UTP100

产品名称：导热硅脂
型号：TG100

产品名称：导热胶
型号：TJ3020

产品名称：导热垫片
型号：TP300

产品名称：导热垫片
型号：TP120

产品名称：绝缘片
型号：TO-220

产品名称：灌封胶
型号：TJ6000/V8

TP080
导热硅胶垫片
Thermal Conductive Pad

TP150
导热硅胶垫片
Thermal Conductive Pad

深圳市爱康生物科技有限公司
AIKANG MEDTECH CO.,LTD.

深圳市爱康生物科技有限公司（简称“爱康生物”），成立于2003年，总部设立在深圳，是一家以临床检验设备和血液制备设备研发为主，集生产、销售和售后服务于一体的国家级高新技术企业。

爱康生物现办公面积约7500平方米，人员300余人，其中80%以上为大专及以上学历。爱康生物始终走在自主创新的最前沿，重视产品研发。有近100人的优秀研发团队，30余中、高级管理人员，其中董事长毕业于北京大学，就职过国内外多家著名医疗器械企业，具有20多年的国内外医疗器械行业从业经验。

历经十六年的传承跨越，形成四大系列产品，其中全自动加样器、全自动酶免分析仪、全自动血型分析仪、全自动血液冷藏系统、自动打孔机、全自动全血成分分离机等都是国内首家，铸就了爱康生物品牌在行业的领导者地位。拥有25个国内I、II、III类医疗器械产品注册证和103项知识产权，其中20项发明专利、53项实用新型专利和30项计算机软件著作权登记证书。

公司介绍

爱康生物公司现有用户达3000多家，装机设备达4000多台，装机量节节攀升，装机使用后得到客户的一致好评；产品服务于医院、血站、科研机构等，客户遍及神州大地。

将最高性价比的医疗自动化产品带到世界的每一个角落，是所有爱康生物人的共同愿景，未来的爱康生物将不断地为社会创造财富，为客户创造价值！

主推产品

全自动血型分析仪

全自动酶免仪

干式荧光免疫分析仪

全自动化学发光免疫分析仪

全自动化学发光测定仪

1. 全自动血型分析仪

利用微柱凝胶卡和图像识别技术，结合试管试剂混匀、微柱凝胶卡离心、孵育、判读和全自动加样器技术方案，搭建全自动卡式血型仪平台。

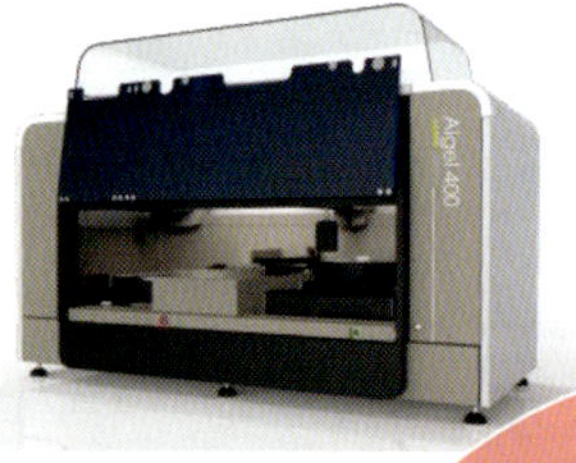

Aigel 400

5. 全自动酶免仪

采用ELISA检测技术，自动、高效、快速、准确的完成ELISA实验。

URANUS AE 288

4. 干式荧光免疫分析仪

采用荧光免疫定量检测技术和光电检测原理，利用激发光源激发荧光标记物后，检测获得的荧光信号的幅值，可以对荧光标记物进行定量检测分析。

YFA 100

YFA 1200

2. 全自动化学发光测定仪

采用国际上最先进的磁微粒化学发光技术，突破加样精度、孵育温度稳定性、判读的光子计数以及多功能集成设备等关键技术点和技术难点，研究开发出一款POCT化学发光检测平台。

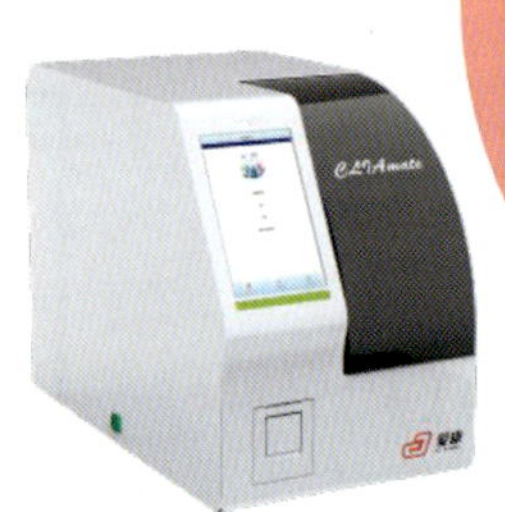

CLIA-mate

Lumimate 120A

3. 全自动化学发光免疫分析仪

采用先进的磁微粒和酶促化学发光原理，是一款自动化程度高、检测速度快速准确的全自动化学发光免疫分析仪。

地址：深圳市龙华区大浪街道同胜社区白云山工业区85栋
电话：0755-25871250
网址： www.aikang-medical.com

深圳广恒威科技有限公司

随着经济全球化进程的不断加快和中国经济体制改革的纵深推进，集团将顺势而上，努力实施国际化市场、国际化人才、国际化管理，以及“大增长极、大产业链、大产业园”的新商业模式。秉承文、战、投、融、管、退，即文战先行，投融并举，管退有序的企业发展哲学，走超常规发展之路，打造全球产业链最完整、产品质量最好、最值得信赖和尊重的服务商，进入世界百强企业行列，实现正威“振兴民族精神，实现产业报国”的企业使命！

正威集团旗下的深圳广恒威科技有限公司专注于电子组装及半导体封装材料的研发、生产和销售，致力于为电子及微电子（半导体）生产企业和相关代工企业装配线提供一揽子电子组装材料及半导体封装材料解决方案。公司创立于 2014 年12月，是集团在半导体、电子信息、高新材料等全产业链布局中较为关键的一环。

公司以电子组装及半导体封装材料领域顶尖技术专家团队的多年积累为基础，奉行“创新发展、科技为本”的精神与“诚信创新、协作共赢”的理念。公司积极响应国家相关产业政策，开发优质电子组装及半导体封装材料，建立中国民族品牌，彻底摆脱优质电子组装及半导体封装材料产品长期依赖进口的局面，创立中国电子及微电子行业发展的新纪元。

公司从长三角地区、珠三角地区、成渝及其周边地区电子组装和半导体封装产业发展所需的中高端封装材料作为切入点，利用项目主创者及核心技术团队在国外多年的历练及已掌握的中高端封装材料制造技术，积累的高效经营管理经验、灵活有效的市场营销手段和丰富的大中华地区客户资源，基于先期开展的市场营销情况，按照“有所为、有所不为”的思路发展相应进口替代型中高端电子组装及半导体封装材料产品。

目前已开发产品线32条，涉及的领域有摄像头模组、指纹模组、线路板、光电产品、新能源电池等行业，同时也获得了各行业知名客户的认可。截至2018年12月31日，已实现销售额过亿元人民币的目标。

正威国际集团是由产业经济发展起来的新一代电子信息和新材料完整产业链为主导的高科技产业集团。集团目前拥有员工18000余名，总部位于中国广东省深圳市，应全球业务发展，在国内成立了华东、北方、西北总部，在亚洲、欧洲、美洲等地设有国际总部。

2018年，集团实现营业额逾5000亿元，位列2018年世界500强第111名，中国企业500强第27名，中国民营企业500强第3名，中国制造业企业500强第6名，中国民营企业制造业500强第2名。集团采用区隔互动式人才战略主导的关联多元化新商业模式，在做大做强新一代电子信息主业的同时，积极向金属新材料、非金属新材料等领域进军。

深圳比特微电子科技有限公司

Shenzhen MicroBT Electronics Technology Co., Ltd.

公司简介

比特微是一家以区块链、人工智能为基础的科技公司，专注于集成电路芯片及产品研发、生产和销售，并提供相应的系统解决方案和技术服务。比特微秉承“极致、共赢、诚信”的经营理念，为客户提供优质的产品和服务。公司成立三年来纳税规模过亿元，在行业领域占据领先地位，2019年比特微通过了国家高新企业认证。

作为一家芯片设计和产品公司，比特微拥有完整的设计流程和大量自主核心技术，涵盖了算法、集成电路微结构的精细优化、低功耗技术、高级芯片封装技术、系统级供电与散热技术等。这些核心技术和工程方法在公司的区块链服务器芯片和产品的量产中得到成功的验证和应用。

除了目前所专注区块链领域外，比特微还响应国家芯片战略，根据公司发展战略和规划，正计划通过自主研发、战略合作等形式，将其芯片及产品核心研发能力向人工智能等其他高效能计算领域探索延伸。

发展历程

技术

- 2019年
  - 4月：神马矿机M20上市
- 2018年
  - 11月：神马矿机D1上市
  - 9月：神马矿机M10上市
  - 5月：16nm芯片BT1800正式投片
- 2017年
  - 4月：神马矿机M3量产上市
  - 2月：BT1000芯片测试通过，投片成功
- 2016年
  - 12月：28nm芯片BT1000正式投片
  - 7月：公司成立

资本

- 2019年
  - 1月：销售额突破20亿，完成B轮融资
- 2017年
  - 12月：销售额突破4亿，完成PreB轮融资
  - 7月：完成A轮融资
  - 5月：完成PreA轮融资
  - 4月：首批1000台产品成功销售，销售额近千万元
- 2016年
  - 9月：完成天使轮融资

研发力量

比特微现有研发人员占公司人数40%以上。研发团队拥有多名清华、北大等名校博士、硕士，平均有15年以上知名集成电路和通信公司芯片设计、产品的成功研发经验。

创始团队是在先进工艺节点下，最先将全定制芯片设计方法学应用到区块链计算设备领域的团队。创始人杨作兴博士是在先进工艺下创新应用全定制芯片设计方法学的第一人，高性能计算专用芯片的核心技术拥有者。公司拥有多项相关领域的核心专利。

公司地址：广东省深圳市南山区高新南六道航盛科技大厦801

公司网址：www.microbt.com　　产品网址：www.whatsminer.com

公司电话：0755-26640921　　技术合作：Support@microbt.com　　商务市场：Marketing@microbt.com　　销售合作：Sales@microbt.com

深圳市睿策者科技有限公司

http://www.ruicz.cn

一、企业基本情况

深圳市睿策者科技有限公司是一家高新技术企业，成立于2011年，总部位于深圳，在广州、惠州等地设立办事处；公司主营业务主要为计算机软件、计算机、安防产品、监控设备、电子产品的技术开发、技术咨询及销售；信息系统集成服务；信息技术开发及技术咨询；网络技术开发及技术咨询；通信工程、安防工程、楼宇智能化工程、机电工程、防雷工程、自动化工程的设计与施工；投资管理（法律、行政法规、国务院决定规定在登记前须经批准的项目除外）；安防产品的生产。

二、企业在行业中的地位与竞争优势

深圳市睿策者科技有限公司是华南地区领先的移动应用开发、大数据应用、网络安全及系统集成解决方案供应商，公司拥有近百项国内领先的自主知识产权的软件产品及专利。在政府应用方面，睿策者移动警务应用、大数据资源服务平台被遴选应用于“数字广东政务平台”，并在广东省公安厅及七成以上广东各地市公安局的实战应用中协助客户实现“智慧新警务”流程再造的目标，省内市场占有率第一。此外，在和网警、卫计医疗、经信教育等政府单位客户“智慧城市”及网络信息安全服务等多级项目中同样有相关建树，得到了业内人士及政府相关应用部门及客户的充分肯定。

作为新兴产业中的快速发展一员，睿策者科技得到深圳市科创委的认可和大力支持。同时深圳市科创委下属的科技创新金融中心投入股权资金以鼓励支撑公司更进一步发展。

三、睿策者研发成果

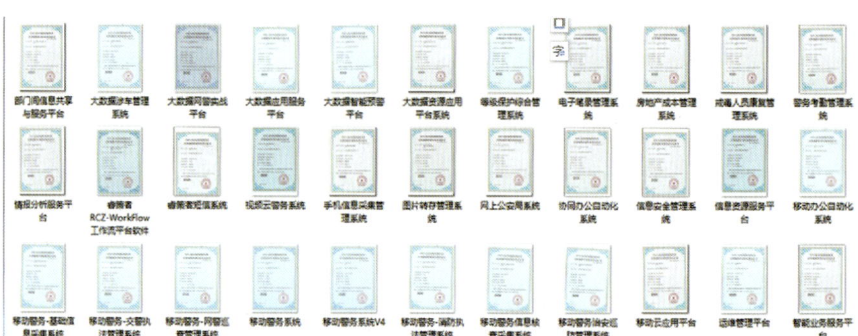

四、企业产品与服务版块

1.政府产品与服务版块

地市公安局（移动警务、交警执法、信息采集）。

公安政府交通（大数据资源平台、大数据分析平台）。

广东省公安厅（新一代移动警务、数据应用、实战应用）。

全域客户（项目软件开发、信息及网路安全、安防及系统集成）。

数字广东（政府微信、应用开发）。

2.公安产品概述

（1）大数据资源服务平台（数据ETL、数据汇聚、数据中心、数据挖掘、库内关联信息、智能数据建模分析、智能预警）。

（2）移动警务与智能指挥平台（移动办公、移动执法、实战应用、视频实时管控、案情勘察、警力分配、公众数据采集录入）。

（3）网络合成作战平台与智能分析体系（天云涉车分析平台、Wi-Fi数据管理、数据智能预警、重点人员信息分析、人案关联、三规综合分析、关系关联分析、警情排查对比）。

五、产品平台与服务特征

平台建设：经济性、跨区域可移植性、跨行业可复制性、平台功能可扩展性；

实施部署：实用性、易用性、模块化集成部署；

数据特色：应用模型挖掘匹配信息、信息深度关联分析、可视化数据分析报告；

竞争优势：安全性高、功能模块化、整合集成度高、提供客户需求的数据模型。

六、市场机会与发展定位

市场机会：智慧城市、数字政府、信息安全、智慧企业、企业上云。

发展定位：最前沿的技术实践者、最安全的技术选择、最专业的解决方案、本地化全方位服务、年轻活力的技术团队、专业奉献的实施团队、优秀的行业资源。

深圳英众世纪智能科技有限公司

企业简介

深圳英众世纪智能科技有限公司（简称“英众科技”）是一家专业从事消费类电子、电脑、通信、智能行业与工业控制领域专长于研发、设计、制造和提供全线解决方案的高科技企业，以其领先的技术、优秀的品质和快速的响应能力被业界视为成长最快、最具创造力的企业之一。

企业资质&荣誉

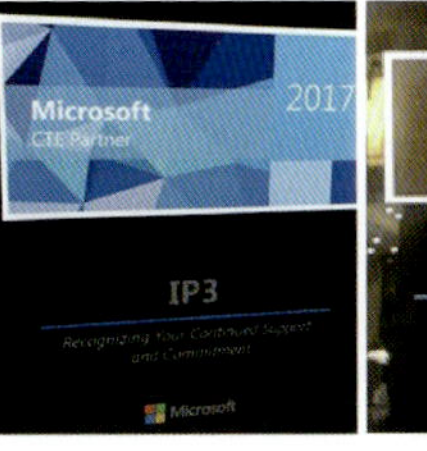

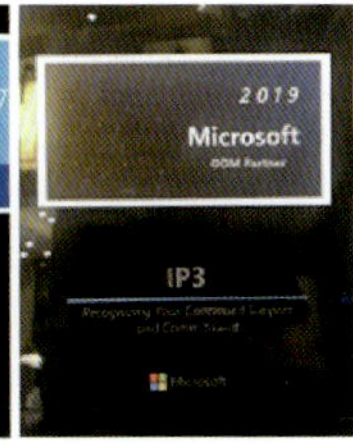

企业科研

1.英众科技拥有多名世界500强企业的工程师组成的高水平研发团队，具备业内公认的高水平研发设计能力、对项目的深刻理解能力以及丰富的产品定义、开发、生产、服务经验，同时还拥有高端技术的制造工艺和制造能力。

2.英众科技注重产融结合，聚焦大核，投入研发，紧密围绕Intel、微软在云、大数据、人工智能的运用升级，在上海松江大学城建设了2万多平方米的研发中心。

企业业绩

1.英众科技自成立以来，已经在x86行业积累了10年的开发经验，目前已经有了稳定的国内外160多家客户群体。

2.英众科技与世界上最大的芯片提供商Intel和最大的操作系统提供商微软紧密合作，已经成为：Intel亚太研发中心唯一全方位合作伙伴、Intel CTE部门重点支持TOP3客户、微软中国重点支持TOP3客户、微软亚太研发战略合作伙伴。

3.英众科技与NVIDIA、AMD等国际知名企业在Graphics领域进行了深入细致的合作。

4.英众科技与WPI、SYNNEX、英业达、广达、BYD、Pegatron等建立了良好的合作伙伴关系。

5.英众科技为ASUS、acer、AOC、PHILIPS、SIEMENS、HASEE、Haier、Tongfang、MEDION、Trekstor等国内外重要客户提供优质的产品。

6.在国产化方面，英众科技与上海兆芯紧密合作，推出了多款适合企业/政府单位办公的产品。

7.英众科技已经成为国内顶尖的x86平台整体解决方案供应商之一，提供从PCBA设计、底层驱动开发、产品方案设计和软件与系统方案的集成，零距离、全方位和全流程为客户提供服务。

企业规划

在未来，英众科技将坚持走Intel与微软结合的路线，坚持大幅度的改善运营，坚持改善组织，系统深耕，坚持从严管理，完善自我，秉承初心，创新科技，以非凡的魄力，勇创新纪元。

企业产品

1.大客户产品

2.国产化产品

基于上海兆芯C平台PC和一体机

上海兆芯是国内仅有的同时掌握中央处理器（CPU）、图形处理器（GPU）、芯片组（Chipset）三大核心技术的公司，致力于研发并量产自主可控的国产芯片。

3.物联网--医疗互联

X光探测器：PCBA服务 元器件选型&采购 功能测试

核磁共振：PCBA服务 元器件选型&采购 功能测试

PET/CT：PCB Layout服务 控制系统软硬件解决方案

B超仪：X86主板设计 硬件&分位提供 技术支持&培训

其他：ARM硬件+ Linux 系统解决方案 AR 硬件解决方案

4.物联网--工业互联

工控&服务器定制

5.物联网--城市互联

英特尔新平台开发套件

人脸识别　数字标牌　智能路灯　智能电力

防疲劳系统　AR眼镜　翻译机　智能零售　智能电梯

6.物联网--办公互联

智能投影仪　键盘电脑　盒子电脑　一体机

深圳市智宇实业发展有限公司

地址：深圳市南山区高新技术产业园区科技中二路软件园6栋6楼
电话：0755-86168616　　网址：http://www.chinaibt.com

公司概况

深圳市智宇实业发展有限公司成立于1997年，坐落于深圳市高新技术产业园区软件园。公司注册资本人民币8000万元，是国家级高新技术企业、软件企业、电子与智能化双甲资质企业。

公司是以物联网、云集成等高新技术为支撑，以互联网+智慧城市、智慧园区、智慧交通、智慧医疗、智慧教育、智能制造、智慧民生、智慧市政、智慧楼宇等应用为着力点的高科技公司，是国际上唯一一套成体系的《智慧城市系列标准》的主编单位，主编和参编了《智慧城市智慧交通规划导则》《智慧城市节能减排规划导则》《智慧城市智慧市政规划导则》《智慧城市智慧民生规划导则》《智慧城市智慧养老规划导则》《智慧城市智慧旅游规划导则》《智慧医院信息化与智能化设计规范》《智慧园区信息化与智能化设计规范》《智慧城市建筑与园区物联网应用导则》等一系列的智慧城市建设标准。

公司主营业务

从事智慧建筑、智慧园区、智慧城市的设计、施工与运营服务；从事建筑节能、轨道交通综合监控、城市应急指挥系统的设计、施工与运营服务；与智慧城市联盟企业一起从事智慧城市的PPP服务；提供面向智慧建筑智慧园区、智慧城市物联网解决方案和相关软硬件产品 。

公司重点聚焦于智慧建筑/智慧园区/智慧城市建设

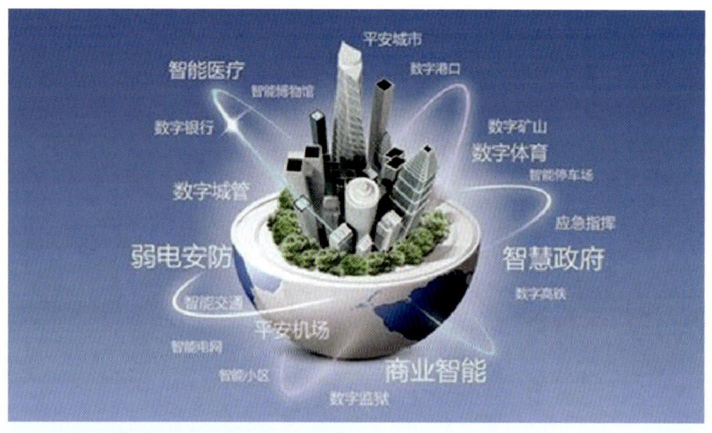

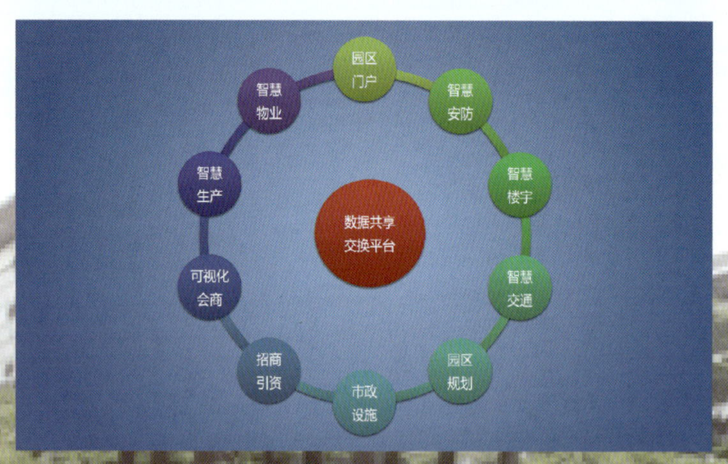

公司产品

1.基于BIM的综合监控管理平台

将工程前期BIM设计的信息和模型成果数字化、标准化，使项目完成移交后，所有专业的物联网配置、监控、协同、报警、信息查询和处理在一个平台上完成，让值班人员能完全自主地掌控系统的运行状态、随时知道问题如何处理，并能让配置人员随时调整设备对人的自动响应结果，提升用户舒适度、降低能源耗费，同时提供用户个性化体验。

2.基于BIM的物业及设施管理平台

利用前期BIM设计的信息和空间模型，结合物联网实时设备状态和数据，利用WEB和移动平台，将物业及设施的运维提高到智慧化的程度，所有与设备相关的实时事件，都能自动产生物业及设施运维相关的工单及信息，并及时自动报送到责任人。减少不必要的定期巡检、及时通知报警位置及周边环境情况，及时了解设备实时状态和数据，快速协调需要的人员和资源，现场扫码和取证--完全不一样的运维体验。

3.物联网路由器

一个物联网路由器同时对接多个不同厂家的设备，并让它们互联互通、协同工作。让人员、信息、设备之间相互影响，产生智慧的运行结果，无感环境体验、信息影响生活、生活优化环境，这个时代已经到来。跨总线结合多总线的冗余策略，让安全性和稳定性上升到一个新的台阶；多主蜂巢架构避免单点故障，将损失降至最小；离开上层软件仍然可以在不同专业设备间自主协同，让值班人员不再担心软件故障。

SIERRA WIRELESS®

司亚乐无线通讯科技(深圳)有限公司

www.sierrawireless.com

1. 企业的基本情况

司亚乐无线通讯科技(深圳)有限公司是一家专业从事无线通信产品和数据连接软件的设计和开发，提供硬件/软件设计、测试、软件系统集成，以及相关的技术咨询和技术支持服务的高新技术企业，注册资本300万美元，司亚乐无线通讯科技（深圳）有限公司的产品是针对企业、消费者及物联网（IOT）应用提供的以数据为中心的产品。自2008年成立至今，司亚乐成功地研发出一系列采用全球最先进3G/4G/5G无线技术的无线数据产品。如USB上网卡、PCI数据卡和各种不同规格的嵌入式无线模块。随着嵌入式模块在各种不同行业领域应用的增加，司亚乐自2012年起，为了帮助各系统整合商和OEM客户能以一种更安全、更低成本及更快速的方式将司亚乐的模块整合至他们的应用产品中，我们成功地创新出一系列可编程式的嵌入式无线模块。此种可编程的无线解决平台不仅能成功连接各种工业、网络、车载及智慧型家居产品，而且给数据云端服务提供更安全有效的解决方案。

4. 企业发展前景与规划

司亚乐无线通信科技(深圳)有限公司以自身的优势行业的发展并结合国家的政策制定以下规划：

近期规划：计划于2018年继续加大在全球第5代无线通信LTE技术及智慧型可编程式嵌入产品的投入及开发，并加大和全球最大运营商之合作，共同推广第5代LTE车载产品于全球最快速成长的智慧型车载市场中。研发人员计划由现有的120人增加至150人，尤其是在软件人员的配置方面。

长远规划：计划于2018年开始的3至5年中，投入第5代LTE-ADV无线通信产品开发及全球市场推广。研发人员增加至150~200人。

2. 企业提供服务，经营管理状况

司亚乐无线通讯科技(深圳)有限公司为各大企业提供服务外包、软件开发、软件服务等综合信息化服务。

自2008年成立以来，基于市场需求，司亚乐投入了大量资金进行最尖端无线通信技术研发及人员培训。至目前为止，已组建成一支具有国际竞争优势之无线研发高科技团队，现有超过120名高级研发人员，30%以上具有硕士学历，其余研发人员90%以上具有大学本科学历。管理阶层人员具有平均10年以上国内外500强企业经历，并网罗数名国外高科技工程管理人员担任公司日常管理工作。

3. 企业采用先进技术和研发活动情况

司亚乐无线通讯科技(深圳)有限公司基于以芯片为主的可编程式的第3/4/5代(3G/4G/5G)最新无线通信技术和软件平台来开发产品。目前已使用无线通信技术包括WCDMA,HSDPA/HSUPA,CDMA2000-1X/EV-DO,和LTE。自2008年以来司亚乐主要针对北美、欧洲及亚太地区物联网（IOT）系统整合商及主要OEM客户之要求，设计出各种具有不同的外观及功能的产品，来满足快速成长的第3、第4代无线通信产品的市场需求。

2008年司亚乐成功推出全球首款第3.5代HSPA+42M带宽的无线网卡，且于2011年基于高通MDM9200平台继续研发出全球首款第4代LTE便携式无线网卡，同时加大在可编程式软件平台的研发，并使二者结合，成功推出一系列以高通MDM6X00,MDM9X15/9x40/9x28等芯片为主的可编程式的第3/4代（LTE）嵌入式模块无线产品，并得到全球主要物联网（IOT）系统整合商及OEM客户的采用并广泛投入到各种智慧型工业、车载产品应用之中。

5. 企业在行业中的地位与竞争优势

司亚乐无线通讯科技(深圳)有限公司在行业当中一直处于领先地位。

司亚乐无线通讯科技(深圳)有限公司拥有一支非常强大的研发团队和经验丰富的销售团队，在过去几年中持续领先全球3G/4G/5G无线嵌入式模块市场，并推出了一系列软件解决方案，为各行业客户量身订制各式特殊应用功能以增加其产品在市场中的竞争力。2012年12月司亚乐所设计的SL9090多模产品被全球电子设计杂志（Electronic Design Magazine）评选为年度全球最佳产品设计奖，至今并已销售出数十万片此系列产品。自2013年起，我司大力投入第4代LTE可编程式模块及云端服务产品的研发，一年出货量达2000万，在全球市场获得了极大的成功及赞誉。2014年初，我司研发的车载无线模块成功进入北美、日本及欧洲主流汽车市场。

我司所研发的第3代、第4代模块产品至今销售已达数百万片。2014年中，我司首款可编程式的第四代（LTE）车载模块为首支获得北美最大运营商（VZW）认证通过的产品，并成功地进入北美、欧洲及日本市场，为各大车厂联合采用。为保证于2020年前持续地领先我们的竞争对手，我司自2018年初已开始投入大量的人力、物力及资金，展开对下一代5G LTE无线模块产品的研发，并主要针对下一代物联网（IoT）市场及各种应用功能进行可持续的创新。

6. 主要客户及其对服务增值性评价

司亚乐无线通讯科技(深圳)有限公司秉承着客户至上原则，细心聆听客户诉求，在品质、产品价值和及时回应方面努力超越客户的期望，以确保客户满意。

根据我司2015年9月份通过第三方所进行的全球客户满意度调研结果，绝大多数的全球客户均评选司亚乐为其最可靠信赖的合作伙伴，根据反馈，司亚乐所提供的模块和增值性软件平台，为他们在物联网行业中提供了最具增值性的服务。

深圳市新宜康科技股份有限公司

公司简介

新宜康作为电子烟生产商于2011年在深圳宝安沙井成立。创始人自2006年起便在电子烟行业耕耘。经过8年的发展，我们已经从一个本地的生产商成长为国际化的雾化产品解决方案提供商，聚焦技术和设计创新，重视用户体验，为全球烟民提供优质产品。新宜康产品深受世界各地的电子烟民和吸烟者的欢迎，并在全球20,000多家电子烟商店中销售。

新宜康在中国深圳拥有10,000m2工厂，并在美国和英国设有附属售后服务和维修中心。为了确保我们的公司和产品具有最高质量，新宜康严格遵守：ISO9001和ISO14000，GMP，CE，ROHS，FCC等认证。

我们的工程师和设计师团队每天都在努力创新技术和设计。Innokin目前拥有发明授权了26项，实用新型131项，外观设计98项。

Innokin先进的电子烟技术直观且易于使用。我们坚持以人为本，致力于帮助世界各地的人们生活更幸福，更健康。

发展历程

2011年	新宜康管理层看到了电子烟行业快速发展的趋势，在宝安沙井成立了深圳市新宜康科技有限公司，在此之前他们在这个行业已经工作了5年。
2012年	推出市场上首款Box Mod盒状电子烟产品MVP。
2014年	推出了全球热销品CoolFire IV。
2015年	Endura T18,Endura T22送到美国Enthalpy实验室检测。 公司作为唯一的电子烟生产商代表参加了国际烟草科学研究合作中心（CORESTA）组织的雾化技术联合研究小组会议。
2017年	作为唯一一家电子烟硬件制造商代表参与UL8139标准制定。 年度电子烟行业十佳品牌。 十万级洁净车间面积达到2500平米。
2018年	2018年4月参加FDA会议。 推出3D网片雾化芯。 Kroma-A and Zenith 套装成为全球首款获得UL8319标准认证的可调功率电子烟（Box Mod）。 加入UKVIA英国电子烟协会。

科研合作

- 与国际研究机构紧密合作：瑞士大学医学院；澳洲昆士兰大学等
- 2015年参加CORESTA会议并演讲；
- 2015年产品送美国Enthalpy实验室测试；
- 2016年起在美国和欧洲参加合规会议；
- 2017年作为顾问团成员参与UL8139标准制定
- 意大利实验室合作测试产品
- SEVIA-USA, UKVIA, VTA, GVSA等海外协会会员

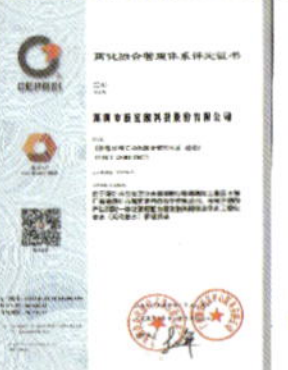

深圳太极云软技术有限公司

深圳太极云软技术有限公司成立于1990年，是在原国家机械电子工业部支持下成立的国家级高新技术企业。公司注册资金8000万，现有员工500余人。公司总部位于深圳高新技术产业园区，在武汉、杭州、重庆、沈阳、郑州、贵阳、长沙设有分公司。公司通过了系统集成二级、CMMI5级评估认定。

深圳太极云软技术有限公司已具有“互联网+政务”服务平台、“互联网+监督”服务平台、大数据交换工作站产品以及智能服务终端系列产品等四大类服务平台和系列产品，覆盖全国20多个省（600多个政府客户），是我国云应用先导企业和“互联网+政务”服务领军企业，也是大数据共享交换、数据开放技术引领者。

四大类服务平台和系列产品

1.“互联网+政务”服务平台 / 2.“互联网+监督”服务平台 / 3.大数据交换工作站产品 / 4.智能服务终端系列产品

一、“互联网+政务”服务平台，即“一门式、一网式、一证式”政务服务平台及配套产品

“一门式、一网式、一证式”政务服务平台包括一网式多渠道网上申报平台（PC、APP、自助终端等多渠道）、一门式政务服务平台（自然人、法人）、电子审批平台、身份认证平台、智能终端平台、共享服务平台、政务大数据平台（监察、绩效、分析等）、综合管理平台8大产品序列，是互联网+政务服务的 综合解决方案，可满足省、市州、区县、镇街、村居多级应用部署和服务延伸。先后在宝安、佛山、长春、开封、新乡等地试点和推进应用，取得了良好的效果。

建设工程并联审批系统，具备了工程建设项目网上申报、统一受理、并联审批、效能督察、事中事后监管、统计分析等功能，实现横向部门协同、纵向信息联动。通过“一口进件、一口出件、到期预警、限时办结”等功能，加强对办理步骤和办理时限的监督考核，落实工程建设项目“一个系统、一网通办”，进一步缩短项目审批时间，提升项目审批效率。成功建设了天津、武汉等试点城市。

二、“互联网+监督”服务平台，即根据新形势和政府职能转变，以及新技术的应用，带来的政府监督服务平台

“互联网+监督”服务平台，按照“统一平台、统一标准、统一实施、多级运维、基本功能、各具特色”的思路，运用互联网技术和信息化手段实现从政府内部到外部的监督，以公开促进监督、以监督促进规范、让群众参与监督，切实保障人民群众的知情权、参与权、表达权、监督权。湖南省“互联网+监督”服务平台构建了民生资金、精准扶贫领域的监督，平台紧紧围绕民生项目资金“钱从哪里来、花到哪里去、干了什么事、效果怎么样、有没有问题”这条主线，将民生项目资金的来源、去向、过程、效果、问题、投诉等方面进行网上全面监督，取得了良好效果。

“互联网+监督”服务平台总体设计思路

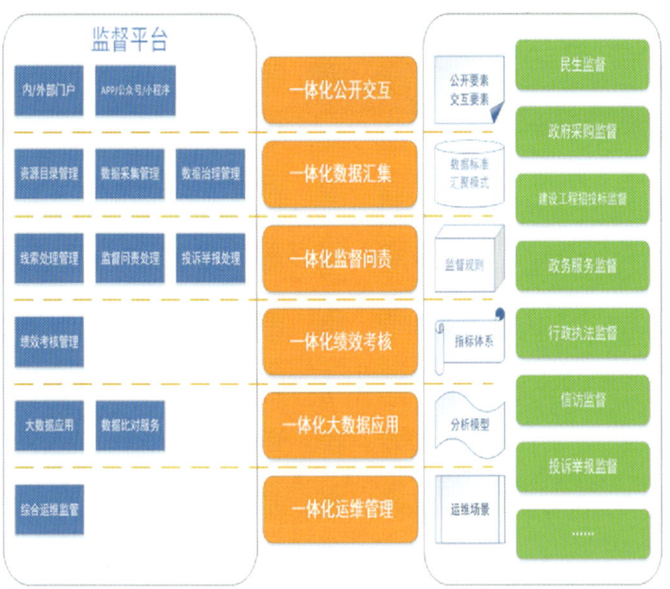

三、大数据交换工作站产品，即面向云计算和大数据的体系完备、工业化生产、软硬一体的自主可控系列产品

大数据交换工作站产品是业界首创，面向云计算和大数据的体系完备、软硬一体、完全自主可控产品。携15年的产品研发与行业经验，为政务服务、互联网+监管、大数据、信用体系、公检法、教育医疗、智慧城市等业务场景下的数据互联互通和整合共享提供一体化解决方案。核心产品分为大数据交换类功能产品和大数据共享类功能产品，共由8个产品系列组成，拥有35项软件著作权、4项发明专利，获得过广东省科学技术一等奖殊荣，通过3C国家强制性产品认证，其中2款产品通过公安部信息安全测评，获得信息安全产品销售许可证。通过大数据交换工作站产品构建大数据共享交换平台总体设计思路如下图：

大数据共享交换平台总体设计思路

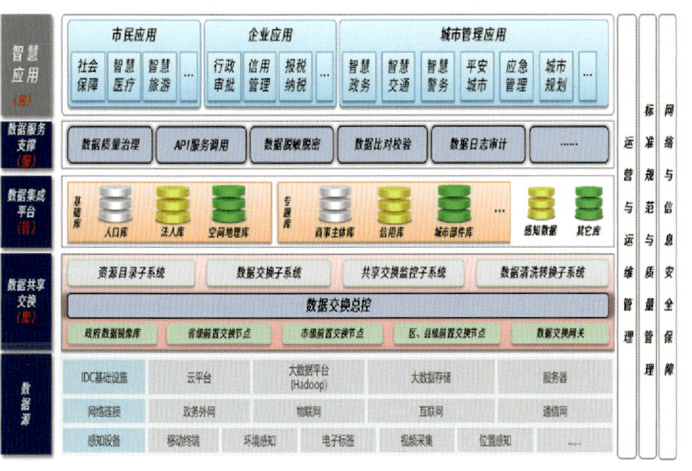

四、智能服务终端系列产品，即致力于优化政务服务流程、推进平台服务向智能化发展的终端产品

智能服务终端系列产品助力服务流程的智能化，推进服务模式的自助化，结合政府、企业、金融等多方联动，实现24小时自助式办事，全面打通服务的“最后一公里”，可广泛应用于各行各业的办事服务，努力提升群众办事满意度。核心产品包含自助服务终端和窗口多功能输入仪产品，拥有2项软件著作权、2项外观专利，全部通过CCC国家强制性产品认证。

1.智能服务终端系列产品

新一代自助服务终端提供政务、公共服务、缴费、打印、便民服务等5大类应用场景，8种以上的输入输出接口:人像采集、身份证识别、指纹采集、高拍仪、扫码识别、打印、电子签名、支付交易等。

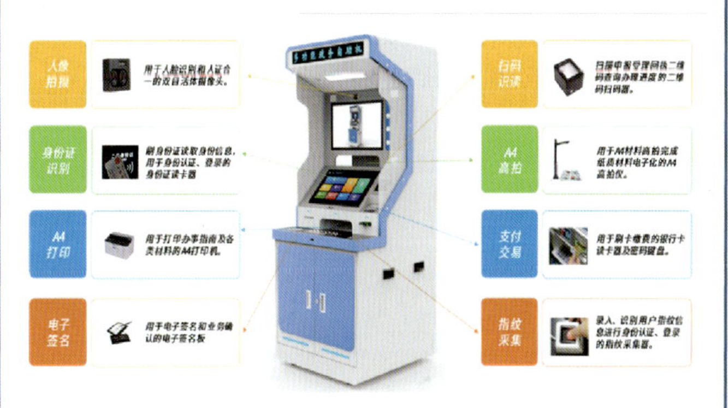

2.窗口多功能输入仪系列产品

窗口多功能输入仪是行业内首款智慧型集成化窗口专用设备，主要应用、部署于综合服务窗口，具备指纹认证、证件识读、材料电子化、人像采集、实人制认证、二维码扫描以及窗口互动等功能。具有高度集成智能化和最大限度的简化操作流程，减少窗口服务工作量，提高工作效率，提升业务办理的智能化。

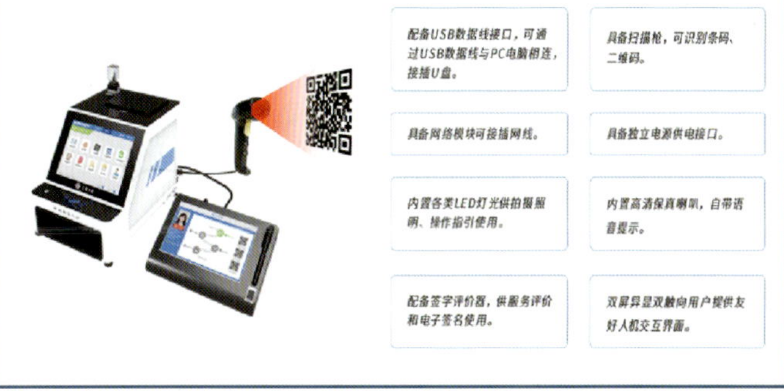

STRONG
TECHNOLOGY

深圳怡化电脑股份有限公司

SHENZHEN YIHUA COMPUTER CO.,LTD

地址：深圳市南山区后海大道2388号怡化金融科技大厦26楼
电话：86-755-88286889
网址：www.yihuacomputer.com

企业介绍

怡化，成立于1999年，注册资本6亿元人民币。

作为全球智慧金融科技领导品牌，怡化深耕金融、固守匠心，为国内外银行机构提供系统化、精准化智慧银行建设解决方案，助推业务突出、效能突出、体验突出的轻型银行网点构建。

怡化拥有三大研发制造基地，员工6000多人，其中研发人员超1700人，持续升级ATM核心现金循环模块至第四代，全面掌握核心验钞技术、钞币传输技术及视觉识别、语音识别等AI关键技术，拥有自主知识产权近4000项。

怡化具有强大的研发及科技成果落地能力，融合创新生物识别、人工智能、物联网、大数据、区块链等前瞻技术，赋能硬件产品、软件产品、原厂商服务三位一体网点建设方案。围绕客户需求，打造集现金与非现金、对公与对私网点业务办理于一身的高端智能设备，支持轻型银行网点各类主流业务自助办理；面向智能服务需求，运用成熟可靠的人脸识别、语音识别技术，实现网点客户身份及金融信息识别主动匹配，释放网点精准金融服务活力。

智以制胜，怡化将深化技术融合，引领金融科技，维护金融安全，构建更智能便捷的金融生活。

企业产品

紧跟中国银行业发展趋势，聚焦银行网点转型方向，怡化为全国超过六百家银行打造智能网点改造方案。依托搭载YHCM-S怡化第四代现金模块机芯、生物识别、语音识别等核心技术成果，怡化全系列智能金融终端助力银行去高柜，承接网点90%以上的现金与非现金业务、对公与对私业务，释放网点业务压力。

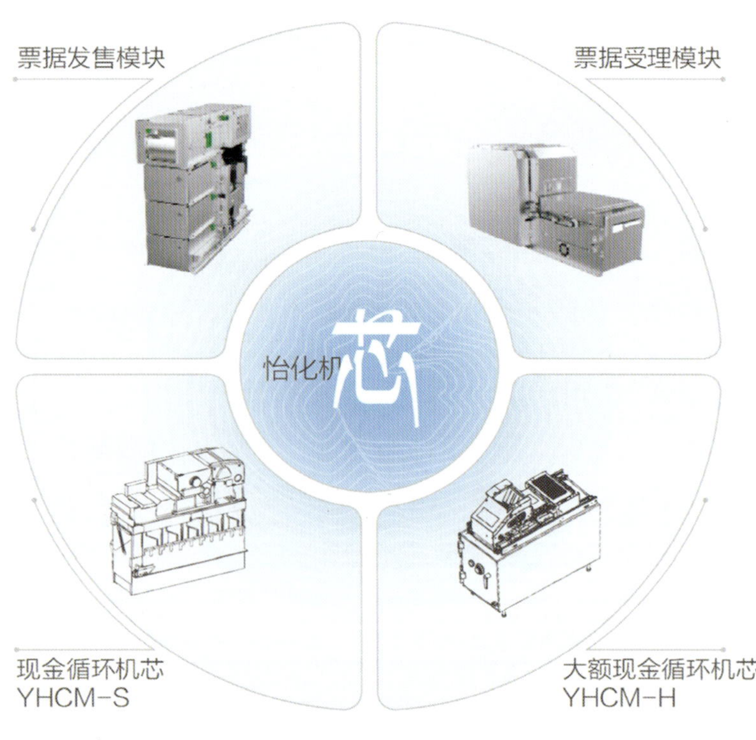

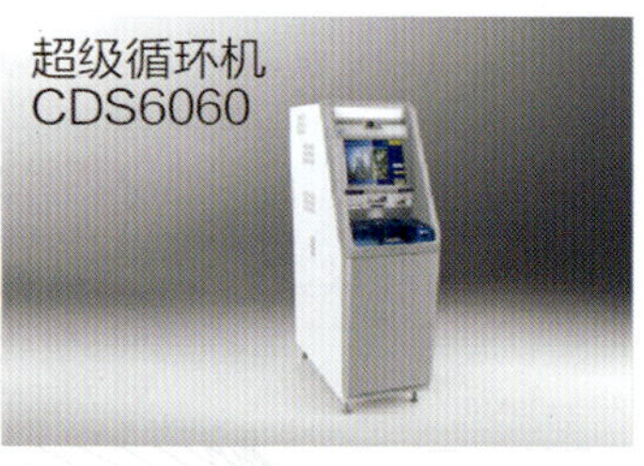

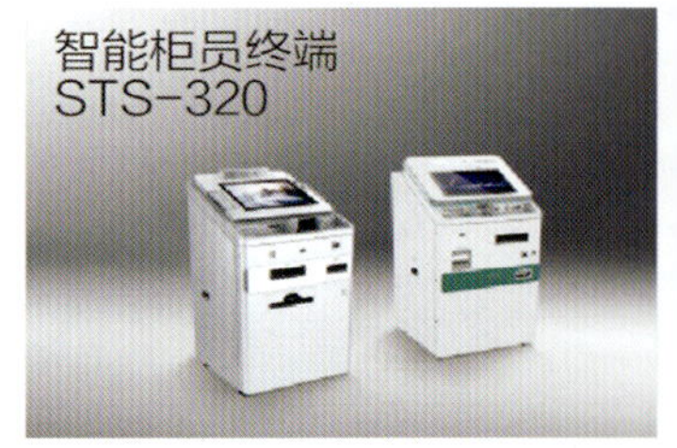

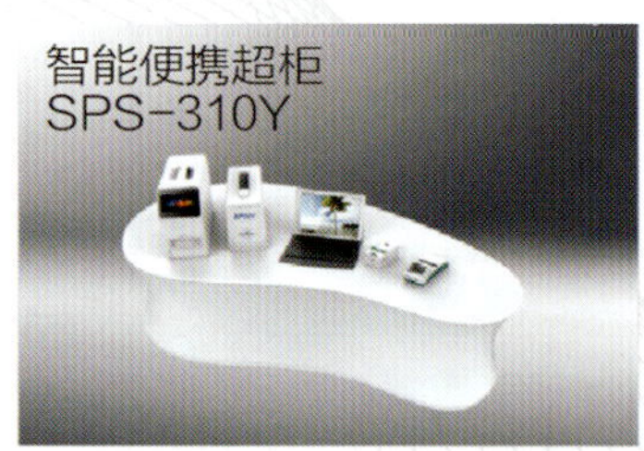

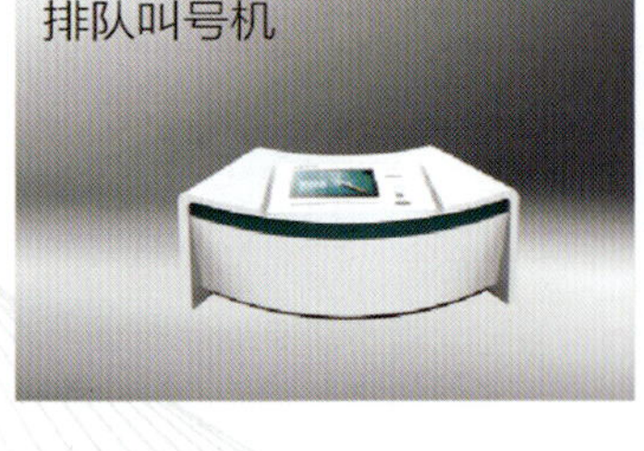

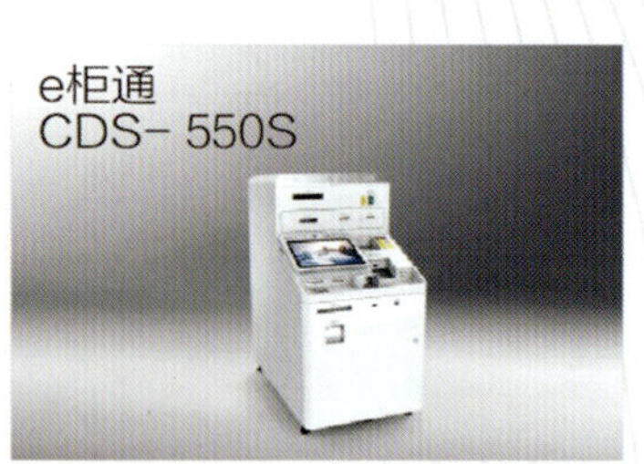

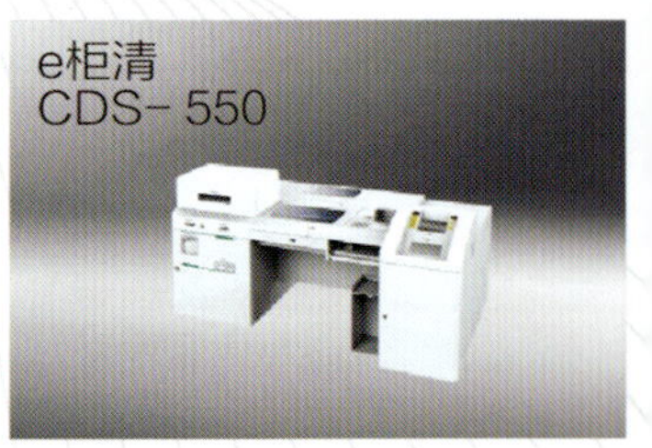

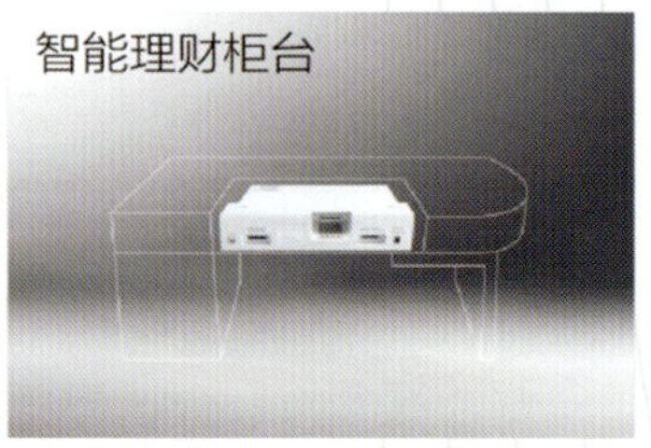

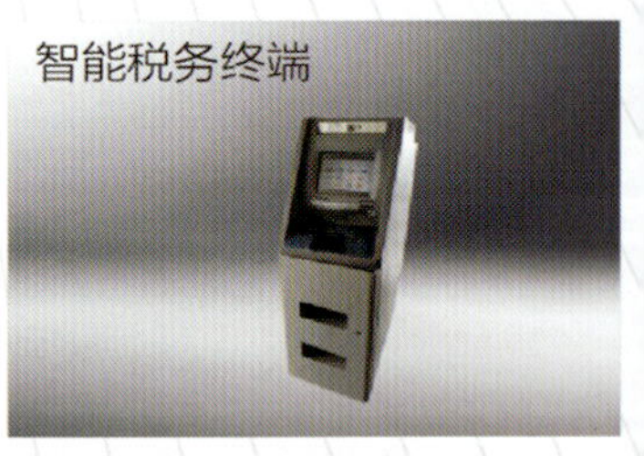

研祥智能科技股份有限公司

地址：深圳市南山区高新中四道31号研祥科技大厦
电话：0755-86255511 网址：http://www.evoc.cn

一、公司概况

研祥智能科技股份有限公司（以下简称"研祥"）是国内工业互联网解决方案核心提供商，主要从事工业控制计算机、军用计算机、智能工控设备、智能视觉检测系统、工业控制系统应用解决方案等技术和产品的研究、开发、生产、销售和系统整合，业务涵盖工业控制、物联网、新一代信息技术、海洋装备、科技装备业和航空航天等高端装备制造、新能源、节能环保等十三五规划的战略性新兴产业和重点领域。根据CCID和IDG的统计，研祥在市场份额和产品技术领先性方面已连续十二年位居同行业全国第一、全球第三。

图1 研祥科技大厦

图2 研祥智谷

研祥连续三年进入中国企业500强，荣获国家技术创新示范企业、中国企业自主创新百强企业、国家知识产权示范企业，拥有三个国家级技术创新平台（国家特种计算机工程技术研究中心、国家企业技术中心、国家地方联合工程实验室），获得了有关智能制造的五项荣誉牌匾（全国质量标杆、全国制造业单项冠军示范企业、智能制造试点示范、服务型制造示范企业、制造业双创平台试点示范企业），通过国家信息化和工业化融合管理体系评定、国家知识产权管理体系认证。

二、企业科技创新

研祥通过以创新为核心的快速发展，创立了全部自主知识产权和自主品牌"EVOC"的特种计算机产品；围绕关键技术和产品，已累计申请专利800余项；作为行业国家标准的制定者，主导制定特种计算机行业的27项国家标准、2项行业标准，正在起草2项国际标准；核心产品和技术已获得国家重点新产品、国家自主创新产品、中国专利奖、中华全国工商业联合会科技进步一等奖、广东省科技进步一等奖等国家、省部、市级科技荣誉50余项；承担了国家核高基重大专项、工信部电子信息发展基金、工业转型升级专项、智能制造示范、物联网专项、工业互联网协同制造等重点项目。

研祥以联盟促进发展，不断发挥企业的行业影响力，务实进取，助力我国智能制造、工控自主安全可控等领域的产业升级和发展。

慧视智能检测系统是集光、电、自动化为一体的精密智能视觉检测与定位系统，是面向生产自动化的完全替代人工的智能检测系统，为LCD模组和整机、平板电视、平板电脑和手机等产品生产制造提供全流程检测系统设备和技术解决方案，从液晶电视行业到医疗、无人驾驶、国防安全、监控、空间探索等行业，从精密检测到柔性装配，帮助用户提高检测的工作效率和生产效益，改善并提升产品质量，节省人工，降低制造成本，实现产品生产检测过程中的自动化和智能化，提高企业的工业水平和自动化程度。

图3 慧视智能检测系统

安全自主可控工业控制计算机：研祥从工控机的底层硬件、BIOS、中间件、操作系统等方面出发，通过攻克基于国产处理器平台的核心板技术、安全BOIS技术、安全可信操作系统技术、信息安全加固防护技术、抗恶劣环境技术等关键技术，构建工控产品的安全自主可控软硬件体系，以实现工控机本质安全。目前已经开发出10余款基于兆芯、飞腾、龙芯等国产处理器的工业控制计算机产品，解决国产软硬件集成和适配问题，实现从系统硬件底层到上层应用的国产化。产品适用于军事国防、电力、轨道交通、信息安全、工业控制等领域，为系统、用户等提供国产化替代解决方案。

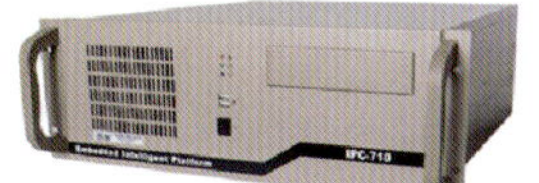
兆芯上架式工控机

兆芯紧凑型壁挂工控机

兆芯网络安全平台

兆芯工业平板电脑

飞腾工业服务器

龙芯双路服务器

图4 安全自主可控工业控制计算机

工业互联网解决方案：研祥提供工业互联网网络层、平台层和应用层的产品和解决方案。

（1）构筑工业互联服务新模式：面向应用端，通过建设工业互联网产业协同创新平台，汇聚各类产业资源，支持企业间资源的互通有无、协作共享，为电子行业提供从用户需求、产品设计、研发到柔性生产制造、测试认证、个性化定制、销售、行业服务等资源以及协同制造解决方案，实现基于个性化定制或生产能力分享的服务新模式、新业态。

（2）组建工业设备运维大平台：以研祥千万级工业智能节点应用为条件，通过提供数据采集模块、工业互联网网关、网络安全防护设备、工业服务器、嵌入式系统、工控机、智能终端等智能节点以及云平台产品为基础，打通工业最底层，提升智能设备运维服务的技术能力。

三、行业应用推广

研祥立足自主创新，已形成智能制造、物联网、人工智能、机器视觉、装备系列产品线和上百种产品，通过欧美标准认证，电力标准认证，铁路和轨道交通标准认证，航空标准认证，美军标、国军标认证。系统产品是传统行业和战略新兴产业自动化、智能化、信息化、数字化的核心部件和关键设备，已广泛应用于海洋装备、国防、航空航天、能源、电子、交通、电信、金融、网络、监控、医疗设备、工业现场等各行业，已应用在蛟龙号、辽宁舰、和谐号、京沪高铁量子通信系统、导弹系统、卫星系统、中大型无人机、无人艇、盾构机等重大工程中，覆盖30多个主要行业，行业应用案例300多个。

图5 产品应用领域

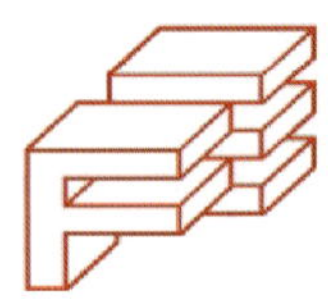

深圳市远东石油钻采工程有限公司
SHENZHEN FAR EAST OIL DRILLING ENGINEERING LTD.

公司简介

深圳市远东石油钻采工程有限公司，是一家从事海上和陆上石油钻井工具、管材、设备的研发、生产、销售、租赁、维修、保养以及技术咨询和海上平台作业的民营企业。

本公司建立了完善的质量管理体系和安全管理体系，具备美国石油协会颁发的API证书，2015年11月再次荣获国家级高新科技企业证书，目前已拥有二十几项国家专利。其中“外悬挂弃井组合工具”“不间断连续循环装置”等技术的研制成功填补了国内空白，有力提升了企业的核心竞争能力。

多年来，公司遵守“以人为本、客户至上、实事求是、开拓进取”的经营理念，以“安全第一、质量第一、信誉第一”为企业宗旨。在陆上和海洋石油勘探开发过程中，为多家著名的中外石油公司提供了优质、安全、高效的技术服务，得到了客户的一致好评，在行业中享有极高的信誉。

本公司拥有一批工作经验丰富的技术专家和管理精英，具备技术创新和研发以及技术服务、企业管理等方面的实力，为油田提供从钻井、修井、打捞、完井、弃井等多方面的技术支持和优质服务。荣获了“国家科学技术进步二等奖”“优秀服务商”“优秀承包商”“工程质量优秀奖”“安全作业优秀奖”“优秀服务金奖”等。本公司与国内著名的高校和研发机构有密切合作关系，与国内国际知名的供应厂商也有广泛的业务往来，为公司的发展搭建了广阔的合作平台。

国家科学技术进步奖
证 书

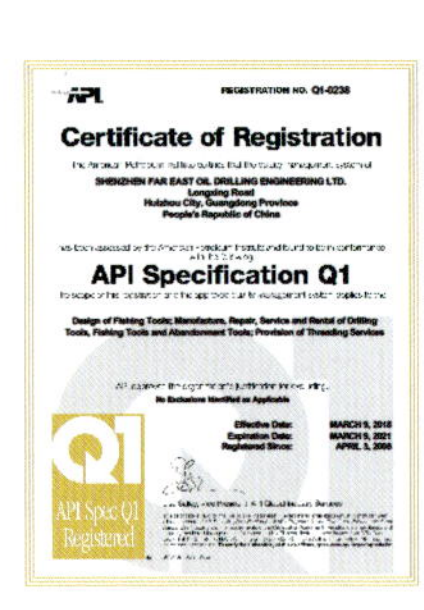
Certificate of Registration
API Specification Q1

Certificate of Registration
ISO 9001:2015

Certificate of Authority to use the Official API Monogram
American Petroleum Institute
SHENZHEN FAR EAST OIL DRILLING ENGINEERING LTD.
Longxing Road
Huizhou City, Guangdong Province
People's Republic of China

产品研发

技术创新是远东的发展之本，多年来远东一直坚持自主创新，为国内外海上/陆地平台提供优质的工具、设备和作业服务。

结合技术创新的发展战略，远东积极探索技术创新模式和科研机制；针对石油发展领域的难点问题，进行重点技术攻关，研制出一系列先进、高效的钻采工具，实现技术创新领域的重点突破。

“外悬挂弃井组合工具”：由远东公司自己研发、设计、制造的新型弃井工具，被列为国家“十二五”重大专题项目之一，并已取得国家发明专利。这项发明成果打破了国外深水弃井的垄断局面，填补了我国深水弃井组合工具的空白，为中国民族工业的发展书写了浓墨重彩的一笔。

“连续循环钻井装置”：在钻井作业过程中，不仅在钻进，而且在卸或接立柱，甚至起下钻的过程中，都可以通过一套专用设备，控制和改变流体入井的流向而不必停止循环，从而保持了在各种作业工序下井内的连续循环，这种技术称为连续循环钻井技术。该技术的应用，对于保持井内压力稳定平衡，避免和减少井下喷、漏、卡、垮等复杂情况的发生，确保安全快速钻进，降低钻井成本有着十分重要的作用。这一在2006年世界IADC年会上被授予“世界石油工程技术创新特别贡献奖”的新技术，远东公司通过引进、集成和创新，于2011年研发成功该项新技术，填补了国内技术空白。而后更是有突破性的创新，世界首创将连续循环钻井技术应用于空气连续循环钻井中，获得巨大成功。

2017年，远东公司的“极窄窗口连续循环微压差定量控制钻井”技术作为中海油海上高温高压钻井八大关键技术之一，获得了国家科技进步奖一等奖。由远东公司承担的“井口控制连续循环钻井及水下井口弃井工具优化设计和应用”课题，被列入国家十三五重大专项，预计2020年6月份前完成。

联系方式

总部：中国深圳市南山区海德三道
天利商务中央广场A 座1106室
总机：(86)755-26694302
传真：(86)755-26694008
邮件：mail@feode.com
网址：www.feode.com
厂部：中国惠州市大亚湾经济技术开发区龙兴路3号

深圳市通茂电子有限公司

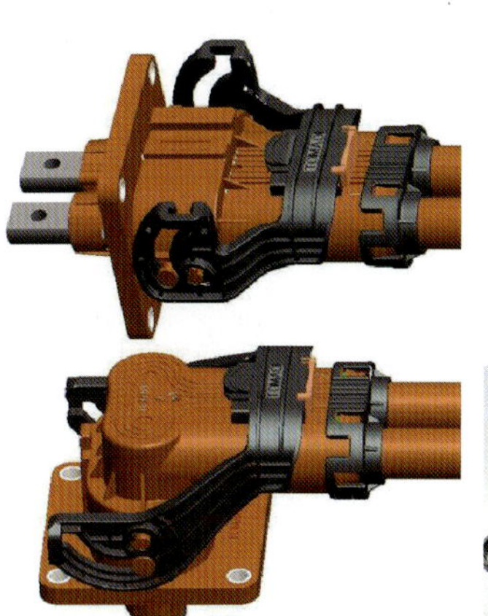

新能源汽车用连接器

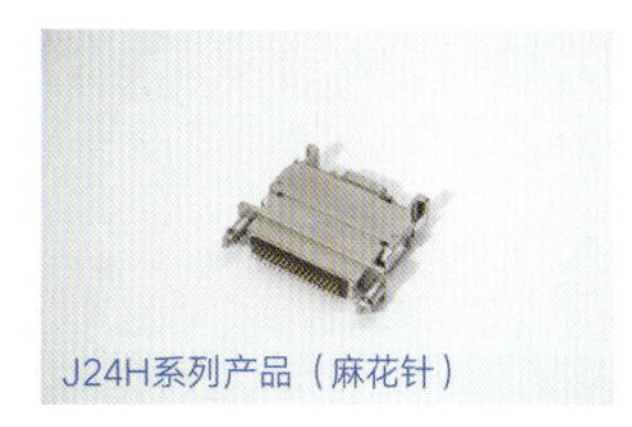

J24H系列产品（麻花针）

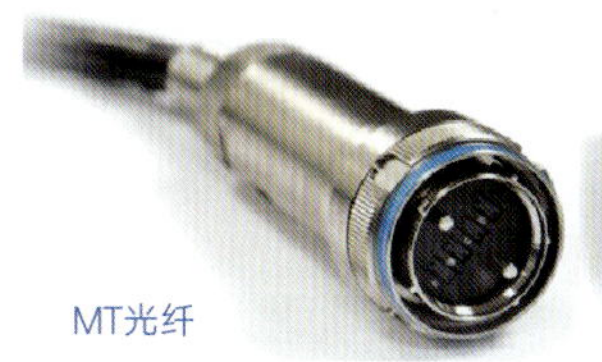

MT光纤

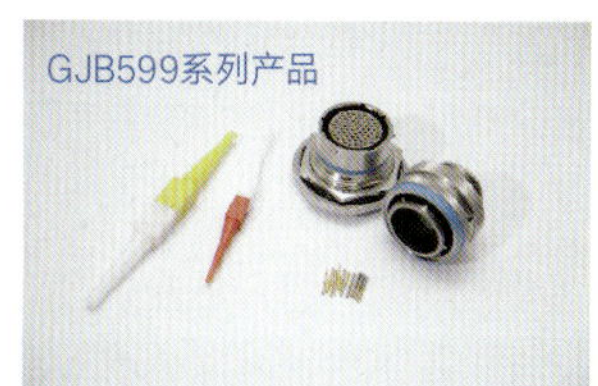

GJB599系列产品

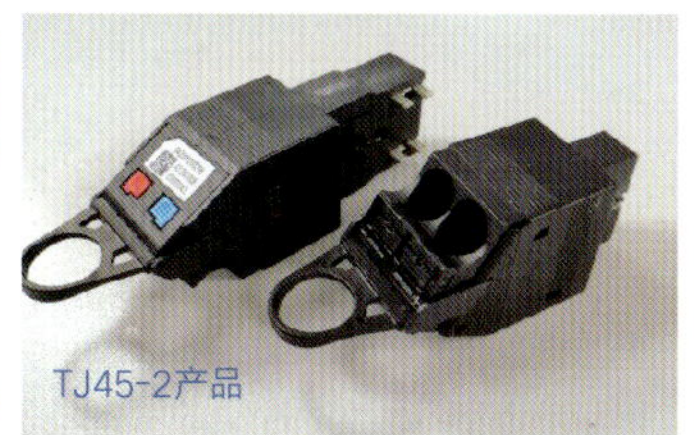

TJ45-2产品

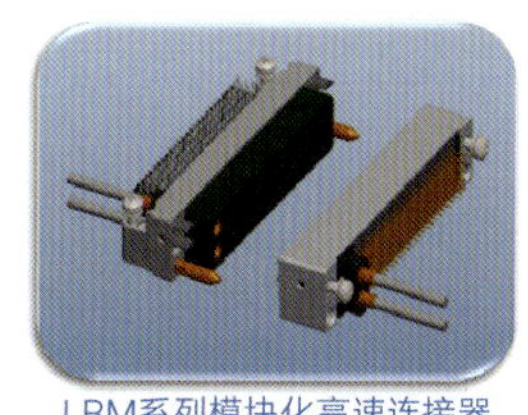

LRM系列模块化高速连接器

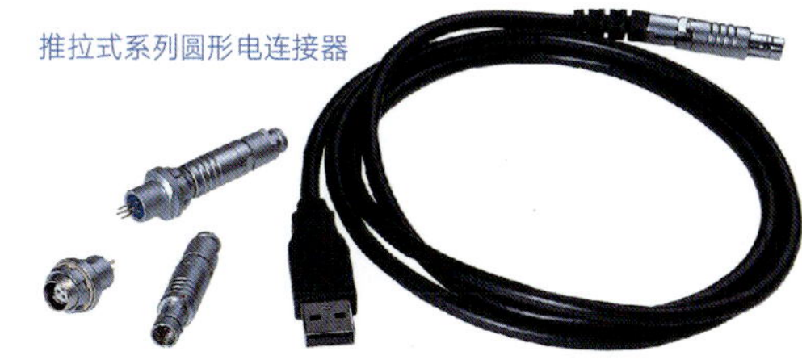

推拉式系列圆形电连接器

公司简介

深圳市通茂电子有限公司成立于1996年，是一家专业从事各类光、电连接器的研发、生产、销售，并致力于为企业全面提供连接器技术解决方案的国家高新技术企业。公司注册资金3000万元，占地16000多平方米，现有职工1000余人。

在20多年的发展历程中，公司秉承“以客户为中心”的经营理念，坚持以市场需求为导向、技术研发为支撑、科学管理为手段，充分发挥质量和服务优势，科研生产能力不断提高，已成长为国内军用连接器科研生产骨干企业，销售产值年均增长率超过30%。目前，公司生产具有完全自主知识产权的产品300多个系列、5000多个品种、50000多种规格,每年开发新产品400种以上。主要有GJB599系列、GJB598系列、船用电连接器、推拉式圆形电连接器、大电流电源连接器、滤波电连接器、高速网络圆形电连接器、YDA型电网连接器、印制电路连接器、D系列矩形连接器、微矩形电连接器、DJL型模块电源连接器、射频同轴电接器、光纤光缆连接器、汽车连接器及线束等。产品广泛应用于各种通信、航空、航天、船舶、邮电、电子、电力、交通、新能源等领域。

公司于1999年通过了ISO 9001质量管理体系认证

2003年被评为深圳市高新技术企业

2006年成为深圳市中小企业发展促进会常务理事单位

2009年通过了ISO 9001:2008质量管理体系2008版的换版认证

2010年被评为深圳市成长型中小工业企业500强

2012年被评为国家高新技术企业(2015年、2018年通过复审)

2013年通过了ISO/TS 16949:2009质量管理体系认证

2013年公司研制的新能源汽车电机旋变接插件被列入深圳市技术创新计划

2014年获深圳市自主创新百强中小企业称号

2015年成为深圳市军工企业技术中心

2016年入选中国电子元件百强企业

技术创新与成果

公司自2001年开始承担国家科研项目，先后承担型谱、质量工程及新品科研项目共40项。其中推拉、滤波和新能源汽车用QCL旋变连接器分别获得了科学技术部颁发的国家重点新产品证书；公司积极参与进口连接器的国产化替代工作，确保了国家众多工程项目、重点型号任务的顺利完成，减小了对国外进口产品的依赖，改变了受制于人的现状。近年来，公司紧跟技术发展大潮，为中兴5G项目研制了TJ45-2D产品，主要用于5G微基站，电流达50A，同时兼容原4G项目30A产品；以及PBC2-6+12产品，主要用于5G微基站板间的电源和信号连接。为上海量子通信设备中的射频集成项目研制了56芯SMP集束盒，将56个SMP产品通过印制板汇集到一个10mm见方的芯片上，损耗极低。这些技术创新项目与产品为公司可持续发展奠定了坚实的基础。

公司至今拥有有效专利53项，其中发明专利2项，实用新型专利48项，外观专利3项。共发表论文22篇，其中《高清接口应用研究》《基于MT耦合高密度单模光纤连接器的研制》和《瓷管电容滤波电连接器的绝缘失效分析》获得了优秀论文奖；公司共主持或参与标准制定20项，其中主持国家标准制定6项，参与国家标准制定4项，主持行业标准制定2项，参与行业标准制定8项。

公司服务

公司营销和服务网点遍及全国，目前已在北京、上海、广州、深圳、南京、武汉、西安、成都等地设立了办事处和分公司。我们一直奉行“专业铸就品质、服务塑造形象”的宗旨，公司拥有一支高素质、专业的售后服务及技术支持队伍，建立了一套快速反应、高效完善的客户服务体系，为客户提供各种售前、售中、售后等服务，不断为客户创造价值。

直面未来，我们将继续打造研发和营销领域的核心竞争力，发挥品质和服务的优势，以市场需求为导向、以技术研发为支撑、以品质为基础、以服务为根本、以品牌为依托、以科学管理为手段，竭诚为广大客户提供最佳的技术解决方案、最优质的产品和最完善的服务，将通茂电子打造成连接器行业的领军企业！

公司地址：深圳市龙华区龙华街道建辉路119号　电话(Tel)：0755-81715168

传真(Fax)：0755-81715676　E-Mail：sztmc@163.com　网址：http://www.sztmc.com

兴业（深圳）金融服务有限公司

公司简介

2014年凭着一腔热血创立深圳市俊华祥投资担保有限公司

2015年一年多的平台搭建后兴业金服应运而生

2017年行业洗牌、业务转型，逆境中求增长

2018年多名银行高管加盟、团队扩建壮大

2019年国资背景高搜易集团正式签订战略投资协议

这一路我们披荆斩棘、风雨兼程，寻求突破、寻求成长。未来，我们一如既往，为各中小微企业提供高质量、高效率的融资服务，解决各中小微企业融资难题，未来让我们携手共进，期待辉煌！

公司依托于强大的国有股东背景，深耕于优质创新型企业。公司业务立足深圳、服务广东、辐射全国，集“融资服务、保证担保、企业投资、资产管理”为一体的创新型金融公司，给中小企业提供一站式、链条化的融资配套服务，为企业的创新发展出谋划策。

关于股东

深圳市中海康瑞投资发展有限公司成立于2015年5月，总部位于深圳，大股东深圳市高搜易信息技术有限公司具有河南省政府、深圳市国资委、共青城“三国资”的强大股东背景，是一家集资产管理、财富管理、科技金融于一体的综合金融服务平台。

深圳市俊华祥投资担保有限公司成立于2014年2月24日，是经国家工商行政总局批准登记注册、经广东省中小企业局备案登记的一家专业融资服务公司，公司成立至今一直深耕新三板、国高、深高等中小微企业融资难题，并成功为数百家中小微企业在各大银行融资近50亿元。

我们的理念

高效率才能为企业发展赢得先机，公司内部分工明确：T+2确定方案,T+3考察尽调，T+4报告整理，T+5上报审批，T+7出审批结果。

公司始终坚持以客户利益最大化为核心，想企业所想，为企业匹配低成本、高额度、灵活还款方式的金融机构贷款产品，并为企业提出专业、全面的融资方案建议，协助企业提前做好融资所需资质及企业风险隔离。

我们的优势

公司目前与国有、商业股份、城商、地方性商业及村镇银行和民间各大金融机构均建立紧密合作关系。公司管理团队及业务骨干大多来自于各大知名商业银行的精英人士，在行业内也颇具口碑，积累了深厚的行业经验及银行人脉。

同时公司为企业提供资金过桥、企业及企业主赎楼、短期资金拆借等多元化资金渠道，解决企业燃眉之急，帮助企业渡过资金难关。

办公地址：深圳市罗湖区南湖街道人民南路2008号嘉里中心3108

联系电话：0755-84583351

唐朴正　渠道总监　13760352618

林泽华　渠道总监　18188629122